AF649448

ENZYKLOPÄDIE DEUTSCHER TRAKTOREN

SEIT 1900

Wolfgang Gebhardt

Motor
buch
Verlag

Impressum

Einbandgestaltung: Luis dos Santos, unter Verwendung von Fotos von Fendt ACGO GmbH, Claas KGaA, Björn Schwarz (CC-BY-2.0), Oliver Hallmann (CC-BY-2.0), Archiv des Verfassers

Bildnachweis: Sofern nicht angegeben, stammen die Bilder aus dem Archiv des Verfassers.

Eine Haftung des Autors oder des Verlages und seiner Beauftragten für Personen-, Sach- und Vermögensschäden ist ausgeschlossen.

ISBN: 978-3-613-04552-1

Copyright © by Motorbuch Verlag, Postfach 103743, 70032 Stuttgart
Ein Unternehmen der Paul Pietsch Verlage GmbH & Co. KG

1. Auflage 2023

Sie finden uns im Internet unter www.motorbuch-verlag.de

Nachdruck, auch einzelner Teile, ist verboten. Das Urheberrecht und sämtliche weiteren Rechte sind dem Verlag vorbehalten. Übersetzung, Speicherung, Vervielfältigung und Verbreitung einschließlich Übernahme auf elektronische Datenträger wie DVD, CD-ROM usw. sowie Einspeicherung in elektronische Medien wie Internet usw. ist ohne vorherige schriftliche Genehmigung des Verlages unzulässig und strafbar.

Lektorat: Georg Otto
Innengestaltung: Ralf Weinreich
Druck und Bindung: Graspo CZ, 76302
Printed in Czech Republic

Inhalt

(Foto: Ralf Weinreich)

Inhalt

Inhalt

Foto: Ralf Weinreich

Inhalt

Inhalt

Hinweis

In den Tabellen ist stets das erste Baujahr der einzelnen Schleppermodelle angegeben, wobei zu bedenken ist, dass unter Umständen die Werbeabteilung der einzelnen Firmen ein Modell schon anpries, das unter Umständen erst ein Jahr später in die Serienfertigung ging.
Entgegen der seit Anfang 1980 gültigen SI-Einheit Kilowatt (kW) wurde bei den Fahrzeugen die alte Größe PS weitergeführt, um eine einheitliche und vergleichbare Leistungseinheit beizubehalten.

Erläuterungen zu den Abkürzungen in den Tabellen:

Z	Zylinderzahl
K	Kühlung wie W(asserkühlung)
L	Luftkühlung
Th	Thermosiphonkühlung
V	Verdampferkühlung)
BxH	Bohrung x Hub
Hubr.	Hubraum in cm3
Radst.	Radstand in mm
Getr.	Getriebe (Vor- u. Rückwärtsgänge bzw. Hydro für hydrostatisches Getriebe)
T	Turbolader
TL	Turbolader mit Ladeluftkühlung

Foto: Ralf Weinreich

Vorwort

Der vorliegende Band »Deutsche Traktoren« gibt umfassend Einblick in die überaus faszinierende und wirtschaftlich bedeutsame Sparte dieses deutschen Fahrzeugbaus. Für die Zusammenstellung des Gesamtüberblicks über die Traktorenhersteller und ihre Produkte wurden Einzeldarstellungen, Motor-Zeitschriftenreihen, Firmen- und Messekataloge, Auskünfte von Firmen, von Industrie- und Handelskammern sowie von Einzelpersonen herangezogen.

Die Dokumentation beschreibt alle bisher bekannten Firmen, die nach 1896, dem Zeitpunkt, als Adolf Altmann seinen »Tracteur« schuf, Tragpflüge, Traktoren und Raupenschlepper in Deutschland gefertigt haben bzw. noch fertigen. Dabei umfasst der Überblick die Firmen, die in der Zeit des deutschen Kaisertums, der Weimarer Republik, des Dritten Reiches, der Bundesrepublik und der einstigen DDR auf diesem Sektor tätig waren bzw. noch sind.

Die über 325 »Biographien« schildern die Geschichte der Firmen, ihre Produkte, ihre Besonderheiten, ihre Bedeutung im Schlepperbau sowie – sofern möglich – ihr weiteres Schicksal. In den Beschreibungen sind die Produzenten mit ihrem ersten oder bekanntesten Firmennamen aufgeführt. Anschließend folgen ggf. Änderungen des Namens, der Adresse oder der Rechtsform.

Der Vorwurf der Unvollkommenheit muss bei diesem Portrait der Schlepperindustrie in Kauf genommen werden. Trotz vielfacher Recherchen ist eine absolut vollständige Darstellung sowie eine exakte Erfassung der Produktionszeiträume und Baujahre nicht möglich, weil der Traktorenindustrie als einem Nebenzweig der Kraftfahrzeugindustrie in der Literatur keine sonderliche Beachtung zuteil wurde, und Informationen im Gegensatz zur Pkw- und zu Teilen der Nutzfahrzeugindustrie recht spärlich sind bzw. Lücken aufweisen. Darauf hinzuweisen ist, dass die Berichte in den frühen Motor-Zeitschriften oft widersprüchliche Angaben zum Fertigungszeitpunkt sowie zu technischen Daten enthalten.

Zudem bestanden gerade in den 1920er Jahren und kurz nach dem Zweiten Weltkrieg viele kleine Firmen, die rasch wieder vom Markt verschwanden und in der Literatur kaum in ergiebigem Maße beschrieben worden sind. Darüber hinaus ist eine Nachforschung nach einigen Firmen aus dem Zeitraum zwischen den Weltkriegen, die auf dem Gebiet der einstigen DDR und dem heutigen Polen lagen, nicht mehr möglich. Ebenso ist eine exakte Abgrenzung von Serienherstellern gegenüber Firmen, die gerade nur einige Prototypen hergestellt haben, nicht mehr durchführbar; daher sind hier alle erfassbaren Marken unterschiedslos aufgenommen worden. Der Produktionszeitraum ist, wenn möglich, nach genauen Aussagen der Firmen, anderenfalls nach dem ersten oder letzen Erscheinen in der Literatur, angegeben.

Eine Fülle von Bildern – Werks- und Privataufnahmen, aber eben auch weniger glanzvolle Reproduktionen historischer Fahrzeuge – sowie ausgewählte technischen Daten beleben die einzelnen Beschreibungen und zeigen den Reichtum an Ideen, konstruktiven Notlösungen, Fehlentwicklungen, Fusionen und Aufkäufen sowie den geschäftlichen Erfolg und Misserfolg in diesem Maschinenbauzweig.

Die firmengeschichtlichen Artikel sind alphabetisch geordnet; der Tabellenteil mit den wichtigsten Daten schließt sich an.

Mein Dank gebührt allen Privatpersonen und Firmen, die mir bei der Zusammenstellung dieses Buches geholfen haben, besonders aber Herrn Horst Hintersdorf (†), Erfurt, Herrn Horst Kieber (†), Nordhausen, Herrn Ralf Klöpperpieper, Bielfeld, Herrn Werner Kuhn, Edesheim, Hern Hans Lipp, Herrn Hans Pairan (†), Rollhofen, Herrn Udo Paulitz (†), Duisburg und Herrn Rudolf Scheuch, Triptis (†).

Vor allem möchte ich Herrn Horst Hintersdorf in Erfurt danken, der mit seiner vielfältigen Unterstützung insbesondere zur einst bedeutenden DDR-Traktorenindustrie zum Gelingen dieses Buches beigetragen hat.

Foto: Ralf Weinreich

Einführung

Zur Geschichte des deutschen Schlepperbaus

Erste Versuche, Motorfahrzeuge für Zugzwecke nutzbar zu machen, sind um die vorletzte Jahrhundertwende mit von Ottomotoren ausgestatteten, aus dem Lokomobilbau abgeleiteten Fahrzeugen unternommen worden. Als Vorläufer dieser Sparte kann neben dem Altmann'schen »Tracteur« im Jahre 1896 insbesondere die »Ackerlokomotive« des ebenfalls Berliner Ingenieurs Theodor Lehmbeck von 1900 angesehen werden, die von Petroleum- oder Spiritusmotoren angetrieben wurden. Diese Fahrzeugtypen mit kleinen Vorder- und großen Hinterrädern erscheinen nach heutigen Gesichtspunkten als richtungsweisende Modelle, auch wenn eine Serienproduktion nicht zustande kam. Auch die Gasmotoren-Fabrik Deutz konnte dabei als älteste Motorenfabrik der Welt auf Versuche ihrer Tochterfirma in Philadelphia/USA zurückblicken, die schon im Jahre 1894 eine Benzinzugmaschine mit 26 PS Leistung bei einem gewaltigen Eigengewicht von 5,4 Tonnen vorgestellt hatte.

Im Jahre 1907 entstanden dann erste Fahrzeuge, die konsequent für landwirtschaftliche Arbeitszwecke entwickelt worden waren. Der Unternehmer und Konstrukteur Robert Stock hatte mit seinem Partner, Ingenieur Karl Gleiche, einen Motorpflug gebaut, der ausgiebig in der Landwirtschaft erprobt wurde. In einem starren einachsigen Tragrahmen war der Motor angebracht, um durch die Vorderlastigkeit eine leichte Lenkbarkeit des hinteren Spornrades zu erzielen. Feste Pflugschare befanden sich unter dem hinteren Rahmen.

Bis 1925 wurde dieses Pioniermodell des sogenannten Tragpflugbaus mit schließlich 80 PS Leistung, versetzten Rädern und einem Fahrersitz gebaut. Die Hannoversche Maschinenbau AG (Hanomag) brachte 1912 den von dem Ingenieur Ernst Wendeler und dem Landwirt Boguslaw Dohrn entworfenen »WD Motorpflug« auf den Markt, wobei es sich im Prinzip um einen verbesserten Nachbau des Stock'schen Motorpfluges handelte.

Einen anderen Weg schlug die Gasmotoren-Fabrik Deutz mit der »Ackerpfluglokomotive« ein. Hier handelte es sich um ein vierrädriges Fahrzeug mit mehrscharigen Pflügen an den Fahrzeugenden. Diese Konstruktion erlaubte es, ohne Wendemanöver von Vorwärts- auf Rückwärtsfahrt überzugehen. Zur Erhöhung der Zug- und Lenkkraft war die Maschine mit Allradlenkung und Allradantrieb versehen. Die komplizierte Bedienung sowie der hohe Anschaffungspreis begrenzten den Erfolg dieser ausgefeilten Entwicklung aus der Anfangszeit der Motorisierung der Landwirtschaft.

Bis zum Beginn des Ersten Weltkrieges entwickelten verschiedene Firmen Modelle nach beiden Systemen. Hinzu kamen als eine dritte Lö-

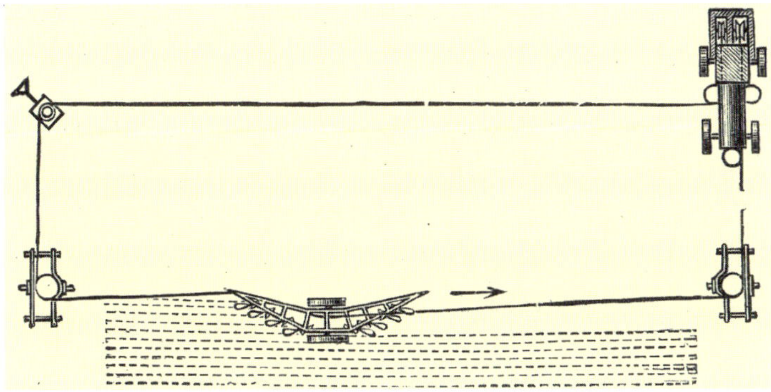

Prinzip des Einmaschinensystems

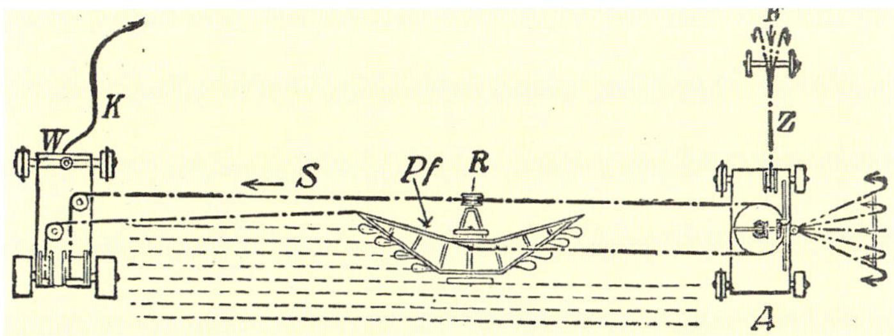

Prinzip des Zweimaschinensystems

Werbung für Tragpfüge, 1912

sung die Konstruktionen von Seilzugmaschinen, die einen gewaltigen Kipppflug über die Felder zogen. Hier handelte es sich um motorisierte Fahrzeuge, die in bis zu 450 Meter Entfernung parallel an den Rändern der Felder etappenweise fuhren und einen einachsigen Pflug mit Auslegern an beiden Seiten über das Feld hin- und herzogen, wobei der Pflug am jeweiligen Ende über die Laufachse umkippte, um seine Reise anzutreten. Während bei Zweimaschinensystemen zwei motorisierte Fahrzeuge erforderlich waren, nutzte das Einmaschinensystem einen gegenüberliegenden, pferdegezogenen Ankerwagen sowie zwei Umlenkrollenwagen, um den Pflug über die Schläge zu ziehen.

Gegen Ende des Ersten Weltkrieges wurde die Produktion von Tragpflügen durch Aufträge der Heeresverwaltung und durch die damit bevorzugte Rohstoffzuteilung günstig beeinflusst. Die Militärbehörden setzten »Kraftpflugkolonnen« ausgestattet mit Aufsichtspersonal und Kriegsgefangenen als Fahrzeugführern auf den Großgütern und in den besetzten Gebieten im Osten ein, um die Nahrungsmittelproduktion durch maschinelle Bodenbearbeitung zu fördern, da der Bestand an Pferden bei der Vertreibung der Bevölkerung durch die russische Armee stark zurückgegangen war. Allerdings erwies es sich als schwierig, technisch versierte »Kraftpflugführer« zu bekommen.

Nahezu parallel zu den Tragpflügen entwickelten verschiedene Fahrzeughersteller wie Hansa-Lloyd und Stoewer schwere Traktoren, um den bedrückenden Pferdemangel auszugleichen. Hansa-Lloyd verwendete den Begriff »Trekker« für seine Modelle, der noch heute eine Fachbezeichnung darstellt. Aufgrund des angehängten Ackergerätes trugen diese Modelle zunächst die Gattungs-Bezeichnung »Gelenkpflüge«.

Weitere Firmen versuchten nach dem Krieg, ihre nicht mehr von der Heeresverwaltung abgenommenen Artilleriezugmaschinen zu landwirtschaftlichen Schleppern umzurüsten, eine Form von Konversion, die ja immer wieder nach Kriegen anzutreffen ist. Neben den Radschleppern kamen nun auch als eine weitere Gattung Kettenschlepper hinzu; die Firma Podeus nutzte die Bezeichnung »Raupenschlepper«, die sich schließlich für dieses Zugmittel durchgesetzt hat. Eine Fülle von Firmen hoffte anschließend in der frühen Nachkriegszeit optimistisch, mit mehr oder minder gelungenen Konstruktionen in den landwirtschaftlichen Schleppermarkt einzutreten. Die Kapitaldecke war zumeist zu gering, und die Konstruktion erwies sich als ungeeignet, im rauen Alltagsbetrieb zu bestehen. Der Traktoren-Konstrukteur und Journalist Otto Barsch rechnete in dieser Zeit mit seinem ersten Buch über diesen Industriezweig gnadenlos über diese Fahrzeugmodelle ab.

Den Durchbruch zur Motorisierung der deutschen Landwirtschaft erzielte Mitte der 1920er Jahre die Firma Heinrich Lanz mit ihren Bulldog-Typen. Der von Dr. Fritz Huber konstruierte ventillose Zweitakt-Glühkopfmotor des Bulldogs, der speziell für minderwertige Treibstoffe geeignet war,

Lokomobil englischer Bauart für das Zweimaschinensystem mit einem am Stahlseil gezogenen Kipppflug. Foto: Ralf Weinreich

Werbung für einen Vierradschlepper, 1918

erfuhr durch seine Einfachheit und Zuverlässigkeit eine enorme Verbreitung, so dass das Wort »Bulldog« ebenfalls zu einem Synonym für den Schlepper wurde.

Um den Abfluss von Devisen zu verhindern, erschwerte die Reichsregierung den Import der modernen Fordson-Schlepper. Erst 1923 konnten 1000 Modelle in zwei Tranchen eingeführt werden; die Firma Podeus hatte sich die Generalvertretung gesichert. Während der extrem schwierigen Wirtschaftssituation 1925 erhielt die heimische Industrie, darunter WD (Hanomag) mit Radschleppern und Raupen, Pöhl, Moorburger Traktoren-Werke (MTW) und Flader durch Kreditaktionen (15 Millionen) des Reichsernährungsministeriums einen ersten Auftrieb.

Die hohen Treibstoffpreise im Deutschen Reich der 1920er Jahre führten zur raschen serienmäßigen Verwendung des robusten und wirtschaftlichen Dieselmotors im landwirtschaftlichen Bereich und begründete vor allem nach dem Zweiten Weltkrieg eine einst führende Stellung der deutschen Dieselmotoren- und Traktorenindustrie auf dem Weltmarkt. Insbesondere die Motorenhersteller Deutz, Kämper und MWM boten ihre Selbstzünder-Triebwerke an. Während die Weltwirtschaftskrise renommierte Firmen wie Komnick, Pöhl und Podeus zur Aufgabe ihrer Fertigung zwang, konnten die Firmen Fendt und Kramer mit ihren noch erschwinglichen Grasmähern ein solides Programm aufbauen, das in der Mitte der 1930er Jahre in der Herstellung leistungsfähiger Zugtraktoren mündete. Die Bezeichnungen »Dieselross« und »Allesschaffer« standen für ihre Erfolgsmodelle.

Die nationalsozialistische Landwirtschaftspolitik unter dem ideologischen Begriff »Blut und Boden« setzte zunächst auf tierische Anspannung, um im Kriegsfall auf genügend Pferde für die Kavallerie und für den Artilleriezug zurückgreifen zu können. Erst nach der Mitte der 1930er Jahre erfuhr die Motorisierung größere Beachtung im Zuge der Autarkiebestrebung, um die Nahrungsmittelproduktion ausreichend zu steigern.

Lanz-Bulldog mit Holzgasgeneratoranlage. Foto: Ralf Weinreich

Auch der Arbeitskräftemangel auf dem Lande erzwang ein Umdenken. Eine erneute Fülle von Firmen kombinierte eigene oder zugekaufte Motoren mit Getrieben in Block- oder Rahmenbauweise zu leistungsfähigen Traktoren. Da aber nun der ansteigende Dieselölverbrauch die sensible Kraftstoffversorgung berührte, setzte die Reichsregierung 1938 drei Arbeitsgruppen ein, die sich dieser Problematik widmen sollten.

Die Arbeitsgruppe »Projekt 1« konstruierte unter der Leitung von Dr. Josef Deiters und dem Landmaschinenkonstrukteur Gustav Pöhl einen »Bauern-Trecker« mit Imbert-Generator, der auf der Berliner IAA vorgeführt und anschließend von der Auto Union, die hier ein neues Geschäftsfeld witterte, weiterentwickelt wurde. Unter der Projektgruppe 2 standen das Amt für deutsche Roh- und Werkstoffe und die Hansa-Gasgeneratoren-Gesellschaft in Bremen, die unter der Leitung von Dr.-Ing. H. Lutz einen mit runder Karosserie ausgeführten Anthrazitgas-Generator-Schlepper auf der Wiener Herbstmesse 1941 vorstellten. Im Projekt 3 arbeitete die Deutsche Arbeits-Front (DAF) mit Professor Ferdinand Porsche zusammen, Die DAF begann in Waldbröl im Bergischen Land, der Heimat von DAF-Leiter Dr. Robert Ley, mit den Vorbereitungen eines gigantischen Schlepperwerkes, für das Porsche die Konstruktionen liefern sollte. Daneben arbeitete die »Forschungsstelle Gasschlepper-Entwicklung« mit Kriegsbeginn an der Konstruktion eines Einheitsmotors für die Generatoren-Technik.

Neben diesen Aktivitäten verfügten die Verordnungen des Generalbevollmächtigten für das Kraftfahrwesen (GBK), Oberst Adolf von Schell (1893–1967), im Jahre 1939, dass nur noch im Rahmen dieses sogenannten »Schellplanes« die Firmen Deuliewag, Deutz, Eicher, (Epple & Buxbaum,) Fahr, FAMO, Fendt, Güldner, Hanomag, IHC, Kramer, Lanz, Hermann Lanz, MAN, MIAG, Normag, Orenstein & Koppel/MBA, Primus, Ritscher, Schlüter, Stock, (Wahl) und Zettelmeyer Schlepper in festgelegten PS-Klassen mehr oder minder standardisierte Rad- und Raupenschlepper fertigen durften.

Die Dieselkraftstoffknappheit führte am 30. Juni 1942 dann zur Verfügung des Reichsministeriums für Ernährung und Landwirtschaft, dass, abgesehen von Exportfahrzeugen, nur noch Schlepper mit Holzgas-Generatoren gebaut und eingesetzt werden durften. Während die meisten Produzenten den 25-PS-Einheits-Holzgasmotor verschiedener Hersteller in »geschlossener« Bauweise mit verkürztem Prometheus-Getriebe nutzten, setzten IHC, Lanz, MIAG und MBA auf eigene Systeme, teils in »aufgelockerter« Bauweise.

Eine Analyse der Hersteller durch den Sonderausschuss Schlepper führte Anfang 1943 zur Bildung der Herstellergruppe Süd, in der Fahr, Fendt, Lanz und Hermann Lanz zusammengefasst wurden. In der Herstellergruppe Nord wurde nur die Firma Normag aufgeführt. Der Schlepperbau der Firmen Deutz, Eicher, IHC, Güldner, Kramer, Primus, Ritscher, Schlüter, Stock, Wahl und Zettelmeyer sollte auslaufen. Schließlich sollte Lanz das 25-PS-Modell aufgeben und sich nur noch auf für die Landwirtschaft im Osten und für den Export mit den größeren Glühkopfschleppern befassen. Die sich immer stärker verschlechternde Kriegslage verhinderte diese restriktive Maßgabe.

Der Luftkrieg hatte einen Teil der Werke in ihrer Leistung so erheblich getroffen, dass sie für die dringend erforderliche Nachkriegsproduktion zunächst ausfielen. Andererseits schränkten Demontageaktivitäten in der französischen und insbesondere in der sowjetischen Besatzungszone die Neuproduktion ein. Die Zielsetzung des zwar nicht realisierten Morgenthau-Planes, Deutschland in ein vorwiegend agrarisch strukturiertes Land zu verwandeln, rettete einen Teil der deutschen Werke vor der Totaldemontage. Hinzu kam, dass einerseits viele neue Produzenten, zum Teil mit Umbauten von US-Jeeps zu Behelfsschleppern, in den westdeutschen Markt eintraten, andererseits renommierte Maschinenfabriken unter großen Beschaffungsschwierigkeiten versuchten, durch die rasche Aufnahme der Landmaschinen-Produktion von den Demontagelisten herunter zu kommen.

Mit der Währungsreform in der Bundesrepublik konnten die Traditionsfirmen sowie einige neu eingetretene Firmen wie Allgaier bzw. Porsche-Diesel und Mercedes-Benz (mit dem Universalfahrzeug »Unimog«) einen ungeahnten Aufschwung erzielen. Als eine weitere Gattung von landwirtschaftlichen Fahrzeugen entstanden in den Aufbaujahren der Bundesrepublik (und in der DDR) Geräteträger, die im Einmannbetrieb Pflege-, Bodenbearbeitungs- und Transportarbeiten zuließen.

Die Tragschlepper-Bauweise, die durch ihren längeren Radstand und durch ihre schmale Bauart eine optimale Sicht auf Zwischenachsgeräte ermöglichte, konnte sich nicht durchsetzen, Schlepper mit Dreipunktaufhydraulik waren einfacher zu bedienen. Nachdem die Motorisierungswelle der 1950er Jahre der deutschen Landwirtschaftsindustrie einen rasanten Aufschwung gebracht hatte, setzte eine erste Auslese unter den deutschen Schlepperherstellern mit den Landwirtschafts-Bestimmungen der EWG-Beschlüsse von 1957 ein, die das Ende der kleinparzellierten Landwirtschaftsbetriebe in Deutschland und eine Verlagerung des landwirtschaftlichen Schwerpunktes nach Italien und Frankreich bewirkten.

Dieser 55er Eilbulldog wurde werksseitig zu einem 60-PS-Halbdiesel umgebaut. Foto: Ralf Weinreich

Wasser-MAN: Das Gnadenbrot in der trockenen Scheune eines Sammlers bleibt diesem MAN bislang verwehrt. Foto: Ralf Weinreich

Während 1956 94.472 neue Schlepper zugelassen werden konnten, sank diese Zahl 1963 auf 77.894 Fahrzeuge, wobei schon 13.000 EWG-Importfahrzeuge sich darunter fanden. Einen spektakulären Sonderfall stellte in dieser Zeit die Krise des Heinrich-Lanz-Unternehmens dar, der einst größten Landmaschinenfabrik Europas dar, die durch das starre Festhalten am Glühkopfmotor in Schwierigkeiten geraten war: die Übernahme durch den amerikanischen Landmaschinenhersteller John Deere ermöglichte dann den Beginn einer zweiten Erfolgskarriere, die das deutsche John Deere-Werk in die Spitzengruppe der Traktorenhersteller der Welt brachte.

Wochenendruhe: MB-trac 1000 und John Deere 6310.
Foto: Ralf Weinreich

Eine zweite Auslesewelle in den 1970er Jahren beendete die Aktivitäten renommierter Firmen wie Fahr, Güldner, Hanomag und Ritscher. Die weiteren Strukturänderungen in der westdeutschen Landwirtschaft führten in dieser Zeit zur Entwicklung von Trac-Fahrzeugen, die Anbauräume für Arbeitsgeräte im Front-, Heck- und im Bereich über der Hinterachse aufwiesen. Schließlich setzte in den 1990er Jahren eine weitere Konzentrationswelle ein. Schlüter als Hersteller großer Spezialschlepper beendete die Fertigung.

Case International (früher IHC) gab die deutsche Fertigungsstätte auf, Deutz-Fahr fand einen sicheren Platz innerhalb der italienischen Same-Gruppe. Der verbliebene Restbetrieb des einstigen respektablen Eicher-Werkes musste aufgegeben werden und das Allgäuer Fendt-Schlepperwerk ging in den amerikanischen AGCO-Konzern über, der allerdings dem Werk einen größeren Zugang auf den internationalen Märkten öffnete.

Mit Beginn der Jahrtausendwende wurde die deutsche Schlepperindustrie nach dem überaus harten Ausleseprozess nur noch von den Firmen Daimler (»Unimog«), Deutz-Fahr, Claas (seit 2003), John Deere und Fendt sowie von den Spezial- bzw. Schmalspurschlepper-Herstellern Dexheimer, Hako, Hieble, Holder, Krieger, Niko und Sauerburger repräsentiert. 2013 gaben dann auch Dexheimer und Sauerburger, zwei Jahre später ebenso Hako und Krieger den Schmalspur-Schlepperbau auf.

In der einstigen Sowjetischen Besatzungszone reduzierten Demontage- und Enteignungsaktionen die Montagekapazitäten nahezu auf Null. Die Berliner Firmen Deuliewag, Primus und Stock fielen somit aus. In Nordhausen schleiften die Sowjets die Werksanlagen von MBA (Orenstein & Koppel); das Normag-Werk montierte noch einige Restexemplare zusammen. Erst gegen Ende der 1940er Jahre konnte eine geringe Fertigung in den »volkseigenen« Betrieben (VEB) in Nordhausen, in Zwickau (ehemaliges Horch-Werk) und in Brandenburg (ehemaliges Brennabor-Werk) mit den Modellen »Brockenhexe«, »Pionier« und der »Rübezahl«-Raupe wieder anlaufen, wenn auch die Gegenblockade des Westens in Reaktion auf die Berliner Blockade die Ausstattung der Fahrzeuge mit zeitgemäßen Elektroteilen und Reifen beeinträchtigte.

Einige mutige Privatbetriebe versuchten, mit gebrauchten und aufgearbeiteten oder mit auf abenteuerlichen Wegen beschafften Neubauteilen Schlepper für die Landwirte in ihrer Umgebung zu bauen. Unter der Parole »Junkerland in Bauernhand« waren die großen Güter (und willkürlich auch kleinere) enteignet und den einstigen Gutsbediensteten (»Neubauern«) sowie den Vertriebenen (»Umsiedler«) zugeteilt worden. Um die wenigen Alt- und Neubau-Fahrzeuge optimal einzusetzen, richtete die ostzonale Verwaltung die staatlichen Maschinen-Ausleihstationen (MAS) ein.

Mit der Festlegung der DDR-Landwirtschaftspolitik auf eine zentrale Steuerung und damit auf eine schrittweise Kollektivierung ließ das DDR-Ministerium für Maschinenbau das ehemalige O&K-Werk wieder aufbauen, um die Produktionskapazität für die Herstellung von Einheitstypen in großer Stückzahl fertigen zu können. Trotzdem hinkte man stets dem Bedarf hinterher.

Mit der »Umprofilierung« des Werkes auf den Motorenbau übernahm in den 1960er Jahren das Schönebecker Werk als zentraler Hersteller die Schlepperherstellung und konzentrierte sich gemäß den Monopolbeschlüssen des RGW/Rates für gegenseitige Wirtschaftshilfe auf die Fertigung eines Geräteträgers und eines 90-, später 100-PS-Schleppers. Mit dem Zusammenbruch der DDR musste hier die Fertigung eingestellt werden, auch wenn das letzte »ZT«-Modell (für Zugtraktor) internationalen Standards entsprach. Die verbliebenen Großbetriebe der ehemaligen LPG's setzten auf schwere Modelle; die wieder privatisierten Kleinbetriebe nutzten die preiswert verkauften Fahrzeuge aus DDR-, CSSR- und russischer Produktion sowie ältere westdeutsche Modelle geringerer Leistung. Die mehrfachen Versuche, eine neue Traktorenproduktion in einem Teil des Schönebecker Werkes wieder aufzubauen, scheiterten stets nach kurzer Zeit bzw. nach Aufbrauch der Fördermittel des Bundes!

DDR-Erntegespann: Ein ZT 303-D mit »Fortschritt«-Ballenpresse und ein Belarus bringen die Ernte ein. Foto: Ralf Weinreich

A.W.K.

Guß- und Armaturenwerk Kaiserslautern, Nachf. K. Billand,
Kaiserslautern,
1949–1956

Erstmals 1949 auf der DLG-Schau in Hannover zeigte die 1893 gegründete Maschinenfabrik einen Einachstriebkopf, der als Motorfräse, Motorpflug, Motormäher und kombiniert mit einem Einachsanhänger auch als Vierradfahrzeug genutzt werden konnte. Vermutlich handelte es sich dabei um die Weiterführung der Konstruktion des Landmaschinenwerkes Karlsruhe-Durlach. Anfänglich war der »Monax« mit einem Hirth-Zweitakt-Vergasermotor mit 6 PS ausgestattet; Anfang der 1950er Jahre kam der 9/10-PS-F&S-Diesel in den »Monax GT Typ 107 D« hinzu. Die Getriebe entstammten der eigenen Fertigung.

9/10-PS-A.W.K.-Einachsschlepper »Monax Typ 107 D«, 1955.

Abega

Abega-Motorpflug, A. Behrend,
Gardelegen,
1915–1920

Der von A. Behrend entwickelte Seilmotorpflug »Abega« arbeitete gewöhnlich im Zweimaschinensystem, wobei ein vierschariger Kipppflug zwischen den Motorwagen hin- und herbewegt wurde. Ein großvolumiger, extrem langsam laufender Einzylindermotor mit 40, maximal 45 PS bei (angeblich nur) 320 U/min verlieh dem 8,5 Tonnen schweren Fahrzeug eine Geschwindigkeit von 7 km/h; gleichzeitig diente der Motor dem Antrieb der Seiltrommel (900 m Seillänge). Auf Wunsch gab es den »Abega« auch mit zwei Motoren für den getrennten Antrieb.

Während der Kriegszeit bot August Behrend Motorwagen für das Ein- und Zweimaschinensystem mit 12, 20 und 28 PS an.

40/45-PS-Abega-Motorwagen für das Zweimaschinensystem, 1919.

A.W.K.-Einachsschlepper

Baureihe	Bauzeit	Motor Hersteller	Typ	Zylinder	PS	Kühlung	Bohrung x Hub	Hubraum	Drehzahl	Radstand	Gewicht	Getriebe	Besonderheiten
Monax	1949	Hirth	601	1	6	L	68x68	247	3000			4/4	Zweitakt-Vergasermotor
Monax	1949	Hirth	901	1	8/9	L	75x68	300	3000		490	4/4	dito
Monax	1949 - 1952	BMW	224/2	1	9	L	68x68	247	4000		480	4/4	Vergasermotor
Monax 107	1951 - 1957	F&S	Stamo 360	1	8/9	L	78x75	360	3000		510	4/4	Zweitakt-Vergasermotor
Monax 107 D	1952 - 1957	F&S	D 500 W	1	10	Th	80x100	503	2000		538	4/4	Zweitakt-Dieselmotor

Abega-Schlepper

Baureihe	Bauzeit	Motor Hersteller	Typ	Zylinder	PS	Kühlung	Bohrung x Hub	Hubraum	Drehzahl	Radstand	Gewicht	Getriebe	Besonderheiten
Abega	1919 - 1921			1	40/45	V	260x380	20.165	320		8500	2/2	auch mit zwei Motoren

Abele-Behelfsschlepper

Baureihe	Bauzeit	Motor Hersteller	Typ	Zylinder	PS	Kühlung	Bohrung x Hub	Hubraum	Drehzahl	Radstand	Gewicht	Getriebe	Besonderheiten
ACO-Jeep-Allradschlepper	1948 - 1949	GMC	422	4	54	W	79,38 x111,13	2199	4000	2033	1250	6/2	mit ACO-Untersetzungsgetriebe

Abele

Eugen Abele & Co. KG, Landmaschinen-Ackerschlepper,
Wasseralfingen,
1948–1949

Abele rüstete gebrauchte, »generalüberholte und entrostete« US-Jeeps unter Beibehaltung des 54-PS-Ottomotors zu landwirtschaftlichen Schleppern um, wobei ein eigenes Untersetzungsgetriebe die Traktionsfähigkeit erhöhte. Rahmen und Federn wurden verstärkt. Ein seitlicher Mähbalken gehörte zum Lieferumfang bei diesen Jeep-Traktoren, die die Markenbezeichnung »ACO« trugen.

54-PS-ACO-Jeep-Behelfsschlepper, 1949.

AEG

Allgemeine Electrizitäts-AG (AEG),
Berlin-Oberschöneweide, Wilhelminenstr. 76,
1897–1902

In Zusammenarbeit mit dem Siemens-Schuckert-Werk entstanden elektrisch angetriebene Seilwindenfahrzeuge, Pfluglokomotiven genannt, die im Zweimaschinen- oder Einmaschinensystem (mit Ankerwagen) nach dem System »Brutschke« arbeiteten. Die TEM-Elektropflug der Thermoelektromotor GmbH in Posen, Kronprinzenstr. 152 fertigte die Versuchsfahrzeuge mit 500 oder 1000 m Spillanlage; eine reguläre AEG-Schlepperfertigung erfolgte nicht.

Agria

Agria-Werke GmbH,
Möckmühl/Württemberg, Bittelbronner Str. 44,
1954–1992

In den verbliebenen Werksanlagen der von der Demontage bedrohten, von Fabrikant Erwin Mächtel 1937 gegründeten Zahnradfabrik Karlsruhe, Werksteil Ruchsen bei Möckmühl, nahm die 1946 von Mächtel und Dipl.-Ing. Otto Göhler eingerichtete Maschinenfabrik Möckmühl, die späteren Agria-Werke, den Bau von landwirtschaftlichen Bedarfsartikeln (2,5-PS-Gartenfräsen der Marke »Agria«) und für kurze Zeit auch den Bau von Dreirad-Lieferwagen (Typ »Triro«) auf.

Die Geschäfte gingen so gut, dass das Unternehmen 1953 die Maschinenfabrik Schilling in Karlsruhe-Durlach mit ihrer Einachsschlepper-Fertigung übernehmen konnte. Damit begründeten die Schwaben ein Produktionsprofil, das noch heute besteht. Herzstück der Agria-Konstruktionen war ein Triebkopf, der je nach Ausführung mit einem Pritschenanhänger gekoppelt und mit bis zu 500 kg belastet werden konnte.

4,5-PS-Agria-Einachsschlepper »Lastkraftroller 1600 RL«, 1952. Foto: Wolfgang Heinz

10-PS-Agria-Geräteträger, Prototyp von 1954.

Nach der Übernahme erschien zunächst die Agria-Universalmaschine »Typ 1600«. »Für hohe Zugleistung und für die Bewältigung großer Steigungen« konnte sie mit aufsteckbaren Treib- und Leiträdern sowie einem oberen Stützrad und den Ketten zu einem kleinen Raupenschlepper erweitert werden. Die vor allem zu Pflegearbeiten vorgesehene Maschine besaß den weit überhängend angebrachten 5-PS-Hirth-Einzylinder-Zweitaktmotor. Der »mittelstarke« Einachser »Agria 2800 Trabant« konnte ebenfalls zu einer Vierrad-Raupe umgerüstet werden.

Über die gummibereiften Räder musste ein Kettenband aufgezogen werden. Eine hintere Seilwinde mit einem kranartigen Gestell ermöglichte das Anheben und Heranziehen von Holzstämmen. Ein 8-PS-Diesel der Motorenbau Alfred Berning GmbH diente als Antrieb dieser Maschinen, die sich vor allem in Norwegen bewährten. Nur ein Versuch blieb dagegen der leichte Geräteträger, der 1954 unter Verwendung des Einachsschlepper-Triebkopfes entwickelt worden war. Ein 10 PS starker Hirth-Vergaser-Motor oder ein 12 PS starkes ILO-Diesel-Aggregat sollten eingesetzt werden. Die Platzverhältnisse aber erzwangen eine um 90 Grad gedrehte Einbaulage im Vorderwagen. Letzterer bestand aus zwei Längsholmen und einer Achsschenkellenkung. Wie gesagt: Ein Serienbau kam nicht zustande.

Die zu den Agria-Werken zeitweilig gehörende Motorenfabrik JENCO in Jagsthausen versorgte einerseits die Motorradfabrik NSU, andererseits Agria mit Zweitaktmotoren, die auch in die Einachsfräsen eingebaut wurden. 1970 stieß noch die Maschinenfabrik Adelsheim GmbH im nahegelegenen Adelsheim als Teileproduzent zu den Agria-Werken hinzu.

Großen Erfolg hatte die Firma dagegen mit dem zu Beginn der 1960er Jahre aufgenommenen Vierrad-Kleinschlepperbau für die Obstbau- und Kommunalwirtschaft. Motoren von Hatz, ILO, MAG, Lombardini, Ruggerini und schließlich Kubota und Renault kamen in Diesel- oder Vergaserausführung zum Einbau.

Haupttyp war lange Zeit der »Agria 4800« mit einem Sechsganggetriebe, Zapfwelle, Hydraulik und der Möglichkeit zur Spurweitenverstellung. Der hier verwendete ILO-10-PS-Viertakt-Diesel war weit überhängend eingebaut. Ebenfalls große Verbreitung fand der 1964 vorgestellte Schmalspur-Blockbauschlepper »4800« mit Diesel- oder Vergasermotoren für Sonderkulturen, Gartenbaubetriebe und Kommunen. 1968 erhielt der Kleinschlepper eine neue Verkleidung. Die Motorleistung stieg von 12 auf 16 PS. Ein speziell für den Weinberg entwickelter Kleinschlepper vom Typ »3900 Weinberg-Trac« mit 16 PS und Allradantrieb war mit einem Seilwindensystem ausgerüstet, so dass sich der Schlepper am Hang mit Hilfe eines Seiles hocharbeiten konnte. Der Fahrersitz konnte quer zur Fahrtrichtung geschwenkt werden.

Ebenfalls 1968 kam der Allradschlepper vom Typ »6700« mit Allradlenkung und Allradbremsanlage sowie mit gleichgroßen Rädern hinzu. Ab 1970 erhielt dieser Typ mit einem Zweizylinder-40-PS-Motor die Bezeichnung »9200«. Auch der Standardtyp »4800« wurde überarbeitet und konnte jetzt als Agria-Typ »6700« nun mit einem 22-PS-Zweizylindermotor auch in Allradausführung geliefert werden. Eine weitere Modellvariante war der 1973 erschienene Typ »5700« mit einem 30-PS-Vergaser- oder einem 16-PS-Dieselmotor.

Der »4800 K« (für Kompaktschlepper) wurde seit 1979 mit einem 16-PS-Einzylinder- oder mit einem 23-PS-Zweizylinder-Dieselmotor hergestellt. Neu hinzukam der wassergekühlte Kompaktschlepper vom Typ »6900« mit einem Zweizylinder-26-PS-Diesel- oder mit einem Vierzylinder-26-PS- bzw. 35-PS-Vergasermotor. In den 1980er Jahren bot Agria die Baureihe »6900« in den Versionen 1, D2 und ab 1992 Version D1 an. Aufgrund der verstärkten Wettbewerbssituation, insbesondere durch

8-PS-Agria-Universalraupe Type 2800 »Trabant«, 1962.

10-PS-Agria-Kompaktschlepper 4800, 1966. Foto: W. Leiter @ PD

16-PS-Agria-Kompaktschlepper 4800, 1969.

25-PS-Agria-Geländefahrzeug »8700«, 1971.

ausländische Anbieter, stellte Agria 1992 die Kompaktschlepper- und die hier nicht behandelte Großflächen-Rasenmäherfertigung ein. Gleichzeitig übernahm Agria von der Firma Holder den Bereich der handgeführten Einachsschlepper.

Neben den Kleinschleppern hat das Unternehmen in den frühen 1970er Jahren auch ein Vielzweckfahrzeug vom Typ »8700« für die Land- und Bauwirtschaft hergestellt. Ein luftgekühlter Zweizylindermotor mit 25 oder 28 PS trieb das mit Zapfwellenanschluss ausgerüstete Fahrzeug, das 1973 noch als »9900« mit 43 PS starken, wassergekühlten Vierzylinder lieferbar war. Dieses Spitzenmodell verfügte über Allradantrieb und Allradlenkung.

25/30-PS-Agria-Kompaktschlepper mit Knicklenkung, Typ 6700, 1973. Foto: Agria

16- oder 23-PS-Agria-Kompaktschlepper Typ 4800, 1975. Foto: Agria

26-PS-Agria-Kompaktschlepper 6900, 1990.

AGRIA-Schmalspurschlepper

Baureihe	Bauzeit	Motor Hersteller	Typ	Zylinder	PS	Kühlung	Bohrung x Hub	Hubraum	Drehzahl	Radstand	Gewicht	Getriebe	Besonderheiten
1. Einachsschlepper (Auswahl)													
Motorhacke Typ 1400	1948			1	3								Zweitakt-Vergasermotor
Motorhacke Typ 1500	1949 - 1951			1	2,5								dito
Motorhacke Typ 1600	1951 - 1953	Hirth	34 M 4	1	4,5	L	60x68	192	3000		89	3/3	dito, kombinierbar mit einem Anhänger, auch 6,5 PS-Motor
Motorhacke Typ 2600	1951 - 1953	Hirth	44 A	1	6,5	L	68x68	247	3000		90	3/3	dito
Type 1800	1953 - 1956	ILO	L 250	1	7/8	L	69x66	247	3000/4000		200	2/2	dito, Bauart Schilling
Agria 1800	1953 - 1956	Hirth	D 23 M 1	1	7	L	77x96	447	3000			3/1	auch Motoren Hirth D 22 und D 24, Bauart Schilling
Agria 1800 D	1953 - 1956	Berning	Di 7L	1	7	L	80x85	425	3000		300	3/1	Viertakt-Dieselmotor
Agria 1800	1953 - 1956	Berning	D 8	1	8	L	78x78	372	3000			3/1	Viertakt-Vergasermotor, Bauart Schilling
Type 1800	1953 - 1954	Hirth	50	1	9	L	75x68	300	3000			3/1	
Type 1900	1955 - 1956	Jenco		1	10	W		380	3000		340	3/3	Vielstoffmotor
Type 1700	ab 1956	NSU	65	1	7	L	62x58	174	3000			2x3/1	Viertakt-Vergasermotor
Type 1700	1956 - 1971	Hirth	81 M 1	1	7	L	70x64	246	3000		116	2x3/1	Zweitakt-Vergasermotor, auch Motor 80 M 1. 81 M 2, 84 M 3 und 84 M 4
Type 1700	1956 - 1960	ILO	L 252	1	7/8	L	69x66	247	3000		146	2x3/1	Zweitakt-Vergasermotor
Type 1700	1956 - 1960	Berning	DK 8	1	8	L	78x72	344	3000			2x3/1	Viertakt-Vergasermotor
Type 2600	1957 - 1968	Hirth	45 M6	1	6	L	68x68	247	3000		78		
Type 1900	1958 - 1961	Jenco		1	9/10				3000		340	2x3/1	Zweitakt-Vergasermotor
Type 1900 D	1958 - 1968	ILO	DL 660	1	10	L	90x104	660	2000		403	2x3/1	dito, ab 1957 ILO DL 661 mit 12 PS
Type 2400	1960 - 1964	Jenco	Typ 65	1	7	L	62x58	174	3000		85	2x3/1	Viertakt-Vergasermotor, als Typ Mimiki II mit Schlepp-achse und Transportmulde
Type 2400	1961 - 1964	MAG-Gutbrod	1026 SRL	1	7	L	74x60	258	3500			2x3/1	Zweitakt-Vergasermotor
Type 2400	1961 - 1964	ILO	L 252	1	8	L	66x69	247	4000				Zweitakt-Dieselmotor
Type 2400	1961 - 1964	Hirth	81 M 1	1	7,7	L	70x64	246	4200			2x3/1	Zweitakt-Vergasermotor
Type 2400	1961 - 1964	Hirth	110	1								2x3/1	
Type 2800	1961 - 1964	Hatz	E 780	1	10	L	82x100	528	3000		380	2x3/1	
Type 2800	1961 - 1964	Berning	DK 8	1	8	L	78x72	344	3000		380	2x3/1	Viertakt-Vergasermotor
Type 2800	1961 - 1962	Berning	Di 7 L	1	8	L	80x85	425	3000		380	2x3/1	
Type 3800 D	1961 - 1964	ILO	DL 660	1	12	L	90x104	660	2200		370	2x3/1	Zweitakt-Dieselmotor
Type 2400	1961 - 1964	Hatz	E 75	1	6	L	75x80	353	3000			2x3/1	
Type 1700	1961 - 1964	Berning	DK 6	1	6/7	L	72x72	293	3000		116	2x3/1	Viertakt-Vergasermotor
Type 2800	1962 - 1964	Berning	Di 8	1	8	L	85x85	482	3000		380	2x3/1	Viertakt-Dieselmotor
Type 3800 G	1966 - 1975	Hatz	E 785	1	12	L	85x110	625	3000		370	2x3/1	
Type 3800	1968 - 1975	Agria	CRD 100	1	16	L	100x95	741	3000		370	2x3/1	Lizenz-Ruggerini-Motor
Type 3900	ab 1969	Hatz	E 108	1	16	L		1010	3000		710	3/3	
Type 1700 D	1970 - 1975	Hatz	E 75	1	7/8	L	75x80	353	3000		260	2x3/1	
Type 1700 D	1970 - 1975	Hatz	E 79	1	8/9	L	80x80	402	3000		265	2x3/1	
Type 2400-65	1972 - 1975	Jenco	Typ 65	1	7	L	62x58	174	3000			2x3/1	Ex-NSU-Zweitakt-Vergaser-motor
Type 2400	1975 - 1982	MAG-ILO	L 252	1	8	L	66x69	247	4000			2x3/1	Zweitakt-Vergasermotor
Type 2400	1975 - 1982	Hirth	M 8									2x3/1	
Type 1700 D	1982 - 1982	Ruggerini	RD 850	1		L	85x85	482	3000		250	2x3/1	Viertakt-Dieselmotor
Type 2700	1982 - 1985			1	9	L						4/4	
Type 3400	1982 - 1985	Robin	EH 34	1	11	L		338	3600		103	4/4	Viertakt-Vergasermotor
Type 3400 D	1982 - 1985	Yanmar	L 100 AE	1	10	L					133	4/4	Viertakt-Dieselmotor
Type 3200	ab 1983												
Type 2700	1985 - 1998			1	12,5	L						6/3	Viertakt-Dieselmotor
Type 3400	1985 - 1998			1	8	L						4/4	Zweitakt-Vergasermotor
Type 3400	1985 - 1998			1	8	L						4/4	Viertakt-Vergasermotor
Type 3400	1985 - 1998			1	8	L						4/4	Viertakt-Dieselmotor
agria 5900 Bison	ab 1998	B&S	Vanguard 13	1	13	L	89x63	392	3600		216	Hydr.	
agria 5900 Bison	ab 1998	Yanmar	L 100N-D	1	10	L	86x75	435	3600		209	Hydr.	Viertakt-Dieselmotor
agria 5900 Taifun 18	ab 1998	B&S	Vanguard 18	V2	18	L	72x70	570	3600		221	Hydr.	Viertakt-Vergasermotor
agria 5900 Taifun 22	ab 1998	B&S	Vanguard 21	V2	22	L	75,5x70	627	3600		221	Hydr.	
agria 5900 Taifun 22	ab 1998	Lombardini	25 LD 425	2	19	L	80x75	851	3600		245	Hydr.	Viertakt-Dieselmotor
agria 2500	ab 2006											Hydr.	
agria 5500 Grizzly	ab 2006	Robin	EH 34	1	10	L		338	3600		140	4/4	Viertakt-Vergasermotor
agria 5900 Cyclone 331	ab 2012	B&S	Vanguard 13	1	13	L	89x63	392	3600		210	Hydr.	
agria 5900 Cyclone 341	ab 2012	B&S	Vanguard 18	V2	18	L	72x70	570	3600		226	Hydr.	
agria 5900 Cyclone 351	ab 2012	B&S	Vanguard 21	V2	22	L	75,5x70	627	3600		230	Hydr.	

AGRIA-Schmalspurschlepper

Baureihe	Bauzeit	Motor Hersteller	Typ	Zylinder	PS	Kühlung	Bohrung x Hub	Hubraum	Drehzahl	Radstand	Gewicht	Getriebe	Besonderheiten
2. Kompaktschlepper													
2.1 Baureihe 4800 mit Spurweiten von 570 oder 780 mm oder mit Weitspur von 1000 - 1250 mm													
Type 4800 Universal	1960 - 1963	ILO	L 252	1	8	L	66x69	247	4000	1010	480	6/6	Zweitakt-Vergasermotor
Type 4800 Universal	1960 - 1970	ILO	DL 660	1	10	L	90x104	660	2000	1010	510	6/6	Zweitakt-Dieselmotor
Type 4800 Universal	1966 - 1970	Hatz	E 780	1	10	L	82x100	528	3000	1010	570	6/6	
Type 4800/815 Universal	1967 - 1968	Hatz	E 785	1	12	L	85x110	625	3000	1010	550	6/6	
Type 4800 Universal	1967 - 1974	Hatz	E 108	1	16	L	108x110	1010	3000	1010	565	6/6	
Type 4800 Universal	1968 - 1974	Hatz	E 780	1	10	L	82x100	502	3000	1010	570	6/6	Spurweite 570 - 780 und 1000 -1250 mm
Agria 4800 K	1969 - 1979	Ruggerini	CRD 100	1	16	L	100x95	741	3000	1200	705	6/6	K = Kommunalausführung
Type 4800	1975 - 1992	Ruggerini	CRD 100 P	1	16	L	100x95	741	3000	1230	695	6/6	
Type 4800 K	1979 - 1983	Ruggerini	RD 92-2	2	23	L	92x85	1130	2600	1230	760	6/6	
Type 4800 L	1979 - 1983	Ruggerini	RD 92-2	2	23	L	92x85	1130	2600	1230	685	6/6	L = Landwirtschaftsausf.
Type 4800 K	1983 - 1992	Ruggerini	RD 90-2	2	25	L	90x85	1081	3000	1230	760	6/6	
Type 4800 L	1983 - 1992	Ruggerini	RD 90-2	2	25	L	90x85	1081	3000	1230	685	6/6	
2.2 Pflegeschlepper der Baureihen 4700 und 5700													
Type 4700	1972 - 1975	Lombardini	LA 490	1	12	L	80x88	487	3000	1250	450	2x4/1	Vergasermotor, Aufsitz-mulcher »Sitting Bull«
Type 5700	1972 - 1978	Ruggerini	CRD 100 P	1	16	L	100x95	741	3000	1250	600	2x4/1	auch Radstand 1310 mm
Type 5700	1973 - 1979	Renault	R 688-45	4	30	W	70x72	1108	3000	1310	640	2x4/1	Vergasermotor
Type 7700	ab 1975	Renault	R 688-45	4	30	W	70x72	1108	3000	1500	810	2x4/1	
2.3 Kommunal-Pflegeschlepper der Baureihen 4900, 5900, 6900 und 7900													
Type 4900	ab 1976	Ruggerini	RD 92-2	2	23	L	92x85	1130	2600		715	2x4/1	
Type 7900	ab 1976	Renault	810-45	4	35	W	73x77	1280	2850	1547	690	2x4/1	Vergasermotor
Type 5900	ab 1980	Renault	800-45	4	22	W	58x80	845	3000	1547	685	2x4/1	
Type 6900	1981 - 1984	Renault	847-7/45	4	35	W	76x77	1380	2850	1457		2x4/1	
Type 6900 D	1983 - 1984	Kubota	V 1200 B	4	26	W	75x70	1238	2900	1457	1350	2x5/1	
Type 6900-1	1983 - 1984	Renault	688-7/45	4	26	W	70x72	1108	2850	1457	1100	2x5/1	Vergasermotor
Type 6900 -2	1983 - 1990	Renault	F8M 2-45	4	35	W	78x83,5	1596	2850	1457	1100	2x5/1	
Type 6900	1990 - 1992	Renault	688-7/45	4	26	W	70x72	1108	3200	1550	1100	2x4/1	
Type 6900 D	1990 - 1992	Ruggerini	RW 270	2	26	L	95x85	1196	2750	1650		2x4/1	
Type 6900 D-1	1990 - 1992	Kubota	V 1200 B	4	27	W	75x70	1238	2900	1650	1100	2x4/1	
Type 6900 D-2	1990 - 1992	Renault	F8M 2-45	4	35	W	78x83,5	1596	2850	1550	1100	2x4/1	Vergasermotor
Type 6900	1990 - 1992	Renault	688-7/45	4	35	W	70x72	1108	3200	1550	1100	2x4/1	
2.4 Pflegeschlepper der Baureihen 8300, 8500 und 9300 (Motor hinten)													
Type 9300	1972 - 1983	Renault	800-45	4	22	W	58x80	845	3200			2x4/1	Großflächen-Spindelmäher
Type 8300	1983 - 1992	Ruggerini	R 688-7/45	4	25	L	70x72	1108	2850	740	745	Hydr.	auch Radstand 805 mm
Type 8300	1990 - 1992	Ruggerini	RW 270	2	26	L	95x85	1196	2750	740		Hydr.	auch Radstand 805 mm, Großflächen-Frontsichelmäher
Type 8300	1990 - 1992	Kubota	V 1200 B	4	27	W	75x70	1228	2900	740		2x4/1	auch Radstand 805 mm
Type 8500	1990 - 1992	Renault	F8M 2-45	4	35	W	78x83,5	1596	2850	1400	1435	Hydr.	Vergasermotor, Allrad-Kommunalfahrzeug
3. Allrad-Knickschlepper													
Type 6700	1967 - 1979	Ruggerini	RD 90-2	2	25	L	90x85	1081	3000	1150	820	8/4	auch 30 PS-Motor
Type 6700	1969 - 1971	Hatz	E 108	1	16	L	108x110	1010	3000	1150	635	6/3	
Type 6700	1971 - 1972	Ruggerini	RD 92-2	2	22	L	92x85	1130	2600	1150	820	6/3	
4. Geräteträger-Prototyp													
GT	1954	ILO	DL 660	1	10	L	90x104	660	2200			3/1	Zweitakt-Dieselmotor
5. Allrad-Transporter													
Type 8700	1971	MWM	D 322-2	2	25	L	98x120	1810	2000	2250	1430	6/3	28 PS bei 2200 U/min
Type 9900	1973	Renault	714-30	4	43	W	98x110	2472	2150	1750	1000	4/1	Allradlenkung
6. Kleinstraupen													
Type 1601	1951 - 1952	Hirth	541 AZL-3	1	5	L	61x68	198	3000		100	2/0	Zweitakt-Vergasermotor
Agria 1601 Universal	1954	Hirth	451	1	5	L	60x65	192	3000				dito
Agria 2800 »Trabant«	1962	Berning	Di 7 L	1	8	L	80x85	425	3000				Viertakt-Dieselmotor

AHWI

AHWI Maschinenbau GmbH,
Herdwangen-Schönach, Im Branden 15,
1994 - heute

Dipl.-Ing. Artur Willibald gründete 1990 mit seinem Bruder Hubert die AHWI Maschinenbau GmbH, die zunächst in Salem-Rickenbach Stockfräsen und Rodungs- sowie Mulchfräsen herstellte. 1996 erfolgte der Umzug des 80 Personen starken Unternehmens nach Herdwagen, wo AHWI

364-PS-AHWI-Raupenschlepper RT 350 mit Mulchfräse, 2000. Foto: AHWI

400-PS-AHWI-Raupenschlepper RT 400 bei der Bodenbearbeitung, 2001. Foto: AHWI

in den vier Bereichen: Fräsen, Holz-Zerkleinerungsmaschinen, Biomasse-Erntesysteme und schwerste Raupentraktoren für den Forst- und Geländeeinsatz tätig ist. 1994 stellte Artur Willibald den ersten Raupen-Prototyp mit einem 500-PS-Motor vor. In den Serienbau ging das Modell »RT 350« mit einem 350 PS starken Deutz-V8-Motor. Ein stufenloses, hydrostatisches Getriebe übertrug die Kraft über Hydromotoren auf die Ketten dieses extrem robust ausgeführten Raupenschleppers. Zur optimalen Sicht war für den Fahrer eine durch einen Fangrahmen gesicherte und klimatisierte Komfortkabine frontseitig angebracht, der Achtzylinder-Diesel dagegen im Heck. Die Arbeitsgeräte ließen sich an der Frontseite des 12 Tonnen schweren Trägerfahrzeugs anbringen. Wenig später wurde das Modell »RT 200« mit dem auf 175 PS ausgelegten Caterpillar-Sechszylindermotor eingeführt. Im Jahre 2001 löste die Version »RT 400« mit 16 Tonnen Eigengewicht den bisherigen großen Typ »RT 350« ab. Der 400 PS starke Deutz-Dieselmotor BF 6 M 2015 bzw. 1015 CP mit Turbolader

175-PS-AHWI-Raupenschlepper RT 200 mit Mulchfräse, 2009. Foto: AHWI

630-PS-AHWI-Raupenschlepper »Raptor 800« bei Fräsarbeiten, 2013.

und Ladeluftkühlung gibt sein Drehmoment auf das stufenlos verstellbare Hydrostat-Getriebe ab. Für den stufenlosen hydrostatischen Antrieb (maximal 6 km/h) sorgen kraftvolle Axialkolbenpumpen und Motoren von Bosch-Rexroth. Das Kettenlaufwerk und der tiefe Schwerpunkt ermöglichen die Arbeit auch im schwierigsten Gelände. Insbesondere für schwere Rodungen, die Räumung großer Flächen sowie für Trassen- und Wegearbeiten ist dieser »Spezialist für das Grobe« geeignet. Die Hydraulik ist hier für den Einsatz bei 50 Grad minus bis 50 Grad plus ausgelegt. Mit der massiven Frästechnik aus dem eigenen Haus verspricht man sich gute Chancen in Afrika und in Südamerika, da der Einsatz dieser Spezialraupen entgegen der dort üblichen Brandrodung keine zusätzlichen Umweltschäden anrichtet.

Im Jahre 2011 schloss sich der Forstmaschinen-Hersteller mit der PRINOTH AG in Sterzing/Italien zusammen, die Fahrzeuge zur Pistenbearbeitung (Marke »Leitner«) und Kettenfahrzeuge für härteste Bedingungen fertigt. Seit 2000 arbeitete AHWI an der Entwicklung einer Lösung zum mechanischen Minenräumen. Auf der Basis der Trägergeräte und der Fräßsysteme entstand der erste Prototyp eines mechanischen Räumsystems (»Minenwolf«), der erfolgreich in Angola, Jordanien, Bosnien, Kroatien und in Ruanda eingesetzt wurde. Die weitere Entwicklung gab AHWI an den Kooperationspartner MineWolf Systems AG in Stockach/Baden ab.

2012 stellte AHWI den »Raptor 800« vor, der mit seinem 630-PS-Caterpillar-Motor und der über ein 4-Punkt-Hubwerk angebrachten Mulchfräse für härteste Aufgaben, wie schwere Rodungen, »Vegetationsmanagement« an Pipelines und Stromleitungen, Anlegen von Brandgassen und Rekultivierungsaufgaben in der Plantagen- und Forstwirtschaft entwickelt wurde. Mit dem Pendelrollen-Laufwerk ist der Fahrkomfort dieses 20-Tonnen-Fahrzeugs (mit Mulchfräse 24 Tonnen) erhöht worden.

Im Jahr 2011 hat sich AHWI, der weltführende Hersteller selbstfahrender Mulchfräsmaschinen in den Leistungsklassen von 180 bis 630 PS mit der PRINOTH AG in Sterzing/Italien zusammengeschlossen, die Fahrzeuge zur Pistenbearbeitung (Marke Leitner) und ebenfalls Kettenfahrzeuge für härteste Einsatzbedingungen herstellt, so dass sich beider Programme optimal ergänzen. Seit 2013 ist AHWI vollständig im Besitz des Südtiroler Pistenraupen-Produzenten.

AHWI-Raupenschlepper

Baureihe	Bauzeit	Motor Hersteller	Typ	Zylinder	PS	Kühlung	Bohrung x Hub	Hubraum	Drehzahl	Radstand	Gewicht	Getriebe	Besonderheiten
RT 500	1994	Caterpillar			500	W						Hydr.	Prototyp
RT 350	1995 - 2001	Deutz	BF 8 M 1015 C	V8	364	W	132x145	15870	2100		12000	Hydr.	TL
RT 400	ab 2001	Deutz	BF 6 M 1015 CP	V6	400	W	132x145	11910	1900 - 2100		16000	Hydr.	TL, ab 2009 TCD 2015 V06
RT 170	ab 2003			6	180	W			2300		6300	Hydr.	TL
RT 200	ab 2009	Caterpillar	T 2952	6	175	W					6500	Hydr.	TL
Raptor 800	ab 2012	Caterpillar	C 18 Alert	6	630	W	145x183	18100	2100		20000	Hydr.	TL

Albert

Theodor Albert,
Hamburg-Rothenbaum, Rutschbahn 17,
1925

Um 1925 fertigte Ingenieur Theodor Albert, Vertreter der Hanseatischen Motoren-Gesellschaft Bergedorf, einen zweizylindrigen, 24 PS starken Glühkopfschlepper vom Typ »Elefant«. Ob dieses Modell identisch mit den »Elephanten« der Hanseatischen Motoren-Gesellschaft war, ließ sich bisher nicht klären.

Allgaier

Allgaier-Werkzeugbau GmbH, Abt. Schlepperbau,
Uhingen/Württ., Ulmer Str. 45
1. 1946–1953 **Allgaier Werkzeugbau GmbH, Abt. Schlepperbau**
2. 1953–1956 **Allgaier Maschinenbau GmbH**

Georg Allgaier gründete 1906 eine Werkzeugmaschinenfabrik, die sich schon bald als Spezialfabrik im Werkzeugbau für die Automobilindustrie etablierte. Zieh-, Präge- und Stanzwerkzeuge dienten schließlich auch der Rüstungsindustrie, so dass das Werk sich nach 1945 zunächst auf einer Demontageliste fand. So schlimm kam es dann aber doch nicht.

Schon im Sommer 1945 entwarf das Allgaier-Werk unter der Leitung von Ing. Erwin Allgaier (1909–1987) einen Schlepper, für den die Firma Kaelble den Antrieb beisteuerte. Bei beiden Firmen handelte es sich um Familienunternehmen; die Familien Allgaier und Kaelble waren überdies miteinander verwandt, so dass ob dieser technischen Unterstützung nur Außenstehende verblüfft sein mochten. Damit aber waren die Probleme nicht gelöst, denn die Besatzungsmacht erteilte eigentlich nur jenen Firmen eine Produktionsgenehmigung, die auch schon vor dem Krieg in diesem Metier tätig gewesen waren. Um diesem Verbot zu entgehen, wurde der eigene Name zunächst nicht verwendet, die Allgaier-Schlepper trugen den Schriftzug »Kaelble« am Wasserkasten des Motors, da Kaelble in den 1930er Jahren Schlepper gebaut hatte.

Die Robust-Serie 1948–1955

Das Modell »R 18« (R für Robust) ruhte auf einem Pressstahlrahmen, auf dem ein unverkleideter, liegender Einzylindermotor mit Verdampferkühlung aufgesetzt war. Drei Keilriemen dienten der Kraftübertragung auf das eigene Vierganggetriebe; mit einer Kurbel musste der von Kaelble-Ingenieur Paul Strohhäcker (1910–1984) entwickelte Wirbelkammer-Dieselmotor angeworfen werden. Die Serienfertigung konnte allerdings erst 1948 aufgenommen werden. Die R-Baureihe entwickelte sich über die inzwischen verkleideten »R 22«- und »A 22«-Modelle weiter zur 1952 gezeigten Version »A 24« mit aufgebohrtem Motor. Zwei Jahre zuvor, 1950, hatte Allgaier mit dem Halbrahmenschlepper »A 40«, der vorwiegend in den Export in die Türkei ging, eine Baureihe mit Zweizylinder-Reihenmotor auf den Markt gebracht. Sein von Erwin Peucker, dem Konstrukteur des Normag-Schleppers, entworfenes Getriebe war aber der Belastung durch das Drehmoment des Motors nicht gewachsen, so dass die letzten Schlepper dieser Größe unter der Bezeichnung »A 40 Z« ein robustes

18/20-PS-Allgaier R 18, 1947.

ZF-Getriebe erhielten. Daneben gab es noch den »A 30«, der sich lediglich durch die größere Bereifung vom A 40 unterschied. Als drittes Schleppermodell schließlich ergänzte der »A 12« das Allgaier-Programm. Dieser Schlepper debütierte ebenfalls Anfang der 1950er Jahre; er erhielt nochmals einen von Kaelble konstruierten Motor, der aber jetzt stehend untergebracht war und eine Thermosiphonkühlung aufwies. Um dem 1952 neu hinzugekommenen, nachfolgend beschriebenen 11-PS-Modell nicht eigene Konkurrenz zu machen, erhielt er mit aufgebohrtem Motor als »A 16« eine Leistungssteigerung.

Die Allgaier-Porsche-Schlepper 1949–1955

1949 erwarb Allgaier die Fertigungsrechte am »Volksschlepper«, einem modern konzipierten Leichtbauschlepper, den Prof. Ferdinand Porsche (1875–1951) während des Krieges entwickelt hatte. Der »AP 17« (Allgaier System Porsche), den der Allgaier-Chefkonstrukteur Karl Rabe zur Serienfertigung weiterentwickelt hatte, war mit einem luftgekühlten 18-PS-Zweizylinder-Wirbelkammerdiesel bestückt, an den ein eigenes Fünfganggetriebe angeflanscht war. Die vordere Pendelachse war mit beiderseitigen Teleskopfedern ausgestattet; die hintere Portalachse ermöglichte eine große Bodenfreiheit. Weitere Besonderheiten bestanden in der Ölreinigungsschleuder, der ölhydraulischen Kupplung und dem hydraulischen Kraftheber. Eine gefällige Gestaltung der orangefarbig lackierten Haube, die vom VW-Käfer populäre Luftkühlung und vor allem der niedrige Preis führten rasch zum Erfolg dieser zweiten Allgaier-Baureihe.

Für die Montage des »AP 17« und der nachfolgenden luftgekühlten Baureihen kaufte Allgaier die ungenutzten Anlagen der ehemaligen Dornier-Flugzeugfabrik in Friedrichshafen-Manzell. Für den Export kam 1952 noch die in über 300 Exemplaren gefertigte Ausführung »P 312« mit 25/30-PS-Vergasermotor hinzu. Eine umfangreiche Blechverkleidung und die integrierte Bodenfräse »Ackerwolf« ermöglichten den problemlosen Einsatz in Orangen- und Kaffeeplantagen. Die Ausführung »AP 22«, jedoch jetzt mit Trockenkupplung, ersetzte ab 1953 das erste luftgekühlte Modell. Die schwächere Version »AP 16« trat 1954 an die Stelle des wassergekühlten »A 16«.

Als dritte Baureihe fertigte Allgaier ab 1952 die mit der Radialluftkühlung versehenen Baukastenmodelle der Reihe »A 111« bis »A 144«. Deren Motoren waren in Verbindung mit der Firma Porsche entwickelt worden, wobei Erfahrungen aus dem Bau des »AP 17« einflossen. Beim Grundmodell »A 111« saß der 12 PS starke Diesel zur optimalen Belastung über der Vorderachse; das Getriebe belastete die Hinterachse. Ein Zwischengehäuse, das auch in einer verlängerten Ausführung lieferbar war (»Typ A 111 L«) verband beide Fahrzeughälften und verhalf dem »Tragschlepper in Wespentaillenbauart« zu einer großen Bodenfreiheit, die für den Anbau von Zwischenachsgeräten genutzt wurde. Die mit einem »V« für »verkürzt« gekennzeichnete Version konnte nur als konventioneller Schlepper verwendet werden. Während der Zweizylindertyp »A 112« ebenfalls mit einer Trockenkupplung ausgestattet war, besaß der »A 113« wieder die ölhydraulische Strömungskupplung, die die Firma Voith beisteuerte. Mit der 44-PS-Vierzylindermaschine folgte 1953 der »A 144«. Anstelle der eigenen Getriebe setzte Allgaier hier ein ZF-Getriebe ein; eine besonders schwungvoll gezeichnete Haube war Erkennungszeichen dieses Topmodells.

Die große Nachfrage nach den »Allgaier-Porsche«-Schleppern überstieg schließlich die beschränkten Produktionsmittel der Firma; das finanzielle Wagnis einer grundsätzlichen Produktionserweiterung wollte

18-PS-Allgaier AP 17 »System Porsche«, 1951.

18-PS-Allgaier AP 17 Schmalspurschlepper »System Porsche«, 1950. Foto: Lothar Spurzem © CC-BY-SA-3.0)

40-PS-Allgaier A 40, 1950.

Allgaier nicht eingehen. Darüber hinaus waren die vielen Aufträge aus der wieder aufblühenden Kraftfahrzeugindustrie (für Borgward, Daimler-Benz und Ford) ein starker Anreiz für die Firma, sich wieder ganz dem traditionellen Kfz-Werkzeugbau zu widmen.

Ende 1955 gab Allgaier die Schlepperfertigung an die vom Mannesmann-Konzern gegründete Porsche-Diesel-Motorenbau GmbH ab und konzentrierte sich wieder ganz auf den Werkzeugbau. Der Marktanteil der Firma Allgaier lag zwischen vier und neun Prozent. Insgesamt wurden 50.000 Schlepper, darunter über 10.000 eigene (wassergekühlte) Allgaier-Schlepper gefertigt. 2022 ging das Unternehmen an einen chinesischen Investor über.

18-PS-Allgaier AP 17 Plantagenschlepper »System Porsche«, 1951.

22-PS-Allgaier R 22, 1951.

12-PS-Allgaier A 111 Tragschlepper, 1952.
Foto: Lothar Spurzem @ CC-BY-SA-2.0

22-PS-Allgaier-Schmalspurschlepper AP 22 S »System Porsche«, 1953.
Foto: Markus Hagenlocher © CC-BY-SA-3.0

33-PS-Allgaier A 133, 1956 Foto: Udo Paulitz

16-PS-Allgaier A 116 D »System Porsche«, 1955.
Foto: Markus Schnitzler, © CC-BY-SA-3.0

44-PS-Allgaier A 144, 1956. Foto: Udo Paulitz

Allgaier-Schlepper													
Baureihe	Bauzeit	Motor Hersteller	Typ	Zylinder	PS	Kühlung	Bohrung x Hub	Hubraum	Drehzahl	Radstand	Gewicht	Getriebe	Besonderheiten
1. Standardschlepper													
R 18	1946	Kaelble	R 18	1	18/20	V	125x150	1840	1500/1600	1500	1675	4/1	Prototyp
R 18	1947 - 1952	Kaelble	R 18	1	18/20	V	125x150	1840	1500	1500	1600	4/1	
R 22	1949 - 1952	Kaelble	R 18	1	20/22	V	125x150	1840	1500	1700	1700	4/1	
AP 17 (1. Version)	1950 - 1951	Allgaier	AP 17	1	18	L	90x108	1374	2000	1500	950	5/1	
A 22	1950 - 1953	Kaelble	R 22	1	20/22	V	125x150	1840	1500	1500	1475	4/1	
A 35 (A 30)	1950	Allgaier	A 35	2	35	W	125x150	3680	1500	1830	2000	6/1	Prototypen?
A 40	1950 - 1953	Allgaier	A 40	2	40	W	125x150	3680	1500	1920	2000	6/1	später 44 PS, auch Radstand 1830 mm
A 12	1951 - 1956	Allgaier	A 12	1	12	Th	105x125	1082	1800	1450	950	4/1	
A 16	1951 - 1954	Allgaier	A 16	1	16	Th	110x125	1192	1950	1500	980	5/1	auch 4/1-Getriebe, ab 1954 mit Wasserpumpe
AP 17 (2. Version)	1951 - 1954	Allgaier	AP 17	1	18	L	90x108	1374	2000	1500	950	5/1	
A 111	1952 - 1955	Allgaier	A 111	1	12	L	95x116	822	2200	1700	890	4/4	
A 111 K	1952 - 1955	Allgaier	A 111	1	12	L	95x116	822	2200	1550	875	4/4	»verkürzter Radstand«
A 24	1952 - 1953	Allgaier	A 24	1	24	Th	130x150	1990	1500	1500	1400	4/1	
A 133	1952 - 1955	Allgaier	A 133	3	33	L	95x116	2467	2000	1650	1390 - 1560	5/1	
A 40 Z	1952 - 1953	Allgaier	A 40	2	40	W	130x150	3980	1500	2010	2200	5/1	
AP 22	1953 - 1954	Allgaier	AP 22	2	22	L	95x108	1531	2000	1500	1320	5/1	auch Radstand 1620 mm
A 122	1953 - 1955	Allgaier	A 122	2	22	L	95x116	1644	2000	1500	1250	5/1	
A 144	1953 - 1955	Allgaier	A 144	4	44	L	95x116	3288	2000	1925	2230	5/1	auch Radstand 1950 mm
AP 16	1954 - 1955	Allgaier	AP 16	2	16	L	90x108	1374	2000	1500	1160	5/1	
2. Schmalspurschlepper													
AP 17 S	1951 - 1953	Allgaier	AP 17	1	18	L	90x108	1374	2000	1500	950	5/1	Spurweite 760 - 1250 mm
A(P) 312	1952	Allgaier	AP 25	2	25	L	100x108	1696	2200	1620	1324	5/1	Plantagenschlepper, Vergasermotor, Prototypen
AP 22 S	1953 - 1954	Allgaier	AP 22	2	22	L	95x108	1531	2000	1500	925 - 1250	5/1	auch Radstand 1650 mm, Spurweite 790 - 1250 mm
(A)P 312	1954 - 1955	Allgaier	AP 25	2	30	L	100x116	1820	2000	1656	1275	5/1	Plantagenschlepper, Vergasermotor, Außenbreite 1160 mm

Alpenland

Bayerische Landmaschinen- und Kraftfahrzeug GmbH,
Wolfratshausen-Gartenberg und München, Infanterie Str. 17,
1948–1952

Die Bayerische Landmaschinen- und Kraftfahrzeug GmbH mit Sitz in München und Fertigung in Wolfratshausen baute ab 1945 Ackerwagen und Kipper. Darüber hinaus rüstete sie zunächst gebrauchte US-Jeeps mit der Markenbezeichnung »Alpenland« zu Behelfsschleppern um. Ingenieur Kurt Schröter (1905–1973), technischer Leiter der Firma, entwickelte dann als eigenständige Konstruktion den speziell für die bergreiche Landwirtschaft konzipierten Schlepper »GS 15 Alpenland«. Schröter hatte schon 1931 eine Aufsattelvorrichtung für Anhänger auf Traktoren entwickelt. In den späten 1930er Jahren war er als Konstrukteur der Thümag-Kipp-Ackerwagen bei der Thüringer Maschinenfabrik in Wechmar hervorgetreten.

Die Fahrzeuge besaßen eine Lenk-Schenkelachse sowie einen Leichtmetallaufbau. Eine weitere bekannte Entwicklung war seine »Stopp-Fix-Auflaufbremse«. Und auch der von ihm entwickelte Alpenland-Schlepper überzeugte durch interessante, sorgsam durchdachte Details. So besaß er eine gleichsinnige Vierradlenkung, wobei der Lenkmechanismus der Vorder- und Hinterräder so konstruiert war, dass der Lenkeinschlag der Hinterräder stets ein Drittel des Lenkeinschlags der Vorderräder betrug. Mit einer starren Verbindung in das »Auffangmaul« konnte der spezielle Gutbrod-Zweiachsanhänger angekuppelt werden.

Durch den vom Motor mechanisch angetriebenen Kraftheber ließ sich der Winkel zwischen Anhängerkupplung und Schlepper verändern, wobei das Vorderteil und damit die Vorderachse des Schleppers angehoben wurden. Der belastete Anhänger erhöhte dadurch das Gewicht auf der Antriebsachse, so dass die Zugleistung bei Transportarbeiten im Bergland stieg. Gelenkt wurde in diesem Zustand durch die leicht einschlagbaren

15-PS-Alpenland K 15, 1950. Foto: Udo Paulitz

Treibräder sowie durch Lenkbremsen. Zusammengesetzt aus Teilen des US-Jeeps und des Dodge-Kommandowagens, sorgte beim »Alpenland« ein 15 PS starker MWM-Einzylinder für Vortrieb.

1950 und 1952 folgten die Modelle »K 25« und »K 40« mit Zwei- und Dreizylinder-MWM-Motoren. Der Allradantrieb war obligatorisch, die gleichsinnige Vierradlenkung blieb einigen wenigen »K 25« vorbehalten. Das Unternehmen Bayerische Landmaschinen- und Kraftfahrzeug GmbH musste 1952 nach dem Bau von etwa 500 Schleppern Konkurs anmelden und erlosch im Jahre 1959; Kurt Schröter wechselte dann zum Gelenkwellenhersteller Walterscheid in Siegburg.

Alpenland-Schlepper

Baureihe	Bauzeit	Motor Hersteller	Typ	Zylinder	PS	Kühlung	Bohrung x Hub	Hubraum	Drehzahl	Radstand	Gewicht	Getriebe	Besonderheiten
GS 15 (K 15)	1948 - 1950	MWM	KD 215 E	1	14/15	W	100x150	1178	1500/1600	1530	1090	6/2	Vierradlenkung, Serienbau ab 1949
GS 15 (K 15)	1949 - 1951	MWM	KD/W 415 E	1	15	W	100x150	1178	1500	1530	1190	5/1	Vierradlenkung
GS 25 (K 25)	1950 - 1952	MWM	KD 415 Z	2	25	W	100x150	2356	1500	1750	1450	5/1	Vierradlenkung, Serienbau ab 1951
K 40	1951 - 1952	MWM	KDW 415 D	3	40	W	100x150	3534	1500	2100	2100	4/1	

Altmann

Kleinmotorenfabrik Adolf Altmann,
Berlin-Gesundbrunnen, Ackerstr. 68,
1896

(Entgegen dem zeitlichen Rahmen dieses Buches soll hier auf Adolf Altmann eingegangen werden, den Namenspatron des Traktors.)

Zivilingenieur Adolf Altmann (1850–1905) gründete 1879 eine Motorenfabrik. Dort stellte er um 1896 eine Zugmaschine mit eigenem, im Heck liegenden Einzylinder-Petroleummotor mit 12 bis 18 PS und einer Verdampferkühlung her. Der Antrieb erfolgte über Ketten. Um das Differential zu sparen, musste bei Kurvenfahrt ein Antriebsrad ausgekuppelt werden. Er taufte seine Maschine auf den Namen »Trakteur«, ein lateinisch-französisches Sprachgemisch, das hier erstmals verwendet wurde.

12-18-PS-Altmann-Lokomobilmotor »Trakteur«, 1896.

Die Firma Altmann, die im Auftrag auch die Keller-Ringschienen-Zugmaschinen erstellte, ging 1898 an die Marienfelder Motor-Fahrzeug- und Motorenfabrik AG über; der Maschinenpark wurde nach Marienfelde bei Berlin verlegt. Adolf Altmann fungierte als deren Generaldirektor. Klein- und Großmotoren, Motorwagen, Lokomobile, elektrisch angetriebene Fahrzeuge und Boote bildeten das Produktionsprofil des Unternehmens, das noch heute eine Fertigungsstätte der Daimler-Benz AG bzw. der Daimler AG ist. Der »Trakteur« allerdings wurde nicht weiter gebaut.

Nach dem Ausscheiden in Marienfelde im Frühjahr 1902 gründete Altmann die Kraftfahrzeug-Werke Brandenburg a. d. Havel GmbH, Dampfwagenbau System Altmann. Als »Gerichtlicher und Technischer Sachverständiger« kam er 1905 bei der Versuchsvorführung eines Motors durch eine Explosion ums Leben.

Altmann-Schlepper

Baureihe	Bauzeit	Motor Hersteller	Typ	Zylinder	PS	Kühlung	Bohrung x Hub	Hubraum	Drehzahl	Radstand	Gewicht	Getriebe	Besonderheiten
Trakteur	1896	Altmann		1	12 - 18	V	250x400	19.625	200		4110		

Anker

Anker-Universal-Motorpflug-Fabrik GmbH,
Rudolstadt, Schwarzburger Chaussee, ab 1922 Speyer,
1920–1922

Die 1869 gegründete Anker-Steinbaukasten- und Maschinenfabrik Richter u. Co., bekannt durch ein Allround-Sortiment von Pseudo-Medikamenten (»Olitäten«), Lebensmitteln und Spielsachen, plante schon vor dem Ersten Weltkrieg eine Ausweitung des Angebots auch auf Tragpflüge. Als das Werk nach dem Krieg durch den Fortfall des wohlhabenden Publikums im In- und Ausland in eine Absatzkrise geriet, wurden diese Pläne forciert. So übernahm die Maschinenabteilung dieses Mischkonzerns die Konstruktionsunterlagen des Kleinmotorpfluges des Münchener Ingenieurs Josef F. Arlt. Zuvor hatte die Münchener Firma Friedrich A. Müller erfolglos versucht, diesen Motorpflug unter der Bezeichnung »Gnom« zu bauen, doch fehlte ihr wohl das nötige Kapital. Das wiederum hatte das Unternehmen, das in Rudolstadt und Speyer tätig war.

Der »Anker«-Motorpflug kombinierte eine dreirädrige Zugmaschine mit einem angehängten 3- oder 5-scharigen Pflug. Auf dem Rahmen saß ein 38 PS starker Deumo-Motor der Deutschen Motoren-Werke GmbH in Gößnitz/Sachsen-Anhalt. Der pfiffige Kleinpflug wies zwei interessante Konstruktionsdetails auf. Einerseits konnte das in der Furche laufende Rad in der Höhe verstellt werden, um das Fahrzeug in waagerechte Stellung zu bringen, zum anderen konnte der Fahrer auch vom Pflug aus über Bowdenzüge die Zugmaschine steuern. Allerdings versagte die trickreiche Konstruktion bei der alles entscheidenden Vorführung auf der DLG-Ausstellung 1921 in Leipzig, so dass der Serienbau unterblieb. Erleichtert wurde diese Entscheidung durch die Tatsache, dass das Anker-Werk sich – dank der anziehenden Konjunktur – wieder auf die Produktion von Medikamenten und Spielsachen verlegen konnte. Nach 1945 enteignet, wurde das Werk 1946 auf die Heftpflaster- und Generika-Produktion profiliert. Nach der Wende entstand die Steinbaukasten-Fabrikation neu.

Anker-Klein-Motorpflug mit angehängtem Pflug und Bowden-Steuerung, 1920.

Anker-Schlepper

Baureihe	Bauzeit	Motor Hersteller	Typ	Zylinder	PS	Kühlung	Bohrung x Hub	Hubraum	Drehzahl	Radstand	Gewicht	Getriebe	Besonderheiten
Gnom	1918	Deumo	6	4	35/38	W	114x160	6530	800		2300	3/1	
Anker	1921 - 1922	Deumo		4	35	W	110x160	6080	750/ 800		2000	2/1	auch 80x130 mm-Motor

Atlas

Atlas-Maschinenbau-GmbH,
Berlin-Wedding, Schönebecker Ufer 19,
1920

Die Firma Atlas gehört zu den kurzlebigen Firmen jener Zeit, über die kaum mehr bekannt wurde als die Tatsache ihrer Existenz. Angeblich soll dieses Unternehmen einen Radschlepper hergestellt haben. Es darf aber bezweifelt werden, dass mehr als Prototypen entstanden. Über die Technik wurde nichts überliefert.

Autara

Bayerische Kleinmotorpflug GmbH u. Co.,
München, Schwanthaler Str. 54,
1918-1924

Der Ausgang des Ersten Weltkrieges stellte viele deutsche Rüstungsfirmen vor die Suche nach alternativen Produkten. Im Rahmen dieser »Konversion« bot sich für einige Hersteller der Einstieg in den Automobil- oder in den Landmaschinenbau an, so auch bei diesem Münchener Produzenten. Mit einem angeblich eigenen 22-PS-Motor stattete die Bayerische Kleinmotorpflug Gesellschaft ihre Landmaschine der Marke »Autara« aus, der hinten ein einzelnes Antriebsrad besaß, so dass das Differential entfallen konnte. Die Besonderheit dieser Konstruktion lag in der Möglichkeit, die Vorderachse vertikal zu verstellen, um die Schrägstellung des Fahrzeugs beim Arbeitsgang auszugleichen bzw. zu vermeiden. Zwischen den Achsen war der Pflugrahmen angebracht. 1924 erlosch diese Firma, ohne dass nähere Einzelheiten über sie bekannt geworden wären.

22-PS-Autara-Dreiradschlepper mit Dreischarpflug und angehängtem Einscharpflug, 1920.

Autara-/Bayerischer Kleinmotorpflug-Schlepper													
Baureihe	Bauzeit	Motor Hersteller	Typ	Zylinder	PS	Kühlung	Bohrung x Hub	Hubraum	Drehzahl	Radstand	Gewicht	Getriebe	Besonderheiten
Autara	1920	Autara		4	22	W	90x120	3025	1000			2/1	

Auto Union

Auto Union AG, Chemnitz
1. 1938–1942 Auto Union Chemnitz, Rösslerstraße
2. 1949–1950 VEB Motorenwerke Chemnitz

Auto Union-Holzgas-Schlepper auf Pöhl-Basis, Bauart Reichsstelle für Raumordnung, Konstruktion Prof. Dr. Deiters, 1939.

Auf Drängen des DKW-Gründers Jörgen Skafte Rasmussen übernahm 1938 die Auto Union die Weiterentwicklung und Montage des Pöhl-Deiters-Generatorschleppers als »Projekt 2«. Landmaschinenkonstrukteur Gustav Pöhl und Dr.-Ing. Josef Deiters hatten dabei den Ford-BB-Vierzylindermotor als Antriebsquelle gewählt; die Zeitläufe aber machten eine Umstellung auf Holzverbrennung und damit den Einbau eines Imbert-Generators notwendig, der vor der V-förmigen Vorderachse angebracht wurde.

Eine Genehmigung zum Serienbau blieb dem Werk aber versagt, das aufgrund seiner Beteiligung an der Imbert-Generatoren-Gesellschaft großes Interesse zeigte. Ob aber, wie kolportiert, während des Krieges dort wenigstens die Montage des Scheuch-Flugzeugschleppers erfolgte, konnte nicht zweifelsfrei in Erfahrung gebracht werden.

Damit ließe sich aber vielleicht erklären, warum das ehemalige DKW-Werk zu Beginn der 1950er Jahre den Bau des Geräteträgers von Egon Scheuch übernehmen sollte. Auch hier allerdings ist unklar, ob es tatsächlich zu einer Serienfertigung des »VEB Chemnitz Geräteträgers« kam.

Auto-Union-/VEB Chemnitz-Geräteträger													
Baureihe	Bauzeit	Motor Hersteller	Typ	Zylinder	PS	Kühlung	Bohrung x Hub	Hubraum	Drehzahl	Radstand	Gewicht	Getriebe	Besonderheiten
IFA »Maulwurf«	1949 - 1950	IFA-DKW	EL 462	1	8,75	L	88x76	462	3000	1750	570		Zweitakt-Vergasermotor
IFA »Maulwurf«	1949 - 1950	IFA-DKW	EL 293	1	6	L	74x68,5	293	2800	1750	570		

Autowerke Salzgitter

Autowerke Salzgitter (AWS),
Salzgitter,
1950

Die Autowerke Salzgitter gingen aus der Firma Niedersächsisches Auto- und Motoren-Instandsetzungswerk (NAW) hervor, die seit 1948 als sogenannter Flüchtlingsbetrieb vor allem US-Jeeps für zivile Zwecke umbaute. Auch einfachste Schlepper auf Fahrgestellen dieses Militärfahrzeugs wurden in geringer Stückzahl gefertigt.

Bachmann

Ansbacher Eisengießerei und Maschinenfabrik und Motorenbau Karl Bachmann,
Ansbach, Oberhäuser Str. 63,
1918–1925

Die Ansbacher Maschinenfabrik Bachmann wurde 1872 von dem Ingenieur Karl Bachmann gegründet und befasste sich zunächst mit der Herstellung von Ersatzteilen für landwirtschaftliche Nutzgeräte. Göpelwerke, Eisenkonstruktionen und Dampfmaschinen kamen um die Jahrhundertwende hinzu. Die Söhne des Gründers, Hans und Georg Bachmann, bauten schließlich auch Sauggas- und ab 1908 Rohölmotoren. Nachdem das Unternehmen während des Ersten Weltkrieges mit der Fertigung von Rüstungsgütern ausgelastet war, nutzte man ab 1918 die Anlagen auch zur Herstellung von Ackerschleppern, zumal kurz vor Kriegsende eine leichte Artillerie-Zugmaschine entwickelt worden war, die eine ideale Ausgangsbasis dafür bildete.

Der zivile »Bachmann-Trecker« besaß in seiner ersten Ausführung einen für das 3,5 t schwere Fahrzeug zu schwachen 20-PS-Motor; daher wurde auch mit 22- und 26-PS-Motoren experimentiert. Zu den wichtigsten Merkmalen dieser Konstruktion gehörten ein vorverlegtes Differential, die Kraftübertragung per Rollenketten auf die einzeln abbremsbaren Hinterräder, die gefederte Hinter- und die gefederte vordere Pendelachse, das Dreiganggetriebe, die kleine Ladepritsche, eine 150-m-Seiltrommel sowie, auf Wunsch, ein überdachter Fahrerplatz. Die zweite Version von etwa 1922 besaß dann den Vierzylinder-»Bayern«-Motor (BMW) mit 30/32 oder 36 PS, der über einen Ritzelantrieb dem »Bachmann'schen Kraftschlepper« zu einer Höchstgeschwindigkeit von 7 km/h verhalf.

Nach der Einstellung des Schlepperbaus entwickelte das Unternehmen mit den Firmen Münchener Motorenfabrik Gebr. Baumann GmbH, Motoren-Werke Mannheim AG und der Süddeutschen Bremsen AG den »Colo«-Vorkammer-Dieselmotor, der über die neu gegründete Motoren GmbH in München als Einheitsdieselmotor vertrieben werden sollte. Dieser kompressorlose Dieselmotor befeuerte aber nur die wenigen Schlepper der Motorenfabrik Darmstadt AG, der Motoren-Werke Mannheim AG, des Staatlichen Hüttenamt Sonthofen und der Süddeutschen Bremsen AG.

Nach der Produktionseinstellung des Bachmann-Schleppers wurden die Kapazitäten für gießereitechnische Artikel genutzt sowie zur Produktion von Teilen für Flugzeugmotoren und Turbinen.

Die beiden heutigen Nachfolgefirmen befassen sich mit der Herstellung von Saunaöfen, Solarien, Kochkesseln sowie dem Bau von Ersatzteilen für Dampfmaschinen.

22/26-PS-Bachmanns Trecker, 1918.

Bachmann-Schlepper													
Baureihe	Bauzeit	Motor Hersteller	Typ	Zylinder	PS	Kühlung	Bohrung x Hub	Hubraum	Drehzahl	Radstand	Gewicht	Getriebe	Besonderheiten
Bachmann's Trecker	1918	Bachmann		4	20	W	110x140	5319	700	2600	3700	3/1	auch »Kraftschlepper«
Bachmann's Trecker	1918 - 1920	Bachmann		4	22/26	W	110x140	5319	720/800	2600	3500	3/1	
Bachmann's Trecker	1920	BMW		4	30/32	W	115x180	7474	720/800	2600	3700	3/1	
Bachmann's Trecker (»Kraftschlepper«)	1920 - 1925	BMW	M 4 A 1	4	30/36	W	120x180	8138	720/800	2600	3400	3/1	ab 1922 45 PS

Barthels

Barthels & Söhne,
Hamburg-Bergedorf, Deichstr.,
1935–1949

Mit dem Bau von Einachsschleppern für den Gemüse- und Gartenbau befasste sich ab 1935 die im Jahre 1919 von Ernst Barthels gegründete Dreherei und Maschinenfabrik. Nach der Währungsreform im Jahre 1948 entstand der Einachsschlepper »Hansa 48« mit 9-PS-F&S-Motor. Da die Auftragseingänge die Fertigungskapazität des Betriebes überstiegen und die Investitionsmittel nicht vorhanden waren, gab Barthels Ende 1949 die Konstruktion an die Schmiedag AG in Hagen ab; montierte aber im Auftrag der Schmiedag noch zwei Jahre lang den Hansa-Typ. Barthels blieb dem Einachser-Konzept bis 1955 als Reparatur- und Servicestützpunkt verbunden, danach übernahm das Unternehmen als Friedr. E. Barthels Nachf. die Vertretung für Bungartz-, (später) Bungartz & Peschke-Kleintraktoren.

9-PS-Barthels-Lastkarren »Hansa 50«, 1951.

Barthels-Einachsschlepper

Baureihe	Bauzeit	Motor Hersteller	Typ	Zylinder	PS	Kühlung	Bohrung x Hub	Hubraum	Drehzahl	Radstand	Gewicht	Getriebe	Besonderheiten
Hansa 48	1935 - 1942	F&S	Stamo 360	1	8/9	L	78x75	360	3000		450	3/1	Zweitakt-Vergasermotor, Spurweite 52 -125 cm
Hansa 50	1948 - 1949	F&S	Stamo 360	1	8/9	L	78x75	360	3000		450	K+4/3	

BATRA

Heinrich Barth,
Michelstadt,
1955

Heinrich Barth (1901–1984) sammelte technische Erfahrungen bei Güldner und bei Ensinger. Nach dem Ende des Ensinger-Werkes entwickelte er im Hüttenwerk Michelstadt eine Kleinraupe mit 14-PS-Stihl-Motor und mit einem Kastenrahmen, an dem das gummibewehrte Laufwerk starr angebracht war. Ein röhrenförmiger Tank war für die Platz-Schädlingsbekämpfungsanlage eingebaut. Obwohl die Firma Carl Platz GmbH in Frankenthal an diesem Modell interessiert war und Chancen für den Export in subtropische Länder bestanden, kam es nicht zu einer Serienfertigung dieses Raupentyps.

14-PS-BATRA-Weinbergsraupe mit Platz-Sprühanlage, 1954.
Foto: Heinrich Lauser

Battenberg

Hans Battenberg Landmaschinenbau,
Bäumenheim/Bayern,
1949–1950

Bei Battenberg entstand als erster Versuchstyp eine Leichtraupe mit Lenkhebelsteuerung und eine daraus entwickelte kombinierte Rad-Raupe mit zunächst 12-PS-Hatz-, später 15-PS-Zanker-Motor. Die Stahlbandkette wurde über die gleich großen Vorder- und Hinterräder geführt; die Lenkkupplungen betätigte der Fahrer über zwei Lenkhebel. Zwei, später vier untere Stützrollen vergrößerten die Bodenhaftung. Battenberg führte seine Leichtraupe 1949 unter der Bezeichnung »Kombi« auf der Landwirtschaftsausstellung in Frankfurt am Main vor, gab aber bereits 1950 den Schlepperbau wieder auf.

12/14-PS-Battenberg-Schlepper-Raupen-Prototyp, 1949.

Battenberg-Schlepper-Raupen

Baureihe	Bauzeit	Motor Hersteller	Typ	Zylinder	PS	Kühlung	Bohrung x Hub	Hubraum	Drehzahl	Radstand	Gewicht	Getriebe	Besonderheiten
»Kombi« Gr. 2 (R 12)	1949	Hatz	A 1 W	1	12/14	V	100x130	1020	1500	1450	1000 - 1400	4/1	Zweitakt-Dieselmotor
»Kombi« Gr. 2	1950	Zanker	M 1	1	12/15	Th	100x130	1022	1500	1450		4/1	
»Kombi« Gr. 2	1950			2	18	W			1500	1450	1800	4/1	

Bautz

Josef Bautz GmbH, Landmaschinenfabrik,
Saulgau/Württ., J. Bautz-Str. 6,
Werk Großauheim, Großauheim, Steinheimer Str.
1. 1948–1960 Josef Bautz AG
2. 1961–1963 Josef Bautz GmbH

Die Erntemaschinenfabrik Bautz, um die Jahrhundertwende zur Fertigung von Heuwendern der Marke »Attila« gegründet, befasste sich ab 1936 mit der Entwicklung eines leichten Schleppers und baute im Zweigwerk Großauheim auch erste Prototypen mit 20-PS-MWM-Motoren und einem eigenen Vierganggetriebe.

Dann kam der Krieg, Bautz wurde Teil der Rüstungsindustrie und konnte den Typ nicht weiterentwickeln. Auf Druck des Reichsluftfahrtministeriums zogen die Vereinigten Deutschen Metallwerke (VDM) in die neuen Hallen ein, um Flugzeug- und später V2-Raketenteile zu produzieren, was für Bautz nach Kriegsende schwerwiegende Folgen hatte. Die US-Armee beschlagnahmte das Großauheimer Werk und richtete dort eine Werkstatt zur Fahrzeuginstandsetzung ein. Das erst 1948 vollendete neue Schleppermodell in Blockbauweise entstand daher im Stammwerk. Dieses Modell erhielt die Bezeichnung »Bautz 11«, nach der Motorleistung des hier verwendeten MWM-Motors. Das Vierganggetriebe war eine Eigenentwicklung.

Vermutlich um weitere Entwicklungskosten zu sparen, übernahm Bautz im Dezember 1949 die Konstruktion des Zanker-Dieselschleppers »M 1«, der mit seinem 14 PS starken Zweitaktmotor um drei PS stärker war als der Bautz-Prototyp. Die Kraftübertragung war in diesem Fall Sache eines eigenen Viergang- (Getriebes mit ZF-Innenteilen) oder eines ZP-Fünfganggetriebes. Vermarktet als Bautz-Typ »BS 14 AS«, wurden die ersten Modelle bei Zanker im Lohnauftrag gebaut. Schon im gleichen Jahr aber ersetzte Bautz den doch nicht befriedigenden Zanker-Diesel durch einen MWM-Viertaktmotor; der Schlepper, nun in dem zum Teil zurückgegebenen Zweigwerk Großauheim gefertigt, erhielt dadurch die Typenbezeichnung »AS 122«.

1950 löste ein neu entwickeltes 14-PS-Modell der Baureihe »AS 140« das erste Bautz-Modell ab. In rascher Folge baute die Firma dann das Ackerschlepper-Programm in den unteren Leistungsklassen von 12 bis 25 PS aus, wobei kleinvolumige luft- und wassergekühlte Güldner- und MWM-Motoren zum Einbau kamen. Portalachsen vorne und hinten gaben den Bautz-Leichtschleppern eine gute Bodenfreiheit. Für die Schlepperfertigung stand ab 1954 das Großauheimer Werk komplett zur Verfügung, nachdem die US-Armee dort ihren Motor Pool verlagert hatte, während das Hauptwerk sich auf die Mähbinder- und Mähdrescher-Produktion konzentrierte.

14-PS-Bautz B 14 AS (Zanker-Typ), 1949. Foto: Udo Paulitz

14-PS-Bautz AS 140, 1950.

12-PS-Bautz AS 122, 1951.

16-PS-Bautz AS 170, 1953. Foto: Didier Lahousse © CC-ND-2.0

Als die Auswirkungen der EWG-Landwirtschaftspolitik der deutschen Schlepperfertigung drastisch zusetzten, versuchte Bautz mit zwei modern konstruierten Schleppern nochmals an die früheren Erfolge anzuknüpfen. In Tragschlepperbauart standen 1959 die Modelle »200« und »300« bereit, die sich dank einer großen Bodenfreiheit (»Bauchfreiheit«) für den Zwischenachseinbau auszeichneten. Hinzu kamen schlanke Motorhauben und als Nonplusultra Lenkradschaltungen. Aus dem bisherigen Programm führte Bautz den »AL 240«, nun als »350 AL«, in modernisierter Form weiter.

Zur Ergänzung des eigenen Programms in höheren PS-Klassen vertrieb Bautz ab 1958 die englischen Nuffield-Traktoren der British Motor Corporation/BMC. 1962 ging das Erntemaschinen- und Schlepperwerk eine Partnerschaft mit der Hanomag in der Union Hanomag-Bautz ein. Allerdings ließ Bautz schon 1963 die seit 1961 nach Saulgau zurückverlagerte Montage der Schlepper zugunsten der Mähdrescherfertigung auslaufen. 25.000 Fahrzeuge waren bis zu diesem Zeitpunkt hergestellt worden. Die Arbeiten an den Entwicklungsmustern 100 mit 12-PS-F&S- und 400 mit MWM-Motor sowie die Entwicklung eines Autoschütters mussten eingestellt werden. Das Hermann Lanz-Werk, das von Bautz Gusserzeugnisse bezog, nutzte noch zwei Jahre lang den renommierten Bautz-Namen für Hela-Schlepper, die in den Export nach Frankreich gingen. Nachdem das Unternehmen durch die verschärfte Absatzkrise auf dem Landmaschinenmarkt in den späten 1960er Jahren in Schwierigkeiten geraten war, ging es 1969 in die Hände des Mähdrescher-Herstellers Claas in Harsewinkel über. In Saulgau entstehen seitdem Futterernte- und Feldhäcksler. Das Großauheimer Werk dient heute als Gewerbepark verschiedenen Firmen. Insgesamt wurden 25.000 Fahrzeuge hergestellt, darunter auch die noch bis Mitte der 1960er Jahre im Hermann Lanz-Werk gefertigten Bautz-Schlepper für den Export nach Frankreich.

20-PS-Bautz-Tragschlepper 300, 1959. Foto: Udo Paulitz

22-PS-Bautz AS 220, 1953. Foto: Udo Paulitz

24-PS-Bautz AL 350, 1957.

Bautz-Schlepper													
Baureihe	Bauzeit	Motor Hersteller	Typ	Zylinder	PS	Kühlung	Bohrung x Hub	Hubraum	Drehzahl	Radstand	Gewicht	Getriebe	Besonderheiten
Bautz 11	1948	MWM	KD 15 E	1	11	W	95x150	1062	1500		810	4/1	Prototyp
BS 14 AS	1949	Zanker	M 1 A	1	14	Th	100x130	1022	1500	1445	1185	4/1	Zanker-Typ
AS 140	1950	MWM	KDW 415 E	1	14	W	100x150	1178	1850		975		
AS 120	1951 - 1952	MWM	KD 11 Z	2	12/14	W	85x110	1248	1750	1569	830	4/1	
AS 120	1953	MWM	KD 211 Z	2	14	W	85x110	1248	1850	1569	1000	5/1	
AS 170	1952	Güldner	2 D 15	2	16	L	85x115	1304	1800	1735	1310	5/1	
AS 220	1952 - 1953	Güldner	2 DA	2	22	W	95x115	1630	1800		1390	5/1	
AS 122 (ab 1956 AL 122)	1953 - 1960	MWM	AKD (1)12 E	1	12	L	98x120	905	2000	1550	980	5/1	auch 4/1-Getriebe
AS 120	1953 - 1956	MWM	KDW 211 Z	2	14	W	85x110	1248	1850	1550	995	5/1	auch 4/1-Getriebe
AS 171	1954	MWM	KD 211 Z	2	17	W	85x110	1248	2000		1070	5/1	
AS 121	1955	MWM	AKD 112 E	1	12	L	105x120	1040	2000			5/1	Hackfruchtschlepper
AS 180 (ab 1956 AW 180)	1955 - 1959	MWM	KD 211 Z	2	17/18	W	85x110	1248	2000	1740	1230	5/1	auch Radstand 1660 mm
AS 180 (ab 1956 AL 180)	1955 - 1956	MWM	AKD 311 Z	2	17	L	90x110	1400	2000	1605	1245	5/1	auch Radstand 1690 mm
AS 240 (AL 240)	1955 - 1960	MWM	AKD (1)12 Z	2	24	L	98x120	1810	2000	1810	1375	5/1	auch Radstand 1745 und 1885 mm
AW 120/AW 151	1956 - 1960	MWM	KD 211 Z	2	14	L	85x110	1248	1850	1550	975	5/1	
AW 240	1957 - 1960	MWM	KD 12 Z	2	24	W	95x120	1700	2000	1745	1380	5/1	auch Radstand 1885 mm, Gewicht 1420 kg
Bautz (AL) 200	1959 - 1963	MWM	AKD 10 Z	2	15	L	80x100	1004	2300	1697	1035	8/2	Lenkradschaltung
Bautz 300 S/T	1959 - 1963	MWM	AKD 311 Z	2	20	L	90x110	1400	2100	1770	1270	7/1	Lenkradschaltung, Version T
													(Tragschlepper) 1305 kg
Bautz 350 AL	1960 - 1961	MWM	AKD 112 Z	2	25	L	98x120	1810	2200	1845	1500	5/1	Lenkradschaltung
Bautz 350 AW	1960 - 1961	MWM	KD 12 Z	2	25	W	95x120	1700	2000	1845	1475	5/1	Lenkradschaltung

BTC/BTG

Bayerische Traktoren- und Fahrzeugbau GmbH,
München, Berg-am-Laim-Str. 109–113;
München-Freimann, Ingolstädter Str. 193 u.
Nürnberg-Ziegelstein, Äußere Bayreuther Str. 310
1. 1949–1953 **Bavarian Truck Company (BTC)/ Bayerische Transportfahrzeuge Company GmbH**
2. 1953-1961 **Bayerische Traktoren- und Fahrzeugbau GmbH**

In den Hallen der Vereinigten Werkstätten für Karosserie- und Wagenbau GmbH richtete sich die Bayerische Transportfahrzeuge GmbH, zeitweise auch mit der amerikanischen Bezeichnung Bavarian Truck Company, ein. Weitere Werkstätten befanden sich in München-Freimann und in Nürnberg-Ziegelstein.

Der US-Jeep diente dem Unternehmen als Grundlage zur Behelfsschlepperfertigung. Das Allradfahrzeug erhielt ein geändertes Getriebe sowie einen gummigelagerten 11-PS-Deutz-Einzylindermotor. Eine kleine Ladepritsche konnte über der Hinterachse angebracht werden. Der umgeänderte Jeep gelangte als »BTC-Bavaria« zu seinen Käufern. Die Bestände an ausgemusterten Army-Jeeps waren aber nicht unerschöpflich, so dass das Unternehmen ab 1951 eigene Rahmen zusammenschweißte und diese mit einem 12,5 PS starken Hatz-Zweitakt- oder einem 14 PS starken MWM-Viertakt-Einzylindermotor bestückte.

Der 1155 kg schwere Schlepper konnte mit einem Zweischarpflug, einer hinteren Riemenscheibe und einem Mähbalken, der durch ein Doppelkeilriemensystem angetrieben wurde, ausgestattet werden. Auf eine Karosserie wurde anfänglich verzichtet. 1954/55 hatte das Unternehmen die

Ära der Jeep-Umbauten endgültig überwunden und stellte mit den Typen »BTG 4/25« beziehungsweise »BTG 4/32« eine eigenständige Allrad-Konstruktion mit gleich großen Rädern und Güldner- oder Perkins-Diesel vor. Die Verwendung zweier ZF-Lenkachsen erlaubte sogar eine Allradlenkung, was den BTG-Typen zu einer überragenden Manövrierfähigkeit verhalf. Die Motorverkleidung ähnelte der Haube der Deutz-Schlepper. Den Schlepper gab es auch in einer Variante für die Bauwirtschaft. Mit dem 17-PS-Güldner-Motor folgte 1956 noch der »BTG 4/17«.

In der letzten Baureihe erschien 1958 das Knicklenker-Modell »D 40 Allrad« mit einem weit vorgesetzten 35-PS-Dreizylinder-Deutz-Motor. Vorder- und Hinterteil waren über zwei ineinandergesteckte Rohre verbunden, so dass sich beide Achsen in der Querrichtung verschränken konnten.

Das Gewicht von Motor und Wendegetriebe ruhte auf der Vorderachse. Wer keinen Allradantrieb benötigte, konnte den Schlepper auch wahlweise nur mit Hinterachsantrieb ordern. Die letzte Serie dieses Allradschleppers mit den gleich großen Rädern erhielt den auf 39 PS erstarkten Deutz-Motor, der unter einer entsprechenden Haube mit Deutz-Markenzeichen verschwand, kein Wunder: Die BTG-Modelle wurden inzwischen über das Deutz-Händlernetz vertrieben, eine ideale Kombination für beide Seiten. BTG erhielt so Zugang zum leistungsfähigen Vertriebsnetz der Deutz-Schlepperfabrik, und im Deutz-Programm wiederum hatte bis dahin ein Allrad-Modell gefehlt. BTG stellte die Schlepperfertigung 1961 ein. Die Fertigung des »HZ 40 Allrad« sicherte sich jetzt die Baumaschinenfabrik Frisch in Augsburg.

32-PS-BTG-Knickschlepper 4/32, 1955. Foto: High Contrast © CC-BY-SA-3.0

11-PS-BTC-Jeep-Behelfsschlepper, 1949.

Bayerische Traktoren- und Fahrzeugbau-Schlepper (BTC/BTG)

Baureihe	Bauzeit	Motor Hersteller	Typ	Zylinder	PS	Kühlung	Bohrung x Hub	Hubraum	Drehzahl	Radstand	Gewicht	Getriebe	Besonderheiten
BTC Bavaria	1949 - 1950	Deutz	F 1 M 414	1	11	V	100x140	1099	1150	2033	1155	6/2	Jeep-Basis, auf Wunsch Allradantrieb, ab 1950 12 PS
BTC Bavaria S 14 E	1949 - 1952	MWM	KDW 415 E	1	14	W	100x150	1178	1500	1700	1100	4/1	auch 5/1-Getriebe, Allradantrieb
BTC Bavaria S 12 E	1951 - 1955	Hatz	A 1 S	1	12,5	W	100x130	1020	1500	1700	1080	4/1	auch 5/1-Getriebe, Allradantrieb
BTC Bavaria S 16 E	1951	Hatz	B 1 S	1	16	W	120x130	1470	1500		1100	5/1	Allradantrieb
BTC Bavaria S 16 E	1952 - 1954	MWM	KD 11 Z	2	12/14	W	85x110	1248	2250			5/1	
BTG 4/25	1955 - 1957	Güldner	2 LB	2	24	L	95x130	1840	2000	1800	1650	6/6	Allradantrieb, anfänglich 6/1-Getriebe, auch 25 PS-Motor
BTG 4/32 P	1955 - 1958	Perkins	P 3	3	32	W	89x127	2369	2000	1800	1690	6/6	Allradantrieb
BTG 4/32 P	1955	Perkins	P 3	3	32	W	89x127	2369	2000	1900	1730	6/6	
BTG 4/17	1956 - 1957	Güldner	2 LD	2	17	L	85x115	1304	2000	1800	1380	6/6	dito, Serienfertigung ?
BTG D 40 T Allrad	1958 - 1960	Deutz	F 3 L 712	3	35	L	95x120	2550	2150	1840	1780	6/6	a. W. Allradantrieb
BTG HZ 40 Allrad	1958 - 1961	Deutz	F 3 L 712	3	38/40	L	95x120	2550	2300	2000	1900	8/8	a. W. Allradantrieb

Bayrisches Hüttenamt

Hüttenamt Sonthofen (BHS),
Sonthofen, An der Eisenschmelze,
1925

Das 1532 als Bischöfliches Eisenschmelzwerk gegründete, ab 1803 als Königliches Berg- und Hüttenamt Sonthofen bezeichnete Unternehmen

16/18-PS-Bayerisches Hüttenamt-Dieselschlepper, 1925.

am Fuße des eisenreichen Grüntens in Sonthofen stellte vor dem Ersten Weltkrieg vielfältige Eisengeräte sowie Betonmischer und Baumaschinen her. Als nach dem Krieg der Absatz der traditionellen Erzeugnisse für die Bauindustrie zurückging, versuchte sich das Unternehmen in der Herstellung von Feuerungsanlagen, Eisenbahnausrüstungen, Kleinlokomotiven, Leitungsmasten, Torfstechmaschinen sowie Bandsägen auf eigenen Lkw-Fahrgestellen mit Kämper-Motoren.

Schließlich ging man auch an die Konstruktion eines Schleppers. Der 16-PS-BHS-Schlepper von 1925 war mit dem Colo-Dieselmotor der Süddeutschen Bremsen AG ausgestattet und konnte 10 bis 12 Tonnen Last ziehen. Zu einem Serienbau des »Sonthofener Schleppers« ist es jedoch aufgrund mangelnder Rentabilität nicht gekommen. Gleisbett-Aushub- und Straßenbaumaschinen, Letztere insbesondere für den Reichsautobahnbau, sowie Spezialgetriebe stellten das Produktionsprofil in den 1930er und 1940er Jahren dar. Nach dem Krieg befasste sich das Werk hauptsächlich mit dem Getriebebau, darunter auch mit Spezialgetrieben für die Fregatten der Bundesmarine.

Heute ist das 1995 aufgespaltene Unternehmen nach verschiedenen Besitzerwechseln als Voith Turbo BHS Getriebe GmbH in der Fertigung von Spezialgetrieben und als BHS Sonthofen Recycling GmbH in der Abfallverwertungstechnik tätig.

Bayerischer Hüttenamt-Schlepper

Baureihe	Bauzeit	Motor Hersteller	Typ	Zylinder	PS	Kühlung	Bohrung x Hub	Hubraum	Drehzahl	Radstand	Gewicht	Getriebe	Besonderheiten
BHS	1925	Südbremse	Colo	2	16/18	W	125x180	4415	750		2500	4/1	Dieselmotor

Beemann

»Amstea« American Steel Engineering & Automotive Products AG,
Berlin-Tiergarten, Bellevuestr. 14,
1924

Mehr für Gärtnereibetriebe geeigneter Kleinschlepper mit Anbaupflug eines amerikanischen Unternehmens in Berlin.

Beemann-Einachsschlepper, 1924.

Beilhack

Martin Beilhack Maschinenfabrik und Hammerwerk GmbH,
Rosenheim, Am Hammer 11,
1937–1939

16-PS-Beilhack »Dieselschlepper« (Baumuster 72), 1938.

Die heutige Schneeräumgerätefabrik Beilhack entwickelte vor dem Krieg einen Kleinschlepper für die süddeutsche Grünlandwirtschaft. Der Beilhack-»Brummer« besaß einen liegenden Hatz- oder Deutz-Motor mit 16 PS, Verdampferkühlung und Hilfsanlassventil. Ein Kastenrahmen nahm den unverkleideten Motor und das Vierganggetriebe auf. Die Vorderräder waren mit Pendelachsen einzeln gefedert. Mähbalken, Zapfwelle und Riemenscheibe gehörten zur Ausstattung. Die Riemenscheibe saß wegen des ungewöhnlichen Längseinbaus des Motors quer zur Fahrtrichtung. Am Vorabend des Zweiten Weltkrieges war ein Serienbau aber nicht möglich, da die Machthaber jedem Fahrzeughersteller im Rahmen des sogenannten »Schell-Plans« das Produktionsprogramm vorgaben. Daher musste das Unternehmen die Fertigung wieder einstellen und sich auf den Draisinen- und Räumschildbau konzentrieren.

Beilhack-Schlepper

Baureihe	Bauzeit	Motor Hersteller	Typ	Zylinder	PS	Kühlung	Bohrung x Hub	Hubraum	Drehzahl	Radstand	Gewicht	Getriebe	Besonderheiten
16 PS Beilhack-Diesel-Schlepper (Baumuster 72)	1937	Deutz	MAH 816	1	16	V	120x160	1808	1350	1800	1530	3/1	
Brummer	1937 - 1939	Hatz	L 2	1	16	V	120x150	1695	1100	1800	1500	4/1	

Bergmann

Bergmanns Industriewerke GmbH,
Gaggenau in Baden,
1906

Aus einem 1860 gegründeten Eisenwerk hatte sich nach verschiedenen Besitzwechseln das 1888 eingerichtete Eisenwerk Gaggenau AG gebildet. Gleichzeitig erfolgte die Umbenennung in Murgtaler Eisenwerke in Gaggenau. Ab 1879 zunächst Teilhaber und ab 1888 alleiniger Inhaber des Betriebes war der Unternehmer Theodor Bergmann (1850–1931). 1893 schied er im Streit mit den Aktionären aus und gründete 1894 ein neues Unternehmen unter der Bezeichnung Bergmanns Industriewerke

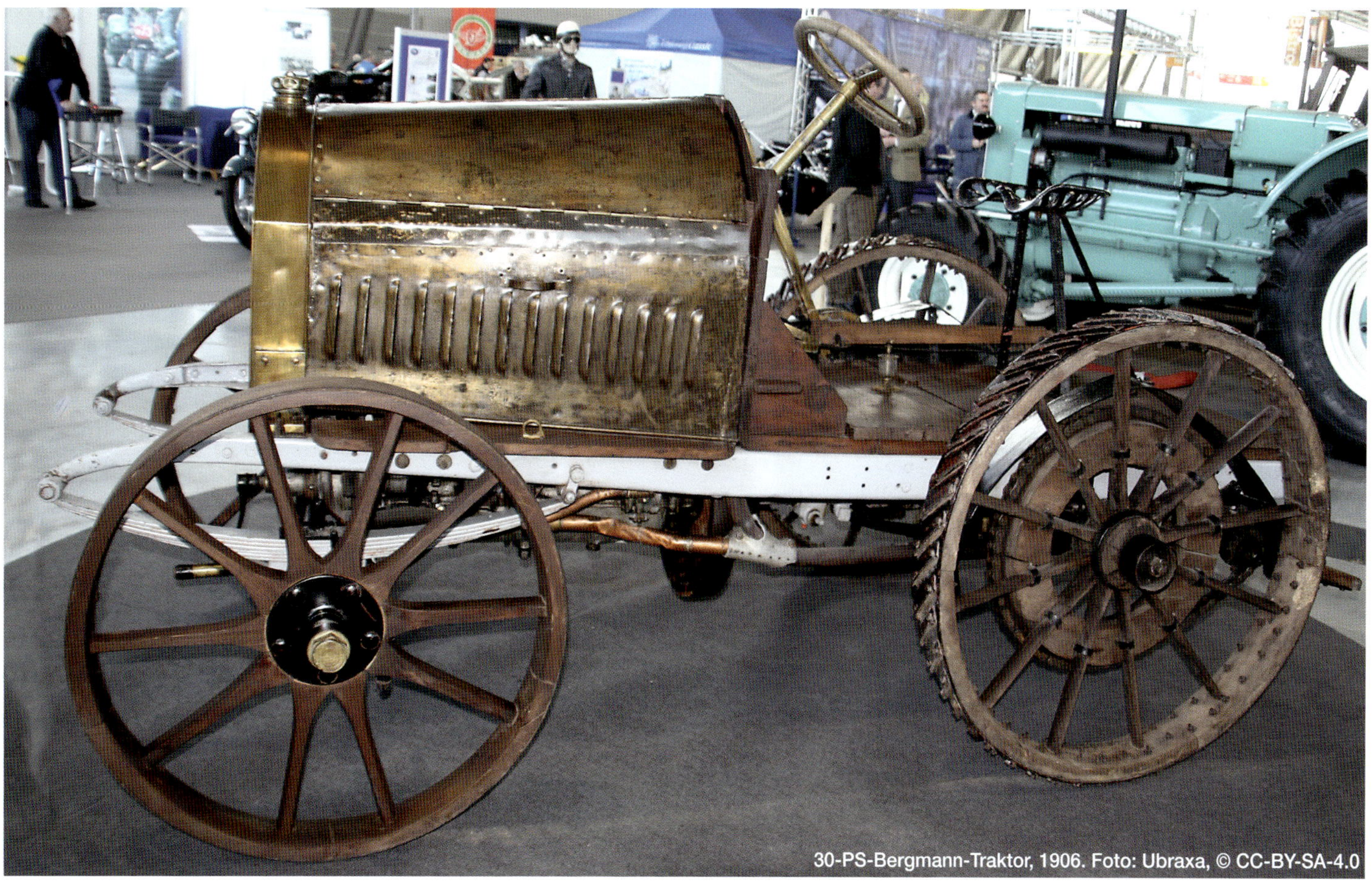

30-PS-Bergmann-Traktor, 1906. Foto: Ubraxa, © CC-BY-SA-4.0

GmbH in Ortenau mit Sitz in Gaggenau, direkt gegenüber dem Gaggenauer Eisenwerk. Dort stellte er neben Guss- und Schmiedeteilen auch Jagdwaffen, landwirtschaftliche Geräte und kleine Dampfmaschinen her. Noch heute existiert ein Teil des Unternehmens als Hersteller von Küchen.

1894 richtete Theodor Bergmann eine Automobilfabrik als Tochtergesellschaft in seinem Industriewerk ein, die nach Konstruktionen von Joseph Vollmer Personenwagen herstellte. Im Jahre 1900 trat der Oberurseler Erfinder und Konstrukteur des Hochspannungs-Zündmagneten, Willy Seck, die Stelle des Entwicklungsleiters an. 1901 beteiligte sich zunächst der Mitbegründer der Fuchs-Waggonfabrik in Heidelberg, der Leiter der Bergmann-Automobilabteilung, Fabrikdirektor Georg Wiss, an diesem Unternehmen. 1905 erwarb er das Werk und nannte es in Süddeutsche Automobil-Fabrik GmbH (S.A.F. oder S.A.G.) um, als die finanziellen Mittel von Theodor Bergmann erschöpft waren. Georg Wiss interessierte sich vorwiegend für den Nutzfahrzeugbau, so dass dieser Produktionszweig rasch dominierte.

Da die nicht weit entfernte Automobilfabrik Benz & Co. Rheinische Gasmotoren-Fabrik Mannheim mit dem Pkw-Bau ausgelastet war, konnten sich die Gaggenauer Lastwagen einen guten Platz im süddeutschen Raum sichern. Als die expandierende Fahrzeugfertigung immer größere Investitionen erforderte und Georg Wiss auch an finanzielle Grenzen kam, vereinbarten die Benz-Werke und Georg Wiss 1907 unter Vermittlung der Hausbank beider Unternehmen, der Rheinischen Kreditbank, einen Interessenvertrag mit der gegenseitigen Abgrenzung der Programme. Im gleichen Jahr erwarben die Benz-Werke schrittweise die Gaggenauer Automobilfabrik. Georg Wiss blieb bis 1911 weiterhin Betriebsdirektor in dem 948 Mann starken Werk. Nach seinem Ausscheiden gründete er mit seinem ausbezahlten Anteil die »Motorpflug Wiss, Süddeutsche Industrie-Gesellschaft Karlsruhe«, die einen schweren Schlepper herstellte, den wenig später die Firma Daimler übernahm. Im Februar 1912 verlor das badische Automobilunternehmen nach Vollzug der endgültigen Fusion seine Selbständigkeit und wurde als Filiale der Benz & Co. Rheinische Automobil- und Motorenfabrik Mannheim AG weitergeführt. Das Gaggenauer Werk der späteren Daimler-Benz bzw. Daimler AG fertigt seit 1926 die Schwerlastwagen des Konzerns sowie seit den 1950er Jahren das Geländefahrzeug »Unimog«.

Kurz vor der Interessengemeinschaft S.A.F. und Benz entstand als Zug- und als Mähfahrzeug der »Bergmann-Traktor«. Ein 30-PS-Benz-Vierzylindermotor trieb das Prototyp-Fahrzeug an. Dass der schon 1905 erloschene Firmenname »Bergmann« verwendet wurde, könnte darauf hindeuten, dass die Süddeutsche Automobilfabrik den Namen nicht für diese neuartige Konstruktion hergeben wollte, sofern sich das Fahrzeug als eine Fehlkonstruktion erweisen sollte. Ein Exemplar wird heute in einem Museum in Göppingen aufbewahrt.

Bergmann-Schlepper

Baureihe	Bauzeit	Motor Hersteller	Typ	Zylinder	PS	Kühlung	Bohrung x Hub	Hubraum	Drehzahl	Radstand	Gewicht	Getriebe	Besonderheiten
»Bergmann-Traktor«	1906	Benz		4	30	W	110x180	6838		1670	1300	3/1	

52/54-PS-Betz-Straßenschlepper LB 45, 1954.
Foto: Ralf Weinreich

Betz

Ludwig Betz, Diesel-Betz, Traktorenbau – Dieselkarren,
Köln-Dünnwald, Kunstfelder Str. 5, Odenthaler Str.,
1949–1954

Die Firma Diesel-Betz hatte vor dem Krieg die Generalvertretung der Zugmaschinenfabrik Bob aus Hamburg sowie eine Generalvertretung der Klöckner-Humboldt-Deutz AG für Motoren, Schlepper und Zugmaschinen übernommen. Um 1953 nahm Betz auch die Montage von Ackerschleppern mit dem wassergekühlten Zweizylinder-Deutz-Diesel auf. Unter der Bezeichnung »BD 22« entstanden rund 80 Schlepper. Neben diesen Fahrzeugen fertigte Betz Einfachstlastwagen sowie Straßenzugmaschinen. Die Produktion wurde 1953 eingestellt.

Betz-Schlepper

Baureihe	Bauzeit	Motor Hersteller	Typ	Zylinder	PS	Kühlung	Bohrung x Hub	Hubraum	Drehzahl	Radstand	Gewicht	Getriebe	Besonderheiten
BD 22	1949 - 1954	Deutz	F 2 M 414	2	22	W	100x140	2198	1500			4/1	

Bischoff

Bischoff-Werke KG, vorm. Pfingstmann-Werke,
Recklinghausen-Süd, Hellbachstr. 84–86 und 101,
1950–1953

Die Bischoff-Werke waren im Bereich Bergbaueinrichtungen, Schmiede- und Stahlerzeugnisse sowie im Anhängerbau tätig. Das Unternehmen war 1899 von Theodor Pfingstmann zur Herstellung von Eisenartikeln und Grubenbedarf gegründet worden; 1908 war noch der Bereich Schienenmaterial hinzugekommen. Pfingstmann verließ 1931 den von ihm gegründeten Betrieb; sieben Jahre später firmierte das Unternehmen unter dem Namen Bischoff-Werke, nachdem Ernst Bischoff Hauptgesellschafter geworden war. Das Werk überstand den Krieg und betätigte sich im Bau von Großraum-Kippern, Anhängern, Müllwagen, Weichen, Schmiede-, Press- und Stahlgusserzeugnissen sowie von Grubenfahrzeugen. 1950 erwarb Bischoff zur Ausweitung des Produktionsprofils die Konstruktionsunterlagen einschließlich der zugehörenden Werkzeuge des kleinen Ensinger-Schleppers.

15-PS-Bischoff »Biwe AS 15«, 1950. (Foto: Udo Paulitz)

42-PS-Bischoff AS 42, 1952.

Der Ackerschlepper-Bau wurde zum Ende dieses Jahres mit der Weiterfertigung des ehemaligen Ensinger-Typs »AS 15« als »Biwe AS 15« begonnen; die Bezeichnung »Biwe« stand für das Telegraphenkürzel des Unternehmens. Die ersten 40 Exemplare wiesen noch die typische kantige Haubengestaltung auf und hatten eine hydraulische Hinterradbremse. 1952 löste sich Bischoff vom bisherigen Ensinger-Programm (AS 15 und

AS 28) und präsentierte ein eigenes Modellprogramm, das vom neuen 15-PS-Typ (geliefert in 80 Ausführungen) bis zum 40-PS-Schlepper mit Henschel-Vierzylindermotor reichte. Eine Sonderrolle spielte dabei der AS 45 WD mit Dreizylinder-MWM-Motor, der vermutlich ein Einzelstück blieb oder ausschließlich für den Export gefertigt wurde. Optisches Merkmal der Bischoff-Schlepper war die neu gestaltete, abgerundete Haube.

Während die WA-Zusatzbezeichnung den Standard-Schlepper (Blockbauart mit Hurth- und ZP-Getriebe, vordere Portalachse) kennzeichnete, verriet die WB-Kennung die entsprechende hochrädrige Ausführung.

Nach rund 500 gefertigten Schleppern gab Bischoff 1953 diesen Produktionszweig wieder auf und konzentrierte sich auf die Herstellung von Straßenbaumaschinen, darunter Grader und »Polytrac«-Radlader mit Deutz-Diesel-Motoren. Diese Baumaschinenproduktion endete aufgrund mangelnder Investitionsmittel im Jahre 1970. Nach der Insolvenz musste das Werk in Recklinghausen aufgegeben werden. Heute sind die Bischoff-Werke GmbH & Co. KG in Lüdinghausen in der Stahlgusstechnik tätig.

20-PS-Bischoff AS 20 WA, 1953. Foto: Udo Paulitz

Bischoff-Schlepper													
Baureihe	Bauzeit	Motor Hersteller	Typ	Zylinder	PS	Kühlung	Bohrung x Hub	Hubraum	Drehzahl	Radstand	Gewicht	Getriebe	Besonderheiten
Biwe AS 15	1950 - 1952	MWM	KDW 415 E	1	15	W	100x150	1178	1600	1485	1285	4/1	auch Radstand 1510 mm
Biwe AS 28	1950	MWM	KDW 415 Z	2	28	W	100x150	2356	1500	1750	1850	5/1	Einzelstück
AS 20	1951	Henschel	515 DE	2	20	W	90x125	1590	1800	1485	1260	4/1	
AS 15 WA	1952 - 1954	MWM	KDW 415 E	1	15	W	100x150	1178	1600	1670	1310	5/1	
AS 15 WB	1952 - 1954	MWM	KDW 415 E	1	15	W	100x150	1178	1600	1670	1365	5/1	Version B mit größerer hinterer Bereifung
AS 20 WA	1952 - 1953	Henschel	515 DE	2	20	W	90x125	1590	1800	1670	1285	5/1	
AS 20 WB	1952 - 1953	Henschel	515 DE	2	20	W	90x125	1590	1800	1670	1310	5/1	
AS 28 WA	1952 - 1953	MWM	KDW 415 Z	2	28	W	100x150	2356	1500	1830	1740	5/1	
AS 28 WB	1952 - 1953	MWM	KDW 415 Z	2	28	W	100x150	2356	1500	1830	1850	5/1	
AS 45 WA	1952 - 1953	Henschel	516 DF	4	45	W	90x125	3180	2000	2000	1780	5/1	
AS 45 WB	1952 - 1953	Henschel	516 DF	4	45	W	90x125	3180	2000	1990	1848	5/1	
AS 45 WD	1953	MWM	KDW 415 D	3	40	W	100x150	3534	1500	2000	2300	5/1	Einzelstück

Biwag

Biwag, Bayerische Industriewerke AG,
München, Maximilansplatz 12b und München-Freimann,
1919–1924

Auch hier handelte es sich um einen einstigen Rüstungsbetrieb, der nach Kriegsende händeringend nach einem neuen Produktionsfeld Ausschau hielt. Die Bayerische Industriewerke AG fertigte den Motorgelenkpflug »Biwag« mit einem oder zwei Antriebsrädern. Die Konstruktionspläne stammten aus der Feder des Diplomlandwirts und Zivilingenieurs Max Eickemeyer, der mit seinem Vertriebsunternehmen in Berlin, Augsburger Str. 69, auch den Verkauf übernahm. Den 2,8 Tonnen schweren »Biwag« trieb ein Vierzylinder-38-PS-Motor der Marke Windhoff an. Das linke Treibrad konnte in der Höhe verstellt werden. Nach einem halben Jahrzehnt verschwand die Firma wieder von der Bildfläche, ihr Motorgelenkpflugtyp hatte sich mit gerade mal 14 Exemplaren nicht durchsetzen können.

Blancke

C. W. Julius Blancke u. Co.,
Merseburg,
1915

Die Firma Blancke trat mit dem Prototyp eines halbstarren Motorpfluges mit einem Benzolmotor in Erscheinung, ohne dass Näheres darüber bekannt wurde. Der Erste Weltkrieg war kein guter Zeitpunkt, um mit einer zivilen Schlepperfertigung zu beginnen.

Biwag-Schlepper (Bayerische Industriewerke)

Baureihe	Bauzeit	Motor Hersteller	Typ	Zylinder	PS	Kühlung	Bohrung x Hub	Hubraum	Drehzahl	Radstand	Gewicht	Getriebe	Besonderheiten
Biwag	1921				20/25								
Biwag	1921	Windhoff		4	38	W	120x140	6330			2800	3/1	

Blank

Karl Blank & Söhne KG,
Dirmstein/Pfalz, Am Affenstein 30,
1950–1988

Im Jahre 1921 wurde die Firma Blank als Elektro- und Feinmechanik-Betrieb sowie als Schlosserei zur Modernisierung und Elektrifizierung der ländlichen Hofwirtschaft gegründet; erweitert 1937 um den Verkauf von Pferde-gezogenen Spritzmaschinen und von Kramer-Schleppern. Die Kettenschlepperfertigung mit der »Unirag«-Raupe (Universal-Raupen-Gerät) nahm das Unternehmen unter der Initiative des späteren Dipl.-Ing. Karl Blank im Jahre 1951 auf, die vor allem im Wein- und Obstanbau (Spurweiten 630 oder 770 mm) eingesetzt werden sollte. Fichtel & Sachs-Diesel mit 8 und 10 PS (Frontantrieb) kamen weit überhängend zum Einbau; gesteuert wurde über Trommelbremsen am Opel- oder Getrag-Getriebe.

Da zunächst keine eigene Fertigung möglich war, übernahmen ab 1952 das Hüttenwerk Michelstadt (HWM) und zwei französische Firmen (Ant. Blanc et Fils Adge und Staub in Courbevoie bei Paris) die Serienfertigung. Über 1400 Exemplare in Blockbauart mit einem Hilfsrahmen entstanden bis 1957, anschließend baute Blank die Kleinraupen in eigener Regie.

Bei dieser zweiten Raupengeneration fanden Hatz-Einzylinder- und MWM-Zweizylindermotoren Verwendung, sie übertrugen die Kraft nun auf die Hinterachse. Während zunächst mit (abnutzungsintensiven) Lenkbremsen gesteuert wurde, erhielten die Modelle von der zweiten Bauserie an Differential-Lenkungen mit doppelten Scheibenbremsen, entwickelt in Zusammenarbeit mit der Firma Hurth.

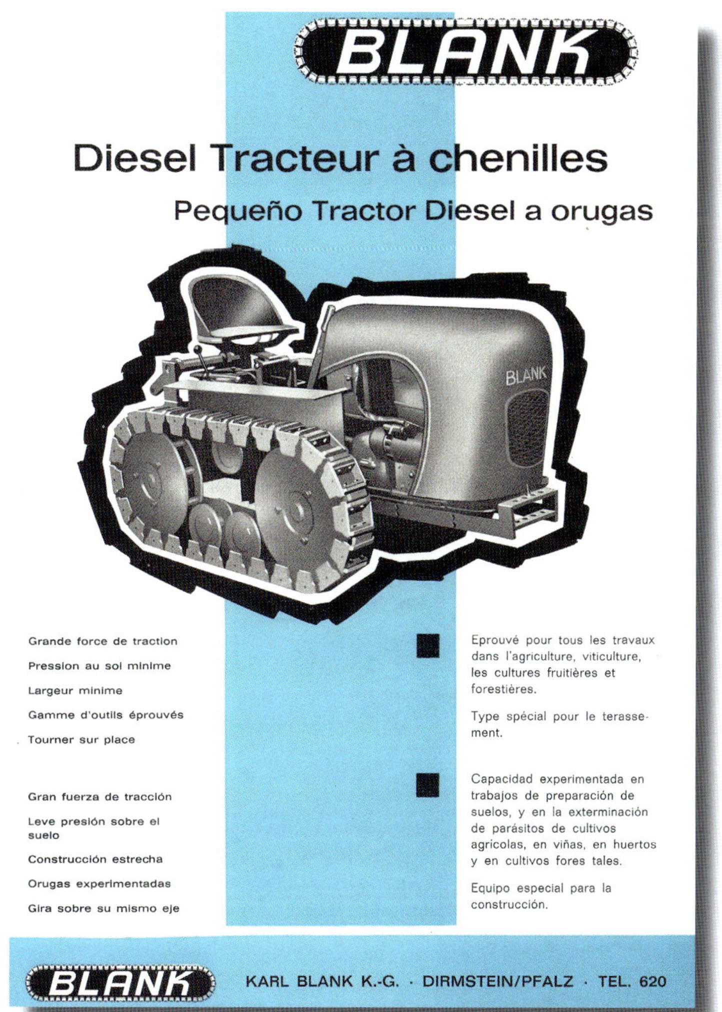

Das traf auch auf die nach 1961 gebauten V-Modelle (V für Vineyard) zu, die eine charakteristische, eckige Verkleidung aufwiesen. Ohne wesentliche technischen Änderungen lief die Raupenfertigung bei Blank weiter; von 1977 bis 1988 stand auch eine 50 PS starke Raupe mit Lenkkupplungsgetriebe und sechs Rollen im Programm, wobei Blank neben MWM-Motoren auch Dreizylinder-Deutz-Diesel einsetzte. Nicht wenige dieser Raupen gelangten in den Export, nach Frankreich, Spanien und Nordafrika. Einige Exemplare fanden ihren Weg sogar nach Indien. Nach rund 600 gebauten Exemplaren stellte Blank 1988 die Fertigung ein.

8-PS-Blank-Kleinraupe, 1. Version um 1950.

20-PS-Blank-Kleinraupe, 1961.

51-PS-Blank-Kleinraupe V 355/6, 1985.

30-PS-Blank-Schlepper »Mustang I«, 1966.

Um den Winzern neben den teueren Raupen auch einen wesentlich preiswerteren Radschlepper anbieten zu können, konzipierte Karl Blank die Allradschlepper-Baureihe »Mustang« in Schmalspurbauweise. Die Modelle »Mustang 1« (Länge 2550 mm, Breite 920 mm) und »Mustang II« (Länge 2300 mm, Breite 900 mm) erhielten 30 und 42 PS starke MWM-Motoren; der Vorderradantrieb ließ sich abschalten. Den Typ »Mustang P« motorisierte ein 42 PS starker Perkins-Diesel.

Die Fahrzeuge waren in Blockbauart mit zusätzlicher Rahmenkonstruktion ausgeführt und debütierten 1966 auf der Weinbau-Ausstellung Intervitis 1966. Ab 1975 erschien der Weinbergschlepper »Mustang 355« mit einem Dreizylinder-MWM-Diesel mit 55 PS. Eine hydrostatische Lenkung, ein 12-Gangggetriebe, Vierradbremse, Differentialsperren, zwei Zapfwellen sowie eine Frontanbauschiene gehörten zu den Besonderheiten dieses Schmalspurschleppers. Ende der 1980er Jahre lief auch dieser Fertigungszweig aus.

Neben den eigenen Schleppern vertrieb das Unternehmen von 1966 bis 1974 die in Reggio di Calabria/Italien gefertigten Kleinschlepper der Firma Nibbi. Die Besonderheit der mit einem 22-PS-Slanzi-Motor ausgerüsteten Fahrzeuge (volkstümlich als »Kaulquappen« bezeichnet) waren die Knicklenkertechnik (»Vierradlenkung«), der Hinter- oder Allradantrieb und die Spurweitenverstellung.

Das Unternehmen beschränkt sich seit Einstellung der Schleppermontage auf den Handel mit Pumpen, Hydraulikanlagen und Geräten für den Weinbau sowie auf die Ersatzteilfertigung.

22-PS-Nibbi-Schlepper mit Allrad-Antrieb und Knicklenkung, 1972.

51-PS-Blank-Schlepper »Mustang 355«, 1976.

Blank-Schlepper

Baureihe	Bauzeit	Motor Hersteller	Typ	Zylinder	PS	Kühlung	Bohrung x Hub	Hubraum	Drehzahl	Radstand	Gewicht	Getriebe	Besonderheiten
1. Radschlepper													
RM 4 Allrad	1966 - 1972	Slanzi	DVA 1000 T	2	20	L	86x88	1020	2600	1220	880	8/4	Allradantrieb, Knicklenker, Importmodell
RM 2	1966 - 1972	Slanzi	DVA 1300 T	2	25	L	92x100	1338	2600	1500	905	6/1	Importmodell
Mustang I	1966 - 1969	MWM	D 308-2	2	30	L	95x105	1488	2800	1550	1150	6/1	Allradantrieb
Mustang P	1968 - 1969	Perkins	4.107	4	42	W	79x89	1760	3000	1650	1395	6/1	
Mustang I	1969 - 1977	MWM	D 308-2	2	30	L	95x105	1488	2800	1400	1600	6/1	Allradantrieb, ab 1970 D 322-2-, ab 1972 D 302-2-, ab 1974 D 325-2-Motor
Mustang II	1969 - 1977	MWM	D 308-3	3	42	L	95x105	2232	2400	1550	1390	6/1	Allradantrieb, ab 1974 D 325-3-Motor
Nibbi 22 PS	1972 - 1975	Slanzi	DVA 920 G	2	22	L	82x88	930	3000		690	6/2	Allradantrieb, Knicklenker, Importmodell
Mustang 355	1975 - 1977	MWM	D 327-3	3	55	L	100x120	2826	2400		1750	10/2	Allradantrieb
Mustang 355	1977 - 1980	Deutz	F 3 L 912	3	51	L	100x120	2826	2300	1650	1800	10/2	Allradantrieb, auch 8/2-Getriebe
2. Raupen													
Unirag	1950	F & S	500 D	1	8	L	85x100	570	2500		520	3/1	Zweitakt-Diesel, Prototyp
Unirag	1951	F & S	500 D	1	8/10	L	85x100	570	2500		850	4/1	dito
													auch 3/1-Getriebe
Blank-Raupe	1955 - 1956	Hatz	E 85 FG	1	10	L	85x100	567	2500		845	4/1	auch Hatz E 89 FG-Motor mit 12 PS
R 114	1957 - 1966	Hatz	E 89 FG	1	13/14	L	90x105	668	2600		1120	6/1	auch 6/6-Getriebe
R 220 (R 20)	1959 - 1966	MWM	AKD 10 Z	2	20	L	80x100	1004	2800		1250	4/2	ab 1966 6/1-Getriebe
R 230 (R 30)	1960	MWM	AKD 10,5 Z	2	30	L	90x105	1336	2600		1310	4/2	
V 228	1961	VM	22 DA	2	22	L			2800		1430	6/1	
V 230 (V 232)	1961 - 1970	MWM	AKD 10,5 Z	2	30	L	95x105	1488	2800		1395	6/1	ab 1965 D 308-2-Motor
V 345 (R 1120)	1961 - 1970	MWM	AKD 10,5 D	3	45	L	95x105	2231	2400		1750	6/1	
V 355	1970 - 1977	MWM	D 327-3	3	50	L	100x120	2826	2500		1850	6/1	
V 355	1970 - 1977	Deutz	F 3 L 912	3	51	L	100x120	2826	2300		1850	6/1	
V 228	1975	Lombardini	LDA 672	2	28	L	95x95	2019	2800		1430	6/1	
V 355/6	1977 - 1988	Deutz	F 3 L 912	3	51	L	100x120	2826	2300		2200	12/4	ab 1980 55 PS
Blank-Raupe	um 2000	Honda											Prototyp

BMSW

BMSW,
München,
1990

Der Prototyp eines Universalgeräteträgers mit einem im Heck installierten 50-PS-Peugeot-Dieselmotor wurde auf der Leipziger Frühjahrsmesse 1990 unter dem Kürzel »BMSW« vorgestellt. Das von einer Münchener Firma hergestellte Modell zeichnete sich durch eine aufwändige Hydraulikanlage aus. Für Baumschulen sollte das Fahrzeug auch in einer Hochrahmen-Ausführung lieferbar sein.

BOB

BOB-Zugmaschinenbau, Hans Hansen,
Hamburg-Wandsbek, Zollstr. 78 - 79,
1938–1939

Die Zugmaschinenfabrik BOB fertigte neben Zugmaschinen und Einfachst-Lastwagen zum Einsatz im Hafengelände auch einige Ackerschlepper mit dem auch in diesen Fahrzeugen verwendeten 22-PS-Deutz-Motor. Das Prometheus-Vierganggetriebe ASS 14 übertrug die Kraft. Werbewirksam trug das Fahrzeug, das nahezu baugleich mit dem 22-PS-Primus-Schlepper konstruiert war, den Schriftzug »BOB-Deutz«. Nach der Kriegszerstörung stellte der Restbetrieb noch eine Zeitlang Ersatzteile her.

BMSW-Geräteträger

Baureihe	Bauzeit	Motor Hersteller	Typ	Zylinder	PS	Kühlung	Bohrung x Hub	Hubraum	Drehzahl	Radstand	Gewicht	Getriebe	Besonderheiten
BMSW-Geräteträger	1988?	Peugeot	XUD-9	4	50,4	W	83x88	1905	3500	2500	1470		

BOB-Deutz-Schlepper

Baureihe	Bauzeit	Motor Hersteller	Typ	Zylinder	PS	Kühlung	Bohrung x Hub	Hubraum	Drehzahl	Radstand	Gewicht	Getriebe	Besonderheiten
BOB-Deutz Typ 22	1938 - 1939	Deutz	F 2 M 414	2	22	W	100 x 140	2198	1500	1650		4/1	

Boehringer

Gebr. Boehringer GmbH, Werkzeugmaschinenfabrik,
Göppingen,
1948–1951

Der einstige Daimler-Benz-Ingenieur Albert Friedrich (1902–1961), Leiter der DB-Flugmotoren-Entwicklung und die ebenfalls mit Arbeitsverbot belegten DB-Ingenieure Heinrich Rößler (1911–1991) und Christian Dietrich richteten 1946 in der Gold- und Silberwarenfabrik Erhard und Söhne in Schwäbisch-Gmünd ein Konstruktionsbüro zur Entwicklung eines Lastkraftwagens mit kurzem Radstand und Allradantrieb ein. Nachdem schon während der Kriegszeit Überlegungen zu einem DB-»Lkw kurz« angestellt worden waren, entwarfen die drei Ingenieure ein »Universal-Motorgerät«, kurz »Unimog« genannt. Sie schufen ein außergewöhnlich vielseitiges Fahrzeug, das als Kleinlastwagen, als Schlepper und als Geräteträger eingesetzt werden konnte, beziehungsweise heute noch wird. Und in vielen anderen Funktionen auch, mehr wohl als es sich seine Väter haben träumen lassen.

Das in Rahmenbauweise ausgeführte Fahrzeug besaß einen extrem kurzen Radstand, Allradantrieb mit abschaltbarem Vorderradantrieb, Differentialsperren, gleich große Räder an Portalachsen für große Bodenfreiheit, ein vorn liegendes, mit Segeltuch überdachtes Fahrerhaus, Zapfwellenanschluss sowie eine Riemenscheibe. Über der hinteren Achse befand sich eine Ladepritsche für Geräte und Lasten.

25-PS-Boehringer »Unimog« beim Langholztransport, 1948. Foto: DB-Archiv

25-PS-Boehringer »Unimog«, 1948. Foto: Guldnermarv, © PD

Mit einer Druckluftanlage ließ sich der hintere Kraftheber betätigen. Durch ein Sechsgang-Spezialgetriebe mit Geländeuntersetzung konnte der »Unimog« mit Geschwindigkeiten von 1 bis 50 km/h gefahren werden, so dass der Schlepper sowohl für Kulturarbeiten als auch für den schnellen Straßentransport verwendet werden konnte. Der über der Vorderachse angebrachte Sitz ermöglichte optimale Sichtverhältnisse, und die Zapfwelle an der Front- und an der Heckseite erlaubte den Anbau von Bodenbearbeitungsgeräten: Der »Unimog« war ein ideales landwirtschaftliches Nutzfahrzeug für den Einmannbetrieb, und ein wirtschaftliches noch dazu. Nachdem zunächst mit dem Zweizylinder-Zweitakt-Diesel von Hatz experimentiert worden war, entschied sich Friedrich für die Verwendung des 1,7-Liter-Viertakt-Diesels, den später auch die Mercedes-Limousinen erhielten. Für den Einsatz im Unimog wurde dessen Leistung aber auf 25 PS gedrosselt.

Die Produktion des Alleskönners übernahm zunächst die Werkzeugmaschinenfabrik Gebr. Boehringer in Göppingen. Diese stand auf der Demontageliste und war nur zu froh, diesen »Schlepper« in ihren Hallen bauen und 1948 auf der DLG-Ausstellung in Frankfurt a. Main als »Boehringer-Unimog« vorstellen zu können. Bis 1951 montierte Boehringer 600 »Unimog«, kenntlich am stilisierten Ochsenkopf mit Nasenring auf der Motorhaube. Nachdem die alliierten Bestimmungen bezüglich des Allrad-Fahrzeugbaus gelockert worden waren, übernahm dann das Gaggenauer Schwerlastwagenwerk der Daimler-Benz AG die weitere Fertigung des für die Land-, Forst-, Bau- und Kommunalwirtschaft interessanten Fahrzeugs. Auch die Unimog-Entwicklungs-GmbH verlegte ihren Sitz von Göppingen nach Gaggenau.

Das Boehringer-Werk wandte sich indes wieder dem Bau von Werkzeugmaschinen zu: Der Unimog-Bau war ein zu kostspieliges Fremdprodukt für dieses Unternehmen geworden.

Boehringer-Schlepper

Baureihe	Bauzeit	Motor Hersteller	Typ	Zylinder	PS	Kühlung	Bohrung x Hub	Hubraum	Drehzahl	Radstand	Gewicht	Getriebe	Besonderheiten
Unimog	1948 - 1951	DB	OM 636 I	4	25	W	73,5x100	1697	2350	1720	1680	2x3/1	Allradantrieb

Borgward

Carl F. W. Borgward GmbH, Automobil- und Motorenwerke, Bremen und Osterholz-Scharmbeck, Bremer Str. 28–30, 1954/55

Mit dem auf 35 PS gedrosselten 1,8-Liter-Dieselmotor der Borgward-Limousine »Hansa« wurden drei Schlepper-Prototypen gefertigt, die mit der Haube des 3-t-Lkw versehen wurden. Zunächst war vorgesehen, im brachliegenden Deuliewag-Werk in Hamburg den Traktor zu bauen, was sich aber aufgrund des geringen finanziellen Angebots von Borgward zerschlug. Da Borgward zu dieser Zeit das Drettmann-Fahrzeugwerk in unmittelbarer Nähe erworben hatte, sah man diese Produktionsstätte dafür vor, was aber dann vermutlich aufgrund der negativen Markteinschätzung verworfen wurde.

42/48-Borgward-Schlepper-Prototyp, 1954/55.
Foto: Peter Michels

Borgward-Schlepper

Baureihe	Bauzeit	Motor Hersteller	Typ	Zylinder	PS	Kühlung	Bohrung x Hub	Hubraum	Drehzahl	Radstand	Gewicht	Getriebe	Besonderheiten
Borgward	1953	Borgward	D 4 M 1,8	4	32/35	W	78x92	1758	3700				Prototypen

Borsig

Borsig, Berlin-Tegel, Chausseestr. 13, 1921–1927

Die 1837 bzw. 1841 gegründete Borsig Lokomotiv- und Schwermaschinenfabrik fertigte ab 1912 Dampf- und Seilmotorpflüge nach einer Lizenz der Firma A. Ventzki in Graudenz; hinzu kamen weiterhin Klein-Dampfmaschinen, Pumpen, Kältemaschinen und Bodenbearbeitungsgeräte. 1921 übernahm das Unternehmen die »Ergomobil«-Konstruktion der Maschinenfabrik Kuërs und baute die Fahrzeuge für das Zweimaschinensystem unter der Federführung des Ingenieurs Theodor Kaulen in größerer Stückzahl nach.

35-PS-Borsig-Motorseilpflug »Ergomobil«, 1922.

Eine von der Landmaschinenfabrik und Eisengießerei Wilhelm Lippitz und Willi Kuhl in Jauer/Schlesien entwickelte Tragpflugkonstruktion ersetzte 1925 die plumpen und überalterten »Ergomobile«. Es handelte sich bei dem Typ »Eisernes Pferd« (auch unter der Bezeichnung »Motorpferd«) um einen zwei Tonnen schweren Schlepper mit einem 25/30-PS-Kämper-Motor, der mit schweren Treibstoffsorten auskam. An der Einachskonstruktion war ein abnehmbares Rohr für die Aufnahme des hinteren Stützrades angebracht. Auch ein 40-PS-Vierzylinder-»Bayern«-Motor (BMW) und schließlich ein gleich starker Stock-Motor wurden eingebaut. Der Antrieb erfolgte vom Differential über Ritzel und Außenverzahnung.

Der Fahrer (sofern diese Bezeichnung hier statthaft ist) hatte die Wahl: Entweder er stand auf der kleinen Plattform neben den 1,5 m hohen Rädern, oder er ging nebenher. In jedem Fall aber lenkte er das Ungetüm über die abenteuerlich anmutende Zügellenkung (wie beim SHW-Tragpflug »Böblingen«) und wirkte so auf den Motor und das Differential ein. Kein Wunder also, dass wohl nur wenige Borsig-Schlepper, die auch zum Vorspann geeignet waren, gebaut wurden. Da half auch nicht, dass im Rahmen einer großen Werbeaktion ein »Eisernes Pferd« mit einem angehängten Wohnwagen die Strecke von Berlin nach Stuttgart in 106 Stunden bei einer Durchschnittsgeschwindigkeit von 4 km/h problemlos bewältigte.

Nur noch in Prototypen kam der Borsig-Kleinschlepper M.S. 10 »Eisernes Gespann« zum Einsatz. Mit einer Seiltrommel unter dem Rahmen war das schmalbrüstige Fahrzeug für die Seilzugtechnik vorgesehen. Ein 10-PS-Zweizylindermotor für Benzin- oder Benzolbetrieb trieb über Ketten das Fahrzeug an. Auch die Lenkachse wurde über eine Kette bewegt.

1928 wurde der Dampfpflugbau der Firma Ventzki übernommen, gleichzeitig aber die Fertigung und der Verkauf der Dampf- und Motorpflüge an das Breslauer Konkurrenzunternehmen Kemna abgegeben.

25/30-PS-Borsig »Eisernes Pferd«, 1924.

Borsig-Schlepper

Baureihe	Bauzeit	Motor Hersteller	Typ	Zylinder	PS	Kühlung	Bohrung x Hub	Hubraum	Drehzahl	Radstand	Gewicht	Getriebe	Besonderheiten
Ergomobil	1921	Kämper	PM 126	4	24/32	W	126x180	8973	600/700		2500		
Eisernes Pferd (Motorpferd)	1924	Kämper	PM 110/160	4	25/30	W	110x160	6079	800/1200	2765	1700 - 2000		
Eisernes Pferd	1925	BMW		4	40	W	115x180	7474	1000				
Eisernes Pferd	1925	Stock	40 PS	4	40	W	110x160	6082	1050				
M.S. 10 Eisernes Gespann	1927?			2	10	Th			800/1000	1775	1400		Kettenantrieb, mit Seiltrommel

Brummer

Brummer Klein-Traktoren-Bau, Ing. Raimund Hartwig,
Rudolstadt, Jenaische Str. 2,
1937–1938

Einen Rahmenbauschlepper vom Typ »Brummer L 237« mit dem liegenden 14/16-PS-Zweitaktdieselmotor der Marke Hatz und einer Rollenkettenübertragung stellte dieses 1908 von Rudolf Hartwig gegründete Landmaschinen-Unternehmen her, wahlweise mit Verdampfer- oder Wasserpumpenkühlung. Ebenfalls auf Wunsch gab es eine Zapfwelle, die Riemenscheibe war serienmäßig.

Das aufwändig gestaltete Getriebe mit zusätzlicher Geländeuntersetzung und einer Lamellenkupplung war eine Eigenkonstruktion des Inhabers der Firma, Raimund Hartwig (1901–1984). Die Saalfelder Werkzeugmaschinenfabrik Auerbach & Scheibe AG fertigte dieses Getriebe. Als der damalige Reichsnährstand im Rahmen des Schell-Planes die Zulieferung der benötigten Teile einstellte, musste diese Thüringer Manufaktur nach der Fertigung von 58 Exemplaren den Vergleich an-

14/16-PS-Hartwig »Brummer« vor der Rudolstädter Fabrik, 1938.
Foto: Hilde Hartwig

melden, zumal auch die eigene Getriebefertigung enorme Kosten verursacht hatte.

Die Firma Hatz übernahm daraufhin diese Konstruktion sowie die vorhandenen Bauteile. Nachdem der Betrieb später als Motoren-Traktoren-Station (MTS) gedient hatte, wurde er 1970 im Handelsregister der Stadt Rudolstadt gelöscht. Danach benutzte der VEB Wasserbau die Gebäudeanlagen. Rudolf Hartwig war zuvor zur Bagger- und Fördermittelfabrik Weserhütte in Minden gegangen.

Brummer-Schlepper

Baureihe	Bauzeit	Motor Hersteller	Typ	Zylinder	PS	Kühlung	Bohrung x Hub	Hubraum	Drehzahl	Radstand	Gewicht	Getriebe	Besonderheiten
Brummer L 237	1937 - 1938	Hatz	L 2	1	14/16	V	120x150	1695	1100	1900	1470	2x2/1	Zweitakt-Dieselmotor, auch mit Thermosiphonkühlung, auch mit 2/1-Getriebe

Buchholz

Fritz Buchholz,
Liebenau b. Hannover,
1949–1950

Eine außergewöhnliche Ausführung eines einfachen Schleppgerätes war das zügelgelenkte Dreiradfahrzeug von Fritz Buchholz. Der Landwirt lief hier hinter dem 670 kg schweren Schlepper mit der Typenbezeichnung »FBL« her und führte ihn über ein 2,5 m langes Stangensystem. Das Anfahren und Halten war durch ruckartiges Anziehen der Zügel möglich! Die Vorderachse und das Eingangsgetriebe stammten vom US-Jeep. Das Hinterrad wurde über ein Hebelsystem mit den Vorderrädern gelenkt. Als Antrieb diente ein 6,5-PS-Einzylindermotor von Fichtel & Sachs. Der Behelfsschlepper besaß eine Zugkraft von vier Tonnen und konnte schließlich auch mit einem Lenkrad geliefert werden. Den Absatz beflügelte diese Tatsache aber nicht sonderlich, so dass die Fertigung 1950 schon wieder eingestellt werden musste.

6,5-PS-Buchholz-Behelfsschlepper FBL 1 mit Zügellenkung, 1949.

Bucholz-Behelfsschlepper													
Baureihe	Bauzeit	Motor Hersteller	Typ	Zylinder	PS	Kühlung	Bohrung x Hub	Hubraum	Drehzahl	Radstand	Gewicht	Getriebe	Besonderheiten
FBL 1	1949 - 1950	F & S	Stamo/3	1	6,5	L	71x70	277	3000		670	3/0	Vergasermotor, Zügellenkung, FBL 2 mit Radlenkung

Bungartz

Bungartz u. Co. Maschinenfabrik GmbH,
München, Neumarkter Str. 18
1. 1934–1965 **Bungartz u. Co. Maschinenfabrik GmbH,** München, Neumarkter Str. 18
2. 1965–1974 **Bungartz & Peschke GmbH u. Co. KG, Werk Hornbach,** Hornbach/Pfalz, Industriegelände

Eberhard Bungartz (1900–1984) richtete 1934 auf Anregung seines Schwiegervaters, Hugo Johann Asbach, in den Räumlichkeiten seiner aufgegebenen Destille in München eine Maschinenfabrik ein, die Pkw-Anhänger und Bodenfräsen nach der Konstruktion des Ingenieurs Josef Fey (Fey-Gobiet-Fräse »Schatzgräber«) herstellte. Der Ausflug in den Automobilbau mit dem Kleinstwagen »Butz«, selbstverständlich mit Bungartz-Anhänger, endete schon im Gründungsjahr. Ein Jahr später konnte Bungartz den Fräsenbau von Siemens & Halske übernehmen, zumal dieser Produktionszweig für den Elektrokonzern ein Fremdprodukt geblieben war. Mit einem im eigenen Haus gebauten Anhänger konnten die Einachser zu leichten Lastenschleppern umgebaut werden.

Haupttypen waren die Fräsen »F 70« (Ex-Siemens-Fräsen K 5 und K 6) und »F 90« mit luftgekühltem DKW-Motor, die sich mit Lenkholmen steuern ließen. Selbst während der Kriegszeit konnte Bungartz dieses in Gärtnereien dringend benötigte Modell weiterhin herstellen, ganz im Gegensatz zum 1934 vorgestellten Kleinwagen vom Typ »Butz«.

Nach dem Krieg entstanden in dem mühsam wieder aufgebauten Werk erneut Einachsfräsen der »L«-Baureihe. Der Triebkopf konnte mit einem Triebachsanhänger wieder zum Vierrad-Allradfahrzeug kombiniert werden.

Seit dem Jahr 1953 stellte die Firma einen kleinen Vierradschlepper namens »Typ 3« mit einem eigenen 11-PS-Einzylinder-Vergasermotor in Blockbauweise für Sonderkulturen her. Auch der 12/14 PS starke Stihl-Dieselmotor fand sich in dem Maschinenraum des mit einer Fräse ausgestatteten Schleppers. Dessen konstruktive Besonderheit – die Vorderräder ließen sich bis zu 90 Grad einschlagen, so dass der Kleinschlepper nahezu auf der Stelle drehen konnte – empfahlen ihn für den Einsatz auch in engsten Gewächshäusern.

Ab 1957 wurde der wendige Schlepper mit einem luftgekühlten Hatz-12-PS-Dieselmotor versehen. Ein Jahr später folgte der 13 PS starke »T 5«. Mit diesem Allrad-Typ wollten die Münchener, zusammen mit der Motorenfabrik Hatz, den brasilianischen Markt erobern. Das brasilianische Partnerunternehmen Agrisa sollte dort den Frästraktor in großen Serien bauen. Der Exkurs erwies sich jedoch rasch schon als ein teurer Misserfolg, so konzentrierte man sich wieder auf den deutschen Markt.

9-PS-Bungartz-Einachser U 1 D mit Dieselmotor, 1952.
Foto: Miep © CC-BY-SA-3.0

12-PS-Bungartz-Kleinschlepper T 5, 1956.
Foto: M. Anette Jura © CC-BY-ND 2.0

Hier wurde im Jahre 1960 das Programm durch einen 20 oder 30 PS starken zweizylindrigen Schlepper mit Allradantrieb unter der Bezeichnung »T 6« erweitert. Die Motoren stammten zumeist von MWM, zuweilen auch von Deutz. Schließlich folgte noch in dieser Baureihe der Typ »T 7«, der von dem VW-Industrie-Motor oder von einem MWM-Diesel angetrieben wurde. Durch das brasilianische Abenteuer geschwächt,

13-PS-Bungartz-Kleinschlepper T 5-AH 13, 1957.

34-PS-Bungartz & Peschke-Kleinschlepper T8 BP, 1969.

verkaufte Eberhard Bungartz 1965 die gerade erst neuerrichtete Fabrikanlage an den Stoßdämpferhersteller Boge und vereinigte seine Firma mit dem Baumaschinenunternehmen Peschke in Zweibrücken. In das gemeinsame neue Werk in Hornbach/Pfalz wurde die Fabrikation verlagert. Neben den Motorhacken und Einachsschleppern entstanden wiederum Vierradschlepper mit verschiedener Motorenbestückung, darunter auch der Weinbergschlepper AL 222, der von der Firma Dexheimer in Lizenz übernommen worden war.

Mit Deutz-, Hatz- und Perkins-Motoren stattete Bungartz & Peschke den Standard-Typ »T 8« aus. Mit dem Bau der »Kommutrac«-Spezialschlepper für den Sportplatz- und Kommunaldienst versuchte Bungartz & Peschke ein zweites Standbein aufzubauen. Zwar konnten die Bungartz & Peschke-Kleinschlepper bis Ende der 1960er Jahre recht erfolgreich verkauft werden, doch danach sank die Nachfrage so stark, dass das Werk 1974 nach rund 2800 gefertigten Schleppern an die Firma Gutbrod verkauft werden musste.

52-PS-Bungartz & Peschke T9-DA, 1970.

40-PS-Bungartz & Peschke »Kommutrac« 8501, 1968.

Bungartz-Schlepper

Baureihe	Bauzeit	Motor Hersteller	Typ	Zylinder	PS	Kühlung	Bohrung x Hub	Hubraum	Drehzahl	Radstand	Gewicht	Getriebe	Besonderheiten
1. Einachsschlepper (Auswahl)													
F 70	ab 1935?	DKW	EL 301	1	6	L	74x68,5	292	3000			1/0	
F 40	ab 1935?	DKW	TR 200	1	4,5	L	60x68,5	194	3000			1/0	
F 90	1938 - 1943	DKW	EL 461	1	8,5	L	88x76	462	3000		148	1/0	Zweitakt-Vergasermotor,
U 1 (F 90)	1946 - 1951	ILO	E 500-KG	1	9,5	L	90x80	508	3000		440	4/2	
U 1	1950 - 1951	Bungartz	EB 450	1	10,2	L	75x102	450	3000		480	4/2	Viertakt-Vergasermotor
U 1 D	1951 - 1958	Stihl	131	1	12	L	90x120	763	1900		490	4/2	Zweitakt-Dieselmotor, auch mit Hatz-Dieselmotor
L 5 D	1952 - 1954	F&S	D 500 W	1	10	W	80x100	503	2000		410	7/3	Zweitakt-Dieselmotor, auch mit Stihl-Dieselmotor
L 5 H	1954	Hatz	E 85 EB	1	10	L	85x100	567	2500		440	7/3	Viertakt-Dieselmotor
L 5 H	1955	Hatz	E 89 FG	1	12	L	90x105	668	2500		440	7/3	
L 5 D	1957	F&S	D 600 L	1	12	L	88x100	604	2200		440	7/3	Zweitakt-Dieselmotor
2. Vierradschlepper													
T 3 Frästraktor	1953 - 1954	Bungartz	EB 450	1	10,8	L	75x102	450	3000	1370	400 - 500	6/3	Vergasermotor, Spurweite 84 cm, 90 Grad-Einschlag
T 3 Frästraktor	1953 - 1955	Stihl	131 A	1	12/14	L	90x120	763	1900	1370	920	6/3	
T 4	1955?	Hatz	E 85 G	1	8	L	85x100	567	2800	1200	350	3/1	
T 4	1955?	BMW	403	1	9	L	72x73	298	4000	1200	350	3/1	Vergasermotor
T 4	1955?	F & S	Stamo 281	1	9	L	71x70	277	3000	1200	350	3/1	
T 5 -DH 13	1955 - 1957	Hatz	E 89 FG	1	12	L	90x105	668	2500	1440	915	6/3	auch 7/3-Getriebe, auch Radstand 1430 mm
T 5	1957 - 1961	Hatz	E 89 FG	1	13	L	90x105	688	2600	1440	815	7/3	
T 6	1957 - 1961	MWM	AKD 10 Z	2	20	L	80x100	1004	3000	1590	955	6/1	auch Radstand 1610 mm
T 5-DH 13	1958 - 1968	Hatz	E 89 FG	1	13	L	90x105	668	2600	1440	825	7/3	
T 4	ab 1958	MWM	AKD 412 Z	2	30	L	105x120	2077	2800				
T 6	ab 1961	MWM	AKD 412 Z	2	30	L	105x120	2077	2200		950		
T 4 Panda	ab 1962	Hatz	E 79	1	7	L	82x80	422	3000	1610	1350	6/1	
T 7	1963 - 1966	VW	122	4	34	L	77x64	1192	3000		990	7/3	Vergasermotor
T 4	ab 1963	MWM	AKD 10 Z	2	20	L	80x100	1004	3000	1597		7/3	
T 8	ab 1964	VW	124	4	40	L	83x69	1493	3000				Vergasermotor
T 5	ab 1965	Hatz	E 89 FG	1	13	L	90x105	668	2800	1440	915	6/3	
T 5 E	ab 1965	Hatz	E 89 FG	1	13	L	90x105	668	2800	1440	790 - 825	7/3	Spurweite 73,5 cm
T 6	ab 1965	VW	122	4	29	L	77x64	1192	3000			6/3	Vergasermotor
T 6 E	ab 1965	VW	122	4	29	L	77x64	1192	3000			6/3	Spurweite 59 cm
T 7 E	ab 1965	VW	122	4	29	L	77x64	1192	3000			6/3	Spurweite 73,5 cm
T 8 P/T 8 B-P	ab 1966	Perkins	4.107	4	30/32	W	79x88,9	1760	2300	1620	1190	6/1	Spurweite 90 oder 143,5 cm Version B-P 12,5 oder 150 cm
T 8-34 Standard	1966 - 1968	VW	122	4	34	L	77x64	1192	3400	1635	1055	6/1	Spurweite 78,3 oder 125 cm
T 8-B-34 Standard	1966 - 1968	VW	122	4	34	L	77x64	1192	3400	1635		6/1	Spurweite 90 oder 125 cm
T 4	1967	Hatz	E 85 G	1	8	L	85x100	567	2000	1200	350	3/1	
T 4	1967	BMW	403	1	9	L	72x73	298	4000	1200	350	3/1	Viertakt-Vergasermotor
T 4	1967	F&S	Stamo 282	1	9	L	71x70	277	3000	1200	350	3/1	Zweitakt-Vergasermotor
T 5	1968 - 1969	Hatz	E 95	1	15/16	L	100x110	863	2600		925	7/3	
T 8-DA	1969 - 1974	Deutz	F 2 L 912	2	30	L	100x120	1884	2300	1530	1320	6/1	Allradantrieb, Dexheimer-Lizenztyp LA 222 und folgende, Spurweite 69,6 - 94,4 cm
T 8-DK	1969 - 1974	Deutz	F 2 L 912	2	30	L	100x120	1884	2300	1475	1130	6/1	Spurweite 69,6 - 116,8 cm
T 8-DKU	1969 - 1974	Deutz	F 2 L 912	2	30	L	100x120	1884	2300	1530	1220	6/1	Spurweite 87,2 - 116,8 cm Vorderachse ausziehbar
T 8-P	1969 - 1974	Perkins	4.107	4	34	W	79x88,9	1760	2650	1620	1090	6/1	Spurweite 109 cm
T 8-PK	1969 - 1974	Perkins	4.107	4	32	W	79x88,9	1760	2300	1460	995	6/1	Spurweite 95,5 cm
T 8-PKU	1969 - 1974	Perkins	4.107	4	34	W	79x88,9	1760	2650	1500	1190	6/1	Spurweite 117,9 cm, Vorderachse ausziehbar
T 8-BP	1969 - 1974	Perkins	4.107	4	34	W	79x88,9	1790	2650	1620	1190	6/1	Spurweite 119 cm
T 8 VW	1969 - 1974	VW	122	4	29	L	77x64	1192	3000	1620	1055	6/1	Vergasermotor, Spurweite Spurweite 90 - 125 cm
T 8	1969 - 1974	Hatz	D 108	3	30	L	108x110	3021	2200		1600	6/1	
T 9 HA	1970 - 1974	Hatz	D 108	3	50	L	108x110	3021	2500		1680	8/2	
3. Mehrzweckfahrzeug													
Kommutrac 8501	1968 - 1974	VW	124 A	4	40	L	85,5x69	1584	2900	1615	1050 - 1220	6/1	Vergasermotor, auch Hatz-Dieselmotor, Spurweite 97,2 - 101,8 cm

Burischek

J. E. Burischek Maschinen- und Schlepperbau,
Breitenbrunn b. Mindelheim/Schwaben
1. 1949–1951 **Burischek & Hermann, Breitenbrunn, Maschinenfabrik und Schlepperbau,** Breitenbrunn b. Mindelheim
2. 1951–1959 **J. E. Burischek, Maschinen- und Schlepperbau**

Der Kfz-Meister Josef Erich Burischek (1904–1998) baute nach der Vertreibung aus Mährisch-Schönberg mit einem Kompagnon eine Maschinenfabrik auf, die ausgemusterte Jeep-Modelle mit einem 12-PS-Zanker-Diesel zu Behelfsschleppern umbaute. Als Eigenentwicklung folgte das Modell »Kleinland 15 PS«, das sich mit seinen gleichgroßen Rädern und einem Allradantrieb für den Einsatz auf nassen Böden und bei Hanglagen eignete. Weniger gut eignete sich jedoch der Zanker-Motor, so dass Burischek etwa um 1954 auf einen 18 PS starken MWM-Einzylindermotor überging. Unter der Bezeichnung »Kleinland 18 PS« konnte wenig später dieser Schlepper auch mit einem luftgekühlten Zweizylindermotor versehen werden. Die markante Haube mit dem Rautenemblem für den Schriftzug aus der Presserei Haugg in Augsburg, die auch die LHB/Linke-Hofmann-Busch-Schlepper und andere Modelle auszeichnete, überdeckte den Motor. In kleiner Stückzahl bot Burischek das hinterradgetriebene »Pony« an, das mit einem 9-PS-Sendling-Diesel schmalbrüstig motorisiert war. Nach der Einstellung der Schlepper-Montage übernahm Burischek den Vertrieb von MAN-Traktoren. Als sich diese Marke vom Schlepperbau verabschiedete, fertigte Burischek noch eine Zeitlang landwirtschaftliches Zubehör. Etwa 100 Schlepper sollen in Mindelheim gebaut worden sein.

12/15-PS-Burischeck »Kleinland«, 1951. Foto: Ubraxa, © CC-BY-SA-40

Burischeck-Schlepper

Baureihe	Bauzeit	Motor Hersteller	Typ	Zylinder	PS	Kühlung	Bohrung x Hub	Hubraum	Drehzahl	Radstand	Gewicht	Getriebe	Besonderheiten
Allgäuer Allrad	1949 - 1951	Zanker	M 1	1	12	Th	100x130	1022	1500			6/2	Jeep-Basis, Allradantrieb, Zweitakt-Dieselmotor
Kleinland 15 PS	1951 - 1953	Zanker	M 1	1	15	Th	100x130	1022	1500	1800	1040	6/2	Allradantrieb, Zweitakt-Dieselmotor
Pony	1953	MS	DS 211	1	9	W	90x110	700	2000		900		
Kleinland 18 PS	1954 - 1956	MWM	KDW 615 E	1	18	W	112x150	1180	1600			5/1	Allradantrieb
Kleinland 18 PS	1956 - 1959	MWM	AKD 311 Z	2	18	L	90x110	1400	2000	1850	1050	5/1	

Burzler

Martin Burzler,
Treuchtlingen/Bayern, Naumburger Str. 21,
1949–1951

Unter der Bezeichnung »MTB A 1« erschien 1949 ein 22-PS-Schlepper mit einem Deutz-Diesel. Geplant war, unter der Typenbezeichnung »A 2« einen Zweizylinder-Zweitaktmotor von Zanker zu verwenden. Um 1950 folgte noch der Leichtschlepper »MTB A/14« bzw. »MTB A3/15« mit 14-PS-Zanker- und mit 15-PS-Hatz-Motor. Ein praktisch nicht vorhandenes Vertriebsnetz wie auch eine fehlende Kapitaldecke bescherten diesem Kleinunternehmen, wie so vielen anderen auch, schon nach wenigen Jahren das Aus.

15-PS-Burzler MTB A 3/15, 1950.

Burzler-Schlepper

Baureihe	Bauzeit	Motor Hersteller	Typ	Zylinder	PS	Kühlung	Bohrung x Hub	Hubraum	Drehzahl	Radstand	Gewicht	Getriebe	Besonderheiten
MTB A 1	1949	MWM	KD 15 Z	2	22	W	95x150	2125	1500	1750	1730	4/1	
MTB A 2	1949	Deutz	F 2 M 414	2	22	W	100x140	2198	1500	1750	1890	5/1	
MTB A 3/14	1950	Zanker	M 1	1	14	Th	100x130	1022	1500	1650	1090	4/1	Zweitakt-Diesel
MTB A 3/15	1950 - 1951	Hatz	B 1 S	1	15	W	120x130	1120	1500	1650	1360	4/1	

Büssing

Heinrich Büssing, Spezialfabrik für Motorlastwagen, Motoromnibusse und landwirtschaftliche Zugmaschinen (Raupenschlepper),
Braunschweig, Elmstr. 40,
1918–1927

Büssing nahm den Raupenschlepperbau zu Beginn des Jahres 1918 auf, wobei das Unternehmen auf Antriebsteile des Kampfpanzerwagens A.7.V zurückgriff. Gegen Kriegsende hatte Büssing dann eine »Raupenbetriebsprotze« (RBP) als Kettenzugmaschine serienreif – die Basis der »Landwirtschaftlichen Zugmaschine« (L.Z.M.) der frühen Nachkriegszeit. Büssing verwies in seiner Werbung darauf, dass das Fahrzeug »zwei Jahre auf Rittergütern unter schwersten Beanspruchungen« erprobt worden wäre; es schien, als ob das Unternehmen ein neues Betätigungsfeld gefunden habe, das fehlenden Rüstungsaufträge kompensieren könnte.

Dass dennoch auch die neu gegründete Reichswehr weiterhin als Großabnehmer anvisiert wurde, sei nur am Rande erwähnt! Großvolumige 55-PS-Motoren, seit 1909 produziert, aber längst nicht mehr in Büssing-Nutzfahrzeugen eingesetzt, gaben den Raupen ausreichend Kraft. Die erste Ausführung besaß ein verkleidetes Laufrollenwerk; Spiralfedern drückten die Rollen nach unten und oben. Das zweite Baumuster der auch als »Last-Zug-Maschine« bezeichneten Raupe war mit je zwei paarweisen, abgefederten Rollen (auch mit zweimal drei Rollen) in den durch Schwinghebel miteinander verbundenen Laufrollenkästen versehen.

Gesteuert wurde der Raupenschlepper durch Lenkkupplungen (Lederkonus) an den Antriebswellen und zusätzliche Bandbremsen auf den Bremsscheiben des Rädervorgeleges. Der Führerstand befand sich zunächst am Fahrzeugheck, bei der späteren Version dagegen in der Fahrzeugmitte. Eine Riemenscheibe war im Heck angebracht. Infolge der desolaten Wirtschaftslage gab Büssing wohl um 1927 den Raupenbau auf, zumal im Deutschen Reich kaum ein Markt für die immens teuren Fahrzeuge vorhanden war. Auch das Heereswaffenamt hatte nur wenige Büssing-Raupen für Ausbildungszwecke erworben.

55-PS-Büssing-Raupenschlepper »Raupenbetriebsprotze«, 1919.

55-PS-Büssing-Raupenschlepper L.Z.M. mit Rollenlaufwerk, 1920.

Büssing-Raupen

Baureihe	Bauzeit	Motor Hersteller	Typ	Zylinder	PS	Kühlung	Bohrung x Hub	Hubraum	Drehzahl	Radstand	Gewicht	Getriebe	Besonderheiten
RBP/Raupenbetriebsprotze	1918 - 1919	Büssing	B (9)	4	55	W	132x160	8754	860		5300	2/2	
L.Z.M.	1919 - 1924	Büssing	B (9)	4	55	W	132x160	8754	860		5500	3/1	
L.Z.M.	1924 - 1925	Büssing	B (9)	4	55	W	132x160	8754	860		5200	3/1	

Ceres

1. 1953	**Maschinenfabrik Ceres GmbH,** Vienenburg/Harz 1. Oberndorf a. N., Teckstr. 13 a–c
2. 1953–1954	**Ceres Maschinen- und Fahrzeugbau GmbH,** Vienenburg/Harz

Unter dem Namen der Fruchtbarkeitsgöttin Ceres versuchte um 1953 dieses Maschinenbau-Unternehmen auf dem demontierten und enttrümmerten Gelände in einer noch stehengebliebenen Werkshalle (Dieselzentrale) der Waffenfabrik Mauser eine Schlepperfertigung einzurichten. (Auch Daimler-Benz zeigte Interesse an diesem Gelände.) Das Programm sollte vier Baureihen mit Leistungen von 15 bis 40 PS umfassen, wobei es sich um Nachbauten von Sulzer-Schleppern handelte. Die französische Besatzungsmacht duldete jedoch keinen metallverarbeitenden Betrieb, so dass – obwohl schon Prospekte gedruckt und verteilt waren – sich die Gesellschaft nach einem neuen Standort umsehen musste.

Unter der Firmierung Ceres Maschinen- und Fahrzeugbau GmbH trat das Unternehmen in Vienenburg/Harz auf, das für kurze Zeit das angekündigte Ceres-Schlepper-Programm zumindest für ein Jahr realisierte. Fünf ausgewählte Sulzer-Schleppertypen mit wasser- und luftgekühlten Motoren wurden im Lizenzbau angeboten. Darüber hinaus fertigte das Unternehmen Ackerwagen. Den Vertrieb der Produkte übernahm die Landmaschinenfabrik und Allgaier-Vertretung Paegert in Vienenburg; 1955 engagierte sich der Dreschmaschinen-Fabrikant Werner Raussendorf aus Singwitz an diesem Betrieb. Von 1965 bis 1973 nutzte das Landmaschinen-Unternehmen Gebr. Claas die Fabrikationsanlagen. Heute werden dort die Diatherm-Heizkörper hergestellt.

(In den Zwanziger Jahren nutzten auch der Dreschmaschinen-Hersteller Ceres Maschinenfabrik AG vorm. Felix Hübner in Liegnitz und die Ceres Landmaschinen-Gesellschaft mbH in Stettin diesen Namen.)

Ceres-Schlepper													
Baureihe	Bauzeit	Motor Hersteller	Typ	Zylinder	PS	Kühlung	Bohrung x Hub	Hubraum	Drehzahl	Radstand	Gewicht	Getriebe	Besonderheiten
S 15	1953	MWM	KDW 415 E	1	15	W	100x150	1178	1600	1490	1400	5/1	Sulzer-Typ S 15
S 20	1953 - 1954	MWM	KDW 615 E	1	20	W	112x150	1480	1600	1740	1400	5/1	Sulzer-Typ S 20
S 22 L	1953 - 1954	MWM	AKD 12 Z	2	24	L	98x120	1810	2000	1780	1320	5/1	Sulzer-Typ S 22 L
S 25	1953	MWM	KDW 415 Z	2	25	W	100x150	2356	1500			5/1	Sulzer-Typ S 28 mit reduzierter Leistung
S 30	1953	MWM	KDW 415 Z	2	28	W	100x150	2356	1600			5/1	Sulzer-Typ S 30
S 36	1953 - 1955	MWM	KD 12 D	3	35/36	W	95x120	2550	2000	1860	1950	7/2	

Cerva-Dreiradschlepper													
Baureihe	Bauzeit	Motor Hersteller	Typ	Zylinder	PS	Kühlung	Bohrung x Hub	Hubraum	Drehzahl	Radstand	Gewicht	Getriebe	Besonderheiten
Cerva	1920 - 1925	Kämper	110/160	4	32	W	110x160	6079	800	2800	3600	3/1	
Cerva	1925 - 1928	Wesselmann	C/D	4	40/45	W	110x160	6079	800/900	2750	3100	3/1	Lizenz-Kämper-Motor, mit Pflug, 3600 kg

Cerva

Cerva Motorpflug Wesselmann-Bohrer-Cie. AG, Werkzeug- und Werkzeugmaschinenfabrik,
Gera-Zwötzen, Lange Str. 52,
1920–1931

Das Unternehmen war 1895 gegründet worden und stellte vor allem Werkzeuge (Bohrer), Drehbänke und Maschinen her. Die Abteilung Landmaschinen bestand aus 100 Personen und baute rund ein Dutzend Jahre lang auch Schlepper. Die »Cerva«-Gelenkpflüge besaßen nur ein vorderes Lenkrad. Der Motor ruhte auf einem gepressten Stahlblechrahmen zwischen den Achsen. Eine vom Motor angetriebene Hebevorrichtung im Heck bewegte den gelenkig angebrachten dreischarigen Pflugkörper in der Bodenbearbeitungsversion. Diese konnten leicht demontiert werden, so dass das Fahrzeug auch als Zugmaschine eingesetzt werden konnte. In der Industrieversion waren die Schlepper mit einem Kranausleger ausgestattet. Als Antrieb dienten Kämper- bzw. Kämper-Lizenzbau-Vierzylinder-Benzolmotoren mit 32 PS, ab 1925 mit 40/45 PS, die über eine Kardanwelle ihre Kraft an die Hinterachse der 3,6 bis 3,8 t schweren Fahrzeuge abgaben. Die Fertigung endete 1931; die Firma selbst wurde 1947 wurde auf Befehl des Chefs der Verwaltung der Sowjetischen Militäradministration für Thüringen in das Eigentum des Landes Thüringen überführt, d. h. enteignet.

40/45-PS-Cerva-Dreiradschlepper, 1925.

Claas

Claas KGaA mbH, Harsewinkel, Münsterstr. 33
1. 1956-1960 **Gebr. Claas oHG, Maschinenfabrik,** Harsewinkel, Münsterstr. 33
2. 1995-heute **Claas KGaA mbH**

1913 gründete August Claas in Clarholz/Westfalen eine Maschinenfabrik, aus der 1914 mit dem Eintritt seiner Brüder Bernhard und Franz sowie später auch des Bruders Theo die Firma Gebr. Claas hervorging, die 1919 nach Harsewinkel verlegt wurde. Strohbinder und Zentrifugen bildeten das Hauptfertigungsgebiet. Der wirtschaftliche Durchbruch gelang 1929 mit dem Strohbinder »Knoter«. 1936 folgte der erste in Deutschland gefertigte Mähdrescher vom Typ »MDB« (»Mähdrescher-Binder«). Pferde und später Schlepper zogen die immer wieder verbesserten Modelle. Nach dem Übergang zum selbstfahrenden Mähdrescher mit den Modellen »Hercules« und »Selbstfahrer SF« erschien nach der Mitte der 1950er Jahre das Allzweckfahrzeug »Huckepack«. Dieses bestand aus einem aus Rundholmen zusammengesetzten Fahrgestell, das als Geräteträger, Pritschenfahrzeug oder als Fahrgestell für einen aufgesetzten und mit einem 27-PS-VW-Motor versehenen Claas-Mähdrescher benutzt werden konnte. Ein querliegender Hatz-Einzylindermotor mit 13 PS war neben dem Fahrer im Heck des »Huckepacks« angebracht. Das letzte Baulos erhielt einen luftgekühlten MWM-Boxermotor mit 14/15 PS. Eine Zapfwelle und eine Dreipunkthydraulik waren vorhanden. Bis 1960 entstanden von diesem praktischen, aber teuren Verwandlungsfahrzeug gerade mal 150 Exemplare.

13/14-PS-Claas-Geräteträger D 15, 1956. Foto: Claas-Vertriebsgesellschaft

Präsenz im Traktorenbau mit dem »Xerion«

Das Familienunternehmen Claas, seit 1995 in der Rechtsform einer Kommanditgesellschaft auf Aktien, konnte in den 1990er Jahren unter der Führung des Gründersohnes Helmut Claas zum weltweit drittgrößten, aber führenden Mähdrescherhersteller aufsteigen. 2010 übernahm seine Tochter Cathrina Claas-Mühlhäuser den Vorsitz im Aufsichtsrat des Familienkonzerns.

Um neben den gut eingeführten Feldhäckslern, Ballenpressen und Futtererntemaschinen auch eine Multifunktionsmaschine im Programm zu haben, entwickelte das Unternehmen in den Jahren 1968 bis 1972 eine 130-PS-Allradzugmaschine mit Kurzpritsche unter der Projektbezeichnung HSG (Hydrostatisches Getriebe), die jedoch nicht in den Serienbau gelangte. Ab 1978 befasste sich Claas unter der Projektbezeichnung 207 erneut mit der Entwicklung eines Trac-Modells, aus dem 1993 der Systemschlepper »Xerion« hervorging, der in der ersten Version von 1995 bis 2001 gebaut wurde. Der im oberen Segment der Trac-Fahrzeuge angesiedelte »Xerion« war mit 250- oder 300-PS-Perkins-Motoren ausgestattet. Das eigene HM-8-Getriebe, ein hydrostatisch-mechanisches und leistungsverzweigtes Getriebe, das unter Last vollautomatisch stufenlos regulierbar ist, übertrug mit hohem Wirkungsgrad die Kraft auf die Achsen mit den gleichgroßen Rädern. Eine Allrad-, eine Hundegang- oder eine Frontlenkung konnten vom Bediener geschaltet werden. Eine weitere Besonderheit war die hydraulisch drehbare Kabine, so dass der Fahrer ohne Wendemanöver bei Richtungswechsel in Fahrtrichtung blicken konnte.

Das Modell sollte als Trägerfahrzeug, als selbstfahrende Erntemaschine, als Großflächenmäher oder als Zugfahrzeug für Güllewagen genutzt werden. Für die Großserienfertigung des »Xerion« sowie für die Feldhäcksler

130-PS-Claas-Geländezugmaschine, 1970. Foto: Claas-Vertriebsgesellschaft

trat Claas 1998 in Verhandlungen mit der Bundesanstalt für vereinigungsbedingte Sonderaufgaben (BvS), auch »Treuhandstelle« genannt, um die LandTechnik Schönebeck (LTS) im sachsen-anhaltinischen Schönebeck zu übernehmen. Die Verhandlungen scheiterten jedoch.

Durch die Verwendung von Perkins-Motoren war es zu einem Kontakt mit der Perkins-Muttergesellschaft, dem Motoren- und Baumaschinenkonzern Caterpillar Inc. in Peoria/Illinois in den USA gekommen. Darüber hinaus lieferte Caterpillar über sein Zweigwerk Challenger in Jackson/Minnesota Raupenfahrwerke für die Import-Mähdrescher vom Typ »Lexion« für den nordamerikanischen Markt. Als Caterpillar ab 1996 Raupenschlepper mit Differentialtechnik und einem breiten Gummiband-Laufwerk auf dem deutschen Markt unter dem Namen »Challenger« anbot, kam ein Jahr später das Gemeinschaftsunternehmen Claas Caterpillar Europa GmbH & Co. zustande, das unter Nutzung der Claas-Vertriebswege die amerikanischen Hochleistungsraupen für die Landwirtschaft mit Caterpillar-Triebwerken mit 212, 241 und 270 PS sowie einem 16/9-Gang-Lastschaltgetriebe in der Claas-Farbgebung (»Saatengrün«) unter der Markenbezeichnung »Claas Challenger« anbot. 1998 kam noch eine stärkere Variante mit Leistungen von 310 bis 460 PS hinzu.

Gleichzeitig gründete Claas mit Caterpillar das Gemeinschaftsunternehmen Caterpillar Claas America L.L.C. für Claas-Mähdrescher in Omaha/Nebraska, das dort die Claas-Mähdrescher der »Lexion«-Baureihe herstellte und vermarktete. Als Caterpillar die Lizenzrechte des Challenger-Raupenbaus im Jahre 2002 an den AGCO-Konzern abgab, endete der Vertrieb der Raupenschlepper in Claas-Regie und die AGCO GmbH & Co. in Marktoberdorf stieg in dieses Geschäft ein.

270-PS-Claas-Caterpillar-Raupenschlepper »Challenger«, 1997.

Übernahme des Renault-Traktorenbaus

In den 1990er Jahren reiften die Ambitionen, Claas auch als »Full-Line-Anbieter« zu positionieren. Die Verhandlungen zur Übernahme der »MB trac-« und der Schlüter-Trac-Fertigung sowie des LTS- Unternehmens in Schönebeck hatten zu keinem Erfolg geführt, zumal hier auch nur eine kleine Bandbreite an Schlepper-Modellen zur Verfügung gestanden hätte. Die Chance zum Komplettanbieter aufzusteigen bot sich 2003: Der ostwestfälische Erntemaschinenhersteller erwarb zu Beginn dieses Jahres

82-PS-Claas »Celtis RX«, 2004. Foto: Harald Linz, © PD

51 Prozent der Anteile der zum Verkauf stehenden Renault Agriculture SAS in Le Mans mit der Verwaltung im Pariser Vorort Velizy. Claas war für Renault, insbesondere für die Belegschaft, der Wunschkandidat, denn Claas sicherte hohe Investitionen, Qualifikationsmaßnahmen für die Mitarbeiter, eine Aufstockung der Belegschaft von 1000 auf 3000 Personen zu, was die Zukunftsfähigkeit des französischen Schlepperwerkes garantierte. Auf dem deutschen Markt, wo Renault einst mit der Übernahme von Porsche-MAN eine größere Verbreitung erhofft hatte, aber nur auf 2 Prozent der Zulassungszahlen kam, standen mit der Integration das Claas-Händlernetz zusätzlich die Renault-Stützpunkte zur Verfügung.

Schon 2006 konnte ein Absatzanstieg von 25 Prozent und ein Marktanteil von 7 Prozent verzeichnet werden. Zug um Zug übernahm Claas alle weiteren Anteile an dem französischen Schlepperhersteller, der Marktanteil in der Bundesrepublik liegt inzwischen (2011) bei 10 Prozent. Gleichzeitig übernahm Claas das Renault und Massey Ferguson je zur Hälfte gehörende und betriebene Getriebewerk GIMA (Groupement Industriel de Machinisme Agricole) in Beauvais, nördlich von Paris, das die Getriebe für die einzelnen Baureihen zuliefert. Auch hier wurden mit dem Partner Massey Ferguson hohe Investitionen getätigt, um die Getriebetechnik auf neuesten Stand zu bringen.

Das umfangreiche Renault-Schlepperprogramm, das aus den Modellreihen »Pales« (52–76 PS), »Ceres« (67–87 PS), »Cergos« (72–97 PS),

194-PS-Claas »Ares 836«, 2004. Foto: Claas Vertriebsgesellschaft

250-PS-Claas »Atles 936«, 2004. Foto: Claas Vertriebsgesellschaft

»Ares« (98–194 PS), »Temis« (102–154 PS) und »Atles« (226–250 PS) sowie aus den Schmalspurbaureihen »Dionis« (52–76 PS) und »Fructus« (60–76 PS) bestand, wurde zunächst bis auf die Baureihen »Ceres«, »Cergos« und »Temis« weitergeführt. Wenn auch die Fahrzeuge auf Märkten, wo Renault gut repräsentiert war, zunächst noch im Renault-Design angeboten wurden, so erschienen sie insbesondere in Deutschland umgehend mit nach vorne abgerundeter Haube in der »Saatengrün«-Farbgebung und mit Claas-Schriftzug, bei den Wein- und Obstbauschleppern dauerte es auch hier noch ein Jahr, bis das Renault-»Orange« Vergangenheit war.

»Pales«, 2003 – 2004

Nur für zwei Baujahre blieb der Kompaktschlepper »Pales« in der Allradausführung mit luftgekühlten Deutz-Dieselmotoren im Angebot. Das hier verwendete Twinshift-Getriebe ermöglichte, dass jeder Gang ohne Zugkraftunterbrechung und ohne Kupplungstätigkeit per Schaltknauf untersetzt werden kann. Anstelle des bisher verwendeten Sicherheitsrahmens gehörte jetzt eine Kabine zur Ausstattung.

»Celtis« und »Axos«, ab 2003

Teile der »Cergos«-Baureihe führte Claas unter der Bezeichnung »Celtis« weiter. Als Allroundschlepper für die Hofwirtschaft (mit Frontlader), im Grünlandbereich und im Ackerbau gingen diese Modelle mit 72- und 101-DPS-Motoren (Deere-Power-Systems) in Plattformausführung mit Überrollbügel oder mit Kabine an den Kunden. Im Jahre 2008 trat der »Axos« als neuer Kompaktschlepper mit längerem Radstand und mit Perkins-Motoren an die Stelle des »Celtis«. 10/10- oder 20/20-Gang-Revershift-Wendegetriebe kamen hier zum Einbau. Die Version »C« stellte das Basismodell mit beiden Getriebeversionen dar, während die »CL«-Ausführung als Frontladefahrzeug mit dem 10/10-Getriebe versehen war. Die Prämiumausgabe »CX« präsentiert sich zusätzlich zur Getriebeausstattung des »C«-Modells mit Twinshift-Technik oder mit einem 30/30-Ganngetriebe inklusive Kriechganggruppe. 2015 entfiel der »Axos«. An seine Stelle trat der »Atos«. Mit den neuen, kleinvolumigen Drei- und Vierzylindermotoren des Herstellers Same-Deutz-Fahr (SDF); im SDF-Werk Treviglio wird dieses Modell mit Claas-typischer Karosserie hergestellt und entspricht somit den gleichstarken Modellen von SAME und Deutz-Fahr.

155-PS-Claas »Arion 630«, 2007.

224-PS-Claas »Axion 850«, 2007. Foto: Claas Vertriebsgesellschaft

115-PS-Claas »Arion 430«, 2012. Foto: Claas Vertriebsgesellschaft

»Ares«, ab 2006 »Arion«

Die schon bei Renault gut eingeführte »Ares«-Baureihe erhielt unter Claas-Regie eine neue Leistungsabstufung von 90 bis 192 PS mit DPS-Motoren, vorgesehen für große Ackerbau- und Lohnbetriebe. Die Kraftpakete der 500er-Vierzylinder-m der 600er- und 800er-Sechszylinder-Baureihen verfügten über das lastschaltbare Wendegetriebe mit vier Gängen und zwei Gruppen (»Quadrishift II«), so dass 32/32 Gänge zur Verfügung standen, die noch durch ein Kriechganggetriebe in der 800er-Serie auf 64/64 Gänge verdoppelt werden konnten. Die Quadrishift -Technik schaltete die vier Lastschaltstufen automatisch in Abhängigkeit von Motordrehzahl und Stellung des Plus-Minus-Gashebeld. Über der »Profi«-Standard-Ausrüstung stand die »Comfort«-Version mit der gefederten Kabine und auf Wunsch mit gefederter Vorderachse. Die »Premium«-Modelle krönten mit gefederter Kabine und Vorderachse diese Generation, kenntlich an der Endziffer »6« der Typenbezeichnung. Schon nach zwei Jahren erfolgte die Modellpflege in Form der »Ares«-507- und 607-Baureihen. Das sechsstufige Lastschaltgetriebe (»Hexashift-Getriebe« mit Revershift und 24/24-Gängen) mit »Hexactiv«-Schaltautomatik zur Umschaltung auf Eco- oder Power-Modus kam hier zum Einbau, wobei der Eco-Modus die Motordrehzahl bei Straßenfahrt reduzierte und damit den Motor wirtschaftlicher arbeiten ließ. Die Kabine zeichnete sich durch die Vierpunkt-Vollfederung aus. Optional waren der Einbau einer Proactiv-Vorderachse mit Einzelradfederung und eine klimatisierte Hydrostable-Kabine, die dem Fahrer optimale Bedingungen auf dem Arbeitsplatz gewöhrleistete. Verstärkte Hubwerke standen zur Gerätebedienung bereit.

2007 bildete die »Arion«-Modellreihe mit auffallend nach vorne geneigter Haubengestaltung die Nachfolgegeneration für die »Ares«-Schlepper. (Einzig die »Ares«-500er-Reihe blieb noch für ein Jahr im Angebot.) Die 500er- und 600er-Ausführungen stützten sich auf vier- und sechszylindrige DPS-Motoren mit Vierventil-Common-Rail-Technik. Das Claas-Power-Management (CPM) ermöglicht mittels Power-Boost-Technik den Anstieg der Motorleistung des Modells »540« von 135 auf 155/160, des Modells »640« von 150 auf 175 PS. Die elektronische Einspritzung sorgt bei Bedarf für diese Höchstleistung, die in diesem Fall einen höheren Kraftstoffverbrauch erfordert. Der lange Radstand sorgt für eine günstigere Gewichtsverteilung und ein angenehmeres Fahrverhalten. Hexashift-Getriebe mit 24/24-Gängen, geschaltet über den Multifunktionshebel »Drivestick«, übertagen die Motorkraft. Um eine Straßengeschwindigkeit von 50 km/h zu erzielen, können die Fahrzeuge mit der gefederten Proactiv-Vorderachse versehen werden. Der »810« mit 163 (maximal 175) PS führte die erste Ausführung an. Die parallel angebotene »600 C«-Serie kam bescheidener und damit preiswerter mit dem 16/16-Gang-Quadrishift-Getriebe ohne Hexactiv-Getriebeautomatik aus. Das Cebis-Steuerungssystem ermöglichte die gleichzeitige Bedienung von bis zu sieben Geräten.

Mit dem Baujahr 2009 folgte die trotz langem Radstand kompakte »Arion 400«-Baureihe mit Vierzylindermotoren im Bereich von 95/105, 105/120 bis 115/130 PS. Das Quadrishift-Getriebe mit Quadractiv-Schaltautomatik sowie Revershift-Wendeschaltung zeichnen diese technisch anspruchsvolle Baureihe aus. Die Spitzenmodelle unter dem Zusatz »CIS« verfügten zusätzllich über das Claas Power-Management (CPM) für erhöhte Leistung, das Class Informations-System CIS, integriert im Armaturenbrett, sowie Zapfwellenautomatik, Bordcomputer und Joystick-Bedienung. Das stufenlose Cmatic-Getriebe von ZF gelangte 2012 in die 500er-Baureihe und zwei Jahre später erhielten die »Arion«-Fahrzeuge neue Motoren, die die amerikanischen Abgasnormen Tier 4 final erfüllten.

100-PS-Claas »Axos 340«, 2008. Foto: Claas Vertriebsgesellschaft

91-PS-Claas »Atos 240 C«, 2016. Foto: Claas Vertriebsgesellschaft

155/165-PS-Claas »Arion 630, 2017. Foto: Père Igor, © CC-BY-SA-4.0

140/155-PS-Claas »Arion 470«, 2021. Foto: Claas Vertriebsgesellschaft

»Atles«, ab 2007 »Axion«

Die drei Renault-Schwergewichte »Atles 926«, »936« und »946« mit 226- und 250-PS-Deutz-Triebwerken waren für Großbetriebe und Lohnunternehmen vorgesehen. 18/8-Full-Powershift-Revershift-Getriebe des amerikanischen Getriebeherstellers Funk Manufacturing Company in Coffeyville/Kansas (heute ein John Deere-Unternehmen) übertrugen das Drehmoment der Motoren, wobei »Drivestick« die Gänge unter Last, die Steigerung der Motordrehzahl, die Aktivierung des programmierten Vorgewendeganges und das Wendegetriebe steuerte. Ab 2007 ersetzte die »Axion«-Baureihe die »Atles«-Giganten. Den Einstieg bildete die 800er-Modelle mit den neuen DPS-Common-Rail-Triebwerken im Leistungsbereich von 163 bis 224 PS. Mit Claas Power-Management (CPM) entfalteten diese Maschinen gesteigerte Leistungen von 214 bis 268 PS. Lastschaltbare 24/24-Getriebe kamen zum Einbau, aber auch hier hielt das stufenlose »Cmatic«-Getriebe seit 2008 Einzug in die einzelnen Baureihen, gekennzeichnet mit dem Zusatz »Variactiv«. Durch die gefederte und parallelogrammgeführte Vorderachse waren die Fahrzeuge für eine Höchstgeschwindigkeit von 50 km/h zugelassen. Die Wespentaillenbauart des Frontchassis ließ einen großen Lenkeinschlag zu. Das Vorgewendemanagement erleichterte dem Fahrer das Wenden am Feldrand. Die ab 2011 abgebotene Oberklase»900« mit stufenlosem Getriebe nutzte 8,7-Liter-FPT-Motoren (Fiat-Power-Train, auch Iveco-Motoren genannt) mit einer Leistungsentfaltung von 280 bis 416 PS. Der vordere Halbrahmen nahm das extrem starke vordere Hubwerk sowie den Motor auf. Claas setzte bei diesen Boliden auf einen langen Radstand, auf optimalen Bedienkomfort in einer gefedert aufgesetzten Klimakabine. 20 Scheinwerfer leuchten bei Bedarf den Arbeitsbereich aus. Auch hier erhielten die Schlepper auf Tier 4final eingestellte Motoren die, die verschärften Abgasvorgaben erfüllten.

410-PS-Claas »Axion 950«, 2011. Foto: Claas Vertriebsgesellschaft

Zweite »Axion«-Baureihe ab 2012

Die zweite Generation der »800er-Axion«-Ausführung wurde ab 2012 mit de 6,7-Liter-FPT-Diesel ausgestattet, der die Modelle mit 194 bis 270 PS versorgte. Die Traktoren konnten mit Schalt- und Automatikgetrieben kombiniert werden. 2015 versah Claas zunächst den »Axion 870« mit dem CPM-System und der stufenlosen Cmatic sowie dem Cebis-Bedienkonzept. Eine neue Vorderachse verringerte das Eigengewicht.

Zwei Jahre später erhielt auch die 900er Baureihe eine Leistungssteigerung mit 320- bis 445-PS-FPT-Triebwerken. Ab 2020 setzt das umgebaute und erweiterte Claas-Traktorenwerk in Le Mans genauso wie das SAME- und das Carraro-Auftragswerk Dieselmotoren ein, die die Abgasstufe Tier 5 erfüllen.

Die Oberklasse der 900er-Serie erweiterte Claas mit dem 2017 vorgestellten und ab 2020 in Serie gebauten Halbraupentraktor »Axion 900 Terra Trac«. Der vollgefederte Schlepper verfügt über ein hinteres, mit zwei unteren Stützrollen versehenes Gleisbandsystem, über den stufenlosen Cmatic-Fahrkomfort, eine um 15 Prozent gesteigerte Zugleisung sowie über einen um 50 Prozent reduzierten Bodendruck. Der Geschwindigkeitsbereich liegt zwischen 0,05 und 50 km/h!

225/235-PS-Claas »Axion 830«, 2021.

440/445-PS-Claas »Axion 960«, 2021. Foto: Claas Vertriebsgesellschaft

»Elios«, ab 2011

Erst im Jahre 2011 sah das Unternehmen wieder die Notwendigkeit, einen kleinen kompakten Schlepper im Programm zu haben. Aufgeladene FPT-Motoren mit drei PS-Klassen werden hier mit einem 12/12-Gang-Twinshift-Verdoppler-Getriebe kombiniert, bei dem das Kuppeln automatisch erfolgt. Die Fahrzeuge, baugleich mit den John Deere-Modelen »5G« und dem Massey-Ferguson-Modell 3600, werden von Carraro SpA Divisione Agritalia in Rovigo/Venetien, gefertigt und in Claas-Aufmachung angeliefert. Dieser war 1960 aus der Abspaltung vom Spezialschlepperproduzenten Antonio Carraro hervorgegangen und fertigt seit 1977 Schlepper für Reihenkulturen mit eigenem Vertrieb, aber auch für John Deere, Massey-Ferguson und VALTRA.

78-PS-Claas »Elios 220«, 2011. Foto: Claas Vertriebsgesellschaft

103-PS-Claas »Elios 240, 2021.

Schmalspurschlepper der Baureihen »Dionis«, »Fructus« und »Nexos«

Weiterhin im Programm blieben zunächst die mit zuschaltbarem Allradantrieb und mit kantiger Haube versehenen Renault-Wein- und Obstbau-Schlepper der Baureihe »Dionis«, zugeliefert von Carraro Agritalia. Luftgekühlte Deutz-Motoren mit einer Leistungsentfaltung von 52 bis 76 PS trieben über synchronisierte 12/12-Gang-Wendegetriebe die Schlepper an. Auch der gegenüber dem »Dionis« mit breiteren Achsen ausgestattete Allrad-Plantagenschlepper »Fructus« wurde übernommen und erhielt ebenso wie der »Dionis« ab 2004 äußlich die neue Claas-Identität.

Schon 2005 lösten die »Nectis«-Modelle mit Drei- und Vierzylinder-FPT-Motoren, mit einer Lenkachse, die einen Vorderräder-Einschlag bis zu 55 Grad ermöglicht, sowie einem starken Heck-Hubwerk die beiden Vorgänger-Baureihen ab. Eine moderne, nach vorne rund auslaufende Haube überdeckte den Motorbeeich der neuen Claas-Schmalspur-Baureihen. Mit verschiedenen Breiten wurde dieses Basismodell gebaut, wobei die Varianten »VE« 1130 mm, »VL« 1280 oder 1560 und »F« 1460 oder 1560 mm Breite aufweisen.

88-PS-Claas »Nectis 257 VL«, 2005.

344-PS-Claas »Xerion 3800«, 2007. Foto: Claas Vertriebsgesellschaft

2019 folgte die »Nexos«-Serie in den Versionen »VE« mit 1000 mm, »VL« mit 1250 mm und »F« mit 1460 mm Breite. Die 72- bis 101-PS-FPT-Motoren treiben über 12/12-, über 24/24-, über das zweistufige Twinshift-12-Gang-Wendegetriebe oder über ein hydraulisch geschaltetes Revershift-Wendegetriebe mit zweistufigem Twinshift die Fahrzeuge an. Auch all diese Schmalspurtypen mit zuschaltbarem Allradantrieb lässt Claas in Rovigo herstellen.

Die zweite »Naxos«-Serie von 2017 entspricht dem Carraro »Aricube«, dem MF 3600/3700 und dem John Deere-Modell der 5G-Serie. Mit neuem Schaltgetriebe und bis zu 120 PS starken FPT-Motoren, die die aktuellen Abgaswerte erfüllen, erhielten die Modelle 2021 erneut ein Update. Von 1000 bis 1500 mm reicht die Breite dieser Spezialschlepper in Plattform- und in Kabinenausführung.

Systemschlepper »Xerion« der 2. Baustufe, ab 2003

Nach den ersten beiden »Xerion«-Baureihen »2500« und »3000« mit Perkins-Diesel und dem HM-Getriebe ging Claas im Jahre 2003 auf 305 PS starke Caterpillar-Triebwerke mit dem stufenlosen, leistungsverzweigten ZF-Eccom-Getriebe über, die in das überarbeitete Fahrgestell eingebaut wurden. Eine einteilige Motorhaube in Wespentaillen-Bauart überdeckt seitdem den Motorbereich. Die Allradlenkung mit Hundegang-Schaltung für Arbeiten an Steilhängen ermöglicht ein schnelles und präzises Manövrieren. Über einen Joystick wird das Fahrzeug gelenkt, ein Multifunktionsgriff steuert Geschwindigkeit (bis 50 km/h) und Fahrtrichtung. Das GPS-System dient dem Fahrer für exaktes Spurhalten und als Lenkhilfe. In der »Trac«-Version ist die Kabine fest hinter dem Motor aufgesetzt, in der »VC«-Version (variable cabin) lässt sich die Vista-Cab-Kabine per Knopfdruck hydraulisch um 180 Grad drehen und damit an das Fahrzeugende schwenken.

In der Ausführung »Saddle Trac« ist das Fahrzeug mit einer Aufsattelvorrichtung im Heck versehen, während die Kabine über dem Motorbereich feststehend angebracht ist. Ein Front- und ein Heck-Hubwerk sowie eine extrem starke Leistungshydraulik für die Bedienung der Geräte stehen zur Verfügung. Das maximale Gesamtgewicht des Hochleistungsfahrzeugs liegt bei voller Straßentauglichkeit bei 18,7 Tonnen. 2007 stieg die Motorleistung auf bisher im deutschen Schlepperbau – abgesehen von den Schlüter Einzelstücken »Profi Trac 5000 TVL« - auf 344 und 487 PS.

2014 ersetzte Claas die amerikanischen Triebwerke durch die neuen Mercedes-Benz-»Weltmotoren« der Baureihen OM 470 und 471. Leistungen von 419/435, 479/490 und 520/530 PS stehen zur Verfügung und im Gegensatz zu den Standardschleppern wird der »Xerion« im Stammwerk in Harsewinkel montiert.

Die Jupiterklasse des Claas-Traktorenbaus erhielt 2020 in den Baureihen »Xerion 4500 Trac TS« und »Xerion 5000 Trac TS« vier gleichgroße Raupenfahrwerke in Triangel-Form mit jeweils zwei Lenksystemen an den Achsen, die den Bodendruck des Fahrzeugs günstiger verteilen und die Geländegängigkeit auf schwierigen Böden optimieren.

Weltweite Aktivitäten des Claas-Unternehmens

Neben der Herstellug von Landmaschinen in Harsewinkel und in einem Zweigwerk in Törökszentmiklos/Ungarn (Schneidwerke, Trommelmähwerke und Ballenwickelmaschinen) sowie in Bad Saulgau (ehemaliges Bautz-Werk mit Futtererntemaschinen wie Mähwerke, Wender, Schwader, Ladewagen (2023 an Fliegl in Triptis abgegeben) sowie Vorsatzgeräte) ist der größte europäische Landmaschinenhersteller auch mit der Claas Industrietechnik GmbH (D.I.T.) in Paderborn und der Claas Fertigungstechnik GmbH in Beeken mit Formwerkzeugen in der Automobil- und Flugzeugtechnik tätig. Die Brötje Automation GmbH in Wiefelstede stellt Automatisierungsanlagen für die Flugzeugindustrie her.

Weitere Claas-Werke befinden sich in Saxham/Großbritannien, wo die Claas UK Ltd Teleskoplader auf Liebherr-Unterbauten montiert. Neben dem Schlepper-Werk in Le Mans und dem Getriebewerk GIMA in Beauvais besitzt Claas in Metz-Woippy/Frankreich die Usines Claas France SAS, die seit 1958 Rundballenpressen herstellt. In Indien fertigt die Claas India Ltd in Faribad sowie in Chandigarh kleine Reismähdrescher, hervorgegangen 2002 aus einem Joint-Venture mit dem Escort-Konzern in Dehli. In Russland hat Claas 2005 ein Montagewerk in Krasnodar/Nordkaukasus aufgebaut, das Mädrescher produziert, 2015 ergänzt durch eine zweite Fabrikanlage, die für jährlich 2500 Mähdrescher und Schlepper ausgelegt ist. Und wie erwähnt, entstehen direkt im »Korngürtel« der USA in Omaha/Nebraska (mit inzwischen neuer Bezeichnung) bei der Claas Omaha Inc die »Lexion«-Mähdrescher, anfänglich im Caterpillar-Gewand.

Hinter John Deere, CNH (Case New-Holland) und AGCO steht Claas mit 9000 Mitarbeitern in 14 Standorten an vierter Stelle in der westlichen Welt, gefolgt von SDF (SAME Deutz-Fahr) an fünfter Position.

101-PS-Claas »Nexos 240 VL«, 2014.

112-PS-Claas »Nexos 250 VE«, 2021. Foto: Claas Vertriebsgesellschaft

458-PS-Claas »Xerion 4200 Saddle Trac«, 2011. Foto: Claas Vertriebsgesellschaft

458-PS-Claas »Xerion 4200 Trac«, 2021. Foto: Claas Vertriebsgesellschaft

Claas-Schlepper

Baureihe	Bauzeit	Motor Hersteller	Typ	Zylinder	PS	Kühlung	Bohrung x Hub	Hubraum	Drehzahl	Radstand	Gewicht	Getriebe	Besonderheiten
1. Radschlepper													
1.1 Pales-Allrad-Baureihe													
Pales 210 A Profi	2003 - 2004	Deutz	F 3 L 912	3	52	L	100x120	2827	2350		2460	12/12	auch 24/24-Getriebe
Pales 230 A Profi	2003 - 2004	Deutz	F 4 L 912	4	67	L	100x120	3770	2350		2560	12/12	auch 24/24-Getriebe
Pales 240 A Profi	2003 - 2004	Deutz	F 4 L 913	3	76	L	102x125	4086	2350		2600	12/12	auch 24/24-Getriebe
1.2. Celtis-Allrad-Baureihe													
Celtis 426 A	2003 - 2004	DPS	4.045 DRT 70	4	72/75	W	106,5x127	4525	2200	2489	3730	10/10	auch 20/20-Getriebe
Celtis 436 A	2003 - 2004	DPS	4.045 DRT 70	4	80/84	W	106,5x127	4525	2200	2489	3760	10/10	auch 20/20-Getriebe
Celtis 446 A	2003 - 2004	DPS	4.045 TRT 71	4	90/92	W	106,5x127	4525	2200	2489	3790	10/10	T, auch 20/20-Getriebe
Celtis 456 A	2003 - 2004	DPS	4.045 TRT 72	4	100/102	W	106,5x127	4525	2200	2489	3830	10/10	T, auch 20/20-Getriebe
Celtis 426	2004 - 2008	DPS	4.045 DRT	4	72/74	W	106,5x127	4525	2200	2489	3730	10/10	auch 20/20-Getriebe
Celtis 436	2004 - 2008	DPS	4.045 TRT	4	80/82	W	106,5x127	4525	2200	2489	3760	10/10	T, auch 20/20-Getriebe
Celtis 446	2004 - 2008	DPS	4.045 TRT	4	90/92	W	106,5x127	4525	2200	2489	3790	10/10	T, auch 20/20-Getriebe
Celtis 456	2004 - 2008	DPS	4.045 TRT	4	100/102	W	106,5x127	4525	2200	2489	3830	10/10	T, auch 20/20-Getriebe
1.3 Axos-Allrad-Baureihe													
Axos 310 C/CL/CX	2008 - 2015	Perkins	1104D, ab 2014 1204E-E44TA	4	72	W	105x127	4440	2300	2489	3650	15/15	T, auch 30/30-Getriebe, ab 2012 74, ab 2014 75 PS
Axos 320 C/CL/CX	2008 - 2015	Perkins		4	80	W	105x127	4440	2300	2489	3730	15/15	T, auch 30/30-Getriebe, ab 2012 88, ab 2014 87 PS
Axos 330 C/CL/CX	2008 - 2015	Perkins		4	90	W	105x127	4440	2300	2489	3730	15/15	TL, auch 30/30-Getriebe, ab 2012 92 PS
Axos 340 C/CL/CX	2008 - 2015	Perkins		4	100	W	105x127	4440	2200	2489	4200	15/15	TL, auch 30/30-Getriebe, ab 2012 102 PS
1.4 Atos-Baureihe													
Atos 220	2014 - 2020	SDF	FARMotion	3	76	W	103x115,5	2887	2200	2300	3300	10/10	TL, auch 20/20- und 30/30-Getriebe
Atos 230	2014 - 2020	SDF	FARMotion	3	84/88	W	103x115,5	2887	2200	2300	3300	10/10	
Atos 240	2014 - 2020	SDF	FARMotion	3	92/97	W	103x115,5	2887	2200	2300	3300	10/10	
Atos 330	2014 - 2020	SDF	FARMotion	4	84/88	W	103x115,5	3849	2200	2400	4000	10/10	
Atos 340	2014 - 2020	SDF	FARMotion	4	97/102	W	103x115,5	3849	2200	2400	4000	10/10	
Atos 350	2014 - 2020	SDF	FARMotion	3	103/109	W	103x115,5	2887	2200	2400	4000	10710	
1.5 Ares-Allrad-Baureihe													
a)													
Ares 546 RX (RZ)	2003 - 2005	DPS	4.045 TRT	4	90/96	W	106,5x127	4525	2200	2564	5070	32/32	T
Ares 556 RX (RZ)	2003 - 2005	DPS	4.045 TRT	4	100/104	W	106,5x127	4525	2200	2564	5230	32/32	T
Ares 566 RZ	2003 - 2005	DPS	4.045 TRT	4	110/114	W	106,5x127	4525	2100	2564	5370	32/32	T
Ares 616 RX (RZ)	2003 - 2005	DPS	6.068 T	6	110/115	W	106,5x127	6788	2200	2820	4860	32/32	T
Ares 656 RX (RZ)	2003 - 2005	DPS	6.068 T	6	125/132	W	106,5x127	6788	2200	2820	4920	32/32	T
Ares 696 RX (RZ)	2003 - 2005	DPS	6.068 T	6	140/146	W	106,5x127	6788	2200	2820	5510	32/32	T
b)													
Ares 547	2005 - 2009	DPS	4.045 TRT	4	90/96	W	106,5x127	4525	2200	2564	4820	24/24	T
Ares 557	2005 - 2009	DPS	4.045 HRT	4	100/104	W	106,5x127	4525	2200	2564	4820	24/24	TL
Ares 567	2005 - 2007	DPS	4.045 HRT	4	110/114	W	106,5x127	4525	2200	2564	4820	24/24	TL
Ares 577	2005 - 2007	DPS	4.045 HRT	4	120/123	W	106,5x127	4525	2200	2564	4820	24/24	TL
Ares 617	2005 - 2007	DPS	6.068 TRT	6	110/115	W	106,5x127	6788	2200	2820	5010	24/24	T
Ares 657	2005 - 2007	DPS	6.068 TRT	6	125/132	W	106,5x127	6788	2200	2820	5030	24/24	T
Ares 697	2005 - 2007	DPS	6.068 TRT	6	140/149	W	106,5x127	6788	2200	2820	5630	24/24	T
c)													
Ares 816 RZ	2002 - 2007	DPS	6.068 TRT	6	156/164	W	106,5x127	6788	2200	2876	6205	32/32	T
Ares 826 RZ	2002 - 2007	DPS	6.068 TRT	6	175/181	W	106,5x127	6788	2200	2876	6294	32/32	TL
Ares 836 RZ	2002 - 2007	DPS	6.068 TRT	6	194/205	W	106,5x127	6788	2200	2876	6450	32/32	TL
1.5 Atles-Allrad-Baureihe													
Atles 926 RZ	2003 - 2007	Deutz	BF 6 M 1013 FC	6	226 /232	W	108x130	7146	2350	3035	8086	18/8	TL
Atles 936 RZ	2003 - 2007	Deutz		6	250/253	W	108x130	7146	2350	3035	8706	18/8	TL
Atles 946 RZ	2003 - 2007	Deutz		6	275/282	W	108x130	7146	2350	3035	8706	18/8	TL
1.6 Arion-Allrad-Baureihen													
1.6.1 Baureihe 400													
a)													
Arion 410	2009 - 2013	DPS	4045 HRT 83F T3	4	95/100	W	106,5x127	4545	2200	2560	4800	16/16	TL
Arion 410 Cis	2009 - 2013	DPS	4045 T 83E T3	4	110	W	106,5x127	4545	2200	2560	4800	16/16	TL
Arion 420	2009 - 2013	DPS	4045 HRT 83E T3	4	105/110	W	106,5x127	4545	2200	2560	4900	16/16	TL
Arion 420 Cis	2009 - 2013	DPS	4045 T 83D T3	4	120	W	106,5x127	4545	2200	2560	4900	16/16	TL
Arion 430	2009 - 2013	DPS	4045 HRT 83D T3	4	110/120	W	106,5x127	4545	2200	2560	4900	16/16	TL
Arion 430 Cis	2009 - 2013	DPS	4045 T	4	130	W	106,5x127	4545	2200	2560	4900	16/16	TL
b)													
Arion 410	2014 - 2021	FPT	NEF 4	4	85/90	W	104x132	4485	2000	2490	4700	16/16	TL
Arion 420	2014 - 2021	FPT	NEF 4	4	95/100	W	104x132	4485	2000	2490	4800	16/16	TL
Arion 430	2014 - 2021	FPT	NEF 4	4	105/110	W	104x132	4485	2000	2530	5100	16/16	TL, auch 24/24-Getriebe
Arion 440	2014 - 2021	FPT	NEF 4	4	115/120	W	104x132	4485	2000	2530	5100	16/16	TL, auch 24/24-Getriebe
Arion 450	2014 - 2021	FPT	NEF 4	4	125/130	W	104x132	4485	2000	2530	5200	16/16	TL, auch 24/24-Getriebe
Arion 460	2014 - 2021	FPT	NEF 4	4	135/140	W	104x132	4485	2000	2530	5200	16/16	TL, auch 24/24-Getriebe

Claas-Schlepper

Baureihe	Bauzeit	Motor Hersteller	Typ	Zylinder	PS	Kühlung	Bohrung x Hub	Hubraum	Drehzahl	Radstand	Gewicht	Getriebe	Besonderheiten
c)													
Arion 410	ab 2021	FPT	NEF 4	4	85/91	W	104x132	4485	2000	2489	4800	16/16	TL
Arion 420	ab 2021	FPT	NEF 4	4	95/102	W	104x132	4485	2000	2489	4800	16/16	TL
Arion 430	ab 2021	FPT	NEF 4	4	110/116	W	104x132	4485	2000	2525	5200	16/16	TL, auch 24/24-Getriebe
Arion 440	ab 2021	FPT	NEF 4	4	110/125	W	104x132	4485	2000	2525	5200	16/16	TL, auch 24/24-Getriebe
Arion 450	ab 2021	FPT	NEF 4	4	120/135	W	104x132	4485	2000	2525	5300	16/16	TL, auch 24/24-Getriebe
Arion 460	ab 2021	FPT	NEF 4	4	130/146	W	104x132	4485	2000	2525	5300	16/16	TL, auch 24/24-Getriebe
Arion 470	ab 2021	FPT	NEF 4	4	140/155	W	104x132	4485	2000	2525	5300	16/16	TL, auch 24/24-Getriebe
1.6.2 Baureihe 500													
a)													
Arion 510 Cis/Cebis	2007 - 2012	DPS	4.045 HRT 80A T3	4	110/117	W	106,5x127	4525	2200	2560	5380	24/24	TL
Arion 520 Cis/Cebis	2007 - 2012	DPS	4.045 HRT 80B T3	4	120/127	W	106,5x127	4525	2200	2560	5470	24/24	TL
Arion 530 Cis/Cebis	2007 - 2012	DPS	4.045 HRT 80C T3	4	130/133	W	106,5x127	4525	2200	2560	5470	24/24	TL
Arion 540 Cis/Cebis	2007 - 2012	DPS	4.045 HRT 81A T3	4	135/140	W	106,5x127	4525	2200	2560	5470	24/24	TL, mit PowerBoost 155/160 PS
b)													
Arion 530	2012 - 2017	DPS	4.045 HRT 90C T4i	4	140/145	W	106,5x127	4525	2200	2564	5800	Cmatic	TL, auch 24/24-Getriebe
Arion 540	2012 - 2017	DPS	4.045 HRT 90B T4i	4	150/155	W	106,5x127	4525	2200	2564	5930	Cmatic	TL, auch 24/24-Getriebe
Arion 550	2012 - 2017	DPS	4.045 HRT 90A T4i	4	158/163	W	106,5x127	4525	2200	2564	6020	24/24	TL, auch 24/24-Getriebe
c)													
Arion 510	ab 2017	DPS	4.045 HFCO4	4	115/125	W	106,5x127	4525	2100	2564	5950	Cmatic	TL, auch 24/24-Getriebe
Arion 530	ab 2017	DPS	4.045 HFCO4	4	135/145	W	106,5x127	4525	2000	2564	6000	Cmatic	TL, auch 24/24-Getriebe
Arion 550	ab 2017	DPS	4.045	4	155/165	W	106,5x127	4525	2000	2564	6410/7260	Cmatic	TL, auch 24/24-Getriebe
1.6.3 Baureihe 600													
a)													
Arion 610 Cis/Cebis	2007 - 2011	DPS	6.068 HRT 83D T3	6	120/130	W	106,5x127	6788	2200	2820	5720	24/24	TL
Arion 610 C	2007 - 2013	DPS	6.068 HRT 83D T3	6	120/130	W	106,5x127	´6788	2200	2820	5500	16/16	TL
Arion 620 Cis/Cebis	2007 - 2011	DPS	6.068 HRT 83C T3	6	135/140	W	106,5x127	6788	2200	2820	5950	24/24	TL
Arion 620 C	2007 - 2011	DPS	6.068 HRT 83C T3	6	135/140	W	106,5x127	6788	2200	2820	5600	16/16	TL
Arion 630 Cis/Cebis	2007 - 2013	DPS	6.068 HRT 83B T3	6	145/155	W	106,5x127	6788	2200	2820	6220	24/24	TL
Arion 630 C	2007 - 2011	DPS	6.068 HRT 83A T3	6	140	W	106,5x127	6788	2200	2820	5720	16/16	TL
Arion 640 Cis/Cebis	2007 - 2011	DPS	6.068 HRT 83A T3	6	155/160	W	106,5x127	6788	2200	2820	6260	24/24	TL, mit PowerBoost 175/180 PS
b)													
Arion 620	2012 - 2017	DPS	6.068 HRT 90DT4i	6	150/158	W	106,5x127	6788	2200	2820	6570	Cmatic	TL, auch 24/24-Getriebe
Arion 630	2012 - 2017	DPS	6.068 HRT 90C T4i	6	159/165	W	106,5x127	6788	2200	2820	6570	Cmatic	TL, auch 24/24-Getriebe
Arion 640	2012 - 2017	DPS	6.068 HRT 90B 4Ti	6	169/177	W	106,5x127	6788	2200	2820	6820	Cmatic	TL, auch 24/24-Getriebe
Arion 650	2012 - 2017	DPS	6.068 HRT 90A T4i	6	175/184	W	106,5x127	6788	2200	2820	6820	Cmatic	TL, auch 24/24-Getriebe
c)													
Arion 610	ab 2017	DPS	6.068 HRT	6	135/145	W	106,5x127	6788	2000	2820	6530/	Cmatic	TL, auch 24/24-Getriebe
Arion 630	ab 2017	DPS	6.068 HRT	6	155/165	W	106,5x127	6788	2000	2820	6740/	Cmatic	TL, auch 24/24-Getriebe
Arion 650	ab 2017	DPS	6.068 HRT	6	175/185	W	106,5x127	6788	2000	2820	6980/	Cmatic	TL, auch 24/24-Getriebe
Arion 660	ab 2017	DPS	6.068 HRT	6	175/185	W	106,5x127	6788	2000	2820	7860/	Cmatic	TL, auch 24/24-Getriebe, mit PowerBoost 205 PS
1.7 Axion-Allrad-Baureihen													
1.7.1 Baureihe 800													
a)													
Axion 810	2006 - 2013	DPS	6.068 HRT T3	6	170/180	W	106,5x127	6788	2200	2985	7148	24/24	TL, mit PowerBoost 214 PS, ab 2007 auch mit Cmatic
Axion 820	2006 - 2013	DPS	6.068 HRT T3	6	189/197	W	106,5x127	6788	2200	2985	7238	24/24	TL, mit PowerBoost 232 PS, ab 2007 auch mit Cmatic
Axion 830	2006 - 2013	DPS	6.068 HRT T3	6	203/213	W	106,5x127	6788	2200	2985	7396	24/24	TL
Axion 840	2006 - 2013	DPS	6.068 HRT T3	6	212/213	W	106,5x127	6788	2200	2985	7146	24/24	TL, mit PowerBoost 246 PS, ab 2007 auch mit Cmatic
Axion 850	2006 - 2013	DPS	6.068 HRT T3	6	233/238	W	106,5x127	6788	2200	2985	8098	24/24	TL

Claas-Schlepper

Baureihe	Bauzeit	Motor Hersteller	Typ	Zylinder	PS	Kühlung	Bohrung x Hub	Hubraum	Drehzahl	Radstand	Gewicht	Getriebe	Besonderheiten
b)													
Axion 800	2014 - 2019	FPT	NEF 6	6	194/205	W	104x132	6728	2150	2980	8300	24/24	TL
Axion 810	2013 - 2019	FPT	NEF 6	6	205/215	W	104x132	6728	2150	2980	8300	24/24	TL, auch Cmatic
Axion 820	2014 - 2016	FPT	NEF 6	6	220/225	W	104x132	6728	2150	2980	8300	24/24	TL
Axion 830	2013 - 2019	FPT	NEF 6	6	225/235	W	104x132	6728	2150	2980	8400	24/24	TL, auch Cmatic
Axion 840	2013 - 2019	FPT	NEF 6	6	240/250	W	104x132	6728	2150	2980	8500	24/24	TL
Axion 850	2013 - 2019	FPT	NEF 6	6	250/264	W	104x132	6728	2150	2980	8700	24/24	TL, auch Cmatic
Axion 870 Cmatic	2016 - 2019	FPT	NEF 6	6	270/280	W	104x132	6728	2150	2980	9050	Cmatic	TL, mit PowerBoost 295 PS
c)													
Axion 800	ab 2020	FPT	NEF 6	6	194/205	W	104x132	6728	2150	2980	8300	Cmatic	TL, auch 24/24-Getriebe
Axion 810	ab 2020	FPT	NEF 6	6	205/215	W	104x132	6728	2150	2980	8300	Cmatic	TL, auch 24/24-Getriebe
Axion 830	ab 2020	FPT	NEF 6	6	225/235	W	104x132	6728	2150	2980	8400	Cmatic	TL, auch 24/24-Getriebe
Axion 850	ab 2020	FPT	NEF 6	6	250/264	W	104x132	6728	2150	2980	8700	Cmatic	TL, auch 24/24-Getriebe
Axion 870	ab 2020	FPT	NEF 6	6	270/280	W	104x132	6728	2150	2980	9050	Cmatic	TL, auch 24/24-Getriebe, mit PowerBoost 295 PS
1.7.2 Baureihe 900													
a)													
Axion 920 Cmatic	2011 - 2017	FPT	C87 ENT	6	315/320	W	117x135	8710	1800	3150	12840	Cmatic	TL
Axion 930 Cmatic	2011 - 2017	FPT	C87 ENT	6	345/350	W	117x135	8710	1800	3150	12840	Cmatic	TL
Axion 940 Cmatic	2011 - 2017	FPT	C87 ENT	6	375/380	W	117x135	8710	1800	3150	13060	Cmatic	TL
Axion 950 Cmatic	2011 - 2017	FPT	C87 ENT	6	405/410	W	117x135	8710	1800	3150	13060	Cmatic	TL
b)													
Axion 920	ab 2017	FPT	C87 ENT VI	6	320/235	W	117x135	8710	2150	3150	12500	Cmatic	TL
Axion 930	ab 2017	FPT	C87 ENT VI	6	350/355	W	117x135	8710	2150	3150	12500	Cmatic	TL
Axion 940	ab 2017	FPT	C87 ENT VI	6	380/385	W	117x135	8710	2150	3150	13000	Cmatic	TL
Axion 950	ab 2017	FPT	C87 ENT VI	6	405/410	W	117x135	8710	2150	3150	13000	Cmatic	TL
Axion 960	ab 2017	FPT	C87 ENT VI	6	440/445	W	117x135	8710	2150	3150	13000	Cmatic	TL
1.8 Elios-Allrad-Baureihe													
a)													
Elios 210	2009 - 2014	FPT	F32 MRS	4	72	W	99x104	3202	2300	2098	3165	24/24	T, auch 24/12- u. 24/24-Getriebe
Elios 220	2009 - 2014	FPT	F32 MNS	4	78	W	99x104	3202	2300	2098	3165	24/24	TL, auch 24/12- u. 24/24-Getriebe
Elios 230	2009 - 2014	FPT	F32 MRT	4	88	W	99x104	3202	2300	2098	3165	24/24	
b)													
Elios 210	ab 2014	FPT	F34	4	75/76	W	99x110	3385	2300	2156	3260	12/12	TL, auch 24/12- u. 24/24-Getriebe
Elios 220	ab 2014	FPT	F34	4	83/85	W	99x110	3385	2300	2156	3260	12/12	
Elios 230	ab 2014	FPT	F34	4	91/92	W	99x110	3385	2300	2156	3260	12/12	
Elios 240	ab 2014	FPT	F34	4	98/103	W	99x110	3385	2300	2156	3260	24/12	TL
2. Systemschlepper mit automatischem Getriebe													
2.1 Radschlepper													
HSG-Prototyp	1968 - 1972	DB	OM 352	6	130	W	97x128	5675	2800		3600	Hydr.	Prototyp
2.2 Xerion-Modelle													
Xerion 2500	1995 - 2002	Perkins	1306 Edi	6	250	W	116,6x135,9	8702	2200	2900	10500	HM-8	TL, ab 2000 265 PS
Xerion 3000	1995 - 2002	Perkins	1306 Edi	6	300	W	116,6x135,9	8702	2200	2900	10500	HM-8	TL, ab 2000 315 PS
Xerion 3300 Trac/Trac VC	2004 - 2012	Caterpillar	C9	6	305/336	W	112x149	8804	2100	3300	13000	CVT	TL, ab 2006 335 PS
Xerion 3800 Trac/Trac VC	2007 - 2013	Caterpillar	C9	6	305/336	W	112x149	8804	2100	3300	12500	CVT	TL
Xerion 4500 Trac/Trac VC/ Saddle Trac	2009 - 2013	Caterpillar	C13	6	449/483	W	129,5x149,8	12.500	2000	3500	13400	CVT	TL
Xerion 5000 Trac/Trac VC/ Saddle Trac	2009 - 2013	Caterpillar	C13	6	487/524	W	129,5x149,8	12.500	2000	3500	13400	CVT	TL
Xerion 4000 Trac/Trac VC/ Saddle Trac	2014 - 2019	DB	OM 470 LA	6	419/435	W	125x145	10.671	1900	3600	16150	Cmatic	TL
Xerion 4500 Trac/Trac VC/ Saddle Trac	ab 2014	DB	OM 471 LA	6	476/490	W	132x156	12.809	1900	3600	17450	Cmatic	TL
Xerion 5000 Trac/Trac VC/ Saddle Trac	ab 2014	DB	OM 471 LA	6	517/530	W	132x156	12.809	1900	3600	16550	Cmatic	TL
Xerion 4200 Trac/Trac VC/ Saddle Trac	ab 2019	DB	OM 470 LA	6	419/458	W	125x145	10.671	1900	3600	16170	Cmatic	TL
2.2 Allrad-Raupenschlepper mit vier Bandlaufwerken													
Xerion 4500 Trac TS	ab 2019	DB	OM 471 LA	6	479/490	W	132x156	12.809	1900		24000	Cmatic	TL
Xerion 5000 Trac TS	ab 2019	DB	OM 471 LA	6	520/530	W	132x156	12809	1900		24000	Cmatic	TL

Claas-Schlepper													
Baureihe	Bauzeit	Motor Hersteller	Typ	Zylinder	PS	Kühlung	Bohrung x Hub	Hubraum	Drehzahl	Radstand	Gewicht	Getriebe	Besonderheiten
3. Schmalspurschlepper													
3.1 Dionis-Allrad-Baureihe													
Dionis 110 A	2003 - 2004	Deutz	F 3 L 912	3	52	L	100x120	2827	2350		2120	24/24	auch 12/12-Getriebe
Dionis 120 A	2003 - 2004	Deutz	F 3 L 913	3	60	L	102x125	3064	2350		2120	24/24	auch 12/12-Getriebe
Dionis 130 A	2003 - 2004	Deutz	F 4 L 912	4	67	L	100x120	3770	2350		2200	24/24	auch 12/12-Getriebe
Dionis 140 A	2003 - 2004	Deutz	F 4 L 913	4	76	L	102x125	4086	2350		2250	24/24	auch 12/12-Getriebe
3.2 Fructus-Allrad-Baureihe													
Fructus 120 A	2003 - 2004	Deutz	F 3 L 913	3	60	L	102x125	3064	2400		2200	12/12	auch 24/24-Getriebe
Fructus 130 A	2003 - 2004	Deutz	F 4 L 912	4	67	L	100x120	3770	2350		2280	12/12	auch 24/24-Getriebe
Fructus 140 A	2003 - 2004	Deutz	F 4 L 913	4	76	L	102x125	4086	2350		2320	12/12	auch 24/24-Getriebe
3.3 Nectis-Allrad-Baureihe													
Nectis 217 VE/VL	2004 - 2006	Fiat/FPT	NEF F4C E0354NA	3	54/56	W	104x132	3364	2300	2065	2550	12/12	auch 24/12- u. 24/24-Getriebe
Nectis 227 VE/VL/F	2004 - 2009	Fiat/FPT	NEF F4C E0354C	3	66/68	W	104x132	3364	2300	2065	2550	12/12	T, auch 24/12- u. 24/24-Getriebe
Nectis 237 VE/VL	2004 - 2009	Fiat/FPT	NEF F4C E0354A	3	77/79	W	104x132	3364	2300	2065	2550	12/12	
Nectis 247 VL/F	2008 - 2009	Fiat/FPT	NEF F4C E0454C	4	80/82	W	104x132	4485	2300	2185	2750	12/12	
Nectis 257 VL/F	2004 - 2009	Fiat/FPT	NEF F4C E0454C	4	88/90	W	104x132	4485	2300	2185	2750	12/12	
Nectis 267 VL/F	2004 - 2009	Fiat/FPT	NEF F4C E045A	4	99/101	W	104x132	4485	2300	2185	2750	12/12	
3.4 Nexos-Allrad-Baureihe													
a)													
Nexos 210 VE	2010 - 2021	FPT	F32 MNS	4	72	W	99x 104	3202	2300	2098	2810	24/24	TL, auch 12/12-Getriebe
Nexos 210 VL	2010 - 2021	FPT	F32 MNS	4	72	W	99x 104	3202	2300	2098	3040	24/24	TL, auch 12/12-Getriebe
Nexos 210 F	2010 - 2021	FPT	F32 MNS	4	72	W	99x 104	3202	2300	2074	3130	24/24	TL, auch 12/12-Getriebe
Nexos 220 VE	2010 - 2021	FPT	F32 MNS	4	78	W	99x 104	3202	2300	2098	2810	24/24	TL, auch 12/12-Getriebe
Nexos 220 VL	2010 - 2021	FPT	F32 MNS	4	78	W	99x 104	3202	2300	2098	3040	24/24	TL, auch 12/12-Getriebe
Nexos 220 F	2010 - 2021	FPT	F32 MNS	4	78	W	99x 104	3202	2300	2074	3130	24/24	TL, auch 12/12-Getriebe
Nexos 230 VE	2010 - 2021	FPT	F32 MNT	4	88	W	99x 104	3202	2300	2098	2810	24/24	TL, auch 12/12-Getriebe
Nexos 230 VL	2010 - 2021	FPT	F32 MNT	4	88	W	99x 104	3202	2300	2098	3040	24/24	TL, auch 12/12-Getriebe
Nexos 230 F	2010 - 2021	FPT	F32 MNT	4	88	W	99x 104	3202	2300	2074	3130	24/24	TL, auch 12/12-Getriebe
Nexos 240 VE	2010 - 2021	FPT	N 45 MNT	4	101	W	104x132	4485	2200	2098	2990	24/24	TL, auch 12/12-Getriebe
Nexos 240 VL	2010 - 2021	FPT	N45 MNT	4	101	W	104x132	4485	2200	2185	3110	24/24	TL, auch 12/12-Getriebe
Nexos 240 F	2010 - 2021	FPT	N45 MNT	4	101	W	104x132	4485	2200	2161	3200	24/24	TL, auch 12/12-Getriebe
Nexos 250 VL	2019 - 2021	FPT	N45 MNT	4	107	W	104x132	4485	2200	2148	3110	24/24	TL, auch 12/12-Getriebe
Nexos 250 F	2019 - 2021	FPT	N45 MNT	4	107	W	104x132	4485	2200	2161	3200	24/24	TL, auch 12/12-Getriebe
b) (Typ S mit 1000 mm, Typ MD mit 1215 mm, Typ M mit 1257 mm, Typ LD mit 1354 mm, Typ L mit 1227, Typ XL mit 1490 mm Plattform-Breite)													
Nexos 220 S	ab 2022	FPT	F 36	4	85	W	102x110	3600	2300	2178		30/30	TL, auch 24/24-Getriebe
Nexos 220 MD	ab 2022	FPT	F 36	4	85	W	102x110	3600	2300	2155		30/30	TL, auch 24/24-Getriebe
Nexos 220 M	ab 2022	FPT	F 36	4	85	W	102x110	3600	2300	2178		30/30	TL, auch 24/24-Getriebe
Nexos 220 LD	ab 2022	FPT	F 36	4	85	W	102x110	3600	2300	2105		30/30	TL, auch 24/24-Getriebe
Nexos 220 L	ab 2022	FPT	F 36	4	85	W	102x110	3600	2300	2154		30/30	TL, auch 24/24-Getriebe
Nexos 220 XL	ab 2022	FPT	F 36	4	85	W	102x110	3600	2300	2154		30/30	TL, auch 24/24-Getriebe
Nexos 230 S	ab 2022	FPT	F 36	4	92	W	102x110	3600	2300	2178		30/30	TL, auch 24/24-Getriebe
Nexos 230 MD	ab 2022	FPT	F 36	4	92	W	102x110	3600	2300	2155		30/30	TL, auch 24/24-Getriebe
Nexos 230 M	ab 2022	FPT	F 36	4	92	W	102x110	3600	2300	2178		30/30	TL, auch 24/24-Getriebe
Nexos 230 LD	ab 2022	FPT	F 36	4	92	W	102x110	3600	2300	2105		30/30	TL, auch 24/24-Getriebe
Nexos 230 L	ab 2022	FPT	F 36	4	92	W	102x110	3600	2300	2154		30/30	TL, auch 24/24-Getriebe
Nexos 230 XL	ab 2022	FPT	F 36	4	92	W	102x110	3600	2300	2154		30/30	TL, auch 24/24-Getriebe
Nexos 240 S	ab 2022	FPT	F 36	4	103	W	102x110	3600	2300	2178		30/30	TL, auch 24/24-Getriebe
Nexos 240 MD	ab 2022	FPT	F 36	4	103	W	102x110	3600	2300	2155		30/30	TL, auch 24/24-Getriebe
Nexos 240 M	ab 2022	FPT	F 36	4	103	W	102x110	3600	2300	2178		30/30	TL, auch 24/24-Getriebe
Nexos 240 LD	ab 2022	FPT	F 36	4	103	W	102x110	3600	2300	2105		30/30	TL, auch 24/24-Getriebe
Nexos 240 L	ab 2022	FPT	F 36	4	103	W	102x110	3600	2300	2154		30/30	TL, auch 24/24-Getriebe
Nexos 240 XL	ab 2022	FPT	F 36	4	103	W	102x110	3600	2300	2154		30/30	TL, auch 24/24-Getriebe
Nexos 260 S	ab 2022	FPT	F 36	4	120	W	102x110	3600	2300	2178		30/30	TL
Nexos 260 M	ab 2022	FPT	F 36	4	120	W	102x110	3600	2300	2155		30/30	TL
Nexos 260 L	ab 2022	FPT	F 36	4	120	W	102x110	3600	2300	2154		30/30	TL
Nexos 260 XL	ab 2022	FPT	F 36	4	120	W	102x110	3600	2300	2154		30/30	TL
4. Geräteträger													
D 15 »Huckepack«	1957 - 1958	Hatz	F 1 S	1	13/14	W	105x130	1125	1500			5/1	
D 15 Selbstfahrer	1958 - 1960	MWM	AKD 9 Z	2B	14/15	L	75x90	792	3000			5/1	
5. (Caterpillar-) Raupenschlepper													
Challenger 35	1994 - 2002	Caterpillar	3116 ATAAC	6	212	W	105x127	6600	2100	2187	9977 -11564	16/9	TL
Challenger 45	1994 - 2002	Caterpillar	3116 ATAAC	6	242	W	105x127	6600	2100	2187		16/9	TL
Challenger 55	1994 - 2002	Caterpillar	3126 ATAAC	6	270	W	110x127	7200	2100	2187		16/9	TL
Challenger 65 E	1998 - 2002	Caterpillar	3196C ATAAC	6	310	W	125x140	10.308	2100	2187	15180	10/2	TL
Challenger 75 E	1998 - 2002	Caterpillar	3196C ATAAC	6	340	W	125x140	10.308	2100	2187	15180	10/2	TL
Challenger 85 E	1998 - 2002	Caterpillar	C12	6	375	W	129,5x149,8	12.000	2100	2187	15180	10/2	TL
Challenger 95 E	1998 - 2002	Caterpillar	C12	6	410	W	129,5x149,8	12.000	2100	2187	15180	10/2	TL

Claas-Schlepper													
Baureihe	Bauzeit	Motor Hersteller	Typ	Zylinder	PS	Kühlung	Bohrung x Hub	Hubraum	Drehzahl	Radstand	Gewicht	Getriebe	Besonderheiten
6. Axion-Halbraupe													
Axion 930 Terra Trac	ab 2020	FPT	C87 ENT	6	350	W	117x135	8710	2080	2950	16900	Cmatic	TL
Axion 960 Terra Trac	ab 2020	FPT	C87 ENT	6	439	W	117x135	8710	2080	2950	16900	Cmatic	TL

Daimler-Benz

Daimler-Benz AG,
Stuttgart-Untertürkheim, Mercedesstr.,
Werk Gaggenau, Gaggenau, Hauptstr.

1. 1919-1926 **Benz u. Cie. Rheinische Automobil- und Motorenfabrik AG,** Mannheim; Abt. Benzwerke, Gaggenau
2. 1913-1914 **Daimler-Motoren-Gesellschaft,** Zweigwerk Marienfeld b. Berlin
3. 1926-1935 **Daimler-Benz AG,** Stuttgart-Untertürkheim
4. 1950-1988 **Daimler-Benz AG (DBAG),** Werk Gaggenau
5. 1989-1998 **Mercedes-Benz AG (MBAG)**
6. 1998-2008 **DaimlerChrysler AG (DCAG)**
7. 2008-2022 **Daimler AG**
8. ab 2022 **Daimler Truck AG**

Erste Benz-Schlepper nach dem Ersten Weltkrieg

Der 1919 vorgestellte, 4 Tonnen schwere »Benz-Traktor« war aus einer Artillerie-Zugmaschine entstanden und eignete sich kaum als landwirtschaftliches Gerät. Mit seinem 40-PS-Benzolmotor, erreichte er Geschwindigkeiten von bis zu 6,6 km/h. Daneben baute Benz u. Cie. nach dem Krieg nicht mehr zur Ablieferung gekommene Heereszugmaschinen zu Seilpflügen um, die sich wegen des schnelllaufenden Motors jedoch nicht bewährten.

Zusammenarbeit von Benz und Sendling sowie mit Komnick

Mit der Motorenfabrik München-Sendling gründeten die Benz-Werke im Herbst 1919 die Benz-Sendling Motorpflüge GmbH, die ein Gemeinschaftsmodell entwickelte, für das Benz u. Cie. die Motoren lieferte. Bei dem für beide Firmen grundlegend neuen und gut durchkonstruierten Schlepper war ein 1,4 m großes und breites Hinterrad in die Rahmenlängsträger eingebaut, um das aufwändige Differential zu ersparen. Die Zweizylinder-25-PS-Benzolmaschine ermöglichte dem zwei Tonnen schweren Traktor über einen gekapselten Rollenkettenantrieb Geschwindigkeiten von 3 bis 3,7 km/h. Seitliche Stützrollen sollten ein Umkippen verhindern. Der Fahrer steuerte das Dreiradfahrzeug vom Heck. Diesem Typ folgte 1922 mit gleichem dreirädrigem Fahrgestell der Dieselschlepper »S 7«, der sich mit dem »Motorpferd« der Motoren-Werke Mannheim (MWM) den Platz als erstes serienmäßiges, kompressorloses Dieselfahrzeug der Welt teilt. Der Zweizylinder-Vorkammer-Dieselmotor leistete 30/32 PS bei 800 Umdrehungen. Die Startprozedur war ziemlich komplizier; er musste von Hand angeworfen werden unter Einschaltung einer automatisch gesteuerten Dekompressionsvorrichtung sowie einer Zündpatrone. Das 2,6 Tonnen schwere Fahrzeug kam mit dem sparsamen Selbstzündermotor auf Geschwindigkeiten von 3 bis 4 km/h.

Dem Dreirad folgte 1925 der Vierradschlepper Typ »BK«. Dieses auch als »Universalmaschine« für Großbetriebe bezeichnete Modell besaß ebenfalls den Zweizylindermotor mit jetzt 32/35 PS; neu waren Seilwinde und Riemenscheibe. Das Fahrgestell stammte von der Firma Komnick AG in Elbing/Westpreußen, die auf dem gleichen Halbrahmen-Chassis ihren »Großkraftschlepper PT« montierte; Eingeweihte konnten die Zusammenarbeit der Benz-Sendling Motorpflüge GmbH mit der Komnick AG am Kürzel »BK« ablesen.

Benz-Motorwagen mit liegender Seilwinde für das Zweimaschinensystem, 1919.

40-PS-Benz-Traktor, 1920. Foto MB-Archiv

Die Fertigung der Benz-Sendling-Schlepper erfolgte zunächst bei der 1910 von Julius Spengler gegründeten Automobil- & Aviatik AG in Leipzig-Heiterblick, von 1911 bis 1916 ein Tochterunternehmen der Argus-Motorenwerke und der Automobilfabrik Léon Ducommun u. Cie in Mülhausen/Elsass und seit 1916 zu Benz u. Cie. gehörend. Nach der Aufgabe des Fertigungsplatzes Leipzig übernahmen 1923 die Firmen Rheinmetall AG in Düsseldorf und die Gemeinschaftsmodelle entstanden sein.

Das »OE«-Diesel-Modell aus dem Hause Daimler-Benz

Nachfolger des »BK«-Schleppers war der in rahmenloser Bauart ausgeführte »OE« von 1928, der nun im Mannheimer Werk der inzwischen gebildeten Daimler-Benz AG entstand. Ihn trieb ein liegender Vorkammer-Einzylinder-Dieselmotor mit einem Hubvolumen von 3,4 Litern über eine Kardanwelle an. Charakteristisch war die unverkleidete Motorkonstruktion mit dem großen, aufgesetzten Wassertank für die Verdampfungs-Kühlanlage. Die Vorderachse war mit Blattfedern versehen. Riemenscheibe, Zapfwelle, Seiltrommel, Doppelsitze und ein Wetterschutz waren Teil der Standard- bzw. der Zusatzausrüstung. Mit Elastikbereifung wog der Schlepper 3,2 Tonnen, mit Eisenbereifung für den Acker 2,56 Tonnen.

Da die Zulassungszahlen des »OE« stets unbedeutend blieben, ließ die Daimler-Benz AG die Fertigung im Jahre 1935 nach 380 Exemplaren einstellen; die wenig erfolgreich operierende Benz-Sendling Motorpflüge GmbH war schon im Jahre 1930 aufgelöst worden.

30/32-PS-Benz-Sendling-Dreirad-Ackerschlepper BS 7, 1922. Foto: MB-Archiv

32/35-PS-Benz-Sendling-Ackerschlepper BK, 1926. Foto: MB-Archiv

26-PS-Daimler-Benz-Ackerschlepper OE, 1929. Foto: MB-Archiv

Anhaltender Erfolg mit dem »Unimog«

Erneut wandte sich die Daimler-Benz AG nach dem Zweiten Weltkrieg der Fertigung eines für landwirtschaftliche und für verschiedene andere Zwecke verwendbaren Rahmenbau-Fahrzeugs zu, das unter der Bezeichnung »Unimog« (Universal-Motorgerät) eines der erfolgreichsten Daimler-Benz-Nutzfahrzeuge bis zum heutigen Zeitpunkt wurde. Ursprünglich bei Boehringer entwickelt, erfolgte die Fertigung nach 1951 im Daimler-Benz-Nutzfahrzeugwerk Gaggenau. Ab 1953 konnte der im Radstand leicht vergrößerte, 25 PS starke »Unimog«, jetzt mit dem DB-Stern anstelle des Ochsenkopf-Emblems, auch mit einem Ganzstahlfahrerhaus von Westfalia geliefert werden, die Baureihenbezeichnung lautete nun 401/402.

Eine Hydraulikanlage gehörte jetzt zum Lieferumfang. Im Jahre 1956 wurde die Reifengröße zur besseren Traktion geändert; die Motorleistung stieg nun auf 30 PS und die Werbung signalisierte: »Der Unimog macht schwere Arbeit leicht!« Die Baureihenbezeichnung nun: 411. Eine neue, mittelschwere »Unimog«-Baureihe (Typ 406) mit den Modellen »U 34« bis »U 70« ergänzte 1963 mit neu gestalteten Faltdach- und Ganzstahl-Fahrerhäusern das bisherige Programm in der kantigen Fahrerhaus-Gestal-

32-PS-Daimler-Benz »Unimog U 32« Typ 411, 1957.

60-PS-Daimler-Benz »Unimog U 60«, 1966.

84-PS-Daimler-Benz »Unimog U 900«, 1971.

tung, ohne dass sich am erfolgreichen und bewährten Grundkonzept etwas änderte. 1965 folgte mit der Baureihe 416 die Lang-Version des Typ U 80, die mit 2900 mm den Radstand des Bundeswehr-Unimog »S« nutzte. Im Jahr darauf folgten mit den Baureihe 421 und 403 zwei weitere Ableitungen der 406-Reihe, beide blieben bis 1988 im Programm. Mit diesen beiden Reihen hielt auch die klappbare Fahrerhauskabine beim Unimog Einzug, Wartung und Reparatur wurden nun erheblich vereinfacht.

Die Firma Tractortecnic, Werk Gevelsberg (Gebr. Kuhlenkampff & Co., Gevelsberg, Hagener Str. 325) nutzte Technik und Karosserie des U 60 (Baureihe U 421) und des U 80 (Baureihe 416), um die Universalraupen »UT 60« und »UT 90« (mit gesteigerter Motorleistung und Radständen von 2800 und 3300 mm) herzustellen. 1975/ 76 folgten die Serien »U 1000« bis »U 2400 A« (Typ 424/425/435/437) mit ihren kantigen und breiteren Fahrerhäusern sowie einem größeren Vorbau, zunächst mit erhöhten Seitenkanten (»Höcker«). Hier kamen Vier- und Sechszylinder mit 52 bis 150 PS zum Einsatz. Bislang stärkstes Modell war der »U 1700 L« (Reihe 424) mit seinem 168 PS starken Sechszylinder-Turbodiesel, der zwischen 1979 und 1988 angeboten und 7867mal gebaut wurde. Eine Universalmaschine für den Ganzjahreseinsatz stellte der »U 2150 A« dar.

In den folgenden Jahren gab es eine Vielzahl an Ableitungen und Detailmodifikationen, neue Motoren (1987/88) sowie überarbeitete Fahrerhäuser mit nahezu senkrecht stehenden Frontscheiben, höheren Sitzen und weiteren Detailverbesserungen. Die Baureihe 407 mit geradem Lei-

52-PS-Daimler-Benz »Unimog U 600«, 1988.

102-PS-Daimler-Benz »Unimog 1000«, 1988.

170-PS-Daimler-Benz »Unimog U 1700 A«, 1988. Foto: MB-Archiv

terrahmen löste die betagten Unimog 421 ab, der Typ 417 mit gekröpftem Rahmen ersetzte die Typen 403, 406, 413, 416 und der Typ 427 die erfolgreichen 424er. Zum Ende des Jahrzehnts umfasste die Unimog-Familie 27 Basis-Modelle, das stärkste Stück leistete 214 PS.

1991 wurde eine neue leichte und mittlere Modellreihe mit den Typen »U 90«, »U 110« und »U 140« vorgestellt, die ab 1992 in Serie ging. Die neu gestalteten, vorkippbaren Fahrerhäuser dieser Baureihen 408/418 hatten eine flache Motorhaube mit trapezförmigem Grill, die – teilweise asymmetrisch (mit »Sichtkante«) gestaltet – eine bessere Sicht auf die Vorbaugeräte ermöglichte. Im Jahr 2000 feierten die neuen, höchst mobilen Unimog-Typen »U 300«, »U 400« und »U 500« Premiere. Eine neue Kurzhauben-Kunststoffkarosserie mit tief heruntergezogenen Front- und Seitenscheiben ermöglichen eine optimale Sicht auf den Arbeitsbereich. Die mit einem permanenten Allradantrieb versehenen Spezialfahrzeuge besitzen einen integrierten mechanischen und hydraulischen Geräteantrieb, so dass die Heckzapfwelle für den Antrieb großer Pressen und Ladewagen genutzt werden kann. Auf Wunsch kann das automatische Schaltgetriebe »Automatic Powershift« gewählt werden.

231 DaimlerChrysler »Unimog U 500«, 2001.

136-PS-Daimler-Benz »Unimog U 140«, 1992.

Die neue Baureihe 405 wurde 2003 teilweise auch in den USA verkauft – allerdings nicht, wie ursprünglich geplant, als »Freightliner«, sondern als eigene Marke. 2002 wurde die Unimog-Produktion von Gaggenau nach Wörth verlegt; über 320.000 Einheiten waren bis dahin gebaut worden. Die Fertigung im badischen Wörth begann Ende August, die neue Baureihe 437.4 umfasst die Typen »U 3000«, »U 4000«, »U 5000« und ersetzt die bisherigen Baureihen 427/437.

Noch immer ist der Unimog weltweit konkurrenzlos, auch wenn er in der Landwirtschaft nicht die große Rolle spielt. Gut 90 Prozent aller Unimog werden von Kommunal- und Industriebetrieben, Bauunternehmen und verschiedenen Armeen eingesetzt.

Der »MB-trac« als Systemschlepper in der Land- und Forstwirtschaft

Vorwiegend für die Land- und Forstwirtschaft gedacht war dagegen die Baureihe 440, die schweren »MB-trac«. 1972 erstmals vorgestellt, nutzten die Schlepper viele Unimog-Teile, was den Vorteil hatte, dass der Unimog wie auch der MB-trac von den gleichen Gaggenauer Bändern laufen konnte.

Wie beim Unimog wirkte der Allradantrieb auf gleich große Räder, zunächst an Portalachsen mit Vorgelege, hinten ungefedert. Die kippbare Fahrerkabine befand sich hier in der Mitte des Leiterrahmens, so dass der Bediener gute Sicht nach allen Seiten hatte. Etwa 60 Prozent des Gewichtes lag über der Vorderachse.

Dieser Systemschlepper mit einer Höchstgeschwindigkeit bis zu 40 km/h konnte für vielfältige landwirtschaftliche Maschinen und Gerätereihen verwendet werden. Die Geräte konnten vorn und hinten angebaut werden. Der Raum über der Hinterachse ließ sich für weitere Geräte oder für eine Hilfspritsche nutzen. Nach dem rot-weiß lackierten Einstiegsmodell »MB-trac 65/70« mit 65 und später 75 PS folgte 1975 die Version »MB-trac 800«. Gleichzeitig erhielten die Fahrzeuge eine neue Motorhaube und eine überarbeitete Kabine. Planetenachsen ersetzten die bisherigen Portalachsen.

Ab 1976 kam eine mit Sechszylindermotoren stärker motorisierte Baureihe hinzu, die eine längere, vorn schräg abfallende Motorhaube besaß. Bis 1991 erschienen schließlich zwei Modellreihen mit bis zu 150 PS starken Motoren: Die leichte Reihe bestand aus den Modellen »800« und »900 turbo«; die schwere Reihe umfasste die Versionen »1000«, »1100«, »1300 turbo«, »1400« turbo, »1600 turbo« und das Spitzenmodell »1800 intercooler«. 1994 erhielt die Kühlermaske eine neue Kunststoffumrandung.

65-PS-Daimler-Benz »MB-trac 65/70 L, 1973.

150-PS-Daimler-Benz »MB-trac 1500«, 1980.

Angesichts der schwierigen Absatzmöglichkeiten auf dem Landmaschinenmarkt trat die Daimler-Benz AG 1987/88 mit der Klöckner-Humboldt-Deutz AG (KHD), die ja einen ähnlichen Schlepper herstellte, in eine Entwicklungs- und Vertriebsgemeinschaft für ein Nachfolgemodell mit über 100 PS ein.

Aufgrund der als ungünstig eingeschätzten Absatzlage wurde diese Kooperation jedoch aufgegeben. Zwar wurde 1987 die Motorenausstattung mit Leistungen von 68 bis 156 PS mit abgasarmen und teilweise aufgeladenen Antrieben geändert. Doch schon 1991 beschloss die neugebildete MBAG, die Fertigung des »MB-tracs« zum Jahresende 1991 einzustellen, da der Verkauf von nur 41.365 Stück innerhalb von 20 Jahren nicht die Erwartungen erfüllt hatte. Hinzu kam, dass der Partner aus der Kooperation ausgestiegen war.

Der »MB-trac« startete dann als »Forst-trac« eine zweite Karriere. Überwiegend für die Wald- und Forstwirtschaft gedacht, wurde dieser beim Unimog-Gerätesystempartner Werner, Trier, in kleiner Stückzahl weiterhin gebaut. Von 1995 bis 2003 versuchte die aus dem VEB-Traktoren- und Dieselmotorenwerk hervorgegangene LandTechnik Schöneberg, ab 1999 Doppstadt GmbH, den äußerlich überarbeiteten MB-trac ohne durchschlagenden Erfolg in Lizenz weiterzubauen.

100-PS-Daimler-Benz »MB-trac 1000, 1976.

95-PS-Daimler-Benz »MB-trac 100«, 1978. Foto: Ralf Weinreich

110-PS-Daimler-Benz »MB-trac 1100«, 1987.

156-PS-Daimler-Benz »MB-trac 1600 Turbo«, 1987.

Daimler-Benz-Schlepper

Baureihe	Bauzeit	Motor Hersteller	Typ	Zylinder	PS	Kühlung	Bohrung x Hub	Hubraum	Drehzahl	Radstand	Gewicht	Getriebe	Besonderheiten
1. Radschlepper													
Motorpflug »System Daimler«	1914	DMG		4	60/65	W	150x180	12717	700/800		6662	3/1	Ex-Wiß-Schlepper, auch mit 40 oder 80 PS-Mptor
Pflugschlepper Typ I	1920	DMG	La 1264 G	4	40/45	W	120x160	7230	880		3500	3/1	auch 25 PS
Pflugschlepper Typ II	1921	DMG	La 1264 G	4	40/45	W	120x160	7230	880	2900	4000	3/1	
OE	1928	DB	OE	1	24	Th	135x240	3433	800	1700	2200	3/1	Dieselmotor
OE	1928	DB	OE	1	24/26	Th	135x240	3433	800	1700	3200	3/1	
OE	1929 - 1935	DB	OE	1	26	Th	150x240	4239	800	1700	2560	3/1	auch Wasserpumpenkühl.
2. Allradschlepper der Unimog-Baureihe für die Landwirtschaft													
2.1 Baureihe U 2010													
U 25	1951 - 1956	DB	OM 636	4	25	W	75x100	1767	2350	1720	1775 - 1825	6/2	auch Radstand 1700 mm, 1695 kg
2.2 Baureihe U 401													
U 25	1953 - 1956	DB	OM 636	4	25	W	75x100	1767	2350	1720	1795	6/2	
2.3 Baureihe U 402													
U 25	1953 - 1956	DB	OM 636	4	25	W	75x100	1767	2350	2120	1780	6/2	
2.4 Baureihe U 411													
U 30	1956 - 1961	DB	OM 636	4	30	W	75x100	1767	2550	1720	1795	6/2	
U 25	1957	DB	OM 636	4	25	W	75x100	1767	2350	1720	1655	6/2	
U 32	1957 - 1966	DB	OM 636	4	32	W	75x100	1767	2550	1720	1795	6/2	
U 32	1957 - 1966	DB	OM 636	4	32	W	75x100	1767	2550	2120	1820	6/2	
U 32 Forst	1957	DB	OM 636	4	32	W	75x100	1767	2550	2120	1940	6/2	
U 34	1964 - 1974	DB	OM 636	4	34	W	75x100	1767	2750	2120	2300	6/2	
U 34	1964 - 1974	DB	OM 636	4	34	W	75x100	1767	2750	2120	2300	6/2	
2.5 Baureihe U 416													
U 80	1965 - 1969	DB	OM 352	4	80	W	97x128	5675	2500	2900		6/2	
2.6 Baureihe U 421													
U 40	1966 - 1988	DB	OM 621	4	40	W	87x83,6	1988	3000	2250	2450	6/2	
U 45 A	1966 - 1971	DB	OM 615	4	45	W	87x92,4	2197	3000	2250	2700	6/2	
U 45 Weinbau	1966 - 1971	DB	OM 615	4	45	W	87x92,4	2197	3000	2250	2700	6/2	
U 52 (U 600)	1970 - 1988	DB	OM 616	4	52	W	91x92,4	2404	3000	2250	2850	6/2	
U 52 F	1970 - 1988	DB	OM 616	4	52	W	91x92,4	2404	3000	2250	2850	6/2	
U 60 (U 600 L)	1971 - 1989	DB	OM 616	4	60	W	91x92,4	2404	3500	2605	2850	6/2	
2.7 Baureihe U 406													
U 65	1963 - 1964	DB	OM 312	6	65	W	90x120	4580	2380	2380	3100	6/2	ab 1964 OM 352 mit 65 PS
U 65	1964 - 1966	DB	OM 352	6	65	W	97x128	5675	2380	2380	3100	6/2	
U 70	1966 - 1968	DB	OM 352	6	70	W	97x128	5675	2380	2380	3100	6/2	
U 80	1969 - 1971	DB	OM 352	6	80	W	97x128	5675	2500	2380	3100	6/2	
U 84 (ab 1977 U 900 L)	1971 - 1988	DB	OM 352	6	84	W	97x128	5675	2550	2380	3100	6/2	auch 12/4-Getriebe
2.8 Baureihe U 403													
U 54	1966 - 1973	DB	OM 314	4	54	W	97x128	3782	2550	2380	3500	6/2	
U 72 (U 800)	1976 - 1988	DB	OM 314	4	72	W	97x128	3782	2550	2380	3600	6/2	
2.9 Baureihe U 425													
U 120	1974	DB	OM 352	6	120	W	97x128	5675	2600	2810	4900	8/8	
U 1300	1975 - 1982	DB	OM 352 A	6	125	W	97x128	5675	2600	2810	4900	8/8	T
U 1500 Agrar	1975 - 1988	DB	OM 352 A	6	150	W	97x128	5675	2800	2810	5940	8/8	T
2.10 Baureihe U 424													
U 1000 (A)	1976 - 1988	DB	OM 352	6	95	W	97x128	5675	2600	2650	4510	16/16	auch 24/24-Getriebe
U 1200 Agrar	1982 - 1988	DB	OM 352 A	6	125	W	97x128	5675	2600	2650	4560	16/16	T
2.11 Baureihe U 419													
U 1550	1986 - 1988	DB	OM 352 A	6	150	W	97x128	5675	2600	2650	5600	16/16	T
U 1550 L	1986 - 1988	DB	OM 352 A	6	150	W	97x128	5675	2600	2650		16/16	T
2.12 Baureihe U 427													
U 1200 Agrar	1988 - 2001	DB	OM 366 A	6	125	W	97,5x133	5958	2400	2650	4560	8/8	T, ab 1991 16/16- und 24/24-Getriebe
U 1400 Agrar	1988 - 2002	DB	OM 366 A	6	136	W	97,5x133	5958	2400	2650	4560	16/16	T, ab 1995 24/24-Getriebe
U 1600 Agrar	1988 - 2002	DB	OM 366 A	6	156	W	97,5x133	5958	2400	2650	5290	8/8	T
2.13 Baureihe U 437													
U 1700 A	1988 - 1994	DB	OM 366 A	6	170	W	97,5x133	5958	2600	2810	5940	8/8	T, ab 1991 16/16-, ab 1995 24/24-Getriebe
U 1750 A	1988 - 1994	DB	OM 366 A	6	170	W	97,5x133	5958	2600	3250	6480	8/8	T, auch 22/9-Getriebe
U 1800 A	1992 - 1994	DB	OM 366 A	6	180	W	97,5x133	5958	2600	2810	5460	16/16	T
U 2100 A	1989 - 2002	DB	OM 366 LA	6	214	W	97,5x133	5958	2600	2810	5690	8/8	TL, ab 1991 16/16-Getriebe
U 2150 A	1989 - 2002	DB	OM 366 LA	6	214	W	97,5x133	5958	2600	3250	6490	16/16	TL, ab 1991 16/16-Getriebe
U 2400 A	1992 - 2000	DB	OM 366 LA	6	240	W	97,5x133	5958	2600	2810	5690	8/8	TL
2.14 Baureihe 407													
U 600 Forst	1988 - 1993	DB	OM 616	4	52/60	W	91x92,4	2404	3000	2250	2950	12/4	ab 1992 auch 8/4- und 22/9-Getriebe

Daimler-Benz-Schlepper

Baureihe	Bauzeit	Motor Hersteller	Typ	Zylinder	PS	Kühlung	Bohrung x Hub	Hubraum	Drehzahl	Radstand	Gewicht	Getriebe	Besonderheiten
2.15 Baureihe U 417													
U 800	1988 - 1993	DB	OM 352	6	75	W	97x128	5675	2380	2380	3340	16/8	auch Motor OM 314
U 900 A	1991 - 1993	DB	OM 352	6	84	W	97x128	5675	2250	2380	3480	16/8	
2.16 Baureihe U 408													
U 90 turbo	1996 - 1999	DB	OM 602 A	5	115	W	89x92,4	2874	3600	2690	3800	16/8	T, auch 22/11-Getriebe
2.17 Baureihe U 418													
U 110 A Agrar	1992 - 1995	DB	OM 364 A	4	102	W	97,5x133	3972	2400	2830	4150	16/8	T, ab 1993 mit TL 136 PS
U 130 A	1992 - 1995	DB	OM 364 LA	4	136	W	97,5x133	3972	2400	2830	4180	16/8	TL
U 140 A	1992 - 1998	DB	OM 364 LA	4	136	W	97,5x133	3972	2400	2830	4180	16/8	TL, ab 1993 140 PS
U 110 L	1993 - 1995	DB	OM 364 LA	4	102	W	97,5x133	3972	2400	2830	4150	8/4	T
U 140 T (U 130 T)	1993 - 1995	DB	OM 364 LA	4	133	W	97,5x133	3972	2400	2830			TL, ab 1993 140 PS
U 140 L	1993 - 1998	DB	OM 364 LA	4	133	W	97,5x133	3972	2400	2830			TL, ab 1993 140 PS
U 140 L	1996 - 1998	DB	OM 364 LA	4	140	W	97,5x133	3972	2400	2830			T
2.18 Baureihe U 437.4 (UHN)													
U 3000	ab 2000	DB	OM 904 LA	4	156	W	102x130	4249	2200	3250			TL
U 3000	ab 2000	DB	OM 904 LA	4	156	W	102x130	4249	2200	3850			TL
U 4000	ab 2000	DB	OM 904 LA	4	177	W	102x130	4249	2200	3250			TL
U 4000	ab 2000	DB	OM 924 LA	4	218	W	106x136	4800	2200	3850			TL
U 5000	ab 2000	DB	OM 924 LA	4	218	W	106x136	4800	2200	3250			TL
U 5000	ab 2000	DB	OM 924 LA	4	218	W	106x136	4800	2200	3850			TL
2.19 Baureihe U 405 UGN													
U 200 A	2000 - 2013	DB	OM 904 LA	4	150	W	102x130	4249	2200	3080	6100	16/14	TL, auch 24/22-Getriebe, ab 2007 156 PS
U 300 A	2000 - 2013	DB	OM 904 LA	4	177	W	102x130	4249	2200	3080	6150	16/14	TL, auch 24/22-Getriebe
U 400 A	2000 - 2014	DB	OM 904 LA	4	177	W	102x130	4249	2200	3080	6600	16/14	TL, auch 24/22-Getriebe
U 400 A	2000 - 2014	DB	OM 906 LA	6	231	W	102x130	6374	2200	3600	6700	16/14	TL, auch 24/22-Getriebe, ab 2007 238 PS
U 500 A	2000 - 2014	DB	OM 906 LA	6	231	W	102x130	6374	2200	3350	7400	16/14	TL, auch 24/22-Getriebe, ab 2007 238 PS
U 500 A	2000 - 2014	DB	OM 906 LA	6	279	W	102x130	6374	2200	3900	7400	16/14	TL, auch 24/22-Getriebe, ab 2007 286 PS
U 400 A III A	2007 - 2014	DB	OM 906 LA	6	231	W	102x130	6374	2200	3080	6850	16/14	TL, auch 24/22-Getriebe
2.20 Baureihe U 218													
U 218	2013 - 2020	DB	OM 934 LA	4	177	W	110x135	5132	2200		4500	8/6	TL
U 318	2013 - 2020	DB	OM 934 LA	4	177	W	110x135	5132	2200	3000	6100	8/6	TL
U 423	ab 2013	DB	OM 934 LA	4	231	W	110x135	5132	2200	3000	6400	8/6	TL
U 427	ab 2013	DB	OM 936 LA	6	272	W	110x135	7698	2200	3150	6850	8/6	TL
U 527	ab 2013	DB	OM 936 LA	6	272	W	110x135	7698	2200		7400	8/6	TL
U 430	ab 2013	DB	OM 936 LA	6	299	W	110x135	7698	2200	3150	6850	8/6	TL
U 530	ab 2013	DB	OM 936 LA	6	299	W	110x135	7698	2200	3350	7400	8/6	TL
U 216	2015 - 2019	DB	OM 934 LA	4	150	W	110x135	5132	2200	2800	4500	8/6	TL
U 429	2017	DB	OM 936 LA	6	286	W	110x135	7698	2200		6850	8/6	TL
U 529	2017	DB	OM 936 LA	6	286	W	110x135	7698	2200		7400	8/6	TL
U 219	ab 2021	DB	OM 934 LA	4	190	W	110x135	5132	2200		4500	24/22	TL
U 319	ab 2021	DB	OM 934 LA	4	190	W	110x135	5132	2200		6100	24/22	TL
U 435	ab 2021	DB	OM 936 LA	6	354	W	110x135	7698	2200		6850	24/22	TL
U 535	ab 2021	DB	OM 936 LA	6	354	W	110x135	7698	2200		7400	24/22	TL
3. Allradschlepper der MB-trac-Baureihe													
3.1 Baureihe 440													
MB-trac 65/75	1973 - 1975	DB	OM 314	4	65	W	97x128	3782	2400	2400	3000	4x4	auch 12/9-Getriebe, ab 1975 75 PS
MB-trac 700	1975 - 1987	DB	OM 364	4	68	W	97,5x133	3972	2400	2400	3595	14/8	auch 12/8-Getriebe
MB-trac 800	1975 - 1987	DB	OM 314	4	75	W	97x128	3782	2600	2400	4000	16/8	auch 7/4-Getriebe
MB-trac 900 Turbo	1981 - 1982	DB	OM 314 A	4	85	W	97x128	3782	2400	2400	4100	16/8	T, 2 Prototypen
MB-trac 800	1987 - 1991	DB	OM 364	4	78	W	97,5x133	3972	2400	2400	3950	16/8	
MB-trac 900 Turbo	1987 - 1991	DB	OM 364 A	4	90	W	97,5x133	3972	2400	2400	4080	16/8	T, auch 2x7/8-Getriebe
3.2 Baureihe 441													
MB-trac 1000	1976 - 1981	DB	OM 352	6	95	W	97x128	5675	2400	2600	4500	16/8	auch 22/22-Getriebe
MB-trac 1100	1976 - 1987	DB	OM 352	6	110	W	97x128	5675	2600	2650	5880	2x7/8	auch 6/6+12/12-Getriebe
MB-trac 1000	1982 - 1987	DB	OM 366	6	100	W	97,5x133	5958	2400	2600	4500	16/8	
MB-trac 1100	1987 - 1991	DB	OM 366	6	110	W	97,5x133	5958	2400	2600	4500		
3.3 Baureihe 442													
MB-trac 95/105	1974 - 1975	DB	OM 352	6	95	W	97x128	5675	2600			22/22	
3.4 Baureihe 443													
MB-trac 125/135	1974 - 1975	DB											
MB-trac 1300	1976 - 1987	DB	OM 352 A	6	125	W	97x128	5675	2400	2650	5880	12/12	T, auch 14/14- und 16/16-Getriebe
MB-trac 1500	1980 - 1987	DB	OM 352 A	6	150	W	97x128	5675	2400	2650	6220	12/12	T
MB-trac 1300 Turbo	1987 - 1991	DB	OM 366 A	6	125	W	97,5x133	5958	2400	2650	6320	12/12	T, auch 14/14- und 16/16-Getriebe

Daimler -Benz-Schlepper													
Baureihe	Bauzeit	Motor Hersteller	Typ	Zylinder	PS	Kühlung	Bohrung x Hub	Hubraum	Drehzahl	Radstand	Gewicht	Getriebe	Besonderheiten
MB-trac 1400 Turbo	1987 - 1991	DB	OM 366 A	6	136	W	97,5x133	5958	2400	2650	6320	12/12	TL, auch 14/14- und 16/16-Getriebe
MB-trac 1600 Turbo	1987 - 1991	DB	OM 366 A	6	156	W	97,5x133	5958	2400	2650	6320	12/12	T, auch 14/14+7/7- und 16/16-Getriebe
MB-trac 1800 Intercooler	1987 - 1991	DB	OM 366 LA	6	180	W	97,5x133	5958	2400	2650	6320	12/12	TL, auch 14/14- und 16/16-Getriebe

Daimler

Daimler-Motoren-Gesellschaft AG (DMG), Stuttgart-Untertürkheim; Werk (Berlin-)Marienfelde, 1914–1926

Der von der Firma Wiss übernommene Schlepper wurde mit einigen Verbesserungen für kurze Zeit als »Motorpflug-System Daimler« in Berlin-Marienfelde (ehemaliges Altmann-Werk) weiter gebaut, lieferbar mit 40, 60 und 80 PS. Um die Kippsicherheit zu erhöhen, liefen die beiden an einer Pendelachse aufgehängten Vorderräder in einer breiten Spur von 2015 mm. Der Zwischenachseinbau des Pflugrahmens wurde aufgegeben, so dass der Schlepper als reines Zugfahrzeug eingesetzt werden konnte.

Kurz vor Kriegsausbruch wurden Versuche angestellt, diesen Schlepper auch auf Gleisketten mit Spatenarmierung fahren zu lassen. Als das Werk mit der Produktion von Motoren für Heeres-Lkw und für Flugzeuge vollständig ausgelastet war, musste dieses Projekt aber aufgeben werden.

1920 befasste sich die DMG wieder mit dem Bau von Ackerschleppern. Der Daimler-Pflugschlepper »Typ 1« besaß in einem Stahlblechrahmen zwei schmale und 2015 mm hohe Treibräder sowie eine vordere Pendelachse. Da die Hinterräder eng aneinander standen, konnte auf ein Differential verzichtet werden. Für Vortrieb sorgten Vierzylinder-Motoren mit 25- oder 40/45 PS. Die Kraftübertragung erfolgte zunächst über eine Schnecke, später über Ritzel. Bei einem Gewicht von 3,5 Tonnen schaffte der Pflugschlepper maximal 7,2 km/h. Seilwinde und Riemenscheibe waren hier wie bei dem nachfolgenden Modell vorhanden.

Im Jahre 1924 löste der dreirädrige »Typ II« das Vorgängermodell ab. Das 1,56 m hohe und 36 cm breite Hinterrad war nach rechts versetzt und lief somit in der Spur des rechten Vorderrades. Vier Tonnen wog der

60/65-PS-Daimler-Motorpflug, 1914.

70-PS-Daimler-Rad-Raupe mit Spatengreifern und per Spindeln absenkbarem Räderwerk (Prototyp), 1919. Foto: MB-Archiv

40/45-PS-Daimler-Pflugschlepper Typ I, 1920. Foto: MB-Archiv

5 km/h schnelle Schlepper mit einem 45-PS-Spezialpflugmotor. Ein Pflugrahmensystem konnte hier zwischen den Achsen eingebaut werden. Nach dem Zusammenschluss der DMG und der Benz AG zur Daimler-Benz AG wurde der Marienfelder Traktorenbau eingestellt. Die von der Benz AG übernommene Benz-Sendling Motorpflug GmbH führte das Schlepper-Programm der Daimler-Benz AG noch einige Zeit weiter.

Dechentreiter

Josef Dechentreiter, Maschinenfabrik GmbH,
Bäumenheim,
1967–1970

Das einst unter dem Namen Lely Dechentreiter bekannte deutsch-holländische Landmaschinenwerk, das vorwiegend Dreschmaschinen und Ladewagen herstellte, versuchte wegen des Rückganges des Dreschmaschinengeschäftes andere landwirtschaftliche Maschinen ins Programm zu nehmen.

Neben dem 1960 vorgestellten »Trac 7« stellte das Unternehmen 1968 Prototypen des 90-PS-Schleppers »LD 90« mit einem MWM-Sechszylinder-Diesel vor. Technische Besonderheit war dessen hydrostatischer Antrieb; die Lenkung erfolgte ungewöhnlicherweise über ein durch eine Servo-Anlage unterstütztes Hebelwerk. Nachdem das Unternehmen auch seit 1966 Wohnwagen hergestellt hatte, ging es 1971 nach einem Konkurs mit Unterstützung der Bayerischen Landesregierung in den Besitz der X. Fendt u. Co. Maschinen- und Schlepperfabrik über. Das noch 1970 vorgestellte Universal- und Erntefahrzeug »Super Trac 70« mit einer Frontanbaumöglichkeit diente als Grundlage für den Fendt-Typ »Agrobil S«.

45-PS-Lely-Dechentreiter »Lely-Trac L 7«, 1969.

Lely-Dechentreiter-Spezialfahrzeug													
Baureihe	Bauzeit	Motor Hersteller	Typ	Zylinder	PS	Kühlung	Bohrung x Hub	Hubraum	Drehzahl	Radstand	Gewicht	Getriebe	Besonderheiten
Universalfahrzeug LT 3	1960	Hatz	D 105	3	30	L	105x115	2988	1700				
Universalfahrzeug LT 7	1960	Perkins	AD 4.107	4	25/30	W	79,4x88,9	1753	2000/2200				Unterflurmotor, auch 45 PS
LD 90	1968	MWM	D 225-6	6	98	L	95x120	5100	2560				
Super-Trac	1970	Deutz	F 4 L 514	4	65	L	110x140	5320	1800				

Degenhart

Johann Degenhart,
Holzgünz-Schwaighausen, Memmingerstr.,
1935–1954

Die 1898 gegründete Schmiede- und Hufbeschlag-Werkstatt befasste sich nach der Jahrhundertwende auch mit dem Bau von Mähmaschinen. Nachdem Schmiedemeister Georg Degenhart einige landwirtschaftliche Zugmaschinen unter Nutzung gebrauchter »Adler Standard 6«-Personenwagen montiert hatte, richtete sein Sohn Johann Degenhart (1907–1986) eine kleine Serienmontage von Blockbauschleppern mit 12- und 18-PS-MWM-Motoren sowie einer gefederten Vorderachse ein. Von 1948 bis 1954 konnten erneut 14 und 20 PS starke Schlepper hergestellt und in der näheren Umgebung abgesetzt werden. Die rund 50 gefertigten Modelle besaßen Hurth- und ZF-Getriebe. 1968 übernahm Ernst Degenhart den elterlichen Betrieb, der sich bis 1983 mit dem Verkauf und der Reparatur von Landmaschinen und Schleppern, insbesondere der Marke John Deere, befasste. Inzwischen ist die Degenhart Landtechnik in der Herstellung spezieller Frontkraftheber für John Deere-Schlepper tätig.

18/20-PS-Degenhart-Schlepper, 1938. Foto: Ernst Degenhart

12-PS-Degenhart-Umbauschlepper auf Adler »Standard S«, 1935.
Foto: Ernst Degenhart

14-PS-Degenhart-Schlepper, 1956. Foto: Ernst Degenhart

Degenhardt-Schlepper													
Baureihe	Bauzeit	Motor Hersteller	Typ	Zylinder	PS	Kühlung	Bohrung x Hub	Hubraum	Drehzahl	Radstand	Gewicht	Getriebe	Besonderheiten
Degenhart 12 PS	1937 - 1939	MWM	KD 15 E	1	12	W	95x150	1062	1500			4/1	
Degenhart 18 PS	1937 - 1939	MWM	KD 15 Z	2	18/20	W	95x150	2120	1400/1500			4/1	
Degenhart 14 PS	1948 - 1954	MWM	KDW 415 E	1	14	W	100x150	1180	1500	1620	1300	4/1	
Degenhart 20 PS	1952 - 1954	MWM	KDW 615 E	1	20	W	112x150	1480	1600			4/1	

20-PS-Degenhart-Schlepper, 1952. Foto: Ernst Degenhart

14-PS-Degenhart-Schlepper, 1954.

Demmler

Johann Demmler,
Wertingen, Schmiedgasse 4,
1948–1951

Die seit 1898 bestehende einstige Schmiede und spätere Fahrzeugfabrik (Ackerwagen, Landauer und Kutschen) musste sich während des Krieges unter der Leitung von Johann Demmler (1916 –1949) mit dem Bau von Transportkarren, Schlitten und Feldwagen befassen. Nach Kriegsende standen landwirtschaftliche und gewerbliche Fahrzeuge und Aufbauten wieder im Programm. Mit der Währungsreform wagte sich Johann Demmler auch an den Bau von Schleppern mit 14- und 22-PS-MWM-Motoren und ZP-Getrieben. 1950 war geplant, ein dreistufiges Programm mit 11-, 16- und 22-PS-Modellen auf den Markt zu bringen. Mit dem frühen Tod von Johann Demmler endete dieser Produktionszweig schon nach 40 Modellen. Das über 100 Mann starke Unternehmen verlegte sich nun auf den Bau von Ladewagen, Abferkelbuchten und Hebebühnen. Hinzu kam ein Fuhrbetrieb. Unter der Leitung von Johann Demmler jun. werden heute in Wertingen-Geratshofen Dreiseitenkipper und Tandem-Muldenkipper gefertigt.

22-PS-Demmler-Schlepper D 22, 1948.
Foto: Johann Demmler KG

14-PS-Demmler-Schlepper D 15, 1948.
Foto: Johann Demmler KG

Demmler-Schlepper

Baureihe	Bauzeit	Motor Hersteller	Typ	Zylinder	PS	Kühlung	Bohrung x Hub	Hubraum	Drehzahl	Radstand	Gewicht	Getriebe	Besonderheiten
D 15	1948 - 1951	MWM	KD 215 E	1	14	W	100x150	1178	1500		1230	4/1	
D 22	1948 - 1951	MWM	KD 15 Z	2	22	W	95x150	2125	1500		1470	4/1	

Deuliewag

Deuliewag, Deutsche Lieferwagen GmbH,
Berlin-Tegel, Chausseestr. 45

1. 1937–1945 **Deuliewag, Deutsche Lieferwagen GmbH,** Berlin-Tegel, Chausseestr. 45
2. 1946–1951 **Deuliewag Maschinen- u. Apparatebau GmbH,** Lübeck-Siems
3. 1952/53 **Deuliewag Traktoren- und Maschinen GmbH,** Hamburg-Altona, Große Bergstr. 258 u. Hamburg-Rothenbaum, Alsterufer 16

20-PS-Deuliewag-Universalschlepper DA 20, 1938.

Die Deuliewag (Telegrafenkürzel aus Deutsche Lieferwagen) wurde 1929 von Dr. Friedrich Wilhelm Jeroch als ein Zweigbetrieb der Borsig-Werke in deren Firmengelände im Norden Berlins gegründet. Zweck des Unternehmens sollte der Vertrieb von Lieferwagen der Marken DKW, Goliath, Rollfix, Steigboy, Tempo und Weise sein. Zwar wurde dieser Firmenzweig nur nebenbei geführt, dafür entstanden aber Straßen- und Ackerschlepper in verschiedenen Größen in der Produktionsstätte Hochstraße im Berliner Wedding.

Das erste Schleppermodell bildete der »DA 13« in Rahmenbauweise, der von einem Junkers-Gegenkolbenmotor angetrieben wurde; in den Serienbau gelangte der Typ jedoch nicht. Im gleichen Jahr entstand in Blockbauart der DA 18 (ab 1939 DA 20) mit einzylindrigem Güldner-»Volldiesel«-Motor sowie der DA 28 mit Zweizylinder-Antrieb sowie ZF-Vierganggetriebe, die sich im Einsatz bewährten, aber schon 1939 mit Verkündung des »Schell-Plans« wieder verschwanden.

Der seit 1938 produzierte Schlepper »DA 32« mit seiner hinteren Zwillingsbereifung war zwar in erster Linie für den Straßenbetrieb, insbesondere bei der NS-Bauorganisation »Todt« vorgesehen, machte aber dank seiner robusten Bauart, der serienmäßigen Seilwinde und durch angebaute Bodenstützen auch in der Holz- und Forstwirtschaft eine gute Figur. Und für den Ackerbetrieb war der Deuliewag mit hinterer Einzelbereifung und – auf Wunsch – Zapfwelle sowie Riemenscheibe lieferbar. In jedem Fall aber trieb der 30-PS-Güldner-Dieselmotor den in konventioneller Blockbauart mit vorderer Pendelachse gebauten Schlepper an. Noch besser auf die Bedürfnisse der Landwirtschaft zugeschnitten war der ab 1939 angebotene »DA 20«. Der leichte Schlepper hatte einen mit 20 PS ausreichend starken Motor der Marke Güldner; die Anbaumöglichkeit für Mähbalken, Riemenscheibe und Zapfwelle war selbstverständlich.

Während des Krieges ersetzte ein in Baugemeinschaft mit Güldner entwickelter Gasschlepper mit Einheitsgenerator und Einheitsmotor von 25 PS die beiden 20- und 30-PS-Typen. Auffallend war der recht lange Radstand von 2200 mm, der notwendig geworden war, um den Generator der Baureihe EG 60 zu integrieren. Riemenscheibe, Zapfwelle und auf Wunsch ein Mähbalken und eine Seilwinde gehörten zur Ausstattung des »AZ 25«; die Kraftübertragung erfolgte per Prometheus- oder ZF-Getriebe. Im Prototypenstadium blieb der alternative AZ 25 mit dem Ford-BB-Motor stecken. Dafür lastete der Bau von Panzer-Drehgestellen den Betrieb aus.

Nach der Zerstörung des Berliner Werkes verlegte das Unternehmen im Jahr 1947 den Sitz nach Lübeck und wenig später nach Hamburg. Anfänglich dienten die Räumlichkeiten des Kieler Holmag-Werkes (Holsteinische Maschinenbau-AG, vormals Deutsche Werke) der Montage. Das Nachkriegsprogramm bestand neben Straßenzugmaschinen auch wieder aus Ackerschleppern. Die Typen »D 24« und »D 30« erhielten 22/24-PS-Deutz- und einzig das D 30-Modell Güldner-Motoren. Eine Besonderheit dieser Modelle bildete der pneumatisch angetriebene Kraftheber.

1949 folgte ein leichter Schlepper vom Typ »D 15« und ein stärkerer Schlepper mit der Bezeichnung »D 35«; MWM-Motoren mit 15 und 36/38 PS sorgten hier für den Vortrieb, wobei bei der schweren Type ein eigenes Getriebe zum Einsatz kam. Das Modell »D 240« von 1950 mit der markanten Nierenhaube fungierte als Allzweckschlepper; eine Rolle, die auch der »Record D 25 V« spielen sollte. Dieser Allradschlepper war von Prof. Gerhard Preuschen (1908–2004) bei den Motoren-Werken Mannheim (MWM) als Typ »ASA« oder »Iflat« konzipiert worden. Er verfügte über vier gleich große Räder, einen weit vorne liegenden 22-PS-Henschel- oder wenig später einen 25/27-PS-MWM-Motor, eine gefederte Pendelvorderachse, einen hydraulischer Kraftheber, eine veränderbare Spurweite und eine Tragevorrichtung für Geräte. Das in Blockbauart ausgeführte Modell mit eigenem Getriebe wurde jedoch nur in der einfacheren Hinterrad-Antriebsausführung mit Henschel- und MWM-Motoren gefertigt, und dies auch nur in ganz geringer Stückzahl. 1952/53 gab die bis 1960 bestehende Firma die Acker- und Straßenschlepperfertigung auf; die Experimente mit dem unkonventionellen Allradler hatten die Finanzmittel aufgezehrt. Die Verhandlungen mit der Firma Borgward über ein Weiterführen der Schlepperproduktion mit dem gerade in Bremen entwickelten Borgward-Schlepper verliefen erfolglos.

28/30-PS-Deuliewag D 30, 1949.

28/30-PS-Deuliewag D 30, 1938.

24-PS-Deuliewag D 24, 1950. Foto: Udo Paulitz

33-PS-Deuliewag D 33, 1951.

25/27-PS-Deuliewag D 25 V »Record«, 1951.

15-PS-Deuliewag D 15, 1951. Foto: Udo Paulitz

Deuliewag-Schlepper													
Baureihe	Bauzeit	Motor Hersteller	Typ	Zylinder	PS	Kühlung	Bohrung x Hub	Hubraum	Drehzahl	Radstand	Gewicht	Getriebe	Besonderheiten
DA 13	1937	Junkers	1 HK 65	1	13/14	V	65x90/120	696	1500	1800	1250	4/1	Zweitakt-Gegenkolbenmotor
DA 28	1937	Güldner	2 F	2	28	W	105x150	2596	1500	1900	1570	4/1	
DA 18	1938 - 1939	Güldner	1 F	1	16/18	W	105x150	1299	1500	1750	1400	4/1	
DA 32	1938	Güldner	2 F	2	28/30	W	105x150	2596	1500	1830 - 1870	2320	4/1	auch 32 PS
DA 20	1939	Güldner	1 F	1	20	W	115x150	1557	1500	1660	1590	4/1	Deuliewag-Güldner-Einheitstyp
AZ 25 Gasschlepper	1943 - 1944	Güldner	2 Z	2	25	W	130x150	3979	1550	2200	2090	4/1	Holzgasmotor, Deuliewag-Güldner-Einheitstyp, auch Deutz-Motor
D 30	1948 - 1949	Güldner	2 F	2	28/30	W	105x150	2596	1550/ 1800	1840	1900	4/1	
D 24	1949 - 1950	MWM	KD 215 Z	2	24	W	100x150	2356	1500	1655	1850	4/1	auch 6/1-Getriebe, »Nierenhaube«
D 240	1949	MWM	KD 215 Z	2	24	W	100x150	2356	1500	1550	1700	4/1	Allzweckversion, »Nierenhaube«
D 33	1949	MWM	KD 215 D	3	33	W	100x150	3534	1500	1850	1950	5/1	
D 15	1950 - 1951	MWM	KD 415 E	1	14	W	100x150	1178	1500	1500	1250	4/1	
D 35	1950 - 1951	MWM	KD 415 D	3	36/38	W	100x150	3534	1500	1850	2250	5/1	
D 25 V Record	1950	Henschel	515 DE	2	22	W	90x125	1590	1800	1400	1500 - 1700	6/2	Allradantrieb, Prototyp
D 25 V Record	1950 - 1952	MWM	KDW 415 Z	2	25	W	100x150	2356	1500	1400	1950	6/2	Allradantrieb
D 240	1950 - 1952	MWM	KDW 415 Z	2	25	W	100x150	2356	1500	1550	1700	4/1	ab 1951 27 PS, ab 1952 28 PS
D 24	1950 - 1952	MWM	KDW 415 Z	2	25	W	100x150	2356	1600	1570	1708	4/1	ab 1951 27 PS, ab 1952 28 PS
D 24	1950 - 1951	MWM	KDW 415 Z	2	25	W	100x150	2356	1600	1655	1708	6/2	ab 1951 27 PS, ab 1952 28 PS
D 30	1950	MWM	KD 215 Z	2	28/30	W	100x150	2356	1500	1890	1900	4/1	
D 35	1951 - 1952	MWM	KDW 415 D	3	36/40	W	100x150	3534	1600	1990	2150	5/1	
D 15	1952	MWM	KDW 415 E	1	15	W	100x150	1178	1500	1600	1250	5/1	

Deutsche-Industrie-Werke

Deutsche-Industrie-Werke AG,
Abt. Landmaschinenfabrik (vorm. Deutsche Werke AG),
Berlin-Spandau-Haselhorst, Freiheit 4 – 7,
1924

Die Deutsche-Industrie-Werke AG (DIAG) war aus den staatlichen Heereswerkstätten hervorgegangen, die 1722 für die Musketenfertigung eingerichtet worden waren. Da die Rüstungsproduktion nach den Ersten Weltkrieg weggebrochen war, gründeten die Kapitaleigner diese landtechnische Tochtergesellschaft für Motordreschmaschinen, Bindemäher und Hackmaschinen. Für kurze Zeit montierte man Kleinschlepper, entworfen von dem bekannten Schlepperkonstrukteur Josef Brey. Details sind leider unbekannt. Eine weitere Tochtergesellschaft befasste sich mit dem Bau von Motorrädern, Pkw und Dreirad-Nutzfahrzeugen.

Nach der Demontage baute die bundeseigene Salzgitter AG in den fünfziger Jahren das Werk als Binnenwerft wieder auf.

Deutsche Landwirtschafts-Bedarfs-Gesellschaft

Deutsche Landwirtschafts-Bedarfs-Gesellschaft
Mielenz u. Gomann,
Berlin-Mitte, Unter den Linden 44,
1918–1920

Der »Miego«-Schleppflug mit einem 35-PS-Motor wurde in nur wenigen Exemplaren gefertigt. Interessanterweise trieb das im Heck liegende Differential über die Halbachsen mit Zahnrädern über Ketten die davorliegenden Räder an. Das Fahrzeug verfügte über eine Ladepritsche.

35-PS-Deutsche Landwirtschafts-Bedarfs-Gesellschaft »Miego-Schlepppflug«, 1919.

Deutsche Landwirtschafts-Industrie

Deutsche Landwirtschafts-Industrie mbH,
Magdeburg-Olvenstedt,
1911 und 1920

Nach dem unbekannt gebliebenen Prototyp eines Tragpfluges der Bezeichnung »DLI« im Jahre 1911 nahm diese Firma 1920 den Motorpflugbau auf. Der »DLI«-Kipppflug besaß in der großen Ausführung einen fünf- bis sechsscharigen Pflug an beiden Fahrzeugenden, der je nach Fahrtrichtung gesenkt oder gehoben werden konnte und eine große Arbeitsbreite erzielte. Am Vorgewende nahm das Fahrzeug leicht vesetzt die entgegengesetzte Fahrt auf. Für diese Arbeitsweise reichte zur Lenkung eine Reibungskupplung auf der differentiallosen, aber abgefederten Antriebsachse aus. Für regelmäßige Fahrten auf öffentlichen Straßen konnten auf Wunsch Bandbremsen eingebaut werden.

Die 2,2 m großen, abgefederten Antriebsräder trieb ein 55/65-PS-Motor an. Vorne und hinten befanden sich Stützräder. Die kleine Version besaß drei bis vier Schare und einen 45-PS-Motor. Beide Modelle waren mit Zweigang-Reversiergetrieben versehen.

Auch im Seilpflug-System konnten die Maschinen eingesetzt werden. Durch das hohe Eigengewicht wühlten sich die Fahrzeuge jedoch zu tief in den Boden ein, so dass der Bau dieser untauglichen Modelle schon rasch wieder eingestellt wurde.

55/60-PS-Deutsche Landwirtschafts-Industrie-Motorkipppflug, 1920.

Deutsche Motorpflug- und Lokomotivfabrik

Deutsche Motorpflug- und Lokomotivfabrik GmbH,
Hohenschönhausen bei Berlin, Goeckestr. 1

1. 1915-1918 **Deutsche Motorpflug- und Lokomotivenfabrik,**
2. 1918 **Plutowerke, Werk Hohenschönhausen** bei Berlin, Goeckestr. 1
3. 1919-1920 **Carl Rüttger, Werk Hohenschönhausen** bei Berlin, Werneucher Str., **Motorpflug- und Lokomotivenbau (Nebenbetrieb der Carl Rüttger Maschinenfabrik,** Berlin, Goeckestr. u. Chausseestr. 117 u. Berlin-Mitte, Schmidstr. 6)

Im 1913 neuerrichteten Loeb-Automobilwerk in Hohenschönhausen b. Berlin wurde als Tochtergesellschaft die Deutsche Motoren- und Lokomotivfabrik GmbH eingerichtet, die 1915 in Deutsche Motorpflug- und Lokomotivfabrik GmbH umbenannt wurde, vorgesehen fürvorgesehen für den Bau von Rüstungsgütern. Sie verfügte über eine ausgedehnte, nach modernsten Gesichtspunkten ausgeführte Stahlbetonhalle. Erstes Serienprodukt bildete ein 80-PS-Schlepper namens »Rex«, der mit gefederten 2,6 m großen und 40 cm breiten Antriebs- und 1,1 m großen und 25 cm breiten Vorderrädern ausgeführt war und über einen Geschwindigkeitsbereich per Dreiganggetriebe von 3,4 bis 15 km/h. verfügte. Auftraggeber war die Heeresverwaltung, die den Pferdemangel der Artillerie-Einheiten damit beheben wollte. Kämper steuerte den Motor bei, der mittels Ketten und eines Dreiganggetriebes die Triebachse in Bewegung setzte. Nach dem Krieg versuchte das Unternehmen vergeblich, den Artillerieschlepper mit einem drei- oder vierscharigen Pflug und einer Seilwinde der Landwirtschaft schmackhaft zu machen. Die Fahrzeuge sollten über eine Verkaufsstelle in Berlin-Charlottenburg, Kurfürstenstr. 16 abgesetzt werden. Als bei Kriegsende die k.u.k.-Lufttruppen die bei Loeb bestellten Flugmotoren nicht mehr abnahm, geriet das Unternehmen in Schwiergkeiten und ging teilweise in der Dinos Automobilwerke über. Einen Teil des Werkes erwarb die Carl Rüttger Motorpflug- und Automobil-Werke. Diese 1895 gegründete Maschinenfabrik betätigte sich während des Ersten Weltkrieges (ebenfalls im Loeb-Werk) als Pluto-Werke Motor- und Lokomotivenbau nach einem Konkurs bei Kriegsende in der Rüstungsindustrie. Die Fertigungskapazitäten versuchte Rüttger nach Kriegsende weiterhin in der Verschublokomotiven-Fertigung mit Verbrennungsmotoren, mit dem Karosseriebau und mit der Fertigung von Motorpflügen auszulasten. Der bekannte Automobilkonstrukteur Joseph

Vollmer entwarf für Rüttger einen 22/25-PS-Knickschlepper, »Wirtschaftsmotor« genannt. Dieser bildete eine wenig geglückte Konstruktion, bei dem ein einachsiges Fahrgestell an den Triebkopf gekuppelt war. Der Motor aus eigener Fertigung trieb über Ritzel die Vorderräder an. Eine Richtungsänderung erfolgte durch die Knicklenkung über ein Zahnsegment sowie durch Abbremsen eines Rades. Als Schleppfahrzeug, als stationäre Energiequelle und als Feuerlöschpumpe sollte dieses Modell eingesetzt werden können. Den Vertrieb dieses Modells übernahm der Landmaschinenhändler Carl Freiherr von Wangenheim, der gewiss nicht viel Freude daran hatte. Ebenfalls mit wenig Erfolg versuchte sich Rüttger unter der neuen Firmierung Motorpflug- und Automobilbau dann in der Herstellung eines 10-PS-Kleinwagens namens »Deutscher Einheitswagen«, ebenfalls nach einem Vollmer-Entwurf. Die Fabrikationsanlage wurde im Jahe 2015 abgerissen.

22/25-PS-Rüttger »Motorpflug«, 1910.

Deutsche Motorpflug- u. Lokomotivenfabrik

Baureihe	Bauzeit	Motor Hersteller	Typ	Zylinder	PS	Kühlung	Bohrung x Hub	Hubraum	Drehzahl	Radstand	Gewicht	Getriebe	Besonderheiten
Feldmotor	1919	Dt. Motorpflug		4	16/22	W	100x125	3925	800		1900-	3/1	25 PS bei 1000 U/min
Rüttger Wirtschaftsmotor	1919 - 1920	Dt. Motorpflug		4	22/25	W	100x125	3925	1000				Knickschlepper

DTU

Deutsche Traktoren Union GmbH
Stadtilm, Arnstädter Str. 4,
2008-heute

Aus einem Reparatur-Stützpunkt für die Landwirtschaftlichen Produktionsgenossenschaften (LPG) in der Umgebung von Stadtilm entstand nach der Wende ein Verkaufs- und Reparaturzentrum (Land- & Kraftfahrzeugtechnik GmbH) für Großtraktoren der russischen Marke Kirovets und inzwischen der Marke Deutz-Fahr. Im Jahre 2003 gründete diese Gesellschaft die Deutsche Traktoren Union (DTU) mit dem Ziel, neben der Entwicklung, dem Bau und dem Vertrieb von landwirtschaftlichen Maschinen und Geräten einen vierachsigen Großtraktor in Knicklenkertechnik zu realisieren.

Im Jahre 2008 konnte der imposante und unkonventionell konstruierte »T 860« vorgestellt werden. Das Traktorenkonzept wurde von Dr. Hartmut Döll und Absolventen der TU Dresden (Projektgruppe Rad-Boden) entwickelt; der Freistaat Thüringen förderte das Projekt. Zwei in Waagebalken-Technik angebrachte Achsträger (Boogie), die hydraulisch gegeneinander abgewinkelt werden können, nehmen die jeweils pendelnd angebrachten Radpaare auf, so dass eine optimale Geländegängigkeit einerseits und andererseits eine optimale Gewichtsverteilung erzielt werden. Ein 598 PS starker V-Achtzylindermotor von Deutz treibt über ein Full-Powershift-Getriebe die zwei mittig gelegenen Abtriebe mit jeweils zwei Radpaaren an; das Hinterachspaar lässt sich elektromechanisch zu- und abschalten. Die breiten Reifen verteilen den Bodendruck des Fahrzeugs in nahezu gleicher Größe wie bei einem Raupenfahrzeug, so dass sehr gute Dämpfungseigenschaften bei geringster Bodenbelastung erzielt werden. Für den Fahrer des bis zu 40 km/h schnellen Großschleppers steht eine vollverglaste und klimatisierte Rundumsicht-Kabine zur Verfügung. Über dem hinteren Achsaggregat lassen sich ein Saatgut-Tank, ein Düngerbehälter oder eine Sattelkupplung zur Aufnahme eines Aufliegers anbringen.

Deutz-Fahr stellte das straßentaugliche Fahrzeug 2009 auf der Agritechnica als Modell »Agro XXL« vor, zog sich aber aus dieser Kooperation zugunsten der Entwicklung eines eigenen Großtraktors von 300–400 PS zurück. Zurzeit werden die beiden Prototypen auf den großen Schlägen in Thüringen eingesetzt, um zusätzliche Erfahrungen zu sammeln. Auf dieser Grundlage wird gegenwärtig eine weitere Fertigung von »T 860«-Traktoren vorbereitet.

598-PS-DTU-Systemschlepper T 860, 2009. Foto: DTU

DTU-Schlepper													
Baureihe	Bauzeit	Motor Hersteller	Typ	Zylinder	PS	Kühlung	Bohrung x Hub	Hubraum	Drehzahl	Radstand	Gewicht	Getriebe	Besonderheiten
T 860	2009 - heute	Deutz	TCD 2015 V08	V8	598	W	132x145	15900	1900	4500	19700	18/6	TL, Prototypen, Radstand von Pivot zu Pivot

Deutsche Zugmaschinen

1. 1912-1917 **Deutsche Zugmaschinen GmbH,** Halle u. Berlin-Schöneberg, Lübowstr. 105 und (ab 1920) Berlin-Tiergarten, Potsdamer Str. 22
2. 1917-1921 **M. Brockmann, Chem. Fabrik GmbH,** Leipzig-Eustritzsch, Katzbachstr. 14
3. 1921-1922 **DeLMA (Deutsche Landwirtschafts-Maschinen Handels-Ges.mbH)**
4. 1922 **Heliosmotoren-Werk GmbH,** Berlin-Johannisthal, Friedrichstr. 27 - 29

40-PS-DeLMA-Motorpflug (Freund-Typ), 1920.

Im Jahre 1912 etablierte sich die Deutsche Zugmaschinen GmbH mit ihrem Kettenschlepper. Auffallend waren die schräggestellten Spieße bzw. Spaten auf den Kettengliedern des von der Firma Wagner & Co. in Köthen angefertigten Modells.

68-PS-DeLMA-Orion-Zugmaschine, 1920.

Während des Krieges versuchte man mit dem »Orion-Wagen« ins Rüstungsgeschäft zu kommen. Er wies ein 4-t-Lkw-Fahrgestell mit seitlichen, in ellipsenartiger Bahn geführten Ketten auf, die mit sogenannten Schreitkufen versehen waren. Die Rollenbahn glitt also über eine starre Umlaufschiene. Gesteuert wurde über Abbremsen einer Differentialhälfte. Ein vorderes Leitrad war nach Caterpillar-Prinzip angebracht.

Nachdem zwischenzeitlich eine Chemie-Fabrik die Konstruktion erworben hatte, brachte 1921 das jetzt als DeLMA firmierende Unternehmen das Modell KO (»Klein-Orion«) mit 32 PS-, später 40-PS-Helios-Motor auf den Markt sowie den GO (»Groß-Orion«) mit 80-PS-Kämper-Motor. Die Triebkette mit Rollen auf beiden Seiten der Gelenkbolzen lief um eine starre, nach vorne und hinten gleichmäßig ansteigende Schienenbahn. Auf den Kettengliedern waren stempelartig Tragplatten angebracht. Die Steuerung erfolgte wiederum durch Abbremsen der Differentialhälften.

An der Fertigung der extrem schweren Fahrzeuge waren die Eisengießerei und Maschinenfabrik Wegelin & Hübner AG (gegründet 1869 von Albert Wegelin und Ernst Hübner) in Halle und das Heliosmotoren-Werk in Berlin-Johannisthal beteiligt. Vermutlich kamen noch die Modelle bzw. Projekte Ad 2 (80–100 PS), Ad 3 (45 PS), Ad 5 (16 PS) sowie eine 68-PS-Ausführung hinzu. Außerdem erfolgte auch der Vertrieb der Freund-Dreirad-Schlepper (»DeLMA-Motorpflug«) über die DeLMA.

Deutsche Zugmaschinen-Raupen													
Baureihe	Bauzeit	Motor Hersteller	Typ	Zylinder	PS	Kühlung	Bohrung x Hub	Hubraum	Drehzahl	Radstand	Gewicht	Getriebe	Besonderheiten
DeLMA Orion	1912	Schwiderski		4	64	W					7400		
DeLMA Orion	1912	Daimler		4	68	W	150x180	12.717	700		8300		
K.O. (Klein Orion) AD 3	1921	Kämper	PM 126	4	32	W	126x180	8973	650			2/1	
G.O. (Groß Orion) AD 2	1921	Kämper	PM 170	4	80	W	170x220	19.964	650		7800	2/1	
K.O. (Klein Orion)	1922	Helios		4	40	W	120x140	6330	650		3780	3/1	

Deutsches Landwerk

Deutsches Landwerk GmbH,
Reutlingen; ab 1950 Nürnberg, Bucherstr. 115,
1949–1954

Die Firma baute den von Walter Hofmann entwickelten »Unitrak«-Schlepper für die Gartenbau-, Land- und Forstwirtschaft unter dem Motto »Die Helfer gegen die Landflucht« nach. 1969 wurde das Landmaschinenwerk aufgelöst.

Deutz

Klöckner-Humboldt-Deutz AG,
Köln-Deutz, Deutz-Mülheimer Str. 111

1. 1907-1921 **Gasmotoren-Fabrik Deutz AG,** Köln-Deutz, Mülheimer Str. 111
2. 1921-1930 **Motorenfabrik Deutz AG**
3. 1930-1938 **Humboldt-Deutzmotoren AG**
4. 1938-1986 **Klöckner-Humboldt-Deutz AG** (ab 1964 Köln-Deutz, Mülheimer Straße 111)
5. 1986-1995 **KHD Agrartechnik GmbH**
6. 1995-2003 **SAME Deutz-Fahr Agrartechnik GmbH,** Lauingen/Donau, Deutz-Fahr-Str. 1
7. 2003-heute **SAME Deutz-Fahr Deutschland GmbH**

Die Motorenindustrie der ganzen Welt verdankt ihre Existenz der N. A. Otto & Cie. Diese 1864 von dem Kaufmann Nicolaus August Otto (1832–1891) und dem Ingenieur und Zuckerfabrikanten Eugen Langen (1833–1895) in der Kölner Altstadt gegründete erste Motorenfabrik der Welt, 1872 in die »Gasmotoren-Fabrik Deutz AG« umgewandelt, fertigte zunächst mit Leuchtgas betriebene Verbrennungsmotoren, bevor ab 1884 auch Motoren für flüssige Kraftstoffe zum Produktionsprogramm gehörten. Dort entstand 1876 auch der von N. A. Otto entwickelte erste Viertaktmotor.

Erste Versuche, einen den Lokomobilen ähnlichen Schlepper mit einem Petroleum-Motor herzustellen, unternahm die amerikanische Tochterfirma The Otto-Gas-Engine-Works in Philadelphia im Jahre 1894. Ein 26-PS-Motor trieb die von Ingenieur Paul Winand konstruierte 5,4 Tonnen schwere Zugmaschine an; 14 Exemplare wurden gefertigt.

Nach der Jahrhundertwende wandte sich auch das Deutzer Werk, das bisher nur stationäre Motoren und einige Motorlokomotiven gefertigt hatte, der Konstruktion »schienenloser Fahrzeuge« zu. Erstes landwirtschaftliches Motorfahrzeug war die 1907 auf Initiative von Gustav und Arnold Langen, den Söhnen des Firmenmitbegründers, konstruierte »Deutzer Pfluglokomotive«, die von einem fremden 25-PS-Pkw-Motor angetrieben wurde. Im Pflugbetrieb erwies sich die Motorleistung als zu gering – oder das über drei Tonnen schwere Fahrzeug als zu schwer, je nach Standpunkt.

Nachdem 1907 mit dem Automobilpflug der erste deutsche Vierradschlepper entstanden war (der Motor war eine Entwicklung des damaligen Chefkonstrukteurs Ettore Bugatti), aber keine rentablen Stückzahlen erreichte, beendete Deutz zunächst sein Engagement auf diesem Gebiet. Erst nach dem Ersten Weltkrieg begann das Unternehmen, sich ernsthaft damit zu beschäftigen, zumal man mit dem Bau von 40 bis 50 Modellen einer 100 PS starken Artillerie-Zugmaschine Erfahrungen im Fahrzeugbau gesammelt hatte. Während der von diesem Kanonenschlepper abgeleitete »Deutzer Trekker« ebenfalls nur in kleiner Stückzahl und mit 40 oder sogar nur 33 PS starken Antrieben produziert wurde, gelang dem Unternehmen mit dem »MTH 222« 1926 der Durchbruch. Er erwies sich von Anfang an als Erfolg, so dass Deutz für die Serienfertigung auf dem Gelände der Maschinenbauanstalt Humboldt AG in Köln-Kalk, mit der man seit 1924 enger zusammenarbeitete, eine Produktionsstätte einrichtete. 1930 fusionierten beide Unternehmen zur Humboldt-Deutzmotoren AG.

25-PS-Deutz »Pfluglokomotive«, 1907. Werkfoto Deutz

»Deutzer-Motorpflug« (koloriertes Deutz-Bild), 1907.

40-PS-Deutz »Pfluglokomotive System Brey« im Werksgelände, 1910.

Das Produktionsprogramm wurde rasch erweitert, nach 1933 gehörten die »Stahlschlepper« zu den bestverkäuflichen Modellen auf dem Markt. Allein die Zweizylinder-Variante wurde über 9000mal verkauft.

Nachdem 1938 die Firma den bis 1996 geführten Namen Klöckner-Humboldt-Deutz AG (KHD) angenommen hatte, entwickelten Deutzer Ingenieure den Einheits-Holzgasmotor mit einer Imbert-Anlage, der nach dem sogenannten Zweistoffverfahren arbeitete. Nach dem Anlassen mit Benzin wurde der Motor nach kurzer Zeit auf die Generatorgasversorgung umgestellt. Der großvolumige 4-Liter-Zweizylindermotor leistete 25 PS und wurde an verschiedene Traktorenhersteller geliefert, war aber ab 1941 auch in einem eigenen Schleppermodell zu haben. Eine Besonderheit waren die beiden Reserve-Holzvorratsbehälter auf den Kotflügeln, die durch die Auspuffgase beheizt wurden, so dass das Holz vorgetrocknet werden konnte.

Der Generator musste vor dem Motorblock platziert werden, was die Gewichtsverteilung erheblich beeinträchtigte. Ein verkürztes Getriebe sorgte aber dafür, dass der nur in 20 Einheiten gebaute Holzgasschlepper noch eine einigermaßen günstige Baulänge behielt. Riemenscheibe, Zapfwelle, Mähwerk und eine Spurweitenverstellung gehörten zum Lieferumfang.

Im Zweiten Weltkrieg wurde der Produktionsstandort Köln, der bis 1944 über 33.000 Schlepper auf die Räder gestellt hatte, zu 75 Prozent in Mitleidenschaft gezogen, das Werk in Ulm dagegen blieb weit gehend verschont und konnte nach Kriegsende bald wieder liefern. Das Werk in Köln-Kalk nahm 1946 im Lokomotivenwerk behelfsmäßig die »Bauernschlepper«-Fertigung auf, war in größerem Umfang aber erst 1949 wieder lieferfähig. Dort wurde dann das alte, aber bewährte »F 2 M 417«-Modell wieder in die Fertigung genommen. Bis Anfang der 1950er Jahre waren in Ulm (bis 1953) und in Köln-Kalk nochmals 19.677 Schlepper der Vorkriegsbaureihen »F 1 M 417«, »F 2 M 417« und »F 3 M 417« entstanden, ein Drittel davon ging in den Export. Zum Vergleich: Im besten Vorkriegs-Jahr, 1939, hatte Deutz rund 5600 Schlepper produziert. Die stürmische Entwicklung der 1950er Jahre lastete die Kapazitäten des Unternehmens voll aus, so dass die Traktorenfertigung im Werk Köln-Kalk 1961 durch den Bau einer neuen Fabrik modernisiert werden musste. Drei Montagelinien erlaubten eine Fertigungskapazität von 3000 Schleppern im Monat, und dabei waren die Deutz-Raupenschlepper noch gar nicht mitgezählt.

Auch die 1960er Jahre – obwohl die Umwälzungen im Schleppermarkt auch an KHD nicht spurlos vorüber gingen – brachten das Unternehmen weiter nach vorn. Als sehr bedeutsam sollte sich die 1968 vollzogene

Übernahme der Firma Fahr in Gottmadingen sowie 1969 der Mähdrescherfabrik Ködel & Böhm (Köla) in Lauingen/Donau erweisen: Das Unternehmen hatte nun ein komplettes Landtechnik-Programm an Maschinen für die Futterernte aus Gottmadingen, an Mähdreschern aus Lauingen und an Traktoren aus Köln. Ab 1982 werden alle Produkte unter dem Signet »Deutz-Fahr« vermarktet.

Nachdem KHD in den Siebzigern zeitweise den ersten Rang im deutschen Schleppermarkt belegte, fiel das Unternehmen Mitte der Achtziger knapp hinter Fendt zurück. Von der bedeutenden Gießerei in Stockach aus dem Fahr-Erbe musste sich KHD trennen. Aber mit einem Exportanteil von 64 Prozent rückte KHD hinter John Deere an die zweite Stelle, gemessen nach Fertigungsstückzahlen. Insgesamt konnten bis 1986 in Köln 900.000 Schlepper montiert werden. Weitere Montagewerke unterhielt KHD in diesem Zeitraum in Argentinien (Deutz-Cantabrica [DECA], später Deutz Argentina S.A. in Buenos Aires mit Werk in Haedo bis 1989, seit 1997 ein Unternehmen des AGCO-Konzerns), Brasilien (Agrale mit MWM-Motorenfertigung), Pakistan, Tunesien und zeitweise in Japan, Indien, Kongo sowie in Griechenland. Die Firma Torpedo in Rijeka in Jugoslawien fertigte von 1975 bis zum Ausbruch des Bürgerkrieges die teilweise in Köln-Kalk ausgelaufenen Modelle weiter.

Das algerische Unternehmen Complexe Moteur Tracteur (CMT) in Constantine und Cirta erhielt in den 1990er Jahren Nachbaulizenzen für Motoren und Schlepper. Die 1980er Jahre sollten auch in anderer Hinsicht wichtig werden für das Unternehmen. 1985 übernahm KHD die Motoren-Werke Mannheim (MWM), die aus der alten Benz & Cie. hervorgegangen waren. Das Werk in Mannheim, das auch die Motoren für Fendt und Renault lieferte, wurde auf Fertigung wassergekühlter Mittel- und

11-PS-Deutz »Bauernschlepper« F 1 M 414, 1936. Foto: HuHu Uet, © CC-BY-SA-3.0

52-PS-Deutz D 5506, 1965. Foto: JohannesErwinEugen, R, © CC-BY-SA-3.0

15-PS-Deutz F 1 L 514, 1952, restauriert 2012. Foto: Deutz-Alex, © CC-BY-SA-4.0

Großmotoren mit der Produktbezeichnung DEUTZ-MWM umgestellt. Die nur noch in geringen Stückzahlen nachgefragten luftgekühlten Motoren lieferte der spanische Lizenznehmer Diter (Díaz de Terán) in Zafra.

Überdies versuchte die KHD unter der Leitung des Vorstandsvorsitzenden Bodo Liebe in völliger Verkennung der Besonderheiten des amerikanischen Marktes dort zu expandieren, da aufgrund des Einbruchs der Traktorenmärkte in den nordafrikanischen Ländern sowie in Griechenland und in Australien höhere Lieferungen nach Amerika eine Kompensation bilden sollten. Die KHD Deutz of America Corporation in Richmond/Atlanta, die im Osten der USA sich auf 300 Händler und einen Marktanteil von 2 (!) Prozent stützte, übernahm 1985 den angeschlagenen Traktoren- und Landmaschinenbereich der Allis-Chalmers Agricultural Division in Milwaukee/Wisconsin, an der sich zuvor Fiat schon die Zähne ausgebissen hatte.

KHD erwarb die in Nordamerika einen guten Ruf genießende Gleaner-Mähdrescherfertigung, das zentrale Ersatzteillager, die Fertigungsrechte für Traktoren im Werk Independence/Missouri (Serie 8000), Motoren, Ersatzteile, Bodenbearbeitungsgeräte und Drillmaschinen sowie die der Absatzfinanzierung dienende Allis-Chalmers Credit Corporation und vor allem die gesamte Vertriebsorganisation mit einem Netz von 1100 Landmaschinenhändlern. Die aus der Allis-Chalmers ausgegliederten Aktivitäten wurden in eine neue Gesellschaft, die Deutz-Allis Corporation, West Allis/Wisconsin, eingebracht. In diese neue Gesellschaft, deren Name auch die neue Produktbezeichnung bildete, wurde auch die bisherige Landtechnik-Division der Deutz-Corporation, Atlanta/Georgia, eingegliedert, die mit den aus Köln stammenden Traktoren im Leistungsbereich von 45 bis 75 gegenüber der Serie 8000 den unteren Bereich abdeckte.

Die Anteile von Deutz-Allis hielt die erwähnte KHD Deutz of America. Auf einen Schlag war Deutz-Allis zum Full-Liner und zum fünftgrößten Landmaschinen-Hersteller in den USA aufgestiegen. Nicht übernommen wurden das Industrieanlagengeschäft von Allis-Chalmers sowie die Traktorenfertigung in West Allis und das Dieselmotorengeschäft in Harvey/Illinois. Die dortige Traktorenfertigung lief wegen der beträchtlichen Überkapazitäten am amerikanischen Markt aus. Das US-Geschäft der Deutz-Allis Corporation bescherte jedoch aufgrund der falschen Einschätzung der Marktlage, insbesondere der rückläufigen Marktentwicklung, des Fehlens spezifischer Produkte für den amerikanischen Markt, der zu aufwändigen deutschen Technik und des Verfalls des Dollars KHD nur rote Zahlen, insgesamt 800 Millionen DM, so dass Ende 1989 die Deutz-Allis Corporation unter weiteren Verlusten abgegeben werden musste.

185-PS-Deutz DX 6.81 »AgroStar«, 1992.
Foto: JohannesErwinEugen.R, © CC-BY-SA-3.0

54-PS-Deutz DX 3.30, 1985.

Der Deutz-Allis-Geschäftsführer Robert J. Ratcliff übernahm mit Hilfe einer amerikanischen Finanzgruppe im Zuge eines Management Buyout das defizitäre Landmaschinengeschäft der KHD in Amerika und schuf mit dieser Keimzelle innerhalb kurzer Zeit durch den Aufkauf weiterer Landmaschinen-Hersteller den prosperierenden AGCO-Konzern (Abkürzung für Allis Gleaner Corporation). 1991 wurden die letzten Deutz-Fahr-Schlepper vertragsgemäß in die USA exportiert.

Im Rahmen der Nachwirkungen des trostlosen Finales der Ära »Liebe« mit dem desaströsen US-Abenteuer musste 1988 das Erntemaschinenwerk in Gottmadingen an die holländische Greenland NV., Teil der Thyssen-Bornemisza-Gruppe, verkauft werden, die in einer Kooperation mit Deutz Heumaschinen, Pressen und Ladewagen unter der Marke Deutz-Fahr herstellte. 1998 wechselte auch hier schon der Eigentümer, der norwegische Kverneland-Konzern (Marke Vicon) übernahm das Gottmadinger Werk. Die KHD-Luftfahrttechnik GmbH in Oberursel ging an die Bayerischen Motoren Werke AG in München (inzwischen ein Rolls-Royce-Unternehmen). Folgenschwerer war hingegen die Aufgabe der eigenen Getriebefertigung im Jahre 1989, Deutz-Fahr war jetzt abhängig von Getriebeherstellern.

Darüber hinaus setzte der »Sanierer«, der nachfolgende Vorstandsvorsitzende Karl-Johann Neukirchen, den Neubau eines hochmodernen, aber zu groß dimensionierten Motorenwerkes in Köln durch, das den Bau zukunftsträchtiger wassergekühlter Motoren ermöglichte, aber mit einer Investition von 600 Millionen DM die Misere von KHD weiter vergrößerte.

Nachdem im Jahre 1990 17.700 Schlepper hergestellt wurden, konnte KHD ein Jahr später im Zuge des allgemeinen Rückgangs eine Fertigung von nur noch 14.500 Schleppern erreichen. In den neuen Bundesländern konnte die LandTechnik AG in Schönebeck, das ehemalige VEB IFA Traktorenwerk Schönebeck, zeitweilig als Vertriebspartner gewonnen werden.

1992 wurde das neue Motorenwerk in Köln-Porz eingeweiht. In jenem Jahr galt es auch, den einmillionsten Deutz-Fahr-Schlepper seit Beginn im Jahre 1926, einen 90-PS-»AgroXtra« in silbergrauer Farbgebung, zu feiern. Trotz aller technischen Raffinessen belief sich der Absatz in diesem Jahr nur noch auf 12.900 Schlepper.

Aus Kostengründen setzte KHD jetzt Getriebe der italienischen Firma SAME (Società Accomandita Motori Endotermici) in Treviglio bei Bergamo anstelle der Steyr- und ZF-Getriebe ein. (Das Unternehmen war 1942 gegründet worden und begann 1948 mit der Schlepperherstellung, seit 1951 auch mit Allradantrieb. Das sparsame und zunächst auf eine geringe Fertigungstiefe setzende Familienunternehmen expandierte 1970 mit dem Kauf der Traktorenproduktion von Ferrucio Lamborghini in Cento/Ferrara und 1979 mit den kleinen, aber renommierten Schweizer Hans Hürlimann Traktorenwerke in Wil/St. Gallen, die inzwischen nur noch als Marke geführt wird. Hinzu kommt die als Joint-Venture geführte SAME Greaves Ltd. in Ranipet/Indien sowie eine Niederlassung in den USA.

Die 1992/93 eingerichtete SAME Polska in Lublin ging 2011 an die italienische CBM-Gruppe über.) Gleichzeitig engagierte sich das oberitalienische Same-Unternehmen mit 8,3 Prozent an der KHD Agrartechnik GmbH der durch einen Großbrand im Deutz Service-Bereich, durch Missmanagement sowie durch Bilanzfälschungen bei der KHD Humboldt Wedag AG ins Trudeln geratenen KHD. 1993 wurde die Zusammenarbeit mit SAME auf Getriebe und Komponenten (Vorderachsen und Kabinen) erweitert, zum 1. Januar 1995 übernahm dann Same (mit 1995 18.224 verkauften Schleppern) die defizitäre Deutz-Fahr-Agrartechnik GmbH (mit 6305 verkauften Schleppern) sowie die Deutz-Fahr Erntesysteme GmbH unter dem Namen SAME Deutz-Fahr Group SpA (SDF).

Die nach der Auflösung des KHD-Konzerns übriggebliebene Motorenfabrik Deutz AG konnte bei dem wiederum verlustreichen Verkauf die Zusicherung erhalten, dass weiterhin Deutz-Triebwerke in die Deutz-Fahr- und darüber hinaus in die Lamborghini-Schlepper eingebaut werden. Zwischenzeitlich war SAME mit 45 Prozent Großaktionär der Deutz AG, reduzierte aber inzwischen diesen Anteil auf 25,1 Prozent. SAME verlagerte später einen Teil der eigenen Motorenfertigung in das indische Same-Greaves-Werk. Ein Jahr nach der Übernahme konzentrierten sich die Aktivitäten der Traditionsmarke auf das Lauinger Werk, wohin inzwischen die Schlepperfertigung verlagert worden ist. Das kurz zuvor mit hohen Investitionen rationalisierte, aber mit einer Kapazität für 20.000 Schlepper pro Jahr überdimensionierte Kölner-Schlepperwerk wurde geschlossen, einzig die Entwicklungsabteilung blieb bis 1999 in Köln-Porz. Die einst in Gottmadingen ansässige, aber verlustbringende Mähdreschermontage wurde nach verschiedenen Auftrags-Fertigungsstätten 2005 in das Mähdrescherwerk Duro Dakovic Psu in Zupanja/Kroatien verlagert, das schon seit 1982 Lizenz-Deutz-Mähdrescher herstellte und jetzt den Namen SAME Deutz-Fahr Croatia trägt. Der Anteil der verkauften Deutz-Fahr-Schlepper auf dem deutschen Markt liegt bei 11 Prozent (2011). Seit 2014 nutzt Deutz-Fahr ein neues Firmenlogo, das aus mehreren Chromteilen besteht, aber weiterhin die Form des Ulmer Münster-Zeichens nachbildet.

70-PS-Deutz »Compact 3.70 VA«, 1993.

82-PS-Deutz DX 4.47 »AgroXtra«, 1993. Foto: Deutz-Fahr-Fan@CC-BY-SA-3.0

42-PS-Deutz-Fahr »Agrokid 45 A«, 1997. Foto: Deutz-Fahr

90-PS-Deutz-Fahr »Agrocompact 90 F«, 1999. Foto: Deutz-Fahr

100-PS-Deutz-Fahr »Agrotron 105 MK 3«, 1999. Foto: Deutz-Fahr

Der Automobilpflug

Mit den Patenten von Josef Brey, der später den Ilsenburger Schlepper entwarf, und Ing. Theodor Heyer übernahm Deutz im Jahr 1907 die Konstruktion des »Automobilpfluges«. Dieses erste deutsche Schleppermodell, das in zwei Exemplaren gebaut wurde, war von der technischen Ausstattung her seiner Zeit weit voraus, jedoch sehr anfällig, kompliziert und teuer, so dass der Erfolg ausblieb. Technische Besonderheiten des »Automobilpfluges« waren die vier lenkbaren, angetriebenen Räder und die Ausstattung mit einem motorisch heb-und senkbaren Front- und einem Heckpflug. Das Modell konnte somit ohne Wendemanöver in den Furchen hin- und herfahren. Das Heben und Senken der beiden vierscharigen Kippflüge erfolgte per Motorkraft, wobei der eine Pflug hochgehoben, der andere gesenkt wurde. Um auch auf schweren, feuchten Böden zügig arbeiten zu können, waren bei einzelnen Fahrzeugen zwei gegenläufige Seiltrommeln angebracht, so dass sich der motorisierte Pflug mit dem Seil, das an beiden Furchenenden an Ankerwagen befestigt war, nach dem Prinzip der Kettenschifffahrt voranarbeiten konnte. Die Ankerwagen mussten dann von Hand aus mit einer Winde nach jedem Arbeitsgang weitergezogen werden. Als Antriebsquelle diente ein 40-PS-Vierzylindermotor, der auch in den Deutzer Pkw Verwendung fand. Ettore Bugatti, der zu dieser Zeit Chefkonstrukteur in Deutz war, hatte diesen Motor geschaffen. Der Vertrieb war Sache der eigens gegründeten Motorpflug-Gesellschaft in Berlin-Charlottenburg, Bismarckstr. 70.

Der Deutzer Trekker

Nach dem Ersten Weltkrieg folgte der »Deutzer Trekker«, der wiederum in nur wenigen Exemplaren hauptsächlich in der Forstwirtschaft eingesetzt wurde. Hier handelte es sich um eine während des Krieges entwickelte Artilleriezugmaschine mit ursprünglichem 100-PS-Motor (vermutlich Kämper); die zivile Version erhielt einen Deutzer Benzolmotor mit 40 und 33 PS. Der äußerst solide, eisenbereifte Schlepper besaß neben einer Federung und einem überdachten Fahrerstand, eine Kurzpritsche und eine Seilwinde zum Herausziehen der Baumstämme.

Deutzer Dieselschlepper MTH/MTZ 1926–1936

Nachdem der Bau des »Trekkers« eingestellt worden war (und nur wenige 40-PS-Moorwalzen mit 1,27 Meter hohen und 2,5 Meter breiten Radwalzen hergestellt worden waren), ging dann 1926 bei der Motorenfabrik Deutz AG der Schlepper »MTH 222« in Serie, bestückt mit einem wirtschaftlichen, liegenden Vorkammer-Einzylinderdiesel mit Verdampferkühlung, der sich bereits in größeren Stückzahlen für stationäre Zwecke bewährt hatte. Das Getriebe war in einem großen Gussgehäuse untergebracht, der Motor saß auf einem tragenden Hohlkörper.

Zunächst wurde der Schlepper nur mit einem Geschwindigkeitsbereich, später mit einem Zweiganggetriebe für Geschwindigkeiten von 3,5 und 7,5 km/h ausgestattet. Auf dem rechten Kurbelwellenstummel befand sich die Rollenkette zur Antriebsübertragung mit Schwungrad; links war ein weiteres Schwungrad aufgesetzt, das gleichzeitig als Riemenscheibe diente.

Die erste Serienbaureihe »MTH« der Deutz-Dieselschlepper wurde 1927 durch den 27-PS-Schlepper »MTZ 120« mit liegendem Zweizylindermotor abgelöst, bei dem der Zylinderkopf zum Fahrersitz hin angeordnet war. Der Motor besaß zwei Einspritzdüsen pro Zylinder, von denen die eine in die Vorkammer, die andere in den Zylinder direkt einspritzte, was einen weichen Motorlauf erzielte. Der Schlepper war nun in reiner Rahmenkonstruktion mit vorderer Pendelachse und Lenkschenkeln gebaut. Von der Kurbelwelle führte eine im Ölbad laufende Rollenkette an das unter dem Rahmen angeordnete Getriebe. Von dort erfolgte der Antrieb über Ritzel auf die Innenverzahnung der Hinterräder.

Riemenscheibe und Seilwinde gehörten zum Lieferumfang; der Kunde hatte außerdem die Wahl zwischen Eisen-, Elastik- oder Luftbereifung. Unter der Bezeichnung »MTZ 320« gab es den Schlepper auch mit einem auf 36 PS (Höchstleistung 40 PS) ausgelegten Motor.

Gleichzeitig kam der nur 18 PS starke, 2,9 Tonnen schwere »Deutzer Motorpflug« heraus, der speziell für die Land- und Forstwirtschaft entwickelt worden war. Konstruktiv handelte es sich dabei um eine Stahlblechträger-Konstruktion mit vorderer Pendelachse, damals Schwenkachse genannt. Wie auch beim 27-PS-Typ war hier eine einfache Drehschemellenkung vorgesehen. Zur Ausstattung zählte ein Dreiganggetriebe für einen Geschwindigkeitsbereich bis zu 10 km/h sowie eine Seilwinde und eine Riemenscheibe. Die »MTZ«-Baureihe mit den Modellen »120« (405 Stück), »220« (273 Stück) und »320« (1427 Stück) blieb teilweise bis 1936 im Programm.

30/33-PS-Deutz-»Trekker« im Waldeinsatz, 1921.

Erfolge mit den »Stahlschleppern« F 1/ F 2/ F 3, 1933–1953

1933 brachte Deutz mit dem »Stahlschlepper F 2 M 315« einen universell einsetzbaren Traktor mit schnelllaufendem 28-PS-Dieselmotor heraus. Das in Blockbauart konstruierte Modell war für mittlere und große Bauernhöfe gedacht. Ein geschweißtes Stahlblechgehäuse nahm Getriebe und Hinterachsführung auf. Die vordere Achse stützte sich über ein Querblattfederpaket gegenüber dem Motorblock ab. Dem Zeitgeschmack entsprechend verfügte er über automobilartige Kotflügel, außergewöhnlich dagegen war die serienmäßige Reifenfüllanlage. Im Jahre 1935 ersetzte ein unverwüstlicher 30-PS-Motor mit vergrößertem Hubraum die 28-PS-Maschine; der Schlepper erhielt nun die Bezeichnung »F 2 M 317« bzw. ab 1941 »F 2 M 417«; insgesamt entstanden bis 1953 15.732 »Stahlschlepper«, teilweise auch im Werk Ulm (Magirus).

Neben den Zweizylinder-Modellen gab es ab 1935 auch Stahlschlepper mit 50-PS-Dreizylindermotor (»F 3 M 317« bzw. »F 3 M 417«, 8646 Exemplare), Riemenscheibe, Zapfwelle sowie die Möglichkeit zur Spurverstellung durch Umdrehen der Felgen. Seine größten Erfolge verdankt das Unternehmen aber dem bis 1942 10.034mal gebauten 11-PS-Schlepper »F 1 M 414«, dem ersten serienmäßigen Kleinschlepper der Welt. Er leitete als preiswerter und unkomplizierter Schlepper unter der Bezeichnung »Bauernschlepper« die Motorisierung der kleinen Bauernhöfe ein und wurde das Vorbild für entsprechende Konstruktionen verschiedener Hersteller. Dieser »Elfer Deutz« bot ebenfalls Riemenscheibe, Mähbalken und die Möglichkeit zur Spurweitenverstellung. Wenn auch Deutz den weit verbreiteten Zweizylindermotor F 2 M 414 nicht in ein eigenes Schleppermodell einsetzte, nutzte Deutz 1939 den nur 12mal gebauten, im Hubraum vergrößerten 25-PS-Diesel F 2 M 416 für 10 Schlepper-Prototypen. Der Kriegsausbruch verhinderte die Weiterentwicklung dieses Fahrzeugs.

30-PS-Deutz »Großer Deutzer Schlepper« als Landmaschine«, 1928.

Die Schlepper mit Luftkühlung 1949–1956

In der Nachkriegszeit stellte zunächst das weniger zerstörte Werk in Ulm die zwei- und dreizylindrigen Vorkriegstypen her; das zerbombte Traktorenwerk in Köln-Kalk legte dagegen mit einem US-»Permit« 1946 den »Bauernschlepper F 1 M 414« mit neuem Getriebe und nunmehr 12 PS in nochmals 8990 Einheiten wieder auf und lieferte in großen Serien kleinvolumige Ein- und Zweizylindermotoren an andere deutsche Schlepperhersteller.

25-PS-Deutz-Schlepper-Prototyp F 2 M 416, 1938. Foto: Theo Steinhausen

25-PS-Deutz-Generatorschlepper (Prototyp), 1941. Foto: CC-BY-SA-4.0

50-PS-Deutz »Stahlschlepper« F 3 M 317, 1942.

Abgelöst wurde dieser Erfolgstyp dann Ende 1949 vom 15 PS starken »F 1 L 514« mit luftgekühltem Einzylinder-Deutz-Diesel; wie schon seit 1926 diente die Motortype als Kennung für das Schleppermodell.) Ein Axial-Kühlgebläse kühlte hier den Wirbelkammer-Dieselmotor, der auf eine vom Heereswaffenamt im Jahre 1942 initiierte Entwicklung von Vierzylinder-Motoren zurückging. Mit 33.911 Modellen übertraf dieses Einzylindermodell in kurzer Zeit den über 19.024mal hergestellten »11er Deutz«.

Im Jahre 1950/51 folgten im Baukastensystem hergestellte und von Dipl.-Ing. Hans Hasselgruber konzipierte luftgekühlte zwei- und dreizylindrige Schlepper (»F 2 L 514« und »F 3 L 514«) mit ständig leicht angehobenen Leistungen bis schließlich 30 und 50 PS, die die alten Vorkriegs-Konstruktionen ersetzten. Das Vierzylinder-Halbrahmenmodell »F 4 L 514« mit 60, später 65 PS stellte das stärkste Modell dieser Baureihe dar, das von 1952 bis 1965 im Programm stand. Das hier eingebaute Axial-Kühlgebläse wurde nun bestimmend für die KHD-Erzeugnisse. Typisch für die Kühlanlage der mehrzylindrigen Wirbelkammer-Motoren ist der sich nach hinten verjüngende Luftführungskanal, der alle Zylinder gleichmäßig mit Kühlluft versorgt.

Einzig bei der hubraumschwächeren Ein- und Zweizylinder-Baureihe »612«, die ab 1952 hinzukam, hatte ein Schwungrad mit Radial-Kühlluftschaufeln (Radialgebläse).

Im Bereich der Schmalspurschlepper für den Wein- und Obstbau bot Deutz die Modelle »F 1 L 514«, »F 1 L 612« und »F 2 L 612« an.

1956 wurde das Programm mit Schleppern, die Leistungen von 18, 24 und 34 PS erzeugten, erweitert. Der neue 11-PS-Schlepper »F 1 L 612« wurde wahlweise als Trag- oder als Standardschlepper gefertigt. In der Tragschlepper-Version erhielt er einen Mittelrahmen aus Pressstahl, was den Zwischenachseinbau von Geräten erlaubte. Eine weit vor dem Motorgehäuse angesetzte Lenksäule ermöglichte die Anordnung eines umsteckbaren Sitzes, so dass der Kleinschlepper gute Bedieneigenschaften bei Rückwärtsfahrt bzw. bei Arbeiten mit einem am Heck angebrachten Greifer aufwies.

22-PS-Deutz F 2 L 612, 1952.

11-PS-Deutz F 1 L 612, 1955. Foto: Dirk Ingo Franke, © CC-BY-SA-2.0-DE

28/30-PS-Deutz F 2 L 514, 1950. Foto: High Contrast, © CC-BY-SA-30

13-PS-Deutz F 1 L 712, 1958.

35-PS-Deutz D 40 S, 1957. Foto: Pujanek, © PD

65-PS-Deutz F 4 L 514/7, 1957. Foto: JohannesErwinEugen, © CC-BY-SA-3.0

Die »D«-, »05«- und »06«-Serien 1957–1980

Im Jahr 1957 wurde als zweite Nachkriegsgeneration die »D«-Serie mit neuer Motorengeneration mit Leistungen von 13 bis 52 PS aufgelegt. Stand bisher in der Typenbezeichnung das »F« für Fahrzeugmotor, die anschließende Ziffer für die Zylinderanzahl, das »M« oder das »L« für Wasser- oder Luftkühlung sowie nach einer Bauziffer die Angabe für den Hub in Zentimetern, so folgten in der neuen Typologie nach dem »D« für Deutz die ungefähre PS-Leistung des Schleppers. In dieser neuen Bauserie konnte der überaus erfolgreiche »D 40« auch als leistungsstarker Schmalspurschlepper geliefert werden. Der für Kleinlandwirte vorgesehene »D 15« entstand ab 1961 auf dem Fließband des erworbenen Fahr-Werkes.

Dem technischen Standard entsprechend kam 1962 die Deutz-»Transfermatic« als fahrkupplungsunabhängige Regelhydraulik zum Einsatz. Die seit 1964 eingesetzte, kultiviert laufende »812er«-Motoren-Baureihe arbeitete jetzt wieder mit der Axial-Luftführungstechnik.

Im Jahre 1965 folgte eine erneute Umstellung des Bezeichnungssystems, die Schlepper erhielten ein vierstelliges Zahlensystem. Die beiden ersten Ziffern gaben die ungefähre PS-Leistung, die beiden Endziffern die Bauserie, zunächst die »05«er-Reihe an. Die Sechszylindermodelle »D 8005« und »D 9005« gingen auch mit einem Allradantrieb an den Start, nachdem einige »D 5005«-Modelle hierfür erprobt worden waren.

14-PS-Deutz D 15, 1959.

28-PS-Deutz D 30 S, 1960. Foto: HighContrast, © CC-BY-SA-30-DE

40-PS-Deutz-Geräteträger »Unisuper G 4001«, 1967.

40-PS-Deutz D 4006, 1968.

160-PS-Deutz-Gelenkschlepper D 16006, 1972.
Foto: JohannesErwinEugen.R, © CC-BY-SA-3.0

Als dann 1967/68 die Leistung mit Direkteinspritzmotoren erhöht wurde, machte man daraus die Baureihen-Kennung »06«. Die Getriebe wurden ab der Bauserie »5006« mit einer Synchronisation versehen. Kennzeichen dieser Generation war die kantige, vorne schräg nach unten zurückgehende Motorhaube. Um den Kunden auch einen in dieser Zeit aktuellen Geräteträger anzubieten, ohne hierfür größere Investitionen zu tätigen, vermarktete das Unternehmen von 1960 bis 1962 die Ritscher-Geräteträger »D 20« und »D 25« in entsprechender Aufmachung. Von den Spezialfahrzeugen »System Ritscher« konnten gerade mal 200 Stück an den Mann gebracht werden.

Nur in den Jahren 1967 und 1968 stand dann der Geräteträger »Unisuper« im Programm, den Deutz von Eicher fertigen ließ. Im Gegensatz zur Eicher-Ausführung kamen aber hier 25-, 30- und 40-PS-Deutz-Motoren in den rund 100 Modellen zum Einsatz.

Als bemerkenswerter Typ erschien 1970 der Knickschlepper »D 16006« (»Full-Liner«) mit einem 160-PS-V-Achtzylindermotor, der einen Lenkeinschlag von 40 Grad besaß. Weitere Besonderheiten waren ein lastschaltbares Vierganggetriebe mit hydrostatischem Drehmomentwandler sowie der weit vorgebaute Motor. Das eigentlich als Baumaschine konzipierte Modell wurde durch ein Abkommen mit dem Hanomag-Werk jedoch schon nach dem Bau von Prototypen aus der Weiterentwicklung genommen.

Auch neue Schmalspurschlepper für den Weinbau und für die Plantagenwirtschaft enthielt das Lieferprogramm der »06«-Serie. Der 1972 ausgelieferte 500.000ste Schlepper war ein Exemplar der Baureihe »06«. Die Baureihe blieb parallel zur neuen »07«-Reihe zunächst weiterhin im Programm.

Die »07« und die »DX«-Baureihen, 1978–1989

Die Kölner Schlepperfabrik führte die erfolgreichen Zwei-, Drei- und Vierzylindermodelle ab 1980 dann als Teil der 07er-Reihe mit stärkerer Hydraulik im Leistungsband von 34 bis 75 PS weiter. Die jetzt verwendete Seitenschaltung und der dadurch freie Fußboden erhöhten den Komfort der Fahrzeuge. KHD präsentierte zuvor, 1978, mit den DX-Typen eine weitere Schlepperbaureihe, die anfänglich mit Fünf- und Sechszylindermotoren bestückt war und Leistungen von zunächst 80 bis 150 PS aufwies. Der Komfort war gestiegen, alle Fahrstufen synchronisiert, die Hydraulik verbessert und die Optik durch die trapezförmige Kühlermaske des Freiburger Designers Louis L. Lepoix deutlich modernisiert worden. Wahlweise gab es die Schlepper mit Hinterrad- oder mit Allradantrieb. Leider blieb es zunächst bei der Verwendung der ungeeigneten Steyr-Getriebe, was den Absatz und den Ruf der DX-Modelle zunächst beeinträchtigte.

1980 erhielten die Sechszylindermodelle eine Leistungssteigerung. An die Spitze des Programms trat der »DX 230« mit 200 PS. 1982 verschwand der ungeliebte und anfällige Fünfzylindertyp vom Montageband. Die mit Turboaufladung versehenen Vierzylinderversionen »DX 86« und »DX 92« traten an seine Stelle. Im gleichen Jahr krönte der »DX 250« mit 220 PS das Deutz-Schlepperangebot.

Die Kompaktschlepper-Baureihe »DX 3« und die Standardschlepper-Baureihe »DX 4« mit moderner Technik, darunter Seitenschaltung und Plattformboden sowie moderner Kabine lösten ab 1983/84 Zug um Zug die 07er-Reihe ab. Während für diese Schlepper die Motorenbestückung bei Dreizylinder-Triebwerken begann, konnten die mit einem von Agrifull in Italien bezogenen Getriebe zusammengebauten Weinbau- und Plantagenschlepper »DX 36 V« und »DX 36 P« noch mit dem 29 PS starken Zweizylindermotor geliefert werden. Mit Dreizylinder-Triebwerken folgten die schmalen und hangsicheren, aber stärker motorisierten Ausführungen »DX 50« und »DX 55«. Der Lenkeinschlag der Schmalspurschlepper lag bei 50 Grad.

Die DX-Standard-Baureihe bestand ab 1984 aus den Bautypen »DX 3« mit Drei- und Vierzylinder-, »DX 4« mit Vierzylinder- und »DX 6« mit Sechszylindermotoren. In den Versionen »VarioCab« stand ein Schutzrahmen, in der Version »StarCab« eine elastisch aufgehängte Komfortkabine (»Omega«-Lagerung) mit Heizung und Belüftung zur Verfügung. Hinter der Bezeichnung »DX 8.30« verbarg sich ein Sechszylinder-Kraftpaket mit 220 PS zur Ablösung des »DX 250«, hinter dem »DX 7.10« ebenfalls ein 160

70-PS-Deutz D 7207, 1981.

60-PS-Deutz D 6207, 1981.

72-PS-Deutz D 7206, 1974.

90-PS-Deutz DX 92 Allrad, 1982. Werkfoto Deutz

PS starker Gigant mit Sechszylindermaschine. Jedoch nur bis 1988 blieb das Topmodell »DX 8.30« in der Fertigung, da ZF entsprechende Getriebe aufgrund der geringen Stückzahlen nicht mehr fertigte. Als weitere Innovation galt die nun angebotene elektronische Fahrerinformation für den Mann in der Kabine.

46-PS-Deutz-Weinbergschlepper DX 50 V, 1978.

54-PS-Deutz-Plantagenschlepper DX 3.30 F, 1987.

Zwar schon 1985 vorgestellt, startete 1987 der Bau der neuen Schmalspur-Baureihe, beginnend mit dem »DX 3.10 V« mit 1250 mm Spurweite. Die bis 1992 geführte Baureihe mit wieder eigenen Getrieben wurde vom 75-PS-Vierzylindermodell »DX 3.90« gekrönt. Hinterrad- oder Allradantrieb konnten gewählt werden.

»AgroPrima«, »AgroXtra« und »AgroStar«, 1989–1995

Auf der Frankfurter »agritechnica« von 1989 präsentierte KHD die »AgroPrima«-Modelle, die die Rolle als einfache, aber preiswerte Mittelklasse-Allrad-Standardschlepper erfüllten und mit »Optibloc«-Antriebs-Vorderachsen (Selbstsperrdifferential bei Schlupf), aber ohne Komfort-Kabinen auskommen mussten. Die Motorleistungen der Fahrzeuge mit Hinterrad- oder Allradantrieb reichten von 75 bis 110 PS. Darüber angesiedelt, mit Allradantrieb und Lastschalt-»Powermatic«-Getriebe, war die Universal-Traktoren-Baureihe »AgroXtra«, die den Bereich von 75 bis 113 PS abdeckte. Mit den Modellen »AgroXtra 3.57« bis »6.17« führte KHD ein neues, überzeugendes Design unter der Bezeichnung »Freisichtschlepper« ein. Die schräg nach vorne hin abfallende Motorhaube ermöglichte dem Fahrer einen erheblich besseren Blick auf das Vorfeld, insbesondere beim Frontlader- und Frontanbaugeräte-Einsatz, zumal beim luftgekühlten Motor keine hochbauende Kühleranlage wie beim wassergekühlten Aggregat dieser Formgebung entgegenstand. Die »StarCab«-Kabine schützte den Fahrer. Nachdem 1991 die alte Teilbezeichnung »DX« entfallen war und die Modelle einen Leistungsschub (»PowerPlus«) erhalten hatten, erweiterte ein Jahr später die »Quadro-Split«-Vorschaltgruppe die Schaltmöglichkeiten der »3.57« bis »4.17«-Modelle.

Ebenfalls 1990 folgte als dritte Allrad-Großtraktoren-Baureihe die »AgroStar«-Serie in den ersten Ausführungen vom »AgroStar 4.61« bis zum »AgroStar 6.61«. In der ersten Generation bis 1993 standen in diesen High-Tech-Produkten 88 bis 143 PS starke Vier- und Sechszylindermotoren zur Verfügung. Außer bei den Topmodellen »6.61« bis »8.31« kam die kantige und vorne leicht abgeschrägte Haube dem Freisichtdesign recht nahe. Die schallisolierte Kabine und das Vollsynchron-Getriebe erhöhten den Komfort. Auch hier fiel 1991 die Buchstaben-Kennung »DX« fort. 1992 folgte die überarbeitete »AgroStar«-Baureihe mit einem Leis-

143-PS-Deutz DX 6.61 »AgroStar«, 1991.

113-PS-Deutz-Fahr »AgroXtra 6.17«, 1991.
Foto:Johannes ErwinEugen.R, © CC-BY-SA-3.0

tungsbereich von 91 bis gigantischen 230 PS. Während die Fahrzeuge bis 125 PS mit luftgekühlten Maschinen versehen waren, setzte das Unternehmen jetzt auch wieder wassergekühlte Triebwerke ein. So erhielt der »AgroStar 6.71« ein 160-PS-Deutz-MWM-Triebwerk, das mit größerem Hub mit auf 185 PS ausgelegter Leistung im »AgroStar 6.81« seinen Dienst verrichtete. Die »Optibloc«-Vorderachse und ein 18/18-Gang-Wendegetriebe der Same-Muttergesellschaft kamen zum Einbau, zumal die Fahrzeuge, abgesehen von der Motorbestückung, im Deutz-Design montierte SAME-»Titan«-Schlepper waren. Das Spitzenmodell des Jahre 1993 hieß »AgroStar 8.31«. Dieser Schlepper mit 230-PS-Deutz-Turbo-Diesel und amerikanischem Funk-18/9-Powershiftgetriebe sowie einer Kabine des Massey-Ferguson-Typs 9240 stammte aus der Deutz-Allis-Serie 900 und wurde aus dem White-Werk in Ohio/USA bezogen. In der Bundesrepublik konnte das Modell nur 50 Käufer finden.

Die bewährte DX-Baureihe stand bis 1996 im Programm, ihre Leistung endete jetzt bei 78 PS. Schließlich stellte das Unternehmen in diesem Jahr eine kleine Serie von Schleppern der Baureihen »DX 3.60«, »AgroPrima 6.06«, »AgroXtra 4.17«, »AgroXtra 6.07« und »AgroStar 6.11« mit Rapsöl-Motoren her. Die im Wirbelkammer-Verfahren (Zweistufen-Verbrennung mit purem Rapsöl) oder im Direkteinspritzverfahren mit Rapsölmethylester arbeitenden Motoren lieferten 75 bis 100 PS.

54-PS-Deutz-Fahr »AgroCompact 3.30 V«, 1992.
Foto: W. Leiter © CC-BY-SA-4.0

83-PS-Deutz-Fahr »Agroplus 87«, 1996.

Deutz-Schlepper aus Lauingen: »Agrotron«-Serie, 1995 bis heute

Seit 1995 werden die im Design richtungsweisenden Allrad-Freisichtschlepper unter der Bezeichnung »Agrotron« vermarktet und von wassergekühlten Deutz-Motoren unter der weniger flach gestalteten Haube in Bewegung gesetzt. Erst die Kompaktkühleranlage mit seitlich herausklappbaren Elementen führte ab 2003 wieder zu einer stark vorne abfallenden Haube. Die erste Baustufe umfasste den Leistungsbereich von 68 bis 145 PS. Eine neue Großraumkabine mit Rundumsichtmöglichkeiten sowie eine gefederte Vorderachse (für eine Höchstgeschwindigkeit von 50 km/h) und neue ZF-Lastschaltgetriebe mit elektronischer »Powershift«-Vorwahltechnik zeichneten diese allerdings noch mit Mängeln behaftete Reihe aus. Die zweite Baustufe von 1997 bis 2001 unter der Zusatzkennung »MK 2« führte nun Schlepper im Bereich von 75 bis 260 PS, wobei die Ausführungen »160«, »175« und »200« aus dem SAME-Werk in Treviglio stammten und im KHD-Design »naturalisiert« worden waren. Die dritte, nun problemlose und zuverlässige Generation »MK 3«, größtenteils mit 24/24-Gang-Lastschalt-Wendegetrieben (6-Gang-Powershiftgetriebe mit vierfacher Lastschaltung) und »Powershuttle«-Technik (für kupplungsloses Reversieren) sowie Multifunktionsarmlehne stieg in den Bereich bis 272 PS vor. Auch hier steuerte SAME die Modelle »230« und »260« für alle Marken (SAME, Lamborghini, Hürlimann und Deutz-Fahr) bei, da sich bei der geringen Nachfrage in dieser Größenklasse nur so eine wirtschaftlich vertretbare Produktion rechtfertigen ließ. Deshalb gibt der »Agrotron 260« des Baujahres 1998 das Vorbild für Parallelfahrzeuge des Konzerns ab; als SAME-Schlepper trug er die Bezeichnung »Diamond«, als Lamborghini-Schlepper die Bezeichnung »Victory«. In der vierten Stufe von 2003 bis 2007 erfuhren die Motoren wieder einen Leistungsschub, ab 2005 bildete der »Agrotron 265« mit 262 PS das Königsmodell.

Dem technischen Fortschritt der Konkurrenz entsprechend setzte Deutz-Fahr ab 2001 das von ZF entwickelte mechanisch-hydrostatisch und mit hohem Wirkungsgrad arbeitende stufenlose Eccom-Getriebe in die TTV-Modelle (mit geänderter Haubengestaltung) ein. Über einen Joystick auf der Multifunktions-Armlehne steuert der Fahrer jetzt die Funktionen des Fahrzeugs. 2009 folgte mit einteiliger Haube und modernster Deutz-Motorentechnik (DCR-Deutz-Common-Rail und Vierventiltechnik) »DCR«-Ausführungen, deren Motoren sich durch einen hohen und konstanten Drehmoment- und Leistungsbereich auszeichnen. Die elektronische Drehzahlregelung (EMC/Electronic Motor Control) sorgt für die stets optimale Drehzahl und somit für einen niedrigen Kraftstoffverbrauch. Seit 2011 stehen diese Automatikgetriebe-Schlepper mit erhöhten Leistungen von 114 bis 243 PS im Angebot.

Ab 2005 teilt Deutz-Fahr die Agrotron-Baureihe in die Ausführungen K, M, L und X (sowie TTV) ein. Die K-Serie deckt den Mittelklasse-Bereich von 84/90 bis 127 PS mit 28/8- oder 36/12-Getrieben ab. Deutz-Fahr bietet damit Fahrzeuge für Grünlandwirtschaft, für den Pflegeeinsatz sowie für Hof- und Feldarbeiten an. Powershift-Getriebe mit Powershuttle-Reversiermöglichkeit sind hier Standard. In der ab 2011 überarbeiteten Ty-

100-PS-Deutz »Agrotron 105«, 1997.

150/155-PS-Deutz »Agrotron 1160 TTV«, 2001. Werkfoto: Deutz

230/260-PS-Deutz »Agrotron 230 MK 3«, 2001. Werkfoto: Deutz-Fahr

penreihe mit der Kennung »E 3« werden die Fahrzeuge mit gefederter Vorderachse, gefederter und klimatisierter Komfortkabine sowie elektrisch-hydraulischen Differentialen vorne und hinten ausgeliefert. Auch hier hatten die DCR-Technik sowie das DPC-System (Deutz-Power-Control) Einzug gehalten. Der »K 610 DCR« mit Sechszylindermotor steht seitdem an der Spitze der »K«-Ausführung. Die »ProfiLine«-Ausführung ist mit einer »Load-sensing«-Hydraulik versehen. Die Luxusausführung »Profiline« ist serienmäßig mit DPC und elektronischer Motorregelung EMC, Drei- oder Vierfach-Lastschaltung mit 24/8 oder 36/12 Gängen mit APS (Automatic Powershift), PowerComS-Bedienung, Klimaanlage und Load-sensing-Hydraulik ausgerüstet.

Die wichtige obere Mittelklasse-M-Baureihe bewegt sich zwischen den Leistungsgrößen von 131 bis 184 PS, die von Deutz-Sechszylindermotoren erzeugt werden. Vier- und Fünffach-Lastschaltgetriebe (24/24- und 40/40-Gang-Wendegetriebe) mit Powershuttle übertragen die Kraft. Die Motoren der Ausführungen »Natural Power« sind für den Einsatz von Rapsöl- oder Dieselkraftstoff geeignet. Die »Profiline«-Varianten sind mit mechanisch oder pneumatisch gefederten und klimatisierten Kabinen und serienmäßig mit Load-Sensing-Hydraulik mit hoher Pumpenleistung, EMC, fünffachem Lastschaltgetriebe (40/40 Gänge) ausgestattet. Auf der Armlehne ist die »PowerComS«-Bedientechnik angebracht. Auch hier werden seit 2009 Common-Rail-Triebwerke eingesetzt. Den unteren Leistungsbereich decken seit 2011 die preiswerteren Vierzylindermodelle »M 410 DCR« und »M 420 DCR«.

Die Großschlepper der L-Baureihe mit 27/27-Gang-Wendegetrieben waren zunächst mit 197- und 204-PS-Maschinen versehen. Ab 2009 liegen die Leistungen der auf DCR-Technik umgestellten Triebwerke bei 189 und 197 Pferdestärken. Mit diesen Fahrzeugen sprach Deutz-Fahr Großbetriebe und Lohnunternehmer an. Das Powershift-Getriebe mit drei Fahrbereichen und neun Lastschaltstufen mit APS- und Powershuttle-Wendeschaltung wird über eine Tastatur in der Armlehne betätigt.

Schließlich krönten die Modelle der X-Ausführung das Agrotron-Angebot im ersten Jahrzehnt des neuen Jahrhunderts, vorgesehen für schwere Feld- und Transportarbeiten. Die Leistungen der »X 710«- und »X 720«-Spitzenmodelle wurden mit DCR-Technik von 200 auf 219 beziehungsweise von 250 auf 262 PS erhöht. Das DPC-System in den mit Vorderachsfederung ausgeführten Schleppern sorgt für die automatische Drehzahlreduktion bei hohen Transportgeschwindigkeiten.

Das automatische Spurführungssystem »Agrosky ASG« (Automatic Steering Guide) stand darüber hinaus auf der Liste der Sonderausstattungen.

Mit dem ZF-Eccom-Getriebe, bei Deutz-Faht als TTV-Getriebe ausgewiesen, werden ab 2011 die »Agrotron«-Modelle ausgestattet. Im Jahre 2012/13 gliederte der Hausherr SAME die Freisicht-Schlepper-Klasse neu. Die Kompakt-Baureihe »5000« wird seitdem im SAME-Werk in Treviglio gefertigt, zunächst von einem 3,6-Liter-Dieselmotor der Marke Deutz mit Leistungen von 95 bis 120 PS angetrieben. Seit 2014 ersetzen preiswertere SAME-Motoren, ab 2017 unter der Bezeichnung »FARMotion«, die Kölner Triebwerke.

Die Baureihe neue »6000« nutzt 4- und 6-Liter Motoren der Marke Deutz mit Leistungen von anfänglich 114 bis 209 PS. Neben den Schaltgetrieben kann der Kunde auf das stufenlose TTV-Getriebe zurückgreifen. Durch die »PowerBoost«-Einrichtung ließen sich die Leistungen kurzzeitig steigern. Ab 2017 kommen auch Powershift und RC-Getriebe (Robotisiertes Comfort-Getriebe) zum Einbau. Mit dem erneuten Update im Jahre 2021 werden zwar weiterhin die 3,6- und 6,1-Liter-Motoren mit Leistungen von 149 bis 201 PS eingebaut, aber der Vierzylinder-SAME-Motor hält schon Einzug in die Ausführunen »Agrotron 6120/6130 Powershift«. Zwei Radstände und zwei Kabinentypen stehen zur Verfügung. Mit gehobener Ausstattung und schwarzer Farbgebung krönen die »Warrior«-Versionen die Serie 6. Ebenfalls mit der »PowerBoost«-Technik waren die Spitzenmodelle der Baureihe »7000« ausgerüstet, so dass hier Leistungen bis zu 264 PS erzeugt werden konnten.

119-PS-Deutz-Fahr »Agrotron K 610«, 2011. Foto: Ferd JDF, © CC-BY-SA-3.0

119-PS-Deutz-Fahr »Agrotron K 610«, 2011.

154-PS-Deutz-Fahr »Agrotron 1160 TTV«, 2011.

222-PS-Deutz-Fahr »Agrotron 630 TTV«, 2011.

167/176-PS-Deutz-Fahr »Agrotron 6180«, 2011.

226-PS-Deutz-Fahr »Agrotron 7230 TTV«, 2011.

Mitte des zweiten Jahrzehnts erweiterte SDF das Lauinger Programm neu. Über der Serie 7 ist seitdem die Freisicht-Baureihe der Serie 9 mit den leistungsstarken Im »Agrotron 9290«, »Agrotron 9310« und »Agrotron 9340« mit PS-Leistungen von 277/295 bis 316/336 angesiedelt. Der 7,8-Liter-Biturbo-Motor TTCD sorgt hier für die hohen Leistungen der bis zu 60 km/h Höchstgeschwindigkeit zugelassenen Fahrzeuge.

In eine noch höhere Leistungsklasse stiegen die nur 2015 versuchsweise gebauten Modelle »Agrotron 11350/11400/11440 TTV« der Serie 11 ein. Ein aus dem Friedrichshafener MTU-Werk bezogener 10,7-Liter-Motor versah diese Modelle mit Leistungen von 314/350 bis 401/441 PS.

Gleichzeitig versah Deutz-Fahr die »Agrotron«-Modelle der Serien 7 und 9 mit einer Auffrischung; mit exklusiver Ausstattung und schwarzer Lackierung werden sie unter der Zusatzbezeichnung »Warrior« angeboten.

Eine neue Baureihe begründete Deutz-Fahr im Jahre 2021 mit der Vorstellung des Modells »Agrotron 8280 TTV« mit dem 6,1-Liter-Biturbo-Motor. »Dank seines vergleichsweise geringen Gewichts von 9,5 bis 10,3 Tonnen erreicht dieser Traktor ein unübertroffenes Leistungsgewicht von 33 kg/PS. Das hohe zulässige Gesamtgewicht von 16 Tonnen bei einer Höchstgeschwindigkeit von 40, 50 oder 60 km/h ermöglicht eine Nutzlast von bis zu 6,5 Tonnen – absolut unerreicht in diesem Segment. …Von der Feldarbeit hin zu Transportarbeiten, vom Grünlandbetrieb bis zu allen Hochleistungs- und industriellen Anforderungen« reicht das Einsatzspektrum dieses »perfekten Mehrzwecktraktors für moderne Lohnunternehmer.«

136-PS-Deutz-Fahr »Agrotron 6140 TTV«, 2021.

»Agrosun«, 1998–2004

Als preiswerte Sechszylinderschlepper mit Allradantrieb und aufgeladenen, luftgekühlten Motoren von 100 bis 145 PS standen von 1998–2004 die für den südamerikanischen Markt konzipierten »Agrosun«-Modelle zur Verfügung. Ein Sicherheits-Dachrahmen oder auf Wunsch eine Kabine zeichneten diese robusten, einfach zu bedienenden Traktoren aus. Von der Herkunft waren es SAME-Typen der Baureihe »Laser«, die im Deutz-Design und in Deutz-Farbgebung prestigeträchtiger verkauft werden sollten. Nur wenige Fahrzeuge fanden den Weg zu deutschen Kunden.

»Agroplus« und »Agrolux«, ab 1997

Die AgroPrima- und AgroXtra-Baureihen mündeten 1997 in die Freisicht-»Agroplus«-Modelle mit zunächst noch luftgekühlten Drei-, Vier- und Sechszylinder-Deutz-Motoren bis zum Typ »Agroplus 100«. Mit Leistungen von 85 bis 100 PS hielten ab 2005 wassergekühlte Drei- und Vierzylindermotoren von SAME Einzug in diese auch mit Allradantrieb lieferbare Baureihe, die den Same-Schleppern »Explorer« entsprach. Mit mehreren Getriebevarianten, darunter einem drei- oder vierstufigen Powershift-Lastschaltgetriebe mit 45/45- oder 60/60-Getriebestufen werden die Modelle versehen, die für Kunden vorgesehen sind, denen die Agrotron-Baureihe zu teuer erscheint. Auf Wunsch kann die Powershuttle- und Stop&Go-Technik oder auch ein ECO-Speed-Getriebe gewählt werden. Die Stop&Go-Einrichtung dient als zeitsparende Manövrierhilfe, da beim Anfahren und Anhalten keine Kupplungsbetätigung mehr notwendig ist. Mit der ECO-Technik in der »Ecoline«-Ausführung läuft der Motor bei einer Transportgeschwindigkeit ab 40 km/h mit reduzierter Drehzahl, was Kraftstoff spart.

2009 beziehungsweise 2011 trat die dritte »Agroplus«-Ausführung »310« bis »420« mit dreistelligem Bezeichnungsmuster an.

Die Agrolux-Schlepper aus der Same-Baureihe »Argon«, zunächst mit luftgekühlten Drei- und Vierzylinder-Deutz-Motoren und Leistungen von 77 bis 87 PS, ab 2006 mit wassergekühlten Triebwerken und Leistungen von 52 bis 73 PS stammten wie auch die »Agroplus«- und »Agrolux«-Fahrzeuge aus italienischer Fertigung. Seit 2008 erfolgte die Montage dieser vereinfachten und somit preislich günstigen Modelle im Werk

246-PS-Deutz-Fahr »Agrotron 7250 TTV Warrior«, 2021.

63-PS-Deutz-Fahr »Agrolux 65«, 2011.

72-PS-Deutz-Fahr »Agroplus 315«, 2011.

Ranipet in Indien. Vorgesehen waren diese Fahrzeuge mit ihren kompakten Abmessungen für den Garten- und Landschaftsbau. Die Wespentaillenbauart ermöglichte einen Lenkeinschlag von 55 Grad, so dass ein kleiner Wendekreis erzielt wurde. Die ohne ebenen Fahrzeugboden und ohne werkseitige Kabine, nur mit Klappbügel angebotenen Modelle konnten mit Mauser- und Lochmann-Kabinen versehen werden. Für den Einsatz auf Plantagen gab es unter der Zusatzbezeichnung »F« schmalspurartige Ausführungen. Die Modelle »Agrolux 80« und »90« wurden in Deutschland nicht angeboten. Ab dem Jahr 2007 erneuerte SDF die Baureihe mit den Modellen »310«, »320« und »410« mit leistungsgesteigerten Antrieben. Die Hinterrad-getriebenen Ausführungen entfielen mit dem Baujahr 2009. Die Zusatzbezeichnung »GS« wies auf die halbautomatische Kupplung, die Stop&Go-Technik sowie auf die Lastschaltung hin.

Seit dem Jahr 2017 wird diese Mehrzweck-Klasse mit Leistungen von 65 bis 97 PS in der Baureihe »Serie 4« weitergeführt, montiert im Werk Treviglio.

»Agrofarm«, ab 2007

Schließlich erweiterte die 2007 präsentierte Agrofarm-Mittelklasse-Baureihe mit Allradtechnik für die Grünlandwirtschaft, für Pflege- und Hofarbeiten. Die kompakten Fahrzeuge waren mit 20/20-Gang-Synchroshift oder auf Wunsch mit Duospeed-Lastschaltgetrieben mit 40/40-Gängen sowie auf Wunsch mit Powershuttle und Stop&Go-Technik ausgestattet. Aufgeladene und ladeluftgekühlte Vierzylinder-Deutz-Motoren trieben die Schlepper dieser Ausführung an, die ein weiteres Alternativangebot zu den teuren und technisch anspruchsvollen »Agrotron«-Modellen darstellen sollten. Die Baureihe entsprach den SAME-»Explorer«-, dem Lamborghini-»R 3 Evo«- und den Hürlimann-»XB Max«-Modellen. Die 2011 vorgestellten Modelle »420« und »430« wurden entweder mit dem dreistufigen Lastschalt- oder in der Version »TTV« mit dem stufenlosen Getriebe ausgestattet. Die Komfortausführungen liefen unter der Bezeichnung »Profiline« und mit der »GS«-Technik konnten verschiedene Modelle gewählt werden.

Schmalspurschlepper ab den 1990er Jahren: »DX V«, »AgroCompact« und »Agroplus«

Die DX-V/P/S-Schmalspurschlepper-Baureihe, die bei SAME unter dem Namen »Dorado« angeboten wurde, erneuerte Deutz-Fahr 1993 mit den Modellen der »AgroCompact«-Serie. Sie waren mit dem Quadrosplit-Getriebe mit synchronisierter Wendeschaltung ausgerüstet und verfügten über einen Lenkeinschlag bis 50 Grad. Allradantrieb mit elektromagnetischer Zuschaltung der »Optibloc«-Vorderachs-Differentialsperre und Vierradbremsen waren weitere Merkmale dieser Kompaktschlepper. Bis 1996 gab es die Ausführungen »3.30« bis »3.90« mit luftgekühlten Deutz-Motoren mit 54 bis 75 PS und mit 16/8-Ganggetrieben. Erst 1998 folgte die zweite Generation unter der Bezeichnung (mit neuer Schreibweise) »Agrocompact 60« bis »Agrocompact 100«. Die jetzt komplett in Allradtechnik ausgeführten Obstbauschlepper mit der Kennung »F« (für Frucht) und Weinbauschlepper »V« (für vineyard) wurden von wassergekühlten Drei- und Vierzylinder-SAME-Motoren im Leistungsbereich von 60 bis 100 PS in Bewegung gesetzt. Die »Agrocompact«-Serie mündete 2006 in der Allrad-Baureihe »Agroplus« (»kleine Agroplus-Baureihe«) mit den Einstiegsmodellen »F« oder »S 70« bis »F« oder »S 90« (S für Spezialzwecke) mit aufgeladenen SAME-Motoren. Die Lenkachse ermöglichte jetzt einen Lenkeinschlag bis zu 60 Grad. Die robusten und zuverlässigen Kleinschlepper besitzen ein SynchroSplit-Getriebe mit 20/10-Gängen oder ein dreistufiges Lastschalt-ECO-Speed-Wendegetriebe mit 45/45-Gängen und Kriechganggruppen. Die serienmäßige Stop&Go-Technik erleichtert vor allem dem Winzer am Steilhang die Wendemanöver. 2009 folgte die überarbeitete Agroplus-Ausführung mit den Modellen »F«, »S« und »V« 320 DT bis »F«, »S« und »V« 420 DT. Die 2011 aktualisierten Ausführungen »330« und »430« zeichneten sich durch höhere Motorleistungen aus. 2017 mündete die »Agroplus«-Baureihe in der neuen Seeie 4. Die Schmalspur-

85-PS-Deutz-Fahr »Agroplus 410«, 2009.
Foto: Joachim Kohler, Bremen, © CC-BY-SA-4.0

schlepper erscheinen mit speziellem Federungssystem der Vorderachse in der Serie 5 mit den Zusatzbezeichnungen »DS«, »DV« und »DF«, vorgesehen für den Obst- und Weinbau, für den Garten- und Landschaftsbau sowie für den Einsatz im Kommunalbereich.

Kleinschlepper »Agrokid«, ab 1996

Aus der Angebotspalette von SAME übernahm Deutz-Fahr 1996 den Kleinschlepper »Solaris«, der bei Deutz-Fahr unter der Bezeichnung »Agrokid« läuft. Der kleine und kompakte Schlepper ist für den Garten- und Landschaftsbau, für die Sportplatzpflege sowie für den Kommunaldienst vorgesehen. Drei- und Vierzylinder-Mitsubishi-Kleindiesel mit 25 bis 42 PS trieben über vierstufige Dreiganggetriebe die Spezialschlepper an. Einzig, der Agrokid 25 A HAST besaß einen stufenlosen Antrieb über Hydrostaten, traf aber nicht die Zustimmung der Kunden, so dass er schon 2000 aus dem Programm fiel. In der zweiten Generation kamen Dreizylinder-SAME-Motoren zum Einbau. 2005 ging SAME dann wieder zu den vierzylindrigen japanischen Motoren mit 33 bis 47 PS über, die 2008 eine Leistungsanhebung auf 39 bis 50 PS erhielten. Durchgehend besaßen die »Agrokids« Allradantrieb, vorne über Portalachsen mit einem Lenkeinschlag bis 57 Grad sowie eine Load-sensing-Lenkung. Erst 2006 konnte eine von der Walter Mauser GmbH in Breitenbrunn am Steinfeld/Österreich angelieferte Kabine auf die Plattform aufgebaut werden, seit 2007 stand endlich eine werkseigene Komfortkabine im Angebot. Die Baureihe steuerte bis 2007 die SAME Polska, danach die italienische CBM-Gruppe, aber weiterhin aus dem Werk in Lublin/Polen, bei.

Ab 2019 ersetzt die aus dem indischen Werk bezogenen »Basso«-Modelle mit Perkins-Motoren und einem Schaltgetriebe diese einfache, aber preiswerte Schlepper-Baureihe.

51-PS-Deutz-Fahr »Agrokid 230«, 2017.

Deutz-Fahr innerhalb des SAME-Konzerns und die Neuordnung des Programms

Der SDF-Konzern reorganisierte ab 2013 das breitgefächerte Schlepperprogramm, so dass sich die einzelnen Werke auf bestimmte Baureihen konzentrieren.

Aus dem SAME-Stammwerk in Treviglio kommen die Modelle der »Serie 4« und der Kompaktbaureihe »Serie 5« (in den Versionen C, G, P und TB) mit dem Standard- und dem Schmalspur-Modellprogramm. Drei- und Vierzylinder-Antriebe aus dem SAME-Motorenwerk kommen unter der Typenreihe »FARMotion« hier zur Verwendung. Die preiswertere »Serie D« mit Plattform oder Kabine wird im Werk Bandirma in der Türkei montiert. Das deutsche Werk in Lauingen, 2017 grundlegend erneuert, konzent-

59-PS-Deutz-Fahr »3060«, 2021. Foto: Deutz-Fahr

97-PS-Deutz-Fahr »4100 E«, 2021. Foto: Deutz-Fahr

84-PS-Deutz-Fahr »5090 G«, 2017.

120-PS-Deutz-Fahr »5125, 2017.

105-PS-Deutz-Fahr »5110 TTV«, 2017.

113-PS-Deutz-Fahr »5 G TB«, 2021. Foto: Deutz-Fahr

riert sich auf die schweren Traktoren der »Agrotron«-Baureihen mit den bewährten Vier- und Sechszylinder-Deutz-Triebwerken sowie inzwischen dem FARMotion-Vierzylindermotor. Das Werk in Ranipet/Indien hat den Bau der Klein- und Sparmodelle der Serie 3 (»Basso«-) und »Keyline«-Modelle übernommen.

97-PS-Deutz-Fahr »5 D Keyline«, 2021. Foto: Deutz-Fahr

116-PS-Deutz-Fahr »5120 G«, 2021. Foto: Deutz-Fahr

102-PS-Deutz-Fahr »5100.4 D 512«, 2021. Foto: Deutz-Fahr

126-PS-Deutz-Fahr »5125«, 2021. Foto: Deutz-Fahr

113-PS-Deutz-Fahr »5110.4 TTV«, 2021. Foto: Deutz-Fahr

Die Systemschlepper der »Intrac«-Baureihen

Zu Beginn der 1970er Jahre ließ die KHD AG den »Intrac« unter der Projektbezeichnung »Universal-Landmaschine« (ULM) entwickeln. In Halbrahmentechnik unter Verwendung von Basisteilen des Schleppers »D 5006« entstanden, galt der »Intrac« mit vorderer Portalachse und kleinen Vorderrädern als »Systemschlepper«. Die frontseitig aufgesetzte werkseigene Fahrerkabine mit Schiebetüren sowie der Frontkraftheber mit Schnellkupplungssystem erleichterten die Arbeit; im Heck und über der Antriebsachse konnten weitere Geräte an- bzw. aufgebaut werden. Diesem mit 51 PS zu schwach motorisiertem Typ, 1159mal gebaut, folgte 1974 der 60 PS starke »Intrac 2003« in 2301 Ausführungen, 1978 der mit 70 PS versehene »Intrac 2004« mit seitlich kippbarer, dänischer Sekura-Kabine, die den Zugang zum Motor erleichterte. Geeigneter erwies sich der »Intrac 2005« von 1974 mit dem Fünfzylinder-85-PS-Motor, fand aber nur fünf Käufer! Für die Schweizer Regierung lieferte KHD 1972/73 55 und für französische Straßenmeistereien 15 Bausätze für den Spezialschlepper der Baureihe »Intrac 2011 R« mit 256 PS starkem Achtzylindermo-

51-PS-Deutz-Systemschlepper »Intrac 2002«, 1972.

60-PS-Deutz-Systemschlepper »Intrac 2003«, 1974.

tor im Heck. Darüber hinaus erhielten diese Länder 25 beziehungsweise 5 »Intrac 2011 K« auf einem Raupen-Unterbau. KHD hatte hierfür Bausätze an die Schweizer Firma Peter AG in Liestal geliefert, die die Fahrzeuge in Rad- und Kettenausführung mit einer Hochleistungs-Schneefräse für Schneeräumaufgaben auf Passstrecken montierte. Der Antrieb erfolgte hydrostatisch, wobei das Radmodell mit Vorderrad-, Hinterrad-, Allrad- und Hundeganglenkung versehen war. Die Schneeräumleistungen lagen um 50 Prozent höher als bei konventionellen Fahrzeugen, die Wurfweite des weggefrästen Schnees lag bei 40 Metern. Ab 1980 übernahm die Schweizer Armee 50 Rad- und 20 Ketten-Schneefräsen.

Charakteristisch für den Rahmenbau-»Systemträger« waren die gleichgroßen Räder an Kramer-Achsen, die beide hydrostatisch angetrieben wurden. Über der Vorderachse saß die Zwei-Personen-Sicherheits-»Frontsicht«-Fahrerkabine, über der Hinterachse war genug Anbauraum für die vielfältigen Systemgeräte. Vorne und hinten gab es Hydraulikanschlüsse und Zapfwellen sowie Dreieck-Geräte-Schnellkupplungen. Auf einer Tellerkupplung konnte ein landwirtschaftlicher Anhänger aufgesattelt werden, so dass die Hinterachse stärker belastet werden konnte. Alle Geräte waren vom Fahrersitz aus zu steuern; das von Prof. A. Gego geschaffene »Intrac«-Fahrzeug konnte somit als echtes Einmannfahrzeug gelten.

Der teure hydrostatische Antrieb der Firma Linde erwies sich im rauen Ackerbetrieb als nicht zuverlässig genug, der Wirkungsgrad lag unter dem des Schaltgetriebes. Wie auch bei den konventionell angetriebenen Modellen überhitzte der liegend eingebaute, direkt unter der Kabine eingebaute Motor. Weitere Nachteile waren das zu hohe Gewicht und die fehlende Federung der Vorderachse.

Die Produktion erfolgte seit 1978 im Werk Lauingen. Da sich die Stückzahl-Erwartungen nicht erfüllten, wurde 1987 gemeinsam mit der Daim-

70-PS-Deutz-Systemschlepper »Intrac 2004«, 1978.

150-PS-Deutz-Systemschlepper »Intrac 6.60«, 1988. Werkfoto: Deutz

ler-Benz AG die Trac-Technik-Entwicklungsgesellschaft/TTEG mit Sitz in Köln gegründet, zumal auch Daimler-Benz AG aufgrund des fehlenden Landmaschinenhändler-Netzes mit dem Absatz der »MB-tracs« unzufrieden war. Ein neuer Systemschlepper auf Allradbasis mit Leistungen von 70 bis 200 PS mit wassergekühlten Motoren sollte beide Baureihen ersetzen, den Vertrieb die Trac-Technik-Vertriebs-Gesellschaft/TTVG in Gaggenau übernehmen. Über die Vorstellung des Prototyps »MB-trac 1020« kam das Projekt nicht hinaus. Nachdem Deutz (unsinnigerweise) sämtliche Anteile an der TTEG erworben hatte, wurde das Programm 1991 aufgegeben, da eine rentable Serienproduktion nicht in Sicht war.

Die »Intrac«-Fertigung erfolgte seit 1978 im Werk Lauingen und wurde später in das Daimler-Benz-Werk in Gaggenau verlagert, wo die Fertigung der »MB tracs« und der »Intracs« 1991 auslief.

Mit neuer Kabine, neuer Frontgebung und mit diversen Änderungen erschien in dieser Findungsphase von 1988 bis 1990 in kleinster Stückzahl die große »INtrac«-Baureihe mit stehenden (luftgekühlten) Deutz-Motoren, ZF-Achsen mit Allradantrieb und 24/6- oder 40/10-Gang-Schaltgetrieben. (Die neue Schreibweise sollte die vollkommene Überarbeitung des Systemschleppers ausdrücken.) Mit Sechszylinder-Saug- und Turbolader-Motoren ließen sich Leistungen von 70 bis 150/160 PS erzielen.

Raupenschlepper für Land- und Forstwirtschaft

Als dritter Fahrzeugbereich ist die einstige Raupenschlepper-Fertigung, die unmittelbar nach Kriegsende und von 1952 bis 1974 bestand, vorzustellen. Ausgangspunkt war der »Raupenschlepper Ost/RSO«, den das Werk Ulm bis 1947 unter der Bezeichnung »RS 1500 Waldschlepper« für die Forstwirtschaft weiter fertigte. Es bestand aus einem tragenden Wannengehäuse mit einer Pendel-Vorderachse, einem Kettenlaufwerk und einem Dach aus Segeltuch für den Fahrerplatz. Die Ketten liefen gegenüber dem Wehrmachtsmodell aber nur noch über zwei große Bodenräder. Für Vortrieb sorgte der seit 1942 auf Druck des Heereswaffenamtes entwickelte luftgekühlte Wirbelkammer-Diesel mit Auto Union-Schaltgetriebe. Aus Restteilen, die den Krieg überstanden hatten, wurden 1460 Exemplare montiert.

Im Jahre 1952 stellte die KHD die vier- und sechszylindrigen Landwirtschafts-, Bau- und Industrieraupen »D 60« und »D 90« vor. Die 60/65- und 90-PS-Motoren waren vorderlastig in einem Rahmen angebracht und mit einer abgerundeten Haube verkleidet. Vier untere Rollen stützten das Kettenlaufwerk ab. Auch wenn angeblich Patente der Famo-Raupen zur Verwendung gekommen sein sollen, erfolgte die Lenkung nicht über das Famo-Cletrac-System, sondern über Lenkkupplungen und Lenkbremsen.

65/70-PS-Deutz-»Waldschlepper« RS 1500, 1945. Werkfoto: Deutz

Nachdem im Jahre 1959 die Motorleistung auf stabile 65 und 100 PS erhöht worden war, folgten im Jahre 1967 die Typen »DR 750« und »DR 1250« mit 72 bzw. 115 PS starken Motoren, später wurden die Motorleistungen der nun mit kantigen Hauben ausgestatteten Raupen auf 80 und 120 PS angehoben.

Schließlich folgte im Jahre 1971 die Großraupe »DP 2100« mit einem 210-PS-Motor, ein letztes Glanzlicht in der Raupenschlepper-Modellpalette, denn nachdem man in jenem Jahr die Ersatzteilversorgung der Hanomag-Schlepper übernahm, stellte die Klöckner-Humboldt-Deutz AG, wie mit der Hanomag AG vereinbart, den Raupenschlepperbau ein. Der Vertrag sah übrigens auch vor, dass Deutz als »erste und älteste Motorenfabrik der Welt« die Entwicklung und die Fertigung von wassergekühlten Motoren bis 180 PS zugunsten der Hanomag AG einstellen sollte. Insgesamt konnten 15.411 Deutz-Raupenschlepper gefertigt werden.

Einstieg in den Kleinraupenbau für Sonderkulturen

Um Kunden »die volle Zugkraft für Reihenkulturen oder für die Arbeit an Berghängen« zu geben, hat Deutz-Fahr seit 2021 die kompakten Raupentraktoren der Baureihen 5KF und 5KM mit Außenbreiten von 1360 bis 1800 mm im Programm, angetrieben von FARMotion-Motoren. Gummiband- oder Stahl-Gliederketten können aufgezogen werden. Für den Einsatz auf unebenem und hügeligem Terrain ist darüber hinaus die Baureihe 5K angesiedelt, die mit Stahl-Gliederketten versehen wird.

60-PS-Deutz-Raupenschlepper F 4 L 514, 1959.

113-PS-Deutz-Fahr-Raupenschlepper »5100 KF«, 2021. Foto: Deutz-Fahr

113-PS-Deutz-Fahr-Raupenschlepper »5115 K«, 2021. Foto: Deutz-Fahr

Deutz-Schlepper

Baureihe	Bauzeit	Motor Hersteller	Typ	Zylinder	PS	Kühlung	Bohrung x Hub	Hubraum	Drehzahl	Radstand	Gewicht	Getriebe	Besonderheiten
1. Standardschlepper													
1.1 Die Anfänge													
»Pfluglokomotive«	1907	Deutz		4	25	W				1940	3000		V, Kettenantrieb
»Automobilpflug«	1907	Deutz		4	40	W	145x150	9902	800/850				V, Vierradlenkung, auch mit 145x160 mm
Trekker	1918	Deutz		4	40	W	120x180	8138	800	2753	3600	3/1	V
Trekker	1919 - 1921	Deutz	BMF 118	4	30/33	W	100x150	4710	1000		3400	3/1	V
Moorwalze	1925	Deutz		4	30/33	W	119x160	7114	900/1000				V
Moorwalze	1925	Deutz		4	40	W	145x220	14524	600				kompressorloser Dieselmotor
MTH 222	1924 - 1928	Deutz	MTH 222	1	14	W	135x200	2861	600	1300	3000	2/1	liegender Dieselmotor
MTZ 120	1926 - 1931	Deutz	MTZ 120	2	27	W	135x200	5722	600	1780	3400	3/1	
MTZ 220	1929 - 1933	Deutz	MTZ 220	2	30	W	135x200	5722	850	1780	3400	3/1	
MTZ 320	1932 - 1936	Deutz	MTZ 320	2	36/40	W	135x200	5722	890/1100	1780	3350 - 3900	3/1	
1.2 Die ersten wassergekühlten Schlepper													
F 2 M 315 Stahlschlepper	1934 - 1942	Deutz	F 2 M 315	2	25/28	W	120x150	3400	1200	1920	2750	5/1	stehender Dieselmotor und folgende
F 2 M 317 Stahlschlepper	1935 - 1942	Deutz	F 2 M 317	2	30	W	120x170	3845	1300	1940	2600	5/1	Straßenschlepper
F 3 M 317 Stahlschlepper	1935 - 1942	Deutz	F 3 M 317	3	45/50	W	120x170	5768	1300	2200	3300 - 3970	5/1	
F 1 M 414 Bauernschlepper	1936 - 1942	Deutz	F 1 M 414	1	11	W	100x140	1099	1550	1430	1080	3/1	
F 2 M 416	1939	Deutz	F 2 M 416	2	25	W	100x160	2512	1500				10 Prototypen
F 2 M 417	1942	Deutz	F 2 M 417	2	35	W	120x170	3845	1350	1940	2550	5/1	
F 3 M 417	1942	Deutz	F 3 M 417	3	50	W	120x170	5768	1350	2200	3750	5/1	
Gasschlepper	1942 - 1943	Deutz	GF 2 M 115	2	25	W	130x150	3982	1550	1765		5/1	Holzgasmotor
F 1 M 414/46 Bauern schlepper	1946 - 1951	Deutz	F 1 M 414	1	11	W	100x140	1099	1550	1430	1180	4/1	Fertigung bis 1950 in Ulm
F 2 M 417/47 (Straßenschlepper)	1947 - 1952 und 1954	Deutz	F 2 M 417	2	35	W	120x170	3845	1350	1950	2500	5/1	Fertigung bis 1950 in Ulm, ab 1951 Radst. 1940 mm
F 3 M 417/47 (Straßenschlepper)	1947 - 1952	Deutz	F 3 M 417	3	50	W	120x170	5768	1300	2200	3550	5/1	Fertigung bis 1950 in Ulm
1.3 Erste luftgekühlte Baureihe													
F 1 L 514	1950 - 1951	Deutz	F 1 L 514	1	15	L	110x140	1330	1650	1585	1285	5/1	auch Radstand 1500 mm, Gewicht 1190 kg
F 2 L 514	1950 - 1953	Deutz	F 2 L 414	2	28	L	110x140	2660	1550	1745	1730	5/1	ab 1952 30 PS
F 1 L 514/51	1951 - 1956	Deutz	F 1 L 414	1	15	L	110x140	1099	1650	1585	1345	5/1	auch Radstand 1670 mm, auf Wunsch mit Vorschaltgruppe
F 2 L 514/51	1951 - 1953	Deutz	F 2 L 514	2	28	L	110x140	2660	1550	1745	1745	5/1	ab 1952 30 PS
F 3 L 514/51	1951 - 1956	Deutz	F 3 L 514	3	42	L	110x140	3990	1450	2073	2350	5/1	
F 4 L 514/4	1951 - 1966	Deutz	F 4 L 514	4	60	L	110x140	5322	1650	2440	3050	7/2	
F 2 L 514/53	1953 - 1957	Deutz	F 2 L 514	2	30	L	110x140	2660	1650	1920	1740	5/1	
F 2 L 514/53	1953	Deutz	F 2 L 514	2	30	L	110x140	2660	1650	1950	1920	6/1	Hochradausführung
F 3 L 514/54	1954 - 1956	Deutz	F 3 L 514	3	45	L	110x140	3990	1600	2073	2500	7/2	
F 2 L 514/54 Spezial	1954 - 1955	Deutz	F 2 L 514	2	30	L	110x140	2660	1650	2005	1925	7/3	
F 2 L 514/4	1956 - 1960	Deutz	F 2 L 514	2	30	L	110x140	2660	1650	2005	1925	7/3	
F 2 L 514/6	1956 - 1958	Deutz	F 2 L 514	2	34	L	110x140	2660	1800	2005	1885	7/3	
F 1 L 514/2-N	1956 - 1957	Deutz	F 1 L 514	1	15	L	110x140	1330	1650	1585	1345	5/1	auch 10/2-Getriebe, Radstand 1670
F 3 L 514/6	1956 - 1958	Deutz	F 3 L 514	3	45	L	110x140	3990	1650	2077	2340	7/2	
F 4 L 514/7	1956 - 1966	Deutz	F 4 L 514	4	65	L	110x140	5322	1800	2440	3025	5/2	
F 3 L 514/7	1958 - 1965	Deutz	F 4 L 514	3	50	L	110x140	3990	1800	2077	2600	7/2	
1.4 Zweite luftgekühlte Baureihe													
F 1 L 612	1953 - 1958	Deutz	F 1 L 612	1	11	L	90x120	763	2100	1650	830	6/3	auch Radstand 1800 mm
F 2 L 612	1954 - 1956	Deutz	F 2 L 612	2	22	L	90x120	1526	2100	1780	1350	10/2	
F 2 L 612/5	1956 - 1957	Deutz	F 2 L 612	2	24	L	90x120	1526	2300	1780	1370	10/2	
F 2 L 612/6	1956 - 1959	Deutz	F 2 L 612	2	18	L	90x120	1526	1850	1780	1320	5/1	
F 2 L 612/5	1957 - 1959	Deutz	F 2 L 712	2	24	L	95x120	1700	2250	1780	1370	10/2	
F 1 L 712	1958 - 1959	Deutz	F 1 L 712	1	13	L	95x120	850	2100	1800	830	6/3	auch Radstand 1650 mm
1.5 D-Baureihe													
D 40 S	1957 - 1959	Deutz	F 3 L 712	3	38	L	95x120	2550	2300	2110	2050	7/3	
D 25	1959	Deutz	F 2 L 712	2	20	L	95x120	1700	2000	1780	1325	5/1	
D 25 S	1959	Deutz	F 2 L 712	2	25	L	95x120	1700	2250	1780	1350	10/2	»S« für größere Bereifung
D 40	1958 - 1959	Deutz	F 3 L 712	3	35	L	95x120	2550	2150	2109	1750	7/3	
D 15	1959 - 1964	Deutz	F 1 L 712	1	14	L	95x120	850	2400	1690	920	6/2	
D 25.1	1959 - 1960	Deutz	F 2 L 712	2	20	L	95x120	1700	2000	1900	1290	5/1	
D 25.1 S	1959 - 1960	Deutz	F 2 L 712	2	25	L	95x120	1700	2250	1900	1350	10/2	
D 40.1	1959 - 1962	Deutz	F 3 L 712	3	35	L	95x120	2550	2150	2100	1920	7/3	
D 40.1 S	1959 - 1963	Deutz	F 3 L 712	3	38	L	95x120	2550	2300	2100	2040	7/3	
D 50	1960 - 1962	Deutz	F 4 L 712	4	46	L	95x120	3400	2100	2230	2125	7/3	
D 25.2	1961 - 1964	Deutz	F 2 L 712	2	22	L	95x120	1700	2100	1900	1290	8/2	
D 30 - D 30 S	1961 - 1963	Deutz	F 2 L 712	2	28	L	95x120	1700	2300	1900	1390	8/2	Exportmodell

Deutz-Schlepper													
Baureihe	Bauzeit	Motor Hersteller	Typ	Zylinder	PS	Kühlung	Bohrung x Hub	Hubraum	Drehzahl	Radstand	Gewicht	Getriebe	Besonderheiten
D 40 L	1962 - 1964	Deutz	F 3 L 712	3	35	L	95x120	2550	2150	1950	1450	8/2	
D 50.1 S (D 55)	1962 - 1964	Deutz	F 4 L 712	4	52	L	95x120	3400	2300	2200	2230	8/4	
D 15	1964	Deutz	F 1 L 812	1	14	L	95x120	850	2400	1690	1000	6/2	
D 25.2	1964	Deutz	F 2 L 812	2	22	L	95x120	1700	2100	1900	1290	8/2	
D 30/D 30 S	1964	Deutz	F 2 L 812	2	28	L	95x120	1700	2300	1900	1330	8/2	
D 40.2	1964	Deutz	F 3 L 812	3	35	L	95x120	2550	2150	2150	1610	8/2	
D 40.1 S	1964	Deutz	F 3 L 812	3	38	L	95x120	2550	2300	2100	2210	7/3	
D 50.1 S (D 55)	1964	Deutz	F 4 L 812	4	52	L	95x120	3400	2300	2200	2450	8/4	
D 80	1964	Deutz	F 6 L 812	6	80	L	95x120	5100	2300	2450	3720	8/4	
D 80 A	1964	Deutz	F 6 L 812	6	80	L	95x120	5100	2300	2450	4180	8/4	Allradantrieb
1.6 05-Baureihe													
D 2505	1965 - 1967	Deutz	F 2 L 812 S	2	22	L	95x120	1700	2100	1865	1550	8/2	
D 3005	1965 - 1967	Deutz	F 2 L 812 S	2	28	L	95x120	2300	2300	1865	1635	8/2	
D 4005	1965 - 1967	Deutz	F 3 L 812 S	3	35	L	95x120	2550	2150	1995	1775	8/2	
D 4505	1965 - 1967	Deutz	F 3 L 812 S	3	38	L	95x120	2550	2150	1995	1920	6/2	
D 5005	1965 - 1966	Deutz	F 4 L 812 S	4	45	L	95x120	3400	2300	2125	2065	6/2	
D 5505	1965 - 1966	Deutz	F 4 L 812 S	4	52	L	95x120	3400	2300	2200	2280	8/4	
D 8005	1965 - 1966	Deutz	F 6 L 812 S	6	80	L	95x120	5100	2300	2450	3720	8/4	
D 8005 (A)	1965 - 1966	Deutz	F 6 L 812 S	6	80	L	95x120	5100	2300	2450	4320	8/4	Allradantrieb
D 5005	1967	Deutz	F 4 L 812 S	4	45	L	95x120	3400	2300	2125	1960	8/4	auch Allrad-Prototyp
D 5505 Tandem	1967	Deutz	2x F 4 L 812 S	2x4	104	L	95x120	2x3400	2300	3215	4600	8/4	Knicklenker-Prototyp, Allradantrieb
D 6005	1967	Deutz	F 4 L 812 D	4	58	L	95x120	3400	2300	2150	2565	9/3	
D 6005 (A)	1967	Deutz	F 4 L 812 D	4	58	L	95x120	3400	2300	2150	3050	9/3	Allradantrieb
D 9005	1967	Deutz	F 6 L 812 D	6	85	L	95x120	5100	2300	2550	3675	8/4	
D 9005 (A)	1967	Deutz	F 6 L 812 D	6	85	L	95x120	5100	2300	2550	4300	8/4	Allradantrieb
1.7 06-Baureihe													
D 2506	1968 - 1974	Deutz	F 2 L 912	2	24	L	100x120	1884	2100	1865	1710	8/2	
D 3006	1968 - 1979	Deutz	F 2 L 912	2	30	L	100x120	1884	2300	1865	1785	8/2	
D 4006	1968 - 1981	Deutz	F 3 L 912	3	35	L	100x120	2826	2150	2000	1895	8/2	auch 8/4-Getriebe
D 4006 (A)	1968	Deutz	F 3 L 912	3	35	L	100x120	2826	2150	2000	2270	8/2	Allradantrieb, auch 8/4-Getriebe
D 5006	1968 - 1974	Deutz	F 3 L 912	3	38	L	100x120	2826	2300	2000	1995	8/4	auch 12/4-Getriebe
D 5006 (A)	1968 - 1974	Deutz	F 3 L 912	3	38	L	100x120	2826	2300	2000	2355	8/4	Allradantrieb, auch 12/4-Getriebe
D 6006	1968 - 1972	Deutz	F 4 L 912	4	62	L	100x120	3768	2300	2150	2625	9/3	
D 6006 (A)	1968	Deutz	F 4 L 912	4	62	L	100x120	3768	2300	2150	3025	9/3	Allradantrieb
D 7506	1968 - 1970	Deutz	F 6 L 912	6	75	L	100x120	5652	2100	2550	3155	12/6	
D 7506	1968 - 1970	Deutz	F 6 L 912	6	75	L	100x120	5652	2100	2550	3370	12/6	Allradantrieb
D 9006	1968 - 1970	Deutz	F 6 L 912	6	80	L	100x120	5652	2300	2550	3655	8/4	auch 12/5- oder 16/7-Getriebe
D 9006 (A)	1968	Deutz	F 6 L 912	6	80	L	100x120	5652	2300	2550	4015	8/4	Allradantrieb, auch 12/5- oder 16/7-Getriebe
D 5506	1969 - 1974	Deutz	F 4 L 912	4	52	L	100x120	3768	2300	2125	2075	8/4	auch 12/4-Getriebe
D 5506 (A)	1969 - 1974	Deutz	F 4 L 912	4	52	L	100x120	3768	2300	2125	2445	8/4	Allradantrieb
D 6006 Hydromat	1970	Deutz	F 4 L 912	4	62	L	100x120	3768	2300	2150	2570	2 V/R	Prototyp, hydrostatischer Antrieb
D 7006	1970 - 1972	Deutz	F 4 L 912	4	67	L	100x120	3768	2300	2415	2705	9/3	
D 7006 (A)	1970 - 1972	Deutz	F 4 L 912	4	67	L	100x120	3768	2300	2415	3180	9/3	Allradantrieb
D 8006	1970 - 1972	Deutz	F 6 L 912	6	80	L	100x120	5652	2100	2550	3050	16/7	
D 8006 (A)	1970 - 1972	Deutz	F 6 L 912	6	80	L	100x120	5652	2100	2550	3375	16/7	Allradantrieb
D 10006	1970 - 1972	Deutz	F 6 L 912	6	100	L	100x120	5652	2300	2250	3655	16/7	
D 10006 (A)	1970 - 1972	Deutz	F 6 L 912	6	100	L	100x120	5652	2300	2250	4015	16/7	Allradantrieb
D 12006	1970 - 1971	Deutz	BF 6 L 912	6	120	L	100x120	5652	2300	2550	4650	16/6	T, Allradantrieb
D 6006	1972 - 1974	Deutz	F 4 L 912	4	62	L	100x120	3768	2300	2150	2570	12/4	
D 6006 (A)	1972 - 1974	Deutz	F 4 L 912	4	62	L	100x120	3768	2300	2150	3135	12/4	Allradantrieb
D 7006	1972 - 1974	Deutz	F 4 L 912	4	70	L	100x120	3768	2300	2410	2635	12/4	
D 7006 (A)	1972 - 1974	Deutz	F 4 L 912	4	70	L	100x120	3768	2300	2410	3190	12/4	Allradantrieb
D 8006	1972 - 1978	Deutz	F 6 L 912	6	80	L	100x120	5652	2100	2550	3050	16/6	
D 8006 (A)	1972 - 1978	Deutz	F 6 L 912	6	80	L	100x120	5652	2100	2550	3480	16/6	Allradantrieb
D 10006	1972 - 1978	Deutz	F 6 L 912	6	100	L	100x120	5652	2300	2550	3795	16/7	
D 1006 (A)	1972 - 1978	Deutz	F 6 L 912	6	100	L	100x120	5652	2300	2550	4200	16/7	Allradantrieb
D 13006	1972 - 1978	Deutz	BF 6 L 912	6	120	L	100x120	5652	2400	2550	4760	16/7	T, Allradantrieb
D 16006	1972 - 1975	Deutz	F 8 L 413	V8	160	L	120x125	11290	2300	3050	9000	4/4	Prototyp mit »Ulmer«-Lkw-Motor
D 4506	1972 - 1980	Deutz	F 3 L 912	3	40	L	100x120	2826	2300	2000	1920	8/2	auch 8/4-Getriebe
D 4506 (A)	1972 - 1980	Deutz	F 3 L 912	3	40	L	100x120	2826	2300	2000	2290	8/2	Allradantrieb, auch 8/4-Getriebe
D 5206	1974 - 1981	Deutz	F 3 L 912	3	51	L	100x120	2826	2300	2000	2000	8/4	auch 12/4-Getriebe
D 5206 (A)	1974 - 1981	Deutz	F 3 L 912	3	51	L	100x120	2826	2300	2000	2370	8/4	Allradantrieb, auch 12/4-Getriebe
D 6206	1974 - 1981	Deutz	F 4 L 912	4	58	L	100x120	3768	2300	2125	2225	8/4	auch 12/4-Getriebe

Deutz-Schlepper													
Baureihe	Bauzeit	Motor Hersteller	Typ	Zylinder	PS	Kühlung	Bohrung x Hub	Hubraum	Drehzahl	Radstand	Gewicht	Getriebe	Besonderheiten
D 6206 (A)	1974 - 1981	Deutz	F 4 L 912	4	58	L	100x120	3768	2300	2125	2635	8/4	Allradantrieb, auch 12/4-Getriebe
D 6806	1974 - 1981	Deutz	F 4 L 912	4	68	L	100x120	3768	2300	2150	2760	12/4	
D 6806 (A)	1974 - 1981	Deutz	F 4 L 912	4	68	L	100x120	3768	2300	2150	3180	12/4	Allradantrieb
D 7206	1974 - 1981	Deutz	F 4 L 912	4	72	L	100x120	3768	2300	2410	2830	12/4	
D 7206 (A)	1974 - 1981	Deutz	F 4 L 912	4	72	L	100x120	3768	2300	2410	3250	12/4	Allradantrieb
1.8 07-Baureihe													
D4007	1980 - 1984	Deutz	F 3 L 912	3	35	L	100x120	2826	2150	1995	1980	8/2	
D 4507	1980 - 1990	Deutz	F 3 L 912	3	40	L	100x120	2826	2300	1995	1980	8/2	
D 4507 (A)	1980 - 1990	Deutz	F 3 L 912	3	40	L	100x120	2826	2300	2060	2400	8/2	Allradantrieb
D 4807	1980 - 1984	Deutz	F 3 L 912	3	45	L	100x120	2826	2300	1995	2230	12/4	
D 4807 (A)	1980 - 1984	Deutz	F 3 L 912	3	45	L	100x120	2826	2300	2060	2450	12/4	Allradantrieb
D 5207	1980 - 1984	Deutz	F 3 L 912	3	51	L	100x120	2826	2300	1995	2360	12/4	
D 5207 (A)	1980 - 1984	Deutz	F 3 L 912	3	51	L	100x120	2826	2300	2060	2640	12/4	
D 4507 C	1981 - 1984	Deutz	F 3 L 912	3	40	L	100x120	2826	2300	2010	2420	8/2	auch 12/4-Getriebe
D 5207 C	1981 - 1984	Deutz	F 3 L 912	3	51	L	100x120	2826	2300	2010	2700	12/4	
D 5207 CA	1981 - 1984	Deutz	F 3 L 912	3	51	L	100x120	2826	2300	2060	2990	12/4	Allradantrieb
D 6207	1981 - 1982	Deutz	F 4 L 912	4	60	L	100x120	3768	2130	2125	2420	12/4	
D 6207 (A)	1981 - 1982	Deutz	F 4 L 912	4	60	L	100x120	3768	2130	2180	2720	12/4	Allradantrieb
D 6207 C	1981 - 1982	Deutz	F 4 L 912	4	60	L	100x120	3768	2130	2140	2880	12/4	
D 6207 CA	1981 - 1982	Deutz	F 4 L 912	4	60	L	100x120	3768	2130	2180	3200	12/4	Allradantrieb
D 6807	1981 - 1982	Deutz	F 4 L 912	4	67	L	100x120	3768	2300	2170	2860	12/4	
D 6807 (A)	1981 - 1982	Deutz	F 4 L 912	4	67	L	100x120	3768	2300	2217	3230	12/4	Allradantrieb
D 6807 C	1981 - 1982	Deutz	F 4 L 912	4	68	L	100x120	3768	2300	2170	3160	12/4	
D 6807 CA	1981 - 1982	Deutz	F 4 L 912	4	68	L	100x120	3768	2300	2217	3530	12/4	Allradantrieb
D 7207	1981 - 1984	Deutz	F 4 L 912	4	70	L	100x120	3768	2300	2414	2920	12/4	
D 7207 (A)	1981 - 1984	Deutz	F 4 L 912	4	70	L	100x120	3768	2300	2429	3290	12/4	Allradantrieb
D 7207 C	1981 - 1984	Deutz	F 4 L 912	4	70	L	100x120	3768	2300	2414	3220	12/4	
D 7207 CA	1981 - 1984	Deutz	F 4 L 912	4	70	L	100x120	3768	2300	2429	3590	12/4	Allradantrieb
D 7807	1981 - 1984	Deutz	F 4 L 913	4	75	L	102x125	4085	2300	2414	3000	12/4	
D 7807 (A)	1981 - 1984	Deutz	F 4 L 913	4	75	L	102x125	4085	2300	2439	3370	12/4	Allradantrieb
D 7807 C	1981 - 1984	Deutz	F 4 L 913	4	75	L	102x125	4085	2300	2414	3300	12/4	
D 7807 CA	1981 - 1984	Deutz	F 4 L 913	4	75	L	102x125	4085	2300	2429	3670	12/4	Allradantrieb
D 3607	1982 - 1988	Deutz	F 2 L 912	2	34	L	100x120	1884	2300	1865	1930	8/2	
D 4807 C	1982 - 1984	Deutz	F 3 L 912	3	45	L	100x120	2826	2300	2060	2900	12/4	
D 6007	1982 - 1984	Deutz	F 3 L 913	3	57	L	102x125	3060	2300	1995	2410	12/4	
D 6007 (A)	1982 - 1984	Deutz	F 3 L 913	3	57	L	102x125	3060	2300	2060	2780	12/4	Allradantrieb
D 6007 C	1982 - 1984	Deutz	F 3 L 913	3	57	L	102x125	3060	2300	2010	2760	12/4	
D 6007 CA	1982 - 1984	Deutz	F 3 L 913	3	57	L	102x125	3060	2300	2010	3130	12/4	Allradantrieb
D 6507	1982 - 1984	Deutz	F 4 L 912	4	62	L	100x120	3768	2150	2125	2530	12/4	
D 6507 (A)	1982 - 1984	Deutz	F 4 L 912	4	62	L	100x120	3768	2150	2180	2900	12/4	Allradantrieb
D 6507 C	1982 - 1984	Deutz	F 4 L 912	4	62	L	100x120	3768	2150	2140	2880	12/4	
D 6507 CA	1982 - 1984	Deutz	F 4 L 912	4	62	L	100x120	3768	2150	2180	3200	12/4	Allradantrieb
D 6907 A	1983 - 1984	Deutz	F 4 L 912	4	70	L	100x120	3768	2300	2180	2900	12/4	Allradantrieb
D 6907 C	1983 - 1984	Deutz	F 4 L 912	4	70	L	100x120	3768	2300	2180	2880	12/4	
D 6907 CA	1983 - 1984	Deutz	F 4 L 912	4	70	L	100x120	3768	2300	2180	3200	12/4	Allradantrieb
D 7007	1983 - 1984	Deutz	F 4 L 912	4	70	L	100x120	3768	2300	2170	2860	12/4	
D 7007 A	1983 - 1984	Deutz	F 4 L 912	4	70	L	100x120	3768	2300	2217	3230	12/4	Allradantrieb
D 7007 C	1983 - 1984	Deutz	F 4 L 912	4	70	L	100x120	3768	2300	2170	3160	12/4	
D 7007 CA	1983 - 1984	Deutz	F 4 L 912	4	70	L	100x120	3768	2300	2217	3530	12/4	Allradantrieb

Deutz-Schlepper

Baureihe	Bauzeit	Motor Hersteller	Typ	Zylinder	PS	Kühlung	Bohrung x Hub	Hubraum	Drehzahl	Radstand	Gewicht	Getriebe	Besonderheiten
1.9 Erste DX-Baureihe													
DX 85	1978 - 1982	Deutz	F 5 L 912	5	80	L	100x120	4710	2300	2558	4470	15/5	auch 12/4-Getriebe
DX 85 (A)	1978 - 1982	Deutz	F 5 L 912	5	80	L	100x120	4710	2300	2553	4830	12/4	Allradantrieb, auch 15/5-Getriebe
DX 90	1978 - 1982	Deutz	F 5 L 912	5	88	L	100x120	4710	2300	2558	2553	15/5	auch 12/4-Getriebe
DX 90 (A)	1978 - 1982	Deutz	F 5 L 912	5	88	L	100x120	4710	2300	2553	4830	15/5	Allradantrieb, auch 12/4-Getriebe
DX 110	1978 -1983	Deutz	F 6 L 912	6	100	L	100x120	5655	2300	2688	4400	15/5	auch 12/4-Getriebe
DX 110 (A)	1978 - 1983	Deutz	F 6 L 912	6	100	L	100x120	5655	2300	2688	4845	15/5	Allradantrieb, auch 12/4-Getriebe
DX 140	1978 - 1980	Deutz	BF 6 L 913	6	125	L	102x125	6125	2200	2831	5400	24/8	T
DX 140 (A)	1978 - 1980	Deutz	BF 6 L 913	6	125	L	102x125	6125	2200	2826	5860	24/8	T, Allradantrieb
DX 160	1978 - 1984	Deutz	BF 6 L 913	6	150	L	102x125	6125	2200	2831	5400	24/8	T
DX 160 (A)	1978 - 1984	Deutz	BF 6 L 913	6	150	L	102x125	6125	2200	2826	5850	24/8	T, Allradantrieb
DX 120	1980 - 1983	Deutz	F 6 L 913	6	110	L	102x125	6128	2300	2688	4440	15/5	auch 12/4-Getriebe
DX 120 (A)	1980 - 1983	Deutz	F 6 L 913	6	110	L	102x125	6128	2300	2688	4885	15/5	Allradantrieb, auch 12/4-Getriebe
DX 145	1980 - 1983	Deutz	BF 6 L 913	6	132	L	102x125	6128	2300	2690	5110	12/4	T, auch 15/5-Getriebe
DX 145 (A)	1980 - 1983	Deutz	BF 6 L 913	6	132	L	102x125	6128	2300	2790	5750	12/4	T, Allradantrieb, auch 15/5-Getriebe
DX 230	1980 - 1982	Deutz	BF 6 L 413 FR	6	200	L	125x130	9572	2200	3012	9250	18/6	T, Allradantrieb, auch 15/5-Getriebe
DX 80	1982 - 1983	Deutz	F 4 L 913	4	75	L	102x125	4085	2300	2330	3600	18/6	auch 15/5-Getriebe
DX 80 (A)	1982 - 1983	Deutz	F 4 L 913	4	75	L	102x125	4085	2300	2400	3900	18/6	Allradantrieb, auch 15/5-Getriebe
DX 86	1982 - 1983	Deutz	BF 4 L 913	4	82	L	102x125	4085	2300	2330	3670	18/6	T, auch 15/5-Getriebe
DX 86 (A)	1982 - 1983	Deutz	BF 4 L 913	4	82	L	102x125	4085	2300	2400	3970	18/6	T, Allradantrieb, auch 24/6-Getriebe
DX 92	1982 - 1983	Deutz	BF 4 L 913	4	90	L	102x125	4085	2300	2330	3845	18/6	T, auch 15/5-Getriebe
DX 92 (A)	1982 - 1983	Deutz	BF 4 L 913	4	90	L	102x125	4085	2300	2400	4170	18/6	T, Allradantrieb, auch 15/5-Getriebe
DX 250	1982 - 1983	Deutz	BF 6 L 413 FR	6	220	L	125x130	9572	2200	3012	9250	18/6	T, Allradantrieb
1.10 Zweite DX-Baureihe													
DX 4.30	1983 - 1989	Deutz	F 4 L 913	4	75	L	102x125	4085	2300	2330	3800	18/6	auch 15/5-Getriebe
DX 4.30 (A)	1983 - 1989	Deutz	F 4 L 913	4	75	L	102x125	4085	2300	2400	4060	18/6	Allradantrieb, auch 15/5-Getriebe
DX 4.50	1983 - 1989	Deutz	BF 4 L 913	4	82	L	102x125	4085	2300	2330	3850	18/6	T, auch 15/5-Getriebe
DX 4.50 (A)	1983 - 1989	Deutz	BF 4 L 913	4	82	L	102x125	4085	2300	2400	4110	18/6	T, Allradantrieb, auch 15/5-Getriebe
DX 4.70	1983 - 1989	Deutz	BF 4 L 913	4	90	L	102x125	4085	2300	2330	4100	18/6	T, auch 15/5-Getriebe
DX 4.70 (A)	1983 - 1989	Deutz	BF 4 L 913	4	90	L	102x125	4085	2300	2400	4220	18/6	T, Allradantrieb, auch 15/5-Getriebe
DX 6.10	1983 - 1990	Deutz	F 6 L 912	6	100	L	100x120	5655	2300	2688	4420	18/6	auch 15/5- und 48/12-Getriebe
DX 6.10 (A)	1983 - 1990	Deutz	F 6 L 912	6	100	L	100x120	5655	2300	2703	4710	18/6	Allradantrieb, auch 15/5- und 48/12-Getriebe
DX 6.30	1983 - 1990	Deutz	F 6 L 913	6	115	L	102x125	6128	2400	2688	4460	18/6	auch 15/5- und 48/12-Getriebe
DX 6.30 (A)	1983 - 1990	Deutz	F 6 L 913	6	115	L	102x125	6128	2400	2703	4840	18/6	Allradantrieb, auch 15/5- und 48/12-Getriebe
DX 6.50	1983 - 1990	Deutz	BF 6 L 913	6	137	L	102x125	6128	2400	2688	5100	18/6	T, auch 15/5-, 40/12- und 48/12-Getriebe
DX 6.50 (A)	1983 - 1990	Deutz	BF 6 L 913	6	137	L	102x125	6128	2400	2703	5640	48/12	T, Allradantrieb, auch 15/5- 40/12- und 48/12-Getriebe
DX 8.30	1983 - 1988	Deutz	BF 6 L 513	6	220	L	125x130	9572	2200	3000	9250	18/6	T, Allradantrieb, Prototyp
DX 3.10 VarioCab	1984 - 1990	Deutz	F 3 L 912	3	46	L	100x120	2826	2150	2315	2540	8/4	auch 16/8-Getriebe
DX 3.10 (A) VarioCab	1984 - 1990	Deutz	F 3 L 912	3	46	L	100x120	2826	2150	2315	2800	8/4	Allradantrieb, auch 16/8-Getriebe
DX 3.10 StarCab	1984 - 1990	Deutz	F 3 L 912	3	46	L	100x120	2826	2150	2012	2820	16/8	
DX 3.10 (A) StarCab	1984 - 1990	Deutz	F 3 L 912	3	46	L	100x120	2826	2150	2079	3130	16/8	Allradantrieb
DX 3.30 VarioCab	1984 - 1996	Deutz	F 3 L 912	3	54	L	100x120	2826	2500	2012	2750	16/8	
DX 3.30 (A) VarioCab	1984 - 1996	Deutz	F 3 L 912	3	54	L	100x120	2826	2500	2079	3060	16/8	Allradantrieb
DX 3.30 StarCab	1994 - 1996	Deutz	F 3 L 912	3	54	L	100x120	2826	2500	2012	2980	16/8	
DX 3.30 (A) StarCab	1984 - 1996	Deutz	F 3 L 912	3	54	L	100x120	2826	2500	2079	3290	16/8	Allradantrieb
DX 3.50 VarioCab	1984 - 1996	Deutz	F 3 L 913	3	60	L	102x125	3064	2500	2012	2750	16/8	auch 24/8- und 24/12-Getriebe
DX 3.50 (A) VarioCab	1984 - 1996	Deutz	F 3 L 913	3	60	L	102x125	3064	2500	2079	3060	16/8	Allradantrieb, auch 24/8- und 24/12-Getriebe
DX 3.50 StarCab	1984 - 1996	Deutz	F 3 L 913	3	60	L	102x125	3064	2500	2012	2980	16/8	
DX 3.50 (A) StarCab	1984 - 1996	Deutz	F 3 L 913	3	60	L	102x125	3064	2500	2079	3290	16/8	Allradantrieb
DX 3.70 VarioCab	1984 - 1989	Deutz	F 4 L 912	4	70	L	100x120	3768	2350	2327	3150	12/4	
DX 3.70 (A) VarioCab	1984 - 1989	Deutz	F 4 L 912	4	70	L	100x120	3768	2350	2394	3510	12/4	Allradantrieb

Deutz-Schlepper

Baureihe	Bauzeit	Motor Hersteller	Typ	Zylinder	PS	Kühlung	Bohrung x Hub	Hubraum	Drehzahl	Radstand	Gewicht	Getriebe	Besonderheiten
DX 3.70 StarCab	1984 - 1989	Deutz	F 4 L 912	4	70	L	100x120	3768	2350	2327	3260	12/4	
DX 3.70 (A) StarCab	1984 - 1989	Deutz	F 4 L 912	4	70	L	100x120	3768	2350	2394	3610	12/4	Allradantrieb
DX 3.90 VarioCab	1984 - 1990	Deutz	F 4 L 913	4	75	L	102x125	4085	2350	2327	3150	12/4	
DX 3.90 (A) VarioCab	1984 - 1989	Deutz	F 4 L 913	4	75	L	102x125	4085	2350	2394	3510	12/4	Allradantrieb
DX 3.90 StarCab	1984 - 1989	Deutz	F 4 L 913	4	75	L	102x125	4085	2350	2327	3260	12/4	
DX 3.90 (A) StarCab	1984 - 1989	Deutz	F 4 L 913	4	75	L	102x125	4085	2350	2394	3610	12/4	Allradantrieb
DX 7.10	1984 - 1989	Deutz	BF 6 L 913	6	160	L	102x125	6128	2400	2831	5400	24/8	T
DX 7.10 A	1984 - 1989	Deutz	BF 6 L 913	6	160	L	102x125	6128	2400	2831	5950	36/12	T, Allradantrieb
DX 4.10	1985 - 1988	Deutz	F 4 L 912	4	70	L	100x120	3768	2350	2330	3800	18/6	auch 15/5-Getriebe
DX 4.10 (A)	1985 - 1988	Deutz	F 4 L 912	4	70	L	100x120	3768	2350	2400	3920	18/6	Allradantrieb, auch 15/5-Getriebe
DX 3.80 AS StarCab	1985 - 1990	Deutz	F 4 L 913	4	75	L	102x125	4085	2350	2250	3300	24/8	Allradantrieb
DX 3.60 VarioCab	1986 - 1996	Deutz	F 4 L 912	4	65	L	100x120	3768	2350	2249	2875	16/8	
DX 3.60 (A) VarioCab	1986 - 1996	Deutz	F 4 L 912	4	65	L	100x120	3768	2350	2250	3185	16/8	Allradantrieb
DX 3.60 StarCab	1986 - 1996	Deutz	F 4 L 912	4	65	L	100x120	3768	2350	2149	3065	16/8	
DX 3.60 A StarCab	1986 - 1996	Deutz	F 4 L 912	4	65	L	100x120	3768	2350	2250	3375	16/8	Allradantrieb
DX 3.65 StarCab	1987 - 1996	Deutz	F 4 L 912	4	70	L	100x120	3768	2350	2149	3065	16/8	
DX 3.65 (A) StarCab	1987 - 1996	Deutz	F 4 L 912	4	70	L	100x120	3768	2350	2250	3400	16/8	Allradantrieb
DX 6.05	1987 - 1991	Deutz	F 6 L 912	6	98	L	100x120	5655	2300	2633	4330	18/6	auch 15/5-Getriebe
DX 6.05 (A)	1987 - 1991	Deutz	F 6 L 912	6	98	L	100x120	5655	2300	2700	4530	18/6	Allradantrieb, auch 15/5-Getriebe
DX 3.65 VarioCab	1989 - 1996	Deutz	F 4 L 912	4	70	L	100x120	3768	2350	2249	2875	16/8	
DX 3.65 (A) VarioCab	1989 - 1996	Deutz	F 4 L 912	4	70	L	100x120	3768	2350	2250	3220	16/8	Allradantrieb
DX 3.75 (A) VarioCab	1993 - 1996	Deutz	F 4 L 913	4	78	L	102x125	4085	2350	2250	3210	16/8	Allradantrieb
1.11 AgroPrima-Baureihe													
AgroPrima 4.31 (bis 1991 DX 4.31)	1989 - 1995	Deutz	F 4 L 913	4	75	L	102x125	4085	2350	2333	3530	18/6	auch 15/5-Getriebe, ab 1993 78 PS
AgroPrima 4.31 (bis 1991 DX 4.31)	1989 - 1995	Deutz	F 4 L 913	4	75	L	102x125	4085	2350	2440	3770	18/6	Allradantrieb, auch 15/5-Getriebe, ab 1993 93 PS
AgroPrima 4.51 (bis 1991 DX 4.51)	1989 - 1995	Deutz	BF 4 L 913	4	82	L	102x125	4085	2300	2440	3780	18/6	T, Allradantrieb, auch 15/5-Getriebe, ab 1993 93 PS
AgroPrima 4.56 (A)	1991 - 1995	Deutz	BF 4 L 913	4	90	L	102x125	4085	2300	2440	3780	18/6	T, Allradantrieb, auch 15/5-Getriebe, ab 1993 93 PS
AgroPrima 6.06 (bis 1991 DX 6.06)	1991 - 1995	Deutz	F 6 L 912	6	100	L	100x120	5655	2300	2718	4450	18/6	Allradantrieb, auch 15/5-Getriebe
AgroPrima 6.16	1991 - 1995	Deutz	F 6 L 913	6	110	L	102x125	6128	2400	2718	4550	18/6	Allradantrieb, auch 15/5-Getriebe
1.12 AgroXtra-Freisicht-Allrad-Baureihe													
AgroXtra (DX) 3.57	1991 - 1995	Deutz	F 3 L 913	3	60	L	102x125	3064	2500	2079	3390	18/6	
AgroXtra (DX) 4.07	1991 - 1996	Deutz	F 4 L 912	4	65/70	L	100x120	3768	2350	2250	3395	16/8	
AgroXtra (DX) 4.17	1990 - 1996	Deutz	F 4 L 913	4	75	L	102x125	4085	2350	2250	3445	16/8	
AgroXtra (DX) 4.47	1993 - 1995	Deutz	BF 4 L 913	4	85	L	102x125	4085	2300	2440	3780	18/6	T, auch 15/15-Getriebe
AgroXtra (DX) 4.57	1991 - 1995	Deutz	BF 4 L 913	4	90	L	102x125	4085	2300	2440	4040	18/6	T, auch 15/15-Getriebe
AgroXtra (DX) 6.07	1991 - 1995	Deutz	F 6 L 912	6	100	L	100x120	5655	2300	2718	4630	18/6	auch 15/15-Getriebe
AgroXtra (DX) 6.17	1991 - 1995	Deutz	F 6 L 913	6	113	L	102x125	6128	2400	2718	4700	18/6	auch 15/15-Getriebe
1.13 AgroStar-Allrad-Baureihe													
AgroStar DX 4.61	1990 - 1993	Deutz	BF 4 L 913	4	88	L	102x125	4085	2300	2450	4200	15/15	T, auch 18/6-, 30/10- u. 36/12-Getriebe
AgroStar DX 4.68	1993 - 1995	Deutz	BF 4 L 913	4	91	L	102x125	4085	2300	2450	4200	15/15	
AgroStar DX 4.71	1990 - 1993	Deutz	BF 4 L 913	4	95	L	102x125	4085	2300	2450	4200	15/15	
AgroStar DX 4.78	1993 - 1995	Deutz	BF 4 L 913	4	100	L	102x125	4085	2300	2450	4200	15/15	
AgroStar 6.08	1993 - 1995	Deutz	F 6 L 912 F	6	107	L	102x125	6128	2300	2718	4540	15/15	auch 16/6- , 30/10- u. 36/12-Getriebe
AgroStar 6.11	1990 - 1993	Deutz	F 6 L 913 F	6	100	L	102x125	6128	2300	2718	4540	15/15	
AgroStar 6.21	1992 - 1993	Deutz	F 6 L 913	6	113	L	102x125	6128	2400	2718	4640	15/15	
AgroStar 6.28	1993 - 1995	Deutz	F 6 L 913	6	115	L	102x125	6128	2400	2718	4640	15/15	
AgroStar 6.31	1990 - 1993	Deutz	BF 6 L 913 T	6	126	L	102x125	6128	2400	2718	4640	15/15	
AgroStar 6.38	1993 - 1995	Deutz	BF 6 L 913 T	6	125	L	102x125	6128	2400	2718	4640	15/15	
AgroStar 6.61	1990 - 1995	Deutz	BF 6 L 913	6	143	L	102x125	6128	2300	2713	5400	15/15	
AgroStar 6.71	1992 - 1993	Deutz-MWM	TD 226 B-6	6	160	W	105x120	6240	2350	2872	6800	18/18	T
AgroStar 6.71	1994 - 1997	Deutz-MWM	TD 226 B-6	6	165	W	105x120	6240	2350	2872	6800	18/18	T
AgroStar 6.81	1993 - 1995	Deutz-MWM	TBD 226 BL 6	6	185	W	105x120	6240	2350	2872	6950	18/18	TL
AgroStar 6.81	1993 - 1995	Deutz-MWM	TBD 226 BL-6	6	185	W	105x135	6240	2350	2872	6950	18/18	TL
AgroStar 6.81	1993 - 1997	Deutz	BF 6 L 513 FR	6	230	L	125x130	9572	2300	2972	8510	18/9	TL, US-Modell

Deutz-Schlepper

Baureihe	Bauzeit	Motor Hersteller	Typ	Zylinder	PS	Kühlung	Bohrung x Hub	Hubraum	Drehzahl	Radstand	Gewicht	Getriebe	Besonderheiten
1.14 Agrotron-Allrad-Baureihen													
a) Agrotron-Baureihe MK 1 (1995 - 1997)													
Agrotron 4.70	1995 - 1997	Deutz	BF 4 M 1012	4	68	W	94x115	3192	2300	2419	3890	21/7	T, auch 24/8- u. Powershift-Gruppengetriebe
Agrotron 4.80	1995 - 1997	Deutz	BF 4 M 1012 E	4	75	W	94x115	3192	2300	2419	3970	21/7	
Agrotron 4.85	1995 - 1997	Deutz	BF 4 M 1012 EC	4	82	W	94x115	3192	2300	2419	4040	21/7	TL, auch 24/8- u. Powershift-Gruppengetriebe
Agrotron 4.90	1995 - 1997	Deutz	BF 4 M 1012 EC	4	88	W	94x115	3192	2300	2419	4160	21/7	
Agrotron 4.95	1995 - 1997	Deutz	BF 4 M 1012 EC	4	95	W	94x115	3192	2300	2419	4220	21/7	
Agrotron 6.00	1995 - 1997	Deutz	BF 6 M 1012 E	6	95	W	94x115	4788	2300	2647	5010	15/5	T, auch 18/6- u. 20/20-Getriebe
Agrotron 6.05	1995 - 1997	Deutz	BF 6 M 1012 E	6	105	W	94x115	4788	2300	2647	5010	15/5	
Agrotron 6.15	1995 - 1997	Deutz	BF 6 M 1012 E	6	115	W	94x115	4788	2300	2647	5110	15/5	
Agrotron 6.20	1995 - 1997	Deutz	BF 6 M 1013 E	6	115	W	108x130	7146	2300	2767	5360	15/5	T, auch 18/6- u. 20/20-Getriebe
Agrotron 6.30	1995 - 1997	Deutz	BF 6 M 1013	6	132	W	108x130	7146	2300	2767	5360	20/20	T, auch 24/24-Getriebe
Agrotron 6.45	1995 - 1997	Deutz	BF 6 M 1013 E	6	145	W	108x130	7146	2300	2767	5390	20/20	T, auch 24/24-Getriebe
Agrotron 6.01	1996 - 1997	Deutz	BF 6 M 1012 E	6	100	W	94x115	4788	2300	2647	4500	24/8	T, auch 21/7-Getriebe
b) Agrotron-Baureihe MK 2 (1997 - 2001)													
Agrotron 80 MK 2	1997 - 2001	Deutz	BF 4 M 1012 E	4	75	W	94x115	3192	2300	2419	3970	21/7	T, auch 24/8- u. Powershift-Getriebe
Agrotron 85 MK 2	1997 - 2001	Deutz	BF 4 M 1012 EC	4	82	W	94x115	3192	2300	2419	4040	21/7	
Agrotron 90 MK 2	1997 - 2001	Deutz	BF 4 M 1012 EC	4	88	W	94x115	3192	2300	2419	4160	21/7	
Agrotron 100 MK 2	1997 - 2001	Deutz	BF 4 M 1012 EC	4	95	W	94x115	3192	2300	2419	4220	21/7	
Agrotron 105 MK 2	1997 - 2001	Deutz	BF 6 M 1012 E	6	100	W	94x115	4788	2300	2647	4500	21/7	
Agrotron 106 MK 2	1997 - 2001	Deutz	BF 6 M 1012 E	6	100/105	W	94x115	4788	2300	2647	5010	20/20	T, auch 24/24-Getriebe
Agrotron 110 MK 2	1997 - 2001	Deutz	BF 6 M 1012 E	6	105/110	W	94x115	4788	2300	2647	5010	20/20	
Agrotron 115 MK	1998 - 2001	Deutz	BF 6 M 1012 EC	6	116/120	W	94x115	4788	2300	2647		20/20	
Agrotron 120 MK 2	1998 - 2001	Deutz	BF 6 M 1013 E	6	120/125	W	108x130	7146	2300	2767	5360	20/20	
Agrotron 135 MK 2	1997 - 2000	Deutz	BF 6 M 1013 E	6	135/139	W	108x130	7146	2300	2767	5360	20/20	
Agrotron 150 MK 2	1997 - 2000	Deutz	BF 6 M 1013 E	6	150/155	W	108x130	7146	2300	2767	5390	20/20	
Agrotron 156 MK 2	1998 - 2001	Deutz	BF 6 M 1013 E	6	156	W	108x130	7146	2300	2767	5690	24/24	T, auch 20/20-Getriebe, Sonderversion in Belgien
Agrotron 160 MK 2	1997 - 2000	Deutz	BF 6 M 1013 E	6	160	W	108x130	7146	2350	3030	6900	18/15	T
Agrotron 175 MK 2	1997 - 2001	Deutz	BF 6 M 1013 E	6	175	W	108x130	7146	2350	3030	6900	18/15	T
Agrotron 200 MK 2	1997 - 2001	Deutz	BF 6 M 1013 EC	6	200	W	108x130	7146	2350	3030	6900	18/15	T
Agrotron 230 MK 2	1998 - 2001	Deutz	BF 6 M 1013 FC	6	230	W	108x130	7146	2350	3089	8350	24/24	T
Agrotron 260 MK 2	1998 - 2000	Deutz	BF 6 M 1013 FC	6	260	W	108x130	7146	2350	3089	8350	24/24	T
c) Agrotron-Baureihe MK 3 (2001 - 2005)													
1.													
Agrotron 80 MK 3	2001 - 2003	Deutz	BF 4 M 1012 EC	4	75/78	W	94x115	3192	2300	2419	3970	24/8	T
Agrotron 85 MK 3	2001 - 2003	Deutz	BF 4 M 1012 EC	4	82/86	W	94x115	3192	2300	2419	4040	24/8	TL
Agrotron 90 MK 3	2001 - 2003	Deutz	BF 4 M 1012 EC	4	88/92	W	94x115	3192	2300	2419	4220	24/8	TL
Agrotron 100 MK 3	2001 - 2003	Deutz	BF 4 M 1012 EC	4	95/99	W	94x115	3192	2300	2419	4220	24/8	TL
Agrotron 105 MK 3	2001 - 2003	Deutz	BF 6 M 1012 E	6	100/105	W	94x115	4788	2300	2647	4500	24/8	T

Deutz-Schlepper

Baureihe	Bauzeit	Motor Hersteller	Typ	Zylinder	PS	Kühlung	Bohrung x Hub	Hubraum	Drehzahl	Radstand	Gewicht	Getriebe	Besonderheiten
2.													
Agrotron 90 MK 3	2003 - 2005	Deutz	BF 4 M 2012 C	4	82/86	W	101x126	4038	2300	2419	4270	24/8	TL
Agrotron 100 MK 3	2003 - 2005	Deutz	BF 4 M 2012 C	4	88/92	W	101x126	4038	2300	2419	4270	24/8	TL
Agrotron 105 MK 3	2003 - 2005	Deutz	BF 6 M 2012 C	6	95/99	W	101x126	6057	2300	2419	4550	24/8	TL
Agrotron 110.6 MK 3	2004 - 2005	Deutz	BF 6 M 2012 C	6	100/105	W	101x126	6057	2300	2647	4550	24/8	TL
3.													
Agrotron 106 MK 3	2001 - 2003	Deutz	BF 6 M 1012 E	6	102/110	W	94x115	4788	2300	2647	5450	24/24	T
Agrotron 110 MK 3	2001 - 2003	Deutz	BF 6 M 1012 E	6	107/118	W	94x115	4788	2300	2647	5450	24/24	T
Agrotron 115 MK 3	2001 - 2003	Deutz	BF 6 M 1012 E	6	117/125	W	94x115	4788	2300	2647	5450	24/24	T
Agrotron 120 MK 3	2000 - 2003	Deutz	BF 6 M 1013 E	6	125/130	W	108x130	7146	2300	2767	6230	24/24	T
Agrotron 135 MK 3	2000 - 2003	Deutz	BF 6 M 1013 E	6	140/145	W	108x130	7146	2300	2767	6230	24/24	T
Agrotron 150 MK 3	2000 - 2003	Deutz	BF 6 M 1013 E	6	150/154	W	108x130	7146	2300	2767	6230	24/24	T
Agrotron 160 MK 3	2000 - 2003	Deutz	BF 6 M 1013 E	6	160/163	W	108x130	7146	2300	2767	6425	24/24	T
Agrotron 175 MK 3	2001 - 2004	Deutz	BF 6 M 1013 E	6	175	W	108x130	7146	2350	3030	7460	18/15	T
Agrotron 200 MK 3	2001 - 2004	Deutz	BF 6 M 1013 EC	6	200	W	108x130	7146	2350	3030	7460	18/15	TL
Agrotron 230 MK 3	2001 - 2003	Deutz	BF 6 M 1013 FC	6	230	W	108x130	7146	2350	3089	8350	18/15	TL, auch 16/15-Getriebe
Agrotron 260 MK 3	2001 - 2003	Deutz	BF 6 M 1013 FC	6	260	W	108x130	7146	2350	3089	8350	18/15	TL, auch 16/15-Getriebe
4.													
Agrotron 205 MK 3	2002 - 2003	Deutz	BF 6 M 1013	6	196	W	108x130	7146	2350/2100	3089	8350	24/24	T
Agrotron 230 MK 3	2001 - 2003	Deutz	BF 6 M 1013	6	240/241	W	108x130	7146	2350/2100	3089	8350	24/24	T
Agrotron 260 MK 3	2001 - 2003	Deutz	BF 6 M 1013	6	260/272	W	108x130	7146	2350/2100	3089	8350	24/24	T
d) Agrotron-Baureihe 4 (2003 - 2008)													
1.													
Agrotron 108	2004	Deutz	BF 6 M 2012 C	6	109/118	W	101x126	6057	2000	2647	5460	24/24	TL
Agrotron 118	2003 - 2004	Deutz	BF 6 M 2012 C	6	120/128	W	101x126	6057	2000	2647	5460	24/24	TL
Agrotron 128	2004	Deutz	BF 6 M 2012 C	6	126/138	W	101x126	6057	2000	2647	5460	24/24	TL
Agrotron 130	2003 - 2004	Deutz	BF 6 M 1013 EC	6	128/136	W	108x130	7146	2000	2767	5710	24/24	TL
Agrotron 140	2003 - 2004	Deutz	BF 6 M 1013 EC	6	143/149	W	108x130	7146	2000	2767	5880	24/24	TL
Agrotron 155	2003 - 2004	Deutz	BF 6 M 1013 EC	6	153/158	W	108x130	7146	2000	2767	5970	24/24	TL
Agrotron 165	2003 - 2004	Deutz	BF 6 M 1013 EC	6	163/170	W	108x130	7146	2000	2767	5970	24/24	TL
2.													
Agrotron 120 (Profiline)	2005 - 2007	Deutz	BF 6 M 2012 C	6	109/118	W	101x126	6057	2300	2650	8500	24/24	TL
Agrotron 130.6 (Profiline)	2005 - 2006	Deutz	BF 6 M 2012 C	6	122/128	W	101x126	6057	2300	2650	8500	24/24	TL
Agrotron 150 (Profiline)	2005 - 2007	Deutz	BF 6 M 2012 C	6	145/150	W	101x126	6057	2300	2650	8500	24/24	TL
Agrotron 150.7 (Profiline)	2005 - 2007	Deutz	BF 6 M 1013 C	6	145/150	W	108x130	7146	2350	2770	5880	24/24	TL
Agrotron 165.7 (Profiline)	2003 - 2004	Deutz	BF 6 M 1013 C	6	162/170	W	108x130	7146	2350	2770	5970	24/24	TL
Agrotron 180.7 (Profiline)	2003 - 2004	Deutz	BF 6 M 1013 EC	6	163/170	W	108x130	7146	2350	2770	6750	24/24	TL
Agrotron 200	2004 - 2006	Deutz	BF 6 M 1013 EC	6	214	W	108x130	7146	2350	2990	7270	18/18	TL
3.													
Agrotron L 720	2006 - 2008	Deutz	TCD 2013 L06 2V DCR	6	205	W	108x130	7146	2350	2990	7270	18/18	TL

Deutz-Schlepper

Baureihe	Bauzeit	Motor Hersteller	Typ	Zylinder	PS	Kühlung	Bohrung x Hub	Hubraum	Drehzahl	Radstand	Gewicht	Getriebe	Besonderheiten
4.													
Agrotron 210	2003 - 2004	Deutz	BF 6 M 1013 FC	6	198/211	W	108x130	7146	2300	3090	8410	24/24	TL
Agrotron 235	2003 - 2004	Deutz	BF 6 M 1013 FC	6	231/235	W	108x130	7146	2300	3090	9050	24/24	TL
Agrotron 265	2003 - 2004	Deutz	BF 6 M 1013 EC	6	150/262	W	108x130	7146	2300	3090	9050	24/24	TL
Agrotron 215	2004 - 2006	Deutz	BF 6 M 1013 EC	6	200/211	W	108x130	7146	2300	3090	8410	24/24	TL
Agrotron 265	2004 - 2006	Deutz	BF 6 M 1013 EC	6	250/262	W	108x130	7146	2300	3090	9050	24/24	TL
e) Agrotron-Baureihe 1100 TTV (2001 - 2006)													
Agrotron 1130 TTV	2001 - 2006	Deutz	BF 6 M 1013 E	6	125/130	W	108x130	7146	2300	2767	6525	TTV	T
Agrotron 1145 TTV	2001 - 2008	Deutz	BF 6 M 1013 E	6	140/145	W	108x130	7146	2300	2767	6525	TTV	T
Agrotron 1160 TTV	2001 - 2008	Deutz	BF 6 M 1013	6	150/155	W	108x130	7146	2300	2767	6525	TTV	T
Agrotron 1130 TTV	2003 - 2006	Deutz	BF 6 M 1013 EC	6	134/136	W	108x130	7146	2300	2767	6525	TTV	TL
Agrotron 1145 TTV	2003 - 2006	Deutz	BF 6 M 1013 EC	6	147/148	W	108x130	7146	2300	2767	6525	TTV	TL
Agrotron 1160 TTV	2003 - 2006	Deutz	BF 6 M 1013 EC	6	156/160	W	108x130	7146	2300	2767	6525	TTV	TL
f) Agrotron-Baureihe K (2005 - 2013)													
1.													
Agrotron K 90 (Profiline)	2005 - 2008	Deutz	BF 4 M 2012 C	4	84/90	W	101x126	4038	2300	2419	4440	24/8	TL
Agrotron K 100 (Profiline)	2005 - 2008	Deutz	BF 4 M 2012 C	4	95/101	W	101x126	4038	2300	2419	4440	24/8	TL
Agrotron K 110 (Profiline)	2005 - 2007	Deutz	BF 6 M 2012 C	6	104/110	W	101x126	6057	2300	2647	4850	24/8	TL
Agrotron K 120 (Profiline)	2005 - 2007	Deutz	BF 4 M 2012 C	4	115/120	W	101x126	4038	2300	2419	4440	24/8	TL
2.													
Agrotron K 410 (Profiline u. Premium+)	2008 - 2013	Deutz	TCD 2012 L04	4	89/100	W	101x126	4038	2300	2419	4440	24/8	TL
Agrotron K 420 (Profiline u. Premium+)	2008 - 2013	Deutz	TCD 2012 L04	4	100/112	W	101x126	4038	2300	2419	4440	24/8	TL
Agrotron K 430 (Profiline u. Premium+)	2008 - 2014	Deutz	TCD 2012 L04	4	115/120	W	101x126	4038	2300	2419	4440	24/8	TL
Agrotron K 610 (Profiline u. Premium+)	2008 - 2014	Deutz	TCD 2012 L06	6	112/118	W	101x126	6057	2300	2467	4850	24/8	TL, maximal 119/127 PS
3.													
Agrotron 410 TTV	2011 - 2013	Deutz	TCD 2012 L4 4V DCR	4	114/121	W	101x126	4038	2100	2419	5340	TTV	TL
Agrotron 420 TTV	2011 - 2013	Deutz	TCD 2012 L4 4V DCR	4	124/130	W	101x126	4038	2100	2419	5340	TTV	TL
Agrotron 430 TTV	2011 - 2014	Deutz	TCD 2012 L4 4V DCR	4	134/142	W	101x126	4038	2100	2419	5340	TTV	TL
Agrotron 610 TTV	2007 - 2012	Deutz	TCD 2012 L6 4V DCR	6	157/165	W	101x126	6057	2100	2770	6525	TTV	TL
Agrotron 620 TTV	2007 - 2012	Deutz	TCD 2012 L6 4V DCR	6	165/184	W	101x126	6057	2100	2770	6525	TTV	TL
Agrotron 630 TTV	2008 - 2011	Deutz	TCD 2012 L6 4V DCR	6	203/224	W	101x126	6057	2100	2820	7225	TTV	TL
h) Agrotron-Baureihe L TTV (2008 - 2013)													
Agrotron L 710 TTV	2009 - 2013	Deutz	TCD 2013 L06 2V DCR	6	189/197	W	108x130	7146	2350	2990	7236	27/27	TL
Agrotron L 720 TTV	2008 - 2012	Deutz	TCD 2013 L06 2V DCR	6	197/220	W	108x130	7146	2350	2990	7270	27/27	TL
Agrotron L 730 TTV	2008 - 2013	Deutz	TCD 2013 L06 2V DCR	6	197/220	W	108x130	7146	2350	2990	7236	27/27	TL
i) Agrotron-Baureihe X (2006 - 2013)													
Agrotron X 710	2006 - 2013	Deutz	TCD 2013	6	219/250	W	108x130	7146	2300	3010	8810	40/40	TL
Agrotron X 720	2006 - 2013	Deutz	TCD 2013	6	262/275	W	108x130	7146	2350	3010	9450	40/40	TL
j) Agrotron-Baureihe M (2008 - 2013)													
1.													
Agrotron M 600	2007 - 2009	Deutz	TCD 2012 L06 2V	6	121/132	W	101x126	6057	2100	2650	5460	24/24	TL, auch Version Natural Power
Agrotron M 610	2007 - 2009	Deutz	TCD 2012 L06 2V	6	132/143	W	101x126	6057	2100	2650	5460	24/24	

Deutz-Schlepper

Baureihe	Bauzeit	Motor Hersteller	Typ	Zylinder	PS	Kühlung	Bohrung x Hub	Hubraum	Drehzahl	Radstand	Gewicht	Getriebe	Besonderheiten
Agrotron M 620	2007 - 2009	Deutz	TCD 2012 L06 2V	6	155/165	W	101x126	6057	2100	2650	5610	24/24	TL, auch Version Natural Power
Agrotron M 640	2007 - 2009	Deutz	TCD 2012 L06 2V	6	171/176	W	101x126	6057	2100	2770	5970	24/24	
Agrotron M 650	2007 - 2009	Deutz	TCD 2012 L06 2V	6	181/190	W	101x126	6057	2100	2820	6750	24/24	
2.													
Agrotron M 410 (Profiline)	2011 - 2013	Deutz	TCD 2012 L04 4V	4	134/142	W	101x126	4038	2100	2419	5155	24/24	TL
Agrotron M 420 (Profiline)	2011 - 2013	Deutz	TCD 2012 L04 4V	6	146/157	W	101x126	6057	2100	2647	5530	24/24	TL
3.													
Agrotron M 600 (Profiline)	2009 - 2012	Deutz	TCD 2012 L06 2V	6	121/132	W	101x126	6057	2100	2647	5530	24/24	TL
Agrotron M 610 (Profiline)	2009 - 2012	Deutz	TCD 2012 L06 2V	6	132/146	W	101x126	6057	2100	2647	5530	24/24	TL
Agrotron M 615 (Profiline)	2009 - 2012	Deutz	TCD 2012 L06 2V	6	146/149	W	101x126	6057	2100	2647	5530	24/24	TL
Agrotron M 620 (Profiline)	2009 - 2012	Deutz	TCD 2012 L06 4 V	6	155/166	W	101x126	6057	2100	2647	5810	24/24	TL
Agrotron M 625 (Profiline)	2011 - 2013	Deutz	TCD 2012 L06 4 V	6	163/166	W	101x126	6057	2100	2647	5810	24/24	TL
4.													
Agrotron TTV 610 DCR	2009 - 2010	Deutz	TCD 2012 L06 4V	6	165	W	101x126	6057	2100	2767	6525	TTV	TL
Agrotron TTV 620 DCR	2009 - 2010	Deutz	TCD 2012 L06 4V	6	169	W	101x126	6057	2100	2767	6525	TTV	TL
Agrotron TTV 630 DCR	2009 - 2010	Deutz	TCD 2012 L06 4V	6	222	W	101x126	6057	2100	2767	7500	TTV	TL
Agrotron TTV 410 DCR	2011- 2013	Deutz	TCD 2012 L04 4V	6	114	W	101x126	6057	2100	2767	5540	TTV	TL
Agrotron TTV 420 DCR	2011 - 2013	Deutz	TCD 2012 L04 4V	6	124	W	101x126	6057	2100	2767	5540	TTV	TL
Agrotron TTV 430 DCR	2011 - 2013	Deutz	TCD 2012 L04 4V	4	134	W	101x126	4038	2100	2767	5540	TTV	TL
1.15 Agrotron-Baureihen der Serie 6													
a) Agrotron-Baureihe Serie 6 Vierzylinder (2012 - 2016)													
Agrotron 6150.4	2012 - 2016	Deutz	TCD 4.1 L04 4v 4i	4	137/149	W	101x126	4038	2100	2420	5500	32/32	TL
Agrotron 6160.4	2012 - 2016	Deutz	TCD 4.1 L04 4v 4i	4	156/166	W	101x126	4038	2100	2420	5700	32/32	TL
Agrotron 6120.4	2013 - 2016	Deutz	TCD 4.1 L04 4v 4i	4	114/118	W	101x126	4038	2100	2420	5300	32/32	TL
Agrotron 6130.4	2013 - 2016	Deutz	TCD 4.1 L04 4v 4i	4	124/128	W	101x126	4038	2100	2420	5300	32/32	TL
Agrotron 6140.4	2013 - 2016	Deutz	TCD 4.1 L04 4v 4i	4	130/144	W	101x126	4038	2100	2420	5300	32/32	TL
b) Agrotron-Baureihe Serie 6 Sechszylinder (2011 - 2016)													
Agrotron 6140	2013 - 2016	Deutz	TCD 6.1 L06 4v 4i	6	130/144	W	101x126	6057	2100	2650	5700	32/32	TL
Agrotron 6150	2011 - 2016	Deutz	TCD 6.1 L06 4v 4i	6	137/149	W	101x126	6057	2100	2650	5800	32/32	TL
Agrotron 6160	2011 - 2016	Deutz	TCD 6.1 L06 4v 4i	6	158/166	W	101x126	6057	2100	2650	5900	32/32	TL
Agrotron 6180	2011 - 2016	Deutz	TCD 6.1 L06 4v 4i	6	167/176	W	101x126	6057	2100	2770	6400	32/32	TL
Agrotron 6190	2011 - 2016	Deutz	TCD 6.1 L06 4v 4i	6	184/193	W	101x126	6057	2100	2770	6700	32/32	TL
Agrotron 6210	2014 - 2016	Deutz	TCD 6.1 L06 4v 4i	6	209/210	W	101x126	6057	2100	2770	6700	32/32	TL
c) Agrotron-Baureihe Serie 6 Vierzylinder (ab 2017)													
Agrotron 6120 Powershift	2017 - 2020	Deutz	TCD 3.6 L04	4	120/126	W	98x120	3620	2200	2550	5800	30/30	TL, auch 60/60-Getriebe
Agrotron 6130 Powershift	2017 - 2020	Deutz	TCD 3.6 L04	4	125/130	W	98x120	3620	2200	2550	5800	30/30	TL, mit PowerBoost 135 PS, auch 60/60-Getriebe
Agrotron 6140 Powershift	ab 2017	Deutz	TCD 3.6 L04	4	130/136	W	98x120	3620	2200	2550	5800	30/30	TL, mit PowerBoost 143 PS, auch 60/60-Getriebe
Agrotron 6120 Powershift	ab 2021	FARMotion	3,8	4	126	W	103x115,5	3849	2200	2550	5800	30/30	TL, auch 60/60-Getriebe
Agrotron 6130 Powershift	ab 2021	FARMotion	3,8	4	136	W	103x115,5	3849	2200	2550	5800	30/30	TL, auch 60/60-Getriebe

Deutz-Schlepper

Baureihe	Bauzeit	Motor Hersteller	Typ	Zylinder	PS	Kühlung	Bohrung x Hub	Hubraum	Drehzahl	Radstand	Gewicht	Getriebe	Besonderheiten
d) Agrotron-Baureihe Serie 6 Vierzylinder RC (Robotisiertes Comfort-Getriebe) und Powershift-Getriebe (2017 - 2020)													
Agrotron 6155.4 RC/ Powershift	2017 - 2020	Deutz	TCD 4.1 L04	4	149/156	W	101x126	4038	2100	2540	7080	30/15	TL, auch 54/27-RC-Getriebe
Agrotron 6165.4 RC/ Powershift	2017 - 2020	Deutz	TCD 4.1 L04	4	157/164	W	101x126	4038	2100	2540	7080	30/15	TL, mit PowerBoost 171 PS, auch 54/27-RC-Getriebe
Agrotron 6175.4 RC/ Powershift	2017 - 2020	Deutz	TCD 4.1 L04	4	163/171	W	101x126	4038	2100	2540	7080	30/15	TL, auch 54/27-RC-Getriebe
e) Agrotron-Baureihe Serie 6 Sechszylinder RC (Robotisiertes Comfort-Getriebe) und Powershift-Getriebe (2017 - 2020)													
Agrotron 6155 RC/ Powershift	2016 - 2020	Deutz	TCD 6.1 L04	6	149/156	W	101x126	6057	2100	2770	7200	30/15	TL, auch 54/27-RC-Getriebe
Agrotron 6165 RC/Powershift	2016 - 2020	Deutz	TCD 6.1 L04	6	157/164	W	101x126	6057	2100	2770	7200	30/15	TL, mit PowerBoost 171 PS, auch 54/27-RC-Getriebe
Agrotron 6175 RC/Powershift	2016 - 2020	Deutz	TCD 6.1 L04	6	169/176	W	101x126	6057	2100	2770	7200	30/15	TL, auch 54/27-RC-Getriebe
Agrotron 6185 RC/Powershift	2016 - 2020	Deutz	TCD 6.1 L04	6	181/188	W	101x126	6057	2100	2770	7200	30/15	
Agrotron 6205 RC/Powershift	2016 - 2020	Deutz	TCD 6.1 L04	6	196/207	W	101x126	6057	2100	2855	7930	30/15	
Agrotron 6215 RC	2016 - 2020	Deutz	TCD 6.1 L04	6	201/214	W	101x126	6057	2100	2855	7930	30/15	TL, mit PowerBoost 226 PS, auch 54/27-RC-Getriebe
f) Agrotron-Baureihe Seie 6 Vierzylinder PS (Powershift-Getriebe) und RCshift (Robotisiertes Comfort-Getriebe) (ab 2021)													
Agrotron 6145.4 PS/RC-shift	ab 2021	Deutz	TCD 4.1 L04	4	137/144	W	101x126	4038	2100	2543	6570	30/15	TL, auch 54/27-RC-Getriebe
Agrotron 6155.4 PS/RC-shift	ab 2021	Deutz	TCD 4.1 L04	4	149/156	W	101x126	4038	2100	2543	6570	30/15	
Agrotron 6165,4 PS/RC-shift	ab 2021	Deutz	TCD 4.1 L04	4	157/164	W	101x126	4038	2100	2543	6570	30/15	
Agrotron 6175.4PS/ RC-shift	ab 2021	Deutz	TCD 4.1 L04	4	163/171	W	101x126	4038	2100	2543	6570	30/15	
g) Agrotron-Baureihe Serie 6 Sechszylinder PS (Powershift-Getriebe) und RCshift (Robotisiertes Comfort-Getriebe) (ab 2021)													
Agrotron 6155 PS/RCshift	ab 2021	Deutz	TCD 6.1 L04	6	149/156	W	101x126	6057	2100	2767	7200	54/27	TL, auch 54/27-RC-Getriebe
Agrotron 6165 PS/RCshift	ab 2021	Deutz	TCD 6.1 L04	6	164/175	W	101x126	6057	2100	2767	7200	54/27	
Agrotron 6175 PS/RCshift	ab 2021	Deutz	TCD 6.1 L04	6	169/176	W	101x126	6057	2100	2767	7200	54/27	
Agrotron 6185 PS/RCshift	ab 2021	Deutz	TCD 6.1 L04	6	181/188	W	101x126	6057	2100	2767	7200	54/27	
Agrotron 6205 PS/RCshift	ab 2021	Deutz	TCD 6.1 L04	6	196/203	W	101x126	6057	2100	2848	7930	54/27	
Agrotron 6215 PS/RCshift	ab 2021	Deutz	TCD 6.1 L04	6	201/212	W	101x126	6057	2100	2848	7930	54/27	
h) Agrotron-Baureihe 6 TTV (ab 2013)													
1.													
Agrotron 6120.4 TTV	2013 - 2016	Deutz	TCD 4.1 L04 4v 4i	4	118	W	101x126	4038	2200	2420	5710	TTV	TL
Agrotron 6130.4 TTV	2013 - 2016	Deutz	TCD 4.1 L04 4v 4i	4	128	W	101x126	4038	2200	2420	5710	TTV	TL
Agrotron 6140.4 TTV	2013 - 2016	Deutz	TCD 4.1i L04 4v 4i	4	135/144	W	101x126	4038	2200	2420	5710	TTV	TL
Agrotron 6150.4 TTV	2012 - 2016	Deutz	TCD 4.1 L0	4	149/153	W	101x126	4038	2200	2420	6720	TTV	TL
Agrotron 6160.4 TTV	2012 - 2016	Deutz	TCD 4.1 L04 4v 4i	4	158/166	W	101x126	4038	2200	2420	6720	TTV	TL
Agrotron 6160 TTV	2011 - 2016	Deutz	TCD 6.1 L06 4v 4i	6	158/166	W	101x126	6057	2100	2640	6850	TTV	TL
Agrotron 6180 TTV	2011 - 2016	Deutz	TCD 6.1 L06 4v 4i	6	167/176	W	101x126	6057	2100	2770	6850	TTV	TL
Agrotron 6190 TTV	2011 - 2016	Deutz	TCD 6.1 L06 4v 4i	6	178/193	W	101x126	6057	2100	2770	7040	TTV	TL
2.													
Agrotron 6120 TTV	2017 - 2020	Deutz	TCD 3.6 L04	4	120/126	W	98x120	3620	2200	2550	5800	TTV	TL
Agrotron 6130 TTV	2017 - 2020	Deutz	TCD 3.6 L04	4	125/130	W	98x120	3620	2200	2550	5800	TTV	TL, mit PowerBoost 136 PS
Agrotron 6140 TTV	2017 - 2020	Deutz	TCD 3.6 L04	4	130/136	W	98x120	3620	2200	2550	5800	TTV	TL, mit PowerBoost 143 PS
3.													
Agrotron 6155.4 TTV	ab 2021	Deutz	TCD 3.6 L04	4	149/156	W	98x120	3620	2200	2543	7680	TTV	TL
Agrotron 6165.4 TTV	ab 2021	Deutz	TCD 3.6 L04	4	157/164	W	98x120	3620	2200	2543	7680	TTV	TL
Agrotron 6175.4 TTV	ab 2021	Deutz	TCD 3.6 L04	4	163/176	W	98x120	3620	2200	2543	7680	TTV	TL
Agrotron 6155 TTV	ab 2021	Deutz	TCD 6.1 L04	6	149/156	W	101x126	6057	2200	2767	7830	TTV	TL

Deutz-Schlepper

Baureihe	Bauzeit	Motor Hersteller	Typ	Zylinder	PS	Kühlung	Bohrung x Hub	Hubraum	Drehzahl	Radstand	Gewicht	Getriebe	Besonderheiten
Agrotron 6165 TTV	ab 2021	Deutz	TCD 6.1 L04	6	157/164	W	101x126	6057	2200	2767	7830	TTV	TL
Agrotron 6175 TTV	ab 2021	Deutz	TCD 6.1 L04	6	169/176	W	101x126	6057	2200	2767	7980	TTV	TL
Agrotron 6185 TTV	ab 2021	Deutz	TCD 6.1 L04	6	176/183	W	101x126	6057	2200	2767	8200	TTV	TL
Agrotron 6205 TTV	ab 2021	Deutz	TCD 6.1 L04	6	185/203	W	101x126	6057	2200	2848	8400	TTV	TL
Agrotron 6215 TTV	ab 2021	Deutz	TCD 6.1 L04	6	201/212	W	101x126	6057	2200	2848	8400	TTV	TL
1.16 Agrosun-Baureihen													
Agrosun 100	1998 - 2004	Deutz	BF 6 L 913 T	6	100	L	102x125	6128	2200	2761	4880	24/12	T
Agrosun 120	1998 - 2004	Deutz	BF 6 L 913 T	6	120	L	102x125	6128	2250	2761	4990	24/12	T
Agrosun 140	1998 - 2004	Deutz	BF 6 L 913 T	6	140	L	102x125	6128	2250	2761	5090	24/12	T
1.17 Agrolux-Baureihen													
a) Agrolux-Baureihe 60 - 90 (2001 - 2005)													
Agrolux 80	2001 - 2004	Deutz	F 4 L 913	4	77	L	102x125	4085	2350	2242	2720	16/8	auch 15/15- u. 30/15-Getriebe
Agrolux 80 (A)	2001 - 2004	Deutz	F 4 L 913	4	77	L	102x125	4085	2350	2235	3100	16/8	Allradantrieb,auch 15/15- u. 30/15-Getriebe
Agrolux 90	2001 - 2004	Deutz	BF 4 L 913 T	4	87	L	102x125	4085	2350	2242	2810	16/8	T, auch 30/15- u. 15/15-Getriebe
Agrolux 90 (A)	2001 - 2004	Deutz	BF 4 L 913 T	4	87	L	102x125	4085	2350	2235	3320	16/8	T, Allradantrieb, auch 30/15- u. 15/15-Getriebe
Agrolux 60	2001 - 2005	Deutz	F 3 L 913	3	60	L	102x125	3064	2400	1974	2220	16/8	auch 20/15-Getriebe
Agrolux 60 (A)	2001 - 2005	Deutz	F 3 L 913	3	60	L	102x125	3064	2400	1982	2550	16/8	Allradantrieb, auch 20/15-Getriebe
Agrolux 70	2001 - 2005	Deutz	F 4 L 913	4	70	L	102x125	4085	2300	2104	2320	16/8	
Agrolux 70 (A)	2001 - 2005	Deutz	F 4 L 913	4	70	L	102x125	4085	2300	2112	2550	16/8	
Agrolux 80	2004 - 2005	Deutz	F 4 L 914	4	77	L	102x132	4312	2200	2350	2810	16/8	auch 15/15- u. 30/15-Getriebe
Agrolux 80 (A)	2004 - 2005	Deutz	F 4 L 914	4	77	L	102x132	4312	2200	2353	3320	16/8	Allradantrieb, auch 15/15- u. 30/15-Getriebe
b) Agrolux-Baureihe 57 - 67 (2005 - 2008)													
Agrolux 57	2005 - 2008	SAME	1000.3 W	3	52	W	105x115,5	3000	2200	1925	2560	10/10	auch 20/15-Getriebe
Agrolux 57 (A)	2005 - 2008	SAME	1000.3 W	3	52	W	105x115,5	3000	2200	1970	2560	10/10	Allradantrieb, auch 20/15-Getriebe
Agrolux 67	2005 - 2008	Deutz	F 4 L 913	3	67	L	102x120	4085	2300	2055	2560	10/10	auch 20/15-Getriebe
Agrolux 67 (A)	2005 - 2008	Deutz	F 4L 913	3	67	L	102x120	4085	2300	2110	2560	10/10	Allradantrieb, auch 20/15-Getriebe
2.													
Agrolux 65	2008 - 2018	SAME	1000.3 WT E3	3	62	W	105x115,5	3000	2200	1975	2380	8/2	T, auch 12/3-Getriebe
Agrolux 65 (A)	2008 - 2018	SAME	1000.3 WT E3	3	62	W	105x115,5	3000	2200	2037	2380	8/2	T, Allradantrieb, auch 12/3-Getriebe
Agrolux 75	2008 - 2018	SAME	1000.3 WTI 2E3	3	72	W	105x115,5	3000	2200	1975	2560	8/2	TL,auch 12/3-Getriebe
Agrolux 75 (A)	2008 - 2018	SAME	1000.3 WTI	3	72	W	105x115,5	3000	2200	2037	2560	8/2	TL, Allradantrieb, auch 12/3-Getriebe
d) Agrolux-Allrad-Baureihe 310 - 410 (2008 - 2018)													
Agrolux 310	2008 - 2018	SAME	1000.3 WT E3	3	62	W	105x115,5	3000	2200	2037	2380	15/15	T
Agrolux 320	2008 - 2018	SAME	1000.3 WTI E3	3	72	W	105x115,5	3000	2200	2037	2560	15/15	TL
Agrolux 410	2008 - 2018	SAME	1000.4 WTI E3 HRT	4	75	W	105x115,5	4000	2200	2020	2900	15/15	TL
1.18 Agroplus-Baureihen													
a) Agropuls-Baureihe 60 - 80 (1997 - 2005													
Agroplus 60 (Allrad)	1997 - 1999	Deutz	F 3 L 913	3	60	L	102x125	3064	2400	2112	2900	30/15	auch 45/45-Getriebe, ab 2004 F 3 L 914 mit 56 PS, auch mit Hinterradantrieb
Agroplus 70 (Allrad)	1997 - 2005	Deutz	F 4 L 913	4	70	L	102x125	4085	2300	2235	3100	30/15	auch 45/45-Getriebe, ab 2004 F 4 L 914 mit 70 PS, auch mit Hinterradantrieb
Agroplus 80 (Allrad)	2001 - 2005	Deutz	F 4 L 913	4	76	L	102x125	4085	2300	2235	3100	30/15	auch 45/45-Getriebe, ab 2004 F 4 L 914 mit 76 PS, auch mit Hinterradantrieb
Agroplus 100 (Allrad)	1998 - 2004	Deutz	BF 6 M 1012 E	6	99/101	W	94x115	4788	2300	2570	4070	20/20	T, auch 30/15- u. 45/45-Getriebe

Deutz-Schlepper

Baureihe	Bauzeit	Motor Hersteller	Typ	Zylinder	PS	Kühlung	Bohrung x Hub	Hubraum	Drehzahl	Radstand	Gewicht	Getriebe	Besonderheiten
b) Agroplus-Baureihe 75 - 100 (1998 - 2004)													
Agroplus 75	1998 - 2004	Deutz	BF 4 M 1012 E	4	75/76	L	94x115	3192	2300	2340	3430	20/20	T, auch 30/15- u. 45/45-Getriebe
Agroplus 85	1998 - 2004	Deutz	BF 4 M 1012 E	4	84/86	W	94x115	3192	2300	2340	3430	20/20	
Agroplus 95	1998 - 2004	Deutz	BF 4 M 1012 E	4	92/95	W	94x115	3192	2300	2340	3430	20/20	
Agroplus 100	1998 - 2004	Deutz	BF 6 M 1012 E	6	99/101	W	94x115	4788	2300	2570	4070	20/20	
c) Agroplus-Baureihe 67 - 97 (2005 - 2009)													
Agroplus 67	2005 - 2009	SAME	1000.3 WT	3	67	W	105x115,5	3000	2200	2105	2600	20/15	T, auch 45/45-Getriebe
Agroplus 67 (A)	2005 - 2009	SAME	1000.3 WT	3	67	W	105x115,5	3000	2200	2055	2800	20/15	T, Allradantrieb, auch 45/45-Getriebe
Agroplus 77	2005 - 2009	SAME	1000.4 W	4	70	W	105x115,5	4000	2200	2235	2700	20/15	auch 45/45-Getriebe
Agroplus 77 (A)	2005 - 2009	SAME	1000.4 W	4	70	W	105x115,5	4000	2200	2185	2900	20/15	Allradantrieb, auch 45/45-Getriebe
Agroplus 87	2005 - 2009	SAME	1000.4 WT	4	83	W	105x115,5	4000	2200	2235	2700	20/15	T, auch 45/45-Getriebe
Agroplus 87 (A)	2005 - 2009	SAME	1000.4 WT	4	83	W	105x115,5	4000	2200	2185	2900	2015	T, Allradantrieb, auch 45/45-Getriebe
Agroplus 95 new	2005 - 2006	SAME	1000.4 WT	4	92	W	105x115,5	4000	2300	2360	3430	20/20	T, Allradantrieb, auch 45/45-Getriebe
d) Agroplus-Baureihe 310 - 410 (2009 - 2014)													
Agroplus 310	2009 - 2010	SAME	1000.3 WT E3	3	62	W	105x115,5	3000	2200	2100	3230	30/15	T, auch 10/10- u. 45-Getriebe
Agroplus 315	2011 - 2014	SAME	1000.3 WTI2 E3	3	72	W	105x115,5	3000	2200	2100	3230	30/15	TL, auch 10/10- u. 45/45-Getriebe
Agroplus 315 Ecoline	2011 - 2014	SAME	1000.3 WTI2 E3	3	72	W	105x115,5	3000	2200	2100	3230	10/10	TL
Agroplus 320	2009 - 2014	SAME	1000.3 WTI2 E3	3	82	W	105x115,5	3000	2200	2100	3230	30/15	TL, auch 10/10- u. 45/45-Getriebe
Agroplus 320 Ecoline	2009 - 2014	SAME	1000.3 WTI	3	82	W	105x115,5	3000	2200	2100	3230	10/10	TL
Agroplus 410	2009 - 2014	SAME	1000.3 WTI2 E3	4	85	W	105x115,5	4000	2200	2230	3410	30/15	TL, auch 10/10- u. 45/45-Getriebe
Agroplus 410 Ecoline	2009 - 2014	SAME	1000.4 WTI2 E3	4	85	W	105x115,5	4000	2200	2230	3230	10/10	TL
Agroplus 420 ProfiLine	2010 - 2014	SAME	1000.4 WTI2 E3	4	95	W	105x115,5	4000	2200	2230	3410	30/15	TL, auch 10/10- u. 45/45-Getriebe
1.19 Agrofarm-Allrad-Baureihen													
a) Agrofarm-Baureihe 85 - 100 (2007 - 2008)													
Agrofarm 85	2007 - 2008	Deutz	BF 4 M 2012 C	4	76	W	101x126	4038	2300	2310	3800	20/20	T, auch 40/40-Getriebe
Agrofarm 100	2007 - 2008	Deutz	BF 4 M 2012 C	4	90	W	101x126	4038	2300	2340	4300	20/20	T, auch 40/40-Getriebe
Agrofarm 410	2008 - 2013	Deutz	TD 2012 L04	4	85/88	W	101x126	4038	2300	2310	3800	15/15	T
Agrofarm 410 Ecoline	2008 - 2013	Deutz	TCD 2012 L04	4	85/88	W	101x126	4038	2300	2310	3800	30/30	T
Agrofarm 420	2008 - 2013	Deutz	TCD 2012 L04	4	95/99	W	101x126	4038	2300	2310	4825	15/15	T, auch 60/60-Getriebe
Agrofarm 420 Ecoline	2008 - 2013	Deutz	TCD 2012 L04	4	95/99	W	101x126	4038	2300	2310	4825	30/30	TL
Agrofarm 420 Profiline	2008 - 2013	Deutz	TCD 2012 L04	4	95/99	W	101x126	4038	2300	2310	4660	15/15	TL, auch 60/60-Getriebe
Agrofarm 420 TTV	2008 - 2013	Deutz	TCD 2012 L04	4	95/99	W	101x126	4038	2300	2310	4645	TTV	TL
Agrofarm 430	2008 - 2013	Deutz	TCD 2012 L04	4	102/109	W	101x126	4038	2300	2310	4480	15/15	TL, auch 60/60-Getriebe
Agrofarm 430 Ecoline	2008 - 2013	Deutz	TCD 2012 L04	4	102/109	W	101x126	4038	2300	2310	4480	30/30	TL
Agrofarm 430 ProfiLine	2008 - 2013	Deutz	TCD 2012 L04	4	102/109	W	101x126	4038	2300	2310	4660	15/15	TL, auch 60/60-Getriebe
Agrofarm 430 TTV	2008 - 2013	Deutz	TCD 2012 L04	4	102/109	W	101x126	4038	2300	2310	4645	TTV	TL
c) Agrofarm-Baureihe G 400 (2013 - 2018)													
Agrofarm G 410	2013 - 2018	Deutz	TD 2012 L04	4	88	W	101x126	4038	2300	2380	3780	15/15	TL, auch 30/30-Getriebe
Agrofarm G 430	2013 - 2018	Deutz	TCD 2012	4	102	W	101x126	4038	2300	2380	4180	15/15	
1.20 Baureihe Serie 4 (ab 2017)													
4070 E	ab 2017	FARMotion	2,9	3	65	W	103x115,5	2887	2200	2100	2800	12/2	TL, auch 8/8- u. 15/15-Getriebe
4080 E	ab 2019	FARMotion	2,9	3	75	W	103x115,5	2887	2200	2100	2800	12/3	
4090 E	ab 2019	FARMotion	2,9	3	84/88	W	103x115,5	2887	2200	2100	2800	12/3	
4100 E	ab 2019	FARMotion	2,9	3	92/97	W	103x115,5	2887	2200	2100	2800	12/3	

Deutz-Schlepper													
Baureihe	Bauzeit	Motor Hersteller	Typ	Zylinder	PS	Kühlung	Bohrung x Hub	Hubraum	Drehzahl	Radstand	Gewicht	Getriebe	Besonderheiten
1.21 Allrad-Baureihen der Serie 5													
a) Freisichtschlepper der Baureihe Serie 5P (2013 - 2017)													
5100 P	2013 - 2017	Deutz	TCD 3.6 L04	4	95/99	W	98x120	3602	2200	2430	4450	10/10	TL, auch 20/20- u. 30/30-Getriebe
5110 P	2013 - 2017	Deutz	TCD 3.6 L04	4	99/105	W	98x120	3602	2200	2430	4450	10/10	
5120 P	2013 - 2017	Deutz	TCD 3.6 L04	4	113/118	W	98x120	3602	2200	2440	4970	10/10	
5130 P	2013 - 2017	Deutz	TCD 3.6 L04	4	120/126	W	98x120	3602	2200	2440	4970	10/10	
b) Kompaktschlepper der Baureihe Serie 5C (2013 - 2017)													
5090 C (Allrad)	2013 - 2017	Deutz	TCD 3.6 L04	4	85/89	W	101x126	3620	2200	2330	4300	10/10	TL, auch 20/20-Getriebe
5090 C	2013 - 2017	Deutz	TCD 3.6 L04	4	85/89	W	101x126	3620	2200	2370	4300	10/10	
5100 C	2013 - 2017	Deutz	TCD 3.6 L04	4	95/99	W	101x126	3620	2200	2370	4400	10/10	
5110 C (Allrad)	2013 - 2017	Deutz	TCD 3.6 L04	4	95/99	W	101x126	3620	2200	2330	4500	10/10	
5110 C	2013 - 2017	Deutz	TCD 3.6 L04	4	105/110	W	101x126	3620	2200	2370	4500	10/10	
5120 C (Allrad)	2013 - 2017	Deutz	TCD 3.6 L04	4	105/110	W	101x126	3620	2200	2330	4500	10/10	TL, auch 20/20- u. 30/30-Getriebe
5120 C	2013 - 2017	Deutz	TCD 3.6 L04	4	113/118	W	101x126	3620	2200	2370	4500	10/10	TL, auch 30/30-Getriebe
5130 C	2013 - 2017	Deutz	TCD 3.6 L04	4	120/126	W	101x126	3620	2200	2370	4500	10/10	
c) Kompaktschlepper der Baureihe Serie 5D (2014 - 2019)													
5060 D Ecoline	2014 - 2019	SAME ab 2017 FARMotion	1000.3 WT 2,9	3	62	W	105x115,5	3000	2200	2100	3200	10/10	auch 30/15-Getriebe
5070 D	2014 - 2019		1000.3 WT3 E2 2,9	3	72	W	105x115,5	3000	2200	2100	3200	30/15	TL
5070 D Ecoline	2014 - 2019		1000.3 WTI3 E2 2,9	3	72	W	105x115,5	3000	2200	2100	3200	10/10	TL, auch 30/15-Getriebe
5080 D	2014 - 2019		1000.3 WTI3 E2 2,9	3	72/82	W	105x115,5	3000	2200	2100	3200	10/10	TL, auch 30/15-Getriebe
5080 D Ecoline	2014 - 2019		1000.3 WTI3 E2 2,9	3	72/82	W	105x115,5	3000	2200	2100	3200	10/10	TL, auch 30/15-Getriebe
5085 D (Hinterrad)	2014 - 2019		1000.4 WTI3 E2 3,8	4	75/85	W	105x115,5	4000	2200	2270	3300	30/15	TL
5085 D	2014 - 2019		1000.4 WTI3 E2 2,9	4	75/85	W	105x115,5	4000	2200	2270	3200	10/10	TL, auch 30/15-Getriebe
5085 D Ecoline	2014 - 2019		1000.4 WTI3 E2 3,8	4	75/85	W	105x115,5	4000	2200	2230		10/10	TL, auch 30/15-Getriebe
5090 D (Hinterrad)	2014 - 2019		1000.3 WTI3 E2 2,9	3	84/88	W	105x115,5	3000	2200	2140	3200	30/15	TL, auch 45/45-Getriebe
5090 D	2014 - 2019		1000.3 WTI3 E2 2,9	3	84/88	W	105x115,5	3000	2200	2100	3200	30/15	TL, auch 45/45-Getriebe
5090 D Ecoline (Hinterrad)	2014 - 2019		1000.3 WTI3 E2 2,9	3	84/88	W	105x115,5	3000	2200	2140	3200	10/10	TL, auch 30/15-Getriebe
5090 D Ecoline	2014 - 2019		1000.3 WTI3 E2 2,9	3	84/88	W	105x115,5	3000	2200	2100	3200	10/10	TL, auch 30/15-Getriebe
5090 D (Hinterrad)	2014 - 2019		1000.4 WTI3 E2 3,8	4	84/88	W	105x115,5	4000	2200	2140	3300	10/10	TL, auch 45/45-Getriebe
5090.4 D	2014 - 2019		1000.4 WTI3 E2 3,8	4	84/88	W	105x115,5	4000	2200	2230	3300	30/15	TL, auch 45/45-Getriebe
5090.4 Ecoline (Hinterrad)	2014 - 2019		1000.4 WTI3 E2 3,8	4	84/88	W	105x115,5	4000	2200	2140	3300	10/10	TL, auch 30/15-Getriebe
5090.4 Ecoline	2014 - 2019		1000.4 WTI3 E2 3,8	4	84/88	W	105x115,5	4000	2200	2230	3300	10/10	TL, auch 30/15-Getriebe
5100.4 D	2014 - 2019		1000.4 WTI3 E2 3,8	4	97/102	W	105x115,5	4000	2200	2230	3300	30/15	TL

Deutz-Schlepper

Baureihe	Bauzeit	Motor Hersteller	Typ	Zylinder	PS	Kühlung	Bohrung x Hub	Hubraum	Drehzahl	Radstand	Gewicht	Getriebe	Besonderheiten
d) Kompaktschlepper der Baureihe Serie 5D (ab 2019)													
5070 D	2019 - 2020	FARMotion	2,9	3	65	W	103x115,5	2887	2200	2100	3200	30/15	auch 45/45-Getriebe
5070 D Ecoline	2019 - 2020	FARMotion	2,9	3	65	W	103x115,5	2887	2200	2100	3200	30/15	auch 45/45-Getriebe
5080 D 512	ab 2019	FARMotion	2,9	3	75/79	W	103x115,5	2887	2200	2100	3200	30/15	TL, auch 45/45-Getriebe
5080 D 512 Ecoline	ab 2019	FARMotion	2,9	3	75/79	W	103x115,5	2887	2200	2100	3200	30/15	TL, auch 45/45-Getriebe
5090 D 512	ab 2019	FARMotion	2,9	3	84/88	W	103x115,5	2887	2200	2100	3200	30/15	TL, auch 45/45-Getriebe
5090 D Ecoline	ab 2019	FARMotion	2,9	3	84/88	W	103x115,5	2887	2200	2100	3200	30/15	TL, auch 45/45-Getriebe
5090.4 D	ab 2019	FARMotion	3,8	4	84/88	W	103x115,5	3849	2200	2230	3300	30/15	TL, auch 45/45-Getriebe
5090.4 D Ecoline	ab 2019	FARMotion	3,8	4	84/88	W	103x115,5	3849	2200	2230	3300	30/15	TL, auch 45/45-Getriebe
5100.4 D 512	ab 2019	FARMotion	3,8	4	97/102	W	103x115,5	3849	2200	2230	3300	30/15	TL, auch 45/45-Getriebe
e) Kompaktschlepper der Baureihe Serie 5G (2014 - 2017) (Version HD ohne 8/8- und20/20-Getriebe)													
5080 G (LD/MD)	2014 - 2017	SAME	1000.3 WTI2 E3	3	75	W	103x115,5	2887	2200	2300	3600	8/8	TL, auch 10/10-, 16/16- u. 20/20-Getriebe
5090 G (LD/MD)	2014 - 2017	SAME	1000.3 WTI2 E3	3	84/88	W	103x115,5	2887	2200	2300	3600	8/8	
5090.4 G (MD/HD)	2014 - 2017	SAME	1000.4 WTI2 E3	4	84/88	W	103x115,5	3849	2200	2400	3900	8/8	
5100 G (LD/MD)	2014 - 2017	SAME	1000.4 WTI2 E3	4	92/97	W	103x115,5	3849	2200	2400	4200	8/8	
5105.4 G (MD/HD)	2014 - 2017	SAME	1000.4 WTI2 E3	4	97/102	W	103x115,5	3849	2200	2400	4200	8/8	
5115.4 G (MD/HD)	2014 - 2017	SAME	1000.4 WTI2 E3	4	103/109	W	103x115,5	3849	2200	2400	4500	8/8	
f) Kompaktschlepper der Baureihe Serie 5G (ab 2017)													
5080 G	ab 2017	FARMotion	2,9	3	79	W	103x115,5	2887	2200	2300	3600	8/8	TL, auch 2x30/30-Getriebe
5090 G	ab 2017	FARMotion	2,9	3	84/88	W	103x115,5	2887	2200	2300	3600	8/8	TL, auch 2x30/30-Getriebe
5090 G (Hinterradantrieb)	ab 2017	FARMotion	2,9	3	84/88	W	103x115,5	2887	2200	2255	3600	8/8	TL, auch 2x30/30-Getriebe
5090 G Plus	ab 2017	FARMotion	2,9	3	84/88	W	103x115,5	2887	2200	2350	3600	8/8	TL, auch 2x30/30-Getriebe
5090.4 G Plus	ab 2017	FARMotion	3,8	4	84/88	W	103x115,5	3649	2200	2400	3900	8/8	TL; auch 2x30/30-Getriebe
5100 G	ab 2017	FARMotion	3,8	4	97/102	W	103x115,5	3849	2200	2400	3900	8/8	TL, auch 2x20/20-Getriebe
5100 G (Hinterradantrieb)	ab 2017	FARMotion	3,8	4	97/102	W	103x115,5	3849	2200	2360	3900	8/8	TL, auch 2x20/20-Getriebe
5110 G	ab 2017	FARMotion	3,8	4	107/113	W	103x115,5	3849	2200	2400	3900	8/8	TL, auch 2x20/20-Getriebe
5110 G Plus	ab 2017	FARMotion	3,8	4	101/106	W	103x115,5	3849	2200	2400	4320	8/8	TL, auch 2x20/20-Getriebe
5120 G	ab 2017	FARMotion	3,8	4	110/116	W	103x115,5	3849	2200	2400	4320	8/8	TL, auch 2x20/20-Getriebe
5115 G TB	ab 2019	FARMotion	3,8	4	97/102	W	103x115,5	3849	2200	2400	3200	10/10	TL, auch 2x20/20-Getriebe
5105 G TB	ab 2019	FARMotion	3,8	4	107/113	W	103x115,5	3849	2200	2400	3400	10/10	TL, auch 2x20/20-Getriebe
g) Kompaktschlepper der Baureihe Serie 5 (ab 2017)													
5105	ab 2017	Deutz	TCD 3.6 L04	4	105/110	W	101x126	3626	2200	2370	4150	10/10	TL, auch 2x20/20- u. 2x30/30-Getriebe
5115	ab 2017	Deutz	TCD 3.6 L04	4	113/119	W	101x126	3626	2200	2370	4500	10/10	
5125	ab 2017	Deutz	TCD 3.6 L04	4	120/126	W	101x126	3626	2200	2370	4500	10/10	
h) Kompaktschlepper der Baureihe Serie 5D Keyline (ab 2019)													
5070 D	ab 2019	FARMotion	2,9	3	65	W	103x115,5	2887	2200	2100	3200	15/15	TL
5080 D	ab 2019	FARMotion	2,9	3	75	W	103x115,5	2887	2200	2100	3200	15/15	TL
5090 D	ab 2019	FARMotion	2,9	3	84	W	103x115,5	2887	2200	2100	3200	15/15	TL, ab 2021 86 PS
5100 D	ab 2019	FARMotion	2,9	3	92	W	103x115,5	2887	2200	2100	3200	15/15	TL, ab 2021 97 PS
i) Kompaktschlepper der Baureihe Serie 5D TTV mit stufenlosem Getriebe (ab 2013)													
1.													
5100 TTV	2013 - 2019	Deutz	TCD 3.6 L04	4	95/99	W	98x120	3602	2200	2430	4450	TTV	TL
5110 TTV	2013 - 2019	Deutz	TCD 3.6 L04	4	105/110	W	98x120	3602	2200	2430	4450	TTV	TL
5120 TTV	2013 - 2019	Deutz	TCD 3.6 L04	4	113/118	W	98x120	3602	2200	2430	4970	TTV	TL
5130 TTV	2013 - 2019	Deutz	TCD 3.6 L04	4	120/127	W	98x120	3602	2200	2430	4970	TTV	TL
2.													
5090 D TTV	ab 2019	FARMotion	2,9	3	84/88	W	103x115,5	2887	2200	2141	3958	TTV	TL
5090.4 D TTV	ab 2019	FARMotion	3,8	4	84/88	W	103x115,5	3849	2200	2271	4058	TTV	TL
5100 D TTV	ab 2019	FARMotion	2,9	3	91/97	W	103x115,5	2887	2200	2141	3958	TTV	TL
5100.4 D TTV	ab 2019	FARMotion	3,8	4	97/102	W	103x115,5	3849	2200	2271	4058	TTV	TL
5110.4 D TTV	ab 2019	FARMotion	3,8	4	107/113	W	103x115,5	3849	2200	2271	4058	TTV	TL
1.22 Agrotron-Baureihe 7200 u. Serie 7													
a) Baureihe 7200 (2014 - 2016)													
Agrotron 7200 ST	2014 - 2016	Deutz	TCD 2013 L06 2V DCR	6	189/197	W	101x126	6057	2100	2990	8250	24/24	TL, auch 33/33-Getriebe
Agrotron 7225 ST	2014 - 2016	Deutz	TCD 2013 L06 2V DCRv	6	213/222	W	101x126	6057	2100	2990	8250	24/24	TL, auch 33/33-Getriebe

Deutz-Schlepper													
Baureihe	Bauzeit	Motor Hersteller	Typ	Zylinder	PS	Kühlung	Bohrung x Hub	Hubraum	Drehzahl	Radstand	Gewicht	Getriebe	Besonderheiten
b) Baureihe 7200 TTV mit stufenlosem Getriebe (2011 - 2016)													
Agrotron 7210 TTV	2011 - 2012	Deutz	TCD 2012 L06 4v 4i	6	203/224	W	101x126	6057	2100	2820	7500	TTV	TL
Agrotron 7210 TTV	2012 - 2016	Deutz	TCD 2012 L06 4v 4i	6	205/224	W	101x126	6057	2100	2820	7570	TTV	TL
Agrotron 7230 TTV	2012 - 2016	Deutz	TCD 2012 L06 4v 4i	6	220/245	W	101x126	6057	2100	2820	8500	TTV	TL
Agrotron 7250 TTV	2012 - 2016	Deutz	TCD 2012 L06 4v 4i	6	238/265	W	101x126	6057	2100	2820	8500	TTV	TL
c) Baureihe Serie 7 TTV (ab 2016)													
7230 TTV	ab 2016	Deutz	TCD 6.1	6	214/226	W	101x126	6057	2100	2868	8200	TTV	TL, mit PowerBoost 245 PS
7250 TTV	ab 2016	Deutz	TCD 6.1	6	230/246	W	101x126	6057	2100	2868	8200	TTV	TL, mit PowerBoost 264 PS
1.23 Agrotron-Baureihe Serie 8													
8280 TTV	ab 2021	Deutz	TTCD 6.1 L6	6	268/287	W	101x126	6057	2100	2918	10400	TTV	Biturbo + LLK
1.24 Agrotron-Baureihe Serie 9													
Agrotron 9290 TTV	ab 2015	Deutz	TTCD 6.1 L6	6	277/295	W	110x136	7778	2100	3140	12000	TTV	Biturbo + LLK
Agrotron 9320 TTV	ab 2017	Deutz	TTCD 6.1 L6	6	296/312	W	110x136	7778	2100	3140	12000	TTV	Biturbo + LLK
Agrotron 9340 TTV	ab 2017	Deutz	TTCD 6.1 L6	6	316/336	W	110x136	7778	2100	3140	12000	TTV	Biturbo + LLK
»Warrior«													
1.25 Agrotron-Baureihe Serie 11													
11350 TTV	2015	MTU	6R 1100	6	314/324	W	125x145	10.670	1600		13500	TTV	TL, mit PowerBoost 350 PS
11400 TTV	2015	MTU	6R 1100	6	360/369	W	125x145	10.670	1600		13500	TTV	TL, mit PowerBoost 400 PS
11440 TTV	2015	MTU	6R 1300	6	401/408	W	132x156	10.670	1600		13500	TTV	TL, mit PowerBoost 441 PS

Deutz-Schlepper													
Baureihe	Bauzeit	Motor Hersteller	Typ	Zylinder	PS	Kühlung	Bohrung x Hub	Hubraum	Drehzahl	Radstand	Gewicht	Getriebe	Besonderheiten
2. Schmalspurschlepper													
2.1 F- und D-Baureihen													
F 1 M 414 Plantage	1949 - 1950	Deutz	F 1 M 414	1	11	W	100x140	1099	1550	1430	1180	3/1	auch 4/1-Getriebe
F 1 L 514/51 Plantage	1951 - 1955	Deutz	F 1 L 514	1	15	L	110x140	1330	1650	1585	1250	5/1	
F 1 L 612 Plantage	1955 - 1958	Deutz	F 1 L 612	1	11	L	90x120	763	2100	1650	790	6/3	
F 2 L 612/5 Plantage	1956 - 1958	Deutz	F 2 L 612	2	24	L	90x120	1526	1300	1780	1350	10/2	
D 15 Plantage	1959 - 1964	Deutz	F 1 L 712	1	14	L	95x120	850	2400	1690	920	6/2	nur Exportmodell
D 30 S Plantage	1961 - 1964	Deutz	F 2 L 712	2	28	L	95x120	1700	2300	1900	1800	8/2	
D 30 (S) Plantage	1964	Deutz	F 2 L 812	2	28	L	95x120	1700	2300	1900	1800	8/2	
D 40.2 Plantage	1964	Deutz	F 3 L 812	3	35	L	95x120	2550	2150	1950	1580	8/2	
2.2 05-, 06- und 07-Baureihen													
D 4005 P	1965 - 1967	Deutz	F 3 L 812S	3	35	L	95x120	2550	2150	1995	1775	8/2	
D 4006 P	1968 - 1981	Deutz	F 3 L 912	3	35	L	100x120	2826	2150	2000	1765	8/2	auch 8/4-Getriebe
D 3006 Plantage	1969 - 1972	Deutz	F 2 L 912	2	30	L	100x120	1884	2300	1865	1655	8/2	
D 4206 V	1973 - 1974	Deutz	F 3 L 912	3	46	L	100x120	2826	2300	1890	1540	12/4	mit Allradantrieb 1700 kg, geplanter Paralleltyp zu Fendt F 203 P
D 2807	1982 - 1988	Deutz	F 2 L 912	2	29	L	100x120	1884	2300	1865	1840	8/2	
D 5007 Plantage	1983 - 1985	Deutz	F 3 L 912	3	50	L	100x120	2826	2300	1995	2100	8/4	
D 5007 (A) Plantage	1983 - 1985	Deutz	F 3 L 912	3	50	L	100x120	2826	2300	2060	2390	8/4	Allradantrieb
D 6507 Plantage	1983 - 1985	Deutz	F 4 L 912	4	62	L	100x120	3768	2130	2125	2550	12/4	auch 13/4-Getriebe
2.3 DX-Baureihen													
DX 36 V	1978 - 1985	Deutz	F 2 L 912	2	29	L	100x120	1884	2300	1705	1410	9/3	
DX 36 V (A)	1978 - 1985	Deutz	F 2 L 912	2	29	L	100x120	1884	2300	1955	1550	9/3	Allradantrieb
DX 50 V	1978 - 1985	Deutz	F 3 L 912	3	46	L	100x120	2826	2500	1790	1570	9/3	
DX 50 V (A)	1978 - 1985	Deutz	F 3 L 912	3	46	L	100x120	2826	2500	1825	1670	9/3	Allradantrieb
DX 55 V	1985 - 1987	Deutz	F 3 L 912	3	54	L	100x120	2826	2500	1790	1570	9/3	
DX 55 V (A)	1984 - 1987	Deutz	F 3 L 912	3	54	L	100x120	2826	2500	1825	1670	9/3	Allradantrieb
DX 3.10 V	1987 - 1990	Deutz	F 3 L 912	3	46	L	100x120	2826	2350	1915	1850	16/8	
DX 3.10 VA	1987 - 1990	Deutz	F 3 L 912	3	46	L	100x120	2826	2350	1915	2050	16/8	Allradantrieb
DX 3.30 F	1987 - 1992	Deutz	F 3 L 912	3	54	L	100x120	2826	2500	1915	2250	16/8	
DX 3.30 FA	1987 - 1992	Deutz	F 3 L 912	3	54	L	100x120	2826	2500	1920	2350	16/8	Allradantrieb
DX 3.30 V	1987 - 1992	Deutz	F 3 L 912	3	54	L	100x120	2826	2500	1915	2150	16/8	
DX 3.30 VA	1987 - 1992	Deutz	F 3 L 912	3	54	L	100x120	2826	2500	1920	2250	16/8	Allradantrieb
DX 3.50 F	1987 - 1992	Deutz	F 3 L 913	3	60	L	102x125	3064	2500	1915	2250	16/8	
DX 3.50 FA	1987 - 1992	Deutz	F 3 L 913	3	60	L	102x125	3064	2500	1915	2450	16/8	Allradantrieb
DX 3.50 V	1987 - 1992	Deutz	F 3 L 913	3	60	L	102x125	3064	2500	1915	2150	16/8	auch als DX 3.50 S
DX 3.50 VA	1987 - 1992	Deutz	F 3 L 913	3	60	L	102x125	3064	2500	1920	2250	16/8	Allradantrieb, auch als DX 3.50 S (A)
DX 3.70 F	1987 - 1992	Deutz	F 4 L 912	4	70	L	100x120	3768	2350	2045	2250	16/8	
DX 3.70 FA	1987 - 1992	Deutz	F 4 L 912	4	70	L	100x120	3768	2350	2045	2450	16/8	Allradantrieb
DX 3.70 V	1987 - 1992	Deutz	F 4 L 912	4	70	L	100x120	3768	2350	2045		16/8	
DX 3.70 VA	1987 - 1993	Deutz	F 4 L 912	4	70	L	100x120	3768	2350	2050		16/8	Allradantrieb, auch 24/12-Getriebe
DX 3.90 F	1987 - 1992	Deutz	F 4 L 913	4	75	L	102x125	4085	2350	2045	2250	16/8	auch als DX 3.90 S
DX 3.90 FA	1987 - 1992	Deutz	F 4 L 913	4	75	L	102x125	4085	2350	2045	2450	16/8	Allradantrieb, auch als DX 3.90 SA
2.4 AgroCompact-Baureihen													
a)													
AgroCompact 3.30 F	1993 - 1996	Deutz	F 3 L 912	3	54	L	100x120	2827	2500	1915	2250	16/8	Ex DX 3.30 F
AgroCompact 3.30 FA	1993 - 1996	Deutz	F 3 L 912	3	54	L	100x120	2827	2500	1915	2350	16/8	Allradantrieb, Ex DX 3.30 FA
AgroCompact 3.30 V	1992 - 1996	Deutz	F 3 L 912	3	54	L	100x120	2827	2500	1915	2150	16/8	Ex DX 3.30 V
AgroCompact 3.30 VA	1992 - 1996	Deutz	F 3 L 912	3	54	L	100x120	2827	2500	1915	2250	16/8	Allradantrieb, Ex DX 3.30 VA
AgroCompact 3.50 F	1992 - 1996	Deutz	F 3 L 913	3	60	L	102x125	3064	1915	1915	2150	16/8	Ex DX 3.50 F
AgroCompact 3.50 FA	1992 - 1996	Deutz	F 3 L 913	3	60	L	102x125	3064	2500	1915	2250	16/8	Allradantrieb, Ex DX 3.50 FA
AgroCompact 3.50 V	1992 - 1996	Deutz	F 3 L 913	3	60	L	102x125	3064	2500	1915	2150	16/8	Ex DX 3.50 V
AgroCompact 3.50 VA	1992 - 1996	Deutz	F 3 L 913	3	60	L	102x125	3064	2500	1915	2250	16/8	Allradantrieb, Ex DX 3.50 VA
AgroCompact 3.70 F	1993 - 1995	Deutz	F 4 L 912	4	70	L	100x120	3768	2350	2045	2250	16/8	Ex DX 3.70 F
AgroCompact 3.70 FA	1993 - 1995	Deutz	F 4 L 912	4	70	L	100x120	3768	2350	2045	2450	16/8	Allradantrieb, Ex DX 3.70 FA
AgroCompact 3.70 V	1992 - 1996	Deutz	F 4 L 912	4	70	L	100x120	3768	2350	2045	2250	16/8	Ex DX 3.70 V
AgroCompact 3.70 VA	1992 - 1996	Deutz	F 4 L 912	4	70	L	100x120	3768	2350	2045	2350	16/8	Allradantrieb, Ex DX 3.70 VA
AgroCompact 3.90 F	1992 - 1996	Deutz	F 4 L 913	4	75	L	102x125	4085	2350	2045	2250	16/8	Ex DX 3.90 F
AgroCompact 3.90 FA	1992 - 1996	Deutz	F 4 L 913	4	75	L	102x125	4085	2350	2045	2450	16/8	Allradantrieb, Ex DX 3.90 FA
b)													
Agrocompact 60 V	1998 - 2004	Same	1000.3 W	3	60	W	105x115,5	3000	2350	2151	2475	20/10	Allradantrieb, auch 45/45- Getriebe
Agrocompact 60 F	1998 - 2004	SAME	1000.3 W	3	60	W	105x115,5	3000	2350	2151	2525	20/10	
Agrocompact 70 V	1998 - 2006	SAME	1000.3 WTE 3	3	68	W	105x115,5	3000	2200	2151	2475	20/10	T, Allradantrieb, auch 45/45-Getriebe
Agrocompact 70 F 3	1998 - 2006	SAME	1000.3 WTE 3	3	68	W	105x115,5	3000	2200	2171	2350	20/10	
Agrocompact 70 V	1998 - 2004	SAME	1000.4 W	4	70	W	105x115,5	4000	2350	2151	2700	20/10	Allradantriebe auch 45/45-Getriebe

Baureihe	Bauzeit	Motor Hersteller	Typ	Zylinder	PS	Kühlung	Bohrung x Hub	Hubraum	Drehzahl	Radstand	Gewicht	Getriebe	Besonderheiten
Deutz-Schlepper													
Agrocompact 70 F 4	1998 - 2004	SAME	1000.4 W	4	70	W	105x115,5	4000	2350	2171	2750	20/10	Allradantrieb, auch 45/45- Getriebe
Agrocompact 80 V	1998 - 2004	SAME	1004.4 W	4	80	W	105x115,5	4000	2350	2151	2700	20/10	
Agrocompact 80 F	1998 - 2004	SAME	1000.4 WT	4	80	W	105x115,5	4000	2350	2171	2750	20/10	
Agrocompact 90 V	1998 - 2004	SAME	1000.4 WT	4	88	W	105x115,5	4000	2350	2151	2700	20/10	T, Allradantrieb, auch 45/45-Getriebe
Agrocompact 90 F	1998 - 2004	SAME	1000.4 WT	4	88	W	105x115,5	4000	2350	2171	2750	20/10	
Agrocompact 75 V	2004 - 2006	SAME	1000.4 W	4	70	W	105x115,5	4000	2200	2151	2490	20/10	Allradantrieb auch 45/45-Getriebe
Agrocompact 75 F	2004 - 2006	SAME	1000.4 W	4	70	W	105x115,5	4000	2200	2171	2490	20/10	
Agrocompact 90 V	2004 - 2006	SAME	1000.4 WT	4	83	W	105x115,5	4000	2200	2151	2490	20/10	T, Allradantrieb, auch 45/45-Getriebe
Agrocompact 90 F	2004 - 2006	SAME	1000.4 WT	4	83	W	105x115,5	4000	2200	2171	2490	20/10	
Agrocompact 100 V	2004 - 2006	SAME	1000.4 WT	4	90	W	105x115,5	4000	2200	2151	2490	20/10	
Agrocompact 100 F	2004 - 2006	SAME	1000.4 WT	4	90	W	105x115,5	4000	2200	2171	2490	20/10	
2.5 Agroplus-Allrad-Baureihe mit auf Wunsch 45/45-Gang-Stop & Go-Getriebe (Werk Treviglio)													
a)													
Agroplus F 70	2006 - 2011	SAME	1000.3 WT	3	68	W	105x115,5	3000	2200		2410	20/10	T, F = Kompaktschlepper
Agroplus S 70	2006 - 2011	SAME	1000.3 WT	3	68	W	105x115,5	3000	2200	2151	2350	20/10	T, S = Plantagenschlepper
Agroplus S 75	2006 - 2011	SAME	1000.4 W	3	71	W	105x115,5	3000	2200	2171	2700	20/10	
Agroplus S 90	2006 - 2011	SAME	1000.4 WT	4	83	W	105x115,5	4000	2200	2171	2700	20/10	TL
Agroplus S 100	2006 - 2011	SAME	1000.4 WT	4	90	W	105x115,5	4000	2200	2151	2700	20/10	TL
Agroplus F 75	2007 - 2011	SAME	1000.4 WT	4	71	W	105x115,5	4000	2200		2410	20/10	T
Agroplus F 90	2007 - 2011	SAME	1000.4 WT	4	83	W	105x115,5	4000	2000	2171	2410	20/10	TL
Agroplus F 100	2007 - 2011	SAME	1000.4 WT	4	90	W	105x115,5	4000	2000		2410	30/15	TL
b)													
Agroplus V 320 DT (E3)	2009 - 2017	SAME	1000.3 WT 2E3	3	82	W	105x115,5	3000	2200	2027	2490	30/15	TL, V = Weinbergschlepper, ab 2013 auch 45/45-Getriebe
Agroplus S 320 DT (E3)	2009 - 2017	SAME	1000.3 WT 2E3	3	82	W	105x115,5	3000	2200	2027	2490	30/15	TL, ab 2013 auch 45/45-Getriebe
Agroplus F 320 DT (E3)	2009 - 2017	SAME	1000.3 WT 2E3	3	82	W	105x115,5	3000	2200	1990	2720	30/15	
Agroplus V 410 DT (E3)	2009 - 2017	SAME	1000.4 WT	4	86	W	105x115,5	4000	2200	2157	2630	30/15	
Agroplus S 410 DT (E3)	2009 - 2017	SAME	1000. 4 WT	4	86	W	105x115,5	4000	2200	2157	2630	30/15	
Agroplus F 410 DT (E3)	2009 - 2017	SAME	1000.4 WT	4	86	W	105x115,5	4000	2200	2120	2870	30/15	
Agroplus V 420 DT (E3)	2009 - 2017	SAME	1000.4 WTI 2E3	4	95	W	105x115,5	4000	2200	2157	2630	30/15	TL
Agroplus S 420 DT (E3)	2009 - 2017	SAME	1000.4 WTI 2E3	4	95	W	105x115,5	4000	2200	2157	2630	30/15	TL
Agroplus F 420 DT (E3)	2009 - 2017	SAME	1000.4 WTI 2E3	4	95	W	105x115,5	4000	2200	2120	2870	30/15	TL
Agroplus V 330 DT E3	2011 - 2017	SAME	1000.3 WT	3	90	W	105x115,5	3000	2200	2230	2490	30/15	TL
Agroplus S 330 DT E3	2011 - 2017	SAME	1000.3 WT	3	90	W	105x115,5	3000	2200	2230	2490	30/15	TL
Agroplus V 430 DT E3	2011 - 2017	SAME	1000.4 WT	4	106	W	105x115,5	4000	2200	2230	2630	30/15	TL
Agroplus S 430 DT E3	2011 - 2017	SAME	1000.4 WT	4	106	W	105x115,5	4000	2200	2230	2630	30/15	TL
Agroplus F 430 DT E3	2011 - 2017	SAME	1000.4 WT	4	106	W	105x115,5	4000	2200	2230	2870	30/15	TL
2.6 Allrad-Spezialschlepper der Serie 5DF/DS/DV mit Außenbreite 1163-1642/1264-1517/1163-1293 mm aus Werk Treviglio (ab 2017) auch 30/15- u. 20/10-Getriebe													
5080 DF	ab 2017	FARMotion	2.9	3	75	W	103x115,5	2887	2200	2050	2617	45/45	TL
5080 DS	ab 2017	FARMotion	2.9	3	75	W	103x115,5	2997	2200	2050	2688	45/45	TL
5080 DV	ab 2017	FARMotion	2.9	3	75	W	103x115,5	2887	2200	2050	2709	45/45	TL
5090 DF	ab 2017	FARMotion	2.9	3	83/88	W	103x115,5	2887	2200	2050	2617	45/45	TL
5090 DS	ab 2017	FARMotion	2.9	3	83/88	W	103x115,5	2887	2200	2050	2688	45/45	TL
5090 DV	ab 2017	FARMotion	2.9	3	83/88	W	103x115,5	2887	2200	2050	2709	45/45	TL
5100 DF	ab 2017	FARMotion	2.9	3	91/97	W	103x115,5	2887	2200	2050	2617	45/45	TL
5100 DS	ab 2017	FARMotion	2.9	3	91/97	W	103x115,5	2887	2200	2050	2688	45/45	TL
5100 DV	ab 2017	FARMotion	2.9	3	91/97	W	103x115,5	2887	2200	2050	2709	45/45	TL
5090.4 DF	ab 2017	FARMotion	3.8	4	83/88	W	103x115,5	3849	2200	2180	2747	45/45	TL
5090.4 DS	ab 2017	FARMotion	3.8	4	83/88	W	103x115,5	3849	2200	2180	2808	45/45	TL
5090.4 DV	ab 2017	FARMotion	3.8	4	83/88	W	103x115,5	3849	2200	2180	2829	45/45	TL
5105 DF	ab 2017	FARMotion	3.8	4	97/102	W	103x115,5	3849	2200	2180	2747	45/45	TL
5105 DS	ab 2017	FARMotion	3.8	4	97/102	W	103x115,5	3849	2200	2180	2808	45/45	TL
5105 DV	ab 2017	FARMotion	3.8	4	97/102	W	103x115,5	3849	2200	2180	2829	45/45	TL
5115 DF	ab 2017	FARMotion	3.8	4	107/113	W	103x115,5	3849	2200	2180	2747	45/45	TL
5115 DS	ab 2017	FARMotion	3.8	4	107/113	W	103x115,5	3849	2200	2180	2808	45/45	TL
5115 DV	ab 2017	FARMotion	3.8	4	107/113	W	103x115,5	3849	2200	2180	2829	45/45	TL
2.6 AgroKid-Allrad-Kleinschlepper (Werk Treviglio)													
a)													
AgroKid 25 A	1996 -2000	Mitsubishi	K 3 F-D	3	25	W	78x78	1118	3000	1540	1200	12/12	Allradantrieb, urspünglich als AgroKid 3.25
AgroKid 25 A HAST	1996 - 2000	Mitsubishi	K 3 F-D	3	25	W	78x78	1118	3000	1540	1200	Hydr.	Allradantrieb
AgroKid 35 A	1996 - 2000	Mitsubishi	K 4 F-D	4	35	W	78x78	1490	3000	1630	1235	12/12	Allradantrieb, ursprünglich als AgroKid 4.35
AgroKid 45 A	1996 - 2000	Mitsubishi	K 4 F-DT	4	42	W	78x78	1490	3000	1700	1260	12/12	T, Allradantrieb, ursprüng-lich als AgroKid 4.45

Deutz-Schlepper

Baureihe	Bauzeit	Motor Hersteller	Typ	Zylinder	PS	Kühlung	Bohrung x Hub	Hubraum	Drehzahl	Radstand	Gewicht	Getriebe	Besonderheiten
Agrokid 25 A	2000 - 2004	SAME	S3L2-61 ST	3	27	W	78x92	1318	3000	1540	1280	12/12	Allradantrieb
Agrokid 35 A	2000 - 2004	SAME	S4L-61 ST	4	35	W	78x78,5	1500	3000	1630	1380	12/12	T, Allradantrieb
AgroKid 45 A	2000 - 2004	SAME	S4L-T61 ST	4	42	W	78x78,5	1500	3000	1700	1465	12/12	T, Allradantrieb
b)													
Agrokid 30 (ab 2006 Agrokid 35)	2005 - 2007	Mitsubishi	S4L-61 ST	4	33	W	78x78,5	1500	3000	1746	1250	12/12	Allradantrieb, ab 2006 Motor S4L2-T
Agrokid 40 (ab 2006 Agrokid 45)	2005 - 2007	Mitsubishi	S4L-T61 ST	4	40	W	78x78,5	1500	3000	1746	1300	12/12	T, Allradantrieb, ab 2006 Motor S4L-Y162ST
Agrokid 5 (ab 2006 Agrokid 55)	2005 - 2007	Mitsubishi	S4L2-T 61 ST	4	47	W	78x92	1758	3000	1746	1320	12/12	T, Allradantrieb, ab 2006 Motor S4L2-Y-162 ST
c)													
Agrokid 210	2008 - 2019	Mitsubishi	S4L-Y162ST	4	39	W	78x78,5	1500	3000	1745	1600	12/12	Gewicht mit Kabine, ab 2011 35 PS
Agrokid 220	2008 - 2019	Mitsubishi	S4L- Y1T62ST	4	43	W	78x78,5	1500	3000	1745	1640	12/12	T, Gewicht mit Kabine, ab 2011 41 PS
Agrokid 230	2008 - 2019	Mitsubishi	S4L-T	4	50		78x92	1758	3000	1745	1700	12/12	T, Gewicht mit Kabine, ab 2011 47 PS
3. Geräteträger													
Unisuper G 2501	1966/67	Deutz	F 2 L 812	2	25	L	95x120	1700	2200	2700	1670	8/4	Eicher-Konstruktion
Unisuper G 3001	1966/67	Deutz	F 2 L 812	2	30	L	95x120	1700	2350	2700	1920	8/4	
Unisuper G 4001	1967 - 1968	Deutz	F 3 L 812 D	3	40	L	95x120	2550	2150	2700	2020 - 2940	8/4	
4. Intrac-Fahrzeuge													
a) Radfahrzeuge													
Intrac 2002	1972 - 1974	Deutz	F 3 L 912	3	51	L	100x120	2826	2300	2200	2680	12/4	auch 8/4-Getriebe, mit Allradantrieb 3050 kg
Intrac 2011 R	1973	Deutz	F 8 L 413 F	V8	256	L	125x130	12760	2500	2600	7900	Hydr.	Schneefräse
Intrac 2003	1974 - 1979	Deutz	F 4 L 912	4	60	L	100x120	3768	2300	2200	2830	8-12/4	auch 8-13/4-Getriebe, mit Allradantrieb 3200 kg
Intrac 2005	1974 - 1975	Deutz	F 5 L 912	5	80	L	100x120	4710	2500	2500	3900	Hydro.	Allradantrieb
Intrac 2006	1975	Deutz	F 6 L 913 H	6	116	L	102x125	6128	2500	2650	4940	Hydro.	Allradantrieb
Intrac 2004	1978 - 1989	Deutz	F 4 L 912	4	70	L	100x120	3768	2300	2200	3630	12/4	Allradantrieb
INtrac 6.05	1988 - 1990	Deutz	F 6 L 912	6	98	L	100x120	5655	2300	2703	4900	24/6	Allradantrieb
INtrac 6.30	1988 - 1990	Deutz	F 6 L 913	6	116	L	102x125	6128	2400	2703	6230	48/12	Allradantrieb
INtrac 6.30 turbo	1988 - 1990	Deutz	BF 6 L 913 T	6	126	L	102x125	6128	2400	2703	6230	48/12	T, Allradantrieb
INtrac 6.60	1988 - 1990	Deutz	BF 6 L 913	6	150/160	L	102x125	6128	2300	2703	6300	48/12	T, Allradantrieb, auch 20/5-Getriebe
b) Kettenfahrzeug													
Intrac 2011 K	1973	Deutz	F 8 L 413 F	V8	256	L	125x130	12760	2500	2600	8000	Hydr.	Schneefräse
5. Raupenschlepper													
5.1 Raupenschlepper für Land- und Forstwirtschaft													
RS 1500 Waldschlepper	1945 - 1948	Deutz	F 4 L 514	4	65/70	L	110x140	5320	2100		3800	4/1	Halbraupe, Fertigung im Werk Ulm
F 4 L 514 Raupe (DK 60)	1953 - 1958	Deutz	F 4 L 514	4	60	L	110x140	5320	1600		5400	5/3	
F 6 L 514 Raupe (DK 90)	1955 - 1956	Deutz	F 6 L 514	6	90	L	110x140	7978	1650		8500	5/4	
DK 75 A	1960 - 1963	Deutz	F 4 L 514/5	4	65	L	110x140	5320	1800		6200	5/3	
DK 100	1960 - 1963	Deutz	F 6 L 514	6	100	L	110x140	7978	1800		8950	5/4	
5.2 Kleinraupen für Weinbau und Sonderkulturen													
a) Serie 5KF													
5090 KF	ab 2021	FARMotion	2.9	3	88	W	103x115,5	2887	2200	1650	4260	16/16	TL, auch 12/12-Getriebe
5100 KF	ab 2021	FARMotion	2.9	3	97	W	103x115,5	2887	2200	1650	4310	16/16	TL, auch 12/12-Getriebe
b) Serie 5KM													
5105 KM	ab 2021	FARMotion	3.8	4	102	W	103x115,5	3849	2200	1850	5080	16/16	TL, auch 12/12-Getriebe
5115 KM	ab 2021	FARMotion	3.8	4	113	W	103x115,5	3849	2200	1850	5080	16/16	TL, auch 12/12-Getriebe
c) Serie 5K													
5115 5K	ab 2021	FARMotion	3.8	4	113	W	103x115,5	3849	2200	1850	5260	16/16	TL, auch 12/12-Getriebe

Dexheimer

Maschinenfabrik Dexheimer GmbH,
Wallertheim, Bahnhofstr. 23
1. 1965–1969 **G. Dexheimer Landmaschinen KG**
2. 1969–1989 **Maschinenfabrik Dexheimer u. Co. KG**
3. 1989–2013 **Maschinenfabrik Dexheimer GmbH**

1885 gründete Georg Dexheimer in Wallertheim/Rheinhessen eine Landmaschinenhandlung und Reparaturwerkstatt, die sich auch bald der Eigenfertigung von Weinpressen und anderen landwirtschaftlichen Geräten zuwandte. Ein erstes Spezialfahrzeug für den Weinbau bildete 1958 der für die Firma Platz in Frankental gefertigte »Platz-Schlepper«. Das selbstfahrende Sprühgerät »Rheinland« für Sonderkulturen besaß im vorderen Bereich einen großen Holztank; die Antriebsaggregate stammten von Holder. Nachdem das Unternehmen jahrelang Fahr- und IHC-Schlepper vertrieben hatte, nahm es dann in den Sechzigern die Eigenentwicklung und Fertigung von speziellen Weinbergschleppern auf. Der 1965 vorgestellte und ab 1966 im Kleinserienbau gefertigte Allrad-Schlepper »AL 222« war mit einem Farny & Weidmann- (Farymann-) Zweizylinder-V-Motor mit 22 PS sowie Hurth-Lenkachse und Hurth-Getriebe (später Hurth-Italiana) ausgestattet (auf Wunsch auch 6/6-ZF-Getriebe) und verfügte über Differentialsperren vorne wie hinten. Durch die tiefe Schwerpunktlage sowie durch die entsprechende Bereifung eignete sich der Schlepper auch für den Einsatz in Steillagen.

28-PS-Dexheimer-Schmalspurschlepper AL 222 A, 1974. Foto: Dexheimer

Aus Kapazitätsgründen vergab das Unternehmen 1968 eine Fertigungslizenz an die Firma Bungartz & Peschke, die den »Dexheimer« ebenfalls, allerdings mit einem Deutz-Diesel, fertigte. Nach der Errichtung einer neuen Fertigungshalle standen 1969 die eigenen Fertigungskapazitäten bereit. Der Schlepperbau unter der Geschäftsführung von Eduard Lenga (aus der Dexheimer-Familie) wurde unter der Firmierung Maschinenfabrik Dexheimer & Co. KG aus dem Landmaschinen-Betrieb Georg Dexheimer KG ausgegliedert, um günstiger an Beteiligungskapital zu kommen.

Auch Dexheimer ging vom unruhig laufenden Farymann-Diesel ab und setzte luftgekühlte MWM-Triebwerke ein. Im Jahre 1974 erschien die 2. Dexheimer-Schmalspurschlepper-Generation mit Portalgetrieben und überarbeiteter Haube. Neben dem immer wieder verbesserten und jetzt mit MWM-Diesel ausgestatteten Einsteigermodell »222« stellte der »345 AL« das neue Zugpferd mit hydraulischer Lenkung dar. Ab 1976 gab es dann die Standardausführung »N« (normal), »S« (schmal) und »SK« (schmal-kompakt). Letztere waren für den Einsatz in Gewächshäusern gedacht. Die Standardausführung gipfelte 1977 in der Version »370 turbo« mit einem aufgeladenen 70-PS-Motor.

Auf einer Weinbauausstellung im Jahre 1979 führte das Unternehmen unter der Leitung des Sohnes Rainer Lenga, der 1977 die Geschäftsführung übernommen hatte, dann den »AL 480« mit 80-PS-Motor vor, der einen hydrostatischen Allradantrieb und eine Außenbreite von 1080 mm besaß. Die Lenkhydraulik ermöglichte ein Wenden auf der Stelle.

Dexheimer gab die Fertigung an den französischen Weinbaumaschinen-Hersteller GRÉGOIRE in Cognac ab. Auch der hydrostatisch angetriebene Spezial-Geräteträger »ALH 465« mit Hatz-Silent-Motor ging nicht in den Serienbau.

1985 folgten die »SC«-Modelle der 3. Baureihe. Dabei handelte es sich um kompakte Schmalspurschlepper mit einer Außenbreite von nur 930 mm. Die 30 bis 65 PS starken, mit wassergekühlten MWM-Motoren ausgestatteten Fahrzeuge besaßen SIGE-Außenplaneten-Lenkachsen, die einen Lenkeinschlag von 50 Grad ermöglichten. Getriebe des Schweizer Getriebeherstellers Devon kamen nun zum Einbau. Optisches Merkmal der neuen Reihe war die Haube mit Rechteckscheinwerfern, der Scheinwerferhersteller Hella hatte die Produktion von runden Lampen eingestellt. Für den Einsatz in Gewächshäusern gab es die Modelle »342 C«, »345 C« und »370 C«. Die mit wassergekühlten Motoren ausgestatteten Baureihen »250 SC« und »360 SC« erhielten zur Unterbringung der Kühlanlage eine neu gestaltete, größere Haube. Diese Verkleidung mit der auffallenden seitlichen Einbuchtung überdeckte wenig später alle SC-Modelle.

Eine eigenständige Plantagenschlepper-Baureihe gab es in der Zeit von 1987 bis 1995, die sich durch Standardachsen auszeichnete und somit eine Außenbreite von 1800 mm besaß.

Mit den beiden Modellen »360« und »380« präsentierte Dexheimer 1995 die »Integral«-Baureihe als 4. Generation. Zu ihren Besonderheiten gehörten auf Wunsch eine Plattformkabine mit Schottwand und Vollklimatisierung und Bordinformationssystem. Lochmann in Nals/Südtirol liefert diese Kabine an. Eine neue, abgerundete Haube überdeckte den Motor. Load Sensing-Steuergerätetechnik sowie eine elektronische Hubwerksregelung mit Schwingungsdämpfung und eine elektro-hydraulische Komfortschaltung für die jetzt verwendeten Carraro-12-Gang-Getriebe waren

50-PS-Dexheimer-Schmalspurschlepper AL 345, 1976. Foto: Dexheimer

nun Standard der Dexheimer-Modelle. Eine Lenktriebachse von Devon ermöglichte einen Lenkeinschlag von 56 Grad.

Mit der Ende 2000 präsentierten und Anfang 2001 im Serienbau gefertigten Baureihe 400 stellte Dexheimer die 5. Generation vor. Da die MWM-Motoren nicht mehr zur Verfügung standen, nutzte Dexheimer Vierzylinder-FPT-Triebwerke (Fiat Powertrain), auch als IVECO-Aifo-Motoren bezeichnet. Die automatische Fahrkupplung TCC (Tractor-Clutch-Control) und eine automatische Wendeschaltung (TCR, Tractor-Clutch-Reverse) sowie ab 2004 eine gefederte 58-Grad-Lenktrieb-Planetenachse von Carraro zeichneten diese Modelle erstmals aus. Äußerlich sind diese Modelle an der neuen, sich vorne verjüngenden Haube zu erkennen.

60-PS-Dexheimer-Schmalspurschlepper 360 SC, 1995.

75-PS-Dexheimer-Schmalspurschlepper 380 Si, 1995.

Mit den verschärften Abgasnormen entsprechenden, im Hubraum vergrößerten und auch PS-stärkeren Motoren startete Ende 2006/Anfang 2007 die aktuelle 5. Generation mit gefederter und niveauregulierter Vorderachse, um den Bodenkontakt stets zu garantieren. Über einen Lenkwinkelsensor wird das Zu- und Abschalten des vorderen Antriebs ab einem bestimmten Lenkeinschlag aktiviert. Die Wankdämpfung stabilisiert das Fahrzeug in der Längsrichtung. Ab 2008 erhielten die Fahrzeuge eine überarbeitete Frontzapfwelle und einen neuen Frontkraftheber, abgestimmt auf den eigenen Frontlader.

Rund 7000 Dexheimer-Schlepper konnte der 30 Mann starke, unabhängige Schlepperbetrieb bis zur Einstellung im Jahre 2013 fertigen. Die erneut verschärften Abgasbestimmungen hätten den Einbau neuer Motoren bedeutet, die wiederum eine aufwendige und kostspielige Umkonstruktion der Schlepper zur Folge gehabt hätten, wozu die Firma nicht mehr bereit war. Die getrennt geführte Handelsfirma Dexheimer befasst sich hingegen unter anderem mit dem Import der Case-New-Holland-Ackerschlepper, der Traubenvollernter der Firma GRÉGOIRE und der schweizerischen Sutter-Weinpressen für Deutschland.

50/55-PS-Dexheimer-Schmalspurschlepper 345 SC, 1985.

Dexheimer-Schmalspurschlepper

Baureihe	Bauzeit	Motor Hersteller	Typ	Zylinder	PS	Kühlung	Bohrung x Hub	Hubraum	Drehzahl	Radstand	Gewicht	Getriebe	Besonderheiten
1. Anfangsbaureihe mit Außenbreite 900 mm													
AL 222	1965 - 1971	Farymann	P	V2	20/22	L	90x95	1276	2500	1520	1030	6/1	Allradantrieb, auch 6/6-Getriebe
AL 223	1967 - 1973	Farymann	S	2	30	L	90x105	1548	2500	1520	1050	6/1	
2. Zweite Dexheier-Baureihe mit Außenbreite 930 - 1600 mm													
345 AL	1969 - 1975	MWM	D 325-3	3	45	L	95x105	2330	3000	1750	1665	8/2	Allradantrieb, auch 12/4- und 16/4-Getriebe
222	1970 - 1974	MWM	D 325-2	2	32	L	95x120	1700	3000	1500	1200	6/1	
222	1974 - 1980	MWM	D 302-2	2	28	L	95x105	1488	2500	1500	1250	6/1	
222 A	1974 - 1980	MWM	D 302-2	2	28	L	95x105	1488	2500	1500	1280	6/1	Allradantrieb
232	1974 - 1978	MWM	D 325-2	2	32	L	95x120	1700	2800	1500	1200	6/1	
236	1974 - 1980	MWM	D 325-2	2	36	L	95x120	1700	3000	1500	1200	6/1	
240	1976 - 1985	MWM	D 327-2	2	35	L	100x120	1888	2300	1720	1280	8/2	
240 A	1976 - 1985	MWM	D 327-2	2	35	L	100x120	1888	2300	1720	1420	8/2	
240 SK	1976 - 1985	MWM	D 327-2	2	35	L	100x120	1888	2300	1580	1400	8/2	SK für »schmal und kurz«
345	1976	MWM	D 327-3	3	50	L	100x120	2827	2300	1750	1625	12/4	auch 12/8- und 16/4-Getriebe, Radstand 1860 mm
345 N	1976 - 1985	MWM	D 327-3	3	50	L	100x120	2827	2300	2060	1625	12/4	Allradantrieb, auch 12/8- und 16/4-Getriebe, Außenbreite 1010 mm
345 S	1976 - 1984	MWM	D 327-3	3	50	L	100x120	2827	2300	1860	1560	12/4	Allradantrieb, auch 12/8- und 16/4-Getriebe, Außenbreite 865 - 930 mm
345 SK	1976 - 1984	MWM	D 327-3	3	50	L	100x120	2827	2300	1720	1440	12/4	Allradantrieb, auch 12/8- und 16/4-Getriebe, Außenbreite 885 mm
345 K	um 1980	MWM	D 327-3	3	55	L	100x120	2827	2300	1560		12/4	auch 16/4-Getriebe
370 turbo	1977 - 1987	MWM	TD 327-3	3	65	L	100x120	2927	2300	2060	1800	8/4	T, Allradantrieb, auch 12/8-Getriebe
Hinterrad 222	1980 - 1985	MWM	D 302-2	3	30	L	95x105	1488	2500	1680	1100	6/1	
Allrad 222	1980 - 1985	MWM	D 302-2	3	30	L	95x105	1488	2500	1680	1220	6/1	Allradantrieb, auch 12/8-Getriebe
3.1 Schlepper der SC/Schmalspur-Compaktklasse mit Außenbreite 930 - 1600 mm													
222 SC	1985 - 1991	MWM	D 302-3	3	30	L	95x105	1488	2500	1560	1280	8/4	auch 12/8-Getriebe
240 SC	1985 - 1991	MWM	D 327-2	2	35	L	100x120	1885	2500	1620	1390	8/4	auch 12/8-Getriebe
250 SC	1985 - 1995	MWM	D 226-2	2	41	W	105x120	2080	2350	1630	1390	8/4	Allradantrieb, auch Radstand 1650 mm, auch 12/8-Getriebe
342 SC A	1985 - 1995	MWM	D 302-3	3	42	L	95x105	2232	2300	1770	1580	8/4	Allradantrieb, auch 12/8-Getriebe
345 SC	1985 - 1991	MWM	D 327-3	3	50/55	L	100x120	2827	2300	1935	1600	8/4	auch 12/8-Getriebe
360 SC	1986 - 1991	MWM	D 226-3B	3	60	W	105x120	3117	2250	1770	1640	8/4	
370 SC turbo	1986 - 1987	MWM	TD 327-3	3	65	L	100x120	2827	2300	1770	1800	8/4	T, auch 12/4-, 12/8- und 16/4-Getriebe
370 SCA turbo	1987 - 1991	MWM	TD 327-3	3	65	L	100x120	2827	2300	1940	1685	8/4	T, Allradantrieb, auch 12/4-, 12/8- und 16/4-Getriebe
250 SC	1991 - 1995	MWM	TD 226-2B	2	42	W	105x120	2080	2350	1620	1390	0/4	T, auch 12/8 oder 16/8-Getriebe, Radstand 1650 mm
250 SC A	1991 - 1995	MWM	TD 226-2B	2	42	W	105x120	2080	2350	1620	1390	8/4	T, Allradantrieb, auch 12/8- und 16/8-Getriebe
3.2 Allrad-Plantagenschlepper mit Außenbreite 1800 mm													
250 PC A	1987 - 1991	MWM	TD 226-2B	2	42	W	105x120	2080	2350	1630	1700	8/4	T, auch 12/8- und 16/8-Getriebe
345 PC A	1991 - 1995	MWM	D 327-3	3	50	L	100x120	2827	2300	1770	1850	8/4	auch 12/8- und 16/8-Getriebe
360 PC A	1991 - 1995	MWM	D 226-3B	3	60	W	105x120	3117	2300	1770	1900	8/4	
370 PC A	1991 - 1995	MWM	D 327-3	3	65	L	100x120	2827	2300	1770	1950	8/4	
4. Allradschlepper der Si-Baureihe mit Außenbreite 1030 - 1600 mm													
360 Si A	1995 - 2001	MWM	D 226 B-3	3	60	W	105x120	3117	2350	1930	1895	12/12	ohne Kabine
360 Si A Integral	1995 - 2001	MWM	D 226 B-3	3	60	W	105x120	3117	2350	1930	2285	12/12	mit Integralkabine
380 Si A	1995 - 2001	MWM	TD 226 B-3	3	75	W	105x120	3117	2200	1930	1900	12/12	T, ohne Kabine
380 Si A Integral	1995 - 2001	MWM	TD 226 B-3	3	75	W	105x120	3117	2180	1930	2290	12/12	T, mit Integralkabine
5. Allradschlepper der 400er Baureihe mit Außenbreite 1050 - 1420 mm													
460 Si A Integral	2000 - 2007	FPT	8045.05	4	62	W	104x115	3908	2300	2000	2300	12/12	
470 Si A Integral	2000 - 2007	FPT	8045.05	4	72	W	104x115	3908	2300	2000	2300	12/12	
480 Si A Integral	2000 - 2007	FPT	8045.25	4	80	W	104x115	3908	2300	2000	2360	12/12	T
490 Si A Integral	2000 - 2007	FPT	8045.25	4	90	W	104x115	3908	2350	2000	2380	12/12	T
6. Allradschlepper der 500er Baureihe mit Außenbreite 1050 - 1420 mm													
507 Si Integral	2007 - 2013	FPT	NEF NA	4	72	W	104x132	4485	2250	1980	2350	12/12	
508 Si Integral	2007 - 2013	FPT	NEF NA	4	80	W	104x132	4485	2300	1980	2400	12/12	
509 Si Integral	2007 - 2013	FPT	NEF TC	4	90	W	104x132	4485	2250	1980	2420	12/12	T
510 Si Integral	2007 - 2013	FPT	NEF TC	4	101	W	104x132	4485	2300	1980	2430	12/12	T
7. Spezialfahrzeuge													
ALH 465	1979	Hatz	4L30C	4	60	L	95x100	2832	3000			Hydr.	Geräteträger-Prototyp mit hydrostatischem Antrieb
AL 480	1979	MWM	D 226-4	4	80	W	105x120	4154	2800	1850	2150	Hydr.	Prototyp mit hydrostatischem Antrieb

Diephilos

Fahrzeugfabrik Philipp Lorenz, Abt. Traktorenbau,
Seiffen im Erzgebirge, Bahnhofstr. 8–12

1. 1945–1946 **Fahrzeugfabrik Philipp Lorenz, Abt. Traktorenbau,** Seiffen im Erzgebirge, Bahnhofstr. 8–12
2. 1948–1958 **Paul Lorenz (ab 1954 Gottfried P. Lorenz), Landmaschinen- und Fahrzeugbau,** Heidersdorf

25-PS-Diephilos-Schlepper mit Junkers-Diesel, 1946. Foto: Eckard Lorenz

Die Brüder Philipp (1907–1987) und Gottfried Lorenz (1910–1978) richteten gleich nach dem Krieg im Reparatur- und Anhängerbau-Betrieb ihres Vaters Paul Lorenz, der vor dem Krieg Anhänger baute, verkaufte und reparierte sowie Lkw-Aufbauten fertigte, eine Traktorenmontage ein. Pläne hierzu hatten schon vor dem Krieg bestanden. Aus Restbeständen der teilzerstörten Maschinenfabrik Prometheus GmbH in Berlin-Reinickendorf konnten sie noch Einheitsgetriebe erlangen. Dreizylinder-MWM-Motoren, die für Generatorsätze vorgesehen waren, konnten sie aus einem Wehrmachts-Reservedepot besorgen. Die vordere Pendelachse sowie die Blechteile mussten hingegen in eigener Regie gefertigt werden. Darunter war auch eine Kabine, die in fortschrittlicher Weise den Schlepperfahrer vor Wind und Wetter schützte. Über Zapfwelle, Mähbinder-, Spill- und Riemenscheibe sowie Mähbalkenantrieb verfügte der 33 PS starke Schlepper. Der Schriftzug »Diephilos«, seitlich an der Kühlermaske angebracht, stand für »Diesel, Philipp, Lorenz, Seiffen«.

Aufgrund der immensen Nachfrage nach Traktoren für die Landwirtschaft konnten die absolut solid gebauten Fahrzeuge im umliegenden Gebiet direkt von der Werkbank ab verkauft werden. Nach Aufbrauch der MWM- und der inzwischen auch besorgten Junkers-Gegenkolben-Motoren musste aufgrund des von der SED inszenierten Volksentscheides vom 30. Juni 1946 über die »Enteignung der Nazi- und Kriegsverbrecher und der Überführung ihrer Betriebe in Volkseigentum« der Bau nach 50 montierten Schleppern aufgrund der einstigen Produktion von Wehrmachtsanhängern eingestellt werden. Gottfried Lorenz wurde als Technischer Leiter im nun enteigneten Reparaturbetrieb verpflichtet, das Sagen hatte ein unbedarfter Parteifunktionär.

Die Brüder Philipp und Gottfried Lorenz fassten trotz widrigster Umstände 1946 den Mut, auf den Namen des Vaters Paul Lorenz im benachbarten Heidersdorf erneut einen Reparaturbetrieb aufzubauen. Unter

33-PS-Diephilos-Schlepper, 1946. Foto: Eckhard Lorenz

22-PS-Fahrlo-Schlepper »Fahrlo 22«, um 1955.

der Bezeichnung »Fahrlo« (für Fahrzeugbau Lorenz) entstanden dort ab 1948 wiederum in Einzelmontage Traktoren mit vom VEB Energie- und Kraftmaschinenbau (EKM) in Chemnitz gebauten Ein- und Zweizylinder-Junkers-Gegenkolbenmotoren. Für die Kraftübertragung nutzten die Lorenz-Brüder – Philipp flüchtete schon 1949 in den Westen, um der Verhaftung zuvorzukommen – übriggebliebene Fünfganggetriebe des demontierten Stock-Traktorenbaus in Berlin sowie Viergangetriebe, die für die Nordhäuser Brockenhexe produziert wurden.

Der Notlage entsprechend verbaute Lorenz auch angelieferte Gebrauchtmotoren und -getriebe. Auch Ein- und Zweizylinder-Deutz-Lizenzmotoren kamen zum Einbau. Restexemplare der Rundhaube der Brockenhexe überdeckten schließlich die »Fahrlos«. Als die »Fahrlo«-Schlepper-Montage 1958 aus Kostengründen aufgegeben werden musste, wurde der Betrieb »Produktionspartner« für das Industriewerk Karl-Marx-Stadt (damalige Bezeichnung für Chemnitz). Gottfried Lorenz entwickelte hier aus einem schon vor und während des Krieges gefertigten Transportanhänger das Fahrgestell für den Wohnzelt-Anhänger »Camptourist CT 5«, der im Westen auch unter dem Namen »Alpenkreuzer« angeboten wurde.

22-PS-Fahrlo-Schlepper »Fahrlo 22« mit Haube der »Brockenhexe«, um 1955.

Diephilos-Schlepper

Baureihe	Bauzeit	Motor Hersteller	Typ	Zylinder	PS	Kühlung	Bohrung x Hub	Hubraum	Drehzahl	Radstand	Gewicht	Getriebe	Besonderheiten
Diephilos 33 PS	1946 - 1947	MWM	KD 215 D	3	33	W	100 x 150	3580	1500	1690	2160	4/1	auch Radstand 1750 mm
Diephilos 25 PS	1946 - 1947	Junkers	2 HK 65 A	2	25	W	65x90/120	1392	1500	1690		4/1	
Fahrlo 11 PS	1950 - 1959	Elbe-Werke	1 NVD 14	1	11	W	100x140	1099	1500			4/1	Lizenz-Deutz-Motor F 1 M 414
Fahrlo 12,5 PS	1950 - 1958	KMW Leipzig	1 HK 65 A	1	12,5	W	65x90/120	696	1500		1450	6/2	auch 5/1-Getriebe
Fahrlo 22 PS	1950 - 1959	MWM	KD 15 Z	2	22	W	95x150	2125	1500		1700		Gebraucht-Motoren
Fahrlo 22 PS	1950 - 1958	Schönebeck	2 NVD 14	2	22	W	100x140	2198	1500				Lizenz-Deutz-Motor F 2 M 414
Fahrlo 25 PS	1950 - 1958	KMW Leipzig	2 HK 65 B	2	25	W	65x90/120	1392	1500				

Dietmann

Dietmann,
Werdau,
1939

Mit einem 12-PS-Deutz-Diesel erschien 1939 der »Dietmann«-Schlepper. Der bevorstehende Zweite Weltkrieg wie auch die bereits in Vorbeitung befindliche Vereinheitlichung des Fahrzeugbaus im Rahmen des Schell-Plans ließen aber keine Weiterentwicklung oder gar eine Serienfertigung zu.

Dinos

1. 1918-1920 **Kraftfahrzeug-Aktiengesellschaft LUC (Loeb & Compagnie),** Berlin-Charlottenburg, Fritsche Str. 27/28
2. 1920-1924 **Dinos Automobilwerk (auch Automobilwerke) AG,** Berlin-Hohenschönhausen, Goeckestr. 1 – 2 und Berlin-Tempelhof, Oberlanstr. 36/40

Aus dem 1905 von Ludwig Loeb gegründeten Automobil-Handelsunternehmen ging die Kraftfahrzeug-Aktiengesellschaft LUC hervor. 1920 übernahm der Stinnes-Konzern den Betrieb und nannte ihn Dinos-Automobilwerke.

Dinos-Raupen

Baureihe	Bauzeit	Motor Hersteller	Typ	Zylinder	PS	Kühlung	Bohrung x Hub	Hubraum	Drehzahl	Radstand	Gewicht	Getriebe	Besonderheiten
Z 20	1918	Loeb		2	25	W	130x155	4112	900		2600/3100	3/1	
Z 20	1920	Dinos		2	32	W	130x155	4112	1200		2600	3/1	
Z 20	1922	Dinos		4	16/35	W	95x145	4109	900/1200		3060	3/1	auch 25 PS

Als nach dem Ende des Ersten Weltkrieges der Absatz der Regeldreitonner zusammengebrochen war, begann das Berliner Unternehmen mit der Produktion der leichten »Dinos«-Raupe. (Welche Beziehungen zur dort auch ansässigen Deutschen Motorpflug- und Lokomotivfabrik bestanden, sind bisher ungeklärt.) Der von Joseph Vollmer und seiner Deutschen Automobil-Constructions GmbH entworfene Dinos-Raupenschlepper »Z 20« wurde von 1918 bis 1924 gebaut und als Zugmaschine an die Feld- und Forstwirtschaft geliefert. Als Antriebskraft dienten eigene Motoren mit 25, 32 und 35 PS, die das Fahrzeug auf 8,5 km/h brachten. Gesteuert wurde die Raupe über Einzelbremsung der Differentialhälften in der Hinterachse über Lenkrad oder Lenkhebel. Die Fahrzeugbremsung erfolgte über eine Bandbremse am Getriebeausgang. Sechs Schraubenfedern über jeder Rolle im Rollenrahmen zwischen den Haupträdern drückten die Kette auf den Boden. Zur Serienausstattung gehörte die Verkleidung des Fahrerplatzes einschließlich eines Blechdachs. 1924 wurde das Unternehmen aufgelöst.

35-PS-Dinos-Raupe bei der Holzabfuhr, 1922.

Dolmar

Dolmar Maschinenfabrik GmbH,
Hamburg-Bahrenfeld, Brahmstr. 75,
1949–1952

Elmar Lerp (1886 – 1966) entwickelte 1927 die weltweit erste Kettensäge mit Benzinmotor, die er auf dem südthüringischen Berg Dolmar vorführte. Seine daraufhin gegründete Fabrik für Kettensägen nutzte den Namen Dolmar für die Produkte. Nach dem Krieg konstruierte das Unternehmen nach einer Idee von Dipl.-Ing. A. Lange und Dipl.-Ing. Leip einen dreirädrigen Behelfsschlepper. Ein abnehmbarer, eigener 8-PS-Vergasermotor konnte auf den speziell für Forstzwecke gebauten Kleinschlepper aufgesetzt werden. Der Motor konnte andererseits auch für den Antrieb einer Motorsäge verwendet werden. Gedacht zum Transport von einem Festmeter Holz und zum Rücken von Baumstämmen, erhielt dieses Gerät die Bezeichnung »Dolmar-Rückeschlepper« oder auch »Eiserner Esel«. Die Fertigung der Fahrzeuge übernahm die Firma Otto Häcker in Niederramstadt. Das spätere Sachs-Dolmar-Werk ist 1991 von dem japanischen Elektrowerkzeug-Hersteller Makita als Vertriebsstützpunkt übernommen worden.

8-PS-Dolmar-Rückeschlepper, 1949.

Dolmar-Rückeschlepper

Baureihe	Bauzeit	Motor Hersteller	Typ	Zylinder	PS	Kühlung	Bohrung x Hub	Hubraum	Drehzahl	Radstand	Gewicht	Getriebe	Besonderheiten
Rückeschlepper	1949	Dolmar	CL 250	1	8	L	68x68	250	1440	1710	400	6/2	Vergasermotor

Dreyer

Heinrich Wilhelm Dreyer, Amazonenwerk,
Gaste b. Osnabrück,
1964

Die 1883 in Gaste bei Osnabrück gegründete Landmaschinenfabrik mit der Marke Diadem stellte 1964 Prototypen eines 13 und eines 20 PS starken Kultur- und Weinbergschleppers mit Lombardini-Motoren vor. Zum Serienbau kam es nicht. In den 1980er Jahren wurde das Unternehmen aufgelöst.

Dünkel

Fritz Dünkel, Kraftfahrzeuge,
Rudolstadt, Burgstr. 24,
1938–1950

Schmiedemeister Fritz Dünkel (1907–1950) befasste sich in seinem Reparatur- und Verkaufsbetrieb für DKW-Motorräder im Jahre 1938, angeregt durch seinen Nachbarn, dem Brummer-Schlepper-Hersteller Raimund Hartwig, mit der Montage von einfachen Zugmaschinen. Mit Hatz-Zweitaktdieselmotoren der Baureihe L2 und mit Deutz-Stationärmotoren der Baureihe MAH 714 entstand eine Handvoll Fahrzeuge. Nach dem Krieg wandte sich Fritz Dünkel erneut der Schleppermontage zu. Der Notzeit entsprechend nutzte er gebrauchte Motoren und Fahrgestelle, die irgendwie zu bekommen waren. So erhielt ein Modell einen 10-PS-Hatz-Glühkopfmotor von 1932! Nachfolgende Rahmenbautypen wurden mit dem Junkers-Gegenkolbenmotor vom Typ 2 HK 65 des VEB Energie- und Kraftmaschinenbau (EKM) in Chemnitz versehen. Mit dem frühen Tod von Fritz Dünkel endete die Schlepperfertigung nach 12 hergestellten Modellen.

Dünkel-Behelfsschlepper mit Hatz-Glühkopfmotor, 1949. Foto: Horst Dünkel

Dürkopp

Dürkopp-Werke AG,
Bielefeld, Moltkestr. 2,
Werk Berlin-Tempelhof, Jägerstr. 17,
1924–1927

Die Fahrzeugfabrik Dürkopp und der Vergaserhersteller Pierburg gründeten 1924 im Berliner Dürkopp-Werk, der Anlage der einstigen Berliner Motorwagen-Fabrik GmbH (BMF), die Firma Comfräsch, die unter der Leitung von Direktor Walter Goeldner den »Comfräsch«-Raupenschlepper (»Combinierter Fräser-Scharpflug«) herstellen sollte. Goeldner, der 1916 das 80 PS starke Dürkopp-Raupen-Transportfahrzeug »Dürwagen« konstruiert hatte, knüpfte mit der Konstruktion an die Technik des »Landbaumotors« von Lanz an, der zu dieser Zeit aber nicht mehr zeitgemäß war. Die Raupe war in Blockbauart mit einem Hilfsrahmen für das Laufwerk aufgebaut.

Die vom hinteren Kettenrad angetriebene Laufkette wurde vorne über eine nachspannbare Gleitbahn geführt. Beide Gleitbahnen waren mit einem Hilfsrahmen und einer Federung mit Motor- und Getriebeblock verbunden, so dass die Stoßbelastung für den Antrieb und für den Fahrersitz gemindert wurde. Am Heck saß eine demontierbare, motorisch heb- und senkbare Hauenwalze mit seitlichen Stützrädern. Für die Urbarmachung sumpfigen Geländes gedacht, war der Gleiskettenschlepper mit einem 50-PS-Motor recht stark ausgestattet. Über den Bau zweier Prototypen, die auf der DLG-Ausstellung 1927 in Dortmund vorgeführt wurden, kam das Projekt aber nicht hinaus.

50-PS-Dürkopp-Raupe »Comfräsch«, 1924.

Dürkopp-Raupe													
Baureihe	Bauzeit	Motor Hersteller	Typ	Zylinder	PS	Kühlung	Bohrung x Hub	Hubraum	Drehzahl	Radstand	Gewicht	Getriebe	Besonderheiten
Comfräsch (Fräse)	1924	Dürkopp	L 3	4	45/56	W	120x150	6782	1000		2800	2/2	auch 4/4-Getriebe, mit Fräse 3900 kg

Eberhard

Heinrich Eberhard,
Ebersbach a. d. Fils/Württ.,
1924

Der 18-PS-Motorpflug dieser Landmaschinenfabrik war mit zwei Treibrädern und einem hinteren Stützrad konstruiert. In der Grundausführung konnte er auch als leichte Zugmaschine eingesetzt werden. Der Fahrer steuerte über eine Zügellenkung, was sich auf das Differential des Schleppers auswirkte. Durch eine ansteckbare Achse mit einem weiteren Stützrad konnte das Modell hinten angehoben werden, so dass unter der Verlängerung ein zweischariger Pflug angebracht werden konnte. Die Zügel wurden für diesen Zweck zum hinteren Sitz geführt.

18-PS-Eberhard-Motormäher, 1924.

Eckardt

J. Eckardt u. Sohn, Maschinenfabrik,
Ulm, Seelengraben 2,
1938

Angeblich war das Unternehmen »seit zehn Jahren« im Schlepperbau, bevor es 1938 mit den Deutz-Verdampfermotoren MAH 716 (12 PS) und 916 (18 PS) Motormäher und Kleinschleppern in der Literatur erst- und letztmals in Erscheinung getreten war.

Eckhardt-Schlepper													
Baureihe	Bauzeit	Motor Hersteller	Typ	Zylinder	PS	Kühlung	Bohrung x Hub	Hubraum	Drehzahl	Radstand	Gewicht	Getriebe	Besonderheiten
Eckhardt's Traktor-Mäher	1938	Deutz	MAH 716	1	12	V	120x160	1808	1300		1500		
Eckhardt's Traktor-Mäher	1938	Deutz	MAH916	1	18	V	120x160	1808	1400		1700		

Eicher

Gebr. Eicher Traktoren- und Landmaschinen-Werke,
Forstern bei München, Hauptstr. 2

1. 1936-1948 **Josef Eicher, Traktorenfabrik,**
   Forstern bei München, Hauptstr. 2
2. 1948-1982 **Gebr. Eicher Traktoren- und Landmaschinen-Werke GmbH,**
   Forstern b. München, Hauptstr. 2;
   ab 1972 Landau/Isar, Wiesenweg 22
3. 1982-1985 **Eicher Traktoren- und Landmaschinenwerk GmbH**
4. 1985-1991 **Eicher GmbH, Traktoren- und Landmaschinenwerk**
5. 1991-2001 **Eicher Motoren und Fahrzeugtechnik GmbH (MFT),**
   Weigsdorf-Köblitz, Haupt Str. 22/
   Köblitzer Str. 7

Im 1901 von ihrem Vater gegründeten Landmaschinen-Reparatur- und Handelsbetrieb in Forstern bei München konstruierten die Brüder Josef (1906–1984) und Albert Eicher (1907–1994) im Jahre 1936 einen Ackerschlepper mit 20-PS-Deutz-Zweizylindermotor und einem Prometheus-Vierganggetriebe. Der Halbrahmenschlepper besaß gleich große Räder und serienmäßig Zapfwelle sowie Riemenscheibe. Eine Seilwinde gab es später auf Wunsch.

Den Schlepper führten die Brüder auf den Ausstellungen des damaligen Reichsnährstandes in München 1937 vor, und das so erfolgreich, dass in Einzelmontage die Serienfertigung beginnen konnte. 1938 überarbeitet und auf Blockbauweise mit unterschiedlichen Rädergrößen umgestellt, wurde dieser erste Eicher-Schlepper bis 1941 rund 1000mal verkauft. Daneben entwickelten die Eicher-Brüder einen dreirädrigen Schlepper und einen auf einem Pkw-Fahrgestell aufgebauten Motormäher.

20-PS-Eicher ED 37, 1937.

Im Rahmen des Schell-Programms fertigte Eicher dann, zusammen mit der Firma Österreichische Epple & Buxbaum-Werke AG, den 20-PS-Typ; nur im Jahr 1942 entstanden auch Holzgasschlepper mit 25-PS-Deutz-Einheitsmotor und Generator in geschlossener Bauweise. Neben Gerätschaften wie Riemenscheibe, Zapfwelle, Spurweitenverstellung und einer Lenkbremse konnten die nur in wenigen Exemplaren gebauten Holzgas-Exemplare auch mit Seilwinde und Mähbalken versehen werden. Die Schleppermontage kam danach zum Erliegen, Eicher fertigte Rüstungsgüter wie Transportschlitten für die Wehrmacht.

Die erste Schlepper-Generation mit Luftkühlung

Nach dem Krieg begann Eicher 1946 mit der Montage des nun 22/24 PS leistenden Zweizylinderschleppers aus Vorkriegszeiten. Wegen der

25-PS-Eicher-Generatorschlepper 25 PS, 1942.

schwierigen Beschaffung von Bauteilen konnten 1946 gerade 60 Einheiten, 1947 immerhin 135 Schlepper fertiggestellt werden.

Das Werk hatte während der Kriegszeit Teile für luftgekühlte BMW-Flugzeugmotoren hergestellt; Joseph Eicher hatte frühzeitig in dem luftgekühlten Dieselmotor die Möglichkeit gesehen, einen einfachen, unempfindlichen und preiswerten Schlepperantrieb herzustellen. Zusammen mit einem ehemaligen BMW-Ingenieur brachte er ein solches Aggregat bis 1947 zur Serienreife. 1948 erschien dann der erste luftgekühlte Eicher-Schlepper vom Typ ED 16 mit einem Einzylinder-Viertakt-Diesel.

Ein rechtsseitig angebrachtes Radialgebläse kühlte den im Direkteinspritzverfahren arbeitenden Motor. Diese Motorentechnik bot gute Kaltstarteigenschaften, war bei Frost unanfällig, unkompliziert aufgebaut und dadurch sehr reparaturfreundlich. Von dieser ersten Bauserie »spezialluftgekühlter« Schlepper konnte Eicher 1948 insgesamt 251 Einheiten

16-PS-Eicher ED 16/I, 1949. Foto: Peternmardl, © PD

ausliefern. Auf Basis des Einzylinders entstanden später noch mehrere Leistungsstufen mit 15, 16, 19 und 20 PS; die Vorderräder waren gewöhnlich an zwei Querblattfedern oder an einer ungefederten Rohrachse aufgehängt.

1951/52 richtete das Unternehmen in den Räumlichkeiten der ehemaligen FAMAG, Fahrzeug- und Maschinenbau GmbH und 1953 in den Anlagen der Firma Füchsel, beide in Dingolfing, ein 25.000 m² großes Zweigwerk ein. Die Fertigung der Anhänger der ehemaligen Firma Füchsel lief weiter. Darüber hinaus erweiterte Eicher sein Programm um Rekordlader, Feder-Stahlpflüge, Siegerklasse-Pflüge, Grubber, Eggen, Kompressoren, Ackerwagen, Triebachsanhänger, Schwemm-Regner, zerlegbare Garagen und neu entwickelte Geräteträger aus Dingolfinger Produktion.

Der 1953 auf einer DLG-Ausstellung vorgestellte, aber erst nach Beilegung der Patentstreitigkeiten mit der Firma Lanz im Jahre 1955 in Serie gebaute Geräteträger »Kombi G 19« (auch als »EGT 19« bezeichnet), erwies sich als eine echte Innovation. Die Vorderachse an dem zweiholmigen, verwindungssteifen Rohr-Halbrahmen ließ sich an fünf verschiedenen Stellen anbringen, so dass der Geräteträger für unterschiedliche Zwecke, zum Beispiel als Zuckerrüben- oder als Kartoffel-Vollerntewagen eingesetzt oder auch zum »normalen« Schlepper verkürzt werden konnte. Die Lenkmechanik wurde durch den rechten Holm geführt, eine Zapfwelle führte durch den linken Holm. Die Arbeitsgeräte ließen sich über Ketten und Umlenkrollen bedienen. Ab 1956 konnte der Geräteträger auf Wunsch mit einer »Hangsteuerung« versehen werden. Dabei wurde über Kurbelsystem und Zentralgelenk die Antriebseinheit gegenüber dem Vorderbau abgewinkelt, so dass das Fahrzeug am Hang geradlinig arbeiten konnte.

Trotz aller Erfolge war die Eicher-Kapitaldecke zu kurz, um auch Mehrzylinder-Modelle komplett aus eigener Produktion anbieten zu können. Daher ging Eicher dazu über, luft- und wassergekühlte Motoren von Deutz, MWM-Südbremse und Hatz zu verwenden. Der 22-PS-Typ mit dem Hatz-Zweizylinder-Zweitaktmotor erhielt versuchsweise einen elektrischen Kraftheber. Und um auch im Oberklasse-Segment präsent zu sein, stellte Eicher ab 1953 den Halbrahmenschlepper »L 60« mit luftgekühltem Deutz-Diesel vor, der, abgesehen von den Blechteilen, dem Deutz-Schlepper »F 4 L 514« und dem Fahr »D 540« entsprach.

Als kleinster Eicher-Schlepper erschien 1954 der »EKL 11« mit einem Deutz-Einzylindermotor, vorderer Rohrpendel- und hinterer Portalachse.

42-PS-Eicher L 40, 1951. Foto: ChiemseeMan, © PD

22-PS-Eicher ED 22, 1950.

28-PS-Eicher L 28, 1950. Foto: ChiemseeMan, © PD

19-PS-Eicher ED 16/III, 1952.

11-PS-Eicher EKL II, 1953. Foto: ChiemseeMan, © PD

Innerhalb der ersten Eicher-Schleppergeneration entstand der »ED 22 Allrad« als Allradantriebsmodell (mit gleich großen Rädern) mit dem leicht aufgebohrten und jetzt 22 PS starken Einzylinder-Diesel.

Erst 1955 konnte Eicher auch eigene Zweizylindermotoren anbieten, die mit einer Leistung von 30 PS in den »ED 30« und in den »ED 30 Allrad« bzw. »ED 26« (ebenfalls mit gleich großen Rädern und ohne Zwischenachsdifferential) sowie mit größerem Hubraum und einer Leistung von 40 PS in den »ED 40« eingebaut wurden. Die technische Besonderheit des mehrzylindrigen Eicher-Motors bestand in der Einzelkühlung der Zylinder durch die per Keilriemen angetriebenen Radialgebläse mit Luftleitblechen, die die Frischluft an die Kühlrippen der Zylinderaußenhaut und an den Zylinderkopf leiteten. Von außen war dieses System an den freiliegenden, trommelartigen Kühlluftkanälen zu erkennen.

16-PS-Eicher EKL 15/III, 1956. Foto: Flominator, © CC-BY-SA-3.0

13-PS-Eicher ED 13, 1956.

26-PS-Eicher ED 26/Ib, 1956. Foto: ChiemseeMan, © PD

30-PS-Eicher ED 30 Allrad, 1957.

Auch im Werk Forstern mit 15.000 m^2 Grundfläche konnte im Jahre 1956 eine moderne Taktstraße in Betrieb genommen werden; inzwischen hatte der 25.000ste Eicher-Schlepper die Werkshallen verlassen. Die Werbung hob den »unverwüstlichen Eicher-Motor« hervor und fügte an: »Nichts geht über einen Eicher!« Etwa 1200 Mitarbeiter fertigten in dieser Zeit monatlich 850 bis 900 Schlepper in der damals typischen grau-blauen Lackierung sowie die vielfältigen Eicher-Erzeugnisse.

Das Geräteträger-Programm ergänzte Eicher 1956 mit einer nur 13 PS starken Ausführung. Der »Muli G 13« besaß einen nach links versetzten Einzylinder-Hatz-Diesel, da der eigene Motorenbau ein derartiges Kleintriebwerk nicht anbieten konnte. Ein hydraulischer Kraftheber gehörte zur Ausstattung. Der »Kombi G 22« hingegen hatte den 22 PS starken eigenen Einzylinder-Diesel. 1957 standen auch eigene Dreizylindermotoren zur Verfügung, die mit 50 und 60 PS die schweren Schleppermodelle

60-PS-Eicher ED 60, 1957.

30-PS-Eicher-Geräteträger G 30 Kombi, 1964.

»ED 50« und »ED 60« befeuerten; der »L 60« mit dem Deutz-Diesel verschwand daraufhin aus dem Programm.

Das Schlepperprogramm war 1957/58 auf Modelle mit 11, 16, 19, 22, 30, 40, 50 und 60 PS mit – abgesehen von einigen Deutz- und Hatz-Motoren – mit eigenen Antrieben angewachsen, auch bei den Hydraulik-Anlagen handelte es sich um Eicher-Eigenbauten. 13 verschiedene Schlepper und Geräteträger machten das Unternehmen mit dem Werbeslogan »Ist der Bauer reicher, fährt er Eicher!« zur Nummer vier unter den deutschen Schlepper-Produzenten.

Zu dieser Zeit stellte Eicher auch den »Farm-Express« vor. Hier handelte es sich um ein Transport- und Zugfahrzeug mit dem abgeänderten Fahrerhaus des Tempo-»Matadors 1«. Mit gleich großen Traktorrädern, einem Hinterachsantrieb, dem Dreizylinder-54-PS-Eicher-Motor und einer kleinen Ladepritsche sollte dieses Spezialfahrzeug den schnellen Transport von Gütern zum Markt oder zur Bahnstation ermöglichen. Der Verkaufserfolg dieses neuartigen landwirtschaftlichen Zweitfahrzeugs blieb mit 177 gebauten Exemplaren jedoch bescheiden. Der kleine Geräteträger »Muli G 13« erhielt in diesem Jahr seine Ablösung durch den »Kombi G 160« mit eigenem 16-PS-Diesel, ebenfalls nach links versetzt. Die in über 1000 Exemplaren gebauten und damit erfolgreichsten Geräteträger der Version »Kombi G 280« mit leistungsgerechtem 28-PS-Motor besaßen auf Wunsch die »Hangsteuerung«.

Eicher-Schlepper mit EDK-Motoren: Die Raubtierreihe

1958/59 überarbeitete Eicher die Motoren, die Maße von Bohrung und Hub wurde auf 100 und 125 mm ausgelegt, die bis zum Ende des Eicher-Motorenbaus beibehalten wurden. Auch wenn es Langhubmotoren blieben, bezeichnete Eicher diese zweite Motorenfamilie als »Eicher-Kurzhubmotoren/EDK«. Nur für kurze Zeit trugen die neuen Schlepper ein dreiziffriges Bezeichnungssystem, das nach 1959 in der legendären »Raubtierreihe« (»Leopard«, »Panther«, »Tiger«, »Königstiger« und »Mammut«) münden sollte. Die Motoren standen unter den abgerundeten Hauben mit Aluminium-Gittereinsätzen vorne und seitlich; anfänglich wurden auch noch Triebwerke aus der älteren Motorentechnik verbaut. Nachdem seit 1959 kein Allradantriebs-Schlepper mehr im Programm geführt wurde, bot Eicher 1963 den 40 PS starken »Königstiger« mit einer Lenktriebachse sowie den 60 PS starken »Mammut II« an.

Eine weitere technische Besonderheit im deutschen Schlepperbau stellte der »Mammut HR« von 1966 dar. Dieses Modell hatte das stufenlose, hydrostatische »Dowty-Taurodyne«-Getriebe, das von der englischen Firma Dowty Hydrolic Units Ltd. in Cheltenham/England bezogen wurde. Der niedrige Wirkungsgrad dieses rein hydrostatischen Getriebes konnte

28-PS-Eicher-Schmalspurschlepper »Puma« (ES 200), 1960.

35-PS-Eicher »Königstiger«, 1960.

15-PS-Eicher »Leopard«, 1962. Foto: Hugin66, © PD

22-PS-Eicher »Panther«, 1962. Foto: Alf van Beem, © P

nicht überzeugen, so dass nur 21 Hinterrad- und 35 Allradmodelle entstanden.

Zu den wichtigsten Eicher-Entwicklungen zählen die Schmalspurschlepper der »Puma«-Baureihe von 1960. Bestückt mit einem Zweizylinder-28-PS-Motor, einem ZF-Getriebe und laufend weiterentwickelt, war die »Puma«-Baureihe mit 890 bis 920 mm Spurbreite die erste erfolgreiche Schlepperreihe für Weinberg und Obstbau. Bis zum Eintritt von Fendt in diese Sparte beherrschten die »Pumas« 10 Jahre lang den Markt. Ab 1970 erhielten die Schmalspurschlepper Hurth-Getriebe; der Antrieb auf die Lenktriebachse erfolgte über eine mittig verlaufende Welle. Die Scheinwerfer saßen nun innerhalb der Frontmaske. Für Spezialeinsätze entwickelte der Eicher-Händler Zickler eine verkürzte Version, die von Eicher in 150 Exemplaren unter der technischen Bezeichnung »ES 207« dann von Zickler vermarktet wurden.

Eicher gehörte stets zu den innovativsten und kreativsten deutschen Schlepperherstellern und machte Mitte der 1960er Jahre mit interessanten Projekten von sich reden. Eins davon war der Prototyp eines Motorpflugs nach dem System der ehemaligen Kipppflüge, den Eicher 1964 in Zusammenarbeit mit der niederländischen Firma Protec N.V. in Den Haag vorstellte. Doch während vom »Agrirobot«, einer vollautomatischen Pflugmaschine mit Stütz- und Tastarmen, umfangreicher Hydraulik und Magnetventilen, nur sechs Prototypen entstanden, wurde der Schnellastwagen in der Dreitonnen-Klasse bis 1970 in 296 Exemplaren mit dem Eicher-Schriftzug hergestellt und dann in mehr als 4000 Exemplaren als »70/75 D 60 FL« im Lohnauftrag für die Magirus-Deutz AG gebaut.

Den Höhepunkt in der Schlepperfertigung erreichte das Unternehmen 1965, es kam auf über 9000 Fahrzeuge, die auf modernsten Fertigungsanlagen hergestellt wurden. Die großen Stückzahlen hätten durchaus eine

60-PS-Eicher EM 600 »Mammut II«, 1963. Foto: ChiemseeMan, © PD

54-PS-Eicher »Mammut HR«, 1966. Foto: Perfekt 401 es, © CC-BY-SA-3.0

40-PS-Eicher-Kipppflug »Agrirobot«, 1964.

eigene Getriebefertigung gerechtfertigt, doch die Geschäftsleitung entschied sich dagegen, was sich später bitter rächen sollte.

Im Jahre 1968 brachte das Unternehmen eine neue Schleppergeneration mit einer neuen Karosseriegestaltung heraus, die durch breitere, blau-lackierte Hauben mit weißen Zierstreifen und einer großen Frontmaske mit den Eicher-Buchstaben auffiel. Leistungen von 28, 35, 45, 52, 62, 80 und 95 PS standen anfänglich zur Verfügung, wobei die Schlepper ab 45 PS Leistung auch mit einem Allradantrieb ausgerüstet werden konnten. Konsequent hatte dabei Eicher das Prinzip einer Baukastenreihe bis zum Sechszylindertyp verwirklicht. Revolutionär waren die hier verwendeten ZF-Getriebe mit Seitenschaltung.

30-PS-Eicher-Schmalspurschlepper »Puma I«, 1965.

95-PS-Eicher »Wotan II«, 1968. Foto: Liuthalas, © CC-BY-SA-3.0

35-PS-Eicher »Tiger II«, 1971. Foto: W. Leiter, © PD

Einen weiteren Fertigungsbereich wollte sich in dieser Zeit das Unternehmen mit dem Spezialtyp »Eichus« erschließen, der als »Universal-Hof- und Stallfahrzeug« mit dem 15-PS-Einzylindermotor angeboten wurde. Das Modell besaß eine schmale, angetriebene Vorderachse, zwei eng aneinanderliegende, lenkbare Hinterräder sowie eine Hubgabel, um Frontarbeiten durchführen zu können. Der Vertrieb erfolgte über die Hubstapler-Firma BKS in Velbert. 1971 überarbeitete das Werk den »Eichus«: Ein abgasreduzierter Hatz-Kleindiesel trieb das äußerlich stark veränderte Universalfahrzeug an. Das Hubgerüst konnte für verschiedene Arbeiten in der Hofinnenwirtschaft genutzt werden; auch als Gabelstapler ließ sich der nur 980 mm breite »Eichus« verwenden. Die Geräteträger-Baureihe erneuerte Eicher 1966 mit den »Unisuper«-Ausführungen mit 25, 30 und 40 PS Leistungen. Ein in der Mitte angebrachtes Hydrauliksystem ersetzte die bisherige Kettenmechanik. Für den Konkurrenten Deutz, dem ein derartiges Fahrzeug im Programm fehlte, montierte Eicher den »Unisuper G 400«, der unter einer veränderten Motorabdeckung einen 40-PS-Deutz-Diesel besaß und bei Deutz als »Unisuper 4001« geführt wurde.

Im Jahre 1969, als die Nachfrage die eigenen Fertigungsmöglichkeiten überstieg, erwarb das Eicher-Werk die einstige, zur Hans Glas GmbH gehörende, nun von der BMW AG übernommene »Isaria«-Drillmaschinen GmbH in Pilsting. In den Produktionsbereich dieses Werksteiles fiel neben dem Landmaschinenbau (Drill- und Sämaschinen) die Fertigung von Fahrzeugaufbauten wie Fernmelde-, Feuerlösch- und Stabswagen sowie von Anhängern für die Bundeswehr.

Die Ära Massey-Ferguson

Zum Ende des Jahrzehnts brach die Schlepper-Nachfrage gewaltig ein, überdies hatte Eicher zunehmend Probleme bei der Beschaffung vor allem kleinerer ZF-Getriebe. Um dem Werk mit nun 1000 Mitarbeitern eine Perspektive zu bieten, gingen die Brüder Eicher mit der kanadischen Massey-Ferguson (MF) mit deutschem Sitz in Eschwege eine finanzielle Kooperation und einen Produktionsverbund (vor allem bei Getrieben) ein. MF beteiligte sich zunächst mit 30, schließlich 99,7 Prozent an Eicher. Die neuen Inhaber schossen kräftig Kapital zu und errichten 1972/73 ein neues Werk in Landau/Isar, das an die Stelle der Produktionsstätten in Forstern, Dingolfing und Pilsting trat. Neben dem Schlepperbau waren hier nun der Werkzeug- und Vorrichtungsbau sowie die Karosserie- und Teilefertigung sowie die Rahmenpresserei für FAUN eingerichtet worden. Krauss-Maffei erwarb das Stammwerk in Forstern; die Stuttgarter Gottlob Auwärter GmbH übernahm das Pilstinger Werk und baute dieses als weitere Omnibusproduktionsstätte aus. Die inzwischen unrentabel gewordene Geräteträger-Montage wurde in Landau nicht mehr aufgenommen, ebenso die Herstellung von Pflügen, da MF eigene Partner in der Pflugherstellung besaß. Die Isaria-Drillmaschinen-Fertigung in Dingolfing konnte hingegen aufrechterhalten werden.

Innerhalb des Produktionsverbundes profitierte Eicher einzig von der Tatsache, dass man einerseits Vorderachsen und verschiedene Vorprodukte an Konkurrenten in der Landmaschinenindustrie liefern konnte und andererseits vor allem MF-Zweistufen-Lastschaltgetriebe bekam, die von Eicher als »HS«-Getriebe (Hydraulische Schaltgetriebe) bezeichnet wurden. Für den Großschlepper »Wotan« dagegen hatte Eicher vorsorglich größere Bestände an ZF-Getrieben auf Halde gelegt; die Allradausführung besaß eine ZF-Außenplaneten-Lenktriebachse.

55-PS-Eicher »Königstiger II HS«, 1971. Foto: ChiemseeMan, © PD

65-PS-Eicher »Mammut«, 1974. Foto: W. Leiter, © PD

45-PS-Eicher »Königstiger«, 1974. Foto: W. Leiter, © PD

Ab 1973 erhielten, wohl auf Druck von MF, mit Ausnahme der Spezial Kompaktschlepper und des 100-PS-Schleppers »Wotan« die Eicher-Schlepper wassergekühlte Perkins-Motoren, fünf Jahre später verschwanden die charakteristischen Raubtierbezeichnungen von den Schleppern und wurden durch nichtssagende Bezeichnungen »3000« und »4000« (plus der jeweiligen PS-Leistung) ersetzt, wodurch die Eicher-Schlepper größtenteils ihre Identität verloren. Ein Rationalisierungseffekt blieb durch

72-PS-Eicher »Büffel«, 1974. Foto: Puckler, © CC-BY-SA-3.0

40-PS-Eicher-Geräteträger G 40 Kombi, 1976.

42-PS-Eicher 542 SK, 1979.

48-PS-Eicher 4060 A, 1979. Foto: Liuthalas, © CC-BY-SA-3.0

65-PS-Eicher 565 AS, 1980.

das Weiterbestehen der eingeschränkten und nun erst recht teuren Motorenproduktion aus.

Von außen zu erkennen waren die Fahrzeuge ab 1974 an der neuen kantigen Hauben-Gestaltung, sie wurden als »Serie 74« bezeichnet. Die Haube der Schmalspurschlepper bestand nun aus einer feststehenden Front- und einer aufgesetzten Längspartie. Exportmodelle, vor allem die Schmalspurschlepper, erhielten MF-Emblem und die rot-weiße MF-Farbgebung.

Auf dem Motorensektor experimentierte das Unternehmen erstmals mit Turboladern und einer »Bypass«-Regelung zur Überwindung des »Turbolochs«. Die relativ kleine Abgasturbine versorgte den Motor schon bei niedrigen Drehzahlen mit zusätzlicher Luft; bei Höchstdrehzahlen entließ ein Regelventil einen Teil der Abgase ins Freie, um den Motor nicht zu überlasten. Mit Aufladung gab es die Vier- und Sechszylinder ab 1977 versuchsweise und ab 1982 im Serienbau.

42-PS-Eicher 542 S, 1980.

49-PS-Eicher 3048, 1982.

66-PS-Eicher 3066, 1982.

Eicher wieder auf eigenen Füßen

Da die Zusammenarbeit mit MF, abgesehen von der im MF-Programm fehlenden Schmalspurschlepper-Fertigung, zu einem empfindlichen Produktionsrückgang (der Marktanteil in Deutschland war auf 4,1 Prozent oder 218 verkaufte Schlepper gesunken) führte und Massey-Ferguson selbst in Schwierigkeiten zu geraten drohte, trennten sich die Partner Anfang 1982 wieder. Ursprünglich hatten MF und die Banken Eicher zum 31. Januar 1982 stilllegen wollen, doch das konnte die Eicher-Geschäftsleitung gerade noch verhindern. MF verpachtete daraufhin Gebäude und Maschinenpark an das Eicher-Werk, aus dessen Vorstand die Eicher-Brüder ausschieden. Neuer Herr im Hause war die einstige indische Eicher Goodearth Ltd. unter Vikram Lal, die seit 1952 beziehungsweise 1958 vor allem das Modell »E 24« gebaut hatte und über die Eicher Investment Ltd. in London für wenige Jahre das Landauer Unternehmen übernahm. Die hohen Pachtzahlungen an MF und an die Banken erwiesen sich jedoch als eine gravierende Belastung für das jetzt wieder selbstständige Unternehmen.

Da die großen deutschen Getriebehersteller keine kleinen Schleppergetriebe mehr herstellten, kamen von nun an Spezialgetriebe der Firma Hurth-Italiana für die Schmalspurschlepper zum Einbau. Die Standardschlepper, außer dem »Wotan«, besaßen weiterhin MF-Getriebe. Der eigene Baukasten-Motorenbau konnte hingegen problemlos wieder ausgeweitet werden, so dass der markentypische Dieselmotor mit den Radialgebläsen wieder das Herzstück der Eicher-Schlepper bildete. Die EDL-Motoren der dritten Generation hatten überdies ein neues Einspritzsystem sowie Luftleitschirme für die Ventile zur besseren Wärmeanpassung an das Kennfeld des Motors. Die Erhöhung des effektiven Mitteldrucks steigerte Leistung und Wirtschaftlichkeit.

Mit kantigen Hauben, die die Scheinwerfer integrierten, stellte Eicher ab 1982 die 35 bis 145 PS starken »Economy«-Typen in der fünften Schleppergeneration vor. Einen Turbolader erhielten die Fahrzeuge ab einer Leistung von 66 PS. Auch die während der MF-Zeit aufgegebenen Raubtier-Namen führte Eicher wieder ein. Die indische Firma trennte sich 1984 nach einem ersten Konkursantrag wieder von den Eicher Traktoren- und Landmaschinen-Werken. Die Fertigung ruhte, zumal die Hausbank auch bei Fendt engagiert war und nicht einsprang. In diesem Augenblick gründeten 77 Eicher-Händler eine Auffanggesellschaft, die das Eicher-Traktorenprogramm mit inzwischen nur noch 200 Mitarbeitern in dem allerdings mit 21.500 m^2 viel zu großen Werk fortführte. Das Land Bayern gab erhebliche Zuschüsse, und eine sich bedeckt haltende schweizerische Finanzgruppe, die East West Trade (EWT), übernahm eine Beteiligung von

35-PS-Eicher-Schmalspurschlepper 635 KA, 1986.

125-PS-Eicher »Wotan 3125 Turbo«, 1982.

56-PS-Eicher-Schmalspurschlepper MFT 656 VC, 1986. Foto: W. Leiter, © PD

75 Prozent. Da die EWT 1988 aber weitere Kredite verweigerte, übernahm der Multiunternehmer Ulrich Harms (Ahlmann-Carlshütte in Rendsburg) deren Anteile. Die Eicher-Händler mussten geschlossen ihre Anteile gegen eine symbolische Auslöse von 1 DM abgeben.

Eicher »auf neuem Kurs«: die Baureihe »3000«

Schwerpunktmäßig Schmalspur- (Weinberg-), Kompakt- und Plantagenschlepper mit 35 bis 42 PS sowie mittlere und große Standardschlepper mit 35 bis 145 PS wurden nun unter dem Werbeslogan »Auf neuem Kurs« in der Baureihe »3000« gebaut. Die mittel-schweren Schlepper der »Mammut«-Baureihe erhielten hydrostatische Lenkungen; der »Wotan« ein Schnellganggetriebe für 40 km/h. Die Schmalspurschlepper besaßen nun reversierbare, vollsynchronisierte Carraro-Getriebe (12/12-Getriebe mit Druckschalthebel) sowie kippbare Kunststoff-Motorhauben mit schwarzen Frontmasken und schwarzen Seitenstreifen.

Die hydrostatisch betätigten Lenktriebachsen stammten wieder von ZF. Aus den Schmalspurschleppern leitete Eicher mit breiteren Achsen die Plantagenschlepper ab, die im Prinzip kleinere Standardschlepper darstellten. Die speziellen Forstschlepper erhielten eine Ausrüstung der Firma Schlang & Reichartz in Marktoberdorf.

Mitte der 1980er Jahre bot das Traditionsunternehmen insgesamt 35 verschiedene Standard- und Spezialschlepper an, und es war noch nicht genug: 1987 versuchte Eicher mit den kleinen Standardschleppern »3035« und »3042« eine Marktlücke im unteren Segment zu erschließen. Sie besaßen eine Hurth-Seitenschaltung (11/2-Getriebe) und eine hydraulische Lenkung. Der »Königstiger« dagegen erhielt ein synchronisiertes 20-Gang-Wendegetriebe; durch die Allradbremsanlage war er für 40 km/h zugelassen.

Einen kleinen entwicklungstechnischen Höhepunkt stellte 1989 ein 3,7-Liter-Motor dar, der mit Rapsöl oder Diesel betrieben werden konnte und dank seines verbesserten Wirkungsgrades mit einer Leistung von 105 PS im »Wotan« zum Einsatz kam. Der einstige Junkers-Flugmotoren-Ingenieur Ludwig Elsbett (1913 – 2003) hatte einen Eicher-Dreizylindermotor unter anderem mit Spezialkolben und veränderten Zylinderköpfen für

35-PS-Eicher 3035, 1989.

42-PS-Eicher 3042, 1987.

35-PS-Eicher 3035, 1989.

diese Entwicklungsstudie umgebaut, die eine Kraftstoffeinsparung von 25 Prozent versprach. Leider blieb auch hier der Erfolg aus; eine Serienproduktion kam nicht zustande. Nur zwei Exemplare konnten verkauft werden, vier weitere »Bio-Wotans« wurden zurückgebaut. Diese aufwändige Motorenentwicklung hatte jedoch erhebliche Finanzmittel verschlungen, so dass die Weiterentwicklung der Standardmotoren stagnierte.

Um Ersatz für die inzwischen veralteten Drei- und Vierzylinder-Standardschlepper (»3072«, »3080« und »3088«) anbieten zu können, ging das Unternehmen 1989 eine Zusammenarbeit mit der italienischen Same-Lamborghini-Hürlimann-Gruppe (SLH) ein, wobei als Ziel eine Verlagerung der Eicher-Produktion nach Italien angestrebt wurde, zumal sich die Schmalspurschlepper in Südtirol ganz gut verkauften.

Erstes sichtbares Resultat der neuen Zusammenarbeit war, nach einem auf der Agritechnica 1989 in Frankfurt am Main vorgestellten Prototyp (»Königstiger 2070« mit Dreizylinder-Eicher-Motor), die neue Baureihe »2000« – nichts anderes als Same-Schlepper im Eicher-Design und in Eicher-Farben. Da aber der Same-Importeur, die Baywa, Einspruch einlegte, kam es zu keiner weiteren Zusammenarbeit. Statt der geplanten 150 Exemplare konnten nur 30 blauweiß lackierte Eicher-Same-Schlepper an Kunden gebracht werden.

Der Bau der Standardschlepper musste daraufhin aufgegeben werden. In jenem Jahr platzte ebenfalls die geplante Montage von 2000 bis 3000 Deutz-Schleppern im Auftrag der Klöckner-Humboldt-Deutz AG. Auch die Zusammenarbeit mit dem finnischen Schlepperhersteller Valmet, der mit seinen Großtraktoren auf den deutschen Markt strebte, war nur von kurzer Dauer.

Erneuter Start mit Schmalspurschleppern in Köblitz-Weigsdorf

Die Eicher-Geschäftsleitung beschloss nun, die Fertigungstiefe drastisch zu reduzieren. Darüber hinaus verlagerte das inzwischen 120, wenig später nur noch 50 Mitarbeiter starke Unternehmen im Jahre 1991 die Produktion in das ehemalige Dieselmotorenwerk Cunewalde in der Lausitz. Der einstige Betriebsteil Weigsdorf-Köblitz wurde von der Treuhand-Gesellschaft erworben und nahm, ausgestattet mit modernsten Maschinen, als Eicher Motoren- und Fahrzeugtechnik GmbH (MFT) im Lohnauftrag die Ersatzteil- und die Neufertigung von Eicher-Schleppern in Kleinstserien auf, die Montage der großen, nahezu unverkäuflichen Sechszylinder-Modelle endete. Der Vertrieb blieb zunächst noch weiterhin in Landau. Das dortige Fabrikareal verkaufte Ulrich Harms an den Kfz-Teile-Zulieferer und Freizeitgerätehersteller Einhell, der dort unter anderem auch kleine Anhänger fertigt. Die Isaria-Drillmaschinen-Fertigung wurde an die Fritzmeyer-Gruppe abgestoßen, zu der auch das Düngerstreumaschinen-Programm der Firma Diadem gehört.

80-PS-Eicher-Schmalspurschlepper 780 AS Turbo, 1991.

66-PS-Eicher-Schmalspurschlepper 660 Turbo VC, 1993.

Es half alles nichts: 1992 konnte ein zweiter Konkursantrag nicht mehr abgewendet werden. Mangels Masse wurde das Konkursverfahren abgelehnt und die Eicher GmbH zum 12. Juni 1992 aufgelöst. Ihre Nachfolge trat die Eicher Landmaschinen-Vertriebs GmbH an, die den Vertrieb der in Cunewalde produzierten Schlepper übernahm. Als getrennte Firmen wurden die Eicher Landmaschinen-Vertriebs GmbH und die Eicher Motoren- und Fahrzeugtechnik GmbH (MFT) geführt; die Vertriebs GmbH hielt jedoch Anteile an der MET.

In einer leicht überarbeiteten Baureihe mit der Bezeichnung »Vino« entstanden in Cunewalde die Weinbergschlepper »656« und »666«, in einer zweiten Baureihe die Kompaktschlepper »635«, »642« und »645«, wobei man Nischen im Programm anderer Firmen ausfüllen wollte.

Die Baureihe »700« umfasste Plantagen- und Grünlandschlepper. Hinzu kamen Prototypen orangefarben lackierter Kommunalschlepper, auf deren Absatz in den neuen Bundesländern große Erwartungen gelegt wurden. In einer letzten Serie bot Eicher MFT Kompakttraktoren der Baureihen »645 K« und »645 KA«, Spezialtraktoren für den Wein- und Obstbau der Baureihen »656 VC«, »656 VAC«, »666 VC« und »666 VAC« sowie die Grünlandschlepper der Baureihen »756 AS«, »766 AS Turbo« und »780 AS Turbo« mit drei und vier Zylindern an. (Das »C« in der Modellbezeichnung sollte die Neuentwicklung in Cunewalde kennzeichnen.)

Die Fahrzeuge der 700er-Reihe erhielten auf Wunsch eine Vierradbremsanlage, so dass sie für 40 km/h Höchstgeschwindigkeit zugelassen waren. Die Allradfahrzeuge waren mit ZF-Außenplaneten-Lenktriebachsen ausgestattet. Motortechnisch war geplant, die Geräuschminderung des Motors und die Abgasreduzierung zu verbessern, um die Euro-Normen für die aus den 1970er Jahren stammenden Motoren zu erfüllen. Ein zentraler Lüfter sollte die aufwändige Einzelzylinder-Kühlung ersetzen. Die Investitionsmittel für diese Umrüstung ließen sich bei den geringen Stückzahlen nicht aufbringen, so dass die verschärften Abgasnormen das Ende der Motorenfertigung bedeuteten. Eine letzte Entwicklung war ein Untertage-Spezialschlepper mit Tandemsitzen und einem angeblich schadstoffarmen Dreizylindermotor.

Das bisherige Treuhandunternehmen MFT konnte 1994 privatisiert werden. Eigentümer waren nun die Eicher Landmaschinenvertriebs GmbH in Ganacker und drei Eicher-Geschäftsführer. Neben der Ersatzteilversorgung für die älteren Eicher-Schlepper gehörten nun die Teilefertigung für die Pkw-Industrie sowie die Herstellung von Spezialmaschinen zu ihren Aufgaben.

Hatte Eichers Marktanteil 1957 fast neun Prozent, 1968 noch sechs und 1980 3,6 Prozent betragen, so war der Absatz in den 1990er Jahren weit unter ein Prozent gefallen, kein Wunder also, dass im Jahre 2002 die Eicher MFT die Motoren- und Schlepperfertigung aufgab, nachdem über 125.000 Eicher-Traktoren, vornehmlich mit der charakteristischen Radial-Luftkühlung, die verschiedenen Standorte verlassen hatten.

Da der renommierte Name Eicher im »Familienbesitz« blieb, konnte er an die französische Firma Ets. R. Dromson in Schlettstatt im Elsass vergeben werden. Mit dem Eicher-Schriftzug versehen und in der Eicher-Traditionsfarbe gehalten, montierte dieser Betrieb Schlepper mit wassergekühlten 60- und 75-PS-Motoren von John Deere. Als dieser Betrieb aufgeben musste, erfreute sich der Name Eicher erneuter Nachfrage. Seit 2007 versuchte der einstige holländische Eicher-Importeur Hissink & ZN in Oeken mit dem Eicher-Markennamen sein Glück und vertrieb die Modelle der neuen Schmalspurschlepper 700er Serie mit Deutz-Motoren sowie mit Hinterrad- und Allradantrieb. Die Antonio Carraro SpA in Campodarsego bei Padua/Italien erstellte diese Fahrzeuge im Auftrag.

66-PS-Eicher-Schmalspurschlepper 666 Turbo V, 1993.

Eicher-Schlepper

Baureihe	Bauzeit	Motor Hersteller	Typ	Zylinder	PS	Kühlung	Bohrung x Hub	Hubraum	Drehzahl	Radstand	Gewicht	Getriebe	Besonderheiten
1. Standardschlepper													
1.1 Schlepper der Anfangszeit													
a) Eicher-Vorkriegsschlepper													
20 PS (ED 37)	1937 - 1938	Deutz	F 2 M 313	2	20	W	100x130	2041	1500	1750	1800	4/1	auch Radstände 1650 oder 1700 mm
22 (T 22)	1938 - 1942	Deutz	F 2 M 414	2	22	W	100x140	2198	1500	1700	1900	4/1	
25 PS Gasschlepper	1943 - 1944	Deutz	GF 2 M 115	2	25	W	130x150	3980	1550	2000	2550	4/1	Holzgasmotor
b) Eicher-Nachkriegsschlepper mit Fremdmotoren													
22/I	1946 - 1950	Deutz	F 2 M 414	2	22/24	W	100x140	2198	1500/	1620	1780	4/1	auch Hatz-Dieselmotor F2S
22/II	1947	Deutz	F 2 M 414	2	22/24	W	100x140	2198	1500/	1620	1800	4/1	größere Bereifung
HD 22	1949 - 1950	Hatz	A 2	2	22	W	100x130	2041	1500	1650	1850	4/1	Zweitakt-Diesel
30	1949 - 1950	MWM-Südbr.	TD 15	2	30	W	110x150	2850	1500	1840	1920	5/1	
25/I (II)	1950 - 1954	Deutz	F 2 M 414	2	25	W	100x140	2198	1500	1680	1810	4/1	
25/III	1950 - 1955	Deutz	F 2 M 414	2	25	W	100x140	2198	1500	1760	1780	5/1	ab 1953 Radstand 1890
L 28	1950 - 1957	Deutz	F 2 L 514	2	28	L	110x140	2660	1550	1850	1860	5/1	
L 28/I	1951 - 1954	Deutz	F 2 L 514	2	30	L	110x140	2660	1550	1900	1800	7/2	
L 40	1951	Deutz	F 3 L 514	3	42	L	110x140	3990	1450	1980	2240	5/1	auch Radstand 2000 mm
L 40/I	1951 - 1957	Deutz	F 3 L 514	3	42	L	110x140	3990	1450	2000	2350	K+5/1	ab 1954 45 PS, K = Kriechgang
EKL 11	1953 -1957	Deutz	F 1 L 612	1	11	L	90x120	763	2100	1620	950	5/1	
20 PS	1953 - 1955	MWM	KDW 615 E	1	20	W	112x150	1480	1600	1620	1429	5/1	
L 22	1954 - 1958	Deutz	F 2 L 612	2	22	L	90x120	1526	2100	1780	1150	5/1	auch 6/1-Getriebe
L 24	1954	MWM	AKD 12 Z	2	24	L	95x120	1689	2000		1150	5/1	
L 28/I	1955	Deutz	F 2 L 514	2	30	L	110x140	2660	1550	1850	1860	5/1	
L 22/II	1955	Deutz	F 2 L 712	2	22	L	95x120	1700	2100	1780	1150	5/1	auch 6/1-Getriebe
LH 12	1956 - 1959	Hatz	E 89 FG	1	12	L	90x105	667	2500	1638	770	6/2	
L 60	1954 - 1958	Deutz	F 4 L 514	4	60	L	110x140	5322	1650	2450	3230	2K+5/1	Paralleltyp zu Deutz und Fahr
1.2 Identität durch eigene Motorenbestückung													
ED 16	1947	Eicher	ED 1	1	16	L	110x140	1330	1600	1520	1350	4/1	Prototyp
ED 16/I	1948 - 1950	Eicher	ED 1	1	16	L	110x150	1424	1500	1750	1450	4/1	auch 5/1-Getriebe
ED 16/II	1950 - 1953	Eicher	ED 1	1	16	L	110x150	1424	1500	1620	1410	5/1	
ED 16/III	1952/53	Eicher	ED 1b	1	19	L	110x150	1424	1500	1620	1420	5/1	
EKL 15	1953	Eicher	ED 1a	1	15	L	110x150	1424	1500	1600	1210	5/1	auch Radstand 1670 mm
EKL 15/II	1953 - 1958	Eicher	ED 1a	1	16	L	110x150	1424	1500	1600	1210	5/1	ab 1957 Radst. 1640 mm
ED 16/II	1953 - 1957	Eicher	ED 1b	1	19	L	110x150	1425	1500	1620	1420	5/1	als Typ E 20 für den Export
ED 16/IV	1953	Eicher	ED 1b	1	19	L	110x150	1424	1500	1620	1410	5/1	
ED 20/II	1953	Eicher	ED 1b	1	20	L	110x150	1424			1425	5/1	
ED 22/II	1955 - 1958	Eicher	ED 1d	1	22	L	115x150	1557	1650	1720	1580	5/1	
ED 22/VI	1955	Eicher	ED 1d	1	22	L	115x150	1557	1650	1750		5/1	
ED 22 Allrad	1955 - 1959	Eicher	ED 1d	1	22	L	115x150	1557	1650	1750	1890	5/1	
ED 30	1955 - 1956	Eicher	ED 2b	2	30	L	105x150	2596	1650	1888	1870	K+5/1	auch Radstand 1850?
ED 40	1955 - 1958	Eicher	ED 2	2	40	L	115x150	3114	1500	1953	2285	K+5/1	
ED 40/I	1955	Eicher	ED 2	2	40	L	115x150	3114	1500	2153	2285	K+5/1	mit unabhängiger Zapfwelle
ED 13/I	1956 - 1960	Eicher	ED 1e	1	13	L	105x150	1298	1500	1700	1090	K+6/1	ab 1958 14 PS
ED 26	1956 - 1960	Eicher	ED 2e	2	26	L	105x150	2596	1500	1888	1810	K 5/1	ab 1959 28 PS
ED 30 Allrad (ED 26)	1956 - 1958	Eicher	ED 2e	2	30	L	105x150	2596	1500	1856	1935	5/1	ab 1957 Typ ED 26/VII Allrad mit 26 PS
ED 33	1956 - 1958	Eicher	ED 2b	2	33	L	110x150	2851	1500	1960	1910	K+5/1	
ED 33 Allrad (E 30)	1956	Eicher	ED 2e	2	26	L	105x150	2596	1500	1856	1935	5/1	
ED 50	1957 - 1959	Eicher	ED 3d	3	50	L	115x150	4671	1500	2380	3075	2K+5/2	
ED 60	1957 - 1963	Eicher	ED 3d	3	60	L	115x150	4671	1500	2450	3320	2K+5/1	auch K+5/2-Getriebe
ED 110/II (E 17)	1958 - 1960	Eicher	ED 1b	1	16	L	110x150	1424	1500	1640	1280	6/1	
ED 110/8 (E 20)	1958 - 1959	Eicher	ED 1b	1	19	L	110x150	1424	1500	1795	1420	6/1	
ED 115/8 (E 35)	1958 - 1959	Eicher	ED 1d	1	22	L	115x150	1557	1650	1795	1560	6/1	
ED 210/10 (E 35)	1958 - 1960	Eicher	ED 2b	2	33	L	110x150	2851	1500	1973	2170	3K+5/2	
ED 215/16 (E 42)	1958 - 1960	Eicher	ED 2d	2	42	L	115x150	3114	1500	2110	2430	2K+7/2	
ED 42 Allrad	1959 - 1960	Eicher	ED 2d	2	42	L	115x150	3114	1600	2000	2225	7/2	
1.3 Schlepper der Raubtier-Baureihe													
a)													
Leopard	1960 - 1966	Eicher	EDK 1	1	15	L	100x125	981	2000	1655	1064	6/2	
Leopard	1960 - 1966	Eicher	EDK 1	1	15	L	100x125	981	2000	1655	1064	6/2	
b)													
Panther	1958 - 1962	Eicher	EDK 2a	2	19	L	95x120	1700	2000	1850	1330	6/1	
Panther	1962 - 1968	Eicher	EDK 2a	2	22	L	95x120	1700	2000	1850	1400	6/1	
c)													
Tiger	1958 - 1962	Eicher	EDK 2-3	2	25	L	100x125	1963	2000	1883	1460	8/4	
Tiger	1962 - 1968	Eicher	EDK 2	2	28	L	100x125	1963	2000	1959	1600	8/4	
Tiger II	1963 - 1968	Eicher	EDK 3a	3	32	L	95x120	2550	2000	2119	1690	8/4	
Tiger I	1968 - 1971	Eicher	EDK 2	2	28	L	100x125	1963	2000	1890	1725	8/4	

Eicher-Schlepper

Baureihe	Bauzeit	Motor Hersteller	Typ	Zylinder	PS	Kühlung	Bohrung x Hub	Hubraum	Drehzahl	Radstand	Gewicht	Getriebe	Besonderheiten
Tiger II	1968 - 1971	Eicher	EDK 3-2	3	35	L	100x125	2925	2000	2050	1875	8/4	
Tiger II	1972	Eicher	EDK 3-4	3	35	L	100x125	2925	2000	2120	2150	8/2	
d)													
Königstiger	1959 - 1962	Eicher	EDK 3	3	35	L	100x125	2925	2000	2040	1750	8/4	
Königstiger	1962 - 1968	Eicher	EDK 3	3	38	L	100x125	2925	2000	2119	1850	8/4	ab 1965 40 PS
Königstiger Allrad	1963 - 1968	Eicher	EDK 3	3	40	L	100x125	2925	2000	1976	2150	8/4	
Königstiger I	1968 - 1971	Eicher	EDK 3	3	45	L	100x125	2925	2000	2050	2055	8/4	
Königstiger I Allrad	1968 - 1973	Eicher	EDK 3	3	45	L	100x125	2925	2000	2010	2330	8/4	
Königstiger II	1968 - 1971	Eicher	EDK 4-7	4	52	L	100x125	3927	2000	2210	2210	8/4	
Königstiger II Allrad	1968 - 1972	Eicher	EDK 4-7	4	52	L	100x125	3927	2000	2170	2475	8/4	
Königstiger I HS	1971 - 1973	Eicher	EDK 3-3	3	45	L	100x125	2925	2000	2120	2200	12/4	auch 38 PS
Königstiger II HS	1971 - 1973	Eicher	EDK 4-9	4	55	L	100x125	3927	2000	2280	2500	12/4	
e)													
Mammut	1959 - 1962	Eicher	EDK 3b	3	45	L	110x150	4275	1500	2230	2240	8/4	
Mammut	1962 - 1964	Eicher	ED 3b	3	45	L	110x150	4275	1500	2248	2250	8/4	
Mammut II	1962 - 1969	Eicher	EDK 4	4	55	L	100x125	3927	2000	2350	2975	8/4	
Mammut II Allrad	1963 - 1969	Eicher	EDK 4	4	60	L	100x125	3927	2000	2204	2980	8/4	ab 1967 62 PS
Mammut I	1964 - 1969	Eicher	EDK 4	4	50	L	100x125	3927	2000	2350	2525	8/4	
Mammut HR	1966 - 1969	Eicher	EDK 4-4	4	54	L	100x125	3927	2000	2396	2675	Hydr.	ab 1968 62 PS
Mammut HR Allrad	1966 - 1969	Eicher	EDK 4	4	54	L	100x125	3927	2000	2396	2875	Hydr.	ab 1968 62 PS
Mammut	1969 - 1970	Eicher	EDK 4	4	62	L	100x125	3927	2000	2327	2850	8/4	
Mammut Allrad	1969 - 1970	Eicher	EDK 4	4	62	L	100x125	3927	2000	2277	2980	8/4	
Mammut HR	1970 - 1972	Eicher	EDK 4-4	4	62	L	100x125	3927	2000	2423	2825	Hydr.	
Mammut HR Allrad	1970 - 1972	Eicher	EDK 4-8	4	65	L	100x125	3927	2000	2312	3220	Hydr.	
Mammut Allrad	1970 - 1973	Eicher	EDK 4-8	4	65	L	100x125	3927	2000	2312	3220	16/7	
Mammut HS	1971 - 1973	Eicher	EDK 4-8	4	65	L	100x125	3927	2000	2331	2750	12/4	
Mammut HS/TL	1971 - 1973	Eicher	EDK 4-10	4	75	L	100x125	3927	2000	2440	2800	12/4	T
f)													
Wotan I	1968 - 1971	Eicher	EDK 6-1	6	80	L	100x125	5890	2000	2744	3390	16/7	
Wotan I Allrad	1968 - 1972	Eicher	EDK 6-1	6	80	L	100x125	5890	2000	2698	3975	16/7	
Wotan II	1968 - 1971	Eicher	EDK 6	6	95	L	100x125	5890	2000	2744	3825	16/7	
Wotan II Allrad	1968 - 1976	Eicher	EDK 6	6	95	L	100x125	5890	2000	2698	4200	16/7	
Wotan II Allrad	1968 - 1976	Eicher	EDK 6	6	95	L	100x125	5890	2000	2698	4200	16/7	
1.4 Schlepper-Baureihen der Ferguson-Zeit													
Tiger 74	1973 - 1978	Perkins	A 3.144	3	35	W	88,9x127	2365	2120	1895	1940	8/2	
Königstiger 74	1973 - 1978	Perkins	AD 3.152	3	45	W	91,44x127	2500	2250	2065	2130	16/4	
Mammut 74	1973 - 1978	Perkins	AD 4.203	4	55	W	81,44x127	3350	2000	2165	2400	16/4	
Wotan 100 PS	1973	Eicher	EDK 6	6	100	L	100x125	5890	2300	2698	4140	20/9	Allradantrieb
Mammut 74 Allrad	1974 - 1978	Perkins	AD 4.203	4	55	W	81,44x127	3335	2000	2145	2650	8/4	
Mammut II 74	1974 - 1978	Perkins	A 4.236	4	65	W	98,4x127	3867	2000	2320	3000	16/4	
Büffel 74	1974 - 1978	Perkins	A.248	4	72	W	101x127	4067	2000	2320	3020	16/4	
Büffel 74 Allrad	1974 - 1977	Perkins	A 4.248	4	75	W	101x127	4067	2000	2450	3450	12/4	
Königstiger 74 Allrad	1975 - 1977	Perkins	AD 3.152	3	45	W	91,44x127	2500	2500	2030	2320	8/2	
3105	1977 - 1982	Eicher	EDK 6-4	6	105	L	100x125	5890	2300	2775	4780	16/7	
3105 Allrad	1977 - 1982	Eicher	EDK 6-4	6	105	L	100x125	5890	2300	2730	5100	16/7	
3133 Allrad	1977 - 1982	Eicher	EDK 6-5 T	6	133	L	100x125	5890	2300	2730	5550	16/7	T
4038	1978 - 1982	Perkins	AD 3.152	3	38	W	91,44x127	2500	2150	2113	2180	8/2	
4048	1978 - 1982	Perkins	AD 3.152 UR	3	48	W	91,44x127	2500	2150	2185	2705	16/4	
4048 Allrad	1978 - 1982	Perkins	AD 3.152 UR	3	48	W	91,44x127	2500	2150	2195	2860	16/4	
4060	1978 - 1980	Perkins	AD 4.203	4	60	W	91,44x127	3335	2100	2285	2850	16/4	
4060 Allrad	1978 - 1980	Perkins	AD 4.203	4	60	W	91,44x127	3335	2100	2295	2950	16/4	
4072	1978 - 1982	Perkins	A 4.248	4	72	W	101x127	4067	2150	2410	3620	16/4	
4072 Allrad	1978 - 1982	Perkins	A 4.248	4	72	W	101x127	4067	2150	2400	3840	16/4	
3085	1978 - 1982	Eicher	EDK 4-12 T	4	85	L	100x125	3927	2100	2565	3875	16/4	T
3085 Allrad	1978 - 1982	Eicher	EDK 4-12 T	4	85	L	100x125	3927	2100	2520	4140	16/4	
4056	1980 - 1982	Perkins	AD 4.203	4	56	W	81,44x127	3335	2100	2365	2850	16/4	
4056 Allrad	1980 - 1982	Perkins	AD 4.203	4	56	W	81,44x127	3335	2100	2295	3065	16/4	
4066	1980 - 1982	Perkins	A 4.236	4	66	W	98,43x127	3866	2100	2365	3290	16/4	
4066 Allrad	1980 - 1982	Perkins	A 4.236	4	66	W	98,43x127	3866	2100	2295	3630	16/4	
1.5 Schlepper-Baureihen mit EDL-Motoren													
3035 (355)	1982 - 1984	Eicher	EDL 2-3	2	35	L	100x125	1963	2100	1925	1560	11/2	auch EDL 2-3-Motor
3048	1982 - 1990	Eicher	EDL 3-7	3	49	L	100x125	2925	2150	2425	2895	16/4	
3048 Allrad	1982 - 1990	Eicher	EDK 3-7	3	48	L	100x125	2925	2150	2350	3130	16/4	
3056	1982 - 1990	Eicher	EDL 3-8	3	56	L	100x125	2925	2100	2425	2905	16/4	
3056 Allrad	1982 - 1992	Eicher	EDL 3-8	3	56	L	100x125	2925	2100	2350	3140	16/4	
3066	1982 - 1990	Eicher	EDL 3-9 T	3	66	L	100x125	2925	2100	2425	2950	16/4	
3066 Allrad	1982 - 1990	Eicher	EDL 3-9 T	3	66	L	100x125	2925	2100	2350	3230	16/4	
3075	1982 - 1985	Eicher	EDL 4-1	4	75	L	100x125	3927	2150	2565	3760	16/4	
3075 Allrad	1982 - 1985	Eicher	EDL 4-1	4	75	L	100x125	3927	2150	2550	3990	16/4	

Eicher-Schlepper													
Baureihe	Bauzeit	Motor Hersteller	Typ	Zylinder	PS	Kühlung	Bohrung x Hub	Hubraum	Drehzahl	Radstand	Gewicht	Getriebe	Besonderheiten
3088	1982 - 1984	Eicher	EDL 4-2 T	4	88	L	100x125	3927	2050	2565	3940	16/4	T
3088 Allrad	1982 - 1990	Eicher	EDL 4-2 T	4	88	L	100x125	3927	2050	2520	4260	16/4	T
3108 Allrad	1982 - 1985	Eicher	EDL 6-3	6	108	L	100x125	5890	2300	2730	5400	20/9	
3125 Allrad	1982 - 1990	Eicher	EDL 6-5 T	6	125	L	100x125	5890	2300	2730	5630	20/9	T
3145 Allrad	1982 - 1990	Eicher	EDL 6-6 T	6	145	L	100x125	5890	2300	2730	5740	20/9	T
3072	1985 - 1990	Eicher	EDL 4-4	4	72	L	100x125	3927	2100	2565	3915	16/4	
3072 Allrad	1985 - 1990	Eicher	EDL 4-4	4	72	L	100x125	3927	2100	2550	3995	16/4	
3080 Allrad	1985 - 1990	Eicher	EDL 4-5 T	4	80	L	100x125	3927	2100	2520	4070	16/4	T
3108 T Allrad	1985 - 1990	Eicher	EDL 6-4	6	108	L	100x125	5890	2300	2730	5400	20/9	T
3035	1987 - 1992	Eicher	EDL 2	2	35	L	100x125	1963	2100	1910	1935	11/2	
3042	1987 - 1992	Eicher	EDL 3-6	3	42	L	100x125	2925	2150	2070	2085	11/2	
1.6 Schlepper mit Same-/Lamborghini-Technik													
Königstiger 2070 Allrad	1989	Eicher	EDL 3-9	3	70	L	100x125	2925	2350	2325	3225	40/40	Prototypauf Same »Explorer«-Basis
2070 Allrad	1989 - 1991	Lamborghini	H 1000-4 W	4	70	W	105x115,5	4000	2350	2280	2880	40/40	
3108 Elsbett	1989	Eicher	3-Rapsöl	3	108	L/Öl	115x125	3895	2300	2730	5475	20/9	TL, Allrad-Prototypen
2080 Allrad	1990 - 1991	Lamborghini	H 1000-4 W1	4	80	W	105x115,5	4000	2500	2320	3495	40/40	
2090 Allrad	1990 - 1991	Lamborghini	H 1000-4 WT	4	88	W	105x115,5	4000	2500	2320	3560	40/40	T
2100 Allrad	1990 - 1991	Lamborghini	H 1000-4 WT	4	103	W	105x115,5	4000	2500	2320	3740	40/40	T
2. Schmalspurschlepper													
2.1 Schmalspurschlepper aus Forstern und Landau/Isar													
a)													
Puma (ES 200)	1960 - 1961	Eicher	EDK 2	2	28	L	100x125	1963	2000	1565	910	6/1	
Puma I	1962 - 1964	Eicher	EDK 2-3	2	28	L	100x125	1963	2000	1565	1150	6/1	
Puma II	1963 - 1967	Eicher	EDK 3-3	3	38	L	100x125	2925	2000	1995	1560	8/4	1964 40 PS, 1969 45 PS
Puma I	1965 - 1970	Eicher	EDK 2-3	2	30	L	100x125	1963	2000	1668	1200	6/1	
b)													
3705	1970 - 1976	Eicher	EDK 2	2	30	L	100x125	1963	2000	1668	1200	6/1	ab 1974 34 PS
3706 Allrad	1970 - 1976	Eicher	EDK 2	2	30	L	100x125	1963	2000	1645	1350	6/1	ab 1974 34 PS
3708 Allrad	1970 - 1971	Eicher	EDK 2-3	2	30	L	100x125	1963	2000	1840	1600	8/4	
3709 (ab 1976 342 S)	1970 - 1979	Eicher	EDK 3-4	3	35	L	100x125	2925	2000	1955	1400	8/2	1971 38 PS, 1974 42 PS
3711 (ab 1976 352 S)	1970 - 1979	Eicher	EDK 3-3	3	45	L	100x125	2925	2000	1980	1470	8/4	
3712 (ab 1976 352 AS)	1970 - 1979	Eicher	EDK 3-3	3	45	L	100x125	2925	2000	2025 -	1630	8/4	ab 1974 52 PS
3710 (ab 1976 342 AS)	1971 - 1979	Eicher	EDK 3-4	3	35	L	100x125	2925	2000	2000 -	1555	8/4	Allradantrieb, ab 1971 38 PS, ab 1974 42 PS
3713	1972 - 1976	Eicher	EDK 2	2	30	L	100x125	1963	2000	1600	1120	6/1	
3714	1972 - 1976	Eicher	EDK 2	2	30	L	100x125	1963	2000	1645	1280	6/1	Allradantrieb
c)													
330 S (3713)	1976 - 1979	Eicher	EDK 2-3	2	30	L	100x125	1963	2000	1650	1260	2x5/1	
330 AS (3714)	1976 - 1979	Eicher	EDK 2-3	2	30	L	100x125	1963	2000	1690	1420	2x5/1	Allradantrieb
334 S (3705)	1976 - 1979	Eicher	EDK 2-7	2	34	L	100x125	1963	2150	1650	1330	2x5/1	
334 AS (3706)	1976 - 1979	Eicher	EDK 2-7	2	34	L	100x125	1963	2150	1690	1445	2x5/1	Allradantrieb
342 S	1976 - 1979	Eicher	EDK 3-4	3	42	L	100x125	2925	2150		1535	2x5/1	
342 SA	1976 - 1979	Eicher	EDK 3-4	3	42	L	100x125	2925	2150		1700	2x5/1	Allradantrieb
352 S	1976 - 1979	Eicher	EDK 3-7	3	52	L	100x125	2925	2150		1650	2x5/1	
352 SA	1976 - 1979	Eicher	EDK 3-7	3	52	L	100x125	2925	2150		1800	2x5/1	Allradantrieb
365 S	1976 - 1979	Eicher	EDK 4-11	4	65	L	100x125	3927	2150	2150	1780	2x5/1	
365 SA	1978 - 1979	Eicher	EDK 4-11	4	65	L	100x125	3927	2150		1970	2x5/1	Allradantrieb
330	1977 - 1982	Eicher	EDK 2-3	2	30	L	100x125	1963	2150	1925	1650	8/2	
335 (3035, 335 E)	1982 - 1984	Eicher	EDL 2-3	2	35	L	100x125	1963	2100	1925	1560	16/4	
d)													
530 SK	1979 - 1980	Eicher	EDK 2-10	2	30	L	100x125	1963	2000	1560	1350	2x5/1	
530 ASK	1979 - 1980	Eicher	EDK 2-10	2	30	L	100x125	1963	2000	1590	1485	2x5/1	Allradantrieb
534 S	1979 - 1980	Eicher	EDK 2-11	2	34	L	100x125	1963	2150	1765	1460	2x5/1	
534 AS	1979 - 1980	Eicher	EDK 2-11	2	34	L	100x125	1963	2150	1725	1665	2x5/1	
542 ASK	1979 - 1984	Eicher	EDK 3-8	3	42	L	100x125	2925	2100	1750	1540	2x5/1	
535 AS	1980 - 1986	Eicher	EDK 2-2	2	35	L	100x125	1963	2100	1765	1710	2x5/1	Allradantrieb
535 ASK	1980 - 1986	Eicher	EDK 2-1	2	35	L	100x125	1963	2100	1590	1440	2x5/1	
535 S	1980 - 1986	Eicher	EDL 2-2	2	35	L	100x125	1963	2100	1725	1440	2x5/1	
535 SK	1980 - 1986	Eicher	EDL 2-2	2	35	L	100x125	1963	2100	1560	1350	2x5/1	
542 S	1980 - 1986	Eicher	EDL 3-9	3	42	L	100x125	1963	2100	2045	1750	2x5/1	ab 1980 2100 U/min
542 AS	1980 - 1986	Eicher	EDL 3-6	3	42	L	100x125	1963	2100	2085	1905	2x5/1	Allradantrieb
542 SK	1980 - 1984	Eicher	EDK 3-8	3	42	L	100x125	2925	2000	1720	1415	2x5/1	
548 SK	1980	Eicher	EDK 3-7	3	48	L	100x125	2925	2000	1750	1460	2x5/1	
548 ASK	1980 - 1984	Eicher	EDL 3-7	3	48	L	100x125	2925	2000	1750	1540	2x5/1	Allradantrieb
550 P	1980 - 1981	Eicher	EDK 3-10	3	50	L	100x125	2925	2000	2080	2010	16/4	
550 PA	1980 - 1981	Eicher	EDK 3-10	3	50	L	100x125	2925	2000	2155	2180	16/4	Allradantrieb

Eicher-Schlepper

Baureihe	Bauzeit	Motor Hersteller	Typ	Zylinder	PS	Kühlung	Bohrung x Hub	Hubraum	Drehzahl	Radstand	Gewicht	Getriebe	Besonderheiten
552 S	1980 - 1981	Eicher	EDK 3-7	3	52	L	100x125	2925	2150	2070	1900	16/4	
552 AS	1980 - 1981	Eicher	EDK 3-7	3	52	L	100x125	2925	2150	2110	2035	16/4	
565 S	1980 - 1983	Eicher	EDK 4-11	4	65	L	100x125	3927	2000	2240	2105	16/4	
565 AS	1980 - 1983	Eicher	EDK 4-11	4	65	L	100x125	3927	2000	2315	2285	16/4	
554 P	1981- 1986	Eicher	EDL 3-1	3	54	L	100x125	2925	2100	2080	2010	16/4	
554 S	1981 - 1986	Eicher	EDL 3-1	3	54	L	100x125	2925	2100	2070	1900	16/4	
554 AS	1981 - 1986	Eicher	EDK 3-1	3	54	L	100x125	2925	2100	2150	1935	16/4	Allradantrieb
554 PA/PAB	1981 - 1986	Eicher	EDL 3-2	3	54	L	100x125	2925	2100	2155	2180	16/4	dito
566 AS	1983 - 1986	Eicher	EDL 3-5	3	66	L	100x125	2925	2150	2150	2035	16/4	T, Allradantrieb
566 P	1983 - 1986	Eicher	EDL 3-5	3	66	L	100x125	2925	2150	2080	2010	16/4	T
566 S	1983 - 1986	Eicher	EDL 3-5	3	66	L	100x125	2925	2150	2070	1850	16/4	T, Allradantrieb
566 PA/PAB	1983 - 1986	Eicher	EDL 3-5	3	66	L	100x125	2925	2150	2155	2180	16/4	
e)													
635 K	1986 - 1993	Eicher	EDL 2-1	2	35	L	100x125	1963	2150	1665	1510	11/2	
635 KA	1986 - 1993	Eicher	EDL 2-1	2	35	L	100x125	1963	2100	1705	1655	11/2	Allradantrieb, ab 1990 Radstand 1684 mm
680 PA		Eicher	EDL 4-5.1	4	80	L	100x125	3927	2100	2270	2400	16/4	Allradantrieb
642 K	1986 - 1993	Eicher	EDL 2-4	2	42	L	100x125	1963	2100	1665	1530	11/2	
645 K	1986 - 1997	Eicher	EDL 3-7	3	45	L	100x125	2925	2100	1825	1650	11/2	
645 KA	1986 - 1997	Eicher	EDL 3-7	3	45	L	100x125	2925	2100	1865	1790	11/2	ab 1990 Radst. 1844 mm
656 PA	1986 - 1991	Eicher	EDL 3-8.1	3	56	L	100x125	2925	2100	2120	2210	12/12	Allradantrieb
656 PAB	1986 - 1991	Eicher	EDL 3-8.1	3	56	L	100x125	2925	2100	2125	2420	12/12	
656 P/PB	1986 - 1991	Eicher	EDL 3-8.1	3	56	L	100x125	2925	2100	2060	2060	12/12	
656 V	1986 - 1988	Eicher	EDL 3-8.1	3	56	L	100x125	2925	2100	2070	1920	16/4	
656 VA	1986 - 1988	Eicher	EDL 3-8.1	3	56	L	100x125	2925	2100	2130	2100	16/4	Allradantrieb
666 P	1986 - 1991	Eicher	EDL 3-9.1	3	66	L	100x125	2925	2100	2060	2080	12/2	T
666 PA	1986 - 1991	Eicher	EDL 3-9.1	3	66	L	100x125	2925	2100	2120	2330	12/2	T, Allradantrieb
666 PAB	1986 - 1991	Eicher	EDL 3-9.1	3	66	L	100x125	2925	2100	2115	2450	12/2	
666 PB	1986 - 1991	Eicher	EDL 3-9.1	3	66	L	100x125	2925	2100	2070	1940	12/2	T
666 V	1986 - 1988	Eicher	EDL 3-9	3	66	L	100x125	2925	2100	2070	1940	16/4	T
666 VA	1986 - 1988	Eicher	EDL 3-9	3	66	L	100x125	2925	2100	2130	2120	12/4	T, Allradantrieb
680 PA	1985/1986	Eicher	EDL 4-5	4	80	L	100x125	3927	2100	2270	2460	16/4	T, auch 12/12-Getriebe, Allradantrieb
680 PAB	1986 - 1991	Eicher	EDL 4-5	4	80	L	100x125	3927	2100	2275	2550	16/4	
642 KA	1987 - 1993	Eicher	EDL 2	2	42	L	100x125	1963	2100	1705	1675	11/2	T, Allradantrieb, ab 1990 Radstand 1684 mm
648 V	1987 - 1992	Eicher	EDL 3-7.2	3	48	L	100x125	2944	2100	2020	1750	11/2	
648 VA	1987 - 1992	Eicher	EDL 3-7	3	48	L	100x125	2925	2100	2060	1890	11/2	Allradantrieb
656 V (ab 1993 VC)	1988 - 1993	Eicher	EDL 3-8	3	56	L	100x125	2925	2100	2043	2000	12/12	»C« für Cunewalde
656 VA (ab 1993 VAC)	1988 - 1995	Eicher	EDL 3-8	3	56	L	100x125	2925	2100	2062	2115	12/2	Allradantrieb
666 V (ab 1993 VC)	1988 - 1995	Eicher	EDL 3-9	3	66	L	100x125	2925	2100	2043	2000	12/2	T
666 VA (ab 1993 VAC)	1988 - 1993	Eicher	EDL 3-9	3	66	L	100x125	2925	2100	2062	2120	12/2	T, Allradantrieb
f)													
756 AS	1991 - 1998	Eicher	EDL 3-8.3	3	56	L	100x125	2925	2100	2115	2735	12/2	Allradantrieb
766 AS	1991 - 1998	Eicher	EDL 3-9.3 T	3	66	L	100x125	2925	2100	2115	2735	12/2	T, Allradantrieb
780 AS	1991 - 1998	Eicher	EDL 4-5.2 T	4	80	L	100x125	3927	2100	2275	2825	12/2	dito
2.2 Schmalspurschlepper aus Köblitz-Weigsdorf													
656 VAC	1994	Eicher	EDL 3-8	3	56	L	100x125	2925	2100	2033	2150	12/12	Allradantrieb
666 VC	1994	Eicher	EDL 3-9.3 T	3	66	L	100x125	2925	2100	2043	2050	12/12	T
666 VAC	1994	Eicher	EDL 3-9.3 T	3	66	L	100x125	2925	2100	2033	2120	12/12	T, Allradantrieb
680 VAC	1994	Eicher	EDL 4-5.2 T	4	80	L	100x125	3927	2100	3200	2230	12/12	
3776 UAC	2000	Eicher	EDL 3-7.2	3	46	L	100x125	2925	2100	2022	3200	12/12	Untertageschlepper
2.3 Schmalspurschlepper unter Eicher-Namen aus Colmar/Elsaß													
Eicher 60 VAC	2001	JD	3029 DRT	3	60	W	106,5x110	2938	2500		1940	12/12	Allradantrieb, Dromson-Typ
Eicher 75 VAC	2001	JD	3029 TRT	3	75	W	106,5x110	2938	2500		1940	12/12	T, Allradantrieb, Dromson-Typ
3. Geräteträger													
a)													
Kombi G 16	1953 - 1955	Eicher	ED 1a	1	15	L	110x150	1424	1500	2550	980 - 1450	5/1	
Kombi G 19	1955 - 1959	Eicher	ED 1b	1	19	L	110x150	1425	1500	2550	1230	5/1	auch ED 1d-Motor
Muli G 13	1956 - 1958	Hatz	E 89 FG	1	13	L	90x105	667	2600	2200	1095	K+6/2	
Kombi G 22	1957 - 1957	Eicher	ED 1d	1	22	L	115x150	1557	1650	2550	1230	K+5/1	
b)													
Kombi G 160	1958 - 1960	Eicher	EDK 1-1	1	16	L	110x125	981	2000	2360	1200	6/1	
Kombi G 200	1959 - 1962	Eicher	EDK 2a	2	20	L	95x120	1700	2000	2560	1400	6/1	
Kombi G 280	1960 - 1964	Eicher	EDK 2-3	2	28	L	100x125	1963	2000	2700	1760	8/4	
Kombi G 220	1962 - 1964	Eicher	EDK 2a	2	22	L	95x120	1700	2000	2675	1800	8/4	
c)													
Kombi G 25	1964 - 1966	Eicher	EDK 2-4	2	25	L	100x125	1963	2000	2700	1670	8/4	
Kombi G 30	1964 - 1966	Eicher	EDK 2-3	2	30	L	100x125	1963	2000	2780	1800	8/4	
Kombi G 40	1964 - 1966	Eicher	EDK 3-2	3	40	L	100x125	2925	2000	2940	2230	8/4	mit Radst. 2780 mm 1800

Eicher-Schlepper

Baureihe	Bauzeit	Motor Hersteller	Typ	Zylinder	PS	Kühlung	Bohrung x Hub	Hubraum	Drehzahl	Radstand	Gewicht	Getriebe	Besonderheiten
d)													
G 250 Unisuper	1966 - 1968	Eicher	EDK 2-4	2	25	L	100x125	1963	2000	2700	1670	8/4	
G 300 Unisuper	1966 - 1968	Eicher	EDK 2-2	2	30	L	100x125	1963	2000	2780	1920	8/4	
G 400 Unisuper	1966 - 1968	Eicher	EDK 3-2	3	40	L	100x125	2925	2000	2940	2020	8/4	
4. Spezialfahrzeug													
Agrirobot	1964	Eicher	EDK 3	3	40	L	100x125	2925	2000				Einachspflug

Eicker

Hermann Eicker,
Essen, Rüttenscheider Str. 313–319,
1951–1955

Ausgehend vom US-Jeep, fertigte Eicker Schlepper mit bisher unbekannten Daten. Ein Betrieb in Kitzingen, Hindenburgring-Nord 13, gehörte zu dem Unternehmen.

Eisenmann

Werkstätte für Landmaschinen Karl Eisenmann,
Legau, Lehenbühlstr. 27,
1936–1939

Landmaschinen-Mechanikermeister Karl Eisenmann (1892–1967) übernahm 1928 Wohnhaus und Betrieb seines einstigen Meisters und bot in seiner »Werkstätte für Landmaschinen« Schlosser- und Mechanikerarbeiten an, insbesondere wurden landwirtschaftliche Maschinen und Windräder verkauft und repariert. Darüber hinaus fertigte er Kreissägen und Schälmaschinen zur Herstellung von Pfählen an. Im Jahre 1936 wandte sich der Handwerks- und Handelsbetrieb mit seinen acht bis zehn Mitarbeitern auch dem Schlepperbau zu. Der Rahmenbauschlepper der Marke »Oberland 1« mit 8-PS-Sendling- oder 10-PS-Deutz-Dieselmotor sowie Hurth-Drei- und Vierganggetrieben stellte das Einstiegsmodell dar. Die Baureihe »Oberland 2« war dagegen mit einem 15-PS-Sendling-Motor ausgestattet. Um kostengünstig zu produzieren, versuchte Eisenmann möglichst viele Bauteile in Eigenregie für diese Modelle herzustellen. Schließlich stieg Eisenmann mit dem »Oberland 3« auch in den Bereich der Blockbauschlepper ein, der weitgehend mit Fremdteilen montiert wurde. Der Kunde konnte zwischen einem 20-PS-MWM- oder einem 22-PS-Deutz-Dieselmotor wählen. Da der Kleinbetrieb nicht im Schell-Plan berücksichtigt wurde, musste die Montage nach etwa 60 gebauten Modellen bei Kriegsbeginn eingestellt werden. Eisenmann konzentrierte sich auf Reparaturarbeiten an Landmaschinen und verkaufte 1962 den Betrieb an einen Hersteller von Stalleinrichtungen.

10-PS-Eisenmann-Schlepper Typ I, 1936. Foto: Ulrike Wiest

Ensinger

Christian Ensinger,
Inhaber Friedrich Ensinger, Fahrzeugbau,
Michelstadt, Frankfurter Str.,
1947–1954

Ingenieur Friedrich Ensinger (1907–1956) richtete in dem väterlichen Autohandelsbetrieb den Fahrzeugbau Ensinger ein und stieg 1947 mit dem Modell »AS 20« mit Zweizylinder-MWM-Motor und ZA-Getriebe in den Scheppermarkt ein. Die Voraussetzungen waren nicht schlecht, denn eine vordere (auf Wunsch auch gefederte) Pendelachse, Riemenscheibe, Zapfwelle und – auf Wunsch – ein Mähbalken hatte damals nicht jeder Schlepper vorzuweisen.

1949 folgte der »AS 15« mit MWM-Einzylindermotor, der kleine Bau-

20/22-PS-Ensinger AS 20, 1948.

ernhöfe ansprechen sollte. Im Laufe der Fertigung erhielt der Kleinschlepper hydraulische Bremsen in den Hinterrädern. Die Absatzerwartungen für eine wirtschaftliche Produktion konnten aber nicht erreicht werden. Um die drohende Zahlungsunfähigkeit abzuwenden, gab Ensinger schon 1950 die Konstruktionsunterlagen und Werkzeuge für dieses Modell an die Bischoff-Werke in Recklinghausen ab, die mit diesem Typ den eigenen Schlepperbau aufnahmen. Mit dem Geld aus Recklinghausen konnte Ensinger seine Gläubiger befriedigen und an Neuentwicklungen gehen. Bis zur Realisierung eines neuen Fahrzeugprogramms standen genügend bisher unverkaufte Schlepper auf dem Werksgelände. Auch der Bau von Beregnungsanlagen mit Bauscher-Kleindieselmotoren für den Export überbrückte diese Phase.

Da Ensinger schon um 1948 eine 25 PS starke Raupe mit hochgesetzten Leit- und Triebrädern entwickelt hatte, nahm er zunächst die Raupenkonstruktion auf. Da der Absatz der Radfahrzeuge nur schleppend vor sich ging, versuchte sich Friedrich Ensinger im Bau von Raupen und da er mit der ursprünglichen Konstruktion mit der geringen Auflagefläche nicht weiterkam, nutzte er vermutlich Fahrwerke ausgemusterter Caterpillar-Raupen für seinen Typ »R 40«. Diese mit Dreizylinder-MWM-Motor angetriebene Raupe war zwar schon 1949 auf der Frankfurter DLG-Ausstellung in der Werbung vorgestellt worden, aber erst um 1953 konnten 12 bis 14 Exemplare fertiggestellt werden, ohne dass sie zu einem kommerziellen Erfolg geworden wären.

Die Radschlepper-Montage hatte Friedrich Ensinger 1951 mit dem mittelschweren Modell »AS 40« mit Dreizylinder-MWM-Diesel erneut aufgenommen, das vorwiegend in die Türkei geliefert wurde. Die neue Hauben-

gestaltung mit dreispaltigem Lüftungsgitter-Bereich, rotem Anstrich und gelbfarbigen Felgen verlieh diesem Schlepper einen Hauch von Eleganz. Das zu schwache 7-Ganggetriebe hielt jedoch dem zu hohen Drehmoment nicht stand, was aufwändige Nacharbeiten in der Türkei nach sich zog. Die Absatzzahlen blieben weiterhin bescheiden.

Nachdem auch der Schlepper-Export in die Türkei nicht florierte – darüber hinaus verschwand ein Schiff mit einer Ladung »AS 40« im Atlantik –, war das Fiasko perfekt. Ensinger musste 1954 nach einem Konkurs den Betrieb schließen; der für den Export geplante 60-PS-Typ mit Zweizylinder-MWM-Motor konnte nur in einem Musterexemplar realisiert werden. 260 Ensinger-Schlepper sollen gefertigt worden sein. Die Firma Rotenburger Metallwerke R. Stierlen KG in Rotenburg a. d. Fulda übernahm die Konstruktionsunterlagen, die Werkzeuge für die Rad- und Raupenschlepper sowie die restlichen Ensinger-Schlepper und die Raupen. Dorthin ging auch Friedrich Ensinger und baute dort die Schleppermontage auf.

15-PS-Ensinger AS 15, 1949. Foto: Heinrich Lauser

40-PS-Ensinger-Raupenschlepper R 40, 1953. Foto: Heinrich Lauser

25-PS-Ensinger AS 25, 1950.

40-PS-Ensinger AS 40, 1951.

Ensinger-Schlepper													
Baureihe	Bauzeit	Motor Hersteller	Typ	Zylinder	PS	Kühlung	Bohrung x Hub	Hubraum	Drehzahl	Radstand	Gewicht	Getriebe	Besonderheiten
1. Radschlepper													
AS 20 (ab 1950 AS 25)	1948 - 1950	MWM	KD 215 Z	2	20/22	W	100x150	2356	1500	1650	1650	4/1	auch 7/2-Getriebe, Radstand 1720, 25 PS mit KD 415 Z
AS 15	1949 - 1950	MWM	KD/W 215 E	1	14/15	W	100x150	1178	1500	1450	1370	4/1	15 PS mit KDW 415 E
AS 18	1950	Henschel	515 DE	2	18	W	90x1215	1590	1700				2 Exemplare
AS 15	1951	MWM	KDW 415 E	1	15	W	100x150	1178	1600	1560	1320	5/1	Projekt?
AS 20i	1951	MWM	KD 415 Z	2	22	W	100x150	2356	1500	1650	1390	4/1	Einzelstück
AS 28	1951	MWM	KDW 415 Z	2	28	W	100x150	2356	1500	1860	1780	7/2	
AS 30	1951	MWM	KDW 515 Z	2	30	W	105x150	2600	1500	1860	1780	7/2	Projekt?
AS 40	1951 - 1953	MWM	KDW 415 D	3	40	W	100x150	3534	1500	2005	2210	7/2	
AS 60	1951	MWM	RHS 418 Z	2	60	W	140x180	5540	1500	2165	2370	7/2	Einzelstück
2. Raupenschlepper													
R 25	1948	MWM	KD 415 Z	2	22	W	100x150	2356	1500				Einzelstück
R 40	(1951) - 1953	MWM	KD/W 415 D	3	40	W	100x150	3534	1500	1720		7/2	16 Exemplare

Epple u. Buxbaum

Vereinigte Fabriken landwirtschaftlicher Maschinen, vorm. Epple u. Buxbaum AG,
Augsburg, Hindenburgstr. 19a u. Haunstetter Str., 1927

Diese traditionsreiche Landmaschinenfabrik mit dem Gründungsjahr 1882 stellte im Jahre 1927 ein Kleintraktormodell mit der Bezeichnung »Rollmops« vor, nachdem die Firma Erfahrungen im Bau von Motormähern gesammelt hatte. Der »Rollmops« erhielt den Einzylinder-Hanomag-Motor mit 2/10 PS, der auch zum Antrieb des Hanomag-»Kommissbrot«-Automobils verwendet wurde. Riemenscheibe und Mähbalken waren hier ebenso serienmäßig vorgesehen wie die Eisenbereifung. Auch mit einem Zweizylindermotor wurde experimentiert; doch der »Rollmops« ging letztlich weder mit diesem noch einem anderen Triebwerk in Produktion.

10/12-PS-Epple & Buxbaum »Rollmops«, 1927.

Das einst zu den großen deutschen Landmaschinenfabriken zählende Werk ging 1931 an die Lanz AG über, nachdem der Bau einer großen Dreschmaschinenfabrik in den zwanziger Jahren die finanzielle Basis überfordert hatte; 1939 erfolgte die Löschung im Handelsregister.

Bekannter als das Augsburger Epple- u. Buxbaum-Unternehmen wurden die österreichischen Epple u. Buxbaum-Werke in Wels/Oberdonau. Innerhalb des Schell-Plans stellten diese gemeinsam mit dem Martin-Werk den 22-PS-Schlepper »Aquila« mit Deutz-Diesel und Prometheus-Getriebe her.

Epple und Buxbaum-Schlepper

Baureihe	Bauzeit	Motor Hersteller	Typ	Zylinder	PS	Kühlung	Bohrung x Hub	Hubraum	Drehzahl	Radstand	Gewicht	Getriebe	Besonderheiten
Rollmops	1927	Hanomag	2/10 PS	1	10/12	Th	80x100	502	2500				Vergaser-Motor
Aquila »Acker«	1941	Deutz	F 2 M 414	2	22	W	100x140	2198	1500	1650	1620	4/1	auch Radstand 1620 mm
25 PS HG	1942	Deutz	GF 2 M 115	2	25	W	130x150	3982	1500	2190		4/1	auch 5/1-Getriebe, Holzvergaser-Motor

Erkelenz

Franz H. Erkelenz Landmaschinenbau,
Frankfurt a. Main, Landgraf Wilhelm Str. 17
und Robert-Meyer-Str. 45,
1949–1952

Der »Erkelenz-Patent-Schlepper« war ein Knicklenker mit gleich großen Rädern. Der Motor-Getriebeblock ruhte auf der Vorderachse; so dass 690 kg des insgesamt 790 kg schweren Schleppers auf der Antriebsachse lasteten. Der kleine, kompakte Schlepper wies dadurch eine hohe Zugkraft auf. Der Antrieb war Sache eines Einzylinder-Zweitakters von ILO mit 12 PS und Luftkühlung, der während des Krieges für den Betrieb mit einem Holzvergaser entwickelt worden war. Die Kraftübertragung erfolgte per Fünfganggetriebe. Der ILO war nicht die erste Wahl, Erkelenz hatte zuvor erfolglos versucht, einen Horex-Motorradmotor zum Leichtdieselmotor umzubauen. Dazu hatte er den Viertakter mit einem neuen Zylinderkopf und einer L'Orange-Einspritzanlage versehen. Die Startprozedur war dann aber kompliziert. Mit Vergaserkraftstoff und Zündanlage musste der Motor in Betrieb gesetzt werden, erst anschließend erfolgte die Umstellung auf Dieselkraftstoff. Die Spurweite der Räder ließ sich verstellen; ein ein- oder zweischariger Anbauwechselpflug aus eigener Fertigung ließ sich anhängen.

12-PS-Erkelenz-Knickschlepper, 1949.

12-PS-Erkelenz-Kleinschlepper »Bambi«, 1952.

Diesen »Patent-Schlepper« löste 1952 der Typ »Bambi C 10« ab. Der nur 670 kg schwere Schlepper besaß Allradantrieb sowie -lenkung. Am Motor-Getriebeblock waren rechts und links kastenförmige Radträger angebracht, in denen die Antriebsketten liefen. An den Enden waren jeweils die über Kardangelenke leicht schwenkbaren gleich großen Räder angebracht.

Das Viergang-Wendegetriebe, der schwenkbare Sitz und die doppelte Pedalerie ermöglichten eine ebenso gute Vor- wie Rückwärtsfahrt, die entweder einem 10-PS-Dieselmotor von F & S oder einem 12-PS-MWM-Motor zu verdanken war.

Die Fertigung erfolgte zunächst im 1872 gegründeten Mayfarth-Landmaschinenwerk an der Frankfurter Hanauer-Landstraße; dort war Erkelenz als Ingenieur tätig gewesen. Bald nach dem Erscheinen des »Bambi«-Schleppers verlegte Franz H. Erkelenz dann die Fertigung in die Ursus-Werke nach Wiesbaden.

Erkelenz-Schlepper													
Baureihe	Bauzeit	Motor Hersteller	Typ	Zylinder	PS	Kühlung	Bohrung x Hub	Hubraum	Drehzahl	Radstand	Gewicht	Getriebe	Besonderheiten
Erkelenz-Patent-Schlepper	1949	ILO	E 500-KG	1	12	W	90x80	508	2000		790	5/1	Vergasermotor, Knicklenker, Vorderradantrieb
Erkelenz	1951	Stihl	131	1	12	L	90x120	763	1900	1400	880	5/1	Knicklenker, Vorderradantrieb
C 10	1952	F & S	D 500 W	1	10	W	80x100	503	2000	1180	670	4/4	Allradantrieb, Allradlenkung
C 10	1953	MWM	AKD 12 E	1	12	L	98x120	905	2000	1180	700	4/4	Allradantrieb, Allradlenkung

Ettner

Johann Ettner,
Aichach (Obb.), Kellerweg 213,
1938

Als Hersteller von Ackerschleppern mit bisher unbekannten Details taucht diese Firma in der Literatur auf. Nach dem Krieg vertrieb Ettner Eicher-Traktoren.

Euha

Maschinenfabrik Eugen Haag,
Kempten, Vor dem Jakobertor,
1925

Eine motorisierte Einachs-Mähmaschine, die auch auf die Achse eines Heuwenders aufgesetzt werden konnte, bot dieses Allgäuer Unternehmen an.

7-PS-Euha-Grasmäher mit Heuwender, um 1925.

Eugra

Eugra-Werk, Eugen Gramlich,
Siglingen,
1953–1962

Der Mechanikermeister Eugen Gramlich besaß seit 1948 eine Schleppervertretung der Marke Güldner. Da dort zunächst ein Schlepper in der 11-PS-Klasse fehlte, konstruierte er 1953 einen entsprechend starken Schlepper mit einem älteren Güldner-Einzylindermotor mit Verdampferkühlung. Den Antrieb vom Motor zum Goliath-Pkw-Getriebe gestaltete

12-PS-Eugra KD 12, 1954. Foto: Kurt Horbold

25-PS-Eugra KD 25, 1956.

Gramlich mit einer Keilriemenübertragung. Als sich die Firma Güldner tatsächlich anbot, diesen Typ mit dem aktuellen 1-DA-Motor zu übernehmen, entschied sich Gramlich aber für die Eigenständigkeit und gründete das Eugra-Werk.

Von dem Güldner-Motor ging er schon in der zweiten Baureihe auf MWM-Motoren über und baute eine Palette von Ein- und Zweizylinder-Schleppern mit Leistungen von 12, 17, 18, 24 und 25 PS auf. Höhe und Schlusspunkt seiner Konstruktionen waren ab 1956 die »Eugra-Diesel« mit 28- und 34-PS-DB-Vierzylindermotor, der auch bei den Fahr- und Güldner-Schleppern Verwendung gefunden hatte.

28-PS-Eugra KD 28, 1956. Foto: Kurt Herbold

34-PS-Eugra KD 34, 1958. Foto: Kurt Herbold

Während zunächst Hauben verschiedener Karosseriehersteller aufgesetzt wurden, erhielten die Vierzylinder-Modelle die nur im Grill mit dem Eugra-Diesel-Emblem veränderten MAN-Schlepperhauben, wobei – wohl eine einmalige Erscheinung im deutschen Fahrzeugbau – der Mercedes-Stern den Fahrzeugen den Hauch der Vornehmheit verliehen.

Die Fahrzeuge setzte Gramlich in Einzelanfertigung mit Bergischen Patentachsen und ZF-Getrieben zusammen. Das Verkaufsgebiet der Schleppermanufaktur erstreckte sich vor allem auf die engere Umgebung von Siglingen, jedoch auch im Schwarzwald fanden die etwa 162 montierten Eugra-Schlepper Interessenten.

Eugra-Schlepper

Baureihe	Bauzeit	Motor Hersteller	Typ	Zylinder	PS	Kühlung	Bohrung x Hub	Hubraum	Drehzahl	Radstand	Gewicht	Getriebe	Besonderheiten
KD 11	1953 - 1954	Güldner	GL 11	1	11	V	105x130	1125	1500		750	4/1	Goliath-Pkw-Getriebe, Keilriemenübertragung
KD 12	1954 - 1962	MWM	AKD 112 E	1	12	L	98x120	905	2000			5/1	
KD 17	1956	MWM	KD 211 Z	2	17	W	85x110	1250	1980			5/1	
KD 24	1956	MWM	AKD 12 Z	2	24	L	98x120	1810	1900			5/1	
KD 25	1956	MWM	KD 211 Z	2	25	W	85x110	1250	2000			5/1	
KD 28	1956	DB	OM 636 VI	4	28	W	75x100	1767	2500			5/1	
KD 18	1957	MWM	AKD 112 Z	2	18	L	98x120	1810	1900			5/1	
KD 34	1958	DB	OM 636 VI-E	4	34	W	75x100	1767	3000			5/1	

Fahr

Maschinenfabrik Fahr,
Gottmadingen, Industriestr. 39,
1937–1964

Johann Georg Fahr (1836–1916) richtete 1869 eine mechanische Werkstatt ein, aus der die spätere Landmaschinenfabrik Fahr hervorging. Zunächst wurden Futterschneidemaschinen, Weinpressen, Jauchepumpen und Mähmaschinen nach amerikanischen Vorbildern gebaut. 1891 kam in Stockach ein Zweigwerk hinzu, die Keimzelle der späteren Eisengießerei des Fahr-Werkes. 1895 folgte die Montage von Dreschmaschinen unter der Markenbezeichnung »Alemannia«.

Als ein motorisierter, von Pferden gezogener Grasmäher erfolgreich das Fahr-Programm in den dreißiger Jahren erweitert hatte, beschloss die Landmaschinenfabrik, auch Schlepper herzustellen, wobei die Schweizer Firma Bucher Schützenhilfe leistete. Dr. Ing. Wilfried Fahr (1912–1994) und der Oberingenieur Bernhard Flerlage (1901–1974) konstruierten den Typ »F 22« mit dem damals weit verbreiteten Zweizylinder-Deutz-Motor. Das Fahrzeug in Blockbauart wies eine hohe Bodenfreiheit sowie eine weit einschlagbare Lenkung auf. Zapfwelle, Riemenscheibe, Mähbalken, Seilwinde und Differentialbremsen gehörten zur Grundausstattung. Die Räder ließen sich, zur Spurverbreiterung, umgekehrt aufstecken. Mit Gummibereifung wurde eine Geschwindigkeit von 19 km/h erreicht. Für

22-PS-Fahr F 22, 1938. Foto: ChiemseeMan.© PD

die schwere Ackerarbeit gab es den Schlepper auch mit Eisenrädern als Typ »T 22«. Bis in die Kriegszeit lieferte Fahr über 1500 Exemplare dieses im Schell-Plan berücksichtigten Typs aus.

Während des Krieges baute das Unternehmen den Einheitsschlepper »HG 25« mit Deutz- oder Güldner-Einheitsmotor und dem Einheitsgenerator E 60. An den Motorblock war vor der Vorderachse der Holzvergaser angebacht, so dass der plump wirkende Schlepper mit seinem größeren Radstand durch zusätzliche Lenkbremsen eine noch akzeptable Wende- und Manövrierfähigkeit aufwies. Fast 3200 Schlepper konnte Fahr neben Rüstungsgütern (Teile für Panzermotoren und Munition) während des Krieges fertigen. Auch der Güldner-Holzgasmotor wurde schließlich in Gottmadingen gebaut, da das Güldner-Werk völlig zerstört wurde. Glück im Unglück: Die wichtigen Anlagen für den Bau des Holzgasmotors hatten geborgen werden können.

25-PS-Fahr-Generatorschlepper HG 25, 1942.

Nach Kriegsende verhinderte die Totaldemontage durch die französische Besatzungsmacht die rasche Wiederaufnahme der Schlepperfertigung, abgesehen vom Weiterbau des Holzgasschleppers aus noch bereitliegenden Baugruppen. Erst 1948 gelang es, mit neuen Güldner-Dieselmotoren und mit noch vorhandenen Getrieben aus der Holzgasschlepper-Fertigung erste Dieselschlepper zu komplettieren. Im Zuge der Währungsreform konnte Fahr die Demontageschäden leidlich beheben, so dass Ende 1949 ein dreistufiges Programm mit den Modellen »D 15«, »D 22« und »D 30« (leistungsgesteigerter »D 28«, jetzt mit auffallender, nierenförmiger Motorhaube) angeboten werden konnte. Während der Universalschlepper »D 22« wieder mit einem Deutz-Diesel bestückt wurde, erhielten die beiden anderen Modelle Güldner-Motoren. Damit intensivierte sich die Zusammenarbeit mit Güldner, zumal Fahr den Güldner-Schlepper »AF 30 F« mit einem hauseigenen Getriebe versorgte.

Zu Beginn der 1950er Jahre weitete Fahr das Angebot aus. Angefangen vom Einachser bot Fahr ein alle Leistungsklassen abdeckendes Programm an. Der Einachser der Baureihe »KT 10« mit F&S-Diesel- oder Berning-Vergasermotor stammte aus der Fertigung der Schweizer Firma Bucher-Guyer, die auch Hydraulikpumpen für die Fahr-Schlepper zulieferte. Der bis 1957/58 gebaute »KT 10« konnte auch als Behelfsschlepper mit angekoppelten Pritschenwagen für 1250 Kilogramm Last eingesetzt werden. Im Vierradprogramm gab es Traktoren der Leistungsstufen von

12 bis 60 PS; das Erfolgsmodell »D 17« konnte sogar 7700mal verkauft werden. Der völlig neue »D 22 P« löste dann 1951 das überarbeitete Vorkriegsmodell mit gleicher PS-Leistung ab. Der Zusatz »H« in der Typenbezeichnung deutete auf eine hochgekröpfte Hinterachse hin, was den Schlepper für Kultivierungsarbeiten besonders empfahl, ebenso wie der hydraulische Kraftheber, der von Anfang an serienmäßig war und nur bei den Einfach-Ausführungen nicht zur Standardausstattung der Fahr-Schlepper gehörte. 1951 konnte Fahr die Zahnradfabrik Karlsruhe GmbH (ZFK) von dem Eigentümer der Agria-Werke erwerben, so dass nun neben ZA-und ZF- auch eigene Getriebe für die Schlepper-Baureihen zur Verwendung kamen.

15-PS-Fahr D 15, 1950. Foto: ChiemseeMan, © PD

17-PS-Fahr D 17, 1951.

12-PS-Fahr D 12 H, 1952. Foto: W. Leiter, © CC-BY-SA-2.5

Schon 1953 überarbeitete Fahr die stets dunkelrot lackierten Modelle erneut; äußerlich erkennbar am geschachtelten Kühlergrill; später kam auch ein Schmalspurschlepper Typ »D 181« mit einem luftgekühlten MWM-24-PS-Motor hinzu. Für den Export, hauptsächlich in die Tropen, wurden die Schlepper mit besonderen Luftansaugsystemen versehen. Um den Absatz insbesondere in Argentinien zu steigern, richtete das Unternehmen die Fahr Argentina SAFIC in Buenos Aires ein; die Zollvorschriften machten eine dortige Montage erforderlich.

Das Typenbezeichnungssystem änderte Fahr im Jahre 1954; nun wurden die Schlepper nicht mehr nach der PS-Leistung, sondern dem entsprechenden Hubvolumen unter Fortfall einer Null bezeichnet. Das »D« für »Diesel« wurde beibehalten und die Werbung hob hervor: »Mit Fahr kommt man vorwärts!«

45-PS-Fahr D 45 L, 1953. Foto: BulldozerD 11© CC BY-SA 3.0

60-PS-Fahr D 60 L, 1953. Foto: Ubraxa, © CC-BY-SA-4.0

32-PS-Fahr D 270, 1954. Foto: ChiemseeMan, © PD

12-PS-Fahr D 90. 1954.

60-PS-Fahr D 540 L, 1954. Foto: W. Leiter, © PD

17-PS-Fahr D 130 H, 1954.

Im Jahre 1955 experimentierte Fahr mit einem eigenwillig konstruierten Geräteträger: Auf dem Einholm-Kastenträger war der Motor weit vorne über der Vorderachse angebracht; hinten befand sich das Getriebe mit der Hinterachse. Zwischen den Achsen konnten die Ladepritsche oder die Bodenbearbeitungsgeräte angebracht werden. Wenn auch der Fahrer durch diese aufgelockerte Bauweise eine hervorragende Sicht auf die Zwischenachsgeräte besaß, konnte das Konzept nicht überzeugen, so dass es bei den fünf Prototypen blieb.

Ab dem Jahre 1956 stellte das Unternehmen in einer ersten Kooperation mit Güldner die Leichtschlepper »D 66« und »D 88« in Wespentaillenbauart für den Zwischenachseinbau her. Mit ihren 11 und 13 PS starken, luftgekühlten Ein- und Zweizylindermotoren lösten sie den mit 12 PS ausgestatteten »D 12« ab. Fahr- und Güldner-Schlepper unterschieden sich lediglich in der Farbgebung sowie in der Gestaltung der Haube. Der Verwendungszweck war in jedem Fall gleich: Sie hatte man als Pflegeschlepper und für bäuerliche Kleinbetriebe konzipiert.

Im Jahre 1957 übernahm Fahr auch das ZF-Getriebewerk in Karlsruhe; gleichzeitig konnte in diesem Jahr der 50.000ste Schlepper montiert werden. Bei der Motorenbestückung setzte Fahr nun auf luftgekühlte Deutz-Motoren, auf luft- und wassergekühlte Güldner-Triebwerke sowie auf einen luftgekühlten 24-PS-MWM-Diesel, der in 8020 Exemplaren des Fahr-Erfolgsmodells »D 180« eingesetzt wurde.

Von der nahezu komplett auf luftgekühlte Motoren ausgerichteten Technik, die im Winterbetrieb ihre Unempfindlichkeit zum Vorteil hatte, rückte Fahr ab 1958 teilweise wieder ab. Der angenehmer arbeitende wassergekühlte 18-PS-Motor von Güldner kam im »D 135« und der begehrte (und ideale) »180 D«-Motor von Daimler-Benz mit 34 PS im »D 177«. Letzterer brachte es auf 5826 verkaufte Exemplare.

1958 beschlossen Güldner und Fahr eine noch enge Zusammenarbeit. Fahr konzentrierte sich auf die Entwicklung der Schlepper in den Leistungsstufen von 25 bis 34 PS, Güldner auf Schlepper im unteren Bereich. Ergebnis dieser Kooperation bildete die »Europa-Baureihe«. Fahr steuerte den rundum gelungenen »D 177« bei, der bei Güldner als Typ »Toledo« geführt wurde. Neu ins Programm gelangte der »D 133« in Normal- und in Tragschleppertechnik mit 25 PS hinzu, der den seit 1954 gebauten Universalschlepper »D 180 H« ablöste.

Unter der Bezeichnung »A 3 K« und »A 3 KT« (Burgund) fertigte Fahr dieses Modell für den Partner. Güldner hingegen brachte seine Entwicklung »Tessin« (luft- oder wassergekühlt) in die Gemeinschaft ein. Die in Aschaffenburg hergestellten Modelle wurden bei Fahr als Baureihe »D 131 L« oder »D 131 W« geführt. Der bewährte »D 88«, nun mit 15 PS Leistung, lief ebenfalls ausschließlich vom Aschaffenburger Fließband und trug bei Güldner zeitweise die Zusatzbezeichnung »Spessart«. Die Schlepper von Fahr und Güldner unterschieden sich wiederum nur in Farbgebung und in Haubengestaltung.

Neben den Ackerschleppern stellte das Unternehmen 1959 auf der Frankfurter Landmaschinenausstellung ein leichtes, offenes Vielzweckfahrzeug in selbsttragender Bauweise vor. Das unter der Bezeichnung »Farmobil« (für Farm-Mobil) vorgeführte Modell besaß einen großen Laderaum, eine feststehende Frontscheibe sowie einen im Heck angebrachten Zweizylinder-BMW-Boxermotor. Ein Serienbau unterblieb aber, die Konstruktionsunterlagen wurden an das griechische Fahr-Unternehmen Farco SA in Saloniki abgegeben.

11-PS-Fahr D 66, 1956.

17-PS-Fahr-Geräteträger GT 130, 1957.

24-PS-Fahr D 180 H, 1955.

Mit Einsetzen der Absatzkrise im Schlepperhandel nahm Fahr eine Beteiligung der Klöckner-Humboldt-Deutz AG auf und fertigte in deren Auftrag Deutz-Schlepper bis 1964. Güldner beendete daraufhin die Kooperation. Fahr ließ im Jahre 1961 zugunsten des Mähdrescherbaues die eigene Schleppermontage auslaufen, die auf eine Gesamtstückzahl von 100.000 Ackerschleppern gekommen war.

1968 übernahm KHD die Aktienmehrheit und vereinigte 1970 das Fahr-Werk mit dem Lauinger Dreschmaschinenhersteller Ködel & Böhm. Die Großgießerei in Stockach wurde 1985 geschlossen und 1988 gab KHD das einstige Fahr-Werk an den holländischen Greenland-Konzern ab.

34-PS-Fahr D 177, 1958. Foto: W. Leiter, © PD

Klöckner-Humboldt-Deutz (KHD) hatte 1961 eine 25-prozentige Beteiligung am Fahr-Unternehmen erworben und montierte auf den Fließbändern bis 1964 noch Deutz-Schlepper. KHD gliederte 1970 die Aktivitäten des vormaligen Dreschmaschinenherstellers Ködel & Böhm in Lauingen/Donau in das Fahr-Unternehmen ein. Nachdem in den Jahren 1971 bis 1977 selbstfahrende Futtererntemaschinen und große Feldhäcksler hergestellt worden waren, spezialisierte KHD, seit 1977 nun Alleineigentümer der beiden süddeutschen Landmaschinenwerke, das Lauinger Werk auf die Fertigung der Deutz-Fahr-Mähdrescher. Im Jahre 1988 erwarb der holländische Greenland-Konzern das Gottmadinger Werk; KHD verlagerte daraufhin die Landmaschinenfertigung vollständig in das Lauinger Werk, wo heute auch die Deutz-Schlepper gefertigt und unter der Bezeichnung »Deutz-Fahr« vermarktet werden.

15-PS-Fahr D 88 E, 1960.

18-PS-Fahr D 135, 1958. Foto: W. Leiter, © PD

20-PS-Fahr D 132 L, 1960.

25-PS-Fahr D 133N »Burgund«, 1959. Foto: Pr8de, © PD

Fahr-Schlepper

Baureihe	Bauzeit	Motor Hersteller	Typ	Zylinder	PS	Kühlung	Bohrung x Hub	Hubraum	Drehzahl	Radstand	Gewicht	Getriebe	Besonderheiten
1. Fahr-Standardschlepper													
a) 1. Baureihe													
F 22	1938 - 1940	Deutz	F 2 M 414	2	22	W	100x140	2198	1500	1700	1820	5/1	
T 22	1941 - 1942	Deutz	F 2 M 414	2	22	W	100x140	2198	1500	1700	1880	5/1	mit Eisenbereifung, 4. und 5. Gang gesperrt
HG 25	1942 - 1948	Güldner	2 Z	2	25	W	130x150	3982	1500	2220	2550	5/1	Holzgasmotor
HG 25	1942 - 1948	Deutz	GF 2 M 115	2	25	W	130x150	3982	1500	2195	2470	5/1	Holzgasmotor, auch Radstand 2300 mm
b) 2. Baureihe													
D 28	1948 - 1950	Güldner	2 F	2	28	W	105x150	2598	1500	1885	1980	5/1	ab 1950 30 PS
D 28 UW	1948 - 1951	Güldner	2 F	2	28	W	105x150	2598	1500	2170	1980	5/1	ab 1951 30 PS
D 22	1949 - 1951	Deutz	F 2 M 414	2	25	W	100x140	2198	1500	1760	1675	5/1	
D 15	1950 - 1951	Güldner	2 D 15	2	15/16	W	85x115	1304	1800	1640	1150	5/1	
D 15 H	1950	Güldner	2 D 15	2	15/16	W	85x115	1304	1800	1640		5/1	H = Hochradversion
D 30 W	1950 - 1951	Güldner	2 F	2	30	W	105x150	2598	1500	1880	1980	5/1	auch Radstand 1870 mm, Gewicht 2110 kg
D 30 UW	1950 - 1951	Güldner	2 F	2	30	W	105x150	2598	1500	2170	2150	5/1	
D 30 L	1950 - 1953	Deutz	F 2 L 514	2	30	L	110x140	2660	1650	1880	1980	5/1	auch MWM-Motor, Radstand 1843 mm, Gewicht 2000 kg
D 30 UL	1950 - 1951	Deutz	F 2 L 514	2	30/32	L	110x140	2660	1650	2195		5/1	
c) 3. Baureihe													
D 17	1951 - 1953	Güldner	2 D 15	2	17	W	85x115	1304	1800	1640	1165	5/1	
D 17 H	1951 - 1953	Güldner	2 D 15	2	17	W	85x115	1304	1800	1640	1350	5/1	
D 22 P	1951 - 1953	Güldner	2 DA	2	22	W	95x115	1630	1800	1640	1350	5/1	
D 22 PH	1951 - 1953	Güldner	2 DA	2	22	W	95x115	1630	1800	1640	1550	5/1	
D 25	1951 - 1953	Deutz	F 2 M 414	2	25	W	100x140	2198	1500	1760	1675	5/1	
D 25 H	1951 - 1953	Deutz	F 2 M 414	2	25	W	100x140	2198	1500	1840	1880	5/1	
D 12	1952 - 1953	Güldner	1 DA	1	12	W	95x115	810	1800	1540	1125	5/1	
D 12 H	1952 - 1953	Güldner	1 DA	1	12	W	95x115	810	1800	1540	1150	5/1	
D 45 L	1952 - 1954	Deutz	F 3 L 514	3	45	L	110x140	3990	1600	2100	2420	5/1	ab 1954 Typ D 400
D 55 L	1952	Deutz	F 4 L 514	4	55	L	110x140	5322	1650	2235	3400	8/2	ab 1954 Typ 540
D 60 L	1952 - 1955	Deutz	F 4 L 514	4	60	L	110x140	5322	1650	2300	3460	5/1	
D 12 N	1953 - 1954	Güldner	1 DA	1	12	W	95x115	810	1800	1540	1100	5/1	
D 12 NH	1953 - 1954	Güldner	1 DA	1	12	W	95x115	810	1800	1535	1180	5/1	
D 90	1953 - 1956	MWM	AKD 1/12 E	1	12	L	98x120	905	2000	1520	1050	5/1	
D 17 N	1953 - 1955	Güldner	2 DN	2	17	W	85x115	1305	1800	1640	1230	5/1	
D 17 NH	1953 - 1955	Güldner	2 DN	2	17	W	85x115	1305	1800	1640	1330	5/1	
D 17 NA	1953 - 1955	Güldner	2 DN	2	17	W	85x115	1305	1800	1640	1230	5/1	
D 17 NHA	1953 - 1955	Güldner	2 DN	2	17	W	85x115	1305	1800	1635	1330	5/1	
D 25 N	1953 - 1955	Deutz	F 2 M 414	2	25	L	100x140	2198	1600	1840	1853	5/1	
D 25 NH	1953 - 1955	Deutz	F 2 M 414	2	25	L	100x140	2198	1600	1856	1950	5/1	
D 90 H	1954 - 1956	MWM	AKD 1/12 E	1	12	L	98x120	905	2000	1520	1130	5/1	
d) 4. Baureihe													
D 130	1954 - 1957	Güldner	2 LD	2	17	L	85x115	1305	2000	1665	1190	5/1	
D 130 H	1954 - 1957	Güldner	2 LD	2	17	L	85x115	1305	2000	1665	1255	5/1	
D 160	1954	Güldner	2 DA	2	22	W	95x115	1630	1800	1824	1475	5/1	
D 160 H	1954 - 1956	Güldner	2 DA	2	22	W	95x115	1630	1800	1824	1475	5/1	
D 180 H	1954 - 1959	MWM	AKD 1/12 Z	2	24	L	98x120	1810	2000	1818	1425	5/1	
D 270 B	1954 - 1958	Deutz	F 2 L 514	2	32	L	110x140	2660	1600	2000	1940	5/1	EX-DL 30
D 270 H	1954 - 1958	Deutz	F 2 L 514	2	32	L	110x140	2660	1600	2000	2000	5/1	
D 400 C	1954 - 1957	Deutz	F 3 L 514	3	45	L	110x140	3990	1600	2100	2420	5/1	Ex-DL 45
D 540	1954 - 1958	Deutz	F 4 L 514	4	60	L	110x140	5320	1650	2300	3330	5/1	Ex-DL 60 L
D 400 A	1955 - 1960	Deutz	F 3 L 514	4	45/50	L	110x140	3990	1600	2320	2820	5/1	ab 1958 50 PS
D 400 B	1955 - 1958	Deutz	F 3 L 514	4	45/50	L	110x140	3990	1600	2320	2820	5/1	
f) Schlepper der Fahr-Güldner-Gemeinschaft													
D 66	1956 - 1957	Güldner	LX	1	11	L	90x100	636	2500	1650	790	6/2	Güldner-Paralleltyp AX
D 88	1956 - 1961	Güldner	2 LKN	2	13	L	75x100	885	2300	1650	865	6/2	Güldner-Paralleltyp AK, ab 1958 14 PS, ab 1959 15 PS
D 185 H	1956	Güldner	2 LBN	2	24	L	95x130	1840	2000	1824	1370	5/1	
D 88	1956 - 1961	Güldner	2 LKN	2	13	L	75x100	885	2470	1650	865	6/2	ab 1958 14 PS bei 2470 U/min
D 130 A	1957 - 1959	Güldner	2 LD	2	17	L	85x115	1305	2000	1665	1190	5/1	ab 1959 Radstand 1735 mm
D 130 H	1957 - 1959	Güldner	2 LD	2	17	L	85x115	1305	2000	1665	1230	5/1	
D 135	1958 - 1959	Güldner	2 DNSF	2	18	W	85x115	1305	1950	1690	1161	8/4	
D 135 H	1958 - 1959	Güldner	2 DNSF	2	18	W	85x115	1305	1950	1690	1242	8/4	auch Radstand 1687 mm
D 177	1958 - 1961	DB	OM 636 VI-E	4	34	W	75x100	1767	3000	1950	1650	8/4	
D 131 L	1959 - 1960	Güldner	2 LD	2	20	L	85x115	1305	2200	1800	1180	8/4	Güldner-Paralleltyp A 2 D
D 131 W	1959 - 1960	Güldner	2 DNSF	2	20	W	85x115	1305	2200	1800	1220	8/4	Güldner-Paralleltyp A 2 DL

Fahr-Schlepper													
Baureihe	Bauzeit	Motor Hersteller	Typ	Zylinder	PS	Kühlung	Bohrung x Hub	Hubraum	Drehzahl	Radstand	Gewicht	Getriebe	Besonderheiten
D 177 N	1959 - 1961	Güldner	3 LKN	3	25	L	75x100	1320	2000	1886	1370	8/4	Güldner-Paralleltyp A 3 K
D 133 T	1959 - 1961	Güldner	3 LKN	3	25	L	75x100	1320	2000	2000	1425	8/4	Güldner-Paralleltyp A 3 KT, Tragschlepper
D 177 S	1959 - 1961	DB	OM 636 VI-E	4	34	W	75x100	1767	3000	1950	1650	8/4	Schnellgang-Version
D 460	1959	DB	OM 312	6	65	W	90x120	4580	2000	2400	3500	5/1	Exportmodell für Argentinien
D 88 E	1960 - 1961	Güldner	2 LKN	2	15	L	75x100	885	2590	1650	890	6/2	Güldner-Paralleltyp 2 AK
D 132 L	1960 - 1961	Güldner	2 LD	2	20	L	85x115	1305	2200	1850	1340	8/4	Güldner-Paralleltyp A 2 L
D 132 W	1960 - 1961	Güldner	2 DNS	2	20	W	85x115	1305	2200	1850	1365	8/4	Güldner-Paralleltyp A 2 W
2. Schmalspurschlepper													
D 181	1955 - 1958	MWM	AKD 112 Z	2	24	L	98x120	1810	2000	1737	1260	5/1	Breite 1072 mm
3. Geräteträger													
GT 130	1955 - 1957	Güldner	2 LD	2	17	L	85x115	1305	2000	2350 - 3050	1550	5/1	
4. Einachsschlepper													
KT 10 D	1952 - 1958	F & S	D 500 W	1	10	W	80x100	499	2200		510	4/1	anfänglich mit Holder D 500, Zweitakt-Dieselmotor
KT 10 B	1952 - 1958	Berning	DB 10	B2	10	L	72x71	578	2800		480	4/1	Vergasermotor
5. Raupenschlepper													
D 60-Raupe	um 1953	Deutz	F 4 L 514	4	60	L	110x140	5322	1650	2300			Prototyp
6. Transporter													
Farmobil	1959 - 1962	BMW	404	2	20	L	74x68	582	4500	1760	500	4/1	Vergasermotor
Farmobil	1962	BMW	404 B	2	30	L	78x73	697	5000	1760	584	4/1	

FAKA

Fahrzeugfabrik Kannenberg KG (FAKA),
Salzgitter-Bad, Gittertor 21,
1951

Zu Beginn der 1950er Jahre stellte die Fahrzeugfabrik Kannenberg neben Dreirad-Lastenrollern, Anhängern und Omnibusaufbauten auch einen Ackerschlepper-Prototyp her. Die 1924 in Danzig gegründete Ackerwagenfabrik mit Zweigbetrieb in Stettin versuchte 1946 einen Neuanfang in Salzgitter als Kfz-Reparaturbetrieb. 1972 ging das Werk an die Fahrzeugfabrik Kögel über.

FAMO

FAMO Fahrzeug- und Motorenwerke GmbH,
vorm. Maschinenbau Linke-Hofmann,
Breslau, Grundstr. 12

1. 1935-1944 **FAMO Fahrzeug- und Motorenwerke GmbH, vorm. Maschinenbau Linke-Hofmann,** Breslau, Grundstr. 12
2. 1944-1945 **FAMO und Weltrad AG,** Schönebeck/Elbe
3. 1951-1958 **FAMO-Vertriebsgesellschaft mbH,** München 45, Buhlstr. 5-11 und München 40, Heßstr. 104a und Krefeld, Kölner Str. 43

42/45-PS-FAMO-Ackerschlepper XI, 1938.

Nachdem die Junkers-Flugzeugwerke in Dessau den Maschinenbereich der Linke-Hofmann-Busch-Werke AG (LHB) übernommen hatten, wurde die Raupenproduktion (»Boxer«- und »Rübezahl«-Typ) unter der neugebildeten FAMO Fahrzeug- und Motorenwerke GmbH weitergeführt. Mit einem 100-PS-Sechszylindermotor kam die Großraupe »Riese«, anfänglich »Junkers-Raupe« genannt, im Jahre 1940 hinzu, die für den Export gedacht war.

Einige Versuchsmaschinen gingen an die Organisation Todt (OT). Die Laufrollenkästen waren mit dem Motor-Getriebeblock fest verbunden. Dafür konnten die federnd angebrachten Laufrollen, die durch Schwingarme geführten vorderen Leiträder und eine zentral liegende Pufferfeder die Bodenunebenheiten abfangen. Der Motor konnte mit einem elektrischen Anlasser oder mit einem Benzin-Anlassmotor in Gang gesetzt werden. Seilwinde, Zapfwelle und Riemenscheibe bekam der 8,5 t schwere Raupenschlepper auf Wunsch.

100-PS-FAMO-Raupenschlepper »Riese«, 1941.

Während des Krieges erhielt der in der Landwirtschaft verwendete Typ »Boxer« einen vergrößerten Hubraum, um den Leistungsverlust durch die schwächere Verdichtung mit einer Imbert-Holzvergaseranlage ausgleichen zu können. Auch der Typ »Rübezahl« wurde mit einer Imbert-Generatoranlage und reduzierter Verdichtung auf sogenannte »heimische Treibstoffe« umgestellt. Die an der Stirnseite angebrachten und weit überhängenden Einheitsholzvergaser prägten die Optik der Famo-Raupen.

Neben den Raupenfahrzeugen begannen sich die Breslauer auch mit der Weiterentwicklung des schweren LHB-Bau-Universal-Schleppers zu befassen, der den 42/45-PS-Dieselmotor der »Boxer«-Raupe erhielt. Der mit eigenem Getriebe in Blockbauart ausgeführte, über drei Tonnen schwere Schlepper besaß vorne eine Pendelachse, die durch ein quer liegendes Federblatt gegen den Motorblock abgestützt wurde. Für den Ackerbetrieb wurde der Schlepper mit Eisen- oder Luftreifen ausgerüstet. Eine Benzin-Handanlassvorrichtung erleichterte das Starten mit der Andrehkurbel. Als Verkehrsschlepper konnte er mit einem geschlossenen Fahrerhaus, einer elektrischen Starteinrichtung und einer Seilwinde versehen werden. Riemenscheibe und Zapfwelle waren bei beiden Versionen vorhanden.

Gegen Ende des Krieges sollte der FAMO-Maschinenpark nach Schönebeck a. d. Elbe verlagert werden. Es kam nur teilweise dazu; ein Teil der liegengebliebenen Transportzüge wurde kurz nach Kriegsende nach Zwickau in die Horch-Werke weitergeleitet, wo der Radschlepper nach Neukonstruktion als Typ »Pionier« gebaut wurde. In der Bundesrepublik wurde der Nachbau dieses Typs zwar mehrfach angekündigt, aber dann doch nicht ausgeführt. Der im Jahre 1950 geplante Weiterbau der »Rübezahl«-Raupe mit 60-PS-Deutz-Diesel im Deutzer Schlepperwerk kam auch nicht zustande, zumal dort an einem eigenen Raupentyp gearbeitet wurde. In der DDR aber wurde der »Rübezahl« nahezu unverändert mit

dem alten FAMO-Motor für über ein Jahrzehnt noch vom VEB IFA Traktorenwerk Brandenburg weitergebaut.

Nachdem kurz nach Kriegsende in Krefeld der letzte Leiter der FAMO-Werke, Direktor Wohrmuth, eine neue FAMO-Vertriebsgesellschaft und die Ersatzteilversorgung aufgebaut hatte, konnte ab 1951 mit staatlicher Unterstützung der Nachbau der »Boxer«-Raupe durch die Rathgeber AG in München eingerichtet werden. Das gegenüber dem Originalmodell schwerere und im Laufwerk sowie im Getriebe überarbeitete Fahrzeug erhielt wieder einen wassergekühlten Kämper-Motor, diesmal mit 55 PS. Ab 1957 konnte wahlweise auch ein luftgekühlter 52-PS-MWM-Motor eingebaut werden. Die leichtere Version »G 36 1« bekam einen luftgekühlten 36-PS-MWM-Motor, die Version »G 36« einen wassergekühlten 36/40-PS-Perkins-Motor.

35/40-PS-FAMO-Raupenschlepper »Boxer« mit Generatoranlage, 1942.

60/65-PS-FAMO-Raupenschlepper »Rübezahl« mit Generatoranlage, 1942.

Da das Interesse an den FAMO-Landwirtschaftsraupen unter den Erwartungen blieb, versuchte das Unternehmen, die Raupe auch in einer Bauausführung anzubieten. Da sich auch hier die Nachfrage als zu gering erwies, gab Rathgeber nach maximal 600 Stück die Raupenfertigung im Jahre 1958 auf.

Nach Instandsetzungsarbeiten etablierte sich 1947 in der Breslauer Fabrikanlage die polnische Elektromaschinenfabrik Dolmel, die hauptsächlich Kraftwerksgeneratoren herstellt.

40-PS-FAMO-Raupenschlepper »Boxer«, 1940.

FAMO-Schlepper

Baureihe	Bauzeit	Motor Hersteller	Typ	Zylinder	PS	Kühlung	Bohrung x Hub	Hubraum	Drehzahl	Radstand	Gewicht	Getriebe	Besonderheiten
1. Radschlepper													
Ackerrad (XL)	1935 - 1942	FAMO	4 F 145	4	42/45	W	105x145	5022	1250	2080	3150	5/1	auch mit Eisenbereifung
Ackerrad HG	1942	FAMO	4 F 145 DG	4	40	W	110x145	5509	1250	2080	3860	5/1	Holzgasmotor, auch 3/1-Getriebe
2. Raupen													
Boxer	1935 - 1942	FAMO	4 F 145	4	42/45	W	105x145	5022	1250	1585	3500	3/1	
Rübezahl	1935 - 1942	FAMO	4 F 175	4	60/65	W	125x175	8586	1150	1905	4700	3/1	
Boxer	1936	Demag	110/160	4	50/55	W	110x160	6110	1150/1200	1585		3/1	
Riese	1939 - 1941	FAMO	6 F 180	6	100	W	120x180	12208	1150		8500	4/1	
Boxer (Generator)	1942	FAMO	4 F 145 DG	4	35/40	W	110x145	5509	1250	1585	4100 - 4600	4/1	Generator-Antrieb
Rübezahl (Generator)	1942	FAMO	4 F 175 DG	4	60/65	W	125x175	8586	1250	1905	5400 - 6150	4/1	Generator-Antrieb

FAUN

FAUN-Werke, Kommunalfahrzeuge und Lastkraftwagen Karl Schmidt,
Nürnberg, Werk Schnaittach,
1949 und 1963

1918 entstanden aus dem Zusammenschluss der 1906 gegründeten Fahrzeugfabrik Ansbach und der 1910 ins Leben gerufenen Nürnberger Wagenbau- & Radfabrik Karl Schmidt, die FAUN-Werke (Fahrzeugfabriken Ansbach und Nürnberg AG). In den Jahren 1938 bis 1940 beschäftigte sich das Faun-Werk mit der Entwicklung eines Ackerschleppers unter der Bezeichnung »F 22 Z«, der von dem damals weit verbreiteten 22-PS-Deutz-Diesel in Bewegung gesetzt werden sollte.

Es kam zu keiner Fertigung, auch eine 28 PS starke Raupe verließ 1948 nicht das Zeichenbrett. Erst 1949 kam ein erster Traktor, der Typ »AS 22«, aus dem in der Heuchlinger Heide neu errichteten Werk. Da dem Unternehmen zunächst die Nutzfahrzeugfertigung, abgesehen von einigen Kommunalfahrzeugen, untersagt worden war, erhoffte sich Faun dadurch eine Auslastung der Werkskapazitäten.

Der 25-PS-MWM-Diesel stand unter einer Motorhaube, die derjenigen der Lkw-Modelle entsprach. Der Schlepper war in stabiler Blockkonstruktion mit ZA-Getriebe sowie mit Differentialsperre, Riemenscheibe, Zapfwelle gebaut. Da das Werk nach der Aufhebung der alliierten Restriktionen wieder ganz auf den Nutzfahrzeugbau setzte und ein Auftrag für 900 Schlepper nach Südamerika platzte, endete die Fertigung nach rund 50 Exemplaren.

Auf der Technischen Messe in Hannover 1949 zeigte Faun dann einen Kettenschlepper vom Typ »FK 60« mit der Zusatzbezeichnung »Uranus«, der einen weiteren Zweig im Faun-Fahrzeugbau begründen sollte. Es handelte sich bei diesem Exponat allerdings um das schon fünf Jahre alte Modell einer Raupe der Firma Fr. Mommendey in Rupperswil/Schweiz, die nach einer Lizenz der französischen Firma La Licorne gebaut war. Der luftgekühlte Vierzylinder-Deutz-Diesel F 4 L 514 mit 60 PS sollte hier mit einem Getriebe eigener Konstruktion zum Einbau kommen.

Die Steuerung erfolgte über Lenkdifferentiale. Später, so die Planung, sollte die Raupe als Typ »80« mit einem 75/80-PS-Deutz-Sechszylindermotor versehen werden. Die Serienproduktion von Raupenschleppern

22/25-PS-FAUN-Ackerschlepper AS 22, 1949. Foto: Hans Pairan

125-PS-FAUN-Schimpf-Tropenschlepper, 1963. Foto: Hans Pairan

wurde aber gar nicht erst aufgenommen, weil das Werk mit dem gut angelaufenen Lastwagenbau voll ausgelastet war.

Indes, für die Firma Walter Schimpf, Bad Aibling, lieferte Faun 1963 Bausätze für einen Schwerholzschlepper. Basis war das K 10/26A-Fahrgestell aus der Faun-Muldenkipper-Baureihe.

Eine rückwärtige Winde war an dem Faun-Schimpf-Schlepper, der in jährlich 30 Exemplaren nach Afrika verkauft werden sollte, vorhanden. Auch hier zerschlugen sich die Pläne. Seit den späten 1990er Jahren ist das auf Kranfahrzeuge spezialisierte Werk ein Tochterunternehmen des japanischen Kranherstellers Tadano, mit dem Schlepperbau befasst sich dort niemand mehr.

60-PS-FAUN-Raupenschlepper K 60 »Uranus« (Mommendey-Typ), 1949. Foto: Hans Pairan

FAUN-Schlepper													
Baureihe	Bauzeit	Motor Hersteller	Typ	Zylinder	PS	Kühlung	Bohrung x Hub	Hubraum	Drehzahl	Radstand	Gewicht	Getriebe	Besonderheiten
1. Radschlepper													
F 22	1938	Deutz	F 2 M 414	2	22	W	100x140	2198	1500	1640	2230		Prototyp
AS 22	1946	Deutz	F 2 M 414	2	22	W	100x140	2198	1500	1450			Projekt
AS 22	1949 - 1950	MWM	KD 215 Z	2	22/25	W	100x150	2356	1500	1535	1580	4/1	auch KD 415 Z
FAUN-Schimpf-Tropen-schlepper	1963	Krupp	D 459 BoM	4	125	W	115x140	5810	1700	2600			Zweitakt-Diesel, Basis K 10/26 A
2. Raupen													
AR 28 Ackerraupe	1948?	Südbremse	TD 15	2	28	W	110x140	2850	1500	1250			Projekt
K 60 »Uranus«	1949	Deutz	F 4 L 514	4	60	L	110x140	5322	1600		5000	5/1	Prototyp, Mommendey-Basis

Fella

Fella-Werke GmbH,
Feucht/Bayern,
1950–1953

Seit 1918 befassen sich die einst als Bayerische Eggenfabrik AG gegründeten Fella-Werke mit dem Bau von Landmaschinen. 1931 konnte die Erntemaschinenfabrik Epple & Buxmann in Augsburg übernommen werden. Zu Beginn der 1950er Jahre versuchte das Unternehmen am Motorisierungsboom der deutschen Landwirtschaft teilzunehmen und brachte die Einachser »Pionier-Rekord« auf den Markt. Als der 1954 ausgenommene Bau von selbstfahrenden Mähdreschern alle Kräfte erforderte, stellte Fella die Kleingerätefertigung wieder ein. 1965 musste der Mähdrescherbau aufgegeben werden. Gras- und Heuerntetechnik, Häcksler, Siloanlagen und Ladewagen standen nun auf dem Programm. Heute steuert das Unternehmen innerhalb des AGCO-Konzerns Trommel- und Scheibenmähwerke, Heuwender und Schwader bei.

Fendt I

X. Fendt u. Co. Maschinen- und Schlepperfabrik,
Marktoberdorf, Johann-Georg-Fendt-Str. 4

1. 1928-1937 **Xaver Fendt u. Co. Werkzeugmaschinenfabrik,** Marktoberdorf, Jahn Str.
2. 1937-1954 **X. Fendt u. Co. Traktoren- und Werkzeugmaschinenfabrik,** Marktoberdorf, Weitfeld Str.
3. 1954-1988 **X. Fendt u. Co., Maschinen- und Schlepperfabrik,** Marktoberdorf, Johann-Georg-Fendt-Str. 4
4. 1988-1997 **Xaver Fendt GmbH & Co.**
5. 1997-heute **AGCO GmbH & Co.**

Der Ingenieur Hermann Fendt (1911–1995), Mitinhaber des traditionsreichen Handwerks- und Maschinenbaubetriebs Xaver Fendt & Co. in Marktoberdorf, erkannte frühzeitig die Bedeutung des wirtschaftlichen Kleindieselschleppers für die parzellierte Allgäuer Grünlandwirtschaft. Nachdem erste Versuche unter Verwendung eines Gespannmähers im Jahre 1928 mit einem 4-PS-Benzin-Grasmäher die Nachteile des Vergasermotors gezeigt hatten, setzte Hermann Fendt 1929 zusammen mit seinem Vater Johann Georg Fendt einen 6-PS-Deutz-Diesel mit beiderseitigen Riemenscheiben und einer Verdampferkühlung auf ein eisenbereiftes Kastenfahrgestell mit Pendelvorderachse. Diesem ersten Versuch folgte mit dem »F 9« rasch ein zweiter, diesmal mit einer Friktionsscheibe im Antrieb für das Mähwerk. Die große Nachfrage und der gute Absatz dieses Kleindiesel-Schleppers mit dem schönen Namen »Dieselross« – so taufte ihn der Marktoberdorfer Landwirt und Brauereibesitzer Franz Sailer – führte ab 1933 zu einer, wenn auch noch sehr handwerklich orientierten, Serienproduktion dieses Kleinschleppers mit Deutz-Motor.

Fendt verfeinerte in den nächsten Jahren sein »Dieselross« ständig, so mit einer gefederten Vorderachse und luftbereiften Rädern (1934). Im Jahr darauf wurde der 100ste »Dieselross F 12« zusammengebaut, und da die Nachfrage nicht abriss, fand nun die Grundsteinlegung für eine moderne Schlepperfabrik statt, die der Ausgangspunkt zu einer ungeahnten Aufwärtsentwicklung wurde und eng mit dem wirtschaftlichen Aufstieg der Nachkriegszeit verknüpft ist: Dank der geschickten Modellpolitik meisterte das Ende 1937 im Kemptener Handelsregister als Xaver Fendt & Co. eingetragene Allgäuer Familienunternehmen der Brüder Hermann und Xaver Fendt souverän alle Krisen in der Landwirtschaft der 1950er und 1960er Jahre, Letztere hervorgerufen durch den von der EWG-Politik bedingten Strukturwandel, vor allem in der Bundesrepublik.

Hohe Qualität und ein nicht minder vorzügliches Vertriebsnetz sorgten für steigende Absatzzahlen: Nachdem 1955 der 55.000ste, 1961 der 100.000ste Schlepper ausgeliefert werden konnte, verließ im Jahre 1965 das 150.000ste Fahrzeug die Montagebänder in Marktoberdorf. Bis 1970 produzierte Fendt ausschließlich im Stammwerk Marktoberdorf. Sämtliche Fendt-Erzeugnisse wie Traktoren, Wohnwagen und Werkzeugmaschinen wurden dort montiert. Das 1954 bis 1958 hinzugekaufte Werk 2, die Kemptener Maschinenfabrik (KMF), ehemals K. Sachse KG, stellte zunächst Gelenkspindelbohrmaschinen und Drehautomatenneben her, konzentrierte sich dann aber immer stärker neben der Teilefertigung auf die Hydraulikanlagen für die Schlepper. Das im Jahre 1970/71 neu eingerichtete Werk 3 in Asbach-Bäumenheim bei Donauwörth, das frühere Lely-Dechentreiter-Werk, übernahm dann zeitweilig die Produktion der Großtraktoren, der Geräteträger, der Kommunalfahrzeuge, der Wohnwagen, Reisemobile und des »Agrobils«. Auch Pistenraupen auf der Basis der Großtraktoren kamen aus dem Werk 3. Inzwischen sind dort die Herstellung von Blech- und Schweißteilen sowie die Fertigung der Kabinen angesiedelt. Mit einer umfangreichen Modellpalette, leistungsstarken, überwiegend genossenschaftlich organisierten Vertriebspartnern, modernsten Fertigungs- und Montageeinrichtungen sowie intensiven Forschungs- und Entwicklungsarbeiten wurde Fendt 1985 mit einem Marktanteil von 18,4 Prozent erstmals Marktführer im deutschen Traktorenbereich. Zugleich hatte das Unternehmen auch im Export ein starkes Standbein. Vor allem dank des Zuspruchs in Frankreich und in Südtirol lag die Exportquote bei 50 Prozent.

Nachdem in den späten 1980er Jahren die Schlepperproduktion auf 15.000 Einheiten angestiegen und 1990 der Marktanteil auf rekordverdächtige 22,4 Prozent geklettert war, zogen sich die Familienmitglieder aus dem Fendt-Unternehmen zurück. Eine neue Geschäftsführung leitete die Geschicke des Unternehmens, das 3500 Mitarbeiter beschäftigte. Die erste Hälfte der 1990er Jahre verlief nicht mehr so erfolgreich wie zuvor, die erneute Strukturkrise in der europäischen Landwirtschaft führte zu einem kaum zu stoppenden, dramatischen Rückgang. Binnen weniger Jahre hatte sich die Produktionszahl praktisch halbiert.

Nach dem Tod von Paul Fendt beschlossen die Fendt-Familienstämme den Verkauf des Unternehmens. So übernahm im Jahre 1997 der amerikanische AGCO-Konzern die Marktoberdorfer Schlepperfabrik. Der Landmaschinenhersteller AGCO Corp. (Kunstwort aus Allis Gleaner Corporation) mit Sitz in Duluth/Georgia war 1990 durch Management Buyout aus der zusammen gebrochenen Unternehmensgruppe Deutz-Allis entstanden. Zu diesem Landmaschinenkonzern gehören unter anderem die Marken Massey Ferguson, Hesston, White, Landini, Valpadana, Laverda und in Südamerika die Marke Deutz. 2004 kam als weitere bedeutende Erwerbung der finnische Schlepper- und Motorenhersteller VALTRA (mit Schlepperwerk in Suolathi und Motorenwerk in Nokia/Linnavuori) in das Portefolio von AGCO.

4-PS-Fendt-Grasmäher, 1928. Foto: AGCO GmbH)

6-PS-Fendt »Dieselross« mit Anbaupflug, 1930. (Foto: AGCO GmbH)

Innerhalb des Konzerns wird Fendt als die »Premium-Marke« mit High-Tech-Schleppern geführt, die aufgrund der Vertriebswege der Muttergesellschaft nun auch stärker europa- und weltweit präsent werden soll; über die Raiffeisengenossenschaften werden die Fahrzeuge in Deutschland verkauft. Gleichzeitig sollen unter der renommierten Marke Fendt Mähdrescher aus dem AGCO-Werk in Randers/Dänemark (ehemals Dronningborg Industries b.v.) vertrieben werden. Den nicht mehr zum Unternehmensprofil passenden Fertigungszweig Reisemobile und Wohnwagen verkaufte AGCO 1998 an das Hobby Wohnwagenwerk in Fockbek, so dass das Asbach-Bäumenheimer Werk sich nur noch auf die Teile- und Kabinenfertigung konzentriert.

Im Jahre 2009 konnten der Heugeräteherstellter Landtechnik Hohenmölsen GmbH und die im gleichen Areal tätige Steel Service Center GmbH & Co KG in Hohenmölsen zur Produktionserweiterung erworben werden. Fendt nutzt dieses Werk 4 zur Fertigung des Feldhäckslers »Katana« und zur Herstellung der Dickbleche.

Auf 12.000 bis 15.500 Schlepper pendelte sich im letzten Jahrzehnt die Fertigung ein. Seit 2009 verteidigt Fendt mit seinen 3600 Mitarbeitern die Marktführerschaft auf dem deutschen Absatzbereich mit 24 Prozent gegenüber dem Rivalen John Deere. Vom ersten Benzin-Grasmäher im Jahre 1928 bis zu den heutigen Hochleistungsfahrzeugen der »Fendt 200«- bis »Fendt 900«-Baureihen sind über 700.000 Fendt-Traktoren hergestellt worden, darunter über 75.000 Geräteträger.

Für die Optimierung und für die Ausweitung der Produktionskapazitäten steht seit 2012 eine neue Endmontagelinie zur Verfügung; für eine Fertigungskapazität von jährlich 20.000 Schleppern ist das Marktoberdorfer Werk jetzt ausgelegt, zumal Fendt das Augenmerk auf verstärkte Präsenz der Premiumschlepper in den USA und vor allem auf den zukünftigen Markt in China richtet.

Die Dieselross-Entwicklungen 1928–1958

Die ersten Dieselross-Entwicklungen der Jahre 1928 und 1936 waren zwar erfolgreich, aber nicht sonderlich außergewöhnlich gewesen. Noch war Fendt ein vor allem lokal agierender Schlepperbauer, wie viele andere auch in der damaligen Zeit. Erst das Einzylinder-»Dieselross F 18« mit einem liegenden 16-PS-Deutz-Motor mit eigenem Vierganggetriebe und einer Kettenübertragung zwischen Motor und Getriebe vom Mai 1937 revolutionierte den Kleindiesel-Schlepperbau. Zu der leicht bedienbaren Anbauvorrichtung für einen einscharigen Pflug kam hier ein von Hermann Fendt entwickeltes, fahrunabhängig angetriebenes, abnehmbares und genormtes Mähwerk hinzu. Damit wurde das Prinzip der lastschaltbaren Zapfwelle eingeführt. Der in Blockbauart mit einem Hilfsrahmen konstruierte F 18 besaß eine ungefederte vordere Pendelachse sowie die Möglichkeit der Spurweitenänderung durch Umstecken der Räder. Dieser Schlepper war ein gigantischer Erfolg, bis 1942 entstanden 1938 Exemplare, mehr als von jedem anderen bis dahin gebauten Fendt-Schlepper.

20/22-PS-Fendt »Bauernschlepper«, 1938. Foto: High Contrast, © CC-BY-SA-3.0-DE

16-PS-Fendt »Dieselross« F 18, 1937. Foto: High Contrast, © CC-BY-SA-3.0-DE

So ermutigt, stieg Fendt 1938 mit dem 22 PS starken »Dieselross F 22«, das den Deutz-Zweizylindermotor besaß, in die Klasse der Universalschlepper ein. Mähwerk, Zapfwelle, Riemenscheibe und auf Wunsch eine Seilwinde gehörten zur Ausstattung dieses Schleppers, der mit leicht schrägstehendem Kühler und großer Motorhaube eine ausgesprochen gelungene Optik aufwies. Dieser moderne Typ war eine Gemeinschaftsentwicklung mit der Firma Martin in Ottobeuren und sollte im Rahmen des rüstungspolitischen Typenbegrenzungsprogramms (Schell-Programm) von 1939 als einziges Schleppermodell von Fendt in Produktion bleiben.

Diesen rahmenlosen 22-PS-Schlepper bekamen die Landwirte allerdings nur noch gegen einen Bezugsschein. Viele Landwirte erhielten einen solchen aber nicht, so dass nur sehr wenige F 22 entstanden. Stattdessen wurde Fendt gezwungen, ab 1942 zusammen mit der Maschinenfabrik Fahr den Einheits-Holzgasschlepper »G 25« mit dem großvolumigen 25-PS-Deutz- oder Güldner-Einheitsmotor zu fertigen. Durch die Kriegsereignisse und die Personalnot – immer mehr Fendt-Mitarbeiter mussten an die Front – sank die Jahresproduktion auf rund 270 Schlepper, die Fabrik selbst hatte eine Jahreskapazität von 1000 Einheiten! Einschließlich der noch nach Kriegsende gefertigten Holzgas-Modelle kam Fendt in jenen Jahren auf rund 1300 Stück. Zum Glück überstand das Werk den Krieg ohne Schäden; die Betriebsführung durfte jedoch bis 1948 das Werk nicht betreten. Materialmangel beeinträchtigte die Schlepperfertigung. Nachdem 1945 noch 272 und 1946 185 Schlepper montiert werden konnten, sank der Ausstoß 1947 auf nur noch 42 Maschinen ab.

Ausgangspunkt für die Nachkriegsproduktion bildete neben der Montage der letzten »G 25« aus Restbeständen das Modell »F 22 VZ« mit dem auf 24 PS angehobenen Deutz-Zweizylindermotor und dem verkürzten G-25-Getriebe. Auch der »F 18« erlebte eine Neuauflage. Er hieß jetzt »F 18 H« und hatte eine vorne abgerundete Motorhaube. Bis 1951 wurde er

25-PS-Fendt-Generatorschlepper G 25, 1942. Foto: AGCO GmbH

14/15-PS-Fendt »Dieselross« F 15, 1949.

in der Form gebaut, es entstanden 1795 Exemplare. Konstruktiv ebenfalls in der Vorkriegszeit verwurzelt waren der einzylindrige Bauern-Kleinschlepper »F 15« mit 15 PS und der »F 25 A« mit 25-PS-MWM-Motor und Allrad. Eine rechtsseitig angebrachte Gelenkwelle führte zur Vorderachse. Der Kraftheber für Anbaugeräte ließ sich per Druckluftanlage aktivieren.

1952/53 erschien eine neue Generation von Dieselschleppern, lieferbar mit 12, 20, 28 und 40 PS Leistung, wobei wahlweise luftgekühlte Direkteinspritz- oder wassergekühlte, nach dem Gleichstrom-Vorkammer-Verfahren arbeitende MWM-Motoren mit ein, zwei und drei Zylindern zum Einbau kamen. Durch den verlängerten Radstand wiesen diese schlank gebauten Schlepper eine günstigere Gewichtsverteilung und eine erhöhte

25-PS-Fendt »Dieselross« F 25 mit Allradantrieb, 1949. Foto: AGCO GmbH

Standfestigkeit gegenüber den Vorkriegskonstruktionen auf. Für die kleinen Modelle war eine gewinkelte Rohr-Vorderachse charakteristisch. Die für diese Baureihen verwendeten, grün lackierten Rundhauben mit senkrechten Lüftungsstreifen im Frontbereich besaßen weit zurückgesetzte Scheinwerfer.

Nach unten rundete 1957 ein 10-PS-Tragschleppermodell mit einem ILO-Zweitakt-Dieselmotor das erste Nachkriegsprogramm ab; das Fahrzeug sollte Kleinstbetrieben zur Motorisierung verhelfen. Im oberen Feld war der »F 40 U« angesiedelt, der sich durch eine kupplungsunabhängige Zapfwelle auszeichnete.

28-PS-Fendt »Dieselross F 28 PH II«, 1953. Foto: AGCO GmbH

20-PS-Fendt »Dieselross« F 20 G, 1951. Foto: YXCI23, © PD

10/12-PS-Fendt FL 114, 1956. Foto: AGCO GmbH

40-PS-Fendt »Dieselross« F 40, 1952. Foto: Ferdi49, © PD

12-PS-Fendt »Dieselross« 12 HL, 1958. Foto: AGCO GmbH

Die Geräteträger der Baureihen 12 GT bis 200 GT

Bereits vier Jahre zuvor, 1953, hatte Fendt einen universal einsetzbaren Geräteträger konzipiert. Oberingenieur Georg Heidemann, der einst die »Stock-Raupe« entwickelt hatte, Ingenieur Hermann Albrecht und Direktor Werner Finkenwirth entwarfen zunächst ein Zweiholm-Fahrzeug, das sie erstmalig auf der DLG-Ausstellung in Köln vorführten. 1955 folgte als zweite Studie ein Versuchstyp mit Zentralholmtechnik. Der vierkantige Zentralholm verband die Vorderachse mit der durch ein Drehgelenk verschwenkbaren Motor-Getriebe- und Hinterachseinheit aus dem Kleinschlepper »F 12«. Dank dieser Bauweise vermied Fendt einen Patentstreit mit der Firma Lanz und deren »Alldog«. Dieser Geräteträger verfügte, anders als der Fendt, über zwei Holme.

Die Allgäuer Zentralrohr-Konstruktion erlaubte drei Anbauräume für Kultivierungsgeräte; eine kippbare Pritsche konnte ebenfalls montiert werden. Das vielseitige Gerät konnte somit verschiedene Arbeitsgänge durchführen, ohne dass zur Bedienung und Überwachung mehr als nur der Fahrer benötigt wurde. Die pfiffige Konstruktion ging ab 1957 als »F 12 GT« in Serienfertigung, das Unternehmen vermarktete sie lange auch als »Fendt-Einmannsystem«. Zunächst mit 12-PS-MWM-Motor ausgestattet, brachte Fendt bereits 1958 den neuen »F 19 GT« mit MWM-Zweizylinder und 19 PS. Klagen wegen mangelnder Leistung des Geräteträgers gehörten jetzt der Vergangenheit an.

45-PS-Fendt-Geräteträger F 250 GT, 1970.

32-PS-Fendt-Geräteträger F 231 GT, 1966.

Großen Erfolg hatte Fendt mit dem 19er als Vollrübenernter. 1965 konnte die Fertigung des 20.000sten Geräteträgers gefeiert werden. Neben den Standardschleppern hatte Fendt in den 1960er Jahren mit den »GT 19« und »GT 25« weitere Geräteträgerbaureihen für landwirtschaftliche und kommunale Zwecke auf den Markt gebracht, Letztere in oranger Farbgebung. Im Bereich der Geräteträger präsentierte Fendt 1964 den dreizylindrigen »F 230 GT«, aus dem der 32 PS starke »F 231 GT« hervorging, der bis 1978 in 14.191 Exemplaren entstand.

Die Konstruktion war mit dem 16/8-Gang-Feinstufengetriebe so gelungen, dass nach der Wende das Weimar-Werk diesen Typ erneut auf Band legte! Die Geräteträger-Baureihe erweiterte Fendt 1970 mit dem motormäßig stärkeren Modell der Version »F 250 GT« mit hydraulisch betätigter Lenkung. Um Sichtverhältnisse und Wendigkeit zu verbessern, lag der MWM-Dreizylindermotor unter der Fahrerkabine. Nur die Lenksäule stand vor dem Fahrer, der nun uneingeschränkte Sicht auf die Zwischenachs- und Frontanbaugeräte hatte. Die nachfolgenden Versionen »F 255 GT« und »F 275 GT« waren in verschiedenen Ausführungen lieferbar, darunter auch – etwa als »F 275 KGT II« mit Ladepritsche, integrierter Kabine und Heckbagger für Kommunen und städtische Bauhöfe.

Die ff-Baureihen: Fix, Farmer, Favorit 1958–1966

Die dritte Nachkriegsgeneration erschien 1958 in Form der »ff«-Baureihe, äußerlich erkennbar an den in die modernisierten Rundhauben vorne seitlich integrierten Scheinwerfern. Der Baden-Badener Designer Louis L. Lepoix hatte diese auffallend elegante Haubenform entwickelt. Die neuen Baureihen »Fix«, »Farmer« und »Favorit« wurden unter dem Motto »Wer Fendt fährt, führt!« geschickt vermarktet und konnten Fendt wieder in die Erfolgsspur bringen. Die nach einer Überarbeitung bis 1972 gebaute Schlepperfamilie untergliederte sich nach Leistungsstufen: Die Typenreihe »Fix« (Einzylinder mit 15 PS, luft- oder wassergekühlt) war für Kleinstbetriebe, die Reihe »Farmer« (»Farmer 1« = Zweizylinder mit 18, 22 und 24 PS; »Farmer 2« = Zwei- und Dreizylinder mit 28 bis 34 PS) für Mittelbetriebe und die »Favorit«-Reihe (»Favorit 1« = Dreizylinder, 40 PS; »Favorit 2« = Dreizylinder bis 46 PS) für Großbetriebe konzipiert. Letztere waren auch mit dem in Zusammenarbeit mit ZF entwickelten Halbsynchron-Feinstufengetriebe lieferbar. Im Verlauf der 1960er Jahre entwickelte Fendt diese Reihen stetig weiter, setzte Vier- (»Favorit 3«, 52 PS, 1965) und Sechszylindermotoren ein (»Favorit 4«, MWM-Diesel, 80 PS) und brachte mit dem »Farmer 3 S« (45-PS-MWM-Vierzylinder, 13-Gang-Gruppengetriebe, 1966) einen der erfolgreichsten Schlepper überhaupt auf den Markt.

14/15-PS-Fendt »Fix«, 1958. Foto: ChiemseeMan, © PD

19-PS-Fendt »Fix 2 L«, 1959.

28-PS-Fendt »Farmer 1 Z«, 1963.

32-PS-Fendt »Farmer 2«, 1966. Foto: Markus Hagenlocher, © CC-BY-SA-3.0

45-PS-Fendt »Farmer 3 S«, 1966. Foto: AGCO GmbH

55-PS-Fendt »Favorit 3«, 1963. Foto: Lothar Spurzem, © CC-BY-SA-2.0-DE

Die moderne F-Serie 1967–1972

Ab 1966/67 wurde die Reihe grundlegend überarbeitet, erhielt ein neues kantiges Design mit integrierten Rechteckscheinwerfern. Die Haube mit größerem Kühlergrill und seitlichen Luftschlitzen ermöglichte eine bessere Luftzufuhr und Ableitung. Dahinter werkelten nun die MWM-Direkteinspritzer mit gesteigerter Leistung anstelle der bisher verwendeten Gleichstrom-Vorkammer-Dieselmotoren. Der »Farmer 3 S« mit nun 48 PS erhielt als erster Fendt-Schlepper eine stufenlose, ölhydraulische Anfahrtechnik. Diese von Voith entwickelte Strömungskupplung »Turbomatik« (zwischen Motor und Fahrkupplung platziert), die ein schnelles und ruckfreies Anfahren bzw. Gangwechseln gegenüber der bisherigen verschleißarmen Tornado-Duplex-Kupplung ermöglicht, ist auch heute noch typisch für die Fendt-Antriebstechnik.

Spitzenmodell der Baureihe bildete nun der »Favorit 4 S Allrad« mit 90-PS-Motor, 16-Ganggetriebe (ZF-Fendt-Halbsynchrongetriebe) und einer vollhydraulischen Lenkung. Mit dem 1970 vorgestellten »Favorit 12 S« überschritt Fendt erstmals die 100-PS-Marke. Die Hinterrad-Antriebsmodelle der Baureihe »F 10 S«, »F 11 S« und »F 12 S« wiesen einzelradgefederte Räder an der verstellbaren Vorderachse auf. Die Allrad-getriebenen

127-PS-Fendt »Favorit 4 S«, 1967. Foto: ChiemseeMan, © PD

»SA«-Modelle besaßen vordere Pendelachsen mit Differentialausgleich und Überlastsicherung.

Bis zur Ablösung der F-Kantenhauben-Modellreihe 1972 entstanden 14.156 Einheiten, zum Teil auch mit Allradantrieb. Letzterer war übrigens, dank der Überlast-Rutschkupplung, auch im Fahrbetrieb zu aktivieren.

62-PS-Fendt »Farmer 3 S«, 1968. Foto: AGCO GmbH

42-PS-Fendt »Farmer 102 S«, 1972.

Erste Schmalspurschlepper

Für den Einsatz in Weinbergen stellte Fendt von 1958 bis 1961 erstmals ein nur 980 mm breites Fahrzeug her, den »FLS 237« mit luftgekühltem 24-PS-Motor. Nach einer Zeitspanne folgte 1971 der »Farmer 2 W« mit einer Außenbreite von 955, durch Umstecken der Räder von 1250 mm und einem Lenkeinschlag von 41 Grad.

Fendt Agrobil 1972–1985

Um 1968 experimentierte Fendt mit einem selbstfahrenden Ladewagen für die Grünlandwirtschaft unter der Projektbezeichnung »Unimat«. Ein luftgekühlter Deutz-Diesel mit 36 PS trieb die Vorderachse an. An dem Triebkopf war in Knicklenkertechnik ein einachsiger Ladewagen angeschlossen. Ein Mähgerät sollte im Frontbereich und ein Stallmiststreuer im Heckbereich angebracht werden. Über das Prototypenstadium kam das Fahrzeug nicht hinaus. Nachdem mit Hilfe der Bayerischen Landesregierung im Jahre 1970 die in Konkurs gegangene Landmaschinenfabrik Lely-Dechentreiter übernommen wurde, nutzte Fendt die dortigen Entwicklungen für ein Mehrzweck-Fahrzeug für landwirtschaftliche Großbetriebe sowie für den Kommunalbetrieb.

In 112 Exemplaren entstand nun bis 1982 der »Agrobil S«-Ladewagen mit Deutz-Unterflurmotor, Vollsynchrongetriebe und Geländebereifung. Auf dem Rahmen vorne links saß die Fahrerkabine mit zusätzlicher unterer Frontscheibe zur Beobachtung des Arbeitsbereiches, hinten war ein Aufbau der Landmaschinenfabrik Mengele montiert. Die Konstruktion gab Fendt dann für den Serienbau an die Firma Rhein-Bayern Fahrzeugbau GmbH in Kaufbeuren ab, die nach 1985 nochmals einige Einheiten, dann aber mit der Viererklubkabine von Magirus-Iveco, herstellte.

Fendt Farmer/Favorit 100/200/300/600, 1972–1992

Die vierte Nachkriegs-Schleppergeneration erschien im Jahre 1972. Die Drei- und Vierzylinder-Mittelklasse-Modelle »102«, »103«, »104«, »105«, »106« und – ab 1974 – »108 S« gehörten zur »Farmer 100«-Familie. Die ab 1974 mit Turbomatik, mit Vollsynchrongetrieben und mit Drehmomentwandlern ausgerüsteten Schlepper konnten auch mit einem Allradantrieb geliefert werden. Die Allzweck-Fahrzeuge der »200 S«-Serie gingen als ideale Schlepper an Klein- und Mittelbetriebe. Insbesondere der »F 102 S« erwies sich als Erfolgsmodell; in der fünfzehnjährigen Bauzeit entstanden 47.204 Modelle.

80-PS-Fendt-Ladewagen »Agrobil«, 1972. Foto: AGCO GmbH

Die »Favorit 600«-Großtraktoren bildeten die »Königsklasse« im neuen Produktionsprogramm, die Baureihen »F 610 S«, »F 611 S«, »F 612 S« und ab 1974 »F 614 S« (mit Turbolader) besaßen neue, großvolumige Sechszylinder-Direkteinspritzmotoren von MWM im Leistungsbereich von 85 bis 120 bzw. 135 PS. Einen lastschaltbaren Allradantrieb gab es auf Wunsch, wobei die Lenktriebachse erstmals ein Planetengetriebe besaß. Hinzu kam eine Rückfahreinrichtung mit reversierbarer Sitzeinheit, eine großzügig gestaltete Fahrerkabine und ein elektronisch gesteuertes Hydrauliksystem (»Fendt-Tronic«).

Drei Jahre nach ihrer Einführung überarbeitete und erweiterte Fendt die »Farmer«- wie auch die »Favorit«-Reihen. Besonders interessant: der 42 PS »Farmer 201 S« mit Vollsynchron-Getriebe und die »Favorit«-Versionen »615 LSA« mit 150-PS-Turboladermotor sowie die »Favorit 600 LS« und »LSA« mit 85-PS-Sechszylindermotor von 1978. Diese Großschlepper setzten neue Maßstäbe durch ihre Komfort-Kabinen, ihre elektronische Hubwerkregelung (EHR) und ihre leistungsgerechten Antriebsaggregate. In diesem Jubiläumsjahr (»50 Jahre Fendt-Agrartechnik«) rollte im Beisein von Hermann, Paul und Xaver Fendt, umringt von 4000 Mitarbeitern, auch der 350.000ste Fendt-Schlepper vom Band.

48-PS-Fendt »Farmer 103 S«, 1972.

105-PS-Fendt »Favorit 611 2 S Turbomatik«, 1976.

65-PS-Fendt »Farmer 106 SA«, 1972. Foto: W. Leiter, © CC-BY-SA-3.0

135-PS-Fendt »Favorit 614 Turbomatik«, 1976.

1980 ergänzte Fendt sein Modellprogramm um die »Farmer«-Traktoren der Baureihe »300«, quasi die gehobene Mittelklasse im Fendt-Angebot, um gegen die sinkende Nachfrage anzukämpfen. (1977 betrug der Ausstoß noch 17.511 Einheiten und war 1980 auf 10.100 Einheiten gesunken.) Die wesentlichen technischen Merkmale waren: Vollsynchron-Feinstufengetriebe, Allradantrieb, Vierradbremsanlagen für die Zulassung zu 40 km/h-Höchstgeschwindigkeit, vollintegrierte und gummigelagerte Komfortkabinen sowie gummigelagerte Vierzylindermotoren mit Leistungen von 62, 70 und 78 PS. 1981 folgte erstmals bei Fendt mit aufgeladenem Motor die Ausführung »309 LS«. Ein Jahr später kamen die Dreizylindermodelle »303« und »304« mit 52 und 58 PS hinzu; schließlich komplettierte 1984 der »310 LSA« mit 92-PS-Turbotriebwerk die erste Generation der Baureihe »300«. Die Motorhauben erhielten eine neue, kantigere Gestaltung und schwarz lackierte Frontgitter anstelle der silbergrauen Kühlerblenden.

Die Großtraktoren-Baureihen der »Favorit«-Serien verfügten in den 1980er Jahren neben der Turbomatik, den Vollsynchron-Feinstufengetrieben und den Scheibenbremsen (obligatorisch für die Höchstgeschwindigkeit von 40 km/h) über aufgeladene MAN-Motoren mit 211 PS (»Favorit 622 LS«) und 252 PS (»Favorit 626 LS«). Fendt ging bei diesen Paradestücken von der Blockbautechnik ab und setzte den Motor vor der Vorderachse in einen Rahmen ein. Durch den kurzen Radstand und den vorgebauten Motor ergab sich eine gleichmäßige Gewichtsverteilung auf die Achsen. 1987 experimentierte Fendt erstmals mit stufenlosen Duospeed-Getrieben.

Die erfolgreiche Hochleistungs-Schlepperserie »300« erhielt ab 1984 neue Motoren mit leicht angehobener Leistung; das Spitzenmodell dieser Baureihe bildete 1987 der »Farmer 312 LSA«, mit 115-PS-Motor, Allradantrieb und 21-Ganggetriebe. 1989 verbesserte eine Schwingungsdämpfung den Fahrkomfort.

Die Modellreihen »Farmer 200«, »Farmer 300«, »Favorit« und die Geräteträger wurden in den Jahren 1986, 1988 und 1991 mit jeweils erhöhten Motorleistungen versehen. Wassergekühlte Motoren von MWM und MAN sowie luftgekühlte Deutz-Motoren kamen zum Einsatz. 1993 war erstmals eine Vorderradfederung im Programm.

70-PS-Fendt »Farmer 306 LS«, 1980.

78-PS-Fendt »Farmer 309 LSA«, 1980. Foto: Krafi08, © GNU GPL

211-PS-Fendt »Favorit 622 LS Turbomatik«, 1980. Foto: AGCO GmbH

145-PS-Fendt »Favorit 614 LSA«, 1983.

Die überaus erfolgreiche Mittelklassereihe »300« nutzte Motoren mit Leistungen von 62 bis 115 PS, Schnellganggetriebe für Geschwindigkeiten bis zu 40 km/h sowie gummigelagerte Kabinen. Einen Produktionsrekord von 75.000 Stück konnten diese Fahrzeuge erzielen, so dass Fendt 1985 eine zeitlang die Marktführerschaft in Deutschland erreichte. Die Motorhauben erhielten eine neue Gestaltung; durch die Abkantung an der Kühlermaske konnte die Sicht nach vorne verbessert werden.

Fendt Farmer 200 (1974–2002)

Diese 1974 vorgestellte Serie rundete das Fendt-Programm nach unten ab. Die »Farmer 200«-Reihe umfasste preiswerte Kompaktschlepper für Nebenerwerbs-Landwirte mit Hinterrad- oder Allradantrieb, in der Regel mit luftgekühlten Dreizylinder-Dieseln mit Leistungen von 35 bis 42 PS. Später waren diese kompakten High-Tech-Schlepper (deren Typenbezeichnung jeweils der Buchstabe »S« nachgestellt wurde), je nach Ausfüh-

50-PS-Fendt-Schmalspurschlepper »Farmer 203 P«, 1974.

50-PS-Fendt-Schmalspurschlepper »Farmer 203 V«, 1974.

42-PS-Fendt »Farmer 201 S«, 1975.

65-PS-Fendt-Schmalspurschlepper »Farmer 204 V«, 1981.

rung, auch mit Vierzylindern und bis zu 80 PS lieferbar. Ganz besonderen Erfolg aber hatte Fendt mit den innerhalb dieser Kleinschlepper-Familie angesiedelten Schmalspur-Traktoren, die dank der niedrigen Schwerpunktlage ideal waren für den Einsatz im Weinbau und in Plantagen. Sie hatten luftgekühlte Deutz-Motoren und 13-Gang-Vollsynchrongetriebe.

Zu unterscheiden am Zusatz »V« (Vineyard) für kompakte, schmale und niedrige Bauweise, bzw. »P« (Plantagen) für kompakte und niedrige Ausführung machten Modelle wie der »F 200 V«, der »F 203 V« oder der »F 203 P« Fendt zum europaweit führenden Anbieter von Schleppern für die Arbeit in Sonderkulturen; in bestimmten Ausführungen auch für Kommunen interessant.

Die Reihe »200 S« stand dabei für Standardschlepper im Leistungsbereich von 40 bis 75 PS. Durch eine kompakte Bauweise, ein günstiges Gewicht, innovative Technik und durch einen hohen Komfort zeichneten sich diese Modelle aus. Die nur 1000 mm breiten Weinberg- und Plantagenschlepper der Reihen »200 V« und »200 P« wurden von 50 bis 80 PS starken Motoren angetrieben. Insbesondere der Typ »275 VA« erwies sich als ein Erfolgsmodell, das in Südtirol große Verbreitung fand. Die

75-PS-Fendt »Farmer 275 S«, 1990.

50-PS-Fendt »Farmer 250 S«, 1987.

60-PS-Fendt-Schmalspurschlepper »Farmer 260 VA«, 1988.

80-PS-Fendt-Schmalspurschlepper »Farmer 280 V«, 1997.

80-PS-Fendt-Geräteträger F 380 GT, 1984.

Reihe wurde stetig weiterentwickelt und erweitert. So erschien 1996 mit luftgekühltem 80-PS-Deutz-Motor der neue Schmalspurschlepper »Farmer 280 V«. Um noch einen preiswerten Standardschlepper im unteren Leistungsbereich im Angebot zu haben, leitete Fendt aus diesem Modell die Baureihe »Farmer 280 S« und »SA« ab, Letztere mit Allradantrieb und abgerundeten Freisichthauben.

Fendt-Geräteträger der Baureihe 300 (1984–2004)

Mit liegenden 45-, 60- und 80-PS-Antriebsaggregaten sowie einer Kabine erschienen ab 1984 die Geräteträger der Baureihen »300«. Die vielseitigen Einmann-Maschinen hatten Sicherheits-Komfortkabinen, teilgekapselte Deutz-Motoren mit 21/6-Ganggetriebe und waren in verschiedenen Ausführungen lieferbar. Während der »F 345 GT« und »F 360 GT« und der spätere »F 350 GT« noch liegende Dreizylinder-Deutz-Motoren besaßen, erhielten die Allradversion »F 365 GT« sowie wenig später der Hinterrad- und Allradgetriebene »F 380 GT/GTA« eine Vierzylinderausführung. Die Baureihen »F 390 GT« und »F 395 GT« erhielten 100 und 115/120 PS starke Triebwerke.

Nochmals mit Vierzylindermotor bot Fendt 1996 die Baureihe »F 370 GT« an, die als leichte und preiswerte Ausführung den schweren Modellen gegenübergestellt wurde. Der »F 380 GTA« krönte als Freisicht-Geräteträger mit seiner Rundumsicht-Kabine das Programm.

Die im Jahre 2000 vorgestellte Studie des leichten, 50 PS starken »GT 50« für den Kommunal- und Sportplatzeinsatz in Kurz- und Langversion mit hydrostatischem Antrieb und einer kombinierten Achsschenkel- und Knicklenkung wurde aufgrund der als zu gering eingeschätzten Nachfrage an die Firma Tünnissen und Stocks abgegeben.

Aufgrund der verschärften Abgasbestimmungen sollte sich Fendt an der Weiterentwicklung der für die Geräteträger exklusiv gebauten Unterflurmotoren von Deutz beteiligen. Die amerikanische Muttergesellschaft

95-PS-Fendt-Geräteträger F 380 GTA turbo, 1998.

versagte hier die Zustimmung, so dass im Jahre 2004 der weltweit einzigartige Geräteträgerbau als »Mechanisierungssystem von der Saat bis zur Ernte« nach über 75.000 verkauften Einheiten eingestellt wurde.

Fendt Xylon

Im Jahr 1991 stellte Fendt die Studie »Xylon 320« vor. Das Mehrzweck-Fahrzeug mit einer mittig aufgesetzten Kabine sollte die Vorzüge des Freisichttraktors der »GTA«-Baureihen mit seinen vier Anbauräumen verbinden. Das vielseitige Systemfahrzeug wurde dann 1995 als Baureihe in drei Leistungsklassen mit aufgeladenen MAN-Dieseln mit 110-, 125- oder 140-PS-Version angeboten. Dieser lag jeweils unterflur unter der kippbaren Zweimann-Kabine; das Fendt-44-Gang-»Turboshiftgetriebe« (Turbokupplung und vierfache Lastschaltung), Allradantrieb (auf die Achsen mit unterschiedlicher Radgröße) und eine niveaugeregelte Vorderachsfederung gehörten zu den weiteren Besonderheiten dieses 50 km/h schnellen Traktors mit Lkw-Qualitäten. Ein Zentralgelenk zwischen den Rahmenhälften sorgt für eine optimale Geräteführung im Front- und im Heckanbau. Kraftheber vorne und hinten sowie eine umfangreiche Hydraulikanlage sind wichtige Vorzüge dieses innovativen Systemschleppers. Während die Prototypen von einem Sechszylinder-Deutz-Diesel angetrieben wurden, sind die Xylon-Modelle bislang nur mit Vierzylinder erschienen.

120-PS-Fendt-Mehrzweckfahrzeug »Xylon 320«, 1991. Foto: Mortl77, © CC-BY-SA-4.0

Fendt Farmer/Favorit 300/400/500/800

In der fünften Nachkriegs-Baureihe überarbeitete Fendt erneut ab 1993 die »Farmer«-Schlepper, die jetzt allesamt Teil der »300er«-Familie waren. Die serienmäßig mit Allradantrieb lieferbare Modellreihe umfasste die aufgeladenen Vierzylinder-Typen 307, 308, 309 und 310 (75, 86, 95,105 PS) sowie Sechszylinder-Diesel 311 (115 PS) und 312 (125 PS). Die Kraftübertragung der C-Modelle ab 1997 erfolgte auf ein elektronisch-hydraulisch geschaltetes Feinstufen-Wendegetriebe mit 21 Gängen oder auf ein 21-Gang-Schaltgetriebe. Nach 1999 erweiterte die Alltrad-Baureihe »400 Vario« mit der neuen, stufenlosen Antriebstechnik und der Variotronic die »Farmer«-Familie. Die Mittelklasse-Traktoren wiesen die neue, hoch moderne Gestaltung mit der gerundeten Motorhaube und dem »Wasserfall-Kühlergrill« auf. Das neue Design der vorne abgerundeten, mit auffallenden Lüftungsstreifen versehenen Hauben hatte das Porsche-Entwicklungszentrum in Weissach entworfen.

140-PS-Fendt »Favorit 514 C«, 1993. Foto: AGCO GmbH

Als nächste Baugröße bot Fendt zwischen 1993 und 1999 die 50 km/h schnellen Traktoren der Baureihe »Favorit 500 C« an, die als preiswerte Schlepper unterhalb der Königsklasse angeboten wurden. Mit neuen Vier- und Sechszylindermotoren (MWM, mit Leistungsdimensionen von 95 bis 150 PS), hydropneumatischer Vorderachsfederung mit Niveauregelung und Turboshiftgetriebe sollten die Kompakt-Schlepper die Lücke im Programm zwischen der 300er und der 800er-Reihe schließen. Die Großschlepper der »Favorit 800«-Reihe, die »Königsklasse im europäischen Schlepperbau«, verfügten über aufgeladene MAN-Sechszylindermotoren im Leistungsbereich von 165, 190, 210 und 230 PS. Neben dem 44-Gang-Turboshiftgetriebe gehörten eine abgefederte Komfort-Kabine sowie eine hydropneumatisch abgefederte Vorderachse zur Fahrzeugtechnik. Der auf Wunsch lieferbare Schnellgang erlaubte eine Höchstgeschwindigkeit von 50 km/h.

Trotz aller Neuheiten: Die Schlepper-Fertigung fiel im Jahre 1993 auf 6810 Fahrzeuge zurück; John Deere verdrängte Fendt vom 1. Platz in der Zulassungsstatistik. Mit neuen Produkten versuchte Fendt, wieder die Marktführerschaft zu erlangen.

Fendt Favorit 700/900/Vario (seit 1995)

Und mit der Furore machenden, neuartigen »Vario«-Getriebetechnik standen die Chancen für Fendt auch gar nicht so schlecht. 1995 präsentierte auf der Agritechnica Fendt einen Großschlepper der 926er Serie mit dem den Traktorenbau revolutionierenden Vario-Getriebe ML 200, einer automatischen, mechanisch-hydrostatischen Kraftübertragung, ausgelegt bis 260-PS-Eingangsleistung. Über einen Joystick gibt der nun vom Schalten entlastete Fahrer die Geschwindigkeit ein. Dabei ermöglicht ein über Hydromotoren und Hydropumpen gesteuertes Getriebe eine stufenlose Geschwindigkeitsanpassung. Gegenüber einem hydrostatischen Getriebe wird hier ein höherer Wirkungsgrad erzielt. Fendt stattete damit ab 1996 die Großtraktoren der »Favorit 900«-Baureihe aus, konzipiert für schwerste Einsätze und Leistungen.

Das Spitzenmodell »Favorit 926 Vario« verfügte über den 260-PS-MAN-Motor, der auf einem Gusshalbrahmen als tragendes Element saß.

150-PS-Fendt »Favorit 515 C«, 1995.

160-PS-Fendt »Favorit 716 Vario«, 1998. Foto: AGCO GmbH

Ebenfalls serienmäßig mit an Bord war eine niveaugeregelte Vorderachsfederung zur automatischen Anpassung an die Bodenverhältnisse. Die Hydraulikventile wurden elektromagnetisch gesteuert. Die 900er Reihe kam erst im Jahr 2000 in den Genuss der neuen Optik, zusammen mit einigen wesentlichen technischen Verbesserungen. Das unter Last stufenlose verstellbare Vario-Getriebe hielt 1998 Einzug auch in die »Favorit«-Baureihen der neuen Ausführungen »700«, 1999 in die »Farmer«-Baureihe »400« mit Leistungen von 86 bis 120 PS.

Auch hier stiegen die Endgeschwindigkeiten aufgrund der gefederten Vorderachsen und der Scheibenbremsen auf 40 bis 50 km/h. Die neue »Porsche«-Haube kommt auch hier zur Verwendung; Zug um Zug erhielten alle Typen diese Karosse, so dass die Fendt-Schlepper ein neues einheitliches Aussehen besitzen.

110-PS-Fendt »Farmer 411 Vario«, 1999. Foto: Gijsevers, CC-BY-SA-3.0

125-PS-Fendt »Favorit 712 Vario«, 1999. Foto: AGCO GmbH

Fendt Baureihe 200 (ab 2003)

Die gut eingeführte Standard- und Schmalspur-Baureihe 200 in den Ausführungen S, F, P und V erhielt in der überarbeiteten Version von 2003 luftgekühlte Drei- und Vierzylinder-Turbolader-Triebwerke von Deutz. Während bei den Modellen 206 und 207 der Kunde die Hinterrad- oder die Allradausführung wählen konnte, gab es die Typen 208 und 209 nur noch mit Allradantrieb. 20/6-, 21/6- und 21/21-Wendegetriebe wurden verbaut. Anstelle der Traditionsbezeichnung »Farmer« hob das Unternehmen ab 2005 mit dem Namen »Fendt« und der anschließenden Baureihen-Bezeichnung den renommierten Namen hervor. Ebenso ziert in Rückblick auf die vor 75 Jahren erfolgte Vorstellung des Fendt-Dieselrosses ein Dieselross-Emblem mit dem Fendt-Schriftzug die Kühlermaske der Schmalspurschlepper sowie aller anderen Baureihen.

Im Jahre 2009 ersetzte Fendt die »Farmer 200«-Serie durch die »Fendt 200 Vario«-Serie mit dem stufenlosen Getriebe. Für den Fahrer entfällt mit dieser technischen Neuerung einerseits die Schaltarbeit, andererseits ist ein ständiger Kraftschluss gerade für Arbeiten am Steilhang vorhanden. Eine optionale Motor-Getriebe-Steuerung (TMS) regelt effizient Drehzahl

80-PS-Fendt-Schmalspurschlepper »Farmer 208 V«, 2003.

90-PS-Fendt »Farmer 209«, 2006.

90-PS-Fendt-Schmalspurschlepper »Farmer 209«, 2006.

110-PS-Fendt 211 Vario, 2009. Foto: AGCO GmbH

114-PS-Fendt 211 Vario, 2021. Foto: AGCO GmbH

99-PS-Fendt 210 V, 2021. Foto: AGCO GmbH

und Übersetzung automatisch, so dass der Schlepper antriebsmäßig das technisch Mögliche herausholt. Von den kleineren Deutz-Triebwerken löste sich Fendt und nutzt aus dem Baukasten des finnischen AGCO-Tochterunternehmens VALTRA Linnavuori Dreizylinder-AGCO-Sisu-Power-Motoren mit Common-Rail-Technik und Turbolader mit Ladeluftkühlung (inzwischen AGCO Power Motorenwerk). Die Allrad-Antriebs-Vorderachse kann beim Standardschlepper mit Wespentaille bis zu 52, bei den Spezialschleppern bis zu 58 Grad eingeschlagen werden. Ein ebener Kabinenboden und eine Vorderachs- sowie Kabinenfederung sind jetzt Standard. Eine Höchstgeschwindigkeit bis zu 40 km/h können diese Fahrzeuge auf der Straße erzielen.

120-PS-Fendt 313 Vario, 2011.

120-PS-Fendt 313 Vario, 2011. Foto: AGCO GmbH

Fendt Baureihe 300 (ab 2003)

Die Schlepper der unteren Mittelklasse-Baureihe 300 stattete Fendt in der C-Version mit leistungsstärkeren Deutz-Motoren und 21/6- oder 21/21-Wendegetrieben aus. Ab 2005 trat auch hier die Abkehr vom Schaltgetriebe ein. In der Bandbreite mit aufgeladenen 80- bis 125-PS-Motoren sind die Fahrzeuge mit dem Vario-Getriebe ausgestattet. Auch hier kann das TMS-System gewählt werden. Die vor allem für die Grünlandwirtschaft vorgesehenen Traktoren besitzen eine Niveau-Ausgleichsachse und auf Wunsch eine Vorderachsfederung. Die Spitzenversion »Fendt 312« erreicht erstmals eine Transportgeschwindigkeit von 60 km/h bei reduzierter Drehzahl.

132-PS-Fendt 312 Vario, 2021. Foto: AGCO GmbH

Fendt Baureihe 400/500/700 (ab 2005)

Die seit 1999 serienmäßig mit dem Vario-Getriebe brillierende 400er-Allrad-Baureihe wurde 2005 überarbeitet, äußerlich erkennbar an dem größeren schwarzen Lüftungsgitter. Die bis zu 140 PS starken und bis zu 50 km/h schnellen Allround-Schlepper sind mit einer niveaugeregelten und sperrbaren Vorderachsfederung sowie auf Wunsch mit einer pneumatischen Kabinenfederung versehen. Ebenso gibt es auf Wunsch die TMS-Technik und ein Vorgewende.

Ebenso verfeinerte Fendt 2005 die seit 1998 eingeführte obere Mittelklasse-Allrad-Baureihe 700 mit dem Maßstab setzenden Vario-Getriebe, vorgesehen für schweren Einsatz, für schwere Frontladearbeiten und für den dynamischen Transport auf der Straße. Auf Wunsch stehen hier das TMS-System und eine automatische Grenzlastregelung zur Verfügung. Zwei Jahre später setzte Fendt ein neues 6-Liter-Common Rail-Triebwerk von Deutz mit Sechsloch-Einspritzdüsen in diese Modelle ein. Mit einem Leistungsschub erstarkten 2011 diese Schlepper auf 185, 205 und 220 PS. Mechanisch gefederte- oder pneumatisch abgestützte »VisioPlus«-Kabinen mit in das Dach hineingezogene, gewölbte Frontscheiben geben dem Fahrer eine uneingeschränkte Sicht bei Ladearbeiten. Erstmals setzt das Werk hier auf Wunsch die »Fendt-Variotronic« ein, die aus einem Terminal, einem Multifunktions-Joystick, einem Kreuzschalter und einer Touch-Tastatur besteht, die den Fahrer über die multifunktionale Gerätesteuerung informiert. Eine sperrbare, niveaugeregelte Vorderachsfederung kann gewählt werden.

Die ab 2011 erhältliche Super-Ausführung »Fendt 700 Vario Efficient Technic« ist komplett mit den Zusatzausstattungen versehen. Darüber hinaus gibt es das TMS-System mit automatischer Grenzlastregelung, das Vorgewende-Management Variotronic, das VarioGuide-System zur präzisen und zuverlässigen Spurführung, die VarioActive-Lenkung für schnelleren Lenkeinschlag sowie die SCR-Technik (Selective Catalytic Reducer) mit AdBlue-Technik für geringstmöglichen Kraftstoffverbrauch und Abgasnachbehandlung. Bei Transportarbeiten bis maximal 50 km/h reduziert die Motor-Getriebe-Steuerung die Drehzahl auf 1700 U/min.

150-PS-Fendt 415 Vario, 2011. Foto: AGCO GmbH

160-PS-Fendt 516 Vario, 2011. Foto: AGCO GmbH

220-PS-Fendt 724 Vario, 2011.

171-PS-Fendt 516 Vario, 2021. Foto: AGCO GmbH

181-PS-Fendt 718 Vario, 2021. Foto: AGCO GmbH

Fendt Baureihe 800/900 (ab 2003)

Die schwere Baureihe 800 mit Vario-Getriebe und TMS-Steuerung erhielt eine letzte Leistungssteigerung des 5,7-Liter-Motors. Ab 2007 wird als Herzstück der neue Deutz 6-Liter-Motor verwendet. Das 60 km/h schnelle Fahrzeug wird mit klimatisierter Komfortkabine, mit der Variotronic und einem Vorgewende ausgestattet. Auf Wunsch kann hier ein GPS-gestütztes »VarioGuide«-System zur präzisen und zuverlässigen Spurführung sowie eine Rückfahreinrichtung gewählt werden. Darüber hinaus steht ein Guide-Connect-System bereit, so dass zwei Fahrzeuge in Verbindung arbeiten, wobei der fahrerlose Schlepper über GPS gesteuert wird. Schließlich sind seit 2011 die leistungsgesteigerten Ausführungen »Efficient Technology« mit dem SCR versehen, um die Abgaswerte den kommenden Verschärfungen anzupassen.

Die Spitzenklasse, die seit 1995 mit dem stufenlosen Getriebe ausgestattet ist, erhielt ab 2002 in der Version »Favorit 930 Vario TMS« bzw. in der ab 2005 überarbeiteten »Fendt 900«-Baureihe die TMS-Technik. Da der Motoren-Hersteller Deutz das neue 7,1-Liter-Triebwerk noch nicht liefern konnte, nutzte Fendt zunächst MAN-Antriebe. Ab 2007 kam das aufgeladene Deutz-Aggregat mit einem Leistungsband von 190 bis 330 PS zum Einsatz. Im Jahre 2010 konnten die Leistungsabgaben dieses Triebwerkes erhöht werden; der »Fendt 939 Vario« krönte mit 390 PS diese Baureihe. Serienmäßig sind diese Fahrzeuge mit der Variotronic-Gerätesteuerung, einem ABS- und dem SCR-System ausgerüstet.

Alle Modelle können mit Spezialausstattung für den Ganzjahreseinsatz auch an Kunden im Bereich Industrie, Straße und Umwelt gewählt werden. Mit dem Baujahr 2013 waren alle Fahrzeuge mit überarbeiteten Motoren ausgestattet, die die strengen amerikanischen Abgaswerte Tier 4-final erfüllten.

190-PS-Fendt 820 Vario, 2007.

180/195-PS-Fendt 818 Vario, 2006

415-PS-Fendt 942 Vario, 2021. Foto: AGCO GmbH

Fendt Baureihe 1000 (ab 2015)

Die Königsklasse stellt seit dem Jahre 2015 die Baureihe 1000 mit den Modellen »1038«, »1042«, »1046« und »1050« dar. 12,5-Liter-MAN-Triebwerke mit Leistungen von 38 bis 500 PS geben diesen 14 Tonnen schweren Boliden die Kraft. Damit bietet Fendt nach dem 1978 von Schlüter vorgestellten, aber glücklosen »Super-Trac 5000 TVL« wieder ein derartig starkes Modell an, dessen einstiger V8-MAN-Motor mit einem Hubraum von 24 Litern diese Leistung hervorbrachte. Die kompakten Standard-Großtraktoren verfügen über eine Reifendruckanlage und über das Vario-Drive-Getriebe, das zusätzlich »eine permanente, variable Allradfunktion vorhält«. Die Modelle Fendt »1038 Vario« bis Fendt »1050 Vario« verfügen über Leistungen von 396 bis 517 PS. Ein Jahr später erfolgte die Umstellung der Fendt-Farbgebung auf »Nature Green«, was den ökologischen Wert der Fahrzeuge ausdrücken soll.

517-PS-Fendt 1050 Vario, 2021. Foto: AGCO GmbH

Fendt-Studie TRISIX (2017)

Eine Projekt-Studie insbesondere für den Einsatz auf den großen ehemaligen LPG-Flächen stellte Fendt im Jahre 2017 das Allrad-Hochleistungsfahrzeug »TRISIX« mit drei Achsen vor, bei dem die Vorderachse hydromechanisch, die letzte Achse hydraulisch gelenkt werden. Der 540 PS starke MAN-Sechszylindermotor D 2676 mit einem Hubraum von 12.420 ccm treibt über ein Vario-Getriebe die erste und zweite sowie über ein weiteres Vario-Getriebe die dritte Achse an.

Fendt-Studie E 100 Vario

Ebenfalls auf der Agritechnica 2017 in Hannover präsentierte das Allgäuer Unternehmen einen Kompaktschlepper mit einem batterie-elektrischen Antrieb, das im nachfolgenden Jahr in Kleinserie für ausgewählte Landwirtschaftsbetriebe und Koummnalverwaltungen gebaut wurde. Der 50-kW-Motor ließ sich kurzzeitig auf 150 kW steigern.

50-kW-Fendt-Elektroschlepper E 100 Vario, 2018. Foto: AGCO GmbH

Mit Raupenband-Großtraktoren zu neuen Dimensionen

Im gleichen Jahr stieg Fendt in das Marktsegment der Raupentraktoren im oberen Leistungsbereich mit zwei Baureihen ein, konzipiert für Landwirte, die gleichzeitig auf maximale Leistung und auf Bodenschonung setzen. Die Modelle der »900 Vario MT«-Serie decken den Bereich von 380 bis 421 PS ab, wobei ein Siebenzylinder-Antrieb aus dem AGCO-Motorenwerk eingesetzt wird. Die Raupen der »1100 Vario MT«-Serie erhielten einen V12-Diesel mit 16,8 Liter Hubraum, der 598 bis 646 PS erzeugte. Die Raupentraktoren werden aus dem AGCO-Werk in Jackson/Minnesota in den USA zugeliefert.

431-PS-Fendt-Raupenschlepper 943 MT, 2017. Foto: AGCO GmbH

618-PS-Fendt-Raupenschlepper 1162 MT, 2020. Foto: AGCO GmbH

Zwei Jahre später überschritt das Radschlepper-Topmodell der 900er-Baureihe, der Fendt 942 Vario, mit einem 415-PS-MAN-Diesel die 400-PS-Marke. Das elektronische Bediensystem »Fendt-One« hielt im Jahre 2020 Einzug in die Standardbaureihen und, die Universalschlepper-Baureihe 200 trat in der Neuauflage in Wespentaillenbauart an.

Fendt im Rahmen des AGCO-Konzerns

Innerhalb des AGCO-Konzerns fertigt das Fendt-Unternehmen mit Werken in Marktoderdorf und Asbach-Bäumenheim (Kabinen und Hauben), Feldhäcksler der Baureihe Katana und Feldspritzen der Baureihe Rogator im Werk Hohenmölsen, Mähwerke, Schwader und Wender im (einstigen Fella-) Werk Feucht, Festkammer- und Raupenballenpressen im Werk Wolfenbüttel sowie Ladewagen der Baureihe Tigo in Waldstetten. Das im norditalienischen Breganze gelegene AGCO-Mähdrescherwerk (vormals Laverda-Mähdrescherwerk) baut diese Erntemaschinen, und aus dem Werk in Jackson kommen die Raupentraktoren sowie aus dem Werk in Hesston/Kansas die Quaderballenpressen. Die Unterbauten für die Teleskoplader steuert die Sennebogen Maschinenfabrik GmbH in Straubing bei.

210-PS-Fendt-Pflanzenschutz-Geräteträger »Rogator 645«, 2021. Foto: AGCO GmbH

Fendt-Schlepper													
Baureihe	**Bauzeit**	**Motor Hersteller**	**Typ**	**Zylinder**	**PS**	**Kühlung**	**Bohrung x Hub**	**Hubraum**	**Drehzahl**	**Radstand**	**Gewicht**	**Getriebe**	**Besonderheiten**
1. Standardschlepper													
1.1 Erste Generation: Vorkriegsmodelle													
Grasmäher	1928	Deutz	MA 608	1	4	V	70x80	308	1000		510	3/1	Vergasermotor
Dieselross	1929	Deutz	MAH 514	1	6	V	100x140	1099	1000	1700	740	3/1	auch 7 PS
Dieselross F 9	1930 - 1936	Deutz	MAH 516	1	9	V	120x160	1808	1000	1700	1200	3/1	
Dieselross F 12	1936 - 1937	Deutz	MAH 716	1	12	V	120x160	1808	1300	1550	1200	3/1	
F 18 Kleinschlepper	1937 - 1942	Deutz	MAH 916	1	16	V	120x160	1808	1400	1600	1500	4/1	auch Radstand 1700 mm
F 22 Bauernschlepper	1938 - 1942	Deutz	F 2 M 414	2	20/22	W	100x140	2198	1500	1700	1555	4/1	baugleich mit Martin F 22
F 22 Z	1940 - 1942	Deutz	F 2 M 414	2	20/22	W	100x140	2198	1500	1700	1555	4/1	
G 25	1943 - 1946	Deutz	GF 2 M 115	2	25	W	130x150	3979	1550	2180	2325	4/1	Holzgasmotor
G 25 Z	1943 - 1946	Südbremse	TG 15	2	25	W	130x150	3982	1550	2180	2375	4/1	
1.2 Zweite Generation: Dieselross-Baureihe (1946 -1959)													
F 18	1946 - 1949	Deutz	MAH 916	1	18	W	120x160	1808	1400	1600	1485	4/1	
G 25 D	1946 - 1947	MWM	KD 215 Z	2	24	W	100x150	2356	1500	1846	1830	4/1	Generator-Umbau auf Dieselbetrieb, auch Deutz-Motor
F 22	1946 - 1948	MWM	KD 215 Z	2	24	W	100x150	2356	1500	1840	1735	4/1	
F 22 V	1947 - 1949	MWM	KD 215 Z	2	24	W	100x150	2356	1500	1700	1650	4/1	
F 22 Z	1948	MWM	KD 215 Z	2	22/24	W	100x150	2356	1500	1700	1555	4/1	
F 22 VZ	1948 - 1949	MWM	KD 215 Z	2	22/24	W	100x150	2356	1500	1840	1555	4/1	Allradantrieb, auch Deutz-Motor
F 15	1949 - 1950	MWM	KD 215 E	1	14/15	W	100x150	1178	1600	1580	1300	4/1	auch Radstand 1593 mm, Gewicht 1310 kg, 2x4/1-Getriebe
F 15 G/G6	1950 - 1956	MWM	KD/W 415 E	1	15	W	100x150	1178	1600	1593	1150	6/2	auch 2x4/1-Getriebe
F 18/6	1950 - 1956	MWM	KDW 615 E	1	18	W	112x150	1480	1500		1485	6/2	
F 25 A	1950 - 1952	MWM	KDW 415 Z	2	25	W	100x150	2356	1600	1840	1900	4/1	Allradantrieb
F 25 G	1950	MWM	KDW 415 Z	2	25	W	100x150	2356	1600	1870	1574	4/1	
F 25 G	1950	MWM	KDW 415 Z	2	25	W	100x150	2356	1600	1860	1800	2x4/1	
F 25 P/28 P	1950 - 1959	MWM	KDW 415 Z	2	25	W	100x150	2356	1500	1870	1820	5/1	28 PS bei 1600 U/min
F 15 H/H6	1951 - 1957	MWM	KDW 415 E	1	15	W	100x150	1178	1600	1601	1310	6/2	auch 4/1-Getriebe
F 18 G	1951 - 1952	MWM	KDWF 415 E	1	18	W	112x150	1480	1500	1600	1260	4/1	
F 18 H	1951	MWM	MAH 916	1	18	W	120x160	1808	1400	1600	1310	4/1	
F 20 G	1951 - 1956	MWM	KDW 615 E	1	20	W	102x150	1178	1600	1673	1355	K+4/1	auch 6/2-Getriebe
F 20 G6	1951 - 1956	MWM	KDW 615 E	1	20	W	102x150	1178	1600	1593	1355	6/2	
F 20 H	1951 - 1957	MWM	KDW 615 E	1	20	W	112x150	1480	1600	1601	1350	4/1	Hochradversion
F 20 H6	1951 - 1957	MWM	KDW 615 E	1	20	W	112x150	1480	1600	1593	1382	4/1	Hochradversion, auch 6/2-Getriebe
F 25/28 PH I/H	1951 - 1958	MWM	KDW 415 Z	2	25	W	100x150	2356	1500	1870	1880	5/1	ab 1953 28 PS bei 1600 U/min Version PH II 1770 kg
F 25/28 PH II	1951 - 1954	MWM	KDW 415 Z	2	25	W	100x150	2356	1500	1870	1940	5/1	
F 40 P	1951	MWM	KDW 415 D	3	40	W	100x150	3534	1500	2094	2030	K+5/1	
F 40 U/U1	1951 - 1950	MWM	KDW 416 D	3	40	W	100x150	3534	1500	2255	2170	K+5/1	auch 6/2-Getriebe
F 12 G/GH	1952 - 1958	MWM	KD 12 E	1	12	W	95x120	851	2000	1593	1150	6/2	
F 12 HL	1953 - 1958	MWM	AKD 1/12 E	1	12	L	98x120	905	2000	1593	1150	6/2	
F 24 W	1955 - 1958	MWM	KD 12 Z	2	24	W	95x120	1700	2000	1809	1385	6/2	
F 24 L	1954 - 1958	MWM	AKD 12 Z	2	24	L	98x120	1810	2000	1809	1380	6/2	
F 17 W	1956 - 1959	MWM	KD 211 Z	2	17	W	85x110	1250	1980	1757	1280	6/2	
F 17 L	1956 - 1959	MWM	AKD 311 Z	2	17	L	95x110	1400	1980	1757	1280	6/2	
FL 114	1957 - 1959	ILO	DL 661	1	10	L	94x104	660	2000	1520	800	2x6/2	Zweitakt-Dieselmotor
FL 236	1957 - 1959	MWM	AKD 311 Z	2	20	L	90x110	1400	2200	1757	1280	6/2	
FW 243 U	1957 - 1958	MWM	KDW 415 Z	2	18	W	100x150	2356	1500	2070	1980	5/1	
FW 237	1958 - 1959	MWM	KD 12 Z	2	24	W	95x120	1700	2000	1809	1400	6/2	
FL 237	1958 - 1959	MWM	AKD 112 Z	2	24	L	98x120	1810	2000	1809	1400	6/2	
1.3 Die »ff-Schlepper« der dritten Fendt-Generation (1958 - 1971)													
1.3.1 Die erste Fix-Baureihe (1958 - 1970)													
Fix 1 W (FW 116)	1958 - 1960	MWM	KD 412 E	1	15	W	105x120	1040	2000	1610	1250	6/2	
Fix 1 L (FL 116)	1958 - 1960	MWM	AKD 412 E	1	14	L	105x120	1040	2000	1610	1250	6/2	
Fix 2 W	1959 - 1964	MWM	KD 211 Z	2	18	W	85x110	1250	2000	1750	1365	6/2	
Fix 2 L	1959 - 1962	MWM	AKD 311 Z	2	19	L	90x110	1400	2000	1750	1265	6/2	
Fix 16	1961 - 1963	MWM	KD 211 Z	2	16	L	85x110	1250	1900	1750	1265	6/2	
Fix 2 D	1963 - 1970	MWM	AKD 311 Z	2	17	L	90x110	1400	2000	1750	1265	6/2	
1.3.2 Die erste Farmer-Baureihe (1958 - 1971)													
Farmer 1 W	1958 - 1961	MWM	KD 12 Z	2	24	W	95x120	1700	2200	1810	1400	6/2	
Farmer 1 L	1958 - 1961	MWM	AKD 112 Z	2	24	L	98x120	1810	2200	1810	1380	6/2	
Farmer 2	1960 - 1967	MWM	KD 10,5 D	3	34	W	90x105	2004	2600	1968	1745	8/4	ab 1962 KD 110,5 D
Farmer 2 D	1961 - 1967	MWM	KD 10,5 D	3	28	W	90x105	2004	2080	1970	1820	8/4	ab 1963 30 PS, ab 1967 32 PS
Farmer 1 Z	1963 - 1965	MWM	AKD 112 Z	2	25	L	98x120	1810	2000	1860	1595	6/2	auch 9/3-Getriebe, Exportmodelle mit 28 PS

Fendt-Schlepper

Baureihe	Bauzeit	Motor Hersteller	Typ	Zylinder	PS	Kühlung	Bohrung x Hub	Hubraum	Drehzahl	Radstand	Gewicht	Getriebe	Besonderheiten
Farmer 3 S	1966 - 1967	MWM	D 208-4	4	45	W	95x105	2976	2300	2120	2420	13/4	
Farmer 3 SA	1966 - 1967	MWM	D 208-4	4	45	W	95x105	2976	2300	2190	2655	13/4	Allradantrieb
1.3.3 Die erste Favorit-Baureihe (1958 - 1970)													
Favorit 1	1958 - 1962	MWM	KD 412 D	3	40	W	105x120	3120	2000	2168	2330	10/2	
Favorit 2	1959 - 1963	MWM	KD 412 D	3	46	W	105x120	3120	2100	2168	2465	10/2	ab 1962 48 PS
Favorit 3	1964 - 1967	MWM	KD 1105 V	4	52	W	95x105	2976	2300	2260	2655	16/4	ab 1965 Motor D 208-3
Favorit 3 A	1966 - 1967	MWM	D 208-4	4	52	W	95x105	2976	2300	2260	2600	16/4	Allradantrieb
Favorit 4 S	1966 - 1967	MWM	D 208-6	6	80	W	95x105	4466	2300	2615	3685	16/4	Prototyp 1964 vorgestellt
Favorit 4 SA	1966 - 1967	MWM	D 208-6	6	80	W	95x105	4466	2300	2615	4030	16/8	Allradantr., ab 1967 90 PS
1.4 Schlepper-Baureihen der 4. Generation mit kantiger Haube													
1.4.1 Die zweite Fix-Baureihe (1968 - 1974)													
Fix 2 E	1968 - 1970	MWM	D 325-2	2	22	L	95x120	1700	2050	1866	1610	6/2	auch 2x6/2-Getriebe
Fix 1 D	1971 - 1974	MWM	D 225-3	3	34	W	95x120	2550	2100	1994	1775	12/4	
1.4.2 Die zweite Farmer-Baureihe (1968 - 1973)													
Farmer 1 E	1968 - 1970	MWM	D 325-2	2	30	L	95x120	1700	2275	1866	1610	6/2	
Farmer 2 DE	1968 - 1971	MWM	D 208-3	3	35	W	95x105	2233	2100	1970	1820	8/4	
Farmer 2 E	1968 - 1970	MWM	D 208-3	3	40	W	95x105	2233	2600	1970	1960	8/4	
Farmer 2 S	1968 - 1972	MWM	D 208-3	3	42	W	95x105	2233	2480	1970	2225	13/4	
Farmer 3 S	1968 - 1972	MWM	D 208-4	4	48	W	95x105	2976	2400	2247	2420	13/4	auch 16/5-Getriebe, ab 1969 48 PS
Farmer 3 SA	1968 - 1970	MWM	D 208-4	4	48	W	95x105	2976	2400	2190	2655	13/4	Allradantrieb, auch 16/5-Getriebe, ab 1969 48 PS
Farmer 4 S	1968 - 1972	MWM	D 208-4	4	55	W	95x105	2976	2400	2247	2460	13/4	
Farmer 4 SA	1968 - 1972	MWM	D 208-4	4	55	W	95x105	2976	2400	2190	2695	13/4	Allradantrieb
Farmer 2 SA	1969 - 1972	MWM	D 208-3	3	42	W	95x105	2233	2480	2060	2510	13/4	Allradantrieb
Farmer 5 S	1970 - 1972	MWM	D 225-4	4	65	W	95x120	3400	2400	2246	3020	13/4	
Farmer 5 SA	1970 - 1972	MWM	D 225-4	4	65	W	95x105	3400	2400	2190	3395	13/4	Allradantrieb
Farmer 1 D	1971 - 1973	MWM	D 325-3	3	34	L	95x120	2550	2100	1994	1775	12/4	
1.4.3 Die zweite Favorit-Baureihe (1970 - 1972)													
Favorit 3 S	1967 - 1970	MWM	D 225-4	4	62	W	95x120	3400	2400	2260	2790	16/4	
Favorit 3 SA	1967 - 1970	MWM	D 225-4	4	62	W	95x120	3400	2400	2200	3065	16/4	Allradantrieb
Favorit 4 S	1967 - 1970	MWM	D 225-6	6	90	W	95x120	5100	2300	2610	3685	16/8	
Favorit 4 SA	1967 - 1970	MWM	D 225-6	6	90	W	95x120	5100	2300	2610	4030	16/8	Allradantrieb
Favorit 10 S	1970 - 1972	MWM	D 225-6	6	80	W	95x120	5100	2200	2690	3895	12/6	
Favorit 10 SA	1970 - 1972	MWM	D 225-6	6	80	W	95x120	5100	2200	2620	4055	12/6	Allradantrieb
Favorit 11 S	1970 - 1971	MWM	D 225-6	6	95	W	95x120	5100	2400	2690	4090	12/8	
Favorit 11 SA	1970 - 1971	MWM	D 225-6	6	95	W	95x120	5100	2400	2617	4490	12/8	Allradantrieb
Favorit 12 S	1970 - 1971	MWM	D 226-6	6	110	W	105x120	6234	2300	2610	4400	16/8	Allradantrieb
1.4.4 Farmer-Schlepper der Baureihe 100, ab 1974 mit Turbomatik (1972 - 1980)													
Farmer 102	1972 - 1974	MWM	D 325-3	3	42	L	95x120	2550	2175	2083	2290	13/4	
Farmer 102 S	1972 - 1975	MWM	D 225-3	3	42	W	95x120	2550	2175	2083	2290	13/4	
Farmer 102 SA	1972 - 1975	MWM	D 225-3	3	42	W	95x120	2550	2175	2083	2395	13/4	Allradantrieb
Farmer 103	1972 - 1974	MWM	D 225-3	3	48	W	95x120	2550	2400	2080	2270	13/4	
Farmer 103 S	1972 - 1975	MWM	D 225-3	3	48	W	95x120	2550	2400	2078	2375	13/4	
Farmer 103 SA	1972 - 1975	MWM	D 225-3	3	48	W	95x120	2550	2400	2113	2660	13/4	Allradantrieb
Farmer 104 S	1972 - 1975	MWM	D 226-3	3	54	W	105x120	3117	2300	2120	2480	13/4	
Farmer 104 SA	1972 - 1975	MWM	D 226-3	3	54	W	105x120	3117	2300	2060	2780	13/4	Allradantrieb
Farmer 105 S	1972 - 1974	MWM	D 226-4	4	58	W	105x120	4154	2300	2120	2440	13/4	
Farmer 105 S	1972 - 1974	MWM	D 226-4	4	60	W	105x120	4154	2300	2250	2760	13/4	
Farmer 105 SA	1972 - 1974	MWM	D 226-4	4	60	W	105x120	4154	2300	2190	3070	13/4	Allradantrieb
Farmer 106 S	1972 - 1974	MWM	D 226-4	4	65	W	105x120	4154	2400	2250	2990	13/4	
Farmer 106 SA	1972 - 1974	MWM	D 226-4	4	65	W	105x120	4154	2400	2190	3405	13/4	Allradantrieb
Farmer 108 S	1974 - 1980	MWM	D 226-4	4	75	W	105x120	4154	2300	2250	3120	13/4	
Farmer 108 SA	1974 - 1980	MWM	D 226-4	4	75	W	105x120	4154	2300	2226	3500	13/4	Allradantrieb
Farmer 108 S Forst	1974 - 1980	MWM	D 226-4	4	75	W	105x120	4154	2300	2190	3640	13/4	
1.4.5 Farmer-Schlepper der zweiten Baureihe 100 (1975 - 1987)													
Farmer 102 S	1975 - 1987	MWM	D 226-3	3	45	W	105x120	3117	2175	2078	2710	13/4	
Farmer 102 SA	1975 - 1987	MWM	D 226-3	3	45	W	105x120	3117	2175	2113	2990	13/4	Allradantrieb
Farmer 103 S	1975 - 1987	MWM	D 226-3	3	50	W	105x120	3117	2175	2078	2530	13/4	
Farmer 103 SA	1975 - 1987	MWM	D 226-3	3	50	W	105x120	3117	2175	2113	2850	13/4	Allradantrieb
Farmer 104 S	1975 - 1982	MWM	D 226-3	3	55	W	105x120	3117	2300	2118	2630	13/4	
Farmer 104 SA	1975 - 1982	MWM	D 226-3	3	55	W	105x120	3117	2300	2113	2920	13/4	Allradantrieb
Farmer 105 S	1975 - 1985	MWM	D 226-4	4	60	W	105x120	4154	2175	2246	3010	13/4	
Farmer 105 SA	1975 - 1985	MWM	D 226-4	4	60	W	105x120	4154	2175	2224	3330	13/4	Allradantrieb
Farmer 106 S	1975 - 1980	MWM	D 226-4	4	65	W	105x120	4154	2175	2246	3195	13/4	
Farmer 106 SA	1975 - 1980	MWM	D 226-4	4	65	W	105x120	4154	2175	2224	3610	13/4	Allradantrieb
Farmer 108 LS	1977 - 1980	MWM	D 226-4	4	75	W	105x120	4154	2300	2246	3300	13/4	
Farmer 108 LSA	1977 - 1980	MWM	D 226-4	4	75	W	105x120	4154	2300	2224	3680	13/4	Allradantrieb
Farmer 103 LS	1978 - 1982	MWM	D 226-3	3	50	W	105x120	3117	2175	2078	2530	13/4	

Fendt-Schlepper

Baureihe	Bauzeit	Motor Hersteller	Typ	Zylinder	PS	Kühlung	Bohrung x Hub	Hubraum	Drehzahl	Radstand	Gewicht	Getriebe	Besonderheiten
Farmer 103 LSA	1978 - 1982	MWM	D 226-3	3	50	W	105x120	3117	2175	2113	2850	13/4	Allradantrieb
Farmer 104 LS	1978 - 1982	MWM	D 226-3	3	55	W	105x120	3117	2300	2118	2630	13/4	
Farmer 104 LSA	1978 - 1982	MWM	D 226-3	3	55	W	105x120	3117	2300	2113	2920	13/4	Allradantrieb
Farmer 102 LS	1981 - 1982	MWM	D 226-3	3	48	W	105x120	3117	2175	2078	2710	13/4	
Farmer 102 LSA	1981 - 1982	MWM	D 226-3	3	48	W	105x120	3117	2175	2113	2990	13/4	Allradantrieb
1.4.6 Favorit-Schlepper der Baureihe 600 (1972 - 1976)													
Favorit 610 S	1972 - 1976	MWM	D 225-6	6	85	W	95x120	5100	2300	2610	3930	12/6	
Favorit 610 Forst	1972 - 1976	MWM	D 225-6	6	85	W	95x120	5100	2300	2610	4520	12/6	
Favorit 610 SA	1972 - 1976	MWM	D 225-6	6	85	W	95x120	5100	2300	2610	4260	12/6	Allradantrieb
Favorit 611 S	1972 - 1976	MWM	D 226-6	6	105	W	105x120	6234	2350	2690	4090	16/7	
Favorit 611 SA	1972 - 1976	MWM	D 226-6	6	105	W	105x120	6234	2350	2610	4560	16/7	Allradantrieb
Favorit 612 SA	1972 - 1976	MWM	D 226-6	6	120	W	105x120	6234	2400	2620	4820	16/7	Allradantrieb
Favorit 612 S	1974	MWM	TD 226-6	6	135	W	105x120	6234	2400	2620		16/7	T
Favorit 614 S	1974 - 1976	MWM	TD 226-6	6	135	W	105x120	6234	2300	2700	6130	16/7	T, Allradantrieb
1.4.7 Farmer-Schlepper der Baureihe 200 (1976 - 1993)													
Farmer 200 S	1974 - 1982	Deutz	F 3 L 912	3	35	L	100x120	2826	2000	1968	1965	13/4	
Farmer 200 SA	1974 - 1982	Deutz	F 3 L 912	3	40	L	100x120	2826	2000	1923	2010	13/4	Allradantrieb
Farmer 201 S	1975 - 1982	Deutz	F 3 L 912	3	42	L	100x120	2826	2000	1968	2160	14/4	
Farmer 201 SA	1976 - 1982	Deutz	F 3 L 912	3	42	L	100x120	2826	2000	1923	2255	14/4	Allradantrieb
1.4.8 Favorit-Schlepper der zweiten Baureihe 600 (1976 - 1993)													
Favorit 610 LS	1976 - 1984	MWM	D 227-6	6	95	W	100x120	5652	2300	2715	4940	12/5	ab 1978 100 PS
Favorit 610 LSA	1976 - 1984	MWM	D 227-6	6	95	W	100x120	5652	2300	2715	5235	12/5	Allradantrieb, ab 1978 100 PS
Favorit 611 LS	1976 - 1983	MWM	D 226-6	6	105	W	105x120	6234	2300	2715	5195	16/7	ab 1978 115 PS
Favorit 611 LSA	1976 - 1983	MWM	D 226-6	6	105	W	105x120	6234	2300	2715	5510 - 5930	16/7	Allradantrieb, ab 1978 115 PS
Favorit 612 LSA	1976 - 1983	MWM	D 226-6	6	120	W	105x120	6234	2400	2715	5875	20/9	Allradantrieb
Favorit 614 LSA	1976 - 1983	MWM	TD 226 B-6	6	135	W	105x120	6234	2300	2715	6130 - 6630	20/9	T, Allradantrieb, ab 1984 145 PS
Favorit 615 LSA	1976 - 1988	MWM	TD 226 B-6	6	150	W	105x120	6234	2300	2715	6140	20/9	T, Allradantrieb, ab 1984 165 PS
Favorit 600 LS	1978 - 1981	MWM	D 227.6.2	6	85	W	100x120	5652	2300	2727	4850	12/5	
Favorit 600 LSA	1978 - 1981	MWM	D 227.6.2	6	85	W	100x120	5652	2300	2727	5145	12/5	Allradantrieb
Favorit 620 LSA	1978	MAN	D 2565 MEH	5	185	W	125x155	9510	2200	2750	9400	8/8	Allradantrieb, Prototyp
Favorit 622 LSA	1980 - 1982	MAN	D 2566 ME	6	211	W	125x155	11407	2200	2750	9225	18/6	Allradantrieb
Favorit 626 LSA	1981 - 1986	MAN	D 2566 MTE	6	252	W	125x155	11407	2200	2750	9500	18/6	T, Allradantrieb, auch 16/16-Getriebe
Favorit 611 LSA	1983 - 1993	MWM	TD 226.6.2	6	125	W	105x120	6234	2300	2715	5930 - 6080	20/9	T, Allradantrieb
Favorit 612 LSA	1983 - 1993	MWM	TD 226 B-6	6	145	W	105x120	6234	2400	2715	6315	20/9	T, Allradantrieb
Favorit 611 LSA-A	1985 - 1987	MWM	TD 226 B-6	6	125	W	105x120	6234	2300	2715	5930	20/9	T, Allradantrieb
Favorit 615 LSA	1988 - 1993	MWM	TD 226 B-6	6	185	W	105x120	6234	2400	2715	6765	20/9	T, Allradantrieb
1.4.9 Farmer-Schlepper der Baureihe 200, ab 1993 mit überarbeiteter kantiger Haube (1993 - 1996)													
Farmer 200 S	1983 - 1987	Deutz	F 3 L 912	3	38	L	100x120	2826	2000	1968	1965	14/4	
Farmer 201 S	1983 - 1987	Deutz	F 3 L 912	3	42	L	100x120	2826	2000	1986	2015	14/4	
Farmer 201 SA	1983 - 1987	Deutz	F 3 L 912	3	42	L	100x120	2826	2000	1923	2255	14/4	Allradantrieb
Farmer 240 S	1987 - 1993	Deutz	F 3 L 912	3	40	L	100x120	2826	2000	2050	2335	21/6	auch 20/6-Getriebe
Farmer 250 S	1987 - 2001	Deutz	F 3 L 912	3	50	L	100x120	2826	2300	2050	2350	21/6	auch 20/6-Getriebe
Farmer 250 SA	1987 - 2001	Deutz	F 3 L 912	3	50	L	100x120	2826	2300	2050	2750	21/6	Allradantrieb, auch 20/6-u. 21/21-Getriebe
Farmer 260 S	1987 - 2001	Deutz	F 3 L 913	3	60	L	102x125	3064	2400	2050	2520	21/6	auch 20/6- u. 21/21-Getriebe
Farmer 260 SA	1987 - 2001	Deutz	F 3 L 913	3	60	L	102x125	3064	2400	2050	2770	21/6	Allradantrieb, auch 20/6- und 30/9-Getriebe
Farmer 250 K	1988 - 1996	Deutz	F 3 L 913	3	50	L	102x125	3064	2000	1969	2200	14/4	Kommunalversion
Farmer 275 S	1988 - 1995	Deutz	F 4 L 913	4	75	L	102x125	4085	2300	2180	2730	21/6	auch 20/6 u. 21/21-Getriebe
Farmer 275 SA	1988 - 1996	Deutz	F 4 L 913	4	75	L	102x125	4085	2300	2180	2970	21/6	Allradantrieb, auch 20/6- u. 21/21-Getriebe
Farmer 250 KA	1996	Deutz	F 3 L 913	3	50	L	102x125	3064	2000	1969	2050	21/6	Allradantrieb, Kommunalversion
1.4.10 Farmer-Schlepper der Baureihe 300 (1980 - 1996)													
Farmer 305 LS	1980 - 1991	MWM	D 227.4.2	4	62	W	100x120	3768	2175	2388	3495	14/4	ab 1987 21/6-Getriebe
Farmer 305 LSA	1980 - 1991	MWM	D 227.4.2	4	62	W	100x120	3768	2175	2320	3705	14/4	Allradantrieb, ab 21/6-Getriebe
Farmer 306 LS	1980 - 1991	MWM	D 226.4.2	4	70	W	105x120	4154	2200	2388	3495	15/4	ab 1987 21/6-Getriebe
Farmer 306 LSA	1980 - 1991	MWM	D 226.4.2	4	70	W	105x120	4154	2200	2320	3705	15/4	Allradantrieb, ab 1987 21/6-Getriebe
Farmer 308 LS	1980 - 1991	MWM	D 226.4.2	4	78	W	105x120	4154	2350	2388	3665	15/4	ab 1987 21/6-Getriebe
Farmer 308 LSA	1980 - 1991	MWM	D 226.4.2	4	78	W	105x120	4154	2350	2320	3870	15/4	Allradantrieb, ab 1987 21/6-Getriebe

Fendt-Schlepper

Baureihe	Bauzeit	Motor Hersteller	Typ	Zylinder	PS	Kühlung	Bohrung x Hub	Hubraum	Drehzahl	Radstand	Gewicht	Getriebe	Besonderheiten
Farmer 309 LS	1981 - 1993	MWM	TD 226.4.2	4	86	W	105x120	4154	2350	2388	3805	15/4	T, ab 1987 21/6-Getriebe, ab 1991 90 PS
Farmer 309 LSA	1981 - 1993	MWM	TD 226.4.2	4	86	W	105x120	4154	2350	2320	4010	15/4	T, Allradantrieb, ab 1987 21/6-Getriebe, ab 1991 90 PS
Farmer 303 LS	1982 - 1985	MWM	D 226.3.2	3	52	W	105x120	3117	2350	2285	2936	15/4	
Farmer 303 LSA	1982 - 1985	MWM	D 226.3.2	3	52	W	105x120	3117	2350	2192	3281	15/4	Allradantrieb
Farmer 304 LS	1982 - 1991	MWM	D 226.3.2	3	58	W	105x120	3117	2350	2285	2936	15/4	ab 1987 21/6-Getriebe
Farmer 304 LSA	1982 - 1991	MWM	D 226.3.2	3	58	W	105x120	3117	2350	2192	3281	15/4	Allradantrieb, ab 1987 21/6-Getriebe
Farmer 310 LSA	1984 - 1991	MWM	TD 226.4.2	4	92	W	105x120	4154	2350	2333	4840	21/6	T, Allradantrieb, ab 1990 95 PS, ab 1991 100 PS
Farmer 311 LSA	1984 - 1990	MWM	D 226 B-6	6	100	W	105x120	6240	2300	2589	5090	21/6	Allradantrieb, auch 21/21-Getriebe, ab 1990 110 PS
Farmer 307 LS	1985 - 1987	MWM	TD 226 B-3	3	70	W	105x120	3117	2200	2285	3150	21/6	T, ab 1991 75 PS
Farmer 307 LSA	1985 - 1993	MWM	TD 226 B-3	3	70	W	105x120	3117	2200	2152	3420	21/6	T, Allradantrieb, ab 1991 75 PS
Farmer 312 LSA	1987 - 1993	MWM	TD 226 B-6	6	115	W	105x120	6234	2400	2589	5050	21/6	Allradantrieb, ab 1991 120 PS
Farmer 304 LS	1991 - 1996	MWM	TD 226 B-3	3	70	W	105x120	3117	2350	2285	3400	21/6	T
Farmer 304 LSA	1991 - 1996	MWM	TD 226 B-3	3	70	W	105x120	3117	2350	2192	3620	21/6	T, Allradantrieb
Farmer 305 LS	1991 - 1993	MWM	D 226 B-4	4	70	W	105x120	4154	2350	2388	3280	21/6	
Farmer 305 LSA	1991 - 1993	MWM	D 226 B-4	4	70	W	105x120	4154	2350	2320	3550	21/6	Allradantrieb
Farmer 306 LS	1991 - 1993	MWM	D 226 B-4	4	75	W	105x120	4154	2350	2388	3535	21/6	
Farmer 306 LSA	1991 - 1993	MWM	D 226 B-4	4	75	W	105x120	4154	2350	2320	3750	21/6	Allradantrieb
Farmer 308 LS	1991 - 1996	MWM	TD 226 B-4	4	82	W	105x120	4154	2350	2388	3910	21/6	T, ab 1994 86 PS
Farmer 308 LSA	1991 - 1996	MWM	TD 226 B-4	4	82	W	105x120	4154	2350	2320	4290	21/6	T, Allradantrieb, ab 1994 86 PS
Farmer 310 LSA	1991 - 1993	MWM	TD 226 B-4	4	100	W	105x120	4154	2350	2333	5190	21/6	T, Allradantrieb
Farmer 307	1993 - 1997	MWM	TD 226 B-3	3	75	W	105x120	3117	2250	2388	3800	21/6	T
Farmer 307 (A)	1993 - 1997	MWM	TD 226 B-3	3	75	W	105x120	3117	2250	2280	4130	21/6	T, Allradantrieb
Farmer 308 (A)	1993 - 1997	MWM	TD 226 B-4	4	86	W	105x120	4154	2300	2280	4160	21/6	T, Allradantrieb
Farmer 309 (A)	1993 -1997	MWM	TD 226 B-4	4	95	W	105x120	4154	2300	2268	4350	21/21	T, Allradantrieb, auch 30/9-Getriebe
Farmer 310 (A)	1993 - 1999	MWM	TD 226 B-4	4	105	W	105x120	4154	2300	2333	4900	21/21	
Farmer 311 (A)	1993 - 1999	MWM	D 226 B-6	6	115	W	105x120	6234	2300	2589	5200	21/21	
Farmer 312 (A)	1993 - 1999	MWM	TD 226 B-6	6	125	W	105x120	6234	2400	2589	5200	21/21	
1.4.21 Farmer-Allradschlepper der Baureihe 500 C (1994 - 1999)													
Farmer 509 C	1994 - 1999	MWM	TD 226 B-4	4	95	W	105x120	4154	2300	2333	4970	44/44	T
Farmer 510 C	1993 - 1999	MWM	TD 226 B-4	4	105	W	105x120	4154	2300	2333	5350	44/44	T
Farmer 511 C	1994 - 1999	MWM	TD 226 B-6	6	115	W	105x120	4154	2300	2589	5300	44/44	T
Farmer 512 C	1993 - 1999	MWM	TD 226 B-6	6	125	W	105x120	4154	2300	2609	5510	44/44	T
Farmer 514 C	1993 - 1999	MWM	TD 226 B-6	6	140	W	105x120	6234	2300	2609	5660	44/44	T
Farmer 515 C	1995 - 1999	MWM	TD 226 B-6	6	150	W	105x120	6234	2300	2609	5660	44/44	T
1.4.22 Favorit-Allradschlepper der Baureihe 800 (1993 - 2003)													
Favorit 816 LSE	1993 - 2003	MAN	D 0826 TE 520	6	165	W	108x125	6870	2200	2840	7570	44/44	T, ab 1996 mit TL 170 PS
Favorit 818 LSE	1993 - 2001	MAN	D 0826 LE 521	6	190	W	108x125	6870	2200	2840	7730	44/44	TL
Favorit 822 LSE	1993 - 2001	MAN	D 0826 LE 522	6	210	W	108x125	6870	2200	2840	7740	44/44	TL
Favorit 824 LSE	1993 - 2003	MAN	D 0826 LE 523	6	230	W	108x125	6870	2200	2840	7890	44/44	TL
1.5 Schlepper der 5. Generation mit abgerundeter Freisichthaube													
1.5.1 Farmer-Schlepper der Baureihe 280 (1996 - 1997)													
Farmer 280 S	1996 - 1997	Deutz	F 4 L 913	4	80	L	102x125	4085	2300	2180	2290	21/6	auch 20/6-, 21/21- und 30/9-Getriebe
Farmer 280 SA	1996 - 1997	Deutz	F 4 L 913	4	80	L	102x125	4085	2300	2180	2990	21/6	Allradantrieb, auch 20/6-, 21/21- und 30/9-Getriebe
1.5.2 Farmer-Allradschlepper der Baureihe 200 (2002 - 2009)													
Farmer 206 SA	2002 - 2009	Deutz	BF 3 L 914	3	60/65	L	102x132	3236	2300	2102	2930	21/6	T, auch 21/21-Getriebe
Farmer 207 SA	2002 - 2009	Deutz	BF 3 L 914	3	70/73	L	102x132	3236	2330	2102	2930	21/6	T, auch 21/21-Getriebe
Farmer 208 SA	2002 - 2009	Deutz	BF 4 L 914	4	80/86	L	102x132	4314	2300	2232	3100	21/6	T, auch 21/21-Getriebe
Farmer 209 SA	2002 - 2009	Deutz	BF 4 L 914	4	90/94	L	102x132	4314	2300	2232	3100	21/6	T, auch 21/21-Getriebe
1.5.3 Farmer-Schlepper der Baureihe 300 (2001 - 2008)													
a)													
Farmer 307 C	2001 - 2003	Deutz	BF 4 M 1012 E	4	75	W	94x115	3190	2300	2388	3800	21/6	T, auch 21/21-Getriebe
Farmer 307 CA	2001 - 2003	Deutz		4	75	W	94x115	3190	2300	2280	4130	21/6	T, Allradantrieb, auch 21/21-Getriebe
Farmer 308 C	2001 - 2003	Deutz	BF 4 M 1012 EC	4	86	W	94x115	3180	2300	2388	3850	21/6	T, auch 21/21-Getriebe

Fendt-Schlepper

Baureihe	Bauzeit	Motor Hersteller	Typ	Zylinder	PS	Kühlung	Bohrung x Hub	Hubraum	Drehzahl	Radstand	Gewicht	Getriebe	Besonderheiten
Farmer 308 CA	2001- 2003	Deutz	BF 4 M 1012 EC	4	86	W	94x115	3190	2300	2388	4190	21/6	T, Allradantrieb, auch 21/21-Getriebe
Farmer 309 CA	2001 - 2003	Deutz		4	100	W	94x115	3190	2300	2268	4220	21/6	
b)													
Farmer 307 Ci	2003 - 2008	Deutz	BF 4 M 2012 C	4	80/92	W	101x126	4038	2300	2388	3640	21/6	TL, auch 21/21-Getriebe
Farmer 307 CiA	2003 - 2008	Deutz		4	80/92	W	101x126	4038	2300	2280	3970	21/6	TL, Allradantrieb, auch 21/21-Getriebe
Farmer 308 Ci	2003 - 2008	Deutz		4	90/98	W	101x126	4038	2300	2388	3690	21/6	TL, auch 21/21-Getriebe
Farmer 308 CiA	2003 - 2008	Deutz		4	90/98	W	101x126	4038	2300	2280	4030	21/6	TL, Allradantrieb, auch 21/21-Getriebe
Farmer 309 CiA	2003 - 2007	Deutz		4	105/112	W	101x126	4038	2300	2280	4060	21/6	
1.6 Fendt-Schlepper der 6. Generation mit Vario-Getriebe													
1.6.1 Fendt-Allrad-Schlepper der Baureihe 200 (ab 2009)													
a)													
Fendt 207 Vario	2009 - 2017	AGCO Sisu	33 CTA	3	60/70	W	108x120	3236	2100	2294	3750	Vario	TL
Fendt 208 Vario	2009 - 2017	AGCO Sisu	33 CTA	3	70/80	W	108x120	3236	2100	2294	3790	Vario	TL
Fendt 209 Vario	2009 - 2017	AGCO Sisu	33 CTA	3	80/90	W	108x120	3236	2100	2294	3870	Vario	TL
Fendt 210 Vario	2009 - 2017	AGCO Sisu	33 CTA	3	90/100	W	108x120	3236	2100	2294	3870	Vario	TL
Fendt 211 Vario	2009 - 2017	AGCO Sisu	33 CTA	3	100/110	W	108x120	3236	2100	2294	3930	Vario	TL
b)													
Fendt 207 Vario	2017 - 2021	AGCO Power	33 AWI	3	72/77	W	108x120	3300	2100	2320	3830	Vario	TL
Fendt 208 Vario	2017 - 2021	AGCO Power	33 AWI	3	81/86	W	108x120	3300	2100	2320	3870	Vario	TL
Fendt 209 Vario	2017 - 2021	AGCO Power	33 AWI	3	91/96	W	108x120	3300	2100	2320	3950	Vario	TL
Fendt 210 Vario	2017 - 2021	AGCO Power	33 AWI	3	99/104	W	108x120	3300	2100	2320	3950	Vario	TL
Fendt 211 Vario	2017 - 2021	AGCO Power	33 AWI	3	101/111	W	108x120	3300	2100	2320	4010	Vario	TL
c) Baureihe Gen3													
Fendt 207 Vario	ab 2021	AGCO Power	33 AWI	3	72/79	W	108x120	3300	2100	2320	4100	Vario	TL
Fendt 208 Vario	ab 2021	AGCO Power	33 AWI	3	82/84	W	108x120	3300	2100	2320	4140	Vario	TL
Fendt 209 Vario	ab 2021	AGCO Power	33 AWI	3	91/94	W	108x120	3300	2100	2320	4220	Vario	TL
Fendt 210 Vario	ab 2021	AGCO Power	33 AWI	3	99/105	W	108x120	3300	2100	2320	4220	Vario	TL
Fendt 211 Vario	ab 2021	AGCO Power	33 AWI	3	105/114	W	108x120	3300	2100	2320	4280	Vario	TL
1.6.2 Fendt-Allradschlepper der Baureihe 300 Vario (ab 2007)													
a)													
Fendt 309 Vario A	2006 - 2012	Deutz	TCD 2012 L4-4V	4	80/95	W	101x126	4038	2100	2350	4130	Vario	TL
Fendt 310 Vario (HR)	2006 - 2012	Deutz		4	80/105	W	101x126	4038	2100	2350	3800	Vario	TL, Hinerradantrieb
Fendt 310 Vario A	2006 - 2012	Deutz		4	80/105	W	101x126	4038	2100	2350	4130	Vario	TL
Fendt 311 Vario A	2006 - 2012	Deutz		4	100/115	W	101x126	4038	2100	2350	4190	Vario	TL
Fendt 312 Vario A	2016 - 2012	Deutz		4	110/125	W	101x126	4038	2100	2350	4350	Vario	TL
b)													
Fendt 309 Vario	2012 - 2015	Deutz	TCD 2012 L4-4V	4	80/95	W	101x126	4038	2100	2350	4230	Vario	TL
Fendt 310 Vario	2012 - 2015	Deutz		4	90/105	W	101x126	4038	2100	2350	4230	Vario	TL
Fendt 311 Vario	2012 - 2015	Deutz		4	100/115	W	101x126	4038	2100	2350	4290	Vario	TL
Fendt 312 Vario	2012 - 2015	Deutz		4	110/125	W	101x126	4038	2100	2350	4450	Vario	TL
Fendt 313 Vario	2012 - 2015	Deutz		4	120/135	W	101x126	4038	2100	2350	4450	Vario	TL
c)													
Fendt 310 Vario	2015- 2021	AGCO Power	44 CTIM	4	100/113	W	108x120	4394	2100	2420	4810	Vario	TL
Fendt 311 Vario	2015 - 2021	AGCO Power	44 CTIM	4	113/123	W	108x120	4394	2100	2420	4810	Vario	TL
Fendt 312 Vario	2015 - 2021	AGCO Power	44 CTIM	4	123/133	W	108x120	4394	2100	2420	4970	Vario	TL
Fendt 313 Vario	2015 - 2021	AGCO Power	44 CTIM	4	133/142	W	108x120	4394	2100	2420	4970	Vario	TL
Fendt 314 Vario DP	2015 - 2021	AGCO Power	44 CTIM	4	132/142	W	108x120	4394	2100	2420	5010	Vario	TL, maximal mit DP 152 PS
d) Baureihe Gen4													
Fendt 311 Vario	ab 2021	AGCO Power	44 CTIM	4	101/113	W	108x120	4394	2100	2420	4850	Vario	TL
Fendt 312 Vario	ab 2021	AGCO Power	44 CTIM	4	113/122	W	108x120	4394	2100	2420	4850	Vario	TL
Fendt 313 Vario	ab 2021	AGCO Power	44 CTIM	4	122/133	W	108x120	4394	2100	2420	5010	Vario	TL
Fendt 314 Vario	ab 2021	AGCO Power	44 CTIM	4	132/141	W	108x120	4394	2100	2420	5010	Vario	TL, mit Boost 141/152 PS
1.6.3 Fendt-Allradschlepper der Baureihe 400 (1999 - 2005)													
Farmer 409 Vario	1999 - 2005	Deutz	BF 4 M 2013	4	86	W	98x126	3800	2100	2417	5070	Vario	TL
Farmer 410 Vario	1999 - 2005	Deutz		4	100	W	98x126	3800	2100	2417	5210	Vario	TL
Farmer 411 Vario	1999 - 2005	Deutz		4	110	W	98x126	3800	2100	2417	5240	Vario	TL
Farmer 412 Vario	2003 - 2005	Deutz	TCD 2012 L 4	4	120	W	101x126	4038	2100	2417	5240	Vario	TL
1.6.4 Fendt-Allradschleppper der Baureihe 400 (2005 - 2013)													
Fendt 411 Vario	2006 -2013	Deutz	TCD 2012 L4-4V	4	100/115	W	101x126	4038	2100	2417	5240	Vario	TL
Fendt 412 Vario	2006 - 2013	Deutz		4	110/125	W	101x126	4038	2100	2417	5240	Vario	TL
Fendt 413 Vario	2006 - 2013	Deutz		4	120/135	W	101x126	4038	2100	2417	5420	Vario	TL
Fendt 414 Vario	2006 - 2013	Deutz		4	130/145	W	101x126	4038	2100	2417	5450	Vario	TL
Fendt 415 Vario	2006 - 2013	Deutz		4	140/155	W	101x126	4038	2100	2417	5450	Vario	TL
1.6.5 Fendt-Allradschlepper der Baureihe 500 (2012 - 2021)													
a)													
Fendt 512 Vario	2012 - 2021	Deutz	TCD 4.1 L4-4V	4	110/125	W	101x126	4038	2100	2560	6050	Vario	TL, ab 2017 116/125 PS

Fendt-Schlepper

Baureihe	Bauzeit	Motor Hersteller	Typ	Zylinder	PS	Kühlung	Bohrung x Hub	Hubraum	Drehzahl	Radstand	Gewicht	Getriebe	Besonderheiten
Fendt 513 Vario	2012 - 2021	Deutz	TCD 4.1 L4-4V	4	120/135	W	101x126	4038	2100	2560	6050	Vario	TL
Fendt 514 Vario	2012 - 2021	Deutz		4	135/145	W	101x126	4038	2100	2560	6400	Vario	TL
Fendt 516 Vario	2012 - 2021	Deutz		4	150/165	W	101x126	4038	2100	2560	6400	Vario	TL
b) Baureihe Gen3													
Fendt 512 Vario	ab 2021	Deutz	TCD 4.1 L4-4V	4	124/131	W	101x126	4038	2100	2560	6050	Vario	TL
Fendt 513 Vario	ab 2021	Deutz		4	133/141	W	101x126	4038	2100	2560	6050	Vario	TL
Fendt 514 Vario	ab 2021	Deutz		4	150/156	W	101x126	4038	2100	2560	6400	Vario	TL
Fendt 516 Vario	ab 2021	Deutz		4	163/171	W	101x126	4038	2100	2560	6400	Vario	TL
1.6.6 Favorit-Allradschlepper der Baureihe 700 (1998 - 2005)													
Favorit 714 Vario	1998 - 2005	Deutz	BF 6 M 2013	6	140	W	98x126	5702	2100	2700	6555	Vario	TL
Favorit 716 Vario	1998 - 2005	Deutz		6	160	W	98x126	5702	2100	2700	6555	Vario	TL
Favorit 711 Vario	1999 - 2005	Deutz		6	115	W	98x126	5702	2100	2700	6170	Vario	TL, ab 2003 116 PS
Favorit 712 Vario	1999 - 2005	Deutz		6	125	W	98x126	5702	2100	2700	6170	Vario	TL
1.6.7 Fendt-Allradschlepper der Baureihe 700 (ab 2005)													
a)													
Fendt 711 Vario	2003 - 2006	Deutz	BF 6 M 2013 C	6	115/126	W	98x126	5702	2100	2700	6170	Vario	T
Fendt 712 Vario	2003 - 2006	Deutz		6	125/137	W	98x126	5702	2100	2700	6170	Vario	T
Fendt 714 Vario	2003 - 2006	Deutz		6	140/152	W	98x126	5702	2100	2700	6555	Vario	T
Fendt 716 Vario	2003 - 2006	Deutz		6	160/175	W	98x126	5702	2100	2700	6555	Vario	T
b)													
Fendt 712 Vario	2006 - 2012	Deutz	TCD 2012 L06 4V	6	115/130	W	101x126	6057	2100	2700	6605	Vario	TL
Fendt 714 Vario	2006 - 2012	Deutz		6	130/145	W	101x126	6057	2100	2700	6605	Vario	TL
Fendt 716 Vario	2006 - 2012	Deutz		6	150/165	W	101x126	6057	2100	2700	6605	Vario	TL
Fendt 718 Vario	2006 - 2012	Deutz		6	165/180	W	101x126	6057	2100	2720	6985	Vario	TL
c)													
Fendt 714 Vario	2011 - 2015	Deutz	TCD 6.1 L6 4V	6	128/145	W	101x126	6057	2100	2770	7600	Vario	TL
Fendt 716 Vario	2011 - 2015	Deutz		6	148/165	W	101x126	6057	2100	2770	7600	Vario	TL
Fendt 718 Vario	2011 - 2015	Deutz		6	165/180	W	101x126	6057	2100	2770	7900	Vario	TL
Fendt 720 Vario	2011 - 2015	Deutz		6	185/200	W	101x126	6057	2100	2770	7900	Vario	TL
Fendt 722 Vario	2011 - 2015	Deutz		6	205/220	W	101x126	6057	2100	2783	7900	Vario	TL
Fendt 724 Vario	2011 - 2015	Deutz		6	220/240	W	101x126	6057	2100	2783	7900	Vario	
d)													
Fendt 714 Vario	2015 - 2021	Deutz	TCD 6.1 L6 4V	6	144/150	W	101x126	6057	2100	2783	7735	Vario	TL
Fendt 716 Vario	2015 - 2021	Deutz		6	163/171	W	101x126	6057	2100	2783	7735	Vario	TL
Fendt 718 Vario	2015 - 2021	Deutz		6	181/188	W	101x126	6057	2100	2783	7790	Vario	TL
Fendt 720 Vario	2015 - 2021	Deutz		6	201/209	W	101x126	6057	2100	2783	7980	Vario	TL
Fendt 722 Vario	2015 - 2021	Deutz		6	222/228	W	101x126	6057	2100	2783	7980	Vario	TL
Fendt 724 Vario	2015 - 2021	Deutz		6	237/246	W	101x126	6057	2100	2783	7980	Vario	TL
e) Baureihe Gen6													
Fendt 714 Vario	ab 2021	Deutz	TCD 6.1 L6 4V	6	144/150	W	101x126	6057	2100	2783	7735	Vario	TL
Fendt 716 Vario	ab 2021	Deutz		6	163/171	W	101x126	6057	2100	2783	7735	Vario	TL
Fendt 718 Vario	ab 2021	Deutz		6	181/188	W	101x126	6057	2100	2783	7790	Vario	TL
Fendt 720 Vario	ab 2021	Deutz		6	201/209	W	101x126	6057	2100	2783	7980	Vario	TL
Fendt 722 Vario	ab 2021	Deutz		6	222/228	W	101x126	6057	2100	2783	7980	Vario	TL
Fendt 724 Vario	ab 2021	Deutz		6	237/246	W	101x126	6057	2100	2783	7980	Vario	TL
1.6.8 Favorit-Allradschlepper der Baureihe 800 (2001 - 2005)													
a)													
Fendt 815 Vario	2003 - 2006	Deutz	BF 6 M 2013 C	6	150/168	W	98x126	5702	2100	2720	6650	Vario	TL
Fendt 817 Vario	2003 - 2006	Deutz		6	165/180	W	98x126	5702	2100	2720	6650	Vario	TL
Fendt 818 Vario	2003 - 2006	Deutz		6	180/195	W	98x126	5702	2100	2720	6800	Vario	TL
b)													
Fendt 818 Vario TMS	2006 - 2011	Deutz	TCD 2012 L06 4V	6	170/185	W	101x126	6057	2100	2720	7185	Vario	TL
Fendt 820 Vario TMS	2006 - 2011	Deutz		6	190/205	W	101x126	6057	2100	2720	7185	Vario	TL
c)													
Fendt 819 Vario	2010 - 2011	Deutz	TCD 6.1 L6 4V	6	180/200	W	101x126	6057	2100	2900	9300	Vario	TL
Fendt 820 Vario Greentec	2010	Deutz		6	200/220	W	101x126	6057	2100	2900	9300	Vario	TL
Fendt 822 Vario	2010 - 2013	Deutz		6	200/220	W	101x126	6057	2100	2900	9300	Vario	TL
Fendt 824 Vario	2010 - 2013	Deutz		6	220/240	W	101x126	6057	2100	2900	9300	Vario	TL
Fendt 826 Vario	2010 - 2013	Deutz		6	240/260	W	101x126	6057	2100	2900	9450	Vario	TL
Fendt 828 Vario	2010 - 2013	Deutz		6	260/280	W	101x126	6057	2100	2900	9450	Vario	TL
d)													
Fendt 822 Vario	ab 2013	Deutz	TCD 6.1 L6	6	220	W	101x126	6057	2100	32950	9370	Vario	TL, ab 2017 226 PS
Fendt 824 Vario	ab 2013	Deutz		6	246	W	101x126	6057	2100	2950	9370	Vario	TL
Fendt 826 Vario	ab 2013	Deutz		6	265	W	101x126	6057	2100	2950	9520	Vario	TL
Fendt 828 Vario	ab 2013	Deutz		6	287	W	101x126	6057	2100	2950	9520	Vario	TL
1.6.10 Favorit-Allradschlepper der Baureihe 900 (1995 - 2005)													
a)													
Favorit 916 Vario	2000 - 2002	MAN	D 0836 LE	6	180/198	W	108x125	6870	2250	2840	8750	Vario	TL
Favorit 920 Vario	2000 -2002	MAN	D 0836 LE	6	210/220	W	108x125	6870	2250	2840	8750	Vario	TL

Fendt-Schlepper													
Baureihe	Bauzeit	Motor Hersteller	Typ	Zylinder	PS	Kühlung	Bohrung x Hub	Hubraum	Drehzahl	Radstand	Gewicht	Getriebe	Besonderheiten
Favorit 924 Vario	2000 - 2202	MAN	D 0836 LE	6	240/253	W	108x125	6870	2250	2840	8800	Vario	TL
Favorit 926 Vario	2000 - 2002	MAN	D 0836 LE	6	270/286	W	108x125	6870	2250	2840	8800	Vario	TL
1.6.11 Fendt-Allradschlepper der Baureihe 900 (ab 2005)													
b)													
Fendt 916 Vario TMS	2002 - 2006	MAN	D 0836 LE 501	6	180/198	W	108x125	6870	2150	2840	8750	Vario	TL
Fendt 920 Vario TMS	2002 - 2006	MAN		6	210/220	W	108x125	6870	2150	2840	8750	Vario	TL
Fendt 924 Vario TMS	2002 - 2006	MAN		6	240/253	W	108x125	6870	2250	2840	8800	Vario	TL
Fendt 926 Vario TMS	2002 - 2006	MAN		6	270/286	W	108x125	6870	2250	2840	8800	Vario	TL
Fendt 930 Vario TMS	2002 - 2006	MAN		6	300/310	W	108x125	6870	2100	2840	8950	Vario	TL
c)													
Fendt 922 Vario	2007 - 2010	Deutz	TCD 2013 L06 2V	6	190/220	W	108x130	7146	2200	3050	10080	Vario	TL
Fendt 924 Vario	2006 - 2010	Deutz		6	210/240	W	108x130	7146	2200	3050	10080	Vario	TL
Fendt 927 Vario	2006 - 2010	Deutz		6	240/270	W	108x130	7146	2200	3050	10080	Vario	TL
Fendt 930 Vario	2006 - 2010	Deutz		6	270/300	W	108x130	7146	2200	3050	10260	Vario	TL
Fendt 933 Vario	2006 - 2010	Deutz	TCD 2013 L06 V4	6	300/330	W	108x130	7146	2200	3050	10260	Vario	TL
Fendt 936 Vario	2006 - 2010	Deutz		6	330/360	W	108x130	7146	2200	3050	10360	Vario	TL
d)													
Fendt 924 Vario	2010 - 2017	Deutz	TTDC 7.8 L6 4 V	6	210/240	W	110x136	7755	2200	3050	10700	Vario	Biturbo + LLK
Fendt 927 Vario	2010 - 2017	Deutz		6	240/270	W	110x136	7755	2200	3050	10760	Vario	Biturbo + LLK
Fendt 930 Vario	2010 - 2017	Deutz		6	270/300	W	110x136	7755	2200	3050	10760	Vario	Biturbo + LLK
Fendt 933 Vario	2010 - 2017	Deutz		6	300/3300	W	110x136	7755	2200	3050	10760	Vario	Biturbo + LLK
Fendt 936 Vario	2010 - 2017	Deutz		6	330/360	W	110x136	7755	2200	3050	10830	Vario	Biturbo + LLK
Fendt 939 Vario	2010 - 2017	Deutz		6	360/390	W	110x136	7755	2200	3050	10830	Vario	Biturbo + LLK
e)													
Fendt 927 Vario	2017 - 2019	Deutz	TTDC 7.8 L6 4V	6	275	W	110x136	7755	2100	3050	10830	Vario	Biturbo + LLK
Fendt 930 Vario	2017 - 2019	Deutz		6	305	W	110x136	7755	2100	3050	10830	Vario	Biturbo + LLK
Fendt 933 Vario	2017 - 2019	Deutz		6	336	W	110x136	7755	2100	3050	10830	Vario	Biturbo + LLK
Fendt 936 Vario	2017 - 2019	Deutz		6	366	W	110x136	7755	2100	3050	10900	Vario	Biturbo + LLK
Fendt 939 Vario	2017 - 2019	Deutz		6	396	W	110x136	7755	2100	3050	10900	Vario	Biturbo + LLK
f) ab 2021 Zusatzbezeichnung Gen7)													
Fendt 930 Vario	ab 2019	MAN	D 1556 LE 521	6	296	W	115x145	9037	1700	3150	11300	Vario	TL
Fendt 933 Vario	ab 2019	MAN		6	326	W	115x145	9037	1700	3150	11300	Vario	TL
Fendt 936 Vario	ab 2019	MAN		6	335	W	115x145	9037	1700	3150	11400	Vario	TL
Fendt 939 Vario	ab 2019	MAN		6	385	W	115x145	9037	1700	3150	11400	Vario	TL
Fendt 942 Vario	ab 2019	MAN		6	415	W	115x145	9037	1700	3150	11780	Vario	TL
1.6.12 Fendt-Allradschlepper der Baureihe 1000 (ab 2015, ab 2021 Zusatzbezeichnung Gen3)													
Fendt 1038 Vario	ab 2015	MAN	D 2676 LE 521	6	396	W	126x166	12.419	1700	3300	14000	Vario	TL
Fendt 1042 Vario	ab 2015	MAN		6	435	W	126x166	12.419	1700	3300	14000	Vario	TL
Fendt 1046 Vario	ab 2015	MAN		6	476	W	126x166	12.419	1700	3300	14000	Vario	TL
Fendt 1050 Vario	ab 2015	MAN		6	517	W	126x166	12.419	1700	3300	14000	Vario	TL
2. Schmalspurschlepper													
2.1 Erste Farmer-Schmalspurschlepper-Baureihe, Außenbreite 955 mm (1958 - 1972)													
FLS 237	1958 - 1961	MWM	AKD 112 Z	2	24	L	90x120	1010	1080	1010	1360	6/2	Radverstellung auf 1250 mm
Farmer 2 W	1970 - 1972	MWM	D 325-3	3	45	L	95x120	2550	2300	1775	1500	8/2	Allradantrieb
2.2 Farmer-Schmalspurschlepper-Baureihe 200 (1974 - 1982), Außenbreite 1230 - 1390 mm													
Farmer 200 V	1974 - 1982	Deutz	F 3 L 912	3	38	L	100x120	2826	2000	1918	1625	12/4	
Farmer 200 VA	1974 - 1982	Deutz	F 3 L 912	3	38	L	100x120	2826	2000	1923	1725	12/4	Allradantrieb
Farmer 203 V	1974 - 1982	Deutz	F 3 L 912	3	50	L	100x120	2826	2300	1918	1625	13/4	
Farmer 203 VA	1974 - 1982	Deutz	F 3 L 912	3	50	L	100x120	2826	2300	1923	1725	13/4	Allradantrieb
Farmer 203 P	1974 - 1982	Deutz	F 3 L 912	3	50	L	100x120	2826	2300	1968	1970	13/4	ab 1977 auch 14/4-Getriebe
Farmer 203 PA	1977 - 1982	Deutz	F 3 L 912	3	50	L	100x120	2826	2300	1923	2185	13/4	Allradantrieb, ab 1977 auch 14/4-Getriebe
Farmer 204 V	1981 - 1982	Deutz	F 4 L 912	4	65	L	100x120	3770	2150	2050	2030	14/6	
Farmer 204 VA	1981 - 1982	Deutz	F 4 L 912	4	65	L	100x120	3770	2150	2050	2250	14/6	Allradantrieb
Farmer 204 P	1979 - 1982	Deutz	F 4 L 912	4	65	L	100x120	3770	2150	2170	2340	14/4	
Farmer 204 PA	1979 - 1982	Deutz	F 4 L 912	4	65	L	100x120	3770	2150	2120	2610	14/4	Allradantrieb
2.3 Farmer-Schmalspurschlepper-Baureihe 200 (1983 - 1987), Außenbreite 990 - 1430 mm													
Farmer 200 V	1983 - 1987	Deutz	F 3 L 912	3	42	L	100x120	2827	2000	1918	1695	12/4	ab 1986 45 PS
Farmer 200 VA	1983 - 1987	Deutz	F 3 L 912	3	42	L	100x120	2827	2000	1923	1835	12/4	Allradantrieb, ab 1986 45 PS
Farmer 203 V II	1984 - 1988	Deutz	F 3 L 913	3	57	L	102x125	3064	2800	1918	1715	14/4	
Farmer 203 VA II	1984 - 1988	Deutz	F 3 L 913	3	57	L	102x125	3064	2800	1923	1855	14/4	Allradantrieb
Farmer 203 P II	1984 - 1987	Deutz	F 3 L 913	3	57	L	102x125	3064	2800	1968	1970	14/4	
Farmer 203 PA II	1984 - 1987	Deutz	F 3 L 913	3	57	L	102x125	3064	2800	1923	2185	14/4	Allradantrieb
Farmer 204 V	1983 - 1987	Deutz	F 4 L 912	4	65	L	100x120	3768	2150	2048	2050	14/6	
Farmer 204 VA	1983 - 1987	Deutz	F 4 L 912	4	65	L	100x120	3768	2150	2053	2190	14/6	Allradantrieb
Farmer 204 P	1983 - 1987	Deutz	F 4 L 912	4	65	L	100x120	3768	2200	2165	2380	14/4	
Farmer 204 PA	1983 - 1987	Deutz	F 4 L 912	4	65	L	100x120	3768	2200	2120	2610	14/4	Allradantrieb
Farmer 205 P	1983 - 1988	Deutz	F 4 L 913	4	72	L	102x125	4085	2200	2165	2380	14/4	
Farmer 205 PA	1983 - 1988	Deutz	F 4 L 913	4	72	L	102x125	4085	2200	2120	2610	14/4	Allradantrieb

Fendt-Schlepper

Baureihe	Bauzeit	Motor Hersteller	Typ	Zylinder	PS	Kühlung	Bohrung x Hub	Hubraum	Drehzahl	Radstand	Gewicht	Getriebe	Besonderheiten
2.4 Farmer-Schmalspurschlepper-Baureihe 250 - 280 (1988 - 2002), Außenbreite 1040 - 1670 mm													
Farmer 250 V	1988 - 2001	Deutz	F 3 L 912	3	50	L	100x120	2826	2300	1975	1890	20/6	
Farmer 250 VA	1988 - 2002	Deutz	F 3 L 912	3	50	L	100x120	2826	2300	2050	2050	20/6	Allradantrieb
Farmer 260 V	1987 - 2002	Deutz	F 3 L 913	3	60	L	102x125	3064	2400	1975	2060	20/6	
Farmer 260 VA	1987 - 2002	Deutz	F 3 L 913	3	60	L	102x125	3064	2400	1969	2200	20/6	Allradantrieb
Farmer 260 VA (breit)	1988 - 2002	Deutz	F 3 L 913	3	60	L	102x125	3064	2400	1969	2100	20/6	dito
Farmer 260 P	1988 - 1992	Deutz	F 3 L 913	3	60	L	102x125	3064	2400	2340	2340	20/6	
Farmer 260 PA	1988 - 1992	Deutz	F 3 L 913	3	60	L	102x125	3064	2400	2050	2590	20/6	Allradantrieb
Farmer 270 V	1988 - 2002	Deutz	F 4 L 912	4	70	L	100x120	3768	2300	2110	2240	20/6	
Farmer 270 VA	1988 - 2002	Deutz	F 4 L 912	4	70	L	100x120	3768	2300	2099	2390	20/6	Allradantrieb
Farmer 270 VA (breit und hoch)	1988 - 2002	Deutz	F 4 L 912	4	70	L	100x120	3768	2300	2125	2800	20/6	
Farmer 270 P	1987 - 1996	Deutz	F 4 L 912	4	70	L	100x120	3768	2300	2180	2500	20/6	
Farmer 270 PA	1987 - 1996	Deutz	F 4 L 912	4	70	L	100x120	3768	2300	2180	2750	20/6	Allradantrieb
Farmer 275 V	1990 - 1996	Deutz	F 4 L 913	4	75	L	102x125	4085	2300	2130	2180	20/6	
Farmer 275 VA	1990 - 1996	Deutz	F 4 L 913	4	75	L	102x125	4085	2300	2130	2260	20/6	
Farmer 275 VA (breit)	1990 - 1996	Deutz	F 4 L 913	4	75	L	102x125	4085	2300	2099	2800	20/6	Allradantrieb
Farmer 275 VA (breit und hoch)	1990 - 1996	Deutz	F 4 L 913	4	75	L	102x125	4085	2300	2125	2800	20/6	
Farmer 280 VA	1996 - 2002	Deutz	F 4 L 913	4	80	L	102x125	4085	2400	2099	2270	20/6	
Farmer 280 VA (breit)	1996 - 2002	Deutz	F 4 L 913	4	80	L	102x125	4085	2400	2099	2300	20/6	Allradantrieb
Farmer 280 VA (breit und hoch)	1996 - 2002	Deutz	F 4 L 913	4	80	L	102x125	4085	2400	2125	2340	20/6	
Farmer 280 P	1988 - 2002	Deutz	F 4 L 913	4	80	L	102x125	4085	2400	2180	2520	20/6	
Farmer 280 PA	1988 - 2002	Deutz	F 4 L 913	4	80	L	102x125	4085	2400	2150	2770	20/6	Allradantrieb
Farmer 280 PA (breit)	1988 - 2002	Deutz	F 4 L 913	4	80	L	102x125	4085	2400	2180	2800	20/6	
2.4 Farmer-Schmalspurschlepper Baureihe 200 (2002 - 2009), Außenbreite 1070 - 1670 mm													
Farmer 206 F	2002 - 2009	Deutz	BF 3 L 914	3	60/65	L	102x132	3236	2300	2027	2445	20/6	auch 20/20-Getriebe
Farmer 206 FA	2002 - 2009	Deutz	BF 3 L 914	3	60/65	L	102x132	3236	2300	2027	2690	20/6	Allradantrieb, auch 20/20-Getriebe
Farmer 206 V	2002 - 2009	Deutz	BF 3 L 914	3	60/65	L	102x132	3236	2300	1998	2445	20/6	auch 20/20-Getriebe
Farmer 206 VA	2002 - 2009	Deutz	BF 3 L 914	3	60/65	L	102x132	3236	2300	1998	2605	20/6	Allradantrieb, auch 20/20-Getriebe
Farmer 207 F	2002- 2009	Deutz	BF 3 L 914	3	70/75	L	102x132	3236	2300	2027	2475	21/6	auch 21/21-Getriebe
Farmer 207 FA	2002- 2009	Deutz	BF 3 L 914	3	70/75	L	102x132	3236	2300	2187	2760	21/6	Allradantrieb, auch 20/20-Getriebe
Farmer 207 V	2002 - 2009	Deutz	BF 3 L 914	3	70/75	L	102x132	3236	2300	1998	2445	21/6	auch 21/21-Getriebe
Farmer 207 VA	2002 - 2009	Deutz	BF 3 L 914	3	70/75	L	102x132	3236	2300	1998	2605	21/6	
Farmer 208 FA	2002 - 2009	Deutz	BF 4 L 914	4	80/86	L	102x132	4314	2300	2187	2760	21/6	
Farmer 208 PA	2002 - 2009	Deutz	BF 4 L 914	4	80/86	L	102x132	4314	2300	2221	2880	21/6	
Farmer 208 VA	2002 - 2009	Deutz	BF 4 L 914	4	80/86	L	102x132	4314	2300	2128	2545	21/6	Allradantrieb, auch 21/21-Getriebe
Farmer 208 VA breit	2002 - 2009	Deutz	BF 4 L 914	4	80/86	L	102x132	4314	2300	2128	2545	21/6	
Farmer 209 FA	2002 - 2009	Deutz	BF 4 L 914	4	90/95	L	102x132	4314	2300	2187	2680	21/6	
Farmer 209 PA	2002 - 2009	Deutz	BF 4 L 914	4	90/95	L	102x132	4314	2300	2221	2880	21/6	
Farmer 209 VA	2002 - 2009	Deutz	BF 4 L 914	4	990/95	L	102x132	4314	2300	2128	2545	21/6	
2.5 Fendt-Allrad-Schmalspurschlepper-Baureihe 200 (2009 - 2021), Außenbreite 1070 - 1679 mm													
Fendt 207 F Vario	2009 - 2013	AGCO Power	33 CTA	3	60	W	108x120	3296	2100	2185	2860	Vario	Hinterradantrieb
Fendt 207 FA Vario	2009 - 2021	AGCO Power	33 CTA	3	60	W	108x120	3296	2100	2185	2860	Vario	
Fendt 207 V Vario	2009 - 2013	AGCO Power	33 CTA	3	60	W	108x120	3296	2100	2185	2580	Vario	Hinterradantrieb
Fendt 207 VA Vario	2009 - 2021	AGCO Power	33 CTA	3	60	W	108x120	3296	2100	2185	2780	Vario	
Fendt 208 F Vario	2009 - 2013	AGCO Power	33 CTA	3	71	W	108x120	3296	2100	2185	2860	Vario	Hinterradantrieb
Fendt 208 FA Vario	2009 - 2021	AGCO Power	33 CTA	3	71	W	108x120	3296	2100	2185	2860	Vario	
Fendt 208 V Vario	2009 - 2021	AGCO Power	33 CTA	3	71	W	108x120	3296	2100	2185	2580	Vario	Hinterradantrieb
Fendt 208 VA Vario	2009 - 2021	AGCO Power	33 CTA	3	71	W	108x120	3296	2100	2185	2780	Vario	
Fendt 209 FA Vario	2009 - 2021	AGCO Power	33 CTA	3	80	W	108x120	3296	2100	2185	2860	Vario	
Fendt 209 VA Vario	2009- 2021	AGCO Power	33 CTA	3	80	W	108x120	3296	2100	2185	2860	Vario	
Fendt 209 PA Vario	2009 - 2021	AGCO Power	33 CTA	3	80	W	108x120	3296	2100	2185	3080	Vario	
Fendt 210 FA Vario	2009 - 2021	AGCO Power	33 CTA	3	80	W	108x120	3296	2100	2185	2860	Vario	
Fendt 210 VA Vario	2009 - 2021	AGCO Power	33 CTA	3	90	W	108x120	3296	2100	2185	2780	Vario	
Fendt 210 PA Vario	2009 - 2021	AGCO Power	33 CTA	3	90	W	108x120	3296	2100	2185	3080	Vario	
Fendt 211 FA Vario	2009 - 2021	AGCO Power	33 CTA	3	101	W	108x120	3296	2100	2185	2860	Vario	
Fendt 211 VA Vario	2009 - 2021	AGCO Power	33 CTA	3	101	W	108x120	3296	2100	2185	2780	Vario	
Fendt 211 PA Vario	2009 - 2021	AGCO Power	33 CTA	3	101	W	108x120	3296	2100	2185	3080	Vario	
2.6 Fendt-Allrad-Schmalspurschlepper-Baureihe 200 Gen3 (ab 2021), Außenbreite 1070 - 1679 mm													
Fendt 207 F Vario	ab 2021	AGCO Power	33 AWF HD	3	72/77	W	108x120	3296	2100	2185	2940	Vario	
Fendt 207 V Vario	ab 2021	AGCO Power	33 AWF HD	3	72/77	W	108x120	3296	2100	2185	2860	Vario	
Fendt 208 F Vario	ab 2021	AGCO Power	33 AWF HD	3	81/86	W	108x120	3296	2100	2185	2940	Vario	
Fendt 208 V Vario	ab 2021	AGCO Power	33 AWF HD	3	81/86	W	108x120	3296	2100	2185	2860	Vario	
Fendt 209 F Vario	ab 2021	AGCO Power	33 AWF HD	3	91/96	W	108x120	3296	2100	2185	2940	Vario	
Fendt 209 V Vario	ab 2021	AGCO Power	33 AWF HD	3	91/96	W	108x120	3296	2100	2185	2860	Vario	

Fendt-Schlepper

Baureihe	Bauzeit	Motor Hersteller	Typ	Zylinder	PS	Kühlung	Bohrung x Hub	Hubraum	Drehzahl	Radstand	Gewicht	Getriebe	Besonderheiten
Fendt 209 P Vario	ab 2021	AGCO Power	33 AWF HD	3	91/96	W	108x120	3296	2100	2185	3160	Vario	
Fendt 210 F Vario	ab 2021	AGCO Power	33 AWF HD	3	99/104	W	108x120	3296	2100	2185	2940	Vario	
Fendt 210 V Vario	ab 2021	AGCO Power	33 AWF HD	3	99/104	W	108x120	3296	2100	2185	2860	Vario	
Fendt 210 P Vario	ab 2021	AGCO Power	33 AWF HD	3	99/104	W	108x120	3296	2100	2185	3160	Vario	
Fendt 211 F Vario	ab 2021	AGCO Power	33 AWF HD	3	101/111	W	108x120	3296	2100	2185	2940	Vario	
Fendt 211 V Vario	ab 2021	AGCO Power	33 AWF HD	3	101/111	W	108x120	3296	2100	2185	2860	Vario	
Fendt 211 P Vario	ab 2021	AGCO Power	33 AWF HD	3	101/111	W	108x120	3296	2100	2185	3160	Vario	
2.7 Fendt-Allrad-Schmalspurschlepper mit elektrischem Antrieb													
Fendt E 100 Vario	2018				50 kW								Vorstellung 2017, Kleinserie
3. Geräteträger													
3.1 Geräteträger der Baureihe 200 (1957 - 1991)													
F 12 GT	1957 - 1958	MWM	AKD 112 E	1	12	L	98x120	905	2000	1990	1250	6/2	Prototyp schon 1955
F 19 GT (F 220 GT)	1958 - 1962	MWM	AKD 311 Z	2	19	L	90x110	1398	2000	2145	1260 - 1410	6/2	auch 9/3 und ab 1963 8/4-Getriebe
F 25 GT (F 225 GT)	1961 - 1965	MWM	AKD 112 Z	2	25	L	98x120	1810	2000	2246	1560 - 1630	8/4	
F 230 GT	1964 - 1967	MWM	AKD 2105 D	3	30	L	95x105	2233	2000	2410	1635 - 1650	8/4	
F 231 GT	1967 - 1978	MWM	D 308-3	3	32	L	95x105	2233	2230	2410	1760 - 1920	8/4	auch 16/8-Getriebe
F 250 GT	1970 - 1977	MWM	D 925-L3	3	45	L	95x120	2550	2300	2864	2350	13/4	Unterflurmotor, auch 16/5-Getriebe
F 255 FT/GTF	1976 - 1984	Deutz	F 3 L 912 H	3	50	L	100x120	2826	2300	2318 - 2998	3205	14/4	H = Unterflurmotor, auch 20/6-Getriebe
F 275 GT/GTF	1976 - 1982	Deutz	F 4 L 912 H	4	70	L	100x120	3768	2300	2448 - 3128	3175	14/4	auch 20/6-Getriebe, ab 1977 75 PS
F 231 GT	1978 - 1991	MWM	D 325-L3	3	35	L	95x120	2550	2050	2410	1950	16/8	auch Motor D 327-3
F 275 GT/GTF	1982 - 1984	Deutz	F 4 L 913 H	4	78	L	102x125	4086	2300	2448 - 3128	3175	14/4	auch 20/6-Getriebe
3.2 Geräteträger der Baureihe 300 (1984 - 2004)													
F 345 GT/GTM	1984 - 1996	Deutz	F 3 L 912 H	3	45	L	100x120	2826	2190	2650 - 3000	3025	21/6	auch 20/6-Getriebe
F 360 GT/GTF	1984 - 1996	Deutz	F 3 L 913 H	3	60	L	102x125	3064	2400	2478 - 3020	3360 - 3435	21/6	auch 20/6-Getriebe, F = Forstversion
F 360 GTH	1985 - 1996	Deutz	F 3 L 913 H	3	60	L	102x125	3064	2400	3155	3285	21/6	Hochradversion, auch 20/6-Getriebe
F 380 GT/GTF	1984 - 1996	Deutz	F 4 L 913 H	4	80	L	102x125	4085	2400	2608 - 3150	3360 - 3435	21/6	auch 20/6-Getriebe
F 380 GTH	1984 - 1996	Deutz	F 4 L 913 H	4	80	L	102x125	4085	2400	3285	3690	21/6	
F 365 GTA	1985 - 1996	Deutz	F 4 L 912 H	4	65	L	100x120	3768	2300	2500	3760	21/6	Allradantrieb, auch 20/6-Getriebe
F 380 GTA	1985 - 1998	Deutz	F 4 L 913 H	4	80	L	102x125	4085	2400	2500	4070	21/6	
F 380 GHA	1985 - 1995	Deutz	F 4 L 913 H	4	80	L	102x125	4085	2400	2598	4335	21/6	Hochradversion, Allradantrieb, auch 20/6-Getriebe
F 395 GTA	1989 - 2000	Deutz	F 6 L 913 H	6	115	L	102x125	6128	2400	2816	5060	21/6	Allradantrieb, auch 30/9-Getriebe, ab 1996 120 PS
F 395 GHA	1990 - 1999	Deutz	F 6 L 913 H	6	115	L	102x125	6128	2400	2925	5180	21/6	Hochradversion, Allradantrieb, auch 30/9-Getriebe, ab 1996 120 PS
F 390 GTA	1990 - 1995	Deutz	F 6 L 912 H	6	100	L	100x125	5655	2300	2767	4775	21/6	Allradantrieb, auch 20/6-Getriebe
F 390 GTH	1990 - 1995	Deutz	F 6 L 912 H	6	100	L	100x125	5655	2300	2865	4885	21/6	
F 350 GT	1996 - 1998	Deutz	F 3 L 912 H	3	50	L	100x120	2826	2300	3000	3025	21/6	
F 370 GT	1996 - 1998	Deutz	F 4 L 912 H	4	70	L	100x120	3768	2300	3020	3390	21/6	auch 20/6-Getriebe
F 370 GTA	1996 - 1998	Deutz	F 4 L 912 H	4	70	L	100x120	3768	2300	2500	3840	21/6	Allradantrieb, auch 20/6-Getriebe
F 370 GT	1998 - 2004	Deutz	F 4 L 913 H	4	75	L	102x125	4085	2300	3210	3590	21/6	auch 30/9- und 21/21-Getriebe
F 370 GTA	1998 - 2004	Deutz	F 4 L 913 H	4	75	L	102x125	4085	2300	2568	4220	21/6	Allradantrieb, auch 30/9- und 21/21-Getriebe
F 380 GTA Turbo	1998 - 2004	Deutz	BF 4 L 913 H	4	95	L	102x125	4086	2300	2556	4480	21/6	T, Allradantrieb, auch 30/9- und 21/21-Getriebe
4. Allrad-Systemschlepper der Xylon-Baureihe													
Xylon 320	1991	Deutz	F 6 L 913	6	120	L	102x125	6128	2400		5280		Prototyp
Xylon 520	1994 - 1995	MAN	D 0824 L	4	110	W	108x125	4580	2300	3105	6165	24/24	T, auch 44/44-Getriebe
Xylon 522	1994 - 1995	MAN	D 0824 L	4	125	W	108x125	4580	2300	3046	6265	24/24	TL, auch 44/44-Getriebe
Xylon 524	1994 - 1995	MAN	D 0824 L	4	140	W	108x125	4580	2300	3046	6360	24/24	
5. Trisix Vario													
Fendt Trisix Vario	2007	MAN	D 2676	6	500/540	W	126x166	12.419	2400		19000	Vario	TL, Prototyp
6. Raupen-Traktoren													
6.1 Baureihe 900 MT													
Fendt 938 Vario MT	ab 2017	AGCO Power	98 CTAG	7	380	W	111x145	9817	1700	2570	15170	Vario	TL
Fendt 940 Vario MT	ab 2017	AGCO Power	98 CTAG	7	405	W	111x145	9817	1700	2570	15170	Vario	TL
Fendt 943 Vario MT	ab 2017	AGCO Power	98 CTAG	7	431	W	111x145	9817	1700	2570	15170	Vario	TL

Fendt-Schlepper													
Baureihe	Bauzeit	Motor Hersteller	Typ	Zylinder	PS	Kühlung	Bohrung x Hub	Hubraum	Drehzahl	Radstand	Gewicht	Getriebe	Besonderheiten
6.2 Baureihe 1100 MT													
a)													
Fendt 1149 Vario MT	2017 - 2021	AGCO Power	168 AWI	V12	457/492	W	111x145	16.829	2100	3000	19.365	Vario	TL
Fendt 1154 Vario MT	2017 - 2021	AGCO Power	168 AWI	V12	496/536	W	111x145	16.829	2100	3000	19.365	Vario	TL
Fendt 1159 Vario MT	2017 - 2021	AGCO Power	168 AWI	V12	548/592	W	111x145	16.829	2100	3000	19.365	Vario	TL
Fendt 1165 Vario MT	2017 - 2021	AGCO Power	168 AWI	V12	598/646	W	111x145	16.829	2100	3000	19.365	Vario	TL
b)													
Fendt 1151 Vario MT	ab 2021	MAN	D 4276	6	511	W	138x170	15.200	1730	3000	18.805	Vario	TL
Fendt 1156 Vario MT	ab 2021	MAN	D 4276	6	564	W	138x170	15.200	1730	3000	18.805	Vario	TL
Fendt 1162 Vario MT	ab 2021	MAN	D 4276	6	618	W	138x170	15.200	1730	3000	18.805	Vario	TL
Fendt 1167 Vario MT	ab 2021	MAN	D 4276	6	673	W	138x170	15.200	1730	3000	18.805	Vario	TL
7. Ladefahrzeuge der Agrobil-Baureihe													
Unimat	1968	Deutz	F 3 L 912	3	36	L	100x120	2826	2230	3370	2900	8/4	Nutzlast 2500 kg
Agrobil S	1972 - 1985	Deutz	F 4 L 912 H	4	80	L	100x120	3768	2800	3440	4000 - 4300	18/6	Unterflurmotor, Nutzlast 400 kg
8. Pflanzenschutz-Geräteträger													
Rogator 645	ab 2019	AGCO Power	84 CTA	6	210	W	111x145	9032	2100	3600	12.200	Hydr.	
Rogator 655	ab 2019	AGCO Power	84 CTA	6	261	W	111x145	9032	2100	3600	12.500	Hydr.	
Rogator 665	ab 2019	AGCO Power	84 CTA	6	300	W	111x145	9032	2100	3600	12.500	Hydr.	

Immer öfter sind leistungsstarke Traktoren mit schweren Kippanhängern bei der Bewegung von Aushub auf Baustellen zu sehen. Foto: Ralf Weinreich

Fendt II

Clemens Fendt Fahrzeugfabrik,
Marktoberdorf
1. 1934-1936 **Theodor Fendt Zugmaschinenfabrik**
2. 1936-1939 **Clemens Fendt KG, Fahrzeugfabrik**

Ein weiteres Mitglied der Fendt-Familie, Clemens Fendt (1869 – 1950), richtete eine Fabrik zum Bau von Zugmaschinen ein, die er 1936 an seinen Sohn Clemens (1903 – 2001) übergab. »Kettenlose Universal-Bauernschlepper« mit Ein- und Zweizylinder-Deutz-Motoren mit 14 oder 22 PS entstanden in 30 Exemplaren unter dem Namen »Mammut«. Aufgrund der geringen Stückzahlen wurde das Unternehmen nicht im Schell-Plan berücksichtigt, so dass die Produktion 1939 auslief. Landwirtschaftliche Anhänger in Pritschen- und Kipper-Ausführung wurden anschließend bis in die 70er Jahre gefertigt.

Fey

Fey-Werke, Maschinenfabrik GmbH,
Landshut/Bayern; Augsburg, Schertlinstr. 7 und Kassel,
1920–1934

Dieses Werk von Josef Fey stellte kurzzeitig eine vierrädrige, 1,8 t schwere Bodenfräse mit 24-PS-Motor her – wohl ohne Erfolg, denn anschließend spezialisierte sich das Unternehmen auf leichte Bodenfräsen der Marke »Fey-Gobiet«, später »Schatzgräber«. Ab 1927 in Produktion, kamen hier DKW-Motoren verschiedenster Leistungsstufen zum Einsatz, die Spannweite reichte von 5 bis 15 PS. 1934 gelang es Fey, die »Schatzgräber«-Fräse im neugegründeten Bungartz-Werk in München fertigen zu lassen. Als Bungartz wenig später den Siemens & Halske-Fräsenbau übernahm, verließ Fey enttäuscht München und ließ seine Fräse von der Maschinenfabrik Meyer in Brackwede und schließlich von der Pflugfabrik Gebr. Eberhard in Ulm bis in die 1950er Jahre fertigen. Sein Partner, Lorenz Rübig wechselte zur Firma Stahlbau GmbH Totenburm, den späteren Rotenburger Metallwerken (RMW).

Flader

E. C. Flader,
Jöhstadt in Sachsen, Zechensteig,
1920–1929

Die ursprünglich 1860 von August Flader (1837–1895) gegründete Gelbgießerei und spätere Landmaschinen- sowie Feuerlöschgerätefabrik wurde nach einem Vergleich um 1872 von seiner Ehefrau Emilie Clementine Flader (1845–1895) weitergeführt. Ein Zweigwerk im böhmischen Peil-Sorgenthal diente der Geschäftstätigkeit im österreichisch-ungarischen Bereich. Mit dem Bau von Traktoren beschäftigte man sich aber erst nach dem Ersten Weltkrieg. Ab 1920 fertigte das Unternehmen nach dem »Patent Kauffmann« einen 1,7 t schweren, kombinierten Trag- und Schleppflug.

Das kurze, dreischarige Modell besaß zwei gitterförmige Treibräder und ein in der linken Vorderradspur laufendes Stütz- und Lenkrad. Der Fahrersitz und die Anbauvorrichtung für verschiedene Bodenbearbeitungsgeräte befanden sich zwischen den Achsen. Gelenkt wurde über ein vom Heckrad zurückkragenden, als Segement ausgebildeten Hebel, was eine große Wendigkeit zurfolge hatte. Angetrieben wurde diese Landmaschine von einem 22 PS starken Kämper-Zweizylindermotor, der quer zur Längsachse des Fahrzeugs saß. Nach zwei Exemplaren entschied sich Flader einen Kämper-Vierzylindermotor mit 25 PS einzusetzen. Über ein eingängiges Wendegetriebe mit Ritzelübertragung wurden die Innenzahnkränze der Vorderräder angetrieben; durch das abbremsbare Differential konnte per Lenkrad der Lenkvorgang unterstützt werden. Über ein kleines seitliches Lenkrad stellte der Pflugführer die Höhe des auf ungepflügtem Feld laufenden Triebrades ein, so dass der Motorpflug waagerecht arbeiten konnte. Die Pflugscharen wurden über einen Hebel gesenkt oder gehoben; ihre Anbringung war so konstruiert, dass sie beim Auftreffen auf Bodenwiderstände seitlich ausschwenken konnten.

Das Reichsernährungsministerium nahm den Flader-Motorpflug in die

22-PS-Flader-Motorpflug beim Dreschen, 1920.

Fey-Spezialschlepper

Baureihe	Bauzeit	Motor Hersteller	Typ	Zylinder	PS	Kühlung	Bohrung x Hub	Hubraum	Drehzahl	Radstand	Gewicht	Getriebe	Besonderheiten
Fey-Bodenfräse	1920?	Kämper	90 AZ	2	12	W	90x140	1780	800		1000	1/1	
Fey-Bodenfräse	1920?	Kämper	90	4	24/25	W	90x140	3560	800		1100	1/1	
Schatzgräber L 5	1927	DKW	(EL 301)	1	5/7	L	74x68,5	295	3000				
Schatzgräber	1927	DKW		1	7/8	L	74x88	378	3000				

Kreditaktion von 1925 auf, um den Einsatz von Maschinen in der Landwirtschaft zu fördern. Das 25-PS-Modell erreichte eine Stückzahl von 170 Tragpflügen.

1926 ging das Unternehmen an den Industriellen Jörgen Skafte Rasmussen, der es als Feuerlöschgerätewerk seinem Framo-, später DKW-Unternehmen eingliederte.

Nachdem während des Zweiten Weltkrieges dort Flugzeugteile gefertigt wurden, nahm es 1946 als VEB Feuerlöschgeräte Jöhstadt wieder die Montage von Feuerwehr-Rüst- und Tanklöschfahrzeug-Aufbauten auf. Nach der Wende spezialisierte sich das als PF Pumpen und Feuerlöschtechnik GmbH reprivatisierte Werk auf den Bau von Hochdruckpumpen.

Flader-Tragpflüge

Baureihe	Bauzeit	Motor Hersteller	Typ	Zylinder	PS	Kühlung	Bohrung x Hub	Hubraum	Drehzahl	Radstand	Gewicht	Getriebe	Besonderheiten
Flader 1- - 4-scharig	1920	Kämper	90 AZ	2	22	W	90x140	1780	750		1700	1/1	
Flader	1920 - 1929	Kämper	90 A	4	25	W	110x140	5319	800	2250	1900	1/1	

Flöther

Th. Flöther, Maschinenbau AG,
Gassen/Niederlausitz,
1912–1914

Die 1860 von dem Schmiedemeister Theodor Flöther gegründete Landmaschinenfabrik nahm neben dem Bau von Dampfpflügen und Ackergeräten vorübergehend auch den Bau von Motorpflügen und Zugmaschinen auf. 1924 wurde das Unternehmen von der Landmaschinenfabrik H. F. Eckert in Berlin übernommen. Mit dem spektakulären Zusammenbruch der Darmstädter und Nationalbank (Danatbank) 1931 musste Flöther Konkurs anmelden. Die als Neue Flöther Landmaschinen AG gelungene Neuaufstellung mündete 1938 in der Übernahme durch die Firma Hermann Raussendorf in Singwitz; 1945 ist die Landmaschinenfabrik als deutsches Unternehmen östlich der Oder erloschen.

30-PS-Fend-Geräteträger »Kultimax 1200«, 1960. Foto: Heiko Zimmermann

FMR

Fahrzeug- und Maschinen GmbH Regensburg (FMR),
Regensburg, Lilienthalstr.
1958–1964

1958 stellte die vom »Messerschmitt-Kabinenroller« her bekannt gewordene Firma von Flugzeugingenieur Fritz Fend (1920–2000) den Prototyp eines nur 420 kg schweren Geräteträgers mit einem 4,5-PS-F & S-Motor in Zweirohrtechnik vor. 1960 folgte im Serienbau der »FMR Kultimax« mit 7,5-PS-Ein- und 19,5-PS-Zweizylindermotor von F & S, der für Arbeiten im Gemüse- und Obstanbau, in Großgärtnereien, Baum- und Rebschulen owie im Forsteinsatz vorgesehen war. (Die Zweizylinder-Version war von F&S konstruiert und von FMR gebaut worden, so dass sie im F&S-Verkaufsprogramm nicht auftaucht.) Besonderheiten waren die Steuerungseinrichtungen auf beiden Seiten sowie das 4/1-Getriebe, dem ein 3/1-Getriebe für extrem geringe Geschwindigkeit nachgeschaltet war. Eine Dreipunkthydraulik und ein Winkeltrieb für den Antrieb von Geräten zwischen den Achsen zeichneten das Spezialfahrzeug aus. Darüber hinaus bot Fend eine umfangreiche Gerätereihe an, die speziell auf den »Kultimax« abgestimmt war. Schließlich ersetzten 30- und 34-PS-VW-Motoren den wenig tauglichen Zweitaktmotor, der in der Zweizylinder-Version auch im FMR-Kabinenroller »Tiger« zum Einsatz gekommen war. Ein 24/8-Gang-Getriebe übertrug die Kraft des auch als »Saatgutträger« bezeichneten Fahrzeugs. Für spezielle Einsatzzwecke konnte eine IWK-Halbraupe angebracht werden. Für den raschen Transport zum Einsatzort hatte das Werk einen passenden Einachsanhänger im Programm. Nach etwa 50 gebauten Modellen endete diese Fertigung.

Fritz Fend hatte einst das vordere Fahrwerk des Düsenjägers »ME 262« konstruiert. Neben seinen Kabinenrollern versuchte er mit dem Lastenroller »Mokuli«, einem ultraleichten Geländewagen mit zwei Antrieben für die Bundeswehr, und mit der Fertigung von Getränke-Automaten sein Werk auszulasten; ein Konkurs beendete seine Aktivitäten.

FMR-Geräteträger

Baureihe	Bauzeit	Motor Hersteller	Typ	Zylinder	PS	Kühlung	Bohrung x Hub	Hubraum	Drehzahl	Radstand	Gewicht	Getriebe	Besonderheiten
FMR-Geräteträger	1958	F&S	Stamo 96	1	4,5	L	44x52	96	3600		420	12/4	Zweitakt-Vergasermotor, Prototyp
Kultimax 7,5 PS	1959	F&S	Stamo 280	1	7,5	L	71x70	277	3600	2100	830	12/4	Zweitakt-Vergasermotor,
Kultimax 19 PS	1959 - 1960	F&S		2	19,5	L	67x70	494		2100		12/4	
Kultimax 1200	1960 - 1964	VW	122	4	30	L	77x64	1192	3400	2250 - 2750		24/8	Vergasermotor, auch 34 PS bei 3600 U/min

Freund

Berliner Actien-Gesellschaft für Eisengießerei und Maschinenfabrik (früher J. C. Freund u. Co.),
Berlin-Charlottenburg, Franklinstr. 6,
1918–1924

Die im Zuge der Napoleonischen Kontinentalsperre, die die deutschen Länder von der Einfuhr moderner englischer Maschinen abschnitt, 1815 gegründete und durch die Konstruktion der ersten deutschen Dampfmaschine in Berlin durch Georg Christian Freund bekannt gewordene Maschinenfabrik nahm gegen Ende des Ersten Weltkrieges auch den Bau von Tragpflügen auf. Konstruiert von dem Rittmeister Rennhoff, entstanden dann die »Freund«-Motorpflüge. Hier wirkte ein 40 PS starker Deumo-Vierzylindermotor auf ein Antriebsrad; der Fahrer saß seitlich neben dem 2 m hohen und 32 cm breiten Hinterrad. Das dreischarige Pfluggestell konnte per Hebel vom Fahrersitz aus parallelogrammartig gehoben oder gesenkt werden. Die Vorderräder ließen sich, je nach Furchengang, per Spindel in der Höhe verstellen, so dass der Pflug waagerecht fahren konnte. Das Hinterrad lief bei diesem System genau zwischen den aufgeworfenen Furchen. Im Heck war ein Kupplungsmaul angebracht, so dass das Fahrzeug auch als Zugschlepper verwendet werden konnte. Eine Riemenscheibe ließ sich vor dem Treibrad aufgestecken. Die Deutsche Maschinen-Handels GmbH (DeLMA) vertrieb den Spezialpflug dann auch unter dem Markenschild »DELMA«.

1925 musste die traditionsreiche Maschinenfabrik aus wirtschaftlichen Gründen aufgelöst werden. Die Technische Hochschule und das Tel-Halaf-Museum zogen in die Werkshallen ein.

40-PS-Freund-Motorpflug, 1921.

Freund-Schlepper													
Baureihe	Bauzeit	Motor Hersteller	Typ	Zylinder	PS	Kühlung	Bohrung x Hub	Hubraum	Drehzahl	Radstand	Gewicht	Getriebe	Besonderheiten
Freund	1918 - 1924	Deumo		4	40	W	114x160	6529	800		3700 - 4400	2/1	

Frieg

WFS, Spezialweinbaumaschinen GmbH,
Sulzfeld a. Main, Jahnstr. 1,
1970–2003

Das Familienunternehmen Willi Frieg befasste sich zunächst mit dem Handel und der Reparatur von Weinbergschleppern und Geräten und nahm 1970 die Fertigung von kleinen Schmalspur-Weinberg-Raupen auf, wobei jeweils auf die Kundenwünsche eingegangen wurde. Diese speziell für steile Weinberge entwickelten Modelle (Frieg Ketten-Track) gab es mit kurzem (vier Rollen) oder verlängertem Laufwerk (sechs Rollen). Aus Gründen der Schwerpunktlage hatten die Konstrukteure die Motoren – luft- oder wassergekühlt, 40 bis 70 PS aus japanischer Produktion

33-PS-Frieg »Pionier-GT 300«, um 1998.

55-PS-Frieg-Weinbergraupe D 55, um 1998.

– weit vorn platziert. Das Federpaket lag quer, bei den Laufketten hatte der Kunde die Wahl zwischen Stahlgreiferplatten oder Gummipanzerplatten. Ölmotoren oder Hydraulikzylinder lagen außen und ließen sich über Ventile steuern.

1976 erweiterte Frieg sein Angebot um Spezial-Schmalspurtraktoren für den Wein- und Obstbau. Besonderer Wert wurde bei den Knicklenker-Allrad-Schleppern auf geringsten Bodendruck gelegt, daher waren gleich große Terra-Weichreifen aufgezogen. Auch andere Details entsprachen dem gedachten Verwendungszweck, so etwa die leichte Stahlbauweise und der tief liegende Schwerpunkt. Luft- und wassergekühlte Zwei, -Drei- und Vierzylindermotoren der Marke Kubota mit Leistungen von 28 bis 50 PS sorgten für Vortrieb.

Den beiden Baureihen »Pionier GT« und »Terra-Track« stellte das Unternehmen 1992 unter der Bezeichnung »Bio-Track HY 92« einen Schlepper mit einem hydrostatischen Fahrantrieb und einem auf die Verbrennung von Rapsöl ausgelegten Motor zur Seite, der aber nicht in Serie ging.

Ein weiteres, hoch interessantes Studienmodell stellte der Vorwärts-Rückwärts-Schlepper »Pionier GT V+R« dar. Im Jahre 2003 endete die Fertigung.

30-PS-Frieg »Bio-Track HY 92«, um 1998.

Frieg-Schlepper

Baureihe	Bauzeit	Motor Hersteller	Typ	Zylinder	PS	Kühlung	Bohrung x Hub	Hubraum	Drehzahl	Radstand	Gewicht	Getriebe	Besonderheiten
1. Radschlepper													
Pionier GT	1976			2	28	L					950		
Pionier GT				3	36	L							
Pionier GT				3	40	L					1150		
Pionier GT				3	45	L					1150		
Pionier GT				3	25	W							
Pionier GT				4	30	W							
Pionier GT				3	36	W							
Pionier GT				4	40	W							
Pionier GT				4	45	W							
Pionier GT		Kubota	V 2203-B	4	50	W	87x92,4	2197	2800				
Terra Track				2	28	L					900		
Terra Track				2	33	L					1000		
Terra Track				3	30	W					1030		
Terra Track				4	41	W					1100		
Terra Track				4	45	W					1100		
Pionier GT				2	33	L					1050		
				3	30	W					1100		
Track HY 92				4	30								Rapsöl-Motor
				4									
				5	55								
2. Raupen													
D 40	1970				40								
D 50	1970				50								
D 60	1970				60								
D 70	1970				70								
D 45				3	45	W		2340	2400		2360		
D 55				3	55	W		2696	2400		2400		
D 65				4	65	W		3595	2400		3000		
Kettentrack HY 98				4	65	W					1980		Prototyp, hydrostatischer Antrieb

Friman

12-PS-Friman-Geräteträger, 1957.

Vertriebszentrale E. Friman,
Mannheim-Neuhermsheim, Hermsheimer Str. 22,
1957–1965

Unter der Bezeichnung »Friman« bot dieses Unternehmen ein leichtes Allzweckfahrzeug in Geräteträger-Bauart an. Das zweiholmige Modell besaß im Heck einen 8-PS-Hirth- oder einen 12-PS-Sachs-Einzylinder-Dieselmotor. Gleichzeitig bot das Unternehmen vielfältige An- und Aufbaugeräte an. Wie so oft, sind auch bei diesem Hersteller nähere Einzelheiten nicht bekannt.

Friman-Geräteträger

Baureihe	Bauzeit	Motor Hersteller	Typ	Zylinder	PS	Kühlung	Bohrung x Hub	Hubraum	Drehzahl	Radstand	Gewicht	Getriebe	Besonderheiten
Friman	1957	Hirth	D 24	1	8	L	77x96	447	2500		450	4/4	
Friman	1957	F & S	D 600 L	1	12	L	88x100	604	2200		500	4/4	

Frisch

40-PS-Frisch-Allradschlepper »Tatrac TD 40«, 1961.

Eisenwerk Gebr. Frisch GmbH,
Augsburg, Böheimstr.
1961–1965

Der Baumaschinenhersteller Frisch mit Werken in Augsburg und in Kissing ging aus einer 1867 gegründeten Schlosserei hervor, die ab 1926 sich auf Maschinen für den Straßenbau verlegte. Nach der Insolvenz der Bayerischen Traktoren-Gesellschaft (BTG) gründeten ehemalige Mitarbeiter der BTG die Tatrac GmbH & Co. KG und gewannen die Baumaschinenfabrik Frisch für die weitere Fertigung des Allradschleppers »HZ 40 Allrad« unter der neuen Bezeichnung »Tatrac TD 40«. 1962 folgte noch das 52 PS starke Modell »Tatrac TD 60«. Ein solides 8-Gang-Wendegetriebe übertrug die Kraft. Bis zur Produktionseinstellung konnten rund 300 Spezialschlepper mit der verwindbaren Zentralrohrtechnik abgesetzt werden, von denen die meisten Exemplare in der Bauwirtschaft zum Einsatz kamen. Das im Bau von Radladern und Straßengradern renommierte Werk ging 1977 in den Besitz des FAUN-Werkes über, das wiederum 1986 von der Orenstein & Koppel AG geschluckt wurde. 1999 engagierte sich der Bau- und Landmaschinenhersteller New Holland an dem Unternehmen. Der letzte Eigentümer, die Terex Corporation, legte das Werk schließlich still.

Frisch-Schlepper

Baureihe	Bauzeit	Motor Hersteller	Typ	Zylinder	PS	Kühlung	Bohrung x Hub	Hubraum	Drehzahl	Radstand	Gewicht	Getriebe	Besonderheiten
Tatrac TD 40	1961 - 1963	Deutz	F 3 L 712	3	38/40	L	95x120	2550	2300	2000	1900	8/8	Allradantrieb
Tatrac TD 60	1962 - 1965	Deutz	F 4 L 712	4	60	L	95x120	3400	2300	2000	2300	8/8	

Frommelt

Richard Frommelt,
Altenburg,
1938

Als Hersteller von Ackerschleppern mit bisher unbekannten Details taucht diese Firma in der Literatur auf.

Funk

Xaver Funk, Fahrzeugbau,
Irgertsheim bei Ingolstadt,
1952-1956

Bei der Firma Funk (Reparaturen, Fuhrbetrieb, Anhänger) entstanden Anfang der 1950er Jahre einige Schlepper. Diese waren mit 25-PS-Deutz- und 28-PS-MWM-Motoren ausgestattet und verfügten über ZA-Renk-Getriebe. Als Vorlage dürften vermutlich die Konstruktionen der Firma Gutbrod bzw. Sulzer, darunter der von Sulzer nachgebaute Gutbrod-Schlepper »ND 25«, gedient haben. 33 Fahrzeuge mit Hauben der Presserei Haugg in Augsburg trugen das Funk-Emblem.

25-PS-Funk-Schlepper, 1956.
Foto: Günter Propfe

Funk-Schlepper

Baureihe	Bauzeit	Motor Hersteller	Typ	Zylinder	PS	Kühlung	Bohrung x Hub	Hubraum	Drehzahl	Radstand	Gewicht	Getriebe	Besonderheiten
Funk Diesel 18	1950 - 1956	MWM	KDW 615 E	1	18	W	112x150	1180	1600	1490	1300	5/1	Sulzer-Typ S 18
Funk Diesel 28/30	1951	MWM-Südbr.	TD 15	2	28/30	W	110x150	2850	1500		1800		Einzelstück
Funk Diesel 25	1952 - 1956	Deutz	F 2 M 414	2	25	W	100x140	2198	1500	1690	1820	4/1	Sulzer-Typ S 25 W
Funk Diesel 28	1956	MWM	KDW 415 Z	2	28	W	100x150	2356	1600	1730	1760	5/1	Sulzer-Typ S 28

Gaiser

Otto Gaiser,
Mitteltal/Schwarzwald,
1950

Die Anhängerfabrik Gaiser entwickelte 1950 einen Einfachst-Geräteträger unter Verwendung des Bungartz-Einachsschleppers U 1, wobei der 12-PS-Stihl-Einzylindermotor unter der Sitzbank installiert wurde. Die Ladepritsche entstammte dem eigenen Anhängerprogramm.

Gaiser-Geräteträger

Baureihe	Bauzeit	Motor Hersteller	Typ	Zylinder	PS	Kühlung	Bohrung x Hub	Hubraum	Drehzahl	Radstand	Gewicht	Getriebe	Besonderheiten
Gaiser Muli	1950	Stihl	131	1	12	L	90x120	763	1850			2/1	Zweitakt-Vergasermotor

Gast

Gast-Motorpflugbau GmbH,
Johannisthal b. Berlin, Baumschulenweg,
ab 1013 Berlin-Kreuzberg, Wilhelmstr. 29
u. Lichtenberg b. Berlin, Hauptstr. 5,
1911–1918

Der Maschinenfabrikant Bruno Gast stellte in einer kleinen Automobilreparaturwerkstatt einen eigenwilligen, dreirädrigen Motorpflug mit offen liegendem Ketten- und Getriebekasten her. Die beiden angetriebenen Vorderräder waren extrem groß; der sechsscharige Pflugkörper selbst

52-PS-Gast-Dreiradschlepper »Spinne«, 1912.

über ein Gelenk mit der Maschine verbunden. Der Fahrer saß über dem lenkbaren Hinterrad. Im Prototyp mit einem 30-, dann mit einem schnelllaufenden 52-PS-Automobilmotor ausgerüstet, erhielt dieser Pflug wegen der filigranen Speichenräder mit schaufelförmigen Sporen und des freiliegenden Kettenantriebs die Bezeichnung »Spinne«. Blattfedern stützten die Achsen gegenüber dem Rahmen bei Straßenfahrt ab; auf dem Feld ließen sich der Rahmen gegenüber den Achsen bzw. Rädern in der Furche per Spindeln zum waagerechten Fahren verstellen. Angeblich gab es die »Spinne« auch mit einem 60-PS-Motor der Marke Baer. Das Zweiganggetriebe stellte eine Eigenkonstruktion dar. Bis in die Kriegszeit fertigte die Firma noch einscharige Tragpflüge der Marke »Star«, auch dabei kamen angeblich eigene, 12 PS starke Zweizylinder-Motoren zum Einsatz. Die Hauptgesellschaft, die I. G. Gast Maschinen- und Eisenbahnsignal GmbH, wurde 1946 demontiert.

Gast-Schlepper

Baureihe	Bauzeit	Motor Hersteller	Typ	Zylinder	PS	Kühlung	Bohrung x Hub	Hubraum	Drehzahl	Radstand	Gewicht	Getriebe	Besonderheiten
Spinne	1911			4	52				500/ 700			2/1	auch 30 PS
Spinne	1913			4	60				700			2/1	
Star	1918			2	18								

Glogowski

Glogowski & Sohn GmbH,
Hohensalza/Posen,
1913

Unter dem Namen »Landwirtschaftlicher Automobil-Motor Ivel« brachte dieses Unternehmen einen 20 PS starken Dreiradschlepper für einen Dreischar-Pflug auf den Markt, der sich an dem englischen »Ivel«-Schlepper orientierte. (Auch die Firma Heßler und Universal-Landbaumotor hatten das Modell übernommen.) Das Vorderrad wurde über eine Kette gesteuert. Ob es sich um Original-»Ivel«-Modelle oder um Nachbauten handelte, ließ sich nicht mehr feststellen. Haupterzeugnisse der 1850 gegründeten Firma bildeten Futterschneidemaschinen, Viehfutterdämpfer, Trommelhäcksler, Stroelevatoren und Dreschmaschinen.

20-PS-Glogowski-Dreiradschlepper »Ivel«, 1910.

Godfrin

Gebr. Godfrin,
Mühlen bei Metz,
1917

Die Söhne des Bürgermeisters in Mühlen bei Metz (Lothringen) stellten 1917 einen selbst gefertigten, unkonventionellen Tragpflug her. Entgegen den üblichen Konstruktionsprinzipien besaß dieser kleine Tragpflug vorne zwei kleine Vorderräder und hinten ein großes Treibrad, so dass das Differential eingespart werden konnte. Die aber ungünstige Belastung der Maschine führte im Pflugbetrieb zu Lenkschwierigkeiten und Stabilitätsproblemen, so dass die Brüder nach einigen Versuchen von der Weiterentwicklung absahen, zumal auch der (gebrauchte) 15-PS-Motor völlig überfordert war.

Gothaer Waggonfabrik

Gothaer Waggonfabrik AG,
Gotha, Kindlebener Str. 77;
Zweigniederlassung Dixi-Werke, Eisenach, Rennbahn,
1920–1925

1883 richtete der Schlossermeister Fritz Bothmann in Gotha eine Maschinenfabrik ein, die 1892 durch den Beitritt von Kaufmann Louis Glück als Fritz Bothmann & Glück Carussellbau AG firmierte. Sechs Jahre später ging daraus die Gothaer Waggonfabrik vorm. Fritz Bothann & Glück AG hervor. Der Bau von Karussellanlagen, Güterwaggons und Straßenbahnwagen bildete das Produktionsprofil dieses Thüringer Werkes. Während des Ersten Weltkrieges engagierte sich die Gothaer Waggonfabrik (GWF) auch im Bau von Flugzeugen. Als dieses Fertigung aufgrund des Versailler Vertrages eingestellt werden musste, versuchte die GWF die Kapazitäten für die Montage von Baugruppen für die Eisenacher Dixi-Personen- und Lastwagen, für den Bau von Rohölmotoren, Motorspritzen, Anhängern und ab 1920 auch von Motorpflügen zu nutzen, zumal die

Produktionsanlagen nach dem Rückgang der Reichsbahn- und Reparationsaufträge ausgelastet werden sollten. Der Gothaer-Tragpflug besaß einen rechtwinkligen Rahmen als Chassis, auf dem Motor und Getriebe, die Triebachse mit den Spaten-armierten Treibrädern, der Fahrerplatz und das per Gestänge lenkbare Hinterrad untergebracht waren. Hinter dem Fahrerplatz befand sich ein senkrecht stehendes Handrad, das über eine zentrale Zahnstange die Zahnradsegmente am Rahmen bewegte, die wiederum die an Zahnstangen befestigten Pflugschare in der Höhe veränderten. Die Pflüge wurden mit eigenen 40-PS-Benzol-, Glühkopf- und Rohölmotoren ausgestattet, wobei diese mit Benzol gestartet und bei entsprechender Erwärmung mit einem Verdapfer-Vergaser auf das Verbrennen von Öl umgestellt wurden. Schließlich verwendete die GWF den zuverlässigen »Bayern-Motor« der Bayerischen Motoren-Werke/BMW mit einer Leistung von 55 PS. Aber auch damit ließ sich der Absatz nicht steigern; nur 24 »Gotha«-Tragpflüge fanden bis 1924 ihre Käufer.

Tragpflug der Gothaer Waggonfabrik, 1920.

Die GWF hatte 1921 die in großen wirtschaftlichen Schwierigkeiten steckende Fahrzeugfabrik Eisenach mit der Marke Dixi sowie die Berlin Cyklon Maschinenfabrik, die Dreiradfahrzeuge produzierte, aufgekauft. 1928 ging die GWF an das BMW-Werk über. Während BMW die eigene Pkw-Fertigung im Eisenacher Werk einrichtete und das unrentable Cyklon-Werk schloss, veräußerten die Münchener 1928 die GWF an den Maschinen- und Lokomotivbau-Konzern Orenstein & Koppel.

Nach der Enteignung 1945 und der Reprivatisierung nach der Wende gehört die einstige GWF heute dem Transportfahrzeuge-Hersteller Schmitz Cargobull AG in Horstmar und stellt die Muldenauflieger her.

Grams

Wilhelm Grams,
Sydowswiese bei Küstrin,
1925 und 1933–1939

Der Landwirt Wilhelm Grams befasste sich jahrelang mit der Konstruktion von Universalschleppern. Erstmals trat er 1925 mit einem noch unfertig wirkenden Radschleppermodell mit angebauter Fräse an die Öffentlichkeit. Der über 3 t schwere Schlepper sollte von einem nur 17 PS starken Benzolmotor bewegt werden. Sein interessantes und meist beachtetes Modell (das in Zusammenarbeit mit dem Bremer Automobilkonstrukteur Winkler in leichter Anlehnung an die Köszegi-Fräse entstand) war aber die »Lastkraftbodenfräse« (LKS) in Rahmenbauweise von 1934, die zum Schleppen, Fräsen, Mähen und Transportieren eingesetzt werden konnte. Zu ihrer Grundausstattung gehörte eine Riemenscheibe wie auch eine Beregnungspumpe. Ein großes Gitterwerk schützte die weit vorne angebrachten Sitze. Im Heck werkelte ein Junkers-Gegenkolbenmotor mit 12,5 PS oder – wahlweise – ein 10-PS-Deutz-Diesel. Alle vier Räder waren gleich groß, die hinteren pendelnd aufgehängt. Auch ein geschlossenes Fahrerhaus konnte aufgesetzt werden; auf die Hinterachse ließen sich Greiferräder aufstecken.

Diese Landmaschine, die den Weg für den Primus »Packesel« und den Gutbrod »Farmax« wies, wurde im Lauf seiner Bauzeit mehrfach überarbeitet und modifiziert, insgesamt entstanden rund 70 Einheiten. Gebaut wurden diese bei der Schraubenfabrik und Gesenkschmiede Funcke u. Hueck in Hagen Plessenstr. 14 (heute Bauer u. Schaurte).

12,5-PS-Grams-»Lastkraftbodenfräse LKS«, 1938.

Grams-Lastkraftbodenfräse													
Baureihe	Bauzeit	Motor Hersteller	Typ	Zylinder	PS	Kühlung	Bohrung x Hub	Hubraum	Drehzahl	Radstand	Gewicht	Getriebe	Besonderheiten
Grams Lastkraftbodenfräse LKS	1933 - 1937	Deutz	MAH 516	1	10	V	120x160	1808	1000				Prototypen
Grams Lastkraftbodenfräse LKS	1938	Junkers	1 HK 65	1	12,5	V	65x90/120	696	1200	2020	2000	3/1	Gegenkolbenmotor

Granich

Otto Granich Landmaschinen-Reparatur,
Schaftlach,
1937-1948 (?)

Mit insgesamt 19 Rahmenbauschleppern, bestückt mit dem 7/8-PS-Deutz-Diesel MAH 714 und dem 12-PS-MAH 716 sowie dem 12-PS-München-Sendling-Motor D 12, erscheint Granich in den Unterlagen des Statistikamtes des Deutschen Reiches. Nach dem Krieg folgten noch einige Modelle, so dass die Gesamtzahl auf 50 stieg.

Grebestein

Mitteldeutsche Schlepperwerke, Maschinenfabrik u. Eisengießerei Johann Grebestein KG,
Eschwege, Niederhoner Str. 46b,
1927–1931

Grebestein stellte einige Prototypen eines 3,5 t schweren, langgestreckten Dieselschleppers für Straßentransport- und Landwirtschaftszwecke her. Mit einem Vierzylindermotor mit 30/35 PS erreichte das Fahrzeug 15 km/h. Man experimentierte auch mit einem Zweitakt-Gegenkolbenmotor von Junkers; eine Riemenscheibe sollte auch serienmäßig vorhanden sein. Aus den Plänen wurde nichts, nach 1931 war von der »Mitteldeutschen Schlepperfabrik« (so auch die Bezeichnung) nichts mehr zu hören.

Nach Kriegszerstörung und Neuaufbau auf dem Gelände des Eschweger Flughafens fertigte das Unternehmen 1950 Strohpressen nach Plänen des enteigneten Dreschmaschinen-Produzenten Hermann Raussendorf. 1951 geriet das Unternehmen schon in finanzielle Schwierigkeiten und wurde aufgelöst.

Greckl

Martin Greckl, Landmaschinenschlosserei,
Buch b. Buchrain,
1948–1950

Der Landmaschinenbetrieb Greckl nutzte verstärkte US-Jeep-Fahrgestelle, um einfache Schlepper zu fertigen. Quer zur Fahrrichtung aufgesetzte Sendling-Dieselmotoren mit 10 oder 15/16 PS gaben ihre Kraft über eine gekapselte Ölbadkette auf das Jeep-Getriebe ab, bei dem der 6. Gang gesperrt wurde. Mit Hinterrad- oder Allradantrieb versehen, wurden insgesamt 12 Exemplare mit eigenen Karosserieteilen angebaut.

15/16-PS-Greckl-Schlepper auf Jeep-Basis, 1949. Foto: Gerd Pressler

Grebestein-Schlepper

Baureihe	Bauzeit	Motor Hersteller	Typ	Zylinder	PS	Kühlung	Bohrung x Hub	Hubraum	Drehzahl	Radstand	Gewicht	Getriebe	Besonderheiten
Grebestein	1927			4	30/35	W					3500		
Grebestein	1930 - 1931	Junkers	2 HK 65	2	25	W	65x90/120	1392	1200		3150		

Greckl-Schlepper

Baureihe	Bauzeit	Motor Hersteller	Typ	Zylinder	PS	Kühlung	Bohrung x Hub	Hubraum	Drehzahl	Radstand	Gewicht	Getriebe	Besonderheiten
Greckl	1948	MS	DM 10	1	10	V	102x146	1192	1200	1600	1240	5/2	Jeep-Basis
Greckl	1949 - 1950	MS	DS 16	1	15/16	V	105x146	1263	1500/1600	1600		5/2	

Gross

A. Gross GmbH, Baumaschinenfabrik,
Schwäbisch Gmünd, Lorcher Str. 108/112,
1945–1950

Aus einer 1823 von Andreas Gross gegründeten Schmiede ging vor dem Zweiten Weltkrieg die Firma A. Gross, Fabrik für Baugeräte und Transportanlagen hervor, die sofort nach Kriegsende mit der Montage von Acker- und Verkehrsschleppern begann. Deutz-, Hatz- und MWM-Motoren mit Leistungen von 11, 15, 22/24 und 28/30 PS kamen zum Einbau. Rund 30 Exemplare dürften gebaut worden sein, bevor sich das Unternehmen 1950 auf den Bau von Bagger-, Betonmisch- und Transportanlagen konzentrierte. Die Firma bestand bis 1988.

Gruse

August Gruse Maschinenfabrik,
Aerzen,
1950

Einen extrem leichten Schlepper, der als Vielfachgerät dienen sollte, bot diese 1869 einst in Schneidemühl/Posen-Westpreußen gegründete Landmaschinenfabrik an.

GTZ

Deutsche Gesellschaft für Technische Zusammmenarbeit (GTZ) GmbH,
Eschborn/Ts. u. H. Weyhausen GmbH, Ganderkesee,
1977–1980

Das Bundesministerium für wirtschaftliche Zusammenarbeit und Entwicklung beauftragte 1977 die Deutsche Gesellschaft für Technische Zusammenarbeit (GTZ) mit dem Entwurf eines »Universalackergerätes« (UAG) für Entwicklungsländer, das mit einfachsten Mitteln von Handwerks- und kleinen Betrieben vor Ort zusammengesetzt werden konnte. Das Fahrzeug sollte zur Boden- und Kulturenbearbeitung ebenso taugen wie als Antrieb stationärer Maschinen und zum Transport. Zugeliefert werden sollten lediglich der Antriebsstrang sowie die Achsuntersetzungsgetriebe, der Rest wie etwa der Y-förmige Rahmen (mit vorgesetztem Kastenträger) sollten lokal verfüg- oder herstellbar sein.

Entsprechende Geräteträger-Muster, nun als »Multi-Trac« bezeichnet, wurden 1980 in vier verschiedenen Baukastenausführungen unter Federführung der Firmen H. Weyhausen GmbH und Neunkirchener Achsenfabrik (NAF) hergestellt, wobei es sich um eine Einfach-, Komplett- und eine Riemenantriebsversion sowie um ein Trac-Modell handelte, bei dem der Fahrersitz vorne und die Ladefläche hinten angebracht waren. Für Vortrieb sorgten, ganz dem geplanten Zweck entsprechend, bekannt robuste und unverwüstliche Aggregate: Ein luftgekühlter Benziner (ein Käfer-Motor mit 25 PS) sowie zwei wassergekühlte Diesel-Triebwerke (ein auf 28 PS gedrosselter VW-Golf-Motor und ein englischer Petter-Diesel

52-PS-GTZ- »MultiTrac«, 1980.

mit 20 PS) standen zur Wahl, dazu kamen zur Kraftübertragung VW- und MF-Mähdreschergetriebe mit nachgeordneten Stirnradgetrieben und MF-Vorderachsen. Die Konstruktion war aber so ausgelegt, dass auch andere Motoren und Getriebe hätten Verwendung finden können.

20 Exemplare entstanden und wurden von der GTZ in verschiedenen Entwicklungsländern in Afrika, Asien und Südamerika vorgeführt. Schließlich setzte man in Nigeria auch einen Vierzylinder-Peugeot-Motor mit 52 PS ein. Das Interesse in den jeweiligen Ländern war aber nur gering, so dass eine Produktion nicht zustande kam.

GTZ-Geräteträger

Baureihe	Bauzeit	Motor Hersteller	Typ	Zylinder	PS	Kühlung	Bohrung x Hub	Hubraum	Drehzahl	Radstand	Gewicht	Getriebe	Besonderheiten
Kompettversion	1980	VW	122	4	25	L	77x64	1192	2500				Vergasermotor
Riemenantriebsversion	1980	Petter		2	20	W							Dieselmotor
Einfachversion	1980	VW	122	4	25	L	77x64	1192	2500				Vergasermotor
Trac-Version	1980	VW	068.5	4	28	W	76,5x86,4	1584					Dieselmotor
Multi Trac 6001	1980	Peugeot	504 XM 7 P	4	52	W	84x81	1796	3000	2080	1580	5/1	

Güldner

Güldner-Motoren-Werke Aschaffenburg, Zweigniederlassung der Gesellschaft für Lindes Eismaschinen AG,
Schweinheimer Str. 34

1. 1935-1965 **Güldner-Motoren-Werke Aschaffenburg, Zweigniederlassung der Gesellschaft für Eismaschinen AG,** Aschaffenburg
2. 1965-1969 **Linde Aktiengesellschaft Werksgruppe Güldner,** Aschaffenburg

Im Jahre 1904 gründeten Dr. Hugo Güldner (1866–1926) und Prof. Carl v. Linde (1842–1934), der Lehrer Rudolf Diesels, in München die »Güldner Motoren Gesellschaft, Motorenfabrik und Eisengießerei zur Erzeugung von Gasmotoren und Gasgeneratoren«. 1906 wurde das Unternehmen nach Aschaffenburg verlegt. Rohölmotoren und die seit 1908 gebauten Dieselmotoren rückten immer mehr in den Vordergrund und schärften das Produktionsprofil. Im Zuge der Weltwirtschaftskrise ging das Unternehmen an die Gesellschaft für Linde's Eismaschinen, die spätere Linde AG über, die sich bei Güldner als Großaktionär eingekauft hatte und einen beträchtlichen Teil der Motoren abnahm.

Ein erstes Interesse an der Schlepperfertigung bewies Güldner durch die Beteiligung an der »Moorkultur-Kraftpflug-Gesellschaft« in Berlin. Dabei wurde ein Güldner-Motor in den einstigen Artillerieschlepper gesetzt, wenn auch reichlich erfolglos. Nach dem nächsten Fehlschlag mit dem Bau eines »Hochleistungskrafttraktors« 1925 (über den keine technischen Einzelheiten erhalten sind), beschäftigte sich die Firma ab 1931 mit der Umrüstung von Fordson-Schleppern auf hauseigene Vierzylinder. Im Jahre 1935 versuchte Güldner dann einen eigenen Schlepper mit dem Fordson-Dreiganggetriebe auf die Räder zu stellen. Der »T 40«-Prototyp war mit einem Vierzylinder-40-PS-Diesel ausgestattet, der nach dem Luftspeicher-Verfahren arbeitete.

20-PS-Güldner A 20, 1937.

A20/A30/A40/AZ 25 (1937–1949)

Erst mit der nächsten Entwicklung, dem ebenfalls in Blockbautechnik gehaltenen Typ »A 20« mit Einzylinder-Wirbelkammer-Dieselmotor und 20 PS, gelang der Durchbruch. Bestückt mit Prometheus- oder ZF-Getriebe, brachte es der »A 20« bis in die Kriegszeit auf über 1500 Exemplare. Das Modell wurde in den Schell-Plan aufgenommen und auch von der Firma Deuliewag, die Motoren von Güldner bezog, gefertigt.

Ein weiteres Schleppermodell erschien in Gestalt des »A 30« mit dem parallel gebauten 2,2-Liter-Einheitsmotor mit Holzgasanlage von Deutz, der hier aber 30 PS erzeugte. Güldner montierte mit diesem Motor eine Vorserie von 20 Exemplaren, weitere Motoren gingen an Deuliewag und an Kramer.

25-PS-Güldner-Generatorschlepper AZ 25, 1941.

28-PS-Güldner A 28, 1948. Foto: ChiemseeMan, © PD

Im Rahmen der durch das Schell-Programm vorgegebenen Zusammenarbeit mit der Firma Deuliewag entwarf Güldner zu Beginn der Kriegszeit dann einen Holzgas-Schlepper mit Prometheus-Getriebe, den beide Firmen unter der Bezeichnung »AZ 25« bauten. Mähwerk, Seilwinde oder Spill gab es auf Wunsch.

Im Jahre 1944 erlitt das Güldner-Werk so schwere Zerstörungen, dass die geborgenen Maschinen und Teile in das Fahr-Werk nach Gottmadingen ausgelagert wurden.

20/22-PS-Güldner AF 20, 1951. Foto: W. Leiter, © PD

So konnte dort zumindest der seit 1942 gebaute Einheits-Holzgasmotor weiterproduziert werden. Als nach dem Krieg das Werk wieder aufgebaut und die Maschinenanlagen wieder in Aschaffenburg standen, lief 1946/47 die Produktion wieder an. Diesmal entstand unter der Bezeichnung »A 28« ein Zweizylinder-Schlepper, der wenig später »A 30 F« (F für Fahr-Getriebe) hieß. Neben dem hier verwendeten 2,6-Liter-Motor kam 1949 ein weiteres Zweizylinder-Dieseltriebwerk ins Programm, ein zuverlässiges Aggregat mit 1,3 Liter Hubraum, das bis in die 1960er Jahre hinein gebaut werden sollte und den Ruf von Güldner als Hersteller erstklassiger kleinvolumiger Motoren begründete. Der »A 15« erwies sich dank seines Achsabstands wie auch durch die große Bauchfreiheit als ideal für den Zwischenachseinbau von Geräten. Dieser wirtschaftliche Kleinschlepper mit Renk- und ZP-Getrieben war einer der ersten großen Verkaufsschlager des Unternehmens; er kam auf eine Stückzahl von 7366 Exemplaren. Das Nachfolgemodell »ADN« brachte es sogar auf 7827 Einheiten.

Typisch für diese Güldner-Schlepper waren die »Haifischmaul-Motorhauben« sowie die grüne Farbgebung. Die von Güldner verwendeten Getriebe stammten übrigens durchgängig von der Zahnradfabrik Friedrichshafen (ZF).

AZK/ALD/AX/AK 1953–1959

1953 überarbeitete Güldner sein Schlepperprogramm und entwickelte unter der Mitarbeit des vorherigen Primus-Ingenieurs Schmuck eine neue Motorenpalette, sowohl mit Wasser- als auch mit Luftkühlung. Mit dem »AZK« mit 12/14 PS von 1953 deckte Güldner das untere Schleppersegment ab. Ein Jahr später bot das Aschaffenburger Unternehmen mit dem »ALD« einen ersten luftgekühlten Traktor an. Über das Schwungrad wurde gleichzeitig auch Luft angesaugt, daher war der rechtsseitig angebrachte Deckel im Motorgehäuse durchbrochen. Die einströmende Luft kühlte somit auch das Kurbelgehäuse; was einen Ölkühler entbehrlich machte.

22-PS-Güldner ADA, 1953. Foto: W. Leiter, © PD

15/16-PS-Güldner ADN, 1953. Foto: W. Leiter, © PD

Güldner legte hier, wie auch bei den nachfolgenden Konstruktionen, Wert auf eine möglichst rationelle Produktion, die Motoren mit Luft- wie auch mit Wasserkühlung hatten große Ähnlichkeit. Diese Gleichteilestrategie reduzierte die Kosten in Produktion und Lagerhaltung.

Um im Schlepper-Programm auch einen Geräteträger führen zu können, griff Güldner auf die »Multitrac«-Konstruktion von Ritscher zurück, zumal durch die Motorenlieferungen an Ritscher gute Kontakte bestanden. Ritscher fertigte 486 Universalmaschinen mit dem ausziehbaren Rahmen, die von Güldner unter der Bezeichnung »Multitrac« in der Güldner-Farbgebung vertrieben wurden.

Um den damaligen Klein- und Nebenerwerbsbauern ein preiswertes Modell anzubieten, entwickelte Güldner 1956 zusammen mit Fahr dann die 11 und 13 PS starken Modelle der Baureihen »AX« (Fahr-Bezeichnung »D 66«) und »AK« (Fahr-Bezeichnung »D 88«), die sich durch die Motorhaubengestaltung und die Farbgebung voneinander unterschieden. Diese Kleinschlepper kamen auf 975 bzw. 7114 gefertigte Exemplare.

Da Güldner bis dahin Motoren im unteren Leistungsbereich fertigte, der Markt aber einen stärkeren Antrieb verlangte, brachte Güldner ab 1957 den »A 3 P« in den Handel. Mangels eines geeigneten Motors installierte Güldner hier einen Perkins-Dieselmotor. Der blau lackierte Traktor war kein sonderlich großer Erfolg, nur 200 Exemplare ent-

18-PS-Güldner ADS, 1954. Foto: W. Leiter, © PD

17-PS-Güldner-Geräteträger »Multitrac«, 1955. Foto: Gwafton, © CC-BY-SA-3.0

17-PS-Güldner ALD, 1957. Foto: ChiemseeMan, © PD

standen. Größeren Erfolg hatte Güldner hingegen mit dem neuen 16-PS-Modell »ADN«, von dem 7827 Stück verkauft werden konnten. In jener Zeit entstanden auch die sechs oder sieben Prototypen der »A 2 K«-Reihe, eines kleinen Allradschleppers mit Vierradlenkung.

Europa-Reihe 1959–1961

Auf dem Schleppermarkt wehte inzwischen ein rauer Wind, Güldner suchte geeignete Partner und vereinbarte 1959 mit der Landmaschinenfabrik Fahr eine Entwicklungsgemeinschaft, bei der Güldner sich auf den Leistungsbereich bis 24 PS, Fahr auf den Bereich bis 34 PS konzentrieren sollte. Als Ergebnis der Kooperation baute Güldner für beide Unternehmen den 15 PS starken »A 2 KS (Spessart)«, den ehemaligen Typ »AK« von 1956, den Fahr unter der Bezeichnung »D 88 E« vertrieb. Neu hinzu kamen hingegen der »A 2 D Tessin« bzw. »A 2 D L Tessin« mit 20 PS und Wasser- oder Luftkühlung (Fahr-Bezeichnung: »D 131 W« bzw. »D 131 L«). Mit geänderter Haube und anderer Farbgebung übernahm Güldner von Fahr hingegen den »D 133 N« oder »T« sowie den »D 177« bzw. den »D 177 S« (S für Schnellganggetriebe), Letztere mit Daimler-Benz-Motor, die bei Güldner als Baureihen »A 3 K Burgund« bzw. als »A 3 KT Burgund« und als »A 4 M Toledo« liefen. Allerdings erwies sich der eigene Dreizylindermotor für die Burgund-Baureihe als nicht standfest und sorgte für ständige Reklamationen.

15-PS-Güldner-Allradschlepper V2K Prototyp von 1959.

Gleichzeitig mit der Vorstellung der »Europa«-Schlepperbaureihe nahm Güldner das neue Montagewerk in Aschaffenburg-Nilkheim in Betrieb und richtete dort eine hochmoderne Fertigungsanlage mit reichlich Raum für Kapazitätserweiterungen ein.

G-Reihe 1962–1969

Im Jahre 1961 endete jedoch schon wieder die so verheißungsvoll begonnene Zusammenarbeit mit Fahr; der Einstieg von Klöckner-Humboldt-Deutz bei Fahr bedeutete das Ende der Kooperation. Güldner ließ die Fertigungseinrichtungen für das »Burgund«-Modell nach Aschaffenburg bringen, um diesen gefragten Typ weiter produzieren zu können. Die Motorenspezialisten bei Güldner überarbeiteten dann das anfällige Dreizylindertriebwerk und erhöhten sein Volumen, ohne ihn in der Leistung von 25 PS anzuheben. Jetzt endlich war er standfest. Bis 1965 entstanden von dieser Baureihe nochmals rund 3000 Einheiten. Nicht übernommen dagegen wurde der »Toledo«-Typ mit dem Mercedes-Diesel, zumal Güldner eine vollkommen neue luftgekühlte Einheitsmotoren-Baureihe mit quadratischen Kolbenmaßen entwickelte.

1962 erschienen dann mit den Modellen »G 40 Toledo« und »G 50 Gotland« die ersten Schlepper mit der neuen »L 79«-Motorbaureihe, wobei der »G 40« mit dem 36 PS starken Drei- und der »G 50« mit dem 48 PS starken Vierzylinder bestückt wurde. Beide Schlepper waren von außen kaum zu unterscheiden, trugen das neue Einheitsdesign mit schlanker Motorhaube, einer abgerundet-quadratischen Kühlermaske und roter Lackierung. Eine technische Raffinesse bildete die Lenkradschaltung.

1963 erweiterte Güldner das Programm um den neuen »G 25 Burgund« (den es auch in einer Schmalspur-Ausführung gab) nach unten, zwei Jahre später wurde der ehemalige »Spessart« mit altem Motor, aber neu-

20-PS-Güldner »Tessin«, 1965.

25-PS-Güldner »Burgund«, 1965.

er Kunststoffhaube als »G 15« wieder aufgelegt. Am oberen Ende baute Güldner dann mit dem Sechszylinder-Typ »G 75« in Normal- und in Allradausführung an, während 1968 mit dem »G 60« (Sechszylinder, 60 PS) auch die letzte Lücke im Programm geschlossen wurde.

Doch trotz dieser modernen Schlepper-Baureihe, die alle damaligen Leistungsstufen und Anforderungsbereiche abdeckte, wobei Güldner schließlich auch für den Forstbetrieb ausgelegte »AF«/Allrad-Forst-Modelle anbot, kam das Unternehmen im gesättigten Schleppermarkt auf keine profitablen Zahlen mehr, obwohl es die G-Baureihe auf über 33.000 Einheiten brachte: Die hohen Investitionen in die neue Motorenfertigung bildeten eine zusätzliche Belastung, da die Krise auf dem Schleppermarkt auch jene Kunden ergriffen hatte, die bislang Güldner-Motoren zugekauft hatten. Auch dieser Markt brach zusammen, und als dann auch noch die Zahnradfabrik Friedrichshafen (ZF) die Getriebefertigung im Bereich unter 80 PS Eingangsleistung einstellte, war das Ende besiegelt: Das Aschaffenburger Unternehmen gab im März 1969 nach einer turbulenten Vorstandssitzung die Motoren- und Schlepperfertigung sowie die Fertigung

15-PS-Güldner »Spessart«, 1965. Foto: Oliver Hallmann, © CC_BY-2.0

des mit einem hydrostatischen Antrieb versehenen Transportwagens »Hydrocar« auf: Nach über 100.000 gebauten Güldner-Schleppern war dieses Kapitel in der Geschichte des Unternehmens abgeschlossen.

Klöckner-Humboldt-Deutz übernahm die Ersatzteilfertigung; die Muttergesellschaft Linde AG baute weiterhin in Aschaffenburg Flurförderfahrzeuge (Gabelstapler) und hydrostatische Getriebe. 2006 lagerte sie die Gabelstaplersparte in die neugegründete Kion Group GmbH mit den Marken Linde, OM und Still aus, die den Finanzunternehmen Kohlberg Kravis Roberts & Co. (KKR) und Goldman Sachs Capital Partners gehört, um sich vollständig auf das Gasgeschäft zu konzentrieren. 2012 beteiligte sich das chinesische Staatsunternehmen Weichai Power Co. Ltd zu 30 Prozent an der Kion Group.

15-PS-Güldner G 15, 1965

38-PS-Güldner G 40 »Toledo«, 1966.

35-PS-Güldner G 35 A, 1967.

38-PS-Güldner G 40, um 1966.

50-PS-Güldner G 50, um 1966

75-PS-Güldner G 75, 1967

Güldner-Schlepper

Baureihe	Bauzeit	Motor Hersteller	Typ	Zylinder	PS	Kühlung	Bohrung x Hub	Hubraum	Drehzahl	Radstand	Gewicht	Getriebe	Besonderheiten
1. Schlepper													
1.1 Güldner-Schlepper der Anfangszeit													
a) Vorkriegszeit													
T 40	1935	Güldner	T 40	4	40	W	105x150	5192	1200			3/1	Prototyp
A 20	1937 - 1943	Güldner	1 F	1	20	W	115x150	1557	1500	1660	1590	4/1	Deuliewag-Güldner-Einheitstyp, ab 1948 18 PS
A 30	1941 - 1942	Güldner	2 E	2	30	W	100x140	2199	1500	1790	2040	4/1	Prototyp
AZ 25	1941 - 1944	Güldner	2 Z	2	25	W	130x150	3982	1500	2200	2090	4/1	Prototyp mit Holzgasmotor
b) Neuanfang nach dem Krieg													
A 28	1946 - 1948	Güldner	2 F	2	28	W	105x150	2598	1500	1790	1825	4/1	mit eigenem Getriebe Radstand 1800 mm
AF 30 (A 30 F)	1948 - 1951	Güldner	2 F	2	30	W	105x150	2598	1500	1790	2040	5/1	ab 1951 Radstand 1790 mm
A 15	1949 - 1950	Güldner	2 D 15	2	15/16	W	85x115	1304	1800	1550	1225	4/1	ab 1950 17 PS und 5/1-Getriebe
AF 15	1949 - 1954	Güldner	2 D 15	2	15/16	W	85x115	1304	1800	1550	1250	5/1	ab 1952 17 PS
AF 20	1951 - 1952	Güldner	2 DA	2	20/22	W	95x115	1630	1800	1550	1375	5/1	
AF 30 P	1951 - 1952	Güldner	2 F	2	30	W	105x150	2598	1500	1790	2040	5/1	Portalachsen, ab 1952 32 PS, Radstand 1800 o. 1880 mm
ADA	1952 - 1955	Güldner	2 DA	2	22	W	95x115	1630	1800	1785	1325	5/1	
AFN	1952 - 1957	Güldner	2 FN	2	35	W	105x140	2425	1500	1902	1870	5/1	
AZK	1953 - 1958	Güldner	2 K/2 KN	2	12/14	W	75x100	883	2000	1748	1050	5/1	auch 6/1-Getriebe, auch Radstand 1558 mm
ADN	1953 - 1958	Güldner	2 DN	2	15/16	W	85x115	1304	1800	1790	1075	5/1	auch 6/1-Getriebe, auch Radstand 1600 mm
AFS	1953 - 1957	Güldner	2 FN	2	28	W	105x140	2425	1500	1902	1870	5/1	
ALD	1954 - 1959	Güldner	2 LD	2	17	L	85x115	1304	2000	1775	1050	5/1	auch 6/1-Getriebe
ADS	1954	Güldner	2 DN	2	18	W	85x115	1304	1800	1790	1100	5/1	auch 6/1-Getriebe, Radstand 1752 mm, 1285 kg
ABN	1954 - 1958	Güldner	2 BN	2	25	W	95x130	1840	1800	1870	1425	6/1	ab 1958 2 BS-Motor
ALK	1955 - 1957	Güldner	2 LK	2	12	L	75x100	883	2500	1723	1025	5/1	auch 6/1-Getriebe
ABS	1955 - 1958	Güldner	2 BN	2	22	W	95x130	1840	1800	1870	1420	6/1	ab 1958 2 BS-Motor
ALB	1955 - 1958	Güldner	2 LB	2	22	L	95x130	1840	1800	1886	1400	6/1	
1.2 Schlepper der Baugemeinschaft Güldner-Fahr													
AX/A 1 X (Sprinter)	1956 - 1959	Güldner	LX	1	11	L	90x100	636	2500	1650	800	6/2	Fahr-Paralleltyp D 66, auch 9/3-Getriebe
AK (Spessart)	1956 - 1958	Güldner	2 LKN	2	13	L	75x100	883	2300	1650	860	6/2	Fahr-Paralleltyp D 88 E, auch 9/3-Getriebe
A 3 P	1957 - 1959	Perkins	P 3/144	3	32	W	88,9x127	2360	2000	1885	1700	5/1	auch 8/2-Getriebe
ADK	1958 - 1959	Güldner	2 DNS	2	15	W	85x115	1304	1800	1600	1100	5/1	auch 6/1-Getriebe
ADN	1958	Güldner	2 DNS	2	16	W	85x115	1304	1800	1790	1100	5/1	auch 6/1-Getriebe, auch Radstand 1600 mm
AB	1958 - 1959	Güldner	2 BS	2	25	W	95x130	1840	1800	1965	1460	6/1	
ABL	1958 - 1959	Güldner	2 LB	2	25	L	95x130	1840	1800	1965	1460	6/1	auch Radstand 1972 mm
V 2 K	1959	Güldner	2 LKN	2	15	L	75x100	885	2590			6/3	Allradantrieb, Vierradlenkung, Prototypen
1.3 Schlepper der Europa-Baureihen													
A 2 KS (Spessart) ab 1960 A 2 KN)	1959 - 1965	Güldner	2 LKN	2	15	L	75x100	885	2590	1650	890 - 940	6/2	auch 9/2-Getriebe
A 2 D	1959 - 1960	Güldner	2 DNS	2	20	W	85x115	1304	2200	1850	1340	8/4	Fahr-Paralleltyp D 131 W, auch Radstand 1800 mm
A 2 DL	1959 - 1960	Güldner	2 LD	2	20	L	85x115	1304	2200	1850	1340	8/4	Fahr-Paralleltyp D 131 L, auch Radstand 1800 mm
A 2 L (ab 1962 Tessin)	1959 - 1962	Güldner	2 LD	2	20	L	85x115	1304	2200	1850	1340	8/4	Fahr-Paralleltyp D 132 L
A 2 W (ab 1962 Tessin)	1959 - 1962	Güldner	2 DNS	2	20	W	85x115	1304	2200	1850	1340	8/4	Fahr-Paralleltyp D 132 W
A 2 B	1959 - 1960	Güldner	2 BS	2	25	W	95x130	1840	1800	1980	1460	6/1	
A 2 BL	1959 - 1960	Güldner	2 LB	2	25	L	95x130	1840	1800	1980	1460	6/1	
A 3 K (Burgund)	1959 - 1962	Güldner	3 LKN	3	25	L	75x100	1327	2600	1886	1465	8/4	Fahr-Paralleltyp D 133 N
A 3 KT (Burgund T)	1959 - 1962	Güldner	3 LKN	3	25	L	75x100	1327	2600	2000	1450	8/4	T für Tragschlepper, Fahr-Paralleltyp D 133 T
A 4 M (MS) Toeldo	1959 - 1962	DB	OM 636 VI-E	4	34	W	75x100	1767	3000	1950	1660	8/4	Fahr-Paralleltyp D 177 (S)
Burgund/A 3 KA	1962	Güldner	3 LKA	3	25	L	80x100	1500	2600	1886	1465	8/4	
Burgund T/A 3 KAT	1962 - 1965	Güldner	3 LKA	3	25	L	80x100	1500	2600	2000	1580	8/4	
1.4 Schlepper der G-Baureihe													
Toledo/ G 40	1962 - 1963	Güldner	3 L 79	3	36	L	100x100	2356	2300	1954	2100	8/4	
Gotland/G 50	1962 - 1963	Güldner	4 L 79	4	48	L	100x100	3140	2200	2200	2680	8/4	
Burgund/ G 25/G 25 E	1963 - 1969	Güldner	2 L 79	2	24	L	100x100	1570	2300	1854	1750	8/4	Zusatz »S« für Schnellganggetriebe, auch für Folgende
G 30	1963 - 1969	Güldner	3 L 79	3	32	L	100x100	2356	1800	1954	1865	8/4	
G 40 A	1963 - 1969	Güldner	3 L 79	3	36	L	100x100	2356	2300	1954	2345	8/4	Allradversion, ab 1964 38 PS
G 40	1964 - 1969	Güldner	3 L 79	3	38	L	100x100	2356	2300	1954	2080	8/4	Allradversion

Güldner-Schlepper													
Baureihe	Bauzeit	Motor Hersteller	Typ	Zylinder	PS	Kühlung	Bohrung x Hub	Hubraum	Drehzahl	Radstand	Gewicht	Getriebe	Besonderheiten
G 50	1964 - 1969	Güldner	4 L 79	4	50	L	100x100	3140	2300	2203	2570	8/4	Fotstversion G 50 F
G 50 A	1964 - 1969	Güldner	4 L 79	4	50	L	100x100	3140	2300	2200	2960	8/4	Allradversion, Forstversion als Typ G 50 AF
G 40 W	1965 - 1969	Güldner	3 L 79	3	38	L	100x100	2356	2300	1954	1675	8/4	Weinbergschlepper, Breite 1076 mm
G 15	1965 - 1967	Güldner	2 LKN	2	15	L	75x100	885	2590	1650	860	6/2	auch 9/2-Getriebe
G 45	1965 - 1969	Güldner	4 L 79	4	45	L	100x100	3140	2000	2092	2095	8/4	
G 45 A	1965 - 1969	Güldner	4 L 79	4	45	L	100x100	3140	2000	2102	2405	8/4	Allradversion
G 75	1965 - 1967	Güldner	6 L 79	6	70	L	100x100	4712	2000	2416	3050	8/4	
G 75 A	1965 - 1967	Güldner	6 L 79	6	70	L	100x100	4712	2000	2416	3250	8/4	Allradversion
G 35	1967 - 1969	Güldner	3 L 79	3	35	L	100x100	2356	2200	1954	1895	8/4	
G 35 A	1967 - 1969	Güldner	3 L 79	3	35	L	100x100	2356	2200	1954	2215	8/4	Allradversion
G 75	1967 - 1969	Güldner	6 L 79	6	75	L	100x100	4712	2200	2416	3000	8/4	
G 75 A	1967 - 1969	Güldner	6 L 79	6	75	L	100x100	4712	2200	2416	3380	8/4	Allradversion, Forstversion G 75 AF
G 60	1968 - 1969	Güldner	6 L 79	6	60	L	100x100	4712	2000	2315	2750	8/4	
G 60 A	1968 - 1969	Güldner	6 L 79	6	60	L	100x100	4712	2000	2315	3160	8/4	Allradversion, Forstversion als Typ G 60 AF
2. Geräteträger													
Multitrac	1955 - 1957	Güldner	2 LD	2	17	L	85x115	1304	2000	1730 -	1280	2x5/1	auch 6/1-Getriebe

Gumbinnen

Vereinigte Maschinenfabriken Gumbinnen AG,
Gumbinnen/Ostpr., Königstr. 48,
1919–1925

Die einst größte Landmaschinenfabrik in Ostpreußen war 1860 gegründet und 1906 mit einem Unternehmen in Pillkallen zur den »Vereinigten Maschinenfabriken Gumbinnen« zusammengeschlossen worden. Dreschmaschinen, Schweröl- und Dieselmotoren sowie vielfältige Landmaschinen entstanden in dem 400 Mann starken Betrieb, dem eine Eisengießerei angeschlossen war.

Unter der Marke »Centaur« fertigte das Unternehmen auch einen 30-PS-Radschlepper mit eigenem Motor, der mit Benzol gestartet wurde und nach einer Erwärmungsphase angeblich auf den Rohölbetrieb umgestellt werden konnte. 1946/49 versuchte die Firmenleitung erfolglos einen Neuanfang in Wilhelmshaven als Gumbinner Maschinenfabrik GmbH in Wilhelmshaven, Bremer Str. 52 mit gummibereiften Ackerwagen der Marke »Jade«.

30-PS-Gumbinnen-Rohölschlepper »Centaur«, 1925.

Gutbrod

Gutbrod-Werke GmbH,
Bübingen bei Saarbrücken
1. 1946-1951 **Motostandard GmbH,** Plochingen
2. 1951-1995 **Gutbrod-Werke GmbH,** Bübingen b. Saarbrücken

1926 gründete der Maschinenbauingenieur Wilhelm Gutbrod (1890–1948) in Ludwigsburg die Standard-Fahrzeug-Fabrik GmbH. Hauptprodukt war zunächst die Fertigung von Motormähern der Marke »Rapid« nach einer schweizerischen Lizenz im Zweigwerk Murr. Im Laufe der Zeit machten Motorräder der Marke »Standard«, Kleinlastwagen der Marke »Atlas«, Personenwagen der Marke »Superior« und schließlich auch Traktoren unter den Namen »Farmax«, »Farmax-Standard« und »Gutbrod« das Unternehmen bekannt.

Nach der demontagebedingten Verlagerung der Firma von Ludwigsburg und Plochingen nach Bübingen entwickelte der Gutbrod-Ingenieur

10-PS-Gutbrod-Geräteträger »Farmax«, 1950.

Martin Hausner neben Motormähern und Motorhacken als originelle Neuschöpfung auf dem deutschen Schlepper-Markt in der Heidenheimer Versuchswerkstatt die »Farmax-Ackerbaumaschine«.

Bei diesem ungewöhnlichen Allzweck-Fahrzeug waren ähnlich dem Primus-»Packesel« Motor und Fahrersitz hinten, während über dem vorderen Gerippe-Fahrzeugrahmen eine Ein-Tonnen-Ladepritsche saß. Zur Beobachtung der Zwischenachseinbaugeräte ließen sich die Bodenbretter der Pritsche herausnehmen. Ein einachsiger, hebbarer Pflug und ein Mähbalken waren am Fahrzeugrahmen angebracht. Der vorn mit Pkw-, hinten mit Lkw-Rädern bestückte Schlepper besaß einen Wendekreis von lediglich zwei Metern und konnte durch die auf die Hinterachse wirkenden Lenkbremsen und den extrem großen Lenkeinschlag der Räder nahezu auf der Stelle drehen. Zwei Motoren standen zur Auswahl. Der »Farmax 140« besaß den Gutbrod-Zweizylinder-Zweitaktmotor mit 12, maximal 14 PS, der auch in den Kleinlastwagen »Atlas 800« eingebaut wurde.

25-PS-Gutbrod ND 25, 1950.

Der »Farmax 10 D« war mit dem unkultiviert laufenden Farny und Weidmann-Einzylinder-Dieselmotor mit 10 PS bestückt. Angeflanscht war ein unsynchronisiertes Dreiganggetriebe. Die »Farmax«-Nutzlast lag bei einer Tonne; diese stieg noch, wenn der Triebachs-Schröter-Anhänger des Alpenland-Werkes angekuppelt wurde. Der hohe Preis und die zu schwache Motorisierung verhinderten einen durchschlagenden Erfolg dieses Spezialfahrzeugs, das nur in rund 100 Exemplaren entstand.

Daneben konstruierte das Unternehmen einen leichten und zwei (gleich gestaltete) mittlere Ackerschlepper mit der gemeinsamen Bezeichnung »Farmax-Standard«. Zwei- und Dreizylinder-Deutz- oder MWM-Motoren mit 15, 25 und 40 PS kamen zum Einbau. Zum Bau dieser Schlepper war Gutbrod zwangsverpflichtet worden. Sie entstanden ausschließlich für den französischen Markt und wurden im Werk Plochingen und ab 1951 im »Waldlager« Althengstett bei Calw montiert. Nach der Produktionseinstellung übernahmen 1952 die Firmen Funk und Sulzer die Fertigungsrechte und baute die Schlepper in leicht veränderter Version weiter.

Die Söhne Walter und Wolfgang sahen nach dem Tod des Vaters die größere wirtschaftliche Chance im Bau von Personen- und Lieferwagen mit eigenen Zweitaktmotoren. Wolfgang Gutbrod errang mit einem Sportwagen, angetrieben von einem Einspritzmotor, mehrere Siege. Die kostspielige Produktion führte 1953 zu einem außergerichtlichen Vergleich. Die Automobilproduktion musste aufgegeben werden; die Brüder Gutbrod konzentrierten sich zunächst auf den Bau von Bodennbearbeitungsmaschinen im verbliebenen Werk in Bübingen.

Im Jahre 1957 nahm Gutbrod erneut den Schlepperbau auf, diesmal mit einem ultraleichten 8-PS-Kleinstschlepper. 1962/63 folgte die Spezialschlepper-Baureihe »Superior« für Gartenbaubetriebe, kommunale Einrichtungen und für die private Gartenpflege. Gutbrod hatte für diese Modelle eine Lizenz des bewährten Massey Ferguson-Typs »Elf« erworben. Erstmals erhielt ein Kleinschlepper außer dem Modell »Superior 1010« serienmäßig ein Zahnradgetriebe anstelle der sonst üblichen Keil-

30-PS-Gutbrod-Weinbergschlepper T 8 EA, 1980.

25-PS-Gutbrod-Kompaktschlepper 4200, 1993.

riemenübertragung. MAG-, Gutbrod- und Renault-Motoren kamen in dem Rahmenbauschlepper zum Einsatz, ab 1968 auch ein Allradantrieb. (Die Motorenfabrik Hirth stellte im Auftrag die Gutbrod-Zweitakt-Vergasermotoren her.)

Mit der Übernahme der Produktionsbereiche der schmalspurigen Weinberg- und Kommunalschlepper der Firma Bungartz und Peschke in Hornbach/Pfalz erweiterte Gutbrod 1974 seine Kapazitäten. Zu den eigenen Schleppern gesellten sich nun die ehemaligen Bungartz- und Peschke- bzw. Dexheimer-Weinberg-Schlepper »T 8 DK« und »T 9 DK«.

Als zweites Standbein baute Gutbrod die von Bungartz übernommene Kommutrac-Baureihe auf, die für Großflächen-Grünanlagen konzipiert war. Der Bau der Weinbergschlepper lief 1980 aus, der Bau der Kommunalfahrzeuge zu Beginn der 1990er Jahre. Schwerpunkt bildeten jetzt die kompakten Kommunalschlepper. 1990 konnte das mit Rechtssitz in Frankfurt a. Main ansässige Unternehmen die Ingersoll Equipment Company Inc. übernehmen und so die Kleinschlepperproduktion für den amerikanischen Markt forcieren.

In Frankreich war das Gutbrod-Unternehmen mit der Firma Someran S.A., der ehemaligen Gutbrod-France, mit dem Markennamen Motostandard vertreten. In Ungarn gründete Gutbrod die Gutbrod-Robix GmbH.

Neben den bis etwa 1995 gebauten Kleinschleppern bot das Gutbrod-Werk ein umfangreiches Programm an Motormähern und Zusatzgeräten zur Bodenbearbeitung und zur Bodenpflege an. Seit Ende des Jahrhunderts hält die Modern Tool and Die/MTD Products Inc., Cleveland, über die deutsche Gesellschaft MTD Products AG in Saarbrücken die Anteile am Gutbrod-Unternehmen. Hand- und Aufsitzmäher, Vertikutierer und Motorhacken sind heute die Produktionsartikel des Gutbrod-Werkes.

Gutbrod-Schlepper

Baureihe	Bauzeit	Motor Hersteller	Typ	Zylinder	PS	Kühlung	Bohrung x Hub	Hubraum	Drehzahl	Radstand	Gewicht	Getriebe	Besonderheiten
1. Standardschlepper													
Standard ND 15	1949 - 1951	MWM	KDW 415 E	1	14/15	W	100x150	1178	1600	1380	1320	4/1	
Standard ND 15	1950 - 1951	MWM	KDW 415 E	1	14/15	W	100x150	1178	1600	1515	1290	5/1	
Standard ND 25	1950 - 1951	Deutz	F 2 M 414	2	25	W	100x140	2198	1500	1670	1700	4/1	
Standard ND 40 (36)	1950 - 1951	Deutz	F 3 L 514	3	40	L	110x140	3990	1500	2000	1900	4/1	auch 7/2-Getriebe
Standard ND 40 (36)	1950 - 1951	MWM	KDW 415 D	3	36/40	W	100x150	3524	1600	1860	1930	7/2	
2. Kleinschlepper													
Superior	1957 - 1964	Hirth	D 24	1	8	L	77x96	447	2500		300		Vergasermotor
Superior 1032	1962?	MAG-Gutbrod	1032	1	10	L	77x74	350	3800				dito
Superior 1030	1963 - 1965	MAG-Gutbrod	1030	1	8	L	68x75	272	3800	1100	330	4/2	dito, Breite 700 - 800 mm
Superior 1040	1964 - 1966	MAG-Gutbrod	1040	1	10	L	74x82	392	3600	1180	350	8/2	Vergasermotor
Superior 1020	1966	MAG-Gutbrod	1030	1	8	L	68x75	272	3800				
Superior 1020	1967 - 1968	Kohler	K 141 T	1	7	L	74,6x63,5	277	3600	1120	216	3/1	
Superior 1025	1967 - 1968	MAG-Gutbrod	1031	1	9	L	77x68	318	3600	1120	252	3/1	
Superior 1031	1967 - 1968	MAG-Gutbrod	1031	1	9	L	77x68	318	3600	1150	273	4/2	Vergasermotor
Superior 1050	ab 1967	MAG-Gutbrod	1045	1	12	L	88x74	450	3600	1250	320	4/1	
Superior 1050 D	ab 1967	Farymann	LBA	1	12	L	95x82	581	3000	1250	476	4/1	
Superior 1017 A	ab 1967	MAG-Gutbrod	1026	1	7	L	74x60	258	3500	1220	330	3/1	Vergasermotor
Superior 1050	1967 - 1976	MAG-Gutbrod	1045	1	12	L	88x74	450	3600	1250	410	4/1	

Gutbrod-Schlepper													
Baureihe	Bauzeit	Motor Hersteller	Typ	Zylinder	PS	Kühlung	Bohrung x Hub	Hubraum	Drehzahl	Radstand	Gewicht	Getriebe	Besonderheiten
Superior 1050 D	ab 1967	Farymann	LBA	1	12	L	95x82	581	3000	1250	500	4/1	
Superior 1026 A	ab 1968	MAG-Gutbrod	1032	1	10	L	77x74	345	3600	1220	350	3/1	Vergasermotor
Superior 1032	1969 - 1976	MAG-Gutbrod	1032	1	10	L	77x74	345	3600	1150	390	4/2	
Superior 2060	1969 - 1976	MAG-Gutbrod	2060	2	16	L	70x72	554	3600	1250	450	4/1	Vergasermotor
Superior 2060	ab 1969	Ruggerini	CRD 100 P	1	16	L	100x95	741	3000	1240	800	6/1	
Superior 2500 D	ab 1975	MAG-Gutbrod	1071 DRT	1	18	L	95x105	744	2700	1400	900	8/2	
Superior 2500	ab 1975	Renault	800-45	4	20	W	58x80	845	3000	1400	900	7/2	Vergasermotor
Superior 3000	ab 1975	Renault	600-01	4	25	W	58x80	845	3700	1520	1800	8/2	
Superior 3000	ab 1975	Renault	800-01	4	27	W	58x80	845	3700	1520	1100	8/2	
Superior 1010	ab 1975	Briggs & Str.	191 707	1	7,2	L	76x70	320	3600	1100		4/1	
Superior 1018	ab 1975	Briggs & Str.	251 417	1	10	L	87,3x67,2	400	3700	1225		5/1	
Gutbrod/MTD 1060 HS	ab 1975	Briggs & Str.	326 431	1	12	L	90,5x82,5	530	3500	1200		4/1	
Superior 2400 D	1980 - 1982	Kubota	Z 500-1-BG	2	14	L	68x70	508	3000		498		
Superior 2600 D	1980 - 1982	Kubota	Z 751 BG	2	18	W	76x82	743	3000				
Superior 2900 D	1980 - 1982	Isuzu	3 AB 1-B02	3	35	W	86x102	1773	2600				
GT 40 A	1980 - 1982	Isuzu	3 AB 1-B02	3	37	W	86x102	1773	2600		1250		Schmalspur-Typ
Superior 2400	1982 - 1987	Renault	839-06	4	18	W	55,8x80	782	2800		495	4/1	Vergasermotor
Superior 2400 D	1982 - 1987	Kubota	Z 500-1-BG	2	14	W	68x70	510	3000		496	4/1	
Superior 2500	1982 - 1987	Renault	800-45	4	22	W	58x80	845	3200		505	8/2	Vergasermotor
Superior 2600 D	1982 - 1987	Kubota	Z 751 BG	2	18	W	76x82	743	3000		580	8/2	
Superior 2600 DA S	1982 - 1987	Kubota	Z 851 BG	2	18	W	82x82	866	3000		645	8/2	Allradantrieb
Superior 2500 H	1982 - 1987	Renault	800-45	4	22	W	58x80	845	3200		520	Hydr.	Vergasermotor, hydrostatischer Antrieb
Superior 4300	1982 - 1987	VM	SV 298	3	30	W	98x95	1423	3000	1600	1060	12/4	
Superior 2850 D	1982 - 1987	Isuzu	3 AB 1-B02	3	34	W	86x102	1773	2600		1120	Hydr.	
Superior 2850 DA	1982 - 1987	Isuzu	3 AB 1-B02	3	34	W	86x102	1773	2600		1190	Hydr.	Allradantrieb
Superior 2850 Hydrostat	1987	Isuzu	3 AB 1-B02	3	34	W	86x102	1773	2600		1120	Hydr.	
Superior 4300	1987	VM	SV 298	3	30	W	98x95	1423	3000	1600	1060	12/4	auch Hino-Motor MS 142
Superior 1500 D	1990 - 1993	Kubota	Z482-B	2	14	W	72x73,6	594	3200	1350	464		
Superior 4200	1990 - 1995	Hino	CS 100	3	19	W	76x73,6	1004	2500	1395	1125	20/13	auch Radstand 1295 mm
Superior 4250	1990 - 1995	Hino	CS 122	3	25	W		1220	1900	1395	1125		auch Radstand 1295 mm
Superior 2350 D	1990 - 1995	Kubota	Z 500	2	12	W	68x70	508	3000	1400	610		
Superior 4200	1993 - 1995	Kubota	D905-B	3	25	W	72x73,6	898	3600		860		Allradantrieb
Superior 4350	1993 - 1995	Hino	MS 150	3	35	W	78x78,4	1505	2750	1600	1155	20/13	
Superior 5018	1994 - 1995			3	17						900		
3. Weinbergschlepper													
T-8-DA	1975 - 1980	Deutz	F 2 L 912	2	30	L	100x120	1880	2300	1530	1410	6/1	Ex-Bungartz & Peschke-Typ
T-8-DK	1975 - 1980	Deutz	F 2 L 912	2	30	L	100x120	1880	2300	1490	1160	6/1	
T-8-DKU	1975 - 1980	Deutz	F 2 L 912	2	30	L	100x120	1880	2300	1530	1220	6/1	
T 9 DA	1975 - 1980	Deutz	F 3 L 912	3	52	L	100x120	2826	2500	1745	1560	8/2	
T 9 DK	1975 - 1980	Deutz	F 3 L 912	3	52	L	100x120	2826	2500	1780	1500	8/2	
4. Geräteträger													
Farmax 10 D	1949 - 1950	Farymann	DL 2	1	10	W	90x120	763	1750	1450	910	3/1	
Farmax 10 O	1949 - 1950	Gutbrod	2 Z 60	2	12	L	70x75	576	3000	1450	850	3/1	maximal 14 PS
5. Mehrzweckfahrzeuge													
Kommutrac 25	ab 1975	VW	124 A	4	42	L	85,5x69	1584	3000	1615	1220	6/1	Vergasermotor
Kommutrac 25 A	ab 1975	WV	124 A	4	42	L	85,5x69	1584	3000	1650	1340	6/1	dito, Allradantrieb
Kommutrac 40	ab 1975	VW	124 A	4	43	L	85,5x69	1584	3000	1615	1240	6/1	Vergasermotor
Kommutrac 40 A	ab 1975	VW	124 A	4	43	L	85,5x69	1584	3000	1650	1370	6/1	dito, Allradantrieb
Gutbrod 3000	ab 1982	Renault	688-45	4	34	W	70x72	1108	3100		1310	8/2	Vergasermotor, Vierradlenkung
Kommutrac 34	ab 1982	Renault	688-45	4	34	W	70x72	1108	3100		1310	8/2	
Kommutrac 34 A	ab 1982	Renault	688-45	4	34	W	70x72	1108	3100		1330	8/2	Allradantrieb

Gutter

F. X. Gutter,
Weißenhorn b. Ulm, Obere Mühlstr. 12 und Roggenburgerstr. 1–5,
1936–1958/61

Die 1864 in Seitshofen gegründete Landmaschinen-Reparaturwerkstatt, 1898 als Landmaschinenfabrik (Dreschmaschinen) nach Weißenhorn verlegt, nahm 1936 unter der Leitung von Ludwig und Xaver Gutter den Bau eines 22-PS-Schleppers mit MWM-Motor und Prometheus- oder Hurth-Getriebe auf. Aus eigener Fertigung stammten die Vorderachse und die Blechteile. Nach 62 Modellen musste die Fertigung 1939 eingestellt werden. Mit der Währungsreform gelang dem Unternehmen der Neustart im Traktorenbau. Mit Ein- und Zweizylinder-MWM-Motoren sowie

22-PS-Gutter, 1938. Foto: Günter Propfe

ZF- und ZA-Getrieben entstand im unteren Segment ein breit gefächertes Programm. Die auch bei Kögel, LHB, Sulzer verwendete Haube mit den senkrechten Blechstreben und der markanten Raute nutzte auch Gutter für einige Baureihen. Schließlich stieg Gutter 1955 auf Deutz-Motoren um. Als die eigene Schleppermontage 1958 nach dem Tod von Xaver Gutter eingestellt werden musste, vertrieb das Unternehmen Sulzer-Fahrzeuge mit dem Gutter-Emblem. Zwischen 800 und 1000 Fahrzeuge sollen entstanden sein. Heute ist das Unternehmen im Autohandel tätig.

15-PS-Gutter G 15, 1955. Foto: W. Leiter, © PD

Gutter-Schlepper

Baureihe	Bauzeit	Motor Hersteller	Typ	Zylinder	PS	Kühlung	Bohrung x Hub	Hubraum	Drehzahl	Radstand	Gewicht	Getriebe	Besonderheiten
Typ A	1938	MWM	KD 15 Z	2	20/22	W	95x150	2120	1500				
GD 28	1948 - 1951	MWM	KD(W) 415 Z	2	28	W	100x150	2356	1500				
GD 14	1949 - 1952	MWM	KD(W) 415 Z	1	14	W	100x150	1178	1600				
GD 12	1954 - 1956	MWM	KD 12 E	1	12	W	95x120	850	2000				
GD 12	1954 - 1955	MWM	AKD 12 E	1	12	L	98x120	905	2000		850		
GD 15	1954 - 1956	MWM	KDW 415 E	1	15	L	100x150	1178	1600		1300	5/1	
GD 17	1954 - 1955	MWM	KD 211 Z	2	17	W	85x110	1248	1980				
GD 17	1954 - 1956	MWM	AKD 12 Z	2	17	L	98x120	1810	1900		1400	5/1	17/1900
GD 24 L	1954 - 1956	MWM	AKD 112 Z	2	24	L	98x120	1810	2000			5/1	
GD 24	1954 - 1955	MWM	KD 12 Z	2	24	W	95x120	1689	2000		1400	5/1	später KDW 211 Z
GD 25	1955	Deutz	F 2 M 414	2	22/24	W	100x140	2198	1600			5/1	auch 2x4/1-Getriebe
G 22 L	1958 - 1961	Deutz	F 2 L 612	2	22	L	90x120	1526	2100				
GD 25	1958 - 1961	Deutz	F 2 L 712	2	25	L	95x120	1700	2100	1840	1290		Sulzer-Typ S 25 L
G 18 L	1959 - 1961	Deutz	F 1 L 712	1	13/14	L	95x120	850	2100	1730	890	6/2	Sulzer-Typ S 13 L
GD 18 L	1959 - 1961	MWM	AKD 311 Z	2	18	L	90x110	1400	2000	1725	1280	5/1	Sulzer-Typ S 18 L
GD 20	1959 - 1961	MWM	AKD 10 Z	2	18	L	80x100	1004	1800				Sulzer-Typ S 20 LT
GD 18 L	1959 - 1960	Deutz	F 2 L 712	2	24	L	95x120	1700	2100	1990	1290	6/1	Sulzer-Typ S 25 LT

Haas

Otto Haas Landmaschinen und Traktorenbau (auch Traktoren- und Maschinenfabrik),
Sallach b. Gangkofen, Gangkoferstr.,
1956–1963

30-PS-Haas HRL 30, 1959

Im Jahre 1935 hatte Otto Haas eine Landmaschinenfertigung eingerichtet, die vor allem Stein-Schrotmühlen und Stalldungstreuer herstellte. In den 1950er Jahren kam der Vertrieb der Röhr-Traktoren hinzu. Nach dem Ende der Röhr-Traktorenfertigung erwarb die Otto Haas Maschinenfabrik die Produktionsrechte, sämtliche Präge-Stanz- und Presswerkzeuge sowie die restlichen Röhr-Ersatzteile und noch bereitstehende Motoren. Die Ersatzteilversorgung der Röhr-Kunden in Deutschland, in Belgien und in Argentinien konnte somit sichergestellt werden. Da weiterhin Interesse an den mehr oder minder individuell zusammengesetzten Röhr-Schleppern bestand, bereitete Otto Haas die Fortführung der Röhr-Modellreihen vor. Bis eine eigene Montagehalle aufgebaut war, entstanden insbesondere die kleinen Röhr-Schlepper weiterhin in Landshut. Als jetziger Röhr-Haupthändler belieferte er deutsche Kunden, aber auch Interessenten in Österreich, in den Benelux-Staaten, in Griechenland und in der Türkei. Auch wenn nur 250 bis 300 Haas-Konfektions-Schlepper montiert wurden, so war die Typenvielfalt wieder enorm, da Haas jeden Kundenwunsch erfüllte. Auch drei 60-PS-Giganten haben das Werk verlassen; im Rahmen eines Kompensationsgeschäftes hatte Haas diese Motoren von der Firma Primus erhalten, wo sie für den Typ PD 60 bestimmt gewesen waren. Die Fahrzeuge trugen bis auf den Typ Haas 30 R weiterhin den Röhr-Schriftzug und wurden auch in den Werbeblättern als Röhr-Modelle angeboten. Als Otto Haas 1963 starb, lief die Fertigung aus.

Haas-Schlepper

Baureihe	Bauzeit	Motor Hersteller	Typ	Zylinder	PS	Kühlung	Bohrung x Hub	Hubraum	Drehzahl	Radstand	Gewicht	Getriebe	Besonderheiten
12 R / 12 RA / HR 12	1955 - 1957	MWM	KD 12 E	1	12	W	95x120	850	2000	1680	980		
17 R	1955 - 1956	MWM	KD 211 Z	2	17	W	85x110	1248	2000				
18 H / HR 18	1955 - 1958	MWM	KD 211 Z	2	18	W	85x110	1248	2000	1734	1040/1140		
24 RA / HR 28	1955 - 1958	MWM	KD 12 Z	2	24	W	95x120	1689	2000			6/1	
24 RA / HR 28	1955 - 1958	MWM	KD 12 Z	2	24	W	95x120	1689	2000			6/1	
28 R / HR 28	1955 - 1963	MWM	KDW 415 Z	2	28	W	100x150	2356	1500	1875	1780	7/1	
HR 40	1955 - 1957	MWM	KDW 415 D	3	40	W	100x150	3534	1500				
HR 15	1956 - 1959	MWM	KD 211 Z	2	15	W	85x110	1248	1850			5/1	
HRL 15	1956 - 1962	MWM	AKD 412 E	1	15	L	105x120	1038	2200			5/1	
HRL 18	1956 - 1963	MWM	AKD 10 Z	2	18	L	80x100	1004	2850	1734	1040/1140		
HRL 24	1956 - 1961	MWM	AKD 112 Z	2	24	L	98x120	1810	2000			6/1	
HRL 36	1956 - 1958	MWM	AKD 112 D	3	36	L	98x120	2715	2000				
HRL 48	1956	MWM	AKD 112 V	4	48	L	98x120	3618	2000				
HRL 12	1957 - 1963	MWM	AKD 112 E	1	12	L	98x120	905	2000	1680	980	6/1	
HRL 20	1957 - 1961	MWM	AKD 311 Z	2	20	L	90x110	1400	2000				2 Exemplare
R 60	1957	MWM	RHS 518 Z	2	62	W	140x180	5540	1500	2262	3300	5/1	3 Exemplare
HRLS 20	1959 - 1960	MWM	AKD 10 Z	2	20	L	80x100	1004	3000			6/1	1 Exemplar
HRL 30	1959 - 1963	MWM	AKD 412 Z	2	30	L	105x120	2080	2200			6/1	
HRLS 15	1960	MWM	AKD 10 Z	2	15	L	80x100	1004	3000		1080	6/1	
HRL 38	1960 - 1963	MWM	AKD 412 D	3	38	L	105x120	3120	2200			6/1	Spezial-Getriebe
HRL 45	1960 - 1963	MWM	AKD 412 D	3	45	L	105x120	3120	2200			6/1	
HRL 42	1961	MWM	AKD 412 D	3	42	L	105x120	3120	2000				

Hagedorn

Gebr. Hagedorn u. Co., Landmaschinenfabrik GmbH,
Warendorf/Westf., Münsterweg 18,
1925–1952 und 1972

1925 stellte die 1902 gegründete Landmaschinenfabrik und Eisengießerei Hagedorn ihren ersten Motormäher mit DKW-Vergasermotor vor. Anstelle eines Lenkgetriebes besaß das Modell eine Drahtseillenkung; eine Technik, die das Unternehmen bis Kriegsbeginn beibehielt. Im nachfolgenden Jahr begann der Serienbau unter der Markenbezeichnung »Westfalia«. Hagedorn baute einen zweiten DKW-Motor für den Antrieb des Mähbalkens ein, ab 1930 verwendete Hagedorn dann belastbare Zweitaktmotoren, die aus einem DKW-Rumpfmotor und einem eigenen Zylinderkopf bestanden.

Aus der eigenen Eisengießerei kamen die Metallräder, hinten mit Schrägstollen; ab 1931 gab es auf Wunsch auch Elastikreifen. In jedem Fall aber fiel der über der Vorderachse gesetzte, trommelförmige Wasserbehälter der Verdampferanlage (»Raketentank«) auf.

1936 erschien mit der Bezeichnung »Westfalia-Bauern-Universal-Trecker« eine leichte Schlepperreihe auf einem Plattformrahmen und Luftreifen, die auch zum Mähbinderzug oder zur Pflugarbeit geeignet war. Mittig platziert, saß zunächst ein 20-PS-Deutz-Verdampfer-Dieselmotor. Um 1938 folgten dann die mit Hauben versehenen Modelle »HS 9«, »HS 11«, »HS 14« und »HS 16«, ebenfalls mit Einzylinder-Deutz-Motoren, Verdampferkühlung und Motorradgetriebe. Den Vertrieb der Westfalia-Schlepper, die für kleinbäuerliche Höfe konzipiert waren, übernahm Primus in Berlin.

1939 musste nach der Montage von rund 1000 Kleinschleppern die Fertigung eingestellt werden, wenn auch ein 22-PS-Blockbauschlepper vom Typ »P 22« im Rahmen des Schell-Plans zusammen mit der Firma Primus entwickelt werden sollte. Die Wehrmacht nutzte die Gebäudeanlagen als Lagerräume. Nach dem Krieg erschienen »Hagedorn-Diesel-Schlepper« mit 15-PS-MWM-Einzylinder- und 22-PS-Deutz-Zweizylindermotoren sowie Hurth- und ZA-Getrieben, Zapfwelle, Riemenscheibe und Mähantrieb. 1952 kam als Einzelstück der »HS 25« mit einem Deutz-Motor und einem ZF-Getriebe hinzu, und nicht viel erfolgreicher waren auch die Serien-Schlepper: Gerade zehn Stück konnten abgesetzt werden. Größeren Erfolg hatte das Unternehmen in der Fertigung landwirtschaftlicher Geräte wie Heuwender und Kartoffelerntemaschinen.

Mit dem 1974 erschienenen 64-PS-Hagedorn-Weichel-Selbstfahrerwagen stellte das Unternehmen noch einmal einen landwirtschaftlichen Fahrzeugtyp vor. Schon rasch musste das Unternehmen Konkurs anmelden; der Lizenzgeber, die Landmaschinenfabrik Ernst Weichel in Heiningen (Württemberg) übernahm jetzt das Hagedorn-Werk. Bis zum zweiten Konkurs im Jahre 1992, der Weichel viel Geld kostete, befasste sich Hagedorn mit dem Bau von Ernte- und landwirtschaftlichen Verarbeitungsmaschinen, darunter der Kartoffelsammelroder »Wisent«.

10-PS-Hagedorn-Motormäher »Westfalia«, 1932.

14-PS-Hagedorn HS 15, 1950. Foto: Udo Paulitz

25-PS-Hagedorn HS 25, 1951. Foto:Udo Paulitz

Hagedorn-Schlepper

Baureihe	Bauzeit	Motor Hersteller	Typ	Zylinder	PS	Kühlung	Bohrung x Hub	Hubraum	Drehzahl	Radstand	Gewicht	Getriebe	Besonderheiten
Westfalia Grasmäher	1925	DKW	ZL 64/64	1	4	L	64x64	206	3500				Zweitakt-Vergasermotor, Protptyp
Westfalia Grasmäher	1926	DKW	ZL 64/64	1	4	L	64x64	206	3500				mit zweitem Motor für Mähantrieb
Westfalia Grasmäher	1927 - 1930	DKW		1		W							Zweitakt-Vergasermotor
Westfalia Grasmäher	1930 - 1936	DKW/ Hagedorn		1		L		440			650	3/1	
Westfalia-Grasmäher	1930 - 1936			1	10	V		560	3000		740	3/1	
Westfalia Grasmäher	1931 - 1939	Deutz	MAH 514	1	8	V	100x140	1099	1100		1200	3/1	
Westfalia	1935	DKW	EL 461	1	8	L	88x76	462	3000		725	3/1	Zweitakt-Vergasermotor
Westfalia 9	1935	DKW	EL 461	1	9	L	88x76	462	3000		1200	3/1	
HS 14 Universal	1935 - 1938	Deutz	MAH 716	1	14	V	120x160	1808	1300	1800	1250 - 1400	3/1	
HS 20 Universal	1936	Deutz	MAH 120	1	18/20	V	150x200	3532	900	2000	1800	3/1	
HS 10 Universal	1937	Deutz	MAH 814	1	10	V	100x140	1099	1500		840	3/1	
HS 16 Universal	1937 - 1938	Deutz	MAH 716	1	16	V	120x160	1808	1350		1250	3/1	
HS 11 Universal	1938	Deutz	MAH 814	1	11	V	100x140	1099	1500	1800	1200	3/1	
HS 16 Universal	1938 - 1941	Deutz	MAH 716	1	16	V	120x160	1808	1350	1500	1600	3/1	
HS 15	1949 - 1951	MWM	KDW 215 E	1	14/15	W	100x150	1178	1500	1500	1290	4/1	Projekt?
HS 22	1949	Deutz	F 2 M 414	2	22	W	100x140	2198	1500	1600	1610	4/1	
HS 25	1949 - 1951	Deutz	F 2 M 414	2	25	W	100x140	2198	1500	1600	1670	4/1	auch MWM-Motor KDW 215 Z
HS 15	1950 - 1952	MWM	KDW 415 E	1	14	W	100x150	1178	1500	1500	1370	5/1	auch Deutz-Motor F 1 L 514

Hako

Hako-Werke GmbH u. Co. KG,
Bad Oldesloe, Hamburger Str. 209–239
1. 1957-1960 **Maschinenfabrik Hans Koch u. Sohn KG,** Pinneberg
2. 1961-1973 **Hako-Werke Hans Koch u. Sohn GmbH u. Co. KG,** Bad Oldesloe, Berliner Ring 21–27
3. 1973-2014 **Hako-Werke GmbH u. Co. KG,** Bad Oldesloe, Hamburger Str. 209–239,

Der Firmengründer Hans Koch baute 1924 in Neustrelitz seine erste Patent-Fräse unter der Bezeichnung »Dimoha« (Die motorisierte Hand). Der Bediener trug den Kleinmotor auf dem Rücken; wobei eine flexible Welle die Fräswelle antrieb. Die Konstruktion verkaufte Hans Koch an die Firma Eugen Heimbucher GmbH in Berlin, da ihm zunächst die Fabrikationsmöglichkeiten fehlten. Nach diesem viel beachteten, aber doch recht beschwerlichen Gerät konstruierte er für diese Firma weitere kleine landwirtschaftliche Maschinen. Im Jahre 1941 kam eine einachsige Hackfräse mit ILO-Motor hinzu.

Nach dem Krieg flüchtete Hans Koch mit seinen Mitarbeitern nach Pinneberg und richtete in einem Teil des ILO-Werkes, von dem er zuvor die Motoren bezogen hatte, ein neues Werk unter der anfänglichen Bezeichnung Koch & Wigankow ein. 1954 erfolgte der Umzug nach Bad Oldesloe in neue Fabrikanlagen, wenn auch noch der Firmensitz in Pinneberg blieb. Die seit 1949 gebaute 2,5-PS-Einachsfräse (»ILO-Fräse genannt«), nun zu einem stärkeren Einachsschlepper weiterentwickelt, konnte mit einer anbaubaren Achse oder einem Einachsanhänger zu einem Kleinschlepper oder zu einem Lastenroller für 400 kg Nutzlast erweitert werden. Zum Einbau kam ein 3-, 4- oder 5-PS-ILO-Spezialmotor mit Fliehkraftkupplung.

Unter Verwendung von Teilen dieses »Hakorekord«-Einachers baute die Firma ab 1961 die Kleinschlepper vom Typ »Hakotrac T 6« oder »T 8« mit ILO-6- bzw. 8-PS-Zweitakt-Ottomotoren. Die Besonderheiten dieser auf einem Rahmen aufgebauten Fahrzeuge waren zum einen das extrem niedrige Gewicht von 203 bzw. 240 kg, zum anderen das seitlich angebrachte stufenlose Keilriemengetriebe mit einem nachgeschalteten Zweistufen-Zahnradgetriebe mit zusätzlichem Rückwärtsgang. Die Spurweite ließ sich durch Umstecken der Räder verändern. Eine Differentialsperre und ein mechanischer Kraftheber waren serienmäßig.

In der Mitte der 1960er Jahre folgten drei völlig neue Baureihen mit Kleinschleppern in Blockbauweise und fünfgängigen Schaltgetrieben. Durch die komplette technische Ausstattung mit Zapfwellenmöglichkei-

6-PS-Hako »Hakotrac T 6«, 1961. Foto: Hako-Werke

26-PS-Hako »Hakotrac 2750 DA Powershift«, 1991.

ten für Front-, Heck- und teilweise Zwischenachs-Geräteeinbau bot Hako ideale Gerätekombinationen für die Grundstücks- und Sportanlagenpflege sowie für den Einsatz in Sonderkulturen.

Bis heute hat sich an der grundlegenden Ausrichtung des Schlepperprogramms nichts geändert. Der kleine »Hakotrac 1400«, inzwischen mit einem Dieselmotor versehen, ist dank ständiger Verbesserungen bis heute der Erfolgreichste im Trio der Hako-Kleinschleppertypen. Die mittlere Baureihe der Schleppertypen »1500« und »1800« wurde zunächst mit wassergekühlten Zweizylinder-Dieselmotoren von 14 und 18 PS angeboten, heute sind vor allem Lombardini- und Yanmar-Motoren unter ihrer Haube zu finden. Unter der Bezeichnung »1800 DA« ist auch eine Allradversion lieferbar.

Das obere Ende der Modellpalette markieren die mit Ford-Vergaser- und VW-Dieselmotoren versehenen Modelle der Baureihe »3500« und »3800 D«. Diese haben ein hydrostatisches Getriebe, »Hakomatic« genannt, mit einer zweistufigen Wahlmöglichkeit. Hinzu kam als Spitzenmodell der Schlepper »3800 DA« mit Allradantrieb. Über diesen verfügten auch die Frontkabinenfahrzeuge »Hakomobil 4000, 4800 und 6000«, die zwischen 1972 und 1988 für vielfältigste Pflegedienste zur Verfügung standen.

Die nächste große Änderung im regulären Schlepperprogramm war 1991 zu verzeichnen. Dann erschienen die Typen »Hacotrac 1650 D, 2250 D, 2750 D und 4100 D« mit 14, 22, 26 und 41 PS. 1997 ersetzte der »Hakotrac 4500 D« den »Hakotrac 4100 D« mit 50-PS-Motor und war wahlweise mit Allradantrieb erhältlich. 1998 wurden der »Hakotrac 1700«, der »Hakotrac 2600« sowie der »Hakotrac 3000« eingeführt. Damit hatten alle

20-PS-Hako »Hakotrac 1950 DA«, 2005.

20-PS-Hako »Hakotrac 2100 DA«, 2010.

Hako-Kompaktschlepper einen hydrostatischen Fahrantrieb. Im Jahre 2000 wurde als weitere Ergänzung der »Hakotrac 2100 DA« ins Programm genommen, eine Kooperation mit Yanmar.

1998 wurde Hako Mehrheitsgesellschafter des Multicar Fahrzeugwerkes in Waltershausen/Thüringen. Nochmals erneuerte Hako diese Baureihen im Jahre 2005 mit den Hakotrac-Modellen »2650«, »3100 DA« und »3500 DA«. Mit der Neuausrichtung des Hako-Fertigungsprofils auf Reinigungs- und Spezialfahrzeuge lief der inzwischen nur noch am Rande betriebene Kleinschlepperbau im Frühjahr 2014 aus.

Hako, seit 2000 ein Unternehmen der Possehl-Stiftung, ist inzwischen auch in den USA vertreten. Dort ist man Mehrheitsgesellschafter an der »Hako-Minuteman« mit Werken in Addison bei Chicago. In Glindow bei Potsdam erwarb Hako mit Werken in Bad Oldesloe und Trappenkamp die Havelländische Maschinenbau GmbH (ehem. VEB Gartenbautechnik); und von der Gebr. Holder Maschinenfabrik übernahm Hako die Platz Reinigungssysteme GmbH in Frankenthal.

Hako-Schmalspurschlepper

Baureihe	Bauzeit	Motor Hersteller	Typ	Zylinder	PS	Kühlung	Bohrung x Hub	Hubraum	Drehzahl	Radstand	Gewicht	Getriebe	Besonderheiten
1. Einachsschlepper (Auswahl)													
Hakorecord	ab 1957	ILO	L 125	1	3/4	L	54x54	124	3000				Zweitakt-Vergasermotor
Hako-Trak 7	ab 1957	Hirth	44 A	1	6,5	L	68x68	250	3000		250	2/1	
Hako-Trak D 7	ab 1957	ILO	DL 325	1	7	L	70x85	325	2500		250	2/1	Zweitakt-Dieselmotor auch DL 325-Motor, Schmiedag-Lizenfertigung
Hakoboss	ab 1959	ILO	DL 365	1	7	L	74x85	365	2500				
2. Vierradschlepper													
Hakotrac T 6	1961	ILO	L 150	1	6	L	59x54	148	4500	1150	203	(2/1)	stufenloses Getriebe, mit Motor L 151 6 PS
Hakotrac T 8	1961 - 1966	ILO	L 252	1	8	L	69x66	247	4000	1150	240	(2/1)	stufenloses Getriebe
Hakotrac D 12	1964 - 1970	ILO	DL 425	1	8	L	80x85	427	3000	1100	460	5/1	
Hakotrac D 12	1964 - 1970	Lombardini	LDA 80	1	8	L	80x80	402	3000	1100	535	5/2	
Hakotrac V 12	1964 - 1966	Lombardini	LAB 85/85	1	10	L	85x85	482	3000	1100	460	5/2	
Hakotrac T 8	ab 1965	Berning	Di 8	1	8,5	L	85x85	482	3000	1100			
Hakotrac D 522	ab 1966	Farymann	BA	1	11	L	95x82	582	3000	1100	480	5/2	
Hakotrac V 490	ab 1967	Lombardini	LA 490	1	12	L	88x80	487	3000	1100	500	5/2	
Hakotrac 1200	ab 1971	Lombardini	LA 490	1	10	L	88x80	487	2100	1100	443	(2/1)	stufenloses Getriebe
Hakotrac 1400	ab 1971	Lombardini	LA 490	1	12	L	88x80	487	3000	1100	525	5/2	
Hakotrac 2000	ab 1971	Lombardini	LDA 820	1	18	L	102x100	817	1800	1100	555	5/2	
Hakotrac 2000 V	ab 1974	Onan	CCKB-S 3413 J	2	17	L	82,6x76,2	819	2400	1100	570	5/2	
Hakotrac 2000 D	ab 1974	Lombardini	LDA 820	1	18	L	102x100	817	2800	1100	595	5/2	
Hakotrac 3800 D	ab 1979	VW	068.2	4	36	W	76x80	1471	3100		850		
Hakotrac 3500	ab 1980	Ford	2271 E-Lc	2	23	W	74x65	1098	3300		815		Vergasermotor
Hakotrac 2300 D	ab 1981	Yanmar	3T 72 HA	3	18	W	72x72	879	2200		665		
Hakotrac 1500 D	ab 1983	Yanmar	2T 75 U	2	14	W	75x72	636	2600		595	6/3	
Hakotrac 1800 D/DA	ab 1983	Yanmar	2T 75 HA	2	16	W	75x85	751	2600		634	6/3	Version DA mit Allradantrieb
Hakotrac 1400 D	ab 1984	Yanmar	2T 75 U	2	14	W	75x72	636	2680		512	6/3	
Hakotrac 2700 D	ab 1985	Kubota	D 1302 B	3	25	W	82x82	1281	2600		751	6/3	
Hakotrac 2700 DA	1985 - 1987	Kubota	D 1302 B	3	25	W	82x82	1281	2600		787	6/3	Allradantrieb
Hakotrac 1900 D	1986 - 1987	Yanmar	3TNV 70	2	18	W	70x74	854	2600		840	6/3	
Hakotrac 1900 DA	1986 - 1987	Yanmar	3TNV 70	2	18	W	70x74	854	2600	1350	876	8/4	Allradantrieb
Hakotrac 3800 D	1986 - 1987	VW	068.5	4	41	W	76,5x86,4	1588	3200		925	Hydr.	Allradantrieb, 36 PS bei 3100 U/min
Hakotrac 1600 D	1987 - 1991	Yanmar	2T 75 UA	2	14	W	75x72	636	2600	1350	832	3/3	
Hakotrac 2300 D	1987 - 1991	Yanmar	3T 72 HA	3	18	W	72x72	879	2800	1350	740	5/2	
Hakotrac 2700 D	1987 - 1991	Yanmar	3 T 80 U	3	24	W	82x82	1281	2600	1350	865	6/3	
Hakotrac 2700 DA	1987 - 1991	Yanmar	3 T 80 U	3	24	W	82x82	1281	2600	1350	901	8/4	Allradantrieb
Hakotrac 2700 D	1987 - 1991	Yanmar	3 T 80 U	3	27	W	82x82	1281	2800		728		
Hakotrac 3800 D	1987 - 1991	VW	068.5	4	41	W	76,5x86,4	1588	3200	1450	960	Hydr.	
Hakotrac 3800 DA	1987 - 1991	VW	068.5	4	41	W	76,5x86,4	1588	3200	1430	1035	Hydr.	Allradantrieb
Hakotrac 1401 D	1990	Yanmar	2T 75 UN	2	14	W	75x72	636	2600	1280	562	6/3	
Hakotrac 1900 D	1990	Yanmar	2T 80 U	2	18	W	70x74	854	2600	1450	840	6/3	
Hakotrac 1900 DA	1990	Yanmar	2T 80 U	2	18	W	70x74	854	2600	1450	876	8/4	Allradantrieb
Hakotrac 1650 D	1991 - 1997	Kubota	D 662-B	2	14	W	64x68	658	2600	1450	672	6/3	
Hakotrac 1650 DA	1991 - 1997	Kubota	D 662-B	2	14	W	64x68	658	2600	1450	708	6/3	Allradantrieb

Hako-Schmalspurschlepper													
Baureihe	Bauzeit	Motor Hersteller	Typ	Zylinder	PS	Kühlung	Bohrung x Hub	Hubraum	Drehzahl	Radstand	Gewicht	Getriebe	Besonderheiten
Hakotrac 2250 D	1991 - 1993	Yanmar	3TNR 74	3	22	W	78x84	1204	2600		777	6/3	
Hakotrac 2250 DA KRG	1991 - 1999	Yanmar	3TNR 74	3	22	W	78x84	1204	2600		814	8/4	Allradantrieb
Hakotrac 2750 D	1991 - 1993			3	26	W		1362	2600		839	6/3	
Hakotrac 2750 DA KRG	1991 - 1997			3	26	W		1362	2600		875	8/4	Allradantrieb
Hakotrac 4100 D	1991 - 1995	VW	068.5	4	41	W	76,5x86,4	1588	3000	1520	1350	Hydr.	
Hakotrac 4100 DA	1991 - 1995	VW	068.5	4	41	W	76,5x86,4	1588	3000	1520	1425	Hydr.	Allradantrieb
Hakotrac 4500 D	1997 - 2001	VW	ADE	4	50	W	79,5x95,5	1896	3000		1350	Hydr.	Einstufiger Hydrostat
Hakotrac 4500 DA	1997 - 2005	VW	ADE	4	50	W	79,5x95,5	1896	3000		1425	Hydr.	Zweistufiger Hydrostat, Allradantrieb
Hakotrac 1700 D	1998 - 1999	Lombardini	LDW 702	2	17	W	75x77	686	2650		525	Hydr.	Zweistufiger Hydrostat
Hakotrac 1700 DA	1998 - 2009	Lombardini	LDW 702	2	17	W	75x77	686	2650		850	Hydr.	Zweistufiger Hydrostat, Allradantrieb
Hakotrac 2600 DA	1998 - 2001	Perkins	103-13	3	26	W	84x80	1330	2600		1350	Hydr.	Dreistufiger Hydrostat, Allradantrieb
Hakotrac 3000 DA	1998 - 2003	Perkins	103-15	3	30	W	84x90	1496	2600		1350	Hydr.	
Hakotrac 1700 DA	2000 - 2001	Lombardini	LDW 702	2	17	W	75x77	686	2650		525	4/2	
Hakotrac 2100 DA	ab 2000	Yanmar	3TNE 74	3	20	W	74x75	1006	2550	1473	850	Hydr.	Zweistufiger Hydrostat, Allradantrieb
Hakotrac 17 D SF H	2000 - 2005	Lombardini	LDW 702	2	17	W	75x77	686	3400		520	Hydr.	auch Version 17 D SF M
Hacotrac 17 DA SF H	2001 - 2003	Lombardini	LDW 702	2	17	W	75x77	686	3400		535	Hydr.	Allradantrieb
Hacotrac 1950 DA	2005 - 2009	Lombardini	LDW 1003	3	20	W	75x77,6	1028	3000		966	Hydr.	
Hacotrac 2650	2005 - 2009	Yanmar	3TNV 82 A	3	27	W	82x84	1331	2600		1050	Hydr.	
Hacotrac 3100 DA	2005 - 2009	Yanmar	3TNV 84 T-B	3	30	W	84x90	1496	3000		1110	Hydr.	T, Allradantrieb
Hakotrac 3500 DA	ab 2005	Yanmar	3TNV 88-B	3	35	W	88x90	1642	3000	1575	1065	Hydr.	Allradantrieb
3. Spezialfahrzeuge													
Hakomobil 4000	1973 - 1981	Renault	688-45	4	34	W	70x72	1108	3200	1400	975	5/2	
Hakomobil 6000 D	1981	Peugeot		4	55	W	94x90	2498	3000	1400	1638	5/2	a. W. Allradantrieb
Hakomobil 4800 D	1982 - 1988	VW	068.5	4	41	W	76,5x86,4	1588	3200	1400	1450	Hydr.	

Hallensia

Hallensia Motorpflug Quidde und Schmitz,
Halle/S.,
1921

Nur kurze Zeit gab es den Nachbau des Vogeler-Tragpfluges durch die Maschinenfabrik Quidde und Schmitz im sächsisch-anhaltinischen Halle.

Hanno

Hannoversche Fahrzeugfabrik Hoffmann u. Co.,
Hannover-Laatzen, Dorfstr. 7,
1949

22-PS-Hanoversche Fahrzeugfabrik »Hanno 601«, 1949.

Aus dem schon vor dem Krieg hergestellten Hoffmann-Schlepper entwickelte Friedrich Karl Hoffmann (1910 – 1988) in seiner Fahrzeugfabrik den Ackertyp »Hanno 601« mit dem weit verbreiteten 22-PS-Deutz-Zweizylindermotor und einem ZF-Getriebe. Die Besonderheit des Schleppers bestand in der von Straßenschleppern übernommenen Drehstabfederung für die hinteren Pendelachsen nach der Bauart Krohse. Gesundheitliche Schäden für den Fahrer sollten somit vermieden werden. Das über 1790 kg schwere Fahrzeug sollte mit Riemenscheibe, Zapfwelle, Verdeck, elektrischem Anlasser und einer gepolsterten Sitzbank geliefert werden. Für den 25 km/h schnellen Schlepper stellte die Firma gleichzeitig einen 5-Tonnen-Kipp-Anhänger für den Pferde und Schlepperzug vor. Die kostspielige Konstruktion konnte kaum Kunden anlocken. Etwa ein Dutzend Schlepper scheint hergestellt worden zu sein, bevor das Unternehmen 1953 aufgelöst werden musste.

Hanno-Schlepper (Hannoversche Fahrzeugfabrik)													
Baureihe	Bauzeit	Motor Hersteller	Typ	Zylinder	PS	Kühlung	Bohrung x Hub	Hubraum	Drehzahl	Radstand	Gewicht	Getriebe	Besonderheiten
Hanno 601	1949	Deutz	F 2 M 414	2	22	W	100x140	2198	1500	1800	1750	5/1	

Hanomag

Hannoversche Maschinenbau AG (Hanomag), vorm. Georg Egestorff,
Hannover-Linden, Hanomagstr. 8

1. 1912-1955 **Hannoversche Maschinenbau AG (Hanomag), vorm. Georg Egestorff**
2. 1955-1958 **Hannoversche Maschinenbau AG (Hanomag)**
3. 1958-1971 **Rheinstahl Hanomag AG**

Im Jahre 1835 gründete Georg Egestorff (1802–1868) im Dorf Linden bei Hannover eine Metall-, Gusswaren- und Maschinenfabrik, die in den 1840er Jahren des 19. Jahrhunderts den Lokomotivenbau aufnahm und sich sehr erfolgreich entwickelte. Nach dem Tode des Firmengründers und dem kurzen Zwischenspiel eines Verwandten reorganisierte und erweiterte der »Lokomotivenkönig« Dr. Henry Strousberg das Unternehmen. Aufgrund seiner kriminellen Spekulation in Russland musste er das Werk aufgeben. 1871 übernahm ein Bankenkonsortium das Unternehmen, neu eingetragen als Hannoversche Maschinenbau AG, vorm. Georg Egestorff.

Das von dem nachfolgenden Eigentümer Direktor Erich Metzeltin entworfene Telegraphenkürzel HANOMAG aus dem Jahre 1904 hat die Produkte dieses Unternehmens bis in die 1990er Jahre des vergangenen Jahrhunderts bekannt gemacht. Aufgrund der katastrophalen Lage während der Weltwirtschaftskrise musste der Acker- und Radschlepperbau sowie der Vertrieb an ein Finanzkonsortium verpachtet werden.1934 ging das wirtschaftlich angeschlagene Unternehmen an den Bochumer Verein über. »Zur Weiterführung der … Hauptabteilungen gründete ein Konsortium unter Führung der Großhandelsfirma in technischen Geräten J. Hans Lerch & Co. … die Hanomag Automobil- und Schlepperbau GmbH.« (Seherr-Thoss, Die deutsche Automobilindustrie, Stuttgart 1974, S. 189.) Auf Druck des Reichswehrministeriums gab Ende dieses Jahres J. Hans Lerch (1896–1958) seine Beteiligung zurück und erwarb mit dem Erlös die Mühlen- und Maschinenbaufirma MIAG.

Nach dem Bau von einigen Fahrzeugen mit Dampfantrieb nach Patenten von Peter Stoltz wandte sich das Unternehmen im Jahre 1912 dem

80-PS-Tragpflug WD 80 »Großpflug« beim Pflugeinsatz, 1914.

80-PS-Tragpflug WD 80 »Großpflug« mit Auslegerbalken, 1918.

Bau von schweren Tragpflügen mit Benzolmotoren zu, zumal eine Flaute im Lokomotivenbau das Werk nicht auslastete. Bis 1939 hatte sich die Hanomag mit den Acker- und Straßen- sowie den Kettenschleppern durchgesetzt und war noch vor KHD und Lanz zum führenden deutschen Hersteller aufgestiegen, eine Position, die das Unternehmen Anfang der 1950er Jahre wieder erobern konnte, und dank der neuen Generation von Baukasten-Dieselmotoren war Hanomag in allen damaligen Klassen präsentiert. Hanomag-Schlepper waren auf den ersten Blick an ihrer kantigen Motorhaube zu erkennen, für Aufsehen sorgte auch die mögliche Fronthydraulik, die den Einbau eines für diese Zeit revolutionären Frontladers erlaubte.

Mit dem Erfolg durch diese solide gefertigten und leistungsfähigen Schlepper sowie durch das gut durchorganisierte Hanomag-Händlernetz sicherte sich das Hanomag-Werk die Vormachtstellung auf dem deutschen Schleppermarkt. Dennoch ging das Unternehmen im Jahre 1952 mit seinen 7000 Mitarbeitern in der Traktorenabteilung aus dem Besitz der Vereinigten Stahlwerke (Bochumer Verein) in den Besitz der Rheinstahl-Union Maschinen- und Stahlbau AG über, ohne dass das an der Marktbedeutung der Hannoveraner zunächst etwas geändert hätte. Mit neuem Kapital ausgestattet, wollte das Unternehmen zuversichtlich in die Zukunft blicken.

Das wäre beinahe mit der neuen Generation von Zweitakt-Traktoren gelungen. Wie so viele andere Hersteller auch, setzte das Unternehmen Mitte der 1950er Jahre auf Zweitakt-Dieselmotoren, die nur in der Theorie restlos zu überzeugen vermochten. Zwar konnte Hanomag im Jahre 1956 die Fertigstellung des 150.000sten Schleppers feiern, gleichzeitig musste Hanomag einen Rückgang des Absatzes um 50 Prozent hinnehmen. Deutz verdrängte dabei den Schlepperhersteller aus Hannover auf den 2. Platz; Hanomag kehrte 1957 reumütig zum Viertakter zurück und begann mit der Entwicklung einer neuen Schlepper-Familie. Bis diese schließlich zur Verfügung stand, wurden die bewährten Viertakt-Diesel mit neuen Zylinderköpfen und einer veränderten Brennkammer versehen, was die Motorleistung jeweils leicht erhöhte. Überdies kam nun ein neues Bezeichnungsschema mit dreistelliger Zahl zum Einsatz und eine neue Optik: Von der kantigen Haubengestaltung ging Hanomag in dieser Zeit zu einem gefälligeren, abgerundeten Design über.

Als sich der Strukturwandel in der deutschen Landwirtschaft in den frühen 1960er Jahren immer mehr in den zurückgehenden Produktionszahlen an Schleppern bemerkbar machte, intensivierte Hanomag seine Exportanstrengungen und richtete 1960 in Grenadero in der argentinischen Provinz Santa Fè ein Montagewerk zur Belieferung des südamerikanischen Marktes ein. Außerdem bildete Hanomag 1962 mit der Landmaschinenfabrik Bautz die Vertriebsgemeinschaft »Union Bautz Hanomag«. Als Ersatz für den einzig verbliebenen Zweitakter »Greif« wurden die Bautz-Modelle »200« und »300« ins Hanomag-Händler-Programm genommen. Darüber hinaus vertrieb Hanomag die Bautz-Mähdrescher und nahm die von der Landmaschinenfabrik Essen (LFE) (die einst von den Krupp-Werken erworben worden war) gebauten Anbaugeräte wie Mähwerke, Pflüge und Frontlader ins Angebot, so dass Hanomag zeitweilig zum Komplettanbieter im Landmaschinenbereich aufstieg.

Auf dem iberischen Markt vereinbarte Hanomag 1965 ein Lizenzabkommen mit der Eduardo Barreiros-Diesel S. A. in Madrid, da die hohen spanischen Zollbarrieren den Import zum Erliegen gebracht hatten. Barreiros baute die Versionen »R 440« und »R 545« nach; jedoch mit eigenen Dieselmotoren. Alle diese Maßnahmen brachten aber nur wenig Geld in die Kasse. Bautz stellte die Produktion schon 1963 ein, Hanomag beendete das argentinische Abenteuer 1969 mit dem Verkauf an Massey-Ferguson.

Vom Fehlschlag mit den Zweitakt-Modellen sollte sich die Hanomag AG nicht mehr erholen, der Marktanteil in den 1960ern sank stetig, bis die Hannoveraner schließlich auf den fünften Platz mit einem Zulassungsanteil von nur noch sechs Prozent abrutschten, trotz modernster Schlepperbaureihen. So entschloss sich die Firmenleitung 1970, die Radschlepperfertigung in kürzester Frist stillzulegen. Das Ende kam 1971, seit 1924 waren über 250.000 Hanomag-Schlepper entstanden. Hanomag wurde 1974 von der kanadischen Massey-Ferguson Ltd. und im Jahre 1980 von der IBH (Internationale Baumaschinen Holding) übernommen. Der IBH gehörten unter anderem die Baumaschinenhersteller wie die Herrmann Lanz GmbH (Hela) und die Zettelmeyer AG an. Nachdem die IBH zahlungsunfähig geworden war, übernahm im Jahre 1984 eine niedersächsische Firmengruppe das 150 Jahre alte Unternehmen. Diese konnte die neu entstandene Hanomag Baumaschinen-Produktion und Vertrieb GmbH, ab 1987 wieder Hanomag AG, in gesunde Bahnen führen.

In den 1990er Jahren beteiligte sich der zweitgrößte Baumaschinenhersteller der Welt, die Komatsu Ltd. in Tokio, mit einer Kapitalmehrheit an der neuen Hanomag AG. Das Programm unter der Marke Komatsu Hanomag wurde nun auf den Bau von Radladern bis 320 PS, Gradern, Kompaktoren sowie die traditionellen Lade- und Planierraupen konzentriert. Es kam zu einem Abkommen mit dem slowakischen Maschinenbauhersteller Zavody Tazkeho Strojastva (ZTS) in Martin, ebenso zu einem Lizenz- und Kooperationsvertrag mit dem Dieselmotoren-Werk Schönebech (DMS), das ab 1993 die Hanomag-Motoren fertigte. Nachdem um die Jahrtausendwende der Raupenbau in Hannover eingestellt wurde, vertreibt heute Komatsu Raupen nach letzten Hanomag-Zeichnungen aus dem slowakischen Werk, ohne dass der Name Hanomag noch auftaucht.

WD-Tragflüge Pflug 1912–1923

Der zunächst mit Berliner Baer- und Kämper-Motoren ausgestattete Tragpflug wurde von dem schlesischen Ingenieur Ernst Wendeler (1872–1926), der zuvor für Arthur Koppel die Freibahn-Straßenzüge entworfen hatte, und dem pommerschen Gutsbesitzer Boguslaw Dohrn in Anlehnung an die Stock'schen Motorpflüge entworfen. Übermannshohe, 2,20 m große Treibräder trugen das Gewicht der vorne überhängenden Maschine. Das in der Furche laufende Rad konnte in der Höhe verstellt weden, so dass das Fahrzeug waagerecht vorankam. An einem Ausleger war das kleine, lenkbare Heckrad angebracht. Der Pflugscharrahmen war in der ersten Version mit dem 56-PS-Baer-Motor vorne an Scharnieren mit dem Fahrzeugrahmen beweglich verbunden. Die Höhenlage des Pflugrahmens für die gewünschte Pflugtiefe musste der Fahrzeugführer durch Drehen einer Spindel neben dem Heckrad bei Stillstand der Maschine einstellen. 1914 wurde der Pflugrahmen verstärkt und etwas verkürzt, um den jetzt 60 PS starken Motor besser auszubalancieren. Ein zusätzlicher Zündmagnet unterstützte das Anlassen per Kurbel. Eine Besonderheit des Pfluges bestand jetzt in der Zusammenfassung aller Steuerungselemente an der Lenksäule. Das eine Lenkrad diente der Richtungseinhaltung, das andere über ein Kettensystem zum Heben und Senken des 2,2 m breiten Pflugrahmens mit fünf oder sechs Scharen am vorderen Ausleger-Rahmen über zwei Prallelogrammhebel. Eine waagerecht angebrachte, starke Spiralfeder drücke über einen Winkelhebel den Pflugrahmen am hinteren Ende in den Boden. Gleichzeitig konnte der Pflugrahmen sich Bodenunebenheiten und Widerständen anpassen. Allerdings führte das blitzartige Entspannen der Feder mitunter zu Beschädigungen der Lenksäule. Da Robert Stock für seine Absenkvorrichtung ein Patent besaß, musste auf diese Technik ausgewichen werden. Nach der offiziellen Vorstellung auf der DLG-Schau von 1914 erfolgte der Serienbau.

Da sich die bis zu 70 PS starken Motoren als zu schwach für das sechs Tonnen schwere Fahrzeug erwiesen, verwendete Hanomag 80 PS starke Motoren von Kämper. Ein auffallendes, extrem hohes Luftansaugrohr sollte verhindern, dass zuviel aufgewirbelter Staub angesaugt wurde. Ab 1916 kamen eigene, von Joseph Vollmer und seiner Deutschen Automobil-Construktions-Gesellschaft konstruierte 80-PS-»Pflugmotoren« zum Einsatz, zumal zwei Jahre zuvor ein Teil des Motorenbaus der NAMAG (Norddeutsche Automobil- und Motoren-AG) in Bremen übernommen worden war. Die Pflugleistung des bis zu sieben Tonnen schweren Fahrzeugs mit 6 ha pro Tag gilt auch heute noch als recht beachtlich. Als Zusatzausstattung konnte später ein Kunstdüngerstreuer vor dem Hinterrad montiert werden. In der letzten Überarbeitung erhielt der Scharrahmen eine motorische Höhenverstellung. Bis 1921 wurden 950 Exemplare des »WD-Pflugs« gefertigt, die auch nach Südamerika, in die Türkei und an Motorpflugkommandos der Heeresverwaltung im besetzten Frankreich, im besetzten Russisch-Polen sowie im besetzten Russland und schließlich als Reparationsleistung nach Frankreich gingen.

Nach dem Krieg folgte ein von Joseph Vollmer entworfener kleiner Tragpflug mit einem Hanomag-35-PS-Motor. Dabei führte ein Rohrträger vom vorderen Kastenfahrgestell zum lenkbaren Hinterrad. Auch hier gehörte ein besonderer Pflugrahmen mit vier Scharen, der über ein Handrad oder über ein Spindelwerk gehoben und gesenkt wurde, zur Ausstattung. Zwar besaß der Tragpflug anfänglich nur einen Vorwärtsgang, doch ließ sich der Geschwindigkeitsbereich durch das Auswechseln der Zahnräder ändern. Ein moderner Bosch-Anlasser saß am Motorblock. Um einen möglichst geraden Furchengang zu erzielen, konnte das eine Triebrad gegen ein größeres ausgewechselt werden und mit der aufsetzbaren Riemenscheibe diente das Modell auch als statinäre Kraftquelle. Von 1921 bis 1924 konnten 205 Exemplare des WD-Kleinpfluges verkauft werden.

Für den Absatz der Hanomag- bzw. WD-Pfüge und späteren WD-Schlepper wurde in Berlin, Kurfürstenstraße 56 die Deutsche Kraftpfluggesellschaft mbH gegründet, die auch die Patente der Fahrzeugkonstruktion besaß. Ihr Direktor wurde Ernst Wendeler, der bis zu seinem frühen Tode im Jahre 1926 diese bis 1928 existierende Vertriebsorganisation leitete. Wenn auch die Nachkriegsfahrzeuge von der Deutschen Automobil-Construktions GmbH entworfen wurden, trugen sie die Bezeichnung »WD« für Wendeler-Dohrn.

35-PS-Hanomag-Tragpflug WD 35 »Kleinpflug«, 1921. Foto: Dieter Görg

28/32-PS-Hanomag WD 28, 1932.

Die Vergaser- und Dieselradschlepper 1924–1942

Mit dem 1924 vorgestellten Radschlepper »WD 26 A« stieg das Unternehmen erfolgreich in den Traktorenbau ein. Dieser in fortschrittlicher Blockbauart konstruierte Schlepper, bei dem Getriebe und Motorgehäuse tragende Funktion übernahmen, stellte zusammen mit der Pöhl-»Ackerbaumaschine« die deutsche Antwort auf den zunächst nahezu konkurrenzlos dastehenden Fordson-Schlepper aus den USA dar. Das Reichsministerium für Ernährung und Landwirtschaft subventionierte den Bau der ersten Serie von 750 Stück, die von einem eigenen Vierzylinder-Benzol- oder Petroleummotor mit einer Leistung von 26, später 28/32 PS angetrieben wurde. Typisch für diese Fahrzeuge sowie für die Raupen war der vor dem Armaturenbrett angebrachte Trommeltank. Für den Einsatz im schwierigen Gelände konnte eine Anbauraupe aufgesteckt werden, ebenso gab es auf Wunsch eine 100-m-Seilwinde nach der Bauart »Forstmeister Tschaer«.

36-PS-Hanomag RD 36, 1932.

40-PS-Hanomag R 40, 1942

1931 erhielt der bewährte Radschlepper einen 36 PS starken Dieselmotor, was einen größeren Radstand bedingte. Den mit einer nach dem Schrägnocken-Prinzip arbeitenden Einspritzpumpe versehenen Vorkammer-Dieselmotor »D 52« hatte der seinerzeit bekannte Motorenkonstrukteur Dipl.-Ing. Lazar Schargorodsky (1882–1967) entworfen. Zwar war der Motor überdurchschnittlich schwer, aber dafür robust und zuverlässig. Dreigangschaltung, Sperrdifferential und Riemenscheibe gehörten zu den Besonderheiten dieses eisen- oder luftbereiften Schleppers, der als Typ »RD 36« in den Lieferlisten stand. Zu den weiteren technischen Details zählten eine gefederte vordere Pendelachse und eine Sandstreueinrichtung, die das Anzugs- und Bremsvermögen erhöhte. Die Höchstgeschwindigkeit betrug zwischen zwei und acht Stundenkilometern. Charakteristisch für die in dieser Zeit von Joseph Vollmer und seinem Büro entworfenen »WD«-Rad- und Kettenschlepper war der vor dem Lenkrad angebrachte, trommelartige Kraftstofftank. Für große landwirtschaftliche Betriebe war der »AGR 38« vorgesehen, der mit dem entsprechenden FAMO-Radschlepper zum schweren Standardschlepper im Rahmen des Schell-Programms weiterentwickelt wurde.

38-PS-Hanomag AR 38, 1938. Foto: Hajotthu, © CC-BY-SA-3.0

20-PS-Hanomag RL 20 »Bauernschlepper«, 1937. Foto: Ralf Weinreich

(Das »G« in der Typenbezeichnung wies auf den »Geländeschlepper« mit Acker-Luftreifen und speziellem Getriebe hin.) Auch dieses Modell erhielt während des Krieges den seitlich angebauten Gustloff-Generator.

Die leichten Schlepper 1937–1952

Neben einem mehr für Straßentransportzwecke geeigneten 50-PS-Schlepper, einer Radversion der K-50-Raupe, folgten in den 1930er Jahren ein 20 und ein 38 PS starker Ackerschlepper. Der 20-PS-Typ »RL 20« des Baujahres 1937 war ein Kleinschlepper mit deutlichen PKW-Anleihen und gleich großen Rädern, Profilrahmen, Trommelbremsen an allen vier Rädern und gefederten Achsen. Die Kraftübertragung (ein ZF-Getriebe mit Schneckenrad-Übertragung) fand ebenfalls in den Diesel-Pkw von Hanomag Verwendung. Neben dem »Elfer-Deutz« der Klöckner-Humboldt-Deutz AG (KHD) fand dieser Bauernschlepper, den es auch mit Gustloff-Holzgenerator gab, viel Anklang.

40-PS-Hanomag R 40, 1942.

Trotz schwerer Kriegsschäden lief in Hannover noch 1945 die Schlepperproduktion wieder an, so entstanden 1945 647, 1946 1374, 1947 967 und 1948 1373 Exemplare. Der bisherige »RL 20« erlebte als »RL 20 N« eine Neuauflage und lief bis 1949, um dann abgelöst zu werden. Dieser Nachfolge-Allzweck-Dieselschlepper »R 25« avancierte zum Erfolgsmodell der frühen Nachkriegsjahre.

Anfänglich noch mit dem Motor des »RL 20«, dann aber mit dem neuen »D 28«-Baukastenmotor ausgestattet, zeichnete er sich durch seine leichte Bauweise, hohe, schmale Hinterräder und eine damit einhergehende große Bodenfreiheit aus. Überdies, und das war neu, hatte der »R 25« einen zusätzlichen Halbrahmen, der zur Aufnahme der seitlich angebrachten Geräte diente. 1951 stieg die Motorleistung auf 28 PS, was sich in der geänderten Schlepperbezeichnung »R 28« bemerkbar machte. Nur für den Export gedacht war der »R 28 RC« (RC für row crop), der mit zwei eng aneinander liegenden Vorderrädern als Hackfruchtschlepper eingesetzt werden konnte.

Die neue Motorengeneration, die Hanomag seit 1950 einsetzte, war eine Entwicklung des Chefkonstrukteurs Dipl.-Ing. Rudolf Hiller, einst Mitbesitzer der enteigneten Phänomen-Werke in Zittau, jetzt oberster Motorenentwickler bei Hanomag. Er hatte für das Schlepperprogramm zwei- (»D 14«), drei- (»D 21«) und vierzylindrige (»D 28«) Baukastenmotoren mit 90 mm Bohrung und 110 mm Hub entwickelt. Der 2,8-Liter-Vierzylinder »D 28«-Motor fand gleichzeitig auch Verwendung im Hanomag-Schnelllaster

22-PS-Hanomag R 22, 1951. Foto: Alf van Beem, © PD

28-PS-Hanomag R 28, 1952. Foto: Peter SL, © PD

und wurde 1954 im R-28-Nachfolger R 35 auch mit Aufladung verwendet. Dabei setzte ein Bowdenzug das Roots-Gebläse in Betrieb, was zugleich auch die Förderleistung der Einspritzpumpe änderte. Als so genannter »Mähdrusch-Schlepper« konnte er für die normale Ackerarbeit 35 PS und bei gleicher Drehzahl, aber mit der Aufladung für den Antrieb schwerer Zapfwellengeräte 45 PS erzeugen.

Zusammen mit den Vierzylinder-Traktoren (wovon es auch jeweils immer entsprechende Ausführungen als Straßenschlepper gab) erschienen auch die entsprechenden Radschlepper mit zwei (»R 16«) und drei Zylindern (»R 22«), die für bäuerliche Kleinbetriebe gedacht waren. Die Topmodelle im Angebot bildeten aber weiterhin die schweren Radschlepper mit »D 52« bzw. »D 57«-Motor, die auf das Jahr 1940 zurück gingen.

Die schweren Radschlepper 1942–1964

Ab 1940 entstanden die ersten Prototypen des geplanten Gemeinschaftsmodells »R 40« mit dem Breslauer FAMO-Werk. Nach FAMO-Getriebetechnik kam ein Fünfganggetriebe zum Einbau. Ebenfalls übernahm Hanomag (wahlweise neben dem Elektrostarter) die FAMO-Benzin-Handanlassvorrichtung. Der auffallende Trommeltank wich nun einem Flachtank unter der Motorhaube. Nachdem im Jahre 1942 erste »R 40«-Diesel-Modelle gefertigt werden konnten, erfolgte schon 1943 die Umrüstung auf den Anbau des Gustloff-Einheitsvergasers. Um den Leistungsabfall mit dem Holzgasgenerator auszugleichen, war der Motor auf 5,7 Liter Hubraum aufgebohrt worden, was zur Bezeichnung »D 57« führte.

Trotz der schweren Kriegsschäden – die Werkshallen der zum Rüstungsbetrieb umgestalteten Hanomag AG waren zu 60 Prozent zerstört – wurden schon 1945 der gerade erst entwickelte »R 40« und wenig später der erwähnte »RL 20 N« sowie die Raupe in die Montage genommen. Allerdings fehlte Material an allen Ecken und Enden, so dass zum Beispiel 1949 nur 349 Rad- und neun Raupenschlepper gefertigt werden konnten.

Nach der Währungsreform verzeichnete das Werk einen kräftigen Aufschwung, auch im Export. Da kam der weiter entwickelte »R 45« von 1951 gerade rechtzeitig. Diesem schweren Schlepper, im Grunde genommen nicht mehr als ein »R 40« mit »D 57«-Dieselmotor und gefälligerer neuen Frontgestaltung, folgte 1955 die technisch praktisch baugleiche 55-PS-Variante. 1957 kam es zu neuen Typenbezeichnungen. Zuletzt als R 460 vermarktet, endete der Bau dieser schweren Straßenschlepper-Generation 1964 mit dem alten »D 52/D 57«-Diesel. Die Schargorodsky-Maschine hatte es auf eine über dreißigjährige Bauzeit gebracht. Seine Nachfolge trat der »Robust 800« an.

Die Zweitakt-Schlepper 1953–1962

Im Jahr 1953 stellte Hanomag mit dem »R 12« einen einzylindrigen Zweitakt-Dieselschlepper vor, dem die Modelle »R 24« und »R 18« folgten. Die hubraumschwachen, aber hochdrehenden Motoren waren mit einer Gebläse-Umkehrspülung, einem Roots-Gebläse und einer Wasserkühlung ausgestattet. Dr. Ing. Hans Kremser hatte diese damals auch von anderen Unternehmen favorisierte Motorentechnik entwickelt.

Die leichten und preiswerten ein- und zweizylindrigen Zweitakt-Schlepper waren für die Mechanisierung und Motorisierung der kleinen Landwirtschaftsbetriebe gedacht. Die als »Tragschlepper« bezeichneten Rahmenbaumodelle (mit zur Seite versetzter Lenksäule) waren in sogenannter Wespentaillenbauart mit vorderer Pendelachse konstruiert und verfügten also über drei Anbauräume (vorn, mittig und hinten) für Bodenbearbeitungsgeräte bzw. für das Anbringen des Frontladers. Neben einer Zapfwelle gehörte eine Hydraulikanlage zur Grundausstattung der anfänglich mit kantigen, ab etwa 1954 mit abgerundeten Hauben versehenen Schlepper. Hanomag propagierte diese Geräteträger-Konzeption mit den passenden Gerätesätzen als »Combitrac«-System, was dazu führte, dass die Modelle »R 12«, »R 18« und »R 24« ab 1957 als »C 112«, »C 218« und »C 224« bezeichnet wurden.

Die Anfangserfolge dieser Zweitakt-Kleinschlepper führten zur euphorischen Entscheidung der Unternehmensleitung, künftig nur noch Zweitakt-Diesel zu bauen. Doch während noch 1954 die ersten Vorbereitungen getroffen wurden, die Viertaktmotoren-Fertigung nach Argentinien zu verkaufen, häuften sich die Reklamationen über die nicht standfesten Zweitakter; der Absatz brach um 50 % ein. Insbesondere der »C 112«, auch spöttisch als »Ackermoped« bezeichnet, erwies sich als das Sor-

16-PS-Hanomag R 16, 1952. Foto: Lothar Spurzem, © CC-BY-SA-2.0

35-PS-Hanomag R 35 RC, 1953. Foto: ChiemseeMan, © PD

55-PS-Hanomag R 55 C, 1955.

12-PS-Hanomag-Tragschlepper R 12, 1953.

12-PS-Hanomag-Tragschlepper C 112, 1957. Foto: W. Leiter, © PD

24-PS-Hanomag C 224, 1957.

27-PS-Hanomag R 324 S, 1959.

genkind des Hanomag-Werkes. Zusammen mit dem Verlust der Marktführerschaft bewirkte dies ein Umdenken; der letzte Zweitakter fiel 1962 aus dem Programm.

Die Raupen- und Kettenschlepper 1919–1959

Eine Ausnahme zur WD-Standardbezeichnung machte der von Joseph Vollmer entworfene Hanomag-Kettenschlepper mit der militärischen Benennung »Z 25« (Z für Zugwagen) aus dem Jahre 1919. Wegen alliierter Verbote wurde diese Konstruktion aber erst 1923 in Serie gebaut. Diese Blockbau-Raupe mit ihren vier Laufrollen trieb zunächst ein 20-PS-Benzolmotor, dann eine 25 PS starke Maschine an. Gelenkt wurde mittels Bremsbänder und Bremsscheiben. Hinzu kam 1924 der 50 PS starke »Z 50«, eine äußerst gelungene Konstruktion, die abgesehen vom Motor, in der Form von 1933 nahezu unverändert bis in die 1950er Jahre gebaut wurde.

In der Tschechoslowakei baute von 1926 bis 1930 die Firma Breitfeld/CKD diesen Typ nach. Ebenso fertigte die russische Lokomotivenfabrik Charkow den Kettenschlepper als Typ »Kommunar«. Der »Z 50«-, später »K 50«-Typ (K für Kettenschlepper) erhielt ein durch eine vordere Querblattfeder abgestütztes Laufwerk in einem Kastenrahmen, der um die Hinterachse beweglich angebracht war. Sechs Rollen drückten die Ketten auf den Boden.

Ein Kardangelenk stellte den Kraftschluss zwischen Motor und Getriebe sicher. Gelenkt wurde mittels eines Doppelausgleichsgetriebes mit

50-PS-Hanomag K 50, 1933.

50-PS-Hanomag-Raupenschlepper Z 50, 1927. Foto: Fortepan, © CC-BY-SA-3.0

Stirnrädern, bei dem die Kette auf der kurveninneren Seite abgebremst wurde. Zur Steuerung wurden entweder ein Lenkrad oder ein Hebelsystem cingobaut. Am Heck gab es die Möglichkeit, eine Seilwinde sowie eine Riemenscheibe anzubauen.

1931 folgte außerdem eine Raupe mit verbreiterten Kettenbändern, einem Doppelsitz und senkrechter Lenksäule für den Einsatz in russischen Moorgebieten zur Gewinnung von Torfbriketts; ebenso gab es nun die Möglichkeit, Hanomag-Raupen mit einem Dieselmotor zu bestellen.

Die »K 50«-Raupe ging vor allem an Land- und Forstwirte wie auch an Bauunternehmen, daneben fand dieser nach 1948 wieder aufgelegte Typ (ab 1951 als »K 55«) auch Abnehmer in asiatischen, afrikanischen und südamerikanischen Ländern. Weit verbreitet war die Nachkriegsversion »KV 50« in nordafrikanischen Weinbaugebieten. Im Inland dagegen gingen die Raupen zu dieser Zeit praktisch ausschließlich an die Bauwirtschaft, was auch für die 1951/52 nach amerikanischen Vorbildern gestaltete Großraupe »K 90« galt. Diese wurde nur noch vereinzelt in der Land- und Forstwirtschaft eingesetzt. Ihr 90 PS starker Sechszylinder-Diesel konnte mit einem elektrischen Anlasser oder mit einem 10-PS-Zweitaktmotor in Gang gesetzt werden. Zunächst wurde bei den Bauraupen das Planierschild mit einem Flaschenzug bewegt, in den 1950er Jahren sorgte die Firma Frisch für eine Hydraulik, die Planierschild, Greifer und hinteren Erdaufreißer betätigte.

55-PS-Hanomag Schmalspurraupe K 55 E, 1951

Übrigens setzte Hanomag auch in diesem Bereich auf Zweitakt-Diesel. Die Raupe »K 60« des Baujahres 1956 sowie der Typ »K 65 AS« des Baujahres 1959 (60 bzw. 65 PS) wurde mit diesen schlitzgesteuerten und gebläsegespülten Motoren ausgerüstet. Als Steuerung dienten Lamellenkupplungen.

55-PS-Hanomag-Raupenschlepper K 55, 1951. Foto: Brbbl, © CC-BY-SA-3.0

60-PS-Hanomag-Raupenschlepper K 60, 1956. Foto: ChiemseeMan, © PD

Die neue Generation 1960–1965

Mit Beginn der 1960er Jahre präsentierte Hanomag ein neues Schlepperprogramm mit Leistungen von 14 bis 60 PS, kenntlich auch an den neuen Typenbezeichnungen, die den bisherigen Buchstaben- und Zahlenkürzeln zur Seite gestellt wurden. Aus der Zweitakt-Baureihe blieb noch der 14-PS-Typ unter der Hanomag-Traditionsbezeichnung (aus dem einstigen Pkw-Bau) »Greif« im Programm, und das auch nur bis 1962. Da die geringen Stückzahlen die Verwendung eines eigenen Getriebes nicht mehr rechtfertigten, setzte Hanomag beim »C 115 Greif« wie beim einstigen »RL 20« ein ZF-Getriebe ein.

Nur zwei Jahre nach Einführung des neuen Bezeichnungsschemas ersetzte Hanomag sein bisheriges Bezeichnungssystem abermals durch ein neues. Den Einstieg ins Programm ermöglichten nach 1962 in Tragschlepper-Bauart mit Halbrahmen die »Perfekt«-Modelle mit Zweizylinder-Dieseln, gefolgt von der Dreizylinder-Baureihe »Granit« und den »Brillant«-Vierzylindern. Die aufgeladenen Vierzylinder-Varianten mit zuschaltbarem Rootsgebläse hießen »Robust«. Neu gestaltete Hauben mit grün-blauer oder roter Lackierung (eigentlich für die Exportausführungen gedacht) verliehen den Hanomag-Schleppern ein neues Aussehen.

1962 stattete Hanomag die »Perfekt«-Baureihe mit einem neuen Wirbelkammer-Viertaktmotor aus, der von dem ehemaligen Borgward-Motorenkonstrukteur, Dipl.-Ing. Karl Ludwig Brandt, eigentlich als Triebwerk für die »Isabella« und für den Transporter entwickelt worden war. Nach

42/50-PS-Hanomag R 442/50 »Robust«, 1960.

25-PS-Hanomag »Perfekt 300«, 1962.

14-PS-Hanomag C 114 »Greif«, 1960. Foto: Ole Husby, © CC-BY-SA-2.0

38-PS-Hanomag »Granit 500«, 1962.

50-PS-Hanomag »Brillant 600/S«, 1962. Foto: Perfekt 401 es, © PD

dem Zusammenbruch der Borgward-Werke war Brandt 1962 zur Hanomag gekommen und hatte seine Zeichnungen für diesen Vierzylindermotor mitgebracht, der als »D 301« im Hanomag-Programm geführt wurde und zunächst 32 PS leistete. Dieser neue mittlere Schlepper hieß »Perfekt 400« und basierte auf dem »Perfekt 300«, hatte aber eine bulligere Optik. Am oberen Ende der Modellpalette stand der 75 PS starke »Robust 800 S« mit einem drehmomentstarken, aber gewaltigen Vierzylindermotor aus der Raupenschlepper-Baureihe. Dieser bis 1969 gebaute Nachfolger des R 460 wies aber noch die Styling-Merkmale der früheren Schlepper aus den 1950er Jahren auf, das moderne Styling der Lepoix-Traktoren ging an ihm vorüber.

50-PS-Hanomag »Brillant 600/S«, 1962. Foto: Perfekt 401 es, © PD

75-PS-Hanomag »Robust 800«, 1964.

Die Lepoix-Baureihen 1965–1971

Mitte der 1960er Jahre entwickelte Hanomag eine neue Modellreihe und ließ sich das über 100 Millionen Mark kosten. Die Modellreihen »Granit«, »Brillant« und »Robust« erhielten neue Vier- und Sechszylindermotoren (»D 141« / »D 161«) und eine neue Optik, die der französische Industriedesigner Louis L. Lepoix geschaffen hatte. Spitzenmodell wurde dabei 1967 der Typ »Robust 900« mit 85-PS-Sechszylinder-Triebwerk. Die Fahrzeuge, darunter auch der »Perfekt«, hatten völlig neu entwickelte Getriebe mit Lenkradschaltung und neue Wirbelkammer-Motoren bekommen. Eine Besonderheit der »Brillant«- und »Robust«-Schlepper war die serienmäßige Ausstattung mit Scheibenbremsen. Während hier die grün-blauen, kantigen Motorhauben aus Stahlblech gefertigt waren, erhielten die kleineren »Perfekt«- und »Granit«-Modelle Verkleidungen aus Duroplastmaterial. Charakteristisch für Hanomag war aber die trapezartige Frontmaske mit unten liegenden, integrierten Rechteckscheinwerfern. Erstmals mit einem Allradantrieb mittels einer ZF-Planeten-Lenkachse konnten die Modelle »Brillant« und »Robust« ausgestattet werden, überdies waren jetzt auch die Spitzenmodelle (»Brillant 701« mit 75 PS und »Robust 901« mit 92 PS) gegen Aufpreis mit Lenkhilfe zu erhalten. Das eigene Hydraulik-System trug die Bezeichnung »Hanomag-Pilot«.

1967 erschienen schließlich, als letzte Vertreter der neuen Motorenbaureihe, die neuen Dreizylinder-Motoren (»D 131«) für die Granit-Reihe, die den alten »D 21«-Motor ersetzten. Für 1969 noch einmal leicht überarbeitet und in der Leistung angehoben sowie teilweise auf ein quadratisches Verhältnis von Bohrung und Hub ausgelegt, endete der Hanomag-Motorenbau mit Beginn der 1970er Jahre. Nur noch wenige Prototypen der geplanten schweren Modellreihe »Robust 1100« und »Robust 1200« mit 80- und 110-PS-Raupenschleppermotoren entstanden. Eine geplante 150/175-PS-Version wurde nicht mehr realisiert. Die Maschinen zur Schleppermotoren-Fertigung verkaufte Hanomag an das Volvo-Werk in Göteborg/Schweden.

34-PS-Hanomag »Perfekt 400«, 1968.

85-PS-Hanomag »Robust 900 A«, 1967.

68-PS-Hanomag »Brillant 700«, 1967.

48-PS-Hanomag »Granit 501 E«, 1967. Foto: Ralf Weinreich

Hanomag-Schlepper

Baureihe	Bauzeit	Motor Hersteller	Typ	Zylinder	PS	Kühlung	Bohrung x Hub	Hubraum	Drehzahl	Radstand	Gewicht	Getriebe	Besonderheiten
1. Tragpflüge													
WD Großpflug	1912	Baer		4	56	W			800	4807	6050	2/1	
WD Großpflug 50	1912 - 1915	Kämper	PM 150	4	50	W	150x200	14.137	600	4807	6000	2/1	
WD Großpflug 65	1912 - 1915	Kämper	PM 150	4	60/65	W	150x200	14.137	700	4807	6000	2/1	maximal 70 PS
WD Großpflug 80	1916 - 1921	Hanomag		4	80	W	155x200	15.095	800	4807	5580	2/1	
WD 35 Kleinpflug	1921 - 1924	Hanomag		4	35	W	110x150	5699	900		3200	2/1	
2. Radschlepper													
2.1 R-Baureihen													
a) R-Vorkriegsbaureihen													
R 26 (WD 26 PS)	1924 - 1925	Hanomag	R 26	4	26	W	95x150	4252	1100	1660	2600 - 3200	3/1	
R 28/32 (WD 28 PS)	1925 - 1931	Hanomag	R 28	4	28/32	W	95x150	4252	1100	1660	2600 - 3200	3/1	
RD 36	1931 - 1936	Hanomag	D 52	4	36	W	105x150	5195	1100	1990	2500 - 3100	3/1	Diesel-Motor
AR 50	1933 - 1935	Hanomag	D 52	4	50	W	105x150	5195	1300	2180	3200	3/1	
GR 50	1933 - 1934	Hanomag	D 52	4	50	W	105x150	5195	1300	1800	3800	3/1	Straßenschlepper
AR 38/45	1936 - 1942	Hanomag	D 52	4	38/45	W	105x150	5195	1300	1990	3800	6/2	
AGR 38	1936 - 1942	Hanomag	D 52	4	38	W	105x150	5195	1100	2180	4100	3/1	
R 50/RS 50	1935 - 1938	Hanomag	D 52	4	52	W	105x150	5195	1300	2180	4100	6/2	
RL 20 »Bauernschlepper«	1937 - 1941/ 1948 - 1949	Hanomag	D 19	4	19,8	W	80x95	1910	2000	1935	1615	4/1	ab 1948 Typ RL 20 N
R 40 A/B	1942 - 1951	Hanomag	D 52	4	40	W	105x150	5195	1200	2080	2950 - 3200	5/1	Prototyp schon 1940
R 40 G/J	1942 - 1948	Hanomag	D 52	4	40	W	105x150	5195	1200	2080	3200 - 3360	5/1	Benzinanlasser
R 40 Holzgas	1943 - 1945	Hanomag	D 57	4	40	W	110x150	5702	1200	2080	2080	5/1	Holzgasmotor, Bereifung
b) R-Nachkriegsbaureihen													
R 40 C	1948 - 1951	Hanomag	D 52	4	40	W	105x150	5195	1200	2080	2950	5/1	Version B mit größerer Bereifung
R 25 A/B	1949 - 1950	Hanomag	D 19 - R 25	4	20/25	W	80x95	1910	2000	1800	1860	5/1	auch Radstand 1750 mm
R 25 C/D	1949 - 1951	Hanomag	D 28	4	25	W	90x110	2799	1500	1800	1860	5/1	
R 16 A/B	1951 - 1957	Hanomag	D 14 S	2	16	W	90x110	1399	1600	1600	1170 - 1230	5/1	A = Hochradversion
R 22	1951 - 1957	Hanomag	D 21 S	3	22	W	90x110	2099	1500	1700	1520	5/1	
R 22 R(ow) C(rop)	1951 - 1953	Hanomag	D 21 S	3	22	W	90x110	2099	1500	2130		5/1	Hackfruchtschlepper
R 28 A/B	1951 - 1953	Hanomag	D 28 S - R 28	4	28	W	90x110	2799	1500	1800	1740 - 1860	5/1	
R 28 RC	1951 - 1953	Hanomag	D 28 S	4	28	W	90x110	2799	1500	2210	1860	5/1	Hackfruchtschlepper
R 28 N	1951 - 1953	Hanomag	D 28	4	28	W	90x110	2799	1500	1800	1700	5/1	niedrige Ausführung
R 45 A/AE-B/BE	1951 - 1957	Hanomag	D 57 - R 45	4	45	W	110x150	5702	1200	2080	3260	5/1	B = breite Ausführung
R 12	1953 - 1954	Hanomag	D 611 S	1	12	W	85x90	511	2200	1800	840	6/2	Zweitakt-Diesel
R 19	1953 - 1957	Hanomag	D 14 - R 19	2	19	W	90x110	1399	1975	1600	1250	5/1	
R 27 A/B	1953 - 1957	Hanomag	D 21 - R 27	3	27	W	90x110	2099	1900	1700	1520	5/1	
R 27 RC	1953 - 1957	Hanomag	D 21 - R 27	3	27	W	90x110	2099	1900	2130	1520	5/1	Hackfruchtschlepper
R 35 A/B	1953 - 1957	Hanomag	D 28 - R 35	4	35	W	90x110	2799	1900	1800	1760	5/1	
R 35 RC	1953 - 1957	Hanomag	D 28 - R 35	4	35	W	90x110	2799	1900	2210	1860	5/1	Hackfruchtschlepper
R 12 KB/R 112	1954 - 1957	Hanomag	D 611 S	1	12	W	85x90	511	2200	1500	890	6/2	Zweitakt-Diesel
R 12 KB/R 112	1954 - 1957	Hanomag	D 611 S	1	12	W	85x90	511	2200	1500	1440	6/2	dito
R 24	1955 - 1957	Hanomag	D 621 S	2	24	W	85x90	1021	2200	1960	2000	6/2	dito
R 35/45	1955 - 1957	Hanomag	D 28 LA 35/45	4	35/45	W	90x110	2799	1900	1850	2020	5/1	zuschaltbares Roots-Gebläse
R 55 A/AE und B/BE	1955 - 1957	Hanomag	D 57 - R 55	4	55	W	110x150	5702	1300	2080	4000	5/1	
R 55 C	1955 - 1957	Hanomag	D 57 R 55	4	55	W	110x150	5702	1300	2080	5000	5/1	
R 18	1956 - 1958	Hanomag	D621 - R18	2	18	W	85x90	1021	1790	1960	1300	6/2	Zweitakt-Diesel
R 217	1957 - 1959	Hanomag	D 14-R 217	2	17	W	90x110	1399	1710	1600	1170	5/1	Exportversion R 420
R 217 E	1957 - 1959	Hanomag	D 14 R 217 E	2	19	W	90x110	1399	1975	1600	1700	5/1	Exportversion
R 324	1957 - 1959	Hanomag	D 21-R 324	3	24	W	90x110	2099	1700	1700	1535	5/1	
R 324 E	1957 - 1959	Hanomag	D 21-R 324	3	27	W	90x110	2099	1900	1700	1585	5/1	Exportversion R 430
R 435 A/B	1957 - 1960	Hanomag	D 28-R 435	4	35	W	90x110	2799	1900	1845	1870	5/1	Exportversion R 440
R 435 RC	1957 - 1960	Hanomag	D 28-R 435	4	35	W	90x110	2799	1900	1800	1800	5/1	Hackfruchtschlepper
R 435/45	1957 - 1960	Hanomag	D 28 LA-R	4	35/45	W	90x110	2799	1900	1850	2060	5/1	Roots-Gebläse, Exportversion R 445
R 445 E	1957 - 1958	Hanomag	D 57 - R 445	4	45	W	110x150	5702	1200	2080	3270	5/1	Exportversion R 540
R 450 E (EL)	1958 - 1961	Hanomag	D 57 - R 450	4	50/55	W	110x150	5702	1300	2325	3420	5/1	
R 450 (L)	1958 - 1961	Hanomag	D 57 R 450	4	50	W	110x150	5702	1300	2325	3420	5/1	
R 217 S	1959 - 1962	Hanomag	D 14 R 217 S	2	19	W	90x110	1399	1975	1600	1250	5/1	
R 324 S	1959 - 1962	Hanomag	D 21-R 324	2	27	W	90x110	2099	1900	1845	1760	5/1	
R 442 Brillant	1960 - 1962	Hanomag	D 28-R 442	4	42	W	90x110	2799	2200	1940	2175	2x5/1	
R 442/50 Robust	1960 - 1962	Hanomag	D 28-R 442/	4	42/50	W	90x110	2799	2200	1940	2270	2x5/1	
R 460	1960 - 1964	Hanomag	D 57 R 460	4	58/60	W	110x150	5702	1300	2325	3430	2x5/1	
R 332 Granit	1961 - 1962	Hanomag	D 21-R 332	3	32	W	90x110	2099	2200	1845	2160	2x5/1	

Hanomag-Schlepper

Baureihe	Bauzeit	Motor Hersteller	Typ	Zylinder	PS	Kühlung	Bohrung x Hub	Hubraum	Drehzahl	Radstand	Gewicht	Getriebe	Besonderheiten
2.2 C-Baureihen													
C 112	1957 - 1960	Hanomag	D 611 S	1	12	W	85x90	511	2200	1800	840	6/2	Zweitakt-Diesel u. folgende
C 218	1957 - 1959	Hanomag	D 621 - C 218	2	18	W	85x90	1021	1790	1960	1350	6/2	Exportversion als Typ R 223
C 224	1957 - 1962	Hanomag	D 621 S	2	24	W	85x90	1021	2200	1960	1480	6/2	Exportversion als Typ R 228
C 220	1959 - 1960	Hanomag	D 621 - C 220	2	20	W	85x90	1021	1870	1960	1315	6/2	
C 115 Greif	1960 - 1962	Hanomag	D 611 - C 115	1	14	W	85x90	511	2350	1700	890 - 1075	6/2	
2.3 Perfekt-Baureihen													
Perfekt 300	1962 - 1964	Hanomag	D 14-CR	2	25	W	90x110	1399	2400	2035	1790	6/2	
Perfekt 400	1963 - 1964	Hanomag	D 301 R 1	4	32	W	78x94	1797	2400	2035	1695	6/2	
Perfekt 301	1964 - 1967	Hanomag	D 301 R 2	4	25	W	78x94	1797	2400	2030	1695	6/2	
Perfekt 401	1964 - 1968	Hanomag	D 301 R 1	4	32	W	78x94	1797	2400	2030	1770	6/2	
Perfekt 301	1967 - 1968	Hanomag	D 301 R 5	4	27	W	78x94	1797	2400	2030	1780	6/2	
Perfekt 400 E (S)	1967 - 1968	Hanomag	D 301 R 4	4	34	W	78x94	1797	2600	2050	1780	9/3	
Perfekt 400 E (S)	1968 - 1970	Hanomag	D 131 R 1	3	34	W	95x100	2126	2600	2100	1880	9/3	
2.4 Granit-Baureihen													
Granit 500	1962 - 1963	Hanomag	D 21-CR	3	38	W	90x110	2099	2300	2104	2340	2x5/1	
Granit 500/S	1963 - 1966	Hanomag	D 21 CR 1	3	40	W	90x110	2099	2400	2104	2070	2x5/1	»S« für Schnellganggetriebe
Granit 500/1 (S)	1966 - 1968	Hanomag	D 21 CR 1	3	40	W	90x110	2099	2400	2035	2100	9/3	
Granit 500 E (S)	1967 - 1969	Hanomag	D 132 R	3	48	W	100x100	2336	2600	2100	2070	9/3	
Granit 501 (S)	1968 - 1969	Hanomag	D 131 R	3	40	W	95x100	2126	2600	2100	2070	9/3	
Granit 501 (S)	1969 - 1970	Hanomag	D 132 R 1	3	40	W	100x100	2336	2600	2100	2070	9/3	
Granit 501 E (S)	1969 - 1970	Hanomag	D 132 R 2	3	48	W	100x100	2336	2600	2100	2070	9/3	
2.5 Brillant-Baureihen													
Brillant 600/S	1962 - 1967	Hanomag	D 28 CR	4	50	W	90x110	2799	2300	2104	2565	2x5/1	»S« für Schnellganggetriebe
Brillant 601	1967 - 1969	Hanomag	D 142 R	4	58	W	100x100	3142	2600	2270	2790	12/3	
Brillant 601 A-S	1967 - 1969	Hanomag	D 142 R	4	58	W	100x100	3142	2600	2245	3410	12/3	Allrad-Version
Brillant 700	1967 - 1969	Hanomag	D 161 R	6	68	W	95x100	4250	2600	2510	3200	11/3	
Brillant 700 A	1967 - 1969	Hanomag	D 161 R	6	68	W	95x100	4250	2600	2475	3400	12/3	Allrad-Version
Brillant 601 L	1969 - 1970	Hanomag	D 142 R 4	4	62	W	100x100	3142	2600	2270	2790	12/3	(Leichtversion)
Brillant 601	1969 - 1970	Hanomag	D 142 R 4	4	62	W	100x100	3142	2600	2270	2850	12/3	
Brillant 601 A	1969 - 1970	Hanomag	D 142 R 4	4	62	W	100x100	3142	2600	2245	3535	12/3	Allrad-Version
Brillant 701	1969 - 1970	Hanomag	D 161 R	6	75	W	95x100	4250	2600	2510	3200	12/3	
Brillant 701 A	1969 - 1970	Hanomag	D 161 R	6	75	W	95x100	4250	2600	2475	3820	12/3	Allrad-Version
2.6 Robust-Baureihen													
Robust 800/S	1964 - 1969	Hanomag	D 941 R	4	75	W	120x150	6786	1500	2350	3520	2x5/1	Prototyp Robust 800/6 mit D 961-Motor, 110 PS
Robust 900	1967 - 1969	Hanomag	D 162 R	6	85	W	100x100	4710	2600	2510	3225	12/3	
Robust 900 A	1967 - 1969	Hanomag	D 162 R	6	85	W	100x100	4710	2600	2510	3490	12/3	Allrad-Version
Robust 900 A	1967 - 1969	Hanomag	D 162 R	6	85	W	100x100	4710	2600	2510	3490	12/3	dito
Robust 901	1969 - 1970	Hanomag	D 162 R	6	92	W	100x100	4710	2600	2510	3225	12/3	
Robust 1000	1970	Hanomag	D 941	4	80	W	120x150	6786	1800				Prototyp
Robust 1200	1970	Hanomag	D 961	6	110	W	120x150	10179	1800				dito
3. Schmalspurschlepper													
R 435 Frank	1957 - 1961	Hanomag	D 28-R 435	4	35	W	90x110	2799	1900	1720	2020	5/1	Spurweite 1014 mm, Umbau durch Fa. Frank in Meckenheim
Granit 32 Frank	1961 - 1962	Hanomag	D 21-R 332	3	32	W	90x110	2099	2200	1720	1530	2x5/1	
4. Landwirtschaftsraupen													
Z 20	1919/20	Hanomag		4	20	W	90x150	3815	900		3300	3/1	Prototyp
Z 25+A32	1920 - 1931	Hanomag		4	25	W	95x150	4252	950		3000 - 3300	3/1	auch 4/1-Getriebe, ab 1921 28 PS bei 950 U/min
Z 50	1920 - 1922	Hanomag		4	50	W	135x155	8876	800	1670	6000	3/1	
Z 50	1922 - 1931	Hanomag		4	50	W	130x155	8225	850		6300	3/1	
K 35/40	1931 - 1940	Hanomag	D 52	4	40	W	105x150	5192	1300	1700	4100	3/1	Diesel und folgende, mit Doppeldifferential
KD 48	1933	Hanomag	D 52	4	48	W	105x150	5192	1300	1700	4350	3/1	
K 50	1933 - 1941	Hanomag	D 52	4	50	W	105x150	5192	1300	1700	4590	3/1	
K 50 E	1933 - 1945	Hanomag	D 52	4	50	W	105x150	5192	1300	1700	4590	3/1	
K 50 H	1938 - 1942	Hanomag	D 52	4	50	W	105x150	5192	1300	1700	4590	3/1	H = Hebelsteuerung, auch Radstand 1855 mm
K 50 Holzgas	1941 - 1943	Hanomag	D 57	4	42	W	110x150	5702	1300	1700	5000	3/1	mit Holzgas-Generator
KV 50	1948 - 1951	Hanomag	D 52	4	50	W	105x150	5192	1300	1700	4590	3/1	auch D 57-Motor
K 55	1951 - 1957	Hanomag	D 57	4	55	W	110x150	5702	1300	1700	4510	3/1	Breite 1180 mm
KS 55 E	1951 - 1957	Hanomag	D 57	4	55	W	110x150	5702	1300	1700	4560	3/1	Schmalspurversion, Breite 995 mm
KS 55 S	1951 - 1957	Hanomag	D 57	4	55	W	110x150	5702	1300	1700	4650	3/1	
K 90	1951 - 1962	Hanomag	D 93	6	90	W	115x150	9348	1300	2420	7500 - 8700	5/4	auch 5/1-Getriebe
K 60 A	1956 - 1959	Hanomag	D 721	2	60	W	130x140	3715	1600	2000	5820	6/3	Zweitakt-Diesel
K 65 A 5	1959 - 1962	Hanomag	D 721	2	65	W	130x140	3715	1600	2000	6100	6/3	
K 65 E	1959 - 1962	Hanomag	D 721	2	65	W	130x140	3715	1600	2000	5565	6/3	

Hansa-Lloyd

Hansa-Lloyd-Werke AG,
Bremen-Hastedt, Föhrenstr. 81/83,
1915–1925

Während des Ersten Weltkrieges übernahmen die Hansa-Lloyd-Werke die von Ingenieur Joseph Brey entworfene Konstruktion des »Ilsenburger«-Motorpfluges des Fürstlich Stollbergschen Hüttenamtes. Die ersten Maschinen vom Typ »HL 18« waren mit einem 18-PS-Vierzylindermotor viel zu schwach ausgelegt. Auch ein auf 25 PS gedrosselter Motor des HL-Regeldreitonners vermochte den 4350 kg schweren Koloss kaum vorwärts zu bewegen. Erst ein 35-PS-Motor mit 900 Umdrehungen verhalf dem »HL 35 Treff Bube« zu einer ausreichenden Zugkraft. Konstruktive Besonderheit war die in der Spurweite veränderbare Vorderachse, so dass das rechte Rad nicht in der Furche laufen musste. Dabei handelte es sich aber um eine Achse mit primitivem Lenkschemel; durch die pendelnde Aufhängung der immer noch zu schmalen Vorderachse und des hohen Schwerpunkts konnte der Schlepper leicht umkippen.

35-PS-Hansa-Lloyd »Trekker« HL 35 »Treff-Bube«, 1919.

Die 2 m hohen, Greifer-besetzten Hinterräder wurden durch Ketten angetrieben. Bajonettverschlüsse erleichterten das Arretieren der Greiferschaufeln. Der Geschwindigkeitsbereich lag bei dem nun 3,6 t schweren Fahrzeug zwischen 2,7 und 5,2 km/h. Eine Riemenscheibe sowie ein überdachter Fahrerplatz gehörten zur Ausstattung. Während der Kriegszeit fanden die Fahrzeuge notgedrungen einen guten Absatz, wenn sich auch Achsenbrüche im Einsatz einstellten. Auch der überarbeitete Typ von 1924 war nicht viel besser. Trotz seines 55/60-PS-Motors, der schon bei 970 Umdrehungen seine Höchstleistung erbrachte, und der nur 1,5 m hohen Räder war auch diese Konstruktion ein Fehlschlag.

Nachdem Versuche mit dem 35-PS-Motor ebenso erfolglos blieben, stellte Hansa-Lloyd den Bau von Schleppern ein und konzentrierte sich auf die Pkw- und Lkw-Fertigung. Auch der Versuch der Nachfolgefirma Borgward, mit einem Schlepper in den Markt einzusteigen, schlug 1953 fehl.

Wenn auch die HL-Schlepper keine Erfolgstypen waren, so hat ihnen die Schleppergeschichte zumindest eine einprägsame Bezeichnung zu verdanken: Hansa-Lloyd hatte seine Konstruktion mit der Zusatzbezeichnung »Trekker« versehen, und das hat sich bis heute in der Umgangssprache gehalten.

35-PS-Hansa-Lloyd »Trekker« HL 35 »Treff-Bube«, 1919.

35-PS-Hansa-Lloyd »Trekker« HL 35 »Treff-Bube« mit Moorrädern, 1920. Foto: Günther Reimers

Hansa-Lloyd-Schlepper

Baureihe	Bauzeit	Motor Hersteller	Typ	Zylinder	PS	Kühlung	Bohrung x Hub	Hubraum	Drehzahl	Radstand	Gewicht	Getriebe	Besonderheiten
HL 18	1915 - 1916	HL		4	18	W	95x130	3684	750	2040	3000	3/3	
HL 25	1916 - 1919	HL		4	25	W	110x145	5509	750	2040	3600	3/1	Heeres-Lkw-Motor
HL 50	1916	HL		4	50	W	125x150	7358	950		6600	4/4	
HL 35 »Treff-Bube«	1919 - 1922	HL		4	35	W	110x145	5509	900		3700	3/1	auch 3/3-Getriebe
HL 55	1924	HL		4	55/60	W	110x145	5509	970			3/1	

Hanseatische Motoren-Gesellschaft

Hanseatische Motoren-Gesellschaft mbH,
Bergedorf b. Hamburg, Weidenbaumsweg 139,
1923–1928

Die heute in Lübeck beheimatete, 1916 von dem Kaufmann Robert Puls und dem Konstrukteur Eugen Köper in Bergedorf gegründete Maschinenfabrik entwickelte einen einfachen, aber robusten Glühkopfschlepper mit der Bezeichnung »Elephant«. Zum Antrieb diente ein stehender »Zweizylinder-Semi-Dieselmotor« (so die Umschreibung für den Glühkopfmotor) mit Schwungscheibe, der bei 600 Umdrehungen 34 PS erzeugte. Außerdem kam zeitweise auch ein 24/28 PS starker Motor zum Einbau. Der Antrieb erfolgte über Ketten. Beim Starten mussten zwei Spiritus-Anheizlampen zum Vorglühen genutzt werden.

Die vordere Drehschemellenkung war über eine Querfeder, die Hinterachse über zwei Längsfedern gegenüber dem Fahrzeugrahmen

24/28-PS-Hanseatische Motoren-Gesellschaft »Elephant«, 1923.

abgestützt. Die Motor- und Sitzverkleidung entsprach der damals im Automobilbau modernen Torpedoform. Der »Acker-Elephant« wurde mit greiferbesetzten Eisenrädern für den Landwirtschaftsbetrieb ausgestattet; bei der Straßenzugmaschine »Gummi-Elephant« kamen Hinterräder mit Doppel-Elastikbereifung zum Einsatz.

Nach dem Krieg nahm das Unternehmen neben dem Motoren- auch den Textilmaschinen- und Rolltreppenbau auf. 1966 ging das Werk an den Nordischen Maschinenbau Rudolf Baader über; der Bau von Zweitakt-Dieselmotoren wurde eingestellt.

Hanseatische Motoren-Gesellschaft-Schlepper

Baureihe	Bauzeit	Motor Hersteller	Typ	Zylinder	PS	Kühlung	Bohrung x Hub	Hubraum	Drehzahl	Radstand	Gewicht	Getriebe	Besonderheiten
Elephant	1923 - 1928	HMG		2	34	W	175x210	10097	600	1800	2900/ 3300	2/1	Glühkopf-Motor
Elephant	1924 - 1928	HMG		2	24/28	W	175x225	10818	500	1800	2900/ 3000	2/1	

Harder

Georg Harder Maschinenfabrik AG,
Lübeck, Ratzeburger Allee 106,
1951–1958 (?)

Die 1874 gegründete Landmaschinenfabrik stellte den Einachsschlepper »Lübeck-Trak« her, der mit einer hinteren Schleppachse zum Vierradschlepper erweitert werden konnte. Ein 8-PS-ILO-Vergaser- und ab 1955 ein 7,5-PS-MWM-Dieselmotor trieben, in Kombination mit einem Hurth-Getriebe, das Gerät an.

Das durch den Bau von Kartoffelrodern, Düngestreuern und Förderbändern bekannte Unternehmen wurde um 1965 von der Possehl-Gruppe aufgekauft und 1977 geschlossen.

Harder-Behelfsschlepper

Baureihe	Bauzeit	Motor Hersteller	Typ	Zylinder	PS	Kühlung	Bohrung x Hub	Hubraum	Drehzahl	Radstand	Gewicht	Getriebe	Besonderheiten
Lübeck-Trak 80 DS	1951 - 1957	ILO	AE 335	1	7/8	L	73x80	335	2500		310	2x4/1	Zweitakt-Vergasermotor
Lübeck-Trak 80 DS	1956 - 1958	MWM	AKD 9 E	1	7,5	L	75x90	396	3000		330	2x4/1	
Lübeck-Trak 80 DS	1957 - 1958	MILO	DL 325	1	7	L	70x85	325	2500		320	2x4/1	Zweitakt-Dieselmotor

Hartmann I

Maschinenfabrik E. Becker,
Reinickendorf b. Berlin, Graf-Rödern-Allee, 18- 24
1910–1914

Der von dem Zivilingenieur Paul Hartmann mit Büro in der Oranienburger Str. 23 konstruierte Seilpflug-Motorwagen ähnelte dem »Ergomobil« von Kuërs und arbeitete im Einmaschinensystem mit Kipppflug und Ankerwagen sowie zwei versetzten Seilkarren, so dass eine trapezartige Seilführung entstand. Zwischen den Achsen des Motorwagens war das Spill mit 960-Meter-Drahtseil untergebracht.

30/35-PS-»Hartmannsche Kraftmaschine« für das Einmaschinensystem, um 1913.

8/12-PS-Becker-Motorpflug »System Hartmann«, 1910.

Das als »Hartmannsche Kraftmaschine« bezeichnete Modell besaß anfänglich einen 8/12-PS-Kuërs, wenig später einen 24-PS- und schließlich einen 30/35-PS-Motor, die als Langsamläufer arbeiteten. Die Motoren trieben über ein Viergang-Wendegetriebe die Hinterachse, eine Pumpe oder die große Winde für den Kipppflug der 7 bis 8 t schweren Maschine an, die sehr umständlich zu bedienen war. Die Hartmann-Pflüge blieben Einzelstücke, gebaut von der Maschinenfabrik für Hebewerkzeuge E. Becker.

Hartmann II

Max Hartmann, Kleintraktorenbau,
Altusried (Allgäu), Im Tal 12
1. 1926-1931 **Johann Pinzger, Landmaschinenwerkstätte,** Altusried (Allgäu)
2. 1931-1934 **Max Hartmann, Maschinenbau-Werkstätte,** Altusried (Bayern)
3. 1935-1940 **Max Hartmann, Kleintraktorenbau**

Der Mühlenbauschreiner Johann Pinzger (1874–1952) betrieb in Alturied eine Landmaschinenwerkstätte. 1924 konstruierte er die wohl erste funktionsfähige motorgetriebene Mähmaschine in Rahmenbauart, auf die er mehrere Patente erhielt. Ein 7/8 PS starker München-Sendling-Benzolmotor mit Zweiganggetriebe trieb über eine Kette die Hinterachse sowie den Mähbalken an. Für die Fahrt auf befestigten Wegen standen Vollgummiräder, für den Einsatz auf Wiesen profilierte Eisenräder (»Arbeitsräder«) zur Verfügung. Auf der Straße konnte ein 2,5-Tonnen-Anhänger gezogen werden. Auf der Münchener DLG-Ausstellung von 1926 präsentierte er diese Neuheit und konnte auf Anhieb 13 Bestellungen hereinholen. Nach dem Bau und Verkauf von 30 Maschinen, »Weltsieger« genannt, geriet Pinzger durch die Auswirkungen der Weltwirtschaftskrise in Schwierigkeiten, und das junge Unternehmen wurde zwangsversteigert. Der mit Pinzger verwandte Schmiedemeister Max Hartmann (1907–1976) erwarb die Werkstatt und verbesserte die Mähmaschinen-Konstruktion. Mit einem Differential war das Fahrzeug nun manövrierfähiger und mit einem 11-PS-Hatz-Dieselmotor wirtschaftlicher und leistungsfähiger. Etwa ab 1934 nutzte Hartmann 7 und 14 PS starke München-Sendling-Motoren für seine jetzt als »Kleintraktoren« vermarkteten Fahrzeuge. Die Vollgummibereifung war durch Luftreifen ersetzt worden, wobei das Modell in der Zugmaschinenausführung oder für den Einsatz auf weichen Böden auch eine Doppelbereifung erhielt.

Da das Unternehmen 1939 nicht in den Schell-Plan aufgenommen wurde, teilte der Reichsnährstand kein Konstruktionsmaterial mehr zu, so dass Max Hartmann 1940 nach dem Bau von etwa 100 Fahrzeugen die Fertigung aufgeben musste.

Nach dem Krieg verhinderte die nahezu vollständige Demontage durch die französische Besatzungsmacht die Wiederaufnahme der Kleinschlepper-Produktion. Max Hartmann reparierte Landmaschinen und fertigte Gülleverteiler sowie Artikel für Gerberei-Betriebe. Nach der Währungsreform vertrieb und reparierte er Fahr-Schlepper. Parallel zu diesem Engagement baute Hartmann eine Bau- und Kunstschlosserei auf, die sich heute erfolgreich auf die Fertigung von Toranlagen spezialisiert hat.

11-PS-Hartmann-Kleinschlepper »Weltsieger«, 1933. Foto: Hartmann

7/8-PS-Pinzger-Kleinschlepper, 1926. (Foto: Hartmann

14-PS-Hartmann-Kleinschlepper, 1938. Foto: Hartmann

Hartmann-Schlepper

Baureihe	Bauzeit	Motor Hersteller	Typ	Zylinder	PS	Kühlung	Bohrung x Hub	Hubraum	Drehzahl	Radstand	Gewicht	Getriebe	Besonderheiten
Pinzger	1926 - 1929	MS		1	7/8	V			500	2000	1300	2/1	Vergasermotor
Weltsieger	1929 - 1932	MS	WS 308	1	5 - 8	V	100x130	1021	800 - 1250	2000			
Weltsieger	1933 - 1934	Hatz	L 2	1	11	V	120x150	1695	800	2000	1300	2/1	Zweitakt-Dieselmotor
Kleintraktor	1934 - 1940	Hatz	L 1	1	7/8	V	100 x 120	942	1300	2000	900	3/1	
Kleintraktor	1934 - 1940	Hatz	L 2	1	14	V	120 x 150	1695	1100	2000	1300	4/1	Zweitakt-Dieselmotor, auch mit Thermosyphonkühlung

Hasenzahl

Gebr. Sachsenberg Werft,
Roßlau/Elbe, Hauptstr. 117/119,
1943/44 und 1948

In der Roßlauer Schiffswerft entstanden während des Krieges nach Plänen des Ingenieurs R. Hasenzahl Dampfzugmaschinen sowie ein Schleppermodell, ebenfalls mit Dampfantrieb. Das tatsächlich in einigen Exemplaren gefertigte Schleppermodell besaß einen Vierzylinder-Dampfmotor, der 25 bis 30 PS bei 1200 Umdrehungen erzeugte. Mit einer so genannten Halbgasfeuerung konnte die Maschine mit einer Betriebsfüllung (Holz und Wasser) rund fünf Stunden in Gange gehalten werden. 1948 wurde in Dresden ein weiterer Dampfschlepper unter der Bezeichnung »Fritsch-Hasenzahl« für Brikett- oder Braunkohlenfeuerung montiert, aber erst drei Jahre später, 1951, auf der Leipziger Messe vorgeführt, zu sehen. Zu einem Serienbau kam es nicht.

Bekannter als dieser Straßen- und Ackerschlepper wurde die Dampfzugmaschine, die danach in zwei Größen unter dem Namen »LOWA-Zugmaschine« vorgeführt wurde. Das spätere VEB Elbe-Werke Roßlau stellte luftgekühlte Motoren und bis zur Wende Binnenschiffe her.

25-PS-Hasenzahl-Universal-Dampfschlepper (Prototyp), 1943/44.

Hatz

Hatz Motorenfabrik GmbH,
Ruhstorf/Rott bei Passau,
1938–1939 und 1953–1964

Die 1888 von dem Landwirt und Handwerker Mathias Hatz (1842–1931) gegründete Mechanische Werkstatt befasste sich mit der Reparatur von Dampfmaschinen und begann 1905 unter der Führung der Söhne Ernst, Gottfried, Martin und Albert Hatz mit dem Bau von Benzinmotoren.

14/16-PS-Hatz L 1 (»Brummer«-Nachbau), 1939.

1910 kamen Glühkopf- und nach dem Ersten Weltkrieg Dieselmotoren für die Flussschifffahrt, für das Kleingewerbe und für die Landwirtschaft, darunter auch für Traktoren, hinzu. Eine Besonderheit der damaligen Hatz-Zweitaktmotoren bildete die 1926 patentierte Flachsitzdüse.

Erste Hatz-Schlepper entstanden 1938/39, als das Unternehmen die Konstruktionsunterlagen und die Restteile von Raimund Hartwig (»Brummer«-Schlepper) übernommen hatte. Der liegende, wassergekühlte Einzylinder-Zweitaktmotor mit 14/16 PS Leistung wurde in noch 14 Exemplare eingebaut. 1939 folgte die A-Type mit einem stehenden 22-PS-Zweitaktmotor, doch musste der Hatz-Motorenbau aufgrund einer Regierungsanordnung gleich wieder beendet werden, um die Kapazitäten für die Produktion von Rüstungsgütern zu nutzen.

Nach der Wiedereinrichtung des durch die Kriegsereignisse verloren gegangenen Maschinenparks belieferte Hatz auch die Schlepperhersteller Klauder, Röhr und Wille. Da hier kein solider und kontinuierlicher Absatz der Motoren erzielt werden konnte, wandte sich die Motorenfabrik 1953 selber dem Bau von leichten und mittleren Schleppern für die Landwirtschaft und für Sonderkulturen zu. Zum Antrieb dienten Ein- und Zweizylinder-Zweitaktmotoren, die auch an andere Schlepperhersteller geliefert wurden.

Nachdem das Unternehmen 1952 erste luftgekühlte Baukastenmotoren nach dem Viertaktprinzip entwickelt hatte, wurde ab 1954/55 eine neue Fahrzeuggeneration in Blockbauart mit 10-, 12-, 15-, 18-, 22- sowie 33 PS und Ein-, Zwei- und Dreizylindermotoren vorgestellt. Während die Ein- und Zweizylindermotoren mit einer Einzel-Radialluftkühlung versehen waren, erhielt der Dreizylindermotor ein Axialgebläse. ZA-, ZP- und Hurth-Getriebe kamen zur Verwendung. Der kleinste Typ »TL 10 Agricolo« erreichte eine Stückzahl von über 1500 Exemplaren. 1959 überarbeitete Hatz die Modellreihe mit stärkeren Motoren und neugestalteten, zweifarbigen Hauben.

Die letzte Baureihe bestand ab 1962 aus den Typen H 113, H 220, H 340 sowie H 222 und H 332; das Leistungsspektrum reichte von 13 bis 40 PS.

Mit der Sättigung des Marktes zu Beginn der 1960er Jahre gab das Hatz-Werk nach einer Montage von 7201 Schleppern diesen Fertigungsbereich auf. Die Motorenfabrik Hatz blieb als Lieferant von Kleindieselmotoren für verschiedene Traktorenhersteller weiterhin der Landwirtschaft verbunden. Eine Spezialität des Hatz-Werkes sind zurzeit die gekapselten, Lärm-gedämpften »Silent-Pack«-Industriemotoren.

13-PS-Hatz T 13, 1955. Foto: Hatz

32-PS-Hatz T 23, 1955. Foto: Hatz

13-PS-Hatz H 113, 1962. Foto: Hatz

10-PS-Hatz T 10 »Agricolo«, 1954. Foto: Hatz

12-PS-Hatz TL 12, 1959. Foto: Udo Paulitz

32-PS-Hatz H 332, 1962. Foto: Hatz

Hatz-Schlepper													
Baureihe	Bauzeit	Motor Hersteller	Typ	Zylinder	PS	Kühlung	Bohrung x Hub	Hubraum	Drehzahl	Radstand	Gewicht	Getriebe	Besonderheiten
»Diesel Pionier«	1938/39	Hatz	L 2	1	14/16	V	120x150	1695	1100	1900	1470	4/1	liegender Zweitakt-Diesel, Ex-Hartwig-Typ »Brummer«
A 2	1939	Hatz	A 2	2	22	W	100x130	2041	1300				stehender Zweitakt-Motor
T 13	1953 - 1957	Hatz	F 1 S	1	13	W	105x130	1125	1500	1630	1034	5/1	Zweitakt-Motor
T 16	1953 - 1957	Hatz	B 1 S	1	16	W	120x130	1470	1500	1650	1210	5/1	
T 26	1953 - 1958	Hatz	F 2 S	2	26	W	105x130	2250	1500	1760	1540	5/1	
T 32	1953 - 1957	Hatz	B 2 S	2	32	W	120x130	2940	1500	1860	1740	7/1	
TL 10 »Agricolo«	1954 - 1961	Hatz	E 85 EB	1	10	L	85x100	567	2500	1580	725	4/1	
TL 12	1955 - 1961	Hatz	E 89 FG	1	12	L	90x105	688	2500	1580	780	4/1	Hurth-Getriebe
TL 22	1954 - 1959	Hatz	Z 100 R	2	22	L	100x115	1806	1800	1800	1320	5/1	
TL 15	1956 - 1960	Hatz	Z 90 R	2	15	L	90x115	1460	1500	1770	1170	5/1	
TL 18	1956 - 1959	Hatz	Z 90 RS	2	18	L	90x115	1460	1800	1770	1200	5/1	
TL 24	1956 - 1959	Hatz	Z 105 R	2	24	L	105x115	1992	1800	1840	1330	5/1	
TL 12 P	1957 - 1959	Hatz	E 89 FG	1	12	L	90x105	688	2500	1600	840	6/2	ZP-Getriebe
TL 17	1957 - 1960	Hatz	Z 90 R	2	18	L	90x115	1460	1800	1830	1200	6/1	
TL 33	1957 - 1960	Hatz	D 100 R	3	33	L	100x115	2709	1800	2030	1870	5/1	auch 8/2-Getriebe
TL 13	1959 - 1963	Hatz	E 89 FG	1	13	L	90x105	668	2600	1640	860	6/1	
TL 11	1960 - 1963	Hatz	E 89 FG	1	11/12	L	90x105	668	2600	1600	805	6/2	Neue Haubengestaltung
TL 25	1960 - 1961	Hatz	Z 105 R	2	25	L	105x115	1992	1900	2028	1650	6/1	
TL 28	1960 - 1964	Hatz	Z 105 R	2	28	L	105x115	1992	2000	2028	1600	8/4	
TL 38	1960 - 1964	Hatz	D 105 R	3	36/38	L	105x115	2988	1800	2066	1750	8/4	
H 113	1962 - 1964	Hatz	E 89 FG	1	13	L	90x105	668	2600	1600	780	6/2	
H 220	1962 - 1964	Hatz	Z 90 R	2	20	L	90x115	1460	1900	2028	1550	8/4	
H 340	1963 - 1964	Hatz	D 105 R	3	40	L	105x115	2988	2000	2130	1780	8/4	
H 222	1964	Hatz	Z 105 R	2	22	L	105x115	1992	1900	2028	1550	8/4	
H 332	1964	Hatz	D 105 R	3	32	L	105x115	2988	1750	2130	1700	8/4	

Haupt

Maschinen- und Fahrzeugbau Döschnitz, Alfred Haupt,
Döschnitz/Thüringen, Ortsstraße,
1950–1958

Der Ingenieur Alfred Haupt (1908–1995) gründete 1946 den Maschinen- und Fahrzeugbau Döschnitz in der Nähe von Schwarzburg in Thüringen. Zunächst rüstete das Kleinunternehmen Personenwagen zu Behelfsschleppern um. Mit Beginn der 1950er Jahre ging Haupt zur Schleppermontage über. Aus einem Teilelager bei Magdeburg, wo einstige Wehrmachtsfahrzeuge zerlegt wurden, besorgte Haupt Getriebe und weitere Teile. Aus dem Roßlauer Motorenwerk erwarb er in Lizenz gebaute 11-PS-Deutz-Diesel, vom VEB Schlepperwerke Nordhausen konnte er den ebenfalls in Lizenz gebauten 22-PS-Deutz-Motor (»Brockenhexen-Motor«) erhalten. In Einzelexemplaren gelangte auch der 40-PS-Pionier-Motor sowie eine Seilwinde für den VEB Stahlwerk Maxhütte zur Verwendung. In eigener Regie entstanden Vorderachse und Blechteile. Aufgrund des massiven Drucks der staatlichen Behörden musste Haupt nach der Montage des 58. Modells die private Schlepperfertigung aufgeben, da sie nicht in die sozialistische Planwirtschaft passte. Die mühsam besorgten Baugruppen mussten dem Schrottplatz in Schwarza zugeführt werden! Haupt übernahm den Autobahn-Abschleppdienst in Ferch bei Potsdam..

22-PS-Haupt-Schlepper, 1957.

HAWA

Hannoversche Waggonfabrik AG,
Hannover-Ricklingen, Göttinger Chaussee,
1918–1931

Die 1898 gegründete Hannoversche Waggonfabrik (HAWA) entwickelte für Heereszwecke eine Zugmaschine, die in der Nachkriegszeit als Straßenschlepper mit der Bezeichnung »Kraftfeldzug« angeboten wurde. Riemenscheibe, Seilwinde und auf Wunsch eine Kreissäge und ein Kranaufbau gehörten zur Ausstattung; für Vortrieb sorgte ein Vierzylinder-28-PS-Motor der Motorenfabrik Oberursel (MO) oder ein 27-PS-Breuer-Motor. Da kein Differential verwendet wurde, musste der Fahrer bei Kurvenfahrten die eine Hinterachshälfte auskuppeln. Der bis in Motorhöhe voll verkleidete Schlepper mit Scheibenrädern und Vollgummireifen konnte mit einem Zweiganggetriebe 5 bzw. 11 km/h erreichen. Der Erfolg des 1,8 Tonnen schweren Schleppers war bescheiden, obwohl HAWA – nicht zu Unrecht – mit Argumenten wie »Leutenot« und »Mangel an Gespanntieren« warb. Wenig Glück hatten die Hannoveraner auch mit dem Lizenzbau des Karwa-Schleppers der Bayerischen Motorenwerke, es entstanden nur Einzelstücke.

27-PS-HAWA-Schlepper (Lizenz Karwa), 1922.

Das im Bau von Eisenbahnwaggons, Straßenbahnwagen, Flugzeugen, Transportern und Omnibuskarosserien tätige Werk existierte bis in die 80er Jahre des letzten Jahrhunderts.

HAWA-Schlepper

Baureihe	Bauzeit	Motor Hersteller	Typ	Zylinder	PS	Kühlung	Bohrung x Hub	Hubraum	Drehzahl	Radstand	Gewicht	Getriebe	Besonderheiten
Hawa	1918	Oberursel		4	28	W	115x150	6230	800		1800	3/1	3-scharig
Hawa »Karwa«	1919	BMW	M 4 A 1	4	45/60	W	120x180	8138	800/1100				
Hawa »Feldzug«	1922	Breuer		4	27	W	115x150	6230	850		1800	2/1	
Hawa IV	1925	Oberursel		4	28	W	115x150	6230	800	1670	2100	2/1	

Hein

Bernhard Hein,
Peitz/Niederlausitz,
1920–1921

Hein-Dreiradschlepper, 1921.

Hein konstruierte einen ersten deutschen Blockbauschlepper (»rahmenlose Bauart«), der zwei schmale, überdimensionale und dicht bei einander stehende Treibräder mit aufgesetztem, schrägem Eisenprofil besaß. Der Fahrer saß links neben den riesigen Hinterrädern.

Das in der Furche laufende Hinterrad konnte in der Höhe verstellt werden. Ein Zweizylindermotor mit 36 PS trieb das 2200 kg schwere Fahrzeug an. Der große Benzintank sollte den Ballast erhöhen und war deswegen zwischen Motor und Hinterrädern platziert worden. Vermutlich blieb es bei dem Prototyp.

Heizotrack

Heizomat GmbH,
Gunzenhausen, Maicha 21,
1987

Unter dem Namen »Heizotrack E.2.Z« erschien ein knickgelenkter Kleinschlepper, der von einem Zweizylinder-Dieselmotor angetrieben wurde. Das Besondere dieser Konstruktion war der weit vorgebaute Elsbett-Pflanzenölmotor mit Doppeleinspritzung, der 30 PS erzeugte. Über die Serienfertigung dieses »Haus- und Hof«-Traktors ist nichts weiter bekannt geworden.

Henschel

Henschel & Sohn GmbH,
Kassel-Mittelfeld, Henschelstraße 1,
um 1938

In den späten dreißiger Jahren entstanden im Henschel-Werk Allradschlepper mit einem Zentralrohrrahmen und Portalachsen sowie Differenzialsperren in beiden Achsen. Auf 28 und 32 PS gedrosselte Lkw-Motoren kamen in die im Werksverkehr eingesetzten Fahrzeuge.

Heßler

Heßler,
Leipzig-Connewitz, Scheffelstr. 38,
1912

18/20-PS-Heßler-Dreiradschlepper (Ivel-Nachbau), 1912.

Dipl.-Ingenieur Rudolf Heßler in Leipzig führte 1902 den englischen »Ivel«-Motorpflug der Ivel Agricultural Motors Ltd in Biggleswade/Bedfordshire ein, nach dem Eigentümer Dan Albone auch »Albone«-Schlepper genannt. Ein Zweizylinder-Boxermotor mit 8, später 20 PS trieb über ein Eingang-Wendegetriebe das 1,5 Tonnen schwere Dreiradfahrzeug an. (Auch die Firmen Glogowski und Universal-Landbaumotor übernahmen dieses Modell.) 1912 baute er davon ausgehend einen dreirädrigen Schlepper mit 18/20-PS-Motor, einem Schwungrad, schornsteinartigem Auspuff und einer spitz nach vorne zulaufenden Blechverkleidung. (Vielleicht handelte es sich auch um ein Importmodell.) Das 1,8 Tonnen schwere Fahrzeug mit ungewöhnlich kleinen Rädern sollte als Vorspann für einen Drei- oder Vierscharpflug dienen.

Heßler-Dreiradschlepper

Baureihe	Bauzeit	Motor Hersteller	Typ	Zylinder	PS	Kühlung	Bohrung x Hub	Hubraum	Drehzahl	Radstand	Gewicht	Getriebe	Besonderheiten
Heßler	1912			2	18/20	V	150x156	5510	850		1500		

Heumann

Emil H. Heumann,
Itzehoe,
1931 und 1952

Der Konstrukteur der seit 1929 gebauten Ritscher-Grabenreinigungsmaschine, Emil H. Heumann, entwickelte 1931 den Prototyp einer Kleinraupe. Über dem breiten, einzigen Raupenband war der geschweißte Maschinenrahmen für einen 10-PS-Deutz-Vergasermotor angebracht, auch der Einsatz eines 10-PS-Dieselmotors stand zur Debatte. Der Antrieb erfolgte über ein Zahnrad, das in die Löcher der Kettenglieder eingriff. Auch mit zwei Ketten wurde experimentiert. Fünf Rollen drückten die Kette auf den Boden beziehungsweise stützen sie ab. Ein hinteres, schwenkbares Rädergestell, auf dem der Fahrer saß, war am Fahrzeugrahmen angebracht. Mittels eines Hebelsystems war das Fahrzeug als eine Art Knicklenker zu steuern.

Durch den Fortfall des Differentials sollte der Heumann-Schlepper recht preiswert angeboten werden. Das Problem der äußerst anstrengenden Lenkarbeit ließ sich gerade bei der breiten Auflagefläche der Kette nicht lösen, so dass dieses Raupenprojekt im Entwicklungsstadium stecken blieb. Ebenfalls nicht über das Entwicklungsstadium hinaus kam der »Wattschlepper« von 1952. Unter der technischen Bezeichnung »HTR« (Heumanns-Teller-Raupe) ließ Ing. Heumann von einer Kieler Firma ein Fahrzeug bauen, das vier schräg gestellte, drehende Teller besaß, die dank der großen Auflagefläche auf dem Schlick für Fortbewegung sorgten. Ein Serienbau kam auch hier nicht zustande.

10-PS-Heumann-Kleinraupenschlepper, 1931.

Heumann-Kleinraupe

Baureihe	Bauzeit	Motor Hersteller	Typ	Zylinder	PS	Kühlung	Bohrung x Hub	Hubraum	Drehzahl	Radstand	Gewicht	Getriebe	Besonderheiten
Heumann-Raupe	1931	Deutz	MA 514	1	10	V	115x140	1456	1100		1500	2/1	

Hieble

Alois Hieble & Co. Spezialtraktorenwerk,
Tapfheim/Schwaben b. Donauwörth, Meisenweg 1
1. 1979-1987 **Alois Hieble & Co. Traktoren- und Landmaschinenbau**
2. 1987-heute **Alois Hieble & Co. Spezialtraktorenwerk**

Vor dem Zweiten Weltkrieg experimentierte Alois Hieble (1926–1997) im väterlichen Landmaschinenreparatur- und Handelsbetrieb mit der Konstruktion von Ackerschleppern. Sohn Rudolf Hieble konstruierte in den 1960er Jahren Maiserntemaschinen sowie Mist- und Hopfenbau-Schlepper. Daneben rüstete er Lanz-»Bulldog«-Glühkopfschlepper auf das Dieselverfahren um. Wenn auch schon 1975 erste Hieble-Schleppermodelle montiert wurden, so kam eine nennenswerte Fertigung erst 1978 in Gang.

Seit dieser Zeit baut A. Hieble unter der Bezeichnung »BERGmeister« Schmalspurschlepper für Baumschulen, Hopfen-, Obst- und Weinbaukulturen sowie für Kommunalzwecke. Technische Komponenten der anfänglich rot lackierten Kompakt-Schlepper stammten zunächst von International Harvester (IHC). Die Verwendung einer eigenen Kupplungsglocke erlaubte einen gegenüber dem IHC-Basismodell kürzeren Radstand. Durch die ZF-Antriebs-Lenkachse und durch eine geänderte hintere Bereifungsgröße lag der Schwerpunkt niedriger. Die äußere Ge-

75-PS-Hieble »Bergmeister 754«, 1978.

staltung entsprach bis auf das Logo den IHC-Schleppern. Hieble baute diese Spezialfahrzeuge in Allrad- und Hochradausführung mit verschiedenen Spurweiten sowie mit vorderer und mit hinterer Doppelbereifung. Auf Wunsch gab es auch eine Umkehreinrichtung, so dass der Fahrer mit Blickrichtung Heck saß. Anfangs kamen Drei- und Vierzylinder-IHC-Motoren mit Leistungen von 35, 45, 55, 65, 75 und 85 PS zum Einbau.

Ab 1987/88 wurde eine weitere Baureihe mit Frontsitz bzw. Frontkabine, Heckmotor und gleichgroßen Rädern entwickelt. Der Antrieb erfolgte bei diesen »BERGmeister HYDROSTAT«-Typen mit Allradlenkung über ein Hydrauliksystem mit Ölmotoren in den Radnaben. Eine Spezialversion bildete hier der Pflegeschlepper mit gleich großen Rädern; den Frontlenker gab es auch in Kommunalausführung. Die speziellen »BAUMSCHULmeister«-, »GARTENmeister«- und »HOFmeister«-Schlepper verfügten über eine Frontvorbaueinrichtung, Allradlenkung und kleinere Hinterräder. Die Hochradschlepper besaßen eine Bodenfreiheit von 700 bis 1100 mm; nach der Hinterrad-Portalachse war der Rahmen hochgezogen. Eine weitere Ausführung bildete der Stelzen-Schlepper mit hydrostatischem 54- oder 97-PS-Antrieb und einer hydrostatischen Spurverstellung sowie Geländestapler mit im Heck integriertem Gabelstapler.

55-PS-Hieble »Bergmeister 553«, 1987. Foto: Hieble

75-PS-Hieble »Bergmeister 754 Hydrotrak«, 1991 Foto: Hieble

55-PS-Hieble »Bergmeister 553«, 1978.

Als die Firma Case International, vormals IHC, die Fertigung in Deutschland immer stärker einschränkte, stieg Hieble 1987 auf Motoren von John Deere um. Das Unternehmen entwickelte dann eine neue Baureihe mit (auf Wunsch) Kabinen und schmalen, nach vorne abfallenden Hauben aus eigener Fertigung. Mit einer eigenen Karosseriegestaltung löste sich Hieble vom IHC-Design. Vollsynchronisierte Gruppen-Wendegetriebe von ZF/Steyr, ein hydrostatischer Antrieb sowie teilweise ZF-Allradlenkung waren weitere Kennzeichen dieser Spezialschlepper-Baureihe, die 1995 vom »Bergmeister 1676 A Hydrostat« (167 PS) gekrönt wurde.

Im Jahre 2007 ging Hieble von den nach Kundenwünschen individuell in Kleinserien gefertigten Spezialschleppern über zum wirtschaftlicheren Bau von Schmalspurschleppern mit Allradantrieb für den Wein- und Hopfenanbau, für Obstplantagen, Gärtnereien, Baumschulen und Kommunalbetriebe. Geräuschgedämmte Kabinen mit Schottwand zum Motor und eine geschlossene, gummigelagerte Plattform zeichnen diese mit Motoren von John-Deere-Power-Systems (DPS) und von Perkins ausgestatteten Fahrzeuge aus. ZF/Steyr-12-Gang-Wendegetriebe und eine elektro-hydraulisch zuschaltbare Antriebs-Vorderachse sind weitere Attribute der Hieble-Schlepper. Für die maximale Beweglichkeit sorgen Doppelkreuz-Gelenke der Planetenantriebs-Lenkachse sowie ein in Wespentaillenart ausgebildeter Vorderachsblock. Über 5000 Hieble-Schlepper haben das von Ing. Alois Hieble geleitete Werk inzwischen verlassen.

Weitere Produkte des Hieble-Unternehmens sind Selbstfahrer-Gemüseernter und Schausteller-Fahrzeuge.

68-PS-Hieble »Bergmeister 653«1993. Foto: Hieble

68-PS-Hieble »Bergmeister 653A«, 2005. Foto: Hieble

97-PS-Hieble »Bergmeister 854 A Hydrostat«, 1993. Foto: Hieble

92-PS-Hieble »Bergmeister 924«, 2014. Foto: Hieble

Hieble-Schlepper

Baureihe	Bauzeit	Motor Hersteller	Typ	Zylinder	PS	Kühlung	Bohrung x Hub	Hubraum	Drehzahl	Radstand	Gewicht	Getriebe	Besonderheiten
1. Schmalspur-Plantagenschlepper (Breite 1050 - 1220 mm)													
1.1 Anfangsbaureihe mit IHC-Motoren													
Bergmeister 353	1978 - 1987	IHC	D-155	3	35	W	98,4x111,1	2536	2050	1780	1850	8/4	auch 16/8-Getriebe
Bergmeister 453	1978 - 1987	IHC	D-155	3	45	W	98,4x111,1	2536	2200	1780	1850	8/4	
Bergmeister 553	1978 - 1987	IHC	D-179	3	55	W	98,4x128,5	2934	2180	1780	1870	8/4	
Bergmeister 654	1978 - 1987	IHC	D-206	4	65	W	98,4x111,1	3382	2180	1780	2360	8/4	
1.2 Zweite Baureihe mit eigener Haube													
Bergmeister 353	1987 - 1993	IHC	D-155	3	35	W	98,4x111,1	2536	2050	1950	1850	8/4	auch 8/8- und 16/8-Getriebe
Bergmeister 353 A	1987 - 1993	IHC	D-155	3	35	W	98,4x111,1	2536	2050	1950	1950	8/4	Allradantrieb, auch 8/8- oder 16/8-Getriebe
Bergmeister 453	1987 - 1991	IHC	D-155	3	45	W	98,4x111,1	2536	2200	1950	1800	8/4	auch 8/8- und 16/8-Getriebe
Bergmeister 453 A	1987 - 1991	IHC	D-155	3	45	W	98,4x111,1	2536	2200	1950	1950	8/4	Allradantrieb, auch 8/8- oder 16/8-Getriebe
Bergmeister 553	1987 - 1993	IHC	D-179	3	55	W	98,4x128,5	2934	2300	1950	1870	8/4	auch 8/8- und 16/8-Getriebe
Bergmeister 553 A	1987 - 1993	IHC	D-179	3	55	W	98,4x128,5	2934	2300	1950	1970	8/4	Allradantrieb, auch 8/8- oder 16/8-Getriebe
Bergmeister 654	1987 - 1993	IHC	D-206	4	65	W	98,4x111,1	3382	2300	2100	2360	8/4	auch 8/8- und 16/8-Getriebe
Bergmeister 654 A	1987 - 1993	IHC	D-206	4	65	W	98,4x111,1	3382	2300	2100	2570	8/4	Allradantrieb, auch 8/8- oder 16/8-Getriebe
1.3 Dritte Baureihe mit John Deere-Motoren und neuer Karosserie													
Bergmeister 353	1987 - 1994	DPS	3.152 DL 01	3	35	W	98x110	2494	2050	1930	1850	8/4	auch 8/8- und 16/8-Getriebe
Bergmeister 353 A	1987 - 1994	DPS	3.152 DL 01	3	35	W	98x110	2494	2050	1930	2000	8/4	Allradantrieb, auch 8/8- und 16/8-Getriebe
Bergmeister 453	1987 - 1994	DPS	3.152 DL 04	3	45	W	98x110	2494	2200	1930	1800	8/4	auch 8/8- und 16/8-Getriebe
Bergmeister 453 A	1987 - 1994	DPS	3.152 DL 04	3	45	W	98x110	2494	2200	1930	1950	8/4	Allradantrieb, auch 8/8- und 16/8-Getriebe
Bergmeister 553	1987 - 1994	DPS	3.179 DL-01	3	54	W	106,5x110	2938	2200	1930	1900	8/4	auch 8/8- und 16/8-Getriebe
Bergmeister 553 A	1987 - 1994	DPS	3.179 DL-01	3	54	W	106,5x110	2398	2200	1930	1950	8/4	Allradantrieb, auch 8/8- und 16/8-Getriebe
Bergmeister 654	1987 - 1994	DPS	4.219 DL-03	4	65	W	98x110	3320	2180	2050	2060	8/4	auch 8/8- und 16/8-Getriebe
Bergmeister 654 A	1987 - 1994	DPS	4.219 DL-03	4	65	W	98x110	3320	2180	2050	2100	8/4	auch 8/8- und 16/8-Getriebe
Bergmeister 553 (neu)	1991 - 2005	DPS	3029 DRT	3	55	W	106,5x110	2938	2250	1930	1900	8/4	auch 8/8- und 16/8-Getriebe
Bergmeister 553 A (neu)	1991 - 2005	DPS	3029 DRT	3	55	W	106,5x110	2938	2250	1930	1950	8/4	Allradantrieb, auch 8/8- und 16/8-Getriebe
Bergmeister 653	1991 - 2005	DPS	3029 TRT	3	68	W	106,5x110	2938	2500	1930	2060	16/8	T, auch 16/16-Getriebe
Bergmeister 653 A	1991 - 2005	DPS	3029 TRT	3	68	W	106,5x110	2938	2500	1930	2100	16/8	T, Allradantrieb, auch 16/16-Getriebe
1.4 Vierte Baureihe													
Bergmeister 553	1995 - 2001	DPS	3029 DRT	3	55	W	106,5x110	2938	2250	1930	1900	16/8	auch 16/16-Getriebe
Bergmeister 553 A	1995 - 2001	DPS	3029 DRT	3	55	W	106,5x110	2938	2250	1930	1950	16/8	Allradantrieb, auch 16/16-Getriebe
Bergmeister 5530	2003 - 2004	DPS	3029 DRT	3	54	W	106,5x110	2938	2250	1930	1900	16/8	auch 16/16-Getriebe
Bergmeister 5530 A	2003 - 2004	DPS	3029 DRT	3	54	W	106,5x110	2938	2250	1930	1950	16/8	Allradantrieb, auch 16/16-Getriebe
Bergmeister 6530	2003 - 2004	DPS	3029 TRT	3	68	W	106,5x110	2938	2500	1930	2060	16/8	T, auch 16/16-Getriebe
Bergmeister 6530 A	2003 - 2004	DPS	3029 TRT	3	68	W	106,5x110	2938	2500	1930	2100	16/8	T, Allradantrieb, auch 16/16-Getriebe
1.5 Fünfte Baureihe "Generation 500"													
Bergmeister 553 A	2005 - 2007	DPS	3029 DRT	3	58	W	106,5x110	2938	2300	1930	1950	16/8	Allradantrieb, auch 16/16-Getriebe
Bergmeister 653 A	2005 - 2006	DPS	3029 TRT	3	67	W	106,5x110	2938	2300	1930	2100	16/8	T, Allradantrieb, auch 16/16-Getriebe
Bergmeister 754 A	2005 - 2006	DPS	4045 DRT	4	78	W	106,5x127	4523	2300	2050	2200	16/8	Allradantrieb, auch 16/16-Getriebe
Bergmeister 854 A	2005 - 2006	DPS	4045 TRT	4	86	W	106,5x127	4523	2300	2050	2500	16/8	T, Allradantrieb, auch 16/16-Getriebe
Bergmeister 1054 A	2005 - 2006	DPS	4045 TRT	4	99	W	106,5x127	4523	2300	2050	2500	16/8	
1.6 Sechste Baureihe mit Allradantrieb sowie John Deere- und Perkins-Motoren													
Bergmeister 734 (JD)	2007 - 2012	DPS	3029 TRT	3	72	W	106,5x110	2938	2400	1930	2300	12/12	T
Bergmeister 756	2007 - 2009	Perkins	1103D-33TA	3	75	W	105x127	3300	2200	1930	2550	12/12	TL
Bergmeister 824 (JD)	2007 - 2012	DPS	4045 TRT	4	82	W	106,5x127	4523	2400	2050	2350	12/12	T
Bergmeister 856	2007 - 2009	Perkins	1104D-44T	4	88	W	105x127	4400	2200	2050	2600	12/12	TL
Bergmeister 1006	2007 - 2009	Perkins	1104D-44TA	4	101	W	105x127	4400	2200	2050	2600	12/12	TL
Bergmeister 824 CP	2011 - 2012	Perkins	1103-33TA	3	79	W	105x127	3300	2200	2050	2300	12/12	TL
Bergmeister 924 CP	2011 - 2012	Perkins	1104D-44T	4	92	W	105x127	4400	2200	2050	2350	12/12	T
1,7 Siebte Baureihe "Serie 600" mit Allradantrieb und Perkins-Motoren													
Bergmeister 806	2012 - 2014	Perkins	1103D-33TA	3	79	W	105x127	3300	2200	2200	2750	40/40	TL
Bergmeister 906	2012 - 2014	Perkins	1104D-44TA	4	92	W	105x127	4400	2200	2320	2800	40/40	T
Bergmeister 1006	2012 - 2014	Perkins	1104D-44T	4	99	W	105x127	4400	2200	2320	2800	40/40	T
Bergmeister 764	2014 - 2015	Perkins	1204E-44 TA	4	76	W	105x127	4440	2200	2320	2450	12/12	T
Bergmeister 824	ab 2014	Perkins	1103D-33 TA	3	79	W	105x127	3300	2200	2320	2450	12/12	TL
Bergmeister 864	ab 2014	DPS	4045 TFCO 3	4	86	W	106,5x127	4545	2300	2320	2450	12/12	T

Hieble-Schlepper

Baureihe	Bauzeit	Motor Hersteller	Typ	Zylinder	PS	Kühlung	Bohrung x Hub	Hubraum	Drehzahl	Radstand	Gewicht	Getriebe	Besonderheiten
Bergmeister 924	ab 2014	Perkins	1204E 44 TA	4	92	W	105x127	4400	2200	2320	2450	12/12	T
Bergmeister 1064 (CDI)	2014 - 2019	DPS	4045 TFCO 3	4	101	W	106,5x127	4545	2200	2320	2450	12/12	TL
1.8 Achte Baureihe »A und B«													
A1.50	ab 2019	Perkins	404J-E22 T	4	48	W	84x100	2200	2800		1500	16/16	TL
B864 CDI	ab 2019	FPT	F34	4	75	W	99x110	3400	2300		2450	12/12	TL
2. Schmalspurschlepper mit hydrostatischem Antrieb sowie a. W. mit Allradlenkung													
Bergmeister 453 A Hydr.	1991 - 1993	DPS	3.152 DL-04	3	45	W	98x110	2494	2200		1950	Hydr.	
Bergmeister 553 A Hydr.	1991 - 1993	DPS	3.179 DL-01	3	54	W	106,5x110	2938	2200		1950	Hydr.	
Bergmeister 654 A Hydr.	1991	DPS	4.219 DL-03	4	65	W	98x110	3220	2180		2100	Hydr.	
Bergmeister 754 A Hydr.	1991 - 2001	DPS	4.239 DL-04	4	75	W	106,5x110	3920	2300		2200	Hydr.	
Bergmeister 854 A Hydr.	1991 - 2001	DPS	4045 DRT	4	86	W	106,5x127	4523	2300		3050	Hydr.	
Bergmeister 1054 A Hydr.	1991 - 2001	DPS	4045 TRT	4	105	W	106,5x127	4523	2400		3000	Hydr.	T
Bergmeister 1456 A Hydr.	1993	DPS	4045 TRT	4	145	W	106,5x127	4523	2200		3200	Hydr.	TL
Bergmeister 553 A Hydr. (neu)	1993	DPS	3029 DRT	3	55	W	106,5x110	2938	2250		1950	Hydr.	
Bergmeister 654 A Hydr. (neu)	1993	DPS	3029 TRT	3	68	W	106,5x110	2938	2500		2100	Hydr	T
Bergmeister 754 A Hydr. (neu)	1993	DPS	4039 DRT	4	82	W	106,5x110	3920	2500		2200	Hydr.	
Bergmeister 854 A Hydr. (neu)	1993 - 95	DPS	4039 TRT	4	97	W	106,5x110	3920	2500		2800	Hydr.	T
Bergmeister 553 A Hydr.	1995 - 2001	DPS	3029 DRT	3	55	W	106,5x110	2938	2250		2000	Hydr.	
Bergmeister 653 A Hydr.	1995 - 2001	DPS	3029 TRT	3	68	W	106,5x110	2938	2500			Hydr.	T, Stelzenschlepper
Bergmeister 854 A Hydr.	1995 - 2001	DPS	4039 TRT	4	97	W	106,5x110	3920	2500			Hydr.	T, Stelzenschlepper
Bergmeister 1216 A Hydr.	1995 - 2003	DPS	TZ 02	6	121	W	106,5x110	5883	2500			Hydr.	
Bergmeister 1676 A Hydr.	1995 - 2003	DPS	TL 007	6	167	W	106,5x110	5883	2500			Hydr.	T
Bergmeister 5530 A Hydr.	2003 - 2004	DPS	3029 DRT	3	54	W	106,5x110	2938	2250		2000	Hydr.	
Bergmeister 6530 A Hydr.	2003 - 2004	DPS	3029 TRT	3	68	W	106,5x110	2938	2500		1950	Hydr.	T
Bergmeister 7540 A Hydr.	2003 - 2004	DPS	4045 DRT	4	75	W	106,5x127	4523	2500		2200	Hydr.	
Bergmeister 8540 A Hydr.	2003 - 2004	DPS	4045 TRT	4	95	W	106,5x127	4523	2500		2800	Hydr.	T, Stelzenschlepper
3. Hopfenbau-Spezialschlepper													
Bergmeister 754	1978 - 1987	IHC	D-239	4	75	W	98,4x128,5	3911	2300	2100	2380	8/4	auch 16/8-Getriebe
Bergmeister 854	1978 - 1987	IHC	D-268	4	85	W	100x139,7	4389	2300	2100	2420	8/4	
Bergmeister 754	1987 - 1993	IHC	D-239	4	75	W	98,4x128,5	3911	2300	2100	2380	8/4	auch 8/8- u.16/8-Getriebe
Bergmeister 754 A	1987 - 1993	IHC	D-239	4	75	W	98,4x128,5	3911	2300	2100	2590	8/4	Allradantrieb, auch 8/8- und 16/8-Getriebe
Bergmeister 854	1987 - 1993	IHC	D-268	4	85	W	100x139,7	4389	2300	2100	2420	8/4	auch 8/8- u.16/8-Getriebe
Bergmeister 854 A	1987 - 1993	IHC	D-268	4	85	W	100x139,7	4389	2300	2100	2650	8/4	Allradantrieb, auch 8/8- u.16/8-Getriebe
Bergmeister 754 (neu)	1993 - 1994	DPS	4.239 DL-04	4	75	W	106,5x110	3920	2500	2100	2200	8/4	auch 8/8- u.16/8-Getriebe
Bergmeister 754 A (neu)	1993 - 1994	DPS	4.239 DL-04	4	75	W	106,5x110	3920	2500	2100	2200	8/4	Allradantrieb, auch 8/8- u.16/8-Getriebe
Bergmeister 854	1993	DPS	4045 DRT	4	86	W	106,5x127	4523	2300	2100	2060	8/4	auch 8/8- u.16/8-Getriebe
Bergmeister 854 A	1993	DPS	4045 DRT	4	86	W	106,5x127	4523	2300	2100	3050	8/4	Allradantrieb, auch 8/8- u.16/8-Getriebe
Bergmeister 854 (neu)	1993 - 2002	DPS	4039 TRT	4	97	W	106,5x110	3920	2500	2100	2600	8/4	T, auch 8/8- u.16/8-Getriebe
Bergmeister 854 A (neu)	1993 - 2002	DPS	4039 TRT	4	97	W	106,5x110	3920	2500	2100	3050		T, Allradantrieb, auch 8/8- u.16/8-Getriebe
Bergmeister 754	1995 - 2002	DPS	4039 TRT	4	75	W	106,5x110	3920	2500	2100	2200	16/8	T, auch 16/16-Getriebe
Bergmeister 754 A	1995 - 2002	DPS	4039 TRT	4	75	W	106,5x110	3920	2500	2100	2200	16/8	T, Allradantrieb, auch 16/16-Getriebe
Bergmeister 7540	2003 - 2004	DPS	4045 DRT	4	75	W	106,5x127	4523	2500	2100	2200	16/8	auch 16/16-Getriebe
Bergmeister 7540 A	2003 - 2004	DPS	4045 DRT	4	75	W	106,5x127	4523	2500	2100	2200	16/8	T, Allradantrieb, auch 16/16-Getriebe
Bergmeister 8540	2003 - 2005	DPS	4045 TRT	4	95	W	106,5x127	4523	2500	2100	2060	16/8	T, auch 16/16-Getriebe
Bergmeister 8540 A	2003 - 2005	DPS	4045 TRT	4	95	W	106,5x127	4523	2500	2100	2800	16/8	T, Allradantrieb, auch 16/16-Getriebe

Hildebrandt

Hildebrandt & Co., Maschinenfabrik,
Unna,
1929

Die 1888 gegründete Pflug- und Maschinenfabrik Ewald Hildebrandt stellte einen motorisierten Kipppflug mit einem 14-PS-Motor als Prototyp her. Durch die doppelte Bedieneinheit und die beiderseitigen Spornräder am Ausleger konnte das Fahrzeug ohne Wendemanöver die Furchen bearbeiten. Über eine Spindel wurde die Höhenlage des Heckrades und somit die auch der Pfluganlage eingestellt. Gelenkt wurde über Bandbremsen, die auf die Differentialwelle des betreffenden Rades einwirkte. Ingenieur Heinrich Hildebrandt, der hier sein erstes landtechnisches Fahrzeug schuf, entwickelte nach dem Krieg den Ruhrstahl-Geräteträger. Die Firma Eicher griff mit dem Typ »Agrirobot« die motorisierte Kipppflug-Technik nochmals 1964 auf. Das Hildebrandt-Unternehmen beendete 1975 die Landmaschinenfertigung.

14-PS-Hildebrandt Kipppflug, 1929.

Hofmann

Walter Hofmann,
Hamburg-Harvestehude, Alsterkamp 7,
1948–1953

Walter Hofmann entwickelte und baute den »Unitrak«-Schlepper (Universal-Traktor), der als Schleppgerät für Kleinbauernhöfe gedacht und dem Vorkriegs-Scheuch-Schlepper nachempfunden war. Der Aufbau war einfach: Das Rückgrat bildete ein Kastenrahmen, an dem vorn zwei große Vorderräder auf einer starren Achse und hinten ein über ein Zahnsegment gelenktes Stützrad befestigt waren. Der 755 kg schwere Schlepper besaß vorne und hinten mechanische Kraftheber, eine Riemenscheibe und eine Zapfwelle sowie eine Differentialsperre für die angetriebenen Vorderräder. Deren Spur ließ sich durch Umstecken der Räder verändern.

Überdies bestand die Möglichkeit, am Heck eine kleine Ladepritsche anzubringen. Zum Antrieb diente ein Horex-Einzylinder-Vergasermotor mit 9 oder 12 PS, der unter einer schmalen, kantigen Blechhaube steckte. Das Viergang-Getriebe erlaubte Geschwindigkeiten von 1 bis 15 km/h. Der »Unitrak« war so gut gelungen, dass ihn die Firmen Deutsches Landwerk, Metallwerk Creussen und E. A. Zogbaum in Lizenz herstellten.

112-PS-Hofmann-Dreiradschlepper »Unitrak«, 1950.

Weitere Hofmann-Einachsschlepper mit Horex-Motoren sowie ein reines Einachsfahrzeug mit 6-PS-Triumpf-Motor (300 cm³) blieben im Prototypenstadium stecken.

Hofmann-Behelfsschlepper

Baureihe	Bauzeit	Motor Hersteller	Typ	Zylinder	PS	Kühlung	Bohrung x Hub	Hubraum	Drehzahl	Radstand	Gewicht	Getriebe	Besonderheiten
Unitrak	1948 - 1949	Horex	H 1 M	1	9/10	L	80x98	492	3000		475	4/2	Vergasermotor
Unitrak	1949 - 1953	Horex	T 6 (J 1 M)	1	12/15	L	80x117,5	590	3000		535	4/4	dito, auch 4/2-Getriebe

Holder

Gebr. Holder Maschinenfabrik GmbH,

1936-1949	Metzingen, Stuttgarter Str. 40 - 60,
ab 1964	Grunbach b. Stuttgart, Bahnhofstr. 273 - 275,
ab 1986	Metzingen, Stuttgarter Str. 42 - 46,
2002-2019	Max-Holder-Str.1

Die Maschinenfabrik und einstige Magnetfabrik Holder, eine im Jahre 1888 von Christian Friedrich Holder (1861–1941) und seinem Bruder Martin in Urach gegründete Firma, die sich ab 1902 nach dem Umzug nach Metzingen auf den Baumspritzenbereich konzentrierte, wurde in den 1920er Jahren mit Rücken-Tragespritzen bekannt. Auf Initiative von Christian Friedrichs Sohn Max Holder (1904–1971) stellte das Unternehmen mit Beginn der 1930er Jahre als erster deutscher Produzent, abgesehen von der Firma Siemens & Halske mit der »Plantagenfräse«, einachsige Motor-

8-PS-Holder Einachsschlepper »Pionier NHT« mit Anhänger, 1940.

6/8-PS-Holder »Pionier EHG« mit Generator, 1943.

fräsen, Motorhacken und Einachs-Motorschlepper (Typ »Pionier«) her, die ab 1932/33 mit einem hinteren Stützrad oder mit einer angelenkten Achse zu Lastenschleppern erweitert werden konnten.

Ausgangspunkt der eigenen Fertigung war der Bau eines Einachsers, den der befreundete Baumschulenbesitzer Kutter angeregt hatte und an dessen Realisierung Max Holder beteiligt war, der zu dieser Zeit große Erfahrungen als Ingenieur bei der amerikanischen Automobilfabrik Nash Motors & Co. gesammelt hatte. Der Fahrer führte von dem angekuppelten Hänger aus mit den beiden Lenkholmen über Differentialbremsen den Behelfsschlepper. ILO-Zweitakt-Vergasermotoren mit 6 und 7 PS oder DKW-Motoren mit 4 und 6 PS kamen zum Einbau in die jetzt von Max Holder konstruierten Kleinschlepper der Marke »Pionier«. Eine Weinbergseilwinde oder ein seitliches Mähwerk konnten neben einem umfangreichen Zubehörprogramm eingebaut werden. Der ankoppelbare Einachsanhänger mit der Sitzgelegenheit konnte ab 1937 mit 750 kg belastet werden.

Ein weiteres Fahrzeug, das das Interesse der Obstbaumplantagen-Besitzer fand, stellte 1936 die »selbstfahrende Hochdruckspritze« unter den Bezeichnungen »Auto Piccolo«, »Autofix« und »Auto-Rekord« auf einem zweiachsigen Fahrgestell dar. Der hier verwendete ILO-Motor konnte zum Fahr- und zum Pumpenantrieb genutzt werden.

1938 kam der NHT/Neuer Holder Traktor mit drei möglichen Motorbestückungen auf den Markt. Als das Reichsministerium für Ernährung und Landwirtschaft Mitte 1942 den Bau von Fahrzeugen mit Benzin- und Dieselbetrieb untersagte, tauschte Max Holder 1943 den 300-cm³-ILO-Motor gegen ein 510-cm³-ILO-Aggregat aus, an das ein von Max Holder speziell entwickelter Holzgasgenerator angebaut wurde. Bei der etwas schwächeren Verdichtung lieferte der Motor dann 6 PS. Während die Konkurrenz die Fertigung meist einstellen musste oder auf den umständlichen Elektro- oder Treibgasbetrieb umstellen musste, konnte Holder den »EH-G«-Schlepper mit Pflugschar in kleinen Stückzahlen weiterhin fertigen. Mit fortschreitender Kriegszeit musste Holder die Landmaschinenproduktion, darunter auch die traditionelle Pflanzenschutzgerätefertigung, aufgeben und dafür Generatoren herstellen, die auch an verschiedene Schlepperhersteller geliefert wurden.

Die Lieferungsbeschränkungen für das Metzinger Werk durch die französische Besatzungsmacht führten 1946 zur Einrichtung einer weiteren Fahrzeug- und Spritzenfertigung in dem zugepachteten Werk Grunbach in der amerikanischen Zone. Im Jahre 1949 wurde dann die Holder-Schlepperfertigung auf eigenem Gelände in neuerrichteten Gebäuden in Grunbach zusammengefasst; in Metzingen verblieb der Bereich Pflanzenschutz und Export.

Als Max Holder Anfang der 1950er Jahre die Notwendigkeit erkannt hatte, der Landwirtschaft einen wirtschaftlichen Kleindiesel für die Einachser anbieten zu können, und keine Motorenfabrik in Deutschland einen derartigen Dieselmotor im Programm hatte, konstruierte er mit dem einst für Zanker tätigen Ingenieur Christan Schaal in Zusammenarbeit mit der Firma Zanker den wassergekühlten Einzylinder-Vorkammer-Zweitaktdiesel »D 500«. Als die Nachfrage nach diesem gelungenen »Hochleistungsmotor« die Fertigungskapazitäten des Werkes übertrafen, verkaufte Max Holder nach der Herstellung von 7500 Motoren die Patentrechte an die Firma Fichtel & Sachs, die diesen Motor als »Sachs-Diesel« in riesigen Stückzahlen fertigte.

Mit Beginn der 1950er Jahre befasste sich das Unternehmen neben den Einachsschleppern und den selbstfahrenden Baumspritzen auch mit dem Bau eines zweiachsigen Kleinschleppers für Reihenkulturen. In Blockbauart entstand 1952 der »B 10«-Kleinschlepper, anfänglich mit dem eigenen, dann mit dem F&S-Zweitaktmotor. Die Spurweite ließ sich durch das Umstecken der Räder verändern. Mähbalkenantrieb, Hydraulik und Zapfwelle gehörten zur Ausstattung. Zwischen den Achsen ließen sich Geräte anbringen.

Der sich rasch einstellende Absatzerfolg des Schmalspurschleppers führt 1953 zu einem Lizenzabkommen mit der Schweizer Maschinenfabrik A. Grunder & Co. AG in Binningen bei Basel. Holder lieferte Rumpfschlepper ohne Blechteile, Motoren und Räder, die dann bei Grunder mit eigenen Blechteilen, entsprechenden Motoren und Rädern komplettiert wurden. 1958 übernahm Holder die Aktienmehrheit dieses Werkes bis zum dortigen Produktionsende im Jahre 1965.

Zwei Jahre nach der Einführung des »B 10« stellte das jetzt zum »richtigen« Schlepperhersteller aufgestiegene Werk den ebenfalls in Schmalspurform konzipierten »Cultitrac A 10« mit hydraulischer Knicklenkung und Allradantrieb vor. Durch den vorderlastig angebrachten Motor und durch die vier gleichgroßen Räder besaß das Fahrzeug eine ausgezeichnete Zugkraft.

1957 erneuerte Holder beide Baureihen mit dem etwas stärkeren, aber jetzt luftgekühlten Sachs-Dieselmotor. Der eigene Getriebebau steuerte stärker belastbare Getriebe für die Modelle »A 12« und »B 12« bei. Mit beiden Fahrzeugen hatte Holder Volltreffer im Bereich der Pflegechlepper für die Obst-, Weinbau- und Forstwirtschaft sowie für den Einsatz im

10-PS-Holder »Cultitrac B 10«, 1953. Foto: Harald Wehner, © CC-BY-SA-4.0

10-PS-Holder »Cultitrac B 10«, 1956.

20-PS-Holder-Knicklenker »Cultitrac A 20«, 1960. Foto: ChiemseeMan, © PD

Kommunaldienst geschaffen. Die Holder-Werbung nutzte die einprägsame Aussage: »Ein Holder geht durch dick und dünn!«

Die Montage der selbstfahrenden Baumspritzen, jetzt als Pflanzenschutzgerät AR 4 und AR 6 mit 400- und 600- Liter-Fässern sowie dem 10-PS-F&S-Motor ausgestattet, endete 1957, da die Kundschaft die universeller einsetzbaren Kleinschlepper im Gespann mit einem Anhänger-Sprühgerät einsetzte.

Um die »Cultitrac«-Knicklenker leistungsgerechter zu motorisieren, nutzte Holder ab 1959 in der Neukonstruktion »A 20« einen luftgekühlten MWM-Kleindiesel, der 20 PS erzeugte. Eine ölhydraulische Kupplung war jetzt zwischen Motor und Getriebe eingesetzt. Während der »A 20« für die Normalspurweite von 1250 mm ausgelegt war, zeichnete sich die Schmalspurgröße »A 21 S« mit 9900 mm Spurweite und tieferer Sitzposition neben dem Einsatz im Wein-, Obst- und Hopfenanbau vor allem optimal im Bereich Citrus-, Oliven- und Kaffeeanbau aus.

Da die Fahrzeuge sich glänzend verkaufen ließen und um sich von der Zulieferung von Motoren unabhängig zu machen, wandte sich Max Holder als treibende Kraft des Unternehmens wieder dem eigenen Motorenbau zu. Im Baukastensystem entstanden wassergekühlte Ein-, Zwei- und Dreizylinder-Zweitaktmotoren der Baureihen HD 1 bis HD 3, die in verschiedenen Leistungsstufen die Holder-Kleinschlepper ab 1966 antrieben. Stärkstes Modell der 1960er Jahre stellte der »AG 35« von 1968 dar, der den 30 PS starken Dreizylindermotor erhielt. In der Forstversion »AG

20-PS-Holder-Knicklenker »Cultitrac A 21 S«, 1964. Foto: Gordito 1869, CC-BY-SA-3.0

35 F« erhielt das Fahrzeug einen Frontschutzbügel, einen umfassenden Unterbodenschutz sowie Seilwinden und Räum- bzw. Polterschild.

Um auch Käufer anzusprechen, die mit einem Knicklenker mit geringerem Leistungsbedarf auskommen wollten, erweiterte Holder das Programm ab 1963 mit einer Baureihe, die einen kleineren Radstand aufwies und von 8 PS starken Berning- und F&S-Motoren angetrieben wurde. Das Interesse war jedoch gering, so dass diese Baureihe rasch eingestellt wurde.

Nach dem Abstoßen des Schweizer Zweigwerkes übernahm Holder 1966 die 1842 einst als Maschinenfabrik Badenia, vorm. Wm. Platz & Söhne, gegründete Pflanzenschutzgerätefabrik Carl Platz GmbH in Frankenthal, so dass die Holder-Platz-Gruppe ein allumfassendes Sprühgeräte- und Fahrzeugprogramm anbieten konnte.

Um auch im immer interessanter werdenden Kommunalbereich mit Spezialfahrzeugen präsent zu sein, entwickelte das Unternehmen 1968 die »P«-Baureihe (P für Parkanlagen) in konventioneller Art mit Hinterachsantrieb und zusätzlichem Kraftheber sowie einer Zapfwelle auch im Frontbereich. Weitgehend waren diese Modelle, abgesehen von der Bereifung, identisch mit der B-Schlepper-Baureihe.

Ab 1972 stattete Holder die Fahrzeuge mit neu entwickelten wassergekühlten Viertakt-Dieselmotoren der Baureihe VD aus, da der Zweitaktqualm dem Schlepperfahrer nicht mehr zuzumuten war. Darüber hinaus erwiesen sich die Zweitakter als keine langlebigen Motoren und drohten zu einem Imageverlust des Holder-Werkes zu werden. Für Kunden, die einen luftgekühlten und unterhalb des Holder-Motorenangebots angesiedelten Motor bevorzugten, versah das Werk die Modelle »Cultitrac A 18« und »A 28« mit Hatz- und Lombardini-Motoren aus.

Mit dem Baujahr 1978 setzte Holder die neue Viertakt-Motorenbaureihe »6001« in Zwei- und Dreizylinderausführung ein. Mit einem Turbolader konnten 60 PS als Spitzenleistung erzielt werden. Hydrostatische Lenkungen, vollsynchronisierte Getriebe und auf Wunsch eine Fahrerkabine gehörten jetzt zum Standard der Holder-Schlepper. Ein von Holder-Ingenieur Fritz Braun entwickelter Stabilisator sorgt seitdem dafür, dass die Vorderräder trotz ungünstiger Belastung stets Bodenkontakt behalten.

Holder nutzte dies beiden neuen Triebwerke für die »Cultitrac«-Modelle

30-PS-Holder-Knicklenker »Cultitrac AG 3«, 1966. Foto: ChiemseeMan, © PD

30-PS-Holder-Knicklenker »Cultitrac AG 35«, 1968.

28-PS-Holder-Schmalspurschlepper »Cultitrac A 30«, 1972.

42-PS-Holder-Knicklenker »Cultitrac A 45«, 1976.

60-PS-Holder-Knicklenker »Cultitrac A 60«, 1978.

60-PS-Holder-Knicklenker »Cultitrac A 60«, 1979. Werkfoto Holder

»A 40«, »A 50« und »A 60«. Mit der Turbolader-Maschine entstanden die Modelle »A 50 T«, »A 62 T« und »A 65 T«, die insbesondere mit einer Zusatzausrüstung in der Forstwirtschaft oder im Weinbau mit Zapfwellengeräten wie einem Traubenernter Verbreitung fanden. Zum Exporterfolg in den Iran trug der »A 40« mit 900 Exemplaren bei.

Die zweite Ausführung der P-Baureihe erhielt ab 1989 Kubota-Kleindieselmotoren, die die Fahrzeuge besser an die höheren Geschwindigkeiten im Stadtverkehr anpassten. Den »P 70 A« lieferte Holder mit einem hydrostatischen Vorderradantrieb. Mit der letzten Version »P 22 HA« mit hydrostatischem Antrieb beendete Holder 1994 den Ausflug in den inzwischen hart umkämpften Bereich der Kommunalschlepper konventioneller Bauart. Die speziell für die Kommunalwirtschaft ab 1991 entwickelte Knicklenker-Baureihe C hatte sich inzwischen mit den Anfangsmodellen »C 5000« und »C 6000« durchgesetzt. Bei den C-Modellen war die Fahrerkabine auf dem Vorderteil des Gelenkfahrzeuges aufgesetzt; der Antrieb befand sich im hinteren Fahrzeugteil mit einer Hilfspritsche.

Die B-Baureihe erhielt mitunter aus Exportgründen auch Lombardini-, Hatz- und Perkins-Dieselmotoren. Auch mit einem Allradantrieb konnten die Fahrzeuge bestellt werden. Als der Absatz dieser Baureihe durch die

60-PS-Holder-Knicklenker »Cultitrac A 60« für den Forsteinsatz,1979. Werkfoto Holder

50-PS-Holder-Knicklenker »Cultitrac A 50 S« vor Traubenvollernter, 1979. Werkfoto Holder

immer größer werdende Konkurrenz nachließ, das Unternehmen mit den knickgelenkten Spezialtraktoren ein Segment im Fahrzeugbau dominierte, gab Holder die B-Reihe 1985 auf, die in der letzten Ausführung von einem Hatz-Diesel angetrieben wurde.

Als Folge des immensen Rückganges des deutschen Schleppermarktes Mitte der 1980er Jahre gab Holder, inzwischen unter der Führung von Dr. Hans Saur, dem Schwiegersohn von Max Holder, im Jahre 1986 im Rahmen eines Vergleiches die Pflanzenschutzgerätefabrik Carl Platz in Frankenthal auf, den der Kompaktschlepper-Hersteller Hako und ein niederländisches Unternehmen übernahmen. Überdies musste der Werksteil in Grunbach nach der Rückverlagerung der Schlepperfertigung nach Metzingen geschlossen werden. Auch der eigene Motorenbau musste schließlich 1989 aufgegeben werden, da die Anpassung der nur in Kleinserien gefertigten Baukastenmotoren an die verschärften Abgasbestimmungen zu aufwändig geworden wäre. Deutz-Motoren mit einer integrierten Öl-Luftkühlung werden seitdem vorwiegend eingebaut.

Die neue Generation mit Deutz-Motoren trat unter den Bezeichnungen »A 440«, »A 550« und »A 650« auf. Gleichzeitig verlagerte das Unternehmen in dieser Phase der Neuorientierung den Schwerpunkt der Fertigung auf den Pflanzenschutz- und den Umwelttechnik-Bereich, die als zukunftsträchtig angesehen werden. Aufgrund der erneuten Strukturkrise in der Landwirtschaft und der daraus resultierenden Investitionsschwäche der traditionellen Abnehmer der Holder-Fahrzeuge suchte das Unternehmen die Anlehnung an einen Partner. 1992 verkaufte das bisherige Familienunternehmen die Geschäftsanteile an die Maruyama Manufacturing Company Inc. in Tokio. Den Bereich »hanggeführte Motorgeräte«

18-PS-Holder-Pflegeschlepper P 20, 1979. Werkfoto Holder

50-PS-Holder A 550 S, 1989. Foto: Werkfoto

60-PS-Holder A 560 T, 1991.

trat das Unternehmen an die Agria-Werke bzw. an die Firma Eurosystems ab. Gleichzeitig erhielten die Schmalspur-Trac-Schlepper eine einheitliche rot-orangene Farbgebung anstelle des Grüns für land- und forstwirtschaftliche und Orange für Kommunalfahrzeuge.

Als jedoch die japanischen Eigentümer ihre Erwartungen nicht erfüllt sahen und sich von dem Metzinger Unternehmen trennen wollten, konnte die Holder-Familie unter Dr. Saur 1996 das 170 Mitarbeiter starke Werk einschließlich der Tochtergesellschaften in Frankreich und in Kanada zurückkaufen. Durch die Reorganisation des Betriebes und durch die Reduzierung der Fertigungstiefe sollte eine kostengünstigere Produktion ermöglicht werden. Erneute Absatzeinbußen durch die BSE-Krise führten erneut zu Liquiditätsschwierigkeiten und damit zu einem weiteren Insolvenzantrag. 22 Händler und Importeure beteiligten sich im Jahre 2002 als stille Teilhaber am Holder-Werk, um es aus der Krise zu führen.

Mitte der 1990er Jahre erhielten die Landwirtschaftsfahrzeuge der A-Baureihe und die Kommunalfahrzeuge der C-Baureihe unter dem Motto »Generation 2000« ein neues Karosseriedesign und auf Wunsch eine klimatisierte Kabine. Für den Wein- und Obstbau standen die Modelle »A 750«, »A 760« und »A 770« sowie für den Forsteinsatz das Modell »C 870 F« bereit. Spitzenmodell im Kommunalbereich bildete der »C 9700 H« mit Frontanbaubereich, digitalelektronischer Geschwindigkeitsregulierung und permanentem, hydrostatischem Allradantrieb.

Erneut überarbeitete Holder ab dem Jahre 2000 die Knicklenker-Baureihen unter den Typenbezeichnungen »A-trac 5.58« bis »A-trac 9.83«. Technische Weiterentwicklungen waren der hydrostatische Antrieb und die Verwendung von vorderen Portalachsen für einzelne Modellreihen. Jährlich belief sich die Fertigung in dieser Zeit auf knapp 900 Stück; über 60 Prozent der Erzeugnisse gingen in den Export, insbesondere nach Kanada.

Aber schon 2005 musste Holder ein weiteres wirtschaftliches Wechselbad überstehen. Der türkische Uzel-Konzern kaufte den Metzinger Spezialtraktoren-Hersteller. Zwar ruhten große Hoffnungen auf diesem Investor, der mit Werken in Istanbul, Düzce, Bodrum und in Dubrovnik Massey-Ferguson-Traktoren und Deutz-Motoren in Lizenz sowie landwirtschaftliche Geräte fertigt, aber schon 2008 sein Interesse an Holder verlor. Das eigentliche Interesse lag ja darin, über die Holder-Vertriebsorganisation eigene Produkte auf dem europäischen Markt zu verkaufen, was sich nicht erfüllte. Nach einem erneuten Insolvenzantrag und dem Verkauf der Pflanzenschutzsparte an eine russische Firma übernahmen drei Investoren aus Baden-Württemberg, darunter ein Malerbetrieb, das schwäbische Unternehmen. Seit 2009 standen neben den Fahrzeugen der Kommunalbaureihe »C« die Knicklenker-Weinberg-Allradschlepper »F 560« und »F 780« mit Teil- oder Vollkabine, die Knicklenker-Allradschlepper »L 560« und »L 780« mit vorderer Portalachse, die Mehrzweck-Knicklenker-Allradschlepper »M 480« mit drei Anbauräumen und hydrostatischem Antrieb sowie der »S 990« mit hydrostatischem Antrieb im Programm der land- und forstwirtschaftlichen Fahrzeuge von Holder.

Der Reinigungsgerätehersteller Alfred Kärcher SE & Co. in Reutlingen engagierte sich 2019 an dem Spezialschlepper-Hersteller und verlagerte die Produktion der Knicklenker für Kommunalzwecke unter dem Namen »Kärcher Municipal GmbH« dorthin. Der Bau der landwirtschaftlichen Knicklenker wurde eingestellt.

60-PS-Holder-Knicklenker »A-Trac 7.62«, 2001. Werkfoto: Holder

62-PS-Holder F 560, 2009 Werkfoto: Holder

77-PS-Holder F 780, 2009 Werkfoto: Holder

Holder-Schlepper

Baureihe	Bauzeit	Motor Hersteller	Typ	Zylinder	PS	Kühlung	Bohrung x Hub	Hubraum	Drehzahl	Radstand	Gewicht	Getriebe	Besonderheiten
1. Einachsschlepper der Anfangszeit													
AHT	1930 - 1937	DKW	EL 300 (301)	1	5,5	L	74x68,5	292	3000		265	1/0	»Kutter«-Einachsschlepper
AHT	1932 - 1937	DKW	EL 301	1	6	L	74x68,5	292	3000			3/1	Einachs-Triebkopf
Pionier	1937	ILO	E 335	1	6	L	73x80	335	2500				
NHT (Neuer Holder-Tr.)	1938 - 1942	DKW	EL 201	1	4	L	60x68	194	3000			3/1	
NHT	1938 - 1942	ILO	E 335	1	7	L	73x80	335	2800		330	3/1	
NHT	1938 - 1942	DKW	EL 293	1	8	L	74x68,5	293	3000			3/1	
NHT	1938 - 1942	DKW	EL 461	1	10	L	88x76	462	3300			3/1	
EHG (Einachs-Holzgas-Tr.)	1943	ILO	E 500-KG	1	6	L	90x80	508	3000		400	4/1	dito, Holzvergaser, auch Motorbezeichnung E 480
EF 9	1949 - 1953	ILO	E 400 H3	1	9	L	80x80	402	3000		340	4/1	Einachs-Triebkopf
EB 9	1949 - 1953	F&S	Stamo 360	1	9	L	78x75	358	3600			4/1	
ED 10 »Büffel«	1951 - 1952	Holder	D 500	1	9,5	Th	80x100	503	2000		390	4/1	Einachs-Triebkopf, Zweitakt-Dieselmotor
EB II und EB 9	1953 - 1957	F&S	Stamo 360	1	9	L	78x75	358	3600		340	4/1	Einachs-Triebkopf, Zweitakt-Vergasermotor
ED II und EF 9	1953 - 1958	F&S	D 500 W	1	10	W	80x100	503	2000		390	4/1	Einachs-Triebkopf, Zweitakt-Dieselmotor
2. Zweiradschlepper													
2.1 B-Serie													
B 10/A	1952 - 1957	F&S	D 500 W	1	10	W	80x100	503	2000	1310	610	4/1	Spurweite 750 - 1000 mm, anfänglich Holder-Motor D 500 mit 9,5 PS
B 10/B	1952 - 1957	F&S	D 500 W	1	10	W	80x100	503	2000	1310	690	4/1	Spurweite 1000 - 1250 mm
B 10/D	1952 - 1957	F&S	D 500 W	1	10	W	80x100	503	2000	1415	660 - 700	4/1	Spurweite 750 - 1000 oder 1000 - 1250 mm
B 12	1957 - 1968	F&S	D 600 L	1	12	L	88x100	604	2200	1450	685 - 785	6/1	Spurweite 1000 - 1250 mm
BS 12	1957 - 1967	F&S	D 600 L	1	12	L	88x100	604	2200	1450	670	6/1	Spurweite 750 - 1000 mm
B 25	1968 - 1972	Holder	HD 2	2	20	W	84x90	998	2300	1560	925	6/3	Spurweite 1000 - 1250 mm
B 26	1969 - 1975	Holder	HD 2	2	20		84x90	998	2300				
B 16	1971 - 1974	Holder	HD 1	1	12	W	84x90	550	2600	1290	495	6/3	
B 16	1974 - 1975	Lombardini	LA 490	1	12	L	88x80	487	3000	1250	520	6/3	
B 16 K/B	1974 - 1975	Hatz	E 950	1	16	L	95x105	744	2700	1290	585	6/3	Kommunalschlepper
B 18	1974 - 1980	Hatz	E 950	1	16	L	95x105	744	2700	1290	665	6/3	
B 50	1974 - 1976	Perkins	D 3.152	3	50	W	91,44x127	2500	2500	2015	1460	8/2	
B 51 Allrad	1974 - 1976	Perkins	D 3.152	3	50	W	91,44x127	2500	2500	2015	1490	8/2	Allradantrieb
B 40	1976	Holder	VD 3	3	35	W	95x95	2020	2450	1770	1225	6/1	
B 41 Allrad	1976	Holder	VD 3	3	35	W	95x95	2020	2450	1770	1250	6/1	Allradantrieb
B 19	1981 - 1985	Hatz	E 950	1	16	L	95x105	744	2700			6/3	
2.2. Cultitrac-Knickschlepper der Baureihe A													
Cultitrac A 10	1954 - 1957	F & S	D 500 W	1	10	W	80x100	503	2000	1000	650	4/2	Spurweiten 580 - 810 mm
Cultitrac A 12	1957 - 1967	F & S	D 600 L	1	12	W	88x100	604	2200	1080	690	4/2	auch 5/2-Getriebe, Spurweite 630 - 850 mm

Holder-Schlepper

Baureihe	Bauzeit	Motor Hersteller	Typ	Zylinder	PS	Kühlung	Bohrung x Hub	Hubraum	Drehzahl	Radstand	Gewicht	Getriebe	Besonderheiten
Cultitrac A 20	1959 - 1967	MWM	AKD 10 Z	2	20	L	80x100	1004	3000	1460	1300	8/4	Spurweite 1000 - 1250 mm
Cultitrac A 21 S	1962 - 1966	MWM	AKD 10 Z	2	20	L	80x100	1004	3000	1300	1050	8/4	Spurweite 660 - 990 mm
Cultitrac A 8	1963 - 1964	F & S	Stamo 281	1	8	L	71x70	277	3000	904	410	4/3	Spurweite 510 - 690 mm
Cultitrac A 8 D	1963 - 1968	F & S	D 400 L	1	8	L	80x80	402	2800	904	460	4/3	
Cultitrac A 8 B	1963 - 1966	Berning	DK 8	1	8	L	78x78	373	3000	904	410	4/3	Vergasermotor
Cultitrac A 12	1966 - 1974	F & S	D 600 L	1	12	L	88x100	604	2200	1095		6/1	
Cultitrac AM 2	1966 - 1974	Holder	HD 2	2	18	W	84x90	998	2300	1135	870	6/3	
Cultitrac AG 3	1966 - 1972	Holder	HD 3	3	27	W	84x90	1495	2300	1285	990	6/3	ab 1968 30 PS
Cultitrac AG 35	1968 - 1972	Holder	HD 3	3	30	W	84x90	1495	2300	1450	1270	8/4	Version F für Forstbetrieb
Cultitrac A 15 E	1969 - 1973	Holder	HD 1	1	12	W	84x90	498	2300	940	500	6/3	
Cultitrac A 16	1972 - 1974	Holder	HD 1	1	12	W	84x90	498	2300	940	600	6/3	
Cultitrac A 30	1972 - 1979	Holder	VD 2	2	24	W	95x95	1346	2450	1195	1046	6/1	Viertakt-Dieselmotor, ab 1968 30 PS
Cultitrac A 45	1972 - 1979	Holder	VD 3	3	36	W	95x95	2020	2450	1285	1195	6/3	Version F für Forstbetrieb, ab 1975 42 PS
Cultitrac A 23	1973	Holder	HD 2	2	20	W	84x90	988	2300				
Cultitrac A 55	1973 - 1978	Holder	VD 3	3	36	W	95x95	2020	2450	1285	1195	6/3	ab 1975 42 PS
Cultitrac A 18	1974 - 1984	Hatz	E 950	1	16	L	95x105	744	2700	1120	745	6/3	
Cultitrac A 28	1978	Lombardini	LDA 672	2	28	L	95x95	1323	3000	1110	945	6/3	
Cultitrac A 40	1978 - 1986	Holder	6001-2	2	33	W	100x100	1570	2450	1450	1340	8/4	
Cultitrac A 50	1978 - 1989	Holder	6001-3	3	50	W	100x100	2356	2450		1510	8/4	
Cultitrac A 60	1978 - 1985	Holder	6001-3	3	50	W	100x100	2356	2450	1600	1760	12/4	
Cultitrac A 60 T	1980 - 1985	Holder	6001-3	3	59	W	100x100	2356	2500	1600	1770	12/4	T
Cultitrac A 62	1985 - 1988	Holder	6001-3	3	50	W	100x100	2356	2500				
Cultitrac A 50 T	1987 - 1989	Holder	6001-3	3	57	W	100x100	2356	2500	1450	1510	8/4	T
Cultitrac A 65 T	1987 - 1989	Holder	6001-3	3	59	W	100x100	2356	2500	1600	1990	12/4	T
Cultitrac A 440 S	1989 - 1994	Deutz	F 3 L 1011	3	38	L/Öl	91x105	2049	2500	1450	1575	8/4	ab 1997 41 PS
Cultitrac A 550	1989 - 1994	Deutz	F 4 L 1011	4	50	L/Öl	91x105	2732	2500	1450	1620	8/4	
Cultitrac A 550 S	1989 - 1994	Deutz	F 4 L 1011	4	50	L/Öl	91x105	2732	2500	1450	1620	8/4	
Cultitrac A 560 T	1989 - 1993	Deutz	BF 4 L 1011	4	60	L/Öl	91x105	2732	2500	1450	1630	8/4	T
Cultitrac A 650	1989 - 1991	Deutz	F 4 L 1011	4	50	L/Öl	91x105	2732	2500				
Cultitrac A 660 T	1989 - 1994	Deutz	BF 4 L 1011	4	60	L/Öl	91x105	2732	2500				
Cultitrac A 750 S	1994 - 2001	Deutz	F 4 L 1011 F	4	50	L/Öl	91x105	2732	2500	1450	1929	12/4	
Cultitrac A 750 P	1995 - 2001	Deutz	F 4 L 1011 F	4	50	L/Öl	91x105	2732	2500	1450	2179	12/4	
Cultitrac A 760 T	1995 - 2001	Deutz	BF 4 L 1011 FT	4	60	L/Öl	91x105	2732	2500	1450	2026	12/4	T
Cultitrac A 760 P	1995 - 2001	Deutz		4	60	L/Öl	91x105	2732	2500	1450	2179	12/4	T
Cultitrac A 770 T	1995 - 2000	Deutz	BF 4 L 1011 F	4	70	L/Öl	91x105	2732	2500	1450		12/4	
Cultitrac A 770 P	1995 - 2000	Deutz		4	70	L/Öl	91x105	2732	2500	1450	2175	12/4	T
Cultitrac A 770	1999	Deutz		4	70	L/Öl	91x105	2732	2500	1520	2024	Hydr.	T
A-Trac 5.58	2000 - 2008	Deutz	BF 4 L 1011	4	54	L/Öl	91x105	2732	2500	1448	1720	12/4	T, Version Portal 1995 kg
A-Trac 7.62	2000 - 2008	Deutz		4	60	L/Öl	91x105	2732	2500	1827	2024	12/4	T, Version Portal 2183 kg
A-Trac 7.72 C/H	2000 - 2008	Deutz	BF 4 L 1011 F	4	70	L/Öl	91x105	2732	2500	1827	2024	Hydr.	T, Version Portal 2040 kg
A-Trac 8.62	2000 - 2008	Deutz	BF 4 L 1011	4	60	L/Öl	91x105	2732	2500	1827	2290	12/4	T
A-Trac 8.72 C	2000 - 2008	Deutz	BF 4 L 1011 F	4	70	L/Öl	91x105	2732	2500	1827	2460	12/4	T
A-Trac 8.72 C/H	2000 - 2008	Deutz		4	70	L/Öl	91x105	2732	2500	1827	2460	Hydr.	T
A-Trac 9.62	2000 - 2008	Deutz		4	60	L/Öl	91x105	2732	2500		2320	12/4	T
A-Trac 9.72 H	2000 - 2008	Deutz		4	70	L/Öl	91x105	2732	2500	1827	2510	Hydr.	T
A-Trac 9.83 Dual	2000 - 2008	Deutz		4	83	L/Öl	91x105	2732	2500		2510	Hydr.	T
A-Trac 5.58 Portal	2000 - 2008	Deutz	BF 4 L 1011	4	54	L/Öl	91x105	2185	2500		2000	12/12	T
A-Trac 7.62 Portal	2000 - 2008	Deutz		4	60	L/Öl	91x105	2732	2500		2040	12/12	T
A-Trac 8.62 C	2000 - 2008	Deutz		4	60	L/Öl	91x105	2732	2500		2290	12/4	T
A-Trac 9.83 Dual	2003	Deutz	BF 4 L 1011 F	4	83	L/Öl	91x105	2732	2500		2510	Hydr.	T
A-Trac 7.74	2004 - 2008	Deutz		4	74	L/Öl	91x105	2732	2500		2032	16/16	T
2.3 Universal-Allrad-Knicklenker ab 2009													
F 560	2009 - 2017	Deutz	D 2011 L 4i	4	62	L/Öl	96x125	3619	2500	1448	1820 - 2320	12/12	Weinberg-Version
L 560 (Portalachse)	2009 - 2014	Deutz	TD 2011 L 4i	4	62	L/Öl	96x125	3619	2500	1752	1960 - 2540	12/12	
F 780	2009 - 2014	Deutz		4	77	L/Öl	96x125	3619	2500	1527	2150 - 2573	16/16	T, Weinberg-Version
L 780 (Portalachse)	2009 - 2014	Deutz		4	77	L/Öl	96x125	3619	2500	1827	2305 - 2728	16/16	T
M 480	2009 - 2014	Deutz		4	77	L/Öl	96x125	3619	2500	2005	2230 - 2390	Hydr.	T, Raupenfahrwerk
S 990	2009 - 2017	Deutz		4	92	L/Öl	96x125	3619	2500	1827	2638 - 2790	Hydr.	TL
F 770	2013 - 2014	Deutz	TD 2011 LO41	4	70	L/Öl	96x125	3619	2500	1827	2638 - 2790	Hydr.	T, Weinberg-Version
L 770	2013 - 2014	Deutz		4	70	L/Öl	96x125	3619	2500	1830	2205	Hydr.	T
S 1090	2013 - 2017	Deutz	TD 2011 LO4w	4	92	L/Öl	96x125	3619	2500	1830	2885	Hydr.	T
2.4 Kommunalschlepper													
P 50	1968 - 1973	Holder	HD 2	2	20	W	84x90	998	2300	1560	910	6/1	
P 60	1973 - 1983	Holder	VD 2	2	24	W	95x95	1346	2300	1530	995	6/3	
P 30	1983 - 1986	Kubota	D 1302-B	3	24	W	82x82	1299	2800	1600	1335	Hydr.	

Holder-Schlepper

Baureihe	Bauzeit	Motor Hersteller	Typ	Zylinder	PS	Kühlung	Bohrung x Hub	Hubraum	Drehzahl	Radstand	Gewicht	Getriebe	Besonderheiten
P 70	1983 - 1989	Kubota	V-1702 B	4	35	W	82x82	1732	2800	1600	1360	Hydr.	
P 20	1984 - 1990	Kubota	D 850-3	3	18	W	72x70	85	3000	1485	855	6/3	
P 70 A	1989	Kubota	V-1902	4	40	W	85x82	1861	2800	1600	1510	Hydr.	mit hydrostatischem Vorderradantrieb
P 22 HA	1992 - 1994	Kubota	D 950	3	20	W	75x70	927	2500			Hydr.	
2.5 Kommunal-Knickschlepper der Baureihe C													
C 40	1981 - 1986	Holder	6001-2	2	33	W	100x100	1570	2450	1450	1690	8/4	
C 50	1981 - 1986	Holder	6001-3	3	50	W	100x100	2356	2450	1450	1790	8/4	auch mit Portalachse
C 500 (ohne Portalachse)	1981 - 1983	Holder	6001-3	3	50	W	100x100	2356	2450	1754	2170	8/4	
C 60	1982 - 1986	Holder	6001-3	3	50	W	100x100	2356	2450	1600	2400	12/4	
C 500 (mit Portalachse)	1983 - 1989	Holder	6001-3	3	50	W	100x100	2356	2450	1754		8/4	ab 1986 mit neuer Hinterachse
C 50 Turbo	1983 - 1985	Holder	6001-3	3	59	W	100x100	2356	2500	1450	1690	8/4	T, auch mit Portalachse
C 500 (mit Portalachse)	1983 - 1989	Holder	6001-3	3	59	W	100x100	2356	2500	1754	2170	8/4	T, ab 1986 mit neuer Hinterachse
C 60	1983 - 1985	Holder	6001-3	3	59	W	100x100	2356	2500	1600	2400	12/4	T
C 65	1985 - 1989	Holder	6001-3	3	59	W	100x100	2356	2500	1600	2555	12/4	T
C 20	1987 - 1991	Kubota	D 850-3	3	18	W	72x70	855	3000	1300	1085	6/3	
C 560	1989 - 1993	Deutz	BF 4 L 1011 F	4	60	L/Öl	91x105	2732	2500	1754	1990	8/4	T
C 660	1989 - 1992	Deutz		4	60	L/Öl	91x105	2732	2500	1600	2330	12/4	T
C 5000	1989 - 1993	Deutz	F 4 L 1011	4	50	L/Öl	91x105	2732	2500	1754	2190	8/4	
C 5000 T	1989 - 1993	Deutz	BF 4 L 1011 FT	4	60	L/Öl	91x105	2732	2500	1754	2200	8/4	T
C 30	1990 - 1994	Kubota	V 1200 B	4	27	W	75x70	1237	3000	1380	1290		
C 440	1990 - 1994	Deutz	F 3 L 1011	3	38	L/Öl	91x105	2049	2500	1450	1765	8/4	
C 6000 H	1991 - 1994	Deutz	BF 4 L 1011 FT	4	60	L/Öl	91x105	2732	2500	1754	2400	Hydr.	T
C 760	1994 - 1999	Deutz		4	60	L/Öl	91x105	2732	2500	1827	2140	12/4	T
C 770	1994 - 1999	Deutz	BF 4 L 1011 F	4	70	L/Öl	91x105	2732	2500	1827	2140	12/4	T
C 770 H	1994 - 1999	Deutz	BF 4 L 1011 F	4	70	L/Öl	91x105	2732	2500	1827	2140	Hydr.	T
C 860	1994 - 1999	Deutz	BF 4 L 1011 FT	4	60	L/Öl	91x105	2732	2500	1827	2290	12/4	T
C 870	1994 - 1999	Deutz	BF 4 L 1011 F	4	70	L/Öl	91x105	2732	2500	1827	2040	12/4	T, auch Version C 860 F
C 870 H	1994 - 1999	Deutz		4	70	L/Öl	91x105	2732	2500	1827		Hydr.	T, auch Version C 870 HF
C 9600	1994 - 1999	Deutz	BF 4 L 1011 FT	4	60	L/Öl	91x105	2732	2500	1827	2320	Hydr.	T
C 9700 H	1994	Deutz	BF 4 L 1011 F	4	70	L/Öl	91x105	2732	2500	1827	2280	Hydr.	T
Multipark C 220	1995 - 1999	Kubota	CD-1005 E	3	23	W	76x73,6	1001	3000	1530	1200	Hydr.	Vorderradantrieb
Multipark C 230 A	1995 - 1999	Kubota	V-1505 E	4	34	W	78x78,4	1498	3000	1530	1380	Hydr.	
Summerpark	1995	Kubota	V-1505 E	4	34	W	78x78,4	1498	3000				
Multipark C 240	1995 - 1999	Kubota	V-1505 TE	4	42	W	78x78,4	1498	3000	1530	1380	Hydr.	T
Multipark C 330 A	1995	Kubota	V-1505 E	4	34	W	78x78,4	1498	3000	1700	1400	Hydr.	
Multipark C 340 A	1995	Kubota	V-1505 TE	4	42	W	78x78,4	1498	3000	1700	1400	Hydr.	T
C 9800 D	1999	Deutz	BF 4 M 1011 F	4	83	W	91x112	2910	2800				T
Multipark C 2.34	2000	Kubota	V-1505 E	4	34	W	78x78,4	1498	3000	1530			
Multipark C 2.42	2000 - 2005	Kubota	V-1505 TE	4	42	W	78x78,4	1498	3000	1530	1300	Hydr.	T
Multipark C 3.42	2000 - 2007	Kubota	V-1505 TE	4	42	W	78x78,4	1498	3000	1700	1400	Hydr.	T
C-Trac 2.34 Basic	2000 - 2007	Kubota	V-1505 E	4	34	W	78x78,4	1498	3000	1530	1300	Hydr.	
C-Trac 2.42	2000 - 2005	Kubota	V-1505 TE	4	42	W	78x78,4	1498	3000	1530	1300	Hydr.	T
C-Trac 3.34	2000 - 2001	Kubota	V-1505 E	4	34	W	78x78,4	1498	3000	1700	1400	Hydr.	
C-Trac 3.42	2000 - 2007	Kubota	V-1505 TE	4	42	W	78x78,4	1498	3000	1700	1400	Hydr.	
C-Trac 7.72	2000 - 2003	Deutz	BF 4 L 1011 F	4	70	L/Öl	91x105	2732	2500	1827	2024	12/4	T
C-Trac 7.72 C/H	2000 - 2003	Deutz		4	70	L/Öl	91x105	2732	2500	1827	2346	Hydr.	T
C-Trac 7.72 H	2001 - 2003	Deutz		4	70	L/Öl	91x105	2732	2500	1827	2510	Hydr.	T
C-Trac 9.62	2000 - 2001	Deutz	BF 4 L 1011 FT	4	60	L/Öl	91x105	2732	2500	1827	2320	12/4	T
C-Trac 9.72 H	2000 - 2003	Deutz	BF 4 L 1011 F	4	70	L/Öl	91x105	2732	2500	1827	2510	Hydr.	T
C-Trac 9.83 Dual	2000 - 2003	Deutz	BF 4 L 1011	4	83	L/Öl	91x105	2732	2500	1927	2510	Hydr.	T
C-Trac 3.58	2003 - 2008	Deutz	BF 3 L 2011	3	58	L/Öl	94x112	2331	2600	1700	1950	Hydr.	T
C-Trac 4.74	2003 - 2008	Deutz	BF 4 L 2011	4	73	L/Öl	94x112	3110	2500			Hydr.	T
C-Trac 9.88	2003 - 2008	Deutz	BF 4 L 1011 F	4	88	L/Öl	91x105	2732	2500	1827	2510	Hydr.	T
C-Trac 1.30	2007 - 2008	Kubota	D1105-E3B	3	27	W	78x78,4	1123	3000		1015	Hydr.	
V 130	ab 2009	Perkins	403D-11	3	27	W	77x81	1131	3000	1300	1000	Hydr.	T, Schmalspurfahrzeug
C 245	2009 - 2011	Kubota	V-1505 TE	4	42	W	78x78,4	1498	3000	1530	1300	Hydr.	T
C 345	2009 - 2011	Kubota		4	42	W	78x78,4	1498	3000	1700	1400	Hydr.	T

Holder-Schlepper

Baureihe	Bauzeit	Motor Hersteller	Typ	Zylinder	PS	Kühlung	Bohrung x Hub	Hubraum	Drehzahl	Radstand	Gewicht	Getriebe	Besonderheiten
C 250	2011 - 2017	Kubota	V2607-DI-E3B	4	50	W	87x110	2615	2700	1700	1800	Hydr.	
C 270	2011 - 2017	Kubota		4	67	W	87x110	2615	2700	1700	1820	Hydr.	T
C 350	2011 - 2017	Kubota		4	50	W	87x110	2615	2700	1750	1979	Hydr.	
C 370	2011 - 2017	Kubota		4	67	W	87x110	2615	2700	1750	2000	Hydr.	T
C 55 SC	ab 2017	Kubota		4	57	W	87x110	2615	2700		1791	Hydr.	T
C 65 SC	ab 2017	Kubota		4	65	W	87x110	2615	2400		1791	Hydr.	T
C 65 TC	ab 2017	Kubota		4	65	W	87x110	2615	2400		1979	Hydr.	T
C 70 SC	ab 2017	Kubota		4	65	W	87x110	2615	2400		1791	Hydr.	T
C 70 TC	ab 2017	Kubota		4	65	W	87x110	2615	V3600		1979	Hydr.	T
S 100	ab 2017	Kubota	V3600-T-E3B	4	101	W	98x120	3619	2200		3100	Hydr.	TL
S 115	ab 2017	Kubota		4	116	W	98x120	3619	2200		3100	Hydr.	TL
S 130	ab 2017	Kubota		4	129	W	98x120	3619	2200		3100	Hydr.	TL
2.6 Universal-Allrad-Knickschlepper der Baureihe X													
X 30	2012 - 2019	Perkins	403F-11	3	27	W	77x81	1131	3000	1300	1101	Hydr.	
X 45	2019	Kubota	V1505-E 3B	4	42	W	78x78,4	1498	2800	1300	1275	Hydr.	T
X 45i	2019	Kubota	WG1605-L-3	4	44	W	79x78,4	1537	2600	1300	1275	Hydr.	
3. Selbstfahrende Baumspritzen													
Holder Auto Piccolo	1936	ILO	LE 200	1	5,5	L	61x68	199	3000			1/0	
Selbstfahr-Spritzgerät AR 4	1937	ILO	LE 250	1	6,5	L	68x68	247	3000			2/1	
Autofix/ Neu-Auto-Piccolo	1938	ILO	LE 250	1	6,5	L	68x68	247	3000			2/1	
Holder Autorekord	1938	ILO	E 400 A	1	8	L	80x80	402	3000			2/1	200-, 300- oder 400-Liter-Fass
Super-Auto-Patria Nr. 1	1938	DKW	EL 461	1	10	L	88x76	461	3300				400-Liter-Fass
Holder-Auto-Patria	ca. 1948	ILO	E 400 A	1	9	L	80x80	402	3000	1550	530	3/1	
Holder Auto-Rekord	1952	F&S	D 500 W	1	10	W	80x100	503	2000		750	4/1	
Pflanzenschutzgerät AR 4	1953 - 1957	F&S	D 500 W	1	10	W	80x100	503	2000		875	4/1	
Pflanzenschutzgerät AR 6	1953 - 1957	F&S	D 500 W	1	10	W	80x100	503	2000				600-Liter-Fass

Hölz

A. Hölz, Maschinenfabrik,
Wangen (Allgäu), Bahnhofsgelände 601,
1938–1939

Unter dem Namen »Donau« entstanden für kurze Zeit Ackerschlepper mit bisher unbekannten technischen Daten.

Horsch

Horsch Maschinenbau GmbH,
Schwandorf, Sitzenhof 1,
1985-2000 (?)

Für Groß- und für Lohnunternehmer bietet das Harsch-Unternehmen seit 1985 schwerste Trac-Spezialfahrzeuge unter Verwendung von Basis-Baugruppen des russischen Kirovets-Knickschleppers »K 700« mit der Bezeichnung »Horsch K 735« an. Motorvarianten von 300 bis 350 PS können eingebaut werden. Extrem große Breitreifen für die bodenschonende Bearbeitung sind ein typisches Merkmal dieser Horsch-Fahrzeuge.

Eine zweite Baureihe umfasste Dreiradschlepper der Typenbezeichnung »Terra Trac TT 250«, »280« oder »352«. Ein hydrostatischer Antrieb, ein stufenloses Lastschaltgetriebe und bis zu 405 PS starke Volvo-Motoren wurden hier verwendet. Die Einrad-Drehschemellenkung ermöglichte eine extreme Wendigkeit durch einen 90 Grad-Lenkeinschlag; durch die Dreiradtechnik wurde jeweils nur einmal befahren, der Bodendruck in der Kombination des Dreirad-Prinzips mit Niederdruckreifen wurde minimiert. Ein Maximalgewicht von 17,5 Tonnen konnte dieses Fahrzeug tragen. Seit 1991 konnte auch das Vorderrad hydrostatisch angetrieben werden.

Für die Aufnahme von schweren Gülleaufbauten in Container-Form, von Spritzsystemen und von Spezial-Düngerstreuern kam die Version »TT 350« mit einer zweiten hinteren Achse hinzu, die als Lenkachse ausgebil-

354-PS-Horsch »Terra-Trac TT 350-5«, 2000. Foto: Horsch

det war. Eine Belastung von 25 Tonnen konnte diese Ausführung tragen. Auch ist ein auffallendes »Direkt-Andock-Rohrsystem« angebracht, das zum Absaugen von Gülle aus einem vorfahrenden Zubringer-Fahrzeug dient.

Die dritte Baureihe führte der Hinterrad- oder auch allradgetriebene (mit Hundegang-Einrichtung) Geräteträger »Pflege-Trac 150 G« mit vorgesetzter Kabine auf einem Starrrahmen an. Mit 150-PS-Deutz-Diesel und hydrostatischem Antrieb ist dieses Spezialfahrzeug versehen. Eine schmale Pflegebereifung oder breite Niederquerschnittreifen konnten für den Pflege- oder für den Düngerstreu-Einsatz verwendet werden. Neben verschiedenen Geräten ließ sich ein Drucktank mit einem vollhydraulisch klappbaren Gestänge mit 24 m Breite aufbauen.

Um 1995 folgte ein Rahmen-Fahrzeug, das auf der Antriebsbasis des JCB-Trac-Allradschleppers »Fasttracs« unter der Bezeichnung »Horsch Trac AT 200« beruhte. Der schnellfahrende Geländelastwagen ist mit 185-PS- oder 188-PS-Motoren (von Volvo) und einem Lastschaltgetriebe versehen. Die Hinterachse war lenkbar ausgeführt und konnte auf Wunsch auch mit einer Hundegang-Technik geliefert werden. Auf dem gegenüber dem Original-JCB-»Fasttrac« verlängerten Rahmen konnten Güllefässer, Spritzaufbauten, Allzweckstreuer oder Umladewagen aufgebaut werden.

150-PS-Horsch Pflege-Trac PT 150, 2000. Foto: Horsch

Hummel

Hummel u. Söhne, Landmaschinenfabrik und Eisengießerei,
Heitersheim, Eisenbahnstr. 24

1. 1951-1960 **A. Hummel u. Söhne, Landmaschinenfabrik und Eisengießerei**
2. 1960-1969 **Ing. Ludwig Hummel, Maschinenfabrik und Fahrzeugbau**

10-PS-Hummel-Kleinraupenschlepper DE 52 SL, 1952.

Ursprung dieser Firma war die von dem Schmiedemeister Heinrich Hummel 1862 in Ehrenstein gegründete Landmaschinenfabrik. 1907 schied der Sohn Anton Hummel (1862–1923) aus dem Unternehmen aus und richtete eine Dreschmaschinenfabrik nebst Lohndrescherei in Heitersheim ein. Mit Eintritt der Söhne bezeichnete sich das Unternehmen ab 1921 als Anton Hummel & Söhne Maschinenfabrik. Die Fertigung von Elektromotoren, die Herstellung von Graugussartikeln und Pumpen kam hinzu. Diese Fähigkeiten führten dazu, dass Hummel ab 1941 den Tragspritzenbau von Magirus übernehmen musste. Während des Krieges konnte ein weiteres Werk in Laufenberg aufgebaut werden. Nach der Teildemontage standen zunächst 6 PS starke Motormäher und kleinere landwirtschaftliche Geräte im Fertigungsprogramm. Mit Beginn der 1950er Jahre beteiligte sich Hummel auch am Bau leichter Ein- und Zweiachsschlepper; anfänglich mit Zweitakt-Benzin-, ab 1951 auch mit Zweistoff- und ab 1952 mit Dieselmotoren.

Die Einachsschlepper »U 50-2 Z«, »DE 52«, »DS 52« und »DS 53« ließen sich mit einer anmontierbaren Hinterachse zu leichten Vierradschleppern mit Knicklenkung umrüsten; der »U 50-2« konnte auch mit einem Triebachsanhänger mit Ladepritsche kombiniert werden. Das Lenkrad wirkte auf die Knicklenkung sowie auf die Lenkbremsen der Vorderräder. Hummel nutzte neben Zweitakt-Vergasermotoren von Berning und Hirth vorwiegend Kleindieselmotoren von Berning, F&S, ILO oder von Stihl mit Leistungen von 6 bis 12 PS; beim Getriebe handelte es sich um eine Eigenkonstruktion.

Die Aufnahmepunkte für ein Seitenmähwerk oder ein Frontmähbalken waren vorhanden und erhöhten den Nutzen dieser pfiffigen Konstruktionen, die auch als Grundlage für leichte Raupenfahrzeuge dienten. Dabei lief zwischen dem Vorder- und dem hinteren Stützrad ein kleines Bodenrad, welches die Kette auch in der Fahrzeugmitte auf den Boden drückte. Diese Behelfsraupen unter der Typenbezeichnung »DE 52 SL«, später »DE 58 12«, die hauptsächlich für die Arbeit in Weinbergen gedacht waren, erhielten 10-, später 12-PS-F&S-Motoren.

1954 folgten den einachsigen Kombinationsschleppern leichte Schmalspur-Vierradschlepper in Blockbauweise mit Knicklenkung für den Obst- und Weinbau. Bei diesen nahezu unverkleideten »DT«-Baureihen fanden F & S-Motoren mit 9, später 12 PS Verwendung. Ab 1957 konnten

10/12-PS-Hummel-Triebkopf-Kombination DS 52 K, 1953. Foto: Alf van Beem, @ PD

10 PS starke MWM-Motoren eingebaut werden. 1959 folgten Schlepper unter der Bezeichnung »A 9 Allrad« bzw. »A 20 Allrad« mit 20 PS starkem MWM-Diesel und eigenem Getriebe.

1956 kamen mit den Baureihen »HA 56« und »DT 58« leichte Schlepper mit den gleichen Ein- und Zweizylindermotoren in konventioneller Bauweise hinzu. Als Schmalspurschlepper (73-cm-Spur) mit kleinen Rädern konnte der »DT 58 Spezial« geliefert werden. Zapfwelle und Riemenscheibe sowie ein Mähbalken gehörten zur Ausstattung.

In den 1960er Jahren bestand das Programm aus Hand-gefertigten Spezialschleppern mit gleich großen Rädern und regulierbaren Spurweiten von 64 bis 97 cm unter der Bezeichnung »Duplo Trac«. Dabei kamen Ein- und Zweizylindermotoren mit 12, 20 und 31 PS von Slanzi, MWM und Deutz zum Einsatz, teilweise auch mit Allradantrieb.

1960 erfolgte die Aufspaltung des Unternehmens. Die Firma Ing. Ludwig Hummel, Maschinenfabrik und Eisengießerei setzte bis 1969 (nach anderer Angabe bis 1967) die Kleinschleppermontage fort und firmierte von 1981 bis 1985 schließlich noch unter der Bezeichnung als Ingenieurbüro & Technologie. Das Ulmer Käßbohrer-Werk übernahm zunächst die Fertigungsstätte. Die Anton Hummel, Landmaschinen und Reparaturwerkstätte GmbH wurde ebenfalls 1985 aufgelöst.

12-PS-Hummel-Knicklenker »Duplo-Trac A 12«, 1960.

9-PS-Hummel-Kleinschlepper DT 54, 1954. Foto: Udo Paulitz

Hummel-Kleinschlepper

Baureihe	Bauzeit	Motor Hersteller	Typ	Zylinder	PS	Kühlung	Bohrung x Hub	Hubraum	Drehzahl	Radstand	Gewicht	Getriebe	Besonderheiten
1. Einachsschlepper, kombinierbar mit Schleppachse													
1.1. U-Baureihe													
Universalgerät	1949	F&S	Stamo 280	1	7	L	71x70	280	3600			3/1	
U 50 - 2 Z	1950 - 1951	F&S	Stamo 360	1	9	L	78x75	356	3000		350	3/1	Zweitakt-Vergasermotor
U 50 FTR1	1950 - 1955	ILO	LE 400	1	9	L	80x80	402	3000		375	2x3/1	
U 50	1950	Berning	D 6	1	6/7	L	72x72	293	3000			3/1	Viertakt-Vergasermotor
U 6	1956 - 1963	Hirth	50	1	6-9	L	75x68	300	3000		278	3/1	
U 7	1957 - 1958	Hirth	D 22 M	1	7	L	77x76	447	2200				
U 58	1958 - 1967	F&S	D 500 W	1	10	W	80x100	503	2000			3/1	Zweitakt-Vergasermotor
U 58	1961 - 1967	F&S	D 400 L	1	8	L	80x80	402	2800			3/1	
U 9	1961 - 1963	F&S	D 400 L	1	8	L	80x80	402	2800			3/1	
1.2 DE-Baureihe													
DE 52	1952 - 1958	F&S	D 500 W	1	10	W	80x100	503	2000		420	6/2	
DE 52 SL	1959 - 1961	F&S	D 500 W	1	10	W	80x100	503	2000		500	6/2	
DE 52 FTR	1959 - 1961	F&S	D 600 L	1	12	L	88x100	604	2200			6/2	
DE 58	1959 - 1961	F&S	D 600 L	1	12	L	80x100	604	2200		500	6/2	Zweitakt-Dieselmotor
DE 62-F	1962 - 1967	F&S	D 500 W	1	10	W	80x100	503	2000		500	9/3	
DE 62-F	1962 - 1967	F&S	D 600 L	1	12	L	88x100	604	2200		450	9/3	
DE 62-S	1963 - 1967	F&S	D 600 L	1	12	L	88x100	604	2200			9/3	
1.3 DS-Baureihe													
DS 52 K	1952 - 1953	F&S	Stamo 360	1	9	L	78x75	356	3000		640	640	Zweitakt-Vergasermotor
DS 52 K	1952 - 1953	F&S	D 500 W	1	10	W	80x100	499	2000		640	3/1	Zweitakt-Dieselmotor, auch 6/2-Getriebe
DS 53	1953	Stihl	131 A	1	12	L	90x120	763	1850		720	6/2	Zweitakt-Dieselmotor
1.4 M-Baureihe													
Typ Ehrenstein	ab 1952	Berning	D 8	1	8	L	78x72	344	3000		150	2/2	Viertakt-Vergasermotor
M 53	ab 1953	Hirth	80	1	6,5	L	70x64	250	3000		280	3/1	Zweitakt-Vergasermotor
MO 54-650 H	ab 1954	Hirth	80	1	6,5	L	70x64	250	3000		250	3/1	
M 68/4/10	ab 1968	Berning	Di 10	1	10	L	90x100	630	3000				
M 68/8/10	ab 1968	Berning	Di 10	1	10	L	90x100	630	3000				Viertakt-Dieselmotor
M 68/4/14	ab 1968	Slanzi	DVA 650 T	1	14	L	90x100	636	2800				
2. Vierradschlepper													
2.1 DT-Baureihe (Spurweite 730 mm)													
DT 54	1954 - 1958	F&S	Stamo 360	1	9	L	78x75	356	3000	1410	880	2x3/1	Zweitakt-Vergasermotor
DT 54	1954 - 1958	F&S	D 500 W	1	10	L	80x100	503	2000	1410	880	2x3/1	
DT 57 (DT 58)	1957 - 1961	MWM	AKD 112 E	1	10	L	98x120	905	2000				Viertakt-Dieselmotor
DT 58 KS	1958 - 1961	F&S	D 600 L	1	12	L	88x100	604	2200	1420	1085	6/2	
DT 58 R	1958 - 1961	F&S	D 600 L	1	12	L	88x100	604	2200	1420	1085	6/2	Zweitakt-Vergasermotor
DT 58 C	1959 - 1961	F&S	D 600 L	1	12	L	88x100	604	2200	1420	950	6/2	
DT 58 Spezial	1960 - 1961	F&S	D 600 L	1	12	L	88x100	604	2200	1410	1125	6/2	
2.2 H-Baureihe (Spurweite 730 - 1250 mm)													
HM 12	ab 1954	MWM	AKD 12 E	1	12	L	98x120	905	2000	1450 -	1040	6/2	
HA 56	1956 - 1957	F&S	D 500 W	1	10	W	80x100	503	2000	1280	1000	6/2	Zweitakt-Dieselmotor
HA 56	1956 - 1957	F&S	D 600 L	1	12	L	88x100	604	2200	1280	1000	6/2	
H 12 M	ab 1957	MWM	AKD 10 E	1	12	L	80x100	504	2000				
H 12 M	ab 1957	F&S	D 600 L	1	12	L	88x100	604	2000	1450	1037	3/1	auch 6/2-Getriebe
H 12 M	ab 1957	MWM	AKD 112 E	1	12	L	98x120	905	2000	1450	1032	3/1	
HA 57	ab 1957	F&S	D 600 L	1	12	L	88x100	604	2200				Zweitakt-Dieselmotor
HA 20	ab 1958	MWM	AKD 10 Z	2	20	L	80x100	1004	2000	1420	1150	6/2	
H 58 M	ab 1958	MWM	AKD 412 E	1	12	L	105x120	1038	2500	1250	1200	6/2	
HA 58 KS	ab 1958	F&S	D 600 L	1	12	L	88x100	604	2200		950	6/2	Schmalspur-Version
2.3 A-Baureihe »Duplo-Trac« (Allrad-Knicklenker mit Spurweite 640 - 880 und 730 - 970 mm)													
A 9 Duplo-Trac	1959 - 1966	F&S	D 600 L	1	12	L	88x100	604	2200	1150	850	6/2	Zweitakt-Dieselmotor
A 20 Duplo-Trac	1959 - 1961	MWM	AKD 10 Z	2	20	L	80x100	1004	2000	1150	1050	6/2	ab 1961 Radstand 1180 mm
A 12 Duplo-Trac	1960 - 1964	F&S	D 600 L	1	12	L	88x100	604	2200	1150	1000	6/2	ab 1961 Radstand 1170 mm
A 12 Duplo-Trac	1960 - 1964	Slanzi	DVA 680 T	1	12	L	92x100	665	2600	1150	1000	6/2	ab 1961 Radstand 1170 mm
A 20 Duplo-Trac	1965 - 1966	Slanzi	DVA 1300 T	2	27	L	92x100	1328	2600	1150	1000	9/3	
A 9 J Duplo-Trac	1966 - 1968	Slanzi	DVA 650 T	1	14	L	90x100	636	2800	1150	1000	8/4	
A 65/20 Duplo-Trac	1966 - 1968	MWM	AKD 10 Z	2	20	L	80x100	1004	3000	1410	1050	12/4	
A 65/25 Duplo-Trac	1966 - 1968	Deutz	F 2 L 410	2	25	L	90x100	1272	2000	1164	1050	12/4	
A 65/30 Duplo-Trac	1966 - 1968	MWM	D 308-2	2	31	L	95x105	1488	3000	1200	1430	12/4	
A 14 Duplo-Trac	1967 - 1968	Slanzi	DVA 680 T	1	14	L	92x100	665	2600	1430	800	9/3	
A 65/27 Duplo-Trac	1967 - 1968	Slanzi	DVA 1300 T	2	27	L	92x100	1328	2600	1240	1270	12/4	
AM 68/14 Duplo-Trac	ab 1968	Slanzi	DVA 680 T	1	14	L	92x100	665	2600				
A 65/30 A Duplo-Trac	1969	MWM	D 308-2	2	31	L	95x105	1485	3000	1430	1164	12/4	
A 65/30 B Duplo-Trac	1969	Deutz	F 2 L 410	2	25	L	90x100	1272	2000	1430	1164	12/4	

Hummel-Kleinschlepper													
Baureihe	Bauzeit	Motor Hersteller	Typ	Zylinder	PS	Kühlung	Bohrung x Hub	Hubraum	Drehzahl	Radstand	Gewicht	Getriebe	Besonderheiten
2.4 T-Baureihe (Spurweite 970 - 1250 mm)													
T 12	1962 - 1963	F&S	D 600 L	1	12	L	88x100	604	2200		780	6/2	Zweitakt-Dieselmotor, auch 9/3-Getriebe
T 12	1962 - 1963	Slanzi	DVA 650 T	1	14	L	90x100	636	2800		780	6/2	auch 9/3-Getriebe
T 20	1962 - 1967	MWM	AKD 10 Z	2	20	L	80x100	1004	3000		870	6/2	
T 65/14	1964 - 1966	F&S	D 600 L	1	12	L	88x100	604	2200	1410		12/4	Zweitakt-Dieselmotor
T 65/20	1966	MWM	AKD 10 Z	2	20	L	80x100	1004	3000			12/4	
T 65/30	1966	MWM	308-2	2	30	L	95x105	1488	3000			12/4	
T 62/14	1967	Slanzi	DVA680 T	1	14	L	92x100	665	2600	2000	800	6/2	
T 66/20	1967	MWM	AKD 10 Z	2	20	L	80x100	1004	3000	1240	950	12/4	
T 66/27	1967	Slanzi	DVA 1300 T	2	27	L	92x100	1320	2600	1410		12/4	
T 66/31	1967	MWM	D 308-2	2	31	L	95x105	1488	3000	1240	1100	12/4	
T 67/34	1967	DB	OM 636	4	34	L	75 x 100	1767	3000		1360	12/4	
TM 68	1968	Slanzi	DVA 650 T	1	14	L	90x100	636	2800			12/4	
T 68/20	1968	MWM	AKD 10 Z	2	20	L	80x100	1004	3000			12/4	
T 68/29	1968				29	L						12/4	
T 68/31	1968	MWM	D 308-2	2	31	L	95x105	1488	3000			12/4	
T 68/34	1968			2	34	L						12/4	
TA 69/31	1969	MWM	D 308-2	2	31	L	95x105	1488	3000	1510	1270	12/4	
3. Kleinraupen													
DE 52 SL	1952 - 1961	F&S	D 500 W	1	10	W	80x100	503	2000		520	6/2	Zweitakt-Dieselmotor
DE 58 KS	1958	F&S	D 600 L	1	12	L	88x100	604	2200		950	6/2	

Hunger

Hunger,
Schweidnitz/Niederschlesien,
1912–1918

Zivilingenieur Hunger entwickelte in der schlesischen Kleinstadt Schweidnitz Gelenkpflüge mit 25/30-, 35/40-, 50/60- und 60/80-PS-Motoren, die von der Maschinenfabrik und Eisengießerei Phönix in Sorau/Niederlausitz gefertigt wurden. Das 80 PS starke Modell wog angeblich neun Tonnen.

80-PS-Hunger »Traktor«, um 1912.

30-PS-Hunger »Traktor«, um 1912.

Hunger-Kleinschlepper													
Baureihe	Bauzeit	Motor Hersteller	Typ	Zylinder	PS	Kühlung	Bohrung x Hub	Hubraum	Drehzahl	Radstand	Gewicht	Getriebe	Besonderheiten
Hunger-Traktor	1912	Kämper	PM 126	4	25/30	W	126x180	8973	500/600				
Hunger-Traktor		Kämper	PM 126/200	4	35/40	W	126x200	9970	500/600				
Hunger-Traktor		Kämper	PM 150	4	40/50	W	150x200	14.130	500/600				
Hunger-Traktor		Kämper	PM 170	4	60/80	W	170x220	19.994	500/600		9010		

Hütter

H. Hütter jr., Maschinenfabrik,
Hamburg-Glinde, Siemensstr. 11;
ab 1951 Hamburg-Einbek, Hammerstein Damm,
1939–1951

Nach der Bauart Kolss fertigte dieses Hamburger Unternehmen einen »Dieselpflug« mit einer vorderen Antriebsachse und einem Heckrad. Neben der technischen Einfachheit bot diese Konstruktion den Vorteil, dass der neben diesem Rad sitzende Fahrer die Pflugscharen bzw. die Geräte zwischen den Achsen beobachten konnte. Gesteuert wurde das Heckrad über ein Lenkrad; gleichzeitig konnte dieses Rad durch eine Spindel in der Furche nach links oder rechts verschoben werden. Zum Wenden auf der Stelle konnte das eine oder andere Vorderrad blockiert werden.

Ein Einzylinder-Deutz-Diesel mit 12 PS, nach dem Krieg auch ein 15/16-PS-Motor, direkt über der Vorderachse aufgesetzt, trieb das nach dem Prinzip der Tragpflüge konstruierte Modell an.

15/16-PS-Hütter »Dieselpflug«, 1950.

Hütter-Behelfsschlepper

Baureihe	Bauzeit	Motor Hersteller	Typ	Zylinder	PS	Kühlung	Bohrung x Hub	Hubraum	Drehzahl	Radstand	Gewicht	Getriebe	Besonderheiten
Hütter	1939	Deutz	MAH 814	1	12	V	100x140	1099	1100				
Hütter »Dieselpflug«	1949	Deutz	MAH 916	1	15	V	120x160	1808	1300		1500	3/1	ab 1950 16 PS
Hütter	1949	Deutz	MAH 914	1	12	W	100x140	1099	1500				auch Verdampfer-Kühlung

IHC

International Harvester Company mbH,
Neuß a. Rhein, Industriestr. 39
1. 1937-1985 **International Harvester Company mbH**
2. 1986.1997 **J. I. Case-IH GmbH**

Im Jahre 1908 richtete die amerikanische International Harvester Company (IHC) im Neußer Hafengelände ein deutsches Tochterunternehmen ein, das sich um den Vertrieb der IHC-Getreidemäher, Pferderechen, Heuwender und Traktoren kümmerte. (Zuvor bestand schon eine Niederlassung in Berlin, Rudolfstr. 5–7.) Die Produkte wurden unter den Markennamen »McCormick«, »Deering« und »IHC« vertrieben. Nachdem das Unternehmen immer mehr zur Eigenproduktion von Erntemaschinen übergegangen war, kam 1937 auch die Montage von Ackerschleppern hinzu. Die Abschottung des deutschen Marktes gegenüber ausländischen Erzeugnissen im Rahmen der nationalsozialistischen Autarkiepolitik und der grundsätzliche Devisenmangel hatten dazu geführt, dass die IHC die Schlepperfertigung im Deutschen Reich aufnehmen musste.

Bis 1944/45 entstanden insgesamt 7201 »F 12«- und 133 »N 6«-Schlepper. Schwere Bombenabwürfe verwüsteten gegen Kriegsende weitgehend das Werk, das inzwischen auch Rüstungsgüter produzierte. Erst 1948 war IHC wieder lieferfähig und brachte erneut den Vorkriegstyp mit dem billigen, aber unwirtschaftlichen Vergasermotor heraus. Diesmal war aber eine Kühlermaske vor den Motor gesetzt. Eine letzte Auffrischung erhielt der »F 12« durch eine rote Farbgebung, die seitdem das Merkmal praktisch aller IHC-Schlepper darstellt.

Mit der modernen, unkomplizierten und preiswerten »D-Reihe« (welche die »F 12«-Serie ablöste) schaffte das Neußer Traktorenwerk Anfang der 1950er Jahre den Sprung vom Nischenhersteller zu einem der bedeutendsten deutschen Schlepperhersteller. Die solide gefertigten Schlepper kamen Ende der 1950er Jahre auf einen Marktanteil von neun Prozent und bescherten dem Hersteller den zweiten Rang in der Zulassungsstatistik. Überdies war IHC auch sehr stark im Export und expandierte auch innerhalb Deutschlands. So erwarb IHC 1958 in Heidelberg die stillgelegte Waggonfabrik Fuchs und baute eine Fertigung von Mähdreschern, Lastkraftwagen und Raupenschleppern auf. Neben dem kanadischen IHC-Raupenmodell »TF 5« wurde dort zwischen 1963 und 1966 die Laderaupe »D 85« mit dem Motor des 40-PS-Schleppers montiert.

1966 aber stellte IHC die Fertigung in Heidelberg wieder ein; die Mähdrescherproduktion verlagerte IHC in das französische Werk Croix. Ein Teil der ehemaligen Waggonfabrik dient seitdem als Ersatzteilzentrallager. Der andere Teil ging an den amerikanischen Baumaschinenhersteller Dresser.

Trotz aller Umwälzungen in der Agrarlandschaft, hervorgerufen durch die gemeinsame Agarpolitik der Europäischen Gemeinschaft, agierte IHC auch in den Siebzigern sehr erfolgreich; die zweite Schleppergeneration; die »EWG-Baureihe« von 1965, wurde über 180.000mal gebaut und bescherte IHC 1972 mit 21,7 Prozent Marktanteil zeitweilig den Spitzenplatz in Deutschland. Die Erfolgsgeschichte sollte sich in diesem Jahrzehnt fortschreiben. Überdies lieferte IHC ab 1978 Motoren und Komponenten an die Firma Hieble, die damit Spezialschlepper für verschiedene Einsatzbereiche herstellte.

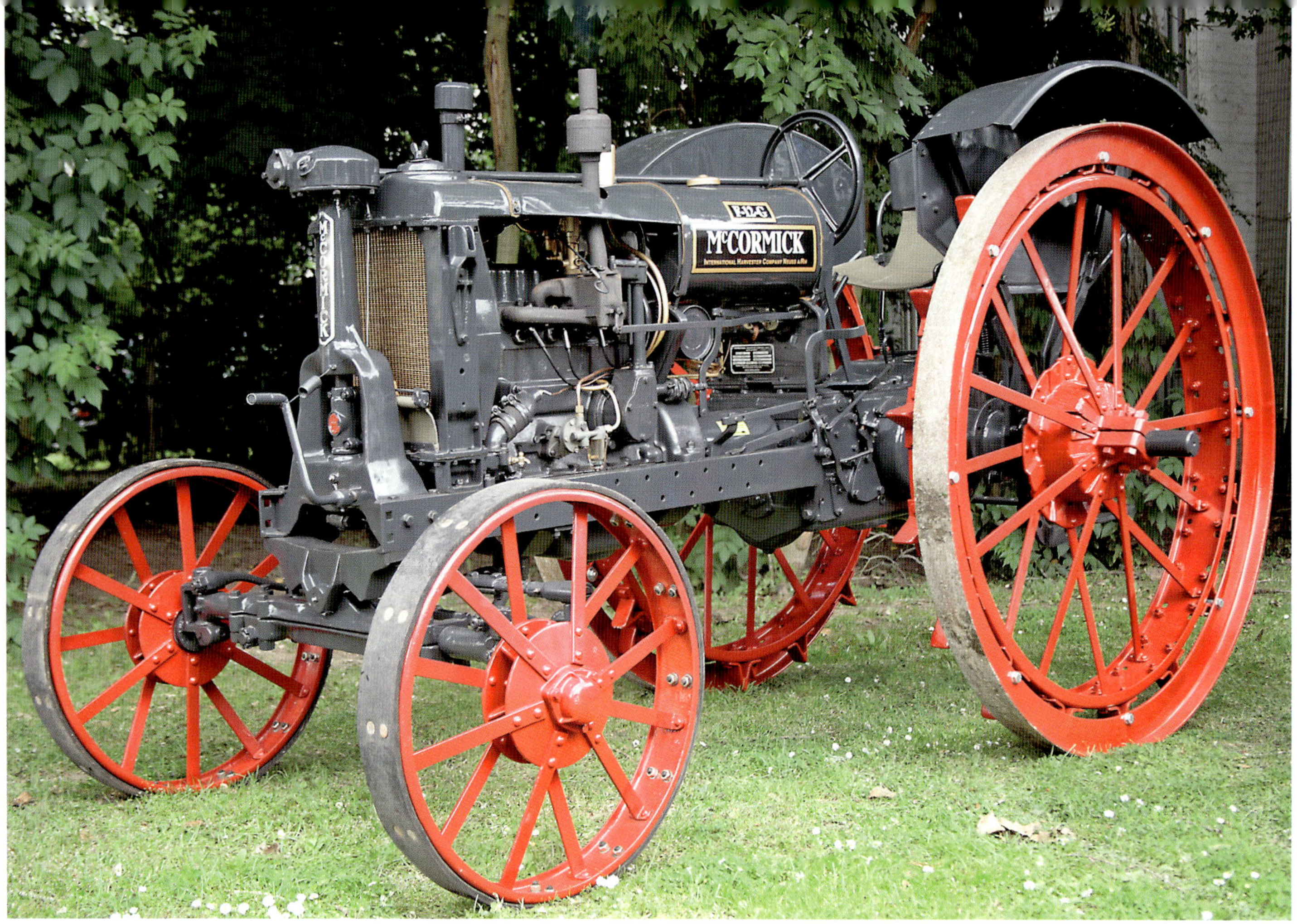

20-PS-IHC »Petroleumschlepper F 12 FS in Stahlrad-Ausführung«, 1937. Foto: Ralf Weinreich

Erstmals durchlebte das Werk Ende der 1970er Jahre eine Krise. Durch einen halbjährigen Streik in den amerikanischen IHC-Werken fehlten Komponenten für die Schlepper sowie für die Mähdrescher, Großballenpressen, Anbaumäher und diverse Anbaugeräte. Am deutschen Schleppermarkt konnte das Werk, das immer wieder auch Schlepper aus amerikanischer Fertigung anbot, im Jahr 1980 jedoch mit 20 Prozent noch einmal eine herausragende Position trotz der Rezession auf dem Landmaschinenmarkt einnehmen.

Das folgende Jahrzehnt sollte stürmischer werden. Der in Houston/Texas beheimatete Mischkonzern Tenneco Inc. mit der Marke J.I. Case aus Racine/Wisconsin, der schon 1983 in Meltham/Großbritannien die Schleppermarke David Brown übernommen hatte, erwarb 1984 den IHC-Landmaschinenbereich, darunter auch den europäischen Fertigungsbereich.

Durch Umstrukturierung wurde die Montage der leichten Baureihen im englischen Werk in Doncaster/Yorkshire, die Fertigung der Getriebe im französischen Werk in St. Dizier konzentriert. Durch ein Joint-Venture-Abkommen mit dem amerikanischen Motorenhersteller Cummins, zu dem auch die Firma Perkins zählt, wurde die Motorenfertigung jetzt beeinflusst.

Ein Jahr später erfolgte auch in Deutschland, wo in dieser Zeit 9000 Schlepper pro Jahr von den Bändern liefen, die Umbenennung in J.I. Case-IH mit dem Zusatz »International«. Die Schlepper verließen jetzt in einheitlich rot-schwarzer Lackierung die Fließbänder. Im Allradbereich setzte das Werk jetzt auf den Zentralantrieb.

Durch den weltweiten Rückgang des Schlepperabsatzes und durch die Rationalisierungen innerhalb des weltumspannenden Case-Landmaschinenbereichs geriet der Standort Neuß immer mehr unter Druck. Zunächst sah es so aus, dass trotz des hohen Lohnniveaus die Schlepperfertigung erhalten bleiben könnte. Angedacht war, die neue Schleppergeneration in Deutschland zu fertigen und die Werke in Frankreich und in Großbritan-

20-PS-IHC »Petroleumschlepper F 12 FG mit Luftreifen«, 1937.

15-PS-IHC-Generatorschlepper HG, 1941.

nien mit Motoren und Baugruppen zu beliefern. Auch sollte das europäische Entwicklungs-Center in Neuß eingerichtet werden. Die »ungünstige Kostenstruktur« (was immer man auch darunter verstehen mochte) verhinderte die Verwirklichung dieser Pläne.

Es folgte die schrittweise Verlagerung der Baureihen bis 70 PS nach England. Getriebe und Kabinen steuerten die französischen Werke in Croix und St. Dizier bei. Ab 1989 konzentrierte sich das Neusser Werk auf mittelgroße Schlepper. Auch dies brachte den neuen Eigentümern nicht den erhofften Gewinn. Die Fließbänder in Neuß wurden 1996 angehalten und das Werk wurde aufgelöst. Seit 1937 hatte das Werk über 530.000 Schlepper gefertigt.

Ganz aus Deutschland zurückgezogen hat sich Case aber nicht. Das Unternehmen hat 1997 die Fortschritt Erntemaschinen GmbH in Neustadt in Sachsen, Teile der Karl Mengele & Söhne GmbH in Günzburg und die MDW Mähdrescherwerke GmbH in Singwitz bei Dresden übernommen. Vom einstigen Heidelberger Zweigwerk in der Heinrich-Fuchs-Str. 124 erfolgt die Ersatzteilversorgung sowie der Vertrieb der aus dem Steyr-Werk (SLT) in St. Valentin/Österreich kommenden Case-Steyr-Schlepper.

Aus dem englischen Werk, das Case im Jahre 2000 an den italienischen Hersteller Landini abgegeben hat, kommen die »CX«-Modelle mit Perkins-Dieselmotoren, die unter der reaktivierten Marke »McCormick« geführt werden.

1999 gab Case-IH die europäische Schlepperfertigung an den von Fiat geführten New Holland-Konzern ab. Die neue Gesellschaft CNH/Case-New Holland vereinigt damit die Marken Landini, Laverda, Steyr und McCormick.

Farmall F 12 1937–1950

Erster eigener Schlepper aus deutscher Produktion war der zuvor schon als amerikanisches Importmodell angebotene »Farmall F 12«, eine Konstruktion aus dem Jahre 1932. Bei diesem Traktor in konventioneller Blockbauart mit Hilfsrahmen erfolgte die Lenkung über eine horizontal liegende Welle mit Kegelradgetriebe auf die dann senkrecht verlaufende Steuerwelle. Dadurch konnten auf dem gleichen Montageband auch Hackfruchtschlepper mit zwei eng zusammen liegenden Vorderrädern entstehen, was zwar in Deutschland niemanden interessierte, in der auf Stückzahlen ausgerichteten US-Fertigung dagegen schon. Die große Spurweite, die durch das Umsetzen der Räder – wahlweise Eisen- oder Gummiräder – erzielt wurde, sowie die große Bodenfreiheit machten den Schlepper für Spezialzwecke geeignet. An die Zapfwelle konnte ein Grasmäher angeschlossen werden.

Außergewöhnlich war die Verwendung eines Vierzylinder-Vergasermotors mit einer Leistung von 20 PS. Aus Kostengründen entschied sich das Werk für den Einbau des einfachen Benzinmotors, obgleich alle anderen deutschen Schlepperhersteller schon auf sparsame Dieselmotoren setzten. Der in den USA gebaute IHC-Motor war für die Verwendung von Traktorentreibstoff, einem Gemisch von Benzin und Dieselöl oder Petroleum geeignet, wobei der Motor zunächst mit Benzin angelassen und bei genügender Erwärmung auf den schwereren Treibstoff umgestellt wurde. Das Dreiganggetriebe und die komplizierte Vergaseranlage entstammten eigener Produktion. Im ersten Baujahr verließen 392 »Farmall F 12 G«-Schlepper (G für Germany) das Montageband. Im Rahmen des Schell-Programms sollte IHC einen 15-PS-Haupttyp fertigen dürfen, der mit dem Vergaser- und später mit einem Dieselmotor gebaut werden sollte.

25-PS-IHC DF 25 »Farmall«, 1951.

Im Jahre 1941 wurde der »F 12« als Modell »N 6« zum Holzgasschlepper umgebaut, wobei über der gefederten Vorderachse ein Hansa-Einheitsgenerator in so genannter aufgelockerter Bauweise montiert wurde. Dadurch eignete sich dieser Schlepper weiterhin auch für Hackfruchtkulturen, da die Bodenbearbeitungsgeräte weiterhin seitlich am Fahrzeugrahmen angebaut werden konnten.

Bis 1944/45 entstanden insgesamt 7201 »F 12«- und 133 »N 6«-Schlepper. Schwere Bombenabwürfe verwüsteten, wie erwähnt, gegen Kriegsende weitgehend das Werk, das inzwischen auch Rüstungsgüter produzierte.

Erst 1948 war IHC wieder lieferfähig und brachte erneut den Vorkriegstyp mit dem billigen, aber unwirtschaftlichen Vergasermotor. Diesmal war aber eine Kühlermaske vor den Motor gesetzt. Eine letzte Auffrischung erhielt der »F 12« durch eine rote Farbgebung, die seitdem das Merkmal praktisch aller IHC-Schlepper darstellte.

Die Farmall- und Standard-Dieselschlepper 1950–1965

In den Jahren 1949/50 experimentierte das Unternehmen mit Dieselmotoren und stattete seinen »FGD 2« mit einem MWM-Dieselmotor aus. Nachdem 58 dieser Traktoren gebaut worden waren, konnte IHC 1951 auf einen eigenen Wirbelkammer-Dieselmotor mit vier Zylindern und 25 PS zurückgreifen. Das alte Getriebe des »F 12« konnte weiterhin verwendet werden. Zwei Jahre später begann die Serienfertigung von Dieselschleppern.

14-PS-IHC DLD 2, 1953. Foto: W. Leiter, © CC-BY-SA-3.0

12-PS-IHC D-212 »Farmall«, 1956. Foto: High Contrast, © CC-BY-SA-3.0 DE

24-PS-IHC D-324 »Standard«, 1956. Foto: Lothar Spurzem, © CC-BY-SA-2.0-DE

Die nunmehrige »D«-Linie umfasste die nach dem Baukastensystem entstandenen Zwei-, Drei- und Vierzylindermodelle »DLD 2«, »DED 3« und »DGD 4« mit 14, 20 und 30 PS. Die leichten und mittleren Schlepper waren in reiner Blockbauart ausgeführt. Eine vom ersten Dieselmodell übernommene Haube, die sich vorne durch eine Abrundung und durch waagerechte Lüftungsschlitze auszeichnete, verlieh den IHC-Schleppern ihre markentypische Optik.

1955/56 erfolgte die erste Überarbeitung, dabei führte IHC neben der kastenförmigen, stabil wirkenden Maske mit waagerechten Schlitzen und den mittleren Senkrechtstäben auch ein neues Bezeichnungsschema ein. Bei den nunmehrigen Baureihen »D-214« bis »D-430« gab die erste Ziffer die Zylinderanzahl, die nachfolgenden Ziffern die PS-Leistung an. Besonderheiten dieser zweiten »D«-Baureihe waren ein Sechsganggetriebe inklusive Kriechgang, ein verlängerter Radstand, ein hydraulischer Kraftheber sowie eine Portal-Vorderachse mit Einzelrad-Druckfedern. Die Tragschlepper-Modelle »D 212« und »D 217« erhielten auf Wunsch einen Baas-Wittenberg-Frontlader.

In der zweiten Überarbeitung erhöhte IHC die Motorstärke der »D«-Rei-

17-PS-IHC D 217 S »Farmall«, 1956.

he; der »D-440« erhielt »als Schlepper von besonderem Format« ein Roots-Ladegebläse. Dieses leistungsstarke Modell besaß Doppelscheiben-Fußbremsen sowie die »IHC-Agriomatic« mit einem Achtganggetriebe. Das »Agriomatic«-Lastschaltgetriebe ermöglichte ein sanftes Anfahren unter Last und machte die Drehzahl der Zapfwelle unabhängig von der Fahrgeschwindigkeit. Die »Agriomatic« war nach 1960 auch für die kleineren Schlepper lieferbar. Für Großbetriebe ergänzte der »Super BWD 6« mit 50 PS das IHC-Programm, das jetzt nicht mehr unter der Marke »Farmall«, sondern als »Standard« vermarktet wurde.

1962 renovierte IHC seine Schlepperbaureihen. Versehen mit weißen Felgen und in roter Farbgebung, reichte das Programm nun vom »D-215« bis zum »D-439«. Ein Jahr später kam als Abrundung der »D«-Baureihe der »D 514« hinzu, ein echter »McCormick« aus amerikanischer Ferti-

24-PS-IHC D-324 »Farmall«, 1956.

26-PS-IHC D-326 »Farmall«, 1962.

30-PS-IHC D-430 »Farmall«, 1962. Foto: Reedhawk, © CC-BY-SA-3.0

15-PS-IHC D-215, 1962. Foto IHC

22-PS-IHC D-322, 1962. Foto: Achim Raschka, © CC-BY-SA-4.0

gung. Hier war das IHC-Zehnganggetriebe mit einem Drehmomentwandler kombiniert worden. Hinzu kamen eine hydraulisch betätigte Lenkung sowie die Agriomatic.

Äußerlich unterschied sich der waschechte US-Schlepper von den deutschen Modellen durch seine weiß-rote Motorhaube, den weißen Grill mit senkrechten Streifen und die integrierten Scheinwerfer. Schließlich nahm IHC mit dem »D 323 V« auch den Bau von Schmalspurschleppern auf. In der Endphase der »D«-Baureihe, die es insgesamt auf über 158.000 Exemplare brachte, stand der Name »McCormick« mit der Typangabe an der Haube der Schlepper aus Neuss.

Die McCormick-Schlepper der CM-Baureihe 1965–1976

Die zweite Dieselschlepper-Generation, auch als »EWG«-Baureihe oder als »Common-Market-Line« bezeichnet, erschien 1965/66 in Zusammenarbeit mit dem französischen IHC-Werk in St. Dizier, das die Achtgang-Getriebe zulieferte. IHC verwendete für die Gemeinschaftsmodelle der Baureihen »423« bis »624« neu entwickelte und hubraumstärkere Drei- und Vierzylindermotoren mit Direkteinspritzung. Die Ventildrehvorrichtung »Rotocap« war eine Spezialität der neuen Motoren-Baureihen; einzig der

58/60-PS-IHC 624, 1965. Foto: Cormickmc, © PD

»D 323« behielt bis zu seiner Einstellung 1974 den Wirbelkammer-Diesel aus dem alten Programm.

Das neue Bezeichnungssystem verzichtete auf das »D« für den Dieselmotor, brachte zunächst die PS-Angabe, danach die Zylinderanzahl. Neu war auch die Optik der »McCormick«-Schlepper: Konsequent kantig, mit weiß-beigem Gitter (»Netz«) in der Kühlermaske. Das Lastschaltgetriebe erhielt unter der Bezeichnung »Agriomatic-S« eine Optimierung: vier zusätzliche Vorwärtsgänge mit nachgeschalteter Doppel-Lamellenkupplung und dem Gruppengetriebe standen zur Verfügung. Erstmals versah IHC die Modelle »523 A« und »624 A« mit einem Allradantrieb und ZF-Antriebslenkachsen. Diese zweite Dieselschlepper-Baureihe vom »323« bis zum »824« brachte es innerhalb von fünf Jahren auf 128.843 Exemplare.

Dem Trend zu immer größeren landwirtschaftlichen Betrieben begegnete IHC in den 1970er Jahren mit leistungsstarken Sechszylinder-Schleppern. Dem »946« mit 85/90 PS und dem »1046« von 1971 folgte 1973 der »1246« mit aufgeladenem 120-PS-Motor, der 1974 auf 125 PS angehoben wurde. Für die Übertragung der starken Drehmomente nutzte

26/27-PS-IHC International D 323, 1966.

75-PS-IHC International 844 (S), 1974. Foto: Joost J. Bakker, © CC-BY-2.0

52-PS-IHC International 633, 1975.

125-PS-International 1246 Allrad, 1974. Foto: Joost J. Bakker, © CC-BY-2.0

100-PS-IHC International 1055 A, 1974. Foto: Joost J. Bakker, © CC-BY-2.0

IHC ZF-Zwölfgang-Getriebe. Die Modelle vermarktete IHC unter der Bezeichnung »McCormick International«; 1972 kam die Zusatzbezeichnung »Formel S-Serie« hinzu. Im neuen Aluminium-Kühlergrill saßen die eckigen Scheinwerfer jetzt im unteren Bereich.

Die ersten IHC-Schmalspurschlepper der Baureihen »D 323 V« und »423 V« wichen den neuen Modellen »V 433« und »V 533«. Eine Kunststoffhaube überdeckte die Motoren der nur in Kleinserie gefertigten Fahrzeuge. Die Plantagenschlepper der E-Baureihe, zunächst nur für den Export gebaut, waren Universalschlepper, die durch Ausziehen der Vorderachse und durch Umstecken der Hinterräder als Schmal- oder als Standardschlepper eingesetzt werden konnten.

Die McCormick-XL-Schlepper 1977–1996

Die dritte IHC-Schlepperfamilie präsentierte das Neußer Unternehmen im Jahre 1977. Die »XL«-Baureihe zeichnete sich durch eine verbesserte Lastschalttechnik und eine vollhydraulische Regelanlage unter der Bezeichnung »Sens-O-Draulic« aus. Die »Controlcenter«-Sicherheitskabine

72-PS-IHC International 745 S, 1981.
Foto: Markus Hagenlocher, © CC-BY-SA-3.0

45-PS-IHC International 533, 1986. Foto: Joost J. Bakker, © CC-BY-2.0

75-PS-IHC International D 844 S, 1981.

67-PS-Case International 833, 1986. Foto: Lifetecl 8 © CC-BY-SA-3.0

72-PS-Case International 745 XL, 1986. Foto: Joost J. Bakker, © CC-BY-2.0

105-PS-Case International 1056 XL, 1986. Foto: Lifetec 18, © CC-BY-SA-3.0

war in Zusammenarbeit mit der Firma Fitzmeier entstanden, der Tank saß unter der Kabinenplattform, die Kabine selbst konnte vorversetzt werden. Turboladermotoren und auf Wunsch Allradantriebe waren weitere Merkmale dieser Fahrzeuggeneration, die parallel auch in Frankreich gefertigt wurde. Die Typbezeichnung änderte sich erneut. Die ersten beiden Ziffern gaben die (höhere) amerikanische SAE-PS-Leistung an, danach folgte die Kennung.

Mitte der 1970er Jahre gliederte IHC seine Modellpalette neu. Die Schlepper der »A«-Familie reichten vom »433« bis zum 1981 vorgestellten »833«. Diese Reihe wurde parallel dazu auch im französischen Werk in St. Dizier gefertigt, das Plattformkabinen der französischen Firma Timmermann zulieferte. Die »B«-Familie umfasste die mittelschweren Baureihen »554«, »644«, »744« und »844«. Letzterer erwies sich als Erfolgsmodell und kam auf eine Stückzahl von über 20.000 Exemplaren. Höhe- und Endpunkt dieser Entwicklung war der »844 XL Plus« von 1995, ein »Freisichtschlepper« mit einer Schräghaube.

Darüber angesiedelt war die »C«-Baureihe mit den Typen »955« und »1055«. In der Oberklasse platzierte sich das Unternehmen mit den 1979

145-PS-Case International 1455 XL, 1993.

präsentierten Modellen »1255 XL« und »1455 XL« der »D«-Familie mit 125- und 145-PS-Sechszylindermotoren, 20-Gang-ZF-Getrieben (für maximal 40 km/h) und Strömungskupplung. Als reine Exportmodelle kamen die Baureihen 956 und 1056 hinzu.

Die Case-IH »International« und »Maxxtrac«-Schlepper 1985–1996

Erste sichtbare Folge des 1985 getätigten Verkaufs des IHC-Landmaschinenbereichs an Case war die 1986 erfolgte Umbenennung in J.I. Case-IH »International« und die neue rot-schwarze Lackierung aller Baureihen. Im Allradbereich setzte das Werk jetzt auf den Zentralantrieb; es begann die schrittweise Verlegung der Produktion ins Ausland. Die Fertigung der »A«-Familie ging in das englische Werk in Doncaster, sie wurde als »40er«-Baureihe in Deutschland vermarktet und umfasste die Modelle »440«, »540«, »640«, »740«, »840« und »940«. Die ebenfalls aus Doncaster kommende »B«-Reihe bestand aus den Modellen »745 XL Plus«, »844 XL Plus« und »856 XL Plus«.

Darüber angesiedelt waren die Mittelklasseschlepper der »Maxxum«-Reihe aus deutscher Produktion, die von 90 bis 125 PS das Angebot abdeckten. Hier handelte es sich um Hochleistungsschlepper mit Vier- und Sechszylindermotoren mit Mehrstufen-Lastschaltgetrieben oder Lastschalt-Wendegetrieben. Diese »C«-Familie lief 1997 im Neußer Werk aus.

80-PS-Case 844 XLA Plus »Freisicht«, 1993.

Die Schmalspurschlepper der »21er«-Baureihe erhielten luftgekühlte Motoren von SAME. Aus amerikanischer Fertigung übernahm das Unternehmen den Vertrieb der »Magnum«-Groß-Schlepper mit Allradantrieb, Sechszylindermotoren mit Leistungen von 155 bis 264 PS, Lastschaltgetrieben sowie Komfortkabinen. Letztmalig erschienen neue Baureihen im Jahre 1993.

Unter der Bezeichnung »Maxxtrac« baute Case-International Fahrzeuge in Trac-Bauweise. Hinzu kamen bewährte und überarbeitete Schlepper, jetzt in den »32er«- und »42er«-Baureihen, die als Standard-, Schmalspur- sowie als Hof- und Plantagenschlepper angeboten wurden, aber nicht mehr das große Interesse der Kunden fanden. Die Schlepperfertigung in Neuß lief Ende 1996 mit dem »1455 XL« aus. Diese letzte Neußer XL-Serie erreichte eine Stückzahl von 54.359 Traktoren.

90-PS-Case »Maxxum 5120«, 1989. Foto: Jwh, ©CC-BY-SA-3.0-LU

100-PS-Case »Maxxum« 5130, 1991.

IHC-Schlepper

Baureihe	Bauzeit	Motor Hersteller	Typ	Zylinder	PS	Kühlung	Bohrung x Hub	Hubraum	Drehzahl	Radstand	Gewicht	Getriebe	Besonderheiten
1. Standardschlepper													
1.1. Schlepper mit Petroleummotoren													
F 12 S (F 12 FS)	1937 - 1940	IHC		4	14	W	76,2x101,6	1840	1650	1950	1710	3/1	V, Stahlräder
F 12 G (F 12 FG)	1937 - 1940	IHC		4	14	W	76,2x101,6	1840	1650	1950	1675	3/1	V, Luftreifen
FS/FG	1940 - 1944/ 1946 - 1949	IHC	F 12	4	20	W	80x101,6	2043	1650	1990	1710	4/1	V, Stahlräder
F 12 G (FG)	1940 - 1944/ 1947 - 1951	IHC	F 12	4	20	W	80x101,6	2043	1650	1990	1830	4/1	V, Luftreifen
HG (N 6)	1942 - 1944	IHC		4	15	W	80x101,6	2043	1650	1990	2000	4/1	Holzgasmotor, Luftreifen, bei Stahlrädern 3/1-Getriebe
1.2 Schlepper der Farmall-Baureihe													
FGD 2	1950	MWM	KD 415 Z	2	22/24	W	100x150	2356	1500	1840	1970	4/1	
DF 25	1951 - 1953	IHC	DF	4	25	W	80x101,6	2043	1650	1990	1750	4/1	
D 2 (DLD 2)	1953 - 1956	IHC	DD-66	2	14	W	82,6x101,6	1088	1750	1575	900	5/1	ab 1956 auch 6/1-Getriebe
D 3 (DED 3)	1953 - 1956	IHC	DD-99	3	20	W	82,6x101,6	1632	1750	1676	1230	5/1	
D 4 (DGD 4)	1953 - 1956	IHC	DD-132	4	30	W	82,6x101,6	2175	1900	1778	1295	5/1	ab 1956 auch 6/1-Getriebe
1.3 Schlepper der Farmall-D-Baureihe													
D-212 Farmall	1956 - 1959	IHC	DD-66	2	12	W	82,6x101,6	1088	1800	1727	1033	6/1	
D-217 S	1956 - 1960	IHC	DD-74	2	17	W	82,6x106,6	1217	1900	1730	1283	6/1	
D-320 S	1956 - 1962	IHC	DD-99	3	20	W	82,6x101,6	1632	1800	1780	1308	6/1	
D-324 S	1956 - 1962	IHC	DD-111	3	24	W	87,3x101,6	1825	1900	1780	1318	6/1	
D-430 S	1956 - 1962	IHC	DD-132	4	30	W	82,6x101,6	2175	1900	1880	1405	6/1	
Dairy Special	1957	IHC	DD-66	2	14	W	82,6x101,6	1088	1800	1727	1200	6/1	Exportmodell für die Niederlande
Super-BWD 6	1958	IHC	DD-264	4	50	W	87,3x101,6	2434	1950	1980	2664	5/1	US-Import-Modell
1.4 Schlepper der ersten D-Baureihe (1958 - 1962)													
D 214 S(tandard)	1958 - 1962	IHC	DD-66	2	14	W	82,6x101,6	1088	1800	1730	1053	6/1	
D 217 S	1958 - 1962	IHC	DD 74	2	17	W	87,3x101,6	1217	1900	1730	1185	6/1	
D 440	1958 - 1959	IHC	DD-132 S	4	40	W	82,6x101,6	2175	1900	1880	1886	8/2	mit Roots-Gebläse
D-436 S	1959 - 1962	IHC	DD-148	4	36	W	87,3x101,6	2434	1900	1880	1425	8/2	
1.5 Schlepper der zweiten D-Baureihe (1962 - 1965)													
D-215	1962 - 1964	IHC	DD-66	2	15	W	82,6x101,6	1088	1800	1730	1138	6/1	
D-219	1962 - 1966	IHC	DD-74	2	19	W	87,3x101,6	1217	1900	1730	1271	6/1	
D-322	1962 - 1965	IHC	DD-99	3	22	W	82,6x101,6	1631	1800	1780	1526	8/2	
D-326	1962 - 1966	IHC	DD-111	3	26	W	87,3x101,6	1825	1900	1780	1565	8/2	
D-432	1962 - 1966	IHC	DD-132	4	32	W	82,6x101,6	2175	1900	1880	1494	8/2	
D-439	1962 - 1966	IHC	D-148	4	39	W	87,3x101,6	2434	1900	1880	1758	8/2	
D-514	1963 - 1965	IHC	D-188	4	50/53	W	93,7x111,5	3080	2100	1856	2520	10/2	US-Import-Modell mit TA-Drehmomentwandler
1.6 Schlepper der Common Market-Line-Baureihe (1965 - 1980)													
523	1965 - 1972	IHC	D-179	3	48/52	W	98,4x128,5	2934	2200 - 2400	2000	2440	8/4	
523 A	1965 - 1972	IHC	D-179	3	48/52	W	98,4x128,5	2934	2200 - 2400	2000	2855	8/4	Allradantrieb
624	1965 - 1972	IHC	D-206	4	58/60	W	98,4x111,1	3380	2100	2120	2640	8/4	
624 A	1965 - 1972	IHC	D-206	4	58/60	W	98,4x111,1	3380	2100	2120	2990	8/4	Allradantrieb
323	1966 - 1974	IHC	DD-111	3	26	W	87,3x101,6	1825	1900	1815	1845	8/2	
423	1966 - 1972	IHC	D-179	3	48/52	W	98,4x128,5	2934	2200 - 2400	2000	2440	8/4	
353	1967 - 1972	IHC	D-155	3	34	W	98,4x111,1	2536	1900	1915	1965	8/2	
724	1969 - 1974	IHC	D-239	4	67/74	W	98,4x128,5	3911	2200 - 2400	2120	2615	8/4	
724 A	1969 - 1974	IHC	D-239	4	67/74	W	98,4x128,5	3911	2200 - 2400	2120	2815	8/4	Allradantrieb
453	1971 - 1975	IHC	D-155	3	45	W	98,4x111,1	2536	2200	1920	2180	8/2	Allradversion ohne Serienbau
824	1971 -1974	IHC	D-239	4	82	W	98,4x128,5	3911	2300	2120	3145	8/4	
824 A	1971 - 1974	IHC	D-239	4	82	W	98,4x128,5	3911	2300	2120	3445	8/4	Allradantrieb
946	1971 - 1977	IHC	D-310	6	85/90	W	98,4x111,1	5072	2200	2590	3600	8/4	auch 12/5-Getriebe
946 A	1971 - 1977	IHC	D-310	6	85/90	W	98,4x111,1	5072	2200	2590	4000	8/4	Allradantrieb, auch 12/5-Getriebe
1046	1971 - 1977	IHC	D-358	6	100	W	98,4x128,5	5867	2100	2590	3950	12/5	
1046 A	1971 - 1977	IHC	D-358	6	100	W	98,4x128,5	5867	2100	2590	4350	12/5	Allradantrieb
383	1972 - 1975	IHC	D-155	3	36	W	98,4x111,1	2536	1900	1920	2065	8/4	
553	1972 - 1974	IHC	D-179	3	52	W	98,4x128,5	2934	2180	2000	2615	8/4	
553 A	1972 - 1974	IHC	D-179	3	52	W	98,4x128,5	2934	2180	2000	2845	8/4	Allradantrieb
654	1972 - 1974	IHC	D-206	4	60	W	98,4x111,1	3382	2180	2120	2640	8/4	
654 A	1972 - 1974	IHC	D-206	4	60	W	98,4x111,1	3382	2180	2120	2990	8/4	Allradantrieb
1246	1972 - 1979	IHC	DT-358	6	120	W	98,4x128,5	5867	2200	2590	4450	12/5	T
1246 A	1972 - 1979	IHC	DT-358	6	120	W	98,4x128,5	5867	2200	2560	4850	12/5	T, Allradantrieb
554	1974 - 1975	IHC	D-206	4	52/54	W	98,4x111,1	3382	2180	2226	3160	8/4	auch 16/8-Getriebe
554 A	1974 - 1975	IHC	D-206	4	52/54	W	98,4x111,1	3382	2180	2186	3210	8/4	Allradantrieb, auch 16/8-Getriebe
644	1974 - 1980	IHC	D-206	4	60	W	98,4x111,1	3382	2180	2226	2880	8/4	auch 16/8-Getriebe

IHC-Schlepper

Baureihe	Bauzeit	Motor Hersteller	Typ	Zylinder	PS	Kühlung	Bohrung x Hub	Hubraum	Drehzahl	Radstand	Gewicht	Getriebe	Besonderheiten
644 A	1974 - 1980	IHC	D-206	4	60	W	98,4x111,1	3382	2180	2186	3210	8/4	Allradantrieb, ßüauch 16/8-Getriebe
744	1974 - 1980	IHC	D-239	4	67/70	W	98,4x128,5	3911	2300	2226	3080	8/4	auch 16/8-Getriebe
744 A	1974 - 1980	IHC	D-239	4	67/70	W	98,4x128,5	3911	2300	2186	3400	8/4	Allradantrieb, auch 16/8-Getriebe
844	1974 - 1980	IHC	D-246	4	75	W	100x129	4034	2300	2386	3180	8/4	auch 16/8-Getriebe
844 A	1974 - 1980	IHC	D-246	4	75	W	100x129	4034	2300	2346	3500	8/4	Allradantrieb, auch 16/8-Getriebe
1.7 Schlepper der A-Baureihe (1985 - 1994)													
433	1975 - 1990	IHC	D-155	3	35	W	98,4x111,1	2536	2050	2070	2115	8/4	auch 16/8-Getriebe
433 A	1975 - 1990	IHC	D-155	3	35	W	98,4x111,1	2536	2050	2070	2335	8/4	Allradantrieb
533	1975 - 1989	IHC	D-155	3	45	W	98,4x111,1	2356	2200	2070	2240	8/4	auch 16/8-Getriebe
533 A	1975 - 1989	IHC	D-155	3	45	W	98,4x111,1	2356	2200	2030	2530	8/4	
633	1975 - 1989	IHC	D-179	3	52	W	98,4x128,5	2934	2180	2070	2250	8/4	auch 16/8-Getriebe
633 A	1975 - 1989	IHC	D-179	3	52	W	98,4x128,5	2934	2180	2030	2540	8/4	Allradantrieb, auch 16/8-Getriebe
844 S	1975 - 1989	IHC	D-246	4	75	W	100x129	4034	2300	2386	3180	8/4	auch 16/8-Getriebe
844 SA	1975 - 1989	IHC	D-246	4	75	W	100x129	4034	2300	2350	3500	8/4	Allradantrieb, auch 16/8-Getriebe
955	1977 - 1982	IHC	D-310	6	90	W	98,4x111,1	5072	2300	2630	4090	16/8	
955 A	1977 - 1982	IHC	D-310	6	90	W	98,4x111,1	5072	2300	2590	4585	16/8	Allradantrieb
1055	1977 - 1982	IHC	D-358	6	100	W	98,4x128,5	5867	2200	2626	4290	16/8	
1055 A	1977 - 1982	IHC	D-358	6	100	W	98,4x128,5	5867	2200	2587	4780	16/8	Allradantrieb
1255	1979 - 1990	IHC	DT-358	6	125	W	98,4x128,5	5867	2200	2798	5060	16/7	T
1255 A	1979 - 1994	IHC	DT-358	6	125	W	98,4x128,5	5867	2200	2798	5500	16/7	T, Allradantrieb
1455	1979 - 1990	IHC	DT-402	6	145	W	100x129	6586	2200	2798	5640	16/7	T, auch 12/5-Getriebe, als Exportmodell bis 1996
733	1980 - 1989	IHC	D-206	4	60	W	98,4x111,1	3382	2180	2190	2360	8/4	auch 16/8-Getriebe
733 A	1980 - 1989	IHC	D-206	4	60	W	98,4x111,1	3382	2180	2150	2580	8/4	Allradantrieb, auch 16/8-Getriebe
743	1980 - 1989	IHC	D-239	4	67	W	98,4x128,5	3911	2300	2220	2880	16/8	
743 A	1980 - 1989	IHC	D-239	4	67	W	98,4x128,5	3911	2300	2190	3270	16/8	Allradantrieb
745-S	1980 - 1898	IHC	D-239	4	72	W	98,4x128,5	3911	2300	2226	2880	16/8	auch 8/4-Getriebe
745-SA	1980 - 1989	IHC	D-239	4	72	W	98,4x128,5	3911	2300	2190	3270	16/8	Allradantrieb, auch 8/4-Getriebe
833	1981 - 1989	IHC	D-239	4	67	W	98,4x128,5	3911	2300	2190	2380	8/4	auch 16/8-Getriebe
833 A	1981 - 1989	IHC	D-239	4	67	W	98,4x128,5	3911	2300	2150	2600	8/4	Allradantrieb, auch 16/8-Getriebe
1.8 Schlepper der XL-Baureihe (1981 - 1996)													
743 XL	1981 - 1989	IHC	D-239	4	67	W	98,4x128,5	3911	2300	2390	3420	16/8	auch 8/4-Getriebe, auch Radstand 2226 mm
743 XLA	1981 - 1989	IHC	D-239	4	67	W	98,4x128,5	3911	2300	2376	3710	16/8	Allradantrieb, auch 8/4-Getriebe, auch Radstand 2190 und 2350 mm
745 XL	1981 - 1991	IHC	D-239	4	72	W	98,4x128,5	3911	2300	2390	3580	16/8	auch Radstand 2226 mm
745 XLA	1981 - 1991	IHC	D-239	4	72	W	98,4x128,5	3911	2300	2376	3890	16/8	Allradantrieb, auch Radstand 2190 mm
745 XLA Plus	1981 - 1991	IHC	D-239	4	72	W	98,4x128,5	3911	2300	2376	3890	16/8	Allradantrieb, Schräghaube
844 XL	1981 - 1991	IHC	D-268	4	80	W	100x139,7	4389	2300	2386	3530	16/8	auch 8/4-Getriebe, auch Radstand 2390 mm
844 XL PLus	1981 - 1991	IHC	D-268	4	80	W	100x139,7	4389	2300	2390	3660	16/8	Schräghaube
844 XLA	1981 - 1991	IHC	D-268	4	80	W	100x139,7	4389	2300	2350	3920	16/8	Allradantrieb, auch 8/4-Getriebe
844 XLA Plus	1981 - 1991	IHC	D-268	4	80	W	100x139,7	4389	2300	2376	3970	16/8	Allradantrieb, Schräghaube
955 XL	1981 - 1982	IHC	D-358	6	90	W	98,4x128,5	5867	2300	2630	4290	16/8	
955 XL A	1981 - 1982	IHC	D-358	6	90	W	98,4x128,5	5867	2300	2590	4670	16/8	Allradantrieb
1055 XL	1981 - 1982	IHC	D-358	6	100	W	98,4x128,5	5867	2300	2630	4370	16/8	
1055 XLA	1981 - 1982	IHC	D-358	6	100	W	98,4x128,5	5867	2300	2590	4750	16/8	Allradantrieb
1255 XL Allrad	1981 - 1994	IHC	DT-358	6	125	W	98,4x128,5	5867	2200	2798	5680	20/9	T, Allradantrieb, auch 12/5-Getriebe
1455 XL Allrad	1981 - 1996	IHC	DT-402	6	145	W	100x139,7	6589	2200	2798	6420	20/9	T, Allradantrieb
956	1982 - 1992	IHC	D-358	6	95	W	98,4x128,5	5867	2300	2660	3890	8/4	Exportmodell ohne Kabine
956 A	1982 - 1992	IHC	D-358	6	95	W	98,4x128,5	5867	2300	2590	4360	8/4	Allradantrieb, Exportmodell ohne Kabine
956 XL	1982 - 1992	IHC	D-358	6	95	W	98,4x128,5	5867	2300	2630	4290	16/8	
956 XLA	1982 - 1992	IHC	D-358	6	95	W	98,4x128,5	5867	2300	2590	4670	16/8	Allradantrieb
1056	1982 - 1992	IHC	DT-358	6	105	W	98,4x128,5	5867	2300	2630	3890	8/4	T, Exportmodell ohne Kabine
1056 A	1982 - 1992	IHC	DT-358	6	105	W	98,4x128,5	5867	2300	2590	4750	16/8	T, Allradantrieb, Exportmodell ohne Kabine
1056 XL	1982 - 1992	IHC	DT-358	6	105	W	98,4x128,5	5867	2300	2630	4370	16/8	T

IHC-Schlepper													
Baureihe	Bauzeit	Motor Hersteller	Typ	Zylinder	PS	Kühlung	Bohrung x Hub	Hubraum	Drehzahl	Radstand	Gewicht	Getriebe	Besonderheiten
1056 XL	1982 - 1992	IHC	DT-358	6	105	W	98,4x128,5	5867	2300	2630	4370	16/8	T
1056 XLA	1982 - 1992	IHC	DT-358	6	105	W	98,4x128,5	5867	2300	2590	4750	16/8	T, Allradantrieb
856 XL	1983 - 1991	IHC	DT-239	4	85	W	98,4x128,5	3911	2300	2386	3840	16/8	T
856 XLA	1983 - 1991	IHC	DT-239	4	85	W	98,4x128,5	3911	2300	2350	4120	16/8	T, Allradantrieb
856 XLA Plus	1983 - 1991	IHC	DT-239	4	85	W	98,4x128,5	3911	2300	2376	4120	16/8	T, Allradantrieb, Schräghaube
1.9 Schlepper der Maxxum-Baureihe (1989 - 1997)													
5120 (Export 5220)	1989 - 1997	Case-IHC	NCE 4 T(A)-390	4	90	W	102x120	3922	2200	2395	4140	16/12	T, ohne Kabine, auch 24/20-Getriebe, ab 1996 94 PS
5120 A (5220 A)	1989 - 1997	Case-IHC	NCE 4 T(A)-390	4	90	W	102x120	3922	2200	2345	4700	16/12	T, Allradantrieb, mit Kabine, auch 24/20-Getriebe, ab 1996 94 PS
5130 (5230)	1989 - 1997	Case-IHC	NCE 6-590	6	100	W	102x120	5883	2200	2635	4340	16/12	ohne Kabine, auch 24/20-Getriebe, ab 1996 105 PS
5130 A (5230 A)	1989 - 1997	Case-IHC		6	100	W	102x120	5883	2200	2585	4820	16/12	Allradantrieb, mit Kabine, auch 26/20-Getriebe, ab 1996 105 PS
5140 (5240)	1989 - 1997	Case-IHC	NCE 6 T-590	6	110	W	102x120	5883	2200	2635	4439	16/12	T, ohne Kabine, auch 26/20-Getriebe, ab 1996 117 PS
5140 A (5240 A)	1989 - 1997	Case-IHC		6	110	W	102x120	5883	2200	2585	5020	16/12	T, Allradantrieb, mit Kabine, auch 26/20-Getriebe, ab 1996 117 PS
5150 (5250)	1989 - 1997	Case-IHC		6	125	W	102x120	5883	2200	2635	4650	16/12	T, Allradantrieb, ohne Kabine, auch 26/20-Getriebe, ab 1996 132 PS
5150 A (5250 A)	1989 - 1997	Case-IHC		6	125	W	102x120	5883	2200	2585	5182	16/12	T, Allradantrieb, mit Kabine, auch 26/20-Getriebe, ab 1996 132 PS
2. Schmalspurschlepper													
V 323	1967 - 1971	IHC	D-111	3	26/27	W	87,3x101,6	1825	1900	1815	1560	8/2	auch 16/4-Getriebe, Außenbreite 933 mm
V 423/E 423	1967 - 1973	IHC	D-155	3	40/42	W	98,4x111,1	2536	1900	1920	1720	8/4	auch 16/4-Getriebe, Außenbreite 997 mm
V 453	1971 - 1973	IHC	D-155	3	45	W	98,4x111,1	2536	2200	1920	1720	8/2	Außenbreite 997 mm
E 453	1972 - 1973	IHC	D-155	3	45	W	98,4x111,1	2536	2200	1920	1830	8/4	Außenbreite 1325 mm
433 V	1973 - 1975	IHC	D-155	3	36	W	98,4x111,1	2356	1900	1920	1545	8/2	Außenbreite 998 mm
433 E	1973 - 1974	IHC	D-155	3	36	W	98,4x111,1	2356	1900	1920	1587	8/2	Außenbreite 1307 mm
533 V/533 E (Serie I)	1973 - 1975	IHC	D-155	3	45	W	98,4x111,1	2356	2200	1920	1545	8/2	Außenbreite 1145 mm, 533 E 1606 kg, Außenbreite 1338 mm
V 433	1975 - 1987	IHC	D-155	3	35	W	98,4x111,1	2356	2050	1920	1800	8/2	auch 16/8-Getriebe, Außenbreite 1016 mm
533 V/533 E (Serie II)	1975 - 1987	IHC	D-155	3	45	W	98,4x111,1	2356	2200	1920	1800	8/4	auch 16/8-Getriebe, Außenbreite 1168 mm, 533 E 1895 kg, Außenbreite 1330 mm
633 V	1975 - 1987	IHC	D-179	3	52	W	98,4x128,5	2934	2180	1920	1810	8/4	auch 16/8-Getriebe, Außenbreite 1168 mm
633 E	1976 - 1987	IHC	D-179	3	52	W	98,4x128,5	2394	2180	1920	1905	8/4	auch 16/8-Getriebe, Außenbreite 1330 mm
633 E (A)	1976 - 1987	IHC	D-179	3	52	W	98,4x128,5	2394	2180	1970	1990	8/4	Allradantrieb, auch 16/8-Getriebe
E 733	1979 - 1988	IHC	D-206	4	60	W	98,4x111,1	3382	2180	2040	2000	8/4	auch 16/8-Getriebe, Außenbreite 1330 mm
E 733 (A)	1979 - 1988	IHC	D-206	4	60	W	98,4x111,1	3382	2180	2090	2105	8/4	Allradantrieb, auch 16/8-Getriebe

Ilsenburger

Fürstlich Stolberg'sches Hüttenamt,
Ilsenburg/Harz,
1911–1918 und um 1930

Unter dem Namen »Ilsenburger« erschien ein von Joseph Brey, Konstrukteur des ersten Deutzer Schleppers, entworfenes Schleppflugmodell mit 2,4 m hohen Rädern an der Hinterachse. Das Modell orientierte sich an dem »Titan« von International Harvester Company (IHC). Ein unverdeckter 52/60-PS-Kämper-Motor mit einem Viergang-Reversiergetriebe für 4,8 km/h trieb diese – nach dem Urteil von Otto Barsch – wenig geglückte Maschine mit dreischarigem Pflug an. Die Pflugkörper befanden sich an einem Rahmen zwischen den Achsen und konnten mit einem Hebelsystem von einem zweiten Mann bedient werden. Auch mit dem 80-PS-Kämper-Motor konnte das Fahrzeug ausgestattet werden. Das ausgeklügeltes Greifersystem in den Radbandagen sollte dem Fahrer das Umstellen der Stollen auf Straßen- und Ackerfahrt erleichtern. (Nach gleichem Konstruktionsplan entstand der Hansa-Lloyd-»Trekker«.) Der Vertrieb des Fahrzeugs sollte durch die Hamburger Firma Schröder und Wurr erfolgen, wobei letztere das Pflugsystem herstellte und bis in die späten 1920er Jahre mit dem Fürstlich Stolberg'schen Hüttenamt in der Landtechnik zusammenarbeitete. Um 1930 erschien nochmals ein 30-PS-Schlepper, über den keine Details bekannt sind.

1919 ging das Ilsenburger Werk in den Besitz der Magdeburger Werkzeugmaschinenfabrik AG (MWF) über. Von 1924 bis 1926 entstand der Kleinwagen »Ilse« mit enem 16-PS-Zweitaktmotor und von 1924 bis 1928 übernahm das Werk die Fertigung der MWF-Lastwagen. 1925 konnte der Fürst zu Stolberg seine Gießerei und Maschinenfabrik zurückerwerben.

52/60-PS-Ilsenburger-Motorpflug mit offenem Motorbereich, 1911.

55-PS-Ilsenburger Motorpflug, 1918.

Ilsenburger-Schlepper													
Baureihe	Bauzeit	Motor Hersteller	Typ	Zylinder	PS	Kühlung	Bohrung x Hub	Hubraum	Drehzahl	Radstand	Gewicht	Getriebe	Besonderheiten
Ilsenburger	1911 - 1916	Kämper	PM 150	4	52/60	W	150x200	14.130	700		8000		
Ilsenburger	1916 - 1918	Kämper		4	50/55	W	140x190	11.693	700			4/1	
Ilsenburger	1930 ?			4	30								

Imperator

Imperator-Motoren-Werke AG,
Wittenau b. Berlin, Cyklopstr.,
1917–1920

Die Škoda-Werke in Pilsen und die Daimler-Mercedes AG in Wiener Neustadt richteten 1916 in Berlin die Imperator-Motoren-Werke AG ein, die Rüstungsgüter, Zahnräder und Lokomotiven herstellen sollte. Auch auf die Konstruktion eines Motorpflugmodells mit unbekannt gebliebenen technischen Daten konzentrierte sich das Unternehmen. Vermutlich ging das Projekt über Zeichnungen nicht hinaus. 1917 übernahm das Werk die Parallelfertigung der Škoda-Daimler-Zugmaschine. Die Heeresverwaltung hatte angeblich 100 Stück bestellt.

Irus

Iruswerke J. Rilling u. Söhne,
Dusslingen/Württ., Bahnhofstr. 15,
1931–1971

Die 1865 gegründeten, im Mühlenbau tätigen Iruswerke stellten seit Beginn der 1930er Jahre Motorfräsen und Heumäher mit 6-PS-Sachs- oder DKW-Motoren her. 1937 brachte das Unternehmen den Vierrad-Rahmenbau-Schlepper »DS« heraus, der von einem Einzylinder-Deutz-Diesel mit 16/18 PS angetrieben wurde. In den Serienbau ging das 1,6 t schwere Fahrzeug jedoch nicht. Einachsschlepper der Marke »Irus« wurden weiterhin mit Motoren verschiedener Hersteller und eigenen Getrieben bis in die Mitte der 1960er Jahre gefertigt. Mit einem angekuppelten Anhänger ließen sich die Einachsschlepper zu leichten Transportfahrzeugen umrüsten.

Schließlich folgte 1963 ein Vierrad-Kleinschlepper mit der Bezeichnung »Unitrak A 12«, der mit einem 8-PS-Diesel- oder Vergasermotor ausgestattet werden konnte. Die 1985 neugegründete Irus Motorgeräte GmbH befasst sich in Burladingen-Salmendingen weiterhin mit Fräsen und Elektrogeräten.

16/18-Irus-Kleinschlepper DS, 1937.

6-PS-Irus Motormäher, 1935.

10-PS-Irus-Kleinschlepper »Unitrak A 12 D«, 1962.

Irus-Kleinschlepper

Baureihe	Bauzeit	Motor Hersteller	Typ	Zylinder	PS	Kühlung	Bohrung x Hub	Hubraum	Drehzahl	Radstand	Gewicht	Getriebe	Besonderheiten
1. Motormäher (Auswahl)													
Irus-Motormäher	1931 - 1933	F & S	Stamo 8	1	6	L	71x63	249	3500		300	2/0	Zweitakt-Vergasermotor
Irus HM	1933 - 1940	DKW	T 250	1	6	L	68x68	247	3500			2/1	Zweitakt-Vergasermotor HM = Heumäher
Irus	ab 1940	F&S	Stamo 8	1	6	L	71x63	249	3500				
Irus M	ab 1947	F&S	Stamo 360	1	8,5	L	78x75	360	3000				
Irus U 600	ab 1951	TWN	Gemo 250	1	6,5	L	66x72	246	3200				
Irus HM	ab 1951	F&S	Stamo 280	1	7	L	71x70	277	3300			2/1	
Irus F 1 und F 3	ab 1953	Hirth	451	1	4	L	60x68	192	3000				
Irus F 1 und F 3	ab 1954	Hirth	D 2	1	8	L	77x96	447	2500				
Irus U 900	1955 - 1960	MWM	AKD 9 E	1	9	L	75x90	396	3000				
Irus U 600	ab 1956	Hirth	D 22 M	1	7	L	77x76	447	2200			3/3	
Irus U 900	ab 1959	Hirth	D 24	1	8	L	77x96	447	2500			3/3	
Irus U 1200	1959 - 1964	Berning	DK 8	1	8	L	75x85	372	3000		300	3/3	Version K mit 6/6-Getriebe
Irus U 1200	ab 1962	Hatz	E 79	1	7	L	82x80	422	3000				
Irus U 1200	ab 1964	Hatz	E 780	1	10	L	82x100	528	3000				
Irus U 300	ab 1970	Hirth	O8	1	7	L	70x64	246	3000			2/1	Zweitakt-Vergasermotor
Irus U 1200	ab 1971	Hatz	E 89 G	1	10	L	90x105	668	2300				
Irus U 1400	ab 1971	Lombardini	LA 490	1	12	L	88x80	487	3000			6/	
2. Vierradschlepper													
Irus DS 16	1937	Deutz	MAH 816 F	1	16	V	120x160	1808	1350	1800	1600	4/1	Vierrad-Prototypen
Irus DS 18	1937	Deutz	MAH 916	1	18	V	120x160	1808	1400	1800			
Unitrak U 9	1959 - 1961	MWM	AKD 9 E	1	7,5	L	75x90	396	3000				
Unitrak	1962 - 1963	Hatz	E 79	1	7	L	82x80	422	3000				
Unitrak A 12	1962 - 1963	Berning	Di 8	1	8,5	L	85x85	482	3000				
Unitrak A 12 D/K	1964 - 1967	Hatz	E 780	1	10	L	82x100	528	3000	945	470	2x3/3	Breite 600 - 800 mm
Unitrak D 12 U	1968 - 1969	Hatz	E 780	1	10	L	82x100	528	3000	945	540	2x3/3	

Jaehne

Maschinenfabrik und Eisengießerei vorm. C. Jaehne & Sohn GmbH,
Landsberg a. Warthe, Friedrichstadt 143–150,
1925–1939

Die Maschinenfabrik und Eisengießerei war 1830 gegründet worden und fertigte zunächst Göpelwerke, Sägegatter, Schrotmühlen, Viehfutterdämpfer, Lupinen-Entbitterungsanlagen, Torfstech- und Torfpressmaschinen, später auch Dampfmaschinen und Dampflokomobile. Die noch heute verwendete Drillmaschine war eine Erfindung der Jaehne'schen Fabrik. Als Mitte der 1920er Jahre einige dieser Produkte nicht mehr so stark gefragt waren, stellte Jaehne das Programm auf kleine Landmaschinen, Hofgeräte sowie Benzin- und Dieselmotoren um. Zu Beginn der 1930er Jahre fertigte das Unternehmen einen Rahmenbauschlepper mit eigenem 18-PS-Motor mit Verdampferkühlung. Der Motor wurde mit Benzin gestartet und dann auf den preiswerteren Petroleumbetrieb umgeschaltet.

Ein zweites Modell erhielt einen eigenen Dieselmotor mit 15 PS. Das Werk überstand den Krieg ohne große Beschädigungen und ging in polnischen Besitz über.

15-PS-Jaehne Rahmenbauschlepper, 1931.

Jaehne-Schlepper

Baureihe	Bauzeit	Motor Hersteller	Typ	Zylinder	PS	Kühlung	Bohrung x Hub	Hubraum	Drehzahl	Radstand	Gewicht	Getriebe	Besonderheiten
Jaehne	1931 - 1939	Jaehne	ED 216	1	15	Th	105x300	2588			2000	3/1	
Jaehne DT	1935 - 1939	Jaehne	DT	1	16/18	Th	105x262	2274			985	3/1	

Kaelble

Carl Kaelble GmbH,
Backnang, Wilhelmstr. 44, ab 1980 Maubacher Str. 100,
1925–1931 und 1939–1986

Gottfried Kaelble (1848–1911) gründete 1884 eine mechanische Werkstatt, die nach der Jahrhundertwende den Bau von fahrbaren Bandsägen, fahrbaren Steinbrechern und Motor-Straßenwalzen aufnahm. 1908 übernahmen die Söhne Carl (1877–1957) und Hermann Kaelble (1883–1953) den Betrieb, der sich nun auch mit der Konstruktion von Zugmaschinen für die Heeresverwaltung beschäftigte. Nach dem Ersten Weltkrieg kam der Bau langsam laufender, kompressorloser Dieselmotoren hinzu, die ab 1925 in Straßenzugmaschinen der Marke »Suevia« eingebaut wurden.

1932 entstanden solide konstruierte Blockbauschlepper der Reihen »Z 2 A« und »Z 3 A« mit eigenen Zwei- und Dreizylinder-Dieselmotoren, die per Druckluft oder mit einer Dekompressionsanlage angeworfen wurden. Den kleineren Typ gab es auch in der Version »Z 2 AS«, bei dem die Hinterräder und Kotflügel getauscht werden konnten, so dass er sowohl auf dem Acker als auch auf der Straße eingesetzt werden konnte. Mehrere Fahrzeuge gingen auf ostpreußische und pommersche Güter, wo sie ausgiebig erprobt wurden.

55-PS-Kaelble-Ackerschlepper Z 3 A, 1932.

Als ab 1933 die Fertigung der Straßenzugmaschinen das schwäbische Werk auslastete, stellte Kaelble die Weiterentwicklung der Ackerschlepper ein, zumal die Fahrzeuge mit ihrem hohen Eigengewicht mit den fruchtbaren, aber schweren Böden nicht zurechtgekommen waren. 1939

30-PS-Kaelble-Ackerschlepper Z 2 A, 1932.

150-PS-Kaelble-Raupenschlepper PR 125, 1940.

nahm das Werk die Fertigung der damals schwersten europäischen Raupe vom Typ »PR 125« auf, die vorwiegend für die Organisation Todt (OT) gebaut und für Planierarbeiten eingesetzt wurde; mit dem Raupenbau war für Jahrzehnte nun Schluss. Von Beschädigungen während des Krieges verschont geblieben, entwickelte der Kaelble-Ingenieur Paul Strohhäcker für die Firma Allgaier in Uhingen einen liegenden Diesel mit Verdampferkühlung, auf dem dann die Motoren der Allgaier-Typen R 22, A 22 und A 24 basierten.

Erst in den 1970er und 1980er Jahren unternahm Kaelble einen erneuten Abstecher in die Landwirtschaft und baute die schweren Raupen »PR 12« und »PR 14 M« (155-PS-Daimler-Benz-Motor) in Ausführungen für den Mooreinsatz und zum Ziehen von Tiefpflügen (aus eigener Fertigung) bei Meliorationsarbeiten. Die Ungetüme ließen sich vermittels schwerer Trocken-Mehrscheibenkupplungen und Bandbremsen steuern. In die Fertigung, insbesondere für die des Dreigang-Spezialgetriebes, war die angeschlossene Firma Gmeinder & Co. in Mosbach/Baden mit eingebunden.

Der amerikanische Baumaschinenhersteller Terex übernahm 2004 teilweise das schließlich auf den Bau schwerer Radlader ausgerichtete Werk.

Kaelble-Schlepper

Baureihe	Bauzeit	Motor Hersteller	Typ	Zylinder	PS	Kühlung	Bohrung x Hub	Hubraum	Drehzahl	Radstand	Gewicht	Getriebe	Besonderheiten
1. Radschlepper													
Z 2 A	1932 - 1934	Kaelble	F 125 z	2	30	W	125x200	4906	1000	1950	2750	4/1	auch Kombityp Z 2 AS
Z 3 A	1932 - 1934	Kaelble	F 125 d	3	45	W	125x200	7359	1000	1950	2950	4/1	
2. Raupen													
PR 125	1939 - 1943	Kaelble	GN 130 s	6	125	W	130x180	14330	1400		15000	4/2	
PR 12	1970	DB	OM 360	6	155	W	115x140	8720	2300		12500	3/3	
PR 14 M	1970	DB	OM 360	6	155	W	115x140	8720	2300		14400	3/3	

Kämper

Kämper-Motoren GmbH,
Berlin-Marienfelde, Großbeerenstr. 174

1. 1908 **H. Kämper Motorenfabrik OHG,** Mariendorf b. Berlin, Großbeerenstr. 46
2. 1949-1950 **Kämper-Motoren GmbH,** Berlin-Marienfelde, Großbeerenstr. 46

Die Motorenfabrik Kämper, gegründet 1901 in der Berliner Kurfürstenstraße 146 zur Herstellung von Bootsmotoren und 1906 verlegt nach (Berlin-) Mariendorf in die Burggrafenstraße 1, versorgte verschiedene deutsche Schlepper- und Tragpflughersteller mit Motoren. 1915 erwarb das Unternehmen von der Berliner Maschinen Centrale, die Schlepper mit Kämper-Antrieben hergestellt hatte, ein großes Gelände in (Berlin-)Marienfelde, so dass nun ausreichend Kapazitäten zur Verfügung standen.

Seit 1913 entstanden bei Kämper die Motoren der PM-Baureihe. Dabei handelte es sich um Pflugmotoren, die sich durch eine Hochspannungs- anstelle der Abreißzündung, durch einen Solex-Vergaser (anstelle des eigenen Typs), und vor allem durch eine staubdichte Kapselung aller Steuerungsteile auszeichneten. Eine Gemischpumpe und eine Kurbel dienten dem Starten, so dass auf eine damals störungsanfällige elektrische Startanlage mit Akkumulator verzichtet werden konnte. 1921 wurde die bisherige offene Handelsgesellschaft in die Heinrich Kämper AG umgewandelt.

Nach dem Ausscheiden des Gründers im Jahre 1934 erhielt das Unternehmen die Bezeichnung Kämper Motoren AG. Zwar standen schon 1923 erste Dieselmotoren zur Verfügung, aber erst die 1928 vorgestellte Wälzkammer-Baureihe 4 D 12 und die im Volumen kleinere Baureihe 4 F 10 von 1932 gelangten in verschiedene Modelle der deutschen Schlepperhersteller. Ein angehängtes »B« in der Typbezeichnung deutete auf die Benzin-Anlassvorrichtung hin.

1908 versuchte das Werk den Nachbau der ungarischen »Köszegi«-Bodenfräse aufzunehmen. Nach dem Bau eines Prototyps mit quer eingebautem 70/80-PS-Motor ging der Auftrag aber an das Mannheimer Lanz-Werk, wenn auch Kämper hierzu die Motoren beisteuerte.

Kurz vor Kriegsbeginn beteiligte sich Kämper auch am Bau des Einheitsdiesel-Motors. Zwar kam das Werk mit hinnehmbaren Kriegsschäden davon, aber 1945 wurde das Werk demontiert und die Maschinen gen Osten verfrachtet. In mühevoller Arbeit war das Werk um 1947 wieder lieferfähig, insbesondere mit sogenannten Diesel-Umbaumotoren für die durstigen Vergasermotoren in Ford- und GMC-Lastern.

Einen zweiten Versuch wagte Kämper im Jahre 1949 mit der Konstruktion einer stabilen und solide gebauten Dieselzugmaschine für Acker- und Straßenbetrieb. Dabei brachte ein 24 PS starker Einzylinder-Motor mit Zapfwelle und Riemenscheibe die beiden in rahmenloser Blockkonstruktion ausgeführten Prototypen auf 17 bzw. 23 km/h. Zu den Besonderheiten gehörten die verstellbare Spurweite, die gefederte Vorderachse sowie die Lenkbremsen. Das Vierganggetriebe stammte aus eigener Produktion. Die durchaus zeitgemäße Konstruktion ging nicht in Serie. Kämper, gehandicapt durch die Insellage Berlins und den politischen Zeitumständen, verfolgte das Projekt nicht weiter, zumal dank des Wirtschaftswunders die Nachfrage nach Kämper-Motoren förmlich explodierte:

Für Landmaschinen hatte der seit 1941 zum Demag-Konzern und mit der Darmstädter MODAG-Motorenfabrik verschmolzene Hersteller von Motoren für Lkw, Schiffe, Traktoren und Raupenschlepper keine Kapazitäten mehr frei. 1948 trat das wieder eigenständige Unternehmen unter der Bezeichnung Kämper-Motoren AG wieder auf. Zu Beginn der 1960er Jahre musste Kämper die Fertigung einstellen, nachdem die etablierten Fahrzeughersteller eine ausreichende Dieselmotorenkapazität geschaffen hatten.

24-PS-Kämper »Dieselschlepper Typ 50«, 1949.

Kämper-Schlepper

Baureihe	Bauzeit	Motor Hersteller	Typ	Zylinder	PS	Kühlung	Bohrung x Hub	Hubraum	Drehzahl	Radstand	Gewicht	Getriebe	Besonderheiten
Kämper Typ 50	1949	Kämper	1 120	1	24	W	120x180	2034	1350	1750	1650	4/1	

Karwa

Karwa Motorpflug Carl Freiherr v. Wangenheim,
Berlin-Wilmersdorf, Kaiserallee 158,
1918

Der Landmaschinenhändler von Wangenheim, der die Vielzweckmaschine »Faktotum« der Firma Universal-Landbaumotor AG mitkonstruiert und vertrieben hatte, entwickelte 1918 ein neues Modell mit einer kleinen Ladepritsche, den der auf 45 PS ausgelegte »Bayernmotor« von BMW antrieb. Die Bayerischen Motoren-Werke scheinen die Konstruktionsrechte zunächst erworben zu haben, um nach dem Krieg die brachliegenden Fertigungsanlagen auslasten zu können. Sie gaben dann jedoch die Fer-

tigungslizenz für den »Karwa-Tractors« an die Hannoverschen Waggonfabrik (HAWA) ab. Über den Prototyp mit unbekannt gebliebenen technischen Daten kam das Vorhaben auch hier nicht hinaus. Von Wangenheim engagierte sich darüber hinaus am Vertrieb der HAWA-, der Motorpflugwerke München- und der Rüttger-Schlepper.

45-PS-»Karwa-Motor«, 1919.

Karwa-Schlepper

Baureihe	Bauzeit	Motor Hersteller	Typ	Zylinder	PS	Kühlung	Bohrung x Hub	Hubraum	Drehzahl	Radstand	Gewicht	Getriebe	Besonderheiten
Karwa-Motor	1919	BMW	M 4 A 1	4	45	W	120x180	8138	800		4000	3/1	auch 45/60 PS (110x160 mm, 6080 ccm)

Keidel

Motorenfabrik Richard Keidel,
Crailsheim,
1925?

Mit einem Petroleummotor mit 18 PS, hochtrabend »Rohölmotor« genannt, stellte diese von 1908 bis 1938 existierende Motorenfabrik (später Motorenfabrik Keidel Nachf.) um 1925 einen Schlepper-Prototyp her. Den Serienverkauf sollte die 1905 gegründete Pflugfabrik Krayl & Groß in Heilbronn übernehmen.

Gottfried Kelkel

Gottfried Kelkel Fahrzeugbau,
Tamm,
1948–1956

Nach dem Ausscheiden aus der gemeinsamen Firma Gebr. Kelkel baute Gottfried Kelkel gleichfalls Traktoren und landwirtschaftliche Anhänger. Erstes Modell bildete der 22 PS starke Schlepper »K 22 E« mit Zweizylinder-MWM-Diesel und ZF-Getriebe. Die nachfolgende Version »K 22« mit ZA- oder ZF-Getriebe besaß eine pendelnd aufgehängte Vorderachse an zwei Doppelfedern. 1950 kam noch ein 15-PS-Typ hinzu. Neben Langmaterialanhänger baute Kelkel auch Anhänger, deren Vorderachse über die Zapfwelle des Schleppers angetrieben werden konnten.

15-PS-Gottfried-Kelkel-Schlepper K 15, 1949.

Gottfried Kelkel-Schlepper

Baureihe	Bauzeit	Motor Hersteller	Typ	Zylinder	PS	Kühlung	Bohrung x Hub	Hubraum	Drehzahl	Radstand	Gewicht	Getriebe	Besonderheiten
K 22 E	1948	MWM	KD 215 Z	2	22/24	W	100x150	2356	1500	1600	1600	4/1	
K 14/15 E »Allweg«	1949 - 1950	MWM	KDW 215 E	1	15	W	100x150	1178	1500	1575	1300	5/1	auch 8/2-Getriebe, auch KDW 415 E-Motor
K 22	1949 - 1950	MWM	KD 215 Z	2	22	W	100 x 150	2356	1500	1600	1760	4/1	
K 20	1950 - 1953	Henschel	515 DE	2	20	W	90x125	1590	1800		1350	5/1	
K 18	1951 - 1956	Güldner	2 D 15	2	17/18	W	85x115	1304	1800			5/1	
K 24	1951 - 1956	MWM	KDW 415 Z	2	24	W	100x150	2356	1600			5/1	
K 40	1951 - 1956	MWM	KDW 415 D	3	40	W	100x150	3534	1500			7/2	

Josef Kelkel

Josef Kelkel Fahrzeugbau,
Tamm, Ludwigsburger Str. 38
1. 1937-1948 **Gebr. Kelkel Fahrzeugbau,** Asperg
2. 1948-1953 **Josef Kelkel,** Tamm

Die Firma Gebr. Kelkel wurde 1933 als Fahrzeugbau-Unternehmen in Asperg bei Stuttgart gegründet. Zunächst fertigte das Werk landwirtschaftliche Ein- und Zweiachsanhänger. 1937 begann die Herstellung von Zweiachsschleppern, deren Bau aber schon 1939 eingestellt werden musste.

1946 nahm Kelkel die Fertigung im benachbarten Tamm erneut auf. Zwei Jahre später trennten sich die beiden Firmeninhaber und errichteten jeweils eigene Schlepper- und Landmaschinenbetriebe.

Josef Kelkel fertigte bis 1953 die Modelle »JK« mit 15, 18, 22/24, 28 und 40 PS starken Motoren, die von Güldner und MWM bezogen wurden. Die Getriebe lieferte die Zahnräderfabrik Augsburg.

24-PS-Josel-Kelkel-Schlepper mit hinterem Raupenband, 1951.

24-PS-Josef-Kelkel K 22/24, 1950. Foto: Werner Danner

Alle Schleppertypen konnten auch als »Jo-Ke«-Radraupe geliefert werden. Zwischen Vorder- und Hinterrädern ordnete Josef Kelkel ein weiteres Gummirad an, über dieses und über das Hinterrad wurde das Stahlglieder-Raupenband aufgelegt, so dass durch diese Konstruktion der Bodendruck des Schleppers auf eine größere Fläche übertragen wurde. Die Herstellung von luftbereiften Anhängern bildete das zweite Standbein der Firma. Daneben befasste sich der Fahrzeugbau auch mit der Entwicklung eines Raupenschleppers. Mit dem Tod von Josef Kelkel endete die Schleppermontage.

Josel Kelkel-Schlepper

Baureihe	Bauzeit	Motor Hersteller	Typ	Zylinder	PS	Kühlung	Bohrung x Hub	Hubraum	Drehzahl	Radstand	Gewicht	Getriebe	Besonderheiten
K 22/24	1948 - 1950	Güldner	2 DA	2	22/24	W	95x115	1630	1800	1800	1600	5/1	ab 1952 Typ JK 20
JK 25/28	1951 - 1953	MWM	KDW 415 Z	2	28	W	100x150	2356	1600	1720	1680	7/2	auch Radstand 1700 mm
JK 40	1951 - 1952	MWM	KDW 415 D	3	40	W	100x150	3534	1500	1900	1950	7/2	
JK 15	1951 - 1953	MWM	KDW 415 E	1	15	W	100x150	1178	1600	1550	1280	5/1	
JK 18	1951 - 1953	Güldner	2 D 15	2	17/18	W	85x115	1304	1800		1200	5/1	
JK 20	1951 - 1953	Güldner	2 DA	2	20	W	95x115	1630	1800	1800	1600	5/1	
JK 12	1952 - 1953	MWM	KDW 415 E	1	12	W	100x150	1178	1500		1300	5/1	
JK 20	1952 - 1953	Henschel	515 DE	2	20/22	W	90x125	1590	1800/2000		1600	5/1	

Kemna

Julius Kemna Dampfpflugfabrik,
Breslau V, Gräbschenerstr. 163–173,
1925–1942

Der Landwirt und Kaufmann Julius Kemna (1837–1898) gründete 1867 in Breslau eine Werkstatt für Landmaschinen der Marke »Wratislavia«. Als spätere Maschinenfabrik und Eisengießerei produzierte das Unternehmen um die Jahrhundertwende Dampfpflüge (anfänglich nach einer Fowler-Lizenz), Dampfwalzen und eine Vielzahl von Landmaschinen. Dazu gehörten auch Acker- und Unterkunftswagen. Aus der einst ausgegliederten Kemna-Baugesellschaft entstand zunächst in Berlin, später in Pinneberg die Kemna-Andreae-Straßen- und Tiefbaufirma.

Das erste Ackerfahrzeug mit einem Benzolmotor präsentierte das schlesische Unternehmen 1921 in Form der Kemna-Moorteller-Scheibenegge, die auch zum Schleppen von Geräten geeignet war.

Als der Absatz von Dampfmaschinen und Dampflokomobilen in den 1920er Jahren stockte, versuchte Kemna neben der Aufnahme des Baus von Motorwalzen auch mit Motorschleppern den geänderten Kundenwünschen Rechnung zu tragen. Die fast vier Tonnen schwere Neukonstruktion in Rahmenbauweise mit vorderer Pendelachse hieß »HPD« und verfügte über einen Vierzylinder-Motor der Marke Oberursel mit 32/38 PS. Dabei handelte es sich um einen so genannten »Rohölmotor«, der mit Petroleum betrieben auf 32 PS kam und beim Betrieb mit höherwertigem Benzol 38 PS entwickelte. Der »HPD« besaß eine glatte, lang gezogene Blechverkleidung, Riemenscheibe, Ritzelantrieb und zusätzliche Lenkbremsen.

35/40-PS-Kemna »Rohölzugmaschine« beim Antrieb einer Riesenhäckselmaschine, 1926.

30/33-PS-Kemna KTU, 1938.

Die Hinterräder konnten mit Klappsporen versehen werden. Zum Anlassen des Motors diente eine Benzoleinspritzanlage. Kemna bot diesen Acker- und Straßenschlepper (dessen Motor schließlich 35/40 PS leistete) ohne großen Erfolg an. Auch die Reichswehr zeigte sich nicht interessiert, so dass es bei 31 Exemplaren blieb.

Nachdem Kemna ab 1932 mit »Expreß«-Straßenzugmaschinen im Fahrzeugbereich präsent war, erschien um 1939 ein neues Ackerschleppermodell, der Typ »KTU« (Kemna-Traktor-Universal) in Blockbauweise mit 30-PS-Deutz-Diesel. Es handelte sich vermutlich um eine Deutz-Lizenzfertigung. Das Modell ähnelte stark dem »Deutzer Stahlschlepper »F 2 M 317«, fand aber im Schell-Programm keine Berücksichtigung. Bis zum Aufbrauchen der Teilevorräte im Jahr 1942 kam man gerade mal auf 50 Exemplare.

Land-, Straßen-Baumaschinen und Unterkunftswagen bildeten die Hauptprodukte dieses schlesischen Unternehmens. Daneben befasste sich Kemna mit der Berliner Tochterfirma Kemna-Straßenbaugesellschaft mit dem Straßenbau, wobei Gussasphaltdecken die Spezialität bildeten. Das Breslauer Werk wurde 1945 enteignet; die polnische Firma FADROMA stellt dort seitdem Baumaschinen, Walzen und Grader her. Mit dem Bau von Straßenwalzen im Lübeck-Travemünder Hatra-Werk versuchte die Kemna-Maschinenbauanstalt erfolglos einen Neustart in der Bundesrepublik. Aus der einst ausgegliederten Straßenbaufirma entstand nach dem Krieg in Pinneberg die Kemna-Bau-Andreae GmbH & Co. KG, die bis heute erfolgreich im Straßen- und Tiefbau tätig ist.

Kemna-Schlepper

Baureihe	Bauzeit	Motor Hersteller	Typ	Zylinder	PS	Kühlung	Bohrung x Hub	Hubraum	Drehzahl	Radstand	Gewicht	Getriebe	Besonderheiten
Kemna HPD »Rohölzugmaschine«	1925/26	Oberursel	LMR 216	4	35/40	W	115x160	6644	1000	1950	3200 - 3950	3/1	auch 32/38 PS
KTU	1938 - 1942	Deutz	F 2 M 317	2	30/35	W	120x170	3845	1300/ 1350	2010	3150	5/1	Version KTE mit Eisenrädern

Kiefel

Paul Kiefel Maschinen- und Fahrzeugbau,
Piding/Obb., Industriestr. 17 -19,
1946-1953

Der Landmaschinen-Reparaturbetrieb Kiefel baute in der Nachkriegszeit den US-Jeep zu einem landwirtschaftlichen Fahrzeug um. Den Jeep-Motor ersetzte Kiefel durch einen 12-PS-Hatz-Diesel. Seinen Jeep-Umbau vermarktete Kiefel unter der Bezeichnung »Pionier« und rüstete ihn auf Wunsch auch mit einem Mähbalken und einer kleinen Pritsche aus. Das Unternehmen war später im Antennenbau tätig.

12/14-PS-Kiefel-Schlepper auf Jeep-Basis, 1948.

Kiefel-Schlepper													
Baureihe	Bauzeit	Motor Hersteller	Typ	Zylinder	PS	Kühlung	Bohrung x Hub	Hubraum	Drehzahl	Radstand	Gewicht	Getriebe	Besonderheiten
Pionier	1946 - 1953	Hatz	A 1 W	1	12/14	V	100x130	1020	1500	1400	1250	6/2	Allrad-Antrieb, Jeep-Getriebe

Kirnberger

Landmaschinen-Fahrzeuge Peter Kirnberger,
Habach/Obb.
1938–1953

Der Mechanikermeister Peter Kirnberger (1909–1998) richtete 1932 einen Reparaturbetrieb für Landmaschinen ein. 1938 montierte er erste Schlepper mit 12/14-PS-MWM-Motoren und einem Prometheus-Getriebe. Nachdem er 1939 die Schlepperfertigung aufgeben und zum Kriegsdienst einrücken musste, konnte er nach der Währungsreform nochmals sieben Vorkriegsmodelle auf bereitliegenden Teilen zusammensetzen. Dann folgten mit moderner Rundhaube ein neuer 15 und ein 20 PS starker Schlepper, wiederum mit MWM-Motoren, aber jetzt Hurth-Fünfganggetrieben. Nach 20 Exemplaren endete diese Montage.

20-PS-Kirnberger-Schlepper, um 1951.

Kiesel

Otto Kiesel & Co., Motoren- und Armaturenfabrik,
München, Entenbachstr. 29
1920

Über diese kurzlebige Versuchskonstruktion eines Motorpfluges wurde nichts weiter bekannt – ein Schicksal, das dieser Typ mit so vielen anderen Projekten jener Jahre teilt.

Kießwetter

Kießwetter-Motorpflug,
1914

Der Fräserpflug von Kießwetter besaß gegenüber den allgemein üblichen, rotierenden Hauen mehrere parallel arbeitende Spaten, die über eine Exzenterwelle betätigt wurden.

Klauder

Wilhelm Klauder Schlepperbau,
Maria Tann/Allgäu, Gemeinde Hergatz,
1949–1953

Kraftfahrzeugmechanikermeister Klauder befasste sich schon 1923/24 mit ersten Scheppermodellen; auch ein weiterer Versuch im Jahre 1939 mit einem Kleinschlepper in Rahmenbauweise scheiterte. Ende der 1940er Jahre gelang ihm dann die bescheidene Fertigung eines Rahmenbau-Kleinschleppers unter der Marke »Büffel«. Dabei kam ein Hatz-Einzylinder-Diesel mit 12/14 PS und ZF-Getriebe zum Einbau, der Antrieb zur Hinterachse erfolgte per Rollenkette. Ein zweites »Büffel«-Modell war mit einem 16-PS-Hatz-Diesel bestückt.

16-PS-Klauder »Büffel«, 1952.

Klauder-Schlepper													
Baureihe	Bauzeit	Motor Hersteller	Typ	Zylinder	PS	Kühlung	Bohrung x Hub	Hubraum	Drehzahl	Radstand	Gewicht	Getriebe	Besonderheiten
Büffel A1W	1949	Hatz	A 1 W	1	12/14	V	100x130	1020	1500	1400	1050	4/1	
Büffel 14	1950	Hatz	A 1 W	1	14	V	100x130	1020	1500	1480	1080	4/1	
Büffel 18	1951 - 1953	Hatz	B 1 S	1	16	W	120x130	1470	1500				

Kleine

Franz Kleine Maschinenfabrik,
Salzkotten, Am Bahnhof 317/319,
1936

Diese traditionsreiche Landmaschinenfabrik stellte 1936 einen Schlepper-Prototyp mit bisher unbekannten technischen Daten vor, wurde aber auf diesem Sektor dann nicht weiter tätig und konzentrierte sich auf andere Produkte wie etwa Maschinen für die Zuckerrübenernte. 1993 übernahm das Werk Teile der Bodenbearbeitungsgeräte Leipzig GmbH, das einstige Sack-Pfluggerätewerk.

60-PS-Klose »Zugmaschine«, 1920.

Klose

Kurt Klose,
Staßfurt,
1917–1920

Klose rüstete seinen Schlepper anfänglich mit 35-PS-, nach dem Krieg mit 60-PS-Motoren aus. Der Antrieb erfolgte über ein Ritzelsystem. Das Gewicht des seinerzeit stärksten deutschen Schleppers stieg allerdings von 3,6 auf 4,2 Tonnen. Die vordere Kippachse war als Drehschemel-Lenkachse ausgeführt. Das Fahrzeug konnte auch als reiner Tragpflug mit nur einem Hinterrad geliefert werden. Die Konstruktion ging 1920 an die Lippischen Staatswerkstätten, die ihn unter dem Namen »DAMIG-Klose« vermarkten wollten.

Klose-Schlepper													
Baureihe	Bauzeit	Motor Hersteller	Typ	Zylinder	PS	Kühlung	Bohrung x Hub	Hubraum	Drehzahl	Radstand	Gewicht	Getriebe	Besonderheiten
Klose	1917 - 1919	Kämper	110/160	4	35	W	110x160	6079	750		3600	3/1	
Klose »Zugmaschine«	1919 - 1920	Kämper		4	55/60	W	140x190	11693	750		4200	3/1	

Knetsch

Alfred Knetsch, Abt. Schlepperbau,
Weidenau/Sieg,
1950

Im Prototypenstadium blieb der 25-PS-Knetsch-Schlepper stecken.

Kögel

Kurt Kögel, Schlepperfabrik GmbH,
München, Nymphenburger Str. 61 – 65,
1949–1954

Der Baumaschinenhersteller Kögel rüstete unter Dipl.-Ing. Voigt ab 1948 Holzgasschlepper auf den Dieselbetrieb um; auch für die FAMO-Raupe stellte Kögel Umbausätze her. Ausgehend von dieser Aktivität konstruierte das Unternehmen auch eigene Schlepper, so die Typen »K 15«, »K 22« und »K 28« mit MWM-Motoren. In die zweite Baureihe von 1951 setzte Kögel Zwei- und Vierzylinder-Henschel-Motoren ein; die nachfolgenden Serien erhielten Antriebe verschiedener Hersteller. Hurth- und ZF-Getriebe kamen zur Verwendung. Eine patentierte Pendelachse, die durch starke Spiralfedern abgestützt wurde, sowie eine abgerundete Haube mit waagerechten Querstreifen als Kühlermaske zeichneten die 210 gefertigten Fahrzeuge aus. Auf Wunsch erhielten die Modelle ein Wetterdach und eine Seilwinde.

Eine Nachbaulizenz der Modelle mit dem Zwei- und Vierzylinder-Henschel-Diesel vergab Kögel an das Linke-Hofmann-Busch-Werk. Nach der Einstellung der Schlepperfertigung konzentrierte sich das Unternehmen wieder auf die Baumaschinen- und Spezialfahrzeuge-Fertigung.

15-PS-Kögel K 15-1, 1950. Foto: Konrad Neumann

22/24-PS-Kögel K 25, 1951. Foto: Udo Paulitz

Kögel-Schlepper													
Baureihe	Bauzeit	Motor Hersteller	Typ	Zylinder	PS	Kühlung	Bohrung x Hub	Hubraum	Drehzahl	Radstand	Gewicht	Getriebe	Besonderheiten
K 15 Bauernschlepper	1949 - 1954	MWM	KD/W 215 E	1	15	W	100x150	1178	1600	1700	1280	5/1	auch 4/1-Getriebe
K 15-1	1949 - 1954	MWM	KD/W 215 E	1	15	W	100x150	1178	1600		1300	5/1	(verlängerter Radstand)
K 22	1949 - 1954	MWM	KD/W 215 Z	2	22/24	W	100x150	2356	1600	1780	1600	4/1	
K 28	1949 - 1950	Südbremse	TD 15	2	30	W	110x150	2850	1500	1925	2080	5/1	
K 26	1950	MWM	KDW 415 Z	2	25	W	100x150	2356	1500	1810	1600	4/1	
K 30	1950 - 1951	MWM-Südbr.	TD 15	2	30/33	W	110x150	2850	1500	2050	2050	5/1	maximal 35 PS
K 30 (M)	1951 - 1953	MWM	KDW 415 Z	2	28	W	110x150	2850	1500				
K 25 A	1951	Henschel	515 DE	2	18	W	90x125	1590	1500	1750	1250	5/1	auch 22 PS
K 25 B	1951	Henschel	515 DE	2	20/22	W	90x125	1590	1800/2000	1750	1300 - 1465	5/1	Version B mit großer Hinterradbereifung
K 36	1951	Henschel	516 DF	4	36	W	90x125	3180	1500	2050	2050	5/1	
K 45 (H)	1951	Henschel	516 DF	4	36/45	W	90x125	3180	1500/1800	2050	1850	5/1	Version H als Hochradmodell
K 12	1952	MWM	KD 12 E	1	12	W	95x120	850	2000	1600	1050	4/1	
KG 18	1952	Güldner	2 D 15	2	16/18	W	85x115	1304	1800				
KG 22	1952	Güldner	2 DA	2	22	W	95x115	1630	1800				
K 36 (KM 40)	1952	MWM	KDW 415 D	3	36/40	W	100x150	3534	1500	2050	2050	5/1	auch 7/1-Getriebe
KH 45	1952	Henschel	516 DF	4	45	W	90x125	3180	1800	2100	1900	7/1	
KK 55	1952	Kämper	4 D 10 HN	4	55/60	W	100x142	4460	1800				
KG 12	1953	Güldner	1 DA	1	12	W	95x115	815	2000		1100		
KG 18	1953	Güldner	2 DN	2	17	W	85x115	1304	1800	1700	1200 - 1310	5/1	
K 30	1953	MWM	KDW 515 Z	2	30	W	95x150	2125	1500			5/1	
K 60	1953	MWM	RHS 418 Z	2	60	W	140x180	5540	1500			5/1	
K 25	1954	Güldner	2 BN	2	25	W	95x130	1840	1800	1750	1550	5/1	
KM 45	1954	MWM	KDW 415 D	3	42	W	100x150	3534	1500	1950	2450	5/1	

Komnick

Automobilfabrik Franz Komnick und Söhne GmbH,
Elbing/Westpreußen, Herrenstr. 52
1. 1911-1922 **Automobilfabrik Franz Komnick und Söhne GmbH,**
2. 1922-1930 **Automobilfabrik Komnick AG**

Gegründet wurde die in Westpreußen beheimatete Firma Komnick 1854 zur Herstellung von Kalkstein-Bearbeitungsmaschinen. Die Verlegung 1898 in eine ehemalige Waggonfabrik gab Raum zur vielfältigen Kapazitätserweiterung. Das Unternehmen firmierte nun für einige Jahre als Maschinen-Anstalt, Eisengießerei und Dampfkesselfabrik. Für landwirtschaftliche Zwecke entstanden Schrot- und Quetschmühlen. 1907 wurde unter der Leitung von Schmiedemeister Kommerzienrat (ab 1923) Dr. Ing. h. c. Franz Komnick (1857–1938) der Bau von Personenwagen aufgenommen.

Zu Beginn des Ersten Weltkrieges kam die Herstellung von Petroleummotoren (»Rohölmotoren«), von Lastwagen und von Motorpflügen hinzu, nachdem die Firma schon zuvor Erfahrungen in der Fertigung von Dampfpflügen der Marke »Elbing« (Lokomobile mit Kipppflügen, bis 1927) gesammelt hatte.

Erstes Tragpflugmodell bildete ein acht Tonnen schwerer Großmotorpflug mit 2,2 m hohen Vorderrädern. Die Ackermaschine brachte ein nach Kämper-Lizenz gebauter 80/100-PS-Vierzylindermotor mit 14 Litern Hubraum in Fahrt, wobei der Kühler nach Renault-Vorbild hinter dem Motor saß, was ihn vor Verschmutzungen gut schützte. Durch Auswechseln der Vorgelege-Zahnräder konnte die Geschwindigkeit für Transport- und Arbeitsfahrt eingestellt werden. Der sechsscharige Pflug an einem Scharbalken musste in der ersten Ausführung durch einen zweiten Mann (auf einer Sitzschale) im Heck per Kurbel am Windenapparat gehoben oder gesenkt werden, der auf die beiden Zahnstangen wirkte. Vollkommen gleiche Furchen ließen sich dadurch erzielen. Das in der Furche laufende Rad ließ sich um 15 cm senken, so dass der Tragpflug waagerecht arbeiten konnte. Patentstreitigkeiten mit der Firma Robert Stock verzögerten jedoch den Serienbau der Tragpflüge. Während des Krieges entwickelte Komnick auf dieser Basis einen schweren Artillerieschlepper, ohne dabei die Entwicklung des motorisierten Pfluges zu vernachlässigen. So leistete die Maschine des schweren Tragpflugs jetzt 120 PS und hatte seine Pflugkörper an dem Hilfsrahmen, der jetzt an zwei zylindrischen Führungen per Motorkraft in den Boden gesenkt werden konnte. Bei Bodenwiderständen fing der Hilfsrahmen zudem die Erschütterungen auf, ohne dass das Fahrgestell beschädigt wurde. Der Konflikt um die Stock-Patente war damit gelöst. Das 3/1-Ganggetriebe eleichterte die Bedienung erheblich. Um das Aufbäumen bei Rückwärtsfahrt zu verhindern, wurde der Motor etwas nach hinten versetzt. Während des Krieges kauften Militärverwaltungen die gewaltigen Fahrzeuge auf und setzten sie auf Großgütern ein, um die Lebensmittelversorgung der Armee zu verbessern.

Nach dem Krieg folgten die kleineren Motorpflüge »PB 3« und »PC 6«. Der dreischarige Motorpflug »PB 3« hatte bei einem Gewicht von 5,5 t wahlweise einen 30-PS-Kämper- oder einen eigenen 45-PS-Motor und ließ sich durch Zusatzteile zur vierrädrigen Zugmaschine aufrüsten. Der »PC 6« mit stattlichem Eigengewicht war mit einem 80-PS-Motor ausgestattet.

100-PS-Komnick-Tragpflug, sechsscharig, Haube abgenommen, 1913.

100-PS-Komnick-Tragpflug, sechsscharig, 1916.

50-PS-Komnick PS 3, 1929. Foto: Uwe Siemer

32-PS-Komnick PS 2, 1926, 1926.

Die über Ketten angetriebenen Treibräder beider Modelle ließen sich in der Höhe wieder verstellen. Schließlich kam in dieser Zeit noch ein vierschariger Tragpflug mit einem 45-PS-Motor hinzu. Konstrukteur dieser Maschinen und der Komnick-Motoren sowie der späteren Radschlepper war Ing. Joseph Vollmer mit seiner Deutschen Automobil-Constructions-Gesellschaft.

Die wirtschaftlich prekäre Lage führte 1922 zum Ausscheiden von Kommerzienrat Franz Komnick aus dem Unternehmen, das in eine Aktiengesellschaft umgewandelt wurde. Die getrennt geführte Maschinenfabrik, Eisengießerei und Kesselschmide blieb weiterhin in seinem Besitz.

1925 stellte die Firma ihre Ackertypen auf vierrädrige Universalschlepper um. Das Komnick-Programm bestand bis zur Übernahme durch die Büssing-NAG-Werke aus drei Grundtypen: Der »Großkraftschlepper Pt« mit Halbrahmen und Getriebekasten erhielt einen 50-, später 60-PS-Motor und konnte mit durchbrochenen Stahlscheibenrädern oder Greiferrädern als Ackerschlepper oder – mit Elastikbereifung – als Straßenschlepper eingesetzt werden. Das Fahrgestell dieses Typs diente auch zur Montage der Benz-Sendling-Dieselschlepper vom Typ »BK«.

Der vierzylindrige »Kleinkraftschlepper PS 1« bekam einen 40-PS-, der zweizylindrige »Kleinkraftschlepper PS 2« einen 32-PS-Motor, jeweils in Blockbauart mit Riemenscheibe und Seilwinde sowie Eisen- oder Elastikbereifung. Der Antrieb erfolgte bei den Typen » PT« und »PS 1« über ein Ritzelsystem, beim »PS 2« über eine Kardanwelle.

Die Komnick-Fabrikate waren zunächst ihren gewaltigen Dimensionen entsprechend auf den großen Gütern im Osten, später als Radschlepper auch in anderen Teilen des Reiches vertreten. Die Krisenzeit der 1920er Jahre überstand die Firma aber, nachdem schon der Pkw-Bau aufgegeben worden war, nicht. Die Braunschweiger Büssing-NAG-Werke übernahmen 1930 die Fabrikationsanlagen, darunter eine moderne Stahlgießerei und erst ganz neu aufgestellte Bohrautomaten.

Die schwer verkäuflichen »Kraftschlepper« konnten die neuen Eigentümer nur zu Ausverkaufspreisen absetzen. Noch einige Zeit ließ Büssing-NAG die Straßenschlepper-Version »DZ 1« fertigen, bis eine eigene Zugmaschine diesen Typ ersetzte. Bis kurz vor Kriegsende ließ Büssing-NAG dort dann Dieselmotoren und vor allem Omnibuskarosserien bauen. Das Elbinger Werk erlosch 1945 als deutscher Betrieb. Ein zentrales polnisches Reparaturwerk übernahm die ausgedehnten Fabrikanlagen. Das Interesse des Omnibusherstellers Neoplan an diesem Werk zerschlug sich 1990 schon rasch, als man den desolaten Zustand des Betriebes erkannt hatte. Inzwischen sind die Gebäudeanlagen zugunsten einer Neubausiedlung abgerissen worden.

Komnick-Schlepper

Baureihe	Bauzeit	Motor Hersteller	Typ	Zylinder	PS	Kühlung	Bohrung x Hub	Hubraum	Drehzahl	Radstand	Gewicht	Getriebe	Besonderheiten
1. Tragpflüge													
Komnick Tragpflug	1911 - 1913	Kämper		4	80	W		12.320	750		6500	1/1	
Komnick Tragpflug	1913	Kämper	PM 130	4	60	W	130x155	8225	700			3/1	
Komnick Tragpflug	1913 - 1915	Kämper	PM 150	4	80/100	W	150x200	14.130	800		7400/ 8000	3/1	Sechsschar-Typ
Komnick Tragpflug	1916 - 1920	Kämper	PM 150	4	120	W	150x200	14.130	1000			3/1	Siebenschar-Tragpflug
PB 3 (Dreischar-Typ)	1920 - 1924	Komnick	V 120 160	4	40/45	W	120x160	7234	950		5250 - 5475	2/1	auch 4-scharig, 4000 kg, auch 50 PS, 3/1-Getriebe
PB 6 (Sechsschar-Typ)	1921 - 1924	Kämper	PM 150	4	80	W	150x200	14.130	800		6000	2/1	auch 3/1-Getriebe
2. Radschlepper													
Klein-Kraftschlepper	1924	Komnick	V 78 108	4	40/45	W	78x108	2063	1000		2900		
Komnick-Großschlepper Typ PT	1925	Komnick	V 130 150	4	56	W	130x150	7956	900	2100	2850	3/1	ab 1926 52 PS, 5889 ccm
Großkraftschlepper PS 3	1925 - 1930	Komnick	V 130 150	4	52	W	130x150	7956	900	2010	2900/4650	3/1	auch 40 PS bei 800 U/min, ab 1930 50 PS, 5889 ccm
Großkraftschlepper PS 1	1926 - 1930	Komnick	V 100 155	4	40/42	W	100x155	4867	1100	1900	2600/4000	3/1	
Kraftschlepper PS 1	1926 - 1930	Komnick	V 110 155	4	40	W	110x155	5889	800	2100	2900	3/1	
Kleinkraftschlepper PS 2	1926 - 1930	Komnick	V 120 160	2	32	W	120x160	3617	1100	1800	2250/3200	3/1	

Köppl

Köppl GmbH Motorgeräte- und Maschinenfabrik,
Saldenburg-Entschenreuth, Hauptstr. 118
1980-heute

Aus einer 1896 von Emil Köppl in Entschenreuth gegründeten Dorfschmiede ging das heutige Köppl-Unternehmen hervor, das sich seit 1948 mit der Fertigung von Motormähern und Motorhacken und seit den 1980er Jahren auch mit der Herstellung von Vierradschleppern befasst.

Ein breitgefächertes Programm an Einachsfahrzeugen mit hydrostatischen Getrieben, hydraulischen Kupplungen und hydraulischer Anbaugeräte-Steuerung sowie hierzu ein umfangreiches Anbauprogramm stellt das eine Produktionsprofil des Köppl-Werkes dar. Das zweite Produktionsprofil erstreckt sich auf vierrädrige Spezialtraktoren, vor allem für den Kommunal-, Gärtnerei-, Baumschul- und Park-Pflegeeinsatz.

60-PS-Köppl »Kotrak 80«, um 1980. Werkfoto Köppl

48-PS-Köppl »Kotrak 80 H«, um 1980. Werkfoto Köppl

Mit dem Modell »Kotrak 9058« bot das Werk einen Allrad-Knickschlepper mit Mittelverwindung und vier gleichgroßen Rädern an. Auf der vorderen Hälfte des Fahrzeugs war die Kabine mit den Bedieneinrichtungen angebracht. Die Version A zeichnete sich durch einen Drehsitz mit Bedieneinrichtungen in beiden Fahrtrichtungen aus. In der hinteren Hälfte waren der Dreizylinder-Hatz-Dieselmotor mit 58 PS sowie das Sechsganggetriebe untergebracht. Darüber befand sich eine kleine Transportbrücke. Für den Einsatz im Kommunalbereich konnten verschiedene Geräte angebracht werden, die über die Zapfwellen angetrieben und über eine Hydraulik angehoben werden konnten. Die Knicklenker-Schlepperreihe reichte über den »Kotrak 50« bis zum »Kotrak 80« mit Perkins- oder Hatz-Dieselmotor.

58-PS-Köppl-Zweirichtungsfahrzeug »Alltrak 9062«, um 1990. Werkfoto Köppl

18-PS-Köppl-Knicklenker K 421, um 1990. Werkfoto Köppl

In einer zweiten Schlepper-Baureihe bot Köppl kompakte Allrad-Knickschlepper, bei denen der Motor konventionell vorne angebracht war. Die Modelle »421« bis »430« waren mit Ein-, Zwei- und Dreizylindermotoren versehen.

Die dritte Baureihe bestand aus dem allradgetriebenen »Quattro 30 K« mit 30-PS-Hatz-Motor. Die vierte Baureihe wurde von dem Spezialschlepper »Alltrak 9062 H« mit italienischem Dreizylinder-VM-Dieselmotor angeführt. Die Version »Alltrak 9058 H« besaß wiederum einen Hatz-Dieselmotor mit drei Zylindern. In diese Knickschlepper setzte Köppl hydrostatische Getriebe ein. Die Knicklenkung ließ sich bei diesen Zweirichtungs-Fahrzeugen auch auf Radlenkung umstellen. Schließlich konnten diese Modelle in der Ausführung DA auch mit einer Doppellenkung versehen werden, die eine optimale Manövrierfähigkeit ermöglichte.

20,5-PS-Köppl-Knicklenker K 425, um 1990. Werkfoto Köppl

Während diese Baureihen inzwischen aus dem Programm genommen worden sind, erfreuen sich die vierrädrigen »Aufsitztraktoren« der »Pony«-Baureihe großem Zuspruch im Gärtnerei- und Baumschulenbereich. Die Besonderheit dieser auf einem Vierkant-Stahlblechrahmen aufgebauten Kleintraktoren liegt in der Zusammenfassung der Vergaser- oder Dieselmotoren mit dem mechanischen Getriebe oder mit hydrostatischem Antrieb im Heckbereich des Fahrzeugs. Die vorne angebrachten Arbeitsgeräte, angetrieben über eine Zapfwelle können optimal überwacht und bedient werden. Ein Schnellwechsel-Flansch ermöglicht einen Werkzeugfreien Austausch der Geräte. Die nur 700 bis 850 mm breiten Schlepper können auf Wunsch mit Kabine und auch mit einer Ausstattung gemäß StVZO versehen werden, um auf öffentlichen Straßen zu fahren.

Die ersten »Pony«-Schlepper der 1990er Jahre des letzten Jahrhunderts (Baureihe »KT 500«) zeichneten sich durch eine markante kantige Form aus. Briggs & Stratton-Vergaser- oder Hatz-Dieselmotoren trieben diese für den kommunalen und für den Grünflächeneinsatz vorgesehenen Fahrzeuge an. Das im Jahre 2003 überarbeitete Kleintraktoren-Programm unter der Bezeichnung »Big Pony« bestand aus den Baureihen BP mit Seitenschalt- und den Baureihe HP mit hydrostatischem Getriebe. Das aktuelle Programm unter der Typenbezeichnung »Hydro Pony« umfasst Modelle mit 9,7- bis 19,8 PS. Die »HPA«-Ausführungen sind mit hydrostatisch angetriebenen Vorderrädern, angebracht an einer Portalachse, ausgestattet. Ein Schaltungs-Joystick zum komfortablen Schalten der Fahrtrichtung und der Geschwindigkeit, der hydraulischen Differentialsperre sowie der Geräteanhebung und der hydraulischen Gerätebedienung ist seitlich angebracht. Serienmäßig sind die 14 km/h schnellen Fahrzeuge mit Frontzapfwelle und Fronthydraulik zur Gerätebedienung ausgerüstet. Optional kann das gleiche System auch im Heck eingerichtet werden. Ein breitgefächertes Programm an Arbeitsgeräten stellt das Köppl-Werk hierzu her.

Abgesehen vor allem von den Motoren, der Hydraulik und den Rädern stellt das 80 Personen starke, von Karl Köppl geleitete Werk im Rahmen einer großen Fertigungstiefe dieses weitgefächerte Programm an landwirtschaftlichen, Gärtnerei- und Kommunal-technischen Arbeitsmaschinen her.

4-PS-Köppl »Big Pony Traktor«, 2005. Werkfoto Köppl

10,5-PS-Köppl »Hydro Pony Traktor HP 12 EH«, 2010.

Köppl-Schlepper

Baureihe	Bauzeit	Motor Hersteller	Typ	Zylinder	PS	Kühlung	Bohrung x Hub	Hubraum	Drehzahl	Radstand	Gewicht	Getriebe	Besonderheiten
1. Knicklenker-Kotrak-Baureihe													
Kotrak 36	um 1980	Hatz	2L31S	2	28	L	102x90	1145	3000	1400		12/4	auch 34-PS-Motor
Kotrak 50		Hatz	2L31S	2	30	L	102x90	1145	3000	1400		12/4	auch 35-PS-Motor
Kotrak 80		Perkins	3.152	3	47,6	W	91,4x127	2502	2200	1400		12/4	60 PS bei 2800 U/min
Kotrak 80		Hatz	4L40S	4	70	L	102x105	3432	3000	1400		12/4	auch 45-, 55-, 60-PS-Motor
2. Knicklenker-Allrad-Baureihe 400													
K 421	um 1990	Hatz	2G30	2	18	L	88x75	912	3000			6/3	
K 422	um 1990	Hatz	2L30S	2	20	L	95x100	1416	3000			6/3	
K 425	um 1990			3	20,5	W						6/3	
K 430	um 1990	Kubota	V 1200 B	4	27	W	75x70	1238	2900			6/3	
3. Allrad-Schlepper der Quattro-Baureihe													
Quattro 30 K	um 1990	Hatz	3L30S	3	30	L	95x100	2142	3000				
4. Allrad-Schlepper der Alltrak-Baureihe													
Alltrak 9062 H	um 1990	VM	28 A8 (HR 394 HAT)	3	62,7	W	94x100	2082	2600	1450	1710	Hydr.	T, Version A in Alltrak-Aus-führung, Version D mit Doppel-lenkerausführung (Arbeiten in zwei Fahrtrichtungen
Kotrak 9058 H	um 1990	Hatz	3L40S	3	58	L	102x1o5	2574	3000	1450	1890	Hydr.	
5. Pony-Baureihe													
KT 500	2001 - 2003	B&S			8,3	L						4/1	auch 9,0-, 9,4- oder 14 PS
KT 500	2001 - 2003	Hatz	1D60C	1	10,7	L	88x85	517	3600			4/1	
KT 900	2001 - 2003			1	16	L						5/2	
Big Pony BP 510	2003 - 2010	B&S		1	9,5	L						4/3	
Big Pony BP 512	2003 - 2010	B&S		1	11,2	L						4/3	
Big Pony BP 512 D	2003 - 2010	Hatz	1D60C	1	11	L	88x85	517	3600			4/3	
Big Pony BP 514 E	2003 - 2010	B&S		1	14	L		479				4/3	
Big Pony HP 14 E	2003 - 2010			1	14	L						Hydr.	
Big Pony HP 20 E	2003 - 2010				20	L						Hydr.	
Hydro Pony HP 12 ED	ab 2010	Hatz	1B27	1	9,7	L	74x65	280	3000		405	Hydr.	
Hydro Pony HP 12 EH	ab 2010	Hatz	1B40	1	10,5	L	88x76	462	3000			Hydr.	
Hydro Pony HP 14 E	ab 2010	B&S	Vanguard 14	1	13,2						395	Hydr.	
Hydro Pony HP 18 E	ab 2010	B&S	Vanguard 18	2	18,2	L		570			405	Hydr.	
Hydro Pony HPA 18E	ab 2010	B&S	Vanguard 18	2	18,2	L		570				Hydr.	Allradantrieb
Hydro Pony HPA 19 DE	ab 2010	Hatz	2G40	2	19,8	L	92x75	997	2600			Hydr.	

Körting

Gebr. Körting AG,
Hannover-Linden, Badenstedter Str. 60,
1919–1924

Die 1871 von Berthold und Ernst Körting gegründete Maschinen- und spätere Motorenfabrik stellte Anfang der 1920er Jahre einen dreirädrigen Kleinmotorpflug her, dem der Bedienende hinterherlaufen musste. Etwas bequemer hatte es der Landwirt, der seinen Körting-»Handpflug« mit einem Notsitz bestellte, »der ihn vor zu schneller Ermüdung bewahrte«. Über lange Ausleger, Sterzen genannt, die die Bedienelemente enthielten, steuerte der Pflugführer die Landmaschine. Zwischen der Antriebsachse und dem Heckrad war der über ein Gestänge heb- und senkbare Dreischarpflug angebracht. Auch in der Motorleistung gab es für den »kleinsten deutschen Motorpflug« Alternativen, so mit 10, 12 oder 18 PS. Über Ritzel wurden die Innenzahnkränze angetrieben; auf ein Getriebe war verzichtet worden

Nachdem das Unternehmen Schützenhilfe bei der Entwicklung der Büssing-Dieselmotoren geleistet hatte, musste es infolge der Weltwirtschaftskrise den Motorenbau einstellen. Heute entstehen bei Körting Strömungsapparate und Anlagen für die Umwelttechnik.

18-PS-Körting-Motorkleinpflug vor Getreidemäher, 1925.

Körting-Tragpfüge

Baureihe	Bauzeit	Motor Hersteller	Typ	Zylinder	PS	Kühlung	Bohrung x Hub	Hubraum	Drehzahl	Radstand	Gewicht	Getriebe	Besonderheiten
Körting Motorpflug	1919 - 1920	Körting?		2	10	W	90x120	1526	1100		1100	1/0	auch 2/1-Getriebe
Körting	1920 - 1923	Körting		2	12	W	90x150	1951	1100		1100	0/0	
Körting 2-scharig	1924	Körting		2	18	W	110x150	2849	1100		1500	0/0	

Kosto

Kosto-Werke AG, Korge und Stolle,
Maschinen- und Motorpflugfabrik,
Berlin-Reinickendorf-Ost, Hauptstr. 28/29
und Graf-Rödern-Allee 1 –3,
ab 1921 Schwerin-Görries i. M.,
1918–1923

42-PS-Kosto-Dreiradschlepper, 1922.

Der Kosto-Dreirad-Gelenkpflug besaß ein überdimensionales hinteres Antriebsrad mit schräg gestellten Schaufeln. Die ersten Ausführungen hatten einen Vierzylinder-Deumo-Motor mit 32/40 PS; spätere Versionen besaßen 40/45-PS- und 42-PS-Kämper-Motoren, die über eine Rollenkette das Hinterrad in Bewegung setzten. Der Fahrer stand rechts hinter dem Treibrad auf einer kleinen Plattform.

Um größere Stückzahlen produzieren zu können, verlegte der Inhaber des Unternehmens, Georg Stolle, 1921 die Montage nach Schwerin-Görries. Die Badenia Maschinenfabrik in Weinheim erwarb die Konstruktionsrechte; dort kam jedoch keine Fertigung zustande.

Kosto-Schlepper

Baureihe	Bauzeit	Motor Hersteller	Typ	Zylinder	PS	Kühlung	Bohrung x Hub	Hubraum	Drehzahl	Radstand	Gewicht	Getriebe	Besonderheiten
Kosto	1918 - 1919	Deumo		4	32/40	W	114x160	6529	900			2/2	auch Motor PM 120/180
Kosto	1920 - 1921	Kämper		4	40/45	W	140x160	9847	900		3200		
Kosto	1922 - 1923	Kämper	PM 126	4	42	W	126x180	8973	800		3000	2/2	

KPK

Kraftfahrzeugtechnische Prüfungskommission,
Berlin-Wilmersdorf, Kaiserallee 216–218
1918

Das Preußische Kriegsministerium ließ 1917 durch Joseph Vollmer innerhalb der Kraftfahrzeugtechnischen Prüfungskommission ein leichtes Raupenfahrzeug (»L.K.« für »Leichter Kampfwagen«) entwickeln, bei dem die Kette vorne über einen schräg gestellten Kasten mit vier Rollen und einem oberen, nach vorne versetztem Leitrad geführt wurde und hinten über ein Kettenrad. Gelenkt werden konnte die Raupe durch Abbremsen der Differentialhälften.

Bis Ende 1919 sollten 4000 Exemplare des »L.K. 1« gebaut werden, bis Kriegsende wurden es dann lediglich 75. Diese wurden dann, versehen mit behelfsmäßigem Fahrerstand, dem Reichsverwertungsamt als »Friedensmaterial« auf dem Versuchsgut der Landwirtschaftskammer Müncheberg vorgeführt. Versehen mit gebrauchten 55/60-PS-Lkw-Motoren, sollten die Militär-Maschinen als »Landwirtschaftlicher Kettenschlepper/L.K.« zivilen Zwecken dienen.

Obwohl der projektierte Verkaufspreis nur etwa zwei Drittel des Fertigungspreises betragen und die Berliner Industrie im Rahmen von Notstandsarbeiten an der Komplettierung beteiligt werden sollte, kam eine erneute Fertigung für die Landwirtschaft nicht zustande. Die L.K.-Raupen wurden dann demontiert und an die Schwedische Armee verkauft, für deren Zwecke die Raupen wohl besser geeignet waren als für die deutsche Landwirtschaft.

Raupenfahrgestell der KPK bei der Vorführung, 1919.

KPK-Schlepper

Baureihe	Bauzeit	Motor Hersteller	Typ	Zylinder	PS	Kühlung	Bohrung x Hub	Hubraum	Drehzahl	Radstand	Gewicht	Getriebe	Besonderheiten
L.K.	1918			4	55/60	W					3800		Kampfwagen-Basis

Kramer

Maschinenfabrik Gebr. Kramer GmbH,
Überlingen und Gutmadingen,
1. 1925-1936 **Maschinenfabrik Gebr. Kramer, Spezialfabrik für Kleinschlepper und Motormäher,** Gutmadingen
2. 1936-1972 **Maschinenfabrik Gebr. Kramer GmbH,** Überlingen und Gutmadingen
3. 1972-1980 **Kramer-Werke GmbH**

Mit seinen Brüdern Franz, Hans und Karl montierte der Landmaschinenhändler Emil Kramer (1897–1932) in Gutmadingen/Baden im Jahre 1925 als erster deutscher Fabrikant einen stabilen, eisenbereiften Grasmäher mit einem auf dem Tragholm angebrachten 4-PS-DKW-Einzylinder-Zweitaktmotor. Die vordere Drehschemellenkung lief über ein Zahnsegment.

Der differentiallose Fahrzeugantrieb per Rollenkette trieb über einen Riemen auch die ausklappbare Mäheinrichtung. Zu Weihnachten 1925 konnte Emil Kramer sein erstes Fahrzeug verkaufen, im nächsten Jahr lag die Montage schon bei 25 Stück; eine Exzenterwelle diente jetzt für den Mähantrieb. Ab 1927 kam ein doppelt so starker DKW-Motor zum Antrieb. Auf der DLG-Schau in München im Jahre 1928 konnte Kramer schon 250 Exemplare verkaufen.

1930 stattete Emil Kramer den Motormäher in geschweißter Rahmenbauweise mit einem liegenden Güldner-Dieselmotor mit 12/14 PS aus, der über eine Rollenkette das Prometheus-Getriebe antrieb. Das große Schwungrad diente gleichzeitig als Riemenscheibe. Dadurch konnte der Kleinschlepper zum Mähen, zum Ziehen eines Getreidebindemähers oder eines leichten Anhängers und als stationäre Antriebsquelle dienen.

8-PS-Kramer-Motormäher, 1927.

Die dramatischen Auswirkungen der Weltwirtschaftskrise brachten das

junge Unternehmen in eine kritische Situation, selbst Patente mussten verkauft werden, um überleben zu können. Der schwierigen Situation entsprechend setzte Kramer beispielsweise in die Handvoll verkaufter »Modelle 31« einen nur 7/8 PS starken Güldner-Kleindiesel ein.

Gleichzeitig nutzten die Kramer-Brüder die schwierige Zeit, um durch Innovationen am Markt zu bleiben: Mit Differentialsperren in den eigenen Getrieben, mit Luftreifen und vor allem mit Kotflügelsitzen waren die Kramer-Schlepper ausgesprochen moderne Produkte. Nach dem frühen Tod von Emil Kramer im Jahre 1932 ging das Werk unter der Führung von Franz Kramer zur Vorbereitung der Fließbandfertigung über, so dass das Werk mit Anziehen der Konjunktur Mitte der Dreißiger bestens gerüstet war.

Ein erstes großes Erfolgsmodell bildete ab 1936 der »K 12 Allesschaffer« mit vorderer Pendelachse, in dessen geschweißtem Kastenrahmenfahrgestell ein Güldner-Diesel mit Verdampferkühlung mittig platziert war. Auf eine Verkleidung wurde bei diesem mit Schwungrad-Riemenscheibe, Zapfwelle und Mähwerk versehenen Schlepper aber verzichtet, die auch »Vielzweckmaschine« genannte Kramer-Konstruktion war ganz auf den Arbeitseinsatz ausgelegt: Für Klein- und Mittelbetriebe war dieser einfache, aber preiswerte Schlepper (den es auch als 18/20 PS starken »K18 Allesschaffer« mit Zahnradfabrik Passau/ZP-Getriebe gab) nahezu ideal. Die große Nachfrage veranlasste Kramer, einen Zweigbetrieb in Überlingen einzurichten, wobei die Anlagen der einstigen »Turbo Metallbaufabrik Schiele & Bruchsaler« genutzt wurden. Bis zum Ausbruch des Krieges hatte Kramer über 10.000 Kleinschlepper gefertigt.

Der Nachfrage nach einem Universalschlepper der 20/22-PS-Klasse kam die im Schell-Plan berücksichtigte Maschinenfabrik im Jahre 1940

18-PS-Kramer K 18 »Allesschaffer«, 1941.

25-PS-Kramer-Generatorschlepper K 25, 1942.

nach; allerdings wurden vor dem Krieg nur noch rund 50 Fahrzeuge gefertigt. Der »K 22« war als künftiger Einheitsschlepper in Blockbauart mit vorderer Pendelachse konstruiert und mit dem 22-PS-Deutz-Motor ausgestattet. Als Universalschlepper mit Luft- oder Eisenbereifung besaß er ein Mähwerk, Riemenscheibe, Zapfwelle sowie Lenkbremsen. Mit stärkerem Motor folgte der »K 30« mit Güldner-Dieselmotor, allerdings nur noch in 16 Exemplaren. Mit der Nachfertigung des Zahnradfabrik Friedrichshafen/ZF-Getriebes richtete Kramer einen Fertigungszweig ein, der vor allem in der Nachkriegszeit von großer Bedeutung wurde.

Ab 1942 fertigte Kramer in 1157 Exemplaren den Einheits-Holzgasschlepper »KS 25« mit Deutz-, Güldner- und MWM-Motoren sowie dem EG 60-Einheitsgenerator in geschlossener Bauweise. Das verkürzte Vierganggetriebe fertigte Kramer ebenfalls in Zusammenarbeit mit der ZF.

Neuanfang nach dem Krieg

Das Werk erlitt zwar keine Schäden durch Luftangriffe, die französische Besatzungsmacht ließ aber die Fertigungsanlagen weitgehend demontieren. Da Franz Kramer als Soldat gefallen war, übernahmen die Brüder Hans und Karl Kramer jetzt die Führung. Trotz empfindlichem Rohstoffmangel gelang es ihnen, 1948 wieder mit dem bewährten »K 18« auf den Markt zu kommen. Im Laufe der Produktion erhielt dieses begehrte Modell eine Rundhaube. Über den Kotflügeln waren Sitze für die Begleiter angebracht. In nur drei Exemplaren entstanden auch Schmalspurschlepper auf der Basis dieses Modells.

Neben diesem Traditionsmodell baute Kramer den »K 28« in Blockbauweise, um sich vom Image des Kleinschlepper-Herstellers zu lösen. Dieses starke Modell besaß einen Zweizylindermotor von Südbremse, Güldner oder MWM. Hier wurde das kompakte Vierganggetriebe aus der Holzgas-Schlepperfertigung genutzt, was zu einer ungünstigen Gewichtsverteilung führte, so dass sich der Schlepper bei schwerem Zug aufbäumte.

1950 legte Kramer nochmals den »Allesschaffer« auf, der nun mit einem Deutz-Diesel mit Verdampfer- oder Thermosiphonkühlung versehen wurde.

20/22-PS-Kramer K 22 »Allesschaffer«, 1950. Foto: Stefan Krause, © CC-BY-SA-3.0

33-PS-Kramer K 33, 1951. Foto: Perfekt 401 es, © CC-BY-SA-3.0

18-PS-Kramer K 28, 1950. Foto: Udo Paulitz

Die zweite Schlepper-Generation 1951–1955

Neben dem neuen »KB 22« mit Güldner-Diesel erweiterte Kramer 1951 das Angebot um den »K 33« mit Deutz- oder Südbremse-Motoren nach oben. Markenzeichen der Kramer-Schlepper dieser zweiten Generation wurde die stilisierte Ähre im Zahnkranz, die die Verbundenheit der Technik mit der Landwirtschaft symbolisieren sollte, zumal Getriebe und Achsen selber hergestellt wurden. Typisch für die grün lackierten Schlepper waren die geschützt hinter dem Fliegengitter der Rundhaube angebrachten Scheinwerfer. 1953 löste der luftgekühlte Einzylinder-Schlepper »KL 11«, später unter der Bezeichnung »Pionier S« mit 11-PS-Deutz-Diesel in Tragschlepperbauart angeboten, das Verdampfermodell »K 12« ab, welches inzwischen die Umgangsbezeichnung »Der kleine Kramer« erhalten hatte. Von dem Modell KL 11 konnten 6312 Exemplare abgesetzt werden; kein anderer Kramer-Typ erreichte diese Stückzahl.

Schlepper mit wasser- und luftgekühlten Motoren

In den Fünfzigern hatte Kramer ein weit gefächertes Programm aufgebaut, das auch Schmalspurschlepper für Kulturarbeiten einschloss. Stärkster Kramer-Schlepper dieser Epoche wurde der 45-PS-Typ mit einem Dreizylinder-Deutz-Diesel im Jahre 1955. Kramer setzte auf luft- und wassergekühlte Motoren von 11 bis 45 PS der Hersteller Deutz, Güldner

11-PS-Kramer KL 11, 1953. Foto: Steffan Heinz, © CC-BY-SA-3.0

12-PS-Kramer KB 12, 1953. Foto: ChiemseeMan, © PD

22-PS-Kramer KL 22, 1954.

15-PS-Kramer KA 15, 1955.

18-PS-Kramer KL 200, 1958.

und MWM, kombiniert mit eigenen oder mit ZF-Getrieben.

Im gleichen Jahr erreichte Kramer eine Nachkriegsproduktion von 10.000 gefertigten Schleppern; der Markanteil in Deutschland lag bei fünf Prozent, wobei das Hauptverbreitungsgebiet in Süddeutschland lag.

Die vierte Schleppergeneration 1960–1968

Ab dem Jahre 1960 überarbeitete die Maschinenfabrik die Schlepperbaureihen. In der vierten Schleppergeneration teilte Kramer die Modelle in zwei Baureihen ein. Die Baureihe I umfasste die Modelle von 11 bis 22 PS. In der Baureihe II folgten die Modelle ab 24 bis 40 bzw. 52 PS,

11-PS-Kramer »Pionier S«, 1959. Foto: ChiemseeMan, © PD

jeweils mit Kramer-Getriebe. Je nach Motor mit Luft (»KL«) oder Wasserkühlung (»KW«) und einer dreistelligen Bezeichnung, die die PS-Leistung andeutete, unterschieden sich Kramer-Schlepper in der Optik stark von ihren Vorgängern. Die Motorhauben waren nun länger und flacher. Sie bestanden aus Duraelastik, einem Kunststoffmaterial, das den Lärm dämpfen sollte. Der Tragschlepper »Pionier S« ersetzte das Erfolgsmodell »KL 11«, konnte dessen Erfolg aber nicht wiederholen.

Immerhin verwendete Kramer inzwischen grundsätzlich nur noch luftgekühlte Deutz-Motoren mit Kramer-Zehngang-»Hochleistungsgetrieben«, abgesehen von den Export-Varianten sowie den schmalspurigen Wein- und Obstbauschleppern »350 Export«, »450 Export«, »600« und »452«, die englische, wassergekühlte Standard-Triumph-Motoren hatten. Trotz des breiten Angebots war die Nachfrage nicht mehr so groß, so dass sich keine lukrative Großserienfertigung mehr erzielen ließ.

24-PS-Kramer KL 250, 1960.

146/15 28-PS-Kramer KL 300, 1960.

14-PS-Kramer KL 150, 1961.

52-PS-Kramer KL 550, 1962. Foto: High Contrast, © CC-BY-SA-3.0-DE

32/35-PS-Kramer-Schmalspurschlepper 350 O Export, 1963.

32,5-PS-Kramer K 350 »Export«, 1963.

Lastschaltgetriebe für die vierte Schleppergeneration 1968–1970

Ein viertes Mal erneuerte Kramer in den Jahren 1968 bis 1970 seine vier Schlepperbaureihen »KL 260«, »KL 360«, »KL 450/452 Export« und »KL 600/ Export«; die Export-Versionen verfügten wieder über die englischen Standard-Motoren mit Wasserkühlung. Technische Besonderheit aller Baureihen war das »Synchron-Lastschalt-Getriebe/SLG«.

Die Schlepper der Mittelklasse (»KL 360«, »KL 450«, »452 Export«) und die Schlepper der großen Baureihen (»600 Export«, »KL 600«) erhielten erstmalig Allradantrieb; wobei die Vorderräder (eine Übernahme aus der Kramer-Baumaschinentechnik) sich unter Last zuschalten ließen.

Alle Kramer-Schlepper, vom »360« an aufwärts, hatten eine neue Karosserie mit auffallend eckigen dunkelroten oder grünen Hauben über einem silberfarbenen Motor-Getriebeblock-Unterbau. Im oberen Feld der Kühlermaske befanden sich die Scheinwerfer, unten waren die Kramer-Buchstaben angebracht.

42-PS-Kramer 414, 1970.

35/39-PS-Kramer KL 360, 1968. Foto: Perfekt 401 es, © CC-BY-SA-3.0

42-PS-Kramer 414 Allrad, 1970.

Die fünfte Generation 1970–1973

Mit der fünften Generation, der »14er«-Serie mit den mittelschweren und schweren Typen »314« bis »814« (30 bis 64 PS) versuchte das Unternehmen, mit den gewandelten Agrarstrukturen der EG-Landwirtschaft Schritt zu halten. Ab den Modellen »414« lieferte Kramer auf Wunsch auch Allradschlepper, wobei ein »Synchron-Lastschalt-Wendegetriebe/ SWG« mit zwei Sechsgang-Vorwärts- und einer Sechsgang-Rückwärtsstufe Verwendung fand.

Das stärkste Modell, der »814«, besaß eine Portal-Lenktriebachse (mit Planetengetriebe), auf Wunsch mit Hydro-Lenkung, was die Eignung vor allem für den Forsteinsatz ausweisen sollte.

Eine wirtschaftliche Nachfrage konnte für diese gewiss moderne, aber in der Herstellung zu teure Schlepperbaureihe nicht erzielt werden. Nachdem der Marktanteil in Deutschland trotz besten Rufs auf ein Prozent abgesunken war, ließ Kramer 1972/73 die Fertigung der Standard-Schlepper auslaufen. Rund 100.000 Fahrzeuge waren entstanden.

70-PS-Kramer 814 Allrad, 1970. Foto: Clemens, © CC-BY-SA-3.0

Einzig der allradgetriebene und allradgelenkte Systemschlepper »Zweiwegetrac 1014« mit 105 bis 121 starken Deutz-Motoren blieb als Universalfahrzeug für die Land- und Forstwirtschaft im Programm. Dieser Schlepper, erstmals 1970 auf der DLG-Ausstellung in Köln in der Version »1214« vorgeführt, war mit Anbauräumen vor der Vorderachse, über und hinter der Hinterachse sowie mit einem Sechzehngang-Lastschaltgetriebe mit Reversiermöglichkeit ausgestattet.

Eine Besonderheit lag in der Möglichkeit, den Zweiwege-Schlepper durch Umdrehung des Sitzes und durch Umstellung des Lenksystems als Zug- oder Schubfahrzeug einzusetzen. Von diesem Zukunft-weisenden, aber extrem teuren Fahrzeug konnten bis 1980 nur 210 Exemplare verkauft werden.

Übrigens hatte Kramer von 1958 bis 1975 auch zwei- und dreiachsige Zugmaschinen mit Deutz-Motoren hergestellt, keine Schlepper im eigentlichen Sinne, aber Zugmaschinen für die Landwirtschaft mit Segeltuchverdeck oder mit geschlossenem Fahrerhaus. Diese Baureihen »KA 540«, »KL 600« und »KL 800« besaßen Allradantrieb und gleich große Räder sowie eine kleine Ladepritsche. Gegenüber dem etablierten Unimog konnten sich diese teuren Kleinserienmodelle nicht durchsetzen.

1964 löste die zwei- und dreiachsigen Frontlenker-»UF«-Baureihe die Haubenfahrzeuge ab, die aber nun in die Industrie und in den Straßenbau gingen, nicht mehr in die Landwirtschaft. Später bestritten Schaufel- und Baggerlader für die Bauindustrie und Kommunalwirtschaft, die »Tremo«-Spezialfahrzeuge sowie die Komponentenfertigung für andere

80-PS-Kramer-Zugmaschine KL 800, 1961.

54/56-PS-Kramer-Zugmaschine KA 540, 1957. Foto: Ralf Weinreich

90-PS-Kramer-Zugmaschine UF 900, 1964. Foto: Ralf Weinreich

Fahrzeughersteller das Produktionsprogramm von Kramer, das 1972 die Fertigung in Überlingen konzentrierte.

Im Jahre 2001 fusionierten die Kramer-Werke GmbH mit dem Linzer Kleinbagger-Hersteller Neuson. Die Neuson-Kramer Baumaschinen-Gesellschaft ging 2008 in der Wacker Construction Equipment AG auf, der heutigen Wacker Neuson SE. Die Kramer-Allrad-(Teleskop-)Radlader werden seitdem in Pfullendorf gefertigt.

105-PS-Kramer-Systemschlepper 1014, 1975. Foto: Ubraxa @ CC-BY-SA4.0

Kramer-Schlepper

Baureihe	Bauzeit	Motor Hersteller	Typ	Zylinder	PS	Kühlung	Bohrung x Hub	Hubraum	Drehzahl	Radstand	Gewicht	Getriebe	Besonderheiten
1. Standardschlepper													
1.1 Rahmenbau-Schlepper													
Motormäher	1925	DKW	ZL 64/64	1	4	L	64x64	206	3500			2/0	Zweitakt-Vergasermotor
Motormäher	1927 - 1928	DKW	O 74/68	1	8	L	74x68,5	293	3500			3/1	
Motormäher	1929 - 1930	Güldner	GW 14	1	12/14	V	105x130	1125	1500			3/1	
Modell 31	1932	Güldner	KL 10	1	7/8	V	100x120	942	1400				
K 12 Allesschaffer	1932	Güldner	GW 14	1	12/14	V	105x130	1125	1500				
GL 9	1933 - 1936	Güldner	GL 9	1	10	V	105x130	1125	1500		1100	3/1	
GL 14	1933 - 1936	Güldner	GL 14	1	14	V	120x145	1639	1500		1300	4/1	
K 12/K 12 M	1936 - 1937	Güldner	GL 11	1	11	V	105x130	1125	1500	1800	1450	3/1	auch 4/1-Getriebe
K 18/K 18 M	1936 - 1938	Güldner	GL 16	1	16	V	120x145	1639	1500	1800	1650	4/1	
K 12/K 12 M	1937	Güldner	GL 14	1	12	V	120x145	1639	1500	1800	1450	4/1	
K 12 M	1938 - 1939	Güldner	GW 14	1	11/12	V	105x130	1125	1500	1680	1300	4/1	auch Radstand 1700 mm
K 12/K 12 M	1938 - 1939	Güldner	GW 14	1	14	V	105x130	1125	1500	1800	1450	4/1	
1.2 Rahmen- und Blockbauschlepper der Kriegs- und frühen Nachkriegszeit													
K 11	1939?	Deutz	F 1 M 414	1	11	W	100x140	1099	1550	1760	1310	4/1	
K 18/K 18 M	1939 - 1942	Güldner	GW 20	1	20	V	120x145	3278	1500	1800	1500 - 1650	4/1	
K 12/K 12 M	1939 - 1942/ 1947 - 1950	Deutz	MAH 914	1	12	V	100x140	1099	1500	1800	1300	4/1	auch Radstand 1760 mm, 1280 kg, auch 11 PS bei 1200 UpM
K 22 E Dieselschlepper	1941 - 1942/ 1947 - 1948	Deutz	F 2 M 414	2	22	W	100x140	2199	1500	1800	1660	4/1	auch MWM-Motor KD 215 Z
K 30	1941 - 1942	Güldner	2 E	2	30	W	100x140	2199	1500	1950	2000	4/1	
K 25	1942 - 1948	Deutz	GF 2 M 115	2	25	W	130x150	3982	1500	2150	2475	4/1	Holzgasmotor, auch Güldner- Motor 2 Z, auch MWM-Motor TG 115, auch Radstand 2000 mm
K 18	1948 - 1949	Güldner	GW 20	2	20	W	120x145	3278	1500	1800	1660	4/1	
K 28 (ab 1950 K 30 D)	1948 - 1950	MWM-Südbr.	TD 15	2	28	W	110x150	2850	1500	1820	2000	5/1	auch Güldner-Motor 2 F, auch MWM-Motor KD 215 Z, auch 4/1-Getriebe
K 12 V	1950 - 1952	Deutz	MAH 914	1	11/12	V	100x140	1099	1500	1760	1330	4/1	
K 12 V	1950	Deutz	MAH 914	1	11/12	V	100x140	1099	1500	1800	1250 - 1330	5/1	auch Radstand 1760 mm mit 4/1-Getriebe ab 1950 30 PS
K 12 Th	1950 - 1952	Deutz	MAH 914	1	12	Th	100x140	1099	1500	1760	1300	4/1	
K 12 Th	1950 - 1952	Deutz	MAH 914	1	12	Th	100x140	1099	1500	1800	1450	5/1	
K 22 Th	1950 - 1951	Güldner	GW 20 Th	1	22	Th	120x145	1639	1500	1780	1650	4/1	auch 5/1-Getriebe Radstand 1800 mm
1.3 Schlepper der 50er Jahre													
KB 22 c	1951 - 1954	Güldner	2 DA	2	22	W	95x115	1639	1800	1730	1300	5/1	
K 33	1951	MWM-Südbr.	TD 15	2	28	W	110x150	2850	1500	1820	2500	5/1	
K 33	1951 - 1957	Deutz	F 2 L 514	2	33	L	110x140	2660	1800	1820	1750	5/1	
KB 22	1951 - 1952	Güldner	2 DA	2	22	W	95x115	1639	1800	1750	1460	5/1	
KB 12	1952 - 1953	Güldner	1 DA	1	12	W	95x115	810	1800	1570	1100	6/2	
KL (11)	1953 - 1956	Deutz	F 1 L 612	1	11	L	90x120	763	2000	1500	875	5/1	
KB 14	1953	Güldner	2 K	2	11	W	75x100	880	1500	1600	1015	6/2	
KB 12 L	1953 - 1954	MWM	AKD 12 E	1	12	L	98x120	905	2000	1570	1100	6/2	
KB 17	1953	Güldner	2 D 15	2	16	W	85x115	1304	1800	1725	1210	6/2	
KB 17	1953 - 1956	Güldner	2 DN	2	17	W	85x110	1296	1800	1725	1225	6/2	
K 45	1953	Deutz	F 3 L 514	3	45	L	110x140	3990	1600	1990	2500	5/1	
K 15	1954 - 1956	MWM	KD 211 Z	2	15	W	85x110	1248	2000	1610	970	5/1	
KL 17	1954 - 1956	Güldner	2 LD	2	17	L	85x115	1304	2300	1725	1150	6/2	
KL 22	1954 - 1957	Deutz	F 2 L 612	2	22	L	90x120	1526	2000	1835	1350	2x5/1	
KL 22	1954	Güldner	2 LB	2	22	L	95x130	1840	1800			5/1	
KB 22 W	1954	Güldner	2 BN	2	22	W	95x130	1840	1600	1730	1170	5/1	auch Radstand 1835 mm, Gewicht 1350 kg
KB 25 L	1954 - 1955	MWM	AKD 12 Z	2	24	L	98x120	1810	2000	1870	1455	2x5/1	
KB 25/KB 25 W	1954 - 1957	Güldner	2 BN	2	25	W	95x130	1840	1800	1835	1525	2x5/1	auch Radstaände 1880 u. 1990 mm
KL 12	1955 - 1958	Deutz	F 1 L 612	1	11	L	90x120	763	2100	1650	1100	2x5/1	
KA 15	1955 - 1959	MWM	KD 211 Z	2	15	W	85x110	1248	2000	1780	1100	2x5/1	
KA 110	1956	Deutz	F 1 L 612	1	11	L	90x120	763	2000	1500	815	5/1	
KA 110	1956 - 1958	Deutz	F 1 L 612	1	11	L	90x120	763	2000	1550	880	2K+5/1	
KA 18	1956	MWM	KD 211 Z	2	17/18	W	85x110	1248	2000	1780	1100	2x5/1	
KB 180	1956 - 1959	Güldner	2 DNS	2	18	W	85x115	1304	1800	1765	1070	2x5/1	
KA 220	1956	Güldner	2 BN	2	22	W	95x130	1840	1600			2x5/1	
KA 250	1956 - 1958	Güldner	2 BN	2	25	W	95x130	1840	1800	1835	1520	2x5/1	auch Radstand 1887 mm
KW 250 (DWD 250)	1958 - 1959	Güldner	2 BS	2	25	W	95x130	1840	1800	1887	1520	5/1	
KB 150	1957 - 1958	Güldner	2 KN	2	15	W	75x100	880	2150	1725	1156	2x5/1	auch Radstand 1735 mm

Kramer-Schlepper

Baureihe	Bauzeit	Motor Hersteller	Typ	Zylinder	PS	Kühlung	Bohrung x Hub	Hubraum	Drehzahl	Radstand	Gewicht	Getriebe	Besonderheiten
KL 180	1957 - 1958	Güldner	2 LD	2	17/18	L	85x115	1304	2300	1790	1070 - 1150	2x5/1	
KL 220	1957 - 1958	Deutz	F 2 L 612	2	22	L	90x120	1526	2000	1835	1350	2x5/1	auch Deutz-Motor F 2 L 712
KA 330	1957 - 1958	Deutz	F 3 L 612	3	33	L	90x120	2280	2100	1960	1580	2x5/1	
KB 220	1957 - 1958	Güldner	2 BN	2	22	W	95x130	1840	1600	1835	1500	2x5/1	
KB 250	1957 - 1959	Güldner	2 BN	2	25	W	95x130	1840	1800	1835	1500	2x5/1	
KW 250	1958 - 1959	Güldner	2 BS	2	25	W	95x130	1840	1800	1835	1500	2x5/1	
KL 130	1958 - 1959	Deutz	F 1 L 612	1	11	L	90x120	763	2000	1550	880	2x5/1	
KLS 130	1958 - 1959	Deutz	F 1 L 712	1	13	L	95x120	850	2150	1650	1000	2x5/1	
KL 200	1958 - 1960	Deutz	F 2 L 712	2	18	L	95x120	1700	1800	1765	1220	2x5/1	
KW 220	1958 - 1959	Güldner	2 BS	2	22	W	95x130	1840	1800	1835	1500	5/1	
KL 250	1958 - 1960	Deutz	F 2 L 712	2	24	L	95x120	1700	2250	1835	1350	2x5/1	
KW 250	1958	Güldner	2 BS	2	25	W	95x130	1840	1800	1835	1525	5/1	
KWD 250	1958 - 1959	Güldner	2 BS	2	25	W	95x130	1840	1800	1887	1550	5/1	
KLD 330	1958 - 1960	Deutz	F 3 L 712	3	33	L	95x120	2550	2150	1960	1600	2x5/1	
Pionier S	1959 - 1962	Deutz	F 1 L 712	1	11	L	95x120	850	1800	1650	900 -	K+5/1	auch Radstand 1890 mm, 1140 kg
KW 160	1959 - 1961	Güldner	2 DNS	2	16	W	85x115	1304	2000	1765	1200	2x5/1	
KW 280	1959	Güldner	2 BS	2	28	W	95x130	1840	1800	1890	1600	5/1	
1.4 Schlepper der 3. Nachkriegsbaureihe													
Pionier	1960	Deutz	F 1 L 310	1	11	L	85x100	570	1500	1650	700	2x5/1	auch Radstand 1795 mm, 800 kg
KLS 140	1960	Deutz	F 1 L 712	1	14	L	95x120	850	2300	1650	1150	2x5/1	
KL 200	1960 - 1961	Deutz	F 2 L 712	2	18	L	95x120	1700	1800	1825	1380	2x5/1	
KL 250	1960	Deutz	F 2 L 712	2	24/26	L	95x120	1700	1800	1960	1430	2x5/1	
KL 300	1960 - 1968	Deutz	F 2 L 712	2	28	L	95x120	1700	2250	1960	1580	2x5/1	auch Deutz-Motor F 2 L 812
KLD 330	1960 - 1961	Deutz	F 3 L 712	3	33	L	95x120	2250	2100	1960	1650	2x5/1	
KL 400	1960 - 1964	Deutz	F 3 L 712	3	38	L	95x120	2250	2300	1960	1790	2x5/1	
KL 150	1961 - 1967	Deutz	F 1 L 712	1	14	L	95x120	850	2350	1650	1150	2x5/1	auch Deutz-Motor F 1 L 812
KL 200	1961 - 1967	Deutz	F 2 L 712	2	20	L	95x120	1700	1800	1800	1430	2x5/1	ab 1964 auch F 1 L 812 mit 22 PS
KT 200	1961 - 1963	Deutz	F 2 L 712	2	22	L	95x120	1700	2250	2185	1325	3+5/1	Tragschlepper
KW 200	1961 - 1962	Güldner	2 DNS	2	20	W	85x115	1304	2000	1765	1270	2+5/1	
KL 550	1962 - 1965	Deutz	F 4 L 812	4	52	L	95x120	3400	2300	2200	2300	8/4	Paralleltyp zum Deutz D 50.1
350 Export	1963 - 1968	Standard	OE 138	4	32,5/35	W	84,14x101,6	2260	2300	1960	1860	10/2	
KL 400	1964 - 1967	Deutz	F 3 L 812	3	40	L	95x120	2550	2300	2050	1790	10/2	auch Deutz-Motor F 3 L 812/D mit 42 PS
450 Export	1964 - 1967	Standard	OE 138	4	42/45	W	84,14x101,6	2260	3000	2050	1980	10/2	
KL 350	1966 - 1968	Deutz	F 3 L 812/D	3	35	L	95x120	2550	2300	2050	1860	10/2	auch Deutz-Motor F 3 L 912
KL 450	1967 - 1970	Deutz	F 3 L 812/D	3	45	L	95x120	2550	2300	2000	2150	10/5	mit Allradantrieb 2300 kg, auch Deutz-Motor F 3 L 912
KL 600	1967 - 1968	Deutz	F 3 L 812/D	3	45	L	95x120	2550	2300	2100	2600	12/6	Allradantrieb
600 Export	1067 1068	Standard	OE 160	4	55	W	87,74 x 107, 95	2611	2500	2100	2450	12/6	mit Allradantrieb 2700 kg
KL 600	1967 - 1968	Deutz	F 4 L 812/D	4	61	L	95x120	3400	2500	2230	4200	12/6	Allradantrieb, ab 1968 Deutz-Motor F 4 L 912
1.5 Schlepper der 4. Nachkriegsbaureihe mit ersten Lastschaltgetrieben													
KL 260	1968 - 1969	Deutz	F 2 L 912	2	26	L	100x120	1880	2500	1960	1745	5/1	
KL 300	1968 - 1969	Deutz	F 2 L 912	2	30	L	100x120	1880	2500	1960	1770	K+10/2	
KL 360	1968 - 1970	Deutz	F 3 L 912	3	35	L	100x120	2826	2500	2000	1980	10/5	mit Allradantrieb 2250 kg
KL 600	1968 - 1970	Deutz	F 4 L 912	4	61	L	100x120	3768	2500	2230	2600	12/6	Allradantrieb
452 Export	1968	Standard	OE 138	4	42	W	84,14x101,6	2260	2300	2000	2150	10/5	mit Allradantrieb 2300 kg
1.6 Schlepper der 14er Baureihe													
314	1970	Deutz	F 2 L 912	2	30	L	100x120	1880	2500	1960	1850	K+10/2	
414	1970 - 1972	Deutz	F 3 L 912	3	42	L	100x120	2826	2500	2000	2130	10/5	
414	1970 - 1972	Deutz	F 3 L 912	3	42	L	100x120	2826	2500	2000	2380	10/5	Allradantrieb
514	1970 - 1973	Deutz	F 3 L 912	3	50	L	100x120	2826	2500	2000	2190	10/5	
514	1970 - 1973	Deutz	F 3 L 912	3	50	L	100x120	2826	2500	2000	2500	10/5	Allradantrieb
714	1970 - 1973	Deutz	F 4 L 912	4	64	L	100x120	3768	2500	2230	2750	12/6	
714	1970 - 1973	Deutz	F 4 L 912	4	64	L	100x120	3768	2500	2230	3100	12/6	Allradantrieb
814	1970 - 1973	Deutz	F 4 L 912	4	70/72	L	100x120	3768	2500	2230	2750	12/6	
814	1970 - 1973	Deutz	F 4 L 912	4	70/72	L	100x120	3768	2500	2385	3500	12/6	Allradantrieb
2. Systemschlepper													
1214	1970	Deutz	BF 6 L 912	6	115	L	100x120	5662	2300	2500	6000	12/12	T, Allradantrieb, Prototyp
914	1974	Deutz	F 5 L 912	5	85	L	100x120	4710	2500	2500		16/8	Allradantrieb
1014	1974 - 1980	Deutz	F 6 L 912	6	105	L	100x120	5662	2800	2500	5900	16/8	
1014 S	1974 - 1980	Deutz	F 6 L 912	6	112	L	100x120	5662	2800	2500	5900	16/8	
1014 TS	1974 - 1980	Deutz	F 6 L 913	6	121	L	102x125	6128	2800	2500	5900	16/8	

Kramer-Schlepper													
Baureihe	Bauzeit	Motor Hersteller	Typ	Zylinder	PS	Kühlung	Bohrung x Hub	Hubraum	Drehzahl	Radstand	Gewicht	Getriebe	Besonderheiten
3. Schmalspurschlepper													
K 12 S	1940	Deutz	MAH 914	1	11	V	100x140	1099	1500	1800	1450	4/1	
KB 17 S	1953 - 1956	Güldner	2 DN	2	17	W	85x115	1304	1800	1700		6/2	
KB 25 S	1953 - 1957	Güldner	2 BN	2	25	W	95x130	1840	1800	1835		2x5/1	
KB 180 S	1956 - 1959	Güldner	2 DNS	2	18	W	85x115	1304	2000	1765		2x5/1	
KB 150 S	1957 - 1958	Güldner	2 KN	2	15	W	75x100	880	2100	1725		2x5/1	
KL 220 S	1957 - 1958	Deutz	F 2 L 612	2	22	L	90x120	1526	2000	1835		2x5/1	auch Deutz-Motor F 2 L 712
KB 250 S	1957 - 1959	Güldner	2 BN	2	25	W	95x130	1840	1800	1835	1500	5/1	
KLS 130	1958	Deutz	F 1 L 712	1	13	L	95x120	850	2150	1650	1120	5/1	
Pionier S Schmalspur	1959 - 1962	Deutz	F 1 L 712	1	11	L	95x120	850	2300	1650	1090	K+5/1	
KLS 140 S	1960	Deutz	F 1 L 712	1	14	L	95x120	850	2300	1650	1150	2x5/1	
KW 160 S	1960 - 1961	Güldner	2 DNS	2	16	W	85x115	1304	2000	1765	1200	5/1	
KL 200 S	1960 - 1961	Deutz	F 2 L 712	2	18	L	95x120	1700	1800	1825		2x5/1	
KL 300 S	1960	Deutz	F 2 L 712	2	28	L	95x120	1700	2250	1960		2x5/1	
KL 400 S	1960	Deutz	F 3 L 712	3	38	L	95x120	2550	2300	1960		2x5/1	
KL 150 S	1961 - 1967	Deutz	F 1 L 712	1	13/14	L	95x120	850	2350	1650	1150	2x5/1	
KW 200 S	1961 - 1962	Güldner	2 DNS	2	20	W	85x115	1304	2000	1765	1270	2x5/1	
350 Export O	1963 - 1968	Standard	OE 138	4	32/35	W	84,14x101,6	2260	2300	1970	1600	10/2	980 mm Breite für Obstbau
350 Export H	1964 - 1968	Standard	OE 138	4	32/35	W	84,14x101,6	2260	2300	1995	1600	10/2	1000 mm Breite für Hopfenbau
KL 150 S	1964	Deutz	F 1 L 812	1	14	L	95x120	850	2300	1650	1240	9/1	
KL 400 S	1964	Deutz	F 3 L 812	3	40	L	95x120	2250	2300	2030		10/2	
KL 350 H	1966 - 1968	Deutz	F 3 L 812D	3	42	L	95x120	2250	2300	1995	1600	10/2	
KL 350 O	1966 - 1968	Deutz	F 3 L 812D	3	42	L	95x120	2250	2300	1970	1600	10/2	
KL 360 S	1968	Deutz	F 3 L 912	3	35	L	100x120	2826	2500	2000	1980	10/5	
314 S	1970	Deutz	F 2 L 912	2	30	L	100x120	1880	2500	1960		10/2	
414 S	1970	Deutz	F 3 L 912	3	42	L	100x120	2826	2500	2000		10/5	
514 S	1970	Deutz	F 3 L 912	3	50	L	100x120	2826	2500	2000		10/5	
3. Zugmaschinen													
KL 600	1958	Deutz	F 4 L 712	4	54	L	95x120	3400	2800	2150	3200	7/7	Allradantrieb, Prototyp
KL 800	1959 - 1964	Deutz	F 6 L 712	6	80	L	95x120	5100	2800	2150	3350	7/7	Allradantrieb, 2 Prototypen

Kranner

Kranner,
Wasserburg
1933 – 1937

Mit dem 15-PS-Einzylindermotor 17 B 1 S von Orenstein & Koppel entstanden bei Kranner einige Rahmenbauschlepper.

Kranner-Schlepper													
Baureihe	Bauzeit	Motor Hersteller	Typ	Zylinder	PS	Kühlung	Bohrung x Hub	Hubraum	Drehzahl	Radstand	Gewicht	Getriebe	Besonderheiten
Kranner	1937	O & K	17 B 1 S	1	15	Th	115 x 170	1764	1300				

Krapp

Krapp Maschinen-, Stahl- und Metallbau GmbH,
Bad Dürkheim, Mittlere Bruchstr.
1. 1959-1960 **Roland Krapp Apparatebau KG,**
Bad Dürkheim, Gerberstr.
2. 1960-1967 **Roland Krapp Landmaschinenbau,**
ab 1963 Bad Dürkheim, Mittlere Bruchstr.
3.1968 **Krapp Maschinen-, Stahl- und Metallbau GmbH**

Der angehende Ingenieur Roland Krapp (1934–1981) errichtete 1955 mit seinem Vater eine Schlosserei, die sich auf Reparaturen und auf die Anfertigung verschiedener landwirtschaftlicher Geräte wie Kreissägen, Weinpressen und Schaufensteranlagen spezialisierte. Schon 1957 folgte die Umbenennung der Firma in Roland Krapp Apparatebau KG. Für Wein- und Obstbauern in der Umgebung, die Kleinschlepper der Marken Hummel und Schanzlin einsetzten, fertigte Krapp nun auch Wende- und Winkeldrehpflüge sowie Traubenförderanlagen.

Auf Anregung des Weingutsbesitzers Adolf Darting konstruierte Roland Krapp im Jahre 1959 eine erste Schmalspurraupe, zumal dieser anstelle von Radschleppern ein Fahrzeug mit geringem Bodendruck einsetzen wollte. Das Rahmenbaufahrzeug besaß einen mittig aufgesetzten Sachs-Kleindiesel. Der Sitz und die Steuerungseinrichtung waren vor dem

12-PS-Krapp-Weinbergraupe »Darting-Typ«, 1959. Foto: Ralf Krapp

32-PS-Krapp-Weinbergraupe UKS 32 mit Haube, 1965. Foto: Ralf Krapp

Motor angebracht. Über zwei gleichgroße Räder und zwei untere Leitrollen wurde das Raupenband geführt, wobei die an den Platten rechts und links angebrachten Winkelstücke ein Abrutschen verhinderten. Der Einsatz dieser Kleinraupe mit dem 12-PS-Sachs-Diesel hatte im Hangbetrieb allerdings gezeigt, dass einige Pferdestärken mehr für eine effektivere Arbeit von Nöten wären.

Die in wenigen Exemplaren montierte Kleinraupe erregte das Interesse weiterer Winzer und Gemüsebauern, so dass Roland Krapp 1961 einen überarbeiteten Typ entwickelte. Für diesen ebenfalls nur 80 cm breiten und 2 m langen Kleinschlepper mit der Bezeichnung »UKS« (Universal-Kettenschlepper) nutzte er luftgekühlte MWM-Dieselmotoren in zwei- und dreizylindriger Ausführung. 20 (später 22) PS oder 25 (später 30) PS standen zur Verfügung. Ab 1964 bestückte Krapp die Kleinraupen auch mit dem wassergekühlten DB-Dieselmotor, der im legendären »180 D« und im »Unimog« seinen Dienst tat und auf 30 PS (später 32 und schließlich 34 PS) eingestellt war. Weit überhängend war der Antrieb vorne in der Rahmenkonstruktion angebracht. Ein 4- oder 6-Gang-Hurth-Getriebe mit Wendegangtechnik übertrug die Kraft über das selbst gefertigte Portalgetriebe mit Spurweitenverstellung auf die Antriebsräder. Gesteuert wurde die Kleinraupe durch überdimensionierte Bandbremsen. Das vollkommen neu konstruierte Kettenlaufwerk besaß nun zwei obere Tragrollen. Unten stützten drei Rollen in einem Stahlblechschlitten die Kette ab. Eine große, längsliegende Spiralfeder diente der Spannung der Kette.

22-PS-Krapp-Weinbergraupe UKS 22, 1967. Foto: Ralf Krapp

32-PS-Krapp-Weinbergraupe UKS 32, 1965. Foto: Ralf Krapp

Für den Transport der 14.600 DM teuren Kleinraupe bot Krapp einen Einachs-Anhänger mit kippbaren Schienen an. Um besonders preiswert zu sein, nutzte Krapp runderneuerte Reifen, die für eine Transportgeschwindigkeit von 20 km/h bestens ausreichten.

Mit einem Schmalspur-Radschlepper entstand um 1964 eine zweite Baureihe. Für diesen »Schmalspur-Schlepper von Format« verwendete Krapp ebenfalls den DB-Dieselmotor, der mit einem ZF-6-Ganggetriebe verblockt war und auf einem Rahmen ruhte. Lenkbremsen unterstützten den Lenkvorgang in schwierigem Gelände. Anfänglich stand die Lenksäule senkrecht, später war sie leicht geneigt angebracht. Die Kühlermaske aus der »UKS«-Baureihe war hier mit zwei enganeinander liegenden Scheinwerfern und dem DB-Stern versehen.

32-PS-Krapp-Weinbergraupe UKS 32, 1967. Foto: Ralf Krapp

32-PS-Krapp-Weinbergschlepper, 1965. Foto: Ralf Krapp

Den Vertrieb der Rad- und Raupenschlepper übernahm das Weingut Sieben Erben in Zornheim bei Mainz. (Der Inhaber dieses Weingutes, Hans Hermann Sieben, entwickelte und fertigte nach der Einstellung der Krapp-Schlepper einen eigenen Schmalspurschlepper, der bis 1975 angeboten wurde.)

Im Jahre 1968 stattete Krapp die die »UKS«-Raupen mit einer großen, schräggestellten und in Abkanttechnik hergestellten Maske bzw. Haube aus. Die Führung der unteren Leitrollen war nochmals geändert worden, so dass eine bessere Zugänglichkeit gewonnen werden konnte. In der Werbung pries Krapp die Fahrzeuge mit der Bemerkung »Ein Wiesel im Weinberg« bzw. »Die Raupe für den anspruchsvollen Winzer« an. Die letzte Ausführung Ende 1968 besaß dann eine große, senkrecht stehende Frontmaske aus gestanzten Blechteilen.

Roland Krapp verlegte sich nach 1968 auf metallbautechnische Arbeiten wie das schlüsselfertige Errichten von Flugzeughallen und von Autohäusern. 1974 konzentrierte sich der dynamische Unternehmer auf die Konstruktion von damals revolutionären elektronischen Steuerungen im Maschinenbau unter der Firmierung »Elkra-Werk«. 1976 kam ein weiteres Werk (»Alkalwerk«) für die Entwicklung und Fertigung von Aluminiumprodukten und Sondermaschinen hinzu.

Beim Landeanflug auf Hildesheim stürzte der rastlos konstruierende Unternehmer und passionierte Flieger durch einen Navigationsfehler ab; das Krapp-Unternehmen musste anschließend aufgelöst werden.

Krapp-Schlepper

Baureihe	Bauzeit	Motor Hersteller	Typ	Zylinder	PS	Kühlung	Bohrung x Hub	Hubraum	Drehzahl	Radstand	Gewicht	Getriebe	Besonderheiten
1. Radschlepper													
»Krapp 32 PS«	1964	DB	OM 636	4	32	W	75x100	1767	3000	1250	1000	6/1	mit Lenkbremse, ab 1965 34 PS
2. Raupenschlepper													
»Darting-Raupe«	1959	F & S	D 600 L	1	12	L	88x100	604	2200				
UKS 20	1961 - 1965	MWM	AKD 10 Z	2	20	L	80 x 80	1004	3000		1000	4/4	ab 1963 MWM D 1105 Z
UKS 25	1961 - 1965	MWM	AKD 10 D	3	25	L	80 x 80	1502	3000		1000	4/4	ab 1963 MWM D 1105 D
UKS 32	1965 - 1967	DB	OM 636	4	32	W	75x100	1767	3000			6/1	auch 6/6-Getriebe ab 1965 34 PS
UKS 22	1967 - 1969	MWM	D 301-2	2	22	L	80x100	1004	3000		1000	4/4	
UKS 32	1967 - 1969	MWM	D 308-2	2	32	L	95x105	1487	3000		1200	6/6	

Krieger

Krieger KG, Landmaschinen- und Fahrzeugbau,
Rhodt unter Rietburg, Mühlgasse 9
1. 1958-2000 **Krieger KG, Landmaschinen- und Fahrzeugbau**
2. 2000-2015 **Krieger Fahrzeugbau GmbH**

Kurz nach Kriegsende richtete Fritz Krieger sen. in Rhodt bei Edenkoben in der Pfalz eine Werkstatt für landwirtschaftliche Geräte ein, die sich schon bald der Spezial-Fahrzeugfertigung für den Weinbau zuwandte. Im Auftrag des Winzers und Lohnunternehmers Adam Rodach fertigte Krieger Ende der 1940er Jahre einen Prototyp des Varimot-Spezialschleppers (siehe Vari-Werk).

Friedrich Krieger experimentierte in der ersten Hälfte der 1950er Jahre mit Rad- und Raupenfahrzeugen, um ein ideales Zugmittel zum Einsatz

30-PS-Krieger-Schmalspurschlepper »Kruni KS 30«, 1967.

in den Pfälzer Weinbau-Steillagen zu entwickeln. 1955 konnte der kompakte Radschlepper »Kruni« (Krieger Universalschlepper) mit 20-PS-Farymann-Diesel vorgestellt werden. In den Serienbau gelangten dann die verbesserten und mit luftgekühlten MWM-Motoren sowie mit Hurth-Getrieben ausgestatteten Modelle »Kruni 20« und »Kruni 30«, die stärkere Ausführung auch mit Allradantrieb.

1967 entfiel die der Typenkennung vorgestellte Bezeichnung »Kruni« für die Schlepper der »KS«-Serie. Die zunächst freistehenden Scheinwerfer waren jetzt geschützt unterhalb des Lufteinlasses der Blechhaube untergebracht. Die stabile Stahlkonstruktion des vorderen Fahrzeugteils ermöglichte das einfache und problemlose Anbringen von Frontgeräten.

1970 erhielten die Modelle unter dem Krieger-Motto »Technik in kompakter Form« stärkere Motoren, die jetzt von einer Kunststoffhaube mit größerem Lufteinlass und größeren Scheinwerfern überdeckt wurde. Das Modell »KS 42« war mit dem »D 302«-MWM-Motor aus der Produktion der Lizenzfirma DITER in Zafra/Spanien ausgestattet.

Das zeitweilige Spitzenmodell war mit einem Turbolader-Motor bestückt, so dass hier 65 PS zur Verfügung standen. Eine neue Planeten-Allrad-Lenktriebachse mit hydraulisch gesteuertem Lenkeinschlag von 50 Grad verbesserte die Manövrierfähigkeit der Schlepper. Das ab 1983 eingesetzte 12-Ganggetriebe konnte durch eine Kriechganggruppe auf 16 Gänge erweitert werden. Frontkraftheber, Frontzapfwelle und auf Wunsch eine sprühnebeldichte Edscha-Kabine waren jetzt Standard der Krieger-Schlepper. Ein eigener Frontlader ließ sich anbringen. Als der Scheinwerfer-Hersteller Hella 1986 keine runden Lampen mehr baute, kamen Rechteck-Scheinwerfer zum Einbau.

1991 erhielten die Allradler eine neue Vorderachse, die jetzt einen Lenkeinschlag von 52 Grad ermöglichte. Für kurze Zeit nutzte Krieger auch gekapselte Hatz-»Silent«-Motoren.

Parallel zu den letzten Bauserien der »KS«-Modelle entstanden ab 1991 die »KT«-Baureihen mit Hinterrad- und Allrad-Antriebstechnik. Wassergekühlte Deutz-MWM-Motoren mit günstigeren Abgaswerten und einer geringeren Geräuschentwicklung trieben diese Modelle an. Für den Einsatz in Obstplantagen gab es die Fahrzeuge mit größerem Radstand. Für

40-PS-Krieger-Schmalspurschlepper »Kruni KS 40«, 1967.

33-PS-Krieger-Schmalspurschlepper KS 33 A, 1970.

den Kommunaleinsatz bot Krieger die »KTK«-Ausführungen an. Die auf Wunsch aufgesetzte Einfach- oder Komfortkabine erhielt eine Gummilagerung sowie eine geräuschdämmende Schottwand zwischen Motor und Armaturenbrett.

1994 ging Krieger auf 12-Gang-Wendegetriebe mit Seitenschaltung über, was die Handhabung der Schlepper vereinfachte. Die »KT«-Modelle

42-PS-Krieger-Schmalspurschlepper KS 42, 1970.

trugen (zumindest in den Prospekten) die Zusatzbezeichnung »VC« für »vineyard-compact«. Die aufgefrischte Haube erhielt drei Lüftungsstreifen anstelle des Gitters. Die Lenktriebachse wies jetzt einen Einschlag von 55 Grad auf und erhöhte erneut die Wendigkeit und Geländegängigkeit der Krieger-Schmalspurschlepper.

Ab 1999 ersetzte die »K«-Baureihe mit einer modernen, vorne leicht abfallenden Haube die bisherigen »KT«-Modelle. Laufruhige Deutz-Vierzylinder-Triebwerke mit Öl-Luftkühlung trieben bzw. treiben die noch im Lieferprogramm stehenden Modelle an. Die Ziffern-Zusätze zur Typenbezeichnung geben die unterschiedliche Ausführung der Außenbreite an.

Im Jahre 2002 präsentierte die Firma unter der Leitung von Fritz Krieger jun. parallel zur »K«-Baureihe die Modellreihe »K 100« »im superkompakten Format«. Die Außenbreiten betragen 1050 bis 1060 mm. In der zweiten Bauausführung kommen Deutz-Motoren mit leicht vergrößerten Hubräumen zum Einbau, die mehr Leistung erzeugen und vor allem den verschärften Abgasnormen angepasst sind. Mit dem Spitzenmodell »K 1002 A« überschritt Krieger die 100-PS-Marke.

Die Fahrzeuge wurden auch in entsprechender Farbgebung Kommunalbetrieben angeboten. Darüber hinaus fertigte das Werk Geräte für den Weinbau, darunter einen Trauben-Vollernter, der über die Schlepper-Zapfwelle angetrieben wird.

Im Sommer 2015 musste das Werk die Fertigung aufgrund von Zahlungsunfähigkeit und Überschuldung einstellen.

60-PS-Krieger-Schmalspurschlepper KS KT 60 A, 1993.

59-PS-Krieger-Schmalspurschlepper K 601 A, 2002.

50-PS-Krieger-Schmalspurschlepper K 50 A, 1999.

102-PS-Krieger-Schmalspurschlepper K 1002, 2009.

72-PS-Krieger-Schmalspurschlepper KT 72A, 2015.

Krieger-Schlepper

Baureihe	Bauzeit	Motor Hersteller	Typ	Zylinder	PS	Kühlung	Bohrung x Hub	Hubraum	Drehzahl	Radstand	Gewicht	Getriebe	Besonderheiten
1. KS-Modelle, Außenbreite 880 - 1120 mm													
Kruni	1955	Farymann	DL 2	1	10	L	90x120	760	1750				Prototyp
Kruni KS 20	1957 - 1965	MWM	AKD 10 Z	2	20	L	80x100	1004	3000	1210	760	6/1	Serienbau ab 1961
Kruni KS 30	1965 - 1970	MWM	D 308-2	2	30	L	95x105	1488	2300	1450	945	6/1	
Kruni KS 30 A	1965 - 1968	MWM	D 308-2	2	30	L	95x105	1488	2300			6/1	Allradantrieb
KS 40	1967 - 1970	MWM	D 308-3	3	40	L	95x105	2232	2400	1600	1120	8/2	
KS 40 A	1967 - 1970	MWM	D 308-3	3	40	L	95x105	2232	2400		1360	8/2	Allradantrieb
KS 30 A	1968 - 1970	MWM	D 308-2	2	30	L	95x105	1488	2300	1540	1105	6/1	
KS 31	1969	MWM	D 325-2	2	31	L	95x105	1488	2500				
KS 33	1970 - 1991	MWM	D 327-2	2	33	L	100x120	1888	2300	1490	985	11/2	
KS 33 A	1970 - 1993	MWM	D 327-2	2	33	L	100x120	1888	2300	1490	1005	11/2	Allradantrieb
KS 42	1970 - 1991	MWM	D 302-3	3	42	L	95x105	2232	2300	1570	1090	11/2	
KS 42 A	1970 - 1991	MWM	D 302-3	3	42	L	95x105	2232	2300	1660	1235	11/2	Allradantrieb
KS 28		MWM	D 302-2	2	28	L	95x105	1488					
KS 28 A		MWM	D 302-2	2	28	L	95x105	1488					
KS 50 (K)	1981 - 1990	MWM	D 327-3	3	50	L	100x120	2826	2250	1680	1180	8/2	
KS 50 (L)	1981 - 1990	MWM	D 327-3	3	50	L	100x120	2826	2250	1740	1240	8/2	
KS 50 A (K)	1981 - 1990	MWM	D 327-3	3	50	L	100x120	2826	2250	1780	1290	8/2	Allradantrieb
KS 50 A (L)	1981 - 1990	MWM	D 327-3	3	50	L	100x120	2826	2250	1840	1350	8/2	dito
KS 55 (K)	1983 - 1999	MWM	D 327-3	3	55	L	100x120	2826	2500	1830	1480	12/4	auch 16/4-Getriebe
KS 55 (L)	1983 - 1999	MWM	D 327-3	3	55	L	100x120	2826	2500	1880	1510	12/4	auch 16/4-Getriebe
KS 55 A (K)	1983 - 1999	MWM	D 327-3	3	55	L	100x120	2826	2500	1890	1610	12/4	Allradantrieb, auch 16/4-Getriebe
KS 55 A (L)	1983 - 1999	MWM	D 327-3	3	55	L	100x120	2826	2500	1950	1650	12/4	
KS 65	1983 - 1991	MWM	TD 327-3	3	65	L	100x120	2826	2300	1900	1550	12/4	T, auch 16/4-Getriebe
KS 65 A (K)	1983 - 1991	MWM	TD 327-3	3	65	L	100x120	2826	2300	1920	1650	12/4	T, Allradantrieb, auch 16/4-Getriebe
KS 65 A (L)	1983 - 1991	MWM	TD 327-3	3	65	L	100x120	2826	2300	1980	1690	12/4	
KS 45 A	1991 - 1999	MWM	D 302-3	3	42,2	L	95x105	2240	2300	1660	1235	11/2	Allradantrieb, ab 1994 12/12-Getriebe
KS 48 A	1992 - 1993	Hatz	3L40S	3	48	L	102x105	2575	2300	1770	1350	11/2	Allradantrieb
KS 45 L 1 (VC)	1994 - 1999	Hatz	3L40S	3	48	L	102x105	2575	2300	1890	1460	12/12	
KS 45 A L1 (VC)	1994 - 1999	Hatz	3L40S	3	48	L	102x105	2575	2300	1925	1630	12/12	Allradantrieb
KS 72 A (VC)	1993 - 1999	Deutz-MWM	TD 226 B-3	3	70	W	105x120	3117	2350			12/12	T, Allradantrieb
2. KT-Modelle, Außenbreite 980 - 1120 mm													
KT 40		Deutz-MWM	D 226 B-2	2	40	W	105x120	2077	2350	1710	1480	11/2	
KT 52	1991 - 1999	Deutz-MWM	D 226 B-3	3	50	W	105x120	3117	2350	1850	1470	11/2	ab 1994 12/12-Getriebe
KT 52 A	1991 - 1999	Deutz-MWM	D 226 B-3	3	50	W	105x120	3117	2350	1870	1600	11/2	Allradantrieb, ab 1994 12/12-Getriebe
KT 60 (K)	1992 - 1999	Deutz-MWM	D 226 B-3	3	60	W	105x120	3117	2350	1920	1480	12/4	auch 16/4-Getriebe
KT 60 (L)	1992 - 1999	Deutz-MWM	D 226 B-3	3	60	W	105x120	3117	2350	1980	1690	12/4	
KT 60 A (K)	1992 - 1999	Deutz-MWM	D 226 B-3	3	60	W	105x120	3117	2350	1920	1610	12/4	Allradantrieb, auch 16/4-Getriebe
KT 60 A (L)	1992 - 1999	Deutz-MWM	D 226 B-3	3	60	W	105x120	3117	2350	1980	1690	12/4	
KT 72 turbo (K)	1994 - 1999	Deutz-MWM	TD 226 B-3	3	70	W	105x120	3117	2350	1920	1710	12/4	T, auch 16/4-Getriebe
KT 72 turbo (L)	1994 - 1999	Deutz-MWM	TD 226 B-3	3	70	W	105x120	3117	2350	1980	1735	12/4	T, auch 16/4-Getriebe
KT 72 A turbo	1994 - 1999	Deutz-MWM	TD 226 B-3	3	70	W	105x120	3117	2350	1955	1790	12/4	T, Allradantrieb, auch 16/4-Getriebe
KT 75 A		Deutz-MWM	TD 226 B-4	4	72	W	105x120	4160	2350	1955	1987	12/12	T, Allradantrieb
3. K-Modelle, Außenbreite 1050 - 1230 mm													
K 50	1999 - 2000	Deutz	F 4 L 1011	4	50	L/Öl	91x105	2732	2450	1920	1595	12/12	
K 50 A	1999 - 2000	Deutz	F 4 L 1011	4	50	L/Öl	91x105	2732	2450	1950	1805	12/12	Allradantrieb
K 60 (K)	1999 - 2000	Deutz	BF 4 L 1011	4	60	L/Öl	91x105	2732	2450	1920	1595	12/12	T
K 60 (L)	1999 - 2000	Deutz	BF 4 L 1011	4	60	L/Öl	91x105	2732	2450	1950	1805	12/12	T
K 60 A (K)	1999 - 2000	Deutz	BF 4 L 1011	4	60	L/Öl	91x105	2732	2450	1950	1805	12/12	T, Allradantrieb
K 60 A (L)	1999 - 2000	Deutz	BF 4 L 1011	4	60	L/Öl	91x105	2732	2450	1980	1830	12/12	
K 80 A	2000 - 2007	Deutz	BF 4 L 1011	4	75	L/Öl	91x105	2732	2500	1980	1850	12/12	T, Allradantrieb, ab 2003 77 PS
K 70	2003 - 2004	Deutz	BF 4 L 1011	4	70	L/Öl	91x105	2732	2450		1800	12/12	T
K 70 A-1	2005 - 2008	Deutz	BF 4 L 2011	4	71	L/Öl	94x112	3110	2500	1980	1850	12/12	T, Allradantrieb
K 70 A-1 FS	2005 - 2009	Deutz	BF 4 L 2011	4	71	L/Öl	94x112	3110	2500	1950	1850	12/12	T, Allradantrieb, ab 2009 73 PS
K 70 A	ab 2009	Deutz	TD 2011 L41	4	73	L/Öl	96x125	3619	2500	1950	1850	12/12	T, Allradantrieb
K 70 A-1/2/3	ab 2009	Deutz		4	73	L/Öl	96x125	3619	2500	1980	1850 - 1960	12/12	T, Allradantrieb
K 80 A-2	ab 2009	Deutz		4	77	L/Öl	96x125	3619	2500	1980	1910	12/12	T, Allradantrieb
K 80 A-3	ab 2009	Deutz		4	77	L/Öl	96x125	3619	2500	1980	1960	12/12	T, Allradantrieb
3. K-100-Modelle, Außenbreite 1050 - 1060 mm													
K 501	2002 - 2005	Deutz	F 3 L 2011	3	50	L/Öl	94x112	2332	2500		1580	12/12	
K 501A-1 FS	2002 - 2005	Deutz	F 3 L 2011	3	50	L/Öl	94x112	2332	2500	1950	1805	12/12	Allradantrieb
K 601	2002 - 2005	Deutz	BF 3 L 2011	3	59	L/Öl	94x112	2332	2500			12/12	T
K 601 A-1 FS	2002 - 2007	Deutz	BF 3 L 2011	3	59	L/Öl	94x112	2332	2500	1950	1805	12/12	T, Allradantrieb
K 601 A-2	2002 - 2005	Deutz	BF 3 L 2011	3	59	L/Öl	94x112	2332	2500	1980	1850	12/12	T, Allradantrieb

Krieger-Schlepper													
Baureihe	Bauzeit	Motor Hersteller	Typ	Zylinder	PS	Kühlung	Bohrung x Hub	Hubraum	Drehzahl	Radstand	Gewicht	Getriebe	Besonderheiten
K 501-1 FS	2005 - 2008	Deutz	F 3 L 1011	3	50	L/Öl	91x105	2049	2450	1800	1595	12/12	
K 501- A	2005 - 2008	Deutz	F 3 L 1011	3	50	L/Öl	91x105	2049	2450	1840	1580	12/12	Allradantrieb
K 501 A-1 FS	2005 - 2008	Deutz	F 3 L 1011	3	50	L/Öl	91x105	2049	2450	1840	1805	12/12	
K 601	2005	Deutz	BF 3 L 1011	3	60	L/Öl	91x105	2049	2500	1840	1595	12/12	
K 601 A-1 FS	2005	Deutz	BF 3 L 1011	3	60	L/Öl	91x105	2049	2500	1840	1670	12/12	T, Allradantrieb
K 601 A-1 FS	2005 - 2008	Deutz	BF 3 L 1011	3	60	L/Öl	91x105	2049	2500	1860	1805	12/12	
K 601 A-2	2005 - 2008	Deutz	BF 3 L 1011	3	60	L/Öl	91x105	2049	2500	1860	1830	12/12	
K 502 A	ab 2009	Deutz	F 3 L 2011	3	50	L/Öl	94x112	2332	2500	1950	1750	12/12	Allradantrieb
K 602	ab 2009	Deutz	D 2011 L41	4	62	L/Öl	96x125	3619	2500	1840	1595	12/12	
K 602 A-1	ab 2009	Deutz	D 2011 L41	4	62	L/Öl	96x125	3619	2500	1840	1805	12/12	Allradantrieb
K 602 A-2	ab 2009	Deutz	D 2011 L41	4	62	L/Öl	96x125	3619	2500	1860	1830	12/12	
K 902 A	ab 2009	Deutz	BF 4 M 2012	4	88	W	101x126	4010	2500			24/24	T, Allradantrieb
K 1002 A	ab 2009	Deutz		4	102	W	101x126	4010	2500			24/24	

Krümpel

Joseph Krümpel,
Wettringen, Bilker Str. 2,
1938–1952

Aus einem 1927 gegründeten Schlossereibetrieb ging wenig später eine Landmaschinenfabrik hervor, die Fressgitter, Stalleinrichtungen, Grasmäher, Heuwender, Kartoffelroder, Pfüge, Saateggen und Zerstäuber-Düngerstreuer herstellte. Als landwirtschaftliche Betriebe in der Umgebung

22-PS-Krümpel K 22, 1937. Foto: Thorsten Worbser

25-PS-Krümpel KT, 1948. Foto: Thorsten Worbser

Traktoren anschafften, nutzte Joseph Krümpel diese Nachfragechance und montierte ab 1938 bis Kriegsbeginn 20 solide ausgeführte Schlepper mit 22-PS-Deutz-Motor und dem Prometheus-Vierganggetriebe. Nachdem während des Krieges Zerstäubungsgeräte für die Kartoffelkäferbekämpfung hergestellt werden mussten, konnte Krümpel ab 1948 wieder die Schleppermontage aufnehmen. Die nun mit 25 PS Leistung ausgestatteten Konfektions-Fahrzeuge erhielten eine neue Vorderachse, eine größere Bereifung, Einzelradbremsung und eine abgerundete Haube. Etwa weitere 60 Exemplare konnten bis 1952 in Einzelmontage gefertigt werden, wobei das letzte Modell mit einem 28 PS starken luftgekühlten Deutz-Diesel ausgestattet wurde. Der Betrieb konzentrierte sich nun wieder auf den Bau und auf den Handel von landwirtschaftlichen und kommunalwirtschaftlichen Geräten, darunter Straßen-Streuautomaten. Um 1995 erfolgte die Auflösung der Firma.

Krümpel-Schlepper													
Baureihe	Bauzeit	Motor Hersteller	Typ	Zylinder	PS	Kühlung	Bohrung x Hub	Hubraum	Drehzahl	Radstand	Gewicht	Getriebe	Besonderheiten
K 22	1937 - 1939	Deutz	F 2 M 414	2	22	W	100x140	2198	1500	1670	1650	4/1	
KT 125	1948 - 1952	Deutz	F 2 M 414	2	25	W	100x140	2198	1700	1670	1750	4/1	
K 28	1952	Deutz	F 2 L 514	2	28	L	110x140	2660	1550			4/1	1 Exemplar

Krupp

Friedr. Krupp AG, Abt. Landmaschinenwerk,
Essen, Bamlerstr. Tor 90,
1927

Wegen der Einschränkungen im Rüstungsbereich, die der Versailler Vertrag dem Deutschen Reich auferlegte, versuchte das Krupp-Werk mit der Aufnahme der Lastwagen- und einer beschränkten Landmaschinenfertigung die Kapazitäten auszulasten. In der Mitte der 1920er Jahre entstanden neben Schwad- und Pferderechen, Bindemähern, Getreide- und Grasmähern, Heuwendern, Walzen-Schrotmühlen, Separatoren, Pflanzlochstechern und Kartoffelrodern auch 5-PS-Einachsschlepper, die mit einer Schleppachse zu Vierradfahrzeugen erweitert werden konnten. Patente der Rapid Motormäher AG in Zürich wurden verwendet. 1950 ging die Landmaschinenabteilung des Krupp-Werkes in die Landmaschinenfabrik Essen GmbH (LFE) über.

6-PS-Krupp-Grasmäher »Rapid«, 1927.

Krupp-Grasmäher

Baureihe	Bauzeit	Motor Hersteller	Typ	Zylinder	PS	Kühlung	Bohrung x Hub	Hubraum	Drehzahl	Radstand	Gewicht	Getriebe	Besonderheiten
Einachsmotormäher	1927 - 1929			1	5	L			2200				

Kuërs

Maschinenfabrik Friedrich Kuërs,
Berlin-Tegel, Egellstr. 61 - 63 und
Berlin-Wedding, Gerichtstr. 72 sowie Stettiner Str. 28,
1912–1921

40-PS-Kuers-Wiesenwalze, 1916.

Vor dem Ersten Weltkrieg konstruierte der im Tegeler Schloss wohnende Ingenieur Friedrich Kuërs den »Ergomobil«-Seilpflug, der im Zweimaschinensystem mit einem sechsscharigen Kippflug-Kultivator sowie einem 450 m langen Drahtseil arbeitete. Auch für den Transport schwerer Lasten und zum Herausziehen von Wagen aus dem Feld sowie zum Ziehen von Rübenhebern war der »Ergomobil« geeignet. Die erste Version besaß einen langsam laufenden Einzylinder-Motor mit 30/35 PS bei nur 300 bis 330 Umdrehungen, genug für eine Geschwindigkeit von 6,7 km/h. Auf dem Fahrzeugrahmen des sieben Tonnen schweren Pflugs befand sich eine vom Motor angetriebene Seiltrommel mit einem 450 m langen Stahlseil.

40-PS-Kuers »Ergomobil«, 1913.

Die Vertriebsorganisation für die »Ergomobile«, die Firma Theodor Kaulen, Berlin, Neue Friedrich Str. 61/63, regte 1916 noch den Bau einer kleineren Maschine gleicher Bauart an, von der tatsächlich noch einige wenige Exemplare gebaut werden konnten, auf Stückzahlen brachten es aber auch die großen »Ergomobile« nicht: Mehr als ein Dutzend dürfte es kaum gegeben haben. Erst als die Borsig-Werke den im Prinzip gut durchdachten Schlepper übernommen und die Motorleistung auf 40 PS bei 360 Umdrehungen steigerten, gingen die Absatzzahlen der »Ergomobile« in die Höhe; auch Theodor Kaulen war zu den Borsig-Werken gegangen. Ein ähnliches Modell entwickelte auch der Zivilingenieur Hartmann.

Kuërs-Schlepper

Baureihe	Bauzeit	Motor Hersteller	Typ	Zylinder	PS	Kühlung	Bohrung x Hub	Hubraum	Drehzahl	Radstand	Gewicht	Getriebe	Besonderheiten
Ergomobil	1912			1	12	V							
Ergomobil	1913			4	24	V		6868	560		7940		
Ergomobil	1915	Kuërs		1	30/35	V	185x320	8597	300/350		8085	2/1	auch mit 2. Motor für das Spill
Ergomobil	1920?			1	40	V			360		8000	2/1	
Ergomobil	1920?			1	24	V		7693	600		2500		
Ergomobil	1920?			1	32	V			750				

Kühner & Berger

Kühner & Berger GmbH,
Sasbach bei Achern,
1950–1953

Die Firma Kühner & Berger hatte ihren Ursprung in einem Sägewerk mit einer Kornmühle. 1943 kam der Vertrieb technischer Geräte, Spirituosen und »Artikel aller Art« hinzu. Ende der 1940er Jahre übernahm der Betrieb unter Eduard Kühner und Dipl.-Ing. Julius Berger die Vertretung für den Motorenhersteller Farny & Weidmann (Farymann). Kein Wunder also, dass das Unternehmen aus dem Schwarzwald bei seinen Schleppern dann gerade diese Motoren nutzte.

Kühner & Berger, ehemalige MWM-Ingenieure, betraten 1950 die Bühne mit ihrem außergewöhnlichen »Dieselzwerg«, der als kleiner Geräteträger und als Kleinschlepper für die Obstbau- und Kleinparzellenwirtschaft verwendet werden sollte. Das in Rahmenbauweise ausgeführte Fahrzeug verfügte über drei Räder und wurde mit einem Motorradlenker gesteuert. Hinter dem Fahrer befand sich eine kleine Ladepritsche für 300 kg Zuladung, die Hinterachse stammte zunächst von Jeep, später von Opel. Wie erwähnt, kam ein wassergekühlter Einzylinder-Farymann-Motor mit 6, später 7, 5, 8 oder 10 PS zum Einsatz, die Kraftübertragung war Sache des 6-Gang-Jeep- oder Prometheus-Getriebes. Zapfwelle und Mähbalken waren serienmäßig, ebenso die Möglichkeit, durch das Umstecken der bremsbaren Hinterräder die Spur zu verändern.

Angeblich wurden bis 1953 rund 350 Exemplare des »Dieselzwerges« montiert, der Werbeslogan »Ein Riese an Leistung – ein Zwerg an Gestalt« war gar nicht einmal so falsch. Dennoch lief der Schlepperbau aus, das Unternehmen stellte anschließend Gummiformen her, unterhielt aber bis zur Auflösung im Jahre 1961 noch eine Werkstatt.

8-PS-Kühner & Berger »Dieselzwerg«, 1952.

Kühner & Berger-Behelfsschlepper

Baureihe	Bauzeit	Motor Hersteller	Typ	Zylinder	PS	Kühlung	Bohrung x Hub	Hubraum	Drehzahl	Radstand	Gewicht	Getriebe	Besonderheiten
Dieselzwerg	1950	Farymann	DL 1	1	6	W	80x120	602	1500	1500	650	2x3/1	auch 7,5 PS mit Verdampfer-Kühlung
Dieselzwerg 75/1	1951 - 1952	Farymann	DL 2	1	8	V	90x120	765	1500	1500	650	2x3/1	
Dieselzwerg	1953 - 1955	Farymann	DL 1	1	8	W	80x120	602	1700	1500	650	2x3/1	
Dieselzwerg	1953 - 1955	Farymann	DL 2	1	10	W	90x120	765	1750	1500	720	2x3/1	

Kulmus

Anton Kulmus,
Isny-Eisenharz/Allg.,
1937–1955

Erfahrungen im Fahrzeugbau hatte Anton Kulmus 1926 gesammelt, als er einige Opel-»Laubfrosch« und Brennabor 6/16- sowie 6/20-PS-Pkw zu Behelfsschleppern umgebaut und mit Kastenaufbau versehen hatte. Weitere Pkw-Fahrgestelle rüstete er ebenfalls mit einem Mähbalken zu Behelfsschleppern um. 1935 nutzte er das 7/34-PS-Chassis von NSU für seine Schlepper-Konstruktion, setzte aber einen 8-PS-Hatz-Diesel in das NSU-Chassis. 1937 entstanden erste Kulmus-Blockbauschlepper mit dem Deutz-Diesel F 2 M 313; die Fertigungskapazität war aber zu gering, so dass 1939 die Montage eingestellt werden musste. Eine neue Entwicklung entstand dann während des Krieges in Form des »Zugbocks« mit 6-PS-Vergasermotor. Hier handelte es sich um eine Konstruktion mit einem großen Vorderrad, über dem der Motor saß und die Traktion erhöhte; hinten befanden sich zwei kleine Räder. Schließlich entstand während des Krieges der motorisierte Schwadrechen vom Typ »Pony«, der von einem 6/7-PS-F&S-Motor angetrieben wurde.

1949 nahm der 1864 gegründete Landmaschinenhandels- und Reparaturbetrieb unter der zuversichtlichen Bezeichnung »Schlepperbau« die Montage von Traktoren auf. Einziger Typ war das Modell »KDE 22« mit Deutz- oder MWM-Zweizylindermotor. Um auch in der unteren Klasse ein Modell anzubieten, übernahm Kulmus den Primus-Typ »PD 1 Z«, der in grüner Lackierung als Typ KD 17 im Programm. Gleichzeitig bot Kulmus einen passenden Anhänger hierzu an.

Anton Kulmus mit einem Umbauschlepper.

22-PS-Kulmus KDE 22, 1950.

Kulmus-Schlepper

Baureihe	Bauzeit	Motor Hersteller	Typ	Zylinder	PS	Kühlung	Bohrung x Hub	Hubraum	Drehzahl	Radstand	Gewicht	Getriebe	Besonderheiten
KD 20	1937 - 1947	Deutz	F 2 M 313	4	20	W	100x130	2041	1500		1600		Prototyp
KDE 22	1949 - 1955	Deutz	F 2 M 414	2	22	W	100x140	2198	1500		1650	4/1	
KDE 22	1950 - 1955	MWM	KDW 415 Z	2	22	W	100x150	2356	1500		1700	4/1	

Kurz

Ludwig Kurz,
Röhlingen,
1927 – 1939 (?)

Schmiedemeister Ludwig Kurz bot in seinem Landwirtschaftshandel Erzeugnisse der Firmen IHC, Ködel & Böhm und Fella an. Darüber hinaus übernahm er 1909 die Vertretung der Erzeugnise der Motorenfabrik Richard Keidel in Crailsheim. 1927 baute Kurz seinen ersten Schlepper, der sich als leichte Zugmaschine und als Mähmaschine eignete. Einzelexemplare mit 15 bis 40 PS starken Keidel-Motoren folgten bis 1938, als die Firma Keidel die Motorenproduktion 1938 aufgab. Insgesamt sollen 65 Modelle montiert worden sein. Anschließend verlegte sich Kurz auf den Vertrieb von Wahl-Schleppern. Heute ist das Unternehmen im Handel und im Service von Pkw, Lkw und Case-Traktoren (Marke Steyr) tätig.

Kyffhäuserhütte

Aktien-Maschinenfabrik Kyffhäuserhütte Artern, vorm. Paul Reuss,
Artern, Am Pflaumenweg,
1912–1927 und 1938–1939

Paul Reuss (auch Schreibweise Reuß), 1853–1924, gründete 1881 in Artern eine Blech- und Kupferschmiede mit Schlosserei, die wenig später mit der Herstellung von Viehfutterdämpfern, Rübenstechern, Kartoffelwäschern und Kartoffelquetschern großen Aufschwung nahm. 1897 ging aus dem erfolgreichen Unternehmen die Aktien-Maschinenfabrik Kyffhäuserhütte, vormals Paul Reuß Artern, mit dem Warenzeichen AKRA hervor. Paul Reuß übernahm den Vorstand der Gesellschaft, deren bekanteste Produkte inzwischen Milchseparatoren geworden waren. 1903 ließ die Kyffhäuserhütte das noch heute stehende, repräsentative Hauptgebäude errichten. Zwei Jahre später nahm das Werk auch den Bau von Motoren, Dreschmaschinen, Jaucheverteilern, Schleudern, Mehlsichtern und Schrotmühlen auf. 1910 kam es zur Fusion und schließlich zur Eingliederung der Ergon-Kosmos AG in Karlsruhe, die auf den Bau von Spiritusmotoren der Marke »Kosmos« spezialisiert war.

1912 nahm die Kyffhäuserhütte die Fertigung von Tragpflügen der Marke »AKRA« auf. Der große »AKRA«-Typ besaß einen 75/80-PS-Kämper-Motor, der die starre Vorderachse antrieb; das hintere Stützrad diente der Lenkung. Der Tragrahmenausleger war nach rechts versetzt, so dass die beiden extrem breiten Treibräder auf dem festen Boden liefen und eine Schrägstellung des Fahrzeugs vermieden werden sollte. Allerdings führte diese Ausführung bei Pflugarbeit zum Abdriften des Fahrzeugs durch den hohen Widerstand, den die Pflugscharen und das Heckrad ausgesetzt waren. Der Pflugführer musste stets kräftezehrend gegensteuern und ein Tiefpflügen war dadurch kaum möglich. Die sieben Pflugschare waren in einem Hilfsrahmen angebracht, der in Kopie der Konstruktion des Stock-Motorpfluges durch eine heckseitige Zahnstange in der Höhe verstellt werden konnte. Eine hintere Zugstange mit Spiralfeder balancierte den Rahmen aus und minderte den Widerstand beim Auftreffen der Schare auf Steine. Die neun Tonnen schwere Maschine mit 2,4 m hohen Antriebsrädern konnte sich mit 4 bis 5,75 km/h bewegen.

Mit einer Benzineinspritzanlage versehen, ließ sich der gewaltige 15-Liter-Motor leicht starten. Für den Dauerbetrieb wurden dann schwere Treibstoffsorten verwendet. Geschickterweise ließ sich die Motorhaube mittels eines Zahnstangenantrieb nach vorne verschieben, um den Motor vor Überhitzung zu schützen.

Für den rechtlich unanfechtbaren Serienbau musste die Kyffhäuserhütte den »Großen Akra« umkonstruieren. Die Treibräder wurden schmaler ausgeführt und das rechte Rad konnte in der Höhe sowie etwas auf der Achse verstellbar in der Furche laufen, so dass ein waagerechter Furchengang erzielt wurde. Der Pflugrahmen wurde jetzt am Rahmen vorne mit zwei Gabeln beweglich angebracht; hinten war er mit der Spiralfeder am Lenkradstützblock befestigt. Drei über ein Reversiergetriebe motorisch angetriebene Zahnstangen sorgten exakt aber teuer für die Parallelität von Trag- und Pflugrahmen. Die Greifer ließen sich für die Straßenfahrt in Schlitze auf den Radbandagen einschieben.

Ebenfalls 1912 erwarb die Kyffhäuserhütte die Ruhrwerke Motoren-

70/80-PS-Kyffhäuserhütte-Tragpflug »Akra«, neunscharig in Tunesien, 1913.

32/36-PS-Kyffhäuserhütte-Tragpflug »Akra«, 1925.

und Dampfkesselfabrik AG in Duisburg mit ihren Gelenkpflügen; legte aber schon im Jahre 1914 dieses Werk still. Der Gründer und Vorstandsvorsitzende Paul Reuß musste 1915 aus gesundheitlichen Gründen aus dem Vorstand ausscheiden und starb 1924. Gustav Gerasch und (bis 1928) Wilhelm Lindenberg führten jetzt das Unternehmen. 1921 löste der »AKRA«-Kleinmotorpflug den schwerfälligen und wenig geglückten Großmotorpflug ab.

Ein Motor mit 25/30, später 32/36 PS trieb das 2,4 Tonnen schwere, fünfscharige Fahrzeug an. Mit einem Dreiganggetriebe erreichte der Tragpflug Geschwindigkeiten von 2,5, 3,3 und 3,8 km/h. Der Pflugrahmen war gegenüber dem Fahrzeugrahmen wiederum nach rechts versetzt und wurde in Höhe des Stützrades in der Höhe reguliert. Nach einigen Modellen, deren eng aneinander angebrachten Treibräder zur Schonung des Bodens auf dem ungepflügten Teil des Feldes liefen, konstruierte die Kyffhäuserhütte ihren Kleinmotorpflug erneut um. Das rechte Treibrad lief nun in der Furche. Der Pflugrahmen wurde auch hier mechanisch bewegt; die Kupplungsscheibe konnte zum Antrieb von Dreschmaschinen und anderen stationären Maschinen verwendet werden. Die Bedienung blieb trotz aller Verbesserungen aber recht umständlich und die Nachfrage stets spärlich.

1938 gliederte die 1000 Mann starke Kyffhäuserhütte das Eisenwerk Otto Brünner in Artern ein. Nach dem Misserfolg mit den Tragpflügen beschränkte sich das Unternehmen dann auf den Landmaschinenbau, konstruierte aber um 1938/39 noch einen Radschlepper in Blockbautechnik mit Deutz-Zweizylindermotor, der jedoch im Schell-Plan nicht berücksichtigt wurde und daher nach 39 fertiggestellten Exemplaren aufgegeben werden musste.

Das Stammwerk in Artern, das während des Krieges mit Zwangsarbeitern in der Rüstungsfertigung (Lafetten und Flakzubehör) tätig war, wurde nach Enteignung, Sequestrierung und Liquidierung zunächst als Sowjetische Aktiengesellschaft (SAG), ab 1952 als VEB Kyffhäuserhütte Artern (KHA) geführt und stellte wie eh und je Milchseparatoren her; wobei das

22-PS-Kyffhäuserhütre »Akra«, 1939. Foto: Horst Hintersdorf

Markenzeichen AKRA bis zu einer westdeutschen Klage im Jahre 1957 geführt wurde.

Nach der Wende übernahm die SÜDMO-Schleicher AG aus Baden-Württemberg das Unternehmen. Nach Aufbrauch der Fördermittel des Bundes geriet das Unternehmen in Konkurs. Verschiedene Unternehmen, darunter die neugebildete Kyffhäuser Maschinenfabrik Artern GmbH, die wiederum Separatoren herstellte, zogen in die historischen Gebäudeanlagen ein; inzwischen dient das eindrucksvolle Gebäude als Lager für einen Fahrradhändler.

Ein Neuanfang in der Westzone nach der Enteignung im Jahre 1945 als Kyffhäuser Landmaschinenbau und Handelsgesellschaft Tettenborn u. Co.in der einstigen Kosmos-Motorenfabrik und Verkaufsstelle Karlsruhe brachte dem Unternehmen nicht den erhofften Erfolg, so dass es 1950 schon aufgelöst werden musste.

Kyffhäuserhütte-Schlepper

Baureihe	Bauzeit	Motor Hersteller	Typ	Zylinder	PS	Kühlung	Bohrung x Hub	Hubraum	Drehzahl	Radstand	Gewicht	Getriebe	Besonderheiten
1. Tragpflüge													
Akra	1912	Kämper		4	70/80	W	155x200	15.087	750/800		9000	2/1	auch 60-PS-Motor
Akra	1913			4	80?	W	140x180	7912	800		6600	2/1	
Akra	1916	Kämper		4	56/60	W	130x155	8225	700				
Akra-Kleinmotorpflug	1920	Kämper		4	23/30	W	95x125	3542	900/1200		2500	2/1	
Akra	1925	Kämper	90	4	32/36	W	90x140	3560	1000		2900	2/1	
2. Radschlepper													
Kyffhäuser	1939	Deutz	F 2 M 414	2	22	W	100x150	2356	1500			4/1	

Lampa

Alfons Lampater,
Aulendorf, Kolpingstr. 12,
1948

Der Maschinenbaumeister und einstige Mitarbeiter bei Hermann Lanz in Aulendorf, Alfons Lampater (1911–1990), richtete 1946 eine Reparaturwerkstatt ein, in der er nach dem Rückbau von Holzgasschleppern auf die Montage von Schleppern mit MWM-Motoren überging. Im Jahre 1948 entstanden in Handarbeit 28 Schlepper unter den Bezeichnungen »ALS« und »Lampa«.

Landmaschinenwerk Karlsruhe-Durlach

Landmaschinenwerk Karlsruhe-Durlach,
1949

Das badische Unternehmen stellte auf der DLG-Schau in Hannover einen Dreirad-Schlepper vom Typ »Farmtrak« mit starrer Vorderachse und einem lenkbaren Stützrad an einem hinteren zweiarmigen Ausleger vor. Dabei mühte sich ein acht PS starker BMW-Einzylinder-Motorradmotor samt Vierganggetriebe mit der 450 kg schweren Schlepperkonstruktion ab. Der Richtungswechsel erfolgte über eine vordere Einzelradabbremsung per Lenkrad. Ein Zapfwellenanschluss sowie eine hydraulisch betätigte Abstützvorrichtung waren serienmäßig, gegen Aufpreis lieferte das Werk für seinen »Farmtrak« verschiedene Anbaugeräte sowie einen Einachsanhänger. Das Guß- und Armaturenwerk Kaiserslautern (A.W.K.) übernahm schon im gleichen Jahr die Konstruktionsunterlagen.

8-PS-Landmaschinenwerk Karlsruhe-Durlach-Kleinschlepper »Farmtrak«, 1949

LandTechnik

LandTechnik AG Schönebeck (LTS),
Schönebeck/Elbe, Barbyer Str.
1. 1990-1993 **LandTechnik AG Schönebeck (LTS)**
2. 1993-1995 **LandTechnik Schlüter GmbH (LTS)**
3. 1995-1999 **LandTechnik Schönebeck GmbH (LTS)**
4. 1999-2003 **Doppstadt GmbH,**
Schönebeck/Elbe, Barbyer Str. 13

Dieses Unternehmen trat 1990 die Nachfolge des VEB Schönebeck an. Die neu gebildete Firma Land-Technik, die nur einen kleinen Teil der Schönebeck-Mitarbeiter übernehmen konnte, überlebte zunächst dank der Feldhäcksler, die jetzt unter der Bezeichnung »Maral 150« und später mit 260-PS-Deutz-Diesel unter der Bezeichnung »Maral 190« gebaut wurden. Größere Stückzahlen davon exportierte man nach Russland, nach Turkmenistan und in die Ukraine; alle Versuche jedoch, in den Westen zu exportieren, scheiterten.

Um weiterhin in der Schlepperfertigung präsent zu bleiben, entwickelte man das Systemfahrzeug »Systra« für die Land- und Forstwirtschaft sowie für Industrie und Kommunen. Das Rahmenfahrzeug mit vier gleich großen Rädern, Allradantrieb und -lenkung konnte wahlweise über der Hinterachse eine kurze Pritsche, einen Bagger oder andere Arbeitsgeräte aufnehmen. Eine futuristische, voll verglaste Fahrerkabine prägte die Optik, für den Antrieb sorgten 54 oder 72 PS starke Deutz-Vierzylindermotoren, die ihre Kraft auf einen hydrostatischen oder einen mechanischen Fahrantrieb abgaben.

Im Herbst 1993 konnte das LandTechnik-Werk die Montage der Schlüter-Traktoren der Baureihe »Euro trac« übernehmen. Gleichzeitig kaufte das Unternehmen die Fertigungsanlagen, die Zeichnungen sowie das Ersatzteillager des sich in der Auflösung befindlichen Schlüter-Werkes in Freising. Die hoch gesteckten Ziele sahen vor, eine »Euro trac«-Baureihe mit vier Modellen aufzubauen; die LandTechnik führte nun den renommierten Namen Schlüter in der Firmenbezeichnung, abgekürzt als »LTS«. (Dafür sollte das »S« in der Abkürzung stehen.)

Geplant waren auch ein Spitzenmodell mit 250 PS sowie eine mittlere Baureihe mit 90- und 110-PS-Motoren. Die Optimierung der »Euro trac«-Baureihe mit stufenlosem Getriebe, dem verschiebbaren Gewicht sowie mit der kippbaren und gefederten Kabine kam aber in der Fertigung so teuer, dass schon nach 13 montierten Maschinen diese Baureihe eingestellt werden musste. Die Ersatzteilversorgung und der Service gingen an die Firma Kraus in Fürth. Zur Auslastung des Werkes übernahm LTS 1994 die Produktion des Kommunalfahrzeugs »Spila GT 2000« der schweizerischen Firma Bucher, doch auch damit hatte man keinen Erfolg.

1995 konnte die Bundesanstalt für vereinigungsbedingte Sonderaufgaben (BvS) das Werk durch den Verkauf an die Lintra Beteiligungsgesellschaft privatisieren, wobei erhebliche Subventionen nachgeschoben wurden. Eine Produktionsgemeinschaft mit dem Deutz-Fahr-Werk über den von LTS entwickelten »Gigant 400« wurde vereinbart; aber auch hier blieb ein Erfolg aus, mehr noch: Deutz-Fahr hatte das geplante Engagement an der LTS wegen der hohen Kosten für die Modernisierung des Werkes gekündigt.

54-PS-LandTechnik-Forstschlepper »Systra 550«, 1995.

72-PS-LandTechnik-Spezialschlepper »Systra 750 M/H, 1995.

Nachdem die GS Fahrzeug- und Systemtechnik, die Fahrzeugkabinen fertigt, sowie weitere Werksteile ausgegliedert worden waren, versuchte LTS dann den von Daimler-Benz aufgegebenen »MB trac« zu reaktivieren, um ein zugkräftiges Prestigeobjekt vorweisen zu können. Mit der Mercedes-Benz AG konnte ein Vertrag über den Weiterbau dieses Spezialfahrzeuges für Landwirtschaftszwecke geschlossen werden. Mit DB-Komponenten, einem lastschaltbaren ZF-Getriebe, Rába-Achsen und einer neu gestalteten Kabine sowie teilweise mit einer Allradlenkung entstand so der weiter entwickelte Schlepper als »LT trac 160«. Die Vermarktung sollte die einstige TTVG (Trac-Technik-Vertriebsorganisation) mit den Unimog-Händlern übernehmen.

168-PS-Doppstadt »trac 180«, 1999.

Das für den schwersten Einsatz in der Landwirtschaft, insbesondere für Großbetriebe und Lohnunternehmen konzipierte Fahrzeug konnte in drei Motorvarianten geliefert werden, war aber sehr teuer.

1996 scheiterte der erste Versuch der Privatisierung. Mit wiederum erheblich reduzierter Belegschaft entstanden auf Bestellung in Einzelfertigung die »Systra«- und »LT trac«-Modelle. Als die BvS für das Werk erneut einen Investor suchte, zeigten neben Markus Liebherr, der seinen »Mali trac« in Serie bauen wollte, und dem Erntemaschinenhersteller Claas auch der Umwelttechnikspezialist Doppstadt Interesse an dem LTS-Werk.

Da Doppstadt auch die Übernahme des Kabinenherstellers GS Fahrzeug- und Systemtechnik garantierte, gab die BvS in einer zweiten Privatisierrungsmaßnahme diesem Bewerber den Zuschlag. 1999 übernahm die 1965 in Velbert gegründete Firma Werner Doppstadt – Umwelttechnik GmbH die LandTechnik Schönebeck, jetzt unter dem Namen Doppstadt GmbH. Auf den Standort Schönebeck konzentrierte Doppstadt einerseits die Entwicklung und die Produktion von stationärer und mobiler Umwelttechnik für Deponien, für die Kommunaltechnik (Randstreifenmäher und Buschhacker), andererseits erhielt die Spezialschlepper-Fertigung neue Impulse: Der »Systra« wurde nun in zwei Radstandsversionen als »Doppstadt trac 80 Systra« gebaut. Die einstige DB-trac-Reihe erhielt eine zweite Überarbeitung.

Unter den modernisierten Hauben standen jetzt MB-Vier- und Sechszylindermotoren mit 92 bis 204 PS. Verwendet wurden nun Planeten-Antriebsachsen der Marke Rába, die »Wespentaille« der Schlepper optimierte die Lenkung sowohl bei Vorderradlenkung als auch bei Allradlenkung. Die erneut verbesserte Kabine ließ sich für Wartungsarbeiten seitlich hochklappen. Alle MB trac- und Unimog-spezifischen Anbaugeräte passen an die vier An- bzw. Aufbauräume. Zu diesen beiden Baureihen kam auf dem Doppstadt-Werk in Velbert seit 1998 noch das Spezial-Trägerfahrzeug »Grizzly DT 32« mit 320-PS-Turboladermotor hinzu, den Doppstadt aus der Case- Steyr-Entwicklung übernommen hatte.

Im Frühjahr 2003 meldete das Unternehmen nach etwa 400 gefertigten Trac-Modellen für die GmbH in Schönebeck Insolvenz an.

Die Fertigung des Trägerfahrzeugs »Grizzly«, jetzt mit 390- und 528-PS-Caterpillar-Motoren wurde in das Doppstadt-Austria-Werk in Wienerherberg verlagert.

LandTechnik Schönebeck-/Doppstadt-Schlepper

Baureihe	Bauzeit	Motor Hersteller	Typ	Zylinder	PS	Kühlung	Bohrung x Hub	Hubraum	Drehzahl	Radstand	Gewicht	Getriebe	Besonderheiten
1. Allrad-Trac-Schlepper													
EuroTrac 1400 LS	1993	MAN	D 0826 L	6	135	W	108x125	6871	2200	3110	6735	24/10	T, Ex-Schlüter-Modell
EuroTrac 1700 LS	1993	MAN	D 0826 L	6	170	W	108x125	6871	2200	3110	6990	24/10	T, dito
EuroTrac 2000 LS	1993	MAN	D 0826 L	6	200	W	108x125	6871	2200	3170	7360	24/10	T, dito
LT-trac 100	1997 - 1999	MB	OM 364 A	4	92	W	97,5x133	3972	2400	2500	4450	24/8	T, Ex-DB trac
LT-trac 130	1997 - 1999	MB	OM 366 A	6	120	W	97,5x133	5958	2400	2700	4745	24/8	T, dito
LT-trac 160	1997 - 1999	MB	OM 366 A	6	160	W	97,5x133	5958	2400	2800	7180	24/24	T, dito, auch Radstand 3300 mm
Doppstadt Trac 100	1999 - 2003	MB	OM 364 A	4	92	W	97,5x133	3972	2400	2500	4200	Hydr.	Allradantrieb, Prototyp?
Doppstadt Trac 150	1999 - 2003	MB	OM 904 LA	4	146	W	102x130	4249	2400	2875	5000	40/40 + 16/16	TL, Allradantrieb und Allradlenkung
Doppstadt Trac 160	1999 - 2003	MB	OM 906 LA	6	160	W	102x130	6374	2400	2875	7180	40/40 + 16/16	TL, Allradantrieb und Allradlenkung, auch Motor OM 366 A
Doppstadt Trac 180	1999 - 2003	MB	OM 906 LA	6	168	W	102x130	6374	2400	2875	7000	40/40 + 16/16	
Doppstadt Trac 200	1999 - 2003	MB	OM 906 LA	6	193	W	102x130	6374	2500	2875	7000	40/40 + 16/16	TL. Allradantrieb und Allradlenkung
Doppstadt Trac 250	1999 - 2003	MB	OM 906 LA	6	204	W	102x130	6374	2500	2875	7000	40/40 + 16/16	TL, Allradantrieb und Allradlenkung, Prototyp
2. Spezialschlepper													
Systra 40	1993	Deutz	F 4 M 1012	4	54	W	94x115	3192	2650	2280	2900	12/12	
Systra 53	1993	Deutz	BF 4 M 1012	4	72	W	94x115	3192	2650	2280	2900	12/12	T
Systra 40	1993	Deutz	F 4 L 1011	4	54	L/Öl	91x105	2732	2650	2280	2700	12/12	Allradantrieb, Allradlenkung, auch hydrostatischer Antrieb
Systra 50	1993	Deutz	BF 4 L 1011	4	72	L/Öl	91x105	2732	2650	2280	2700	12/12	T, Allradantrieb, Allradlenkung, auch hydrostatischer Antrieb
Systra 550 M/H	1995	Deutz	F 4 L 1011	4	54	L/Öl	91x105	2732	2650	2280	2900	12/12	
Systra 750 M/H	1995	Deutz	BF 4 L 1011	4	72	L/Öl	91x105	2732	2650	2280	2900	12/12	
Doppstadt Trac 80 Systra	1999 - 2003	Deutz	BF 4 L 1011 F	4	72	L/Öl	91x105	2732	2650	2575 u. 3270	3600	Hydr.	T, Allradantrieb, Allradlenkung,

Lanz (John Deere)

Heinrich Lanz AG,
Mannheim, Lindenhof Str. 55

1. 1910-1925 **Heinrich Lanz oHG,** Mannheim, Lindenhof Str. 55
2. 1925-1960 **Heinrich Lanz AG**
3. 1960-1967 **John Deere-Lanz AG**
4. 1967-heute **John Deere GmbH & Co. KG**

Heinrich Gottlieb Lanz (1838–1905) richtete im väterlichen Speditionsbetrieb in Friedrichshafen am Bodensee im Jahre 1859 eine Abteilung für den Vertrieb von Landmaschinen ein. Nachdem das Unternehmen in den 1960er Jahren des 19. Jahrhunderts zur Eigenfertigung von Dreschmaschinen übergegangen war, wurde die Firma in den Filialbetrieb nach Mannheim verlegt. Lokomobile aller Größen bildeten ab 1879 neben den Dreschmaschinen nun das Hauptbetätigungsfeld des jungen Unternehmens. Nachdem zunächst englische Lokomobile der Firmen Clayton & Shuttleworth in Lincoln und Fowler in Leeds verkauft worden waren, ging das Lanz-Werk immer stärker zur Eigenfertigung von Dampfmaschinen und Lokomobilen über. 1910 baute Lanz die erste 1000-PS-Lokomobile, die auf der Weltausstellung in Brüssel in ihrer Leistungsfähigkeit vorgeführt wurde.

Bis 1926 konnte das Unternehmen rund 5.500 Maschinen und mehr als 20.000 Dampfdreschmaschinen verkaufen. In diesem Jahr stellte Lanz die Fertigung von Lokomobilen ein; mit der Konkurrenzfirma R. Wolf in Magdeburg-Buckau war 1924 ein Produktionstrennungsvertrag geschlossen worden, der die Produktion und das Verkaufsrecht für Lokomobile und Dampfmaschinen sowie für die stationären Rohölmotoren dem Magdeburger Werk zuteilte. Auch die Dampfmaschinenfabrik Badenia in Weinheim, an der Lanz beteiligt war, stellte ihre Fertigung ein. Umgekehrt gab die Wolf AG ihre Schlepper-Aktivitäten zugunsten des Lanz-Werkes auf.

Im Dreschmaschinenbau setzte Lanz 1929 mit dem vollständig aus Metall gefertigten »Stahl-Lanz« neue Maßstäbe. Nachdem das Landmaschinenwerk Lanz-Wery in Zweibrücken 1931 vollständig übernommen worden war (beteiligt daran war Lanz seit 1916 gewesen), erweiterte das Mannheimer Unternehmen sein Produktionsprofil um Grasmäher, Getreidemäher, Binder, Wender, Rechen und Göpelwerke. Hinzu kamen die in Lizenz gebauten Harder-Kartoffelroder.

Ein Sonderzweig in der Lanz-Technik war ab 1909 das Engagement in der Luftschiff-Fertigung. Mit dem Luftschiffexperten Johann Schütte gründete das Werk die Firma »Luftschiffbau Lanz und Schütte« in Mannheim-Rheinau und in Zeesen. 1911 erhob sich das erste »Schütte-Lanz-Luftschiff« mit Sperrholzgerippe. Bis 1918 entstanden 22 Luftschiffe, die an die Heeresverwaltung verkauft wurden. Auch der Flugzeugbau wurde vorbereitet.

Den entscheidenden Schritt hin zum Schlepperproduzenten vollzog die Heinrich Lanz OHG im Jahre 1910 und dem Lizenzbau der Konstruktion des ungarischen Ingenieurs Karol Köszegi; den Durchbruch aber brachte der Bulldog mit Glühkopfmotor von 1921. Noch im gleichen Jahr starb Karl Lanz, der Sohn des Firmengründers, und das Unternehmen wurde in eine Aktiengesellschaft unter der Führung der Deutschen Bank umgewandelt.

Den einzylindrigen Glühkopfmotor hatte Dipl.-Ing. Fritz Huber (1881–1942) entwickelt, der 1916 in das Lanz-Werk eingetreten war. Huber hatte sich zuvor als Konstrukteur von Viertaktmotoren bei Breuer in Frankfurt a. Main, bei Brennabor in Brandenburg und bei der Fahrzeugfabrik Ansbach einen Namen gemacht, aber noch keinen Schleppermotor entwickelt.

Nach Versuchen mit einem Doppelkolbenmotor hatte er sich bis 1917 der Entwicklung des später erfolgreichen »HL-12-PS-Motors« zugewandt und diese 1919 wieder aufgenommen.

Der überaus große Erfolg der einfachen und in der Treibstoffqualität anspruchslosen Glühkopfschlepper verhalf der Firma Lanz zu einem großartigen Aufschwung in den 1920er und 1930er Jahren, gut 20 Prozent gingen in den Export. Lanz baute gewaltige Kapazitäten auf, kein Wunder also, dass die Mannheimer im Rahmen des Schell-Typisierungsplans von 1939 weiter die 15-, 25-, 35-, 45- und 55-PS-Modelle bauen durften.

Bis zum Jahre 1942 konnte Lanz als größte Landmaschinenfabrik Europas den 100.000sten Schlepper ausliefern; die Bezeichnung »Bulldog« war inzwischen zum Synonym für einen Schlepper geworden. Auch in anderen Ländern entstanden Lanz-Schlepper, so in Ungarn durch die 1938 erworbene Landmaschinenfabrik Hofherr-Schrantz-Clayton-Shuttleworth.

In Warschau fertigte das Ursus-Traktorenwerk den Glühkopfschlepper bis in die 1950er Jahre. In Melbourne/Australien hatte die Firma Kelly &

25-PS-Lanz »Wirtschaftsmotor«, 1910.

70/80-PS-Lanz »Landbaumotor« mit Anbaufräse (System Köszegi), 1912.

Für alle Kulturen!
LANZ BULLDOG
LANZ

Lewis Tractors Ltd eine Lizenz erworben. Nach dem Krieg baute die französische Firma Compagnie générale de mécanique de Soissons/Aisne (CGM) den 35-PS-Schlepper unter der Bezeichnung »Le Percheron Colombes«.

Amerikanische Flächenbombardements hatten das Werk, das auch diverse Rüstungsgüter fertigte, 1945 zu fast 90 Prozent zerstört. Nach Kriegsende kam die Produktion nur mühsam wieder in Gange. Aus Ersatzteilen und aus ausgeschlachteten, teilzerstörten Fahrzeugen konnten noch 1945 die ersten 55 Neufahrzeuge montiert werden.

Nach Kriegsende experimentierte die Entwicklungsabteilung mit drei- und vierzylindrigen Glühkopf-Reihenmotoren, um einen ruhigen Motorlauf zu erzielen. Auch Ein- und Zweizylinder-Dieselmotoren wurden erprobt. Da aber dem Werk wohl das notwendige Kapital fehlte, verzichtete man auf die Weiterentwicklung bis zur Serienreife, verkaufte die Unterlagen an ein kanadisches Unternehmen und konzentrierte sich wieder auf die bewährten, aber nicht mehr zeitgemäßen einzylindrigen Glühkopfmotoren mit ihrem schlechten Massenausgleich.

Parallel zur mühseligen Wiederaufbauarbeit entstanden bis zum Beginn der 1950er Jahre wieder die Acker- und Verkehrsschlepper in den Grundbaureihen »D 7506« (25 PS), »D 8506« (3500 PS), »D 9506« (45 PS), »D 1506« (55 PS) und »D 3506 Allzweck-Bulldog« (20 PS). In Schmalspurausführung entstanden gerade 29 »Weinberg-Bulldog« der Baureihe »D 7508«, die an französische Winzer geliefert wurden. Neben der Neumontage rüstete das Werk eine Vielzahl von Generatorschleppern wieder auf den Betrieb mit flüssigem Kraftstoff um, wobei die Fahrzeuge die Zusatzbezeichnung »U« für Umbautypen erhielten.

Nach dem Krieg gelang es dem Unternehmen nicht mehr, an die Erfolge der Vorkriegszeit anzuknüpfen. Der Versuch, mit neuen Produkten zusätzliche Käufergruppen zu erschließen, scheiterte. Der Alldog-Geräteträger litt unter der falschen Motorbestückung, und die letzte Bulldog-Generation von 1955 kam zu überhastet und unausgereift auf den Markt, so dass sie dem guten Ruf des Unternehmens schadeten.

Lanz gelang es nicht, eine eigene, moderne Viertakt-Motorenbaureihe bis zur Serienreife zu bringen; überdies waren die veralteten Motoren mit ihren großen Hubräumen, die nahezu jede Art von Kraftstoffen vertrugen, sehr hoch besteuert: Die Viertakt-Dieselmotoren der Konkurrenz leisteten nicht weniger, waren aber sparsamer und günstiger im Unterhalt. 1953, als der 150.000ste Bulldog ausgeliefert werden konnte, war der Marktanteil auf 12,8 Prozent gesunken; der Konkurrent Deutz hatte Lanz überholt.

In den Export waren 30.000 Fahrzeuge gelangt, nicht mitgezählt sind dabei die Fahrzeuge, die im spanischen Lanz-Iberica-Werk in Madrid montiert werden mussten, da die damalige spanische Regierung wie im Fall Hanomag den Import von Komplettfahrzeugen behinderte.

Im Jahre 1954 war die Finanzkraft des Unternehmens trotz guter Exportabschlüsse erschöpft. Die Absatzzahlen brachen dramatisch ein, 1956 wechselte auf Druck des Minderheitsaktionärs, der US-Schlepperfabrik John Deere in Moline/Illinois, der Aufsichtsrat, ohne dass das neue Management Erfolge vorweisen konnte. 1960 erwarb schließlich John Deere die Aktienmehrheit der notleidenden Heinrich Lanz AG: Damit endete die Ära der Einzylinder-Schlepper; insgesamt waren 219.253 »Bulldog«-Schlepper gefertigt worden, die einen immensen Beitrag zur Motorisierung der Landwirtschaft in Deutschland geleistet haben.

Unter der neuen Leitung ging es in Mannheim wieder aufwärts: Deere & Company, Europäisches Büro Mannheim. Das deutsche Traktorenwerk hat sich zum größten John Deere-Auslandswerk entwickelt. Der Fertigungsausstoß lag 2001 bei 31.500 Fahrzeugen, die von rund 4.500 Mitarbeitern hergestellt wurden. Zwischen 75 und 80 Prozent der Mannheimer Fertigung an Traktoren geht in den Export, insbesondere nach Europa, Asien, Afrika und in die USA. Hinzu kommen die Mähdrescher aus dem Werk in Zweibrücken.

Während das Mannheimer Werk sich inzwischen auf die Leistungsklassen von 80 bis 160 PS konzentriert, kamen seit 1994/95 die Schlep-

80-PS-Lanz »Landbaumotor« Bauart Seck, 1913.

80-PS-Lanz »Landbaumotor«, vierrädrig, 1919.

80-PS-Lanz »Landbaumotor«, um 1920.

Nach beinahe 100 Jahren, besser als neu: 12-PS-Lanz-Glühkopfschlepper »Bulldog«, um 1924. Foto. Ralf Weinreich

»Betriebssauber« erhalten: 12-PS-Lanz-Glühkopfschlepper »Bulldog«, 1924.

per der 3000er Serie (bei Renault »Ceres-Modelle«) mit den Drei- und Vierzylinder-DPS-Motoren (Deere Power-Systems) im Auftrag aus dem Renault-Werk in Le Mans. Einzig durch die Hauben- und Farbgestaltung unterscheiden sich diese Fahrzeuge. Das italienische Schlepperwerk Carraro und später das eigene Werk in Rovigo/Venetien steuerten die Schlepper der Baureihen 2000 und 5000 bei. Aus den amerikanischen Werken hingegen werden die Großschlepper der Baureihen 8000 und 9000 angeliefert.

Zur Abrundung des Programms erwarb das Unternehmen ab 1991 Zug um Zug die Anteile an der Sabo Maschinenfabrik AG in Gummersbach, wo Geräte für die Rasen- und Grundstückspflege gefertigt werden. 1997 kam die Firma Kemper Maschinenfabrik GmbH & Co. KG in Stadtlohn hinzu. Dort entstehen Maisernte-Vorsätze für die John Deere-Feldhäcksler.

John Deere in Mannheim hat sich inzwischen neben Fendt zum größten deutschen Schlepperhersteller und Schlepperexporteur entwickelt. Die Konzentration auf nur wenige Baureihen, die allerdings nach Wunsch des Auftragsgebers individuell ausgerüstet werden können, trug zu diesem Erfolg bei. Schließlich ist zu erwähnen, dass das Mannheimer Werk die Schlepper- und Komponentenfertigung der Werke in Frankreich und in Spanien steuert.

Der Landbaumotor 1912–1926

Nachdem die Heinrich Lanz oHG unter der Leitung von Karl Lanz (1873–1921) im Jahre 1910 mit der Bezeichnung »Wirtschaftsmotor« erste Vierradschlepper mit einem 25-PS-Motor »des (vermutlich) Lanz nahestehenden Motorenwerkes Gotha AG« gefertigt hatte, erwarb sie die Lizenz zum Nachbau des von dem ungarischen Ingenieur Karol Köszegi schon 1908 entworfenen »Landbaumotors«. Dieses frühe landwirtschaftliche Bodenbearbeitungsgerät in stabiler Rahmenbauweise, das ursprünglich bei der Motorenfabrik Kämper in Berlin gebaut werden sollte, hatte der Münchener Ingenieur Karl Seck überarbeitet. Auf der Leipziger DLG-Ausstellung von 1909 konnte das Gefährt erstmalig vorgeführt werden. Zunächst diente ein großvolumiger, längs eingebauter 70/80-PS-Kämper-Motor zum Antrieb des fünf Tonnen schweren Modells, das vermittels einer Pumpe, die einen Zylinder mit Gemisch füllte, gestartet wurde, nachdem das Gasgemisch gezündet worden war. Ab 1913 ersetzte ein kleinvolumigerer 80-PS-Kämper-Motor das 15-Liter-Triebwerk.

Ausgestattet mit Dreh- oder Achsschenkellenkung, besaß der »Landbaumotor« eine am Fahrzeugheck angebrachte Hauenwalze, die durch eine Hydraulikanlage angehoben wurde. Nach Demontage dieser 1,9 Meter breiten Walze mit »triangulären Scheiben«, die an den Spitzen beidseitige Hauen besaßen, konnte das Fahrzeug auch als Schlepper für Lasten, als Moorfahrzeug (Typ LDM) oder als Zugmaschine für einen Pflug eingesetzt werden. Etwa 1500 »Landbaumotoren« sollen in Mannheim bis 1926 gefertigt worden sein; über 210 Exemplare gingen allerdings als Artillerie-Zugmaschine an das kaiserliche Heer.

12-PS-Lanz »Allrad-Bulldog« Typ HP »Peter«, 1924.
Foto: Robotriot, © CC-BY-SA-3.0.

38-PS-Lanz-Glühkopfschlepper »Felddank«, 1925.

22-PS-Lanz »Acker-Großbulldog«, 1926. Foto: P.H. Louw, © CC-BY-SA-3.0

Der Glühkopfschlepper HL »Bulldog« 1921–1927

Parallel zum »Feldmotor« erschien 1921 auf der DLG Ausstellung in Leipzig der erste Lanz-Rohölschlepper unter der Bezeichnung »Bulldog«, dessen Glühkopf-Motorprinzip nahezu unverändert (abgesehen von der späteren Halbdieselversion) fast 40 Jahre lang die Motorentechnik der Firma Lanz beherrschen sollte. Der Glühkopfmotor bewährte sich zunächst in dem mit Pferden bespannten »Gespann-Bulldog«; der Glühkopf- oder auch Rohölschlepper entstand dann auf dieser Basis. Dabei hatte man die einfache Drehschemellenkung beibehalten, um den »Selbstfahrer-Bulldog« so einfach wie möglich und damit preiswert zu machen.

Der nach dem Glühkopfprinzip arbeitende, ventillose Motor besaß einen liegenden Zylinder. Die durch die Verbrennung erzeugte Wärme wurde im Glühkopf gespeichert, so dass der auf seine heiße Innenwand gerichtete, eingespritzte Kraftstoff entflammt wurde. Das Verdichtungsverhältnis des in zwei Takten arbeitenden Motors lag bei 1 zu 6, so dass die Maschine auch als extremer Niederdruck-Motor bezeichnet wurde.

An Treibstoffen verkraftete er neben Diesel- und Gasöl, Benzin und Benzol auch Stein- und Braunkohlen-Teeröle, Alkohol, Trane und sogar pflanzliche Fette. Allerdings war der Verbrauch auch durch die Drosselverluste und durch den Zündverzug entsprechend hoch. Zum Anlassen mussten zunächst der Glühkopf mit einer Heizlampe erwärmt und die Brennstoffpumpe betätigt werden. Als Anlasskurbel diente dann die auf das seitliche Schwungrad aufsteckbare Lenksäule mit dem Lenkrad, wobei der Schlepperfahrer die Maschine im rückwärtigen Drehsinn auf Verdichtung wippen musste. Durch Umsteuerung der Motordrehrichtung wurde der Rückwärtslauf des Motors bestimmt. Die eigentümliche Gestalt des freiliegenden Zylinderkopfes mit der Schutzkappe gab dem Schlepper die volkstümliche Bezeichnung »Bulldog«. Ein großer gusseiserner Wassertank über dem Zylinder diente für die Verdampfungskühlung. Mit einen Elastikbereifung erreichte das getriebelose Fahrzeug eine Geschwindigkeit von 3,6 bis 4,3 km/h. Die außerordentlich einfache und stabile Kleinzugmaschine konnte bis 1927 in 6030 Exemplaren gefertigt werden.

»Feldmotor« und »Felddank« 1921–1925

Nach dem Krieg folgte der erheblich leichtere Vierradschlepper »Feldmotor«, ein Rahmenbauschlepper mit Vierzylinder-Benzolmotoren und 20, 25 und 38 PS. Zu seinen Merkmalen zählten die gefederte Vorderachse, eine Motor- und Radverkleidung sowie die optionale Seilwinde. Ab 1923 konnte dieser Schlepper, dann als »Felddank« bezeichnet, auch mit einem Zweizylinder-Glühkopfmotor mit 38 PS ausgestattet werden. Zum Anlassen musste die Lenkradsäule vorne auf den Kurbelwellenstummel gesteckt werden und dann musste dieser wie mit einer Andrehkurbel angependelt werden.

Über dem Zylinder befand sich ein großer Kühlwasserbehälter, ein Holzkohlen-Wärmeapparat mit einem per Handkurbel betätigten Gebläse heizte den Zylinderkopf auf. Lieferbar als Acker- und Straßenschlepper (dann mit Elastikbereifung), erhielt Lanz für diesen »Felddank« 1925 den 1. Preis des Reichsverkehrsministeriums und des Reichsministeriums für Ernährung und Landwirtschaft; an 2. und an 3. Stelle standen der WD- und der 32-PS-Pöhl-Benzolschlepper. Die »Feldmotor«. und die »Felddank«-Baureihen erreichten bis 1928 eine beachtliche Stückzahl von 7230 Exemplaren.

Der Allrad-Ackerbulldog HP 1923–1926

An eine Vierradversion mit einer Knicklenkung wagte sich das Unternehmen im Jahre 1923. Während der beschriebene Antrieb nun auf die größeren Vorderräder führte (und nicht, wie zuvor auf die mit Gummibandagen belegten hinteren Eisenräder), übertrug beim Allradtyp »HP« bzw. »Peter« eine Gelenkwelle die Kraft auf die Hinterachse. Durch seine schmale Bauweise von nur 110 cm eignete sich der Schlepper auch für den Einsatz im Weinbau. Für die Käuferschicht war diese frühe Allradversion aber zu modern und zu teuer, so dass nur wenige Exemplare dieses aufwendig konstruierten Schleppers entstanden. Mit einem kleineren Glühkopfmotor und einer Leistung von 8 PS baute Lanz in den Jahren 1923 bis 1925 den Typ »Mops«, der jedoch nur 250mal verkauft werden konnte.

Der Großbulldog HR 2

1925/26 löste der 22/28 PS starke »Großbulldog HR 2« mit liegendem 10-Liter-Einzylindermotor mit einer Verdampferkühlung den »Feld-dank«-Typ mit seinem aufwendigen Zweizylinder-Glühkopfmotor ab. Das mit dem Motor verblockte Zweiganggetriebe war mit einem Stufengetriebe gekoppelt, so dass vier Gänge zur Verfügung standen, die nach Umsteuerung des Motors auch für die Rückwärtsfahrt genutzt werden konnten. Die Kraftübertragung vom Motor zur Hinterachse erfolgte, wegweisend für die späteren »Bulldog«-Fahrzeuge, jetzt über Zahnräder anstelle eines quer zur Motorachse liegenden Getriebe- und Kardansystems. Diese Stirnrad-Zahnräder ließen sich nach Abnutzung umstecken, was ihre Nutzungsdauer verlängerte. Zum Start wurde in den Brennraum Leichtöl eingespritzt und per Glühkerze gezündet, möglich war auch der Start durch einen elektrischen Anlasser. Die Verdampfungskühlung wurde hier von einem 135-Liter-Tank gespeist. Dieser erste Fließband-Schlepper war insbesondere für die großen Landgüter im Osten des Deutschen Reiches gedacht.

22-PS-Lanz »Großbulldog-Raupenschlepper«, 1929.

Die Kühlerbulldog-Baureihen HR 5/6

Als sich zeigte, dass der »Großbulldog« auch Abnehmer in Afrika fand, (sich dort aber die Verdampferkühlung nicht bewährte), entwickelte Lanz 1928 den »Kühlerbulldog« (Typ HR 5) mit Thermosiphonkühlung und, anders als beim »Großbulldog«, einen gekapselten Antrieb, der vom Schwungrad zum »Windflügel« vor den Kühlerelementen reichte. Eine Dreigang-Kugelschaltung ersetzte die bisherige Doppelschaltung; die Motorleistung betrug 30 PS. Mit höherer Drehzahl 38 PS stark, gab es dieses Modell auch als »HR 6«-Variante. Bis 1935 erreichte die »HR 5/6«-Baureihe eine Stückzahl von 11.500 Maschinen.

20-PS-Lanz »Hackfrucht-Bulldog«, 1931.

Die Bulldog-Baureihen HN 1934–1952

Mit einem 4,7-Liter-Motor mit 20 PS stattete Lanz 1930 als erster europäischer Landmaschinenhersteller einen dreirädrigen »Hackfrucht-Bulldog« aus, wobei ein John Deere-Dreiradschlepper als Vorbild diente. Nachdem dieses Sondermodell 1932 aus dem Programm genommen wurde, nutzte Lanz den 20-PS-Antrieb für den neuen »Bulldog« der kleineren Baureihen »HN 1«, »HN 2« (12/20 PS) »HN/HN 3« (30 PS), der für mittlere und kleinere Landwirtschaften gedacht war. Ab 1934 erhielt der »HN«-Typ in der Ausführung »HN 3« Luftbereifung, Vorderachsfederung sowie ein Sechsgang-Gruppengetriebe (Dreiganggetriebe mit dem Zusatzgetriebe). Die Höchstgeschwindigkeit stieg von 8 km/h auf 20 km/h; die neuen »Muschelkotflügel« sorgten für einen gut geschützten Fahrerplatz. Noch mehr Schutz bot das optional erhältliche Fahrerhaus, das aber den »Eilschleppern«, also den Straßenzugmaschinen, vorbehalten blieb.

Als Lanz im Jahre 1936 bei allen Modellen die kurzzeitige Höchst- und nicht mehr die Dauerleistung angab, wurde dieses Modell mit 25 PS ausgewiesen; gleichzeitig änderte sich das Bezeichnungsschema. Der »HN 3« erhielt beispielsweise die Bezeichnung »D 7500«.

22/38-PS-Lanz »Ackerbulldog«, 1933.

Bulldog HR 1934–1955

Die Weiterentwicklung der »Kühlerbulldog«-Reihe (10-Liter-Bulldog) führte 1934 zum »D 8500« (Baureihe HR 7). Hier sorgte eine Wasserumlaufkühlung, jetzt mit dem Windflügelantrieb an der linken Seite, für eine effektivere Kühlung. Die entsprechende Variante mit Luftreifen (»Ackerluft-Bulldog«) war mit dem Zusatzgetriebe ausgestattet, so dass sechs Vor- und zwei Rückwärtsgänge zur Verfügung standen. Auch hier verwen-

45-PS-Lanz HR 8 »Acker-Bulldog« D 9500, 1940.

dete Lanz die Muschelkotflügel. Ab 1936 mit 35 PS angegeben, hatte die letzte Überarbeitung des »HR 7« (»D 8506«) eine elektrische Anlage und einfache Seitenbleche.

Mit gleichem Motor, aber erhöhten Drehzahlen und damit Leistungen von 38, 45 oder 55 baute Lanz parallel dazu die »HR 8«-Modelle (»D 9500«), die auf Wunsch mit Zapfwelle und elektrischer Anlasszündung versehen werden konnten.

Beide Baureihen gab es in einer Vielzahl an Ausführungen und Varianten. Angeboten wurden sie als »Ackerbulldog«, als »Verkehrsbulldog« mit Vollgummibereifung, als »Ackerluftbulldog« für Acker und Straße, als »Allzweckbulldog« und als »Eilbulldog« (HR 9, 55 PS). Gerade der »Allzweckbulldog« leitete mit seiner großen Bodenfreiheit und seinem Kraftheber eine neue Phase in der Mechanisierung der Landwirtschaft ein.

Bauernschlepper HE 1939–1952

1939 startete Lanz die »D 4506 Ackerluft-Bulldog-Reihe« mit einem 2,8-Liter-Motor, die erstmals auf der DLG-Ausstellung in Leipzig vorgeführt wurde. Mit dem auch als »Allzweck-Bauern-Bulldog« oder kurz als »Bauernschlepper« bezeichneten 15-PS-Modell trat Lanz in der 11-PS-Klasse an, insbesondere gegen den »Elfer Deutz«. Neben den schmalen und hohen Lufträdern erhielt der Schlepper einen elektrischen Anlasser, eine Reifenfüllanlage, eine Lenkbrems-Technik, eine Zapfwelle und einen hydraulischen Kraftheber. Die Räder ließen sich zur Spurweitenänderung umstecken. Auffallend war die seitlich diagonal angeordnete Lenksäule, die direkt zum Lenkgetriebe führte.

Bis zum Bauverbot von Dieselschleppern im Jahre 1942 konnten jedoch nur rund 300 Fahrzeuge ausgeliefert werden; eine Umrüstung wie auch beim 20 PS-Typ D 7506 auf den Generatorbetrieb war hier technisch nicht machbar. Nach dem Krieg wurde der vielseitige Schlepper als »D 5506« mit 16 PS weiter gebaut. Als Nachfolger des nur in geringer Stückzahl gebauten »Bauernbulldogs« zeichnete sich der Schlepper durch eine schmale Bauweise des zwar alten, aber jetzt verkleideten Motors aus.

Die zuvor vorne liegende Brennkammer war auf die Seite verlegt worden. Auf Wunsch sorgten ein Druckknopf-Anlasser und ein hydraulischer Vierpunkt-Kraftheber für zeitgemäßen Bedienkomfort. Diese letzte Glühkopfentwicklung konnte bis 1952 8354mal verkauft werden. Größeren Erfolg konnte der Mittelklasse-Schlepper »D 7506« von 1936 aufweisen, der schon ab 1945 wieder in kleinsten Serien und nach der Währungsreform bis 1952 in schließlich 9501 Exemplaren gebaut werden konnte.

15-PS-Lanz »Bauernschlepper D 4506«, 1941.

25-PS-Lanz »Allzweckbulldog D 7506«, 1941.

16-PS-Lanz »Ackerluftbulldog D 5506«, 1950.

Raupenschlepper 1928–1946

Nachdem schon seit 1928 »Bulldog«-Modelle (»HR 2-Typ«) mit Ritscher-Anbauraupen zu Halbraupen- und ab 1930 »HR 6«-Modelle zu ersten Vollkettenfahrzeugen umgerüstet werden konnten, fertigte Lanz ab 1937 mit Teilen des 55-PS-Schleppers »HR 8« die Raupe »HRK«. Das Rollenkastengehäuse enthielt sechs Bodenrollen, eine obere Stützrolle sowie das Leit- und das hintere Treibrad. Über eine querliegende Blattfeder wurde das Fahrgestell gegenüber dem Motor-Getriebeblock abgestützt. Die Raupe wurde über Lenkhebel, Lenkkupplungen und Lenkbremsen gesteuert. Das mitgeführte Lenkrad diente dem Andrehen des Motors. Bis 1946 entstanden 2437 Exemplare, die in die Land- und Bauwirtschaft und in den Straßenbau gingen.

38-PS-Lanz »Bulldog-Raupe HR 8«, 1933.

55-PS-Lanz »Raupen-Bulldog D 1561«, 1937.

Generatorfahrzeuge

Schon 1941, also kurz vor dem Bauverbot von Dieselschleppern, fertigte Lanz den 35 PS starken »D 7506« als Baureihe »HNG 3« mit einem vor der Vorderachse gesetzten Imbert-Generator. Durch eine Gasschleuse wurde das Gemisch in den Verbrennungsraum gesaugt, so dass es nicht in das Kurbelgehäuse gelangte und dieses verschmutzte. Das Generator-Fahrzeug arbeitete nach dem Zweistoff-Verfahren, bei dem das Gaskonzentrat im Verhältnis 80 zu 20 Dieselöl zugefügt wurde. Die Modelle »D 8506« und »D 9506« arbeiteten als Versionen »HRG 7« und »HRG 9« ebenfalls nach diesem Verfahren. Ab 1941 und ab 1943 wurden auch der »D 9006« (»HRO 8«) und die Modelle »D 7006« (»HNO«) und »D 8006« (»HRO 7«) als »Reingas-Schlepper« auf den Generator-Betrieb umgestellt. Die Gesamtfertigung der Generatorfahrzeuge belief sich auf 3464 Fahrzeuge.

25-PS-Lanz-Generatorschlepper »Holzgas-Ackerluft-Bulldog«, 1944.

12-PS-Lanz-Geräteträger »Alldog A 1215«, 1952.

Der Alldog-Geräteträger 1951–1960

Als revolutionäre Neukonstruktion folgte 1951 auf der Hamburger DLG-Ausstellung der Geräteträger »Lanz-Alldog«, den der Technische Vorstand Prof. Dr.-Ing. Wilhelm Knolle entworfen hatte. Das Fahrzeug verfügte über ein rechtwinkliges Rohrrahmenfahrgestell, an das mittig im Heck der Motor mit der Antriebseinheit schwenkbar angebracht worden war. Dadurch wurde die Abdrift am Hang ausgeglichen; dazu diente zunächst ein zweites Lenkrad an der Lenksäule. Über ein Fünf-, später Sechsganggetriebe wurde die Hinterachse angetrieben. Der Fahrer saß rechts hinten, wobei der Lenkantrieb durch den rechten Holm geführt wurde.

Die Vorderräder ließen sich extrem stark einschlagen; Portalachsen vorn wie hinten (dann mit Seitenvorgelege) sorgten für eine maximale Bodenfreiheit. Drei getrennt schaltbare Zapfwellenantriebe und ein hydraulischer Kraftheber gehörten zur Ausstattung. Die Spurweite konnte mehrfach verändert und eine Pritsche angebaut werden, überdies waren Anbauräume für Arbeitsgerät auf, unter und vor dem Rahmen vorhanden: Der Alldog war ungewöhnlich vielseitig und fand rasch Nachahmer. Die aber hatten, was der Lanz nicht hatte – nämlich eine vernünftige Motorisierung. Der zunächst verwendete Einzylinder-Doppelkolben-Zweitakt-Vergasermotor der Triumph-Werke Nürnberg (TWN) mit 12 PS überzeugte vielleicht zwar in den TWN-Motorrädern; für den rauhen Ackerbetrieb war das kleine Triebwerk völlig ungeeignet. 1954 ersetzte ein in Gemeinschaft mit der TWN gefertigtes Einzylinder-Zweitakt-Dieselaggregat mit 12, ab 1955 mit 13 PS den Motorradmotor.

Aber auch dieser luftgekühlte Kleindiesel mit Benzin-Anlasshilfe war nicht geeignet. Erst ab 1956 setzte Lanz einen soliden, wassergekühlten MWM-Zweizylinder-Kleindiesel mit 18 PS ein. Zu dem Zeitpunkt aber hatten die TWN-Einzylinder bereits dem Ruf dieses ansonsten gelungenen Fahrzeugs so geschadet, dass auch diese Motorbestückung nichts mehr half: Die Konkurrenzfirmen hatten mit stärkeren Motoren den Markt erobert, so dass 1960 die dahindümpelnde Produktion des »Alldogs« eingestellt werden musste. Ironie am Rande: Mitte der 1960er Jahre bot Deutz den Kleindiesel F 2 L 310 mit 20 PS als passenden Ersatzmotor jenen Kunden an, die vom originalen Alldog-Triebsatz nichts mehr wissen wollten.

18-PS-Lanz-Geräteträger »Alldog A 1806«, 1956. Foto: High Contrast @ CC-BY-SA-3.0 DE

Die Halbdieselschlepper der HE-, HN- und HR-Baureihen 1952–1956/1962

Ab 1952 stellten die Lanz-Ingenieure das Zündverfahren vom Glühkopfprinzip auf das sogenannte Mitteldruck-Verfahren um. Dabei erleichterte eine Summer-Zündanlage in Verbindung mit einer Benzineinspritzanlage den Startvorgang des Motors, der dann als Halbdiesel durch eigene Zündung weiterlief. Sie besaßen eine Umkehrspülung, eine Saugrohraufladung und Leichtmetallkolben. Durch die höhere Kompression (1:10) konnten auch erheblich kleinvolumigere Motoren verwendet werden, die von der Wirtschaftlichkeit nicht schlecht dastanden. Von 17 über 19 bis 22 PS reichte diese neue HE-Baureihe mit 2,2-Liter-Motor, die sich auch durch eine neue, vorne abgerundete und nach vorne aufklappbarer Motorhaube auszeichnete.

Die nächstgrößere HN-Baureihe mit 3,7-Liter-Motor deckte den Bereich von 28, 32 und 36 PS ab, wobei der 28-PS-Schlepper auch wieder – parallel zum Hanomag-Maisschlepper – als Reihenfrucht-Dreiradschlepper für Maiskulturen und Baumwollplantagen angeboten wurde.

Die große HR-Familie mit dem neuen 7,3-Liter-Halbdiesel-Motor und einer kantigen Haube umfasste den nur 1954 gebauten 48-PS-Typ sowie die 50- und 60-PS-Schlepper »D 5006« und »D 6016«, die ab 1955 als stärkste Lanz-Schlepper auf Wunsch bis 1962 gebaut wurden. Gedrungene Auspuffschlote ersetzten bei diesen Baureihen die Vorkriegs-Doppelkegel-Auspuffrohre.

Da Spanien, ein traditioneller Abnehmer der Bulldog-Schlepper, inzwischen hohe Zölle auf Komplettfahrzeuge erhob, gründete Lanz in den 1950er Jahren die Lanz-Iberica SA in Madrid, die angelieferte CKD-Sätze für die Schleppermontage nutzte.

22-PS-Lanz »Ackerluftbulldog D 2206«, 1952. Foto: ChiemseeMan, © PD

28-PS-Lanz »Ackerluftbulldog D 2806«, 1952. Foto: W. Leiter, © PD

36-PS-Lanz »Bulldog-Diesel D 3606«, 1953. Foto: Zwiadowca21, © CC-BY-SA-3.0

45-PS-Lanz »Ackerluftbulldog D 9506«, 1953.
Foto: A. Kniesel, © CC-BY-SA-3.0

19-PS-Lanz »Bulldog-Diesel D 1906«, 1955.

Die Bulldog-Diesel 1955–1960

1955 präsentierte Lanz die zweite Nachkriegsmodellreihe, die vor allem Kleinbauern zur Motorisierung verhelfen sollte. Zunächst erschien der »D 1266« mit Ein-, der »D 1666« mit Zweizylinder-MWM-Viertaktdiesel; beide zusammen konnten aber lediglich nur in 1046 Exemplaren an den Mann gebracht werden. In Tragschlepperbauart folgte der »D 1306« mit dem TWN-Kleindiesel aus dem »Alldog«. Wie bei den anderen Kleinschleppern fand hier ein ZF-Getriebe Verwendung.

Ein Jahr später erschien der kleinste Nachkriegs-Bulldog, der für Pflegearbeiten und für Kleinstbauernhöfe vorgesehen war. Der »D 1106« besaß den auf 11 PS gedrosselten TWN-Diesel und wurde unter der Bezeichnung »Bulli« bekannt. Dieser erste Bulldog in Halbrahmenbauweise ausgeführt, wurde 1958 durch den »D 1206« abgelöst, der sich eigentlich nur durch den 12-PS- TWN-Diesel, jetzt mit Vorglühanlage, vom bisherigen Schlepper unterschied. Als erstes Lanz-Fahrzeug erhielt dieser Typ die grüne Standardfarbe von John Deere mit gelben Felgen anstelle des bisherigen Blau-Grau und der roten Räder. Zu diesem Zeitpunkt fiel auch der »D 1306« aus dem Programm.

55-PS-Lanz »Ackerluftbulldog D 1506«, 1953.

12-PS-Lanz »Bulldog-Diesel D 1266«, 1955. Foto: W. Leiter, © PD

16-PS-Lanz »Bulldog-Diesel D 1666«, 1955.

24-PS-Lanz »Bulldog-Diesel D 2416«, 1955.

11-PS-Lanz »Bulldog-Diesel D 1106 Bulli«, 1956.

Die Volldieselschlepper der HE- und HN-Baureihen 1955–1960

Die bisherigen HE-Baureihen ersetzte Lanz ab 1955 durch die Volldiesel-Schlepper »D 1616« und »D 2016«. Der bisherige 2,2-Liter-Motor erhielt eine Vorglühanlage und wurde mit 12:1 verdichtet, so dass die umständliche Benzin-Anlassvorrichtung entfallen konnte. Mit 2,6 Liter-Motor folgten die Modelle »D 2416« und »D 2816«; die Motorleistungen dieser Baukasten-Reihe reichte von 16 bis 28 PS.

Um sich von den nicht mehr zeitgemäßen Einzylindermotoren zu lösen, entwickelte die Motorenabteilung einen 18-PS-Einzylinder- und einen 26- sowie einen 36-PS-Zweitakt-Dieselmotor, zumal Hanomag mit hubraumschwachen Zweitaktern zunächst im Trend lag. Mit einem Roots-Gebläse sollten sich die Triebwerke in ihrer Leistung noch steigern lassen. Für die produktionsreife Konstruktion und vor allem für die Entwicklung der entsprechenden Fahrzeuge fehlten die Investitionsmittel.

Die Nachfolge der bisherigen HN-Halbdiesel sollte der 40 PS starke Großbulldog »D 4016« antreten. Mit seinem neuen 4,2-Liter-Motor schloss Lanz eine Lücke im breit gefächerten Bulldog-Programm; darüber angesiedelt waren nur noch die 50 und 60 PS starken HR-Halbdiesel. Diese letzte Bulldog-Motoren-Entwicklung, die mit höheren Leistungen mit der Zeit eigentlich auch den 7,3-Liter-Halbdiesel hätte ablösen sollen, war jedoch unausgereift auf den Markt gekommen, so dass die Reklamationen die Verkaufszahlen der Bulldog-Schlepper beeinträchtigten. Darüber hinaus entwickelte die Motorenabteilung Ein-, Zwei- und Dreizylinder-Zweitakt-Dieselmotoren iin stehender Bauweise, die aber nicht mehr bis zur Serienreife gelangten. 1960 firmierte das Unternehmen allerdings um und hieß nun »John Deere-Lanz AG«. Eine neue Ära begann. Mit dem Einbau amerikanischer Viertakt-Dieselmotoren endete schließlich 1961 der Mannheimer Motorenbau.

16-PS-Lanz »Bulldog-Diesel D 1616«, 1956

60-PS-Lanz »Bulldog-Diesel D 6016«, 1955. Lanz FarmTruck-Projekt

Wie auch die Firma Eicher mit dem »Farm-Express« oder Daimler-Benz mit dem »Unimog« beschäftigten sich die Lanz-Ingenieure auch mit der Entwicklung eines kompakten Frontlenker-Universalfahrzeugs. Der »Farm Truck« sollte von einem 40-PS-Motor angetrieben werden. Eine Hinterrad- und eine Allradantriebsvariante mit normaler oder mit Doppelkabine waren vorgesehen. Als leichter Lieferwagen, als Kipper auch mit hydraulischem Kran oder mit Heckbagger. Mit dem Engagement durch die Firma John Deere verschwand dieses Projekt, zumal die weiteren Entwicklungskosten zu hoch waren und die Marktchancen als zu gering eingeschätzt wurden.

John Deere-Lanz 1960–1968

1960 präsentierten die neuen Eigentümer zwei Halbrahmenschlepper mit modernen, elastisch eingebauten Viertakt-Dieselmotoren, die sich zuvor schon in den USA bewährt hatten und für Klein- und Mittelbetriebe vorgesehen waren. Die in den John Deere-Farben Grün-Gelb gehaltenen Typen »John Deere-Lanz 300« (28 PS) und »John Deere Lanz 500« (36 PS durch Drehzahlerhöhung des gemeinsamen Wirbelkammerdieselmotors), unter dem Slogan »Schlepper mit Zukunft« vertrieben, waren mit 10-Ganggruppenschaltgetrieben, Scheibenbremsen, automatischer Kombinationsregelhydraulik, drei Getriebe- bzw. Motorzapfwellen ausgestattet. Hinzu kam ein erheblich verbesserter Fahrkomfort. 1962 erweiterte John Dee-

28-PS-John Deere-Lanz 300, 1960.

18-PS-John Deere-Lanz 100, 1961. Foto: W. Leiter, © CC-BY-SA-3.0

re-Lanz das neue Programm um die Modelle »100« mit aus den USA angelieferten Zweizylinder-18-PS-Motor und »700« mit 50 PS.

Um ein noch stärkeres Modell im Angebot zu haben, das den großen 60-PS-Bulldog-Schlepper ersetzen sollte, montierte das Werk aus komplett angelieferten amerikanischen Bausätzen den 65-PS-Schlepper »3010«. Dieser Schlepper besaß ein synchronisiertes Getriebe, eine motorhydraulisch gesteuerte Bremsanlage, eine hydraulische Lenkung, eine Regelhydraulik mit Unterlenker-Steuerung sowie drei kupplungsunabhängigen Zapfwellen. Schließlich schloss 1966 der kleine Typ »200« als Grünlandschlepper mit einem 25-PS-Zweizylindermotor das erste John Deere-Lanz-Programm ab.

John Deere-Lanz Serie 10 1964–1967

Mit neuer Motortechnik startete das Unternehmen 1964 die »10er«-Baureihe, wobei der Hinweis auf die Traditionsmarke Lanz entfiel. Die Modelle »310«, »510«, »710« und später der wiederum auf die nächste Baureihe schon hinweisende »3020« waren in Blockbautechnik mit größeren Radständen und neuen Drei- und Vierzylindermotoren konstruiert, die zunächst aus den USA angeliefert und ab 1965 aus dem neuerrichteten John Deere-Motorenwerk in Savan bei Orleans/Frankreich (Deere Power Systems/ DPS) stammten. Die im Baukastenprinzip gefertigten, sparsamen Direkteinspritzmotoren besaßen Verteilereinspritzpumpen und Bleistiftdüsen; was eine höhere Leistung bei gleichzeitiger Verbrauchsreduzierung bewirkte.

32-PS-John Deere-Lanz 310, 1964. Foto: Perfekt 401 es, © CC-BY-SA-3.0

50-PS-John Deere-Lanz 710, 1964. Foto: John Deere

Für die neue Fahrzeuggeneration hatte John Deere in Mannheim kräftig investiert und die Motorenfertigung, den Getriebebau sowie die Blechbearbeitungsanlagen vollständig erneuert. Das inzwischen größte John Deere-Werk außerhalb der USA ging von der reinen Fließband- auf die Plattenbaufertigung über, die eine individuellere Produktion gemäß Kundenwünschen und länderspezifischen Anforderungen ermöglichte. Schließlich entstanden in dieser Periode wieder Raupen, die jedoch nur für die Bauwirtschaft konzipiert waren.

John Deere Serie 20 1967–1974

1967 fiel nach Übernahme aller Lanz-Aktien der Übergangsname »John Deere-Lanz« weg, so dass nur noch der amerikanische Eigentümername die Fahrzeuge oberhalb der Seitenbleche zierte. Gleichzeitig erschien die sowohl im amerikanischen Werk Dubuque/Iowa als auch in Mannheim gefertigte »20er«-Baureihe mit Drei- und Vierzylinderschleppern und einem unter Last schaltbaren Getriebe. Die 44-PS-Modelle »1020« und die 60-PS-Modelle »2020« konnten mit Schutzausrüstung auch als Obstplantagenschlepper, der »1020« auch in einer Schmalspurversion als Weinbauschlepper geliefert werden. 1968 erweiterte John Deere das Programm um die 68-PS-Vier- und 81-PS-Sechszylinderschlepper »2120« und »3120«, die erstmals ein lastschaltbares 12-Ganggetriebe aus dem zentralen JD-Getriebewerk in Getafe bei Madrid besaßen. Aus der US-Produktion kamen die Ausführungen »3020« und »4020« hinzu, so dass das gesamte Programm Leistungen von 32 bis 100 PS abdeckte. Den Baumaschinenbereich erweiterte John Deere mit der Aufnahme der Fertigung von Baggerladern.

37-PS-John Deere 920, 1967.

44-PS-John Deere 1020, 1967.

100-PS-John Deere 4020, 1966. Foto: Marion Doss, © CC-BY-SA-2.0

89-PS-John Deere 3130, 1972. Foto: Joost J. Bakker, © CC-BY-2.0

John Deere Serie 30 1972–1979

Von 1972 bis 1979 entstand die »30er«-Baureihe. Die Motoren dieser neuen Serie besaßen neu geformte Brennräume durch besonders geformte Kolbenböden und Vierloch-Einspritzdüsen. Die kupplungsunabhängige Zapfwelle ließ sich unter Volllast hydraulisch ein- oder ausschalten. Wie bei der 20er Serie handelte es sich hierbei um eine Baukasten-Serie, die von 35 PS bis 145 PS das gesamte Leistungsspektrum in der Mittelklasse abdeckte.

Topmodell der neuen Modellreihe war zunächst der Sechszylindertyp »3110«. 89 PS stark, war dieser mit dem neuen Lastschaltgetriebe »HILO« ausgestattet, das eine elektromagnetische Schaltung unter Last und ohne Kupplungsvorgang ermöglichte. Die Geschwindigkeit konnte dabei um fast ein Viertel reduziert, die Durchzugskraft aber um ein Viertel erhöht werden.

Auf der DLG-Schau 1974 in Frankfurt am Main zeigte John Deere die kleineren Modelle dieser 30er Baureihen. Die Modelle »830«, »930«, »1030« und »1130« waren nun erstmals mit geräuschmindernden Komfortkabinen versehen, in der der Überrollkäfig integriert war. Eine klarer im Design ausgeführte Haube, die im vorderen oberen Bereich leicht abgekantet war, ersetzte die bisherigen Hauben mit der halbrunden Kühlermaske.

Der »3130« und wenig später der »2130« erhielten erstmals einen hydrostatischen Frontantrieb (Hydrostatic Front Wheel Drive/HFWD). 1976 konnten ab 46 PS Motorleistung die Schlepper mit mechanischem Front-

132-PS-John Deere 4240 S, 1981. Foto: John Deere

38-PS-John Deere 840, 1979. Foto: John Deere

antrieb (Mechanical Front Wheel Drive/MFWD) ausgeführt werden. Größtes Erfolgsmodell dieser Baureihe war der »2130« mit 75-PS-Motor, der über 24.000mal verkauft werden konnte; stärkster Vertreter der »4430« von 1976 mit Sechszylinder-Turbodiesel und 145 PS.

John Deere Serie 40 1979–1986

Die Ablösung der »30er«-Serie, die »40er«-Baureihe, unterschied sich durch ein leicht überarbeitetes Styling, Synchrongetriebe, hydraulische Lenkungen, einheitliche mechanische Frontantriebe, größere Radstände und leistungsgesteigerte »Standardmotoren« von den bisherigen Modellen. Da die zuvor nur vereinzelt angebotenen Kabinen auf großes Interesse gestoßen waren, hatte John Deere in Bruchsal/Baden ein Werk für die Fertigung der Sicherheitskabinen SG und (später) für die Ersatzteilproduktion aufgebaut. Während die kleineren Modelle vom Typ »840« (38 PS) bis zum »1140« (56 PS) mit einfachen, überdachten Überrollkäfigen versehen waren, besaß die mittlere Baureihe »1640« (62 PS) bis zum »2140« (82 PS mit Turbolader) die Bruchsaler Kabine mit planer Frontscheibe.

Die großen Modelle »3040« (90 PS) und »3140« (97 PS) waren mit amerikanischen Sechszylindermotoren und der geräuschgeminderten, klimatisierten und mit einer Panoramascheibe versehenen Komfortkabine MC 2 (Modulkabine) ausgestattet. Das obere Segment deckten die schon seit 1977 in den USA angebotenen und jetzt importierten Modelle »4040« (110), »4240« (128 PS) und »4440« (155 PS) mit der MC 2-Modulkabine ab.

Als sich 1983 eine allgemeine Kaufzurückhaltung zeigte, reagierte John Deere mit der preiswerten X-E-Serie, wobei die Hochleistungstraktoren mit geringerem Komfort angeboten wurden. Schließlich schloss das Flaggschiff »3640« mit 112 PS, SG2-Sicherheitskabine (Panoramascheibe) und 16-Gang-Power-Synchron-Getriebe diese »40er«-Baureihe ab.

70-PS-John Deere 2040, 1979. Foto: John Deere

56-PS-John Deere 1140, 1979. Foto: John Deere

82-PS-John Deere 2140, 1979. Foto: John Deere

90-PS-John Deere 3040, 1979. Foto: John Deere

112-PS-John Deere 3640, 1984. Foto: John Deere

70-PS-John Deere 2650, 1986.

John Deere Serie 50 1986–1995

Die von 1986 bis 1994 gefertigte »50er«-Baureihe zeichnete sich durch die neuen »Constant-Power-Motoren« aus, die ein imposant gestiegenes Drehmoment aufwiesen. Zu den weiteren Besonderheiten gehörten Leichtlaufgetriebe für 40 km/h Höchstgeschwindigkeit, verbesserte Frontheber, eine Fronthydraulik sowie Frontzapfwellen. Die Fahrwerke waren verstärkt worden, um die immer schwerer werdenden Vor- und Anbaugeräte zu tragen.

Das Einstiegsmodell bildete hier der »1350« mit 38 PS und offener Plattform, gefolgt vom 56 PS starken »1850«, ebenfalls mit Dreizylindermotor, der in der »N«-Version (N für narrow) auch als Plantagen- und als Stalltraktor geliefert wurde.

Die mittleren Modelle der Baureihen »2650« (78 PS mit Turbolader) bis »3650« (116 PS) verfügten über eine Ölkühlung für Bremsanlage, Kupplung, Lastschaltung sowie Zapfwellen und Allradantrieb. Die kantige MC 1- oder die MC 2-Kabinen kamen zur Verwendung. 1995 lief ein »2850« als letztes Modell dieser Baureihe vom Band. Mit dieser Fahrzeuggeneration überschritt John Deere die erste Million in Mannheim gebauter Schlepper!

Die John Deere-Baureihe 5000 1997–2009

Mit vierstelliger Ziffernfolge erschien 1997 die leichte Kompaktklasse »5000« mit Komfortkabine oder mit Plattform und Überrollbügel, vorgesehen für die Grünlandwirtschaft und für den leichten Ackereinsatz. Die Fahrzeuge entstanden im Auftrag bei Carraro SpA Divisione Agritalia in Rovigo/Venetien, die sich nach der Trennung von Antonio Carraro SpA in Campodarsego in der Provinz Padua gebildet hatte und seit 1977 Schmalspurschlepper unter eigenem Namen, aber auch für John Deere, Renault beziehungsweise Claas, VALTRA, Massey-Ferguson und andere, darunter auch einst Agria, herstellt oder herstellte. Drei- und Vierzylindermotoren in Saug- und Turboversion deckten den Leistungsbereich von 55 bis 80 PS ab. 12/12- oder 24/24-Reversiergetriebe übertrugen die Kraft der Hinterrad- und Allrad-Antriebsschlepper.

In der Modellpflege ab 1999 mit den »5010«-Modellen konnte neben den 12/12- und 24/24-Getrieben auch ein 24/24-Lastschaltgetriebe gewählt werden. Der Buchstabe »N« in der Typenbezeichnung deutete auf die Schmalspurausführung mit 1330 mm Breite für Hofarbeiten hin, in der Super-Narrow-Ausführung der Weinbergschlepper war die Breite auf 1050 mm reduziert worden. Die »5015«er-Serie zeichnete sich ab 2003 durch Vollsynchrongetriebe und einer weiteren Getriebevariante, dem 24/12-Gang-Power-Reversiergetriebe mit zweifacher Lastschaltmöglichkeit aus.

Die sich selbstnachstellende Permakupplung II mit Mehrfach-Lamellen im Ölbad sorgte für ein weiches Anfahren. Die jetzt in Mannheim gefertigte und leistungsmäßig über der »5015«-Serie stehende Endstufe »5020« dieser für kleinere und mittlere Betriebe vorgesehenen Baureihe besaß nun einen durchgehenden Brückenstahlrahmen, um die immer höheren Gewichte (»Nutzlasten«) durch Frontanbaugeräte, Frontheber und Heckhydraulik) aufnehmen zu können. Der Vierzylindermotor war »schwingungsentkoppelt« über vier Silentblöcke auf dem Rahmen montiert. Die überarbeiteten Motoren zeigten jetzt ihre Stärken durch einen großen Konstant-Leistungsbereich und durch eine hohe Überleistungsspitze (»ExtraPower«).

Das »PowerQuad«-Getriebe verfügte über 12 oder 32 Gänge mit vier Lastschaltstufen. Optional konnte das »PowerQuad-Plus«-Getriebe (mit Reduziergetriebe) gewählt werden, welches einschließlich der Kriechgänge ein 32/32-Gang-Getriebe darstellte. Einerseits konnten dadurch die Drehzahlen und damit der Verbrauch im höchsten Gang bei Transportarbeiten reduziert oder eine höhere Flexibilität durch mehr Gänge im Hauptarbeitsbereich erzielt werden.

Die John Deere-5er-Baureihe ab 2009

An die Stelle der »5000«er-Serie traten 2009 die mit Allradantrieb ausgestatteten Baureihen »5G«, »5M« und »5R«. Für kleinere Höfe, für den Einsatz im Gemüsebau und für Betriebe mit der Ausrichtung auf die Viehwirtschaft sind die leichten und kompakten Blockbau-Modelle »5G« aus dem Agritalia-Werk in Rovigo vorgesehen, weitgehend baugleich mit der Massey-Ferguson-Baureihe »3600« und der Claas-»Elios«-Baureihe.

Aufgeladene »PowerTech«-Motoren mit Vierventil-Common-Rail-Technik sowie mit Abgasrückführung und variabler Turboladergeometrie, die 80 und 90 PS erzeugen, geben hier über eine elektro-hydraulische »Perma-Kupplung II« ihre Kraft auf das Getriebe. In Halbrahmentechnik für schwere Frontladearbeiten und für höhere Nutzlasten folgen die 70 bis 100 PS starken Modelle der Mannheimer Modellreihe »5M«. Die mit großen Kabinen versehenen Schlepper sind für kleine bis mittlere viehaltende Betriebe vorgesehen.

Als Premium-Traktoren folgen die 80 bis 100 PS starken »5R«-Modelle, die auf einem Brückenstahlrahmen aufgebaut sind und über eine extrem starke Hydraulikanlage verfügen. Ein 16-Gang-PowerQuad- oder ein automatisches Getriebe (»AutoQuad«), bei dem durch einen Joystick die Geschwindigkeit vorgewählt werden kann, stehen zur Wahl. Als Ergänzung dieser Baureihe folgt die E-Version (Economy) für den Einsatz im Bereich von Nebenerwerbs-Landwirten und von Sonderkulturen. 2013 wurde die Baureihe 5E an das indische Werk in Pune/Maharashtra, die Baureihe 56 an das Agritalia-Werk in Rovigo abgegeben; die Baureihen 5M und 5R kommen aus dem John-Deere-Werk in Augusta/Georgia.

100-PS-John Deere 5100 R, 2003. Foto: Ferd JDF, © CC-BY-SA-3.0

Die John Deere-6000er-Baureihe

Mit der »6000er« Baureihe revolutionierte John Deere 1992 den Schlepperbau. Da sich inzwischen gezeigt hatte, dass der Schlepper in der modernen europäischen Landwirtschaft größere Nutzlasten zu tragen hat, ging John Deere von der (inzwischen verstärkten) Blockbauweise- zum Ganz-

135-PS-John Deere 6910, 1997.

stahl-Brückenrahmen-Konzept in Modulbauweise über. Diese Rahmenbauweise ermöglichte den stabilen An- und Aufbau von Arbeitsgeräten, Frontladern und Frontkraftthebern. Mit der hier gleichzeitig angewandten Modultechnik konnte John Deere wiederum flexibler auf die Ausrüstung der Fahrzeuge mit Komponenten und Getriebemodulen reagieren.

Ein »SynchroPlus«-Gruppengetriebe oder ein vierstufiges Lastschaltgetriebe (»PowrQuad«) mit Reversiereinrichtung standen zur Auswahl. Eine leistungsstärkere Hydraulik und eine neugestaltete, vorgesetzte und nach rechts kippbare »TechCenter«-Kabine kennzeichneten die Vier-und Sechszylinder-Traktoren. Der Haubenbereich war mit geschlossenen Seitenteilen überarbeitet worden. Die vordere »TLS«-Allradachse mit gefederter Dreilenker-Aufhängung wies das Kraftpaket als Schnellfahrtraktor aus. Zusammen mit dem auf Silentblöcken ruhenden Motor erhöhte sich der Fahrkomfort.

Flaggschiff dieser in über 100.000 Exemplaren gebauten Schlepperreihe war der »6900« mit 130-PS-Diesel. Das Modell 6506 stellte schließlich eine preiswerte Version dar, die den Motor- und Antriebsstrang mit der einfacheren Ausführung der Vierzylindermodelle kombinierte.

Die zweite Ausführung der »6000er«-Baureihe entstand 1997 in der neuen »10er«-Version. Charakteristisches Merkmal waren die neuen, abgasreduzierten und wiederum in der Leistung gesteigerten Vier- und Sechszylindermotoren. In der Antriebstechnik können teil- oder vollautomatische Getriebe gewählt werden. Die TLS-Achse wurde Standardbauteil der größeren Schlepper.

Als im Komfort reduzierte Ausführungen fertigte John Deere ab 1997 die »SE«-Modelle (»Special Edition«), um diese günstiger anbieten zu kön-

150-PS-John Deere 6920, 2001.

110-PS-John Deere 6420, 2001. Foto: Joost J. Bakker, © CC-BY-2.0

nen. Das hier eingesetzte 16/16-»PowrQuad«-Reversiergetriebe verfügte über vier vollsynchronisierte Gruppen mit vier »kupplungsfreien« Lastschaltstufen.

Schon 2001 lief die überarbeitete Serie »6020« vom Band. Die Motoren wurden auf die Vier-Ventiltechnik umgestellt, um die vorgegebenen Abgaswerte zu erfüllen. Gleichzeitig konnte ein breiterer Konstantleistungsbereich erzielt werden, was den Kraftstoffverbrauch reduzieren sollte. Die S-Versionen »6420« und »6920« verfügten über Sensoren des »Motormanagements«, die einsatzbezogen eine automatische Steigerung der Motorleistung bewirkten.

Die »20er«-Baureihe mündete 2003 einerseits in die preiswerten SE-Versionen mit dem 16/16-PowrQuad-Reversiergetriebe, andererseits in die »Premium«- und »PremiumPlus«-Versionen. Während die »Premium«-Ausführungen mit dem 24/24 »PowrQuad«-Getriebe ausgestattet sind, verfügen die »PremiumPlus«-Modelle über ein stufenloses »AutoQuad«-Getriebe, so dass der Motor stets im günstigsten Drehzahlbereich bei niedrigstmöglichem Dieselverbrauch arbeitet. Für beide Baureihen waren die Vier- und Sechszylindermotoren auf die Common-Rail-Technik umgestellt worden, um den Kraftstoffverbrauch erneut zu senken.

Die Schaltgetriebe konnten auf Wunsch mit einer »SoftShift«-Schaltung versehen werden, die einen weichen Schaltvorgang durch automatisches Zwischengasgeben bewirkte. Für Transportaufgaben auf Straßen ermöglicht das »EcoShift«-System bei reduzierter Drehzahl im höchsten Gang eine Höchstgeschwindigkeit von 42 km/h. Schließlich kann mit dem »AutoTrac«-System eine satellitengestützte Lenkautomatik bewirkt werden, die ein genaues Spurhalten ermöglicht und damit ein Überlappen der Arbeitsgänge verhindert.

Im Jahre 2006 ersetzte das Mannheimer Traktorenwerk die »6020«er-Serie durch die »6030«er-Baureihe mit erneut abgas- und leistungstechnisch überarbeiteten »PowrTech«-Motoren mit schnellerem Drehmomentanstieg, die automatisch einen Leistungsschub von 25 PS bei schweren Transport-und bei Zapfwellenarbeiten ermöglichen. Die gefederte »TLS II«-Voderachse passt sich über Sensoren der Belastung an und ermöglicht damit einen höheren Fahrkomfort und eine optimale Kraftübertragung der Vorderachse.

Auch das Bruchsaler Kabinenwerk steuerte seine Innovationen bei. Neben der im Inneren überarbeiteten Kabine mit großen Panoramatüren und weiteren kleineren Designänderungen verfügen diese Ausführungen über eine vergrößerte Lichtanlage unter der Dachkante, um das Arbeiten bei Dunkelheit besser zu ermöglichen.

Auch wenn die Baureihen »7000«, »8000« und »9000« aus dem US-Werk in Waterloo/Iowa für den europäischen Markt angeliefert werden, so entschloss sich das John Deere-Unternehmen aufgrund des großen Bedarfes auf den großen Flächen Ostdeutschlands und Osteuropas, ausgewählte »7030«er-Modelle aus angelieferten CKD-Bausätzen in Mannheim zu montieren. Mit diesen auf einem großen Stahlrahmen auf-

204- PS-John Deere 6215 R, 2014.

gebauten Modellen und mit einer um 40 Prozent stärkeren Hubleistung überschritt John Deere-Mannheim erstmals die 190- bzw. 200-PS-Leistungsmarke.

Eine neue Finesse in der Ausrüstung der Schlepper stellte hier die Elektro-Ausstattung der »Premium«-Fahrzeuge »7430« und »7530« dar. Ein auf der Kurbelwelle angeflanschter Generator versorgt den Schlepper mit 230 bzw. 400 Volt bei einer Leistung von 20 kW. Dies ermöglicht die Stromversorgung von elektrischen Antrieben von Anbaugeräten oder von Schweißgeräten zur schnellen Reparatur auf dem Einsatzbereich.

John Deere-Baureihe 6R ab 2011

Die ab 2011 eingeführte »6R«-Baureihe erhielt eine verbesserte Rundumsichtkabine mit vier Pfosten. Technische Neuerungen waren die »TLS-Plus«-Vorderachse zur optimalen Niveauregulierung beim Fahren und bei Ladearbeiten und das Doppelkupplungsgetriebe »DirectDrive«. Die Höchstgeschwindigkeit dieser Ausführungen liegt bei 50 km/h.

Die Version »6219 RE« erhielt in dieser Klasse die aus der Baureihe »7000« stammende Generatoranlage.

Um die Abgasreinigungsvorgaben der (amerikanischen) Stufe Tier 4-final zu erfüllen, erhielten die Fahrzeuge ab 2014 überarbeitete 4,5- und 6,7-Liter-Triebwerke. Während die M-Ausführungen als Standardmodelle mit sechs Kabinenpfosten und mit festgelegten PS-Leistungen auskommen müssen, können die Leistungen der R-Versionen durch die Power-Boost-Technik bei Bedarf gesteigert werden. Für ein verbessertes Drehmoment sorgte ab einer Leistung von 116 PS der Turbolader mit variabler Schaufeltechnik.

Ein Jahr später erhielten die Triebwerke der Topmodelle 6195 R und 6215R zwei variable Turbolader mit Ladeluftkühlung, so dass die Leistungen erneut angehoben werden konnten. Ein erneutes Facelift folgte im Jahr 2018, verbunden mit erneut leichter Anhebung der Motorstärke. Gleichzeitig erhielten die Motoren ein AdBlue-System, so dass ab 2019 die Abgase die die amerikanische Stufe Tier 5-final erfüllen und mit der Biturbo-Anlage stiegen die neuen Spitzenmodelle 6230R und 6250R in noch höhere Leistungsklassen auf.

Die John Deere GmbH & Co. KG innerhalb des John Deere-Konzerns

Das deutsche John Deere-Traktorenwerk hat sich zum größten JD-Auslandswerk entwickelt. Der Fertigungsausstoß lag 2001 bei 31.500 Fahrzeugen, die von rund 4500 Mitarbeitern hergestellt werden. 2019 erreichte die Jahresproduktion die Marke von über 40.000 Traktoren bei einem täglichen Ausstoßvon 160 Traktoren, Zwischen 75 und 85 Prozent der Mannheimer Fertigung an Traktoren geht in den Export, insbesondere nach Europa, Asien, Afrika und in die USA. Hinzu kommen die Mähdrescher und Feldhäcksler (sowie bis 2006 die Teleskoplader) aus dem Erntemaschinenwerk in Zweibrücken. Das Werk Bruchsal dient als zentraler Kabinenfertiger und als Auslieferungslager. Das Technologie- und Innovationszentrum ist in Kaiserslautern untergebracht.

Während das Mannheimer Werk sich inzwischen auf die Leistungsstärken von 110 bis 250 PS konzentriert, kamen von 1994/95 die Schlepper der 3000er-Serie (bei Renault »Ceres-Modelle«) mit den Drei- und Vierzylindermotoren (Deere Power-System) im Auftrag aus dem Agritalia-Werk. Einzig durch die Hauben- und Farbgestaltung unterschieden sich die Schlepper. Auch die Baureihen 2000 und 5G steuert dieser Auftragsfertiger bei. Aus den amerikanischen Werken werden neben den Standardschleppern 5M und 5R die Großschlepper der Baureihen 7000, 8000 und 9000 angeliefert. Zur Abrundung des Programms erwarb das Unternehmen ab 1991 Zug um Zug die Anteile an der SABO Maschinenfabrik GmbH in Gummersbach, wo Geräte für die Rasen- und Grundstückspflege bis zum Verkauf dieses Werkes im Jahre 2020 gefertigt wurden. 1997 kam die Kemper Maschinenfabrik GmbH & Co. KG in Stadtlohn hinzu. Dort entstehen Vorsätze für Mähdrescher und Feldhäcksler. 2017 ging das deutsche John Deere-Werk eine Kooperation mit den der Kramer-Werke GmbH in Pfullendorf ein, bei der es um die Zulieferung von Kompaktmaschinen, insbesondere von Teleskopladern geht. Außerhalb der Landmaschinentechnik engagierte sich die deutsche John Deere Gesellschaft 2017 an der Wirtgen GmbH in Windhagen, dem größten Straßenbaumaschinen-Hersteller der Welt.

John Deere in Mannheim, ein Unternehmen des weltgrößten Landmaschinenkonzerns John Deere mit 63 Fabriken in 28 Ländern und über 50.000 Mitarbeitern, hat sich seit 1993 zum größten deutschen Schlepperhersteller und -Exporteur entwickelt. In Deutschland steht das Unternehmen mit einem Marktanteil von über 20 Prozent an der Spitze der Zulassungsstatistik. Die Konzentration auf nur wenige Baureihen, die allerdings nach Wunsch des Auftraggebers individuell getriebetechnisch ausgerüstet werden können, trug zu diesem Erfolg bei. Schließlich ist zu erwähnen, dass das Mannheimer Werk die Schlepper- und Komponentenfertigung der Werke in Frankreich und Spanien steuert.

204-PS-John Deere 6215 R, 2014.

Lanz-/John-John Deere-/John Deere-Schlepper

Baureihe	Bauzeit	Motor Hersteller	Typ	Zylinder	PS	Kühlung	Bohrung x Hub	Hubraum	Drehzahl	Radstand	Gewicht	Getriebe	Besonderheiten
1. Bodenfräser													
Landbaumotor System Köszegi (LD III)	1912	Kämper		4	70/80	W	155x200	15.095	600/700		4800 - 6000	3/1	Bodenfräse, auch 16.077-ccm- Motor (160x200 ccm)
Landbaumotor Bauar Seck	1913 - 1920	Kämper		4	80	W	140x200	8792	800		5500	3/1	Gewicht mit Fräse 7000 kg
Bodenfräser	1921-1926?	Kämper	PM 150	4	50	W	150x200	14.130	700				
Bodenfräser	1921-1926?	Kämper	PM 150	4	60	W	150x200	14.130	800				
2. Radschlepper													
2.1 Standardschlepper mit Vergasermotor													
»Wirtschaftsmotor«	1910	Gotha?		4	25	W							
Feldmotor 38 PS, Typ FMD	1921 - 1925	Gotha?		4	38	W	125x170	8340	750	2250	3800 - 4400	3/1	
Feldmotor Typ LC	1921	Gotha?		4	20	W			750				auch 25 PS
2.2 Standardschlepper mit Zweizylinder-Glühkopfmotor													
Acker-Felddank, Typ FHD	1923	Lanz		2	38	V	190x220	12.460	750	2280	4000	3/1	
2.3 Standardschlepper mit Einzylinder-Glühkopfmotor													
Eisen-Bulldog, Typ HL	1921 - 1927	Lanz		1	12	V	190x220	6220	420	1390	1850	ohne	Umsteuerung des Motors zur Richtungsänderung
Eisen-Bulldog, Typ HM »Mops«	1923 - 1925	Lanz		1	8	V	160x190	3820	500		1250	ohne	Glühkopf, Zweitaktmotor wie auch folgende
Vierrad-Acker-Bulldog, Typ HP (»Peter«)	1923 - 1926	Lanz		1	12	V	190x220	6220	420	1400	1675	ohne	Allradantrieb, Knicklenker
Acker-Großbulldog, Typ HR	1926	Lanz		1	22	V	225x260	10.266	500	1805	2500	2x2/2	maximal 28 PS
D 6500 Acker-Bulldog, Typ HR 5	1929 - 1935	Lanz	D 6500	1	30	Th	225x260	10.266	500	1865	2575	3/1	ab 1931 »Kühlerbulldog«
D 6500 Acker-Bulldog, Typ HR 6	1929 - 1935	Lanz	D 6500	1	38	Th	225x260	10.266	630	1964	3000	3/1	
Dreirad-Hackfrucht-Bulldog, Typ HN	1930 - 1932	Lanz	D 7506	1	20	Th	170x210	4767	760	1647		3/1	
D 7500 Acker-Bulldog, Typ HN	1932 - 1935	Lanz	D 7506	1	20	Th	170x210	4767	760	1647	2100	3/1	
D 7500 Acker-Bulldog, Typ HN 3	1934 - 1935	Lanz	D 7506	1	20	Th	170x210	4767	760	1647	2100	3/1	
D 7506 Ackerluft-Bulldog, Typ HN 3	1934 - 1936	Lanz	D 7506	1	20	Th	170x210	4767	760	1683	2800	2x3/1	
D 8500 Acker-Bulldog, Typ HR 7	1934 - 1936	Lanz	D 8506	1	30	W	225x260	10.266	540	1864	2720	3/1	
D 8506 Ackerluft-Buldog, Typ HR 7	1934 - 1936	Lanz	D 8506	1	30	W	225x260	10.266	540	1977	3170	2x3/1	
D 9500 Acker-Bulldog, Typ HR 8	1934 - 1936	Lanz	D 9506	1	38	W	225x260	10.266	540/630	2036	3400	3/1	
D 9506 Ackerluft-Bulldog, Typ HR 8	1934 - 1938	Lanz	D 9506	1	38	W	225x260	10.266	540/630	1977	3170	2x3/1	
D 7500 Acker-Bulldog, Typ HN 3	1936 - 1952	Lanz	D 7506	1	25	Th	170x210	4767	850	1647	2100	3/1	
D 7506 Ackerluft-Bulldog, Typ HN 3	1936 - 1952	Lanz	D 7506	1	25	Th	170x210	4767	850	1680	2260	2x3/1	
D 8500 Acker-Bulldog, Typ HR 7	1936 - 1954	Lanz	D 8506	1	35	W	225x260	10.266	540	1977	3050	3/1	
D 8506 Ackerluft-Buldog, Typ HR 7	1936 - 1954	Lanz	D 8506	1	35	W	225x260	10.266	540	1977	3000	2x3/1	
D 9500 Acker-Bulldog, Typ HR 8	1936 - 1955	Lanz	D 9506	1	45	W	225x260	10.266	630	2036	3400	3/1	
D 9506 Ackerluft-Bulldog, Typ HR 8	1936 - 1955	Lanz	D 9506	1	45	W	225x260	10.266	630	2036	3500	2x3/1	
D 3500 Bauern-Bulldog, Typ HN 5	1937 - 1952	Lanz	D 3506	1	20	W	170x210	4767	760	1680	2000	3/1	
D 3506 Ackerluft-Bulldog, Typ HN 5	1937 - 1952	Lanz	D 3506	1	20	W	170x210	4767	760	1680	1850	2x3/1	
D 1500 Acker-Bulldog, Typ HR 8	1938 - 1954	Lanz	D 1506	1	55	W	225x260	10266	750	2035	3600	3/1	
D 1506 Ackerluft-Bulldog, Typ HR 8	1938 - 1955	Lanz	D 1506	1	55	W	225x260	10266	750	2036	3500	2x3/1	
D 4506 Ackerluft-Bulldog, Typ HE 1	1939 - 1943	Lanz	D 4506	1	15	W	145x170	2806	900	1680	1200	2x3/1	
D 7506 Ackerluft-Bulldog, Typ HN 3	1939 - 1952	Lanz	D 7506	1	25	W	170x210	4767	850	1755	2200	2x3/1	
D 7506 Gas-Ackerluft-Bulldog, Typ HRG 7	1941 - 1945	Lanz	D 7506 Gas	1	25/20	W	170x210	4767	850	1690	2670	2x3/1	Zweistoff-Holzgasmotor
D 8506 Gas-Ackerluft-Bulldog, Typ HRG 7	1941 - 1945	Lanz	D 8506 Gas	1	35/30	W	225x260	10.266	540	1977	3380	2x3/1	

Lanz-/John-John Deere-/John Deere-Schlepper													
Baureihe	Bauzeit	Motor Hersteller	Typ	Zylinder	PS	Kühlung	Bohrung x Hub	Hubraum	Drehzahl	Radstand	Gewicht	Getriebe	Besonderheiten
D 9506 Gas-Ackerluft-Bulldog, HRG 8	1941 - 1945	Lanz	D 9006 Gas	1	45/40	W	225x260	10.266	630	1977	3500	2x3/1	Zweistoff-Holzgasmotor
D 7006 Gas-Ackerluft-Bulldog, Typ HNO	1942 - 1945	Lanz	D 7006 Gas	1	25/20	W	170x210	4767	850	1755	2200	2x3/1	
D 8006 Gas-Ackerluft-Bulldog, Typ HRO 7	1942 - 1945	Lanz	D 8006 Gas	1	32	W	260x260	13.797	630	1977	3380	2x3/1	Reingas-Holzgasmotor
D 9006 Gas-Ackerluft-Bulldog, Typ HRO 8	1942 - 1945	Lanz	D 9006 Gas	1	40	W	260x260	13.797	750	1977	3380	2x3/1	
D 3506 Allzweck-Bulldog, Typ HN 5	1949 - 1952	Lanz	D 3506	1	20	W	170x210	4767	760	1680	1850	2x3/1	
D 5506 Allzweck-Bulldog, Typ HE	1950 - 1952	Lanz	D 5506	1	16	W	145x170	2806	950	1670	1180	2x3/1	
D 1706 Ackerluft-Bulldog, Typ HE	1952 - 1955	Lanz	D 2206	1	17	W	130x170	2260	950	1670	1180	2x3/1	Mitteldruck, Zweitaktmotor wie auch folgende
D 2206 Ackerluft-Bulldog, Typ HE 1	1952 - 1955	Lanz	D 2206	1	22	W	130x170	2260	950	1770	1270	2x3/1	
D 2806 Ackerluft-Bulldo,g Typ HN	1952 - 1955	Lanz	D 2806	1	28	W	150x210	3720	850	1822	2100	2x3/1	
D 2803 Reihenfrucht-Bulldog Typ HN	1953 - 1955	Lanz	D 2806	1	28	W	150x210	3720	850	2250	2220	2x3/1	Dreiradschlepper
D 3606 Bulldog-Diesel Typ HN	1953 - 1956	Lanz	D 3606	1	36	W	150x210	3710	1050	1822	2390	2x3/1	
D 4806 Bulldog-Diesel, Typ HR 8	1954	Lanz	D 4806	1	48	W	190x260	7350	650	1822	3230	2x3/1	
D 5806 Bulldog-Diesel, Typ HR	1954	Lanz	D 5806	1	58	W	190x260	7350	800	2246	3330	2x3/1	
D 1266 Bulldog-Diesel	1955	MWM	KD 12 E	1	12	W	95x120	850	2000	1650	1030	6/1	Viertakt-Diesel
D 1306 Bulldog-Tragschlepper	1955 - 1958	Lanz-TWN	LT 85 D	1	13	L	85x94	534	2800	1680	900	6/1	
D 1616 Bulldog-Diesel	1955 - 1960	Lanz	D 1616	1	16	W	130x170	2256	850	1620	1260	6/1	Zweitakt-Diesel
D 1666 Bulldog-Diesel	1955	MWM	KD 211 Z	2	16	W	85x110	1250	2000	1650	1040	6/1	Viertakt-Diesel
D 1906 Bulldog-Diesel, Typ HE	1955	Lanz	D 1916	1	19	W	130x170	2260	950	1670	1310	2x3/1	Zweitakt-Diesel wie auch folgende
D 2016 Bulldog-Diesel, Typ HE	1955 - 1960	Lanz	D 2016	1	20	W	130x170	2256	950	1770	1440	2x3/1	
D 2216 Bulldog-Diesel, Typ HE	1955	Lanz	D 2206	1	22	W	130x170	2260	1050	1770	1380	2x3/1	
D 2416 Bulldog-Diesel, Typ HE	1955 - 1960	Lanz	D 2416	1	24	W	140x170	2616	1050	1770	1490	2x3/1	
D 2806 A Ackerluft-Bulldog, Typ HN	1955	Lanz	D 2806	1	28	W	150x210	3720	850	1822	2100	2x3/1	
D 2816 Bulldog-Diesel, Typ HE	1955 - 1960	Lanz	D 2806	1	28	W	140x170	2616	1100	1770	1585	2x3/1	
D 3206 Bulldog-Diesel, Typ HN	1955 - 1956	Lanz	D 3206	1	32	W	150x210	3710	900	1822	2270	2x3/1	
D 5006	1955 - 1960	Lanz	D 5006/16	1	60	W	190x260	7350	650	1822	3230	2x3/1	
D 6006 A, Bulldog-Diesel, Typ HR	1955	Lanz	D 6006	1	60	W	190x260	7350	800	2246	3330	2x3/1	
D 6016 Bulldog-Diesel, Typ HR	1955 - 1960	Lanz	D 6006	1	60	W	190x260	7350	800	2246	3920	9/3	
D 1106 »Bulli«	1956 - 1958	Lanz-TWN	LT 85 D	1	11	L	85x94	534	2500	1600	774	6/2	
D 1206 Bulldog-Diesel	1957 - 1961	Lanz-TWN	LT 85 D	1	12	L	85x94	534	2600	1600	770	6/2	
D 4016 Bulldog-Diesel, Typ HN	1957 - 1960	Lanz	D 4016	1	40	W	160x210	4220	1000		3520	6/2	
D 5016 Bulldog-Diesel	1957 - 1961	Lanz	D 5016	1	50	L	190x260	7350	630	2246	3250	9/2	
D 1206 Bulldog-Diesel	1958 - 1960	Lanz-TWN	LT 85 D	1	12	L	85x94	534	2600	1600	770	6/2	
2,4 John Deere-Lanz-Standardschlepper													
2.4.1 John Deere-Lanz-Baureihen von 1960 - 1968													
300	1960 - 1964	DPS	401	4	28	W	92,08x88,9	2367	2000	1885	1750	10/3	Viertakt-Wirbelkammer-Diesel wie auch folgende
500	1960 - 1964	DPS	402	4	36	W	92,08x88,9	2367	2400	1885	1800	10/3	
100	1962 - 1965	DPS	204	2	18	W	92,08x88,9	1183	2500	1860	1258	6/1	
700	1962 - 1964	DPS	405	4	50	W	98,4x88,9	2705	2400	1950	2300	10/3	
200	1966 - 1968	DPS	205	2	25	W	98,4x88,9	1350	2500	1930	1475	6/2	
2.4.2 John Deere-Lanz-Baureihe 10 (1962 - 1967)													
3010	1962 - 1963	DPS	3010	4	65	W	105x120	4164	2500	2070	3160	8/3	CKD-Bausätze aus USA
310	1964 - 1967	DPS	152 D 25 L	3	32	W	98x110	2490	2000	2072	2100	10/3	Direkteinspritzmotor wie auch folgende
510	1964 - 1967	DPS	152 D 22 L	3	40	W	98x110	2490	2400	2072	2130	10/3	
710	1965 - 1967	DPS	202 D 23 L	4	50	W	98x110	3320	2400	2200	2295	10/3	

Lanz-/John-John Deere-/John Deere-Schlepper													
Baureihe	Bauzeit	Motor Hersteller	Typ	Zylinder	PS	Kühlung	Bohrung x Hub	Hubraum	Drehzahl	Radstand	Gewicht	Getriebe	Besonderheiten
2.4.3 John Deere-Baureihe 20 (1964 - 1974)													
3020	1964 - 1972	DPS	3020	4	75	W	108x120	4430	2410	2286	3500	8/2	US-Typ
4020	1965 - 1972	DPS	4020	6	100	W	108x120	6637	2500	2260	3930	8/3	
820	1967 - 1974	DPS	M 4 3 L 9	3	32	W	98x110	2490	2100	1890	1850	8/4	ab 1971 3.152 DL-01-Motor
920	1967 - 1974	DPS	M 4 F L 9	3	37	W	98x110	2490	2300	1890	1975	8/4	ab 1971 3.152 DL-02-Motor
1020	1967 - 1974	DPS	M 4 F L 4	3	44	W	98x110	2490	2500	2050	2020 - 2720	8/4	ab 1971 3.164 DL-04-Motor mit 51 PS
1120	1967 - 1974	DPS	M 4 B L 4	3	49	W	102x110	2695	2500	2050	2155 - 2750	8/4	ab 1971 3.164 DL-01-Motor mit 51 PS
2020	1967 - 1972	DPS	M 5 B L 4	4	60	W	98x110	3320	2500	2180	2445 -2900	8/4	
2120	1968 - 1972	DPS	M 5 B L 4	4	67	W	102x110	3590	2500	2050	3000 - 4000	8/4	
3120	1969 - 1972	DPS	M 6 B L H	6	81	W	98x110	4976	2200	2465	3500	12/6	
2.4.4 John Deere-Baureihe 30 (1972 - 1979)													
2030	1972 - 1979	DPS	4.219 DL-04	4	68	W	102x110	3595	2500	2180	2570	8/4	ab 1974 DDX 8058-Motor
2030 A	1972 - 1979	DPS	4.219 DL-04	4	68	W	102x110	3595	2500	2148	2820	8/4	Allradantrieb, ab 1974 DDX 8058-Motor
2130	1972 - 1979	DPS	4.239 DL-01	4	75	W	106,5x110	3920	2500	2180	2740	8/4	
2130 A	1972 - 1979	DPS	4.239 DL-01	4	75	W	106,5x110	3920	2500	2158	3180	8/4	hydrostatischer Vorderachsantrieb
3130	1972 - 1979	DPS	6.329 DL-11	6	89	W	102x110	5390	2500	2461	3906		hydrostatischer Vorderachsantrieb
1630	1973 - 1979	DPS	3.179 DL-01	3	56	W	106,5x110	2938	2400	2050	2595	8/4	auch mit Allradantrieb
830	1974 - 1979	DPS	3.164 DL-14	3	35	W	102x110	2695	2400	1890	2150	8/4	
930	1974 - 1979	DPS	3.164 DL-15	3	41	W	102x110	2695	2400	1890	2250	8/4	
1030	1974 - 1979	DPS	3.164 DL-04	3	46	W	102x110	2695	2500	2050	2261	8/4	
1130	1974 - 1979	DPS	3.164 DL-03	3	51	W	102x110	2695	2500	2050	2370	16/8	auch mit Allradantrieb
4230	1976 - 1977	DPS	6.404 DL-01	6	118	W	108x120	6637	2200	2641	5490	16/6	Allradantrieb, US-Typ
4430	1976 - 1977	DPS	6.404 TL-01	6	145	W	108x120	6637	2200	2709	5980	16/6	T, Allradantrieb, US-Typ
3030	1978 - 1979	DPS	6.329 DL-11	6	89	W	102x110	5390	2500	2464	4020	12/6	
3030 A	1978 - 1979	DPS	6.329 DL-11	6	89	W	102x110	5390	2500	2461	4550	12/6	Allradantrieb
2.4.5 John Deere-Baureihe 40 (1977 - 1986)													
4040	1977 - 1985	DPS	6.359 TL	6	110	W	106,5x110	5883	2200	2642	5067	16/6	T, US-Typ, ab 1981 115 PS
4040 A	1977 - 1985	DPS	6.359 TL	6	110	W	106,5x110	5883	2200	2640	5427	16/6	T, Allradantrieb, US-Typ, ab 1981 115 PS
4240	1977 - 1985	DPS	6.466 DL	6	128	W	115,8x120,6	7637	2200	2709	5318	16/6	US-Typ, ab 1981 132 PS
4240 A	1977 - 1985	DPS	6.466 DL	6	128	W	115,8x120,6	7637	2200	2707	5678	16/6	Allradantrieb US-Typ, ab 1981 132 PS
4440	1977 - 1985	DPS	6.466 TL	6	155	W	115,8x120,6	7637	2200	2709	5613	16/6	T, US-Typ
4440 A	1977 - 1985	DPS	6.466 TL	6	155	W	115,8x120,6	7637	2200	2707	5973	16/6	T, Allradantrieb, US-Typ,
840	1979 - 1986	DPS	3.179 DL-04	3	38	W	106,5x110	2940	2400	1889	2270	16/8	
940	1979 - 1986	DPS	3.179 DL-05	3	44	W	106,5x110	2938	2400	1889	2490	8/4	auch 12/8- und 16/8-Getriebe
940 A	1979 - 1986	DPS	3.179 DL-05	3	44	W	106,5x110	2938	2400	2050	2805	8/4	Allradantrieb, auch 12/8- und 16/8-Getriebe
1040	1979 - 1986	DPS	3.179 DL-07	3	50	W	106,5x110	2938	2500	2050	2720	8/4	auch 12/8- und 16/8-Getriebe
1040 A	1979 - 1986	DPS	3.179 DL-07	3	50	W	106,5x110	2938	2500	2057	2805	8/4	Allradantrieb, auch 12/8- und 16/8-Getriebe
1140	1979 - 1986	DPS	3.179 DL-01	3	56	W	106,5x110	2938	2500	2050	2770	8/4	auch 16/8-Getriebe
1140 A	1979 - 1986	DPS	3.179 DL-01	3	56	W	106,5x110	2938	2500	2057	2850	8/4	Allradantrieb, auch 12/8- und 16/8-Getriebe
1640	1979 - 1986	DPS	4.239 DL-03	4	62	W	106,5x110	3920	2500	2280	3110	8/4	auch 12/8- und 16/8-Getriebe
1640 A	1979 - 1986	DPS	4.239 DL-03	4	62	W	106,5x110	3920	2500	2285	3065	8/4	Allradantrieb, auch 12/8- und 16/8-Getriebe
2040	1979 - 1986	DPS	4.239 DL-04	4	70	W	106,5x110	3920	2500	2280	2835	8/4	auch 12/8- und 16/8-Getriebe
2040 A	1979 - 1986	DPS	4.239 DL-04	4	70	W	106,5x110	3920	2500	2285	3120	8/4	Allradantrieb, auch 12/8- und 16/8-Getriebe
2140	1979 - 1986	DPS	4.239 TL-02	4	82	W	106,5x110	3920	2500	2280	3050	8/4	T, auch 12/8- und 16/8-Getriebe
2140 A	1979 - 1986	DPS	4.239 TL-02	4	82	W	106,5x110	3920	2500	2285	3375	8/4	T, Allradantrieb, auch 12/8- und 16/8-Getriebe
3040	1979 - 1986	DPS	6.359 DL-01	6	92	W	106,5x110	5883	2500	2551	4320	8/4	auch mit Allradantrieb
3040 A	1979 - 1986	DPS	6.359 DL-01	6	92	W	106,5x110	5883	2500	2580	4135	8/4	Allradantrieb, auch 12/8- und 16/8-Getriebe
3140	1979 - 1986	DPS	6.359 DL-02	6	97	W	106,5x110	5883	2500	2551	3855	8/4	auch 12/8- und 16/8-Getriebe
3140 A	1979 - 1986	DPS	6.359 DL-02	6	97	W	106,5x110	5883	2500	2580	4135	8/4	Allradantrieb, auch 12/8- und 16/8-Getriebe
2040 S	1981 - 1987	DPS	4.239 DL-04	4	75	W	106,5x110	3920	2500	2280	3560	8/4	auch 16/8-Getriebe
2040 S A	1981 - 1987	DPS	4.239 DL-04	4	75	W	106,5x110	3920	2500	2290	4020	8/4	Allradantrieb, auch 12/8- und 16/8-Getriebe

Lanz-/John-John Deere-/John Deere-Schlepper

Baureihe	Bauzeit	Motor Hersteller	Typ	Zylinder	PS	Kühlung	Bohrung x Hub	Hubraum	Drehzahl	Radstand	Gewicht	Getriebe	Besonderheiten
4040 S	1981 - 1984	DPS	6.359 TL	6	115	W	106,5x110	5883	2200	2607	5800	16/6	T
4040 S A	1981 - 1984	DPS	6.359 TL	6	115	W	106,5x110	5883	2200	2607	6160	16/6	T, Allradantrieb
4240 S	1981 - 1984	DPS	6.466 TL	6	132	W	115,8x120,6	7637	2200	2674	6040	16/6	T
4240 S A	1881 - 1984	DPS	6.466 TL	6	132	W	115,8x120,6	7837	2200	2674	6320	16/6	T, Allradantrieb
840 X-E	1983 - 1986	DPS	3.179 DL-04	3	38	W	106,5x110	2938	2400	2050	2440	8/4	auch 16/8-Getriebe
940 X-E	1983 - 1986	DPS	3.179 DL-05	3	44	W	106,5x110	2938	2400	2050	2400	8/4	
1040 X-E	1983 - 1986	DPS	3.179 DL-07	3	50	W	106,5x110	2938	2500	2050	2520	16/8	
1140 X-E	1983 - 1986	DPS	3.179 DL-01	3	56	W	106,5x110	2938	2500	2050	2733	8/4	auch 16/8-Getriebe
1640 X-E	1983 - 1986	DPS	4.239 DL-03	4	62	W	106,5x110	3920	2500	2280	3028	8/4	
1640 X-E A	1983 - 1986	DPS	4.239 DL-03	4	62	W	106,5x110	3920	2500	2285	3313	8/4	Allradantrieb, auch 16/8-Getriebe
2040 S X-E	1983 - 1986	DPS	4.239 DL-04	4	75	W	106,5x110	3920	2500	2280	3183	8/4	auch 16/8-Getriebe
2040 S X-E A	1983 - 1986	DPS	4.239 DL-04	4	75	W	106,5x110	3920	2500	2285	3468	8/4	Allradantrieb, auch 16/8-Getriebe
2140 X-E	1983 - 1986	DPS	4.239 TL-02	4	82	W	106,5x110	3920	2500	2280	3466	8/4	T, auch 16/8-Getriebe
2140 X-E A	1983 - 1986	DPS	4.239 TL-02	4	82	W	106,5x110	3920	2500	2285	3875	8/4	T, Allradantrieb, auch 16/8-Getriebe
3640	1984 - 1986	DPS	6.359 DL-06	6	112	W	106,5x110	5883	2400	2582	5155	8/4	Allradantrieb, auch 16/8-Getriebe
2.4.6 John Deere-Baureihe 50 (1986 - 1995)													
1350	1986 - 1990	DPS	3.179 DL-04	3	38	W	106,5x110	2938	2300	2050	2430	8/4	
1850	1986 - 1994	DPS	3.179 DL-01	3	56	W	106,5x110	2938	2400	2050	2560	8/4	
1850 A	1986 - 1994	DPS	3.179 DL-01	3	56	W	106,5x110	2938	2400	2050	2875	8/4	Allradantrieb
2250	1986 - 1994	DPS	4.239 DL-03	4	62	W	106,5x110	3920	2300	2226	3210	8/4	auch 16/8- oder 12/8-Getriebe
2250 A	1986 - 1994	DPS	4.239 DL-03	4	62	W	106,5x110	3920	2300	2287	3510	8/4	Allradantrieb, auch 16/8- oder 12/8-Getriebe
2450	1986 - 1992	DPS	4.239 DL-04	4	70	W	106,5x110	3920	2300	2226	3210	8/4	auch 16/8- oder 12/8-Getriebe
2450 A	1986 - 1992	DPS	4.239 DL-04	4	70	W	106,5x110	3920	2300	2287	3510	8/4	Allradantrieb, auch 16/8- oder 12/8-Getriebe
2650	1986 - 1994	DPS	4.239 TL-06	4	78	W	106,5x110	3920	2300	2226	3360	8/4	T, auch 16/8- oder 12/8-Getriebe
2650 A	1986 - 1994	DPS	4.239 TL-06	4	78	W	106,5x110	3920	2300	2287	3660	8/4	T, Allradantrieb, auch 16/8- oder 12/8-Getriebe
2850	1986 - 1994	DPS	4.239 TL-07	4	86	W	106,5x110	3920	2300	2226	3380	8/4	T, auch 16,8- oder 12/8-Getriebe
2850 A	1986 - 1994	DPS	4.239 TL-07	4	86	W	106,5x110	3920	2300	2287	3890	8/4	T, Allradantrieb, auch 16/8- oder 12/8-Getriebe
3050	1986 - 1993	DPS	6.359 DL-08	6	92	W	106,5x110	5883	2300	2551	4150	8/4	auch 16/8- oder 12/8-Getriebe
3050 A	1986 - 1993	DPS	6.359 DL-08	6	92	W	106,5x110	5883	2300	2582	4475	8/4	Allradantrieb, auch 16/8- oder 12/8-Getriebe
3350	1900 - 1003	DPS	6.359 DL-09	6	103	W	106,5x110	5883	2300	2582	4475	16/8	auch 12/8-Getriebe
3350 A	1986 - 1993	DPS	6.359 DL-09	6	103	W	106,5x110	5883	2300	2558	4860	16/8	Allradantrieb, auch 12/8-Getriebe
3650	1986 - 1993	DPS	6.359 TL-07	6	116	W	106,5x110	5883	2400	2558	4860	16/8	T, Allradantrieb
1550	1987 - 1994	DPS	3.179 DL-05	3	44	W	106,5x110	2938	2300	2050	2480	8/4	
1550 A	1987 - 1994	DPS	3.179 DL-05	3	44	W	106,5x110	2938	2300	2060	2885	8/4	Allradantrieb
1750	1987 - 1994	DPS	3.179 DL-07	3	50	W	106,5x110	2938	2300	2050	2510	8/4	
1750 A	1987 - 1994	DPS	3.179 DL-07	3	50	W	106,5x110	2938	2300	2060	2885	8/4	Allradantrieb
1950	1987 - 1994	DPS	3.179 TL-01	3	65	W	106,5x110	2938	2300	2151	2689	8/4	T
1950 A	1987 - 1994	DPS	3.179 TL-01	3	65	W	106,5x110	2938	2300	2151	2886	8/4	T, Allradantrieb
2.4.7 John Deere-Allradschlepper-Baureihe 5002 (2003 - 2009)													
5620 A	2003 - 2009	DPS	4.045 D	4	72/74	W	106,5x127	4525	2300	2250	3550	16/16	auch 32/32-Getriebe
5720 A	2003 - 2009	DPS	4.045 T	4	80/83	W	106,5x127	4525	2300	2250	3700	16/16	T, auch 32/32-Getriebe
5820 A	2003 - 2009	DPS	4.045 T	4	88/91	W	106,5x127	4525	2300	2250	3700	16/16	
2.4.8 John Deere-Allrad-Schlepper-Baureihe 5R (2008 - 2013)													
5080R	2008 - 2013	DPS	4.045 HL 284	4	76/83	W	106,5x127	4525	2300	2250	3775	16/16	TL, auch 32/32-Getriebe
5090R	2008 - 2013	DPS		4	86/94	W	106,5x127	4525	2300	2250	3775	16/16	TL, auch 32/32-Getriebe
5100R	2008 - 2013	DPS		4	96/104	W	106,5x127	4525	2300	2250	3775	16/16	TL, auch 32/32-Getriebe
2.4.9 John Deere-Schlepper-Baureihe 5M (2009 - 2013)													
5070M	2009 - 2013	DPS	4.045 HL 286	4	66/68	W	106,5x127	4525	2200	2250	3700	16/16	TL, auch 32/16-Getriebe
5070M (A)	2009 - 2013	DPS		4	66/68	W	106,5x127	4525	2200	2250	3700	16/16	TL, Allradantrieb, auch 32/16-Getriebe
5080M	2009 - 2013	DPS		4	76/79	W	106,5x127	4525	2200	2250	3700	16/16	TL, auch 32/16-Getriebe
5080M (A)	2009 - 2013	DPS		4	76/79	W	106,5x127	4525	2200	2250	3700	16/16	TL, Allradantrieb, auch 32/16-Getriebe
5090M	2009 - 2013	DPS		4	86/89	W	106,5x127	4525	2200	2250	3700	16/16	TL, auch 32/16-Getriebe
5090M (A)	2009 - 2013	DPS		4	86/89	W	106,5x127	4525	2200	2250	3700	16/16	TL, Allradantrieb, auch 32/16-Getriebe

Lanz-/John-John Deere-/John Deere-Schlepper

Baureihe	Bauzeit	Motor Hersteller	Typ	Zylinder	PS	Kühlung	Bohrung x Hub	Hubraum	Drehzahl	Radstand	Gewicht	Getriebe	Besonderheiten
5100M	2009 - 2013	DPS	4.045 HL 286	4	96/100	W	106,5x127	4525	2200	2250	3700	16/16	TL, auch 32/16-Getriebe
5100M (A)	2009 - 2013	DPS		4	96/1100	W	106,5x127	4525	2200	2250	3700	16/16	TL, Allradantrieb, auch 32/16-Getriebe
2.4.10 John Deere-Schlepper-Baureihe 6000 (1992 - 1997)													
6100	1992 - 1997	DPS	4.045DL-002	4	75/79	W	106,5x127	4525	2300	2400	3660	15/5	auch 12/4-, 16/12-, 18/6-, 20/16- u. 24/16-Getriebe
6100 A(llrad)	1992 - 1997	DPS		4	75/79	W	106,5x127	4525	2300	2400	3900	15/5	
6200	1992 - 1997	DPS		4	84/89	W	106,5x110	3920	2300	2400	3710	15/5	
6200 A(llrad)	1992 - 1997	DPS		4	84/89	W	106,5x110	3920	2300	2400	3950	15/5	
6300	1992 - 1997	DPS		4	90/95	W	106,5x110	3920	2300	2400	3750	15/5	
6300 A(llrad)	1992 - 1997	DPS		4	90/95	W	106,5x110	3920	2300	2400	4000	15/5	
6400	1992 - 1997	DPS		4	100/104	W	106,5x127	4525	2300	2400	3870	15/5	
6400 A(llrad)	1992 - 1997	DPS		4	100/104	W	106,5x127	4525	2300	2400	4100	15/5	
2.4.11 John Deere-Allrad-Schlepper-Baureihe 6000 A (1995 - 1997)													
6506 A	1995 - 1997	DPS	6.068	6	105	W	106,5x127	6786	2300	2650	4650	20/20	auch 24/24-Getriebe
6600 A	1993 - 1997	DPS	6.059TL-001	6	110/113	W	106,5x110	5880	2300	2650	4650	20/20	T, auch 24/24-Getriebe
6800 A	1993 - 1997	DPS		6	120/122	W	106,5x127	6786	2100	2650	4990	16/16	T, auch 20/20-Getriebe
6900 A	1994 - 1997	DPS	6.068TL-002	6	130/133	W	106,5x127	6786	2100	2650	5390	16/16	
2.4.12 John Deere-Allradschlepper-Baureihen 6000 SE (1996 - 2007)													
a)													
6200 A SE	1996 - 1998	DPS	4.039 TL	4	84	W	106,5x110	3920	2300	2400	3900	16/16	T
6400 A SE	1996 - 1998	DPS	4.045 TL	4	100	W	106,5x127	4525	2300	2400	4100	16/16	T
6010 A SE	1998 - 2002	DPS		4	75	W	106,5x127	4525	2300	2400	3862	16/16	
6110 A SE	1998 - 2002	DPS		4	80	W	106,5x127	4525	2300	2400	3872	16/16	T
6210 A SE	1998 - 2002	DPS		4	90	W	106,5x127	4525	2300	2400	3958	16/16	T
6310 A SE	1998 - 2002	DPS		4	100	W	106,5x127	4525	2300	2400	4048	16/16	T
6410 A SE	1998 - 2002	DPS		4	105	W	106,5x127	4525	2300	2400	4078	16/16	T
6510 SE	2000 - 2002	DPS	6.068	6	105	W	106,5x127	6788	2300	2700	4550	16/16	Hinterradantrieb
6510 A SE	2000 - 2002	DPS		6	105	W	106,5x127	6788	2300	2650	4590	16/16	
6610 A SE	2000 - 2002	DPS	6.068 TLA	6	115	W	106,5x127	6788	2300	2650	4660	16/16	T
b)													
6020 SE	2002 - 2007	DPS	4.045, ab 2003 4.045 T	4	75/76	W	106,5x127	4525	2300	2400	4140	16/16	ab 2003 mit T 80 PS
6120 SE	2002 - 2007	DPS	4.045 T	4	80/83	W	106,5x127	4525	2300	2400	4150	16/16	T, ab 2003 85 PS
6220 SE	2002 - 2007	DPS		4	90/93	W	106,5x127	4525	2300	2400	4190	16/16	T, ab 2003 95 PS
6320 SE	2002 - 2007	DPS		4	100/103	W	106,5x127	4525	2300	2400	4340	16/16	T, ab 2003 mit TL 105 PS
6420 SE	2002 - 2007	DPS		4	110/103	W	106,5x127	4525	2300	2400	4550	16/16	TL, ab 2003 116 PS
6520 SE	2002 - 2007	DPS	6.068, ab 2003 6.068 T	6	110/113	W	106,5x127	6788	2300	2650	4940	16/16	TL, ab 2003 115/121 PS, auch 24/24-Getriebe
6620 SE	2002 - 2007	DPS	6.068 T	6	125/132	W	106,5x127	6788	2300	2650	5020	16/16	TL, auch 24/24-Getriebe
2.4.13 John Deere-Schlepper-Baureihe 6010 (1997 - 2002)													
6110	1997 - 2002	DPS	4.045 TL-054	4	80	W	106,5x127	4525	2300	2400	4017	16/16	T, auch 24/24-Getriebe
6110 A(llrad)	1997 - 2002	DPS		4	80	W	106,5x127	4525	2300	2400	4150	16/16	
6010 AF Forstschlepper	1997 - 2001	DPS	6.068 TLA	4	75	W	106,5x127	4525	2300	2400	7450 - 8950	24/24	T, auch 20/20-Getriebe
6210	1997 - 2002	DPS	4.045 TL-054	4	90	W	106,5x127	4525	2300	2400	4157	16/16	T, auch 24/24-Getriebe
6210 A	1997 - 2002	DPS		4	90	W	106,5x127	4525	2300	2400	4250	16/16	
6310	1997 - 2002	DPS	4.045 TL-052	4	100	W	106,5x127	4525	2300	2400	4167	16/16	
6310 A	1997 - 2002	DPS		4	100	W	106,5x127	4525	2300	2400	4300	16/16	
6410	1997 - 2002	DPS	4.045 TL-053	4	105	W	106,5x127	4525	2300	2400	4277	16/16	
6410 A	1997 - 2002	DPS		4	105	W	106,5x127	4525	2300	2400	4350	16/16	
6510 A	1997 - 2001	DPS	6.068 DL	6	105	W	106,5x127	6788	2300	2650	4697	24/24	T, auch 36/36-Getriebe
6610 A	1997 - 2001	DPS	6.068 TLA	6	115	W	106,5x127	6788	2300	2650	4717	24/24	
6810 A	1997 - 2001	DPS		6	125	W	106,5x127	6788	2100	2650	5169	20/20	T, auch 32/32-Getriebe
6910 A	1997 - 2001	DPS		6	140	W	106,5x127	6788	2100	2650	5389	24/24	T, auch 32/32-Getriebe, Version S mit 150 PS
2.4.14 John Deere-Schlepper-Baureihe 6020 (2001 - 2006)													
6120	2001 - 2006	DPS	4.045 T	4	80/85	W	106,5x127	4525	2300	2400	4350	16/16	T, auch 24/24-Getriebe
6220	2001 - 2006	DPS		4	90/95	W	106,5x127	4525	2300	2400	4390	16/16	
6320	2001 - 2006	DPS		4	100/108	W	106,5x127	4525	2300	2400	4540	16/16	TL, auch 24/24-Getriebe
6420	2001 - 2006	DPS		4	110/120	W	106,5x127	4525	2300	2400	4750	16/16	TL, auch 24/24-Getriebe, Version S mit 120/125 PS
6520	2001 - 2006	DPS	6.068 HLA	6	110/115	W	106,5x127	6788	2300	2650	5080	24/24	ab 2003 mit TL 115/127 PS, auch mit Automatikgetriebe
6620	2001 - 2006	DPS		6	125/132	W	106,5x127	6788	2300	2650	5230	24/24	TL, ab 2003 125/138 PS, auch mit Automatikgetriebe
6820	2001 - 2006	DPS		6	135/141	W	106,5x127	6788	2300	2650	5580	20/20	TL, ab 2003 135/147 PS, auch mit Automatikgetriebe
6920	2001 - 2006	DPS		6	150/158	W	106,5x127	6788	2300	2650	5880	20/20	TL, ab 2003 150/162 PS, auch mit Automatikgetriebe

Lanz-/John-John Deere-/John Deere-Schlepper

Baureihe	Bauzeit	Motor Hersteller	Typ	Zylinder	PS	Kühlung	Bohrung x Hub	Hubraum	Drehzahl	Radstand	Gewicht	Getriebe	Besonderheiten
6920 S	2001 - 2006	DPS	6.068 HLA	6	160/166	W	106,5x127	6788	2300	2650	5880	20/20	TL, ab 2003 160/169 PS, auch mit Automatikgetriebe
2.4.15 John Deere-Schlepper-Baureihe 6030 (2007 - 2013)													
6130	2007 - 2013	DPS	4.045 T 2V-CR	4	80/84	W	106,5x127	4525	2300	2400	4750	16/16	TL, ab 2009 82/86 PS, auch 24/24-Getriebe
6230	2007 - 2013	DPS		4	91/96	W	106,5x127	4525	2300	2400	4775	16/16	TL, auch 24/24-Getriebe
6330	2007 - 2013	DPS		4	101/105	W	106,5x127	4525	2300	2400	4800	16/16	TL, ab 2009 101/106 PS, auch 24/24-Getriebe
6430	2007 - 2013	DPS		4	111/117	W	106,5x127	4525	2300	2400	4825	16/16	TL, ab 2009 115/121 PS, auch 24/24-Getriebe
6530	2007 - 2009	DPS		6	115/121	W	106,5x127	6788	2300	2650	5080	24/24	TL, auch 24/24-Getriebe
6534	2009 - 2012	DPS		4	120/126	W	106,5x127	4525	2300	2650	5230	24/24	
6630	2006 - 2012	DPS		6	126/132	W	106,5x127	6788	2300	2650	5250	20/20	TL, ab 2009 130/136 PS auch 24/24-Getriebe,
6830	2006 - 2012	DPS		6	135/141	W	106,5x127	6788	2100	2650	5880	20/20	TL, ab 2009 140/147 PS, auch 24/24-Getriebe
6930	2006 - 2012	DPS		6	150/158	W	106,5x127	4525	2300	2650	5900	16/16	TL, auch 24/24-Getriebe
2.4.16 John Deere-Allradschlepper-Baureihe 6120 Premium und PremiumPlus (2001 - 2006)													
6120 Premium	2001 - 2006	DPS	4.045 T	4	80/85	W	106,5x127	4525	2300	2400	4350	24/24	T
6220 Premium	2001 - 2006	DPS		4	90/95	W	106,5x127	4525	2300	2400	4390	24/24	T
6320 Premium	2001 - 2006	DPS	4.045 TRT/ T 4V-CR	4	100/108	W	106,5x127	4525	2300	2400	4540	24/24	TL, auch mit Automatikgetriebe, ab 2003 mit CommonRail-Technik u. folgende
6320 PremiumPlus	2003 - 2006	DPS		4	100/108	W	106,5x127	4525	2300	2400	4540	Auto.	TL
6420 Premium	2003 - 2006	DPS		4	110/120	W	106,5x127	4525	2300	2400	4750	24/24	TL, auch mit Automatikgetriebe
6420 PremiumPlus	2003 - 2006	DPS		4	110/120	W	106,5x127	4525	2300	2400	4750	Auto.	TL
6420 Premium	2003 - 2006	DPS		4	110/120	W	106,5x127	4525	2300	2400	4750	24/24	TL, auch mit Automatikgetriebe
6420 S Premium	2003 - 2006	DPS		4	120/125	W	106,5x127	4525	2300	2400	4750	24/24	TL
6420 S PremiumPlus	2003 - 2006	DPS		4	120/125	W	106,5x127	4525	2300	2400	4750	Auto.	TL, auch mit Automatikgetriebe
6520 Premium	2001 - 2006	DPS	6.068 T HLA/ T 4V-CR	6	110/115	W	106,5x127	6788	2300	2650	5080	24/24	TL, ab 2003 115/127 PS, auch mit Automatikgetriebe
6520 PremiumPlus	2001 - 2006	DPS		6	110/115	W	106,5x127	6788	2300	2650	5190	Auto.	TL
6620 Premium	2001 - 2006	DPS		6	125/132	W	106,5x127	6788	2300	2650	5230	24/24	TL, ab 2003 maximal 138 PS, auch mit Automatikgetriebe
6620 PremiumPlus	2001 - 2006	DPS		6	125/132	W	106,5x127	6788	2300	2650	5340	Auto.	TL
6820 Premium	2001 - 2006	DPS		6	135/141	W	106,5x127	6788	2300	2650	5580	24/24	TL, ab 2003 maximal 147 PS, auch mit Automatikgetriebe
6820 PremiumPlus	2001 - 2006	DPS		6	135/141	W	106,5x127	6788	2300	2650	5700	Auto.	TL
6920 Premium	2001 - 2006	DPS		6	150/158	W	106,5x127	6788	2300	2650	5860	24/24	TL, ab 2003 maximal 162 PS, auch mit Automatikgetriebe
6920 PremiumPlus	2001 - 2006	DPS		6	150/158	W	106,5x127	6788	2300	2650	5880	Auto.	TL
6920 S PremiumPlus	2001 - 2006	DPS		6	160/166	W	106,5x127	6788	2300	2650	5880	24/24	TL, ab 2003 maximal 169 PS, auch mit Automatikgetriebe
6920 S PremiumPlus	2001 - 2006	DPS		6	160/166	W	106,5x127	6788	2300	2650	5880	Auto.	TL
2.4.17 John Deere-Allradschlepper-Baureihe 6030 Premium (2006 - 2011)													
6230 Premium	2006 - 2011	DPS	4.045 T 2V-CR	4	95/102	W	106,5x127	4525	2300	2400	4390 - 4900	24/24	TL, maximal 102/113 PS
6330 Premium	2006 - 2011	DPS		4	105/113	W	106,5x127	4525	2300	2400	4540 - 4925	24/24	TL, maximal 115/120 PS, auch mit Automatikgetriebe
6430 Premium	2006 - 2011	DPS		4	115/125	W	106,5x127	4525	2300	2400	4750 - 4950	24/24	TL, maximal 123/135 PS, auch mit Automatikgetriebe
6530 Premium	2006 - 2009	DPS	6.068 T 2V-CR	6	115/121	W	106,5x127	6788	2300	2650	5080	24/24	TL,,ab 2009 maximal 123 PS, auch mit Automatikgetriebe
6534 Premium	2009 - 2011	DPS	4.045 T 2V-CR	4	120/126	W	106,5x127	4525	2300	2650	5230	24/24	TL, auch 24/24-Getriebe
6630 Premium	2006 - 2011	DPS	6.068 T 2V-CR	6	126/132	W	106,5x127	6788	2100	2650	5580	20/20	TL, ab 2009 130/136 PS, auch mit Automatikgetriebe
6830 Premium	2006 - 2011	DPS		6	135/141	W	106,5x127	6788	2100	2650	5880	20/20	TL, ab 2009 140/147 PS, auch mit Automatikgetriebe
6930 Premium	2006 - 2011	DPS		6	150!75	W	106,5x127	4525	2300	2650	5900	20/20	TL, ab 2009 161/181 PS auch mit Automatikgetriebe,
2.4.18 John Deere-Allradschlepper-Baureihen 6M (ab 2012)													
a)													
6115M	2012 - 2016	DPS	4.045 HRT	4	110/117	W	106,5x127	4525	2100	2580	5120	16/16	TL, auch 24/24-Getriebe
6125M	2012 - 2016	DPS		4	118/126	W	106,5x127	4525	2100	2580	5225	16/16	
6130M	2012 - 2016	DPS		4	126/133	W	106,5x127	4525	2100	2765	5514	16/16	
6140M	2012 - 2016	DPS		4	135/143	W	106,5x127	4525	2100	2765	5534	16/16	

Lanz-/John-John Deere-/John Deere-Schlepper

Baureihe	Bauzeit	Motor Hersteller	Typ	Zylinder	PS	Kühlung	Bohrung x Hub	Hubraum	Drehzahl	Radstand	Gewicht	Getriebe	Besonderheiten
6150M	2012 - 2016	DPS	6.088 HRT	6	144/152	W	106,5x127	6788	2100	2765	5930	20/20	TL
6170M	2012 - 2016	DPS		6	165/170	W	106,5x127	6788	2100	2800	7105	20/20	TL
b)													
6110M	2016 - 2020	DPS	4.045 HFCO4	4	110/116	W	106,5x127	4525	2100	2580	5800	16/16	TL, auch 24/24-Getriebe
6120M	2016 - 2020	DPS		4	120/126	W	106,5x127	4525	2100	2580	5800	16/16	
6130M	2016 - 2020	DPS		4	130/137	W	106,5x127	4525	2100	2580	5800	16/16	
6135M	2016 - 2020	DPS		4	135/142	W	106,5x127	4525	2100	2770	6200	16/16	
6145M	2016 - 2020	DPS		6	145/153	W	106,5x127	4545	2100	2770	6200	16/16	
6155M	2016 - 2020	DPS	6.088 HF285	6	155/164	W	106,5x127	6788	2100	2770	6700	20/20	TL
6175M	2016 - 2020	DPS		6	175/185	W	106,5x127	6788	2100	2770	7500	20/20	
6195M	2016 - 2020	DPS		6	195/206	W	106,5x127	6788	2100	2770	7500	20/20	
c)													
6090M	ab 2020	DPS	4.045 HI550	4	90/110	W	106,5x127	4525	2100	2400	5750	24/24	TL, maximal 114 PS
6100M	ab 2020	DPS	4.045 HI550	4	100/120	W	106,5x127	4525	2100	2400	5750	24/24	TL, maximal 125 PS
6110M	ab 2020	DPS	4.045 HI550	4	110/130	W	106,5x127	4525	2100	2400	5750	24/24	TL, maximal 135 PS
6120M	ab 2020	DPS	4.045 HI550	4	120/140	W	106,5x127	4525	2100	2400	5750	24/24	TL, maximal 145 PS
6130M	ab 2020	DPS	4.045 HI550	4	130/144	W	106,5x127	4525	2100	2580	5800	24/24	TL, maximal 156 PS
6140M	ab 2020	DPS	4.045 HI550	4	140/160	W	106,5x127	4525	2100	2580	5800	24/24	TL, maximal 166 PS
6145M	ab 2020	DPS	4.045 HI550	4	145/161	W	106,5x127	4525	2100	2580	6200	24/24	TL
6155M	ab 2020	DPS	6.088 HF485	6	155/172	W	106,5x127	6788	2100	2765	6400	20/20	TL
6175M	ab 2020	DPS	6.088 HF485	6	175/194	W	106,5x127	6788	2100	2765	7500	20/20	TL
6195M	ab 2020	DPS	6.088 HF485	6	195/216	W	106,5x127	6788	2100	2765	7500	20/20	TL
2.4.19 John Deere-Allradschlepper-Baureihen MC (2014 - 2020)													
a)													
6090MC	2014 - 2018	DPS	4.045 TFCO3	4	90/95	W	106,5x127	4525	2100	2400	4700	16/16	TL, auch 24/24-Getriebe
6100MC	2014 - 2018	DPS		4	100/106	W	106,5x127	4525	2100	2400	4700	16/16	
6110MC	2014 - 2018	DPS		4	110/117	W	106,5x127	4525	2100	2400	4700	16/16	
b)													
6090MC	2018 - 2020	DPS	4.045 TFCO3	4	95/100	W	106,5x127	4525	2100	2400	5500	16/16	TL, auch 24/24-Getriebe
6100MC	2018 - 2020	DPS		4	105/111	W	106,5x127	4525	2100	2400	5500	16/16	
6110MC	2018 - 2020	DPS		4	115/121	W	106,5x127	4525	2100	2400	5500	16/16	
c)													
6095MC	2018 - 2020	DPS	4.045 TFCO3	4	88/91	W	106,5x127	4525	2100	2560	3900	24/24	TL
6105MC	2018 - 2020	DPS		4	99/107	W	106,5x127	4525	2100	2560	5500	24/24	TL
6115MC	2018 - 2020	DPS		4	107/116	W	106,5x127	4525	2100	2560	5500	24/24	TL
2.4.20 John Deere-Allradschlepper-Baureihen 6R mit Schalt- und Automatikgetriebe (ab 2011)													
a)													
6105R	2012 - 2016	DPS	4.045 HRT	4	105/125	W	106,5x127	4525	2100	2580	5440	24/24	TL, mit PowerBoost 129 PS, auch mit Automatikgetriebe
6115R	2012 - 2016	DPS		4	115/135	W	106,5x127	4525	2100	2580	5455	24/24	TL, mit PowerBoost 140 PS, auch mit Automatikgetriebe
6125R	2012 - 2016	DPS		4	125/145	W	106,5x127	4525	2100	2580	5470	24/24	TL, mit PowerBoost 150 PS, auch mit Automatikgetriebe
6130R	2012 - 2016	DPS		4	130/150	W	106,5x127	4525	2100	2580	5640	24/24	TL, mit PowerBoost 155 PS, auch mit Automatikgetriebe
6140R	2012 - 2016	DPS	6.068 HFC 93	6	140/160	W	106,5x127	6788	2100	2765	6160	20/20	TL, mit PowerBoost 166 PS, auch mit Automatikgetriebe
6150R	2012 - 2016	DPS		6	150/170	W	106,5x127	6788	2100	2765	6195	20/20	TL, mit PowerBoost 175 PS, auch mit Automatikgetriebe
6170R	2011 - 2014	DPS		6	170/187	W	106,5x127	6788	2100	2800	7350	20/20	TL, mit PowerBoost 207 PS, auch mit Automatikgetriebe
6190R	2011 - 2014	DPS		6	190/209	W	106,5x127	6788	2100	2800	7375	20/20	TL, mit PowerBoost 228 PS, auch mit Automatikgetriebe Version 6190E mit 20 kW-Generator
6210R	2011 - 2014	DPS		6	210/231	W	106,5x127	6788	2100	2800	7400	20/20	TL, mit PowerBoost 249 PS, auch mit Automatikgetriebe
b)													
6105R	2014 - 2015	DPS	4.045 HRT	4	101/112	W	106,5x127	4525	2100	2580	5450	24/24	TL, mit PowerBoost 125 PS
6115R	2014 - 2015	DPS		4	109/121	W	106,5x127	4525	2100	2580	5455	24/24	TL, mit PowerBoost 125 PS
6125R	2014 - 2015	DPS		4	117/131	W	106,5x127	4525	2100	2580	5470	24/24	TL, mit PowerBoost 143 PS
6130R	2014 - 2015	DPS		4	125/137	W	106,5x127	4525	2100	2580	5640	24/24	TL, mit PowerBoost 150 PS
6140R	2014 - 2015	DPS	6.088 HFC93	6	132/146	W	106,5x127	6788	2100	2765	6160	20/20	TL, mit PowerBoost 158 PS
6150R	2014 - 2015	DPS		6	141/156	W	106,5x127	6788	2100	2765	6195	20/20	TL, mit PowerBoost 166 PS
6170R	2014 - 2015	DPS		6	162/181	W	106,5x127	6788	2100	2800	7350	20/20	TL, mit PowerBoost 199 PS
6190 R	2015	DPS		6	181/201	W	106,5x127	6788	2100	2800	7350	20/20	TL, mit PowerBoost 218 PS
6210 R	2015	DPS		6	200/222	W	106,5x127	6788	2100	2800	7400	20/20	TL, mit PowerBoost 238 PS

Lanz-/John-John Deere-/John Deere-Schlepper

Baureihe	Bauzeit	Motor Hersteller	Typ	Zylinder	PS	Kühlung	Bohrung x Hub	Hubraum	Drehzahl	Radstand	Gewicht	Getriebe	Besonderheiten
c)													
6110R	2016 - 2021	DPS	4.045 TF285	4	110/130	W	106,5x127	4525	2100	2560	6000	24/24	TL, mit PowerBoost 135 PS
6120R	2016 - 2021	DPS		4	120/140	W	106,5x127	4525	2100	2560	6100	24/24	TL, mit PowerBoost 145 PS
6130R	2016 - 2021	DPS		4	130/150	W	106,5x127	4525	2100	2560	6200	24/24	TL, mit PowerBoost 155 PS
6135R	2016 - 2021	DPS		4	135/165	W	106,5x127	4525	2100	2560	6400	24/24	TL, mit PowerBoost 166 PS
6145R	2016 - 2021	DPS		4	145/185	W	106,5x127	4525	2100	2560	6900	20/20	TL, mit PowerBoost 192 PS
6155R	2016 - 2021	DPS	6.088 HRT	6	155/195	W	106,5x127	6088	2100	2800	7100	20/20	TL, mit PowerBoost 202 PS
6175R	2014 - 2021	DPS		6	175/215	W	106,5x127	6088	2100	2800	8300	20/20	TL, mit PowerBoost 223 PS
6195R	2014 - 2021	DPS		6	195/235	W	106,5x127	6788	2100	2800	8400	20/20	TL, mit PowerBoost 243 PS
6215R	2014 - 2021	DPS		6	215/255	W	106,5x127	6788	2100	2800	8500	20/20	TL, mit PowerBoost 259 PS
6230R	2016 - 2021	DPS		6	230/270	W	106,5x127	6788	2100	2800	9300	Auto.	TL, mit PowerBoost 280 PS
6250R	2016 - 2021	DPS		6	250/290	W	106,5x127	6788	2100	2800	9300	Auto.	TL, mit PowerBoost 300 PS
d)													
6R 110	ab 2021	DPS	4.045 HI550	4	110/121	W	106,5x127	4525	2100	2580	6000	24/24	TL, mit PowerBoost 131 PS
6R 120	ab 2021	DPS	4.045 HI550	4	120/132	W	106,5x127	4525	2100	2580	6100	24/24	TL, mit PowerBoost 146 PS
6R 130	ab 2021	DPS	4.045 CI550	4	131/143	W	106,5x127	4525	2100	2580	6200	24/24	TL, mit PowerBoost 155 PS
6R 140	ab 2021	DPS	4.045 CI550	4	140/154	W	106,5x127	4525	2100	2580	6500	24/24	TL, mit PowerBoost 166 PS
6R 145	ab 2021	DPS	6.088 CI550	6	146/160	W	106,5x127	6788	2100	2765	6900	20/20	TL, mit PowerBoost 177 PS
6R 150	ab 2021	DPS	4.045 CI550	4	150/165	W	106,5x127	4525	2100	2580	6500	24/24	TL, mit PowerBoost 184 PS
6R 155	ab 2021	DPS	6.088 CI550	6	155/171	W	106,5x127	6788	2100	2765	7100	20/20	TL, mit PowerBoost 203 PS, auch 24/24-Getriebe
6R 165	ab 2021	DPS		6	165/181	W	106,5x127	6788	2100	2765	7900	24/24	TL, mit PowerBoost 214 PS
6R 175	ab 2021	DPS		6	175/193	W	106,5x127	6788	2100	2765	8300	20/20	TL, mit PowerBoost 223 PS, auch 24/24-Getriebe
6R 185	ab 2021	DPS		6	185/204	W	106,5x127	6788	2100	2765	7900	24/24	TL, mit PowerBoost 234 PS
6R 195	ab 2021	DPS	6.088 HF485	6	194/215	W	106,5x127	6788	2100	2765	8400	20/20	TL, mit PowerBoost 244 PS, auch 24/24-Getriebe
6R 215	ab 2021	DPS		6	215/237	W	106,5x127	6788	2100	2800	8500	20/20	TL, mit PowerBoost 258 PS, auch 24/24-Getriebe
6R 230	ab 2021	DPS		6	230/253	W	106,5x127	6788	2100	2900	9300	Auto.	TL, mit PowerBoost 281 PS
6R 250	ab 2021	DPS		6	250/275	W	106,5x127	6788	2100	2900	9300	Auto.	TL, mit PowerBoost 301 PS
2.4.21 John Deere-Allradschlepper-Baureihen 6RC (2013 - 2020)													
a)													
6090 RC	2013 - 2018	DPS	4.045 TFC03	4	90/100	W	106,5x127	4525	2100	2400	5000	24/24	TL, mit PowerBoost 104 PS
6100 RC	2013 - 2018	DPS		4	100/110	W	106,5x127	4525	2100	2400	5000	24/24	TL, mit PowerBoost 114 PS
6110 RC	2013 - 2018	DPS		4	110/120	W	106,5x127	4525	2100	2400	5450	24/24	TL, mit PowerBoost 122 PS
b)													
6095RC	2018 - 2020	DPS	4.045 TFCO3	4	95/105	W	106,5x127	4525	2100	2560	5500	24/24	TL, mit PowerBoost 109 PS
6105RC	2018 - 2020	DPS		4	105/115	W	106,5x127	4525	2100	2560	5500	24/24	TL, mit PowerBoost 120 PS
6115RC	2018 - 2020	DPS		4	115/125	W	106,5x127	4525	2100	2560	5500	24/24	TL, mit PowerBoost 130 PS
2.4.22 John Deere-Allrad-Baureihe 7030 Premium (2006 - 2011)													
7430 Premium	2006 - 2011	DPS	6.068 T 4V-CR	6	160/190	W	106,5x127	6788	2100	2685	6620	20/20	TL
7530 Premium	2006 - 2011	DPS		6	175/201	W	106,5x127	6788	2100	2685	6620	20/20	TL
7430 E-Premium	2006 - 2011	DPS		6	160/190	W	106,5x127	6788	2100	2685	6620	Auto.	TL
7530 E-Premium	2006 - 2011	DPS		6	175/201	W	106,5x127	6788	2100	2685	6620	20/20	TL
3. Schmalspurschlepper													
3.1 Lanz-Schmalspurschlepper (1949 - 1959)													
D 7506	1949	Lanz	D 7506	1	25	Th	170x210	4764	850	1680	2380	2x3/1	
D 5506 Plantagen-Bulldog, Typ HE	1950 - 1952	Lanz	D 5506	1	16	W	145x170	2806	950	1670	1180	6/2	
D 7508 Weinberg-Bulldog, Typ HN 3	1950 - 1951	Lanz	D 7506	1	25	W	170x210	4767	850	1680	1980	6/2	
D 2402 Weinberg-Bulldog, Typ HE	1956 - 1959	Lanz	D 2406	1	24	W	140x170	2616	1050	1770	1425	6/2	als D 2802 mit 28 PS
3.2 John Deere-Schmalspurschlepper													
820 V	1967 - 1974	DPS	M 4 3 L 9	3	32	W	98x110	2490	2100	1600	1700	8/4	V = Weinbergschlepper, ab 1971 Motor 3.152 DL-01
1020 OU	1967 - 1971	DPS	M 4 F L 4	3	44	W	98x110	2490	2500	1905	2020	8/4	Plantagenschlepper
1020 VU	1967 - 1971	DPS	3.164 DL-04	3	44	W	98x110	2490	2500	1600	1685	8/4	
2020 O	1967 - 1972	DPS	3.152 DL-04	3	44	W	98x110	3320	2500	2053	2140	8/4	
2020 OU	1967 - 1972	DPS	4.219 DL-03	4	60	W	98x110	3320	2500	2035	2110	8/4	Plantagenschlepper
1020 OU	1971 - 1974	DPS	3.164 DL-04	3	46	W	102x110	2695	2500	1905	2020	8/4	
1020 VU	1971 - 1974	DPS	3.164 DL-04	3	46	W	102x110	2695	2500	1600	1685	8/4	
2030 OU	1972 - 1979	DPS	4.239 DL-01	4	68	W	102x110	3590	2500	2033	2250	8/4	Obstbauschlepper
1630 VU	1973 - 1979	DPS	3.179 DCE-01	3	56	W	106,5x110	2938	2500	1905	2180	8/4	
1030 VU	1975 - 1979	DPS	3.164 DL-04	3	48	W	102x110	2700	2500	1905	1845	8/4	
1040 V	1979 - 1986	DPS	3.179 DL-07	3	50	W	106,5x110	2938	2500	1905	2020	8/4	
1140 F	1979 - 1986	DPS	3.179 DL-01	3	56	W	106,5x110	2938	2500	1905	2320	8/4	Forstschlepper, als Typ 1140 mit 56 PS

Lanz-/John-John Deere-/John Deere-Schlepper													
Baureihe	Bauzeit	Motor Hersteller	Typ	Zylinder	PS	Kühlung	Bohrung x Hub	Hubraum	Drehzahl	Radstand	Gewicht	Getriebe	Besonderheiten
1850 N Stalltraktor	1986 - 1994	DPS	D.179DL-01	3	56	W	106,5x110	2938	2400	2159	2600	8/4	Allradantrieb
1455 F	1987 - 1994	DPS	3.179DL-04	3	42	W	106,5x110	2938	2300	1835	1840	8/4	auch 16/8-Getriebe
1455 FA	1987 - 1994	DPS	3.179 DL-04	3	42	W	106,5x110	2938	2300	1840	1990	8/4	Allradantrieb, auch mit 16/8-Getriebe
2650 N	1986 - 1994	DPS	4.239 TL-06	4	78	W	106,5x110	3920	2300	2287	3340	16/8	T, Allradantrieb, Hopfenbauschlepper
4. Raupen													
D 6500 Bulldog-Raupe, Typ HR 6	1930	Lanz	D 6500	1	38	W	225x260	10.266	630			3/1	
D 9551 Raupen-Bulldog, Typ HR 8	1935 - 1946	Lanz	D 6500	1	38	W	225x260	10.266	670		4400	6/2	Halbraupe
D 1561 Raupen-Bulldog, Typ HRK	1937 - 1944	Lanz	D 1506	1	55	W	225x260	10.266	750		5220 - 5400	6/2	
5. Geräteträger													
A 1215 Alldog	1952 - 1954	TWN	Gemo 450	1	12	L	2x55x94	446	3000	2234	1170	5/1	Zweitakt-Doppelkoben-Vergasermotor
A 1215 Alldog	1953	Lanz-TWN	LT 85	1	12	L	85x94	534	2600		1170	5/1	Halbdiesel, Zweitakt
A 1305 Alldog	1954 - 1955	Lanz-TWN	LT 85 D	1	13	L	85x94	534	2800		1040	6/1	Dieselmotor, Zweitakt
A 1315 Alldog	1956 - 1957	Lanz-TWN	LT 86	1	13	L	85x94	534	2800		1060	6/1	Dieselmotor, Zweitakt, mit lastabhängiger Kolben-schmierung
A 1806 Alldog	1956 - 1959	MWM	KD 11/KD 211	2	18	W	85x110	1250	2000		1340 - 1420	6/1	D, Viertaktmotor

Hermann Lanz (Hela)

Schlepperfabrik Hermann Lanz GmbH,
Aulendorf/Württ., Schillerstr. 27
1. 1929-1931 **H. Lanz Landmaschinen- und Eggenfabrik**
2. 1931-1978 **Schlepperfabrik Hermann Lanz GmbH**
3. 1978-1980 **Lanz Maschinenfabrik AG & Co.**

Mit der Herstellung von Eggen, Walzen, Futterdämpfern und Mostereimaschinen ist die 1914 von Hermann Lanz gegründete Landmaschinenfabrik im oberschwäbischen Aulendorf bekannt geworden, die ihre Wurzeln in einer seit 1888 bestehenden Werkstatt besaß und familiär mit Heinrich Lanz und seiner Landmaschinenfabrik in Mannheim verbunden war. Nachdem der Sohn des Firmengründers, Heinrich (1890–1972), mit dem Motorkarren »Ideal« 1927 ein erstes Fahrzeug herausgebracht hatte, wagte er sich 1929 an den Bau von eisenbereiften Motormähern, die auch als Kleinschlepper verwendet werden konnten. Seine 29 »Samson«-Modelle entstanden unter Verwendung von ILO-, DKW- und Reform-Zweitakt- sowie Deutz- sowie Güldner-Viertakt-Dieselmotoren, die auf das Kastenfahrgestell aufgesetzt waren. Eigene Getriebe übertrugen die Kraft. Gummistollen mit Schnellgreifern oder Eisenräder wurden verwendet, ebenso Riemenscheiben und seitliche Mähwerke.

1936 ging die Aulendorfer Schlepperfabrik zur Montage von Blockbauschleppern mit Ein- und Zweizylinder-Deutzmotoren über; zunächst noch unter der Bezeichnung »Samson«, ab 1937 unter dem Typenschlüssel »D 37«. Aufgrund der Fertigungskapazität fand das Unternehmen unter der Leitung von Hermann Lanz und seinem Sohn Anton (1914–1996) Aufnahme im Schell-Plan; bis 1942 konnten rund 200 Diesel-Schlepper ausgeliefert werden. Ab diesem Jahr musste die Fertigung auf Holzgasschlepper umgestellt werden.

Bis 1944 entstanden Schlepper in offener Bauweise (dabei wurde die Generatoranlage auf das Fahrzeug verteilt, was den Radstand günstig be-

10-PS-Hermann Lanz »Samson I«, 1931. Foto: Ubraxa, © CC-BY-SA-4.0

20-PS-Hermann Lanz D 38 »Modell 1940«, 1939.

einflusste), danach wurde die geschlossene Bauweise zur Vorschrift, so dass die Generatoranlage dann komplett vor dem Motor saß, was einen längeren Radstand und damit einen größeren Wendekreis zur Folge hatte. Es blieb bei den insgesamt 235 Holzgasschleppern aber bei der Verwendung des ZF-Getriebes. Darüber hinaus versorgte das Heinrich-Lanz-Werk auch andere Schlepperhersteller mit Generatorsätzen. Nach Kriegsende ließ die französische Besatzungsmacht den Maschinenpark des unbeschädigt gebliebenen Werkes größtenteils demontieren, obwohl sich die Hela aus der Rüstungsfertigung hatte heraushalten können.

25-PS-Hermann Lanz-Generatorschlepper D 40 (HG 25), 1942.

Die erste Nachkriegs-Schlepper-Generation 1947–1958

Erst 1947 entstanden unter der neuen Bezeichnung »D 47« in Aulendorf wieder Schlepper – in kleinsten Stückzahlen mit MWM-Motoren und angeblich eigenen Getrieben. Dank dieser Einzelstücke kam das Hela-Werk bis zur Währungsreform auf insgesamt 3000 bisher gefertigte Schlepper. Das Wirtschaftswunder bescherte auch Hela – so die Markenbezeichnung ab 1951 zur Abgrenzung gegenüber Lanz-Mannheim – den Aufschwung, ermöglichte die Anschaffung eines neuen Maschineparks und die Präsentation eines neuen Schlepperprogramms mit 14-, 20-, 22-, 28/30- und sogar 40-PS-Schleppern. Letztere, als »Vollernteschlepper« für den Antrieb von Mähdreschern angepriesen, spielten aber keine große Rolle, der Schwerpunkt lag eindeutig bei den Schleppern unterhalb der 22-PS-Marke. Hela-Schlepper waren grün lackiert und hatten eine gewölbte, zunächst geriffelte (»Wabenkühler«), dann eine zweiteilige Profil-Kühlermaske, jedoch mehrfach überarbeitet.

Dahinter verbargen sich in der Regel wasser- und ab 1953 auch luftgekühlte MWM-Motoren; nur noch vereinzelt bauten die Aulendorfer Deutz-Motoren ein. Neben den eigenen 6-Gang-Portal-Getrieben griff Lanz in den frühen 1950er Jahren auch auf Hurth- und ZP-Getriebe zurück. Eine technische Besonderheit bildete das Portalgetriebe über Stirnräder, das eine mechanische Anpassung der Bodenfreiheit ermöglichte.

Mitte der 1950er Jahre produzierte Hela Zahnräder, Getriebe, Vorderachsen und Blechteile im eigenen Hause. Diese hohe Fertigungstiefe sollte sich später als verhängnisvoll erweisen; noch aber florierten die Geschäfte – so gut, dass das Werk sogar beschloss, künftig auch eigene Motoren (wassergekühlte großvolumige und niedrigtourige Wirbelkammer-Diesel) zu bauen. Ab 1955 wurde der Ein-, ab 1956 der Zwei- und ab 1957 der Dreizylindermotor eingesetzt.

Die Versuche mit einem eigenen luftgekühlten Einzylindermotor scheiterten 1960 an der mangelnden Kundenakzeptanz, gerade 225 derartige Motoren konnten gebaut werden. Eine Besonderheit der Hela-Motoren bildeten stets die Rotocap-Ventile. Diese drehten sich bei jedem Hub, was eine einseitige Abnutzung der Ventile verhindern sollte. Jedes Triebwerk war in mehreren Leistungsstufen erhältlich. Wer den Hela-Motoren nicht traute, konnte aber seinen Aulendorfer Schlepper nach wie vor mit MWM-Motoren erhalten. Ebenfalls Mitte der 1950er Jahre stieg das Unternehmen in den Schmalspurschlepperbau mit den Typen »D 18« und ab 1957 mit dem Typ »D 24« ein.

22-PS-Hermann Lanz D 40 mit Militärreifen, 1940.

24-PS-Hermann Lanz D 25 (D 47), 1951. Foto: W. Leiter, © PD

12-PS-Hermann Lanz D 12 S, 1951.

15-PS-Hermann Lanz D 15, 1951.

11-PS-Hermann Lanz-Allrad-Spezialschlepper »Varimot 11«, 1957.

Die Varimot-Baureihe 1955–1968

In den Boom-Zeiten der Fünfziger übernahm das Hela-Werk die Produktion und den Vertrieb des nur 77 cm breiten »Varimot«-Spezialschleppers für den Wein-und Hopfenbau sowie für Sonderkulturen vom Vari-Werk, Hausner KG in Lampertheim. Das von Hela leicht überarbeitete Modell erhielt serienmäßig eine Bosch-Hydraulik. 1958 zum Typ »14« weiterentwickelt, hatte der »Varimot« eine Allradlenkung (wenn auch nur mit geringem Lenkeinschlag), um den Reifenabrieb bei der Schlupflenkung zu mindern. In dieser Zeit entstanden auch einige »Varimot« mit Raupenantrieb; ein Einzelstück dagegen blieb der »Berg-Varimot« mit erheblich vergrößertem Radstand, auf dessen Vorderteil eine Pritsche gesetzt werden konnte. Diese Baureihen brachten es auf rund 640 Exemplare. Der »Varimot« des Jahres 1964 in der Version »NA« erhielt einen 22-PS-, wenig später einen 28-PS-MWM-Diesel. Servolenkung, hydraulisch unterstützte Bremsen sowie eine neue Karosserie gehörten zu dieser Ausführung; allerdings nur noch 15 Exemplare fanden ihre Käufer. Eine Lizenz zum Nachbau des »Varimots« konnte Hela 1965 an die japanische Firma Sakai Heavy Industrie in Tokio vergeben.

Die zweite Schlepper-Generation 1958–1973

Nach dem Absatzeinbruch im Jahre 1957 erschienen die Hela-Schlepper ab 1958 mit einer modernen, seitlich langgezogenen und nach vorne überhängender Haube. Bei der Gelegenheit erhielt der »D 38« die »Helamatic«, die das Steuern des Fahrzeugs durch den nebenher gehenden Fahrer erlaubte. Der Fahrer stieg nun von vorne auf seinen Sitz; Hela sprach von »Reitsitzposition«. Anfang der Sechziger intensivierte Hela die Zusammenarbeit mit anderen kleinen Produzenten, so mit der Carl Fr. Wahl Schlepper- und Maschinenfabrik in Balingen, die zu dieser Zeit die eigene Entwicklung von Fahrzeugen aufgegeben hatte (Helas Baureihe »D 225« gab es dann als Wahl-Typ »W 225« mit eigener Haube und anderer Lackierung).

Auch mit Bautz, das den Schlepperbau ebenfalls eingestellt hatte, war man in Verbindung, vor allem, um das gut ausgebaute Bautz-Vertriebsnetz in Frankreich nutzen zu können. Aulendorfer Schlepper gingen zeitweilig unter der Markenbezeichnung »Bautz-Hela« nach Frankreich.

1964, im 50. Jahr des Bestehens der Firma, montierten 400 Beschäftigte monatlich rund 120 Schlepper und 30 »Varimot«-Spezialschlepper. Die Schleppermodelle »D 138«, »D 420« und »D 434« erschienen in diesem Jahr. Mit einer neuen Haube (waagerechte, zweiteilige Frontgestaltung) stellte Hela 1964 seine neue Fahrzeuggeneration vor; wahlweise in Grün oder in Rot lackiert, verbaute aber nur noch im »D 540« den eigenen Zwei- und im D 548 den Dreizylindermotor.

Innerhalb dieser überarbeiteten Schlepperbaureihe entstand ab 1966 auch der erste Hela-Allradschlepper, der D 254 A. Um eigene Entwicklungskosten zu sparen, verwendete Hela hierfür Gruppenschaltgetriebe und Antriebsachsen von Steyr. Getriebe und Achsen von ZF lösten dabei zusehends die eigenen Bauteile der Standardschlepper ab. Bis 1970 gab Hela auch den eigenen, inzwischen unrentabel gewordenen Motorenbau schrittweise auf. Unter den rund 7000 gebauten Triebwerken waren auch Motoren, die an italienische Werften gingen und in Fischereibooten Platz fanden. Wegen des kontinuierlichen Rückgangs der Schleppernachfrage konzentrierte sich Hela zunehmend auf die Montage von Baufahrzeugen, wobei das »Varimot«-Modell die Grundlage bildete. Und für den Konkurrenten Fendt erstellte Hela 1968 allradgetriebene Radlader »TS 65« mit Spezialteilen aus eigener Fertigung.

Anfang der Siebziger sah es immer düsterer aus, so düster, dass Hela zu der eigenen Schlepperbaureihe, die sich immer noch durch eine allzu große Typenvielfalt im unteren und mittleren Bereich auszeichnete, ab 1970 den deutschlandweiten Vertrieb der rumänischen UTB-Schlepper übernahm. Diese konkurrenzlos preiswerten Fiat-Lizenzbauten waren aber so miserabel verarbeitet, dass die Nachfrage rasch wieder abebbte. Qualitätsprobleme gab es bei den seit 1972 vertriebenen Schweizer Schilter-Schleppern zwar nicht, doch auf Stückzahlen kam das Hela-Werk dennoch nicht.

36-PS-Hermann Lanz D 36, 1961. Foto: W. Leiter, © CC-BY-SA-3.0

12-PS-Hermann Lanz D 112, 1960.

25-PS-Hermann Lanz D 225, 1961.

38-PS-Hermann Lanz-Schmalspurschlepper D 538 S, 1966.

24-PS-Hermann Lanz D 24, 1962.
Foto: Ralf Weinreich

Die dritte Schlepper-Generation 1973–1978

Die letzte Schlepper-Generation wurde ab 1973 vorgestellt. Mit dem »D 532« (30 PS), »D 542« (45 PS), »D 648 A« (48 PS), »D 260« (60 PS) und dem »D 260 A« (ab 1977 mit 70 PS) sowie mit dem Schmalspurschlepper »D 542 S« für den Obst-, Hopfen- und Weinbau deckte Hela das untere und mittlere Segment ab. Schließlich folgten noch der Kleinschlepper »D 424« mit 24 PS sowie der mittlere Typ »D 255« (55 PS), auch mit Allradantrieb. Diese Bauserien entstanden aber nur noch in Kleinstserien; Anton Lanz und sein Sohn Hermann konzentrierten sich zusehends auf ihre Baumaschinen (»Zetcat«-Kompaktradlader und Friedhofsbagger unter Nutzung der Varimot-Technik).

1978 brachten die Inhaber ihr Unternehmen zu 91 Prozent in die Internationale Baumaschinen Holding (IBH) in Mainz von Horst-Dieter Esch ein, Anton Lanz blieb Geschäftsführer. (Esch wollte mit den angeschlagenen Firmen Hamm, Hanomag, Hymac, Lanz, Wibau, Zettelmeyer und anderen einen großen Baumaschinenkonzern begründen.) Doch was als Schritt in eine sichere Zukunft gedacht war, endete als Fiasko: 1983 ging die Holding des unseriösen Vorstandsvorsitzenden Esch in Konkurs, zugleich bedeutete dies auch das endgültige Aus für den Hela-Schlepperbau. (Der Vertrieb der UTB- und Schilter-Fahrzeuge war mit dem Engagement von IHB eingestellt worden.) Bis etwa 1980 wurden noch vorhandene Schlepper abverkauft.

Über 36.000 waren unter den Markenzeichen »Samson«, »Germania«, »Hermann-Lanz-Aulendorf« und »Hela« gefertigt worden, und alle hatten sich durch eine überdurchschnittliche Qualität und damit Lebensdauer ausgezeichnet. Nach einem Zwischenspiel des französischen Baumaschinenherstellers Pel Job übernahm 1989 die Eder Hydraulikbagger GmbH in Mainburg den württembergischen Betrieb. Die Fertigung der Baumaschinen wurde alsbald in das Zeppelin-Werk in Friedrichshafen, die Montage von Friedhofsbaggern in das Eder-Baumaschinenwerk Eging im Bayerischen Wald verlagert. Der Betrieb, der zu seinen besten Zeiten 600 Menschen beschäftigt hatte, wurde 1995 stillgelegt.

Die Werksanlagen fielen dem Abbruch anheim, um auf dem günstig gelegenen Areal ein neues Wohngebiet anzulegen. Nach dem Ende des Eder-Baumaschinenwerkes übernahm 1995 die neugegründete Firma Lanz Baumaschinen GmbH in Hutthurm bei Passau die einstige Hela-Friedhofsbagger-Fertigung.

45-PS-Hermann Lanz D 542, 1973.

48-PS-Herrmann Lanz D 648, 1975. Foto: W. Leiter, © CC-BY-SA-3.0

24-PS-Hermann Lanz 524, 1975.

24-PS-Hermann Lanz D 424, 1977.

Hermann Lanz-Schlepper

Baureihe	Bauzeit	Motor Hersteller	Typ	Zylinder	PS	Kühlung	Bohrung x Hub	Hubraum	Drehzahl	Radstand	Gewicht	Getriebe	Besonderheiten
1. Standardschlepper													
1.1 Vorkriegsmodelle													
Samson I	1929	ILO		1	9	L	74x68	295	3400			3/1	Zweitakt-Vergasermotor
Samson 11	1930	Deutz	MAH 516	1	10/11	V	120x160	1808	1100			3/1	
Samson 12	1930	Deutz	MAH 516	1	10/12	V	120x160	1808	1100		900	3/1	
Samson I	1931 - 1935	DKW	EW 460	1	10	V	88x76	462	3000			3/1	Zweitakt-Vergasermotor
Samson I	1931 - 1935	Reform			12/14							3/1	
Samson II	1931 - 1935	ILO	P-2-335	2	12/18	L	73x80	670	3000		900	3/1	
Samson II	1931 - 1935	ILO	P-2-300	2	15/16	L	69x80	594	3000		1500	3/1	
Samson 14	1933 - 1936	ILO	U 68	2	12/14	L	68x68	494	3600			3/1	
Herkules	1933 - 1936	DKW		2	15/20	Th	76x76	692	2500/3500		900 - 950		DKW-»Meisterklasse«-Motor
Samson II	1933 - 1936	Güldner	GL 16	1	16	W	120x145	1639	1500			4/1	
Samson II (10/11)	1936	Deutz	F 1 M 313	1	11	W	100x130	1020	1500		1350	4/1	
D 37 Bauernschlepper	1936 - 1937	Deutz	F 2 M 313	2	20	W	100x130	2041	1500	1750	1600	4/1	
D 37 Bauernschlepper	1937	Deutz	F 1 M 313	1	11	W	100x130	1020	1500	1630	1350	4/1	
D 38 Bauernschlepper	1938 - 1940	Deutz	F 1 M 414	1	11	W	100x140	1099	1500	1500	1200	4/1	
D 38 Bauernschlepper	1938	Deutz	F 2 M 313	2	22	W	100x140	2198	1500	1750	1600 - 1700	4/1	auch als Typ D 38 II bezeichnet
D 39 Bauernschlepper	1939	Deutz	F 2 M 414	2	22	W	100x140	2198	1500	1750	1400	4/1	
D 40 Bauernschlepper	1939 - 1042	Deutz	F 2 M 414	2	22	W	100x140	2198	1500	1800	1520	4/1	
D 40 (HG 25)	1942 - 1945	Deutz	GF 2 M 115	2	25	W	130x150	3982	1550	2050	2200 - 2300	4/1	Holzgasmotor, offene Bauart, auch Süd-bremse-Motor TG 115
L 25	1944 - 1947	Deutz	GF 2 M 115	2	25	W	130x150	3982	1550	2150	2360	5/1	Holzgasmotor, geschlos-sene Bauart, auch Süd-bremse-Motor TG 115
1.2 Hela-Schlepper der 1. Nachkriegsgeneration (1947 - 1958)													
D 47	1947 - 1949	MWM	KD 215 Z	2	22	W	100x150	2356	1500	1800	1670	5/1	
D 28	1947 - 1951	MWM-Südbr.	TD 15	2	28/30	W	110x150	2850	1600	1800	1800	4/1	
D 14 S	1949 - 1950	MWM	KD 215 E	1	14	W	100x150	1178	1500	1650	1220	4/1	ab 1950 KDW 215 E
D 47	1949 - 1952	MWM	KD 415 Z	2	25	W	100x150	2356	1500	1800	1700	5/1	
D 47	1949 - 1954	Deutz	F 2 M 414	2	25	W	100x140	2198	1600	1750	1600	5/1	
D 14 S	1950 - 1955	MWM	KDW 415 E	1	14/15	W	100x150	1178	1500/1600	1620	1220	5/1	
D 28 d (D 28 L)	1950 - 1956	Deutz	F 2 L 514	2	30	L	110x140	2660	1650		1700	5/1	
D 15	1951 - 1957	MWM	KDW 415 E	1	15	W	100x150	1178	1580	1620	1220	5/1	auch 6/1-Getriebe
D 16	1951 - 1953	MWM	KD 11 Z	2	16/17	W	85x110	1248	2000	1700	1250	6/1	
D 18	1951 - 1955	MWM	KDWF 415 E	1	18	W	112x150	1480	1600	1620		5/1	
D 47	1951 - 1957	MWM	KDW 415 Z	2	25	W	100x150	2356	1500	1840	1650	5/1	
D 12 S	1952 - 1957	MWM	KD 12 E	1	12	W	95x120	850	1980	1550	920 - 1050	4/1	
D 47 (D 28)	1952 - 1957	MWM	KDW 415 Z	2	28	W	100x150	2356	1500	1840	1670	5/1	auch gedrosselt auf 25 PS
D 32	1952 - 1953	MWM	KDW 515 Z	2	32	W	105x150	2850	1600	1840	1800 - 1900	5/1	
D 40	1952 - 1959	MWM	KDW 415 D	3	40	W	100x150	3534	1500	2080	2400	5/1	
D 12 S (L)	1953 - 1958	MWM	AKD (1)12 E	1	12	L	98x120	905	1980	1620	1175	5/1	ab 1954 AKD 112 E
D 16	1953 - 1958	MWM	KD 211 Z	2	17/18	W	85x110	1248	2000	1700	1250	6/1	
D 20/120	1953 - 1956	MWM	KDW 615 E	1	20	W	112x150	1480	1580	1620	1375	5/1	auch 6/1-Getriebe
D 24	1953 - 1957	MWM	KD 12 Z	2	22	W	95x120	1689	1800	1715	1420	6/1	
D 24	1953 - 1957	MWM	AKD (1)12 Z	2	22	L	98x120	1810	1800	1715	1365	6/1	ab 1954 AKD 112 Z
D 47 c	1953	Deutz	F 2 M 414	2	24	W	100x140	2198	1500	1800	1600	5/1	
D 32	1953 - 1955	MWM	KDW 715 Z	2	32	W	105x150	2598	1600	1840	1700	5/1	
D 112	1954 - 1961	MWM	KD 12 E	1	12	W	95x120	850	1980	1620	1030	5/1	ohne Portalachse
D 112 L	1954 - 1959	MWM	AKD (1)12 E	1	12	L	98x120	905	1980	1620	990	5/1	dito, ab 1954 AKD 112 E
D 215	1954 - 1957	MWM	KDW 415 E	1	15	W	100x150	1178	1580	1620	1300		
D 117/218	1954 - 1961	MWM	KD 211 Z	2	17/18	W	85x110	1248	1980	1800	1375	6/1	
D 12 S	1955 - 1958	Hela	AE	1	12	W	105x125	1082	1750	1620	1170	5/1	
D 28 d	1955 - 1957	Deutz	F 2 L 514	2	30	L	110x140	2660	1650	1780	1700	5/1	
D 15	1956 - 1959	Hela	AE 1	1	15,5	W	105x125	1082	1980	1620	1250	6/1	
D 315	1956 - 1960	Hela	AE 1	1	15,5	W	105x125	1082	1980	1780	1260	5/1	
D 115	1956	Hela	ALE	1	15,5	L	105x125	1082	1980	1780	1250	5/1	1 Exemplar
D 16	1956 - 1958	MWM	AKD 311 Z	2	18	L	90x110	1398	1980	1700	1250	6/1	
D 117 (L)	1956 - 1961	MWM	AKD 311 Z	2	18	L	90x110	1398	1980	1700	1335	6/1	
D 24	1956	Hela	AZ	2	24	W	105x125	2164	1750	1700	1420	6/1	
D 30	1956 - 1958	MWM	KDW 415 Z	2	28	W	100x150	2356	1500		1650	5/1	
D 36	1956 - 1960	MWM	KD 12 D	3	36	W	95x120	2550	2000	2000	1770	5/1	
D 36 (L)	1956 - 1961	MWM	AKD 112 D	3	36	L	98x120	2714	2000	2000	1770	5/1	
D 15	1957	Hela	AE 1	1	15,5	W	105x125	1082	1980	1620	1250	6/1	
D 24	1957 - 1959	MWM	KD 12 Z	2	24	W	95x120	1689	2000	1700	1420	6/1	
D 24	1957 - 1961	MWM	AKD 112 Z	2	24	L	98x120	1810	2000	1740	1365	6/1	
D 30	1957 - 1959	Hela	AZ 2	2	30	W	105x125	2164	2000	1840	1665	6/1	ab 1958 Radstand 1900 mm
D 36	1957	Hela	AD 1	3	36	W	105x125	3246	1650	2000	1770	5/1	

Hermann Lanz-Schlepper

Baureihe	Bauzeit	Motor Hersteller	Typ	Zylinder	PS	Kühlung	Bohrung x Hub	Hubraum	Drehzahl	Radstand	Gewicht	Getriebe	Besonderheiten
1.3 Schlepper der neuen D-Baureihe (1958 - 1973)													
D 312	1958 - 1960	Hela	AE	1	12,5	W	105x125	1082	1750	1620	1170	5/1	
D 312 L	1958 - 1959	MWM	AKD 112 E	1	12	L	98x120	905	1980	1620	1030	5/1	Ex D 12 S
D 117	1958 - 1959	Hela	AE 1	1	17	W	105x125	1082	2000	1700	1325	6/1	
D 218 (L)	1958 - 1959	MWM	AKD 311 Z	2	18	L	90x110	1398	1980	1800	1390	6/2	
D 112 L	1959 - 1961	MWM	AKD 412 E	1	12	L	105x120	1038	1750	1620	1030	5/1	
D 415	1959 - 1965	Hela	AE 1	1	15,5	W	105x125	1082	1980	1720	1155	6/2	
D 415 L	1959 - 1962	Hela	ALE	1	15,5	L	105x125	1082	1980	1720	1130	6/1	225 Exemplare
D 218	1959 - 1963	MWM	KD 10,5 Z	2	18	W	90x105	1335	1980	1800	1390	6/2	ab 1963 KD 110,5 Z
D 124	1959 - 1961	Hela	AZ 3	2	25	W	105x125	2164	1780	1900	1665	8/4	
D 38	1959 - 1960	Hela	AD 1	3	38	W	105x125	3246	1650	2100	1870	6/2	
D 548	1959	Hela	AD	3	48	W	105x125	3246	2200	2100	1900	9/4	
D 218 (L)	1960 - 1963	MWM	AKD 10,5 Z	2	18	L	90x105	1335	1980	1800	1390	6/2	ab 1962 AKD 110,5 Z
D 24	1960 - 1966	Hela	AZ	2	25	W	105x125	2164	1780	1900	1455	6/1	
D 124	1960 - 1961	Hela	AZ	2	25	W	105x125	2164	1780	1900	1665	6/2	
D 130	1960 - 1961	Hela	AZ 2	2	30	W	105x125	2164	2000	1900	1665	6/2	
D 138	1960 - 1964	Hela	AD 1	3	38	W	105x125	3246	1650	2100	1780	6/2	
D 45/D 145/D 245	1960 - 1967	Hela	AD	3	45	W	105x125	3246	2000	2100	1870	6/2	Ex 38 D mit unterschiedlichen Getrieben
D 225	1961 - 1969	Hela	AZ 3	2	25	W	105x125	2164	1660	1900	1580	6/2	
D 230	1961 - 1967	Hela	AZ 2	2	30	W	105x125	2164	2000	1900	1600	6/2	
D 220	1962	Hela	AZ 3/2	2	20	W	105x125	2164	1500				
D 527	1962 - 1967	MWM	KD 110,5 Z	2	24	W	95x105	1488	2200				
D 334	1962	Hela	AD 1	3	34	W	105x125	3246	1500				
D 348	1962	Hela	AD 1	3	48	W	105x125	3246	2200				
D 218 (L)	1963 - 1964	MWM	AKD 1105 Z	2	18	L	95x105	1488	2000	1800	1390	6/2	
D 420	1963 - 1964	MWM	KD 110,5 Z	2	20	W	90x105	1335	2200	1800	1310	6/2	
D 420	1964 - 1966	MWM	KD 1105 Z	2	20	W	95x105	1488	2200	1800	1310	6/2	
D 434	1964 - 1970	MWM	KD 1105 D	3	34	W	95x105	2233	2100	2000	1750	6/2	ab 1965 D 208-3, auch 40 PS
D 438	1964	MWM	KD 1105 D	3	38	W	95x105	2233	2300	2000	1970	6/2	
D 548	1964 - 1966	Hela	AD	3	45/48	W	95x125	3246	2000 - 2200	2100	2150	9/4	
D 540	1965 - 1970	Hela	AD 2	3	40	W	95x125	3246	1750	2100	1970	9/4	
D 416	1966 - 1971	MWM	D 301-2	2	16	L	80x100	1005	2200	1780	1250	6/2	
D 420	1966 - 1973	MWM	D 208-2	2	20	W	95x105	1488	2200	1780	1390	6/2	
D 434	1966 - 1970	MWM	D 208-3	3	34	W	95x105	2233	2100		1740 - 1900	6/2	
D 538	1966 - 1975	MWM	D 208-3	3	40	W	95x105	2233	2300				
D 254	1966 - 1967	MWM	D 208-4	4	54	W	95x105	2975	2400	2200	2420	8/4	
D 254 A	1966 - 1967	MWM	D 208-4	4	54	W	95x105	2975	2400	2200	2860	8/4	Allradantrieb
D 534	1967 - 1969	MWM	D 208-3	3	38	W	95x105	2233	2300	2000	1850	10/2	
D 340 A	1967 - 1970	MWM	D 208-3	3	40	W	95x105	2233	2300	1960	2160 - 2365	8/4	Allradantrieb
D 548	1967 - 1970	Hela	AD	3	45	W	95x125	3246	2000	2100	2250	9/4	
D 548	1967	MWM	D 225-3	3	45	W	95x120	2550	2400			9/4	
D 254	1967 - 1971	MWM	D 225-4	4	60	W	95x120	3400	2300	2200	2420	8/4	
D 254 A	1967 - 1971	MWM	D 225-4	4	60	W	95x120	3400	2300	2000	2990	8/4	Allradantrieb
D 527 N	1968 - 1973	MWM	D 208-2	2	24/27	W	95x105	1488	2200 - 2400	1930	1700 - 1880	8/2	
D 532 N	1969 - 1976	MWM	D 208-3	3	30/32	W	95x105	2233	2100	2080	1905	8/2	
D 222	1971	MWM	D 308-2	2	22	L	95x105	1488	2000				
D 260	1971 - 1973	MWM	D 225-4	4	60	W	95x120	3400	2300	2350	2600	16/8	
D 260 A	1971 - 1973	MWM	D 225-4	4	60	W	95x120	3400	2300	2350	3400	16/8	Allradantrieb
1.4 Letzte Schlepper-Generation (1973 - 1978)													
D 542	1973 - 1977	MWM	D 225-3	3	45	W	95x120	2550	2300	2000	2250	10/2	auch als Obstbauschlepper
D 648 A	1973 - 1977	MWM	D 225-3	3	48	W	95x120	2550	2400	2140	2400	16/8	Allradantrieb
D 634	1974 - 1978	MWM	D 226-2	2	34	W	105x120	2080	2300	2080	1780	8/2	
D 260	1974 - 1978	MWM	D 226-4	4	70	W	105x120	4154	2300	2350	2750	16/8	
D 260 A	1974 - 1977	MWM	D 226-4	4	70	W	105x120	4154	2400	2350	3020	16/8	Allradantrieb
D 634 (L)	1975	MWM	D 325-3	3	35	L	95x120	2550	2100			8/2	
D 524	1975	MWM	D 225-2	2	24	W	95x120	1700	2500	2000		10/2	
D 424	1976 - 1978	MWM	D 302-2	2	24	L	95x105	1460	2500	1800	1300	6/2	
D 542	1977 - 1978	MWM	D 226-3	3	45	W	105x120	3117	2000	2000	2200	10/2	
D 648 A	1977 - 1978	MWM	D 226-3	3	48	W	105x120	3117	2400	2140	2400	16/8	Allradantrieb
D 255	1978	MWM	D 226-3	3	55	W	105x120	3117	2300	2350	2350	16/8	
D 255 A	1978	MWM	D 226-3	3	55	W	105x120	3117	2300	2350	2360	16/8	Allradantrieb
2. Schmalspurschlepper (Spurweite 768 - 1250 mm)													
S 18 (S 117)	1955 - 1958	MWM	AKD 311 Z	2	18	L	90x110	1398	1980	1820	1150	6/1	
S 24	1959 - 1961	MWM	AKD 112 Z	2	24	L	98x120	1810	2000	1820	1190	6/1	
D 538 S	1967 - 1969	MWM	D 208-3	3	40	W	95x105	2233	2300	2110	1520	10/2	
D 542 S	1973	MWM	D 226-3	3	45	W	105x120	3117	2400	2000		10/2	

Hermann Lanz-Schlepper													
Baureihe	Bauzeit	Motor Hersteller	Typ	Zylinder	PS	Kühlung	Bohrung x Hub	Hubraum	Drehzahl	Radstand	Gewicht	Getriebe	Besonderheiten
3. Allrad-Spezialschlepper »Varimot«													
Varimot 10	1956	Farymann	F 10	1	10	Th	90x120	763	1750	760	830	5/1	Außenbreite 770, 880 oder 1250 mm
Varimot 08	1957 - 1958	Farymann	DKF	1	11	Th	90x120	763	1750	760	830	5/1	
Varimot 11	1957 - 1961	Farymann	F 10	1	11	L	105x130	1125	1750	900	830	5/1	Außenbreite 1100 mm
Varimot 14	1958 - 1961	Farymann	LG 14	1	14	L	105x130	1125	1750	838	950 - 1050	5/1	Außenbreite 720 - 1000 mm
Varimot Typ LA	1961 - 1966	Farymann	LG 14	1	14	L	105x130	1125	1750	838	1180	5/1	LA = lenkbare Agraraus-führung, mit Vorderrad-Lenkeinschlag
Bergvarimot	1961	Farymann	LG 14	1	14	L	105x130	1125	1750				Allrad-Lenkeinschlag, Prototypen
Varimot NA (Wein-bergtyp)	1965	MWM	D 308-2	2	22	L	95x105	1488	2000				Allrad-Lenkeinschlag
Varimot NI 22	1966 - 1967	MWM	D 308-2	2	22	L	95x105	1488	2000				auch mit MWM-Motor D 325-2
Varimot NO	1968	MWM	D 308-2	2	28	L	95x105	1488	2500		2950	Hydr.	hydrostatischer Antrieb
4. Varimot-Raupe													
Varimot 09	1958 - 1959	Farymann	LG 14	1	14	L	105x130	1125	1750	920	1100	5/1	

Lauren

Lauren Motor GmbH,
Flensburg-Weiche, Holzkrugweg 3–5,
1955

Mit der Zusatzbezeichnung »Motorpferd« erschien der Lauren-Schlepper mit 11-PS-Deutz-Motor unter der markanten LHB-Haube mit der Raute. Ob es sich um ein Musterstück des Sulzer-Typs S 11 oder um einen Nachbau handelte, lässt sich nicht mehr feststellen. In Dänemark wollte Bengt Lauren mit dem Kompagnon Rosén das Fahrzeug unter der Bezeichnung »Rola« vertreiben; es blieb bei den optimistischen Plänen. In Schweden versuchte sich Lauren nochmals vergeblich mit einer Schlepperfertigung.

11-PS-Lauren »Motorpferd«, 1955.
Foto: Ulrich von Drathen

Lauren-Schlepper													
Baureihe	Bauzeit	Motor Hersteller	Typ	Zylinder	PS	Kühlung	Bohrung x Hub	Hubraum	Drehzahl	Radstand	Gewicht	Getriebe	Besonderheiten
Motorpferd	1955	Deutz	F 1 L 612	1	11	L	90x120	793	2000				

Lauxmann

Gebrüder Lauxmann,
Dettingen unter Teck,
1950

Um 1950 fertigte die Landmaschinen-Werkstatt Lauxmann einen 22-PS-Schlepper mit dem MWM-Motor KD 15 und einem Renk-Viergang-getriebe.

Legner

Legner,
Hipfelham,
1949

Unter Verwendung des Rahmens des US-Jeeps fertigte dieser Betrieb einige Behelfsschlepper mit einem Deutz-Diesel (MAH 711) mit 6 PS. Der Allradantrieb wurde beibehalten.

6-PS-Legner-Behelfsschlepper, 1949.

Lehmbeck

Theodor Lehmbeck,
Berlin-Friedenau, Menzelstr. 11,
1900–1903

Theodor Lehmbeck, Ingenieur und Motorjournalist, konstruierte 1900 mit seiner »schienenlosen Acker- und Straßenlokomotive mit Spiritusmotor« eine universelle Zugmaschine nach den Prinzipien der späten Radschlepper. Die fehlenden finanziellen Voraussetzungen verhinderten jedoch die weitere Entwicklung ebenso wie die Produktion dieses Schleppermodells.

Die ersten beiden Prototypen besaßen Marienfelder Zweizylinder-Spiritusmotoren (»Phönix-Motor«) mit 10 oder 24 PS. Weitere Technische Besonderheiten betrafen den Kettenantrieb mit vorgelagertem Differential, die Achsschenkel-Vorderachse an Blattfedern, die Anhängevorrichtung an den äußeren Radnaben und am Fahrzeugheck, die Riemenscheibe an der Stirnseite und ein großer Kühlwasserbehälter über der Hinterachse. Neben den zu schwachen Motoren verwendete Lehmbeck auch unterdimensionierte Fahrgestelle, ebenso waren die nur einen Meter hohen Räder der 1,6 t wiegenden »Trakteure« für den praktischen Betrieb auf dem Acker nicht geeignet. Lehmbeck führte das erste Modell 1902 mit einem zweischarigen Pflug vor.

Sein dritter Versuchstyp hatte einen Vierzylinder-40-PS-Motor (»Simplex-Motor«), der bei 6,8 Litern Hubraum mit 800 Umdrehungen arbeitete.

40-PS-Lehmbeck »schienenlose Ackerlokomotive«, 1903.

Die Hinterräder hatten nun einen Durchmesser von 1,8 m und konnten mit Sporen versehen werden. Stirnseitige Riemenscheibe, Seiltrommel und ein Ballastkasten über der Hinterachse waren vorhanden. Die Geschwindigkeiten von 6 bis 12 km/h des Zweiganggetriebes deuten darauf hin, dass das Fahrzeug mehr für den Straßenverkehr geeignet war.

Mehr Erfolg hatte Theodor Lehmbeck als fachkundiger Schriftsteller mit Büchern über die aufstrebende Automobiltechnik sowie als Unternehmer nach dem Krieg mit seinem Th. Lehmbeck Kolbenringwerk in Berlin-Kreuzberg sowie mit dem Werk II, dem Eisenwerk Quedlinburg, das ebenfalls Präzisionskolbenringe herstellte.

Lehmbeck-Schlepper

Baureihe	Bauzeit	Motor Hersteller	Typ	Zylinder	PS	Kühlung	Bohrung x Hub	Hubraum	Drehzahl	Radstand	Gewicht	Getriebe	Besonderheiten
Ackerlokomotive	1900	Marienfelde		2	10	W	75x120	1060	700		1600		
Ackerlokomotive	1900	Marienfelde		4	24	W	106x156	5507	800		1600		
Ackerlokomotive	1903	Marienfelde		4	40	W	120x150	6800	1300				

Lenaria

Lehnert & Aron,
Berlin-Schöneberg, Münchener Str. 49/50,
1920

In technischen Details unbekannt gebliebener Tragpflug Anfang der 1920er Jahre, der von der Ein- und Ausfuhr-Gesellschaft unter dem Namen »Lenaria« angeboten wurde.

Linke-Hofmann-Busch (LHB)

Linke-Hofmann-Busch AG,
Breslau, Grundstr. 12

1. 1927-1929 **Linke-Hofmann-Lauchhammer-Werke AG**
2. 1929-1935 **Linke-Hofmann-Werke AG, Werk Breslau, Abt. Raupenschlepper**
3. 1949–1951 **Linke-Hofmann-Busch AG,** Salzgitter-Watenstedt
4. 1951–1958 **Linke-Hofmann-Busch Waggon-Fahrzeug- Maschinen GmbH**

Die Breslauer Zeit

Die im Bau von Lokomotiven, Eisenbahnwaggons, Triebwagen und Bergwerksausrüstungen tätige Breslauer Firma brachte 1927 ihren ersten Raupenschlepper nach einer Konstruktion des Dipl.-Ing. Paul Friedrich Stumpf heraus. Der mit einem 50-PS-Kämper-Motor ausgestattete, nur drei Tonnen schwere Blockbau-Raupenschlepper besaß ein neuartiges, zunächst mit Lenkstöcken, ab 1929 mit einem Lenkrad betätigte (Lizenz-) Clectrac-Doppeldifferential-Lenksystem, das eine Verzögerung des bogeninneren und eine Beschleunigung des bogenäußeren Treibrades bei Kurvenfahrten bewirkte. Da hierdurch die unterschiedlichen Drehmomente kompensiert wurden, trat bei der Kurvenfahrt kein Kraftverlust auf, und die Kette sowie der Ackerboden wurden vor allzu großer Abnutzung bzw. Beschädigung geschützt.

Ein tieferliegendes zweites Lenkrad diente dem Anziehen der Bremsbänder an beiden Kegelrädern des Differentials, so dass das Fahrzeug gebremst wurde. Eigene Dreiganggetriebe setzte LHW ein. Das auch nach dem Konstrukteur als »Stumpf-Raupe« bezeichnete Modell war in Blockbauart mit Laufrollenkästen ausgeführt. Diese konnten sich über Kurbelzapfen am Fahrzeugheck in der Senkrechten bewegen und wurden über ein vorderes Querfederblatt abgestützt. Riemenscheibe und Seilwinde konnten auf Wunsch angebracht werden. Der Kämper-Benzolmotor ließ sich mit einer Benzinanlassvorrichtung leicht starten.

Zu Beginn der 1930er Jahre bestand das Programm aus dem überarbeiteten Anfangsmodell mit der neuen Bezeichnung »Boxer« und dem hinzugekommenen »Rübezahl«-Typ. Von Kämper entwickelte und vom eigenen Motorenbau unter der Leitung von Direktor Dr.-Ing. Ernst Frey hergestellte Vierzylindermaschinen kamen zum Einbau. Der Raupentyp »F« erhielt einen von LHW entwickelten Dieselmotor mit 50 PS. Dieser als »Leichtdiesel« bezeichnete Motor arbeitete ähnlich mit dem heute aktuellen Pumpe-Düse-Druckeinspritzsystem. Da diese Technik noch zu anfällig war, übernahm das Werk die Kämper-Dieselmotorenkonstruktion, die in Lizenz gefertigt wurde.

Die Dieselmotoren arbeiteten nach dem Wirbelkammerprinzip (Wälzkammer-Verfahren) und leisteten 40/42 bzw. 60 PS. Für kurze Zeit ließen sie sich auf 45 bzw. 65 PS Höchstleistung steigern. Ein Hilfsvergaser erleichterte den Startvorgang. Der 3,5 t schwere »Boxer« besaß mit drei Rollen versehene Laufrollenkästen, die hinten durch die Antriebsachse ungefedert mit dem Motor-Getriebeblock verbunden waren. Dafür stützte sich die vorne liegende Leiträderachse am Ende des Laufrollenkastens über Querblattfedern gegenüber dem Fahrzeug ab, so dass die Rollenkästen mit hinterem Drehpunkt pendeln und Bodenunebenheiten ausgleichen konnten.

Nach einem anderen Bauprinzip war die 4,7 t schwere »Rübezahl«-Raupe konstruiert. Die Rollenkästen mit je sechs Rollen waren vorne und hinten über Querblattfedern am Motor-Getriebeblock abgestützt. Seilwinde, Zapfwelle und Riemenscheibe konnten auf Wunsch bei den beiden Raupentypen angebracht werden. Gestartet wurden die Motoren mit elektri-

50-PS-LHB-Raupenschlepper »Boxer« mit zwei Laufrollen, 1931.

50-PS-LHB-Raupenschlepper, 1929.

schen Anlassern. Der stärkere Typ erhielt zusätzlich eine Benzin-Anlassvorrichtung.

1935 wurde der Maschinenbaubereich und damit auch die Raupen-Fertigung an den Junkers-Konzern verkauft, der von dem den Nationalsozialisten nahestehenden Unternehmer Friedrich Flick kontrolliert wurde. Junkers führte den Schlepperbau separat unter dem Firmennamen FAMO Fahrzeug- und Motorenwerke GmbH fort. Der Bau von Personen-, Güter-und Triebwagen stand nun wieder im Mittelpunkt des Unternehmens; während des Krieges übernahm LHB die Fertigung der V2-Raketenantriebe.

1945 ging das Waggonbauwerk in polnischen Besitz über und stellt als Fabryka Wagonow (PAFAWAG) wie eh und je Eisenbahnfahrzeuge her.

42-PS-LHB-Raupenschlepper »Boxer« mit schräggestellter Lenksäule, 1935.

Die Salzgitter-Zeit

Nach dem Zweiten Weltkrieg nahm die in Westdeutschland neu etablierte Linke-Hofmann-Busch AG mit Firmensitz in Salzgitter die Fertigung einer neu entwickelten Radschlepper-Baureihe und einer neuartigen Kleinraupe auf.

In Konstruktionsgemeinschaft mit der Münchener Firma Kögel baute das Werk den Kögel-Ackerschlepper als Typ »LHS 25«, der von einem Zweizylinder-22-PS-Henschel-Motor angetrieben wurde. Die Zweijahresproduktion dieses Schleppers lag bei rund 400 Fahrzeugen. Gemeinsam entwickelte man noch den Vierzylindertyp »LHS 50«, der, abgesehen von einigen Versuchsfahrzeugen, nur noch bei Kögel in kleiner Serie gefertigt wurde, zumal das LHB-Werk erwartete, dass der kommende Raupenbau das Werk auslasten würde.

Die Leichtraupe »Robot« erhielt ein dem ehemaligen NSU-Kettenkrad ähnliches Schachtellaufwerk mit drei torsionsgefederten Doppellaufrollen in einem Stahlrohrrahmen. Eine gleiche Druckverteilung und damit ein geringerer spezifischer Bodendruck insgesamt wurden dadurch erzielt. Der Raupenspezialist und Schöpfer des NSU-Kettenkrades, Dipl.-Ing. Heinrich Kniepkamp hatte das Fahrzeug entwickelt. Für den Straßenbetrieb konnten Gummistollen auf die Kettenglieder montiert werden.

60-PS-LHB-Raupenschlepper »Rübezahl«, 1936.

25-PS-LHB-Kleinraupe »Robot LHR 25«, 1951.

22-PS-LHB-Dieselschlepper LHS 25, 1951. Foto: Udo Paulitz

Nach Experimenten mit Ford-, Güldner-, Henschel- und Primus-Motoren entschied sich das Werk für den Primus-Zweizylindermotor mit zunächst 25, später 20/25 PS, der von Modag in Darmstadt in Lizenz gebaut wurde. Dieser Motor brachte die zwei Tonnen schwere Raupe über ein eigenes Fünfganggetriebe auf 17 km/h. Der Antrieb erfolgte über die vorne angebrachten Treibräder, der die Stoß- und Zugkräfte aufnahmen.

Nach dem Vorbild der ehemaligen LHB-Raupen der 1920er und 1930er Jahre wurde das Fahrzeug mit einem Lenkrad und einem Cletrac-Doppeldifferential-Lenkgetriebe versehen. Riemenscheibe, Seilwinde und Zapfwelle gehörten zur Ausstattung der »Robot«-Raupe. Neben der Normal-Ausführung gab es die Schmalspur-Version für den Einsatz im Weinberg. Die Absatzzahlen befriedigten jedoch nicht, auch wenn mit der Planierraupen-Version (mit auf 20 PS gedrosseltem Motor und einem Planierschild) auch der boomende Baumarkt erschlossen werden sollte. Im Jahre 1958 gab die LHB nach etwa 400 gebauten Raupen diesen Fertigungszweig auf.

Das Fahrzeugbauunternehmen konzentrierte sich wieder auf den Waggon- und Triebwagenbau. Zwischenzeitlich gehörte auch das Büssing-Nutzkraftwagenwerk zum LHB-Konzern. Seit den 1990er Jahren war der kanadische Bombardier-Konzern Eigentümer des LHB-Unternehmens; inzwischen hat der französische Eisenbahn-Hersteller Alstom Transport das Sagen in Salzgitter.

Linke-Hofmann-Busch-Schlepper

Baureihe	Bauzeit	Motor Hersteller	Typ	Zylinder	PS	Kühlung	Bohrung x Hub	Hubraum	Drehzahl	Radstand	Gewicht	Getriebe	Besonderheiten
1. Radschlepper													
Radschlepper	1935	LHB	4 F 145	4	42	W	105x145	5019	1250	2080	3300	4/1	Prototyp
LHS 25	1949 - 1951	Henschel	515 DE	2	20	W	90x125	1590	1800	1840	1390	5/1	
LHS 25	1950 - 1952	Henschel	515 DE	2	22	W	90x125	1590	2000	1840	1450	5/1	
LHS 30	1950 - 1951	MWM-Südbr.	TD 15	2	30/33	W	110x150	2850	1500	2050	2050	5/1	maximal 35 PS
LHS 50	1951	Henschel	516 DF	4	42	W	90x125	3180	1800	1900	1980	K+5/1	K = Kriechgang, Prototypen
2. Raupen													
Typ »A« (Stumpf-Raupe)	1926	Kämper	103/166	4	50	W	103x166	5530	1200	1700	2800/3100	3/1	auch Radstand 1850 mm, ab 1929 55 PS
Typ »LHW«	1927	Kämper	103/166	4	52	W	103x166	5530	1150	1700	2900	3/1	maximal 54 PS bei 1400 UpM
Typ »F« (Leichtdiesel)	1928 - 1929	LHW	Leichtdiesel	4	50	W	115x165	6850	1200			3/1	Diesel und folgende
Rübezahl	1929 - 1931	LHB	4 F 175	4	55	W	125x175	8586		1905	3200/3900	2/1 (?)	
Rübezahl	1930	LHB	6 F 170	6	85	W	120x170	11530	1200				Modell mit Motoren-Prototyp
Boxer	1932	LHB	4 F 145	4	42	W	105x145	5022	1200	1586	3500	3/1	
Rübezahl	1932			4	55	W	125x170	8345	1100	1905		3/1	
Rübezahl	1932	LHB	4 F 175	4	60	W	125x175	8586	1150	1905	4700	3/1	
Boxer	1933	Kämper	4 F 10	4	40	W	100x142	4461	1250	1586	4300	3/1	auch 4/1-Getriebe
Boxer	1933	Kämper	4 F 12	4	50	W	110x160	6082	1150	1586		5/1	
Rübezahl	um 1933	Daimler-Benz	OM 63	4	55	W	125x170	8345	1100	1905		5/1	
Boxer	1935	LHB	4 F 145	4	40/42	W	105x145	5022	1250	1586	3400	5/1	auch 3/1-Getriebe
Rübezahl	1935	LHB	4 F 175	4	60	W	125x175	8586	1150	1905	4500	5/1	
Leichtraupe LHR 25	1950	Henschel	515 DE	2	22	W	90x125	1590	1800		1450	5/1	Prototyp, Breite 850 - 1250 mm
Leichtraupe LHR 25	1951	Primus	2 D 120	2	24	W	100x120	1870	1800		1450	5/1	2 Prototypen
Leichtraupe LHR 25	1951	Güldner	2 DA	2	22	W	95x115	1630	1800				Prototyp
Leichtraupe	1951	Ford	M 12	4	34	W	63,5x92,5	1172	4250				Prototyp, Vorgasermotor
Robot (LHR 25)	1951- 1960	Modag	R2 V 212	2	25	W	105x120	2077	1800		2100	5/1	Nullserie mit 22 PS

Lippische Werkstätten

Lippische Werkstätten AG, Detmold, Orbkastr., 1920–1923

Die Lippische Werkstätten AG, ein ehemaliges Rüstungsunternehmen, das händeringend im Rahmen der Konversion nach zivilen Produktionsmöglichkeiten suchte, baute den Klose-Schlepper mit 35- und 60-PS-Motoren unter der Bezeichnung »DAMIG-Klose« weiter. Kämper-Lizenz-Motoren der Deumo in Gößnitz kamen zum Einsatz in die Vierradschlepper. Bekannter geworden ist das Werk durch die Fertigung des »LWD«-Frontlenker-Kleinlasters mit Frontantrieb und hydraulischer Kraftübertragung.

Lippische Werkstätten-Schlepper

Baureihe	Bauzeit	Motor Hersteller	Typ	Zylinder	PS	Kühlung	Bohrung x Hub	Hubraum	Drehzahl	Radstand	Gewicht	Getriebe	Besonderheiten
Damig	1920 - 1923	Deumo		4	45/48	W	114x160	6529	800		3500	3/1	ab 1922 38 PS
Damig	1920 - 1923	Deumo		4	60	W	140x190	11693	800		4200	3/1	

Löcknitzer Eisenwerk

Löcknitzer Eisenwerk, Robert Straubel GmbH,
Löcknitz b. Stettin

1. 1915-1918 **Löcknitzer Eisenwerk, Robert Straubel GmbH,** Löcknitz b. Stettin
2. 1919-1920 **Oberschlesische Eisenindustrie AG für Bergbau- und Hüttenbetriebe; Zweigniederlassung Abt. Riebe-Werke,** Berlin-Weißensee, Riebestr. und Berlin-Mitte, Rosenthaler Str. 22/23

Der Löcknitzer Moor-Motorpflug des von 1867 bis 1936 bestehenden Eisenwerkes arbeitete nach dem Zweimaschinensystem mit zwei Motorwagen und einem Moor-Kipppflug. Für Ein-, Zwei- und Dreischarpflüge standen mit Lokomobilzug oder mit Eigenantrieb versehene Maschinenwagen mit 10-, 22- und 33-PS-Deutz-Motoren bereit. Ein weiteres Modell besaß einen 35/45-PS-Kämper-Motor und eine senkrecht aufgesetzte Seiltrommel. Dieses »Patent Neukirch« hatte den Vorteil, dass sich das Seil vom Spillkopf lösen konnte, wenn die Pflugkörper auf ein Hindernis stoßen sollten und die Belastung dadurch zu groß werden würde. Um die Fahrzeuge für den Einsatz im Moor nicht zu schwer werden zu lassen, war zunächst auf einen Eigenantrieb verzichtet worden; Pferde kamen zum Vorspann.

1918 veräußerte das Löcknitzer Eisenwerk die Konstruktion an das Riebe-Werk des Industriellen August Riebe (1867–1936) in Berlin-Weißensee, das schon zuvor die Montage übernommen hatte. Die 1909 von der Oberschlesischen Eisenindustrie und August Riebe gegründete Kugellager- und Werkzeugmaschinenfabrik Riebe hatte während des Krieges Rüstungsgüter, darunter Teile für den deutschen Panzer »A7V« hergestellt und versuchte nun ab Januar 1919, den Betrieb mit der Landmaschinenfertigung auszulasten.

Selbstfahrender 33-PS-Löcknitzer Eisenwerk-Moor-Motorpflug für das Zweimaschinensystem mit liegendem Spill, 1913.

Kipppflug vor dem gezogenem Löcknitzer-Moor-Motorpflug mit stehendem Spill, 1913.

Das Werk konstruierte den »Riebe-Groß-Pflug« um und bestückte die drei gebauten Exemplare mit 50- oder 60-PS-Kämper-Motoren. Die Zweimann-Maschine besaß eine Winde in der Fahrzeugmitte. Als weiteres Modell entstand der »Riebe-Universal-Pflug« in Schlepper-Bauweise mit 25/30-PS-Motor, mit Kämper-Triebwerk sowie mit Seiltrommel heckseitig unter dem Rahmen.

1921 veräußerte Riebe das aufgrund des Fortfalls der Rüstungsaufträge mit wirtschaftlichen Schwierigkeiten kämpfende Werk zum Teil an die Deutschen Niles-Werke sowie an die Raspe & Riebe GmbH. Selber führte er mit Verwandten die Berliner Kugellager-Fabrik GmbH A. Riebe in Berlin-Wittenau, die 1927 an die Kugellager- und Rollenlagerkonvention und während der Weltwirtschaftskrise an die Zahnradfabrik ZF verkauft werden.

Das Ursprungswerk ging in dieser Zeit an den Radiogerätehersteller Loewe, von den Nationalsozialisten »arisiert«, als Loewe-Opta- bzw. Opta-Werke. 1951 entstand daraus nach erneuter Enteignung der VEB Stern Radio Berlin. Heute dienen die ausgedehnten Gebäudeanlagen verschiedenen Firmen als Produktions- und Lagerstätten.

Löcknitzer-Schlepper

Baureihe	Bauzeit	Motor Hersteller	Typ	Zylinder	PS	Kühlung	Bohrung x Hub	Hubraum	Drehzahl	Radstand	Gewicht	Getriebe	Besonderheiten
Löcknitzer Seilpflug	1917	Deutz		2	10	W	105x150	2596			1800		Einschar-Typ
Löcknitzer Seilpflug	1917	Deutz		4	22	W	105x150	5192					Zweischar-Typ
Löcknitzer Seilpflug	1917	Deutz		4	33	W	125x170	8340			2400		Dreischar-Typ
Löcknitzer Seilpflug	1917	Kämper	110/160	4	33	W	110x160	6079	800				
Löcknitzer Seilpflug	1919 - 1920	Kämper		4	50	W	103x166	5530	1200		2200		
Riebe Universal-Pflug	1919 - 1920	Kämper	PM 126	4	25/30	W	126x180	8973	600		3500		
Riebe Groß-Pflug	1919 - 1020	Kämper	PM 150	4	60	W	150x200	14130	600		6000 - 7000		

Lucas

Georg Lucas,
Königsberg (Ostpr.), Domnauer Str. 2–4,
1938

Als Hersteller von Ackerschleppern mit bisher unbekannten Details taucht diese Firma in der Literatur auf.

Luftfahrzeug-Gesellschaft

LFG, Luftfahrzeug-Gesellschaft mbH,
Berlin-Charlottenburg, Kleiststr. 8,
1921

Die 1908 gegründete LFG baute zunächst die »Parseval«-Luftschiffe und ging dann mit der Marke »Roland« zum Motorflugzeugbau über. Als nach dem Ersten Weltkrieg der Flugzeugbau unter alliierter Restriktion stand, wandte sich das Unternehmen mit Werken in Bitterfeld, Stralsund, Seddin bei Stolp sowie in Berlin-Adlershof und Berlin-Johannisthal verschiedenen anderen Bereichen, darunter Kuttern, motorisierten Fahrrad-Nachläufern und Schleppern zu. Der im Rahmen dieser »Konversion« konstruierte, aber in technischen Details unbekannt gebliebene Schlepper besaß nur ein großes Hinterrad. Die LFG existierte bis 1931. Aus dem von Arthur Müller geführten Werksteil in Johannisthal gingen die Ambi-Werke (Arthur Müller, Bauten und Industriewerke) als bedeutender Karosseriehersteller hervor.

Lythall

Lythall AG,
Neubrandenburg/Mecklenburg-Strelitz, Speicherstr. 3–10,
1912

Die 1880 von dem Hamburger Unternehmer Alfred Lythall gegründete Landmaschinenfabrik importierte den »Colonial Tractor« der Firma Marshall Sons & Co. in Gainsborough/Großbritannien. Unter eigenem Namen versuchte das Unternehmen dann, den 60/70 PS starken und angeblich 10 Tonnen schweren »Großschlepper« zu vertreiben. Der Fahrerstand verfügte über ein Dach und seitliche Holzplatten. Ein großer Wassertank saß zur Beschwerung des Fahrzeug-Vorderteils über der Drehschemel-Vorderachse. Seilwinde und Riemenscheibe gehörten zum Lieferumfang. Ein Zwölfscharpflug konnte angehängt werden.

Bodenbearbeitungs- und Futteraufbereitungsmaschinen bildeten das Hauptprogramm der Lythall AG.

Nach dem Zweiten Weltkrieg wurde das Unternehmen enteignet und fertigte in einem Teil zunächst als VEB Gerätebau, später als Sirokko-Gerätewerk Heizungsanlagen für Kraftfahrzeuge; nach der Wende übernahm die Webasto-Gruppe dieses Werk. Der andere Teil firmierte ab 1952 als VEB Landmaschinenbau Güstrow und stellte unter anderem Dungstreuer-Aufsätze für Lkw her. Nach der Wende befasste sich die Güstrower Maschinenbau GmbH mit der Düngetechnik; heute werden unter der Marke Güstrower Überladewagen und Großflächendüngerstreuer hergestellt. Die nach dem Krieg gebildete westdeutsche A. Lythall GmbH, später Oldesloer Landmaschinenfabrik in Bad-Oldesloe, trat ebenfalls wieder als Landmaschinenfabrik auf und vertrieb die Rathgeber-Raupenschlepper. 1975 ging dieses Werk durch Konkurs unter.

60/70-PS-Lythall »Großschlepper«, 1912.

Lythall-Dreiradschlepper													
Baureihe	Bauzeit	Motor Hersteller	Typ	Zylinder	PS	Kühlung	Bohrung x Hub	Hubraum	Drehzahl	Radstand	Gewicht	Getriebe	Besonderheiten
Lythall	1912			4	60/70		178x178	17.708	800		11.177		

Magdeburger Motorpflug-Werk

Magdeburger Motorpflug-Werk GmbH Jung & Odenbach,
Magdeburg-Neustadt, Nachtweide 65
1. 1916 **Magdeburger Motorpflug-Werk Jung & Odenbach**
2. 1917-1918 **Magdeburger Motorpflugwerk GmbH**

Mit dem Nachbau des englischen Fowler-Motorpflug befasste sich dieses Unternehmen, zumal auf den Patentschutz während des Krieges nicht mehr geachtet wurde. Die wenig geglückte Tragpflug-Konstrution besaß zwei zwei 1,2 m hohe und 16 cm breite Treibräder mit einem anfälligen, offenen Kettenantrieb sowie einem »schwebend angebrachten Getriebe am vorderen Rahmenende«.

Als Eigenentwicklung folgte ein an Sterzen handgeführter Tragpflug mit einem 12-PS-Zweizylindermotor und einem 3/1-Getriebe, der 850 kg wog. Nach dem Krieg erlosch mit einem Konkurs die von Otto Odenbach geleitete Firma.

Malapane

Staatl. Preuß. Hüttenamt Malapane,
Malapane, Kreis Oppeln/OS,
1918–1922

Nachdem Dipl.-Ing. Paul Friedrich Stumpf die Motorpflug-Fabrik Berlin verlassen hatte, entwickelte er in der 1754 gegründeten schlesischen

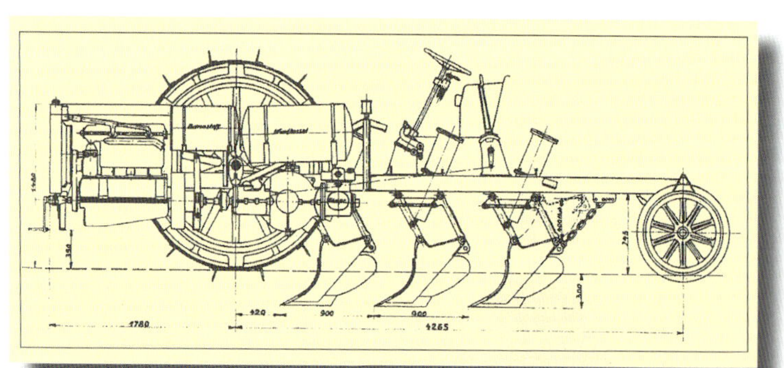

51-PS-Malapane-Tragpflug »Stumpf-Pflug« (Zeichnung), 1922.

Eisenhüttenwerk einen 51 PS starken Tragpflug. Um ein Differential zu ersparen, trieb der ebenfalls von Stumpf konstruierte Motor über ein Dreiganggetriebe per Ritzel das breite rechte Treibrad an, das in der Furche lief. Der Fahrer saß auf einer Sitzschale weit rechts außen, so dass er den Pflugvorgang gut beobachten konnte. Die am Rahmen angebrachten drei Pflugschare wurden über doppeltwirkende Druckluftzylinder mit Hilfe eines Knorr-Kompressors in den Boden gepresst beziehungsweise gehoben. Bei Überlastung löste sich das System. Ob eine Serienproduktion zustande kam, ist fraglich. Nachweisbaren Erfolg hatte Dipl.-Ing. Stumpf dann bei Linke-Hofmann, wo er die technisch gelungene »Stumpf«-Raupe entwickelte.

Malapane-Tragpflug													
Baureihe	Bauzeit	Motor Hersteller	Typ	Zylinder	PS	Kühlung	Bohrung x Hub	Hubraum	Drehzahl	Radstand	Gewicht	Getriebe	Besonderheiten
»Stumpf«-Tragpflug	1918 - 1922	Stumpf		4	51	W	100x150	4710	1200	4265	4200	3/1	Antrieb auf rechtes Vorderrad

MALI

MALI Spezialfahrzeuge GmbH,
Eberhardzell, Heinrichsburg 1

1. 1997-2001 **MALI Spezialfahrzeugbau GmbH,** Eberhardzell/Heinrichsburg 1
2. 2001-2012 **Spezialfahrzeugbau GmbH,** Schönebeck/Elbe, Glinder Str. 6
3. 2012-2015 **SysTrac GmbH**
4. 2015-heute **Fuß Spezialfahrzeuge GmbH**

140-PS-Mali »Malitrac«, 2009. Foto: SysTrac GmbH

Trac-Schlepper mit einem 10-Liter-Liebherr-Motor und einer Leistung von 250 oder 300 PS entwickelte erfolglos das Unternehmen von Dipl.-Ing. Markus Liebherr (1948–2010), einem Sohn aus der Unternehmerfamilie Liebherr. In Anlehnung an die letzten Schlüter-Großtraktoren, die teilweise mit Liebherr-Triebwerken ausgestattet waren, verwendete Markus Liebherr eine gefederte Vorderachse, einen drehbaren Fahrerstand sowie einen abnehmbaren Kraftheber und Hydraulikblock.

272-PS-Mali »Li-Trac«, 1997.

Das Schlüter-Logo mit dem Bären kennzeichnete die Fahrzeuge. 2001 erwarb Markus Liebherr einen Bereich des ehemaligen Schönebecker Traktorenwerkes zum Bau von stufenlosen-leistungsverzweigten Getrieben, Common-Rail-Einspritzsystemen und zur Entwicklung extrem vielseitig einsetzbarer Spezialfahrzeuge. 2009 konnte das Trägerfahrzeug »Mali-Trac« mit vier An- und Aufbauräumen, Krafthebern vorne und hinten sowie mit einer rundum verglasten und klimatisierten Zweimannkabine vorgestellt werden. Ein 120, auf Wunsch 140 PS starker Deutz-Diesel kam zum Einsatz in dem in Konkurrenz zum Unimog tretenden Fahrzeug. Die Lenktriebachse ist lastschaltbar als Pendelachse und auf Wunsch in der 50 km/h schnellen Trac-Ausführung gefedert mit Niveauregulierung ausgeführt. Das eigene stufenlose und leistungsverzweigte WSE 100-Getriebe und eine Allradlenkung kamen zum Einbau. 2012 musste nach dem Bau von 20 Modellen Insolvenz beantragt werden.

Unter dem Namen SysTrac GmbH wurde die Fertigung des »Mali-Tracs« weitergeführt, jedoch im Sommer 2015 unterbrach eine erneute Insolvenz die Fertigung. Der Eintritt des Unternehmers Sebastian Fuß führte anschließend zur Bildung der Fuß Spezialfahrzeuge GmbH, die den Bau des Trägerfahrzeugs mit 156-PS-Deutz-Diesel jetzt übernommen hat.

Mali-Schlepper													
Baureihe	Bauzeit	Motor Hersteller	Typ	Zylinder	PS	Kühlung	Bohrung x Hub	Hubraum	Drehzahl	Radstand	Gewicht	Getriebe	Besonderheiten
Li-Trac 5	1997	Liebherr	D926 TI-E	6	230	W	125x135	9960	2100		10200	24/24	T, Allrad, Prototyp
Li-Trac 6	1997	Liebherr	D926 TI-E	6	272	W	125x135	9960	2100		10300	18/9	
Li-Trac 300	1998	Liebherr	D926 TI-E	6	300	W	125x135	9960	2100		10300	18/9	
Malitrac	2009 - 2015	Deutz	TCD 2012	4	120	W	101x126	4038	2400	3360	5000 - 5600	CVT	TL, Allradantrieb, stufenloses Getriebe, auch 140 PS
Trac 1600 SL	ab 2015	Deutz	TCD 4.1L4	4	156	W	101x126	4038	2300	3360	5600	CVT	TL, stufenloses Getriebe, Allradlenkung

MAN

Maschinenfabrik Augsburg-Nürnberg AG,
München-Allach, Werk München, Dachauer Str. 665–667

1. 1921-1927 **Maschinenfabrik Augsburg-Nürnberg AG,** Nürnberg 24, Katzwanger Str. 101
2. 1938-1945 **Maschinenfabrik Augsburg-Nürnberg GmbH,**
3. 1946-1955 **Maschinenfabrik Augsburg-Nürnberg AG,** Nürnberg 24, Werk Nürnberg
4. 1956-1964 **Maschinenfabrik Augsburg-Nürnberg AG, Werk München,** München-Allach, Dachauer Str. 665–667

Das Augsburger Werk der späteren Maschinenfabrik Augsburg-Nürnberg (MAN) wurde 1840 von dem Mechaniker und Kaufmann Carl August Reichenbach, einem Verwandten Friedrich Königs, dem Erfinder der Schnelldruckpresse, als Reichenbach'sche Maschinenfabrik gegründet. Reichenbachs Schwager, der Brückenbauingenieur Carl Buz, richtete schließlich neben dem noch heute bestehenden Druckmaschinenbereich den Bau von Dampfmaschinen, Dampfkesseln und Wasserturbinen ein.

Unter der Führung seines Sohnes Heinrich experimentierte dann in den Jahren 1887 bis 1892 hier Rudolf Diesel mit seinem Hochdruck-Selbstzündermotor. Der Nürnberger Werksteil ging aus der 1841 von dem Kaufmann Friedrich Klett gegründeten Schwermaschinen-, Brückenbau- und Waggonfabrik hervor. Im Jahre 1898 verschmolzen dann beide Unternehmen zur Vereinigten Maschinenfabrik Augsburg und Maschinenbaugesellschaft Nürnberg AG; 1908 erhielt das Unternehmen den noch heute geführten Namen.

Während des Ersten Weltkrieges nahm die MAN mit dem Erwerb und der Verlagerung des Saurer-Lkw-Zweigwerkes von Lindau nach Nürnberg den Bau von Lastkraftwagen auf. Gleichzeitig experimentierte das Unternehmen mit Tragpflugmodellen, die jedoch wegen der Auslastung des Werkes durch den Motoren- und Lastwagenbau nicht in Serie gingen. Erstes Modell war ein Tragpflugmodell nach den Entwürfen des Hallenser Privatdozenten Dr. Rudolf Bernstein (1880 – 1971), vorgesehen für mittlere Landwirtschaftsbetriebe. Sein »Motor-Gelenkpflug« bestand »in Form eines einachsigen Zugkraft-Aggregats mit hinterem Stützrad, in dem der Getriebekasten zugleich als Rahmen und Träger für den Motor und das gesamte Triebwerk wirkt.« Anders ausgedrückt, dem einachsigen Antriebsteil war über ein Gelenk der Tragpflugrahmen (Pflugarm genannt) mit dem hinteren Stützrad angekuppelt. Gelenkt wurde am Lenkstock per senkrecht angebrachtem Rad, dessen Mechanik auf die Bandbremsen des betreffenden Rades wirkte, so dass eine Lenkbewegung über das mehr oder minder stark abgebremste Rad zustande kam. Darüber hinaus hatte diese solide und in ihrer Pflugleistung hervorragende Konstruktion ein asymmetrisches Differential. Durch diese technische Besonderheit wurde das rechte, in der Furche laufende Rad stärker als das andere Rad angetrieben, so dass der sonst bei der Pflugarbeit übliche schräge Zug vermieden wurde. Der unterschiedliche Durchmesser der Räder ermöglichte ein horzontales Arbeiten. Ein weiterer Pluspunkt stellte der hoch angebrachte Fahrersitz direkt vor dem Motor dar; der Fahrer hatte somit einen übersichtlichen und staubfreien Arbeitsplatz. Und um gegen alle Störfälle gewappnet zu sein, waren vor dem Stützrad ein Schraubstock,

171/1 25-PS-MAN-Tragpflug »Motorpflug«, 1924.

ein Werkzeugkasten und eine Winde angebracht. Mit dem 2/1-Getriebe waren Geschwindigkeiten von 2,8 und 4,8 km/h möglich. Problematisch war allerdings die Rückwärtsfahrt.

Der Tragpflug erhielt zunächst einen auf 20 PS gedrosselten Lkw-Motor, um diesen bei Dauerbelastung auf dem Acker nicht zu überlasten. Die ausgiebigen Versuche zeigten jedoch, dass der Motor robust genug war, so dass im Serienbau die Maschine auf 30 PS eingestellt werden konnte. 1925 gab es noch Versuche, den »MAN-Motorpflug« mit einem 30/40-PS-Benzol- und dem brandneuen Dieselmotor mit 35 PS auszurüsten.

Der frei pendelnde Dreischar- oder Rübenheberahmen ließ sich vom Fahrerplatz aus mit einer Kurbel in der Höhe verstellen. Die spatenbesetzten Triebräder konnten mit aufschraubbaren Laufringen versehen werden, so dass das Fahrzeug auch Landstraßen passieren konnte. Mit dem über dem Stützrad angebrachten Zughaken ließen sich auch Bodenbearbeitungsgeräte, Ackerwagen und fahrbare Ackergeräte mitführen. Die Riemenscheibe ermöglichte den Antrieb von Dreschmaschinen.

In den Serienbau ging der sorgfältig erprobte und 2 t schwere Tragpflug erst im Jahre 1921, zumal das Waggonbau- und Schiffsmotorengeschäft zurückgegangen waren und MAN freie Kapazitäten in der Abteilung Lastwagenbau hatte. Bis in das Jahr 1925 konnten 45 Exemplare montiert und verkauft werden.

Ein zweites Modell war der 1924 vorgestellte, dreischarige »MAN-Gespannschlepper«, der einen querstehenden Vierzylindermotor mit 20 PS und eine einfache Zügellenkung besaß, wobei über das Differential gleichzeitig die Lenkbremsung erfolgte. Der Schlepper verfügte ebenfalls über die Knicklenkung. Bis in das Jahr 1928 gingen rund 100 Exemplare an kleinere Landwirtschaften.

In den folgenden Jahren rückte dann der Lastwagenbau in den Vordergrund, erst in der zweiten Hälfte der 1930er Jahre nahm MAN wieder den Schlepperbau auf: Der »AS 250« von 1938 war ein überaus modern konstruierter Ackerschlepper mit doppelt gefederter Vorderachse, Mähbalken, Windschutzscheibe, Zapfwelle, Riemenscheibe und auf Wunsch einem »Überrollbügel«. Der 50-PS-Dieselmotor aus der 2,5-Tonnen-Lastwagen-Baureihe »E« mit ZA-Getriebe (Zahnräderfabrik Augsburg) war dank des patentierten MAN-Kugelbrennraumverfahrens mit direkter Strahleinspritzung geräuscharm, sparsam und leistungsstark, so dass nach der Erprobung von 25 Prototypen im Raum Halle mit Gummi- oder Eisenbereifung viele Bestellungen aus dem von Großbauernhöfen geprägten ostdeutschen und schlesischen Raum eintrafen. Der MAN-Schlepper fand die Berücksichtigung im Schell-Plan.

45-PS-MAN-Generatorschlepper AS 250 »Holzgas« mit Stahlrädern, 1941. Foto: MAN-Werksarchiv

25-PS-MAN AS 325, 1949. Foto: W. Leiter, © PD

Mit Gustloff-Holzvergaser entstanden 1941 nochmals 25 Erprobungsmodelle, denen sich bis zum Februar 1943 eine Serie von 305 Stück anschloss. Danach erfolgte auf Weisung des Hauptausschusses für das Kraftfahrwesen eine Verlagerung der Produktion zur Zugmaschinenfabrik Latil in Suresnes bei Paris, um bei MAN die freigewordene Kapazität für die Panzerfertigung zu nutzen. Dort entstanden bis 1944 325 Diesel- und 146 Holzgasschlepper; umgekehrt erhielten die MAN-Ingenieure Einblick in die bei Latil gepflegte Allradtechnik. Da die Maschinenanlagen in Suresnes blieben, konnte Latil 1946 nochmals 500 »AS 250« montieren.

30-PS-MAN AS 330 A mit Doppelbereifung, 1951. Foto: MAN-Werksarchiv

30-PS-MAN AS 330 A, 1953. Foto: ChiemseeMan, © PD

Auf der Wiener Messe von 1941 zeigte MAN den Prototyp eines 25-PS-Schleppers (»AS 325«), der nach der Behebung der Kriegs- und Demontageschäden im Nürnberger Werk 1947 produziert wurde.

Dieser kleine Schlepper mit ZA-, später ZP-Getriebe, passte genau in die Bedürfnisse der westdeutschen Landwirtschaft, die keine Verwendung für leistungsstarke Großschlepper hatte. Und die ostelbischen Güter standen als Abnehmer nicht mehr zur Verfügung.

Der »AS 325« war neben dem »Unimog« der erste deutsche Serienschlepper mit zuschaltbarem Allradantrieb für die vordere Faustachse, was ihm eine großartige Zugleistung und Steigfähigkeit auch auf schwierigem Gelände ermöglichte.

An den Erfolg dieses Schleppers, der auch mit hinterer und vorderer Doppelbereifung für den Moorbereich gebaut wurde, knüpfte der im Hubraum vergrößerte »AS 330« an. 1953/54 folgten die Allradschlepper »AS 430« und »AS 542« sowie mit der neuen Bezeichnung die Modelle »C 40 A« und »B 45 A«. 1955/56 kam ein 18 PS starker Allradschlepper mit einem Zweizylindermotor hinzu. MAN setzte hier den Güldner-Kleindieselmotor DN 2 ein, der jedoch auf das MAN-Verbrennungsverfahren umgerüstet wurde.

Ebenfalls mit einem luftgekühlten und modifizierten Güldner-Motor (13 PS) versah MAN den »2 F 1« der nachfolgenden zweiten Fahrzeuggeneration. Bei Güldner entstand mit gleichem Motor, aber Güldner-typischem Einspritzverfahren der Paralleltyp »G 15«. Das Allradmodell A 60 A mit 60-PS-Motor stellte das Spitzenmodell 1956 dar.

Ab 1957 (die Schlepper-Montage war nach der Räumung des Geländes durch die US-Army inzwischen von Nürnberg nach München-Allach verlegt worden) stattete MAN die Motoren mit dem Mittenkugel-Verbrennungsverfahren aus, das den Kraftstoffverbrauch weiter senkte. Gleichzeitig konnte eine größere Laufruhe bei hohem Leistungsvermögen erzielt werden; die Werbung sprach daher vom »Flüstermotor«. Gleichzeitig überarbeitete MAN die Schlepper-Optik. Unter den gerundeten, lang gestreckten Hauben saßen 28, 35, 45 und 60 PS starke Motoren, die ihre Kraft wahlweise über zwei oder vier Räder auf den Boden brachten. Spitzenmodell dabei war der »4 T 1«.

18-PS-MAN AS 718 A, 1953. Foto: W. Leiter, © PD

Zur Rationalisierung der Produktion trug das Baukastensystem der Motorenfertigung bei. Im Jahre 1962 vereinbarte MAN mit der Mannesmann AG, der Mutterfirma der Porsche-Diesel-Motorenbau GmbH, eine Zusammenarbeit. Vereinbart wurde eine Abstimmung des Typenprogramms bei Beibehaltung der jeweils markentypischen Motorentechnik und des Allradantriebs; Getriebe und Achsen sollten gemeinsam von ZF

30-PS-MAN 430 H, 1953. Foto: ChiemseeMan, © PD

42-PS-MAN 542 A, 1953. Foto: W. Leiter, © CC-BY-SA-3.0

13-PS-MAN 2 F 1, 1957.

18-PS-MAN 2 K 1, 1957. Foto: Norbert Schnitzler, © CC-BY-SA-2.0

bezogen werden. Auch die Verkaufsorganisation, der Kundendienst und die Ersatzteilversorgung sollten koordiniert werden. Die MAN-Schlepper wurden nun im Lohnauftrag im Friedrichshafener Porsche-Werk gefertigt, um dort die großzügig ausgebauten Montagebänder auszulasten. MAN hatte dafür freie Kapazitäten für den florierenden Lkw-Bau.

Nachdem aber die deutsche Schlepperproduktion allgemein stark zurückgegangen war und weitere Verhandlungen um Größenklassen und Filialnetze nicht fruchteten, gab MAN 1963 die Schlepper-Fertigung schließlich ganz auf: Trotz ausgereifter Serienfertigung, dem entsprechenden Markenimage sowie dem ansprechenden Styling war es MAN – bei allerdings hohen Verkaufspreisen – nie gelungen, die 5-Prozent-Zulassungsmarke zu überspringen. Die Entwicklung des Sechszylindermodells »4 S 3« bis zur Serienreife musste daher aufgegeben werden. Etwa

40.000 der überaus zuverlässigen und leistungsstarken MAN-Allrad- und Hinterrad-Antriebsschlepper verließen die Nürnberger, Münchner und Friedrichshafener Werkshallen. Die Ersatzteilversorgung sowie das Filialnetz übernahm die Renault Traktoren GmbH, die damit ihren Zulassungsanteil auf dem deutschen Markt vergrößern wollte; eine Rechnung, die für den französischen Hersteller aber nicht aufging.

50-PS-MAN 4 S 1, 1957. Foto: ChiemseeMan, © PD

40-PS-MAN 2 R 2, 1958. Foto: W. Leiter, © PD

28-PS-MAN 2 N 2, 1961. Foto: W. Leiter, © PD

45-PS-MAN 2 R 3, 1961.

MAN-Schlepper

Baureihe	Bauzeit	Motor Hersteller	Typ	Zylinder	PS	Kühlung	Bohrung x Hub	Hubraum	Drehzahl	Radstand	Gewicht	Getriebe	Besonderheiten
							1. Tragpflüge						
MAN-Motorpflug	1921 - 1924	MAN/Saurer	AM II	4	25/30	W	110x140	5319	800		1970	2/1	Benzol-Motor
MAN-Motorpflug	1924	MAN	1060a	4	30/40	W	110x160	6080	800		2260	2/1	
MAN-Motorpflug	1924	MAN	W4V 10/18	4	35	W	105x180	6235	900			2/1	Diesel-Motor, Prototyp
Gespann-Schlepper	1923 - 1924	MAN	1260a	4	20	W	112x160	6302	700		1500		
							2. Schlepper						
							2.1 Vorkriegs-Standardschlepper						
AS 250 Acker	1938 - 1943	MAN	D 0534 GS	4	50	W	105x130	4504	1400	2100	3700	5/1	Diesel-Motor
AS 250 Holzgas	1943 - 1944	MAN	D 1034 HG	4	45	W	110x130	4942	1500	2100	3950	5/1	Holzgasmotor, Gewicht mit Eisenrädern
							2.2 Erstes Nachkriegsprogramm						
AS 325 A	1947 - 1950	MAN	D 8814 GS	4	25	W	88x110	2676	1500	1820	1920	5/1	Diesel-Motor wie auch folgende, Allradantrieb
AS 325 H	1949 - 1952	MAN	D 8814 F	4	25	W	88x110	2676	1500	1820	1800	5/1	
AS 325 EH (AS 425 H)	1952 - 1955	MAN	D 8814 F	4	25	W	88x110	2676	1500	1820	1770	5/1	
AS 330 H	1950 - 1952	MAN	D 9214 Gf	4	30	W	92x110	2925	1500	1820	1800	5/1	
AS 330 A	1950 - 1952	MAN	D 9214 Gf	4	30	W	92x110	2925	1500	1820	1900	5/1	Allradantrieb
AS 430 A	1952 - 1954	MAN	D 9214 Gf	4	30	W	92x110	2925	1500	1820	2000	6/1	
AS 430 H	1952 - 1954	MAN	D 9214 Gf	4	30	W	92x110	2925	1500	1820	1960	6/1	Hochradausführung
AS 440 H	1953 - 1955	MAN	D 9214 Gz	4	40	W	92x110	2925	2000	1820	1870	6/1	
AS 440 A	1953 - 1955	MAN	D 9214 Gz	4	40	W	92x110	2925	2000	1820	2000	6/1	Allradantrieb
AS 542 A	1953 - 1955	MAN	D 9214 G 2	4	42	W	92x110	2925	2000	2132	2560	5/1	Allradantrieb, auch 6/1-Getriebe
AS 718 A	1953 - 1955	Güldner	2 DN	2	18	W	85x115	1304	1800	1700	1520	5/1	Allradantrieb
							2.3 Zweites Nachkriegsprogramm						
B 18 A/O	1955	Güldner	2 DN	2	18	W	85x115	1304	1800	1747	1520	6/1	Allradantrieb
B 18 A (A/I)	1955 - 1958	MAN/Güldner	D 8515 M 172	2	18	W	85x115	1304	1800	1747	1540	6/1	Güldner-Motor DN 2 mit MAN-Verbrennungs-verfahren, Allradantrieb
A 32 H	1955 - 1956	MAN	D 9614 M 1	4	32	W	96x110	3180	1500	1825	2010	6/1	
A 32 A	1955 - 1956	MAN	D 9614 M 1	4	32	W	96x110	3180	1500	1825	2260	6/1	Allradantrieb
C 40 H	1955 - 1956	MAN	D 9614 M 2	4	40	W	96x110	3180	1800	1825	2100	6/1	
C 40 A	1955 - 1956	MAN	D 9614 M 2	4	40	W	96x110	3180	1800	1825	2260	6/1	Allradantrieb
A 45 A	1955	MAN	D 9214 G 2	4	45	W	92x110	2925	2200	2140	2930	5/1	
B 45 A	1955 - 1956	MAN	D 9614 M 3	4	45	W	96x110	3180	2000	2140	2930	7/1	
D 18 H	1956	MAN/Güldner	D 8515 M 171	2	18	W	85x115	1304	1800			5/1	Güldner-Motor DN 2 mit MAN-Verbrennungs-verfahren
A 25 A	1956 - 1957	MAN	D 9622 M 131	2	25	W	96x120	1736	2000	1895	1890	5/1	Allradantrieb
A 30 A	1956	MAN	D 9622 MT 132	2	30	W	96x120	1736				5/1	T, Allradantrieb, Prototyp
A 32 H	1956 - 1957	MAN	D 9624 M 110	4	32	W	96x120	3473	1500	1825	2010	6/1	
A 32 A/O	1956 - 1957	MAN		4	32	W	96x120	3473	1500	1825	2200	6/1	Allradantrieb
A 40 H + A/O	1956	MAN	D 9624 M 111	4	40	W	96x120	3473	1700	1895	2260	6/1	
C 40 H/O	1956 - 1957	MAN		4	40	W	96x120	3473	1700	1825	2100	6/1	
C 40 A/O	1956 - 1957	MAN		4	40	W	96x120	3473	1700	1825	2300	6/1	Allradantrieb
D 40 A	1956	MAN	D 9624 M 113	4	40	W	96x120	3473	1700	2140	2620	5/1	Allradantrieb, auch 9/2-Getriebe, Prototyp
B 45 A + H/O	1956 - 1957	MAN	D 9624 M 114	4	45	W	96x120	3473	1900	2195	2880	7/1	Allradantrieb
A 50 A (4 S 1)	1956	MAN	D 9624 M 118	4	50	W	96x120	3473	2000	2220	3170	7/1	Allradantrieb, Prototyp
A 60 A	1956	MAN	D 9626 M 150	6	60	W	96x120	5209	1500			7/1	Allradantrieb, Prototyp
							2.4 Drittes Nachkriegsprogramm						
2 R 1	1956 - 1957	MAN	D 9624 M 113	4	40	W	96x120	3473	1800	2215	2370	5/1	auch 9/2-Getriebe
4 R 1	1956 - 1957	MAN		4	40	W	96x120	3473	1800	2215	2540	5/1	Allradantrieb
2 S 1	1956 - 1957	MAN	D 9624 M 118	4	50	W	96x120	3473	1900	2220	2960	7/1	
4 S 1	1956 - 1957	MAN		4	50	W	96x120	3473	1900	2220	3260	7/1	Allradantrieb, aus A 50 A
B 18 A/I	1957	MAN	D 8515 M 172	2	18	W	85x115	1304	1800	1747	1520	6/1	Allradantrieb, überarbeiteter Güldner-Motor
2 K 1	1957 - 1958	MAN		2	18	W	85x115	1304	1800	1990	1250	6/1	Tragschlepper
2 L 1	1957 - 1958	MAN	D 9532 M 175	2	24	W	95x130	1842	1800	2036	1380	6/1	Güldner-Parallel-Motor 2 BN
4 N 1	1957 - 1960	MAN	D 0022 M 161	2	30	W	100x125	1960	2000	1900	1950	5/1	Allradantrieb, auch 8/2-Ge-triebe, aus A 30 A
2 R 2	1957 - 1960	MAN	D 0024 M 220	4	40	W	100x125	3927	1800	2215	2370	7/1	
4 R 2	1957 - 1961	MAN		4	40	W	100x125	3927	1800	2215	2530	5/1	Allradantrieb, auch 9/2-Getriebe
2 S 2	1957 - 1960	MAN	D 0024 M 221	4	50	W	100x125	3927	1900	2220	2960	7/1	

MAN-Schlepper													
Baureihe	Bauzeit	Motor Hersteller	Typ	Zylinder	PS	Kühlung	Bohrung x Hub	Hubraum	Drehzahl	Radstand	Gewicht	Getriebe	Besonderheiten
4 S 2	1957 - 1960	MAN	D 0024 M 221	4	50	W	100x125	3927	1900	2220	3260	7/1	Allradantrieb
2 F 1	1958 - 1961	MAN	D 7502 M 177	2	13	L	75x100	883	2000	1650	840	6/2	Güldner-Motor 2 LKN, ab 1958 14 PS (D 7502 M 178)
2 K 2	1958 - 1960	MAN	D 8515 M 172	2	18	W	85x115	1304	1800	1990	1210	6/1	
2 K 3	1958 - 1962	MAN		2	18	W	85x115	1304	1800	1730	1240	6/1	
2 L 2	1958 - 1960	MAN	D 9532 M 180	2	25	W	95x130	1842	1800	2036	1240	6/1	
4 K 1	1959 - 1960	MAN	D 8515 M 172	2	18	W	85x115	1304	1800	1750	1500	6/1	Allradantrieb
2 L 3	1959 - 1960	MAN	D 9532 M 180	2	25	W	95x130	1842	1800	1786	1370	6/1	vergrößerter Radstand gegenüber 2 L 2
4 L 1	1959 - 1960	MAN		2	25	W	95x130	1842	1800	1810	1580	6/1	Allradantrieb
4 T 1	1959 - 1960	MAN	D 0024 M 225	4	60	W	100x125	3927	2400	2275	3360	7/1	
2 L 4	1960 - 1961	MAN	D 9422 M 1	2	25	W	94x120	1664	1800	1790	1350	6/1	
2 L 5	1960 - 1961	MAN	D 9422 M 1	2	25	W	94x120	1664	1800	2085	1370	6/1	Tragschlepper
4 L 2	1960 - 1961	MAN	D 9422 M 1	2	25	W	94x120	1664	1800	1810	1590	6/1	Allradantrieb
2 P 1	1960 - 1962	MAN	D 8613 M 1	3	35	W	86x110	1915	2400	1978	1775	8/4	
4 P 1	1960 - 1963	MAN	D 8613 M 1	3	35	W	86x110	1915	2400	1978	1920	8/4	Allradantrieb
2 N 1	1961 - 1962	MAN	D 9422 M 2	2	28	W	94x120	1664	1850	1868	1600	8/4	
4 N 2	1961 - 1963	MAN	D 9422 M 2	2	28	W	94x120	1664	1850	1868	1720	8/4	Allradantrieb
2 R 3	1961 - 1962	MAN	D 8614 M 1	4	45	W	86x110	2553	2400	2100	2080	8/4	
4 R 3	1961 - 1962	MAN	D 8614 M 1	4	45	W	86x110	2553	2400	2100	2200	8/4	Allradantrieb
4 S 3	1963?	MAN	D 8616 M 1	6	55	W	86x110	3832	2400	2100		8/4	Allradantrieb, Prototyp
3. Schmalspurschlepper													
2 F 1/S	1959 - 1961	MAN	D 750 M 177 (178)	2	13	L	75x100	883	2300	1650	840	6/2	Breite 1042 mm, ab 1958 14 PS, Prototypen

Manhardt

Manhardt Landmaschinenbau,
Wutha/Thür., Gothaer Str. 91
1. 1957-1972 **Manhardt Landmaschinenbau**
2. 1972-1989 **VEB Kombinat für Gartenbautechnik Berlin, Kombinatsbetrieb Wutha**

Walter Manhardt gründete 1946 einen Landmaschinenbetrieb für Wagen- und Pflugbau, der bis zur Zwangsverstaatlichung im Jahre 1972 als Privatbetrieb geführt wurde und seit der Wende wieder in Privatbesitz als Manhardt GmbH – Wuthaer Maschinenbau ist. 1957 begann Walter Manhardt mit der Einzelfertigung eines dreirädrigen Hofschleppers unter der Bezeichnung »Rauhbautz«, den ein luftgekühlter Zweizylinder-Robur-Dieselmotor mit 13/17 PS antrieb. Auch der Warchalowski-Lizenz-Dieselmotor mit 9/10 PS wurde in die bis 1966 gebauten 15 Exemplare eingesetzt.

8,5-PS-Manhardt-Einachsschlepper »Faktotum« mit Heuwender, 1953.

17-PS-Manhardt-Dreiradschlepper »Rauhbautz«, 1959. Foto: Danny Heyde

1965 folgte für Gärtnereien und Kommunalbetriebe der Einachsschlepper »Faktotum« mit einem hinteren Stützrad. Ab 1968 gelangte das Modell »ET 081« mit eigenen Zusatzgeräten, darunter auch einem Einachsanhänger oder einem Stützrad und Fahrersitz, in den Kleinserienbau. Von diesem Typ mit 6-PS-IFA-Vergasermotor wurden bis 1972 über 1000 Stück und danach im Rahmen des VEB Kombinats für Gartenbautechnik Berlin weitere 5250 Exemplare hergestellt. Heute ist das Unternehmen als Landmaschinenhandelsgesellschaft tätig.

Manhardt-Schlepper

Baureihe	Bauzeit	Motor Hersteller	Typ	Zylinder	PS	Kühlung	Bohrung x Hub	Hubraum	Drehzahl	Radstand	Gewicht	Getriebe	Besonderheiten
1. Radschlepper													
Raubautz	1957	Robur	GD 2	2	13/17	L	90x125	1590	1500 - 2000	1500	1150	4/1	
Raubautz	1958	EKM	LD 30	1	9/10	V	115x130	1560	1200	1500	1300	3/1	
Faktotum	1953/65	IFA	EL 380	1	8,5	L	75x85	377	3000		400	5/1	Zweitakt-Vergasermotor, auch 4/1-Getriebe
2. Einachsschlepper													
ET 081	1968	IFA	EL 308	1	6	L	74x68	292	3000		150		Zweitakt-Vergasermotor

Mannesmann-Mulag

Mannesmann-Mulag AG,
Remscheid, Werk Westhoven bei Köln,
1919–1921

Die Mannesmann-Mulag-Werke waren 1913 aus den Scheibler-Automobil-werken in Aachen hervorgegangen. Erstes Landwirtschaftsmodell war ein kleiner, zweischariger Motorpflug, der in einigen Exemplaren von der einstigen Mannesmann-Waffen- und Munitionsfabrik Westhoven gefertigt wurde. Die Lenkung des einscharigen Pfluges »betätigte der hinter der Maschine hergehende Führer mittel Sterzen.«

Das zweite Modell von 1921 war ein kombinierbarer Trag- und Schleppflug, der sich als Fehlkonstruktion erwies. Das schlepperartige Fahrzeug konnte nach Demontage der Vorderräder und durch Versetzen der Antriebsräder an schwenkbaren Kurbelträgern in aufwendiger Eigenarbeit zu einem Tragpflug umgerüstet werden. Dabei kam ein mechanisch in der Höhe verstellbares Pfluggestell unter den Fahrzeugrahmen. Zur Lenkung diente das Stützrad am Fahrzeugheck. Für den Antrieb sorgte ein auf zwei Zylinder reduzierter Motor aus der Lkw-Baureihe, der 20/25 PS erzeugte. 1927 ging das Unternehmen mit dem Hauptwerk in Aachen in den Büssing-Werken auf.

53-PS-Mannesmann-Mulag-Tragpflug, zweischarig, 1921.

Märkische Motorpflug-Fabrik

Märkische Motorpflug-Fabrik GmbH,
Berlin-Charlottenburg, Haller Str. 24–26 und
Kant Str. 120-121, Berlin-Moabit, Beusselstr. 27

1. 1910-1916 **Märkische Motorpflug-Fabrik GmbH,** Berlin-Charlottenburg, Haller Str. 24-26
2. 1916-1918 **Standard Motorpflug Gesellschaft mbH,** Weißensee b. Berlin, Gehringstr. und Roelckestr. (Am Industriebahnhof) und **Oberbau-Bedarf,** Gleiwitz/S.
3. 1918-1921 **Oberschlesische Eisenbahn-Bedarfs-Aktien-Gesellschaft-Solingerhütte,** Uslar im Solling

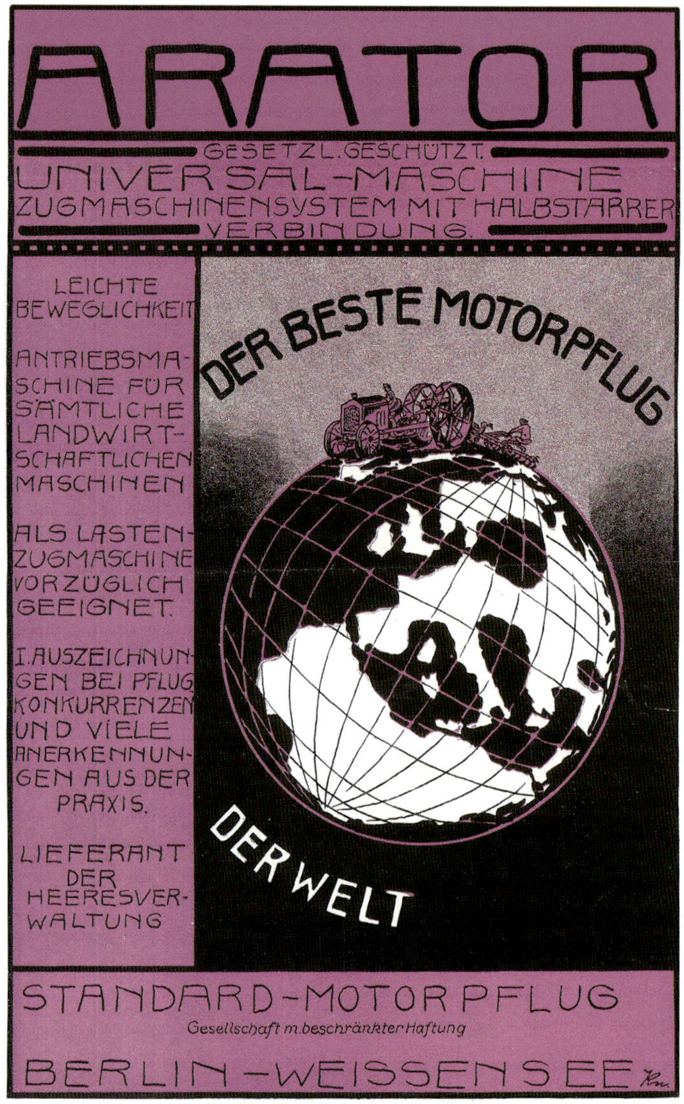

Für die Märkische Motorpflug-Fabrik, Teil des Stahlwerkes Bothe in Berlin-Charlottenburg, konstruierte der Oberingenieur und später bekannte Fachjournalist Otto Barsch 1910 den »Arator« (lateinisch: der Pflüger), der als eine der ersten brauchbaren deutschen Schlepperkonstruktionen angesehen werden kann. Anregung für Barsch war das Vordringen der amerikanischen IHC-Pflüge »Titan«. Ein 50- oder 60-PS-Argus-Motor trieb die 1,8 m hohen Hinterräder an. Auch verschiedene andere Motoren wurden erprobt. Die Arbeitsbreite mit einem angehängten 12-Scharpflug betrug 2,1 m.

Eine große und eine kleine Riemenscheibe befanden sich über der Vorderachse. Ein zwölfschariger Pflug konnte angehängt werden. Ein von Barsch ebenfalls konstruierter dreirädriger »Arator« mit Kettenantrieb und Federung gelangte nicht über das Versuchsstadium hinaus. Nach dem Bau von acht großen Schleppern übernahm die Standard Motorpflug Gesellschaft, ein Zweigunternehmen des neuerrichteten Max Bothe & Co. GmbH Stahlwerkes (Spezial-Stahlguss in schmiedbarer Qualität für Luftschiff-, Automobil- und Maschinen-Industrie) in Berlin-Weißensee, die Konstruk-

50-PS-Märkische Motorpflug-Fabrik »Arator«, 1912.

50-PS-Märkische Motorpflug-Fabrik »Arator« bei einer Vorführung, 1912.

tion und ließ sie verbessern. (Der Unternehmer Max Bothe (1876–1930) hatte durch die Heirat der Tochter Anna von Robert Stock das Rittergut Ahrensfelde bei Berlin geerbt, was ihm die finanziellen Möglichkeiten für den Aufbau des 500 Mann starken Stahlwerkes ermöglichte.)

Während des Krieges ging die Fertigung auch an die mit dem Stahlwerk Bothe in Verbindung stehende Eisenbahnmaterial-Fabrik Oberbau-Bedarf) in Gleiwitz über, die den »Arator« als schwere Zugmaschine für Geschütze mit dem 80-PS-Kämper-Motor sowie einer kleinen Pritsche zwischen den 2,5 m hohen und 45 cm breiten Rädern an die Militärbehörden in 16 Exemplaren verkaufte. In der Dreiradversion war vorne ein 90 cm großes Vorderrad mit einer Breite von 55 cm angebracht; die Vierradversion besaß vorne zwei 1,2 m große und 25 cm breite Räder.

Mit Fortfall der Rüstungsaufträge bei Kriegsende musste auch der Bereich »Lastzugmaschinen und Motorpflüge „Arator"« geschlossen und das Werk verkauft werden. Max Bothe gab die Konstruktion an die durch Familienbande verbundene Solinger Hütte ab, die noch ein Exemplar für die Landwirtschaft erstellte.

Otto Barsch überarbeitete sein ursprüngliches Modell und konnte es bei den Stoewer-Werken als Typ »3 S 17« weiterbauen lassen.

Das 500 Mann starke Werk mit einem Siemens-Martin-Ofen, einer Kleinbessemerei, einem Press- und Walzwerk geriet mit Ausbleiben der Rüstungsaufträge nach dem Krieg in Schwierigkeiten und musste 1920 an einen Schrauben- und Mutterhersteller veräußert werden. 1931 übernahm die Dinse AG das Werk und stellte Waagen für Handel und Industrie her. Ebenso war nach dem Krieg der VEB Wäge- und Nahrungsgütertechnik in diesem Bereich sowie mit Zubehör für Großküchen tätig. Heute ist in der großen Stahlwerkshalle die AMZ Weissenseer Präzisionsguss GmbH nebst kleingewerblichen Betrieben ansässig.

Das Ursprungsstahlwerk Max Bothe in der Charlottenburger Morsestraße existierte noch bis zur Jahrtausendwende.

35-PS-Märkische Motorpflug-Fabrik »Arator« mit angehängtem Pflug, 1911.

80-PS-Oberbau-Bedarf »Arator-Zugmaschine«, um 1917.

Märkische Motorpflug-Fabrik-Schlepper

Baureihe	Bauzeit	Motor Hersteller	Typ	Zylinder	PS	Kühlung	Bohrung x Hub	Hubraum	Drehzahl	Radstand	Gewicht	Getriebe	Besonderheiten
Arator Typ A	1910 - 1914	Argus		4	50	W			600		6250	2/1	
Arator Typ B	1910 - 1914	Argus		4	60	W	124x130	9414	600				
Arator	1911	Kämper		4	35		110x160	6079					
Arator II	1913	Kämper		4	50/55	W	140x190	11.693	700				auch Kämper-Motor?
Arator II	1912 - 1915			4	42								Dreirad
Arator	1912 - 1915			4	72								
Arator Typ C	1915 - 1918	Kämper	PM 170	4	80	W	170x220	19.964	600			3/1	
Arator Typ Berlin	1917 - 1918	Kämper	PM 126	4	35	W	126x180	8973	600		4000		4/1-Getriebe

Markranstädter Automobil-Fabrik (MAF)

Markranstädter Automobil-Fabrik Hugo Ruppe GmbH,
Markranstädt, Ziegeleistr. 12/14
1916–1921

25-PS-Markranstädter Automobil-Fabrik »MAF-Universalzugmaschine« mit zweischarigem Pflug, 1919.

Hugo Ruppe (1879–1949), Sohn des Automobilfabrikanten Arthur Ruppe (Apollo-Werke in Apolda), gründete 1907 seine eigene Automobilfabrik in Markranstädt bei Leipzig. Seine Spezialität waren leichte Vierzylinder-Fahrzeuge mit luftgekühlten Motoren.

Während der Kriegszeit ließ Hugo Ruppe durch den Landwirt Cordes und den Automobilingenieur Körbs zwei Universalzugmaschinen auf verstärkten Pkw-Fahrgestellen entwickeln. Der 1,5 t schwere Schlepper »MAF 1« auf einem Pkw-Fahrgestell besaß einen 25-PS-Motor und trieb per Kardanwelle die Hinterräder an. Der 2,25 t schwere »MAF II« hatte einen 35-PS-Motor mit Königswellenantrieb für die Ventile. Hier wurden Rollenketten zur Kraftübertragung auf die 1,5 m hohen Hinterräder verwendet. Beide Achsen waren gefedert. Riemenscheibe und Seilwinde besaßen beide Modelle.

Die Luftkühlung war bei dem damaligen Entwicklungsstand jedoch noch nicht für die schwere Belastung bei der Ackerarbeit geeignet. Auch die Staubaufwirbelungen machten den Motoren zu schaffen, so dass die sieben gefertigten MAF-Schlepper als recht anfällig galten.

Nach der Übernahme des glücklos arbeitenden Betriebes durch die Apoldaer Apollo-Werke widmete sich Hugo Ruppe der Weiterentwicklung der Luftkühlung und dem Kleinmotorenbau. Der DKW-Zweitaktmotor und der Motorrad-Zündmagnet gehen auf seine Entwicklungsarbeit zurück.

25-PS-Markranstädter Automobil-Fabrik »MAF-Universalzugmaschine«, 1919.

Das große Fabrikgelände diente später als Lager, als Bauhof und nach der Wende als Getränkeladen. In die inzwischen restaurierte Ziegelsteinhalle soll das MAF-Museum einziehen. Hugo Ruppe verlor 1945 in Festenberg/Schlesien seinen gesamten Besitz und starb verarmt in Zschopau.

(MAF) Markranstädter-Schlepper

Baureihe	Bauzeit	Motor Hersteller	Typ	Zylinder	PS	Kühlung	Bohrung x Hub	Hubraum	Drehzahl	Radstand	Gewicht	Getriebe	Besonderheiten
MAF Typ I	1916	MAF		4	8/15	L	78x110	2100	2000		1500	3/1	
MAF Typ II	1917	MAF		4	14/15	L	86x150	3410	2000	2250	2250	3/1	
MAF	1919	MAF		4	25	L	86x150	3410		2250		3/1	

Martin

Otto Martin, Maschinenbau GmbH u. Co.,
Ottobeuren, Langenberger Str. 6,
1936–1950

Das 1922 in Benningen gegründete und 1930 nach Ottobeuren verlegte Maschinenbauunternehmen begann 1936 mit der Fertigung eines 20-PS-Blockbauschleppers, der in 65 Exemplaren mit dem 20-PS-Deutz-Verdampfermotor und einem Opel-Getriebe hergestellt wurde. 1938 entstand infolge der Konzentrationsbestrebungen des Reichswirtschaftsministeriums in Zusammenarbeit mit der Firma Fendt der 375mal gebaute Typ »Martin F 22«, der mit 22-PS-Deutz-Diesel und Prometheus-Getriebe bis 1942 gebaut wurde.

22-PS-Martin F 22, Prototyp von 1938.
Foto: Martin Maschinenbau

20-PS-Martin-Schlepper, 1937. Foto: Martin Maschinenbau

11-PS-Martin-Rahmenbauschlepper S 11, 1949. Foto: Martin Maschinenbau

Serienmäßig wurde der später unter Fendt-Regie gefertigte Schlepper mit Zapfwelle, Riemenscheibe und Mähbalken ausgestattet. Die Firma Epple & Buxbaum baute diese Konstruktion ebenfalls nach; großer Erfolg war ihr aber nicht beschieden.

Auch der Nachkriegstyp S 11 des Baujahres 1949 wurde kein Bestseller. In einfacher Rahmenbauart gehalten, entstand dieser Kleinschlepper mit liegendem Einzylinder-11-PS-Deutz-Motor in nur 67 Exemplaren, obwohl sich durch Umstecken der Räder die Spurweite verstellen und das Einsatzspektrum vergrößerte.

Mit dem Tod von Otto Martin endete der Ausflug in den Schlepperbau. Das Unternehmen ist heute erfolgreich im Bau von Holzbearbeitungsmaschinen tätig.

Martin-Schlepper

Baureihe	Bauzeit	Motor Hersteller	Typ	Zylinder	PS	Kühlung	Bohrung x Hub	Hubraum	Drehzahl	Radstand	Gewicht	Getriebe	Besonderheiten
Martin F 22	1936	Deutz	F 2 M 313	2	20/22	W	100x130	2041	1500	1700	1650	4/1	Prototyp, auch 3/1-Getriebe
Martin	1937 - 1938	Deutz	F 2 M 313	2	20	W	100x130	2041	1500	1700	1650	4/1	
F 22 Typ I	1938 - 1942	Deutz	F 2 M 414	2	22	W	100x140	2198	1500	1700	1550	4/1	Prometheus-Getriebe für maximal 15 km/h
F 22 Typ II	1938 - 1942	Deutz	F 2 M 414	2	22	W	100x140	2198	1500	1700	1520	4/1	Prometheus-Getriebe für maximal 12,8 km/h
S 11	1949 - 1950	Deutz	MAH 914	1	11	V	100x140	1099	1500	1630	1270	4/1	

Maschinenfabrik Ingelheim

Maschinenfabrik Ingelheim,
Ingelheim,
1932 und 1938?

Die bis in die 1950er Jahre bestehende Maschinenfabrik Ingelheim, spezialisiert auf die Herstellung von Traubenpressen und Keltereiartikeln, fertigte im Jahre 1932 eine der ersten speziell für den Weinbau entwickelte Kleinraupe unter der Bezeichnung »Klettermaxe«. 1938 erscheint in der Literatur nochmals eine Firma Gebr. Vielhaben, Hamburg 23, Landwehr 27, die den »Klettermaxe« anbot. Wahrscheinlich handelt es sich dabei um die Konstruktion der Maschinenfabrik Ingelheim, Details darüber sind aber nicht bekannt.

Weinbergraupe »Klettermaxe« der Ingelheimer Maschinenfabrik, 1932.

Maschinen-Centrale

Maschinen-Centrale, Landmaschinenfabrik AG,
Rathenow u. Berlin-Kreuzberg, Tempelhofer Ufer 1,
1911–1914

Der Kaufmann Hermann Gierke, Teilhaber der Dreschmaschinen- u. Motorenfabrik Richter u. Co., gründete 1902 ein Konkurrenzunternehmen, aus dem die Maschinen-Centrale (MC) hervorging. Nachdem in den Jahren 1911 bis 1913 einige Tragpflüge vom Typ »Armin« hergestellt worden waren, entwickelte der Landmaschinenbetrieb einen Motorwagen, der im

MC-Motorwagen »Armin« für das Zweimaschinensystem, 1911.

40-PS-Maschinen Centrale MC-Traktor vor einem Kipppflug, 1914.

Seilpflugsystem nach dem »System Brey« im Zweimaschinensystem einen 1,9 t schweren Kipppflug über das Feld ziehen konnte. Dabei trieb ein 35, später 40/60 PS starker Kämper-Motor (der mit extrem niedriger Drehzahl arbeitete) die Seiltrommel (unter dem Rahmen) oder die Hinterachse des 8,5 t schweren Gerätes an. Für die Alternative im Einmaschinen-Seilpflugsystem war die Motorleistung jedoch zu schwach; dafür eignete sich das Fahrzeug aufgrund seiner guten Bodenhaftung (breite Räder mit Greiferschaufeln) gut im Einsatz mit einem angehängten Pflug. Der Kapitalmangel der Firma verhinderte eine größere Produktion des »MC«-Schleppers. 1915 verkaufte die MC ihr großes Grundstück (MC Fabrik Landwirtschaftlicher Maschinen GmbH), in der Marienfelder Großbeerenstraße 46/48, welches die Kämper Motorenfabrik als neues Werksgelände nutzte.

Maschinen Centrale-Schlepper													
Baureihe	Bauzeit	Motor Hersteller	Typ	Zylinder	PS	Kühlung	Bohrung x Hub	Hubraum	Drehzahl	Radstand	Gewicht	Getriebe	Besonderheiten
Armin	1911												
MC	1914	Kämper	110/160	4	35	W	110x160	6079	800		8500		
MC	1914	Kämper	125/160	4	40	W	125x160	7850	850				
MC	1914	Kämper	126/200	4	40	W	126x200	9970	650				auch 65 PS

Maurer

Maurer, Berlin-Karlshorst,
Heiligenberstr. 9,
1923

Im Jahre 1923 erschien der von Dipl.-Ing. Ludwig Maurer konstruierte »Kobold-Laufkettenschlepper« mit einem 15/16-PS-Motor. Der Laufkettenrahmen war um die angetriebene Vorderachse schwenkbar; zwei Stützräder unten sowie eines oben dienten der Kettenführung, wobei eine stabile Gliederkette (Schiffskette) verwendet wurde. Der Antrieb erfolgte durch eine Kettennuss. Ein »Höchstmaß an Vereinfachung und Robustheit« sollte das Gerät auszeichnen, das aber nur ein Prototyp blieb.

5/16-PS-Mauer »Laufkettenschlepper Kobold«, 1923.

Maurer-Kleinraupe													
Baureihe	Bauzeit	Motor Hersteller	Typ	Zylinder	PS	Kühlung	Bohrung x Hub	Hubraum	Drehzahl	Radstand	Gewicht	Getriebe	Besonderheiten
Kobold	1923			4	16	W			1100		1340		

Maus

Heinrich Maus, Fahrzeugbau KG,
St. Goarshausen,
1953

Schlossermeister Heinrich Maus rüstete während des Krieges Schlepper auf den Holzgas- und nach dem Krieg wieder auf den Diesel-Betrieb um. Da er mit dem Bau von landwirtschaftlichen Anhängern guten Kontakt zu Landwirten hatte, fasste er 1953 den Entschluss, auch in den Schlepperbau einzutreten. Als der erste von zwei Prototypen mit dem 11-PS-MWM-Motor der Baureihe KD 15 E fertiggestellt war, starb Heinrich Maus. Das einzige Modell vom Typ »Maus« erhielt später einen 22 PS-MWM-Diesel.

22-PS-Maus-Schlepper, 1953. Foto: Rudolf Rotard

Mayer

Eduard Mayer,
1950

Einen Kleinschlepper mit einem 6-PS-Motor fertigte dieses Unternehmen, das ansonsten in der Herstellung von Jauche-Anlagen tätig war.

6-PS-Eduard Mayer-Kleinschlepper, 1950.

Mayer / Neu-Ulm

Fabrik landwirtschaftlicher Maschinen Wilh. Mayer,
Neu-Ulm, Maximilianstr. 1–3,
1929–1931

Unter dem Namen »Stahlpferd« konstruierte Maschinenschlosser Wilhelm Mayer (1878–1956) einen Rahmenbauschlepper mit dem liegenden 10-PS-Deutz-Vergasermotor und einem Eingang-Reversiergetriebe. Eisenräder, hinten mit Schrägstollen oder Vollgummiräder, konnten aufgesetzt werden. Ein Mähbalken gehörte zur in etwa 30 Exemplaren gebauten Maschine. Aus der 1901 gegründeten Reparaturwerkstatt ist inzwischen eine Unimog-Generalvertretung hervorgegangen.

10-PS-W. Mayer-Grasmäher, 1928. Foto: Wilhelm Mayer Nutzfahrzeuge

Mayer-Schlepper													
Baureihe	Bauzeit	Motor Hersteller	Typ	Zylinder	PS	Kühlung	Bohrung x Hub	Hubraum	Drehzahl	Radstand	Gewicht	Getriebe	Besonderheiten
Stahlpferd	1928 - 1931	Deutz	MA 514	1	10	V	115x140	1456	1100		1150	1/1	

Mercur

Mercur-Motorenbau GmbH,
Berlin-Kreuzberg, Treptower Str.38,
1917

Die seit 1917 bestehende Tochtergesellschaft des zwei Jahre zuvor gegründeten Mercur-Flugzeugbaus stellte kurz vor Ende des Ersten Weltkrieges einen 8-PS-Motorpflug her. 1921 begann das Unternehmen, das aufgrund des Flugzeugbau-Verbots des Versailler Vertrages sich neu orientieren musste, mit dem Automobilbau unter der Marke »Ego«. Nach dem Konkurs im Jahre 1924 führte die Hiller Automobilfabrik AG die Produktion der Kleinwagen bis 1927 fort.

Metallwerk Creussen

Metallwerk Creussen, Carl Tabel,
Creussen/Oberfr.,
1949–1955

12-PS-Metallwerk Creussen Dreiradschlepper »Unitrak« DU 12, 1950.
Foto: W. Leiter, © PD

Das Unternehmen begann 1949 mit der Montage des »Unitrak«-Schleppers nach einer Lizenz der Firma Walter Hofmann. Zunächst verwendete das Werk einen 12-PS-F & S- oder Stihl-Zweitakter; ab 1953 kam ein eigener 15-PS-Dieselmotor zum Einbau. Neben dem Einzylinder-Zweitakt-Diesel mit Gleichstromspülung, gesteuertem Auslassventil und Roots-Gebläse steuerte Creussen auch das Getriebe bei. Auch als »Landmaschine« oder als »Volkskleinschlepper« bezeichnet, war dieses Gerät in Rahmenbauweise mit starrer Vorderachse und lenkbarem Hinterrad versehen; der Kraftheber musste mechanisch betätigt werden.

1954 folgte ein Vierradschlepper vom Typ »MWC 15 Treff« in Blockbauart mit ebenfalls eigenem Motor. Außergewöhnlich waren die große Bodenfreiheit sowie die serienmäßige Ausrüstung dieses Kleinschleppers mit einer Zapfwelle.

Ein 1954 entwickelter Geräteträger gelangte nicht mehr zum Serienbau. Nach der Schlepperfertigung ging das Werk zur Herstellung von Ölfeuerungsgeräten über.

Metallwerk Creussen-Schlepper

Baureihe	Bauzeit	Motor Hersteller	Typ	Zylinder	PS	Kühlung	Bohrung x Hub	Hubraum	Drehzahl	Radstand	Gewicht	Getriebe	Besonderheiten
1. Dreiradschlepper													
Unitrak (Drei-Rad-Landbaumaschine)	1949 - 1950	Stihl	131	1	12	L	90x120	763	1900	2140	780	4/1	auch 5/5-Getriebe, auch Horex-Motor mit 12 PS
Unitrak UD 12	1951	Stihl	130	1	12	L	82x120	629	2000	2140	1030	4/1	
Unitrak H 19	1953 - 1955	Stihl	131 A (B)	1	14	L	90x120	763	1900	2140	1030	4/1	
Unitrak H 19	1953 - 1955	MC	D 168	1	15	L	85x120	681	1800	2140	990 - 1030	4/1	Zweitakt-Diesel, Rootsgebläse
2. Vierradschlepper													
MWC 15 Treff	1953 - 1955	MC	D 168	1	15	L	85x120	681	1800	1600	880 - 955	5/1	auch 5/5-Getriebe, auch Stihl-Motor 131 B mit 14 PS

Meyer

Maschinenfabrik E. Meyer & Co.,
Duisburg,
1910

Diese Maschinenfabrik stellte elektrisch angetriebene Seilwindenfahrzeuge für Kippflüge im Zweimaschinen- oder im Einmaschinensystem (mit gegenüberliegendem Ankerwagen) in Vorführstücken her. Ein Serienbau unterblieb.

Elektrisch angetriebenes Seilwindenfahrzeug der Firma E. Meyer, 1910.

MIAG

MIAG Mühlenbau und Industrie AG,
Braunschweig, Detmolder Str. 182/184
1. 1936-1938 **MIAG Mühlenbau und Industrie AG,** Braunschweig, (ab 1937); **MIAG-Werk Frankfurt am Main,** Mainzer Landstr. 331
2. 1938-1945 **MIAG Mühlenbau und Industrie AG; MIAG-Werk Frankfurt a. Main, Abt. MIAG Diesel**
3. 1945-1952 **MIAG Mühlenbau und Industrie AG, Abt. Fahrzeugbau GmbH,** Frankfurt a. Main, Mainzer Landstr. 331; **Werk Ober-Ramstadt,** Im Ochsenbruch

Hinter den Kapitalien MIAG (Mühlenbau und Industrieanlagen AG) verbarg sich der Zusammenschluss von fünf Mühlenbau- und Maschinenfabriken, die der Frankfurter Unternehmer Hugo Greffenius (1876–1954) 1925 gebildet hatte. Als junger Dipl.-Ing. war er 1902 in die 1892 gegründete Frankfurter Maschinenbaufabrik und Mühlenbauanstalt Simon, Bühler & Baumann eingetreten, die in der Herstellung von Brauerei- und Mälzereianlagen sowie in der Mühlentechnik aktiv war. Nachdem er, ohne die Gesellschafter zu informieren, das Kapital der MIAG durch den Erwerb notleidender Firmen, darunter des Röhr Automobilwerkes in Ober-Ramstadt, vernichtet hatte, musste er ausscheiden und das Frankfurter Mühlenbau-Werk wurde stillgelegt.

1935 erwarb der Unternehmer Johannes Hans Lerch (1896–1958), der zuvor den Fahrzeugbau der notleidenden Hanomag AG geführt hatte, die Aktienmehrheit der MIAG und reaktivierte das Frankfurter Unternehmen. Lerch verfolgte dabei das Ziel, dem Mühlenbetreiber eine Zugmaschine sowie passende Anhänger für den Antransport des Mahlgutes zur Verfügung zu stellen. Die daraufhin konstruierten MIAG-Elektro- und -Diesel-Straßenschlepper ließen sich gut verkaufen, so dass die MIAG 1936 auch erstmals einen Ackerschlepper auf dem expandierenden Landmaschinenmarkt präsentierte.

Der Schlepper-Prototyp »Vulkan« besaß einen 10-PS-MWM-Diesel mit Kettenübertragung auf das Getriebe. In den Serienbau gelangte jedoch der »LD 20«, der in Anlehnung an die MIAG-Straßenzugmaschine auf einem Halbrahmenfahrgestell aufgebaut war und einen 20-PS-Zweizylinder-Motor von MWM unter seiner klobigen Haube hatte. Riemenscheibe, Zapfwelle und Mähbalken gehörten von Anfang an zur serienmäßigen Ausstattung. Die Vorderachse stützte sich auf ein aufwendiges Querblattfedern-System.

Ungewöhnlich war die gelbe Farbgebung der Haube und der Felgen

20-PS-MIAG LD 20, 1939. Foto: Udo Paulitz

des von der Dietrak Diesel Traktoren GmbH in Hannover, Planckstr. 2, einem weiteren Unternehmen Lerchs, vertriebenen Schleppers. Aufgrund verschiedener bautechnischer Mängel stufte das Schlepperprüffeld Bornim 1938 den LD 22 als »unvollkommen für die Landwirtschaft« ein.

1938 verlegte die MIAG die Fertigung der Gabelstapler, Mobilkräne und Elektrofahrzeuge in das ehemalige Röhr-Automobilwerk in Ober-Ramstadt bei Darmstadt und hatte damit genug Kapazitäten, um den »LD 20« sowie die Anhänger im Frankfurter Werk zu produzieren. Ab 1941 experimentierte die Firma mit einem Straßenschlepper mit Ford-Lkw-Motor und eigenem Holzvergaser; die Versuchstypen kamen auf eine Leistung von 25 PS. Auf Vorschlag der Firma Zanker entwickelte das Werk einen Gasschlepper, der mit Steinkohlenbriketts versorgt wurde und wegen der Zerstörung des Braunschweiger Werkes im Frankfurter Teilewerk produziert werden sollte. Als auch dies den Luftangriffen zum Opfer fiel, verlagerte MIAG die geretteten Fertigungsmaschinen nach Sachsen, wo sie allerdings 1945 verloren gingen.

Nach dem Krieg brachte die Firma einen neuen Zweizylindertyp heraus. Der »AD 22« kam in Blockbauart mit vorderer Doppellenkerachse, überdies ergänzten die Typen »AD 17« und »AD 33« mit 17- und 36-PS-MWM-Motoren das Programm. Die Spurweiten ließen sich durch das Umstecken der Räder verändern. Daneben entstanden wieder kleine Diesel-Zugmaschinen. Auch in den Raupenschlepperbau wollte MIAG 1950 einsteigen; es blieb jedoch beim Prototyp.

Da die US-Streitkräfte einen großen Teil des 1945 besetzten Werkes in Ober-Ramstadt auch nach der Gründung der Bundesrepublik nutzen wollten, konnten die MIAG-Schlepper nur im wieder aufgebauten Frank-

22-PS-MIAG AD 22, 1949.

25-PS-MIAG-Generatorschlepper mit Generator und Gasreiniger beidseitig des Fahrzeugs, 1941.

furter Zweigwerk gefertigt werden. Die Stückzahlen waren klein, die Kosten dementsprechend hoch, so dass MIAG 1952 die Schlepperfertigung in Frankfurt am Main wieder aufgab und dort bis zur Schließung dieses Werkes im Jahre 1962 Gabelstapler und Mobilkräne baute. Das Werk Ober-Ramstadt, in dem nur ein kleiner Teil von MIAG genutzt werden konnte, bildete den größten Reifenvulkanisierbetrieb der US-Army in Europa.

Nach dem Tod von Lerch verkaufte die Witwe die Aktienpakete an den einstigen Mitgründer und inzwischen stärksten Konkurrenten, die schweizerische Gebr. Bühler AG in Uzwil. Mit ihrem Stammwerk in Braunschweig war die (Bühler-)MIAG weiterhin im Bau von Gabelstaplern, Mobil- und Lkw-Ladekränen bis 1983 tätig. Die ausgegliederte MIAG Fahrzeugbau GmbH fertigt weiterhin »explosionsgeschütze« Gabelstapler mit Diesel- oder Elektroantrieb.

MIAG-Schlepper

Baureihe	Bauzeit	Motor Hersteller	Typ	Zylinder	PS	Kühlung	Bohrung x Hub	Hubraum	Drehzahl	Radstand	Gewicht	Getriebe	Besonderheiten
Vulkan	1936	MWM	KD 15 E	1	10	W	95x150	1060	1500				Prototyp
LD 20	1937 - 1941	MWM	KD 15 Z	2	20	W	95x150	2120	1500	1750	1660	4/1	auch Radstände 1620 mm und 1800 mm
LD 45 HG (SH 45)	1941	Ford	BB	4	25	W	98,4x108	3285	1600	1700	1955	4/1	Holzgasmotor, Generator vorne, keine Serie
AD 40	1941	Ford	BB	4	25	W	98,4x108	3285	1600			2x4/1	Holzgasmor, Generator und Reiniger in Sattelbauart, keine Serie
AD 22	1948 - 1953	MWM	KD 215 Z	2	22	W	100x150	2356	1500	1650	1760	4/1	auch Motor KD 415 Z mit 24 PS
AD 17	1949	MWM	KD 11 Z	2	17	W	85x110	1248	2000	1800	1500	4/1	Prototypen
AD 33	1949 - 1953	MWM	KD 215 D	3	33/36	W	100x150	3534	1500	1800	1980	4/1	Prototypen, auch Radstand 1880 oder 1900 mm
AD 22	1950 - 1953	MWM	KDW 415 Z	2	25	W	100x150	2356	1500	1670	1760 - 1835	4/1	auch Radstand 1650 mm

Michelsohn

Baugesellschaft Michelsohn,
Minden, Karlstr. 25–31,
1924–1934

16/18-PS-Michelsohn-Glühkopfschlepper in Straßenausführung, 1925.

Die Baugesellschaft Michelsohn entstand um 1899 in Hasberge an der Porta (heute Porta Westfalica) als Tiefbauunternehmen, wobei die Wurzeln in der schon 1861 gegründeten Baustoffhandlung M. Michelsohn & Co. liegen. In der Niederlassung Minden befand sich zunächst die Reparaturwerkstatt für Feldbahnlokomotiven; 1917 verlegten die Brüder Nathan und Hermann Michelsohn das inzwischen auch im Maschinenbau tätige Unternehmen nach Minden. Nach dem Ende der obligatorischen Rüstungsproduktion konzentrierte sich Michelsohn auf den Umbau von Lokomotiven für den südamerikanischen Markt. Ab 1923 stellte das Werk unter der Leitung von Dipl.-Ing. Erich Michelsohn einen dem Lanz-»Bulldog« ähnlichen Schlepper mit liegendem Glühkopfmotor vom Typ »Baumi-Trekker« her. Der Zweitakter erzeugte bei 470 Umdrehungen 16/18, ab 1927 18/20 PS.

Das Fahrgestell (»Schiff«) war aus einem Stück gegossen und enthielt auch den Hinterachsantrieb. Gegenüber dem Lanz-Modell ließ sich der Rückwärtsgang (ohne Umsteuerung der Motor-Drehrichtung) mittels eines Getriebes einlegen. Eine Kette stellte die Verbindung von Kurbelwelle zum Getriebe dar. Vollgummi- oder Eisenräder mit Greifer-Einrichtung ermöglichten den Einsatz als Zugmaschine oder als Ackerschlepper. Zur Ausstattung der äußerst einfach gestalteten Konstruktion gehörten eine Riemenscheibe und auf Wunsch eine 40-Meter-Seilwinde.

Neben der Fertigung des »Baumi-Trekkers« stellte das Unternehmen, das über eine Gießerei und Schweißerei verfügte, auch einen 3-PS-Zweitaktmotor für Motorräder her, der von den Marken Hoco (Minden), Denia (Minden) und Mammut (Bielefeld) verwendet wurde.

1927 musste das Unternehmen Konkurs anmelden; die Chemie-Fabrik Knoll AG übernahm die Werksanlage, die inzwischen an die BASF überging. Die getrennt geführte Baustofffirma M. Michelsohn AG geriet in der Zeit der Weltwirtschaftskrise in Schwierigkeiten und musste 1934 aufgrund der NS-Rassengesetze geschlossen werden.

Michelsohn-Schlepper

Baureihe	Bauzeit	Motor Hersteller	Typ	Zylinder	PS	Kühlung	Bohrung x Hub	Hubraum	Drehzahl	Radstand	Gewicht	Getriebe	Besonderheiten
Baumi Trekker	1923 - 1927	Baumi		1	16/18	V	205 x 240	7917	460/470	1620	3450	2/1	Glühkopfmotor, ab 1927 18/20 PS

Michelstadt

Hüttenwerk, Eisengießerei und Maschinenfabrik Michelstadt AG,
Michelstadt, Unterer Hammer,
1952–1962

12-PS-Hüttenwerk Michelstadt-Kleinraupenschlepper »Unirag«, 1955.

Das Michelstädter Hüttenwerk (HM) begann kurz vor 1900 mit der Herstellung von Rübenschneidern, Keltern und später von Dreschmaschinen, Häckslern und Bandsägen. 1952 erwarb das Werk eine Lizenz zum Bau der Blank-Raupe. Die nur 630 mm breite Kleinraupe mit Doppellaufrollenwerk hieß »Unirag« und war sowohl mit 10- und 12-PS-ILO- sowie 12- und 14-PS-F & S- und Stihl-Zweitakt-Dieselmotoren zu bekommen. Zur Verwendung gelangten Getriebe aus Eigenproduktion oder von Hurth. Die Raupen in Halbrahmenbauweise wurden per Lenkkupplungen und -bremsen im Portalgetriebe gesteuert.

Ab 1956 bzw. 1959 erhielten die Raupen die Bezeichnungen »URG 12« und »URG 14« (Universal-Raupengerät), ohne dass sich an der Technik et-

12-PS-Hüttenwerk Michelstadt-Kleinraupenschlepper HWM 280, 1961.

was geändert hätte, lediglich für den Straßenbetrieb konnten jetzt auf die Achsen luftbereifte Räder gesetzt werden. 1961 bekamen die Fahrzeuge die Bezeichnung »Büffel« und wurden jetzt über Lenkbremsen mittels Doppelscheibenbremsen gelenkt. Die Spurbreiten betrugen 580, 625 und 770 mm. Die Produktion endete 1962 mit der Übernahme des Werkes durch die britische Firma Howard Rotavator; HWM hatte rund 400 Raupen gebaut.

Die Alfred Hagelstein Maschinenfabrik und Schiffswerft (Hatra) in Lübeck-Travemünde übernahm die Kleinraupen-Konstruktion und fertigte diese unter der Bezeichnung HR 12 in ihrem Dillinger Werk noch zwei Jahre weiter.

Michelstadt-Raupen

Baureihe	Bauzeit	Motor Hersteller	Typ	Zylinder	PS	Kühlung	Bohrung x Hub	Hubraum	Drehzahl	Radstand	Gewicht	Getriebe	Besonderheiten
Unirag	1952	F & S	500 W	1	10	W	80x100	499	2000		520 - 650	3/1	
Unirag	1954/55	ILO	DL 660	1	10	L	90x104	660	2000		850	4/1	
Unirag II/55	1955	F & S	500 W	1	10	W	80x100	499	2000		700	3/1	
Unirag III/56	1956 - 1958	ILO	DL 660	1	12	L	90x104	660	2000		950	3/1	auch 5/2-Getriebe
Unirag HM 10	1959	Hatz	E 85	1	10	L	85x100	570	2500		850	4/1	
Unirag HM 12	1959	Hatz	E 89	1	12	L	90x105	668	2600		970	4/1	
HWM Büffel	1959 - 1960	F & S	D 600 L	1	12	L	88x100	850	2200				
URG 14 Büffel	1959 - 1961	Stihl	131 B	1	14	L	90x120	763	1850		1000	5/2	auch 3/1-Getriebe
HWM 280 (URG 12 Büffel)	1961 - 1966	ILO	DL 661	1	12	L	90x104	660	2000		950	5/2	1966 Version HM 280 V mit Gewicht 1050 kg

Mig

Mig-Auto-Motorpflug,
Berlin,
1919

Über dieses Versuchsmodell eines Motorpfluges wurde nichts Näheres bekannt, ebenso wenig über die als Fahrzeugproduzent nicht weiter in Erscheinung getretene Firma.

Mitteldeutsche Motorpfluggesellschaft

Mitteldeutsche Motorpfluggesellschaft mbH,
Magdeburg, Fichtestr. 29a,
1917-1918

Aus der 1916 eingerichteten Ergon Motoren- und Gasgeneratorenfabrik GmbH, ein vormaliges Kyffhäuserhütte-Unternehmen, entstand ein Jahr später unter der Leistung von R. Feischer die Mitteldeutsche Motorpfluggesellschaft mit dem anspruchsvollen Programm der Herstellung und zum Vertrieb von Motorpflügen, Straßenlokomotiven, Rohölmotoren, Gasmaschinen und Gasgeneratoren, Maschinen und Apparaturen für Industrie und Landwirtschaft. Über die Verwirklichung, abgesehen von Motoren, ist nichts bekannt geworden. 1918 wurde das Unternehmen liquidiert.

Moorkultur

Moorkultur-Kraftpflug-Gesellschaft mbH,
Berlin-Schöneberg, Schöneberger Ufer 13,
1922

Bodenfräse der Moorkultur-Kraftpflug Gesellschaft, 1922.

Boden-Umbruchmaschine der Moorkultur-Kraftpflug Gesellschaft, um 1922.

Aus einer schweren Artilleriezugmaschine wollte die Moorkultur-Kraftpflug-Gesellschaft nach dem System Hintze einen speziellen Moorschlepper entwickeln. Als sich die Güldner-Motoren-Gesellschaft an diesem Projekt beteiligte, kam anstelle des Kämper- ein Güldner-Motor zum Antrieb, was dem Projekt allerdings auch keinen sonderlichen Schub verschaffte: Es blieb bei einem Prototyp.

Motorenfabrik Oberursel

Motorenfabrik Oberursel, Aktien-Gesellschaft,
Oberursel, Hohemarkstr. 60,
1903–1910

Die Motorenfabrik Oberursel (MO) wurde 1898 auf dem Gelände einer stillgelegten Mühle gegründet, nachdem der dort von dem Studenten und späteren Automobil- und Motorenkonstrukteur Wilhelm Seck entworfene Einzylinder-Viertakter »Gnom« eine stürmische Nachfrage gefunden hatte.

Neben dem Bau von Motoren verschiedenster Größen wagte sich die Motorenfabrik auch an den Bau von Lokomobilen. Erster Typ war ein 10-PS-Fahrzeug für Schleppzwecke und für den Antrieb von Dreschmaschinen. Zweiter Typ war ein 25/30, später 50/56 PS starkes Fahrzeug mit

50/56-PS-Motorenfabrik Oberursel »Spiritus-Lokomobile« im Einsatz mit einem Kipppflug, 1902.

50/56-PS-Motorenfabrik Oberursel »Spiritus-Lokomobile« vor einer Dreschmaschine, 1902.

Spiritusmotor und einer großen Seilwinde für das Kippflugsystem. Ketten trieben die Hinterachse an; das große Schwungrad diente zum Dreschmaschinenantrieb. Ostelbische Landgüter und die »Königlich-preußische Herrschaft« auf Kadinen bei Elbing setzten Oberurseler Fahrzeuge ein.

Auch in einer Version mit einem zusätzlich aufgesetzten »Gnom«-5-PS-Spiritusmotor für den Bandsägenantrieb konnte die »Oberurseler selbstfahrende Lokomobile« geliefert werden.

Nachdem seit 1921 eine Interessengemeinschaft mit der Motorenfabrik Deutz AG bestand, war das Unternehmen an der Entwicklung der Deutzer Vorkammer-Dieselmotoren beteiligt. 1930 erfolgte die Verschmelzung mit dem Klöckner-Humboldt-Deutz-Konzern; ab 1934 stellte das Werk auch Schleppermotoren her.

Während des Zweiten Weltkrieges entwickelte die Motorenfabrik den luftgekühlten Dieselmotor. Heute stehen vor allem Strahltriebwerke im Programm des traditionsreichen Motorenbauers, der seit 1991 zunächst ein Gemeinschaftsunternehmen von BMW und Rolls-Royce darstellte und heute ausschließlich zu Rolls-Royce gehört.

Motorenfabrik Oberursel-Lokomobile

Baureihe	Bauzeit	Motor Hersteller	Typ	Zylinder	PS	Kühlung	Bohrung x Hub	Hubraum	Drehzahl	Radstand	Gewicht	Getriebe	Besonderheiten
Spiritus-Lokomobile	1902 - 1910	MO		1	10	V	250x260	13.266	260		4510		

Motoren-Werke Mannheim (MWM)

Motoren-Werke Mannheim AG, vorm. Benz u. Cie., Abt. Stationärer Gasmotorenbau,
Mannheim, Carl-Benz-Str. u. Waldhofstr. 24 – 38,
1923–1931 und 1949

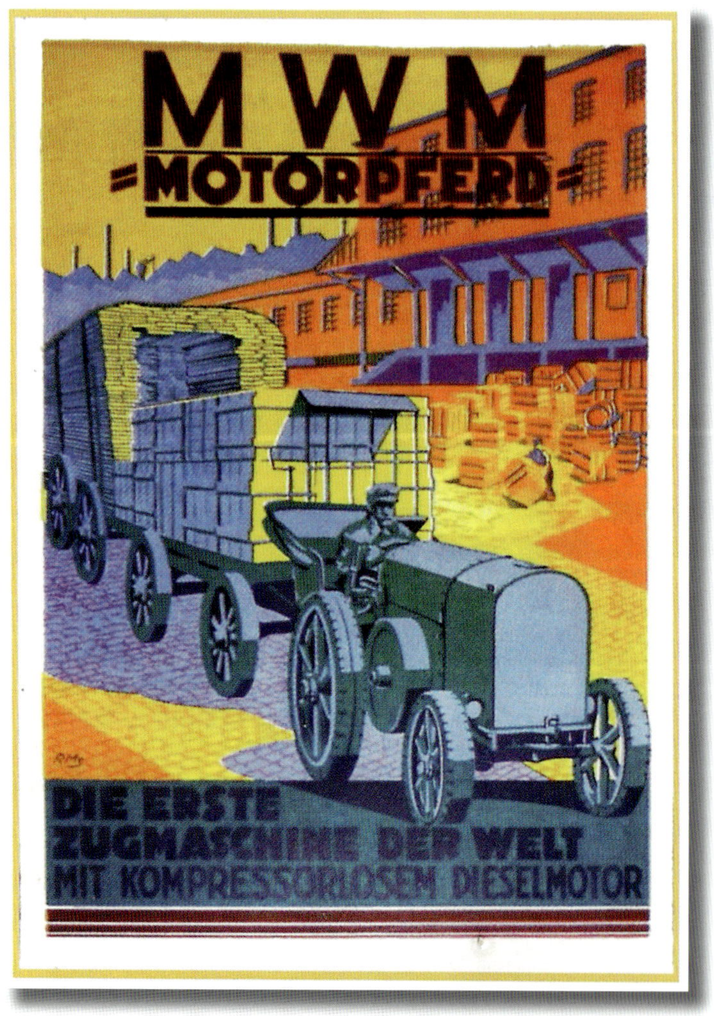

Als die Benz u. Cie. AG in der Entwicklung eines schnelllaufenden Dieselmotors für Lastwagen große Chancen sah, verkaufte die Geschäftsführung 1922 den Bereich »Stationärer Gasmotorenbau« an die Berliner Finanzgesellschaft Fonfé. Der Motorenbauer firmierte jetzt unter der Bezeichnung »Motoren-Werke Mannheim AG, vormals Benz, Stationärer Motorenbau (MWM)«, wobei der Benz-Motorenkonstrukteur Diplomingenieur Prosper L'Orange (1876–1939) die Leitung der MWM übernahm. Während der Trennungsphase gelang es L'Orange und Joseph Vollmer (1871–1955) von der Deutschen Automobil-Construktions GmbH (DAC) ein-, zwei-, drei- und vierzylindrige (später auch sechszylindrige) Vorkammer-Dieselmotoren zur Serienreife zu entwickeln. (Die 45 PS starke Vierzylinder-Version dieser Motorenbaureihe trieb 1923 dann den ersten serienmäßigen Diesel-Lastwagen vom Typ »5K3« der Benz-Werke an.)

Da der Vertragstext den Bau von leichten Motoren für Lastwagen untersagte, das Interesse neben dem Bau von Stationärmotoren aber auch auf dem lukrativen Sektor Fahrzeugmotoren lag, kam für MWM zunächst nur der Einsatz von MWM-Motoren in Schleppern infrage, zumal hier das Gewicht keine Rolle spielte.

Ab 1923 baute die MWM mit dem stehenden, quer eingebauten Zweizylinder-Kleindieselmotor das zunächst 16/18 PS starke »MWM-Motor-

15/18-PS-MWM »Motorpferd« beim Antrieb einer Dreschmaschine, 1924.

pferd«. Bei verminderter Kompression konnte der Motor von Hand angekurbelt werden, wobei ein Zündpapier verwendet werden musste. Ein Riemenscheiben-Vorgelege mit Rutschkupplung und die Zweigangschaltung mit linksseitiger Flachriemenübertragung auf den Kardanantrieb ermöglichten Geschwindigkeiten von 4 und 8, später 8 und 12 km/h. Die Richtungsänderung des 2,5 Tonnen schweren Fahrzeugs mit umfangreicher Blechverkleidung erfolgte durch eine Drehschemel-Lenkung. Eine auffallende zweistufige Haube mit Kamin überdeckte den Motor. Ein klappbares Wetterverdeck schützte Fahrer und Beifahrer.

Da die Motorenwerke Mannheim keine Kapazitäten für den Fahrzeugbau in größerem Stil besaßen, erfolgte die Montage – nach dem Bau der Prototypen in der eigenen Werkstatt – bei der Maschinenbau-Gesellschaft Karlsruhe. Zusammen mit dieser Firma und der Badischen Motor-Lokomotivwerke AG in Mosbach/Baden (ab 1924 Anton Gmeinder & Co. GmbH Lokomotiven- und Maschinenfabrik) wurde zur gegenseitigen Ergänzung im Produktionsprofil die »Motor-Lokomotiv-Verkaufsgesellschaft mbH Baden« mit Sitz in Karlsruhe gegründet.

Bis 1926 konnten 359 Exemplare des allerdings nur eingeschränkt in der Landwirtschaft einsetzbaren Schleppers gebaut werden. Damit gebührt dem »MWM-Motorpferd« der Ruhm, nach dem nur in Einzelstücken gefertigten Benz-Sendling »Motorpflug« von 1922 das erste in Serie gebaute und erfolgreich verkaufte Dieselfahrzeug der Welt zu sein. Ein Patentverletzungsstreit mit der Süddeutschen Bremsen AG (Südbremse) in München, Moosacher Str. 80, die 1923 aus einem Teil der Bayerischen Motoren Werke AG (BMW) hervorgegangen war, endete überraschenderweise in einem tatkräftigen Arrangement.

Der Hauptgesellschafter der Südbremse und der Berliner Knorr Bremsen AG, Johannes P. Vielmetter, erwarb das MWM-Aktienpaket der Fonfé-Kapitalgesellschaft, die froh war, einen Käufer gefunden zu haben, zumal deren finanzielle Erwartungen von der MWM nicht erfüllt worden waren. (Prosper L'Orange war 1925 enttäuscht aus der Firma ausgeschieden, da ihm von der Fonfé die notwendigen Investitionsmittel nicht zugestanden worden waren.) Die Südbremse brachte dabei ihren eigenen Motorenbau in den Firmenverbund ein.

Hierbei handelte es sich um Produkte der 1924 gegründeten Bau- und Verkaufsgemeinschaft der Firmen Gebr. Baumann in München, der Ansbacher Motorenfabrik Karl Bachmann sowie der Südbremse. Im Südbremse-Werk entstanden die Ein-, im Ansbacher Werk die zwei- und dreizylindrigen »Colo«-Dieselmotoren, wobei die Bezeichnung »Colo« für »kompressorlose Motoren« stand. Die Südbremse-Tochterfirma »Colo-Dieselmotoren GmbH« beschäftigte sich 1925/26 mit der Konstruktion des »Colo-Trekkers«, der einen längs eingebauten Dreizylinder-Dieselmotor mit 30/32 PS besaß.

Um das Vorkammer-Patent halbwegs zu umgehen, nutzte diese Gemeinschaft ein kompliziertes, aber anfälliges Napfkolbensystem. Mit der Übernahme der MWM ging die Fertigung dieser Kleindieselmotoren vollständig an die Südbremse, wobei allerdings die Motoren auf das zuverlässige Vorkammersystem umgestellt wurden und bis 1941 im Fertigungsprogramm blieben.

In der Ausführung »V« mit glatter Motorhaube erhielt der Schlepper 1927 einen aus dem »Colo«-Erbe stammenden Zwei- oder Dreizylindermotor. 1928 kam es zur Verlagerung des Schlepperbaus in das MWM-Werk; die Vertriebsgesellschaft »Eisernes Pferd, AG für motorisierte Fahrzeuge, Berlin« kümmerte sich um die Vermarktung; 1931 verließ nach 359 Exemplaren das letzte »Motorpferd« das Werkstor.

1931 folgte unter Mitarbeit von Joseph Vollmer ein technisch und designmäßig erheblich verbessertes Modell, der »Dieselschlepper SR 130«, der auf der Berliner IAA und der Leipziger Technischen Frühjahrsmesse vorgeführt wurde. Hier fand eine neue Südbremse-Dreizylinder-Maschine

35/40-PS-MWM-Dieselschlepper SR 130 mit Eisenbereifung, 1929.

22/24-PS-MWM-Allrad-Schlepper »Iflat«, 1949.

mit 35/40 PS Verwendung. Zu einem größeren Serienbau kam es in dem dafür vorgesehenen Gmeinder-Werk vermutlich nicht mehr.

MWM legte in den 1930er Jahren in Sachen Schlepper-Entwicklung eine Pause ein und konzentrierte sich auf den Motorenbau, inzwischen auch für Lastwagen (Faun-Modelle). Einzig, ein Prototyp eines 20-PS-Blockbauschleppers kann nachgewisen werden, der vermutlich als Studien- und Vorbildobjekt gebaut wurde, um potentielle Einsteiger in den Schlepperbau von der Eignung dieser Konstruktion zu überzeugen.

Nach dem Krieg, 1948, konstruierte Prof. Gerhard Preuschen (1908–2004) vom Institut für landwirtschaftliche Arbeitswissenschaft und Landtechnik (Iflat) in Imbshausen bei Göttingen mit der MWM den »Iflat«-Allradschlepper (auch Typ »ASA«) mit gleich großen Rädern. Das Gewicht war zu zwei Dritteln auf die Vorderachse verlagert, so dass bei angehängten Geräten eine gleichmäßige Gewichts- und Zugkraftverteilung auf die einzeln aufgehängten Räder erzielt wurde.

Ein druckluftbetriebener Kraftheber gehörte zur Ausstattung des Fahrzeugs. Die 2,5 Tonnen schwere Landmaschine erhielt Motoren mit 15/20 und 22/25 PS. Die Schlepperfirma Deuliewag übernahm dieses Konzept in Form des Modells »Rekord 25 V«.

In den folgenden Jahren beschränkte sich das Mannheimer Motorenwerk, eine der größten Produktionsstätten von luft- und wassergekühlten Antrieben, auf die Belieferung der deutschen und ausländischen (z. B. ab 1954 Renault) Traktoren-Industrie mit Motoren. Den südamerikanischen Markt belieferte die 1954 gegründete MWM Motores Diesel S.A. (Dimotor) in Sao Paulo/Brasilien. Nach einem Streit der Vielmetter-Erben ging das Traditionsunternehmen 1985 an die Deutz AG unter der Firmierung Deutz-MWM über. 2007 war die notleidende Deutz AG gezwungen, den Betrieb an den Londoner Finanzinvestor 3i abzugeben, der das Unternehmen wiederum 2011 an den Baumaschinen- und Motorenhersteller Caterpillar Inc. in Peoria/USA weitergab. Anlagen zur »dezentralen Energiegewinnung mittels Gas- und Dieselmotoren« bilden das heutige Produktionsprofil. Die Fabrikationsanlagen zum Bau der kleinen Dieselmotoren sind inzwischen nach China verlagert worden.

MWM-Schlepper

Baureihe	Bauzeit	Motor Hersteller	Typ	Zylinder	PS	Kühlung	Bohrung x Hub	Hubraum	Drehzahl	Radstand	Gewicht	Getriebe	Besonderheiten
1. MWM-Schlepper													
Motorpferd Typ I	1923 - 1926	MWM	RH 18 Z	2	15/16	W	120x180	4069	700/800	1650		2/1	stufenförmige Motorhaube
Motorpferd Typ II	1923 - 1928	MWM	RH 18 Z	2	15/16	W	120x180	4069	700/800	1650	2490	2/1	mit hohem Kamin
Motorpferd Typ III/IV	1926 - 1927	MWM	RH 18 Z	2	15/16	W	120x180	4069	700/800	1650		2/1	mit verkürztem Kamin
Motorpferd Typ V	1924 - 1931	MWM	BRz (BR 18 Z)	2	16/18	W	120x180	4069	800	1650	2575	2/1	durchgehende Haube
MWM-Traktor SR 30/130	1929 - 130	MWM	DS 16 D	3	35/40	W	110x165	4670	1200	1640	3100	4/1	
MWM-Traktor 20/22 PS	1938?	MWM	KD 15 Z	2	20/21	W	95x150	2125	1500	1600		4/1	Prototyp
2. Südbremse-Schlepper													
Colo-Trekker SR 30/130	1925/26	Südbremse	BR 18 D	3	24	W	125x180	6623	750	1640	2400	4/1	Prototyp

Motorpflug-Fabrik

Motorpflug-Fabrik GmbH,
Berlin-Tiergarten, Calvin Str. 21,
1908–1914

Hinter der Bezeichnung »Motorpflug-Fabrik« verbarg sich das Konstruktionsbüro von Ernst Emil Saalfeld und Dipl.-Ing. Paul Friedrich Stumpf, der später durch die Konstruktion der Breslauer Raupen bekannt wurde. Das Unternehmen experimentierte zunächst mit einem Tragpflug, der im Hüt-

80-PS-Motorpflug-Fabrik »Stumpf-Schlepper«, 1912.

tenwerk Malapane hergestellt wurde. Um 1912 kam ein Radschlepper mit einem gewaltigen 80-PS-Argus-Motor hinzu. Auch mit einem 80 PS starken Deutz- und einem eigenen Motor (»Stumpf-Motor«) experimentierte das Unternehmen. Der 9,3 Tonnen Radschlepper besaß »Laufschuhe« (bewegliche Platten) auf den extrem breiten Antriebsrädern, die auf dem Acker schräggestellt werden konnten, um die Adhäsionskraft zu verstärken. Eine Serienfertigung kam nicht zustande.

Motorpflug-Fabrik-Schlepper

Baureihe	Bauzeit	Motor Hersteller	Typ	Zylinder	PS	Kühlung	Bohrung x Hub	Hubraum	Drehzahl	Radstand	Gewicht	Getriebe	Besonderheiten
Stumpf-Schlepper	1909 - 1912	Argus		4	80	W	175x180	17.300	300				auch Deutz-Motor

Motorpfluggesellschaft

Motorpfluggesellschaft mbH,
Magdeburg,
1917

Dieses Unternehmen konstruierte während des Ersten Weltkriegs einen Tragpflug, der schon rasch wieder verschwand. Man darf annehmen, dass dieser Entwurf nichts anderes bot als die Entwicklungen der Konkurrenz, jedenfalls sind keine Details oder Berichte darüber veröffentlicht oder Daten darüber bekannt geworden.

Motorpflugwerke München

Motorpflugwerke München GmbH,
München-Giesing, Perlacher Str. 8,
1918–1920

Als Versuchstyp entstand ein zweischariger Kleinmotorpflug mit einem 16/18-PS-Motor. 1924 ist die Firma erloschen.

MULAG

MULAG Fahrzeugwerk Heinz Wössner KG,
Bad Peterstal-Griesbach, Stöckmatt 1
1. 1957-1962 **Huber u. Wössner OHG, Kraftfahrzeuge, Fahrzeugbau, Schlosserei und Kohlenhandlung**
2. 1962-1964 **Huber u. Wössner, Inh. Heinz Wössner Fahrzeug- u. Transportgerätefabrik**
3. 1964-1965 u. 1978-1982 **MULAG Fahrzeugwerk Heinz Wössner KG,** ab 1980 Oppenau, Gewerbestr. 8

Das 1957 gegründete Kraftfahrzeugunternehmen nahm im gleichen Jahr die Fertigung von leichten dreirädrigen Transportfahrzeugen mit 12-PS-ILO-Motoren auf. Gesteuert wurde das Gefährt mit einem Motorradlenker, die Kraftübertragung erfolgte über ein Hurth-Getriebe. Diese Dreiräder sollten die Eigner kleinparzelliger Landwirtschaft ansprechen; darüber hinaus ließen sich die Gefährte auch im Forst einsetzen.

In vierrädriger Ausführung folgten Pritschenwagen für Hofzwecke. Der Typ DM 5 mit unverdecktem Fahrerplatz sowie die mit Fahrerkabine versehenen Modelle DM 6 waren mit 15-PS-MWM-Boxermotoren versehen. 1959 nutzte MULAG den V2-Motor von Warchalowski, kehrte aber 1960 wieder zum ILO-Motor zurück. Die letzte Baureihe MD 22-4 war dann mit einem Güldner-Motor ausgestattet.

Kennzeichen der »MULAG«-Fahrzeuge (Motor-Universal-Lasten-Arbeits-Gerät) waren die unterschiedlich großen Schlepperräder. MULAG verwendete ein Rahmenfahrgestell, serienmäßig waren Mähbalken und Pritsche. 1100 Exemplare aller Baureihen verließen von 1957 bis 1961 das Schwarzwälder Unternehmen.

12-PS-MULAG-Spezialschlepper M 5, 1957. Foto: Dmytrok, © CC-BY-ND-2.0

Auch dem Klein-Raupenbau wandte sich das Unternehmen zu. Die vom

15-PS-MULAG-Spezialschlepper M 5, 1958. Foto: Mulag Fahrzeugwerke GmbH

Fahrersitz aus oder über Funksteuerung bedienbare Mähraupe vom Typ »RM 40« besaß einen Aluminium-Rahmen und einen 45-PS-Dieselmotor. Der Antrieb erfolgte hydraulisch über Axialkolben-Verstellpumpen und Konstantmotoren. Das Aluminium-Spezialraupenband wurde über fünf Rollen geführt. 1982 folgte noch die Mähraupe »RM 50« mit 50-PS-VW-Diesel.

Mit Nachlassen des Interesses an den kleinen schlepperähnlichen Mehrzweckfahrzeugen MULAG in den 1980er Jahre die Herstellung von Industriefahrzeugen wie der kräftige Transporter T 40, Mähgeräte, Grabenbagger, Sonderfahrzeuge und Zusatzausrüstungen für den Unimog zum Kerngebiet aus. Zeitweise verließen auch Flugzeugschlepper und Gepäcktransporter unter anderem für den Frankfurter Flughafen und für den nahegelegenen kanadischen Fliegerhorst das Werk. Inzwischen stehen Böschungsmähgeräte mit auf Wunsch Absaugtechnik und teleskopierbarem Auslegern an Front- und Heckseite sowie Grabenmähgeräte im Programm von MULAG.

40-PS-MULAG-Mähraupe RM 40, 1979. Foto: Mulag Fahrzeugwerke GmbH

MULAG-Spezialfahrzeuge

Baureihe	Bauzeit	Motor Hersteller	Typ	Zylinder	PS	Kühlung	Bohrung x Hub	Hubraum	Drehzahl	Radstand	Gewicht	Getriebe	Besonderheiten
1. Spezialfahrzeuge													
DM 3	1957 - 1962	ILO	DL 660	1	12	L	90x104	660	2000	1550	500	4/1	Zweitakt-Dieselmotor
DM 3	1957 - 1962	ILO	DL 660	1	12	L	90x104	660	2000	2100	620	4/1	
DM 4	1957 - 1958	ILO	DL 660	1	12	L	90x104	660	2000	1550	780	4/1	
DM 5	1958 - 1962	MWM	AKD 9 ZB	B2	15	L	75x90	792	3000	1550	850	4/1	
M 5 S	1958 - 1962	MWM	AKD 9 ZB	B2	15	L	75x90	792	3000	1550	850	8/2	
M 6	1958	MWM	AKD 9 ZB	B2	15	L	75x90	792	3000	1550	500	4/2	
D 22	1959	Warchalowski	D 22	V2	22	L	90x90	1145	3000	1595	1175	6/1	
MD 14-3	1960	ILO	DL 661	1	14	L	90x104	660	2100		685	6/1	Zweitakt-Dieselmotor, Dreirad
MD 14-4	1960	ILO	DL 661	1	14	L	90x104	660	2100	1510	1070	6/1	Zweitakt-Dieselmotor, Radstand ausziehbar auf 1785 mm
MD 22-4	1960 - 1961	Güldner	3 LKN	3	22	L	75x100	1327	2200	1655	1315	6/1	Radstand ausziehbar auf 1940 mm
2. Mähraupen													
Mähraupe RM 40	1978	VW	068.5	4	45	W	76,5x86,4	1587	4000		1600	Hydr.	
Mähraupe RM 50	1982	VW	068.5	4	50	W	76,5x86,4	1587	4000			Hydr.	

Müller

Maschinenfabrik Gottwalt Müller GmbH,
Berlin-Karlshorst, Rheinsteinstr., ehem. Flughafen,
1920

Um 1920 versuchte diese 1918 in Berlin-Weißensee gegründete und nach Berlin-Karlshorst auf den ehemaligen Siemens-Luftschiffhafen verlegte Firma erfolglos, einen 80 PS starken Schlepper, vermutlich eine Entwicklung einer Artilleriezugmaschine, auf die Räder zu stellen. Hauptarbeitsgebiet der von Gottwalt Müller (1868–1949) geführten Maschinenfabrik war die Herstellung von Gruben- und Transportlokomotiven sowie von Flurfördergeräten. 1939 trat das Unternehmen mit weiterer Fertigungsstätte in Berlin-Oberschöneweide, Rummelsburger Straße 100–112 in den Prototypenbau von 3-Tonnen-Nutzfahrzeugen und Verkehrsschleppern ein. Nach dem Krieg wurde der Oberschöneweidener Betrieb enteignet, der Karlshorster Teil von der Sowjetischen Armee beschlagnahmt.

Multimax

Multimax-Wolfhagen, vorm. Baur & Co. KG,
Wolfhagen-Philippinendorf,
1950

Die Maschinenfabrik Wolfhagen, vormals Baur & Co. KG, richtete unter dem Namen Multimax einen Motorenbau ein, der Diesel-Hochleistungsmotoren nach Entwürfen von Ing. Ludwig Elsbett für die Nutzfahrzeugindustrie herstellen sollte. Einzig ein 3-Liter-Einzylindermotor scheint verwirklicht worden zu sein, bei dem die Auspuffgase das Kühlluftgebläse antrieben. Diesen 25/36-PS-Motor kombinierte das Unternehmen mit einem ZA-Getriebe und entwickelte dafür einen Ackerschlepper; der angekündigte Serienbau kam jedoch nicht zustande.

Multimax-Schlepper

Baureihe	Bauzeit	Motor Hersteller	Typ	Zylinder	PS	Kühlung	Bohrung x Hub	Hubraum	Drehzahl	Radstand	Gewicht	Getriebe	Besonderheiten
Multimax MD 48	1950	Multimax	MD 48	1	25	L	156x160	3050	1500	1650		4/1	Prototyp

Münch

Münch, Spezial- und Vertragswerkstatt für Dieselmotoren,
Wilsdruff-Grumbach, Tharandter Str. 48,
1938–1989

Das Münch-Unternehmen geht auf einen im Jahre 1900 gegründeten Reparaturbetrieb zurück, der nach Ende des Ersten Weltkrieges auch Jauchepumpen fertigte. Nachdem der Betrieb 1928 nach einem Brand neu errichtet worden war, wurden jetzt auch Teile für Land- und insbesondere Melkmaschinen hergestellt. Ab 1938 begann Münch auch Traktoren herzustellen, wobei in einen eigenen Rahmen Motoren von Deutz, Güldner, MWM und Orenstein & Koppel mit Leistungen von 11, 22 und 28 PS eingesetzt wurden. Nach dem Krieg standen dringend benötigte Melkmaschinen auf dem Programm. Rasch nahm Münch auch wieder die Traktorenmontage auf. Ein- und Zweizylindermotoren nach Deutz-Lizenzen aus dem VEB Dieselmotoren-Werk Schönebeck kamen zum Einbau.

1957 übernahm das Werk den Weiterbau des Brandenburger »Aktivisten«. Zunächst konnten noch vollständige Baugruppen aus Brandenburg bezogen werden; dann musste der Privatbetrieb unter schwierigen Bedingungen improvisieren. Gebrauchte und aufgearbeitete Getriebe z. B. von IHC nutzte Münch. Herzstück blieb der V-Zweizylindermotor, den ab 1953 der VEB Motorenwerk Johannisthal in Berlin-Johannisthal, ab 1968 VEB Kühlautomat (ehemaliges Henschel-Flugmotorenwerk) in kleinen Stückzahlen für Feldbahn-Lokomotiven weiterhin fertigte. Gegenüber dem Ursprungs-»Aktivisten« verfügten die Münch-Modelle über einen elektrischen Anlasser und über eine neue Blechgestaltung. Die rund 150 bis 1968 gefertigten Exemplare gingen vorwiegend als innerbetriebliche Transportmittel an die Industriebetriebe Robur in Zittau und an das Karosseriewerk Dresden (vormals Gläser).

30-PS-Münch »Reko-Aktivist«, um 1980. Foto: W. Georg

Nach dem Produktionsende des »Brockenhexen«-Modells aus der Nordhäuser-Fertigung entstanden in Wilsdruff weitere 30 Exemplare dieses Typs aus Restbeständen vorhandener Baugruppen. Die Lizenz-Deutz-Dieselmotoren kamen jetzt nicht mehr aus Nordhausen, sondern aus dem VEB Dieselmotorenwerk Schönebeck, der die Zweizy-

42-PS-Münch »Reko-Pionier«, 1957. Foto: Horst Hintersdorf

lindermotoren für Notstromaggregate sowie für Reparationsleistungen in die Sowjetunion herstellte. Die Lenkung wurde bei den Schleppermodellen hydraulisch unterstützt. Vorne und hinten befanden sich Zapfwellen, hinzu kam eine Hydraulikpumpe.

Nachdem das Montageband in Nordhausen 1958 von der »Pionier«- bzw. »Harz«-Fertigung auf die »Famulus«-Baureihen umgestellt wurde, montierte Münch zu Beginn der 1980er Jahre (!) auch diesen Schlepper in 150 Exemplaren bis kurz vor der Wende! Hier lieferte ebenfalls das Berliner Unternehmen, das einst ein Flugmotoren-Werk von Henschel & Sohn war, den Motor an. Ebenso wurden generalüberholte Triebwerke aus einem Betrieb in Anklam und aus dem LEW Neuenhagen »verbaut«. Das von Münch gestaltete Fahrerhaus diente angeblich dem Schönebecker Traktorenwerk als Grundlage für die Kabine des »ZT 300«. Insbesondere an die Volksarmee lieferte Münch diesen Schlepper, inzwischen mit hydraulischer Lenkung. Aufgrund seiner Getriebeabstufung war das Fahrzeug bestens für das Rangieren von Waggons in Armee-Depots geeignet.

Neben diesen zumindest in Kleinserien gefertigten Baureihen entstanden immer wieder Fahrzeuge mit angelieferten Baugruppen. Motoren aus dem VEB Motorenwerk Cunewalde, 11-PS-Lizenz-Deutz-Motoren aus dem VEB Einspritzgerätewerk Aken, 22-PS-Lizenz-Deutz-Motoren aus Schönebeck und 12,5- und 25-PS-Junkers-Motoren aus dem VEB Energie- und Kraftmaschinenbau (EKM) wurden hier eingesetzt.

Das Unternehmen konnte sich nahezu einzigartig von den Bestrebungen der SED-Führung auf Verstaatlichung von Privatbetrieben bewahren: Neben der Schlepperfertigung und Motoreninstandsetzung reparierte das Unternehmen mit einem speziellen Metallklebe-Verfahren Panzer-Motoren und Kupplungsbeläge der Nationalen Volksarmee (NVA) und der russischen Besatzungstruppe. Gerade diese dringend benötigte Technik bewahrte Münch durch die schützende Hand der Roten Armee vor der SED-Bevormundung. Für die wenigen in der DDR importierten Unimog-Fahrzeuge war das Unternehmen der einzige Import- und Reparaturstützpunkt. Nach der Wende ist die Firma Joachim Münch, Dieselmotoren- & Fahrzeuginstandsetzung weiterhin in der Reparatur und Wartung von Dieselmotoren sowie in der Metallklebe- und Gießharztechnik tätig.

Müncheberg

Landwirtschaftskammer Müncheberg,
Müncheberg, Versuchsgut,
1919

Dieser Versuchstyp eines Schleppers wurde wohl nur auf dem Mustergut eingesetzt. Welcher Technik er sich bediente und wie lange er in der Praxis erprobt wurde, lässt sich leider heute nicht mehr nachvollziehen.

München-Sendling

Motorenfabrik München-Sendling, O. Vollnhals KG,
München-Sendling, Gmunder Str. 14/16
1. 1909-1914 **Münchener Motorenfabrik,** München-Sendling
2. 1919-1957 **Motorenfabrik München-Sendling, O. Vollnhals KG**

Kommerzienrat Otto Vollnhals gründete 1899 die Motorenfabrik München-Sendling, die 1909 den ersten, in mehreren Exemplaren (?) gebauten deutschen Schlepper nach dem unstarren System herstellte. Es handelte sich hierbei um ein fünf Tonnen schweres Fahrzeug mit einem 70/80-PS-Motor und Drehschemel-Lenkung, der einen sieben- oder neunscharigen Pflug ziehen konnte. Der »Original Sendlinger Traktor« ähnelte einer Dampfloko-

80-PS-München-Sendling »Sendlinger Traktor Typ I«, 1909.

80-PS-München-Sendling-Dreiradschlepper »Sendlinger Traktor Typ I«, 1914.

12-PS-München-Sendling-Rahmenbauschlepper AS 12, 1935.

20-PS-München-Sendling AS 22, 1938.

mobile jener Zeit; der Motor saß unter einer gewaltigen Blechattrappe, um so eine imposante Größe des Schleppers zu demonstrieren.

Die zweite Version bildete ein vier Tonnen schwerer Schlepper mit einem Zweizylindermotor, der 40/45 PS erzeugte. Das Fahrzeug konnte mit einem oder mit zwei Vorderrädern an einer Achse geliefert werden; die Vorderlastigkeit sollte dem normalerweise dreirädrigen Schlepper zu einem guten Kurvengang verhelfen. Wegen der großen Kippgefahr durch den hohen Schwerpunkt gab das Unternehmen diese Konstruktion aber rasch wieder auf.

Ein 70/80-PS-Modell überließ das Unternehmen dem Deutschen Museum in München als Ausstellungsobjekt, wo es 1944 bei einem Luftangriff zerstört wurde. Von 1910 bis 1913 folgten weitere Schlepper mit Zwei- und Vierzylinder-Motoren. Während des Ersten Weltkrieges baute das Unternehmen dann 30/35 PS und 80 PS starke Artillerie-Zugmaschinen für das königlich-bayerische Heer. Zwischen 1919 und 1930 ging die Motorenfabrik mit der Firma Benz u. Cie. eine Bau- und Vertriebsgemeinschaft ein. Das Gemeinschaftsunternehmen hieß »Benz-Sendling Motorpflug GmbH«; die Münchener Motorenfabrik lieferte dann die Bauvorlagen für den Zweizylinder-Dieselmotor des»Benz-Sendling«-Dieselschleppers.

In den Dreißigern war das Werk im Schlepperbau dann kaum mehr aktiv, 1938 versuchte das Unternehmen – allerdings vergeblich – mit den Ein- und Zweizylindertypen »D 12« und »AS 22« mit Luftspeicher-Diesel-

18-PS-München-Sendling AS 8, 1955.

motoren wieder Anschluss zu finden. Im Schell-Programm fand das Werk damit aber keine Berücksichtigung. Schwerpunkt blieb die Fertigung von Kleindieselmotoren für die Landwirtschaft und für die Industrie.

1949 wagte München-Sendling, trotz schwerer Kriegsschäden, mit dem Typ »AS 7«, der einen 15/16-PS-Einzylinder-Wirbelkammermotor sowie ein ZA- oder Hurth-Getriebe besaß, den Wiedereinstieg in das Schleppergeschäft. Dieses Unterfangen war ebenso wenig von Erfolg gekrönt wie alle Versuche zwischen 1954 und 1957, mit den Einzylindermodellen »KS 12« und »AS 18« im Schleppermarkt Fuß zu fassen. Damit endeten alle Versuche in diesem Segment, 1975 ist das Unternehmen, eine der ältesten Motorenfabriken Deutschlands, erloschen. Die Fabrikanlage wurde zugunsten einer Wohnanlage abgerissen.

München-Sendling-Schlepper

Baureihe	Bauzeit	Motor Hersteller	Typ	Zylinder	PS	Kühlung	Bohrung x Hub	Hubraum	Drehzahl	Radstand	Gewicht	Getriebe	Besonderheiten
Sendlinger Traktor Typ I	1909	Kämper?	PM 170	4	70/80	W	170x220	19.964	600		5000	2/1	auch dreirädrig, auch 7- bis 9-Scharpflug
Sendlinger Traktor Typ II (Motorpflug)	1909	Kämper?	PM 126/200	4	40/45	W	126x200	9970	600/650		4200	2/1	Dreirad-Fahrzeug, für 5-Scharpflug
MS	1910	Kämper?	PM 110	4	24	W	110x140	5319	800				
MS	1910	Kämper?		4	48	W							
MS	1910	Kämper?	PM 150	4	60	W	150x200	14.130	600				
MS	1913	Kämper?	PM 110/160		30/35	W	110x160	6079	800/1000		4800		
AS 12	1935 - 1938	MS	D 12	1	12	V	118x165	1800	1500	1500	1200	4/1	
AS 22	1938 - 1939	MS	D 20	1	20	W			1600			4/1	
AS 7	1949	MS	DS 16	1	15/16	W	105x146	1252	1500/1600	1520	1000	4/1	auch 5/1-Getriebe
KS 12	1949	MS		1	16	W	120x165	1865	1500		1000	5/1	
AS 6	1949/50	MS	DS 16	1	14/16	W	105x146	1252	1600	1450	1380	5/1	
KS 12	1952 - 1955	MS	DS 211	1	10/12	W	90x110	699	2000	1600	1050	5/1	
AS 18	1952 - 1957	MS	DS 214	1	18	W	105x146	1264	1800	1520	1185	5/1	
KS 12	1955 - 1957	MS	DS 311	1	12	W	100x110	864	2100	1600	1012	4/1	

Nahag

Nahag AG, vorm. Norddeutsche Mühlenbauanstalt, Atos-, Herkules-Motorpflug-Werk AG,
Berlin-Lichtenberg, Kriemhildstr. 5–12

1. 1920-1921 **Herkules-Motorpflug-Werke,** Berlin-Waidmannslust
2. 1921-1923 **Nahag AG, vorm. Norddeutsche Mühlenbauanstalt, Atos-, Herkules-Motorpflug-Werk AG,** Berlin-Lichtenberg, Kriemhildstr. 5–12

Vom Vereinigten Motoren- und Flugzeugbau Paul Dahl übernahmen die Herkules-Motorpflug-Werke die »Atos«-Konstruktion und setzten einen 35/40-PS-Kämper-Motor ein. Solcherart verbessert, vermarkteten die Berliner ihre Konstruktion dann sechsmal als »Herkules Typ 1«. Darüber hinaus erschien ein neu entwickelter, kleiner »Typ II« mit einem 24/30-PS-Kämper-Motor, der auf 26 vekaufte Modelle kam. Hinzu kam noch ein handgeführter Einschar-Motorpflug als »Typ III«. Über Ritzel wurde die Innenverzahnung der Treibräder in Bewegung gesetzt. Die Neumeyer AG übernahm 1923 die beiden Vierradmodelle; die Nahag geriet 1925 in Konkurs und wurde 1927 aufgelöst.

35/40-PS-Nahag »Herkules Traktor«, 1921.

Nahag-Schlepper													
Baureihe	Bauzeit	Motor Hersteller	Typ	Zylinder	PS	Kühlung	Bohrung x Hub	Hubraum	Drehzahl	Radstand	Gewicht	Getriebe	Besonderheiten
Atos	1919 - 1920	Kämper	PM 140	4	50/55	W	140x190	11.693	700				
Typ I	1920 - 1923	Kämper	PM 126/200	4	45	W	126x200	9970	800		3750	1/1	
Typ II	1920 - 1923	Kämper	PM 110/140	4	28/30	W	110x140	5320	800/1000		2750	1/1	

Neukirch

Neukirch,
1912-1915

Neukirch entwickelte Maschinenwagen mit Spillköpfen für das Zweimaschinensystem auf moorigem Terrain. Die senkrechte Anordnung des Spills ermöglichte es, dass das Seil bei großem Widerstand »abspringen« konnte, ohne das Fahrzeug zu beschädigen. Die 1,8 bis 2,4 t schweren Fahrzeuge waren mit 22-PS-Kämper- oder 30-PS-Deutz-Motoren ausgestattet. Ein gewaltiger Ein- oder Dreischarpflug konnte hin- und herbewegt werden. Der Motorwagen diente als Vorbild für die Löcknitzer Moor-Motorpflüge. Weitere Einzelheiten sind nicht bekannt geworden.

Neumeyer

Fritz Neumeyer AG,
München-Freimann, Lilienthalallee u.
Nürnberg-Schweinau, Gibitzenhofstr. 29
1. 1920-1923 **Fritz Neumeyer AG**
2. 1923-1925 **Fritz Neumeyer AG u. Co. KG,**
Nürnberg-Schweinau, Gibitzenhofstr. 29

Aus einem Teil der Bayerischen Hüttenwerke ging die Fritz Neumeyer AG hervor, die Wasserturbinen, Kleinlokomotiven und Pflüge herstellte. 1920 entstand der erste »Szakats«-Motorpflug mit einem Zweizylinder-26-PS-Kamper-Motor. Vorn befand sich das Lenkrad, hinten auf der einen Seite das Trieb-, auf der anderen ein Leitrad, so dass das Differential entfallen konnte. Der Motorpflug überzeugte nicht, so übernahm Neumeyer 1922 von der Firma Nahag Konstruktionspläne des »Herkules«-Schleppers. Die Motorleistung der großen Version stieg unter der neuen Leitung dank des Kämper-Motors in 16 Exemplaren auf 45/46 PS; die des kleineren Typs sank aber auf 25 PS, das war zu wenig. Zu den unumstrittenen Verbesserungen aber zählten ein geändertes Luftansaugsystem und verbreiterte Treibräder mit Ritzelantrieb. Eine Seilwinde gehörte zur Grundausstattung. Der große »Herkules« mit nur einem hinteren Treibrad konnte überdies auch als Gelenkpflug geliefert werden. Der Münchener Standort diente anschließend der Reichsbahn als Ausbesserungswerk.

Mehr Erfolg hatte der Kommerzienrat Fritz Neumeyer mit seiner 1917 zusammen mit der Friedrich Krupp AG gegründeten Zünder- und Apparatebau GmbH in Nürnberg (in einer ehemaligen Spielwarenfabrik), welche heimtückische Zeitzünder herstellte. Nach dem Krieg suchte Neumeyer händeringend nach Produkten, die das Werk wieder auslasten sollten. Nach verschiedenen Ansätzen, darunter den Fenag-Scheinwerfern, setzte er auf Motorräder. Das jetzt als Zündapp-Motorradfabrik bezeichnete Unternehmen bestand bis 1984.

35/40-PS-Neumeyer »Herkules«, 1922.

Neumeyer-Schlepper													
Baureihe	Bauzeit	Motor Hersteller	Typ	Zylinder	PS	Kühlung	Bohrung x Hub	Hubraum	Drehzahl	Radstand	Gewicht	Getriebe	Besonderheiten
Szakats	1920	Kämper	PM 120/180 z	2	26	W	120x180	4069	900		2800	2/1	
Szakats	1921			2	32	W	140x180		1000		1800	1/1	
Typ I (Herkules I)	1923	Kämper	PM 120/180	4	45/46	W	120x180	8138	700		3600	3/1	
Typ II (Herkules III)	1923	Kämper	90 AZ	2	25	W	90x140	1780	800		2500		

Niko

Niko GmbH, Maschinen- u. Fahrzeugbau,
Bühl-Weitenung, Im Mühlgut 1a,
1991 bis heute

Ausgangspunkt der 1975 von den Geschäftsleuten Jean-Louis und Marika Nippert gegründeten Firma Niko war zunächst der Vertrieb, später die Herstellung von Pflanzenschutzgeräten. 1985 erfolgte der Umzug von Haslach nach Bühl. 1991 ging das Unternehmen zum Bau der Kleinraupe vom Typ »HY 48« über. Für den Einsatz im Steillagen-Weinbau besaß dieses Modell einen voll-hydraulischen Antrieb mit Joystick-Schaltung; an die Hydraulik können Anbaugeräte angeschlossen werden. Angetrieben werden die Hydromotoren durch einen Vier- oder Fünfzylinder-Kubota-Diesel mit 48 oder 60 PS. 1999 folgte die überarbeitete Version »HY 48/2000«, hinzu kamen spezielle Ausführungen für den Export nach Frankreich und nach Kalifornien.

Im Jahre 2003 erweiterte Niko das Programm um die Überzeiler-Raupe HY 60. Die Kleinraupen HY 40-2008 und HRS 60 mit integrierter Seilwinde für den Einsatz in Steinlagen kamen 2008 hinzu. Die HRS 90-Steillagen-Raupe krönt seit 2009 das Programm.

Die weiteren Produkte des Niko-Werkes sind Palmscheren, allradgetriebene Spritzwagen, Überzeiler für Tannenbaumkulturen, Minibagger, handgeführte und aufsitzbare Raupen-Minitransporter sowie Werkzeuge für den Wein- und Obsterntebereich.

48-PS-Niko-Weinbergraupe HY 48 mit hydrostatischem Antrieb. 1991
Foto: Niko-Werk

48-PS-Niko-Mähraupe HY 48 mit hydrostatischem Antrieb, 1991.
Foto: Niko-Werk

90-PS-Niko-Weinbergraupe HRS 90, 2009. Foto: Niko-Werk

Niko-Kleinraupen

Baureihe	Bauzeit	Motor Hersteller	Typ	Zylinder	PS	Kühlung	Bohrung x Hub	Hubraum	Drehzahl	Radstand	Gewicht	Getriebe	Besonderheiten
Niko HY 48	1991 - 1999	Kubota	V 2203-B	4	48	W	87x92,4	2197	2500		1000	Hydr.	
Niko HY 60	1991 - 2003	Kubota	F 2803-B	5	60	W	87x92,4	2746	2500			Hydr.	
Niko HY 48/2000	1999 - 2008	Kubota	V 2203-B	4	48	W	87x92,4	2197	2500		950	Hydr.	
HY 60	2003 - 2008	Yanmar	4TNV84-B	4	46	W	84x90	1995	2600		1100	Hydr.	T
HY 40-2008	2008 - heute	Yanmar	3TNV84T-B	3	38	W	84x90	1496	2600		850	Hydr.	T, anfänglich HY 38
HRS 60		Yanmar	4TNV84T-B	4	46	W	84x90	1995	2600		1100	Hydr.	T
HRS 70	2008 - 2012	Yanmar	4TNV98-Z	4	64	W	98x110	3319	2600		1450	Hydr.	
HRS 90	2009 - heute	Yanmar	4TNV98T-Z	4	90	W	98x110	3319	2600		1800	Hydr.	T

Nodu

Nodu-Vertrieb landwirtschaftlicher Maschinen mbH,
Berlin-Schöneberg, Potsdamer Str. 118,
1921

Über diese Versuchskonstruktion eines »Klein-Motorpfluges« wurde nichts weiter bekannt, weder über seinen Schöpfer noch seine Technik. Möglicherweise handelt es sich dabei um eine jener kurzlebigen Gründungen, die Anfang der 1920er Jahre gerade in Berlin wie Pilze aus dem Boden schossen, gut ein Dutzend Firmen wurde allein in jenem Jahr im Handelsregister als Automobilhersteller registriert.

Norddeutsche Traktorenfabrik

Norddeutsche Traktorenfabrik Franz Westermann,
Hamburg-Lohbrügge, Bergedorfer Str. 12

1. 1947-1950 **Georg R. Wille OHG,**
Hamburg-Bergedorf, Mönckebergstr. 17 und Weidenbaumsweg
2. 1950-1957 **Norddeutsche Traktorenfabrik Franz Westermann,**
Hamburg-Bergedorf, Neuer Deich 1–5; ab 1955 Hamburg-Lohbrügge, Bergedorfer Str. 12

Maschinenbauingenieur Georg R. Wille war aus Pommern vertrieben worden und gründete 1946 in einer stillgelegten Hamburger Gießerei eine Spezialfabrik für kleine Landmaschinen und Mühlengürtel mit Schlauchweberei und Eisengießerei. Der Vertrieb von STEG-Waren (Staatliche Erfassungsstelle für öffentliche Güter, also der genehmigte Verkauf ausgemusterter deutscher und amerikanischer Militärausrüstungen) bildete das Hauptbetätigungsfeld des jungen Unternehmens. 1947 ging die staatliche STEG in die GER (Gesellschaft zur Erfassung von Rüstungsgütern) über, so dass Georg R. Wille für seine Produkte die Bezeichnung »Gerwi« (GER und Wille) verwendete.

12/15-PS-Nordtrak-Behelfsschlepper »Motor-Stier« auf Jeep-Basis, 1950.

16/18-PS-Nordtrak-Allradschlepper »Stier«, 1951. Foto: Udo Paulitz

36-PS-Nordtrak-Allradschlepper »Stier 360«, 1955. Foto: Udo Paulitz

Ausrangierte US-Jeeps standen auch am Anfang von Willes Schlepperproduktion. Zunächst begann er 1947/48 mit dem Bau von einachsigen Schleppern bzw. Kleinmotorpflügen der Marke »Gerwi-Stier« aus Jeep-Teilen. Versehen mit einem hinteren Stützrad und einer Sitzschale sowie einer Knicklenkung, konnten die »Stiere« auch als Behelfsschlepper dienen. Für Vortrieb sorgte ein Zweizylinder-Horex-Vergasermotor mit 12 PS.

44/48-PS-Nordtrak-Allradschlepper »Stier 480«, 1955. Foto: Udo Paulitz

1948 folgte auf dem verkürzten Fahrgestell des Jeeps ein allradgetriebener Vierradschlepper mit Riemenscheibe und Zapfwelle, der mit Motoren verschiedener Hersteller ausgerüstet werden konnte: Mit 12 PS starken, luftgekühlten ILO-, Horex- und Zündapp-Vergasermotoren (Motor des einstigen Sprengpanzers SZ 7!), mit Zanker-Zweitaktern, Bauscher-Motoren (Bauscher & Co. KG, Hamburg, Werk Miltenberg/Main) oder 11-PS-Deutz-Dieseln. Der Not entsprechend kam sogar ein 18-PS-ILO-Motor zur Verwendung, der erstmals im Jahre 1933 angeboten wurde! Der 1949 kurzfristig angebotene, 22 PS starke Behelfsschlepper mit zwei Sitzen namens »Bullo« war nach gleichem Prinzip aufgebaut. Hier sorgte ein Zweizylinder-Hatz-Zweitakt-Diesel für den Antrieb, und statt aus Jeep-Teilen verbastelte Wille hier Komponenten des Dodge-Kommandowagens.

Nachdem das Unternehmen in größere Räumlichkeiten verlegt worden war, trat als Kapitalgeber der Kaufmann Franz Westermann in die Firma ein. Nach dem Ausscheiden von Georg R. Wille führte er das Landmaschinenunternehmen in eigener Regie weiter. Der neue Inhaber stellte die Jeep-Umbauten ein, neu entwickelte Allrad-Schlepper in Halbrahmenbauweise mit gleich großen Rädern und blau-grauer Lackierung bildeten jetzt das Programm. Diese Modelle liefen unter der Bezeichnung »Stier«. Der »Stier 18« bekam einen wassergekühlten 16-PS-Einzylinder-, der »Stier 21« einen wassergekühlten 22-PS-Zweizylinder-Hatz-Dieselmotor. Der äußerst fortschrittliche »Stier 30« war mit einem 28-PS-MWM-Motor und einem Ford-Lkw-Getriebe bestückt.

1953 ergänzte Westermann das Programm mit dem »Stier 45«, der über einen 40 PS starken MWM-Motor verfügte. Die Metallwerke Creussen in der Oberpfalz übernahmen 1954 einen Teil der Montage, um die Nachfrage zu befriedigen.

1954/55 wurde die gesamte Modellreihe überarbeitet und leistungs-

48-PS-Nordtrak-Allradschlepper »Stier 480«, 1956. Foto: Udo Paulitz

stärker ausgeführt. Die jetzt als »Stier 240«, »Stier 241«, »Stier 360« und »Stier 480« bezeichneten Schlepper waren nun ausnahmslos mit luftgekühlten MWM-Aggregaten mit 20, 24, 36 und 48 PS bestückt.

Bis zu 75 Prozent der »Stiere« wurden stets im Ausland, vor allem nach Südamerika verkauft. Als die großen Schlepperfirmen in der Mitte der 1950er Jahre wieder ausreichend lieferfähig waren und nun auch die Exportnachfrage ausreichend bedienen konnten, musste Franz Westermann aufgeben, zumal die Beschaffung der Teile in kleinen Losen viel zu teuer kam. Auch der Bau von Kartoffelrodern, Seilwinden, Weinbergseinrichtungen verbesserte die finanzielle Situation nicht. Darüber hinaus hatte die Entwicklung eines Kettenfahrzeugs für die junge Bundeswehr nur Kosten verursacht.

Nach einem Konkursverfahren führte die neu gegründete Lohbrügger Maschinenfabrik als Auffanggesellschaft nur noch die Restbestellungen aus und verkaufte das Teilelager nach Südamerika: Zehn Jahre nach seiner Gründung war Georg R. Willes Unternehmen nur noch Geschichte. Etwa 1300 »Stiere« sollen montiert worden sein.

Nordtrak-Allradschlepper

Baureihe	Bauzeit	Motor Hersteller	Typ	Zylinder	PS	Kühlung	Bohrung x Hub	Hubraum	Drehzahl	Radstand	Gewicht	Getriebe	Besonderheiten
Motor-Stier	1947	ILO	E 500-KG	1	12	W	90x80	508	3000	2033	750	6/2	V, Zweitaktmotor, Jeep-Basis
Motor-Stier	1947 - 1948	Horex	T 6 (J 1 M)	1	12	L	80x117,5	590	3000	2033	750	6/2	V, Jeep-Basis
Diesel-Stier 11	1948 - 1950	Deutz	F 1 M 414	1	11	W	100x140	1099	1500	1750	1300	6/2	Jeep-Basis
Motor-Stier	1948 - 1949	Zündapp	665	2	12,5	L	80x70	703	4500	1400	1000	6/2	V, Zweitaktmotor, Jeep-Basis
Motor-Stier 18	1948	ILO		2	18		73x80	670	3000			6/2	V, Zweitaktmotor (von 1933), Jeep-Basis
Motor-Stier 12 I	1949	ILO	E 500-KG	1	12	W	90x80	508	3000	1400		6/2	V, Zweitaktmotor, Jeep-Basis
Motor-Stier 12 Z	1949	Zanker	M 1	1	12	V	100x130	1022	1500	1400	1000	6/2	Zweitaktmotor, Jeep-Basis
Motor-Stier	1949	Deutz	MAH 914	1	12	W	100x140	1099	1500	1400		6/2	Jeep-Basis
Motor-Stier	1949	Zündapp	665	2	12,5	L	80x70	703	4500	1400	1000	6/2	V, Zweitaktmotor, Jeep-Basis
Motor-Stier	1949	Bauscher	D 10	1	12 - 15,5	V	105x145	1256	1500 - 1750	1600	1000	6/2	Jeep-Basis
Motor-Stier 15	1949	Bauscher	D 118	1	15	V	110x145	1384	1500	1400	1000	6/2	
Diesel-Stier 11	1949	Deutz	F 1 M 414	1	11	W	100x140	1099	1500	1750	1400	6/2	
Diesel-Stier 21 (Bullo)	1949	Hatz	A 2	2	22	W	100x130	2041	1500		1650	6/2	Zweitaktomotor, auch 4/1-Getriebe
Stier 20	1950	Zanker	M 1	1	12/15	W	100x130	1022	1500	1400		6/2	Zweitaktmotor
Stier 25	1950	Hatz	A 2 (F 2 S)	2	25	W	100x130	2041	1500				
Stier 20	1951	Hatz	A 1 S	1	12	W	100x130	1020	1500			5/1	
Stier 16/18	1951 - 1953	Hatz	B 1 S	1	16	W	120x130	1460	1500	1500	1590	5/1	
Stier 25	1951 - 1953	Hatz	F 2 S	2	25	W	105x130	2250	1500		1990	5/1	
Stier 30	1951 - 1954	MWM	KDW 415 Z	2	28	W	100x150	2356	1500	1710	2100	5/1	ab 1953 30 PS
Stier 45	1951 - 1958	MWM	KDW 415 D	3	40	W	100x150	3534	1500	2000	2400	5/1	ab 1956 42 PS
Stier 201	1952 - 1953	MWM	KDW 615 E	1	20	W	112x150	1478	1600		1550	5/1	2 Exemplare
Stier 240	1953 - 1955	MWM	AKD 1/12 Z	2	20	L	98x120	1810	1600	1650	1640	5/1	
Stier 360	1954 - 1956	MWM	AKD 1/12 D	3	36	L	98x120	2715	2000	1910	2140	5/1	
Stier 480	1955 - 1956	MWM	KD 12 V	4	44/48	W	95x120	3400	2000	2100	2900	5/1	
Stier 480	1956 - 1957	MWM	AKD 112 V	4	48	L	98x120	3620	2000	2135	2900	5/1	
Stier 360	1957	MWM	KD 12 D	3	36	W	95x120	2550	2000				
Stier 241	1958 - 1961	MWM	AKD 112 Z	2	24	L	98x120	1810	2000	1650	1800	5/1	
Stier 241	1959 - 1963	MWM	AKD 412 Z	2	28	L	105x120	2078	2000		2140	6/1	ab 1960 30 PS
Stier 440	1961	MWM	AKD 10 V	4	40	L	80x100	2010	3000			6/1	3 Exemplare

Normag

Normag GmbH,
Nordhausen/Harz, Ullrich Str. 2
1. 1936 **Nordhäuser Maschinenbau GmbH, Schmidt, Kranz & Co.**
2. 1937-1947 **Normag GmbH**
3. 1947-1948 **Maschinenbau Nordhausen, vormals Schmidt, Kranz & Co (Landeseigener Betrieb)**

Aus einer 1841 gegründeten Maschinenfabrik für Aufzüge und Eismaschinen in Nordhausen ging 1921 die Mineralschürf- und Bergwerksgesellschaft Schmidt, Kranz & Co. AG mit Sitz in Berlin hervor. Ein Jahr später erwarb der Berliner Professor Dr. Carl Glinz das in Schwierigkeiten geratene Werk. Bergbaumaschinen, hydrotechnische Anlagen und Aufzüge entstanden in der Nordhäuser Fabrikanlage. Im Jahre 1931 fertigte sie dort im Auftrag der Firma Otto die »Otto-Rohöl-Klein-Motorpflüge«. Mit der verstärkten Motorisierung der deutschen Landwirtschaft wandte sich das Unternehmen dann auch dem Schlepperbau zu, wobei dieser Produktionszweig zunächst nicht mehr als eine gleichmäßigere Auslastung des Werkes bewirken sollte. Eigens dafür gegründet wurde 1936 die Normag GmbH, die in der Nordhäuser Fabrikanlage angesiedelt war und sich mit der Entwicklung und Fertigung eines Radschleppers beschäftigte.

Für die Konstruktion wurde der junge Dipl.-Ing. Erwin Peucker (1910–

2006) verpflichtet, der innerhalb kurzer Zeit den »NG 22« entwarf. Sein Schlepper mit dem brandneuen MWM-Kleindiesel (20/22 PS), einem Getriebe mit ZF-Teilen im Normag-Gehäuse wie auch einer gefederten Vorderachse wurde auf der Münchener Reichsnährstands-Ausstellung 1936 vorgeführt und bis zum Produktionsstart nur wenig verändert.

Als Universalschlepper mit Schneckenantrieb ging das Fahrzeug mit oder ohne Fahrerhaus an die Landwirtschaft oder an Speditionsbetriebe (hier mit elektrischem Anlasser), und da die Normag beachtliche Fertigungskapazitäten hatte, fand der Schlepper auch Aufnahme in den Schell-Plan. 1938 verlegte Peucker die Lenkung von der rechten auf die linke Seite und versah den Schlepper mit größerem Tank und einer Kühlermaske. Bis 1942 entstanden 4972 Exemplare, Teile dafür stammten auch aus dem neuen Werk in Zorge/Harz.

Mit gleichstarkem Deutz-Diesel, einem anderen ZF-Getriebe und einem mittig eingesetzten Lenkgetriebe, aber etwas einfacher ausgestattet (so etwa mit ungefederter Vorderachse), folgte 1940 der »NG 10« als reiner Ackerschlepper, der mit Eisen- oder mit Luftbereifung auf 412 Einheiten kam. Auf die Verordnung, dass ab Sommer 1942 nur noch Schlepper mit Generatormotoren hergestellt werden durften, reagierte das Normag-Werk mit dem »NG 25«, der 1941 auf der Wiener Herbstmesse schon als Prototyp vorgestellt worden war.

20/22-PS-Normag NG 22, 1936.

Normag nutzte in geschlossener Bauweise den MWM-Schwachgasmotor und den Imbert-Einheitsgenerator für Schlepper sowie das Prometheus-Kurzgetriebe mit Schalthebel hinter dem Fahrersitz. Die Vorderräder waren an zwei Doppelfederpaketen angebracht.

Landwirte konnten ihn aber nur erhalten, wenn sie die vom Reichsverkehrsministerium ausgegebenen Bezugsscheine ergattern konnten. Weitere Modelle gingen in die besetzten Gebiete und an die Wehrmacht.

1944 entstand der Prototyp des Dieselschleppers »NG 23«, der nur für den Export gebaut werden durfte, oder der den Neustart von Dieselschleppern nach Kriegsende einleiten sollte. Besonderheiten waren die Doppelfederpakete der Vorderradaufhängung und das mittig angebrachte Lenkgetriebe. Aus vorgefertigten Teilen entstanden bis 1947 insgesamt 19 Maschinen.

Neben den Schleppern nahm das Werk die Produktion von Rüstungsgütern wie Geschützteilen, Lafetten, Gefechtswagen für den Pferdezug, Öltankwagen und Prüfständen für Flugzeugmotoren auf. Das Bergbaumaschinenwerk überstand – obwohl Nordhausen schwer zerstört worden war – die Kriegsereignisse praktisch unversehrt, kein Wunder also, dass die Schleppermontage und die Produktion von Bergbaugeräten nach Kriegsende rasch wieder aufgenommen werden konnte.

Aus Restteilen entstanden bis 1948 noch weitere Holzgasschlepper, insgesamt seit 1942 2449 Stück, dazu einige »NG 23«-Modelle sowie in gerade mal 22 Exemplaren der »Rückbau«-Dieselschlepper »NG 25 D« mit dem Prometheus-Kurzgetriebe. Alles zusammen belief sich die Fertigung von 1936 bis 1948 auf insgesamt 7874 Normag-Schlepper. Zu dem Zeitpunkt befand sich das Werk unter neuer Leitung; der 1936 nachfolgende Eigentümer Dr. Hans Karl Glinz war 1945 in das Zweigwerk Zorge geflüchtet und hatte die Konstruktionsunterlagen mitgenommen.

Zu Beginn des Jahres 1946 wurde das Werk unter Sequester gestellt; und da es so aussah, als ob die Familie ihren Besitz zurückerhalten sollte, entwickelte sich eine fruchtbare, wenn auch nur kurze Zusammenarbeit im Interzonengeschäft: Bergwerksmaschinen, Schlepper und Aufzüge gingen nach Zorge; umgekehrt versorgte der neue Normag-Betrieb das Werk mit Engpassteilen wie Motoren, Kugellagern, Stahlguss, Drahtseilen, Walzwerkerzeugnissen und Bosch-Elektroartikeln.

22-PS-Normag NG 10, 1940.

Im August 1946 musste das Werk in den Verband der Sowjetischen Aktiengesellschaften (SAG) eintreten; 1947 übernahm die Treuhandverwaltung des Landes Thüringen das Normag-Werk. Im Juli 1948 ging es als volkseigener Betrieb an den VVB (= Vereinigung volkseigener Betrieb) ABUS in Halle, die ihn mit einem weiteren Nordhäuser bergbautechnischen Betrieb zum VEB ABUS (Allgemeiner Bagger- und Schwermaschinenbau) zusammenschloss und noch heute (unter neuer Firmierung) in der Hydraulikbagger-Fertigung tätig ist. Der VEB ABUS baute keine Schlepper; der noch vorhandene Normag-Maschinenpark ging an den VVB IFA Schlepperwerk Nordhausen, dem früheren Orenstein & Koppel-Werk, wo die Fertigung der »Brockenhexe« anlaufen sollte.

Das einstige Normag-Werk gehört inzwischen wieder der in Velbert ansässigen Stammfirma Schmidt, Kranz & Co., die Bergbauausrüstungen, Hochdruck- und Bohranlagen, Kabel- und Rohrverlegungsanlagen sowie schwere Flugzeugschlepper (ex-GHH-Modelle) herstellt. Erwin Peucker hingegen hatte schon vor dem Krieg das Werk wieder verlassen, da wegen des großen Erfolgs keine Weiterentwicklungen auf dem Schlepper-Sektor geplant waren. 1941 wurde er nach Peenemünde verpflichtet, wo er den Meiller-Raketenwagen so umkonstruierte, dass dieser nicht mehr so leicht umkippte. Nach dem Krieg ging Peucker dann zu Allgaier und konstruierte das Getriebe des wassergekühlten Allgaier-Schleppers A 40.

25-PS-Normag-Generatorschlepper NG 25, 1943.

22-PS-Normag NG 23, 1944.

22-PS-IFA-Schlepper (NG 25 D), 1947.

Normag-Nordhausen-Schlepper

Baureihe	Bauzeit	Motor Hersteller	Typ	Zylinder	PS	Kühlung	Bohrung x Hub	Hubraum	Drehzahl	Radstand	Gewicht	Getriebe	Besonderheiten
NG 20	1936	MWM	KD 15 Z	2	20/22	W	95x150	2125	1500	1535	1850	4/1	Prototyp
NG 22	1936 - 1942	MWM	KD 15 Z	2	20/22	W	95x150	2125	1500	1575	1685 - 1850	4/1	
NG 10	1940 - 1942	Deutz	F 2 M 414	2	22	W	100x140	2198	1500	1757	1700	4/1	bei Eisenbereifung 2/1-Getriebe, 1685 kg
NG 25	1942 - 1948	MWM	TG 15	2	25	W	130x150	3982	1550	1930	2440	4/1	Holzgasmotor, auch Radstand 1815 mm, Gewicht 2290 kg
NG 23	1944 - 1947	MWM	KD 15 Z	2	20/22	W	95x150	2125	1500	1720	1620	4/1	Prototyp
NG 25	1946 - 1948	Deutz	GF 2 M 115	2	25	W	130x150	3982	1500	1815	2290	4/1	Holzgasmotor
NG 25 D	1947 - 1948	Deutz	F 2 M 414	2	22	W	100x140	2198	1500	1750	1780	4/1	
NG 25 D	1947 - 1948	MWM	KD 15 Z	2	20/22	W	95x150	2125	1500	1750	1780	4/1	

Normag-Zorge

Normag-Zorge GmbH,
Zorge/Niederharz und Hattingen/Ruhr, Bruchstr. 78

1. 1946-1948 **Normag-Zorge GmbH,** Zorge/Niederharz
2. 1948-1955 **Normag-Zorge GmbH,** Zorge/Niederharz und Hattingen/Ruhr, Bruchstr. 78
3. 1955-1958 **Maschinenbaugesellschaft Normag GmbH**

Im Zweigwerk Zorge richtete Dr. Hans-Karl Glinz, Inhaber der Normag-Zorge GmbH, nach dem Weggang aus Nordhausen kurz nach Kriegsende eine neue Fertigungsstätte für die Schlepper ein, jetzt unter der Tochtergesellschaft Normag-Zorge. Der schon 1944 vorgestellte »NG 23« bildete den Ausgangspunkt, vermutlich entstanden aus Restbeständen jener 71 Exemplare, die 1946 zusammengesetzt wurden. Der »NG 23« mit seinem Rohrmittelstück zwischen Motor und Getriebe bot dank seines Radstandes erstmals die Möglichkeit, Zwischenachsgeräte einzubauen. Gegenüber dem Nordhäuser »Kriegsmodell« war das Rohrgussstahlstück durch ein geschweißtes Rohrgehäuse ersetzt worden. Bei den eingebauten »eigenen Getrieben« entstammte nur das Gehäuse der Normag-Produktion, die »Innereien« lieferte ZF zu.

Da der Betrieb in Zorge für eine rationelle Serienfertigung nicht ausreichte und im abgelegenen Zonenrandgebiet lag, erwarb das Unternehmen 1946/47 – nach einem Zwischenaufenthalt in einem Tanzsaal einer Spockhöveler Gaststätte – Zug um Zug die Anlagen der Ruhrthaler Nietenfabrik in Hattingen; der Hauptsitz war in Velbert/Langenberg un-

22/24-PS-Normag-Zorge NG 23, 1948.

22/24-Normag-Zorge NG 23 K, 1949. Foto: Udo Paulitz

tergebracht. Allerdings musste bis zur Währungsreform fast die gesamte Produktion exportiert werden. Da ein Jahresausstoß von 2000 Fahrzeugen geplant war, erwarb das Unternehmen eine MWM-Lizenz für den KD 215-Motor und fertigte diesen Zweizylinder, ab 1949 auch den Einzylindermotor in eigener Regie. Auch das Getriebe und die Blechteile stellte Normag-Zorge im neuen Werk her.

Schon 1948 konnte das 1000ste Nachkriegsfahrzeug fertiggestellt werden; Normag ging nun dazu über, seine Schlepper mit einer Druckluftanlage zu versehen, mit der auch der Reifenluftdruck reguliert werden konnte. Dadurch veränderten sich die Reifenauflagefläche und damit die Zugkraft.

Die Faktor-Baureihen 1951–1953

Zu Beginn der 1950er Jahre bestand das Normag-Zorge-Programm aus den drei Baureihen »Faktor 1« mit 15 PS, luft- oder wassergekühlt, »Faktor II« mit 20 PS und dem »NG 35 M« mit dem ebenfalls eigenen Dreizylinder-Diesel. Zu den bautechnischen Besonderheiten der Normag-Zorge-Schlepper gehörte die hintere, sehr niedrig gebaute Portalachse, die den Schwerpunkt senken und die Kippsicherheit vergrößern sollte.

Die Vorderachsen wurden, abgesehen von den Kleinstmodellen mit Portalachsen, über zwei querliegende Blattfederpakete abgestützt. Um

15-PS-Normag-Zorge »Faktor I«, 1951. Foto: Udo Paulitz

22-PS-Normag-Zorge »Faktor II«, 1951. Foto: Udo Paulitz

auch Kleinstbauernhöfen einen preiswerten Schlepper anbieten zu können, kam 1952 der Rahmenbauschlepper »C 10« mit Farymann-Kleindiesel ins Programm, bei dem Keilriemen die Kraftübertragung zwischen Motor und Getriebe übernahmen. Nach oben ergänzte in jenem Jahr der »NG 45« mit Henschel-Vierzylindermotor und ZF-Getriebe die Modellpalette.

Die Kornett-Baureihen 1953–1956

1953 erschien die »Kornett«-Baureihe mit von Dr. Ingenieur H. König geschaffenem Einzylinder-Zweitakt-Diesel, die zeitweise zum Verkaufsschlager des Normag-Zorge-Werkes avancierte. König hatte den großvolumigen Zweitakter mit Umkehrspülung und Schlitzsteuerung konstruiert. Der Direkteinspritzer besaß zusätzlich eine Kolbenpumpe, die über ein Plattenventil die Frischluft-Durchspülung verbesserte und den Kraftstoffverbrauch reduzierte.

12-PS-Normag-Zorge »Kornett I/F 12«, 1953.

10-PS-Normag-Zorge C 10, 1952. Foto: Udo Paulitz

28-PS-Normag-Zorge »Faktor III (NG 28)«, 1953.
Foto: High Contrast, © CC-BY-SA-30)

45-PS-Normag-Zorge NG 45, 1952. Foto: Udo Paulitz

Die Modellreihe »Kornett I« hatte Motorleistungen von 12 bis 15 PS, die »Kornett II« 16 und 18 PS. Die luxemburgische Maison Edouard Hentges in Ettelbruck bezog übrigens bei Normag-Zorge Teilesätze und montierte den Zweitakt-Schlepper als Typ »N.H. 20«, auch unter der Verkaufsbezeichnung »Lux-Trac«, dessen Triebwerk hier 20 PS leistete.

Ein geplatzter Großauftrag für Motoren nach Australien und eine nichtbezahlte Lieferung von Traktoren an die französische Armee brachte das Werk 1955 in Schwierigkeiten. Die Orenstein & Koppel AG (O & K) übernahm das Normag-Zorge-Werk, das in Maschinenbaugesellschaft Normag GmbH umbenannt wurde. O & K stellte zu dieser Zeit den eigenen Schlepperbau ein. Einzig an dem Industrieschlepper »UK 1« mit Kompressoranlage bestand ein gewisses Interesse, und O & K verlegte seine Produktion zur Normag nach Hattingen.

Obwohl sich 1956 schon erste Schwierigkeiten durch geplatzte Abnahmeverträge und die immer größer werdende Konkurrenz abzeichneten, präsentierte Normag dem Publikum auf der DLG-Schau in Hannover ein neues bzw. überarbeitetes Schlepperprogramm. Der Werbespruch lautete: »Jedem Betrieb angemessen!« Grundsätzlich neu daran war die formschön gestaltete Haube mit seitlichen, verchromten Lüftungsöffnungen. Vollkommen neu dagegen war der »N 12« mit dem luftgekühlten Zweitakter. Geplant war in dieser Baureihe auch ein Gerätetragschlepper mit dem Rohrzwischenstück.

Weitere Veränderungen betrafen die Kornett-Baureihe (von der alten Bezeichnung blieb nur noch das »K« stehen), hier erschien der »K 18« mit 18-PS-Zweitakter, während es sich beim »K 15a« um eine Variante mit luftgekühltem Viertaktdiesel handelte. Am übrigen Programm, das aus den Modellen »F 22«, »F 30«, »NG 35« und »NG 45« bestand, änderte sich – abgesehen von der Haube – wenig.

1956/57 versuchte Normag, sein ohnehin schon großes Programm um Leichtschlepper mit ILO- und Farymann-Motoren zu ergänzen, doch bereits 1958 ließ O & K die immer unrentabler werdende Normag-Zorge-Schlepperfertigung auslaufen. Der Parallelbau von Dieselkarren, Bohrlafetten und Geräten für den Kali- und Steinkohlebergbau lasteten das Werk zeitweilig noch aus.

Rund 36.000 Fahrzeuge waren seit Kriegsende zusammengebaut worden. Hinzu kam ein umfangreiches Motorenprogramm für Stromerzeuger, Pumpen und Bootsantriebe von 4 bis 35 PS. Die Porsche-Diesel-Motorenbau GmbH und ab 1962 die Renault Traktoren GmbH übernahmen die Ersatzteilversorgung sowie das Händlernetz. O & K baute im ehemaligen Normag-Zorge-Werk für Jahrzehnte Rolltreppen und Flurfördergeräte; seit der Zerschlagung des O & K-Konzerns ist der Betrieb ein Unternehmen der Carraro-Gruppe und fertigt Spezialgetriebe für Flugzeugschlepper, Schwerlastkräne und Straßenfräsen.

18-PS-Normag-Zorge K 18 c, 1954. Foto: Udo Paulitz

16-PS-Normag-Zorge »Kornett II«, 1954. Foto: Udo Paulitz

Normag-Zorge-Schlepper													
Baureihe	Bauzeit	Motor Hersteller	Typ	Zylinder	PS	Kühlung	Bohrung x Hub	Hubraum	Drehzahl	Radstand	Gewicht	Getriebe	Besonderheiten
1. Standardschlepper													
NG 23	1946 - 1947	MWM	KD 15 Z	2	20/22	W	95x150	2125	1500	1720	1620	4/1	Ex-Normag-Nordhausen-Modell
NG 23	1948	Normag	BM 24	2	24	W	100x150	2356	1500	1720	1620	4/1	Nachbau des MWM-Motors KD 215 Z
NG 15 L	1949 - 1950	Normag	BM 15	1	15/17	W	100x150	1178	1680	1590	1200	4/1	Nachbau des MWM-Motors KD 215 E
NG 23 K	1949 - 1952	Normag	BM 24	2	24	W	100x150	2356	1500	1720	1620	2x4/1	K = Normag-Zorge-Kurzgetriebe
NG 23 KL	1949	Normag	BM 24	2	24	W	100x150	2356	1500	1740	1600	5/1	ab 1951 25 PS
NG 23 L	1949	Normag	BM 24	2	24	W	100x150	2356	1500	1725	1550	4/1	
NG 23 KLc	1949	Normag	BM 24	2	24	W	100x150	2356	1500			4/1	
Faktor I (F 16)	1950 - 1956	Normag	BM 15c	1	15	W	105x150	1299	1500	1625	1235	5/1	ab 1953 16 PS
Faktor II (NG 20b)	1950 - 1953	Normag	BM 24a	2	20	W	95x150	2125	1500	1705	1385 - 1450	5/1	auch Radstand 1710 mm
NG 35 M	1950 - 1957	Normag	BM 35	2	35	W	115x150	3120	1500	1800	1900	4/1	
NG 35 M	1950 - 1957	Normag	BM 35	2	35	W	115x150	3120	1500	2000	2190	5/1	
NG 33 (NG 35)	1950	MWM	TD 15	2	33/35	W	110x150	2850	1500	1668	1750	2x4/1	
NG 16 (Faktor I)	1951 - 1952	Normag	BM 15 L	1	15	L	100x150	1180	1500	1565	1170 - 1260	5/1	mit Axialluftgebläse
Faktor II (F 22)	1951	Normag	BM 24c	2	20/22	W	105x150	2596	1500	1705	1420	5/1	auch Radstand 1710 mm, 1385 kg
NG 35 M (NG 35 B)	1951	Normag	BM 35	2	35	W	115x150	3120	1500	1765	1750	4/1	
C 10	1952 - 1954	Farymann	DL 2	1	10	V	90x120	763	1750	1400	758	5/2	
Faktor II (N 20 b)	1952	Normag	BM 24 A	2	20	W	100x150	2356	1350	1730	1300	5/1	ab 1953 Radstand 1705 mm, 1398 kg
NG 23	1952	Normag	BM 24c	2	28	W	105x150	2596	1500	1725	1600	4/1	
NG 45	1952 - 1957	Henschel	516 DF	4	45	W	90x125	3180	2000	1759	1850	5/1	
NG 45 L (NG 45 B)	1952	Henschel	516 DF	4	45	W	90x125	3180	2000	2060	1940 - 2265	5/1	
Kornett I (F 12b/K 12 a)	1953 - 1955	Normag	L 114/12A	1	12	L	110x135	1282	1500	1650	940	5/1	Zweitakt-Dieselmotor
K 13a	1953	Normag	L 114/B4	1	13	L	110x135	1282	1500				
K 15a	1953 - 1954	Normag	K 114/B1-2	1	15	L	110x135	1282	1500	1687	1050	5/1	
F 16	1953 - 1954	Normag	L 114/16a	1	15	L	110x135	1282	1500	1625	1224	5/1	
Faktor I (F 16)	1953	Normag	BM 15c	1	15	W	105x150	1299	1500	1625	1224	5/1	
Faktor III (NG 28)	1953 - 1955	Normag	BM 24c	2	28	W	105x150	2596	1500	1705	1410	4/1	auch 2x4/1-Getriebe
F 30	1953	Normag	BM 24c	2	28	W	105x150	2596	1500				
Faktor I (NG 16)	1954	Normag	BM 15a	1	15	W	100x150	1299	1500		1260	5/1	
Kornett II (K 16 b)	1954 - 1958	Normag	L 114/16a - L 114/16B	1	16	L	110x135	1282	1500	1525	1070	5/1	Zweitakt-Dieselmotor, auch Radstand 1650 mm
K 18a	1954	Normag	L 114/B3	1	18	L	110x135	1282	1500	1687	1050	5/1	Zweitakt-Dieselmotor
NG 16 c	1954	Normag	BM 15c	1	15	W	105x150	1298	1500		1010		
Kornett I (K 12 a)	1955	Normag	L 114/12 B-2	1	12	L	110x135	1282	1500	1450	940	5/1	Zweitakt-Dieselmotor
NG 35 M	1955 - 1956	Normag	BM 35	2	35	W	115x150	3120	1500	2000	2190	5/1	
K 15a	1956 - 1957	Normag	BM 15 L	1	15	W	100x150	1180	1500	1687	1000	5/1	
F 22	1956	Normag	BM 24a	2	22	W	95x150	2125	1500	1705	1420	5/1	
Faktor III	1956	Normag	BM 24c	2	30	W	105x150	2596	1550	1705	1520	4/1	
N 12/NG 12	1957	ILO	DL 660	1	10/12	L	90x104	660	2000	1450	700	6/2	Zweitakt-Dieselmotor
N 12	1957	Farymann	G	1	12	L	105x130	1125	1500			6/2	
2. Schmalspurschlepper													
Faktor I	1952	Normag	BM 15c	1	15	W	105x150	1298	1500	1570	1200	5/1	
3. Spezialschlepper													
UK 1	1956 - 1957	O & K	116 V 2 D	V4/2	40	W	120x160	3617	1300	2060	3210	5/1	Kompressorschlepper

NSU

Neckarsulmer Fahrzeugwerke AG (NSU), Neckarsulm, 1945–1948

Das von Dipl.-Ing. Heinrich Kniepkamp entworfene Kettenkrad war während des Krieges von NSU in Neckarsulm und von Stoewer in Stettin hergestellt worden. 1945 verfügte die US-Militärregierung in Nordwürttemberg den Weiterbau des Fahrzeugs in Neckarsulm für die Forstdirektion in Stuttgart.

35-PS-NSU-Kettenkrad als Behelfsschlepper, 1946.

Das Fahrzeug bestand aus einer Stahlblechwanne mit vier Traversen. Vorne war wie beim Motorrad eine Vorderradgabel mit Rad und Lenker angebracht. In den Traversen befanden sich Torsionsstäbe für die Federung des Schachtellaufwerkes. Die Vorderachse wurde von einem Opel-Motor von 35/38 PS Leistung über ein Dreiganggetriebe und ein Stufenvorgelege angetrieben. Gelenkt wurde über ein Hebelsystem der Lenkstange, das auf das Cletrac-Doppeldifferential wirkte. Das nur einen Meter breite Zwitterfahrzeug mit einer Spurweite von 816 mm konnte 65 km/h erreichen. Problematisch war jedoch die ungenügende Luftzufuhr zur Kühlanlage. Bis 1948 gingen 550 Exemplare an die Land- und an die Forstwirtschaft.

NSU-Spezialraupe													
Baureihe	Bauzeit	Motor Hersteller	Typ	Zylinder	PS	Kühlung	Bohrung x Hub	Hubraum	Drehzahl	Radstand	Gewicht	Getriebe	Besonderheiten
Kettenkrad HK 101	1945 - 1948	Opel	1,5 Ltr.	4	35	W	80x74	1488	3500		1235	3/1	V, zusätzlich Vorgelege, 38 PS bei 3700 U/min

Opel

Adam Opel KG,
Rüsselsheim, Darmstädter Str. 37,
1912, 1918 und 1924–1928

Schlossermeister Adam Opel (1837–1895) richtete 1863 in Rüsselsheim eine Werkstatt zur Fertigung von Weinverkork-Maschinen ein und ging dann zur Fahrrad- und Nähmaschinenproduktion über. Seine Witwe, eine Gastwirtstochter aus (Bad) Homburg und seine Söhne übernahmen 1899 die Fertigungseinrichtungen und Rechte des Lutzmann-Patentwagens und starteten somit die erfolgreiche Automobilproduktion. 1912 entwickelte das Werk einen großen 60 PS starken Tragpflug, dessen sechs Schare an Zahnstangen mit Motorkraft über eine zentrale Welle gehoben oder gesenkt werden konnten. Die Geschwindigkeit für Straßenfahrt und für den Ackereinsatz ließ sich durch das Einsetzen von Zahnrädern unterschiedlicher Größe erreichen. Das 8 Meter lange und mit 2 Meter hohen Treibrädern ausgestattete Fahrzeug war für große Gutsbetriebe gedacht. Die Tagesleistung des Motorpfluges soll bei 10 bis 12 ha gelegen haben. Ein Serienbau kam nicht zustande, so dass es bei dem Prototyp blieb.

Gegen Ende des Ersten Weltkrieges entstand ein Motorschlepper mit 1,6 Meter großen Antriebsrädern in Form einer Lokomobile. Ein überdachter Fahrerstand schützte den Bediener. Unter der großen Haube stand der auf 35 PS eingestellte Motor aus der Regeldreitonner-Baureihe. In seitlichen Kästen führte das Fahrzeug Metallplatten mit, die federnd an den

60-PS-Opel-Tragpflug, sechsscharig, 1912.

35-PS-Opel-Schlepper, um 1918.

Rädern befestigt werden konnten, um die Auflagefläche auf dem Acker zu erhöhen. Eine Riemenscheibe konnte auf den Winkeltrieb des Getriebes aufgesetzt werden. Vorne stützte eine Spiralfeder die Drehschemel-Lenkachse ab. Auf Wunsch konnte eine 100-Meter-Seilwinde eingebaut werden. Den Dreischar-Anhängepflug lieferte auch das Automobilwerk.

Während nach dem Kriege der Fahrzeugbau zunächst durch die französische Besatzungsmacht verboten wurde, konnte der Bereich »Opel-Landmaschinen« diesen universell nutzbaren Schlepper, teils mit Opel-Vierscharpflug und Opel-Anhänger herstellen, bis die wieder angelaufene Automobilfertigung dieses Randprodukt verdrängte. Schließlich rüstete Opel in den 1920er Jahren den Pkw-Typ 4/16 mit verkürztem Radstand als kleine Zugmaschine für Industriezwecke aus. Mit größerer Bereifung und einem Mähbalken ging das Fahrzeug auf Anregung des Landmaschinenhändlers Anton Kulmus auch in die Landwirtschaft.

Opel-Schlepper

Baureihe	Bauzeit	Motor Hersteller	Typ	Zylinder	PS	Kühlung	Bohrung x Hub	Hubraum	Drehzahl	Radstand	Gewicht	Getriebe	Besonderheiten
1. Tragpflug													
Großpflug (sechsscharig)	1912	Opel		4	60	W	140x165	10.160	1000			1/1	
2. Schlepper													
Schlepper	1918 - 1923	Opel		4	35	W	115x150	6378	1000			3/3	
Typ 4/16	1924 - 1928	Opel		4	16	Th	60x90	1018	2500	2000	1920	3/1	

Optimus

Maschinen- und Apparatebau GmbH,
Erkrath, Steinhof 65,
1936

Unter der Markenbezeichnung »Optimus« entstand in Erkrath ein Schlepper mit unbekannt gebliebenen Daten.

Orenstein und Koppel

Orenstein und Koppel (O & K) und Lübecker Maschinenbau AG, Abt. Schlepperwerk Montania,
Nordhausen/Harz

1. 1920 **Orenstein & Koppel AG,**
   Berlin-Kreuzberg, Tempelhofer Ufer 23/24
2. 1937-1941 **Orenstein und Koppel (O & K) und Lübecker Maschinenbau AG, Abt. Schlepperwerk Montania,**
   Nordhausen/Harz, Casseler Str. 30c
3. 1941-1949 **MBA, Maschinenbau- und Bahnbedarf AG, vorm. Orenstein & Koppel,**
   Berlin-Kreuzberg;
   Werk Montania,
   Nordhausen/Harz; ab 1945 Lübeck-Siems
4. 1949-1954/55 **Orenstein-Koppel (O & K) und Lübecker Maschinenbau AG,**
   Düsseldorf-Dorstfeld, Balkenstr. 14–20 u. Adalbertstr. 16–18

Benno Orenstein und Arthur Koppel gründeten 1876 in Berlin Schlachtensee ein Unternehmen für Feldbahnausrüstungen, das nach verschiedenen Änderungen der Firmenbezeichnung bis 2011 unter dem Ursprungsnamen Orenstein & Koppel bestand. Sie wurde 1897 in die Aktiengesellschaft für Feld- und Kleinbahnbedarf umgewandelt, in der die Werke Berlin-Tempelhof, Bochum, Dortmund und Berlin-Babelsberg (Lokomotivenbau) zusammengefasst wurden. 1900 kam die Baggerfabrik in Berlin-Spandau hinzu. Aus der Interessengemeinschaft mit der Arthur Koppel AG entstand 1909 die Orenstein & Koppel AG.

1911 beteiligte sich das Unternehmen an der Lübecker Maschinenfabrik-Gesellschaft (LMG) AG, die Trocken- und Schwimmbagger herstellte. Während des Zweiten Weltkrieges musste ab 1940 durch die 1935 erfolgte Zwangsumbenennung die Bezeichnung Maschinenbau- und Bahnbedarf (MBA) für den »arisierten«, d. h. enteigneten Konzern benutzt werden. Nach dem Zweiten Weltkrieg schloss sich die MBA, die ihre Produktionsstätten (Babelsberg und Nordhausen) in der damaligen SBZ durch Enteignung und Demontage verloren hatte, mit der Lübecker Maschinenbau AG zur Orenstein-Koppel und Lübecker Maschinenbau AG zusammen. Ab 1949 kam der Traditionsname Orenstein und Koppel (O & K) wieder zur Geltung.

Zu den Unternehmen aus der Fahrzeug- und Schlepperbranche, die von O & K im Laufe der Zeit erworben oder gegründet wurden, gehörten 1905 die Freibahn-Gesellschaft in Seegefeld bei Berlin, die nach Plänen

15-PS-Orenstein & Koppel SB 751, 1938.

30-PS-Orenstein & Koppel SA 751, 1938. Foto: Udo Paulitz

35-PS-MBA-Generatorschlepper 754, 1941.

18-PS-Orenstein & Koppel T 18, 1950.

von Boguslaw Wendler dampfbetriebene Freibahn-Straßenzüge herstellte; Wendler schuf später die Hanomag- Rad- und Raupenschlepper. 1930 kam die Maschinenfabrik Montania (vormals Gerlach & König) in Nordhausen zum Konzern, die 1937 für den O & K-Schlepperbau erweitert wurde, aber erst nach dem Krieg als VEB IFA Schlepperwerk Nordhausen ausschließlich Traktoren produzierte.

Weitere Aquisitionen betrafen die Dessauer und Gothaer Waggonfabriken; schließlich kam nach dem Krieg noch das nun in Zorge und Hattingen ansässige Normag-Schlepperwerk zu O & K hinzu.

36-PS-Orenstein & Koppel S 32 A, 1952.

Den Einstieg in die Landmaschinenindustrie vollzog das Unternehmen 1920 mit der Versuchskonstruktion eines Tragpfluges, 17 Jahre später beschäftigte sich die Konzernleitung ernsthaft mit dem Schlepperbau und beschloss, im Zweigwerk Montania den Bau von Dieselschleppern aufzunehmen, zumal dort bereits Dieselmotoren für Lokomotiven gebaut wurden. Zum wichtigsten Typ avancierte der Zweizylinder-Universalschlepper SA 751 mit einem 28/30-PS-Motor, der sich in den O & K-Diesel-Kleinlokomotiven bewährt hatte. Die Maschine arbeitete nach dem MWM-Colo-Diesel-Verbrennungsverfahren und ließ sich mit einer Handkurbel andrehen.

Der 15-PS-Einzylindertyp SB 751 verbreiterte das Angebot, in den Versuchstypen mit kantiger, in den Serientypen mit abgerundeter Haube. Hier war der Motor liegend eingebaut und übertrug über eine Rollenkette die Kraft auf das (eigengefertigte) Getriebe. Abgesehen vom Antrieb, waren die Schlepper in Blockbauart einander ziemlich ähnlich, hatten Riemenscheibe und Zapfwelle ebenso wie eine vordere Pendelachse.

Zwischen 1937 und 1940 entstanden von der Baureihe »SA 751« (28/30 PS) 1351 Exemplare mit den auffallenden abgekanteten Blechhauben; 1943 wurde nochmals eine Serie von 50 Stück aufgelegt. Das 1942 erlassene Bauverbot für Dieselschlepper war hier aufgehoben worden, da die Wehrmacht an weiteren Fahrzeugen interessiert war. Vom Einzylindertyp

75-PS-Orenstein & Koppel S 75 A, 1953.

55-PS-Orenstein & Koppel-Kompressorschlepper UK II, 1950.

»SB 751« baute MBA bis 1940 405 Einheiten. Während die im Deutschen Reich mit Kriegsbeginn auf Bezugsscheinen zugeteilten Schlepper den Schriftzug »MBA« trugen, nutzte das Unternehmen die Traditionsbezeichnung »O & K« weiterhin für den Export in die Schweiz.

Als die Reichsregierung den Bau von Schleppern mit »heimischen Treibstoffen« anregte, kam es in Zusammenarbeit mit dem Reichskuratorium für Technik in der Landwirtschaft (RKTL) zur Konstruktion eines Generatorschleppers mit einem Ford-BB-Motor. Zum Anlassen wurden zwei Zylinder mit Kraftstoff versorgt, während die beiden anderen Zylinder saugend das Anfachen des Generators bewirkten. Anschließend wurde das gesamte System auf den Holzgasbetrieb umgestellt. Aufgrund der großen Baulänge und des dadurch ungünstigen Lenkverhaltens verließ man das Projekt. Auch der Versuch, mit einem Dreizylinder-Motor einen Holzgas-Schlepper vom Typ SA 754 zu realisieren, endete nach 10 Versuchsmustern.

Zum technischen Erfolg führte dann die Entwicklung des Holzgasschleppers »MBA 35« (intern SA 754), der den mittelschweren »SA 751« ersetzen sollte.

Um die kompakte Bauweise der MBA-Schlepper beizubehalten, wurden der in der Baulänge kurze, aber im Volumen erhöhte V-Motor mit 35 PS und das kompakte Prometheus-Getriebe verwendet. Der Imbert-Holzvergaser war über der Vorderachse in die Blockkonstruktion integriert.

Zusätzliche Lenkbremsen ermöglichten eine gute Wendigkeit. Insgesamt konnten fünf Exemplare gefertigt werden, die zu Versuchszwecken nach Drei Linden/Kleinmachnow bei Berlin geliefert wurden. Nach dem Krieg bildete dieser Typ das Vorbild für den Brandenburger »Aktivisten«. Dann war vorerst Schluss in Sachen Schlepper; das Werk musste entsprechend der Kriegslage die Fertigung von Nebelwerfern, Panzerabwehrkanonen und vor allem von Zwölfzylinder-Maybach-Motoren aufnehmen. (Der Lokomotivenbau war an die angeschlossene Erste Böhmisch-Mährische Maschinenfabrik in Prag abgegeben worden.)

Nach dem Verlust von 80 Prozent der Fertigungsanlagen in der damaligen Sowjetzone errichtete O & K im Lübecker Werk eine neue Traktoren-Produktlinie. 1949 erschien dann der Typ »532 A« mit wiederum eigenem 32-PS-Zweizylindermotor, er wurde später als Typ »T 32 A« bezeichnet. Die Motorentechnik war während des Krieges auf das Luftspeicherverfahren umgestellt worden, das auch eine gute Startfähigkeit bei tiefen Temperaturen gewährleistete. (Die gleiche Motorenkonstruktion diente dem VEB Brandenburger Traktorenwerk zur Bestückung des »Aktivisten«.)

1953 bot O & K ein breites Spektrum mit 18-, 36-, 40- und 75-PS-Schleppern an, die aber alle mit eigenen Wirbelkammer-Dieselmotoren und ZF-Getrieben ausgestattet wurden. Der 16-PS-Schlepper »T 16 A«, der im Absatz erfogreiche T 18 A und der für die damalige Zeit ungewöhnlich starke Halbrahmen-Schlepper »S 75 A« erhielten vorne eine Portalachse; die anderen Typen waren mit doppelt gefederten Zentralachsen versehen. Aufgrund der kurzen Baulänge des Einzylinder- und des V-Zweizylindermotors wiesen die Baureihen »S 16 A« und »S 32 A« – gleiches Problem wie beim Brandenburger »Aktivist« – ein ungünstiges Fahrverhalten auf.

Exporterfolge konnte O & K hingegen mit den größeren Modellen in der Türkei und in Argentinien erzielen. Ausgehend von den Standardschleppern entwickelte O & K Zug- und Baumaschinen, die noch auf der Bauma 1962 vertreten waren.

Eine Sonderbauart waren die O & K-Universal-Industrieschlepper der Bauart »Ochel«. Der Typ »UK 1« erhielt einen 40-PS-Zweizylindermotor, der »UK II« einen 55-PS-Vierzylindermotor; hinzu kamen eine Kompressor- und eine Schweißanlage sowie ein Schmiedeaggregat,ein Drehstromerzeuger und auf Wunsch eine Seilwinde. 1951 und 1954 folgten noch die Ausführungen »UK 85« und »T 32 K«. Bei diesen Kompressorschleppern ließen sich ein oder zwei Zylinder abschalten, so dass diese als Kompressor weiterarbeiteten. Mit der Auslastung des Werkes durch andere Produktionsbereiche gab O & K 1954 die unrentable Ackerschlepperfertigung auf.

Der Kompressorschlepper »UK 1« wurde noch einige Jahre weiter im Normag-Werk Hattingen unter dem O & K-Markenzeichen montiert. 1970

36-PS-Orenstein & Koppel-Kompressorschlepper T 32 K, 1954.

übernahm O & K die Kleinraupenfertigung der Schmiedag AG, die auf die Einachser-Konstruktion von Barthels & Söhne zurückgeht.

Zu Beginn der 1990er Jahre wurde die Hoesch AG, die wiederum in der Krupp AG aufging, Eigentümer von O & K. 1998 erwarb der Landmaschinenhersteller New Holland den Baumaschinen- und Förderanlagenbauer Orenstein & Koppel. New Holland (Mutterkonzern Fiat) schloss sich 1999 mit dem Case-Konzern zur CNH Global N. V. zusammen. Die Sparte Hydraulikbagger übernahm der US-Konzern Terex, das Geschäftsfeld Achsen- und Getriebebau ging an Carraro Spa in Campodarsego/Italien. 2011 verschwand völlig unbeachtet der traditionsreiche Markenname Orenstein & Koppel auf den Baumaschinen; einzig die Rolltreppenfertigung trägt weiterhin das O & K-Logo.

Orenstein & Koppel-Schlepper

Baureihe	Bauzeit	Motor Hersteller	Typ	Zylinder	PS	Kühlung	Bohrung x Hub	Hubraum	Drehzahl	Radstand	Gewicht	Getriebe	Besonderheiten
1. Schlepper													
O & K SB	1938	O & K	MD 1	1	14	Th	105x170	1470	1400	1450	1250	3/1	Prototypen
O&K Typ SA 751	1938 - 1940	O & K	17 B 2 S	2	28/30	W	115x170	3530	1300	1880	2245	4/1	auch Radstand 1920 mm, Gewicht 2200 kg
O & K Typ SB 751	1938 - 1940	O & K	17 B 1 S	1	15	Th	115x170	1764	1300	1460	1270	3/1	auch 4/1-Getriebe
MBA 25 PS	1939	Ford	BB	4	25	W	98,4x108	3285	1600				Holzgasmotor, Prototyp
MBA 35 (SA 724)	1939 - 1942	O & K		2	35	W	130x160	4245	1500	2070	2600	5/1	Holzgasmotor, 2 Prototypen
MBA 15 PS	1941 - 1942	MBA	17 B 1 S	1	15	Th	115x170	1764	1300	1460	1310	3/1	
MBA 30 PS	1941 - 1943	MBA	17 B 2 S	2	30	W	115x170	3530	1300	1920	2340	4/1	
MBA 35 PS (SA 752)	1942	MBA		V2	35	W	126x170	4245	1500				Holzgasmotor, 5 Prototypen
O & K 532 A (T 32 A)	1949	O & K	16 V 2	V2	32	W	115x160	3324	1500	1800	1950	5/1	
S 32 A	1949 - 1950	O & K	16 V 2	V2	36	W	115x160	3324	1500	1800	1980	5/1	
S 16 A	1949 - 1950	O & K	16 V 1	1	16	W	115x160	1662	1500	1580	1300	5/1	auch Radstand 1600 mm, 1400 kg
T 18 A	1950 - 1954	O & K	16 V 1	1	18	W	115x160	1662	1500	1600	1420	5/1	
S 32 A	1951	O & K	16 V 2	V2	36	W	115x160	3324	1500	1795	1960	5/1	
T 22	1952	O & K	116 V 1 D	1	22	W	120x160	1810	1500	1600	1550	5/1	
S 40 A	1953 - 1954	O & K	16 V 2	V2	40	W	115x160	3324	1550	1915	2120	5/1	
S 50 A	1953 - 1954	O & K	116 V 2 D	V2	50	W	120x160	3619	1500	2100	2850	5/1	auch mit 55 PS
S 75 A	1953 - 1954	O & K	16 V 4	V4	75	W	115x160	6648	1500	2330	3220	6/1	
2. Kompressorschlepper													
UK I	1950	O & K	16 V 4 DK	V4	36	W	115x160	6648	1500	2060	2660 - 3210	5/1	maximal 40 PS
UK II	1950	O & K	16 V 4 DK	V4	55	W	115x160	6648	1500			5/1	
UK 85	1951	O & K				W					1350		
T 32 K	1954 - 1955	O & K	16 V 2 DK	V2	36	W	115x160	3324	1500		2680		

Otto

Maschinenfabrik Franz Otto,
Germersheim/Eichsfeld, Seulinger Str. 1
1. 1931-1933 **Maschinenfabrik Franz Otto**
2. um 1938 **Franz Otto Maschinenbau- u.**
u. 1955–1957 **Reparaturanstalt**

Der Maschinenbaumeister Franz Otto (1897–1967) gründete 1919 eine Reparaturwerkstatt, die Dreschmaschinen und Bodenbearbeitungsgeräte instandsetzte. Von dem Erfinder Otto Odenbach, ebenfalls in Germersheim zuhause, übernahm er die Patente bzw. Zeichnungen eines für die damalige Zeit revolutionären Systems. Odenbach hatte 1923 ein Patent auf einen Kleinmotorpflug erhalten, der aus einem Motorvorderteil und einem in Knicklenkertechnik angebrachten Heckteil mit Achse und Sitzschale für den Bediener bestand. Der Schlepperfahrer musste mittels zweier Handhebel am Vorderachs-Antriebsteil das Gelenkfahrzeug steuern. Ob dieses kaum zu beherrschende Gerät gebaut wurde, bleibt im Dunkeln.

1931 bot die Firma Franz Otto eine überarbeitete Konstruktion als »Ersatz für teure Tiere« an, den »Otto-Rohöl-Klein-Motor-Pflug«. Bei diesem jetzt realisierten Modell handelte es sich um einen Knicklenker mit Motor, Antrieb und Zahnsegmentlenkung im »Motorvorderkarren«. Der Triebkopf war über ein Gelenk mit dem Heckteil, das Fahrersitz, Lenksäule und Ackerschiene aufnahm, verbunden. Die Steuerung erfolgte durch das Abwälzen des Lenksäulen-Kegelrades (am Heckteil) auf dem Zahnsegment am Vorderwagen. Die 1,2 m hohen Eisenräder waren mit Spitzen besetzt. Der stehende Glühkopfmotor »Lanz'scher Bauart« mit 16 PS wirkte über eine Konus-Kupplung direkt auf die Vorderachse; durch Umsteuern der

16-PS-Otto-Klein-Motorpflug, 1931. Foto: Uwe Siemer

Maschine konnte die Fahrtrichtung geändert werden

Die Riemenscheibe konnte rechts oder links auf die Achsstummel, das Pfluggerät hinten aufgesetzt werden. Das Heben und Senken der zwei Pflugscharen sowie deren Tiefeneinstellung erfolgte durch einen Fußhebel. 1933 erschien im gleichen Konzept noch ein »schwenkbarer Motorkarren« mit 20 bis 26 PS, der auf der Berliner Reichsnährstandsschau vorgeführt wurde. Auch wenn sich das Unternehmen inzwischen als Spezialfabrik für Rohöl-Kleinmotorpflüge bezeichnete, erfolgte die Fertigung bei Schmidt, Kranz u. Co. in Nordhausen, dem späteren Normag-Werk. Nach 27 Exemplaren endete jedoch die Herstellung; 1943/1944 griff das Normag-Werk die Konstruktion erneut auf und stellte zumindest ein altes oder neu gefertigtes Knicklenker-Modell als »Volkskraftschlepper« vor, das mit minimalstem Materialaufwand zu fertigen sein sollte, aber auch nicht in Serie ging.

Darüber hinaus hat Franz Otto ab 1934 noch verschiedene Vierradschlepper in Blockbauweise mit Zweizylinder-Glühkopf- und Zwei-

20/26-PS-Otto-Rohöl-Ackerschlepper, 1933. Foto: Uwe Siemer

Otto-Glühkopfschlepper, Prototyp um 1935. Foto: Uwe Siemer

20/22-PS-Otto-Dieselschlepper-Prototyp um 1935. Foto: Uwe Siemer

10-PS-Otto-Dreirad-Geräteträger, 1955. Foto: Uwe Siemer

zylinder-Dieselmotoren entworfen, um jetzt mit einem konventionell konstruierten Schlepper Erfolg zu haben. Zunächst nutzte er einen Zweizylinder-Zweitaktmotor mit 28 PS, der mit einem Dreiganggetriebe verblockt war und sich stark an dem Fordson-Petroleumschlepper orientierte. In 25 Ausführungen entstand ein Blockbau-Schlepper mit 20/22-PS-Deutz-Diesel-Motor. Weitere Modelle erhielten MWM- und Güldner-Motoren. Ob es sich um Prototypen oder sogar um Kleinserien gehandelt hat, konnte bisher nicht festgestellt werden.

In den 1950er Jahren entwickelte Ottos Schwiegersohn, Dipl.-Ing. Hans Adolf Engelhardt, den »patentierten Otto-Geräteträger«. Hierbei handelte es sich um einen Einachsschlepper, dem über ein Zentralrohr ein Hinterrad angesetzt werden konnte, so dass er in Kleinbetrieben mit Mähwerk, Grubber, Eggen und einem Einscharpflug verwendet werden konnte. Die Zeit für einen derartigen Behelfsschlepper mit 10-PS-Hatz-Diesel war aber schon abgelaufen, so dass nur einige Fahrzeuge verkauft werden konnten. Das Unternehmen stellt heute Transportanlagen für Stein- und Stahlplatten her.

Otto-Schlepper

Baureihe	Bauzeit	Motor Hersteller	Typ	Zylinder	PS	Kühlung	Bohrung x Hub	Hubraum	Drehzahl	Radstand	Gewicht	Getriebe	Besonderheiten
1. Knicklenker-Schlepper													
Klein-Motorpflug	1929 - 1931?			1	16	W	180x180	4580	500		1476	2/2	Zweitakt-Glühkopfmotor, 18 - 22 PS bei 600 - 700 U/min
Rohöl-Ackerschlepper	1933 - 1934			1	20/26	W	200x200	6280	500/700		2000	2/2	Zweitakt-Glühkopfmotor
2. Radschlepper													
28-PS-Otto-Schlepper	1934?			2	28	W	140x150	4618		1625	1500	3/1	Zweitakt-Glühkopfmotor, Prototyp(en)
20/22-PS-Otto-Schlepper	1934/35	MWM	KD 15 Z	2	20/22	W	95x150	2125	1500			4/1	Prototypen
22-PS-Otto-Schlepper	1938 - 1940	Deutz	F 2 M 414	2	22	W	100x140	2198	1500		1650	4/1	Prototypen
28/32-PS-Otto-Schlepper	1937	Güldner	2 F	2	28-32	W	105x150	2598	1500 - 1600			4/1	Prototypen
3. Einachsschlepper													
Otto-Geräteträger	1955 - 1957	Hatz	E 85 FG	1	10	L	85x100	567	2500		600	4/1	
Otto-Geräteträger	1957	Hatz	E 89 FG	1	12	L	90x105	667	2600		550	5/1	

Pallmann

Karl Kurt Gerhard Pallmann, Landmaschinen-Reparatur,
Kleinkmehlen, Elsterwerdaer Str. 39,
1958–1964 (?)

Karl Kurt Gerhard Pallmann (1925–2010) trat nach der Entlassung aus der Kriegsgefangenschaft 1947 in den väterlichen Landmaschinen-Betrieb mit eigener Schmiede, Schweißerei und Zahnräderschleiferei ein. Um 1958 begann Pallmann, inzwischen Schmiedemeister, mit der Montage von Ein- und Zweizylinder-Schleppern, die er mit neuen und teils aufgearbeiteten Lizenz-Deutz-Motoren des VEB Dieselmotorenwerk Schönebeck sowie mit Junkers-Motoren des VEB Energie- und Kraftmaschinenbau (EKM) in Karl-Marx-Stadt (Chemnitz) bestückte. Prometheus- und gebrauchte Lkw-Getriebe sowie Lkw-Achsen wurden je nach Möglichkeit »verbaut«. Etwa 80 bis 100 Schlepper und Zugmaschinen konnte der 18 Mann starke Betrieb herstellen. Die Firma ist nach der Reprivatisierung unter der Leitung des Enkels, Mirko Fiedler, in der Schweiß- und Zahnradtechnik tätig.

25-PS-Pallmann-Schlepper, 1958. Foto: Mirko Fiedler

25-PS-Pallmann-Schlepper, 1958.
Foto: Mirko Fiedler

Pallmann-Schlepper													
Baureihe	Bauzeit	Motor Hersteller	Typ	Zylinder	PS	Kühlung	Bohrung x Hub	Hubraum	Drehzahl	Radstand	Gewicht	Getriebe	Besonderheiten
Pallmann 11 PS	um 1958	Elbe-Werk	1 NVD 14	1	11	W	100x140	1099	1500				Lizenz-Deutz-Motor F 1 M 414
Pallmann 22 PS	um 1958	Nordhausen	2 NVD 14	2	22	W	100x140	2198	1500				Lizenz-Deutz-Motor F 2 M 414
Pallmann 12,5 PS	um 1958	EKM	1 NZD 9/12	1	12,5	W	65x90/120	696	1500				(Junkers-) Gegenkolben-Motor
Pallmann 25 PS	um 1958	EKM	2 NZD 9/12	2	25	W	65x90/120	1392	1500				

Peschke

Karl Peschke KG, Baumaschinenfabrik und Eisengießerei,
Zweibrücken/Pfalz, Schillerstr. 38,
1964–1965

Auf der Baumaschinenausstellung 1964 präsentierte die Baumaschinenfabrik Peschke (Marke »Pekazett«) unter der Bezeichnung »UFF 260« einen Hangschlepper. Das dreirädrige Fahrzeug nach dem »System Seeber« besaß eine Hinterachspendelung, die sich an Hangneigungen von bis zu 43 Grad anpassen konnte. Eine trickreiche Pendelautomatik an der zweiteiligen Hinterachse hielt auch bei diesen extremen Neigungswinkeln den Schlepper senkrecht und gut steuerbar. Das Vorderrad wurde in einer Gabel geführt und erlaubte außergewöhnliche Stellungen; es ließ sich im Winkel von bis zu 76 Grad einschlagen. Den Antrieb besorgte ein Vierzylinder-Deutz-Diesel mit 58 PS. Verzögert wurde über zwei groß dimensionierte Scheibenbremsen.

58-PS-Peschke-Hangschlepper UFF 360, 1965. Foto: Hans Pairan

58-PS-Peschke-Hangschlepper UFF 260, 1964.

Den Arbeitseinsatz erleichterte eine Seilwinde, eine Schneckenfräse und eine Stammzange. Auf Wunsch konnte eine doppelseitige Schneckenfräse angebracht werden. In einer Weiterentwicklung erhielt der

Schlepper einen hydraulischen Geländehilfsantrieb für das Vorderrad.

Das Modell, ursprünglich als »Stufenschlepper« vom Institut für Schlepperbau, Prof. Dipl.-Ing. Helmut Meyer entworfen, war für den Forsteinsatz vorgesehen, insbesondere für das Herausziehen der Stämme. Die Fertigung des Spezialfahrzeugs übernahm die Firma Dexheimer in Wallertheim. 1965 fusionierte das Unternehmen mit der Firma Bungartz.

Gemeinsam betrieben sie das neue Werk in Hornbach. Dort wurde unter dem Namen »Bungartz & Peschke« die Bungartz-Kleinschlepperfertigung weitergeführt, der »Stufenschlepper« lief aus. Nach einem Konkurs im Jahre 1974 übernahm die Firma Gutbrod die Fertigung der Weinbergschlepper und der Kommutrac-Fahrzeuge.

Das einst aus einer Maschinenfabrik und einem Hammerwerk hervorgegangene Unternehmen stellte ab 1913 Turmdreh- und Portalkräne her. Nach dem Zusammenbruch der Gemeinschaftsfirma konnte die Pekazett Baumaschinen GmbH neu entstehen, da die Nachfrage nach Kran-Ersatzteilen groß war. Als die deutsche Bauwirtschaft in den 1970er Jahren stagnierte, musste erneut der Gang zum Konkursrichter angetreten werden. Im kleinen Maßstab gelang auch jetzt wieder ein Neuanfang. Seit 1986 firmiert das Kranbauunternehmen als KSD Kransystem GmbH in Zweibrücken.

Inzwischen ist die Firma Peschke wieder eigenständig und als Pekazett Baumaschinen GmbH aktiv.

Pekazett-Hangschlepper

Baureihe	Bauzeit	Motor Hersteller	Typ	Zylinder	PS	Kühlung	Bohrung x Hub	Hubraum	Drehzahl	Radstand	Gewicht	Getriebe	Besonderheiten
UFF 260	1964	Deutz	F 4 L 812 D	4	58	L	95x120	3400	2300	3120	4050	9/3	Dreirad-Hangschlepper
UFF 360	1965	Deutz	F 4 L 812 D	4	58	L	95x120	3400	2300	3200	4900	9/3	

Pfaffe

Maschinenfabrik Gebr. Pfaffe,
Hamburg-Altstadt, Ferdinandstr. 20,
1910

Nachdem die »Köszegi«-Bodenbearbeitungsmaschine im Jahre 1909 auf der ungarischen Staatsdomäne Mezöhegyes (mit Dampfantrieb) und wenig später auf dem Rittergut Mahlow bei Berlin (mit 45-PS-Benzinmotor) vorgeführt worden war, erwarb die Hamburger Maschinenfabrik Pfaffe wie auch die Kämper-Motorenfabrik in Berlin eine Nachbaulizenz. Zumindest ein Exemplar entstand in Hamburg. Größeren Erfolg hatte schließlich das Lanz-Werk, das das Fahrzeug in überarbeiteter Form als »Landbaumotor« Bauart Seck herstellte.

Pfaffe war vorwiegend im Im- und Export von Futtermitteln und Landbaumaschinen sowie als Salpeter-Depot tätig.

45-PS-Pfaffe-»Landbaumotor«, 1910.

Pfeiffer

Maschinenfabrik Paul Pfeiffer,
Danzig, Altschottland 5–6,
1920

Einen sechsscharigen Tragpflug vom Typ »Mopeda« (Motoren-Pfeiffer-Danzig) bot dieses Maschinenbau-Unternehmen mit einem eigenen Motor an, wobei es fraglich bleibt, ob dieses Projekt realisiert wurde. Der Pflugscharbalken sollte über eine zentrale Welle per Spindeln gehoben oder gesenkt werden.

Angeblich beteiligte sich auch die Firma Technische Kultur Gesellschaft für Forst- und Maschinenwesen an der Fertigung. Sicher aber bot das Danziger Unternehmen auch Motorlokomobile und Motoren an.

Pfeifer-Tragpflug »Mopeda«, 1920.

Phönix

Phönix Maschinenfabrik und Eisengießerei GmbH,
Sorau/Niederlausitz,
1912–1919

Phönix stellte zunächst einen äußerst stabilen Motorwagen mit einer großen Seiltrommel für das Kippflugsystem und eine schwere Zugmaschine in der Form einer Lokomobile her. Die Zugmaschine besaß gleich große Räder, ein Segeltuchdach, einen Ballastkasten auf der Hinterachse und eine Riemenscheibe. Eine turmartige Kühlanlage vorne oder hinter dem Fahrersitz sollte vor Verschmutzung schützen. Nach dem System »Hunger« der Firma Hunger in Schweidnitz baute das Werk als nächste Baureihe Gelenkpflüge in vier Leistungsklassen. Gegen Ende des Krieges übernahm Phönix auch den Nachbau der Ruhrthaler-Gelenkpflüge, stellte aber 1919 die Produktion ein.

Phönix Maschinenfabrik und Eisengießerei-Motorpflug für das Seilpflugsystem, 1912.

Pichler

1940

Dieser weitgehend unbekannte Hersteller montierte zehn Exemplare eines Rahmenbauschleppers mit dem Deutz-Verdampfermotor MAH 816.

Pionier

Pionier,
1919

Einen mißglückten Nachbau des Vogeler-Motorpfluges stellte dieser vierscharige Tragpflug dar, dessen Pflugrahmen über einen Hebel in der Höhe verstellt wurde.

»Pionier«-Tragpflug, 1919.

Planet

Planet Maschinenfabrik und Eisengießerei Kadach u. Braunsberg GmbH,
Schöningen bei Braunschweig und Magdeburg,
1919

Dieser »Umwende«-Motorpflug mit unbekannt gebliebenen technischen Daten, der kurz nach Kriegsende entwickelt wurde, stellte wohl eine glatte Fehlkonstruktion dar (so Otto Barsch) und ist heute wohl zu Recht vergessen.

Platten

Ernst Platten u. Söhne KG, Fahrzeugbau,
Bad Peterstal-Griesbach, Renchtalstr. 6,
1959–1998

Ausgangspunkt der Firma Platten war eine 1863 gegründete Hammerschmiede. Ernst Platten sen. (1888–1963) fertigte ab 1948 erste motorisierte Handwagen mit Sitzgelegenheit und Ladepritsche. Seine Söhne, Dipl.-Ing. Ernst Platten (1921–2004) und Rudolf Platten, erweiterten das Programm auf Landwirtschafts- und Kommunalfahrzeuge mit Ladepritsche, Zapfwellenanschluss und auf Wunsch einer Ackerbereifung. Die insbesondere im Weinbau eingesetzten drei- und vierrädrigen Modelle verfügten über Hirth- und MWM-Motoren. Die Produktion endete, als die Deutsche Bahn den Vertrag über die Nutzung des Güterschuppens kündigte, in dem die Montage stattfand. Allerdings nutzte die Bahn das Areal nicht und der Schuppen stand jahrelang leer!

15-PS-Platten-Dreiradfahrzeug »Pony III«, 1959. Foto:Heinrich Lauser

15-PS-Platten-Universalfahrzeug »Pony IV«, 1960.
Foto: Ra Boe, © CC-BY-SA-3.0

Platten-Spezialfahrzeuge													
Baureihe	Bauzeit	Motor Hersteller	Typ	Zylinder	PS	Kühlung	Bohrung x Hub	Hubraum	Drehzahl	Radstand	Gewicht	Getriebe	Besonderheiten
1. Dreiradfahrzeuge													
P 1	1949 - 1956	Hirth	44 A	1	6,5	L	68x68	250	3000			3/1	Zweitakt-Vergasermotor
P 1	ab 1956	ILO	DL 325	1	7	L	70x85	325	2500			3/1	Zweitakt-Dieselmotor
P 1	ab 1956	ILO	DL 660	1	11	L	90x104	660	2200			3/1	
Ponny II	1956 - 1960	MWM	AKD 9 E	1	7,5	L	75x90	396	3000	2000	480	4/1	
Ponny III	1957 - 1959	MWM	AKD 9 Z	B2	15	L	75x90	792	3000	2000	745	6/2	
Ponny II	ab 1959	F&S	D 600 L	1	12	L	80x100	604	2200			4/1	
Ponny III	ab 1960	MWM	AKD 9 Z	B2	15	L	75x90	792	3000	2000	900	6/2	
P 3 S	1980 - 1998	VW	068.5	4	36	W	76,5x86,4	1587	2000				
2. Vierradfahrzeuge													
Ponny IV	1959 - 1960	MWM	AKD 9 Z	B2	15	L	75x90	792	3000	1450	950	6/2	auch Deutz-Motor
Ponny IV	1960 - 1966	MWM	AKD 10 Z	2	15	L	80x100	1004	2500	1520	1050	6/2	
P IV	1965 - 1967	MWM	AKD 10 Z	2	16	L	80x100	1004	2600	1520		6/2	
P IV	ab 1966	Deutz	F 2 L 410	2	23	L	90x100	1272	3000	1520		6/2	
P IV	1966 - 1980	MWM	D 308-2	2	29	L	95x105	1488	2600	1520		2x4/1	auch 25 PS
P IV	1968 - 1969	MWM	D 301-2	2	20	L	80x100	1004	3000	1520		2x4/1	
P IV	ab 1974	MWM	D 308-2	2	30	L	95x105	1488	3000	1520		2x4/1	
P IV	ab 1974	MWM	D 327-3	3	40	L	100x120	2826	2800	1520		2x4/1	
P 4 Autotrac	1980 - 1988	VW	068.5	4	36	W	76,5x86,4	1587	4000	1520		2x4/1	
P 4 S Autotrac	1980 - 1988	VW	068.5	4	36	W	76,5x86,4	1587	4000	1520	1400	2x4/1	
P 4 Autotrac	1980 - 1988	MWM	D 302-3	3	35	L	95x105	2231	3000	1520	1400	2x4/1	auch 45 PS
P 4 H	1988 - 1998	VW	068.5	4	36	W	76,5x86,4	1587	4000	1800		2x4/1	auch VW-Vergasermotor
P 4 Hy	1988 - 1998	VW	028 B	4	40	W	75x72	1272	4000	1800	1900	Hydr.	Allradantrieb und Allradlenkung

Podeus

Motorpflugfabrik Paul H. Podeus,
Wismar, Lindenstr. 24
1. 1910-1922 **Motorpflugfabrik Paul H. Podeus**
2. 1922-1926 **Maschinenfabrik Podeus AG**

Im Jahre 1853 gründete Konsul Friedrich Crull eine Kohlenhandlung und ein Holzunternehmen, zu denen bald eine Eisengießerei und eine Maschinenfabrik hinzukamen. 1879 erwarb der spätere Geheime Kommerzienrat, Kapitän und Reeder Paul H. Podeus (1832–1905), das Unternehmen, das nun den Namen F. Crull & Co. Inh. H. & P. Podeus OHG trug. Die Söhne Heinrich jr. und insbesondere Paul-Heinrich Podeus (1869–1926) erweiterten das Firmenkonglomerat im Jahre 1910 um eine Automobilbau- und eine Landmaschinenabteilung, letztere mit der Marke »Obotrit« für Düngerstreuer. 1893 kam noch eine »Eisenbahnversuchsanstalt« hinzu, aus der wenig später die Wismarer Waggonfabrik (ab 1911 Waggonbau AG) hervorging.

1917 verschmolz die erneut umbenannte Waggonfabrik Wismar AG mit der Deutschen Waggonleihanstalt AG, die inzwischen die Aktienmehrheit erworben hatte, zur Eisenbahn-Verkehrsmittel-AG (EVA). Zeitweilig stellte das Podeus-Imperium das größte Wirtschaftsunternehmen in Mecklenburg dar.

Podeus-Schlepper, um 1910.

Einen ersten Schlepper mit einer 500-Meter-Spillwinde für das Kippflugsystem brachte Podeus im Jahre 1912 heraus; Patente der Berliner Firma Stock Motorpflug AG unterstützten diese in vier Exemplare gebaute Konstruktion. Gerade am Spill erwies sich die ganze Erfahrung des Unternehmens in dem seit langem gepflegtem Bau von Schiffshilfsmaschinen, darunter Anker- und Schiffswinden: Man konnte sagen, was man wollte, in Sachen Seilführung war die Podeus-Konstruktion der Konkurrenz haushoch überlegen.

Dem Schlepper mit seinen gewaltigen Hinterrädern folgte der »Podeus-Motorpflug«, der während des Ersten Weltkrieges von Joseph Vollmer (Deutsche Automobil-Construktions GmbH) als schwere Artillerie-Zugmaschine mit 65- und 80-PS-Kämper-Motoren entwickelt worden war. Der Fahrer saß seitlich vor dem linken Hinterrad. Ballastkästen an den Seiten und im Heck sowie ein großer Tank über der Hinterachse sollten das Eigengewicht und damit die Traktion erhöhen. In der Landwirtschaft bewährte sich der zu schnelle und mit 6,5 Tonnen auch zu schwere Motorpflug mit dem hier sehr umständlichen Seilpflugsystem aber nicht: Er wühlte sich in den Boden ein.

Mehr Aufmerksamkeit erregte die Firma durch die Konstruktion von Kettenschleppern des Typs MP 18, einem »Motorpflug nach dem Tanksystem«, der zum ersten Male die geschützte Bezeichnung »Raupenschlepper« trug. Bei diesem Entwurf von Joseph Vollmer – vermutlich noch in der Kriegszeit – trieb ein hubraumstarker Kämper-Motor mit 35 bis 40 PS über ein Dreiganggetriebe die Hinterräder an. Zwei bewegliche Rollenwagen mit jeweils vier Rollen unten sowie einer Rolle oben, durch kräftige Schraubenfedern auseinander gedrückt, führten die Kette zwischen Antriebs- und Leitrad. Eine doppelte Konuskupplung am Differential diente zur Lenkung.

In der verbesserten Serienausführung nach dem Krieg war das Laufwerk dann verkleidet, was Verschmutzungen vorbeugte. Ein eigener 40–45-PS-Lkw-Motor kam in den »Motorpflug nach dem Tanksystem«

Podeus-»Motorpflug«, 1913.

45-PS-Podeus-»Raupenschlepper«, 1919.

– so eine weitere Bezeichnung – zum Einbau. Das Dach des 6,5 Tonnen schweren Schleppers war abnehmbar; 34 Modelle konnten verkauft werde, von denen inzwischen ein in Finnland aufgefundenes Modell nach Wismar zurückgeführt werden konnte.

Nach Aufbrauch des Motorenvorrats kamen 1921 wieder Kämper-Aggregate zum Einbau. Da nach dem Krieg die Subventionierung von Lastkraftwagen entfallen war und in der schweren Klasse der Fahrzeuge, dem Produktionsschwerpunkt von Podeus, durch gebrauchte Militärlaster ein Überangebot herrschte, musste der Fahrzeugbau eingestellt werden. Podeus suchte händeringend nach Produkten zur Auslastung der Produktionsanlagen. 1922 kamen daher der Vertrieb und die Fertigung von Ersatzteilen für die inzwischen auch im Deutschen Reich importierten Fordson-Traktoren hinzu.

Kurz vor der Fertigungseinstellung bot Podeus dann noch eine Anbauraupe für Radschlepper an. Hierbei handelte es sich um einen Raupenwagen mit Lenkrad. Der Käufer musste, um das Fahrzeug zu komplettieren, den Radschlepper-Rumpf samt Motor in den Raupenwagen einbauen. Der Motor hing dann zwar über, doch sorgte das für eine gute Schwerpunktlage. Die Kettenführung erfolgte über ein Rad oben und sieben Bodenrollen. Mit dem Motor-Getriebeblock des Fordson-Schleppers führte Podeus die Mustermodelle »F« vor. Der hohe Preis, die geringe Stückzahl und die extrem anfälligen Motoren standen dem Erfolg der »Podeus-Raupenschlepper« im Wege.

Die schwierige wirtschaftliche Lage jener Jahre konnte die seit 1921 vom mächtigen Richard Kahn-Konzern kontrollierte Firma nicht überstehen, zumal ab 1922 angeblich schon ein Teil der Fertigung an die Stock Motorpflug AG in Berlin abgegeben worden war. Unter anderem gehörten die Heidelberger Druckmaschinen AG, die Deutschen Niles-Werke, die Riebe-Werk AG, die Kalker Maschinenfabrik und die Erfordia Maschinenbau AG zum Kahn-Konzern.

Die Familie Podeus schied als Gesellschafter aus dem Unternehmen aus; einzig Paul-Heinrich Podeus durfte den Vorsitz im Aufsichtsrat einnehmen. Nach dessen Tod und dem Zusammenbruch des Kahn-Konglomerats 1926 erfolgte eine dringend nötige Reorganisation des Unternehmens. Nach der Trennung von der Stock Motorpflug AG und einem Zwangsvergleich mit der Stadt Wismar entstand die Podeus AG, die weiterhin Eisen- und Stahlerzeugnisse sowie Düngerstreuer produzierte. Richard Kahn musste wenig später nach Aufdeckung seiner Finanzmanipulationen aus dem Aufsichtsrat ausscheiden. 1933 verkaufte die Stadt Wismar nach dem Konkurs der Podeus AG die umfangreichen Werksanlagen an die neugebildeten Norddeutschen Dornier-Werke (NDW) GmbH der Dornier Flugzeugfabrik in Friedrichshafen.

Während im NDW-Bereich die Produktion von Flugzeugteilen und später kompletten Maschinen aufgebaut werden konnte, stellte die im Ersten Weltkrieg abgespaltene Waggonfabrik mit Aufschwung der Wirtschaft durch die NS-Machthaber große Mengen von Waggons, Triebwagen, Anhängern und Omnibusaufbauten her. Hervorzuheben sind darunter die auf Henschel-Fahrgestellen aufgebauten Holzgasomnibusse mit integriertem Generator nach Patenten von Dr. Deiters. Nach Teilzerstörung, Demontage und provisorischem Wiederaufbau entstand 1945 aus beiden Firmenbereichen der VVB Fahrzeugbau und -reparatur, der vierachsige Plattformwagen zum Abtransport des Beutegutes der Roten Armee herstellte. Darüber hinaus entstanden Pflüge und Eggen für die Landwirtschaft. 1948 erfolgte die Löschung des Betriebes im Handelsregister.

Danach bildete das einstige Podeus-Werk mit umfangreichen Neubauten bis in die 1980er Jahre hinein einen Betriebsteil der Matthias-Thesen-Werft und des VEB-Dieselmotorenbaus in Wismar. Nach dem Ende der DDR-Diktatur betätigten sich verschiedene »Investoren« an der Schiffswerft und gaben jedesmal auf, als die staatlichen Subventionsmittel aufgebraucht waren. Zurzeit ist (bzw. war) ein russischer Investor Eigentümer der Werft, die vorwiegend Yachten herstellt.

Podeus-Schlepper

Baureihe	Bauzeit	Motor Hersteller	Typ	Zylinder	PS	Kühlung	Bohrung x Hub	Hubraum	Drehzahl	Radstand	Gewicht	Getriebe	Besonderheiten
1. Radschlepper													
Podeus Motorpflug	1913	Podeus		4	35	W	110x145	5509	900				Lizenz-Kämper-Motor
Motorpflug	1913	Podeus		4	65/75	W	128x175	9003	800/850		5600		
Motorpflug	1914 - 1918	Podeus		4	65	W	130x155	8225	850		6500	2/1	Lizenz-Kämper-Motor
Motorpflug	1914 - 1918	Kämper	PM 155	4	75/80	W	155x200	15.095	700/800			2/1	Ex-Artillerieschlepper
2. Raupen													
MP 18	1918	Podeus		4	35/40	W	130x155	8225	750- 800		4500	2/1	Lizenz-Kämper-Motor
»Raupenschlepper«	1919	Podeus		4	45	W	110x145	5509	1000		6000	3/1	
»Raupenschlepper«	1921 - 1926	Kämper	PM 120	4	40/45	W	120x180	8138	800 - 900		6300 - 6400	3/1	

Pöhl-Werke AG Gößnitz

1. 1911-1918	**Gustav Pöhl Maschinen- und Motor-pflug-Fabrik GmbH,** Gößnitz S.A., Schützenstraße (heute Walter-Rabold-Str.)
2. 1918-1928	**Pöhl-Werke AG, Zweigniederlassung der Maschinen- und Kranbau AG**
3. 1928-1931	**Pöhl Apparate GmbH,** Berlin W 35, Flottwellstr. 3
4. 1931-1932 und 1937/38	**Maschinen- und Kranbau AG,** Düsseldorf, **Abt. Pöhlwerke, Gößnitz**

Die Pöhl-Werke zählten in den 1920er Jahren zu den bekanntesten Schlepperfirmen im Deutschen Reich. 1910 wurde die Firma von dem finanziell wohl ausgestatteten Bielefelder Ingenieur Gustav Pöhl (1879–1966) in Glauchau zur Produktion von Ackerwagen gegründet. Ein Jahr später folgte die Umwandlung des Produktionsprofils zur »Fabrikation von Maschinen und Motorpfügen« und das Jahr 1913 brachte die Verlegung der Firma nach Gößnitz in das Herzogtum Sachsen-Altenburg. Der Ingenieur und Betriebsleiter des Unternehmens, Alwin Ebert (1881–1969), einst Studienkollege in Berlin, hatte Pöhl diesen Standort vorgeschlagen, der mit einem Eisenbahnanschluss und der (späteren) Reichsstraße 93 verkehrsgünstig lag.

Hinzu kam der Umstand, dass die 1908 im Berliner Stadtteil Kreuzberg gegründete Motorenfabrik Paul Baer GmbH 1911 die Fabrikation nach Gößnitz in die dortige Talstraße verlagerte und leistungsstarke Vergasermotoren nach Lizenzen der Kämper Motorenfabrik in Marienfelde bei Berlin herstellte. (Der technische Leiter der Firma trennte sich 1914 von den Gesellschaftern und richtete 1917 die Motorenfabrikation unter altem Namen in der Boyenstraße 17/Berlin-Mitte erneut ein. Kleine Motoren, darunter Zweitakter und schließlich das 14 PS starke »Baer«-Automobil entstanden dort bis zur Auflösung des Unternehmens im Jahre 1926. Der Firmenname der Gößnitzer Motorenfabrik musste bei der Trennung 1917 geändert werden, so dass die nationalbewusste Bezeichnung »Deutsche Motorenwerke GmbH Gößnitz S.-A.« entstand.)

1910/1911 präsentierte das Pöhl-Werk seinen ersten Tragpflug, um dessen Hinterradaufhängung in einem hebbaren Dreiecksrahmen die Pflugschare angebracht waren. Ausklappbare Furchenabtaster sollten dem Fahrer ein exaktes Einhalten der Pflugspur gewährleisten. Ein Vierzylinder-Lizenz-Kämper-Motor mit 40 PS trieb über ein »Gewirr von Rädern und Ketten« die Vorderachse an. Die Betriebssicherheit dieses Typs war daher gering und Pöhl entwickelte am Standort Gößnitz nun ein dreistufiges Programm an Radschleppern unter der Bezeichnung »Universal-Landwirtschafts-Motorpflug«.

Der große Pöhl-Schlepper besaß ein lenkbares Vorderrad (eigentlich zwei eng aneinander liegende Räder) mit zwei seitlichen, schmalen Stützrädern. Ein Vierzylinder-60-, später 80-PS-Kämper-Lizenz-Motor des

60/80-PS-Pöhl »Universal-Landwirtschafts-Motorpflug«, 1913.

40-PS-Pöhl-Tragpflug, dreischarig, 1920.

Herstellers Paul Baer trieb die Hinterachse an. Am Heck war ein langer Ausleger angebracht, der den Pflugrahmen heben und senken konnte. Über ein Zahnsegment konnte dieser Ausleger den Motor anlassen, wenn er schnell heruntergeklappt wurde. Anstelle des Kranes konnte auch eine Ladepritsche an den 3,25 t schweren Schlepper anmontiert werden; eine Handkurbel diente dann dem Anlassen des Motors. Die Hinterachse war für den Ausgleich beim Furchengang geteilt, so dass über ein Ritzelsystem eine Hälfte angehoben werden konnte. Ausklappbare Stollen auf den Treibrädern (»Pöhl-Rad«) erhöhten die Zugkraft des Fahrzeugs.

Der mittlere Schlepper des Baujahres 1915 erhielt mit Verstärkung des Rahmens einen 40-PS-Motor der Maschinen- und Armaturenfabrik vorm. Breuer & Cie. in Höchst am Main oder auch 40- und 50-PS-Benz-Motor. Über der gefederten Hinterachse war eine 1,5 qm große Ladefläche angebracht. Ein Dreischarpflug konnte angehängt werden.

Die Vorderachse war zunächst in einfacher Drehschemel-, später in solider Achsschenkellenkung ausgeführt worden. Da die rechten Räder bei Pflugarbeiten in der Furche liefen, ergab sich als großer Nachteil die Schieflage des Fahrzeugs. Trotzdem wurde dieser Lastenschleppertyp nach dem Krieg für einige Jahre ein erfolgreiches Modell im Programm der Pöhl-Werke. Zum Antrieb von Dreschmaschinen besaßen alle Ausführungen Riemenscheiben.

Der kleine Pöhl-Schlepper hingegen besaß in ähnlicher Konzeption einen nur 25 PS starken Breuer-Motor. Auch mit dem 50-PS-Benz-Antrieb konnte er ausgestattet werden.

40-PS-Pöhl »Lastenschlepper I«, 1918.

25/30-PS-Pöhl-Schlepper, 1921.

28-PS-Pöhl-Dieselschlepper »Ackerzugmaschine II«, 1929.

Darüber hinaus rüstete die Firma den großen Schlepper während des Krieges mit vorderer Achsschenkellenkung, mit dem 80-PS-Kämper-Motor und einer Seilwinde als Artilleriezugmaschine für das kaiserliche Heer aus. 83 Stück wurden für diesen Zweck gefertigt. Der schon im November zum Heeresdienst eingezogene Betriebsleiter Alwin Ebert diente in einer schweren motorisierten Batterie, die die Pöhl-Zugmaschinen zum Bewegen der 42-cm-Kanonen, galant als »Dicke Berta« bezeichnet, nutzte. Nach zwei Jahren Militärdienst wurde er im zivilen Range als »Preußischer Maschinenmeister« entlassen und arbeitete im Pöhl-Unternehmen bis zum wirtschaftlichen Niedergang als Betriebsleiter, Prokurist und als Oberingenieur.

Die Kriegsproduktion scheint sich dem zeitweise 1000 Personen starken Unternehmen nicht ausgezahlt zu haben, denn die Düsseldorfer Maschinen- und Kranbau AG (MUKAG) engagierte sich an der angeschlagenen Firma, die jedoch weiterhin von Gustav Pöhl geführt wurde.

Nach Kriegsende konnten nur noch acht neue und einige wenige von der Heeresverwaltung nicht mehr abgenommene Zugmaschinen an große Landgüter für das Kipp-Pflugsystem verkauft werden, so dass dieser Fertigungszweig endete. Auch die Montage der während des Krieges entwickelten »Dampf-Straßenzug-Lokomotive« lief aus. Die Verarmung großer Teile der Landwirtschaft und die Inflation führten weiterhin zu einer ungünstigen Geschäftslage; regten das Unternehmen aber auch zu großer Innovationstätigkeit an.

Im Jahre 1922 erhielt der inzwischen verbesserte Lastenschlepper mit der Bezeichnung »Ackerbaumaschine« einen 35/40-PS-Deumo-Motor nach Kämper-Lizenz. Das 2 Tonnen schwere Gerät konnte als Transportfahrzeug mit einer 1,5-qm-Pritsche, als dreischariger Motorpflug und als spezielle Trägermaschine für die Kartoffelpflanzung und -ernte verwendet werden. Der nach dem Prinzip des Gelenkpflugsystems angehängte Pflugrahmen ließ sich mittels Spindeln in der Höhe verstellen. Die Geschwindigkeitsstufen betrugen 3,5 und 5,5 km/h; durch den Einbau anderer Getrieberitzel war es möglich, die Geschwindigkeit zu steigern. Später erhielt die »Ackerbaumaschine« einen Rollenkettenantrieb und eine Vollgummibereifung. Ein Bosch-Anlasser gehörte schon frühzeitig zur Ausstattung des Fahrzeugs. Schließlich konnte ab 1929 ein 28 PS starker Dieselmotor der Motorenfabrik Hermann Dorner in Hannover anstelle des Benzol-Motors eingebaut werden.

Aufgrund der wirtschaftlich desolaten Lage durch die extrem große Inflation musste Gustav Pöhl 1922 sein Unternehmen verlassen; die Leitung des Berliner Verkaufsbüros wurde ihm zur Abfindung zugestanden.

Nachdem die amerikanischen Fordson-Schlepper schon kurz nach dem Ersten Weltkrieg auch einen großen Erfolg in Deutschland errungen hatten, stellte die thüringische Firma 1920 die Produktion ihrer schweren und komplizierten dreirädrigen Gelenkpflüge mit der Bezeichnung »Ackerbaumaschine« heraus. Bei verschiedenen Schleppervorführungen und -prüfungen in den 1920er Jahren konnte dieses Modell gegen starke ausländische, insbesondere amerikanische Konkurrenz erfolgreich in der technischen Leistung bestehen; einen großen Absatz verhinderte aber der zu hohe Preis. Der amerikanische Fordson-Traktor kostete z. B. im Jahre 1929 4.365.- RM; für den Pöhl-Schlepper mussten dagegen zwischen 6.500.- und 7.300.- RM aufgebracht werden.

Der 1,75 Tonnen schwere Traktor besaß in der ersten Ausführung einen 25/30-PS-Benzolmotor. Die mit Ritzeln, zeitweise mit Ketten und schließlich mit einer Kardanwelle angetriebenen Hinterräder konnten für den Furchengang leicht geschwenkt werden, um den Höhenausgleich herzustellen. Die einzelnen Baugruppen ruhten auf einem stabilen Fahrzeugrahmen, der gegenüber der vorderen Pendelachse gefedert war. Die Hinterräder hatten zunächst Eisenbereifung, die mit einer Vollgummidecke überzogen werden konnten. Ab 1925 wurde eine Luftbereifung mit jeweils zwei schmalen Reifen für die Hinterachse angeboten.

Nachdem Versuche der Deumo, die 1922 vom Pöhl-Unternehmen erworben worden war, einen kompressorlosen Dieselmotor zu entwickeln, nicht zum Erfolg geführt hatten, baute der Schlepperhersteller von 1927 an Vierzylinder-Dorner-Dieselmotoren mit 28, später 34 PS in die Fahrzeuge ein. Mit Deumo-Benzolmotoren konnten jedoch die Pöhl-Acker- und Straßenschlepper bis zur Produktionseinstellung weiterhin ausgestattet werden. Rund 1000 derartige Radschlepper in Halbrahmentechnik sollen montiert worden sein.

Ein 1928 entwickelter Raupenschleppertyp (»Pöhl-Kleinkraftschlepper«) ging nicht mehr in den Serienbau. Hierbei handelte es sich um einen

22-PS-Pöhl-Raupenschlepper R 3, 1930.

32/34-PS-Pöhl-Radschlepper A 6, 1931.

28- oder 31-PS-Pöhl-Schlepper-Prototyp auf MIAG-Basis, 1938.

25-PS-Pöhl-Generatorschlepper »Bauernschlepper« der Reichsstelle für Raumordnung, 1938

kompakten Kleinschlepper, der ähnlich dem Kombinationsfahrzeug der Schwäbischen Hüttenwerke als Radfahrzeug oder mit über den Spezialrädern gelegten Ketten als Raupenfahrzeug fahren konnte. Der Fahrer saß auf einer überhängenden Sitzschale und steuerte mit einem Lenkrad bzw. mit einem Motorradlenker über Lenkkupplungen mit Bremsbändern die Kleinraupe. Auch hier wurden die Vorderräder bzw. die Leiträder über eine Querblattfeder abgestützt.

Die Auswirkungen der Weltwirtschaftskrise erzwangen 1930 die Einstellung der einst so berühmten Pöhl-Schlepper-Produktion, zumal die MUKAG ihr Interesse an der »Ältesten Spezialschlepperfabrik Deutschlands« (so der letzte Pöhl-Prospekt) verloren hatte, die inzwischen auch mit dem Klappgreifer-Patent-Pöhl-Rad die Konkurrenz belieferte. Am 10. Juni 1930 wurden in der Gößnitzer »Deutschen Trinkstube« durch das Amtsgericht große Teile des Maschinenparks versteigert. Die MUKAG führte jedoch den Restbetrieb sowie die Deumo als Zweigbetrieb weiter. Im Pöhl-Werk, das vor Beginn der Weltwirtschaftskrise 1200 Personen in Lohn und Brot hatte, verblieb nur noch eine Restbelegschaft von 40 bis 50 Personen, was die Dramatik dieser Zeit aufzeigt. Diese Mannschaft setzte noch vereinzelt Schlepper aus Restbeständen zusammen, kümmerte sich um die Ersatzteilversorgung und um die Reparaturen.

Die MUKAG, die in Düsseldorf Bagger- und Krananlagen produzierte, war 1928 von dem Bankier Leo Gottwald übernommen worden und firmierte ab 1936 als Leo Gottwald KG. Auch der Motorenhersteller Deumo wurde ein Tochterunternehmen des Düsseldorfer Bankiers. Die Leo Gottwald KG richtete 1937 im einstigen Pöhl-Werk einen Zweigbetrieb für die Maschinenfertigung ein. Dieses Unternehmen stellte im Jahre 1938 für die nationalsozialistische Reichsstelle für Raumordnung (RfR) unter der Bezeichnung »Projekt 1« einen »Bauern-Trecker« mit Holzgas-Generator her. Der MIAG-Rahmenbauschlepper »L 20« diente als Ausgangspunkt, der einen umgebauten Ford-BB-Motor und eine frontseitige Generatoranlage erhielt. Die Vierzylindermaschine erhielt einen geänderten Zylinderkopf und leistete bei 1600 Umdrehungen 25 PS. Das Anlassen erleichterte eine Vergaseranlage. Der »Einheitstraktor« war mit Lenkbremsen, Mähbalken, Riemenscheibe, Zapfwelle und Klappgeifer-Rädern ausgestattet und wurde unter dem Motto »Die schwere Artillerie der Erzeugungsschlacht mit heimischen Treibstoffen (Holz, Torf usw.)« von der Reichsstelle für Raumordnung auf der Berliner Internationalen Automobil- und Motorradausstellung (IAMA) von 1938 vorgeführt. Landmaschinen-Ingenieur Gustav Pöhl nutzte Patente von Dr.-Ing. Josef Deiters (1893–1940). Über fünf Prototypen gelang dieses Vorhaben jedoch nicht hinaus; Motorenteile und Granaten hatten in der Fertigung des Pöhl-Werkes Vorrang. Die Weiterentwicklung übernahm die Auto Union, die in den Schlepperbau einsteigen wollte.

Der 1945 enteignete Gottwald-Betrieb in Gößnitz wurde 1952 mit dem benachbarten VEB Gößnitzer Pumpen- und Pumpanlagenfabrik zusammengeschlossen. Heute firmiert dieses Unternehmen unter der Bezeichnung Apollo Gößnitz GmbH. Nur noch eine stehengebliebene Halle erinnert an das einstige Pöhl-Werk. Die Leo Gottwald KG, die nach dem Krieg mit Mobilkranaufbauten und Mobilkränen bekannt wurde, ging 1988 an die Mannesmann DEMAG AG über.

Pöhl-Schlepper

Baureihe	Bauzeit	Motor Hersteller	Typ	Zylinder	PS	Kühlung	Bohrung x Hub	Hubraum	Drehzahl	Radstand	Gewicht	Getriebe	Besonderheiten
1. Tragpflüge													
Tragpflug	1910 - 1911	Kämper		4	25	W	110x140	5319	800		3200		drei- bis vierscharig
Tragpflug	1910 - 1911	Kämper		4	40	W	125x160	7850	850		3500	3/1	vier- bis sechsscharig
Universal-Landwirtschaftsmotor	1912 - 1913	Kämper		4	30	W	110x160	6079	800		2500 - 2950		dreischarig
Mittlerer Tragpflug	1912	Kämper		4	40	W	125x160	7850	850		3250	4/1	vierscharig
Mittlerer Tragpflug	1912	Kämper	PM 150	4	45/53	W	150x200	14.130	600		3500	2/1	dreischarig
Tragpflug	1913			4	40	W	110x150	5700	900		5050		
Tragpflug (Pöhl klein)	1913	Baer		4	60	W	150x200	14.130	700		4750 - 5050		auch 80-PS-Motor
Tragpflug (Pöhl klein)	1913?	Baer		4	55/65	W	145x160	10.563	800 - 900		5000		
Großer Tragpflug (Pöhl groß)	1913 - 1918	Deumo		4	80	W	160x185	14.870	800			3/1	sechsscharig, Kämper-Lizenz-Motor
Großer Tragpflug (Pöhl groß)	1913	Deumo		4	65/75	W	155x220	16.600	650 - 750		6100		sechsscharig
Mittlerer Typ	1913 - 1918	Breuer		4	25	W	110x150	4700	1000		2750		
»Deumo«-Tragpflug	1918 - 1919	Deumo		4	18	W	80x130	2612	1200				
Gelenktyp	1920	Deumo		4	30	W	90x140	3560	800		1950	2/1	Kämper-Lizenz-Motor
»D«-Motorpflug	1920 - 1924	Deumo	Typ 6	4	40	W	114x160	6529	750		3500 - 3800		dreischarig, auch mit 45-PS-Motor
Gelenktyp	1920 - 1922	Deumo		4	40/45	W	120x190	8590	700 - 800		4200	2/1	Kämper-Lizenz-Motor, vierscharig
Tragpflug	1925	Deumo		4	45	W	120x190	8590	800		4200	2/1	

Pöhl-Schlepper													
Baureihe	Bauzeit	Motor Hersteller	Typ	Zylinder	PS	Kühlung	Bohrung x Hub	Hubraum	Drehzahl	Radstand	Gewicht	Getriebe	Besonderheiten
2. Radschlepper													
Lastenschlepper I	1916 - 1918	Breuer		4	40	W	140x170	10462	800		3200		auch Benz 40- und 50-PS-Motor
Motorpflug (Lastwagentyp)	1918	Breuer		4	60	W	140x170	10462	900		3750		
Gelenktyp	1920	Deumo	90	4	30	W	90x140	3560	800		1950	2/1	
Ackerbaumaschine »Kleiner Pöhl«	1920 - 1922	Deumo	90	4	25/30	W	90x140	3560	750 - 800		1750	2/1	auch Kämper-Motor
Gelenktyp	1920			4	40/45	W	120x190	8590	700 - 800		4200	2/1	vierscharig, auch 45 PS
Gelenktyp	1921	Deumo		4	40	W	114x160	6529	750		3800	2/1	
Ackerbaumaschine »Großer Pöhl«	1922	Deumo		4	35/40	W	126x200	9970	700	1940	2045	3/1	Kämper-Lizenz-Motor, auch 45/53 PS, auch Dorner-Diesel-Motor, 35/40 PS
Ackerbaumaschine	1924	Deumo		4	30	W	110x160	6079	800		1950	3/1	Deumo-Lizenz-Motor
Ackerbaumaschine (»Benzolschlepper«)	1925	Deumo	DVI	4	32/34	W	110x160	6080	800	2100	1850/2045	3/1	35,2 PS bei 910 Upm
Ackerzugmaschine II	1929	Dorner	VDM	4	28	W	95x160	4534	800		3160		Diesel-Motor
Ackerbaumaschine III	1929	Dorner	VDM	4	28	W	95x160	4534	800		1800		
A 3	1930	Deumo		4	22	W	84x130	2880	1200			3/1	
L 3	1930	Deumo		4	22	W	84x130	2880	1200			3/1	
A 5	1930	Deumo		4	25/28	W	95x160	4534	900		1675	3/1	
A 5	1930	Dorner	VDM	4	25/28	W	95x160	4534	900		1860	3/1	Diesel-Motor
A 6	1930	Dorner	VDMA	4	32/34	W	100x170	5338	1000		2045/2250	3/1	Diesel-Motor
A 5	1931	Deumo	P 5	4	28	W	100x160	5024	900		2050	3/1	
A 5	1931	Oberursel	FMV 115	4	30	W	100x150	4710	1000		2050	3/1	Diesel-Motor
A 6	1931	Deumo	D 6	4	34	W	110x160	6079	950		2240	3/1	
Ackerbaumaschine P IV	1931	Dorner		4	34	W	100x170	5338	1000				Diesel-Motor
Ackerbaumaschine P VI	1931	Deumo	D 6	4	35/40	W	110x160	6079	900	2100	3480	3/1	
Zugmotor Type V	1931	Kämper	90	4	25	W	90x140	3560	800	1830	3200	3/1	
Bauernschlepper	1937/38	Ford	BB	4	25	W	98,4x108	3285	1600	1960		4/1	Gasmotor, Prototypen
3. Raupen													
R 3	1930	Deumo	P.D. III	4	22	W	84x130	2880	1500		1920	3/1	Rad-Raupe
A 3 R	1930	Dorner	VDM	4	30	W	95x160	4534	1000		1520	3/1	Diesel-Motor, 5 Prototypen
Radraupe »Zugmotor«	1931	Dorner	VDM	4	28	W	95x160	4534	900		1920	3/1	Diesel-Motor

Porsche GmbH

Dr. Ing. h. c. F. Porsche GmbH, Konstruktion und Beratung für Motoren- u. Fahrzeugbau,
Stuttgart-Zuffenhausen, Spitalwaldstr.

1. 1938-1944 **Dr. Ing. h. c. F. Porsche GmbH, Konstruktion u. Beratung für Motoren- u. Fahrzeugbau,** Stuttgart-Zuffenhausen, Spitalwaldstr. 2
2. 1944-1950 **Porsche Konstruktions GmbH,** Gmünd/Kärnten

Parallel zur Konstruktion des VW-Käfers arbeitete die Stuttgarter Porsche GmbH an einem leichten, preiswerten und äußerst einfach zu bedienenden »Volksschlepper«, der zeitweise auch unter den Bezeichnungen »Volkspflug« oder »Volkstraktor« lief.

Die ersten Modelle »110« und »111« der Baujahre 1937 bis 1939 erhielten luftgekühlte V2-Vergasermotoren auf einem sich vorne verjüngenden Profilkastenrahmen, wobei zwischenzeitlich auch mit einem Zentralrohrrahmen experimentiert wurde. Bei dem noch recht unausgereift wirkenden Modell befand sich der Motor im Heck, vorne war lediglich eine Hilfsachse vorgesehen.

12-PS-Porsche GmbH-Prototyp 110 S 7, 1939. Foto: Porsche-Bildarchiv

Eine ölhydraulische Kupplung sorgte für ein weiches und ruckfreies Anfahren. Der Fahrer saß entweder wie in einem Go-Cart in Fahrzeugmitte vor einem senkrecht stehenden Lenkrad oder er steuerte den Schlepper vom Heck aus. Ausklappbare Metallgreifer, wie sie bei den Allgaier-Porsche-Schleppern der 1950er Jahre noch verwendet wurden, und einfache, schmale Stahlscheibenräder vom VW-Käfer auf der Vorderachse verliehen dem »Volksschlepper« sein eigenartiges Aussehen. Projektiert war überdies eine Geräteträger-Variante des Typs »110« mit 12-PS-Ver-

15-PS-Porsche GmbH-Generatorschlepper 113, um 1940.
Foto: Porsche-Bildarchiv

15-PS-Porsche GmbH-Hackfruchtschlepper, 1942.
Foto: Porsche-Bildarchiv

gasermotor und vorderer Ladepritsche und der Möglichkeit, einen zweischarigen Pflug und einen Mähbalken anzubringen.

Für den Großserienbau von 300.000 dieser Traktoren pro Jahr hatte die Reichsregierung 1940 ein »Volkstraktorwerk« (VTW) in Waldbröl im Bergischen Land geplant. Der »Führer der Deutschen Arbeitsfront« (DAF) Dr. Robert Ley, der aus dieser Gegend stammte, wollte sich hier ein Denkmal setzen. Außer einem für Dr. Ley errichteten Gutshaus auf »Gut Rottland«, wohin auch zwei Prototypen abgeliefert werden mussten, wurde aus bekanntem Grunde nichts daraus.

Während des Krieges entstanden entgegen einem Entwicklungsverbot für »nicht-kriegsentscheidende« Fahrzeuge weitere Prototypen der Baureihen »112« und »113«, die mit luftgekühlten Dieselmotoren und einem vorgebauten oder unter der Haube integrierten Holzvergaser ausgestattet werden konnten. Eine schließlich genehmigte Erstserie sollte in den OM-Werken in Brescia/Italien montiert werden. Die Teile waren schon vorhanden, sie wurden aber 1944 im Krieg zerstört. Lediglich einige Holzvergaser-Schlepper überstanden auf dem Porsche-Landgut in Zell am See den Krieg und standen für eine weitere Erprobung bereit.

Kurz nach Kriegsende befasste sich das nach Gmünd/Kärnten umgesiedelte Unternehmen mit dem Entwurf eines leichten Schleppers. Der Schleppertyp mit der Bezeichnung »313« besaß einen luftgekühlten Zweizylinderdiesel mit 17 PS Leistung bei einer für die damalige Zeit ungewöhnlich hohen Drehzahl von 2000 U/min. Motor, Getriebe und Hinterachse waren als Block zusammengefasst. Die Vorderachse saß an einem langen Träger, auf dem der Kraftstofftank ruhte, das Hauptgewicht lastete auf der Hinterachse. Vordere und hintere Portalachsen verliehen dem Schlepper eine besonders große Bodenfreiheit.

Nach entsprechender Feinarbeit (die vor allem Styling und Vorderachsaufhängung betraf) vergab die wieder nach Stuttgart zurückgekehrte Firma die Fertigungslizenz an die Firma Allgaier in Uhingen, die ihn als Typ »AP 17« in Serie baute. In ähnlicher Konzeption entwickelte Porsche dann die ein-, zwei-, drei- und vierzylindrigen Allgaier-Porsche-Schlepper, die unter der Firma Allgaier beschrieben sind.

12.PS-Porsche GmbH-Schlepper S 7 mit Ladekasten, 1939.
Foto: Porsche-Bildarchiv

Porsche GmbH-Schlepper-Prototypen

Baureihe	Bauzeit	Motor Hersteller	Typ	Zylinder	PS	Kühlung	Bohrung x Hub	Hubraum	Drehzahl	Radstand	Gewicht	Getriebe	Besonderheiten
1. Radschlepper													
Typ 110 »Volkstraktor«	1937 - 1941	Porsche		V2	12	L	80x85	854	2000	1400	675	3/1	V, Radialluftkühlung
Typ 111	1939 - 1940	Porsche		V2	12	L	80x85	854	2000	1400	1265	3/1	V, auch Dieselmotor, Version Typ 111 H mit Holzgasmotor
Typ 112	1940 - 1943	Porsche		V2	15	L	100x108	1696	2000	1400	1000	3/1	Generator-Antrieb
Typ 113 »Volksschlepper«	1943 - 1944	Porsche		V2	15	L	100x108	1696	2000	1400	1075	4/1	dito, mit Verkleidung
Typ 309	1945	Porsche		2	24,7	L	82,6x100	1071	2400				Zweitakt-Dieselmotor, 22 PS bei 2000 U/min
Typ 312	1946	Porsche		2	25	L					1324		V
Typ 313	1946	Porsche		2	17	L	90x108	1374	2000		950		Basis-Modell für Allgaier
Typ 328	1946	Porsche		V2	28/30	L	100x108	1696	3000			4/1	
Typ 425	1948	Porsche		2	28	L	105x129	2165	2000				Modell, geplant für Brasilien
2. Raupe													
Typ 323	1946	Porsche		1	8	L	100x108	847	2000	1400		5/1	Schmalspurtyp, auch 11 PS bei 2200 U/min, 895 ccm (100x114 mm)

Porsche-Diesel

Porsche-Diesel-Motorenbau GmbH,
Friedrichshafen-Manzell,
1956–1964

Der Porsche-Diesel-Motorenbau (PDM) war eine Gründung der Mannesmann AG, die dank ihrer Beregnungsanlagen aus nahtlos hergestellten Röhren in der Landwirtschaft einen guten Ruf besaß. Der PDM übernahm das Schlepperprogramm des Allgaier-Werkes und führte die Leichtbauschlepper-Baureihe mit den luftgekühlten Motoren fort. Auf dem ehemaligen Gelände des Dornier-Flugzeugwerkes, das ebenfalls von Allgaier erworben worden war, erstellte die PDM moderne Werksanlagen, so dass ab 1956 dort die Porsche-Diesel-Schlepper in Großserie rationell gebaut werden konnten.

Gegenüber den noch unter Allgaier-Regie produzierten Schleppern hatte sich lediglich die Frontpartie mit dem Lufteinlass geändert und der Schriftzug »Porsche-Diesel« zierte die rot lackierten Fahrzeuge. Zug um Zug erhielten die Ein- bis Vierzylindertraktoren ab 1957 die Bezeichnungen »Junior«, »Standard«, »Super« und »Master«. Für den Einsatz in Kulturen kam der »Junior S« in Schmalspurausführung hinzu, dem später der Zweizylindertyp »Standard V« folgte. In der Version »T« entstand der »Standard« auch als Tragschlepper. Aus eigener Fertigung konnten auch Triebachsanhänger geliefert werden, die das Allgaier-Werk entwickelt hatte.

In den Jahren 1960 und 1961 überarbeitete PDM seine Motorenpalette und erhöhte deren Leistung auf 15 bis 50 PS. Bislang mit eigenen Getrieben versehen, ging PDM zur Bestückung mit Getrag-, Deutz- und ZF-Getrieben über. PDM versuchte mit der Industrie-Version des »Masters« ein neues Geschäftsfeld aufzubauen. Das orange-farbig lackierte Modell besaß vorne eine Schaufel-, hinten eine Baggereinrichtung.

14-PS-Porsche Diesel »Junior«, 1957.

15-PS-Porsche Diesel »Junior«, 1959.

25-PS-Porsche Diesel-Tragschlepper »Standard T«, 1960.
Foto: Dmytrok, © CC-BY-ND-2.0

Die Porsche-Diesel waren national wie international ein großartiger Erfolg, 1958 lag PDM bei einem Marktanteil von 12 % nur zwei Prozentpunkte hinter dem Marktführer Deutz. Im besten Jahr, 1961, verließen 16.337 Schlepper das Werk am Bodensee. Die Ein- und Zweizylindertypen wurden von der Firma Hofherr-Schrantz AG in Wien in Lizenz als HS Austro Junior- und HS Austro Standard-Modelle System Porsche gebaut.

Ein japanisches Unternehmen hingegen baute das »Junior«-Modell unverändert ohne Genehmigung nach. Der Exportanteil lag bei 38 %, Hauptabsatzmärkte waren vor allem Frankreich und schließlich auch die USA. Die Sättigung des Marktes und die stärker sich bemerkbar machende EWG-Politik führten aber zu einem bedrohlichen Absinken der Marktanteile, so dass Porsche-Diesel 1962 bei einem Marktanteil von nur noch 8 % lag.

26-PS-Porsche Diesel »Standard«, 1961.

Die geringeren Stückzahlen verteuerten den Teile-Einkauf, und die riesigen Fertigungsanlagen, die für 20.000 Schlepper pro Jahr ausgelegt worden waren, wurden zu einer Belastung. Damit nicht genug: Die eigenen Motoren hatten bei 50 PS ihre Leistungsgrenze, Neuentwicklungen wären zu teuer und der Zukauf von wassergekühlten Mercedes-Benz-Motoren wäre der Markenidentität nicht zuträglich gewesen: Im Rahmen der 1958 geschlossenen Zusammenarbeit mit der Maschinenfabrik Augsburg-München (MAN) übernahm Porsche-Diesel ab 1962 daher die Montage der MAN-Schlepper.

Nachdem weitere Verhandlungen mit MAN um eine Aufteilung der Leistungsklassen und gemeinsame Absatzlinien gescheitert waren, beendete Mannesmann bereits zwei Jahre später wieder die Manzeller Schlepperfertigung.

Da sich die französische Renault Traktoren GmbH ab 1963 zur Hälfte an der neu gegründeten Porsche-Diesel-Renault Vertriebs GmbH in Roßbach bei Friedberg beteiligt hatte, um damit auf den deutschen Markt zu kommen, übernahm daraufhin Renault das Filialnetz der Mar-

50-Porsche Diesel »Master«, 1961. Foto: Perfekt 401 es, © CC-BY-SA-3.0

ken MAN und Porsche-Diesel (sowie Allgaier und Normag), die restlichen 2500 Porsche-Diesel- und die auf Halde stehenden restlichen 1050 MAN-Schlepper. Die Porsche-Diesel-Renault Schlepper-Vertriebsgesellschaft übernahm die Restmontage sowie die Vermarktung. Renault stellte im gleichen Zuge die Ersatzteilversorgung der rund 50.000 ausgelieferten Porsche-Diesel- und der rund 25.000 Allgaier-Porsche-Schlepper sicher.

Die Mannesmann AG verkaufte die Werksanlagen an die neu gebildete Motoren- und Turbinen-Union (MTU), die dort seitdem schwere Dieselmotoren und Turbinen für Schiffe, Panzer, Lokomotiven und für stationäre Anlagen herstellt. Die Versuchsanlage der Porsche-Diesel-Motoren GmbH war 1963 schon als Tochtergesellschaft der Mercedes-Benz Motorenbau GmbH in Friedrichshafen veräußert worden.

Porsche-Diesel-Schlepper

Baureihe	Bauzeit	Motor Hersteller	Typ	Zylinder	PS	Kühlung	Bohrung x Hub	Hubraum	Drehzahl	Radstand	Gewicht	Getriebe	Besonderheiten
1. Standardschlepper													
1.1 Erste Porsche-Schlepper-Baureihe													
a)													
P 111	1956	PD	P 111	1	12	L	95x116	822	2200	1700	890	4/4	
P 111 K	1956	PD	P 111	1	12	L	95x116	822	2200	1550	830	4/4	
b)													
AP 16	1956	PD	AP 16	2	16	L	90x108	1374	2000	1500	1115	5/1	Ex-Allgaier AP 16
AP 18	1956	PD	AP 18	2	18	L	95x108	1531	1950	1540	1315	5/1	Ex-Allgaier AP 18
AP 22	1956	PD	AP 22	2	22	L	95x108	1531	2000	1680	1315	5/1	Ex-Allgaier AP 22
P 122	1956 - 1957	PD	P 112	2	22	L	95x116	1644	2000	1530	1450	5/1	
Standard AP	1957	PD	AP	2	20	L	95x108	1531	2000	1680	1332	5/1	
Standard AP	1957	PD	AP	2	22	L	95x108	1531	2000	1680	1347	5/1	
c)													
P 133	1956 - 1957	PD	P 133	3	33	L	95x116	2467	2000	1680	1625	5/1	
d)													
P 144	1956 - 1957	PD	A 144	4	44	L	95x116	3288	2000	1980	2100	6/1	
1.2 Zweite Porsche-Schlepper-Baureihe													
a)													
Junior 108 K	1957 - 1961	PD	F 108	1	14	L	95x116	822	2250	1557	875	6/2	
Junior 108 L	1957 - 1961	PD	F 108	1	14	L	95x116	822	2250	1838	910	6/2	Tragschlepper
Junior 108 V	1958	PD	F 108	1	14	L	95x116	822	2250	1557	875	6/2	
Junior 4	1958	PD	F 108	1	14	L	95x116	822	2250	1700	845	4/4	Sonderserie mit 150 Stück
b)													
Standard N 208	1957 - 1961	PD	F 208	2	25	L	95x116	1644	2000	1680	1347	5/1	
Standard U 218	1958 - 1961	PD	F 208	2	22	L	95x116	1644	2000	1668	1300	5/1	
Standard H 218	1958 - 1961	PD	F 208	2	25	L	95x116	1644	2000	1668	1300	5/1	mit ölhydraulischer Kupplung
Standard V 218	1958 - 1961	PD	F 208	2	25	L	95x116	1644	2000	1668	1300	5/1	vereinfachte Ausführung
c)													
Super N 308	1957 -1962	PD	F 308	3	38	L	95x116	2467	1820	1790	1615	5/1	
Super B 308	1957 - 1961	PD	F 308	3	38	L	95x116	2467	2000	1820	2460	5/1	
Super L 308	1958 - 1961	PD	F 308	3	38	L	95x116	2467	2000	1998	1710	5/1	
d)													
Master 408	1958 - 1960	PD	F 408	4	50	L	95x116	3289	2170	2466	2450	7/1	
Master 418	1960 - 1962	PD	F 418	4	50	L	95x116	3289	2170	2166	2100	8/4	
1.3 Dritte Porsche-Schlepper-Baureihe													
a)													
Junior 109	1961	PD	F 109	1	15	L	98x116	875	2250	1544	1000	6/2	
b)													
Standard T 217	1960 - 1962	PD	F 217	2	20	L	90x108	1374	2300	1850	1110	8/2	Tragschlepper
Standard Star 219	1960 - 1963	PD	F 219	2	30	L	98x116	1750	2300	2000	1520	8/2	
Super L 318	1960	PD	F 318	3	40	L	95x116	2467	2300	2009	2000	8/4	
Standard Star 238	1961 - 1963	PD	F 238	2	26	L	98x108	1629	2300	2000	1340	8/2	
c)													
Super N 309	1961	PD	F 309	3	40	L	98x116	2625	2000	1790	1717	5/1	
Super B 309	1961	PD	F 309	3	40	L	98x116	2625	2000	1815	2450	5/1	
Super L 319	1961 - 1962	PD	F 319	3	40	L	98x116	2625	2000	2009	2030	8/4	
Super Export	1961 - 1963	PD	F 329	3	35	L	98x116	2625	1970	1770	1825	8/2	
d)													
Master 419	1961	PD	F 419	4	50	L	98x116	3500	2100	2166	2130	8/4	
Master V	1961 - 1964	PD	F 429	4	50	L	98x116	3500	2100	1960	1788	5/1	
Master 409	1961 - 1964	PD	F 409	4	50	L	98x116	3500	2100	2465	2450	7/1	
2. Schmalspurschlepper													
Standard AP S	1957	PD	AP 22	2	22	L	95x108	1531	2000	1620	1070	5/1	Ex-Allgaier AP S
Junior S (V)	1957	PD	F 108	1	14	L	95x116	822	2250	1557	875	6/2	
Super S 308	1957	PD	F 308	3	38	L	95x116	2467	2000	1770		5/1	
Standard S 218	1958	PD	F 208	2	25	L	95x116	1644	2000	1641	1140	5/1	
Junior S	1959	PD	F 108	1	14	L	95x116	822	2250	1544	920	6/2	
Standard S (V)	1960	PD	F 218	2	25	L	95x116	1644	2000	1641	1300	5/1	
Junior 109 S	1961	PD	F 109	1	15	L	98x116	875	2250	1544	920	6/2	Breite 800 - 1000 mm

Primus

Primus Traktoren-Gesellschaft Johannes Köhler mbH,
Berlin-Lichtenberg, Greifswalder Str. 140/141 und
Berlin-Lichtenberg, Herzbergstr. 68–70

1. 1938-1938	**Primus Traktoren-Gesellschaft Johannes Köhler mbH,** Berlin Lichtenberg, Greifswalder Str. 140–144 und Berlin-Lichtenberg, Herzbergstr. 68–70
2. 1938-1945	**Primus Traktoren-Gesellschaft, Johannes Köhler u. Co. KG**
3. 1947-1960	**Primus Traktoren-Gesellschaft, Johannes Köhler u. Co. KG,** Miesbach/Obb., Rosenheimer Str. 9

Als Vertreter der Albert Rinne-Motorenfabrik in Berlin-Rummelsburg (sowie von ILO-Motoren) hatte Oberingenieur Johannes Köhler (1893–1955) Kontakt zur Firma Weise & Co. Motordreirad-Fabrik GmbH in Berlin-Lichtenberg in der Greifswalder Straße gefunden, die seit 1925 das »Weismobil« mit Rinne-Motor herstellte, ein Dreiradfahrzeug, das als Personen- und als Lieferwagen genutzt werden konnte. Ab 1929 konzentrierte sich das Werk auf Drei- und später Vierrad-Lieferwagen. Als Köhler ab 1929 Deutz-Motoren im Berliner Raum vertrieb, kam ihm die Idee zum Bau von kleinen Diesel- und Elektrozugmaschinen, die er von der Firma Weise herstellen ließ.

Große Verbreitung fanden diese Fahrzeuge bei Berliner Kohlenhändlern und Speditionen. Auch den Vertrieb der Hagedorn- und Stock-Schlepper übernahm Köhler für den Berliner Großraum. 1933 gründete er mit Beteiligung der Weise-Gesellschafter die Primus-Traktoren-Gesellschaft mbH auf dem Gelände des Weise-Werkes. Nachdem die beiden Gesellschafter, der eine aus Altersgründen, der andere aufgrund der »Nürnberger Rasse-

22-PS-Primus P 22, 1939. Foto: Udo Paulitz

11-PS-Primus P 11 »Pony«, 1939. Foto: Udo Paulitz

gesetze« ausgeschieden waren, erhielt das Zugmaschinen- und Schlepperwerk die Bezeichnung Primus Traktoren-Gesellschaft mbH Johannes Köhler & Co. KG mit Hauptfertigungsstätte in der Herzbergstraße.

1938 begann Köhler auch mit dem Bau von Ackerschleppern. Das erste Modell bildete der »P 22« mit 20/22-PS-Deutz-Diesel und erstmals mit dem wenig späteren Einheitsgetriebe Ass 14 der Berlin-Reinickendorfer Prometheus-Zahnradfabrik. Die bis in die 1950er Jahre beibehaltene Rundnasenhaube mit oben eingeprägten Primus-Buchstaben und seitlichen Primus-Plaketten verliehen den Primus-Modellen von Anfang an eine unverwechselbare Optik – egal ob es sich nun um den »P 22«, den auf dieser Basis gebauten »Elektro-Pionier« mit Generator oder um den »P 11 Pony« von 1939 mit seinem Einzylindermotor handelte. Letzterer war als »Bauernschlepper« mit vorderer Rohrachse und einer speziellen Lenkung versehen, die ein Drehen auf engstem Raum ermöglichte. Für die Montage des kleinen Primus Modells hatte Köhler ein zweites Werk in Miesbach bei Rosenheim durch Ing. Fritz Poensgen errichten lassen. (Die dritte Niederlassung in Erfurt ging nach Kriegsende verloren.)

Dank der gelungenen Konstruktion fand der »P 22« Aufnahme in den Schell-Plan, er sollte dann auch von drei weiteren Produzenten, darunter Hagedorn, übernommen werden. Die Kriegsereignisse verhinderten dann allerdings doch den Bau dieses »Einheitsschlepper«-Projektes. Auch der Vertrag über die Lieferung von 600 Schleppern in die Sowjetunion scheiterte durch die Kriegsereignisse.

Einen ganz neuen Weg im Schlepper- und landwirtschaftlichen Transportfahrzeugbau schlug Primus mit dem 1939 vorgestellten »Packesel« mit 16-PS-Deutz-Diesel ein. Die Motor-Getriebeanlage saß auf dem Vierkantrahmen unter Pritsche und Sitzbank. Die Ladefläche konnte hydraulisch nach drei Seiten gekippt werden. Am Fahrzeugheck befanden sich das senkrecht stehende Lenkrad und zwei sich gegenüberliegende Sitzbänke, so dass der Fahrer den »Packesel« auf dem Acker ohne Wendemanöver dirigieren konnte: Sofern die hochbeladene Pritsche die Sicht nach vorne verdeckte, setzte sich der Fahrer um und fuhr einfach rückwärts davon. Ein Wendegetriebe ermöglichte gleiche Geschwindigkeiten in beiden Fahrtrichtungen. Mit Riemenscheibe, Zapfwelle, Zughaken und einem elektrisch angetriebenen Mähbalken versehen, konnte das Spezialfahrzeug mit seiner ungefederten Vorderachse auch als normaler Schlepper eingesetzt werden.

Die gelungene Konstruktion ging zurück auf einen Entwurf des Ingenieurs und Rittergutsbesitzers Emil Friedrich Endres (1883–1944), der dabei die Unterstützung des Reichskuratoriums für Technik in der Landwirtschaft (RKTL) nutzen konnte. Durch die Kriegszeit und durch die Festlegung der Firma im Rahmen des Schell-Planes auf den »P 22« unterblieb ein Serienbau; nach dem Krieg griff die Firma Gutbrod das Konstruktionsprinzip wieder auf.

Ab 1942 durfte nur noch der aus dem »P 22« entwickelte Generatorschlepper vom Typ »P 25 G« in geschlossener Bauweise hergestellt werden. Dabei saß der Deutz-Einheitsgenerator über der von zwei querliegenden Federpaketen abgestützten Vorderachse. Die Schlepperfertigung ging im Laufe des Krieges immer mehr zurück; der Bau von Flakschein-

16-PS-Primus P 16 »Packesel«, 1940.

25-PS-Primus-Generatorschlepper P 25 G, 1942.

werfern, Stromerzeuger und Ketten für die Maultier-Lastwagen wurde dringlicher.

Der im Ostteil Berlins gelegene Betrieb war im Dezember 1944 durch Bombenabwurf schwer beschädigt und schließlich enteignet worden. Als Primus Traktoren-Gesellschaft firmierte er weiterhin und war noch bis 1946

24-PS-Primus P 24, 1949. Foto: Udo Paulitz

18-PS-Primus P 18, 1951. Foto: ChiemseeMan, © PD

36-PS-Primus PD 3, 1953. Foto: Udo Paulitz

in der Reparatur von Fahrzeugen tätig, bis er aufgelöst wurde. Johannes Köhler, der sich als Wehrwirtschaftsführer eng mit den Nationalsozialisten eingelassen hatte, geriet zunächst in russische Haft. Der verstaatlichte Restbetrieb unter der Bezeichnung VEB Primus Traktoren-Gesellschaft führte Reparaturen durch und bestand bis 1949. Nach Freilassung baute Johannes Köhler die Miesbacher Niederlassung zum neuen Standort aus, so dass ab 1947 wieder Primus-Traktoren gefertigt werden konnten. Der Zweizylindertyp, jetzt allerdings mit MWM-Diesel und 24 PS, erhielt die Bezeichnung »P 24«.

In Österreich übernahm der Importeur Anton Gottfried Fahrzeugbau zeitweilig den Nachbau der Primus-Type mit Hatz- und Steyr-Motoren als Austro-Primus. Eine Nachbaulizenz hatte Köhler auch an seinen einstigen

28-PS-Primus-Elektroschlepper PD 3 »Elektro-Pionier«, 1951.

28-PS-Primus PD 28, 1953. Foto: Udo Paulitz

45-PS-Primus PD 4 L, 1958. Foto: W. Leiter, © CC-BY-SA-3.0

Mitarbeiter Peter A. Titus vergeben, was allerdings rasch zu Streitigkeiten führte.

Als Ersatz für das »Pony« folgte der »P 15«, ebenfalls mit MWM-Motor und ZF-Getriebe. Im nächsthöheren Segment trat Primus mit dem »P 28« an, der einen eigenen Vorkammer-Dreizylinder-Diesel mit separaten Zylinderköpfen erhielt, den Ingenieur Schmuck konstruiert hatte. Bis zum Ende der Primus-Schlepperfertigung blieb dieses Modell im Programm. Aus diesem Baukasten stammte auch der Zweizylindermotor in den »P 18«-Fahrzeugen (dem späteren »PD 2«) von 1951.

Gleichzeitig erschien der »PD 3 Elektro-Pionier«, der anstelle des Schwungrades zwischen Motor und Getriebe einen Generator hatte, was vor allem Schausteller (die auf eine mobile Stromversorgung angewiesen waren) interessierte. Rund 50 Exemplare konnte die Firma absetzen.

Nachdem die eigenen Motoren 1953 eine Leistungssteigerung erfahren hatten, dann aber ausgereizt waren, griff Primus ab 1954 auf die preiswerteren Großserienmotoren von MWM in luft- und wassergekühlter Form zurück, zumal auch der Motorenkonstrukteur Schmuck zu dem Güldner-Werk abgewandert war. Den Höhepunkt in der Primus-Nachkriegsfertigung bildeten die Schlepper mit 40- und 60-PS-Motoren von 1955, die für den Export in die Türkei und nach Argentinien gebaut wurden.

Der Großauftrag auf 1000 »PD 6/U 60«-Schlepper an einen Importeur in der Türkei endete in einem Fiasko. Nach der Lieferung von 100 Modellen stellte sich heraus, dass Primus auf unbezahlten Rechnungen sitzenblieb. Die deutschen Zulieferer bestanden auf ihren Forderungen, so dass das Unternehmen in eine Schieflage geriet. Köhler beschränkte das Werk wieder auf Schlepper der unteren Leistungsklassen.

Mit Einsetzen der ersten Absatzkrise im deutschen Schlepperhandel und dem Tod von Johannes Köhler beendete Primus 1957 die Traktorenproduktion, obwohl noch bis Anfang der 1960er Jahre Schlepper ausgeliefert wurden. 1958 übernahm der Kinshofer-Maschinenbau das Unternehmen. Hans Köhler, der Sohn, gründete dann als Nachfolgeunternehmen den Miesbacher Maschinen- und Stahlbau, Hans Köhler u. Co. KG, der bis 1976 Heizgeräte, Gussteile für Werkzeugmaschinen und Getriebe sowie Brückenteile fertigte. Das Jahrzehnte brachliegende Firmenareal in Berlin-Lichtenberg verwilderte und wurde erst in den letzten Jahren geräumt und bebaut.

Primus-Schlepper													
Baureihe	Bauzeit	Motor Hersteller	Typ	Zylinder	PS	Kühlung	Bohrung x Hub	Hubraum	Drehzahl	Radstand	Gewicht	Getriebe	Besonderheiten
1. Standardschlepper													
1.1 Berliner Fertigung													
P 22	1938 - 1943	Deutz	F 2 M 414	2	20/22	W	100x140	2198	1450	1650	1600	4/1	auch Hatz A 2
PD 4	1941	Kämper											geplant
P 25 G	1942 - 1943	Deutz	GF 2 M 115	2	25	W	130x150	3982	1550	2000		4/1	Holzgasmotor
1.2 Miesbacher Fertigung													
P 11 »Pony«	1939	Deutz	F 1 M 414	1	11	W	100x140	1099	1490	1500	1325	4/1	
P 22	1946 - 1949	MWM	KD 215 Z	2	22/24	W	100x150	2350	1500		1550	4/1	auch KD 15 Z
P 14/15	1946 - 1951	MWM	KD 215 E	1	14/15	W	100x150	1178	1500	1450	1250	4/1	ab 1950 KDW 215 E auch KDW 415 E
P 18	1949 - 1951	Primus	2 D 120	2	18	W	100x120	1870	1500	1650	1450 - 1550	5/1	
P 28	1949 - 1951	Primus	3 D 120	3	28	W	100x120	2826	1500	1820	1865	5/1	auch Radstand 1800 mm
P 24	1950 - 1951	MWM	KD 215 Z	2	22/24	W	100x150	2356	1500	1650	1550	4/1	ab 1950 mit KDW 415 Z 25 PS
P 18	1950	MWM	KDWF 415 E	1	16/18	W	112x150	1480	1600				Prototyp
PD 2 (2D)	1951 - 1958	Primus	2 D 120	2	20/24	W	100x120	1870	1800	1650	1550	5/1	
PD 3 (3D)	1951 - 1959	Primus	3 D 120	3	30/36	W	100x120	2826	1800	1820	1865	5/1	
PD 1 E	1952 - 1959	MWM	KD 12 E	1	11/12	W	95x120	850	2000	1700	850	5/1	auch Hatz E 85-Motor
PD 1 EL	1952 - 1954	MWM	AKD 12 E	1	12	L	98x120	905	2000	1625	950	5/1	
PD 1 Z	1952 - 1955	MWM	KD 211 Z	2	17	W	85x110	1248	2000	1650	1250	5/1	anfänglich KD 11 Z
PD 2 W	1953 - 1959	MWM	KD 12 Z	2	22/24	W	95x120	1689	2000	1800	1300	5/1	auch KDW 112 Z
PD 2 L	1953 - 1954	MWM	AKD 12 Z	2	22/24	L	98x120	1810	2000	1800	1300	5/1	
PD 3 B	1953 - 1957	Primus	3 D 120	3	30	W	100x120	2826	1500	1820	1905	5/1	
PD 4/U 40	1953 - 1957	MWM	KDW 415 D	3	36/40	W	100x150	3534	1500				
PD 1 L	1954 - 1955	MWM	AKD 112 E	1	12	L	98x120	905	2000	1625	950	4/1	auch 6/1-Getriebe
PD 3 L	1954	MWM	AKD 112 D	3	33/36	L	98x120	2715	1800		1850	5/1	
PD 6/U 60	1954 - 1957	MWM	RHS 418 Z	2	60	W	140x180	5540	1500		3500	5/1	
PD 1 EL	1955 - 1957	MWM	AKD 112 E	1	12	L	98x120	905	2000	1520	1150	5/1	
PD 2 L	1955 - 1957	MWM	AKD 112 Z	2	24	L	98x120	1810	2000	1800	1300	5/1	
PD 1 B	1955 - 1959	MWM	AKD 112 E	1	12	L	98x120	905	2000	1580	1100	4/1	1959 Radstand 1500 mm, 900 kg
PD 1 EL	1955 - 1959	MWM	AKD 112 E	1	12	L	98x120	905	2000	1650	1000	5/1	
PD 1 ZL	1956 - 1959	MWM	AKD 311 Z	2	18	L	90x110	1398	2000	1650	1100	5/1	1959 Radstand 1800 mm, ab 1960 Radstand 1630 mm
PD 3	1957 - 1961	Primus	3 D 120	3	36	W	100x120	2826	1800	1820	1900	5/1	
PD 1 ZW	1958 - 1961	MWM	KD 211 Z	2	18	W	85x110	1248	2000	1650	1250	5/1	1959 Radstand 1800 mm, ab 1960 Radstand 1630 mm
PD 4 L	1958 - 1960	MWM	AKD 112 V	4	45/48	L	98x120	3620	2000		3000	7/1	auch AKD 312 V mit 48 PS
2. Elektroschlepper													
P 28 »Elektro-Pionier«	1949 - 1951	Primus	3 D 120	3	28	W	100x120	2826	1500			5/1	
PD 3 »Elektro-Pionier«	1950 - 1951	Primus	3 D 120	3	35/36	W	100x120	2826	1800	2100		5/1	
3. Geräteträger													
P 16 »Packesel«	1941	Deutz	MAH 916 F	1	16	W	120x160	1808	1500			4/4	Pritsche 2200x1400x40 mm für 1500 kg Last

Prometheus

Maschinenfabrik Protheus GmbH,
Berlin-Reinickendorf-Ost, Hauptstr. 24 – 28,
1939 – 1940

59 Modelle eines 15-PS-Rahmenbauschleppers mit dem Deutz-Dieselmotor MAH 816 stellte der renommierte und bis 1983 existierende Getriebehersteller her.

Rancke

Hinrich Rancke, Maschinen- und Fahrzeugbau,
Steinkirchen, Bez. Hamburg, Huttfleth 5,
1953–1957 (?)

Aus der 1682 von dem Schmiedemeister Michael Pfeiffer gegründeten Werkstatt entwickelte sich die Landmaschinenfabrik Hinrich Rancke, die vor dem Zweiten Weltkrieg Selbstfütterer für Schweineställe und Plattformwagen herstellte. Für die Obstbauern im Alten Land und für den Export nach Holland entstanden in den 1950er Jahren rund 50 Obstplantagenschlepper mit anfänglich 9-PS-ILO-, ab 1954 mit 9-PS-Fichtel & Sachs- sowie ab 1957 mit 12-PS-MWM-Motoren sowie einem Opel- oder Hurth-Getriebe. Abgerundete Hauben ermöglichten das problemlose Abweisen von Ästen in den Obstzeilen.

Neben der Herstellung der Kleinschlepper und der Anhänger entstanden Mähmaschinen, Obstsortiermaschinen und elektrisch angetriebene Kistenstapler. Darüber hinaus war die Landmaschinenfabrik auch in der Reparatur von Kraftfahrzeugen und Anhängern tätig. Heute ist der Betrieb als Service-Unternehmen für Scania-Nutzfahrzeuge tätig.

10-PS-Rancke-Obstbauschlepper, um 1954. Foto: Rancke

10-PS-Rancke-Obstbauschlepper, um 1956.
Foto: Rancke

Rancke-Schlepper													
Baureihe	Bauzeit	Motor Hersteller	Typ	Zylinder	PS	Kühlung	Bohrung x Hub	Hubraum	Drehzahl	Radstand	Gewicht	Getriebe	Besonderheiten
Rancke	1953 - 1954	F&S	D 500 W	1	10	W	80x100	502	2000			4/1	
Rancke	1952 - 1956	MWM	AKD 112 E	1	12	L	98x120	905	2000		905	4/1	
Rancke	1954 - 1956	ILO	DL 660	1	12	L	90x104	660	2000		590		

Rapid

Rapid Motor-Landmaschinen GmbH,
Sindelfingen (Württ.),
1938

Als Hersteller von Schleppern erscheint dieses Unternehmen 1938 im Deutschen Landmaschinen-Adressbuch.

Rathgeber

Waggonfabrik Josef Rathgeber AG,
München-Moosach, Untermenzinger Str. 1–11,
1912 und 1952–1958

Vor dem Ersten Weltkrieg entwickelte Rathgeber einen Tragpflug-Prototyp, verfolgte das Projekt aber nicht weiter. Erst Jahrzehnte später unter-

65-PS-Rathgeber-Raupenschlepper »Boxer«, 1957. Foto: Hans Pairan

nahm das Unternehmen einen erneuten Abstecher in die Landwirtschaft: In den 1950er Jahren übernahm das Werk den Weiterbau der ehemaligen Breslauer FAMO-Raupe »Boxer«. Der 45- oder 50/52-PS-Kämper-Motor gab seine Kraft auf ein Rathgeber-Vierganggetriebe ab.

Auf der Basis dieses Kettenschleppers entstanden die schwächeren Versionen »G 36« und »G 36-1« mit 36- und 40-PS-Motoren von Perkins und MWM. Das altbewährte, von Rathgeber gefertigte Lenkausgleichsgetriebe konnte durch Lenkhebel, Lenkstange oder Lenkrad betätigt werden. Rund 200 Exemplare konnten gefertigt werden. Die Serienfertigung der einstigen »Rübezahl«-Raupe wurde mehrfach angekündigt, aber dann doch nicht aufgenommen. Rathgeber konzentrierte sich wieder ganz auf den Bau von Eisenbahnwaggons, Straßenbahnen, Oberleitungsomnibussen und Anhängern, Fahrzeugaufbauten und Rolltreppen. 1986 ist das Unternehmen vom Münchener Aufbautenhersteller F. X. Meiller übernommen worden.

Rathgeber-Raupen

Baureihe	Bauzeit	Motor Hersteller	Typ	Zylinder	PS	Kühlung	Bohrung x Hub	Hubraum	Drehzahl	Radstand	Gewicht	Getriebe	Besonderheiten
Boxer	1950	Kämper	4 F 145	4	42	W	105x145	5022	1250	1586	3500	3/1	FAMO-Reko-Typ
Rübezahl	1950	Kämper	4 F 175	4	60/65	W	125x175	8586	1150	1905	4700	3/1	
Boxer 45 PS	1951 - 1955	Kämper	4 F 145	4	45	W	105x145	5022	1250	1586	4200	4/1	
Boxer	1951 - 1955	Kämper	4 D 10 HN	4	50/52	W	100x142	4461	1420 - 1500	1586	4300	4/1	
Boxer		MWM	KD 412 V	4	55	W	105x120	4160	1500	1586	4280	4/1	
G 36	1956 - 1958	Perkins	4/270 D	4	40	W	108x120,6	4430	1500	1586	3081	4/2	
G 36-1	1956 - 1958	MWM	AKD 112 V	4	36	L	98x120	3618	1500	1586	3100	4/2	
(Rübezahl)	1957			4	65	W				1905			Prototyp

Reichsamt

Reichsamt für Wirtschaftsausbau,
Berlin, Saarlandstraße 128,
1938–1942

Diese nationalsozialistische Organisation befasste sich in Zusammenarbeit mit der I.G.Farben mit der Planung, dem Aufbau und der Produktion der deutschen Rohstoffindustrie (z. B. synthetisches Benzin und synthetischer Gummi) zur Vorbereitung des Eroberungskrieges. Ein Randgebiet war dabei im Rahmen der Autarkiepolitik auch die Umstellung der Diesel-Schlepper auf den »Einsatz von heimischen Treibstoffe«.

Versuchs-Gasschlepper des Reichsamtes für Wirtschaftsausbau auf Hanomag-Basis, 1942.

Versuchs-Gasschlepper des Reichsamtes für Wirtschaftsausbau, Typ Hansa, 1942.

Unter der Leitung von Dr.-Ing. Lutz entstanden auf der Basis des Hanomag-Dieselschleppers »AGR 38« Holzgas-Prototypen mit links hinter dem Motor angebrachtem Generator. Nach dieser Reichsstelle versuchte das Amt für Deutsche Roh- und Werkstoffe, das Projekt mit der Hansa-Gasgeneratoren Gesellschaft in Berlin weiterzuführen. Bei diesem »Hansa-Traktor« saßen Anthrazitgenerator und Reiniger seitlich rechts und links zwischen den Achsen (Sattelbautechnik). Auch die Forschungsstelle des Reichskuratoriums für Technik und Landwirtschaft (RKTL) experimentierte unter Dr.-Ing. H. Lutz mit Holzgas-Fahrzeugen in geschlossener Bauweise, wobei die Generatoranlage vor den Motor gesetzt wurde.

Der Hanomag »RL 20« erhielt den Hansa-Generator und kam damit auf eine Leistung von 16,5 PS. Beim 25-PS-MBA-Schlepper befand sich der Generator vor der Vorderachse. Als dritte Einrichtung entwickelte die Reichsstelle für Raumordnung des nationalsozialistischen Ministers Hanns Kerrl (Reichsminister für kirchliche Angelegenheiten) unter Prof. Dr. Deiters Holzgas-Schlepper (siehe unter Pöhl).

REF

REF-Weygandt & Klein, GmbH Apparatebau,
Stuttgart-Feuerbach, Cannstadter Str. 130a u. Siemensstr. 15,
1940

Der einstige Kommunalfahrzeughersteller, hervorgegangen aus der Firma Rohleder & Ehinger Fahrueuge (REF) fertigte 1940 neun Modelle eines Rahmenbauschleppers mit dem 15-PS-Deutz-Diesel MAH 816-Motor. Das Unternehmen wurde 1951 vom Fahrzeughersteller Haller übernommen.

Reima

Reinhold Matthiass, Abt. Fahrzeugbau,
Erfurt, Weidengasse 1/5,
1936–1940?

Die Maschinenfabrik Reinhold Matthiass war 1920 gegründet worden und spezialisierte sich im Mühlenbau. Treibende Kraft des Unternehmens war der Schwiegersohn des Firmengründers, Heinrich Kleinspehn. Unter dem Namen »Reima« erschienen ab 1936 Ein- und Zweizylinder-Schlepper, die mit MWM-Motoren bestückt waren. Um die Solidität der Fahrzeuge hervorzuheben, wies die Reima-Werbung auf den »Patent-Benz-Motor« hin. Eine Besonderheit des Antriebs bildete das eigene Differential mit Schneckenantrieb. 41 landwirtschaftliche Schlepper konnten gefertigt werden. Neben den Ackerschleppern montierte das Unternehmen auch kleine Straßen-Zugmaschinen mit geschlossenem Fahrerhaus sowie Fahrzeuganhänger. Der Schell-Plan legte das Unternehmen auf die Fertigung von Einachs-Anhänger fest. Nach dem Krieg zog eine Gärtnerei in das Firmengelände, das inzwischen abgerissen worden ist.

12/14-PS-Reima DSA 14/8 mit Deutz-Aken-Ersatzmotor 1937.
Foto: Horst Hintersdorf

Reima-Schlepperparade mit DSA 14/8 und DSA 22/17. Foto: Mario Badack

Reima-Schlepper													
Baureihe	Bauzeit	Motor Hersteller	Typ	Zylinder	PS	Kühlung	Bohrung x Hub	Hubraum	Drehzahl	Radstand	Gewicht	Getriebe	Besonderheiten
Reima DSA 14/8	1936 - 1939	MWM	KD 13 Z	2	12/14	W	85x130	1474	1500	1400	1100	3/1	
Reima DSA 22/17	1936 - 1939	MWM	KD 15 Z	2	20/22	W	95x150	2125	1500	1550	1500	4/1	

Richter

Carl Friedrich Richter u. Co.,
Rathenow, Bahnhofstr. 28a,
1911

Gemeinsam mit den Brennabor-Werken konstruierte die einst bekannte Dreschmaschinenfabrik Richter u. Co., die von 1881 bis 1930 existierte, einen völlig untauglichen, angeblich 17,5 Tonnen schweren Schlepppflug mit einem eigenen Benzolmotor. Auch weitere Schlepp- und Tragpflugentwürfe kamen nicht über das Prototypenstadium hinaus.

Rische und Apitz

Rische und Apitz »Eubu«-Motorpflugfabrik,
Oederan,
1921–1922

Einen Drei- und einen Vierradschlepper sowie einen Kleinschlepper vom Typ »Zwerg« fertigte dieser Hersteller. Ein Vierzylinder-32-PS-Motor trieb die 1850 und 1960 kg schweren Fahrzeuge an. Der »Zwerg« mit einem Gewicht von 1150 kg besaß einen Zweizylindermotor mit 18 PS. Die Motoren wurden von Kämper bezogen; den Vertrieb übernahm die Firma des Zivilingenieurs Max Eickemeyer, der sich auch bei der Firma Biwag engagiert hatte.

32-PS-Rische & Apitz-Dreiradschlepper »Eubu«, 1921.

32-PS-Rische & Apitz-Schlepper mit Ladepritsche »Eubu«, 1921.

Rische und Apitz-Schlepper													
Baureihe	Bauzeit	Motor Hersteller	Typ	Zylinder	PS	Kühlung	Bohrung x Hub	Hubraum	Drehzahl	Radstand	Gewicht	Getriebe	Besonderheiten
Eubu Dreirad	1921 - 1922	Kämper		4	32	W	110x160	6079	800		1960	2/1	
Eubu Vierrad	1921 - 1922	Kämper		4	32	W	110x160	6079	800		1850	4/1	
Zwerg	1922	Kämper	90 AZ	2	18	W	90x140	1780	1000		1150	2/1	

Ritscher

Karl Ritscher GmbH, Sprötze bei Hamburg,
Abt. Moorburger Treckerwerke GmbH

1. 1920-1928 **Karl Ritscher,** Hamburg-Moorburg, Elbdeich 12, später auch Zollstr. 78–79
2. 1928-1935 **Moorburger Treckerwerke GmbH, vorm. H. W. Ritscher**
3. 1935-1946 **Karl Ritscher Moorburger Treckerwerke GmbH, vorm. H. W. Ritscher**
4. 1946-1963 **Karl Ritscher GmbH,** Sprötze bei Hamburg, **Abt. Moorburger Treckerwerk GmbH**

Heinrich Wilhelm Ritscher gründete 1879 eine Maschinenfabrik, die sich besonders dem Bau von Moorkultivierungsgeräten zuwandte. Erste motorisierte Grabenreiniger auf Kettenfahrgestellen entstanden um 1919, was die mehrfach umbenannte Firma unter Leitung von Karl Ritscher (1896–1970) schließlich veranlasste, in der Vorkriegszeit als »eine der ältesten Traktorenfabriken Deutschlands« zu werben.

Das Unternehmen baute zunächst Raupenschlepper und wandte sich in den 1930er Jahren dem Bau von Radschleppern zu. Die Aufnahme in den Schell-Plan sicherte die Produktion dieser Schlepper-Typen bis 1942, dann musste auf die Rüstungsproduktion umgestellt werden. Vom Krieg schwer beschädigt, kam Ritscher dann 1948 mit neuen Schleppern auf den Markt, 1954 ergänzte ein Geräteträgersystem das Programm. Ritscher war stets zu klein, um auf Dauer in diesem umkämpften Markt überleben zu können. Auch die Kooperation mit Güldner führte zu keiner echten Stärkung.

Der dramatische Einbruch in der deutschen Schlepperfertigung im Zuge der EWG-Bestimmungen verschlechterte die Absatzchancen des Kleinserienherstellers so sehr, dass er die Fertigung 1963 aufgab. Die Montage der Spezialgeräte für die Moorkultivierung sowie die Produktion der Raupenketten lief noch ein Jahr weiter. Rund 7700 Raupen, Schlepper und Geräteträger hatte Ritscher in seiner Geschichte gefertigt.

27-PS-Ritscher-Raupenschlepper Typ E, 1926.

Das Unternehmen selbst war 1961 von der Berliner Maschinenbau AG, vorm. L. Schwartzkopff übernommen worden und wechselte in den folgenden Jahren mehrfach den Besitzer. Inzwischen lässt dort die MAN Roland AG von ihrer Tochterfirma Maschinenbau Sprötze (MBS) Teile für Druck- und Papierschneidemaschinen herstellen.

Die Raupenschlepper 1920–1934

Der Serienbau einer Leichtraupe, die unter der Bezeichnung »MTW-Schlepper« oder »MTW-Büffel« vertrieben wurde, begann im Jahre 1920. Der Prototyp »Panther« und die ersten Bauserien »Graue Laus« besaßen drei untere Laufrollen zum Andrücken der Kette; ab dem Jahre 1926 kam eine in der unteren Laufschiene angebrachte Rollenkette zum Einbau, die für einen glatten und gleichmäßigen Kettendruck sorgte. Die unabhängig von

12/14-PS-Ritscher-Dreiradschlepper, 1942. Foto: Udo Paulitz

einander beweglichen Laufkettenrahmen stützten sich zunächst mit quer liegenden Doppel-, später Spiralfedern gegenüber dem Motorblock – ein Kämper-Vierzylinder mit anfänglich 25, dann 27 und schließlich 36 PS – ab.

Die Betätigung der Bremstrommeln an der Differentialachse erfolgte mittels eines Lenkrads, was jedoch einen hohen Verschleiß der Bremsbänder zur Folge hatte. Die Höchstgeschwindigkeit der 1,9 Tonnen schweren Kleinraupe betrug 6 km/h, das Getriebe verfügte über drei Fahrstufen. Eine vordere Riemenscheibe an der Kurbelwelle gab es ab dem Baujahr 1926. Ein konstruktionsbedingter Nachteil, so jedenfalls die zeitgenössische Literatur, war wohl die Neigung der Kleinraupe zum »Springen«: Die Antriebskraft an den hinteren Treibrädern bei starkem Pflugwiderstand ließ den leichten Fahrzeugvorderwagen sich aufbäumen. Dennoch entstanden bis 1931 über 100 Raupen. Neben diesen Raupen fertigte Ritscher auch Ansteckraupen für Traktoren verschiedener Hersteller. Durch diese Kettensysteme konnten Schlepper zu sogenannten Halbraupen umgerüstet werden, was besonders bei Böden mit geringer Verdichtung von Vorteil war.

Die Radschlepper der ersten Generation, 1934–1948

Ritscher wandte sich 1934 dann auch dem Bau von Radschleppern zu. Zunächst wurde der »N 14« (später »N 12«) vorgestellt, der 1936 in Serie ging. Die Besonderheit dieses Schleppers bestand in seiner Dreiradkonstruktion nach amerikanischen Vorbildern, wobei das in einer Gabel geführte Vorderrad über eine waagerechte Lenksäule und eine Schne-

15-PS-Ritscher Typ 320, 1950.

20-PS-Ritscher Typ 420, 1950. Foto: Udo Paulitz

ckenübertragung bewegt wurde. Der kostengünstige Schlepper konnte dadurch praktisch auf der Stelle drehen.

Die äußerst einfache, ungefederte, aber trotzdem standfeste Blockkonstruktion besaß einen Kämper-Einzylindermotor, der mit einem Hilfsvergaser (Benzinstart) angelassen und dann auf den Dieselbetrieb umgeschaltet wurde. Riemenscheibe, Mähbalken und Spurweiten-Verstellmöglichkeit (900 oder 1600 mm Spurweite) sowie die auf Wunsch lieferbare Zapfwelle prädestinierten ihn für den Einsatz im Hackfruchtbau. Überdies konnte dank eines Aufsattelbolzens über dem Getriebe ein Einachsanhänger angebracht werden. Mit einigen Verbesserungen und Motoren verschiedener Hersteller wurde dieser Ritscher-Radschlepper schließlich unter der Bezeichnung »320« bis in die 1950er Jahre gefertigt.

Neben dem sich ebenfalls leicht aufbäumenden Dreiradschlepper baute Ritscher unter der Bezeichnung »N 20« einen Vierradschlepper mit Deutz-Zweizylindermotor. Das Schell-Typisierungsprogramm berücksichtigte Ritscher in der 20-PS-Klasse, so dass beide Radschlepper in 1150 Stück bis 1942 weitergebaut werden konnten. Während des Krieges war das Werk ab 1942 vollauf mit der Laufkettenfertigung für Halbkettenfahrzeuge (»Maultiere«) ausgelastet; die Prototypen eines Holzgas- sowie eines Raupenschleppers mit Schachtellaufwerk nach der Technik von Dipl.-Ing. Heinrich Ernst Kniepkamp gingen nicht in Serie.

Ein Fliegerangriff richtete schon im gleichen Jahr erhebliche Schäden an; der Ausweichbetrieb in Sprötze wurde nach Kriegsende von englischen Truppen ausgeräumt, wobei auch der Raupen-Prototyp verschwand. Dennoch lief hier die Produktion wieder an, aus Restteilen entstanden rund 20 Dreiradschlepper. Dann kam die Demontage, die Werkzeugmaschinen gingen in die Sowjetunion und der Betrieb in Moorburg sank zur Bedeutungslosigkeit herab. Immerhin konnte der Werksteil Sprötze ab 1948 wieder loslegen. Dort entstanden zunächst Grabenreinigungsmaschinen auf selbstgefertigten Halbkettenfahrwerken mit 40-PS-MWM- oder 45-PS-Deutz-Motoren.

Die Radschlepper der zweiten Generation 1948–1956

Später konnten unter dem Chefkonstrukteur Hans Urlinger und dem Einkaufsleiter Paul Hildebrandt erste drei- und vierrädrige Schlepper wieder gefertigt werden, die unter dem Ritscher-Leitsatz »Keine Sensationen, aber solide Werkmannsarbeit« auch genau das boten: Verlässliche Technik und gute Qualität.

Standardtyp war der »515«, der schließlich in die Baureihe »525« bzw. »528« mit rund 2000 Exemplaren mündete. Stärkstes Modell in der ersten Nachkriegsserie bildete der »540«, später »536/45« mit großer Bodenfreiheit. Für Weinberg- und Moorarbeiten gab es diese Schlepper auch in Schmalspur oder in Überbreite mit hinterem Kettenlaufwerk.

Die Haube zeichnete sich durch eine zweigeteilte Kühlermaske aus; einzig der »540« besaß eine ungeteilte Maske. Die Ein-, Zwei- und sogar Dreizylindermotoren stammten von Deutz, MWM, Primus, Bauscher und Güldner, die Kraftübertragung stellten die Getriebe von Bautz und ZF sicher; teilweise verwendete Ritscher auch eigene. In der Nomenklatur des Ritscher-Werkes gab die erste Ziffer die Anzahl der Vorwärtsgänge, die nachfolgenden die PS-Leistung an.

18-PS-Ritscher Typ 518, 1951.

25-PS-Ritscher Typ 525, 1951. Foto: Udo Paulitz

40-PS-Ritscher Typ 540, 1951.

Der Geräteträger »Multitrac« 1954–1962

Zusätzlich zu den leichten und mittleren Schlepperbaureihen nahm Ritscher ab 1954 die Montage von Geräteträgern auf. Neben der Ausrüstung mit Riemenscheibe, Zapfwelle und Kraftheber an Front- und Heckseite war der Fahrzeugrahmen von Ingenieur Erich Theesfeld so konstruiert worden, dass sich durch die ausziehbaren Rundholme der Radstand, je nach Einsatzzweck, entsprechend verstellen ließ. In Normal- und ab 1956 auch in Hochradausführung lieferbar, lief der Geräteträger unter der Verkaufsbezeichnung »Multitrak«, ab 1955 Schreibweise »Multitrac«.

Den ursprünglich verwendeten (und zu schwachen) 12-PS-MWM-Diesel ersetzte Ritscher nach 1955 durch einen 17 PS starken Güldner-Motor. Jenes Unternehmen übernahm übrigens rund 500 Ritscher-Geräteträger für sein eigenes Schlepperprogramm, die sich einzig durch die Farbgebung und das Firmenzeichen unterschieden.

Umgekehrt übernahm Ritscher die Güldner-Schlepper der Baureihen »AK Spessart« bzw. »A 2 KS Spessart« als Ritscher-Modelle »613«, »614« und »615«. Etwa 50 Geräteträger konnte Ritscher in einer Spezialversion als »Bau-Multi« absetzen. Als das Interesse des Güldner-Werkes am »Multitrac« schwand, bot ihn Ritscher 1958 Klöckner-Humboldt-Deutz an. Neben dem inzwischen auf 20 PS erstarkten Güldner-Motor verwendete Ritscher nun den 24- bzw. 25-PS-Deutz-Diesel. Über das Deutz-Vertriebsnetz konnten weitere 200 Exemplare verkauft werden; insgesamt fertigte Ritscher fast 2890 Exemplare.

Die Radschlepper der dritten Generation 1956–1963

Ende 1956 stellte Ritscher eine neue Baureihe mit den »Junior-«, »Super«-Modellen vor. Jeweils luft- oder wassergekühlte Triebwerke von MWM konnten eingesetzt werden. Hinzu kam der wassergekühlte Schlep-

40-PS-Ritscher-Grabenreinigungsmaschine auf Typ 540, 1951. Foto: Klaus Nahr, @ CC-BY-SA-2.0

per »936 Super«. Eine Seitenverkleidung mit Lüftungsstreifen zeichnete diese Modelle aus.

Eine letzte Baureihe sollte 1959 mit dem »Komet R 830« eingeführt werden. Der Halbrahmen-Schlepper war mit einem luftgekühlten MWM-Triebwerk unter einer neuen, schwungvoll gezeichneten Haube ausgerüstet; der unausgereifte Motor führte zu Reklamationen, so dass nach maximal 15 Exemplaren die Fertigung aufgegeben werden musste. Auch die Entwicklung einer Allradausführung endete mit dieser Baureihe.

34-PS-Ritscher »832 L Junior«, 1956. Foto: Hajotthu, CC-BY-SA-3.0

28-PS-Ritscher Typ 528, 1951. Foto: Hajotthu © CC-BY-SA-3.0

17-PS-Ritscher-Geräteträger »517 G Multitrac«, 1955.

20-PS-Ritscher Typ 520 R, 1953. Foto: Udo Paulitz

Ritscher-Schlepper

Baureihe	Bauzeit	Motor Hersteller	Typ	Zylinder	PS	Kühlung	Bohrung x Hub	Hubraum	Drehzahl	Radstand	Gewicht	Getriebe	Besonderheiten
1. Dreiradschlepper													
N	1936 - 1938	Kämper	F 10 B	1	12	W	100x142	1115	1500	1765	1140	3/1	auch Radstand 1750 mm
N 14	1938 - 1942	Kämper	F 10 B	1	14	W	105x142	1230	1500	1765	1140	3/1	auch Radstand 1772 mm
N 20	1939 - 1942	Deutz	F 2 M 414	2	20/22	W	100x140	2199	1500	1900	1250	3/1	auch Radstand 1910 mm, Gewicht 1280 kg
203/320	1940 - 1942	Deutz	F 2 M 414	2	20/22	W	100x140	2199	1500	1955	1440	4/1	auch Radstand 1910 mm
320	1946 - 1947	Deutz	F 2 M 414	2	20/22	W	100x140	2199	1500	1955	1440	4/1	
320	1948 - 1949	MWM	KD 215 Z	2	22/24	W	100x150	2356	1500	1735	1440 - 1550	4/1	ab 1949 mit KD 415 Z
325	1951	MWM	KD 415 Z	2	25	W	100x150	2356	1500			4/1	Prototyp, auch 5/1-Getriebe
2. Vierradschlepper													
204/420	1941	Deutz	F 2 M 414	2	20/22	W	100x140	2199	1500	1735	1550	4/1	Prototyp
G 25	1942	Deutz	GF 2 M 115	2	25	W	130x150	3982	1500			4/1	Holzgasmotor-Prototyp
420 (425)	1949	MWM	KD 215 Z	2	22/24	W	100x150	2356	1500	1735	1550	4/1	auch mit KD 415 Z
415	1949	MWM	KD 215 E	1	15	W	100x150	1178	1500	1575	1350	4/1	
515	1950 - 1951	MWM	KDW 215 E	1	15	W	100x150	1178	1500	1575	1350	5/1	
515	1950 - 1951	MWM	KDW 415 E	1	14/15	W	100x150	1178	1500	1580	1480	5/1	
518	1950 - 1951	Bauscher	TD 18	1	18	W	105x145	1256	1750	1640	1345	5/1	auch Radstand 1665 mm
524	1950	Primus	2 D 120	2	24	W	100x120	1870	1800		1600	5/1	
525	1950 - 1951	MWM	KD 415 Z	2	25	W	100x150	2356	1500	1750	1580	5/1	
518	1951 - 1952	MWM	KDWF 415 E	1	18	W	112x150	1478	1600	1640	1345	5/1	auch Radstand 1665 mm
525 WR	1951	MWM	KD 415 Z	2	25	W	100x150	2356	1500	2200	2430	5/1	Weinberg-Halbraupe, Prototyp
528	1951 - 1959	MWM	KDW 415 Z	2	28	W	100x150	2356	1500	1750	1590	5/1	auch 6/1-Getriebe
540	1951 - 1959	MWM	KDW 415 D	3	40	W	100x150	3534	1500	1980	2310	5/1	auch Radstand 2000 mm, 2200 kg
520 R (528/20)	1952 - 1955	MWM	KDW 615 E	1	20	W	112x150	1478	1600	1575	1530	5/1	auch 6/1- Getriebe, auch als Weinberg-Halbraupe
532	1952	Primus	3 D 120	3	32	W	100x120	2826	1800			5/1	
536/45	1952	Deutz	F 3 L 514	3	45	L	110x140	3990	1600			5/1	
412	1953 - 1954	MWM	KD 12 E	1	12	W	95x120	851	2000	1533	960	4/1	
412	1953 - 1954	MWM	AKD 12 E	1	12	L	98x120	905	2000	1533	960	4/1	
524 W	1953 - 1959	MWM	KD 12 Z	2	24	W	95x120	1689	2000	1834	1560	5/1	bei 6/1-Getriebe Radstand 1880 mm
524 L	1953 - 1955	MWM	AKD 12 Z	2	24	L	98x120	1810	2000	1834	1560	5/1	bei 6/1-Getriebe Radstand 1880 mm, Gewicht 1600 kg
512	1954	MWM	AKD 12 E	1	12	L	98x120	1810	2000	1650	1000	5/1	
515/54	1954 - 1955	MWM	KDW 415 E	1	15	W	100x150	1178	1600	1650	1150	5/1	
536	1954 - 1956	MWM	KD 12 D	3	33/36	W	95x120	2552	2000	2013	1660	5/1	auch 6/1-Getriebe
536	1954 - 1956	MWM	AKD 12 D	3	33/36	L	98x120	2715	2000	2013	1660	5/1	
517	1955 - 1959	Güldner	2 LD	2	17	L	85x115	1305	2000	1650	1080	2x5/1	ab 1956 6/1-Getriebe
524	1955 - 1959	MWM	AKD 112 Z	2	24	L	98x120	1810	2000	1834	1560	5/1	auch 6/1-Getriebe
536	1955 - 1959	MWM	AKD 112 D	3	36	L	98x120	2715	2000	2013	1660	5/1	
832 Junior	1956 - 1959	MWM	KD 12 D	3	32/34	W	95x120	2552	1800	1964	1740	8/2	
832 Junior	1956 - 1959	MWM	AKD 112 D	3	32/34	L	98x120	2715	1800	1964	1745	8/2	
936 Super	1956 - 1959	MWM	KD 12 D	3	36/40	W	95x120	2552	2000	2068	2340	9/2	
936 Super	1956 - 1959	MWM	AKD 112 D	3	36/40	L	98x120	2715	2000	2068	2100	9/2	
613	1957	Güldner	2 LKN	2	13	L	75x100	885	2300	1650	850	6/2	Tragschlepper, Güldner-Modell AK
936	1957	Primus	3 D 120	3	36	W	100x120	2826	1800		2100	5+4/1	
614	1958	Güldner	2 LKN	2	14	L	75x100	885	2470	1650	850	6/2	Güldner-Modell AK
615	1959	Güldner	2 LKN	2	15	L	75x100	885	2590	1650	850	6/2	
620	1959 - 1960	Güldner	2 LD	2	20	L	85x115	1305	2200	1650	1080	6/1	
Komet R 830	1959 - 1961	MWM	AKD 10 D	3	30	L	80x100	1508	3000	1930	1360	8/4	
3. Schmalspurschlepper													
525 Schmalspur	1951	MWM	KD 415 Z	2	25	W	100x150	2356	1500	2200	2430	5/1	Prototyp
4. Geräteträger													
512 G	1954 - 1955	MWM	AKD 12 E	1	11/12	L	98x120	905	2000	1680 - 2500	1200	10/2	
517 G Multitrac (auch Typ S 17 G)	1955 - 1959	Güldner	2 LD	2	17	L	85x115	1305	2000	1730 - 2550	1120	10/2	ab 1956 6/1-Getriebe
517 GH Multitrac (auch Typ S 17 GH)	1956 - 1959	Güldner	2 LD	2	17	L	85x115	1305	2000	1730 - 2550	1280	10/2	H = Hochradversion
D 20/D 20 P Multitrac	1958 - 1963	Deutz	F 2 L 712	2	18/24	L	95x120	1701	2000/2100	1880 - 2700	1370	10/2	
520 GH (D 18)	1959 - 1963	Güldner	2 LD	2	20	L	85x115	1305	2200	1730 - 2550	1260	10/2	
D 25 P	1960 - 1963	Deutz	F 2 L 712	2	25	L	95x120	1701	2150	1750 - 2570	1410	8/4	
5. Raupen													
»Panther«	1920	Deumo		2	20	W	80x130	1306	1200			3/1	Prototyp
»Die graue Laus«	1921 - 1924	Deumo		2	20	W	93x140	1900	1000		2000	3/1	
MTW Typ M	1924 - 1926	Kämper	PM 90/140	4	24,7/27	W	90x140	3563	950	1465	2082 - 2200	3/1	auch 24,7 PS bei 900 U/min
MTW Typ E	1926 - 1930	Kämper	PM 90/140	4	24,7/27	W	90x140	3563	950	1465	2000	3/1	
MTW	1928	Stock		4	28	W	90,5x140	3618	1000			3/1	
MTW Typ D	1930 - 1931	Kämper	F 12	4	36	W	110x160	6082	900		2300	3/1	Dieselmotor u. folgende, auch 6/2-Getriebe
MTW Typ D	1930 - 1931	Kämper	F 12	4	36/42	W	110x160	6082				3/1	auch 6/2-Getriebe
MTW R 50	1942	Deutz	F 3 M 417	3	50	W	120x170	5768	1350			3/1	Prototyp

Röhr

Maschinenfabrik E. Röhr,
Landshut/Bayern, Industriestr.

1. 1945-1948	**Maschinenfabrik Röhr,** Passau-Grubweg
2. 1948-1950	**Maschinenfabrik E. Röhr**
3. 1950-1954	**Maschinenfabrik E. Röhr GmbH,** Landshut/Bayern, Industriestr.
4. 1955	**Fahrzeug- und Maschinenfabrik GmbH**

Der Kfz-Meister Erich Röhr (1908–1975) gründete 1932 in Passau eine Automobil-Reparaturwerkstatt. Kurz vor Kriegsausbruch stand ein Neubau in Passau-Grubweg zur Verfügung, der jetzt allerdings im Auftrag der Wehrmacht Reparaturarbeiten an Opel-Pkw und Lkw ausführen musste. 1940 gelang es Röhr, die Vertretung für MAN-Nutzfahrzeuge zu erlangen, was allerdings aufgrund der Kriegsereignisse ohne Bedeutung blieb.

Während des Krieges befasste er sich auch mit der Entwicklung eines Schleppers. 1945 entstanden in den Passauer Wald-/Industriewerken die ersten Erprobungsmodelle mit Güldner- und Hatz-Motoren. Für die Serienfertigung des Modells »Röhr 22 PS« mit Hatz-Dieselmotor gründete Erich Röhr 1948 die Maschinenfabrik Röhr; wenig später nutzte er auch angemietete Räume der Zahnradfabrik Passau (ZP). Neben der Montage des Röhr-Einheitstyps mit einfacher Kühlermaske mit dem umrandeten Röhr-Schriftzug befasste sich das junge Unternehmen mit dem Bau von Kartoffeldämpfern, Moorwalzen und -eggen sowie Torfstechmaschinen (»Hochleistungs-Torf-Zerreißwolf«), Torflade- und Steintorf-Formgeräte. In einem weiteren Röhr-Betrieb (Passau-Innstadt) richtete Erich Röhr einen Betrieb zur Generalüberholung und zur Entwicklung von Diesel-Großgeneratoren ein und in Pocking entstand ein weiterer Betriebsteil, der für die partielle Schlepper-Montage, für die Großreparatur und für die Teilefertigung ausgelegt war. Und schließlich im Zuge der Währungsreform übernahm Erich Röhr die Vertretung für Volkswagen-Automobile.

22/24-PS-Röhr R 22/24, 1949.

Mit der Umstellung auf die DM setzte eine derartige Nachfrage nach Schleppern ein, dass Röhr nun das Standardmodell auch mit dem beliebten MWM-Viertaktdieselmotor ausstattete und rasch mit einem 15-PS-Bauern- sowie mit einem 35-PS-Großschlepper die damals üblichen Leistungsklassen abdeckte. Für das nachgeschobene Zwischenmodell »Ideal 18D« nutzte Röhr den auf 18 PS gedrosselten Deutz-Zweizylinder-Diesel. Auch Henschel-Zweizylinder-Diesel mit 20 PS Leistung setzte das Röhr-Werk in Schleppertypen ein. Für die Konfektionsschlepper war es immerhin außergewöhnlich, dass Röhr ein Allwetterverdeck oder eine Kabine, Lenkbremsen, Differentialsperren, Seilwinden und eine eigene Anbauegge anbot, die an die Mechanik des Mähbalkenantriebs anmontiert werden konnte. Nachdem rund 500 Modelle in Handarbeit zusammengesetzt waren, verlegte das Unternehmen die Produktion der

15-PS-Röhr 15 R, 1949. Foto: Udo Paulitz.

22-PS-Röhr 22 R, 1951. Foto: ChiemseeMan, © PD

Schlepper in erheblich größere Anlagen nach Landshut, wo ein Fließband eingerichtet werden konnte.

Im Jahre 1952 beteiligte sich Röhr zu 50 Prozent an der Maschinen- und Rollofabrik Gustav Heinzel KG in Landau, wo Kompressoren, Warmwasser- und Elektro-Radiatoren sowie die Entwicklung und Fertigung einer Salzabbaumaschine (Salt Digging Machine) eingerichtet wurde. Ein weiteres Betätigungsfeld des Röhr-Unternehmens im Ursprungsbetrieb Passau stellte der Einstieg in den Bau der damals beliebten Roller-Modelle dar. Die »Roletta« war mit einem 10-PS-ILO-Aggregat bestückt und galt als »gespannfähig«. Eine weitere Diversifikation sollte der Einstieg in den Straßen-Zugmaschinenbau bringen; es blieb jedoch bei dem 40-PS-Modell »40 R«.

Mit Beginn des Jahres 1953 erneuerte Röhr das Schlepperprogramm, das jetzt fein abgestuft aus 12-, 15-, 17-, 20-, 25-, 28-, 32-, 40- und 62-PS-Fahrzeugen bestand, die mehr oder minder nach Kundenwünschen »konfektioniert« wurden und Abnehmer auch in den Benelux-Staaten, in Italien, Griechenland, in der Türkei und in Brasilien fanden. Die bisherige Kühlermaske mit zwei breiten Querstreifen vor dem Schutzgitter erhielt jetzt eine senkrechte Strebe, auf der die Buchstaben RÖHR angebracht waren.

Mit den 12-, 15- und 17-PS-Kleinschleppern versuchte Röhr insbesondere die Kleinlandwirtschafts-Betriebe für die Motorisierung zu gewinnen. Eine 6-Volt-Anlage gehörte zur Standardausführung; gegen Mehrpreis gab es eine 12-Volt-Anlage und einen elektrischen Anlasser. Die Fahrzeuge besaßen außer den Einstiegsmodellen mit Pendelachsen vorne Doppelfederachsen, auf Wunsch konnten hinten Portalachsen eingebaut werden. Als Getriebe nutzte Röhr Hurth-, ZA-, ZP- und ZF-Aggregate. Nahezu jedes Modell war auch mit größerer Bereifung in einer Hochradausführung lieferbar, die Röhr als »Allzweckausführung« vermarktete.

Mit dem 62-PS-Zweizylinder-Typ 60 R »Titan«, der für Lohnunternehmer in den Niederlanden vorgesehen war, stieg Röhr in die damalige Spitzen-Leistungsklasse ein. Dem Anspruch entsprechend war auch die Aus-

12-PS-Röhr 12 RA, 1953. Foto: Udo Paulitz

20-PS-Röhr 20 REH, 1953. Foto: Udo Paulitz

60-PS-Röhr 60 R und Röhr-Roller »Roletta«, 1953. Foto: Klaus-Peter Enge

stattung; so kam hier eine Doppelquerfederachse zum Einbau. Allerdings konnten nur etwa sechs Modelle in die Niederlande verkauft werden, zwei weitere Modelle gingen in den Iran (an das Landgut von Schah Reza Palewi) und nach Argentinien.

Röhr befasste sich auch mit dem Bau eines mittleren Raupenschleppers mit besonders niedriger Bauhöhe. Das Einzelstück »60 K« aus dem Jahre 1953 hatte einen Henschel-Dieselmotor mit 65 PS und ließ sich über Lenkkupplung und Lenkbremsen steuern. Für den Einsatz auf Moorgelände entstanden Raupen-Prototypen mit 28- und 40-PS-Antrieben und extrabreiten Kettenplatten.

Jedoch schon Ende 1954 wurde ein Konkursverfahren über die Röhr-Maschinenfabrik eingeleitet. Kurz danach gelang es noch, den Traktorenbau auszugliedern, um vorliegende Aufträge abzuwickeln. Die Fahrzeug- und Maschinenfabrik GmbH Landshut übernahm den Verkauf der auf Halde stehenden Schlepper; im März 1955 wurde ein Röhr 17 R als letztes Modell an den Kunden gebracht.

Die zu geringen Stückzahlen und der dadurch teure Einkauf der Komponenten sowie das kostspielige Eingehen auf die individuellen Kundenwünsche hatten zu tiefroten Zahlen geführt. Erich Röhr bemühte sich 1956 seine zweite Salzabräummaschine nach Italien zu verkaufen. Ebenso versuchte Röhr, der eine große Anzahl von Patenten in Deutschland als auch im europäischen Ausland und in mehreren Ländern Südamerikas hielt, seine Patentrechte zur Salzabräummaschine zu verlängern; erst 1957 verlieren sich die letzten Spuren des Röhr-Maschinenbaus.

Rund 3200 Schlepper in der typisch hellblauen Farbgebung sollen entstanden sein; darunter 106 Modelle mit dem Hatz-Zweitakter. Die Otto Haas Maschinenfabrik in Sallach bei Gangkofen übernahm von 1956 bis 1963 die weitere Fertigung der Röhr-Modelle.

Die Hans Glas Vertriebs-GmbH erwarb im Dezember 1955 die Werkshallen der Maschinenfabrik Röhr und nutzte das Fließband für die Montage der Goggomobil-Motoren. Die aus dem Eggenbau entstandene Landmaschinenfertigung unter der Marke »Isaria« gab die Hans Glas GmbH an die Gebr. Eicher Traktoren- und Landmaschinenwerke ab. Für den Abverkauf der Röhr-Modelle stellten jedoch beide Firmen weiterhin Räumlichkeiten im ehemaligen Röhr-Werk zur Verfügung.

Die getrennt von der Maschinenfabrik Röhr geführte Automobilvertretung entwickelte sich in geschäftlicher Hinsicht dagegen hervorragend und ist heute der größte Volkswagen-Händler im süddeutschen Raum; auch das Audi-Zentrum in Passau gehört zu diesem Unternehmen. Erich Röhr, ein extrem dynamischer Unternehmer, der aber an den wirtschaftlichen Umständen scheiterte, erhielt kurz vor seinem Tod das Bundesverdienstkreuz für »richtungsweisende unternehmerische Tätigkeit«.

17-PS-Röhr 17 R, 1954. Foto: Klaus-Peter Emge

24-PS-Röhr 24 RH, 1955. Foto: Klaus-Peter Emge

60-PS-Röhr-Raupenschlepper-Prototyp, 1953.

Röhr-Schlepper

Baureihe	Bauzeit	Motor Hersteller	Typ	Zylinder	PS	Kühlung	Bohrung x Hub	Hubraum	Drehzahl	Radstand	Gewicht	Getriebe	Besonderheiten
1. Radschlepper													
Röhr	1945	MWM	KD 15 Z	2	20 - 22	W	95x150	2120	1500			4/1	Prototyp
Röhr	1945	Hatz	A 2	2	17 - 22	W	100x130	2040	1000 - 1500		1750	4/1	Umbau-Version
Röhr 22 PS	1945 - 1948	Hatz	A 2	2	22(-25)	W	100x130	2040	1300 (-1500)	1620	1650	4/1	Zweitakt-Dieselmotor
Röhr 28 PS	1948 - 1949	Güldner	2 F	2	28	W	105x150	2597	1500				
R 15	1949	MWM	KD 215 E	1	14	W	100x150	1178	1500	1600	1320	5/1	
Röhr R 22 Typ A	1949	Hatz	A 2	2	22	W	100x130	2040	1300	1580	1650 - 2150	4/1	auch Güldner-Motor
Röhr R 22 Typ B	1949	MWM	KD 215 Z	2	22	W	100x150	2360	1500	1565	1650 - 2150	4/1	
Röhr R 22 Typ C	1949	Hatz	A 2	2	22	W	100x130	2040	1300	1615	1650 - 2150	4/1	Zweitakt-Dieselmotor
Röhr R 22 Typ D	1949	MWM	KD 215 Z	2	22	W	100x150	2360	1500	1530	1650 - 2150	4/1	
R 22	1949 - 1950	Hatz	A 2	2	22	W	100x130	2040	1300	1620	1650	4/1	Zweitakt-Dieselmotor
R 22	1949 - 1951	MWM	KD 215 Z	2	22-25	W	100x150	2360	1500 - 1600	1620	1650	4/1	
S 22	1949 - 1950	Hatz	A 2	2	22-25	W	100x130	2040	1300 - 1500	1620		5/1	Zweitakt-Dieselmotor
S 22	1949 - 1951	MWM	KD 215 Z	2	22-25	W	100x150	2360	1500 - 1600	1620	1650	5/1	
R 22-24	1949 - 1950	MWM	KD 415 Z	2	22/24	W	100x150	2360	1500		1720 - 2150	4/1	
R 35	1949 - 1950	MWM	KD 215 D	3	35	W	100x150	3534	1500	1940	2100 - 2400	5/1	
»Ideal 18D«	1950 - 1951	Deutz	F 2 M 414	2	18	W	100x140	2198	1500			4/1	
R 25 (Typ B)	1950 - 1952	MWM	KD 415 Z	2	25	W	100x150	2360	1500	1565	1650 - 2150	4/1	
R 25 (Typ D)	1950 - 1952	MWM	KD 415 Z	2	25	W	100x150	2360	1500	1530	1650 - 2150	4/1	
R 15	1950	MWM	KDW 415 E	1	14/15	W	100x150	1178	1600	1600	1280	5/1	
R 15H	1950 - 1953	MWM	KDW 415 E	1	14/15	W	100x150	1178	1600	1600	1350	5/1	auch KDW 215 E
15 R / 15 RH	1950 - 1954	MWM	KDW 415 E	1	14/15	W	100x150	1178	1600	1600	1250	5/1	
R 25	1950	MWM	KD 415 Z	2	25	W	100x150	2360	1500	1800	1700	4/1	mit Schnellgang 30 km/h
25 R / 25 RH	1950 - 1953	MWM	KDW 415 Z	2	25	W	100x150	2356	1500	1800	1650	4/1	
R 35	1950 - 1951	MWM	KD 415 D	3	36	W	100x150	3540	1500	1940	1850 - 2400	5/1	
15 R	1951 - 1953	MWM	KD 215 E	1	14	W	100x150	1178	1500	1600	1280	5/1	auch 4/1-Getriebe
R 22	1951 -1952	Hatz	F 2 S	2	23	W	105x130	2250	1300	1620		4/1	Zweitakt-Dieselmotor, 4 Stück
18 R / 18 RH	1951 - 1952	MWM	KDWF 415 E	1	18	W	112x150	1480	1600		1295 - 1375	5/1	Version H als Hochradmodell
20 R / 20 RH	1951 - 1952	Henschel	515 DE	2	20	W	90x125	1590	1800	1600	1300	5/1	20 RH : 1380 kg
28 R	1951 - 1956	MWM	KDW 415 Z	2	28	W	100x150	2356	1500	1750	1700	4/1	
32 R	1951	MWM	KDW 415 D	3	33	W	100x150	3534	1500	2025	1920	5/1	
40 R	1951	MWM	KDW 415 D	3	40	W	100x150	3540	1500	2000	1920 - 2050	5/1	
40 R / 40 RH	1951 - 1955	MWM	KDW 415 D	3	40	W	100x150	3534	1600	2000	2210	5/1	
15 R / 15 RH	1952	MWM	KDW 415 E	1	15	W	100x150	1180	1600			5/1	
20 RE / 20 REH	1952 - 1954	MWM	KDW 615 E	1	20	W	112x150	1480	1600	1600	1540	5/1	
20 RZ / 20 RZH	1952	Henschel	515 DE	2	20	W	90x125	1590	1800		1380	5/1	
28 R	1952	MWM	KDW 415 Z	2	28	W	100x150	2360	1500		1780	4/1	auch mit Schnellgang, auch 7/1-Getriebe
40 R / 40 RH	1952 - 1955	MWM	KDW 415 D	3	40	W	100x150	3540	1500		1920	5/1	Straßen-Zugmaschine, Hochradversion 2050 kg
60 R	1952 - 1955	MWM-Südbr.	RHS 418 Z	2	60	W	140x180	5540	1500	2262	3300 - 3400	5/1	auch 7/1-Getriebe
12 R / 12 RH	1953 - 1955	MWM	KD 12 E	1	12	W	95x120	850	2000	1500	995 - 1020	5/1	auch mit Kriechgang
12 RA/RAH	1953 - 1955	MWM	AKD 12 E	1	12	L	98x120	905	2000	1500	980 - 1005	5/1	
17 R/RH	1953 - 1955	MWM	KD 211 Z	2	17	W	85x110	1248	2000	1702	1040 - 1080	4/1	
24 R	1953 - 1955	MWM	AKD 12 Z	2	24	L	98x120	1810	2000		1620		
24 R / 24 RH	1953 - 1955	MWM	KD 12 Z	2	24	W	95x120	1689	2000				
32 R	1953 - 1954	MWM	KDW 715 Z	2	32	W	105x150	2596	1600	1800	1920	5/1	
36 R	1954?	MWM	AKD 12 D	3	36	L	98x120	2715	2000				
2. Raupen													
M 2 Torf-Schneidemaschine	1948 - 1949	Güldner	F2	2	28	W	105x150	2597	1500				»Self-Driving Turf-Cutting-Machine«
Sumpf-Raupe	1952	MWM	KDW 415 Z	2	28	W	100x150	2356	1500				»Bog-Tractor«
Sumpf-Raupe	1952	MWM	KDW 415 D	3	40	W	100x150	3540	1500				
60 K	1953	Henschel	512 DJ	6	65	W	96x125	5430	1800			5/1	6 Modelle gebaut

Rotenburger Metallwerke (RMW)

Rotenburger Metallwerke, Rudolf Stierlen KG,
Rotenburg a. d. Fulda;
Zweigwerk Walter und Kuffer,
Schweinfurt, Ernst-Sachs-Str. 5,
1936 und 1955

15-PS-RMW Typ »AS 15 Fulda«, 1955.

In Rotenburg a. d. Fulda entstanden in den 1930er Jahren zunächst bei der 1919 gegründeten Maschinenfabrik Walter & Kuffer Einachsschlepper und Bodenfräsen. 1936 übernahmen die Rotenburger Metallwerke (RMW), Rudolf Stierlen KG (zunächst als Stahlbau GmbH) diesen Betrieb. 1937 konnte Ingenieur Lorenz Rübig als Konstrukteur gewonnen werden, der zuvor als Mitarbeiter bei Fey-Gobiet Fräsen entworfen hatte. Rübig schuf jetzt die Modelle RMW I und RMW II, die nach dem Krieg die RMW-Einachs-Baureihen »Modell I« und »Modell II« mit 7,5-PS-F&S- und 8,5-PS-ILO-Motoren bildeten. Dabei konnte der Triebkopf mit einem Einachsanhänger ergänzt werden.

Einen ersten Vierradschlepper hatte die RMW im Jahre 1939 gezeigt, Mitte der 1950er Jahre versuchte man dann ernsthaft, am deutschen Schlepperboom teilzuhaben, zumal trotz der Demontage noch große Fertigungsanlagen zur Verfügung standen. Als die Michelstädter Schlepperfabrik Ensinger die Fertigung ihrer Fahrzeuge einstellen musste, griff RMW zu, engagierte Friedrich Ensinger und übernahm dessen Konstruktionsunterlagen und Fertigungswerkzeuge.

Die Typen des RMW-Programms erhielten die Namen deutscher Flüsse wie »Fulda«, »Werra«, »Lahn«, »Weser«, »Inn«, »Lippe« und »Lech«. Das in einem Prospekt angebotene 12-PS-Modell »Eder« und das 18-PS-Modell »Lahn« wurden nie realisiert. Luft- und wassergekühltc Motoron mit Leistungen von 15 bis 60 PS sowie Getriebe von Hurth und ZF fanden Verwendung. Allerdings nutzte RMW entgegen dem Rat von Friedrich Ensinger zwar preiswerte, aber für die Motorleistung zu schwach ausgelegte Hurth-Getriebe aus der Vorkriegszeit, was zu kostspieligen Reparaturen insbesondere beim Typ »Fulda« und zum Verdruss der Kunden führte.

40-PS-RMW Typ »AS 40 Lippe« (Ex-Ensinger AS 40), 1955.

Während zumindest der in gerade mal sechs Exemplaren gebaute 40-PS-Schlepper »Lippe« die alte Ensinger-Haube trug – vermutlich waren es Modelle aus der Ensinger-Konkursmasse –, erhielten die anderen Modelle eine nachempfundene BMW-Niere an der schmalen Haube. Der Typ »Inn«, ausschließlich mit wassergekühltem Güldner-Diesel bestückt, schaffte es auf 24 Exemplare. Das Modell »Weser« entsprach dem Primus-Schlepper PD 2L. Ob das 60-PS-Prunkstück »Lech« mit dem Zweizylinder-Schiffsdiesel tatsächlich gefertigt wurde, ließ sich bisher nicht klären. Aus eigener Fertigung steuerte RMW den Hydro-Kraftheber bei.

Neben den Radschleppern sollten auch Raupenfahrzeuge in fünf verschiedenen Leistungsklassen mit Drei-, Vier- und Sechszylindermotoren hinzukommen; die Pläne sahen auch vor, die Modelle jeweils mit hydraulisch gesteuerten Lenkkupplungen auszustatten. Und zumindest die 40-PS-Ensinger-Raupe wurde mit Original-Ensinger-Haube als Typ »Saar« in fünf Exemplaren gefertigt, oder aus der Konkursmasse mit neuem Emblem »verkaufsfähig« gemacht. Schließlich versuchte das Unternehmen

10-PS-RMW-Geräteträger, 1955.

17-PS-RMW »AS Werra«, 1955. Foto: Gerhard Conrad

einen leichten Geräteträger mit einem F&S-10-PS-Kleindiesel aus dem Schweinfurter Zweigwerk ins Programm zu nehmen.

Ob es sich um eine Eigenentwicklung oder um einen Kauf handelte, ließ sich nicht mehr feststellen. Als Friedrich Ensinger schon nach ein paar Monaten als Konstruktionsleiter bei RMW starb, stellte das Werk den Traktorenbereich nach etwa 80 gefertigten Modellen ein. Neben den landwirtschaftlichen Fahrzeugen, Bodenfräsen (»Ackerwolf«), Astabschneidern (»Forresta«), kleinen Forst-Raupenschleppern (Typ »Itmar«) und automatisch aufsteigenden Baum-Entastungsmaschinen (Typ »Eichhörnchen«) baute RMW kleine Industrieschlepper der Marke »Athlet«, die mehr Geld einbrachten als der Ausflug ins Schleppergeschäft.

Mitte der 1950er Jahre versuchte Rudolf Stierlen, Eigentümer der RMW, mit dem dreirädrigen Kleinwagen »Pinguin« auch in die Pkw-Fertigung einzusteigen. Nachdem auch dieses erfolglose Unterfangen nur Geld verschlungen hatte, verkaufte er 1956 einen Teil der RMW an die Firma Kugelfischer. Mit dem Bau von Hydraulikanlagen und mitunter dem Bau der Henschel-RMW-Grader beschäftigte sich nun der Restbetrieb. Das Zweigwerk in Schweinfurt wurde stillgelegt. 1960 musste Stierlen seinen Betrieb vollständig an den Kugellagerhersteller Kugelfischer verkaufen.

40-PS-RMW-Raupenschlepper Typ »Saar« (Ex-Ensinger R 40), 1955.

Rotenburger Metallwerke-Schlepper

Baureihe	Bauzeit	Motor Hersteller	Typ	Zylinder	PS	Kühlung	Bohrung x Hub	Hubraum	Drehzahl	Radstand	Gewicht	Getriebe	Besonderheiten
1. Radschlepper													
Typ Eder	1955	MWM	AKD 12	1	12	L	98x120	905	2000				geplant
Typ Fulda	1955	Güldner	2 KN	2	15	W	75x100	883	2000	1800	1000	4/1	
Typ Werra	1955	Güldner	2 LD	2	17	L	85x115	1304	2000	1800	1195	5/1	
Typ Lahn	1955	MWM	KD 211 Z	2	18	W	85x110	1248	2000				geplant
Typ Weser	1955	MWM	AKD 12 Z	2	24	L	98x120	1810	2000	1800	1350	5/1	Paralleltyp zum Primus PD 2 L
Typ Inn	1955	Güldner	2 BN	2	25	W	95x130	1840	1800	1800		5/1	1 Exemplar
Typ Lippe	1955	MWM	KDW 415 D	3	40	W	100x150	3534	1500	2020	2325	5/1	6 Exemplare
Typ Lech	1955	MWM	RHS 418 Z	2	60	W	140x180	5540	1500	2340		5/1	
2. Raupen													
Typ Saar	1955	MWM	KDW 415 D	3	40	W	100x150	3534	1500				Ex-Ensinger-Typ RS 40
Typ Mosel	1955	MWM	RHS 418 Z	2	60	W	140x180	5540	1500				
Typ Nahe	1955				75								geplant
Typ Main	1955				120								
Typ Rhein	1955				150								
3. Geräteträger													
GT	1955	Hatz	E 85	1	10	L	85x100	570	2500			4/1	
4. Einachsschlepper (Fräsen)													
Modell I	1936 - 1953	F & S	770 707	1	7,5	L	71x75	297	3000		345	3/0	
Modell II	1951 - 1953	ILO	LE 400 F	1	9,5	L	80x80	402	3000		410	3/0	Zweitakt-Vergasermotor
BF 2	1953 - 1954	ILO	U Lu 2/200	2	10	L	62x66	398	3000		450	3/0	
Modell I	1955	F & S	Stamo 280	1	7,5	L	71x70	277	3600			3/0	
Modell II	1955	Hatz	E 85	1	10	L	85x100	570	2500			3/0	

Ruhrstahl

Ruhrstahl AG, Annener Gußstahlwerk,
Witten-Annen, Stockumer Str. 28,
1951–1956

Das Ruhrstahl-Werk, ein Zusammenschluss verschiedener Stahlwerke im Jahre 1930, ging auf eine Gründung im Jahre 1865 zurück. Für die Landwirtschaft lieferte das Ruhrstahl-Presswerk in Brackwede in den 1930er Jahren das von Ingenieur Gustav Pöhl (Berlin-Wilmersdorf, Landauer Str. 6) entwickelte »Pöhl-Rad« mit Spezialgreifern, welches eine weite Verbreitung gefunden hatte. Da der Betriebsteil Annener Gußstahlwerk während des Zweiten Weltkrieges Wannen und Türme sowie Gitter- und Kühlschlitze für Panzer gefertigt hatte, stand er auf der Demontageliste, wurde aber mit der Entwicklung einer landwirtschaftlichen Zugmaschine beauftragt und entging so dem vollständigen Abbau. Das Hauptwerk in Brackwede hatte hingegen Flugbomben und Luftkampfraketen gefertigt; die Demontage war hier unabwendbar.

Die von Dipl.-Ing. Fritz Simbringer realisierte »Ruhrstahl-Landmaschine« ging auf die Idee des Ingenieurs Heinrich Hildebrandt (Mitinhaber der Pflugfabrik Hildebrandt in Unna) aus der Vorkriegszeit zurück. An der Entwicklung war auch Ingenieur Alois Hieble beteiligt, der 1992 in seinem Unternehmen erneut ein ähnliches Fahrzeug auf die Räder stellte. Diese Konstruktion stellte neben dem späteren Lanz-»Alldog« den ersten Geräteträger für die Einmannbedienung auf dem deutschen Markt dar. Zwei U-förmig weit nach oben hochgekröpfte Kastenholme verbanden die Vorderachse mit dem Fahrzeugheck, das die Hinterachse mit dem Antriebsaggregat enthielt. Der Fahrer hatte ein optimales Blickfeld auf die mit Schnellverschlüssen anmontierbaren und hydraulisch betätigten Geräte vor und hinter der Vorderachse. Auch am Heck gab es Anschlüsse für weitere Geräte. Zapfwellenanschlüsse befanden sich vorne, hinten und in der Mitte. Eine hydraulisch senkbare Ackerschiene mit Zugmaul und Plattform erleichterten dem Fahrer die Arbeit.

Zum Antrieb diente der 22 PS starke Henschel-Zweizylinder-Diesel, etwa fünf Versuchsexemplare entstanden 1953/54 noch mit 40-PS-Vierzylinder-V-Motor von Warchalowski. Der Geschwindigkeitsbereich mit dem eigenen Viergang-Wendegetriebe lag zwischen 0,65 und 20 km/h.

Die aufwändige Konstruktion inklusive der 28 Zusatzgeräte erforderte allerdings einen hohen Verkaufspreis. Nachdem einige Prototypen ausgeliefert worden waren und obwohl 350 Vorbestellungen vorlagen, verlor die Ruhrstahl AG das Interesse an dem Fahrzeug und wandte sich Gewinn bringenderen Produkten zu. Heute ist das Unternehmen als ein Betriebsteil der Thyssen AG im Schwermaschinen-, Waggon- und Panzerfahrzeugbau tätig.

Ruhrstahl-Landmaschinen

Baureihe	Bauzeit	Motor Hersteller	Typ	Zylinder	PS	Kühlung	Bohrung x Hub	Hubraum	Drehzahl	Radstand	Gewicht	Getriebe	Besonderheiten
Ruhrstahl B 07 (Landmaschine)	1951 - 1954	Henschel	515 DE	2	20/22	W	90x125	1590	1800/2000	2200	1250 - 1500	4/1	
Ruhrstahl	1952	Warchalowski	D 40	V4	40	W	90x90	2290	3000	2200	1467	4/4	5 Exemplare
Ruhrstahl B 11 (Landmaschine)	1954 - 1956	Henschel	515 DE	2	20/22	W	90x125	1590	1800/2000	2300	1467	4/4	

20/22-PS-Ruhrstahl-Geräteträger »B 07 Landmaschine«, 1952. Foto: Martin Ulfertts, © CC-BY-SA-3.0

Ruhrthaler Maschinenfabrik

Ruhrthaler Maschinenfabrik
Schwarz und Dyckerhoff GmbH,
Mülheim/Ruhr, Scheffel Str. 14–28 und Uhland Str. 40,
1915–1928

Heinrich Schwarz gründete 1899 die Ruhrthaler Maschinenfabrik H. Schwarz & Co. GmbH, die 1908 durch den Eintritt von Carl Dyckerhoff (und seinem Sohn Dr. Ernst D.) den Namen Ruhrthaler Maschinenfabrik Schwarz und Dyckerhoff erhielt. Werkzeugmaschinen, Sauggasanlagen, Presslufthämmer und Hochdruckkompressoren für den Bergbau sowie Bergbaulokomotiven wurden dort gebaut. 1915 entstand der erste Ruhrthaler Motorpflug mit einem 28-PS-Motor eigener Fertigung. Unter der Marke »Schwadyck« verkaufte das Unternehmen dann die Gelenkpflüge, wohl nur mit mäßigem Erfolg, aber doch in genügender Stückzahl, so

45-PS-Ruhrthaler Maschinenfabrik »Schwadyck II«, 1919.

28-PS-Ruhrthaler-Maschinenfabrik »Schwadyck I«, 1921.

dass das Unternehmen 1919 ein größeres Modell mit 45- oder 60-PS-BMW-Motor präsentierte. Angeblich wurden diese Motorpflüge bis 1926 gebaut, und die Phönix Maschinenfabrik und Eisengießerei in Sorau/Niederlausitz erwarb eine Nachbau-Lizenz.

Zwischen 1919 und 1928 war die Firma auch im reinen Schlepperbau vertreten, wobei eigene Zwei- und Dreizylinder-Benzinmotoren eingesetzt wurden. Kurz vor der Aufgabe dieses Produktionszweiges setzte das Werk den 24/30 PS starken Südbremse/MWM-Dreizylinder-Dieselmotor in die mit Riemenscheibe und Seilwinde ausgestatteten Fahrzeuge ein. In der Werbung trat das Unternehmen auch als Hersteller von Raupenschleppern auf, ohne dass bisher darüber Details vorliegen.

Die Maschinenfabrik, die von 1928 bis 1948 auch im Dieselmotorenbau tätig war, geriet mit dem immer stärkeren Rückgang des deutschen Bergbaus in Schwierigkeiten, so dass der Bau der Grubenlokomotiven an die Firma Bedia Lokomotivtechnik in Moers abgegeben werden musste. Seit 1996 firmiert das Unternehmen als Bräutigam Ruhrthaler Transporttechnik GmbH und ist weiterhin in der Bergbautechnik tätig.

Ruhrwerke

Ruhrwerke AG,
Duisburg, Auf der Höhe 16a u. 26,
1911–1914

In einer ehemaligen Dampfkesselfabrik richteten die Ruhrwerke einen Motoren-, Dampfkessel- und Apparatebau ein. Für die Landwirtschaft erstellte das Unternehmen Motorpflüge, Vorspannmaschinen und Motordreschmaschinen. Das Anfangsprogramm bestand aus Motorpflügen mit 15-, 30- und 50-PS-Maschinen. Um 1913 kam noch eine Zugmaschine mit einem 80-PS-Motor hinzu, die im Zweimaschinensystem einen Sechsscharpflug bewegen sollte. Eine Riemenscheibe saß auf dem Wellenstummel vor dem Kühler. Den Vertrieb der Ruhrwerke-Erzeugnisse hatte sich der Landmaschinenhändler Freiherr von Wangenheim gesichert.

1912 übernahm die Aktien-Maschinenfabrik Kyffhäuserhütte das Duisburger Unternehmen; die Fertigung von Motorpflügen endete mit Kriegsbeginn.

50-PS-Ruhrwerke Typ U.L.A. 3, 1911.

Rush

Rush,
Gleiwitz/OS,
1912

Rush stellte einen zweiachsigen Bodenfräser her.

Ruthe

Friedrich Ruthe, Lippische Ziegelkarrenfabrik,
Bad Salzuflen-Schötmar, Oerlinghauser Str. 17,
1954 bis ca. 1964

Rund 60 schmalspurige »Diesel-Kleinschlepper« mit Hatz-Einzylinder-Dieselmotor und Hurth-Getriebe baute die Firma Ruthe, vorgesehen für den Einsatz in Ziegeleien, Gärtnereien und mit einer Spezialabgasanlage in Bergwerken. Nach Brasilien gelangten einige Schlepper, die auf Kaffeeplantagen ihren Dienst taten.

11-PS-Ruthe-Kleinschlepper, um 1960.
Foto: Ansgar Merten

RZW Rosenheim

RZW Rosenheim,
Kufsteiner Str. 75,
1939–1947

Automechaniker Heinrich Moosburner (1888 – 1952) stellte »Universal-Bauernschlepper« in Rahmen- und Blockbauart mit Deutz- und MWM-Motoren her. Das erste Modell, der Typ A 15 war mit dem liegenden Deutz-MAH 816 mit 15 PS bestückt. Für die Blockbau-Modelle mit 12/14- und 20/22-PS nutzte er MWM-Kleindiesel. Nach dem Bau von 59 Exemplaren musste er aufgrund der Schell-Plan-Beschränungen aufgeben.

RZW-Schlepper

Baureihe	Bauzeit	Motor Hersteller	Typ	Zylinder	PS	Kühlung	Bohrung x Hub	Hubraum	Drehzahl	Radstand	Gewicht	Getriebe	Besonderheiten
RZW 22 PS	1937 - 1940	MWM	KD 15 Z	2	20/22	W	95 x 150	2125	1500		1500		
RZW 12/14	1938 - 1940	MWM	KD 13 Z	2	12/14	W	85x130	1474	1500				
RZW A 15	1938 - 1940	Deutz	MAH 816	1	15	V	120 x 160	1808	1300				
RZW 10/11 PS	1939	MWM	KD 15 E	1	10/11	W	95x150	1062	1500				

Sack

Rudolf Sack, Landmaschinenfabrik,
Leipzig-Plagwitz, Albertstr.,
1896

Die 1863 gegründete Landmaschinenfabrik stellte vor allem Pflüge her. Im Jahre 1896 entwarf das Unternehmen einen Motorseilpflug mit einem Swiderski-Motor, über den nichts weiter bekannt wurde.

Nach 1945 wurde das Unternehmen, das Pflüge, Eggen, Pflanzenschutzmaschinen und Rübenroder herstellte, enteignet und dem Kombinat »Fortschritt« eingegliedert. 1993 übernahm die Franz Kleine Maschinenfabrik GmbH & Co. KG in Salzkotten das traditionsreiche Unternehmen.

Sauerburger

F. X. Sauerburger, Schlepper- und Gerätebau,
Ihringen 2 Wasenweiler, Im Bürgerstock 1
1. 1983-2001 **F. X. S. Sauerburger, Schlepper- und Gerätebau**
2. 2000-heute **F. X. S. Sauerburger Traktoren- und Gerätebau GmbH**

Der traditionsreiche Landmaschinenbetrieb fertigte vor allem Bodenbearbeitungsgeräte (Kreiseleggen, Fräsen, Grubber, Schlegel- und Mulchgeräte sowie Häcksler) für den Wein- und Obstbau. 1983 ging das Unternehmen unter der Führung des Landwirtschaftsmeisters Franz Xaver Sauerburger zum Bau von Schmalspurschleppern mit MWM-Motoren, Schweizer Devon-Getrieben und einer vorderen Frontanbauschiene über. 1986 überarbeitete Sauerburger die Modelle, wobei ein neu entwickeltes Carraro-Getriebe und eine vordere Antriebsachse mit einem Lenkeinschlag von 50 Grad eingebaut wurden. Die Lenkung erfolgt hydrostatisch.

33-PS-Sauerburger FXS 330 A, 1983. Werkfoto Sauerburger

1989 ging Sauerburger auf Drei- und Vierzylinder-Motoren von John Deere-Power-Systems (DPS) über. Auf Wunsch konnte jetzt eine Kabine aufgesetzt werden. 1999 erhielten die neuen Modelle »FXS 601 AS« und »FXS 751 AS« ein modernisiertes Design, eine neu konzipierte Hydraulikanlage, eine schwingungsgelagerte und klimatisierte Komfortkabine mit Plattformboden sowie 12-Gang-Wendegetriebe.

Die Räder an der Lenktriebachse mit elektrohydraulischer Allradzuschaltung lassen sich bis zu 55 Grad einschlagen. Die letzte Serie ab 2011 erhielt einen Perkins-Dreizylindermotor, da die erneut abgasreduzierten DPS-Motoren noch nicht lieferbar waren. Die »FXS«-Schlepper, schließlich nur noch mit Allradantrieb, verfügten über Front- und Heckhydraulik. Die rund 80 jährlich gefertigten Schlepper fanden ihre Abnehmer in Deutschland, in der Schweiz, in Frankreich und in Kanada. Weiterhin entstehen im Sauerburger-Werk Hoflader, Scopic-Teleskoplader und der Hanggeräteträger »FXS Grip4«.

79-PS-Sauerburger FXS 751 AS, 1999. Werkfoto Sauerburger

65-PS-Sauerburger FXS 650 AS Turbo, 1983. Werkfoto Sauerburger

90-PS-Sauerburger FXS »Grip4« Geländeschlepper, 2011. Werkfoto Sauerburger

Sauerburger-Schmalspurschlepper

Baureihe	Bauzeit	Motor Hersteller	Typ	Zylinder	PS	Kühlung	Bohrung x Hub	Hubraum	Drehzahl	Radstand	Gewicht	Getriebe	Besonderheiten
1. Radschlepper													
FXS 330 A	1983 - 1986	MWM	D 327-2	2	33	L	100x120	1884	2300	1590	1390	11/2	Allradantrieb
FXS 331	1983 - 1986	MWM	D 327-2	2	33	L	100x120	1884	2300	1590	1370	11/2	
FXS 420 A	1983 - 1986	MWM	D 302-3	3	42	L	95x105	2332	2300	1700	1420	11/2	Allradantrieb
FXS 421	1983 - 1986	MWM	D 302-3	3	42	L	95x105	2332	2300	1700	1400	11/2	
FXS 500 A	1983 - 1986	MWM	D 327-3	3	50	L	100x120	2827	2250	1780	1570	8/2	Allradantrieb
FXS 501	1983 - 1986	MWM	D 327-3	3	50	L	100x120	2827	2250	1780	1540	8/2	
FXS 500 AS	1983 - 1986	MWM	D 327-3	3	50	L	100x120	2827	2250	2000	1690	12/4	Allradantrieb
FXS 501 S	1983 - 1986	MWM	D 327-3	3	50	L	100x120	2827	2250	2000	1660	12/4	
FXS 650 AS Turbo	1983 - 1986	MWM	TD 327-3	3	65	L	100x120	2827	2300	2030	1740	12/4	T, Allradantrieb und folgende
FXS 332 AS	1986 - 1991	MWM	D 327-2	2	33	L	100x120	1884	2250	1510	1450	8/4	
FXS 422 AS	1986 - 1993	MWM	D 302-3	3	42	L	95x105	2332	2300	1655	1530	8/4	
FXS 502 AS	1986 - 1993	MWM	D 327-3	3	50	L	100x120	2827	2250	1680	1570	8/4	
FXS 502 AS	1986 - 1993	MWM	D 327-3	3	50	L	100x120	2827	2250	1890	1600	12/8	
FXS 652 AS Turbo	1986 - 1993	MWM	TD 327-3	3	65	L	100x120	2827	2300	1890	1800	12/8	T
FXS 602 AS/K	1989 - 1993	MWM	D 226-3	3	60	W	105x120	3117	2250	1910	1700	8/4	auch 12/8-Getriebe
FXS 751 AS Turbo	1989 - 1999	DPS	3029 TRT	3	75	W	106,5x110	2938	2500	1900	2010	12/12	T
FXS 600 AS	1997 - 1998	DPS	3029 DRT	3	58	W	106,5x110	2938	2500	1980	2350	16/8	
FXS 750 AS	1997 - 1998	DPS	3029 TRT	3	79	W	106,5x110	2938	2500	1980	2350	16/8	T
FXS 601 AS	1999 - 2014	DPS	3029 DRT	3	58	W	106,5x110	2938	2500	1910	2200	12/12	ab 2001 61 PS
FXS 751 AS	1999 - 2014	DPS	3029 TRT	3	75	W	106,5x110	2938	2500	1910	2200	12/12	T
FXS 901 AS	2001 - 2005	DPS	4045 TRT	4	89	W	106,5x110	4523	2200	2060	2050	12/12	T
FXS 751	2011 - 2014	Perkins	1103D-33T	3	79	W	105x127	3300	2200	1900	1960	12/12	T
2. Hanggeräte-Allzweckschlepper													
FSX Grip4	2011 - 2015	Perkins	854E-E34TA	4	90	W	99x110	3385	2200	2300	3350	Hydr.	TL
FSX Grip4-95	2015 - 2019	Perkins	854E-34E	4	95	W	99x110	3385	2200	2340	3400	Hydr.	TL
FXX Grip4-110	ab 2015	Perkins	854E-E34TA	4	113	W	99x110	3385	2200		3400	Hydr.	TL
FSX Grip4-75	2017 - 2019	Kohler	KDI2504T-CR	4	73	W	88x102	2482	2600		2600	Hydr.	TL
FSX Grip4-70	ab 2019	Kohler		4	73	W	88x102	2482	2600		2100	Hydr.	TL
FSX Grip4-75 S	ab 2019	Kohler		4	73	W	88x102	2482	2300		2800	Hydr.	TL
FSX Grip4-75 P	ab 2019	Kohler		4	73	W	88x102	2482	2300		2800	Hydr.	TL

Schaeff

Karl Schaeff,
Langenburg/Württ.,
1931

Das durch Baumaschinen bekannte Unternehmen stellte Anfang der 1950er Jahre einen selbstfahrenden Motormäher mit einem 6,5 PS starken Zweitakt-Vergasermotor und einem Zweiganggetriebe her.

Schanbacher und Ebner

Maschinenfabrik Schanbacher und Ebner,
Esslingen
1. 1914 **Maschinenfabrik Schanbacher und Ebner,** Esslingen
2. 1921 **Albert Ebner & Co.**

Nachdem schon 1914 eine motorisierte Grasmähmaschine entwickelt worden war, brachte die später bekannte Rasenmäherfabrik 1921 einen leichten Schlepper mit einem Mähbalken heraus. Ein Vierzylindermotor mit 20 PS und ein Zweiganggetriebe wurden in die zwei Exemplare eingesetzt. Der Firmenteilhaber Albert Ebner (1891–1956) konstruierte nach dem Krieg in St. Georgen den anspruchsvollen Plattenspieler »Perpetuum Ebner«. Bis 1981 war die Firma im Bau von Holzbearbeitungsmaschinen tätig.

Motormäher von Schanbacher und Ebner, 1921

Schanzlin

Schanzlin Traktoren und Maschinen GmbH,
Weisweil/Baden, Köpfle 30
1. 1948-1958 **Gebr. Schanzlin, Maschinenfabrik**
2. 1958-2005 **Schanzlin Traktoren und Maschinen GmbH**

Max Schanzlin gründete 1908 in Fahrnau bei Basel eine Reparaturwerkstatt für Landmaschinen, aus der ein Herstellungsbetrieb für Pumpen, Bandsägen, Strohschneider, Hobelmaschinen sowie für Zahnräder hervorging. 1953 bezog der Betrieb ein neues Domizil im badischen Weisweil.

In den frühen 1950er Jahren stellte das Unternehmen neben Motormähern und Motorhacken auch Einachsschlepper mit der Typenbezeichnung »KS-UNI« her, die mit einem Einachsanhänger zu einem kleinen Lastenfahrzeug erweitert werden konnten. Unter der automobilartigen Haube steckte entweder ein 8,5 PS starker Hirth-Vergaser- oder ein 10 PS starker Stihl-Zweitakt-Dieselmotor. Getriebe und Achsen kamen aus eigener Fertigung. Auch der Einachser EDF 57 mit 12-PS-F&S-Motor konnte zum Vierradfahrzeug erweitert werden.

8,5-PS-Schanzlin-Einachsschlepper KS/UNI, 1954.

8,5-PS-Schanzlin-Kompaktschlepper »Kultimot«, 1961.

1958 erweiterte Schanzlin das Programm um Vierachs-Kleinstschlepper für Pflegearbeiten im Wein- und Obstbau sowie in der Gartenwirtschaft. Ausgehend vom »D 12 L« entstand die »Kultimot«-Baureihe in Halbrahmenbauart mit Hirth-Vergaser- und Farymann-Dieselmotoren. Eine Zapfwelle und ein mechanischer Kraftheber hatten diese kompakten Schlepper serienmäßig, die Spurweite ließ sich auf 70 bis 86 Zentimeter einstellen.

Für Plantagen, für industrielle und kommunale Zwecke entstanden seit 1968 Schmalspurschlepper mit Lenkbremsen und Zapfwellenanschluss unter der Bezeichnung »Gigant« mit und ohne Allradantrieb; luftgekühlte MWM-Motoren sorgten für Vortrieb. Mit einem 50-PS-Antrieb ragte 1978 das Kraftpaket »Gigant 450« hervor.

Speziell für die Sportplatzpflege wurde 1979 dann der Allradtyp »Golftrac« mit einem 35-PS-VW-Dieselmotor entwickelt.

In den frühen 1980er Jahren erneuerte Schanzlin die Gigant-Serie mit Hatz-, Lombardini-, MWM- und VW-Motoren. Diese Spezialschlepper für Sonderkulturen waren nun ausschließlich mit Allradantrieb lieferbar. Ab 1996 wandte sich das Unternehmen mit den Baureihen »304« und »504« ausschließlich der Kommunalwirtschaft zu. 2005 ließ Schanzlin die Schleppermontage auslaufen und konzentrierte sich auf die Herstellung von CNC-Präzisionsteilen, von Getrieben, Achsen, Motorblöcken und Automobil-Baugruppen.

50-PS-Schanzlin-Kompaktschlepper »Gigant 285«, 1982. Foto: Schanzlin

55-PS-Schanzlin-Kompaktschlepper 803 S, 1985. Foto: Schanzlin

60-PS-Schanzlin-Kommunalschlepper 703 S, 1993. Foto: Schanzln

38-PS-Schanzlin-Kommunalschlepper 304, 1995. Foto: Schanzlin

Schanzlin-Schmalspurschlepper													
Baureihe	Bauzeit	Motor Hersteller	Typ	Zylinder	PS	Kühlung	Bohrung x Hub	Hubraum	Drehzahl	Radstand	Gewicht	Getriebe	Besonderheiten
1. Einachsschlepper													
KS UNI	1952 - 1954	Hirth	Type 50	1	8,5	L	75x68	300	3000			2/1	Zweitakt-Vergasermotor
KS UNI	1952 - 1954	Hirth	D 22	1	7	L	77x96	447	2000			2/1	Zweitakt-Dieselmotor
KS UNI/D	1955 - 1957	Hirth	D 22	1	7	L	77x96	447	2000		285	2/1	dito
KS UNI/B	1955 - 1957	Hirth	Type 50	1	8/9	L	75x68	300	3000		260	2/1	Zweitakt-Vergasermotor
EDF 57	1957	F & S	D 600 L	1	12	L	88x100	604	2200		510	8/2	Zweitakt-Dieselmotor
2. Vierradschlepper													
D 10 L	1955	Stihl	131 B	1	10	L	90x120	763	1500				
D 12 L	1958 - 1961	F & S	D 600 L	1	12	L	88x100	604	2200	1435	860	6/2	
Kultimot	1959	Hirth	D 24	1	7	L	77x96	447	2000	1050	480	2/1	Breite 700 oder 960 mm
Kultimot	1960	Hirth	D 30	1	8	L	77x96	447	2500	1050	380	2/1	
Kultimot	1960	Hirth	51	1	8,5	L	75x68	300	3000		380	2/1	
Kultimot	ab 1966?	Farymann	LB	1	11	L	90x82	521	3000	1100	580	4/2	
Kultimot	1966 - 1967	Farymann	B	1	12	L	95x82	581	3000	1340	660	4/2	
Gigant	ab 1966	Farymann	P	V2	20	L	95x90	1276	2500			6/3	
Gigant 250	ab 1968	Farymann	P	V2	20/22	L	95x90	1276	2500	1100	840	6/1	
Gigant 250/30	1968 - 1969	Farymann	S	2	30	L	105x90	1558	2500	1340	940	6/1	
Gigant 250 A	1968 - 1975	Farymann	S	2	30	L	105x90	1558	2500	1390	970	6/1	Allradantrieb
Gigant 250	ab 1969	Farymann	P	V2	22	L	95x90	1276	2500	1340	940	6/1	
Gigant 300	ab 1969	Farymann	S	2	30	L	105x90	1558	2500	1460	1070	6/1	
Gigant 300 A	ab 1969	Farymann	S	2	30	L	105x90	1558	2500	1420	1135	6/1	Allradantrieb
Gigant 300	ab 1969	MWM	D 325-2	2	30	L	95x120	1700	2500			6/1	
Gigant 300 B	ab 1969	MWM	D 327-2	2	36	L	100x120	1888	2800	1650	1265	6/1	
Gigant 400/A	ab 1969	MWM	D 327-3	3	55	L	100x120	2826	2800	1778	1300	6/1	
Gigant 433	ab 1970	MWM	D 226-2	2	30	W	105x120	2008	2200		1100		
Gigant 442	ab 1970	MWM	D 308-3	3	42	L	95x105	2231	2400		1150		
Gigant 285	ab 1970	MWM	D 327-3	3	50	L	100x120	2826	2000		1150		
Gigant 500	1970 - 1975	MWM	D 327-3	3	55	L	100x120	2826	2400		1540		
Gigant 300/8	1972	MWM	D 327-2	2	35	L	100x120	1881	1500		1265		
Gigant 500	1972	DB	OM 615	4	52	W	87x92	2197	3150	1900	1550	8/2	Allradantrieb
Gigant 600	1975	DB	OM 616	4	60	W	90,9x92,4	2402	3300	1900	1600	8/2	
Gigant 280	1977	MWM	D 325-2	2	28	L	95x120	1700	2500		1050	6/1	
Golftrac	1979	VW	068.2	4	35	W	76,5x80	1471	3000	1630	1165	6/1	
Gigant 433	1982 - 1991	MWM	D 302-2	2	30	L	95x105	1488	2500	1560	1150 - 1275	11/2	Allradantrieb
Gigant 442	1982 - 1991	MWM	D 302-2	3	42	L	95x105	2233	2300	1690	1220 - 1300	11/2	Allradantrieb, auch Radstand 1840 mm
Gigant 285	1982	MWM	D 327-2	2	35	L	100x120	1884	2500	1685	1100	11/2	
Gigant 295	1982	MWM	D 327-3	3	50	L	100x120	2826	2300	1810	1150	11/2	
Gigant 350 K	1983	MWM	D 327-2	2	35	L	100x120	1881	2500	1728	1235	11/2	Allradantrieb
Gigant 450 K	1983 - 1995	MWM	D 327-3	3	50	L	100x120	2826	2300	1856	1285 - 1360	11/2	
803 S(ynchron)	1983 - 1987	Hatz	3L40C	3	55	L	102x105	2574	3000	1950	1540	11/2	Allradantrieb
803 S(ynchron)	1983?	MWM	D 226-B3	3	60	W	105x120	3115	2350	2000		11/2	
K 4004 (ex-Golftrac)	1985	VW	068.5	4	41	W	76,5x86,4	1588	3000		1260	6/1	Allradantrieb
703 S(ynchron)	1986 - 1995	MWM	D 226-3	3	52	W	105x120	3115	2350	1890	1600 -	11/2	
803 S(ynchron)	1987 - 1991	Hatz	3L40C	3	56	L	102x105	2574	3000	2000	1740	11/2	Allradantrieb
202 Hydromatic	1992	VW	068.5	4	41	W	76,5x86,4	1588	3000		1595	Hydr.	
703 S(ynchron)	1992	MWM	D 226-3	3	60	W	105x120	3115	2350	1893	1750	11/2	Allradantrieb
204 Hydromatic	1993	VW	068.5	4	41	W	76,5x86,4	1588	3000	1750	1650	Hydr.	
304	1994 - 2005	Lombardini	LDW 1204/T	4	38	W	72x75	1222	3600	1750	1280	2/1	T, Allradantrieb
504	1995 - 2005	VW	028.Z	4	53	W	79,5x95,5	1896	3000	1790	1520	2/1	Allradantrieb

Scharfenberger

Franz Scharfenberger, Eisen- und Maschinenbau,
Wackenheim (Vertrieb Josef Willmes, Bensheim), 1951-1956

Unter Verwendung von F&S- und Hirth-Vergasermotoren entstanden die Scharfenberger Einachsschlepper »Winzer Robot« und »Winzerroß«, die mit einem Stützrad zum Dreiradschlepper erweitert werden konnten. Der Vertriebspartner übernahm 1956 die weitere Fertigung der Einachser.

Scharfenberger-Behelfsschlepper													
Baureihe	Bauzeit	Motor Hersteller	Typ	Zylinder	PS	Kühlung	Bohrung x Hub	Hubraum	Drehzahl	Radstand	Gewicht	Getriebe	Besonderheiten
Winzer-Robot	1951	F&S	Stamo 280	1	6,5	L	71x70	277	3000			2/2	Zweitakt-Vergasermotor
Winzer-Robot	1952	F&S	Stamo 360	1	9	L	78x75	360	3000			2/2	
Winzer-Robot	1952 - 1955	F&S	D 500 W	1	9	L	80x100	503	2000			2/2	
Winzerroß	1956	Hirth	601	1	6,5	L	68x68	247	3000			2/1	Zweitakt-Vergasermotor

40/60-PS-Scheffeldt-Tragpflug, 1920.

Scheffeldt

Scheffeldt GmbH, Maschinen- u. Motorpflugfabrik,
Coburg, Hahnweg 68,
1914–1920

Eine Fehlkonstruktion, so Otto Barsch, war der vier Tonnen schwere Tragpflug mit zunächst allzu schwachen 25 PS und einem Eingang-Wendegetriebe, vorgesehen für leichte Böden und kleine Landwirtschaften. Ein Mann steuerte das Fahrzeug, der zweite regulierte die Höhenlage des Pflugkörpers mit drei Scharen, die eine Arbeitsbreite von 62 cm und somit zu einer Tagesleistung von 2 ha führten. Ab 1915 wurden zu schwache 40-, später 60-PS-Motoren verbaut, die wiederum für dieses Vehikel zu stark waren. Das ungeschickt angebrachte und zu kleine Heckrad, das in der Furche lief, wühlte den Ackerboden stark auf und erforderte eine anstrengende Lenkarbeit. Der zwar jetzt nur noch eine notwendige Maschinenführer hatte seinen Platz am hinteren Ende mit verkleidetem Sitzplatz einschließlich einem Faltverdeck. Der Pflugrahmen wurde motorisch über zwei Zahnstangen betätigt; durch das zwischen den Scharen laufende Stützrad erfolgte aber eine ungleichmäßige Pflugarbeit. Modern war jedoch die Ausstattung des Motors mit einem elektrischen Anlasser; der Pflugrahmen konnte per Motorkraft bewegt werden.

Scherf

Karl Scherf,
Saarburg,
1931 – 1935 (?)

Hersteller eines Kleinschleppers mit einem 6,5-PS-DKW-Motor und einer Seilwinde.

Scheuch

Landtechnisches Ingenieurbüro Triptis-Erfurt,
Erfurt, Verlängerte Geschwister-Scholl-Str.,
1935–1949

Egon Scheuch (1908–1972) war Ingenieur für Landtechnik und entwickelte zunächst Einachsschlepper mit Achsschenkellenkung und DKW-Einbaumotoren, die mit einem hinteren Stützrad zum Behelfsschlepper erweitert werden konnten. Die 6 und 8,5 PS starken Mustertypen wurden aber nicht bei Scheuch, sondern bei der Firma Bruno Müller, Eisen- und Maschinenbau und Motor-Aggregate in Triptis, aufgebaut. Anscheinend überzeugten sie, das Auto Union-Werk in Chemnitz sollte sie in Serie bauen. Daraus wurde aber nichts, ebenso wenig wie aus einem anderen Scheuch-Entwurf mit zwei DKW-Motoren. Bei Leerfahrten sollte mit einem, bei schweren Transport- oder Ackerarbeiten mit zwei Motoren gefahren werden.

6-PS-Scheuch-Einachsschlepper, um 1940.

8,5-PS-Scheuch-Einachsschlepper mit Schädlingsbekämpfungsanlage, 1941.

Während des Krieges entwarf Egon Scheuch einen knickgelenkten Kleinschlepper mit dem 25-PS-VW-Motor. Dieses Fahrzeug, vermutlich im Werdauer Schumann-Werk in Serie gefertigt, ging in großen Stückzahlen als Flugzeugschlepper an die Luftwaffe. Da dem Bruno Müller-Werk ein Wehrmacht-Reparaturlager für VW- und MAN-Aggregate zugeordnet war, konnte dort, nach einigen kleinen Änderungen, der ehemalige Flugzeugschlepper mit entsprechenden Wehrmachtsteilen nach dem Krieg umgerüstet werden.

Versehen mit einer belastbaren Achse, einer Heck-Pritsche und Blechteilen der Karosseriefabrik Fleischer in Gera, entstanden so bis 1949 rund 100 dieser »Scheuch-Schlepper« als Zug- und Transportfahrzeug für die Landwirtschaft.

Neben diesen Radschleppern konstruierte das Ingenieurbüro Egon Scheuch nach Kriegsende unter Verwendung des VW-Motors und von Teilen des Wehrmachts-Kettenkrades einen kleinen Raupenschlepper. Den vorderen, pendelnd aufgehängten Achsträger führten lange seitliche Streben, die wiederum an Zapfen im hinteren Bereich beweglich angelenkt waren und die oberen Stützräder trugen.

Unten drückten je zwei an Federpaketen abgestützte Rollen die Kette auf den Boden. Die Lenkung erfolgte über Lenkhebel, die auf die Bremsen an den Antriebswellen des Differentials wirkten. Eine zweite Version mit geändertem Fahrwerk erhielt einen MAN-Dieselmotor. Für diese Variante war ein eigenes Lenkdifferential entwickelt worden. Insgesamt sollen rund 50 Raupen entstanden sein.

1949 entwickelte Scheuch zusammen mit dem Betrieb in Triptis das »Geräteträgerprinzip«. Basierend auf seinen Erfahrungen mit den Einachsschleppern, nutzte Scheuch hier als zentrales Bauteil einen Kastenträger mit Bohrungen zur Befestigung der Zwischenachsgeräte. Während hinten die Antriebsachse mit Getriebe, Lenksäule und Fahrersitz saß, befand sich am vorderen Ende des Tragrahmens der schwenkbare Achsträger. Davor saß der Einzylinder-Zweitaktmotor von IFA-DKW. Die Antriebswelle lief, gut geschützt, im zentralen Kastenträger. Die Spurweite ließ sich von 1000 bis auf 1750 mm verändern.

25-PS-Scheuch-Einachsschlepper mit Düngerstreuer, 1945.

25-PS-Scheuch-Raupenschlepper, Typ I, 1945. Foto: Bruno Scheuch

15-PS-Scheuch-Geräteträger »Maulwurf« mit Egon Scheuch am Lenkrad, 1949.

50-PS-Scheuch-Raupenschlepper, Typ II, 1946. Foto: Bruno Scheuch

Egon Scheuch überarbeitete diese Ausführung erneut; der Motor wurde in einem Versuchsmodell im Heck, in einer weiteren Version vor den Fahrerplatz montiert. Hier war die auffallende diagonale Lenksäule (Typ »Spinne«) angebracht.

Die Fertigung des als »Fahrkuh«, »IFA Acker(bau)maschine« oder »IFA-Maulwurf« bezeichneten Modells sollte im inzwischen in IFA Schlepperwerk Triptis umbenannten Bruno Müller-Unternehmen oder in der IFA Vereinigung volkseigener Fahrzeugwerke Chemnitz (früheres DKW-Werk) erfolgen. Gesichert ist aber bisher nur die Fertigung erster Vorausmodelle im Brandenburger und im Schönebecker Schlepperwerk. In Schönebeck entstanden nach 1952 die Ausführungen der Baureihe »RS 08/15«, die unter der weiteren Mitarbeit von Egon Scheuch in die erfolgreichen Geräteträgerbaureihen »RS 09/122« und »GT 09/124« mündete.

Während das Erfurter Ingenieurbüro als Rationalisierungsbetrieb für die Reichsbahn diente, wurde der Bruno Müller-Betrieb zum VEB Lenkgetriebewerk Triptis »umprofiliert«. Nach der Wende musste das Werk die Tätigkeit einstellen.

Scheuch-Schlepper

Baureihe	Bauzeit	Motor Hersteller	Typ	Zylinder	PS	Kühlung	Bohrung x Hub	Hubraum	Drehzahl	Radstand	Gewicht	Getriebe	Besonderheiten
1. Radschlepper													
Scheuch-Einachsschlepper	1941	DKW	EL 293	1	6	I	74x68,5	293	3000	1300		1/0	Zweitakt-Vergasermotor
Scheuch-Einachsschlepper	1941	DKW	EL 462	1	8,5	L	88x76	462	3000	1300		3/1	
Scheuch-Einachsschlepper	1945	VW		4	25	L	75x64	1131	3000	1520 - 1560	1650	4/1	mit hinterer Laufachse und Ladepritsche
Ackerbaumaschine	1949 - 1950	IFA	EL 462	1	8,75	L	88x76	462	3000	1730	570	4/1	Zweitakt-Vergasermotor
2. Raupen													
Scheuch Typ I	1945	VW		4	25	L	75x64	1131	3000			4/1	Vergasermotor
Scheuch Typ II	1945	MAN	D 0534 GS	4	50	W	105x130	4500	1500				Dieselmotor

Schilling

Maschinenfabrik Schilling,
Ettlingen/Baden und Karlsruhe-Durlach,
1949–1952

Unter den Markenbezeichnungen »Hans« (4, 5 oder 6 PS) und »Franz« (8 PS) fertigte Dipl.-Ing. Schilling Einachs-Motorgeräte für den Einsatz in Kulturen und im Bereich von Kleinbauern. Mit einer Stützachse konnten die »Motorvielfachgeräte« zum Vierradschlepper erweitert werden. Hirth-Vergaser- oder Berning-Dieselmotoren kamen zum Einbau. Die Einachser-Konstruktion diente anschließend den Agria-Werken als Ausgangspunkt für die eigene Kleinschlepper-Fertigung. Das Unternehmen umfasste angeblich drei Werke mit 1000 Personen.

Schilling-Behelfsschlepper

Baureihe	Bauzeit	Motor Hersteller	Typ	Zylinder	PS	Kühlung	Bohrung x Hub	Hubraum	Drehzahl	Radstand	Gewicht	Getriebe	Besonderheiten
Hans	1950	Triumph	Gemo 170	1	3,4	L	55x71,8	171	3000		110	2/0	Zweitakt-Vergasermotor
Franz	1950 - 1951	Hirth	44 A	1	6,5	L	68x68	247	3000		250	2/2	
Franz	1952 - 1953	Berning	Di 7L	1	7	L	80x85	425	3000		300	2/2	Viertakt-Dieselmotor

Schless & Roßmann

Schless & Roßmann,
Kassel, Königinhofstr. 81–85,
1938

Als Hersteller von Ackerschleppern mit bisher unbekannten Details taucht diese Firma in der Literatur auf.

Schlüter

Motorenfabrik Anton Schlüter München GmbH,
München-Freising, Balanstr. 30 u. Münchener Str. 32

1. 1937-1990 **Motorenfabrik Anton Schlüter München GmbH,** München-Freising, Balanstr. 30 u. Münchener Str. 32
2. 1990-1993 **Traktorenfabrik Anton Schlüter GmbH u. Co.,** Freising bei München

Die bis Ende 1993 bestehende Motoren- und Traktorenfabrik Schlüter wurde im Jahre 1899 von dem späteren königlichen Kommerzienrat Anton Schlüter I (1867–1949) in München als Reparaturwerkstatt für Brauerei- und Druckereimaschinen gegründet. Nachdem Schlüter zunächst die Vertretung einer sächsischen Motorenfabrik übernommen hatte, begann die Firma im Jahre 1905 mit der eigenständigen Entwicklung und Herstellung von Benzinmotoren. 1911 kam das Zweigwerk in Freising für die Benzin- und Glühkopfmotorenproduktion hinzu, Schlüter konnte nun Motoren mit Leistungen von 2 bis 300 PS produzieren.

Die Motoren wurden in Lokomobilen für die Landwirtschaft, in Schiffen als Haupt- und Hilfsaggregatantrieb sowie in Kleinkraftwerken zum Antrieb von Dynamomaschinen im In- und Ausland verwendet. Hinzu kam der bis 1931 gepflegte Bau von Dreschmaschinen.

Ab 1921 wandte sich das Unternehmen auch dem Dieselmotorenbau zu und baute verschieden starke Stationärmotoren. 1934 entwickelte das Unternehmen einen Dieselmotor mit einer patentierten Schwenkkammertechnik. Der Kraftstoffstrahl wurde beim Anlassen direkt eingespritzt, so dass der Motor ohne Zündhilfe auch bei niedrigen Temperaturen ansprang. Im Betrieb wurde die Schwenkkammer umgestellt und die Maschine arbeitete nun im Wirbelkammerverfahren.

Die Schlepper der ersten Generation 1937–1955

1937 nahm das Werk den Bau von landwirtschaftlichen Schleppern sowie von Straßenzugmaschinen auf. Neben dem nur in 33 Exemplaren gebauten 15-PS-Rahmenbauschlepper »DZM 14« und dem 50-PS-Verkehrsschlepper-Prototyp bildete der 25-PS-Universalschlepper Schlüters Hauptmodell. Die Maschine war in moderner Blockbauweise mit Prometheus- oder ZF-Getrieben konstruiert; dem Zeitgeschmack entsprechend war das Fahrzeug mit durchgehenden Kotflügeln und einer kraftwagenähnlichen Motorverkleidung versehen. Riemenscheibe, Zapfwelle und auf Wunsch eine Seilwinde gehörten zur Ausstattung. Schließlich hatte Schlüter noch ein weiter entwickeltes Einzylindermodell in Blockbautechnik zu bieten.

Obwohl die Schlepperfertigung durch das Typenbegrenzungsprogramm des Schell-Planes aufgegeben werden sollte, konnte die Produktion des 25-PS-Modells aufrechterhalten werden. Bis zum Bauverbot für Dieselschlepper im Jahre 1942 entstanden insgesamt rund 1000 Schlüter-Schlepper, bis Kriegsende kamen noch 438 Holzgasschlepper mit Imbert-Generatoren dazu.

Luftangriffe hatten das Werk in München und das Werk II in Freising vollkommen zerstört; nur das Werk III, ebenfalls in Freising, stand noch. Und dort konnten ab 1947 wieder die ersten Schlepper montiert werden, wobei die großvolumigen Motoren 25 PS Dauer- und 28 PS Höchstleistung erzeugten. Neben diesem ab 1949 als Typ »DS 25« bezeichneten Modell konnte Schlüter Ende 1949 auch wieder einen Einzylinderschlepper mit Hurth- oder ZA-Renk-Getriebe anbieten. Erste Exporterfolge nach

14/15-PS-Schlüter DZM 15, 1937.

16-PS-Schlüter DZM 16, 1938.

25/28-PS-Schlüter-Generatorschlepper GZA 25, 1941.
Foto: Deutsches Landwirtschaftsmuseum Hohenheim

Belgien, Dänemark, Österreich und nach Südafrika stellten sich ein. Neben den Schleppern fertigte das Werk bis Anfang der 1960er-Jahre auch die »Schlüter-Silberpflüge«. Hinzu kam die beachtliche Produktion von Stationärmotoren für Pumpen und für Stromerzeuger.

25-PS-Schlüter DS 25 B, 1950. Foto: Gwafton, © CC-BY-SA-3.0

30-PS-Schlüter AS 30, 1954. Foto: W. Leiter, © CC-BY-SA-3.0

Die Schlepper der zweiten Generation, 1955–1964

Bis Mitte der 1950er Jahre bot Schlüter, seit 1949 unter der Leitung von Anton Schlüter II (1888–1957), ein abgestuftes Programm mit Fahrzeugen bis zu 55 PS. Für Forst- und Sägewerksbetriebe bot sich vor allem der schwere Dreizylindertyp an. Um auch Kunden anzusprechen, die einen luftgekühlten Motor wünschten, entwickelte Schlüter auch zwei derartige Triebwerke, die im Direkteinspritzverfahren arbeiteten. Auf der DLG-Schau 1956 in Hannover führte Schlüter erstmals den »AS 15« vor, der ein Jahr später mit dem leicht im Hubraum vergrößerten »AL 18« in den Serienbau ging. Diese mit einer Radialluftkühlung versehenen Modelle wurden auch als Weinbergschlepper mit schmaler Spurweite angeboten. Gleiches Triebwerk diente auch einem Schlüter-Geräteträger-Prototyp, der jedoch bei der Vorführung verunglückte; Anton Schlüter II ließ daraufhin dieses Projekt umgehend einstellen.

Mit dem Produktionsjahr 1957 überarbeitete Schlüter die äußere Gestaltung; unter dem im oberen Teil der Kühlermaske eingeprägten Schriftzug prangte nun das rot-weiße Schlüterwappen. Bis Ende dieses Jahrzehnts präsentierte Schlüter ein fein abgestuftes Programm mit 15-PS-Einzylindermodellen mit Luft- oder Wasserkühlung und mehrzylindrigen, wassergekühlten Fahrzeugen bis zu 60 PS Spitzenleistung. In der Motorentechnik ging Schlüter 1958 vom Schwenkkammerverfahren zur Direkteinspritztechnik über. Gleichzeitig erhielten die Fahrzeuge erneut ein neues, dreiziffriges Bezeichnungssystem.

Ab 1961 stattete Schlüter die Schlepper einheitlich mit ZF-Getrieben aus. Ein Jahr später ging das Werk zur Halbrahmenbauweise über, was den Anbau von Geräten ermöglichte und Reparaturarbeiten am Motor erleichterte. Gleichzeitig wurde die Haube breiter und kantiger. Die Kühlermaske zierte jetzt nur noch das rot-weiße Schlüter-Wappen, Schlüter-Schriftzüge und -Typbezeichnung waren nun seitlich zu finden.

24-PS-Schlüter AS 240, 1957.

45-PS-Schlüter AS 55, 1956. Foto: Norbert Schnitzler, © CC-BY-2.0

Die Schlepper der dritten Generation 1964–1971

Eine neue Fahrzeug-Generation entstand ab 1964. Auf Wunsch jetzt auch mit Allradantrieb verfügbar, krönte Schlüter sein Programm mit dem »S 900« mit 80-PS-Sechszylindermotor. Zu den technischen Besonderheiten dieses Spitzentyps gehörten die Lenkradschaltung und das eigene Zwölfganggetriebe. Die rot-silberfarbige Lackierung gab dieser und den folgenden Schlüter-Schlepper-Generationen ein einheitliches Aussehen.

Werbewirksam setzte Dr. h. c. Anton Schlüter III (1915–1999), der seit 1957 das Privatunternehmen führte, den gegenüber dem Werk gelegenen »Schlüterhof« für Ausstellungen und Vorführungen der Schlüter-Traktoren ein.

Den Schwierigkeiten auf dem deutschen Scheppermarkt der 1960er Jahren begegnete die Firma erfolgreich mit der Spezialisierung auf schwere und schwerste Scheppermodelle. So wagte Schlüter als erster deutscher Traktorenhersteller den Sprung über die 100-PS-Grenze. Unter dem Prädikat »Bärenstark« entstand ab 1966 ein umfangreiches Schlepperprogramm mit den »Super«-Typen von zunächst 38 bis 130 PS.

13-PS-Schlüter ASL 130, 1957.

65-PS-Schlüter »Super 650 V«, 1966. Foto: Markus Hagenlocher, © CC-BY-SA-3.0

38-PS-Schlüter »Super 400«, 1966. Foto: Walter K, © CC-BY-SA-4

130-PS-Schlüter »Super 1500 V«, 1966.

95-PS-Schlüter 950 V, 1967.

Der eigene Motorenbau steuerte dabei einen achtzylindrigen Reihenmotor im Baukastenverfahren bei. Allradantrieb, vollsynchronisierte ZF-Getriebe und Differentialsperren an Vorder- und Hinterachsen waren bei diesen Großtraktoren serienmäßig. Auf Wunsch konnten hydraulische Kupplungen eingesetzt werden. Hinzu kamen schallisolierte und aufwendig ausgestattete Sicherheits-Fahrerkabinen mit Schiebetüren. Die Frontscheibe war gegen einen möglichen Blendeffekt schräggestellt, ab 1976 konnte die »Super Silence-Kabine« hydraulisch gekippt werden. Der erste Schlüter-Achtzylinder, der »Super 1500 V« von 1966, stieß auf den Exportmärkten auf reges Interesse, vor allem nach Jugoslawien konnten diese Fahrzeuge exportiert werden.

1970 rüstete Schlüter erstmalig den Sechszylindermotor im »Super 1500 TV« mit einem Turbolader aus, so dass diese Maschine von 110 PS in der Saugversion auf 130 PS gesteigert wurde. Der Achtzylindermotor im »Super 2000 T/TV« kam dank der Aufladung auf 165 PS.

85-PS-Schlüter 850 V, 1968.

110-PS-Schlüter »Super 1250 TV«, 1968.

135-PS-Schlüter »Super 1500 TV«, 1970.

Die Traktomobile-Generation 1971–1993

Eine Neuausrichtung erhielt das Schlüter-Programm ab 1971 mit der Vorstellung der exklusiven »Traktomobile«-Generation. Diese gliederte sich in drei Baureihen. Den Anfang machte die »Compact«-Serie, der 1973 die »Profi Trac« und 1980 die »Super-Trac« folgten. Die kleinen »Compact«-Modelle erhielten freisaugende Drei- und Vierzylindermotoren, das Leistungsspektrum reichte von 58 bis 70 PS. Zunächst fanden ZF-Getriebe Verwendung, als nach 1974 ZF keine Getriebe mehr für Leistungen unter 80 PS lieferte, hob Schlüter die »Compact«-Baureihe auf 85 PS an.

Ab 1983 setzte Schlüter hier auch MAN-Motoren mit Leistungen von mindestens 90 PS ein. Eine Sonderausführung in dieser Baureihe blieb der silberfarben lackierte »High Speed«-Schlepper »Compact 1350 TV 6« mit 130-PS-MAN-Diesel für eine Geschwindigkeit von bis zu 50 km/h. Bis 1993 montierte das Unternehmen rund 3300 »Compact«-Fahrzeuge, die Hälfte mit eigenen Motoren.

Am oberen Ende des Spektrums siedelte Schlüter die »Profi Trac«-Schlepper an. Mit gleichgroßen Rädern (mitunter zwillingsbereift) sowie der Allradlenkung der ZF-Planeten-Lenkachsen entwickelten diese

500-PS-Schlüter »Profi Trac 5000 TVL II«, 1978.

122-PS-Schlüter »Super Trac 1600 TVL«, 1981. Foto: BlueBreezeWiki, © CC-BY-SA-3.0

185-PS-Schlüter »Super Trac 2000 TVL«, 1981.

100-PS-Schlüter »Compact 1050 V 6«, 1984.

Luxus-Schlepper ein Maximum an Zugkraft bei einem Minimum an Bodenbelastung. In den »Profi Trac 3000 TVL« setzte Schlüter einen 11-Liter-MAN-Motor mit 280/300 PS ein, der über ein Lastschaltgetriebe aus dem Lkw-Bau verfügte. Der leistungsschwächste Schlepper innerhalb der Reihe kam auf 200 PS, der 1978 nur in einem Exemplar gebaute »Profi Trac 5000 TVL« hatte sogar einen 500 PS starken MAN-Zwölfzylindermotor. Ursprünglich gedacht für Jugoslawien, wurde die geplante Exportserie nach dem Tod des dortigen Herrschers Josip Broz Titos (1980) und der Neuorientierung der Wirtschaft aber nicht realisiert, so dass es beim Bau dieses Prototyps blieb. Er bildete eine der Hauptattraktionen bei den jährlichen Schlütertagen und wurde erst mit dem Ende der Schlüter-Schlepperfertigung verkauft. Bis 1989 brachte es die »Profi Trac«-Baureihe auf 40 Boliden.

Die Mitte im Schlüter-Angebot präsentierte die 1980 vorgestellte »Super Trac«-Baureihe. Auch hier mit gleichgroßen Rädern ausgestattet, kamen hier eigene Sechs- und Achtzylinder-Triebwerke mit Leistungen von 105 bis 280 PS zum Einbau. Als Schlüter 1990 die eigene Gießerei und die Motorenfertigung aufgab, baute das Unternehmen in die nur noch auf Bestellung gebauten Einzelstücke MB-, Liebherr- und MAN-Motoren ein. Diese bis 1993 geführte Baureihe brachte es auf 220 Exemplare.

Die »Euro Trac«-Reihen 1991–1993

Mit der »Euro Trac«-Baureihe versuchte das Werk 1991 ein Comeback. Als Ersatz für den ausgelaufenen »MB trac« entwickelte das Freisinger Werk (das jetzt als Traktorenfabrik firmierte) kompakte Fahrzeuge mit vier Anbauräumen, zwei vorne (vor und über der Vorderachse) sowie zwei Anbauräumen hinten (über und hinter der Hinterachse). Ein unter der mittig aufgesetzten, trapezförmigen Kabine im Rahmen liegender Vier- oder Sechszylinder-MAN-Motor trieb das Fahrzeug über beide Achsen an. Dieser Universalschlepper sollte ein Optimum an Technik erhalten, daher wollte Schlüter bei den Baureihen »Euro Trac 900 CVT«, »Euro Trac 1000 CVT« und »Euro Trac 1100 CVT« (CVT für Continuous Variable Transaxle) ein Kettenwandlergetriebe mit stufenloser, veränderbarer Übersetzung der Bad Homburger Firma Reimers einsetzen.

Nachdem die Prototypenversuche mit dem »Euro Trac 1000 CVT« nicht überzeugten, erhielten die leichten, mittleren und schweren Baureihen »Euro Trac 1300 LS«, »Euro Trac 1600 LS« und »Euro Trac 1900 LS« Lastschaltgetriebe von ZF. Die Anbauräume waren so konstruiert, dass die MB trac-Zusatzgeräte aufgenommen werden konnten. Ein hydraulisch verschiebbares Gewicht über der Vorderachse sollte je nach Einsatz die Bodenadhäsion verbessern. Eine geplante Zusammenarbeit mit der Erntemaschinenfabrik Claas, die ein Trägerfahrzeug für ihre Geräte suchte,

300 -PS-Schlüter »Super Trac 3000 TVL«, 1987.

200-PS-Schlüter »Super-Trac 2000 LS«, 1991.

Schlüter »Super Trac 1250 TVL«. Foto: Ralf Weinreich

zerschlug sich. Insgesamt 69 Fahrzeuge der supermodernen, aber noch nicht ganz ausgereiften Modellreihe »Euro Trac« konnten bis 1993 verkauft werden.

Im immer schärfer gewordenen Wettbewerb war der Absatz von Schleppern im Jahre 1992 auf 99 Stück bei einer Restmannschaft von 150 Mitarbeitern gesunken. Da das Unternehmen das Betriebsgelände an die Stadt München verkauft hatte und diese nun auf eine Räumung des Geländes drängte, und da Dipl.-Ing. Dr. h. c. Anton Schlüter III keine Nachkommen besaß, beschloss die Erbengemeinschaft, die Produktion einzustellen.

Ende 1993 wurde die Schlüter-Traktoren-Fertigung nach insgesamt 74.464 Fahrzeugen eingestellt. Die Gebäudeanlagen wurden inzwischen abgerissen. Die LandTechnik Schönebeck (LTS) wollte dann die »Euro Trac«-Baureihe weiterführen. Der Vertrag sah den Kauf des Ersatzteillagers und des Maschinenparks vor. Darüber hinaus übernahm die LTS unter anderem den Namen Schlüter, die Patente für die Kettenwandlertechnik, für die kippbare Kabine sowie für das verschiebbare Ballastgewicht. LTS aber konnte nur 32 »Euro-Trac« bauen, so übernahm der einstige Schlüter-Händler Michael Egelseer in Taufkirchen bei Erding das gesamte Ersatzteillager. In Einzelanfertigung montierte dieser Betrieb noch weitere »Euro Trac«-Fahrzeuge.

190-PS-Schlüter »Euro Trac 1900 LS«, 1991.

Schlüter-Schlepper

Baureihe	Bauzeit	Motor Hersteller	Typ	Zylinder	PS	Kühlung	Bohrung x Hub	Hubraum	Drehzahl	Radstand	Gewicht	Getriebe	Besonderheiten
1. Die Anfangszeit													
DZM/DZM 15	1937 - 1938	Schlüter	DSL 14	1	14/15	W	115x160	1662	1250	1700	1500	4/1	14 PS mit Verdampferkühlung
DZM 25	1937 - 1938	Schlüter	DSE 105 Z	2	25	W	105x140	2425	1500	1770/1970	1800	4/1	auch DSE 110 Z-Motor
DSL 15	1938	Schlüter	DSL 15	1	15	W	115x170	1780	1250	1700	1500	4/1	
DZM 16	1938 - 1939	Schlüter	DZM 16	2	16	W		2036		1700	1630	4/1	
			(DSE 90 Z)	2	16	W	90x130	1654	1500				Alternativmotor
DSE 25	1938 - 1942	Schlüter	DSE 25	2	25	W	105x140	2425	1500	1650	1800	4/1	
DZM 25	1938 - 1942	Schlüter	DSE 110 Z (ESD 25 Z)	2	25	W	110x140	2661	1500	1770/1970	1800	4/1	ab 1940 Motorbezeichnung ESD 25
GZA 25/GZV 25	1942 - 1947	Schlüter	EGZ 25 (GZ 1315)	2	25/28	W	130x150	3982	1500	1790/1970	2200	4/1	Holzgasmotor, Imbert-Generator, auch Radstand 2400 mm
2. Die DS-Baureihe													
DSU 25/DS 25	1947 - 1949	Schlüter	EDU 25 (ED 25)	2	25/28	W	115x150	3114	1500	1900	1900	4/1	auch 5/1-Getriebe
DS 14	1949	Schlüter	ED 14	1	14	W	115x150	1558	1500	1500	820 - 1370	4/1	
DS 25 (4-Gang)	1949 - 1950	Schlüter	ED 25	2	25/28	W	115x150	3114	1500	1900	1900	4/1	
DS 25 (5-Gang)	1949 - 1954	Schlüter	ED 25	2	25/28	W	115x150	3114	1500	1905	1940	5/1	
DS 25 (7-Gang)	1949 - 1954	Schlüter	ED 25	2	25/28	W	115x150	3114	1500	1950	1990	7/2	
DS 15 (4-Gang)	1950	Schlüter	ED 15	1	15	W	115x150	1558	1500	1500	1350	4/1	
DS 15 (5-Gang)	1950	Schlüter	ED 15	1	15	W	115x150	1558	1500	1585	1390	5/1	mit ZF-Getriebe Radstand 1600 mm
DS 15	1951 - 1954	Schlüter	ED 15 (AS 15 A)	1	17	W	115x155	1610	1500	1600	1390	5/1	
3. Die AS-Baureihe													
AS 15	1953 - 1956	Schlüter	ASM 15	1	15	W	115x150	1558	1500	1650	1200	5/1	
AS 22	1953 - 1956	Schlüter	ED 22	2	22	W	100x150	2356	1500	1800	1620	5/1	ab 1953 Motor ASM 22, ab 1955 Motor ASM 22 A, 2425 ccm
AS 15	1954	Schlüter	ASM 15	1	15	W	115x145	1506	1500	1600	1300	5/1	
AS 18	1954 - 1956	Schlüter	ASM 18	1	18	W	115x155	1610	1500	1670	1450	5/1	
AS 30 (5-Gang)	1954 - 1957	Schlüter	ASM 30	2	30	W	115x150	3114	1500	1905	2050	5/1	
AS 30 (7-Gang)	1954 - 1957	Schlüter	ASM 30	2	30	W	115x150	3114	1500	1950	2100	7/2	
AS 45	1954 - 1958	Schlüter	ASM 45	3	45	W	115x155	4830	1500	2380	3100	5/1	auch Radstand 2435 mm
AS 55	1956 - 1959	Schlüter	ASM 50	3	55	W	115x155	4830	1650	2435	3200	5/1	
ASL 130	1957 - 1958	Schlüter	ASML 130	1	13	L	105x145	1256	1500	1628	1115	5/1	
ASL 160	1957 - 1958	Schlüter	ASML 160	1	16	L	115x145	1506	1500	1635/1650	1240	5/1	
AS 160	1957 - 1959	Schlüter	ASM 16/ ASM 160	1	16	W	115x145	1506	1500	1635/1650	1308	5/1	
AS 180	1957 - 1958	Schlüter	ASM 180	1	18	W	115x155	1610	1500	1635	1310	5/1	
AS 240	1957	Schlüter	ASM 24	2	24	W	105x140	2425	1500	1845	1600	5/1	
AS 240 N/AS 241	1957 - 1959	Schlüter	ASM 24/ ASM 240	2	24	W	105x140	2425	1500	1890	1700	6/1	ab 1958 Motor ASM 240, 2512 ccm
AS 320/AS 321	1957 - 1960	Schlüter	ASM 32/ ASM 320	2	32	W	115x150	3114	1500	1905	2000	7/2	auch 5/1- und 6/1-Getriebe, ab 1959 Motor ASM 300
AS 350 (AS 400)	1957 - 1958	Schlüter	ASM 35/ ASM 350	3	35	W	115x155	3220	1500	1990	2190	5/1	auch 6/1-Getriebe, AS 400 mit 40 PS
ASL 141/ASL 151	1958 - 1959	Schlüter	ASML 140	1	14/15	L	105x145	1256	1500	1717	1125	5/1	
AS 141/AS 151	1958 - 1959	Schlüter	(ASML 150)	1	14/15	W	115x145	1506	1500	1717	1150	5/1	
ASL 161	1958 - 1959	Schlüter	ASML 160	1	16	L	115x145	1506	1500	1710	1225	5/1	
AS 181	1958 - 1959	Schlüter	ASM 180	1	18	W	115x155	1610	1500	1710	1250	5/1	
AS 222	1958 - 1959	Schlüter	ASM 220	2	22	W	105x145	2512	1650	1890	1400	6/1	
AS 241		Schlüter	ASM 240	2	24	W	105x145	2512	1500	1890	1700	6/1	
AS 261/AS 262	1958 - 1959	Schlüter	ASM 260	2	26	W	105x145	2512	1500	1890	1575	6/1	ab 1959 Typ AS 262
AS 302	1958 - 1960	Schlüter	ASM 300	2	30	W	115x145	3012	1650	1890	1700	6/1	
AS 351/AS 402	1958 - 1959	Schlüter	ASM 350/ ASM 400	2	35	W	115x155	3220	1500	2155	2200	6/1	Motor ASM 400 mit 38/40 PS
AS 500/AS 501	1958 - 1961	Schlüter	ASM 50/ ASM 500	3	50	W	115x155	4830	1500	2392	3000	5/1	auch mit Kriechganggetriebe
AS 502	1960	Schlüter	ASM 500	3	50	W	115x155	4830	1650	2447	3125	5/1	mit Kriechganggetriebe, Einzelstück
AS 602	1960	Schlüter	ASM 500	3	60	W	115x155	4830	1650	2447	3100	5/1	mit Kriechganggetriebe
4. Die S-Baureihe													
S 15	1959 - 1962	Schlüter	ASM 150	1	15	W	115x145	1506	1500	1805	1285	6/1	
SL 15	1959 - 1962	Schlüter	ASML 150	1	15	L	105x145	1256	1500	1717	1150	5/1	ab 1960 16 PS
S 15	1959 - 1962	Schlüter	ASML 150	1	15	L		1256	1500	1735	1285	6/1	ab 1960 16 PS, ab 1962 17 PS
S 20	1959 - 1961	Schlüter	ASM 250	2	20	W	105x145	2512	1650	1890/2000	1445	6/1	
S 25	1959 - 1961	Schlüter	ASM 250	2	25	W	105x145	2512	1650	1890/2000	1525	6/1	
S 35	1959 - 1961	Schlüter	ASM 350	2	35	W	115x155	3220	1500	1912	1880	6/1	ab 1961 38 PS

Schlüter-Schlepper

Baureihe	Bauzeit	Motor Hersteller	Typ	Zylinder	PS	Kühlung	Bohrung x Hub	Hubraum	Drehzahl	Radstand	Gewicht	Getriebe	Besonderheiten
S 45	1959 - 1961	Schlüter	ASM 500	3	45	W	115x155	4830	1500	2180	2475	6/1	ab 1941 50 PS
S 15 S	1960 - 1961	Schlüter	ASML 150	1	15	L	115x145	1506	1500	1570	1285	5/1	Schmalspurausführung, auch 16 und 17 PS
S 30	1960 - 1961	Schlüter	ASM 301	2	30	W	115x145	3012	1650	2000	1525	6/1	
S 20	1961 - 1962	Schlüter	ASM 250	2	20	W	105x145	2512	1650	1945	1505	6/1	
S 30	1961 - 1963	Schlüter	ASM 303	2	30	W	115x145	3012	1650	1970	1775	8/4	ab 1962 32 PS
S 35	1961 - 1962	Schlüter	ASM 303	2	38	W	115x145	3012	1800	1970	1765	8/4	
S 50	1961 - 1963	Schlüter	ASM 500/ ASM 503	3	50	W	115x155	4830	1650	2235	2450	8/4	
S 25	1962 - 1964	Schlüter	ASM 250	2	24	W	105x145	2512	1650	1985	1440	6/1	
S 60	1962 - 1963	Schlüter	ASM 503	3	60	W	115x155	4830	1800	2392	3380	5/2	
5. Die erste Halbrahmen-Baureihe													
S 450/S 450 V	1962 - 1966	Schlüter	SD 105 W 3	3	42	W	105x125	3247	1800	2000	2250/2410	8/4	Typ V mit Allradantrieb
S 350/S 350 V	1963 - 1966	Schlüter	SD 100 W 3	3	34	W	100x125	2945	1800	2000	1840/2000	8/4	
S 650/S 650 V	1963 - 1966	Schlüter	SD 105 W 4	4	56	W	105x125	4330	1800	2288	2800/3000	8/4	
S 900/S 900 V	1964 - 1966	Schlüter	SD 105 W 6	6	80	W	105x125	6494	1800	2627	3800/4150	8/4	
6. Die Super-Baureihe													
Super 400/400 V	1966 - 1968	Schlüter	SD 105 W 3	3	38	W	105x125	3247	1800	2000	2145/2460	8/4	Typ V mit Allradantrieb, ab 1967 42 PS
Super 500/500 V	1966 - 1968	Schlüter	SD 100 W 4	4	48	W	100x125	3927	1800	2176	2550/2850	8/4	Typ V mit Allradantrieb
Super 650/650 V	1966 - 1971	Schlüter	SD 100 W 6	6	62/65	W	100x125	5890	1800	2492	3160/3560	8/4	Typ V mit Allradantrieb, auch Motor SDM 100 W 6 mit 72 PS
Super 750/750 V	1966 - 1971	Schlüter	SD 105 W 6	6	75	W	105x125	6494	1800	2627	3460/3970	12/6	Typ V mit Allradantrieb, ab 1970 Motor SDM 104 W 6, 80 PS
Super 900/900 V	1966 - 1968	Schlüter	SD 110 W 6	6	90	W	108x125	7127	1800	2627	4000/4410	12/6	Typ V mit Allradantrieb
Super 1500 V		Schlüter	SD 110 W 8	R 8	130	W	110x125	9503	1800	2650	6500	6/6	Allradantrieb, ab 1968 150 PS
Super 350/350 V	1967 - 1972	Schlüter	SD 100 W 3	3	35	W	100x125	2945	1800	2000	2100/2360	8/4	Typ V mit Allradantrieb, ab 1971 Motor SDM 100 W 3, ab 1972 Motor SDM 104 W 3 mit 42 PS
Super 950/950 V	1968 - 1971	Schlüter	SD 110 W 6	6	95	W	108x125	7127	1800	2627/2637	3770/4190	12/6	Typ V mit Allradantrieb, auch Motor SDM 108 W 6, ab 1970 100 PS
Super 450/450 V	1968 - 1972	Schlüter	SD 105 W 3	3	45	W	105x125	3247	1800	2000	2145/2460	8/4	Typ V mit Allradantrieb, ab 1969 Motor SD 106 W 3, ab 1969 Motor SDM 106 W 3, ab 1971 Motor SDM 108 W 3, 48 PS
Super 550/550 V	1968 - 1972	Schlüter	SD 100 W 4 (SDM 100 W 4)	4	55/58	W	100x125	3927	1800	2176	2550/2850	8/4	Typ V mit Allradantrieb, ab 1971Motor SDM 100 W 4
Super 550 S/550 SV	1968 - 1971	Schlüter	SD 100 W 4	4	55	W	100x125	3927	1800	2266	2935/3325	8/4	Typ V mit Allradantrieb, auch Motor SDM 106 W 4 mit 62 PS
Super 1250/1250 V	1968 - 1973	Schlüter	SDM 110 W 6	6	110	W	110x125	7127	1800	2627/2637	4230/4640	12/6	Typ V mit Allradantrieb, ab 1970 115 PS
Super 850/850 V	1968 - 1971	Schlüter	SD 105 W 6	6	85	W	105x125	6494	1800	2627/2637	3460/3990	12/6	Typ V mit Allradantrieb, auch Motor SD 106 W 6 und Motor SDM 106 W 6, ab 1970 90 PS
Super 1500 TV	1970 - 1973	Schlüter	SDMT 110 W 6	6	135	W	110x125	7127	1800	2637	5175	12/6	T, Allradantrieb
Super 2000 V, TV	1970 - 1973	Schlüter	SDM 110 W 8	R 8	165	W	110x125	9503	2000	2590	7425	12/2	Typ TV mit Motor SDMT 110 W 8, 180 PS, Allradantrieb
Super 800/800 V	1971 - 1974	Schlüter	SDM 110 W 4	4	80	W	110x125	4752	1800	2346	3265/3695	12/6	Typ V mit Allradantrieb
Super 850/850 V	1971 - 1974	Schlüter	SDM 104 W 6	6	85	W	104x125	6371	1800	2637	3500/4010	12/6	Typ V mit Allradantrieb, auch Motor SDM 106 W 6
Super 950/950 V	1971 - 1974	Schlüter	SDM 106	6	95	W	106x125	6619	1800	2637	3985/4415	12/6	Typ V mit Allradantrieb
Super 1150/1150 V	1971 - 1973	Schlüter	SDM 108 W 6	6	105	W	108x125	6871	1800	2637	4125/4545	12/6	Typ V mit Allradantrieb, auch Motor SDM 110 W 6
Super 1800 V, TVL	1972 - 1973	Schlüter	SDM 110 W 8	R 8	165	W	110x125	9503	2000	2575	6865	12/5	auch Motor SDMT 110 W 8 mit 175 PS, Allradantrieb, Einzelstück
Super 1250 VL	1972 - 1973	Schlüter	SDM 110 W 6	6	125	W	110x125	7127	2000	2637	5035	12/6	Allradantrieb
Super 1500 TVL	1972 - 1974	Schlüter	SDMT 110 W 6	6	145	W	110x125	7127	2100	2637	5275	12/6	T, Allradantrieb
Super 1250 V	1973	Schlüter	SDM 110 W 6	6	115	W	110x125	7127	1800	2637	4865	12/6	Allradantrieb

Schlüter-Schlepper

Baureihe	Bauzeit	Motor Hersteller	Typ	Zylinder	PS	Kühlung	Bohrung x Hub	Hubraum	Drehzahl	Radstand	Gewicht	Getriebe	Besonderheiten
Super 1250 VL	1973	Schlüter	SDM 110 W 6	6	125	W	110x125	7127	2000	2637	5035	12/6	Allradantrieb
Super 850/850 V	1974 - 1976	Schlüter	SDM 104 W 6	6	85	W	104x125	6371	1800	2637/2720	3900/4330	12/6	Typ V mit Allradantrieb
Super 950/950 V	1974	Schlüter	SDM 106 W 6	6	95	W	106x125	6619	1800	2637	3985/4415	12/6	Typ V mit Allradantrieb, auch Motor SDM 108 W 6
Super 1050 V	1974 - 1977	Schlüter	SDM 108 W6	6	100	W	108x125	6871	1800	2637/2720	4415	12/6	auch Motor SDM 106 W 6, ab 1976 105 PS, Allradantrieb
Super 1250 V	1974 - 1976	Schlüter	SDM 110 W 6	6	115	W	110x125	7127	1800	2637/2720	4865	12/6	Allradantrieb
Super 1250 VL	1974 - 1976	Schlüter		6	125	W	110x125	7127	2000	2637/2720	5035	12/6	Allradantrieb
Super 1500 TV	1974 - 1976	Schlüter	SDMT 110 W 6	6	135	W	110x125	7127	1800	2637/2720	5175	12/6	T, Allradantrieb
Super 1500 TVL	1974 - 1976	Schlüter		6	150	W	110x125	7127	2100	2637/2720	5275	12/6	T, Allradantrieb
Super 2000 TVL	1975 - 1976	Schlüter	SDMT 110 W 8	R 8	185	W	110x125	9503	2000	2575	6865	12/5	T, Allradantrieb, auch 180 PS
Super 1250 V	1976 - 1978	Schlüter	SDM 110 W 6	6	115	W	110x125	7127	1800	2720	5235	12/6	Allradantrieb
Super 1250 VL	1976 - 1978	Schlüter		6	125	W	110x125	7127	1800	2720	5335	12/6	Allradantrieb
Super 1500 TV	1976 - 1978	Schlüter	SDMT 110 W 6	6	135	W	110x125	7127	1800	2720	5600	12/5	T, Allradantrieb
Super 1500 TVL	1976 - 1978	Schlüter		6	150	W	110x125	7127	2100	2720	5700	12/5	T, Allradantrieb
Super 2000 TVL	1976 - 1978	Schlüter	SDMT 110 W 8	R 8	185	W	110x125	9503	2000	2575	7100	12/5	T, Allradantrieb
Super 1050 V	1978	Schlüter	SDM 108 W 6	6	105	W	108x125	6871	1800	2720	4900	12/6	Allradantrieb
Super 1250 V	1978 - 1981	Schlüter	SDM 110 W 6	6	115	W	110x125	7127	1800	2720	5700	12/6	Allradantrieb
Super 1250 VL	1978 - 1984	Schlüter		6	125	W	110x125	7127	2000	2720	5780	12/6	Allradantrieb
Super 1500 TV	1978 - 1981	Schlüter	SDMT 110 W 6	6	135	W	110x125	7127	1800	2720	6100	12/5	T, Allradantrieb
Super 1500 TVL	1978 - 1984	Schlüter		6	150	W	110x125	7127	2000	2720	6200 -	12/5	T, Allradantrieb
Super 2000 TVL	1978 - 1982	Schlüter	SDMT 110 W 8	R 8	185	W	110x125	9503	2000	2650	7200	12/5	T, Allradantrieb
Super 1050 V	1978	Schlüter	SDM 108 W 6	6	105	W	108x125	6871	1800	2720	4900	12/6	Allradantrieb, auch Motor SDM 110 W 6
Super 2500 VL	1980 - 1987	MAN	D 2566 ME	6	240	W	125x155	11413	2200	2950	9500	18/6	Allradantrieb
Super 1050 V Special	1981 - 1982	Schlüter	SDM 110 W 6	6	110	W	110x125	7127	1800	2720	5300	12/6	Allradantrieb
Super 1250 VL Special	1981 - 1984	Schlüter	SDMT 112 W 6	6	130	W	112x125	7389	2100	2720	6700	12/5	T, ab 1982 Motor SDM 112 W 6, Allradantrieb
Super 1500 TVL Special	1981 - 1984	Schlüter		6	160	W	112x125	7389	2100	2720	6700	12/5	T, ab 1082 auch 165 PS, Allradantrieb
Super 2000 TVL Special	1981 - 1984	Schlüter	SDMT 112 W 8	R 8	200	W	112x125	9852	2000	2650	7500	12/5	T, Allradantrieb
Super 3000 TVL	1981 - 1985	MAN	D 2566 MTE	6	280	W	125x155	11413	2200	2950	9600	18/6	T, Allradantrieb
Super 1050 V	1982 - 1986	Schlüter	SDM 108 W 6	6	105	W	108x125	6871	1800	2720	5300	12/5	ab 1983 Motor SDM 110 W 6, Allradantrieb
Super 1050 V Special	1982 - 1987	Schlüter		6	105	W	110x125	7127	1800	2720	5300	12/5	Allradantrieb
Super 1050 V Special	1982 -1987	Schlüter	SDM 110 W 6	6	110	W	110x125	7127	1800	2720	5300	12/5	Allradantrieb
Super 1800 TVL, 1800, 1900 TVL Special	1982 - 1990	Schlüter	SDMT 112 W 6 LLK	6	170	W	112x125	7389	2100	2720	6900	12/5	TL, ab 1982 180 PS, Typ Special, 185 PS, Allradantrieb
Super 1250 VL	1984 - 1991	Schlüter	SDM 110 W 6	6	125	W	110x125	7127	2000	2720	6100	12/5	ab 1985 Motor SDM 112 W 6
Super 1250 VL Special	1984 - 1993	Schlüter	SDM 112 W 6	6	130	W	112x125	7389	2100	2720	6100	12/5	Allradantrieb
Super 1500 TVL	1984 - 1992	Schlüter	SDMT 110 W 6	6	150	W	110x125	7127	2000	2720/2810	6400	12/5	T, Allradantrieb, auch Schnellganggetriebe mit 24/10-Gang, ab 1987 Motor SDMT 112 W 6, ab 1990 155 PS
Super 1500 TVL Special	1984 - 1993	Schlüter	SDMT 112 W 6	6	165	W	112x125	7389	2100	2720/2810	6400	12/5	Allradantrieb, auch 24/10-Gang
Super 2200 TVL	1984	Schlüter	SDMT 112 W 8	R 8	210	W	112x125	9852	2000	2770	8000	16/16	T, Allradantrieb, Prototyp
Super Tronic 1900	1986 - 1988	Schlüter	SDMT 112 W 6 LLK	6	185	W	112x125	7389	2100	2900	7900	16/14	TL, Allradantrieb, als Typ Super 2000 TV-LS mit 190 PS
Super 1500 TVL-LS Special	1987 - 1993	Schlüter	SDMT 112 W 6	6	165	W	112x125	9852	2100	2810	6400	24/12	T, Allradantrieb
Super 1250 VL-VS Special	1988 - 1993	Schlüter	SDM 112 W 6	6	130	W	112x125	7389	2100	2810	6100	24/12	Allradantrieb
Super 1500 TVL-LS	1988 - 1991	Schlüter	SDMT 112 W 6	6	150	W	112x125	7389	2000	2810	6400	24/12	T, Allradantrieb, ab 1990 auch 155 PS

Schlüter-Schlepper

Baureihe	Bauzeit	Motor Hersteller	Typ	Zylinder	PS	Kühlung	Bohrung x Hub	Hubraum	Drehzahl	Radstand	Gewicht	Getriebe	Besonderheiten
Super 1900 TVL-LS Special	1988 - 1993	Schlüter	SDMT 112 W 6 LLK	6	185	W	112x125	7389	2100	2810	6900	24/12	TL, Allradantrieb, auch Motor MAN D 0826 LE 51 mit 190 PS
Super 1250 VL-VS	1989 - 1991	Schlüter	SDM 112 W 6	6	125	W	112x125	7389	2100	2810	6100	24/12	Allradantrieb
Super 1300/1400	1991 - 1993	MAN	D 0826 TE 501	6	130	W	108x125	6871	2200	2810	6100	12/5	Allradantrieb, auch 24/12-Getriebe, ab 1993 135 PS
Super 1600/1700	1991 - 1993	MAN	D 0826 LE 503	6	160	W	108x125	6871	2200	2810	6400	12/5	Allradantrieb, ab 1992 170 PS
Super 1900/2000	1992 - 1993	MAN	D 0826 LE 501	6	190	W	108x125	6871	2200	2810	6900	24/12	Allradantrieb, ab 1993 200 PS
7. Compact-Baureihe													
Compact 750/750 V	1971 - 1974	Schlüter	SDM 110 W 3	3	68	W	110x125	3564	2100	2346	3160/3590	12/6	Typ V mit Allradantrieb
Compact 850/850 V	1971 - 1974	Schlüter	SDM 110 W 4	4	80	W	110x125	4752	1800	2346	3265/3695	12/6	Typ V mit Allradantrieb
Compact 950 T/950 TV	1971 - 1974	Schlüter	SDM T 110 W 4	4	95	W	110x125	4752	1800	2346	3400/3830	12/6	T, Typ TV mit Allradantrieb
Compact 550/550 V	1972	Schlüter	SDM 108 W 3	3	58	W	108x125	3435	2100	2000	2690/2990	8/4	Typ V mit Allradantrieb
Compact 750/750 V	1974 - 1978	Schlüter	SDM 110 W 3	3	70	W	110x125	3564	2100	2346	3160/3590	12/6	Typ V mit Allradantrieb
Compact 850/850 V	1974 - 1977	Schlüter	SDM 110 W 4	4	85	W	110x125	4752	1800	2346	3265/3695	12/6	Typ V mit Allradantrieb
Compact 950 T/950 TV	1974	Schlüter	SDMT 110 W 4	4	95	W	110x125	4752	1800	2346	3400/3830	12/6	T, Typ TV mit Allradantrieb
Compact 1050 T/1050 TV	1974 - 1977	Schlüter		4	100	W	110x125	4752	1800	2346	3400/3830	12/6	T, Typ TV mit Allradantrieb
Compact 750/750 V	1978 - 1982	Schlüter	SDM 110 W 3	3	70	W	110x125	3564	2100	2346	3700/4100	12/6	Typ V mit Allradantrieb
Compact 850/850 V	1978 - 1983	Schlüter	SDM 110 W 4	4	85	W	110x125	4752	1800	2346	3800/4300	12/6	auch Motor SDM 112 W 4, Typ V mit Allradantrieb
Compact 1050 TV	1978 - 1981	Schlüter	SDMT 110 W 4	4	100	W	110x125	4752	1800	2346	4600	12/6	T, Allradantrieb
Compact 850 V Special	1982	Schlüter	SDM 112 W 4	4	90	W	112x125	4926	1800	2346	4300	12/6	Allradantrieb
Compact 950 V 6	1982 - 1983	MAN	D 0226 ME 51	6	90	W	102x116	5687	2200	2400	4400	12/6	Allradantrieb
Compact 1050 V 6	1982 - 1984	MAN	D 0226 ME	6	100	W	102x116	5687	2200	2400	4600/4840	12/5	Allradantrieb
Compact 950 V 6	1983 - 1984	MAN	D 0226 ME	6	90	W	102x116	5687	2200	2400	4400	12/5	Allradantrieb
Compact 1150 TV 6	1983 - 1985	MAN	D 0226 MTE 51	6	110	W	102x116	5687	2200	2400	4920	12/5	T, Allradantrieb
Compact 750 V 4	1984	MAN	D 0224 ME 51	4	70	W	102x116	3791	2200	2400	3900	16/8	Prototyp, Allradantrieb
Compact 950 V 6	1984 - 1990	MAN	D 0226 ME 51	6	90	W	102x116	5687	2200	2431	4400	12/5	Allradantrieb, ab 1990 Radstand 2521 mm, ab 1990 95 PS
Compact 1050 V 6	1984 - 1993	MAN		6	100	W	102x116	5687	2200	2431	4000	12/6	
Compact 1250 TV 6	1984 - 1993	MAN		6	120	W	102x116	5687	2200	2431	5120	12/5	T, Allradantrieb, ab 1990 Radstand 2521 mm, ab 1987 Motor D 0226 MTXE 51
Compact 1350 TV 6	1986 - 1993	MAN	D 0226 MCE	6	130	W	102x116	5687	2200	2431	5200	12/5	T, Allradantrieb, ab 1991 Radstand 2521 mm
Compact 950 V 6-LS	1988 - 1993	MAN	D 0226 ME 51	6	90	W	102x116	5687	2200	2521	4400	24/12	ab 1990 95 PS
Compact 1150 V 6	1988	MAN	D 0826 E 51	6	110	W	108x125	6871	2200	2521	4600	12/5	Prototyp, Allradantrieb
Compact 1250 TV 6-LS	1988 - 1994	MAN	D 0226 MTXE 51	6	120	W	102x116	5687	2200	2521	5120	24/12	T, Allradantrieb
Compact 1050 V 6-LS	1988 - 1993	MAN	D 0226 ME 51	6	105	W	102x116	5687	2200	2521	4600/4700	24/12	Allradantrieb
Compact 1350 TV 6-LS	1988 - 1993	MAN	D 0226 MCE 51	6	130	W	102x116	5687	2200	2521	5200	24/12	T, Allradantrieb
8. Profi-Tractomobile (mit Allradantrieb)													
Profi Trac 3000 TVL	1975 - 1977	MAN	D 2556 MTE	6	280/300	W	125x150	11045	2200	2750	11500	8/2	T
Profi Trac 2000 VL	1976	MAN	D 2565 ME	5	200	W	125x155	9511	2200	2850	9500	8/2	Prototyp
Profi Trac 2500 VL	1977 - 1980	MAN	D 2566 ME	6	240	W	125x155	11413	2200	2870	11000	8/2	1984 auch Motor D 2566 MTE mit 280 PS
Profi Trac 1600 TVL	1978	Schlüter	SDMT 110 W 6	6	160	W	110x125	7127	2000	2950	9000	12/6	T
Profi Trac 2000 TVL	1978	Schlüter	SDMT 110 W 8	R8	200	W	110x125	9503	2000	2950	9800	12/6	T, Prototyp
Profi Trac 3500 TVL	1978 - 1981	MAN	D 2566 MKE	6	320	W	125x155	11413	2200	2890	12250	8/2	T, Prototyp
Profi Trac 5000 TVL	1978	MAN	D 2542 MTE	V12	500	W	125x155	20911	2200	2890	18000	8/1	T, Prototyp

Schlüter-Schlepper													
Baureihe	Bauzeit	Motor Hersteller	Typ	Zylinder	PS	Kühlung	Bohrung x Hub	Hubraum	Drehzahl	Radstand	Gewicht	Getriebe	Besonderheiten
Profi Trac 2200 TVL	1979	Schlüter	SDMT 110	R8	210	W	110x125	9503	2000	2950	9800	16/16	T
Profi Trac 2000 TVL	1980	Schlüter	SDMT 112 W 8	R8	200	W	112x125	9852	2000	2950	9200	12/5	T, Prototyp
Profi Trac 2500 VL	1980 - 1982	MAN	D 2566 ME	6	240	W	125x155	11413	2200	2950	11400	18/6	Prototyp
Profi Trac 2500 TVL	1985 - 1987	MAN	D 2566 MTE	6	280	W	125x155	11413	2200	2950	11175	16/16	T
9. Super Trac-Baureihe (mit Allradantrieb)													
Super Trac 1300 VL	1981 - 1982	Schlüter	SDMT 112 W 6	6	130	W	112x125	7389	2100	2950	6800	12/5	T, ab 1982 Motor SDM 112 W 6, Einzelstück
Super Trac 1600 TVL	1981 - 1985	Schlüter		6	160	W	112x125	7389	2100	2950	7200	12/5	T, ab 1982 165 PS
Super Trac 2000 TVL	1981 - 1986	Schlüter	SDMT 112 W 8	R8	185	W	112x125	9852	2000	2950	8300/8700	12/5	T
Super Trac 2500 VL/ 2500 VL-VS	1984 - 1989	MAN	D 2566 ME	6	240	W	125x155	11413	2200	2950	10800	18/6	Bundeswehr-Typ, ab 1987 DB-Motor OM 447, ab 1987 DB-Motor OM 447 A
Super Trac 2500 VL/ 2500 VL-VS	1984 - 1989	MAN	D 2566 ME W 6	6	240	W	125x155	11413	2200	2950	9600	18/6	ab 1989 Motor D 2566 MKE
Super Trac 1600/1700 TVL	1985 - 1988	Schlüter	SDMT 112	6	165	W	112x125	7389	2100	2950	7400	12/5	T, auch 24/10-Getriebe
Super Trac 2000/2200 TVL	1986 - 1989	Schlüter	SDMT 112 W 8	R8	200	W	112x125	9852	2000	2950	8300	12/5	T
Super Trac 1800/1900 TVL	1987 - 1989	Schlüter	SDMT 112 W 6 LLK	6	185	W	112x125	7389	2100	2950	7600	12/5	TL, auch DB-Motor OM 366 LA, Einzelstücke
Super Tronic-Trac 1900	1987 - 1989	Schlüter	SDMT 112 W 6 LLK	6	185	W	112x125	7389	2100	2900	8400	16/14	TL
Super Trac 1900 TVL-LS	1988 - 1992	Schlüter	SDMT 112 W 6 LLK	6	185	W	112x125	7389	2100	3040	7600	24/12	TL
Super Trac 3000 TVL-LS	1988	MAN	D 2566 MTE	6	280	W	125x155	11413	2200	2950	9700	18/6	T, Prototyp
Super Trac 1700 TVL-LS	1989 - 1992	Schlüter	SDMT 112 W 6	6	165	W	112x125	7389	2100	3040	7400	24/12	T
Super Trac 2200 TVL-LS	1989 - 1992	Schlüter	SDMT 112 W8	R8	200	W	112x125	9852	2000	3040	8300	24/12	T
Super Trac 2200 TVL-LS/2200 LS	1992 - 1993	Liebherr	D 916 T	6	210	W	120x135	9161	2100	3040	8690	24/10	T
10. Euro Trac-Baureihe (mit Allradantrieb)													
Euro Trac 1000 CVT	1991	MAN	D 0824 TUE	4	100	W	108x125	4580	2200	2920	5300	Hydr.	T, Prototyp
Euro Trac 1300 LS/ 1400 LS	1991 - 1995	MAN	D 0826 TUE 501	6	130	W	108x125	6871	2200	3110	7500	24/12	T, Frontgewicht 1100 kg, ab 1993 135 PS
Euro Trac 1600 LS/ 1700 LS	1991 - 1995	MAN	D 0826 LUE 503	6	160	W	108x125	6871	2200	3110	7700	24/12	T, Frontgewicht 1300 kg, ab 1993 170 PS
Euro Trac 1900 LS/ 2000 LS	1991 - 1995	MAN	D 0826 LUE 501	6	190	W	108x125	6871	2200	3170	6900/7100	24/12	TL, Frontgewicht 1600 kg, ab 1993 200 PS
11. Bio-Trac-Baureihe													
Bio-Traktor 1700 LS	1993	DMS	MF-4 RTA-	4	170	W	128x145	7463	2000	2810	6400	24/12	T, Allradantrieb, Einzelstück

Schmiedag

Schmiedag AG,
Hagen/Westfalen, Tremoniastr. 5 – 11,
1928 und 1950–1968

Die Schmiedag entstand aus dem Zusammenschluss von fünf Eisenwerken und konstruierte in den 1920er-Jahren einen Kleinschlepper, der nicht in Serie ging. Nach dem Krieg wurde das Unternehmen, das Schmiede- und Pressteile herstellte und nach weiteren Produktionsfeldern Ausschau hielt, auf die Hansa-Einachsschlepper der Firma Barthels & Söhne aufmerksam. Da diese Firma nicht über die Investitionsmittel für eine Großserienproduktion verfügte, erwarb die Schmiedag die Herstellungsrechte. In eigener Regie, aber bis 1952 unter dem Markennamen Barthels entstand der »Hansa 50«, der ab 1952 auch mit einem Dieselmotor zu haben war.

Unter der Bezeichnung »Barthels Lastkarren« konnte der Triebkopf als Hinterachsaggregat (nach dem System Fretter) unter einen Achsschen-

10-PS-Schmiedag-Geräteträger 600/20, 1954.

kel-gelenkten Fretter-Sattelwagen mit Schnellkupplungen eingeklinkt werden, so dass ein einfacher, vierrädriger Pritschenwagen zur Verfügung stand. Ab 1954 ließ der Hansa auch als vierrädriger Geräteträger verwenden.

Neben dem Hansa-Einachser mit inzwischen stärkerer Motorisierung fertigte die Schmiedag ab 1957 eine leichtere Version mit 7-PS-Berning- oder ILO-Dieselmotor. Die Firma Hako nahm diesen Einachser in das eigene Programm als Typ »HAKOboss« auf. 1954 erweiterte eine Kleinraupe unter Verwendung des Hansa-Triebkopfes das Angebot.

Während der Bau des Einachsers um 1964 auslief, stieß das kleine Raupenfahrzeug mit Räumschild und Ladeschaufel auf großes Interesse in der Bauwirtschaft. Nachdem die Schmiedag 1968 in der Hoesch Rote Erde Schmiedag AG aufgegangen war, gab das neue Unternehmen die Fertigung der Raupe an das Maschinenbauunternehmen Orenstein & Koppel ab. Heute firmiert der Maschinenbauer als Asko-Metall-Schmiedag AG.

12-PS-Schmiedag-Kleinraupe »Hansa 600/22«, 1960.

Schmiedag-Behelfsschlepper													
Baureihe	Bauzeit	Motor Hersteller	Typ	Zylinder	PS	Kühlung	Bohrung x Hub	Hubraum	Drehzahl	Radstand	Gewicht	Getriebe	Besonderheiten
1. Behelfsschlepper (für die Landwirtschaft)													
Hansa 50	1950 - 1954	F&S	Stamo 360	1	8/9	L	78x75	356	3000		450	4/4	Zweitakt-Vergasermotor
Hansa 50 D	1952 - 1957	F&S	D 500 W	1	10	W	80x100	503	2000		500	4/4	Zweitakt-Dieselmotor, auch 6/2-Getriebe, Version DK mit Kriechgang
Hansa 60	1955 - 1959	ILO	LE 400 FTr	1	8/9	L	80x80	402	3000		470	4/4	Zweitakt-Vergasermotor
Hansa 50 DL	1957 - 1962	F&S	D 600 L	1	12	L	88x100	604	2000		520	4/4	Zweitakt-Dieselmotor
Hansa 7 PS	1957 - 1964	ILO	DL 325	1	7	L	70x85	325	2500			5/4	
Hansa 7 - 8 PS	1957 - 1962	Berning	Di 7	1	6,5/7	L	80x85	427	3000			5/4	Dieselmotor, auch als Hako-Modell HAKOboss
Hansa 7 - 8 PS	1959 - 1964	ILO	DL 365	1	7	L	74x85	365	2500			5/4	Zweitakt-Dieselmotor
Hansa 7 - 8 PS	1962 - 1964	Berning	Di 8	1	7/8	L	85x85	482	3000			5/4	
2. Kleinraupe (Auswahl)													
Hansa 50 D-Raupe	1954 - 1957	F&S	D 500 W	1	10	W	80x100	503	2000	900	1000	6/2	Zweitakt-Dieselmotor
Hansa 60-Raupe	1955 - 1959	ILO	LE 400 FTr	1	8/9	L	80x80	402	3000	900		2/2	Zweitakt-Vergasermotor
Hansa 600/20	1956 - 1959	ILO	DL 660	1	12	L	90x104	660	2000	900	1450	2/2	Zweitakt-Dieselmotor
Hansa 600/22	1959 - 1965	Hatz	E 89 FG	1	12	L	90x105	668	2500	900	1450	2/2	
3. Geräteträger													
Hansa-Geräteträger	1955	F&S	D 500 W	1	10	W	80x100	503	2000			4/4	Zweitakt-Dieselmotor

Schmotzer

Maschinenfabrik H. Schmotzer GmbH,
Bad Windsheim, Rothenburger Str. 45,
1920, 1924, 1933–1935, 1949–1958, 1960–1975

1905 von Hans Schmotzer gegründet und 1920 mit einem ersten Versuch gescheitert, brachte das Landmaschinenunternehmen 1924 einen nur 1310 kg wiegenden Tragpflug mit einem 18-PS-Körting-Motor heraus, wenn auch ohne großen Erfolg. Der nächste Versuch startete Mitte der 1930er Jahre, als Schmotzer eine Motorhackmaschine mit 8,5- und 12,5-PS-Motoren anbot. Das Rohrrahmenfahrzeug konnte auch als kleine Zugmaschine eingesetzt werden. Auch hier war der Zuspruch nur mäßig.

In der nächsten Phase ab 1949 versuchte Schmotzer, mit dem landwirtschaftlichen Universalgerät vom Typ »Kombi« zu reüssieren. Hinter dem Fahrersitz befand sich eine kurze Ladepritsche; der Rahmen konnte verschiedene Anbau- und Erntegeräte aufnehmen. Für die geringe Arbeitsgeschwindigkeit reichten zunächst 5- oder 6-PS-Hirth-Motoren aus.

Mit den 14 PS starken Motoren von Stihl und von Farny & Weidmann oder einem 18 PS starken VW-Industriemotor ab 1951 bewegt, gehörten eine Zapfwelle und ein elektrischer Kraftheber zur Serienausstattung der bis 1958 gebauten Maschinen. Zwei Jahre später meldete sich das Unternehmen mit dem »Kombirecord« zurück, der als Geräteträger oder als Ladewagen eingesetzt werden konnte.

Die Rohrrahmenkonstruktion ermöglichte eine Spurverstellung bis auf 3000 mm sowie den Zwischenachseinbau von Geräten. Im Heck war eine Hydraulikanlage angebracht und teilweise besaßen die Geräte drei Lenkmöglichkeiten. Ein Zweizylinder-MWM-Motor mit 20 PS sorgte für das Fortkommen der selbstfahrenden Vielzweckmaschine.

In einer überarbeiteten Form stellte Schmotzer später dann den »Kombirecord« als Frontsitz-Geräteträger vor. Alle Räder waren gleich groß, die Spurweite der Portalachse konnte bis auf 2500 mm vergrößert werden. Die vielseitig einsetzbare Konstruktion wurde von einem Vierzylinder-Perkins-Diesel mit 45 PS angetrieben und nicht mehr bei Schmotzer gebaut: Das Unternehmen gab die Fertigung an die österreichischen Reform-Werke in Tels/Tirol ab, die auch schon den Ladewagen-Aufbau geliefert hatten.

Schmotzer-Motorhackmaschine, um 1924.

18-PS-Schmotzer »Kombi Record«, 1954. Foto: Granada turnier, © CC-BY-2.0

Schmotzer-Spezialschlepper

Baureihe	Bauzeit	Motor Hersteller	Typ	Zylinder	PS	Kühlung	Bohrung x Hub	Hubraum	Drehzahl	Radstand	Gewicht	Getriebe	Besonderheiten
Tragpflug	1924	Körting		2	18	W	110x150	2849	1100		1310		Vergasermotor
Motorhackmaschine	1935	MWM	KD 15 E	1	8,5	W	95x150	1062	1500				Dieselmotor, auch 12,5 PS
Kombi	1951	MWM	KD 12 E	1	12	W	95x120	850	2000			3/1	
Kombi	1954	Stihl	131 A	1	14	L	90x120	763	1900				
Kombi	1954	Farymann	G	1	14	L	105x130	1125	1750				
Kombi	1954 - 1957	VW	122	4	18	L	77x64	1192	1500		1320		Vergasermotor
Kombi Record	1966 - 1974	MWM	AKD 10 Z	2	20	L	80x100	1004	3000	1780	1390	6/3	
Kombi Record	1967	MWM	D 301-2	2	20	L	80x100	1004	3000	2265	1120		
Kombi Record	1974 - 1975	Perkins	AD 3.152	3	45	W	91,44x127	2500	2200		2300		

Schneider I

Maschinen- und Traktorenbau Schneider,
Warngau/Obb.
1. 1948 **Maschinen- und Traktorenbau Schneider**
2. 1948-1949 **Schneider und Lückenhaus GmbH, Metallwerk**

Einen Blockbauschlepper vom Typ »Mo 22« mit einem 22-PS-Hatz-Motor, ZA- und ZF-Einheitsgetrieben und einem angebauten Mähwerk fertigte Schneider in Oberbayern. Nach 25 gebauten Exemplaren musste der Betrieb Konkurs anmelden.

22-PS-Schneider Mo 22, 1949.

Schneider-Schlepper

Baureihe	Bauzeit	Motor Hersteller	Typ	Zylinder	PS	Kühlung	Bohrung x Hub	Hubraum	Drehzahl	Radstand	Gewicht	Getriebe	Besonderheiten
Mo 22	1948 - 1949	Hatz	A 2	2	22	W	100x130	2041	1500	1650	1750	4/1	

Schneider II

Hermann Schneider Maschinen- und Geräteträgerbau GmbH u. Co. KG,
Tamm/Württ., Brächterstr. 4,
1960–2003

In dem 1948 gegründeten Reparaturbetrieb für Landmaschinen entwarf Alfred Hiller 1960 in Weiterentwicklung des Lanz-»Alldogs« den ersten Schneider-Geräteträger in Zweiholm-Bauweise mit einem 12-PS-ILO-Motor. Der kompakte Geräteträger mit kurzem Radstand war speziell für den Gartenbau und für Baumschulen konstruiert. Die vordere Ladefläche ließ sich hydraulisch kippen. Aus diesem auch als »Gartenfreund« bezeichneten Modell entwickelte das Unternehmen immer leistungsfähigere Fahrzeuge, die »GT«- und die »HR«-Baureihen.

12-PS-Schneider GT 12 »Gartenfreund«, 1961.

42-PS-Schneider-Hochrahmengeräteträger, 1969.

Zu den Erfolgsmodellen gehörten der 1971 vorgestellte »GT 27«, der in über 350 Exemplaren verkauft wurde und die größere Ausführung »GT 40« von 1972, die auf über 270 Exemplare kam. Im Laufe der Zeit verwendete Schneider Motoren von Deutz, Hatz, Lombardini und MWM.

Die »HR«-Baureihe umfasst Baumschul-Geräteträger mit bis zu 1,6 m hochgesetzten Aufbauten in stabiler Rahmenbauweise. Die Lenkung erfolgt hier über eine Hydraulikanlage. Schließlich fertigte Schneider um 1987 in Einzelstücken Kleinschlepper, die sich für den Einsatz in Gewächshäusern eigneten.

Im Jahre 2003 beendete die Maschinenfabrik die Schleppermontage.

40-PS-Schneider-Geräteträger GT 40, 1975.

40-PS-Schneider-Geräteträger GT 40 mit Ladepritsche, 1975.

Schneider-Geräteträger

Baureihe	Bauzeit	Motor Hersteller	Typ	Zylinder	PS	Kühlung	Bohrung x Hub	Hubraum	Drehzahl	Radstand	Gewicht	Getriebe	Besonderheiten
						1. Geräteträger							
GT 12 »Gärtnerfreund«	1960	ILO	DL 660	1	12	L	90x104	662	2000	1530		8/2	
GT 12	1962	MWM	AKD 107 E	1	12	L	80x100	502	3000	1530		8/2	
GT 20 D	1965	Deutz	F 2 L 310	2	20	L	85x100	1140	3000			8/2	
GT 21 D	1966	Deutz	F 2 L 310	2	20	L	85x100	1140	3000			8/4	
GT 25 D	1967	Deutz	F 2 L 410	2	25	L	90x100	1272	3000	1670	1285	8/4	
GT 27 D	1970	Deutz	F 2 L 410	2	27	L	90x100	1270	3000	1700		8/2	
GT 27	1971	MWM	D 302-2	2	27	L	95x105	1488	3000		1405	8/2	
GT 40	1971	Lombardini	LDA 673	3	40	L	95x95	2019	2800	2000		16/4	
GT 40	1972	Lombardini	LDA 673	3	40	L	95x95	2019	2800			16/4	
GT 40	1975	MWM	D 226-2	3	40	W	105x120	2008	2300		1740	16/4	
GT 40 S	1975	Hatz	3 L 30 C	3	40	L	95x100	2124	2600		1740	16/4	
GT 27 S	1980	Hatz	2 L 30 C	2	27	L	95x100	1416	3000			16/4	
GT 40	1983	MWM	D 302-3	3	40	L	95x105	2231	3000				
GT 50	1987	MWM	D 226-3	3	50	W	105x120	3120	3000				
GT 27	1990	MWM	D 302-2	2	27	L	95x105	1490	3000			11/2	
GT 27 S	1991	Hatz	2 L 31 C	2	27	L	102x90	1470	3000			11/2	
GT 40 S	1991	Hatz	3 L 31 C	3	40	L	102x90	2205	3000			16/4	
GT 40	1992	MWM	D 302-3	3	40	L	95x105	2230	3000			16/8	
GT 40 S	1992	Hatz	3 L 31 C	3	40	L	102x90	2205	3000			16/8	
GT 50	1992	MWM	D 226-3	3	50	W	105x120	3120	3000			16/8	
						2. Schmalspurschlepper							
KS 30	1975	MWM	D 327.-2	2	33	L	100x120	1884	2400	1100		16/4	
KS 40	1985	MWM	D 302-3	3	41	L	95x105	2230	2400	1140		16/4	
KS 50	1989	MWM	D 327-3	3	50	L	100x120	2826	2400	1170		16/4	
						3. Hoch-Geräteträger (»Hoger«)							
HR 21 D	1968	Deutz	F 2 L 310	2	20	L	85x100	1140	3000		1620	8/4	
HR 27	1975	MWM	D 302-2	2	27	L	95x105	1488	3000		1820	8/4	
HR 33	1975	MWM	D 327-2	2	33	L	100x120	1884	2400		1840	8/4	Spurweite 1680 mm
HR 42	1982	MWM	D 302-3	3	40	L	95x105	2231	2600		1940	8/4	
HR 50	1982	MWM	D 327-3	3	50	L	100x120	2826	2400		1980	8/4	
						3. Standardschlepper							
KS 50	1987?	MWM	D 226-3	3	50	W	105x120	3120	3000				Prototyp

Schottel

Schottel-Werke, Josef Becker GmbH & Co. KG,
Abt. Traktorenbau,
Oberspray a. Rhein, Mainzer Str. 99,
1939–1940

Einen Rahmenbauschlepper mit rohrförmigen Holmen entwickelte am Vorabend des Zweiten Weltkriegs die Schottel-Schiffswerft. Dabei übertrug ein ZF-Getriebe die Kraft des liegenden, quer eingesetzten 11-PS-Deutz-Diesels auf die Hinterachse. Das Projekt wurde nicht weiterverfolgt; das Unternehmen baut heute Schiffs-Antriebe (»Schottel-Propeller«) und Amphibienfahrzeuge.

Schulz-Motor-Kipp-Pflug

Schulz-Motor-Kipp-Pflug-Ges. mbH,
Emden,
1914 – 1917

Entgegen der Firmenbezeichnung stellte das von Ingenieur Johann Schulz geführte Unternehmen einen Tragpflug mit unbekannten Einzelheiten vor; 1917 kam es zur Auflösung der Gesellschaft.

Schulz Motorpflug

P. E. Schulz Motorpflug-Patent GmbH,
Weißensee b. Berlin, Charlottenburger Str. 34/35
1. 1916-1918 **P. E. Schulz Motorpflug-Patent GmbH,** Weißensee b. Berlin, Charlottenburger Str. 34/35
2. 1918-1927 **Schwadyk und Schulz Motorpflug GmbH**

Zunächst baute Schulz zunächst 24-PS-Tragpflüge nach einer Lizenz der Firma Stock, ab 1919 auch Gelenkpflüge. Die Besonderheit der 42 PS starken »Schulz-Schwadyk«-Motorpflüge bestand in der patentierten Pflugkupplung. Der lose angekuppelte Dreischarpflug wurde bei Rückwärtsfahrt starr angekuppelt und etwas angehoben, so dass der Schlepperfahrer ohne große Umstände rückwärtsfahren konnte. Um 1927 bot Schultz dieses Modell als reinen Acker- und Straßenschlepper an. Etwa 100 Exemplare mit Kämper-Motoren konnten gebaut werden.

42-PS-»Patent-Schulz-Motorpflug«, 1919.

Schultz-Motorpflug

Baureihe	Bauzeit	Motor Hersteller	Typ	Zylinder	PS	Kühlung	Bohrung x Hub	Hubraum	Drehzahl	Radstand	Gewicht	Getriebe	Besonderheiten
Schultz-Schwadyk Patent-Motorpflug	1919	Kämper		4	42	W	110x145	5509	1000		2000		

Schutzbach

Josef Schutzbach,
Möhringen (Baden),
1932–1939

Einen Motormäher mit 7-PS-ILO-Motor, der auch für leichte Zugzwecke verwendbar war, fertigte dieser Betrieb. Mitte der 1930er Jahre stand auch ein zweizylindriger Kleinschlepper im Angebot. Gleichgroße Räder, hinten mit Greifern besetzt, und ein Dreiganggetriebe sowie elektrische Beleuchtung und eine Sitzbank waren weitere technische Details. Als Antrieb verwendete Schutzbach vermutlich den 400 ccm-ILO-Motor, der mit Luftkühlung 10/11, mit Thermosiphonkühlung 14,6 PS erzeugte.

Schutzbach-Kleintraktoren

Baureihe	Bauzeit	Motor Hersteller	Typ	Zylinder	PS	Kühlung	Bohrung x Hub	Hubraum	Drehzahl	Radstand	Gewicht	Getriebe	Besonderheiten
Schutzbach-Motormäher	1927 - 1935	ILO		1	7	L	68 x 68	246	3500				
Schutzbach-Motormäher	1927 - 1935	ILO		1	7	Th	74 x 68	295	3400				
Schutzbach-Keintraktor	1935 - 1937	ILO		2	19	Th	69 x 80	594	3400				

Schwäbische Hüttenwerke

Schwäbische Hüttenwerke GmbH,
Wasseralfingen/Württ., Wilhelmstr. 67 und
Böblingen, Flughafen

1. 1912-1921 **Böblinger Werft AG,** Böblingen
2. 1925-1928 **Schwäbische Hüttenwerke GmbH,** Wasseralfingen/Württ., Wilhelmstr. 67 und Böblingen, Flughafen

15/16-PS-SHW-Rad-Raupe als Raupenschlepper, 1920.

Unter dem Namen »Böblingen« erschien 1912 ein leichter Tragpflug mit einem Vierzylinder-Deumo-Motor mit 18 PS, der gemeinsam mit den Österreichischen Werken in Wien X, Arsenal, gefertigt wurde. Dabei waren über eine Knicklenkung die beiden kleinen Stützräder mit dem Fahrzeugvorderteil verbunden. Gelenkt wurde über zwei Seile. Der 1,4 Tonnen schwere und in 7 Exemplaren gebaute Motorpflug verfügte über eine Riemenscheibe und konnte auch mit einem 22-PS-Kämper-Motor versehen werden.

22-PS-Böblinger Werft »Motorpflug«, 1915.

15/16-PS-SHW-Rad-Raupe als Radschlepper, 1920.

Mit einer technischen Besonderheit konnte die inzwischen von den Schwäbischen Hüttenwerken (SHW) übernommene Landmaschinenfabrik in den 1920er-Jahren aufwarten. Der auf der Werft des ehemaligen Militärflughafens Böblingen gebaute »SHW«-Schlepper konnte als Radfahrzeug und auch, nach einigen Umbauten, als kleiner Raupenschlepper gefahren werden. Die 15/16 PS des Kämper-Zweizylindermotors trieb per gekapselter Rollenkette (das Kettenrad lag in der Höhe des Kühlers) die gummibereiften Hinterräder an.

Die weit vorgesetzten Vorderräder waren wie bei einem Automobil zu lenken. Bei der Verwendung als Raupenschlepper wurde die Vorderachse

zurückgesetzt und vorn und hinten Kettenleiträder aufgesteckt. Die Kette lief dann über das Kettentriebrad und die beiden Leiträder. Riemenscheibe und zwei Sitzschalen waren weitere Details dieses Schleppers für die Kleinwirtschaft, der mit seinen zwei Fahrstufen Geschwindigkeiten von 2,5 bis 5 km/h schaffte. Der nur in vier Ausführungen gebaute Kombinationsschlepper kam auf 6 und 12 km/h.

Die tausendköpfige Belegschaft der damaligen SHW baute seit 1920 in der Hauptsache aber Erntemaschinen, Pressen, Mühlenwerke und Transmissionsanlagen; die Schlepper entstanden nur in Einzelstücken. In die Fertigung war auch die Maschinenfabrik Esslingen einbezogen. Weitere Ausflüge in besondere technische Bereiche waren 1927 Versuchsfahrzeuge mit selbsttragender Karosserie und Frontantrieb sowie im Zweiten Weltkrieg Schneemobile auf Ketten (»FKFS«-Fahrzeuge), Vorläufer der »Flexmobile« von Kässbohrer. Heute gehört die bis in das Jahr 1365 nachweisbare Firma, die inzwischen Teile für die Automobilindustrie fertigt einem Investor in München.

Schwäbische Hüttenwerke-Schlepper

Baureihe	Bauzeit	Motor Hersteller	Typ	Zylinder	PS	Kühlung	Bohrung x Hub	Hubraum	Drehzahl	Radstand	Gewicht	Getriebe	Besonderheiten
1. Tragpflüge													
SHW-Tragpflug	1912	Deumo		4	18	W	80x130	2612	1200		1400		
SHW-Tragpflug	1915	Kämper	93 A	2	22	W	93x140	1900	1000		1460	2/1	
2. Radschlepper/Raupe													
SHW-Rad-Raupe	1920	Kämper	90 AZ	2	15/16	W	90x140	1780	1000	1770	1500 - 1800	2/1	

Schwalbe

J. S. Schwalbe & Sohn Maschinenfabrik,
Chemnitz, Fabrikstr. 7,
1920

Die 1811 von Johann Samuel Schwalbe gegründete Maschinenfabrik, 1873 in Maschinenfabrik Germania AG, vormals J. S. Schwalbe & Sohn unbenannt, konzentrierte sich auf Eis- und Kühlmaschinen. 1920 versuchte sich das Unternehmen unter altem Namen im Bau eines in technischen Details unbekannt gebliebenen Motorpfluges. In der DDR-Zeit wurde das »Produktionsprofil« auf die Herstellung von Kühlwaggons ausgerichtet. Nach der Wende firmiert das reprivatisierte Werk als Chemieanlagenbau Chemnitz GmbH.

Sembdner

Sembdner GmbH,
Germering, Sembdner Str. 1,
um 1920

Der noch heute existierende Gartenbaubetrieb fertigte einen Schlepper-Prototyp mit heute unbekannten Daten an. Die Ergebnisse waren anscheinend nicht so überzeugend, als dass das Projekt weiterverfolgt worden wäre. Grassähmaschinen stehen heute im Programm des bayrischen Werkes.

Seitz

Gebr. Seitz,
Gangkofen bei Landshut,
1937

Einen Rahmenbauschlepper mit dem 14/16-PS-Hatz-Zweitaktdieselmotor entwickelte dieser Betrieb. Ein Mähwerk war vorhanden; ein entsprechendes Vertriebsnetz allerdings nicht wie auch eine ausreichende Kapazität, so dass dieses Projekt trotz des Schlepperbooms der 1930er Jahre keine große Beachtung fand.

14/16-PS-Seitz-Rahmenbauschlepper, 1937.

Sieben

Ökonomierat Hans Hermann Sieben Erben,
Zornheim b. Mainz, Neugasse 15,
1969–1975

Einen Allradschlepper in Schmalspurbauweise vom Typ »AL« für den Weinbau stellte das Weinbauunternehmen in Zornheim her und bestückte ihn mit einem 30 PS starken MWM-Motor und Hurth-Getrieben; auf Wunsch konnten sie auch mit 35- und 50-PS-Motoren geordert werden. Besonderheiten der Sieben-Schlepper bestanden in der auf 89 und 120 cm einstellbaren Spurbreite, der überaus leichtgängigen Lenkung mit einer Spezialachsaufhängung sowie dem fast horizontal liegenden Lenkrad, das ein Abstützen bei Talfahrt ermöglichte. Rund 500 Exemplare fertigte die Winzerei in einer Lagerhalle. Die Patente gingen anschließend an die Firma Renault. Das Unternehmen wandte sich neben dem traditionellen Weinbau auch der Fertigung von Weinbaumaschinen und Spezial-Lieferwagen mit knickbarem Rahmen zu.

35-PS-Sieben-Weinbergschlepper AL 3500, 1974.

Sieben-Schlepper

Baureihe	Bauzeit	Motor Hersteller	Typ	Zylinder	PS	Kühlung	Bohrung x Hub	Hubraum	Drehzahl	Radstand	Gewicht	Getriebe	Besonderheiten
AL 3000	1969 - 1973	MWM	D 308-2	2	30	L	95x105	1488	3000	1560	1065	6/1	auch D 325-2-Motor
AL 3500	1974 - 1975	MWM	D 327-2	2	35	L	100x120	1880	2300		1240		
AL 5000	1974 - 1975	MWM	D 327-3	3	50	L	100x120	2820	2300		1310		

Siemens-Schuckert

Siemens-Schuckertwerke Berlin,
ab 1922 Abt. Bodenfräsen,
Berlin-Tempelhof,
1897-1902 und 1910–1934

Neben der Firma Lanz mit der »Köszegi«-Fräse befassten sich auch die Siemens-Schuckertwerke mit Konstruktionen für Fräserpflüge. Nach einer Lizenz des Schweizer Ingenieurs Konrad v. Meyenburg (Motorkultur-AG in Basel) baute der Siemens-Konzern einen gut durchdachten, dreirädrigen Schleppertyp mit einer fest anmontierten großen Krallenwalze. In die Prototypen mit der Bezeichnung »Siemensfräse« kam ein 12 oder 15 PS starker Kämper-Motor; Versuche liefen auch mit einem amerikanischen 15-PS-Zweitakt-Motor.

Siemens-Schuckert-Elektroschlepper für das Seilzugsystem, 1911.

Siemens-Schuckert-Maschinenwagen, 1911.

Die Serienmodelle unter der Bezeichnung »Gutsfräse« erhielten dann einen 30 PS starken Kämper-Motor. Das Fahrzeug war in stabiler Halbrahmenbauweise konstruiert, wobei der hintere Getriebekasten mit der Achse verschraubt war. Differentialbremsen unterstützten die Fahrtrichtungsänderung, für den Stationärbetrieb gab es eine Riemenscheibe. Die Fräswalze wurde über einen Kegelradantrieb in Bewegung gesetzt, den Hebe- und Senkvorgang bewirkte der Motor. Ab 1926 kam in das drei- und schließlich auch vierrädrige Fahrzeug ein 35 PS bzw. schließlich 40 PS starker Kämper- oder Oberursel-Motor und blieb bis zum Ende des Jahrzehnts im Angebot.

Neben diesen schlepperähnlichen Fahrzeugen engagierte sich das Unternehmen seit Mitte der 1920er-Jahre auch im Bau von leichten einachsigen Fräsen. Anfänglich stattete Siemens die Fräsen mit Elektromotoren

Siemens-Schuckert-Elektropflug des Zweimaschinensystems, um 1912.

aus, die innerhalb von Gewächshäusern über ein Stromkabel mit Energie versorgt werden konnten. Für den stromunabhängigen Einsatz war die »Plantagenfräse« mit einem 8-PS-Einzylinder-Zweitaktmotor vorgesehen. Mit Lenkstangen, die auf das Differential einwirkten, ließ sich das Fahrzeug führen. Die 1926 erschienene, leichtere »Gartenfräse« bekam einen 4 PS starken Viertaktmotor aus dem Siemens-Flugmotorenwerk in Berlin-Spandau, Berliner Chausseestraße.

1934 gab Siemens den Fräserbereich an die Münchener Firma Bungartz ab, die damit zu einem bedeutenden deutschen Fräsen- und Kleinschlepperhersteller aufstieg.

Außer den Fräsen stellte Siemens vor dem Ersten Weltkrieg Seilpflüge mit elektrischem Antrieb her. Ab 1897 hatte die Elektro-AG vorm. Schuckert AG in Nürnberg die Entwicklung vorangetrieben. Um 1902 hatte Siemens zusammen mit der AEG die TEM-Elektropflug der Thermoelektromotor GmbH in Posen gegründet, die für Siemens und AEG die Prototypen fertigte. Das System bestand aus einem elektrischen Motorwagen mit 45- bis 66-kW-Motoren (750–1000 Volt), einem Kipppflug und einem Ankerwagen. Die umständliche Zuführung des Kabels und die ungenügende Mobilität der Einheiten verhinderten einen kommerziellen Erfolg.

35-PS-Siemens-Schuckert »Gutsfräse«, 1926.

Siemens-Spezialschlepper													
Baureihe	Bauzeit	Motor Hersteller	Typ	Zylinder	PS	Kühlung	Bohrung x Hub	Hubraum	Drehzahl	Radstand	Gewicht	Getriebe	Besonderheiten
Siemens-Fräse	1910			1	12								
Siemens-Fräse	1910	Kämper	90 AZ	2	15	W	90x140	1780	1050				
Cutcfräco	1911	Kämper	110/160	4	30	W	110x160	6079	800/1000		2725		auch 25 oder 50 PS
Gutsfräse G III	1922	Kämper	PM 110/160	4	30	W	110x100	6070	800/1000		2300	3/1	
Elektrofräse	1925				(3,5 kW)								
Plantagenfräse	1925			1	8	W					360		Zweitaktmotor
Gutsfräse	1926	Kämper	PM 110/160	4	35	W	110x160	6079	1100		2300	3/1	maximal 40 PS
Gutsfräse	1926	Oberursel		4	28	W	115x150	6230	800				
Gutsfräse G4/G4 P	1928 - 1930	Kämper	103/166	4	35	W	103x166	5530	1030		2830	3/1	

Spiegler

Gebr. Spiegler, Maschinenfabrik,
Aalen/Württemberg,
1919

Der Mechanikermeister Johann Georg Spiegler richtete 1899 eine mechanische Werkstätte ein, die sich nach dem Ersten Weltkrieg mit dem Bau einer motorisierten Mähmaschine befasste. Größeren Erfolg hatte das Unternehmen von 1923 bis 1932 als Motorradhersteller. Heute ist das Unternehmen als Opel-Händler tätig.

Starke u. Hoffmann

Maschinenbau AG, vorm. Starke u. Hoffmann,
Hirschberg/Schlesien

1. 1916-1920 **Maschinenbau AG, vorm. Starke u. Hoffmann,** Hirschberg/Schlesien
2. 1921-1925 **Bussard Motorpfluggesellschaft mbH, vorm. Maschinenbau AG Starke u. Hoffmann,** Breslau u. Hannover (ab 1924 Breslau u. Hirschberg/Schlesien)

Die »Bussard«-Tragpflüge waren Lizenz-Nachbauten der Stock-Motorpflugtypen. Das erste Baumuster besaß bei einem Gewicht von 3,8 t einen 32-PS-Kämper-Motor, das zweite Modell einen 40-PS-Büssing-Motor. Gelenkt wurde per Bandbremse auf das mehr oder minder blockierte rechte oder linke Treibrad. Der patentierte Pflugrahmen war über ein Parallelogrammgestänge am Hauptrahmen und über das per Zahnstange in der Höhe verstellbare Hinterrad heb- und senkbar; ein hinterer Tragrahmen entfiel somit. Die Treibräder besaßen an beiden Außenseiten aufstellbare Klappgreifer.

32-PS-Starke und Hoffmann-Tragpflug »Bussard«, 1920.

Starke und Hoffmann-Motorpflüge

Baureihe	Bauzeit	Motor Hersteller	Typ	Zylinder	PS	Kühlung	Bohrung x Hub	Hubraum	Drehzahl	Radstand	Gewicht	Getriebe	Besonderheiten
Bussard	1919	Kämper	PM 126	4	32	W	126x180	8973	700		3800	2/1	
Bussard	1919	Kämper		4	40	W	125x160	7850	850		4750	2/1	
Bussard	1919	Büssing	B (7)	4	40	W	130x130	6900	850		4750	2/1	

Steiger

Maschinenfabrik Walter Steiger & Cie.,
Burgrieden bei Laupheim,
1916–1917

Die Maschinenfabrik des Schweizer Chemikers Walter Steiger reparierte während des Ersten Weltkrieges Flugzeuge und Flugmotoren. Gleichzeitig beschäftigte sich der Firmeninhaber mit dem Fahrzeugbau, um in der Friedenszeit mit zivilen Produkten Erfolg zu haben. Der »Motorschlepper« für einen fünfscharigen Pflug gelangte über das Prototypenstadium aber nicht hinaus. Die Steiger-Personenwagen mit Hochleistungsmotoren wurden dagegen nach Kriegsende bis 1926 gebaut.

Steiger-»Motorschlepper«, 1916. Foto: Michael Schick

Steinhauser

Gregor Steinhauser,
Heising (Schwaben),
1938

Als Hersteller von Ackerschleppern mit bisher unbekannten Details taucht diese Firma in der Literatur auf.

Stihl

Andreas Stihl Maschinenfabrik KG, Abt. Schlepperbau,
Waiblingen, Badstr. 115,
1948–1963

Nach dem Krieg waren zunächst Motorsägen der Firma Stihl nicht allzu gefragt, umgekehrt bestand ein großer Nachholbedarf an Schleppern für die Landwirtschaft. Die Maschinenfabrik beschloss daher, den Erfahrungen im Motorenbau und den eigenen Fertigungsmöglichkeiten entsprechend, einen leichten und preiswerten Kleinschlepper für die stark parzellierte süddeutsche Landwirtschaft zu entwickeln. Resultat war der 1948 von Ing. Krauter entwickelte Allzweck-Schlepper »S 140«, der auf einem Zentralrohrrahmen-Fahrgestell einen eigenen luftgekühlten Zweitakt-Dieselmotor mit 12, ab 1957 mit 14 PS (Typ »S 144«) besaß. Der Hochleistungs-Zweitakter mit Auslassventil und Axial-Gebläse konnte elektrisch gestartet werden. Der Antrieb der Hinterräder erfolgte über ein eigenes Drei-, ab 1951 Vierganggetriebe.

Fin hydraulischer Kraftheber und eine Zapfwelle gehörten zur Fahrzeugausstattung. Der in sogenannter Wespentaillenbauart fur den Zwischenachseinbau von Geräten konstruierte Schlepper mit vorderer Pendelachse, zunächst ohne Motorverkleidung, wog nur 750 kg. Ab 1959

12-PS-Stihl-Kleinschlepper Typ 140, 1949. Foto: Udo Paulitz

14-PS-Stihl-Kleinschlepper Typ 144, 1952. Foto: Udo Paulitz

konnte wahlweise der eigene Zweizylinderdiesel mit 20 PS oder ein gleichstarker MWM-Zweizylinder-Viertaktmotor, ebenfalls mit Luftkühlung eingebaut werden.

Im landwirtschaftlichen Einsatz erwies sich der Schlepper jedoch als zu leicht, um eine ausreichende Zugkraft entwickeln zu können. Auch der Zweitakt-Dieselmotor, der gleichfalls an verschiedene Traktorenhersteller geliefert wurde, zeigte sich im Dauereinsatz als recht anfällig, so dass der MWM-Zweitakter die bessere Alternative darstellte.

Nachdem die großen Schlepperhersteller den Markt wieder vollständig beliefern konnten, schwand das Interesse an dem Waiblinger Modell. Stihl gab die Traktorenfertigung 1963 auf, zumal ein komplettes Programm nicht aufgebaut worden war. Mit dem inzwischen wieder gefragten Hauptprodukt Kettensägen konnte Stihl inzwischen Weltmarktführer werden.

20-PS-Stihl-Kleinschlepper S 20, 1959. Foto: Udo Paulitz

Stihl-Schlepper

Baureihe	Bauzeit	Motor Hersteller	Typ	Zylinder	PS	Kühlung	Bohrung x Hub	Hubraum	Drehzahl	Radstand	Gewicht	Getriebe	Besonderheiten
Stihl »Allzweck«	1948	Stihl		1	10	L	80x120	603	2000	1400	750	3/1	Zweitakt-Diesel, Prototyp
S 140	1948 - 1950	Stihl	600/130	1	12	L	82x120	633	2000	1410	723	3/1	Zweitakt-Diesel
S 140	1951 - 1955	Stihl	131, ab 1952 131 A	1	12/14	L	90x120	763	1850/ 1900	1420	750	4/1	Zweitakt-Diesel, auch 3/1-Getriebe, auch Radstand 1400 mm
S 144/381	1954	Stihl	131 B	1	14	L	90x120	763	1900	1832	790	4/1	Zweitakt-Diesel
S 144	1955 - 1958	Stihl	131 B	1	14	L	90x120	763	1900	1840	750	4/1	
S 380	1957	Stihl	135	1	10	L	82x94	489	1900	1650	690	4/1	
S 381	1957	Stihl	131 B	1	12	L	90x120	763	1850	1650	775	4/1	
S 382	1957	Stihl	131 B	1	14	L	90x120	763	1900	1650	815	4/1	
S 144	1958 - 1959	Stihl	131 B	1	14	L	90x120	763	1900	1800	795	4/1	
S 15	1959 - 1961	Stihl	131 B	1	14/15	L	90x120	763	1890	1750	880	6/1	
S 20	1959 - 1961	Stihl	160 A	2	20	L	90x120	1530	1900		815	6/1	
S 20	1959 - 1963	MWM	AKD 10 Z	2	20	L	80x100	1004	3000	1780	980	6/1	auch Radstand 1800 mm

Stock

R. Stock u. Co. KG,
Berlin-Niederschöneweide, Berliner Str. 139 und
Berlin-Kreuzberg, Köpenicker Str. 48/49

1. 1907-1909	**Deutsche Motordroschken Gesellschaft mbH,** Berlin-Kreuzberg, Köpenicker Str. 48/49
2. 1909-1912	**R. Stock-Motorpflug AG**
3. 1912-1930	**R. Stock u. Co. AG,** Berlin-Niederschöneweide, Berliner Str. 139 und Berlin-Kreuzberg, Köpenicker Str. 38/39
4. 1930-1945	**Stock-Motorpflug GmbH, H. Frese u. Co.**

8-PS-Stock-Tragpflug-Prototyp, 1908.

42-PS-Stock-Tragpflug, sechsscharig, 1912.

Das Unternehmen von Robert Stock (1858–1912) war das erste, das Motorpflüge in größerer Stückzahl speziell für die deutsche Landwirtschaft hervorbrachte. Bis in die Mitte der 1920er Jahre wurden die Stock-Tragpflüge in zwei Größen hergestellt. Traktoren im eigentlichen Sinne aber waren sie keine; die Tragpflüge ließen sich, bauartbedingt, kaum als Zugmaschinen einsetzen. Auch das Rückwärtsfahren hatte damit seine Tücken. Aber sie stellten eine erste Alternative zu dem Kipppflugsystem mit Lokomobilen dar.

Robert Stock, gelernter Schlosser und Autodidakt in verschiedenen mechanischen Bereichen, hatte 1887 eine Firma für Telegraphenanlagen gegründet, die sich schon rasch auch auf dem Sektor der Telephonie betätigte. Um unabhängig von amerikanischen Zulieferern zu sein, richtete er ein weiteres Werk für den Spiralbohrer-Bau ein; hinzu kam ein Kabelwerk. Die Kommunikationstechnik fasste er vor der Jahrhundertwende in den Deutschen Telefonwerken (DeTeWe) zusammen. Aufgrund seiner schlechten Gesundheit verkaufte er im Jahre 1900 sein Imperium, um das Leben mit seiner Frau auf einem Landgut (»Sophienwalde«) in der Nähe von Kolberg in Pommern zu genießen. Die Bebachtung von Lokomobilen mit Kipppflügen im Zweimaschinensystem ließ ihn auf den Gedanken kommen, dieses überaus aufwändige Verfahren durch ein selbstfahrendes Bodenbearbeitungsgerät zu ersetzen.

Zusammen mit seinem Ingenieur Carl Gleiche, der seine Deutsche Motordroschken-Gesellschaft leitete, konstruierte er 1907 ein erstes autonomes Motorgerät für die Pflugarbeit. Es bestand aus einem Rahmenfahrgestell, über dessen starrer Achse ein 8 PS starker Einzylinder-Benzinmotor angebracht war, der über Ketten die 1 m hohen, zwölfspeichigen Holzräder antrieb. Ein hinteres Leitrad war an der dreischarigen Pflugrahmenkonstruktion angebracht. Obwohl der Prototyp nicht wirklich überzeugte, fasste Robert Stock eine Großserienproduktion ins Auge und gründete 1909 die R. Stock-Motorpflug AG; Carl Gleiche wurde Chefkonstrukteur und Geschäftsführer des Unternehmens.

Die nächste, ebenfalls noch unbefriedigende Konstruktion datiert aus dem gleichen Jahr und erhielt einen 24-PS-Motor sowie 1,8 m hohe Räder mit Greifern, die über eine Innenverzahnung durch Ritzel angetrieben wurden. Der 1910 vorgestellte, 48 PS starke Tragpflug mit der späteren Bezeichnung »Stokraft« war dann eine unkomplizierte, leistungsfähige und brauchbare Konstruktion, von der bis 1912, dem Todesjahr Robert Stocks, ca. 360 Stück verkauft werden konnten.

35/40-PS-Stock-Tragpflug »Stokraft«, 1925.

20/25-PS-Stock-Raupenschlepper, 1926.

Die Pflüge besaßen zwei Vorwärtsgänge und einen Rückwärtsgang, die durch das Umstecken der Übersetzungsräder eingeschaltet wurden. Der Pflugkörper, vorne in Höhe der Laufachse am Tragrahmen beweglich über Bolzen befestigt, ließ sich hinten an der Zahnstange neben dem Heckrad in der Höhe verstellen, wobei über eine Kurbel und eine Zahnkette das Zahnrad an der Zahnstange bewegt wurde. Robert Stock wurde hierzu ein Patent erteilt, was die Nachahmer zu aufwändigen Ersatzkonstruktionen veranlasste. Bruchstifte und Bruchfedern sollten die Maschine vor Beschädigungen bewahren und das Aufbäumen des Tragpfluges bei großem Bodenwiderstand verhindern. Der Geschwindigkeitsbereich der Pflüge lag bei 3,5 bis 5 km/h.

Ab 1912 konnte ein 42 PS oder auf Wunsch ein 60 PS starker Baer-Motor in das erneut verbesserte, acht Tonnen schwere Fahrzeug eingebaut werden. Weitere technische Details dieser Entwicklungsstufe waren das in der Höhe verstellbare Furchenrad und die Riemenübertragung zwischen Motor und Getriebe, so dass die Maschine vor extremen Belastungen geschützt wurde. Um die Bodenadhäsion des Tragpfluges zu erhöhen, verlagerte Carl Gleiche den Motor weit nach vorne, so dass das Gewicht des hinteren Pflugrahmens und der Pflugschare über der Antriebsachse besser ausbalaciert wurde. Die kaum gefragte Standardversion N besaß nur einen Vorwärtsgang, die Version R auch einen Rückwärtsgang.

Dieser sechsscharige Großmotorpflug hatte eine Arbeitsbreite von 2 m. Zu Beginn des Ersten Weltkrieges kam ein von Gleiche entwickelter, langsam laufender 50/60-PS-Motor zum Einbau, der sich bestens bewährte. Auch mit einem 80-PS-Kämper-Motor wurden während dieser Zeit Stock-Motorpflüge (die in Lizenz auch bei der Excelsior-Motorpflugfabrik GmbH in Jungbunzlau/Österreich entstanden) ausgerüstet. Mit Kämper-Motor waren die Tragpflüge aber zu schwer. 1914 verbesserte ein Getriebe mit Differential die Fahreigenschaften der Tragpflüge und gleichzeitig erfolgte die Höhenverstellung über Motorkraft.

1916 übernahm der Rüstungskonzern Deutsche Waffen- und Munitionsfabriken (DWM) mit dem Aufsichtsratsmitglied und späterem zwielichtigen NS-Wirtschaftsminister Dr. Hjalmar Schacht das Ruder im Stock-Werk. Der Betriebsteil Köpenicker Straße fertigte die Motoren- und Getriebe, der Betriebsteil in Niederschöneweide übernahm den Zusammenbau der Fahrzeuge.

Nach dem Ersten Weltkrieg bot das Unternehmen Tragpflüge – jetzt mit verstärkten Fahrgestellen, geschickterer Höhenverstellung des Furchenrades und viergängigen Wendegetrieben – in drei verschiedenen Größen an. Unter der Esperanto-Bezeichnung »Peaboklei« (lei für leicht) wurde ein 2,3 Tonnen schwerer, 25/30 PS starker Tragpflug mit drei Scharen vorgestellt. Als mittlere Größe wurde der »Peabimoho« mit einem 55-PS-Motor gefertigt, der die motorisch angetriebene Höhenverstellung besaß. Schließlich kam noch für kurze Zeit der 65/70 PS starke, sechsscharige »Peabista« (sta für stark) mit einem Gewicht von 6,5 Tonnen hinzu. Im Jahre 1927 diente dieses Modell Experimenten mit einer Holzvergaseranlage; eine Serienproduktion kam aber nicht zustande.

Zu dieser Zeit war klar, dass diese Tragpflüge nicht mehr konkurrenzfähig waren. In Sachen Rückwärtsfahrt und Betriebssicherheit (Aufbäumen) waren die stark motorisierten und damit unwirtschaftlichen Stock-Pflüge den vielseitigeren Vierradschleppern klar unterlegen. Die Firma Stock ließ daher auch die Montage der schweren Typen in der Mitte der 1920er Jahre einstellen und baute mit einem eigenen 30-, später 40-PS-Bayern- und schließlich erneut mit einem eigenen 35/40-PS-Motor den nun 2,9 Tonnen schweren »Stocklei« (oder auch »Stokraft«). Die Tragpflüge brachten es auf insgesamt 1561 Exemplare.

1918 schied Carl Gleiche aus dem Unternehmen aus und entwarf für die Maschinen- und Werkzeugfabrik Karl Vogeler einen wenig erfolgreichen Tragpflug. Die schwierige wirtschaftliche Lage nach Ende des Krieges,

26/28-PS-Stock-Raupenschlepper bei der Holzabfuhr, 1930.

26/28-PS-Stock-Raupenschlepper 1930. Foto: Ralf Weinreich

verschärft durch die Exportrestriktionen der Siegermächte und der Fortfall des Rüstungsgeschäftes der Muttergesellschaft DWM, traf das Werk heftig. 1921 gab es nur noch die Möglichkeit, unter die Fittiche eines potenten Investors Zuflucht zu suchen. In dem einst mächtigen Richard-Kahn-Konzern fand die DWM den »Schwarzen Ritter«: 15 renommierte, aber notleidende Marken wie die Podeus-Automobilwerke, die Schnellpressen AG (Heidelberger Druckmaschinen AG) in Heidelberg, die Deutschen Niles-Werke in Berlin (Präzisions-Werkzeugmaschinen), die Riebe-Werke in Berlin (Kugellager). Die Kalker Maschinenfabrik (Drehmaschinen) und die Erfordia Maschinenbau AG in Erfurt (Sägewerks- und Holzbearbeitungsmaschinen) gehörten darunter zu diesem Imperium.

Das Direktionsmitglied, der Kaufmann und Ingenieur Heinrich Frese, übernahm die Firmenleitung. Er setzte, obwohl der amerikanische und in großen Stückzahlen inzwischen in Europa eingesetzte Fordson-Blockbauschlepper den Weg in die Zukunft wies, erneut auf ein schwach motorisiertes Tragpflugsystem für mittlere Bauernhöfe. Resultat war der gerade mal 1,75 Tonnen schwere, zwei- oder dreischarige »Wendestock«.

Das Fahrzeug besaß einen 20/25-PS-Deutz-Motor für allerdings nur einen Geschwindigkeitsbereich. Auf einen Rückwärtsgang und ein Differential war verzichtet worden! Über ein Kupplungssystem ließ sich das Fahrzeug mit den Triebrädern lenken; der somit erzielte kleine Wenderadius am Vorgewende hatte zum Namen des Fahrzeugs geführt. Zwei Pflugkörper waren rechts- und linkswendend angebracht. Auch dieser als »selbstfahrende Maschine« bezeichnete Tragpflug für die schwere Pflugarbeit und für das Ziehen angehängter Wagen oder sogar eines Mähbinders überzeugte trotzdem nicht; die Pflugleistungen wurden bei Vergleichspflugveranstaltungen sogar als »ungenügend« bezeichnet. 120 Modelle fanden ihren Käufer.

Nach dem raschen Zusammenbruch des Kahn-Industrie-Konzerns im Jahre 1926 konnte Heinrich Frese das zeitweilig stillgelegte Unternehmen nach einem Zwangsvergleich erwerben und reorganisieren; der Werksteil in der Köpenicker Straße wurde verpachtet und der eigene Motorenbau eingestellt.

Neben dem 1924 aufgenommenen Motorradbau – Fertigung inzwischen bei der Schnellpressen AG – ließ Frese 1925 die von ihm und Oberingenieur Georg Heidemann entworfene »Stock-Raupe« produzieren, die mit bis Mitte der 1930er Jahre 4000 verkauften Fahrzeugen ein großer Erfolg war. Die Kette des extrem kurzen Fahrzeugs wurde über ein großes vorderes Treib- und ein kleineres hinteres Leitrad geführt, Laufrollen waren damit entbehrlich. Eine starke horizontale Druckfeder zwischen Rahmen und Hinterachse sorgte für die entsprechende Kettenspannung des außerordentlich einfachen Raupenantriebs. Der Stock'schen Bauart entsprechend war der Zweizylindermotor des 2,2 Tonnen schweren Fahrzeugs vorderlastig eingebaut. Der Zughaken war hingegen hochliegend angebracht, um das Aufbäumen der kompakten Maschine bei Hindernissen zu erschweren.

20-PS-Stock-Radschlepper Modell C, 1937. Foto: Udo Paulitz

Bestückt mit einem 28-PS-Deutz-Motor – der eigene Motorenbau war inzwischen aufgegeben worden – und Dreiganggetriebe, schaffte die über Lenkkupplungen steuerbare Raupe eine Geschwindigkeit von bis zu 9,5 km/h. An der Stirnseite des »Raupenstock« saß eine Riemenscheibe. Exakt 4011 Raupen konnten produziert werden. Georg Heidemann befasste sich ab 1932 intensiv mit dem Projekt, Lieferwagen-Chassis mit einem vor die räderlose Hinterachse angebrachten Raupenlaufwerk zu versehen, das über Ketten von der Achse angetrieben werden sollte. Ein Erfolg war ihm nicht vergönnt.

Die Radschlepper 1935–1942

Im Jahre 1935 verließ das Unternehmen endgültig die Tragpflugtechnik und stellte den modern konstruierten »Stock-Bauernschlepper« vor, einen Schlepper mit 20-PS-Deutz-Motor und eigenem Dreiganggetriebe. Der erstmals im deutschen Schlepperbau genutzte Blockbau sorgte für eine verwindungsfreie Konstruktion, für einfache Reparaturmöglichkeiten und für eine gute Bodenfreiheit; die vordere Pendelachse war mit langer Querfeder abgestützt. Über den Lenkradeinschlag wurden die Räder zusätzlich abgebremst. Dem Zeitgeschmack entsprechend, besaß der Schlepper vorne und auf Wunsch hinten automobilartige Kotflügel. Den Vertrieb der Stock-Schlepper übernahm die Firma Primus in Berlin. Im Jahre 1938 erhielt der nunmehrige »Stock-Dieselschlepper« einen 22-PS-Deutz-Diesel und ein eigenes Sechsgang-Getriebe; aber schon 1941 endete die Montage aufgrund behördlicher Anweisung.

22-PS-Stock-»Diesel-Schlepper«, 1941.

Ab 1942 produzierte Stock einen Gasschlepper in der aufgelockerten Einheits-Bauweise mit dem 25-PS-Deutz-Holzgasmotor. Die Anordnung der Holzgasanlage beidseitig zwischen den Achsen ermöglichte weiterhin einen akzeptablen Radstand und somit eine gute Kurvengängigkeit. Riemenscheibe, Zapfwelle, Mähbalken und die Möglichkeit der Spurweitenverstellung waren vorhanden. Mit einem eigenen Getriebe versehen, konnte die Maschine 19,5 km/h erreichen.

Mit der Demontage und dem Verlust der Fabrikationsstätten im Osten Berlins, darunter auch die möglicherweise wieder genutzte Anlage in der Köpenicker Straße, endete die Produktion der Stock-Schlepper nach 567 20-PS-, nach 2020 22-PS- und 461 Holzgas-Radschleppern.

Als Handelsunternehmen bestand die Firma unter dem Namen Stock-Motorpflug Heinrich Frese u. Co. OHG in Berlin und in Kassel, Harleshäuserstr. 4, bis ins Jahr 1971 fort.

Stock-Schlepper

Baureihe	Bauzeit	Motor Hersteller	Typ	Zylinder	PS	Kühlung	Bohrung x Hub	Hubraum	Drehzahl	Radstand	Gewicht	Getriebe	Besonderheiten
1. Tragpflüge													
Tragpflug-Prototyp12	1907			1		W							
Tragpflug, dreischarig	1908	Stock		1	8	W							
Tragpflug, sechsscharig	1909				24	W	125x145	7121					
Stokraft	1912 - 1914	Stock		4	40	W			720		8000		
Stokraft N	1910 - 1914	Stock		4	42	W	130x200	10.616			4500	1/0	auch 60-PS-Baer-Motor
Stokraft R	1913 - 1914	Stock		4	48	W	125x145	7144	720			1/1	
Großpflug (Peamaho)	1913 -1918	Kämper	PM 150	4	50/60	W	150x200	14.130	720		5800	2/1	mit mechanischer Höhenverstellung
Großpflug (Peabogro), sechsscharig	1914 - 1918	Kämper	PM 170	4	80	W	170x220	19.994	600			4/1	
Peaboklei (»Kleiner Stock«)	1918 - 1924	Stock		4	25	W	100x140	4396	800		2080	2/1	auch 3/1-Getriebe
Peabista, sechsscharig	1918 - 1925			4	65/70	W	155x210	15.840	720		6500		
Peabimoho (»Großer Stock«)	1921 - 1925			4	55	W	130x200	10.616	720		5600/ 6000	2/1	mit mechanischer Höhenverstellung
Wendestock (»W«)	1924 - 1926	Deutz		2	20/25	W	100x140	2198	800 - 920		1660	1/1	
Stocklei, dreischarig	1924 - 1934			4	30	W			920		2900		
Stocklei	1924	BMW	M 1 A 1	4	40	W	120x180	8138	1000		2900		
Stokraft	1925 - 1928	Stock	40 PS	4	35/40	W	110x160	6082	920 - 1050		2900/3250	2/1	auch 40/42 PS
2. Radschlepper													
Modell C	1935 - 1938	Deutz	F 2 M 313	2	20	W	100x130	2041	1500	1720	1450	3/1	Dieselmotor
Diesel-Schlepper	1938 - 1941	Deutz	F 2 M 414	2	22	W	100x140	2198	1500	1720	1500	6/2	Dieselmotor
(Gasschlepper)	1942 - 1944	Deutz	GF2M 115	2	25	W	130x150	3980	1550	2235	2090/2150	6/1	Holzgasmotor, auch Radstand 2150 mm
3. Raupen													
Stock-Raupe RA	1925	Deutz		2	20/25	W	100x140	2198	920		1600/1700	3/1	Prototyp
Raupenstock (Wendestock)	1926 - 1929	Deutz	28 PS	2	26/28	W	120x160	3617	1000	1250	2200 2350	3/1	

Stoewer

Stoewer-Werke AG, vorm. Gebr. Stoewer,
Stettin-Neutorney, Falkenwalder Str. 186,
1917–1926

Unter der Leitung des Stettiner Ingenieurs Otto Barsch brachte die Spezialabteilung »Motorpflugbau« der bekannten pommerschen Automobilfabrik im Jahre 1917 ein modernes und technisch ausgereiftes Motorpflugmodell heraus, nachdem sich ein fünf Tonnen schweres Modell mit 18-PS-Motor als völliger Fehlschlag erwiesen hatte. Der Typ »3 S 17« war mit einem 38/40-PS-PS-Stoewer-Lkw-Motor ausgerüstet.

Der Antrieb erfolgte über ein Dreiganggetriebe und eine verkleidete Ritzelübertragung. Das in der Furche laufende Treibrad ließ sich in der Höhe verstellen. Bei diesen »halbstarren« Konstruktionen handelte es sich um Schlepper, die drei- (1 Meter Arbeitsbreite) oder sechsscharige Pflüge (Typ 6 S 17 mit 2 m Arbeitsbreite) ziehen sollten; deren Motorkraft hob und senkte den Pflugrahmen. Auch als reine Zugmaschine und als stationäre Kraftquelle mit Riemenscheibe sollten sie verwendet werden.

38/40-PS-Stoewer Typ 3 S 17, 1917.

Zur Geländegängigkeit trugen die vorderen, gefederten »Kippachsen« mit ihrer Achsschenkellenkung bei. Nach der Fertigstellung einiger Prototypen während des Krieges wurde die Serienproduktion des kleineren Typs mit seinen 1,8 m hohen Antriebsrädern (mit aufsetzbaren Greifern) und einem inzwischen auf 45 PS gesteigerten Motor aufgenommen. Etwa

160 Exemplare dieser ersten überzeugenden Schlepperkonstruktion verließen das Stettiner Werk bis 1926.

Neben diesem Schlepper stattete Barsch einen Prototyp mit einem 75-PS-Triebwerk aus, wobei es sich um einen 110-PS-Argus-Flugmotor mit einer Dekompressionsanlage zum leichteren Anlassen gehandelt haben könnte, der mit gedrosselter Leistung in das Fahrzeug eingesetzt wurde. Ein eigener Motor mit dieser Leistung stand nicht zur Verfügung. Die Hinterräder besaßen einen Durchmesser von 2,4 Metern, was auf eine Artillerieschlepper-Konstruktion hindeutet. Die hohe Antriebskraft erwies sich aber beim Probepflügen als überflüssig und verteuerte das Modell unnötig, so dass es bei dem Versuchstyp blieb.

Der Plan, 1936 mit der Humboldt-Deutz-Motoren AG wieder in die (Lizenz-)Schlepperfertigung einzusteigen, zerschlug sich. Das seit 1898 in der Fahrzeugfertigung tätige Stoewer-Werk wurde 1945 zum Teil für eine ausgelagerte Ersatzteilfertigung geräumt; die nahezu unbeschädigte Fabrik wurde von der Roten Armee dann besetzt und geplündert. Danach zogen eine polnische Motorradfabrik und später ein Fahrzeugteile-Produzent in die einstigen Stoewer-Werke ein.

Stoewer-Schlepper

Baureihe	Bauzeit	Motor Hersteller	Typ	Zylinder	PS	Kühlung	Bohrung x Hub	Hubraum	Drehzahl	Radstand	Gewicht	Getriebe	Besonderheiten
3 S 17	1917	Stoewer		4	38/40	W	125x150	7359	800		3100 - 4000	3/1	3-scharig
6 S 17	1917	Stoewer		4	75	W						3/1	6-scharig
3 S 17	1919	Stoewer		4	45	W	125x150	7359	850		5000	3/1	3-scharig

Ströbele

Hans Ströbele,
Ottobeuren,
1948

Kurzzeitig wurde von Ströbele ein 22-PS-Schlepper mit MWM-Motor hergestellt. Stückzahlen oder technische Details blieben unbekannt.

Sülchgau

Sülchgau Maschinen, Alfons Schultheiss,
Rottenburg a. Neckar,
1950–1955

Unter dem Namen Sülchgau fertigte der Landmaschinenbetrieb Alfons Schultheiss zunächst 257 Rahmenbauschlepper der Baureihe »T 9« mit Güldner-Verdampfermotor. Drei Exemplare erhielten auch den gleichstarken München-Sendling-Diesel. 1953 folgte der Blockbauschlepper »T 12« mit luftgekühltem MWM-Einzylinder-Dieselmotor. Weitere Modelle trugen angeblich die Bezeichnung »T 16« (mit Güldner-Motor) und »T 22«. Von diesem Typ sollen nochmals 40 Exemplare montiert worden sein.

9-PS-Sülchgau T 9, 1949. Foto: W. Leiter, © PD

Sülchgau-Schlepper													
Baureihe	Bauzeit	Motor Hersteller	Typ	Zylinder	PS	Kühlung	Bohrung x Hub	Hubraum	Drehzahl	Radstand	Gewicht	Getriebe	Besonderheiten
Sülchgau T 3 (T 9)	1950 - 1952	Güldner	GW 10	1	9	V	85x115	624	1800		720		
Sülchgau T 5 (T 9)	1950 - 1952	MS	DS 211	1	9	V	90x110	699	1900			5/1	
Sülchgau T 11 (T 12)	1953 - 1957	MWM	AKD (1)12 E	1	12	L	98x120	905	2000		810		
Sülchgau T 16	1954	Güldner	2 DN	2	16	W	85x115	1304	1800				
Sülchgau T 22	1955	Güldner	2 BN	2	22	W	95x130	1800	1800				

Sulzer

Ig. Sulzer, Maschinen- und Fahrzeugbau,
Harthausen über Augsburg-Land, Haus 9,
1936–1940 und 1949–1961/63

Der Bau von Kreis- und Bandsägen bildete zunächst das Produktionsprofil der 1922 gegründeten Wagnerei-Firma von Ignaz Sulzer (1897–1961). Vor dem Krieg unternahm Sulzer erste Versuche im Schlepperbau, zumal die inzwischen eingerichtete Wagnerei hierzu Voraussetzungen bot. Mit 15-PS-Schlüter- und 20-PS-Deutz-Motoren sowie Prometheus-Getrieben entstanden ab 1938 26 Rahmen- und Blockbauschlepper. Der Reichsnährstand verhinderte aber aufgrund der Einzelfertigung die Aufnahme in den Schell-Plan.

1949 und insbesondere ab 1952 präsentierte Sulzer dann ein breit gefächertes Programm an Schleppern, bei denen Deutz- und MWM-Motoren mit Renk-Getrieben der Zahnräderfabrik Augsburg (ZA) verblockt wurden. Bis zum damaligen Spitzenmodell mit 40 PS und einer gefederten Vorderachse (das allerdings ein Einzelstück blieb) reichte das Angebot. Als 1951 die Rohstoff-Einfuhr-Gesellschaft/REG in Hamburg einen Exportauftrag mit 200 Schleppern für Brasilien erteilen wollte, musste Sulzer aus Kapazitätsgründen passen. Die Fertigung ging an die Landmaschinenfabrik und Allgaier-Vertretung Paegert in Vienenburg; einzig 150 Schweißkomponenten steuerte Sulzer bei.

Seinen größten Erfolg verzeichnete das Unternehmen mit dem »S 22 L«, der bis 1954 über 1900 Mal verkauft werden konnte.

In diesem Jahr folgte eine Überarbeitung der Schlepper, wobei Sulzer für die kleinen Modelle auch auf Sendling-Motoren zurückgriff. Während man bis 1955 wasser- und luftgekühlte Deutz- und MWM-Antriebe verbaute, setzte Sulzer ab 1957 nur noch auf luftgekühlte Motoren dieser Hersteller sowie ZA-, ZF- und Hurth-Getriebe. Auch Allradschlepper mit

25-PS-Sulzer Typ S 25, 1950. Foto: Udo Paulitz

30-PS-Sulzer S 30 L, 1953.

30-PS-Sulzer Typ S 30 LA, 1957.
Foto: Clément Bucco-Lechat, © CC-BY-SA-30271-8

gleich großen Rädern mit 28, ab 1957 mit 30 und ab 1959 mit 40/42 PS waren im Angebot vertreten, die in den Export in die Schweiz, nach Italien und in den Orient gingen. Ab 1959 entstanden unter der Bezeichnung »S 25 LT« auch Tragschlepper für den Zwischenachseinbau.

Als typischer Vertreter des Konfektionsschlepperbaus kaufte Sulzer nahezu alle Teile zusammen. Einzig der Vorderachsblock entstand in eigener Schweißtechnik. Die Motorhauben lieferte die Augsburger Presserei Haugg, wobei es sich um die bekannten Formen von Kögel und Gutbrod handelte. Insbesondere mit Gutbrod bestand eine enge Zusammenarbeit. Gutbrod steuerte in den Jahren 1950 bis 1954 die Motor-Getriebeblöcke bei; Sulzer befasste sich mit der Vorderachsaufängung und den Schweißteilen. So war etwa der »S 25« baugleich mit Gutbrods »ND 25«. Letztes

22-PS-Sulzer S 22 L, 1954.

30-PS-Sulzer Typ S 28 Allrad, 1954.

18-PS-Sulzer S 18 LM, 1957. Foto: Udo Paulitz

14/15-PS-Sulzer S 14, 1956. Foto: Udo Paulitz

13/14-PS-Sulzer Typ S 13 L, 1958.

Sulzer-Produkt bildete der Tragschlepper »S 330 L«, bei dem es sich um die Zulieferung des Wahl-Schleppers »W 135« handelte. Die Zusammenarbeit ermöglichte ihnen, noch eine weitere Serie entsprechender Getriebe von ZF zu erhalten.

Der zumindest zeitweise eingetretene Erfolg sprach für die Sulzer-Strategie, die Kunden mit individuell zugeschnittenen Fahrzeugen unter dem Motto »Wer Sulzer fährt, fährt gut!« zu bedienen. Diese Direktvermarktungsstrategie beschränkte jedoch den Vertrieb auf die unmittelbare Umgebung, wobei der Großauftrag von 1957, als 332 halbfertige Fahrzeuge der Baureihe »S 18 L« unter dem Markennamen »Sift« (Société d'Installation de Force et de Traction) nach Boulogne sur Seine/Frankreich geliefert wurden, die Ausnahme und die Totalauslastung des Werkes blieb. Auch die Firma Paegert (Ceres Maschinen- und Fahrzeugbau GmbH) in Vienenburg/Harz wurde beliefert; diese Sulzer-Modelle liefen unter der Bezeichnung »Ceres«. Baurechte gingen auch an die Firmen Gutter und Lauren.

Neben den Schleppern baute das Unternehmen auch Dunglader, Baggerfahrgestelle für die Eisenwerke Gebr. Frisch KG in Augsburg, Förderanlagen, Fahrzeug-Bauteile sowie auch einen kleinen Grabenbagger; stellte aber den Schlepperbau 1961 ein. Die Firmenphilosophie, auf jeden Kundenwunsch einzugehen, führte zu einer extrem zersplitterten Typenvielfalt, die zu teuer und zu aufwändig war. Die wenigen Restbestände wurden abverkauft und Sulzer übernahm auf Vermittlung der Firma Wahl die Vertretung für David Brown-Schlepper im oberbayerischen Raum. Gleichzeitig strukturierten die Erben das Unternehmen, das weiterhin das Logo der Schleppermodelle nutzt, auf die Metallverarbeitung mit Standort Adelzhausen um.

Sulzer-Schlepper

Baureihe	Bauzeit	Motor Hersteller	Typ	Zylinder	PS	Kühlung	Bohrung x Hub	Hubraum	Drehzahl	Radstand	Gewicht	Getriebe	Besonderheiten
Sulzer 15 PS	1938 - 1939	Schlüter	DSL 15	1	15	W	115x170	1780	1250		1300		
Sulzer 20 PS	1938 - 1939	Deutz	F 2 M 313	2	20	W	100x130	2041	1500				auch Deutz-Motor F 2 M 414
S 22 W	1949 - 1954	Deutz	F 2 M 414	2	22	W	100x140	2198	1500		1820	5/1	
S 18	1950	MWM	KDWF 415 E	1	18	W	112x150	1480	1600	1490	1300	5/1	
S 24	1950 - 1956	MWM	KDW 215 Z	2	24	W	100x150	2356	1600		1800	4/1	
S 25 W	1950 - 1954	Deutz	F 2 M 414	2	25	W	100x140	2198	1500	1690	1820	4/1	Gutbrod ND 25-Paralleltyp
S 30 W	1950 - 1951	MWM-Südbr.	TD 15	2	30/32	W	110x150	2859	1500		1800		
S 36/40	1950 - 1951	MWM	KDW 415 D	3	36/40	W	100x150	3534	1600	2000	1930	7/2	Gutbrod-Paralleltyp ND 40, auch Radstand 2000 mm, Gewicht 2500 kg
S 15	1951 - 1953	MWM	KDW 415 E	1	14/15	W	100x150	1178	1600	1490	1200	5/1	Gutbrod-Paralleltyp ND 15
S 20	1951 - 1952	Farymann	CS	2	20	W	90x120	1520	1750			5/1	
S 28	1951 - 1954	MWM	KDW 415 Z	2	28	W	100x150	2356	1600			5/1	
S 12	1952 - 1953	MWM	KD 12 E	1	12	W	95x120	850	2000			5/1	
S 20	1952 - 1954	MWM	KDW 615 E	1	20	W	112x150	1480	1600	1740	1400	5/1	
S 12	1953 - 1955	MS	DS 211	1	11	W	90x110	699	2000	1500	1100	5/1	
S 12 L	1953 - 1958	MWM	AKD 1/12 E	1	12	L	98x120	905	2000	1770	890	6/2	
S 15	1953	MWM	KDW 415 E	1	15	W	100x150	1178	1600	1600	1280	5/1	
S 30 W	1953 - 1960	MWM	KDW 415 Z	2	30	W	100x150	2356	1600				
S 30 L	1953 - 1960	Deutz	F 2 L 514	2	30	L	110x140	2660	1650	1790	1770		
S 36/40 (ab 1955 S 40)	1953 - 1959	MWM	KDW 415 D	3	40	W	100x150	3534	1600	1860	2310	7/2	ab 1955 Radstand1980 mm, Gewicht 2350 kg
S 15	1954	MS	DS 214	1	15	W	105x146	1264	1500		1100	5/1	
S 15	1954 - 1955	MWM	KDW 415 E	1	15	W	100x150	1178	1600	1680	1400	5/1	
S 15 L	1954 - 1957	Deutz	F 1 L 514	1	15	L	110x140	1330	1600	1570	1200	5/1	
S 17 W	1954 - 1957	MWM	KD 211 Z	2	17	W	85x110	1248	1980	1725	1200	5/1	
S 22 L	1954 - 1955	MWM	AKD 1/12 Z	2	22	L	98x120	1810	2000	1780	1320	5/1	ab 1955 24 PS
S 25	1954 - 1955	Deutz	F 2 M 414	2	25	W	100x140	2198	1500	1725	1900	7/2	
S 28 W	1954 - 1957	MWM	KDW 415 Z	2	28	W	100x150	2356	1600	1725			
S 28 A	1954 - 1957	MWM		2	28	W	100x150	2356	1600	1730	1760	5/1	Allradantrieb
S 30 LA	1954 - 1957	Deutz	F 2 L 514	2	30	L	110x140	2660	1650		1750	5/1	
S 11 L (S 12 L)	1955 - 1956	Deutz	F 1 L 612	1	12	L	90x120	763	2200	1800	1250	4/1	
S 20	1955 - 1956	MWM	KDW 615 E	1	20	W	112x150	1480	1600	1740	1300	5/1	
S 24	1955	MWM	KD 12 Z	2	24	W	95x120	1689	2000			5/1	
S 24 LT	1955?	MWM	AKD 1/12 Z	2	22	L	98x120	1810	2000	1770	1360	5/1	
S 11 L	1956 - 1957	Deutz	F 1 L 612	1	11/12	L	90x120	763	2100	1768	890	6/2	
S 15 L	1956 - 1958	Deutz	F 1 L 514	1	15	L	110x140	1330	1650	1760	890	4/1	
S 18 L (S 20 L)	1956 - 1958	MWM	AKD 311 Z	2	18	L	90x110	1400	2000	1725	1200	5/1	auch 20 PS
S 22 L	1956 - 1959	Deutz	F 2 L 612	2	22	L	90x120	1526	2100	1780	1320	5/1	auch Radstand 1840 mm, Gewicht 1260 kg
S 36	1956	MWM	AKD 112 D	3	36	L	98x120	2715	2000				
S 12 L	1957 - 1958	MWM	AKD 412 E	1	12	L	105x120	1004	2000	1770	890	6/2	auch Radstand 1730 mm
S 15 L	1957	Deutz	F 1 L 514	1	15	L	110x140	1330	1650	1570	1200	5/1	
S 18 L	1957 - 1960	Deutz	F 2 L 612	2	18	L	90x120	1526	1800	1725	1280	5/1	
S 22 L	1957 - 1958	MWM	AKD 112 Z	2	22	L	98 x 120	1810	1980	1780	1320	5/1	ab 1958 24 PS bei 2000 U/min
S 30 L	1957 - 1962	Deutz	F 2 L 514	2	30/32	L	110x140	2660	1650	1790	1770	7/2	
S 30 LA	1957 - 1962	Deutz	F 2 L 514	2	30	L	110x140	2660	1650	1730	1860	5/1	Allradantrieb
S 13 L	1958 - 1961	Deutz	F 1 L 712	1	13/14	L	95x120	850	2100	1790	890	6/2	
S 14 L	1958 - 1962	Deutz	F 1 L 712	1	14	L	95x120	850	2100	1730	890	6/2	
S 18 LD	1958 - 1960	Deutz	F 2 L 712	2	18	L	95x120	1700	1800	1725	1170	5/1	
S 25 L	1958 - 1962	Deutz	F 2 L 712	2	25	L	95x120	1700	2100	1840	1290	6/1	a. W. 28 PS
S 38 L	1958 - 1960	Deutz	F 3 L 712	3	38	L	95x120	2550	2250	1920	1840	6/1	Einzelstück
S 18 L	1959	MWM	AKD 10 Z	2	18	L	80x100	1004	2850	1750	980	6/1	
S 18 LM	1959 - 1962	MWM	AKD 10 Z	2	18	L	80x100	1004	2850	1770	980	6/1	
S 20 LT	1959 - 1962	MWM	AKD 10 Z	2	20	L	80x100	1004	3000		1000	6/1	
S 25 LT	1959 - 1962	Deutz	F 2 L 712	2	25	L	95x120	1700	2100	1970	1290	6/1	Tragschlepper, a. W. 28 PS
S 330 L	1959 - 1962	MWM	AKD 10 D	3	25	L	80x100	1506	2600	2085	1290	8/4	Tragschlepper, Wahl-Paralleltyp W 135
S 42 LA	1959 - 1962	Deutz	F 3 L 514	3	40/42	L	110x140	3990	2100	1800	2100	7/2	Allradantrieb

Taunus

22-PS-Taunus-Schlepper, 1949.

Taunus Traktoren Ing. F. Lauche,
Frankfurt a. Main, Emser Str. 28,
1949 - 1950

Das Kfz-Reparatur-Unternehmen und einstige Primus-Vertretung des Kaufmanns Fred Lauche plante den Bau eines »Universal-Schleppers mit anerkannt großer Leistungsfähigkeit« unter der Bezeichnung »Taunus TT 22« mit dem 22-PS-Deutz-Motor und ZA-Getriebe sowie angebautem Mähwerk. Nach Aufhebung des Vergleichsverfahrens wurde die Hinterhofwerkstatt aufgelöst.

Taunus-Schlepper

Baureihe	Bauzeit	Motor Hersteller	Typ	Zylinder	PS	Kühlung	Bohrung x Hub	Hubraum	Drehzahl	Radstand	Gewicht	Getriebe	Besonderheiten
Taunus TT 22	1949	Deutz	F 2 M 414	2	22	W	100x140	2198	1500	1630	1650	4/1	

Technische Kultur Gesellschaft

Technische Kultur Gesellschaft für Forst- und Maschinenwesen mbH,
Berlin-Schöneberg, Bülowstr. 88,
1918–1920

Der »Apel«-Tragpflug und ab 1920 der »Mopeda«-Schleppflug der Danziger Firma Pfeiffer bildeten Fertigungs- oder Verkaufsprodukte dieser Landmaschinenhandels- und Kultivierungsgesellschaft. Beide Modelle waren Misserfolge, so dass sich die Firma aus diesem Bereich zurückzog. Mit der Liquidation 1924 verschwand dieses Unternehmen.

Teichmüller

Werner Teichmüller,
Berlin-Tiergarten, Lützowufer 17 II,
1921

Einen Schlepper mit einem »Schwerölmotor« (Petroleummotor) konstruierte dieses Unternehmen von Werner Teichmüller, Geschäftsführer der Roggen-Kredit-Genossenschaft. Einzelheiten darüber sind nicht bekannt. Hauptfertigungsgebiet des bis 1924 bestehenden Unternehmens war der Nachbau der Rheinmetall-Dampfpflüge.

Teupen

Maschinenfabrik Bernhard Teupen OHG,
Ochtrup,
1959

Unter der Bezeichnung »D 15 Teupena« bot dieses von 1922 bis 1972 bestehende Unternehmen einen landwirtschaftlichen Transporter bzw.

15-PS-Teupen-Allzweckfahrzeug, 1959.

Geräteträger an, der auch als leichte Zugmaschine verwendet werden konnte. Mähantrieb und Riemenscheibe waren vorhanden. Die heutige Firma Teupen Maschinenbau in Gronau beschäftigt sich mit dem Bau von Arbeitsbühnen.

Teupen-Allzweckgerät

Baureihe	Bauzeit	Motor Hersteller	Typ	Zylinder	PS	Kühlung	Bohrung x Hub	Hubraum	Drehzahl	Radstand	Gewicht	Getriebe	Besonderheiten
D 15 Teupenia	1959	MWM	AKD 9 Z	B2	15	L	75 x 90	792	3000	1550	850	4/1	mit Ladepritsche und Fahrerhaus, Nutzlast 1000 kg

Tittmann

Tittmann,
Fraureuth b. Werdau,
1935 – 1940

Mit dem 12 PS starken Deutz-Verdampfermotor MAH 716 stellte Tittmann 35 Rahmenbauschlepper her.

12-PS-Tittmann-Rahmenbauschlepper, 1935.

Titus

Titus-Traktorenbau Peter A. Titus,
Worms
1. 1948-1950 **Primus Traktoren-Montagewerk,**
Worms, Hafenstr.
2. 1950-1959 **Titus Traktorenbau Peter A. Titus GmbH,**
Worms, Hafenstr.,
Hauptverwaltung,
Mülheim a. d. R., Weseler Str. 48–50

Peter A. Titus, ehemals Mitarbeiter von Johannes Köhler im Primus-Werk, machte sich 1948 selbstständig und baute in Worms den Primus-Schlepper nach, wobei das Primus-Vorkriegsmodell P 22 als Universaltyp »U 24/25« den Einstieg bildete.

1949 konnte Titus schon ein fein abgestuftes Programm mit Fahrzeugen von 11 bis 33 PS anbieten. Ausgehend vom Universaltyp »U 11 Piccolo« bis zum schweren »U 33« setzte Titus Deutz- und MWM-Motoren mit ZA-Getrieben unter die charakteristische Primus-Rundhaube, deren Großbuchstaben »K« oder »G« an der Seite für die Klein- und Großschlepper standen, die für das Inland oder für den Export vorgesehen waren.

Mit Johannes Köhler muss es aber schon recht bald zum Zerwürfnis gekommen sein, was den Lizenzbau unterband und die weitere Verwendung von Primus-Motoren verhinderte. 1950 und 1952 erneuerte Titus nochmals das jetzt nur noch aus drei Grundtypen bestehende Programm, wobei nur noch MWM-Motoren sowie ein Bauscher-Motor eingesetzt wurden.

Mit dem Prunkstück »U 60 G 4/G 7«, das den hubraumstarken 60-PS-MWM-Südbremse-Zweizylinderdiesel besaß, versuchte Titus auf Auslandsmärkten zu punkten; ob aber dieser Gigant tatsächlich montiert wurde, lässt sich bisher nicht beweisen.

Gegenüber anderen Konfektionsherstellern zeichneten sich die Schlepper durch Getriebe mit bis zu sieben Gängen aus. Um 1954 versuchte sich das inzwischen von Mülheim her operierende Unternehmen auch im Raupenbau mit bis zu 105 PS starken Maschinen. Einzig ein 60- und ein 90-PS-Modell mit Lenkkupplungen und Lenkbremsen scheinen realisiert worden sein, aber auch das ohne größeren Erfolg: 1959 wurde das Unternehmen aufgelöst, nachdem sich Peter A. Titus nach Südamerika abgesetzt hatte.

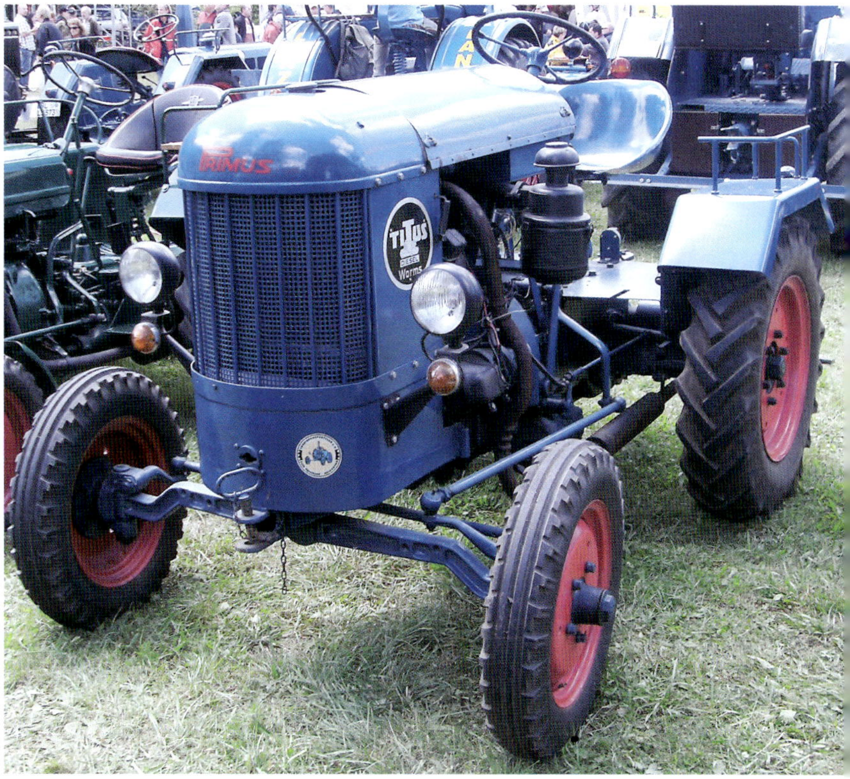

22-PS-Primus-Titus-Schlepper, 1949. Foto: W. Leiter, © CC-BY-SA-3.0

33-PS-Titus Typ U 33/4, 1950.

73-PS-Titus U 70, 1954.

60-PS-Titus-Raupenschlepper Typ R 60, 1951.

Titus-Schlepper

Baureihe	Bauzeit	Motor Hersteller	Typ	Zylinder	PS	Kühlung	Bohrung x Hub	Hubraum	Drehzahl	Radstand	Gewicht	Getriebe	Besonderheiten
1. Radschlepper													
U 24/25	1948	Deutz	F 2 M 414	2	25	W	100x140	2198	1500				
U 11 K 4 Piccolo	1949 - 1950	Deutz	F 1 M 414	1	11	W	100x140	1099	1500		1150	4/1	
U 11 K 5 Piccolo	1949 - 1950	Deutz	F 1 M 414	1	11	W	100x140	1099	1500		1150	S+4/1	S = Schnellgang
U 12 K 4	1949 - 1950	Deutz	F 1 M 414	1	12	W	100x140	1099	1500	1470	1280	4/1	auch Radstand 1500 mm, Gewicht 1240 kg
U 16 (U 15 K 4)	1949 - 1950	MWM	KD(W) 415 E	1	15	W	100x150	1178	1500	1450	1250	4/1	
U 16 (U 15 K 5)	1949 - 1950	MWM	KD(W) 415 Z	1	15	W	100x150	1178	1500	1453	1260	5/1	auch Radstand 1510 mm
U 22 K 4	1948/49	Deutz	F 2 M 414	2	22	W	100x140	2198	1500	1650	1500	4/1	auch MWM-Motor KDW 415 Z
U 22 G 4 (G 5)	1948/49	Deutz	F 2 M 414	2	22	W	100x140	2198	1500		1500	4/1	
U 33 G 4 (G 7)	1949	MWM	KD 215 D	3	29	W	100x150	3534	1500	1860	2100	4/1	auch 7/2-Getriebe
U 33 G 4 (G 5)	1949	MWM-Südbr.	TD 15	2	33	W	110x150	2850	1500	1800	1800	4/1	auch 5/1-Getriebe
U 35 G 4 (G 5)	1949 - 1950	Deutz	F 2 M 417	2	35	W	120x170	3845	1500	2060	2100	4/1	auch MWM-Motor
U 15 K 4 (K 5)	1950	MWM	KDW 215 E	1	15	W	100x150	1178	1500	1510	1260	4/1	auch 5/1-Getriebe
U 18 K 5	1950	Bauscher	TD 18	1	18	W	105x145	1254	1750	1580	1310	5/1	
U 25 G 4 (G 7)	1950 - 1951	MWM	KDW 415 Z	2	25	W	100x150	2356	1500	1660	1550	4/1	auch 7/2-Getriebe, auch Deutz-Motor
U 35 G 4 (G 5)	1950	MWM	KD 215 D	3	33/36	W	100x150	3534	1500	2040	1950	5/1	auch 5/1-Getriebe, auch Deutz-Motor F 2 M 417 mit 35 PS
U 40 G 4 (G 5)	1950 - 1952	MWM	KDW 415 D	3	40	W	100x150	3534	1500	1850	2160 - 2300	4/1	auch 5/1-Getriebe, Radstand 1870 mm, mit 7/2-Getriebe Radstand 1990 mm
U 60 G 4 (G 7)	1950 - 1952	MWM	RHS 418 Z	2	60	W	140x180	5540	1500	2185	2850	4/1	mit 7/2-Getriebe Radstand 2310 mm, Gewicht 3050 kg
U 18 K 5	1952	Bauscher	TD 18	1	20	W	110x145	1380	1750	1490	1280	5/1	
U 25 G 5	1952	MWM	KD 12 Z	2	24	W	95x120	1689	2000	1735	1570	5/1	
U 40 G 7	1952	MWM	KDW 415 D	3	40	W	100x150	3534	1500	1990	2230	7/2	
U 70	1953	MWM-Südbr.	RHST 418 Z	2	73	W	140x180	5540	1650		4050	10/2	Roots-Gebläse, Projekt
2. Raupen													
R 60	1952	MWM-Südbr.	RHS 418 Z	2	60	W	140x180	5540	1500		7000	5/1	Projekt
R 70	1952	MWM-Südbr.	RHST 418 D	2	70	W	140x180	5540	1650			6/6	Roots-Gebläse, Projekt
R 90	1952	MWM-Südbr.		3	90	W	140x180	8310	1350			5/1	Projekt
R 105	1952	MWM-Südbr.		3	105	W	140x180	8310	1650			6/6	Roots-Gebläse, Projekt

Toro

Toro-Motorpflug AG,
Hannover, Georgstr. 35
1. 1923-1927 **DAAG-Toro-Motorpflug AG,** Ratingen
2. 1927-1929 **Toro-Motorpflug AG,** Hannover, Georgstr. 35

18/28-PS-Toro-Zweirichtungsschlepper »Daag-Toro Zugochse«, 1923.

Oberingenieur Joseph Brey, der den Deutzer, den Fürstlich Stolberg'schen »Ilsenburger«-, den Deutsche Industrie-Werke- und den Hansa-Lloyd-Schlepper entworfen hatte, konstruierte für die Deutsche Last-Automobil Fabrik AG (DAAG) einen Schlepper mit der Bezeichnung »Eiserner Zugochse«. Zwei eng aneinanderliegende, leicht in der Spur verstellbare Vorderräder ersparten eine komplizierte Achsschenkellenkung; der Kämper-Vierzylinder-Benzolmotor mit 18 bis 28 PS erlaubte Geschwindigkeiten zwischen 2,9 bis 6 km/h. Die Besonderheit am »Zugochsen« war aber sein diagonal unter der Hinterachse angebrachter Kipppflug, dessen Hälften durch einen Seilzug per Handkurbel angehoben oder gesenkt wurden, je nach Fahrtrichtung. Der Fahrer wechselte dann einfach seinen Sitzplatz (es gab zwei davon) und griff in das senkrecht stehende Doppellenkrad, so dass er vor- und rückwärts ohne Wendemanöver fahren konnte, ohne die Furchen aus dem Blick zu verlieren. Ohne dem Kipppflug konnte das Fahrzeug auch als Zugschlepper verwendet werden.

Ab 1927 erhielt das Modell, auch Kehrpflug genannt, auf Wunsch den vierzylindrigen Dorner-Dieselmotor mit 35 PS; jeder Zylinder war mit einer eigenen Einspritzpumpe versehen. Hauptsächlich in der rheinischen Landwirtschaft fand der Schlepper seine Käufer. Die Fertigung der Fahrzeuge erfolgte bei der Eisenbahnsignal-Bauanstalt Max Jüdel, Stahmer, Bruchsaler AG, Werk Georgsmarienhütte, die damit ihre Fabrikationsanlagen auslasten wollte. Den Vertrieb übernahm die Toro-Motorpflug AG in Hannover.

Toro-Schlepper

Baureihe	Bauzeit	Motor Hersteller	Typ	Zylinder	PS	Kühlung	Bohrung x Hub	Hubraum	Drehzahl	Radstand	Gewicht	Getriebe	Besonderheiten
»Eiserner Zugochse«	1923 - 1928	Kämper	90	4	18/28	W	90x140	3560	1000/1500	2100	1900	1/1	mit Kippflug 2150 kg
»Eiserner Zugochse«	1929	Dorner	VDM	4	28/34	W	95x160	4534	800	2100	2300	1/1	Dieselmotor

Trabant

Trabant Traktorenbau GmbH,
Hamburg, Bergstr. 14,
1949–1950

Die zunächst in Buchholz/Kreis Harburg und wenig später in Hamburg ansässige Firma fertigte in geringer Stückzahl einen Zweizylinderschlepper mit der Bezeichnung »Trabant«. Dabei kam ein von Bohn & Kähler in Lizenz produzierter Orenstein & Koppel-V-Motor mit 28/32 PS zum Einsatz. Getriebe von ZA und ZF wurden genutzt. Die Vorderachse war aufgrund des V-Motors weit nach vorne verlagert worden.

28/32-PS-Trabant Typ 1, 1950.

Tractortecnic

Tractortecnic,
Werk Gevelsberg/Westf., Gebr. Kulenkampff, & Co.,
Gevelsberg/Westf., Hagener Str. 325,
1966-1973

Die Firma Tractortecnic nutzte die Technik und die Karosserie der Unimog-Baureihen U 54 und U 90 für die Herstellung von Raupenfahrzeugen. Der UNITRAC UT 54 und der UNITRAC UT 90 sollten sich als

90-PS-Tractortecnic »Unitrac«-Unimog auf Raupenfahrgestell (Typ UT 90), 1972.

Trabant-Schlepper

Baureihe	Bauzeit	Motor Hersteller	Typ	Zylinder	PS	Kühlung	Bohrung x Hub	Hubraum	Drehzahl	Radstand	Gewicht	Getriebe	Besonderheiten
Trabant 1	1949 - 1950	Bohn u. Kähler	KR 121	V2	28/32	W	140x190	5847	1500		2050	5/1	

Tactortecnic-Raupen auf dem Timmelsjoch.

vielseitig verwendbare »Universal-Tractoren« erweisen, »geeignet zum Antrieb, Anbau und Aufbau zahlreicher Arbeitsgeräte für Land-, Bau- und Forstwirtschaft, Industrie, Gewerbe, kommunale Betriebe, Straßenbauverwaltungen und Lohnunternehmen«. Das wartungsfreie Raupenlaufwerk wurde über die Portal-Lenkachse angetrieben und über hydraulisch betätigte, ölgekühlte Lenkkupplungen und Lenkbremsen gesteuert. Mehrere Radstände standen zur Auswahl, ebenso eine Cabrio- oder eine Ganzstahlkabine sowie auf Wunsch eine Hilfspritsche. Die Raupenkette konnte mit 1- oder 3-Steg-Bodenplatten belegt werden; für Straßenfahrten bis zu 20 km/h standen »Gummistraßenschuhe« zur Verfügung.

Die Firma ließ sich 1975 den Namen »Tractortecnic« rechtlich schützen und ist heute als Handelsgesellschaft in Bremen tätig.

Tractortecnic-Raupen

Baureihe	Bauzeit	Motor Hersteller	Typ	Zylinder	PS	Kühlung	Bohrung x Hub	Hubraum	Drehzahl	Radstand	Gewicht	Getriebe	Besonderheiten
UNITRAC UT 54	1966 - 1973	DB	OM 314	4	54	W	97x128	3782	2550	2600		8/4	
UNITRAC UT 54	1966 - 1973	DB	OM 314	4	54	W	97x128	3782	2550	3000		8/4	
UNITRAC UT 90	1966 - 1973	DB	OM 352	6	90	W	97x128	5675	2800	2800	6000	8/4	auch 20/8-Getriebe
UNITRAC UT 90 HD	1966 - 1973	DB	OM 352	6	90	W	97x128	5675	2800	2800	6500	8/4	
UNITRAC UT 90 LC	1966 - 1973	DB	OM 352	6	90	W	97x128	5675	2800	3300	6500	8/4	
UNITRAC 90 HD LC	1966 - 1973	DB	OM 352	6	90	W	97x128	5675	2800	3300	7000	8/4	

Tröster

Hassia-Landmaschinenfabrik A. J. Tröster,
Butzbach, Kaiserstr. 7–9,
1953–1960

Die einachsige Bodenfräse der traditionsreichen, 1881 von Andreas Jakob Tröster gegründeten oberhessischen Landmaschinenfabrik wurde 1953 als Typ »Unifront« mit einem Einachsfahrgestell gekoppelt, so dass ein als »Motorvorderwagen« bezeichneter Geräteträger entstand. Das von Ingenieur Weitz konstruierte Spezialfahrzeug für Kulturarbeiten besaß eine Breite von zwei bis vier Metern; Lenkungen waren rechts und links an der Vorderachse angebracht. Der anfänglich eingesetzte, zu schwache 10-PS-F & S-Dieselmotor wurde schon ein Jahr später durch einen wassergekühlten Zweizylinder-Güldner-Motor mit 12 PS ersetzt. Eine Riemenscheibe saß am Kurbelwellenende, am Heck befanden sich Aufnahmen für Schwadwender, Drill-, Hackmaschinen sowie Düngerstreuer. Überdies ließ sich eine Ladepritsche montieren.

Die Herstellung von Drillmaschinen, Sämaschinen, Rübenschneider und Pflanzenschutzgeräte bildete aber das Hauptprogramm des Werkes und seiner 200 Beschäftigten. 1991 ging das Butzbacher Landmaschinenwerk an die Pflug- und Bodenbearbeitungsgerätefabrik Lemken als Lemken-Hassia Drilltechnik GmbH über.

12-PS-Tröster »Unifront«, 1954.

Tröster-Motorvorderwagen

Baureihe	Bauzeit	Motor Hersteller	Typ	Zylinder	PS	Kühlung	Bohrung x Hub	Hubraum	Drehzahl	Radstand	Gewicht	Getriebe	Besonderheiten
Unifront	1954 - 1957	Güldner	2 K/2 KN	2	12	W	75x100	883	1800		800	3/1	auch Güldner-Typ GB 12
Unifront	1957 - 1960	F&S	D 600 L	1	12	L	99x100	604	2200			3/1	

Tünnissen

Tünnissen Spezialmaschinen GmbH,
Neukirchen/Vluyn, Weserstr. 2,
1999–2011

Bis 1995 firmierte das 1985 von Werner Tünnißen und Dieter Stock gegründete Unternehmen als Tünnissen & Stock. Die Produktion von Holz-Zerkleinerungsmaschinen sowie der Vertrieb und der Kundendienst für Kommunalfahrzeuge von Fendt bildeten das Profil des Unternehmens. Für die Fendt-Geräteträger entwickelte Tünnissen & Stock Anbaugeräte; ebenfalls rüstete man Fendt-Geräteträger zu knickgelenkten Fahrzeugen um. Nach dem Ausscheiden des Kompagnons konnte Werner Tünnißen die bei Fendt eingestellte Entwicklung des Kommunal-Geräteträgers »K-trc« weiterführen.

50-PS-Tünnissen-Geräteträger »TS-Compact 150 GT«, 2000. (Foto: Tünnissen GmbH)

50-PS-Tünnissen-Geräteträger »TS-Compact 150 GT« mit Mäheinrichtung, 2000. (Foto: Tünnissen GmbH)

Im Jahr 2009 brachte die jetzige Tünnissen Spezialmaschinen GmbH den Allrad-Geräteträger »TS-Compact 150 GT« mit Knicklenkung, hydrostatischem Antrieb und einem 50-PS-Motor von Perkins heraus. Die Vorderachse mit dem Zentralholm war über ein Drehgelenk mit dem Rahmen für die Aufnahme des Motors und des Antriebs verbunden.

Das seit 2009 zur französischen Groupe See gehörende Werk stellte den Geräteträgerbau im Jahre 2011 ein.

Tünnissen-Geräteträger

Baureihe	Bauzeit	Motor Hersteller	Typ	Zylinder	PS	Kühlung	Bohrung x Hub	Hubraum	Drehzahl	Radstand	Gewicht	Getriebe	Besonderheiten
TS-Compact 150 GT	2005 - 2009	Deutz	3 F L 2011	3	50	L/Öl	94x112	2330	2800	2100 - 2400	1900	Hydr.	ab 2007 46 PS
TS-Compact 160 GT	2005 - 2009	Deutz	4 FL 2011	4	65	L/Öl	94x112	3110	2800	2100 - 2400	1900	Hydr.	
TS-Compact 180 GT	2005 - 2009	Deutz	4 BFL 2011	4	80	L/Öl	94x112	3110	2800	2100 - 2400	1900	Hydr.	T
TS-Compact 150 GT	2009 - 2011	Perkins	404C-22	4	50	W	84x100	2216	2800	2100 - 2400	1900	Hydr.	Allrad-Geräteträger, Knicklenker

Uhlmann

Gerhard Uhlmann, Deutz-Werkstatt,
Etzdorf bei Chemnitz,
um 1953

Nach der Einstellung des Baues der Nordhäuser »Brockenhexe« montierte Uhlmann 22-PS-Schlepper mit in Lizenz gebauten Deutz-Dieselmotoren aus dem VEB-Einspritzgerätewerk Schönebeck. Die Achsen stammten aus dem Arsenal von Fahr, die ZF-Getriebe aus Restbeständen des einstigen Normag-Werkes.

22-PS-Uhlmann-Schlepper, um 1953. Foto: Mathis Frank

Union-Gießerei

Union-Gießerei,
Königsberg (Ostpr.),
1926

Die Königsberger Lokomotiven-Fabrik Union brachte Mitte der 1920er Jahre eine »Zug-Kraftwalze« für die Grünlandschaft heraus, die von einem 42/50-PS-Benzolmotor angetrieben wurde. Die beiden 2,7 m breiten hinteren Antriebstrommeln ließen sich mit Greifern versehen oder gegen Räder austauschen. Eine Differentialsperre hatte das sechs Tonnen schwere Fahrzeug serienmäßig mit an Bord.

Universal-Landbaumotor

Universal-Landbaumotor-Aktiengesellschaft,
München

1. 1911-1913 **Universal-Landbaumotor-Aktiengesellschaft**
2. 1913-1914 **Universal-Motorpflug-Gesellschaft mbH**
3. 1914-1918 **Deutsche Universal-Motorpflug-Gesellschaft mbH**

Diese Firma stellte eine frühe, eigenwillig konstruierte Allzweckmaschine der Marke »Faktotum« her. Das Fahrzeug mit einem Plattformrahmen sollte als Motorfräse (mit hinterer Hacktrommel), als Transportfahrzeug, als Antriebs- und Zugmaschine, als Ackerbaumaschine und als Feuerspritze eingesetzt werden können. Vorne befand sich ein kleines Leitrad, hinten saßen zwei ebenfalls kleine Antriebsräder. Die Lenkung erfolgte durch den Einschlag des Vorderrades und durch Blockieren eines Treibrades. Entwickelt hatte diese Konstruktion der Schweizer Ingenieur Konrad v. Meyenburg in Zusammenarbeit mit dem Landmaschinenhändler Carl Freiherr von Wangenheim für die Schweizer Firma AG St. Georgen in Zürich. Ihr »Universal-Landbaumotorwagen«, eindeutig vom englischen Dan Albone Ivel Agricultural Motor (siehe Heßler) beeinflusst, fand aber auch aus Münchener Vertriebs- oder Produktionsstätte keine Interessenten. Auch eine Überarbeitung des »Faktotums« brachte keinen Erfolg, zumal die Auflagefläche der Räder und die Motorleistung mit 12 PS zu gering war.

Nach dem System »Saunderson« brachte dieses Unternehmen den zwei Tonnen schweren Vierradschlepper »Modell F« mit einem Vierzylindermotor heraus, der 40 bis 60 PS erzeugte. Im Heck konnte eine große Hacktrommel angebracht werden. Vermutlich handelte es sich um ein Ausstellungsstück der Firma Saunderson & Mills Ltd in Elstrow-Bedford. Die Spezialität des Motors lag darin, dass er mit einer Benzin-Anlassvorrichtung arbeitete; im Einsatz verbrannte der Motor dann eine Art von Paraffin. Geplant war die Produktion in Zusammenarbeit mit der Motorenfabrik Karl Bachmann in Ansbach. Verkaufserfolge waren damit allerdings nicht zu erzielen, zumal auch mit Kriegsbeginn die Verbindung zu Saunderson & Mills abriss.

Die Entwicklung einer Baureihe mit fünf Modellen gelangte, abgesehen von einer 22-PS-Version mit einer 45-Meter-Seilwinde, nicht zur Reife, so dass dieser Betriebsteil aufgelöst wurde; die bisher unbekannte Muttergesellschaft konzentrierte sich auf das Drehen von Granaten. Den Verkauf der Bodenbearbeitungsmaschinen sollte die Universal Motorpflug-Gesellschaft C. Frh. v. Wangenheim in Berlin-Wilmersdorf, Spessartstr. 3 übernehmen.

40/45-PS-Universal-Motorpflug-Schlepper, Modell F, 1913.

40/60-PS-Universal-Motorpflug »Modell F«, 1913.

40/45-PS-Universal-Landbaumotor Typ »Faktotum«, 2011.

Universal-Schlepper

Baureihe	Bauzeit	Motor Hersteller	Typ	Zylinder	PS	Kühlung	Bohrung x Hub	Hubraum	Drehzahl	Radstand	Gewicht	Getriebe	Besonderheiten
Modell F	1913			4	40/45	W			750		6685	3/1	Saunderson & Mills-Modell
	1914/15			4	22	W							
	1914/15			4	60	W							

Unterilp

Wilhelm Unterilp, Reparatur-Werkstatt, Landwirtschaftliche Maschinen,
Berlin-Charlottenburg, Wielandstr. 13, Kantstr. 130, Schlüterstr. 24,
1911–1912

Wilhelm Unterilp (1845–1927), vielseitiger Ingenieur und Fabrikant, hatte sich durch die Erfindung einer Kartoffellegemaschine einen Namen in Fachkreisen gemacht. Eine weitere Erfindung war sein Versuchstyp eines dreirädrigen Scheiben-Motorpfluges, bei dem anstelle der starren Pflugkörper sechs vom Motor angetriebene, schräg gestellte Scheiben angebracht waren, die zusätzlich zu den Hinterrädern den Vortrieb unterstützten. Vermutlich handelte es sich nur um einen Prototyp. Neben den hier genannten Vertriebsstellen besaß Unterilp Fertigungsstätten in Potsdam und in Düsseldorf, die Pflüge, Scheibeneggen und Kartoffellege- und Erntemaschinen herstellten.

Scheibenmotorpflug der Firma Unterilp, 1911.

Ursus

Ursus-Traktoren-Werk GmbH,
Wiesbaden, Mainzer Str. 180

1. 1947-1949 **Motor Pool Wiesbaden GmbH,** Wiesbaden, Kostheimer Lstr. 27
2. 1949-1950 **Ursus GmbH (Groß Hessische Truck Company GmbH)**
3. 1950-1953 **URUS-Traktoren-Werk GmbH,** Wiesbaden, Mainzer Str. 18
4. 1954-1957 **Ursus-Traktorenwerk Erkelenz u. Co. KG**

Der Motor Pool Wiesbaden war zunächst mit der Instandsetzung und dem Handel von ausgemustertem US-Heeresgerät beschäftigt. Neben dem Umbau von GMC-Lkw auf Deutz- und Henschel-Dieselmotoren begann die Firma 1947 auch, den US-Jeep und ab 1949 den Dodge-Kommandowagen zu Behelfsschleppern umzurüsten. Dabei kam anstelle der amerikanischen Vergasermotoren ein 15-PS-Bauscher-Dieselmotor mit Verdampferkühlung zum Einsatz. Die gleich großen Räder, der Allradantrieb wie auch das Sechsganggetriebe rechtfertigten die zugkräftige Typenbezeichnung »Ursus« (lat. Bär).

Überdies gab es auch eine Variante nur mit Heckantrieb, allerdings mit unterschiedlichen Reifengrößen: Auch dieser »Ursus-Heck« entstand auf Basis von Jeep und Dodge.

1949 löste der neue Blockbau-Allradschlepper »B 28« mit gleich großen Rädern die Umbau-Schlepper ab. Zusammen mit dem wassergekühlten Zweizylinder-MWM-Motor mit 28 PS kam auch ein ZA-Getriebe zum Einbau. In jenem Jahr änderte die Ursprungsfirma erstmals ihren Namen, es entstand die Groß Hessische Truck Company, die als jetzt als Vertriebsorganisation des Montagebetriebes URUS GmbH (lat. Auerochse) fungierte.

Nach erneuter Firmenumbenennung übernahm 1954 der Frankfur-

15-PS-Ursus-Behelfsschlepper auf Jeep-Basis, 1949.

ter Traktorenhersteller Franz H. Erkelenz das Ursus-Traktoren-Werk und ließ dort seine extrem leichten Allradschlepper weiterbauen. Der »C 10 Bambi« hatte den 10-PS-F&S-Zweitakt-Diesel, der »C 12 Bambi« den ILO-Zweitakter mit 12 PS. Die technische Besonderheit der »Bambis« bestand in der Allradlenkung; die vier gleich großen Räder wurden vom Reversiergetriebe über eine zentrale Welle und Rollenketten in Bewegung gesetzt.

Der Fahrersitz des auch als »Erkelenz-Patent-Schlepper« bezeichneten Modells ließ sich um 180 Grad um die mittig platzierte Antriebseinheit schwenken. Letztere konnte übrigens aus einem luftgekühlten Zweizylinder-Güldner-Diesel mit 17 PS oder, später, aus einem 25 PS starken MWM-Zweizylindermotor mit Wasserkühlung bestehen.

1954 wurde das Programm mit dem Dreizylindertyp »B 40« erweitert, der nach gleichem Prinzip wie der »B 28« gebaut war. 1957 löste der auf 42 PS gesteigerte Typ »B 42« dieses Modell ab, doch in diesem Jahr wurde das Unternehmen aufgelöst; drei Jahre nach dem Tod des neuen Eigentümers Franz H. Erkelenz.

28-PS-Ursus Typ B 28 (A), 1951. Foto: Romy 2002, © CC-BY-SA-3.0

12/15-PS-Ursus-Behelfsschlepper auf Jeep-Basis Typ 4, 1949.

10-PS-Ursus-Kleinschlepper »Bambi C 10«, 1954.

Ursus-Schlepper

Baureihe	Bauzeit	Motor Hersteller	Typ	Zylinder	PS	Kühlung	Bohrung x Hub	Hubraum	Drehzahl	Radstand	Gewicht	Getriebe	Besonderheiten
Ursus	1947	Bauscher	D 118	1	15	V	110x145	1380	1500	2033	1250	2x4/2	Allradantrieb
Ursus Heck	1947	Deutz	MAH 914	1	11	V	100x140	1099	1550	2033	1260	5/1	
Ursus Typ 4	1949 - 1950	Bauscher	D 10	1	12/15	V	105x145	1256	1500 - 1750	1600	1250	2x4/2	Allradantrieb
B 28 (A)	1949 - 1953	MWM	KD/W 415 Z	2	25/28	W	100x150	2356	1500	1613	1740	5/1	
Ursus Bambi	1950	Deutz	F 1 M 414	1	11	W	100x140	1099	1550	1600	1260	5/1	
C 10 Bambi	1952	F&S	500 D	1	10	W	80x100	499	2000	1180	670	4/4	Allradantrieb, Allradlenkung
C 10 Bambi	1953	Stihl	131	1	10	L	90x120	760	1750	1180	650	4/4	
C 12 Bambi	1953	MWM	AKD 112 E	1	12	L	98x120	905	2000	1180	700	4/4	
B 40	1953 - 1956	MWM	KDW 415 D	3	40	W	100x150	3534	1500	1800	1920	5/1	Allradantrieb
C 12 Bambi	1954 - 1957	ILO	DL 660	1	12	L	90x104	660	2000	1180	765	4/4	Allradantrieb, Allradlenkung
C 12 Bambi	1954 - 1957	Güldner	2 LD	2	17	W	85x115	1300	2000			4/4	
B 32 Superiore	1957	MWM	AKD 112 D	3	32	L	98x120	2715	2000	1800	1780	5/1	Allradantrieb
B 42 (A) Gigante	1957	MWM	KDW 415 D	3	42	W	100x150	3534	1500	1800	2100	5/1	Allradantrieb, auch MWM-Motor AKD 412 D mit 45 PS

Vari Werk

Vari Werk Hausner KG,
Lampertheim,
1949–1959

Der Winzer und Lohnunternehmer Adam Rodach in Edesheim entwarf 1948 mit Fritz Krieger sen. das »Varimot«-Motorgerät. Das Schmalspurfahrzeug besaß zwei starre Achsen, wobei die angetriebenen Vorderräder über Kettenräder und eine Zahnkette die Hinterräder in Bewegung setzten. Gelenkt wurde durch das Abbremsen der einen oder der anderen Antriebshälfte.

Im Heck oder über dem Motorbereich hinter dem Fahrer konnten Geräte angebracht werden. (Aufgrund eines Streites über die Lenkungstechnik zerstritten sich Rodach und Krieger; Letzterer gründete später das Krieger-Schmalspurschlepper-Werk.) Den Prototyp dieses Allradfahrzeugs mit 8-PS-Diesel und Opel P4-Getriebe erstellte die Firma Rhenania in Speyer. Den Serienbau – jetzt mit versenkt zwischen den Achsen platziertem, liegendem Farymann-Diesel mit 10 PS – übernahm das Vari Werk der Firma Hausner KG in Lampertheim.

Durchgehende Schutzbleche über den Rädern gehörten ebenso zur Serienausstattung wie Zapfwellen und eine Hydraulik. 1949 gelangten die ersten sechs Exemplare in den Verkauf. Ab 1959 konnte das Hermann Lanz-Werk (Hela) für die Fertigung und Weiterentwicklung dieses Spezialfahrzeugs gewonnen werden. Ein ähnliches Modell stellte in den USA der »Detroit Tractor« dar.

10-PS-Vari-Werk-Spezialschlepper »Varimot«, 1954. Foto Hans Pairan

Vari-Spezialschlepper													
Baureihe	Bauzeit	Motor Hersteller	Typ	Zylinder	PS	Kühlung	Bohrung x Hub	Hubraum	Drehzahl	Radstand	Gewicht	Getriebe	Besonderheiten
Varimot 08	1954	Farymann	DL 2	1	10	W	90x120	763	1750	760	600 - 670	4/1	auch 5/1-Getriebe, Breite 770 mm

VEB Brandenburg

VEB Brandenburger Traktorenwerke,
Brandenburg a. d. Havel, Geschwister Scholl-Str. 10
1. 1948-1950 **VEB Brandenburger Traktorenwerk**
2. 1950-1951 **VEB Schlepperwerk Brandenburg**
3. 1951-1952 **VEB IFA Schlepperwerk Brandenburg**
4. 1953-1954 **VEB Schlepperwerk Brandenburg**
5. 1954-1965 **VEB Brandenburger Traktorenwerke**

Der VEB Brandenburger Traktorenwerk ging aus dem einstigen, 1871 gegründeten Korbwaren- und Kinderwagenwerk der Brüder Carl, Adolph und Hermann Reichstein hervor. Kurz vor der Jahrhundertwende stieg das Unternehmen unter dem Markennamen »Brennabor« in den Motorrad- und wenig später in den Automobilbau ein. Erste Versuche zum Einstieg in den Schlepperbau fanden kurz vor dem Ersten Weltkrieg in Zusammenarbeit mit der Landmaschinenfabrik Richter & Co. in Rathenow statt; das viel zu schwere Modell konnte nicht überzeugen. 1934 musste trotz der frühen Einführung der Fließbandtechnik die inzwischen unrentable Automobilfertigung eingestellt werden. Kinderwagen, Fahrräder und Kleinkrafträder sowie immer stärker Rüstungsgüter bildeten nun den

Produktionsschwerpunkt, bis die Rüstungsfertigung alle Kapazitäten des Werkes ausfüllte.

Nach Kriegsende ließ die sowjetische Besatzungsmacht den Maschinenpark aus dem erheblich beschädigten Werk demontieren. Um den Bestand dringend benötigter Traktoren in der Sowjetischen Besatzungszone zu erhöhen, erteilte die Brandenburger Landesregierung 1947 dem Technischen Leiter der »Wisco«-Fahrzeug-Gasgenerator KG in Beeskow/Mark, Dr.-Ing. Herbert Isendahl den Auftrag, einen Schlepper mit Holzgasmotor zu entwickeln, weil die Beschaffung von Dieselöl größte Schwierigkeiten bereitete.

Als Prototyp zauberte Isendahl einen Gasschlepper hervor, der während des Krieges von Dr. Ing. H. Lutz, Leiter der Forschungsstelle des Reichsamtes für Technik in der Landwirtschaft, konstruiert worden war. Diesen trieb ein querliegender, 30 PS starker Zweizylinder-Gegenkolbenmotor an. Die Holzgasanlage mitsamt Kühler war zwischen Motor und Vorderachse angebracht. Für die Serienproduktion ließ die Landesregierung dann das einstige Brennabor-Werk in Brandenburg notdürftig instandsetzen. Dennoch waren erst Ende 1948 die Voraussetzungen für eine Serienproduktion gegeben. Nun aber hatten die staatlichen Dienststellen erkannt, dass der »Solidarität« getaufte Gasschlepper (auch unter der Bezeichnung »JV 25« [JV – für Joseph Vollmer]) doch nicht mehr zeitgemäß war und der hohe Vorbau die Sicht einschränkte.

In dem VEB Karl-Marx-Werk Babelsberg, dem ehemaligen Orenstein & Koppel-Lokomotivenwerk, stießen die Brandenburger dann auf noch bereitliegende V-Motoren, die 30 PS erzeugten. Konstruiert und gebaut waren diese Triebwerke im Nordhäuser Orenstein & Koppel- bzw. Montania-Werk. Isendahl tauschte den Gegenkolbenmotor gegen den V-Motor aus; davor stand der Kühler. Die Schaltanlage steuerte die Firma Schultz Getriebe in Wiesenthal bei Oranienburg bei. Da elektrische Anlasser aufgrund der westlichen Gegenblockade nicht zur Verfügung standen, musste der im Luftspeicherverfahren arbeitende Motor angekurbelt werden, wobei eine Dekompressionseinrichtung diesen Vorgang erleichterte.

1949 konnten schließlich unter der Leitung der Chefkonstrukteure Bielfeld und Schlawa die ersten Fahrzeuge mit der Bezeichnung »Aktivist« gefertigt werden, vorne mit einfacher Pendelachse. Der einstige MBA-Schlepper SA 754 diente hier als Vorbild. Im Einsatz zeigte sich dann, dass das Modell sich wegen des kurzen Radstands (bedingt durch den schmalen V-Motor und das kompakte Prometheus-»Generator«-Getriebe) für die harte Feldarbeit kaum eignete. Bei schwerem Zug bäumte sich die Maschine auf, die Lenkung wurde unsicher.

25/30-PS-VEB Brandenburg-Generatorschlepper »Solidarität«, 1947. Foto: ZF-Brandenburg

Eine Umkonstruktion des Vorderachsträgers erhöhte zwar leicht die vordere Achslast, doch da der Radstand beibehalten worden war, ergab sich keine entscheidende Verbesserung. Wegen der ständigen Kritik musste die Fertigung nach 3761 Maschinen 1952 eingestellt werden.

30-PS-VEB Brandenburg »Aktivist«, 1949. Foto: Ralf Weinreich

60-PS-VEB Brandenburg-Raupenschlepper KS 07, 1952. Foto: Ralf Weinreich

63-PS-VEB Brandenburg-Raupenschlepper KS 07 mit modernisierter Haube, 1955 Foto: Ralf Weinreich

Die Motorenfertigung wurde 1953 in den VEB Motorenwerk Johannisthal verlegt, um den Motor in den Lowa-Kleinlokomotiven weiter zu verwenden.

Im Schlepperwerk sollte nun der in Schönebeck entworfene neue Schlepper »RS 04/30« und der ebenfalls in Schönebeck neu konstruierte Scheuch'sche Geräteträger (der jetzt »RS 08/15« hieß) gebaut werden, um die bereitstehenden Montagekapazitäten zu nutzen. Tatsächlich aber entstanden jeweils nur Vorserienmodelle von 10 beziehungsweise 35 Stück, die 1950 auf der Leipziger Frühjahrsmesse vorgeführt wurden.

Ende 1951 beschloss dann die Hauptverwaltung Fahrzeugbau in Berlin, das Brandenburger Werk mit der Schwerpunktfertigung der rekonstruierten Breslauer FAMO-Raupe »Rübezahl« zu betrauen. Unter der Bezeichnung »KS 07« entstanden 1952 die ersten 285 Fahrzeuge mit dem bekannten (starren) Laufrollenkastensystem. Nach bewährter FAMO-Technik wirkte das Lenkrad auf die Bandbremsen am Lenkdoppel-Differential. Das zweite, untere Rad diente dem Anzug beider Bandbremsen. Die Antriebsquelle bildete der bewährte FAMO-Vierzylindermotor des »Rübezahl« mit Benzinanlassvorrichtung. Das kraftraubende Anwerfen von Hand wurde schon sehr bald durch den Einbau eines elektrischen Anlassers überflüssig.

Ab Herbst 1955 kam ein modernisierter Motor ohne Benzinanlasser zum Einsatz. Die dabei auf 63 PS erhöhte Leistung drückte sich in der Typenbezeichnung »KS 07/62« aus, wobei sich die »62« auf die Dauer-, nicht die Höchstleistung bezog. Besonders im Frühjahr 1953, als die neu produzierten Kettenschlepper erstmals voll zum Einsatz kamen, gab es viele Ausfälle, weil durch die ungenügende Luftfilterung Buchsen und Kolbenringe rasch verschlissen. Der Einbau eines Zyklon-Luftfilters führte dann zu einer entscheidenden Verbesserung des in 5665 Exemplaren gebauten Rübezahl-Grundmusters einschließlich des KS 07/62.

Schon Mitte der 1950er Jahre dachte man im Schlepperwerk an eine Neuentwicklung und baute ein »Funktionsmuster« des Typs »KS 06/60«, eine Raupe mit einem 60-PS-Zweitakt-Gegenkolbenmotor des Karl-Marx-Werkes in Leipzig (ehemaliges Reform-Motoren-Werk) oder dem Dreizylinder-Gegenkolbenmotor des Kraftmaschinenbaus Johannisthal. Diese Konstruktion – gekennzeichnet von einer vollverglasten Kabine mit Wendesitzmöglichkeit – wurde auf Perlon-Gleisbändern gesetzt, doch gelang es nicht, den schweren »KS 07« mit den straßenschädigenden Stahlketten zu ersetzen: Die Gleisbänder hielten den hohen Belastungen nicht stand.

1956 folgte die Umstellung der Raupen-Fahrwerke auf das drehstabgefederte und damit anpassungsfähigere Pendelrollenlaufwerk. Gleichzeitig erhielten die für die Landwirtschaft vorgesehenen Fahrzeuge eine modernisierte Motorverkleidung, die kurz zuvor schon für die Landwirtschafts-Raupen verwendet worden war. So verändert, ging die ehemalige FAMO-Konstruktion unter der Bezeichnung »KS 30 Urtrak« an so genannte »Bedarfsträger«, also an Landwirtschaft, Bauwirtschaft und in den Tagebau. 4480 Modelle des »Urtraks« konnten gefertigt werden.

Eine weitere Raupenentwicklung, der »KS 29«, kam dagegen nicht über das Prototypenstadium hinaus: Diese zeitgemäße Konstruktion mit Pendelschwingen-Laufwerk, Perlon-Gummi-Gleisbändern, dem V-Vierzylinder-Zweitakt-Diesel von Ford, einem 8-Gang-Wendegetriebe und speziell geformten Lenkgriffen anstelle des oberen Lenkrads konnte nicht realisiert werden.

Vermutlich ging der Einbau eines westdeutschen Motors den sozialistischen Planern zu weit, oder – ganz einfach – die Devisen für den Import

63-PS-VEB Brandenburg-Raupenschlepper »KS 30 Urtrak« mit Pendelrollenlaufwerk, 1956.

60-PS-VEB Schönebeck-Prototyp RTA 051/60 »Bornimog«, 1958. Foto: Horst Hintersdorf

oder Nachbau standen nicht zur Verfügung. Die ständigen auftretenden Materialmängel und ein geplatzter Großauftrag von 2100 Fahrzeugen nach China führten 1964 zur Einstellung der Produktion der Kettenschlepper als Zugtraktoren und 1965 der Raupen in der Planierversion. Im Rahmen der Comecon-Wirtschaft übernahm die Sowjetunion nahezu als Monopolist die Herstellung von Kettenfahrzeugen. Das Brandenburger Werk hatte mit seinen 1500 Werktätigen über 10.000 Kettenschlepper für die Landwirtschaft gefertigt, die auch in den Export in die sozialistischen Länder, aber auch nach Ägypten, Indonesien, Kolumbien, Syrien und nach Brasilien gelangt waren.

Den wirtschaftlichen Schwierigkeiten zum Opfer fiel auch das Radschlepper-Projekt »RTA 0511«. 1957 entstanden nach Zeichnungen des Schönebecker Schlepperwerkes Prototypen einer landwirtschaftlichen Zugmaschine. Die Allrad-Fahrzeuge mit vier gleichgroßen Rädern verfügten über zwei Rahmenhälften, die sich hinter dem Fahrerhaus verschränken ließen. Diese Technik ermöglichte eine hervorragende Geländegängigkeit bei hoher Nutzlast: Immerhin konnte die Kurzpritsche mit 2000 kg beladen werden. Beim Motor handelte es sich um den luftgekühlten Robur-Dieselmotor mit 52 PS (unter »Robur«-Lkw- und »Famulus«-Schlepperhauben).

Die Zentrale Prüfstelle für Landtechnik in Potsdam-Bornim (ZPL/Prüffeld Bornim) testete diese hoch geländegängige Konstruktion auf Herz und Nieren. Für einen ab 1960 geplanten Serienbau dieses technisch interessanten Modells (das rasch den Spitznamen »Bornimog« erhielt) fehlten aber die Investitionsmittel, so dass es bei den sieben Prototypen aus der Brandenburger und der Schönebecker Versuchsabteilung blieb.

Mit Beginn der 1960er Jahre wurde der ständig im Firmennamen umbezeichnete Betrieb als »VEB Getriebewerk Brandenburg« auf ministeriellen Beschluss umorganisiert. Zunächst entstanden Elektrogabelstapler, dann Getriebe für die »ZT«-Schlepper und für den »W 50«- und später für den »L 60«-Lkw. Seit der Wende bildet ein Teil des einstigen Brennabor- beziehungsweise des VEB Brandenburger Traktorenwerkes einen Zweigbetrieb der ZF Friedrichshafen AG.

VEB Brandenburg-Schlepper

Baureihe	Bauzeit	Motor Hersteller	Typ	Zylinder	PS	Kühlung	Bohrung x Hub	Hubraum	Drehzahl	Radstand	Gewicht	Getriebe	Besonderheiten
1. Radschlepper													
S-25 »Solidarität«	1947		JV 25	2	25/30	W	122x170	3980	1500	1800	2200	4/1	Prototyp mit Holzgas-Gegenkolbenmotor
RS 03/40 »Aktivist«	1949 - 1952	Johannisthal	16 V 2	V2	28/30	W	115x160	3324	1500	1650	2190	4/1	ab 1951 Radstand 1700 mm
RS 30	1951	VEB Horch	EM 2-15	2	30	W	115x145	3012	1500	1930	2100	K+5/1	Prototypen
RTA 0511 (»Bornimog«)	1957	Robur	4 KVD-12,5 SRL	4	52	L	90x125	3182	2800	2067	3530 - 4480	2x5/1	Allradantrieb, Prototypen, mit Ladepritsche
2. Landwirtschafts-Raupen													
KS 07 »Rübezahl«	1952 - 1956	Brandenburg	4 F 175 B3	4	60	W	125x175	8586	1150	2000	5200	4/1	Benzinanlassvorrichtung
KS 06/60	1953	KMW Leipzig	(Typ 2,7)	2	60	W	85x240	2720	1500		3800 - 4080	4/1	Zweitakt-Gegenkolbenmotor, Dederon-Gleisband, auch 4/4-Getriebe
KS 07/62	1955	Brandenburg	4 F 175 D1-D3	4	63	W	125x175	8586	1150	2000	5080	4/1	Volldiesel
KS 30 »Urtrak«	1956 - 1964	Brandenburg	4 F 175 D3-D5	4	63	W	125x175	8586	1150	2000	5234	4/1	Pendelrollen-Laufwerk
KS 29	1956	Ford	AD 4	V4	60	W	92x105	2797	3000		5260	8/8	Zweitakt-Diesel, Prototyp
KT 731 S	um 1960	Brandenburg	4 F 175 D3-D5	4	63	W	125x175	8586	1150	2000	5850	4/1	Prototyp mit Stahlhochstollen
KT 731 G	um 1960	Brandenburg	4 F 175 D3-D5	4	63	W	125x175	8586	1150	2000	5570	4/1	Prototyp mit Gummihochstollen
KT 732	um 1960	Brandenburg	4 F 175 D3-D5	4	63	W	125x175	8586	1150	2250	4940	4/1	Prototyp mit Dederon-Gleisband
3. Geräteträger													
RS 08/15	1950	KMW Leipzig	F 8/2	2	15	W	76x76	690	3000	1400 - 2000	1100 - 1300	2x4/1	Zweitakt-Vergasermotor, Prototypen

VEB DUZ Schädlingsbekämpfungsgeräte

VEB DUZ Schädlingsbekämpfungsgeräte
Halle, Halle,
1949–1960

Den zu Beginn des Krieges vorgestellten Scheuch-Schlepper in der Auto Union-Ausführung verwirklichte dieser Spezialbetrieb angeblich mit einem 8,75-PS-Einzylinder-Zweitaktmotor. Ein großdimensionierter Ventilator und der über dem Motor platzierte Tank charakterisierten diese Nachkriegs-Bauserie.

1957 übernahm das Werk die Fertigung des Einachsers »ES 19«, eine Konstruktion von Manhardt in Wutha, die vom VEB Schlepperwerk Schönebeck modifiziert worden war.

VEB DUZ Schädlingsbekämpfungsgeräte-Behelfsschlepper

Baureihe	Bauzeit	Motor Hersteller	Typ	Zylinder	PS	Kühlung	Bohrung x Hub	Hubraum	Drehzahl	Radstand	Gewicht	Getriebe	Besonderheiten
Scheuch-Geräteträger	1949	DKW	EL 462	1	8,75	L	88x76	462	3000		570		Zweitakt-Vergasermotor
ES 19	1957	IFA	EL 350	1	9,5	L	76x76	345	3000		400	4/4	

VEB Gartenbautechnik

VEB Kombinat für Gartenbautechnik, Berlin;
Kombinatsbetrieb Bautzen,
1983–1989/91

Mit dem vom Kombinatsbetrieb Bautzen entwickelten Kleinschlepper vom Typ E 940 Ao3 mit dem 13,6-PS-Cunewalde-Kleindiesel sollte die

15-PS-VEB Gartenbautechnik-Universalschlepper UT 082, 1985. Foto: Horst Hintersdorf

Mechanisierungslücke im Feld-Gartenbau, in Gewächshäusern, in Stallungen und bei der Bearbeitung von Sonderflächen geschlossen werden: Die herkömmlichen Maschinen, die auf eine Großflächen-Bewirtschaftung ausgerichtet waren, eigneten sich dafür weniger. Eine Besonderheit stellte der vorne angebrachte 10-kW-Elektromotor dar, der mit Batteriestrom versorgt, ein kurzzeitiges, aber abgasfreies Fahren in geschlossenen Anlagen ermöglichen sollte.

In den Serienbau ging dann die Weiterentwicklung »UT 082« mit gleichstarkem, aber reinem Dieselantrieb. In rund 1000 Exemplaren entstand dieser Kleinschlepper mit hydraulisch arbeitender Lenkung, der

13,6-PS-Kombinat für Gartenbautechnik-Kleinschlepper E 940 Ao3, 1983.

über einen extrem kleinen Wendekreis verfügte. Der Kreisbetrieb für Landtechnik (KfL) Lübben, Betriebsteil Lübtheen war in die Endfertigung eingebunden worden. Bis 1991 entstanden weitere 200 Fahrzeuge unter den Bezeichnungen KTB/Kleintraktor Bautzen 15 und KTB 20, die von Kubota-Motoren angetrieben wurden.

VEB Gartenbautechnik-Universal-Geräteträger													
Baureihe	Bauzeit	Motor Hersteller	Typ	Zylinder	PS	Kühlung	Bohrung x Hub	Hubraum	Drehzahl	Radstand	Gewicht	Getriebe	Besonderheiten
E 940 A 04 E	1983	Cunewalde	2 VD 8/8-2 SVL	2	13,6	L	80x80	804	3000	1500			Prototyp mit zusätzlichem 10 kW-Elektromotor
UT 082	1984 - 1989	Cunewalde		V2	13,6	L	80x80	804	3000	1710	1140	4/1	
KTB 15	1989 - 1991	Kubota	D 850-B	3	15	W	72x70	855	3000				
KTB 20	1989 - 1991	Kubota	V 1100-B	4	20	W	72x70	1140	3000				

VEB Horch

IFA VVB Fahrzeugwerke, Werk Horch,
Zwickau, Lessingstr. 31,
1949–1950

Das bekannte Horch Automobilwerk, seit 1932 ein Teilbetrieb der Auto Union, überarbeitete 1939/40 den Breslauer FAMO-Schlepper, der in mehreren Prototypen erprobt werden konnte. Durch die Rüstungsfertigung unterblieb der Serienbau dieser Lizenz-Entwicklung. Nach dem Krieg drohte die Demontage. Um dem zu entgehen, versuchte die Geschäftsleitung, durch die Fertigung von Schleppern und Nutzfahrzeugen den Wert ihres Unternehmens für den Wiederaufbau zu beweisen. Basis dafür sollten die Vorkriegs-FAMO-Prototypen bilden. In Ermangelung eines Dieselmotors sollte wohl der gedrosselte Wanderer-Sechszylindermotor eingesetzt werden.

Die sowjetische Besatzungsmacht zeigte sich davon aber nur wenig beeindruckt und verfügte die vollständige Demontage des Zwickauer Werkes. Das inzwischen enteignete Werk konnte erst nach 1947 wieder behelfsmäßig die Fahrzeugfertigung aufnehmen. Da der von den Ingenieuren in der IFA, Werk Schönebeck rekonstruierte oder aus umgelagerten Baugruppen zusammengesetzte FAMO-Schlepper dort nicht gebaut werden konnte, verfügten die Planungsorgane eine Produktion bei Horch: Die Zwickauer stiegen somit doch noch in das Schleppergeschäft ein.

Auf der Leipziger Frühjahrsmesse von 1949 konnte erstmals der einstige FAMO-Ackerschlepper mit Eisenbereifung vorgeführt werden. Gegenüber dem Breslauer Modell mit 42/45 PS Motorstärke leistete hier der bei Horch gebaute Vierzylinder-Vorkammer-Diesel 40 PS. Die Vorderachse des »RS 01/40« war gegenüber dem Breslauer Modell vereinfacht worden. Da, bedingt durch den Kalten Krieg, keine Teile westdeutscher Zulieferer eingesetzt werden konnten, hatte der auch als »Pionier« bezeichnete Schlepper keinen elektrischen Anlasser und musste daher mit einer Benzinstartanlage von Hand angedreht werden. Eisen- oder Luftreifen konnten gewählt werden.

40-PS-VEB Horch »Pionier«, 1949. Foto: Neuwieser, @CC-BY-SA-3.0

Mit der Neuordnung der Fahrzeugindustrie in der DDR wurde die Horch-Traktorenherstellung Anfang 1951 nach gerade mal 126 Exemplaren an das VEB IFA Schlepperwerk Nordhausen abgegeben. Das Zwickauer Werk baute nun Lastwagen und vor allem wieder Personenwagen mit Zweitaktmotoren. In den 1990er Jahren engagierte sich das Volkswagen-Werk (Werk Zwickau-Mosel) an diesem traditionsreichen Fahrzeugbau-Unternehmen.

VEB Horch-Schlepper													
Baureihe	Bauzeit	Motor Hersteller	Typ	Zylinder	PS	Kühlung	Bohrung x Hub	Hubraum	Drehzahl	Radstand	Gewicht	Getriebe	Besonderheiten
»Pionier« (FAMO)	1949 - 1950	Horch	4 F 145 Be	4	40	W	105x145	5022	1250	2080	3220	5/1	FAMO-Reko-Typ, Eisenbereifung

VEB Landtechnik I

VEB Kreisbetrieb für Landtechnik (KfL),
Bad Salzungen, Betriebsteil Gaisa,
1986–1989

Mit dem 36 PS starken Cunewalde-Motor stellte dieser Betrieb einen leichten »Kulturen-Schlepper«, insbesondere für Hanglagen, her.

VEB Bad Salzungen-Schlepper													
Baureihe	Bauzeit	Motor Hersteller	Typ	Zylinder	PS	Kühlung	Bohrung x Hub	Hubraum	Drehzahl	Radstand	Gewicht	Getriebe	Besonderheiten
MWS 45	1986	Cunewalde	4 VD 8.8/8.5-2 SRF	4	36	W	85x88	1997	2300		1630		

VEB Landtechnik II

VEB Kreisbetrieb für Landtechnik, (KfL)
Zerbst, BT Hobeck,
1983–1985

Den Standardschlepper des VEB Traktorenwerkes Schönebeck rüstete dieses Unternehmen als Typ »ZT 300 GB« zum Gleisbandschlepper um. Die serienmäßige Vorderachse entfiel, dafür wurde etwa in der Fahrzeugmitte eine Achse angeordnet, über deren luftbereifte Räder das Gummigleisband lief. Die Hinterachskonstruktion blieb unverändert, lediglich die Räder, ebenfalls mit Luftbereifung, waren kleiner. Auf jeder Seite stützte je ein luftbereiftes Zwischenrad das Gleisband gegenüber dem Boden ab. Gesteuert wurde diese Raupe über ein Doppeldifferential-Getriebe nach dem Cletrac-Prinzip. Auch der »ZT 320« wurde in ähnlicher Art umgerüstet. Die Gummigleisbänder erwiesen sich als nicht standfest genug, so dass nur 28 »ZT 300 GB« und 63 »ZT 320 GB« montiert wurden. Auch die Kleinserie von 80 bis 85 Großschleppern der Baureihe »ZT 423« mit dem Schönebecker Sechszylinder-Dieselmotor, der sich seit 1957 in Lastwagen, Omnibussen, Bau- und Landmaschinen (Feldhäcksler E 281) sowie in Schiffen bewährt hatte, stellte dieser Betrieb her.

100-PS-VEB Kreisbetrieb für Landtechnik-Gleisbandraupe ZT 320 GB, 1988. Foto: Horst Hintersdorf

98-PS-VEB Kreisbetrieb für Landtechnik-Gleisbandraupe ZT 300 GB, 1983. Foto: Meinhard Kolata

VEB Zerbst-Schlepper													
Baureihe	Bauzeit	Motor Hersteller	Typ	Zylinder	PS	Kühlung	Bohrung x Hub	Hubraum	Drehzahl	Radstand	Gewicht	Getriebe	Besonderheiten
1. Radschlepper													
ZT 423-A	1985 (?) -1992	Schönebeck	6 VD 14,5-12 SRW	6	140/150	W	120x145	9840	2000	2825			Allradantrieb
2. Raupenschlepper													
ZT 300 GB	1983	Schönebeck	4 VD 14,5-12 SRW	4	100	W	120x145	6560	1800		6800	9/6	Gleisband-Ausführung, 70 Exemplare
ZT 320 GB	1985	Schönebeck		4	100	W	120x145	6560	1800		6650	4x3/2	Gleisband-Prototypen

VEB Mechanisierung Nordhausen

VEB Zucht- und Versuchsfeld-Mechanisierung Nordhausen,
Nordhausen,
um 1985–1989,

Nachdem die Schönebecker-Geräteträgerfertigung eingestellt worden war, machte sich in den 1980er Jahren der Mangel an einem derartigen Fahrzeug bei der Saatzucht, für die Aussaat und für das Feldversuchswesen bemerkbar. Der Nordhäuser Spezialbetrieb stellte etwa 80 Geräteträger in der Einholmbauweise mit hinterer Portalachse, hinterem Dreipunkt-Kraftheber und einer serienmäßigen, linksseitig aufgesetzten und vollverglasten Kabine her. Der Zweizylindermotor aus Cunewalder Produktion mit 15 PS Leistung reichte für die Saatzucht- und Pflegearbeiten aus. Die an den Holm angebrachten Geräte lagen bestens im Blickfeld des Traktoristen: auch eine vorne angebrachte, hydraulisch kippbare Pritsche für 850 kg Last konnte genutzt werden.

VEB Mechanisierung Nordhausen-Geräteträger

Baureihe	Bauzeit	Motor Hersteller	Typ	Zylinder	PS	Kühlung	Bohrung x Hub	Hubraum	Drehzahl	Radstand	Gewicht	Getriebe	Besonderheiten
GTP 100	1985 (?) - 1989	Cunewalde	2 VD 8/8-2 SVL	V2	15	L	80x80	804	3000	2150	1200	2x4/4	

VEB Nordhausen

VEB IFA Schlepperwerk Nordhausen,
Nordhausen/Harz, Kasseler Str.,
ab 1960 Freiherr v. Stein Str. 30c
1. 1948 **VEB Motoren- und Fahrzeugbau Nordhausen**
2. 1948-1965 **VEB IFA Schlepperwerk Nordhausen**

Das zwar beschädigte, aber im Prinzip noch intakte Orenstein & Koppel-Werk (Zwangsumbenennung 1941 in Maschinenbau- und Bahnbedarf AG/MBA) diente während der kurzen amerikanischen Besatzungszeit der Rekonstruktion von V1- und V2-Waffen, die in Teilen im »Lager Dora« im nahegelegenen Kohnstein gefunden worden waren. Die Reparatur von Waggons sowie die Herstellung von Ersatzteilen und Gütern aller Art sollten gerade anlaufen, als die sowjetische Besatzungsmacht ebenfalls nach Sichtung und Montage der V2-Raketen das Werk demontieren ließ; die Gebäude wurden nach Entnahme sogar der Sanitäranlagen, Kabel und Steckdosen größtenteils gesprengt.

Wegen des dringenden Bedarfs an Ackerschleppern wies die Deutsche Zentralverwaltung Industrie (DZVI) 1948 den nun landeseigenen Betrieb an, in den verbliebenen Werksteilen eine neue Schlepperfertigung aufzubauen, nachdem das Nordhäuser Normag-Werk eine Produktion in den geforderten Stückzahlen abgelehnt hatte. Die leergeräumten Hallen des jetzt auch formalrechtlich enteigneten O & K-Werkes »Montania« füllten sich nun rasch mit Maschinen aus verschiedenen Betrieben, darunter auch aus dem Normag-Schlepperwerk. Der am 1. Mai 1948 gegründete Landeseigene Betrieb (LEB) Motoren- und Fahrzeugbau Nordhausen wurde schon am 1. Juli 1948 im Zuge der Umstellung der sowjetzonalen Wirtschaft auf eine zentrale Steuerung der sogenannten »Schlüsselindustrien« als Volkseigener Betrieb (VEB) der Industrie-Vereinigung Fahrzeugbau (IFA) angegliedert. Der neue Name lautete nun VEB IFA Schlepperwerk Nordhausen.

RS 02/22 »Brockenhexe«, 1949–1952

Die IFA Hauptverwaltung teilte dem Werk nun die Herstellung eines 22-PS-Schleppers zu. Mit dem im IFA Getriebewerk Gotha nachgebauten ZF-Getriebe und dem in Lizenz gefertigten 22-PS-Deutz-Diesel analog dem einstigen Normag-Typ »NG 10« entstand die »Brockenhexe«. Die Ingenieure Fritz Camen und Krüseler hatten das Fahrzeug geschaffen, das erstmalig auf der Leipziger Frühjahrsmesse von 1949 vorgeführt wurde.

Die halbrunde, aber erheblich abgeänderte Kühler- bzw. Motorhaube des einstigen 30-PS-MBA-Schleppers überdeckte den Motorblock. Einen Elektrostarter gab es nicht; der Motor musste mittels einer Dekompressionsanlage und einer Handkurbel gestartet werden. Ständiger Materialmangel führte dazu, dass 1949 gerade einmal 157 Exemplare hergestellt werden konnten. Bis 1952 erreichte die Fertigung 1935 Stück, die schwere Bauart und der schwache Motor degradierten diese Radschlepper-Konstruktion schon rasch zum Auslaufmodell, zumal auch die westdeutsche Klöckner-Humboldt-Deutz AG die Nachbaulizenz für den Motor zurückgenommen hatte.

22-PS-VEB Nordhausen »Brockenhexe«, 1949.

40-PS-VEB Nordhausen »Harz«, 1957.

RS 01/40 »Pionier«, RS 1/40-11 »Harz«, 1950–1958

1950 übernahm das Werk die Fertigungseinrichtungen des zuvor im Zwickauer Horch-Werk montierten »Pionier«-Modells. Gegenüber dem Original-FAMO Modell wurde die Getriebeabstufung leicht geändert. Da noch immer keine elektrischen Anlasser hatten beschafft werden können, musste der Motor als Version »Be« in den ersten Serien mit einer Benzinanlassvorrichtung und einer Handkurbel gestartet werden. Der im Ministerium für Land- und Forstwirtschaft tätige Hans Rogge konstruierte den Motor dann auf das schon bei MBA angewandte Wirbelkammer-Verbrennungsverfahren um, dessen wesentlicher Bestandteil ein auf den Kolben aufgeschraubter Drallzapfen war. Mit Hilfe einer Druckluftanlage ließ sich der Motor (Version »DL«) jetzt leichter starten, die letzten Baulose hatten schließlich die elektrischen Starter aus DDR-Produktion (Version »DE«).

40-PS-VEB Nordhausen »Pionier«, 1950.

Der technisch gelungene und in der Motorleistung überzeugende »Pionier« erreichte bis 1955 eine Stückzahl von 22.728 Exemplaren und bildete das Standardfahrzeug der Maschinen-Ausleihstationen (MAS) und der späteren Maschinen-Traktoren-Stationen (MTS) bzw. Volkseigenen Güter (VEG). Auch das Ganzstahlfahrerhaus zeichnete den Schlepper gegenüber Konkurrenzmodellen aus.

Die verbesserte Ausführung unter der Bezeichnung »Harz 01/40-11« besaß den Wirbelkammer-Dieselmotor mit einem elektrischen Anlasser. Gegenüber dem »Pionier« mit vorderer Querblattfeder besaß der »Harz« eine Pendelachse mit Einzelradfederung. Serienmäßig kam eine Dreipunkthydraulik zum Einbau. Eine gefälligere, abgerundete Motorhaube ersetzte die kantige Form des »Pioniers«. Zur Traktionserhöhung auf schwierigem Gelände stellte der VEB Maschinen- und Apparatebau Halle-Bischdorf Ansteckraupen für die Hinterachse her. 2175 Schlepper dieses Baumusters entstanden bis 1958; aus Ersatzteilen montierte in den 1980er Jahren die Firma Münch in Grumbach/Erzgebirge nochmals etwa 30 »Harz«-Modelle.

RS 04/30, RS 14, 1953–1965

Ab 1953 wurde in Nordhausen die erste DDR-Neukonstruktion gebaut. Geschaffen vom Entwicklungsbüro des Schlepperwerkes Schönebeck und über das Brandenburger Traktorenwerk nach Nordhausen gelangt, ging dieser Typ »RS 04/30« mit dem Zweizylinder-Dieseltriebwerk aus der Einheitsmotoren-/EM-Baureihe in Serie. Die Scheinwerfer dieser Vielzweckschlepper saßen hinter der geschlitzten Motorhaube, so dass sie vor Verschmutzungen geschützt waren. Große, schmale Hinterräder und eine große Bodenfreiheit waren weitere Kennzeichen, ein hydraulischer Kraftheber gehörte zum Lieferumfang.

Im praktischen Einsatz zeigte sich allerdings, dass der Schlepper, so ein zeitgenössisches Urteil, »nicht in allen Fällen dem neuesten Stand der Technik entsprach und nicht alle an ihn gestellten Forderungen« erfüllte. Im Klartext bedeutete dies, dass die Störanfälligkeit des Motors zu hohen Ausfallzeiten führte.

30-PS-VEB Nordhausen »Favorit RS 04/30«, 1953.

36-PS-VEB Nordhausen »Famulus 36«, 1962.
Foto: Klaaschwotzer, © CC-BY-SA-4.0

30-PS-VEB Nordhausen »Famulus RS 14/30 W«, 1956.

46-PS-VEB Nordhausen »Famulus RS 14/46«, 1957. Foto: Ralf Weinreich

60-PS-VEB Nordhausen »Famulus 60«, 1963

Von diesem Baumuster mit einer Stückzahl von 7574 Exemplaren leitete das Werk daher schon 1956 die verbesserte »RS 14«-Baureihe ab, anfangs noch unter dem Namen »Favorit«. Da die Hanomag dazu Markenrechte besaß (angeblich auch das Skoda-Werk) machte sich ein Namenswechsel in »Famulus« notwendig. Mit der »RS 14«-Reihe kamen aber auch neue, abgerundete Motorhauben anstelle der bisher verwendeten kantigen Motorüberdeckungen.

Die erste »RS 14« hatten den 30 PS starken Motor des »RS 04/30«-Motor mit Wasserkühlung, aber 1957 auch mit Luftkühlung bei unveränderten Leistungswerten. Die schrittweise Weiterentwicklung des Motors in Hub, Durchmesser und Drehzahl brachte eine Leistungssteigerung auf zunächst 33 und später auf 36 PS (»Famulus 36«). Zum Einsatz kamen Fünfganggetriebe mit zwei Schaltgruppen.

Während die wassergekühlten Modelle der »RS 14/30«-Baureihe (4640 Exemplare) auch in den Export gingen, verblieben die 8126 gefertigten Modelle mit der Axial-Luftkühlung vorwiegend im Land. Diese Triebwerke wiesen gravierende Mängel auf, so dass sich Auslandskunden lieber

2x40-PS-VEB Nordhausen Tandem-Schlepper RTA 550/80, 1957.

60-PS-VEB Nordhausen »Famulus 60«, 1963.

für die Fahrzeuge mit konventioneller Kühlung entschieden. Die »RS 14/36«-Baureihe brachte es auf 1927 wassergekühlte und 13.156 luftgekühlte Modelle.

Die damals erfolgte Umstellung der DDR-Landwirtschaft auf großflächige Landwirtschaftliche Produktionsgenossenschaften (LPG) hätte aber erheblich stärkere Schlepper erfordert, die technischen und wirtschaftlichen Voraussetzungen waren aber nicht gegeben. Da auch kein stärkeres Import-Produkt zur Verfügung stand, hatte die DDR-Landwirtschaft keine Alternative als eine Weiterentwicklung des Bestehenden.

Die Suche nach einem leistungsfähigen Ersatz für »Pionier« und »Harz« führte 1957 zunächst zur Erprobung von Schleppern mit luftgekühlten Robur-Motoren. Das Werk setzte, in Zusammenarbeit mit dem Institut für Landtechnik Potsdam/Bornim, Motoren der Baureihe KVD 12,5 bzw. NVD 12,5 mit 40 und 50 PS in die »RS 14/50«-Prototypen. Diese Antriebe mussten in einen Halbrahmen eingehängt werden, da sie sich für eine Verblockung nicht eigneten.

Einschließlich der zu diesem Zeitpunkt noch in Erprobung befindlichen »RS 14/46« wurden 13 Funktionsmuster hergestellt. Die Entscheidung fiel dann zu Gunsten des »RS 14/46«, vielleicht ein Fehler, denn um diese Leistung zu erreichen, musste das Schlepperwerk 1960 das Drehzahlmaximum um 400 auf 2000 Umdrehungen erhöhen.

Die ihm nun abverlangten 46 PS verkraftete der Zweizylindermotor aber nicht, so dass nach 3820 Einheiten seine Fertigung eingestellt werden musste. Sofern nicht die Drehzahl beschränkt worden war, zeigte sich dieses Modell als Dauergast in den Reparaturwerkstätten. Auch andere Versuche verliefen nicht glücklich. So setzte das Werk zwei 36 PS starke Rumpfschlepper als »RTA 550 Tandem-Famulus« unter Fortfall der Vorderachsen zusammen.

Weitere Modelle dieses knickgelenkten Allradfahrzeuges montierte die MTS Sangerhausen. Zwar wiesen die Tandem-Schlepper eine extrem hohe Zugkraft auf; im Einsatz konnten sie aufgrund der mangelhaften Hydraulik und der Motorsynchronisation nicht überzeugen. Ebenso scheiterte der Versuch mit dem Allradschlepper »RS 10«, dessen gleichgroße Radpaare über Rollenketten angetrieben wurden. Über eine Schlupflenkung, ähnlich zum Kettenschlepper, wurde das Fahrzeug gelenkt.

Auch der in Schönebeck entwickelte »ES 19«, ein Einachsschlepper von 1957, war kein Erfolg. Von dem Universalgerät für den Gartenbau, die Land- und Forstwirtschaft entstanden nur 24 Exemplare, da im Rahmen der Beschlüsse des RGW (Rates für gegenseitige Wirtschaftshilfe) ein tschechischer Betrieb das Monopol für die Einachsschlepper-Fertigung in diesem Bereich zugeteilt erhielt.

RT 330 »Famulus 60«, 1963–1965

1963 konnte das Werk dann doch noch einen leistungsstarken Schlepper präsentieren, den 60 PS starken »Famulus 60« RT 330. Er hatte den Dreizylinder-Einheitsmotor, Zehnganggetriebe, Hydraulikbremsen, eine Antischlupf- und eine Drucklufteinrichtung. Die Allradversion erhielt die angepasste Vorderachse des »W 50 LA«-Lkw. Die Motorhaube orientierte sich zunächst am Design der John-Deere-Schlepper. Die hohe Motorleistung überforderte jetzt allerdings das Standard-Zehnganggetriebe, so dass es ständig zu Getriebeschäden kam. Die Schlepper-Prüfanstalt in Bornim dokumentierte eine Fülle von technischen Mängeln; die SED-Parteileitung strafte die verantwortlichen Nordhäuser Konstrukteure mit strengen Verweisen ab, obgleich diese mit den beschränkten Mitteln hatten zurechtkommen müssen.

Da nun auch die Entwicklung des neuen Universalschleppers mit Vierzylindermotor (die »Z«-Baureihe, 80 PS, Halbrahmen-Bauweise) schon weit vorangeschritten war, endete die Fertigung des 60 PS starken »Famulus«-Schleppers schon nach 10 oder 20 (?) Exemplaren. Da aber der Serienlauf des »ZT 300« noch auf sich warten ließ, legte das Werk nochmals die »Famulus«-Zweizylinder-Baureihen (jetzt wieder beim wassergekühlten Typ mit reduzierter Drehzahl) auf. Die letzten 6251 luft- und wassergekühlten Modelle unter den Verkaufsbezeichnungen »RT 315« (»RS 14/36 L«) und »RT 325« (»RS 14/40 W«) bei leicht vergrößertem Radstand besaßen eine Zusatz-Druckluft-Bremsanlage für den Anhängerbetrieb.

Die Entwicklung der neuen Schlepper-Generation erfolgte noch in

Nordhausen, die Serienfertigung der »Z«-Serie erfolgte aber in Schönebeck: Künftig, so hatten die staatlichen Stellen beschlossen, sollte Nordhausen keine Schlepper mehr bauen.

1967 endete daher die Schleppermontage. Die Fertigungsmaschinen wurden angeblich an den VEB IFA Traktorenwerk Schönebeck abgegeben. Das Werk firmierte seitdem als VEB IFA Motorenwerk Nordhausen und produzierte in Großserien die Motoren für den Schönebecker »ZT«-Schlepper und für den »W 50«-Lkw. Hinzu kam die befohlene Konsumgüterfertigung, zu der jeder DDR-Industriebetrieb verpflichtet wurde. Darunter fielen zum Beispiel Grabvasen, Schirmgestelle, Klappstühle, Fernsehantennen, Gepäckträger, Fahrräder und die Handtransportwagen »Rollfix«.

Bis zu seiner »Umprofilierung« hatte das VEB Schlepperwerk Nordhausen insgesamt 69.694 Traktoren montiert, 6404 davon gingen in 24 Exportländer. Die Sowjetunion erhielt wegen ihrer großflächigen Ackerstrukturen nur 458 Einheiten. 1144 Stück erhielten »Bedarfsträger« wie die Nationale Volksarmee (NVA), die Grenztruppen und die Zivilverteidigung. Auf Beschluss des RGW gingen wahrscheinlich alle Konstruktionsunterlagen nach Polen; die DDR sollte sich in Sachen Schlepper ausschließlich auf den Typenbereich von 60 bis 90 PS konzentrieren.

60-PS-VEB Nordhausen »Famulus 60« mit John Deere-Kühlermaske, 1963.

Nach der Wende fiel der Großabnehmer der Motoren, das Lkw-Werk in Ludwigsfelde, fort. Aus der IFA Motorenwerke Nordhausen GmbH gingen die IFA Motorenwerke Nordhausen Verwaltungs- und Verwertungs GmbH und die Thüringer Motorenwerke GmbH Nordhausen (TMW) hervor. Während die erste Gesellschaft nahezu das ganze Gelände als Industriepark an etwa 50 Kleinbetriebe vermieten oder verpachten konnte, versuchte die auf 115 Mitarbeiter reduzierte TMW weiterhin Motoren herzustellen. Das Unternehmen spezialisierte sich schließlich auf die Ersatzteilversorgung für die »W 50«-Motoren.

Der 1986 entwickelte Sechszylindermotor – die letzte Neukonstruktion aus Nordhausen – wurde für den Pflanzenölbetrieb und für den Einsatz in Generatorsätzen und Blockheizkraftwerken umgeändert. Versuche, neue Kunden in China und in den GUS-Staaten zu finden, zerschlugen sich. Auch Verhandlungen mit der Daimler-Benz AG zur Übernahme des Werkes scheiterten. Nach weiteren Eigentümerwechseln verlor das Werk immer mehr an Substanz, bis eine wieder hoffnungsvoll erwartete Firma unter dem Namen REBAK 1995 alle Restbestände an Maschinen und Ersatzteilen verkaufte – und verschwand. Auch die bereitgestellten DM-Beträge der bundesdeutschen Treuhandstelle waren nicht mehr da. Das bedeutete das Ende, die Maschinen für die Motorenfertigung sollen angeblich in China gelandet sein.

VEB Nordhausen-Schlepper

Baureihe	Bauzeit	Motor Hersteller	Typ	Zylinder	PS	Kühlung	Bohrung x Hub	Hubraum	Drehzahl	Radstand	Gewicht	Getriebe	Besonderheiten
1. Radschlepper													
RS 02 »Brockenhexe«	1949 - 1952	Nordhausen	F 2 M 414	2	22	W	100x140	2198	1500	1752	1680 -	4/1	Deutz-Lizenz-Motor
RS 01/40-I »Pionier«	1950 - 1956	Nordhausen	4 F 145 Be	4	42	W	105x145	5022	1250	2080	3300	5/1	Famo-Reko-Typ
RS 04/30	1953 - 1956	Nordhausen	EM 2-15	2	30	W	115x145	3012	1500	1930	2180	K+5/1	
RS 14/30 W »Favorit«, ab 1958 »Famulus«	1956 - 1961	Nordhausen	EM 2-15	2	30	W	115x145	3012	1500	1930	2185	2x5/1	ab 1958 33 PS (Motor 2 KVD 14,5-SRW)
ES 14/30 L »Favorit« ab 1958 »Famulus«	1956 - 1960	Nordhausen	EML 2-15	2	33	L	120x145	3280	1500	1930	2135	2x5/1	ab 1958 2 KVD 14,5-SRL
RS 01/40-II »Harz«	1956 - 1958	Nordhausen	4 F 145 DE	4	40	W	105x145	5022	1250	2060	3200	5/1	
RS 14/40 »Famulus«	1957	Robur	4 NVD 12,5 SRL	4	40	L	90x125	3180	2000	2360	2350	2x5/1	Prototypen
RS 14/50 »Famulus«	1957	Robur	4 KVD 12,5/10 SRL	4	50	L	100x125	3920	2000	2312	2350	2x5/1	Prototypen
RTA 550/80 »Tandem-Famulus«	1957/59	Nordhausen	2 KVD 14,5-SRW	2x2	2x40	W	120x145	2x3280	1650	3150	5000	2x5/1	»Tandem-Famulus«, Allradantrieb, auch Bezeichnung RTA 550/72, nur Prototyp(en)
RS 10/45	1958	Robur	3 NVD 12,5 SRL	3	45	L	90x125	2384	2600				Prototyp, Abbremslenkung
RS 14/36 W »Famulus«	1960 - 1964	Nordhausen	2 KVD 14,5 SRW	2	36	W	120x145	3280	1650	1936	2135	2x5/1	
RS 14/36 L »Famulus«	1960 - 1964	Nordhausen	2 KVD 14,5 SRL	2	33/36	L	120x145	3280	1650	1936	2135	2x5/1	
RS 14/46 »Famulus«	1960 - 1964	Nordhausen	2 KVD SRW-46 14,5	2	46	W	120x145	3280	2000	1942	2135	2x5/1	ab 1964 Radstand 1936 mm
RT 330 »Famulus 60«	1963 - 1964	Nordhausen	3 KVD 14,5 SRW	3	60	W	120x145	4917	1800	2300	2800	2x5/1	mit Allradantrieb 3415 kg, nur Prototypen
RT 315 »Famulus 36»	1963 - 1967	Nordhausen	2 KVD 14,5 SRL	2	36	L	120x145	3280	1800	1960	2200	2x5/1	
RT 325 (»Famulus 40»)	1964 - 1967	Nordhausen	2 KVD 14,5 SRW	2	40	W	120x145	3280	1800	1942	2600	2x5/1	auch Radstand 1936 mm
2. Einachsschlepper													
ES 19/9,5	1957	KMW Leipzig	EL 390	1	9,5	L	76x85	386	3000		410	4/1	Zweitakt-Vergasermotor

VEB Schönebeck

VEB IFA Traktorenwerk Schönebeck,
Schönebeck/Elbe, Leninstr. 27–28

1. 1948	**IFA Vereinigung volkseigener Fahrzeugwerke, Werk Schönebeck/Elbe** (Betrieb der Industrie-Werke der Provinz Sachsen-Anhalt)
2. 1948-1955	**VEB Schlepperwerk Schönebeck/Elbe** (vorm. FAMO und Weltrad)
3. 1955-1985	**VEB IFA Traktorenwerk Schönebeck/Elbe**
4. 1985-1990	**VEB Traktoren- und Dieselmotorenwerk Schönebeck/Elbe**

40-PS-VEB Schönebeck-Schlepper »FAMO-Rekonstruktion«, 1949.

Das Traktorenwerk Schönebeck (TWS) entstand 1948 aus dem Zusammenschluss der Metallindustrie Schönebeck und dem Fahrzeugbau Schönebeck. Die Metallwerke gingen auf eine Gründung im Jahre 1885 zurück. Unter der (noch heute existierenden) Marke »Weltrad« wurden Fahrräder und Kinderwagen hergestellt. Der Fahrzeugbau Schönebeck hingegen hat seine Wurzeln in der 1935 gegründeten FAMO Fahrzeug- und Motorenwerke GmbH in Breslau. In diesem Jahr hatte der Junkers-Konzern die einstige Maschinenbauabteilung der Linke-Hofmann-Busch-Werke AG in Breslau und damit auch deren Schlepper- und Dieselmotorenfertigung übernommen. Junkers wollte damit ein ziviles Standbein schaffen – neben der Flugzeug- und Rüstungsproduktion –, in dem seine schnelllaufenden Diesel Verwendung finden konnten.

Da das Breslauer Werk im Zuge der Kriegsereignisse bedroht war, folgte im Dezember 1944 die Weisung des Rüstungsministeriums, 50 Prozent der Kapazität an der Fertigung der Rad- und Raupenschlepper sowie der militärischen Zugkraftwagen in zwei Hallen des Junkers-Werkes in Schönebeck zu verlagern. Mit 150 Waggons wurden 452 Werkzeugmaschinen nach Schönebeck gebracht, aber schon wenig später von der russischen Besatzungsmacht wiederum in die Sowjetunion transportiert. Weitere Maschinenpartien landeten im Horch-Werk in Zwickau. Zu dem »Umzugsgut« kamen komplette Traktoren-Baugruppen und umfangreiche technische Dokumentationen hinzu.

Etwa 200 FAMO-Mitarbeiter, die große Pläne vertraten, hatten sich nach Kriegsende in Schönebeck eingefunden: Schon 1945 wollten sie den Nachbau des 22-PS-Stock-Schleppers, den Bau des 42/45-PS-FAMO-Rad- und des 60-PS-FAMO-Kettenschleppers sowie des nicht in den Serienbau überführten FAMO-4,5-Tonnen-Lastwagens aufnehmen, was die Sowjets aber wenig interessierte. Sie demontierten und sprengten einen Teil der Gebäude.

Erst 1948 konnte das neu gebildete Fahrzeugwerk Reparaturen an Schleppern und Kraftfahrzeugen durchführen sowie im beschränkten Umfang Ersatzteile produzieren. Hinzu kam die Fertigung von Fahrrädern, Kinderwagen, Schlitten, Krankenfahrstühlen und Ketten. Um die (damalige) SBZ-Landwirtschaft mit dringend benötigten Schleppern auszustatten, wurde der Betrieb mit seinem Ingenieurstamm aus Breslau in diesem Jahr aufgefordert, Konstruktionsunterlagen bereitzustellen.

Die einstigen FAMO-Fachleute rekonstruierten unter der Leitung des Ingenieurs und Chefkonstrukteurs Gerhard Hendrich 1949 den Breslauer Radschlepper, der unter dem Namen »Pionier« zu einem Symbol für den frühen DDR-Fahrzeugbau wurde. Auf der Leipziger Frühjahrsmesse wurde ein Modell des FAMO-Radschleppers mit FAMO-Emblem vorgestellt. Mangels Fertigungskapazitäten ging der Serienbau an den VEB Horch-Werke.

1949 zeigte das Zwickauer Automobilwerk einen aus verbliebenen Baugruppen zusammengesetzten oder rekonstruierten FAMO-Ackerschlepper mit entsprechendem Emblem und Eisenrädern auf der Leipziger Frühjahrsmesse. Da gleichzeitig das Schönebecker Werk notdürftig mit Maschinen aus dem Junkers-Werk in Dessau und aus der Maschinenfabrik Zerbst (vorm. Franz Braun AG) ausgestattet worden war, konnten nun dort einzelne Baugruppen wie Kühler, Andrehvorrichtungen, Abfederungen, Vorderachsen und Fußbremsen für den »Pionier« gebaut werden. Ebenfalls in dieser Zeit rekonstruierte der Ingenieurstamm die Breslauer »Rübezahl«-Raupe, die dann nach 1952 im VEB IFA Schlepperwerk Brandenburg gebaut wurde.

Auch in den 1950er Jahren entfaltete die Konstruktionsabteilung eine rege Tätigkeit. Das Brandenburger Schlepperwerk fertigte nach Entwürfen der Schönebecker Fachleute die Prototypen des »RS 04/30«, der dann im Serienbau im Nordhäuser Schlepperwerk gefertigt wurde und in die »Famulus«-Baureihe mündete. Darüber hinaus entstanden die Zeichnungen und teilweise die Prototypen für die Kettenschlepper »KS 05« und für die Gleisbandraupe »KS 06/60« mit luftgekühltem 55-PS-Krupp-Boxermotor aus Vorkriegsfertigung.

Und für das im Aufbau befindliche Kombinat »Schwarze Pumpe« bei Hoyerswerda entwickelte das Werk den schweren Kettenschlepper »KS 21« mit 150-PS-Diesel; nur einige Modelle konnten 1955 bis 1957 für die »Mechanisierung des Braunkohletagebaus« gefertigt werden.

Für das Brandenburger Schlepperwerk folgte 1957 der Entwurf des Allrad-Spezialschleppers »RTA 0511« mit Kurzpritsche, der dort wie in Brandenburg in einigen Prototypen gefertigt wurde und aufgrund seiner Erprobungseinsätze im Schlepperpfüffeld Potsdam-Bornim umgangssprachlich als »Bornimog« bezeichnet wurde.

Ein weiteres Entwicklungsprojekt war das Seilzuggerät »SZ 24«, ein Raupenfahrzeug mit einer Seiltrommel, welches die vor allem in der Magdeburger Börde immer noch genutzten Dampf-Seilzugsysteme ersetzen sollte. Die Serienfertigung ging an den VEB Mähdrescherwerk Weimar. Auch Gabelstapler-Prototypen der Baureihe »ST 961« und Halbkettenfahrzeuge des Typs »HKS 13« mit Schachtellaufwerk und 120 PS-Diesel entstanden für die Kasernierte Volkspolizei (KVP) bzw. für die Volksarmee. Schließlich entwickelte das »Planungskollektiv« ein- und zweirädrige Triebanhänger für das Landmaschinenwerk Neustadt in Sachsen.

Die Geräteträger RS 08/15, RS 9/15, GT 124 1952–1972

Das Schönebecker Werk war Anfang der 1950er Jahre in der Lage, Schlepper in Serie zu produzieren. Schönebeck montierte die ersten Vorausexemplare des völlig neuartigen Geräteträgers »RS 08/15«, den der freie Mitarbeiter, Ingenieur Egon Scheuch, in seinem Erfurter Ingenieurbüro auf Basis seines »Scheuch-Schleppers« entwickelt hatte. Das Fahrzeug mit seinem Vierkantholm als Zentralträger besaß den hochtourigen 15-PS-Zweizylinder-Zweitakt-Vergasermotor des einstigen DKW-Werkes mit einer Dyna-Startanlage. Motor und Getriebe waren über der Hinterachse zusammengefasst; der Motor war in Fahrtrichtung unter einer Haube vorne angeflanscht.

Das Fahrzeug bestand aus den drei Baugruppen Triebachse, Längsträger und Vorderachse. Der Fahrer steuerte das Fahrzeug vom Heck aus. Eine diagonale (teleskopartige) Lenkstange führte zur Vorderachse. Zwischen den Achsen konnten Bodenbearbeitungsgeräte anmontiert werden. Der Radstand ließ sich durch das Versetzen der Vorderachse und das Auseinanderschieben der Lenksäule verändern.

Nachdem das Brandenburger Schlepperwerk zwar ein erstes Los von 35 Stück montiert hatte, aber für eine weitere Fertigung nicht vorgesehen war, ging auf Anordnung des Ministeriums für Maschinenbau der Produktionsauftrag 1951 nach Schönebeck. Die ersten 30 Exemplare des »RS 08/15« entstanden 1952 mehr oder minder in Handarbeit, erst 1953, nachdem ein Fließband eingerichtet worden war, konnte von einer Serienfertigung die Rede sein. Zwei Jahre später wurde nicht nur das Werk in VEB IFA Traktorenwerk Schönebeck (TWS) umbenannt und in die Vereinigung Volkseigener Betriebe (VVB) Landmaschinen- und Traktorenbau eingegliedert, sondern auch der in 5751 Modellen gefertigte Geräteträger »RS 08/15« überarbeitet.

Der durstige, zu schwache und nicht standfeste Zweitaktmotor wurde durch einen importierten V-Zweizylinder-Viertakt-Dieselmotor (»Austro-Diesel«) der Wiener Motorenfabrik Warchalowski ersetzt. Die 15/16 PS starke Maschine, eine Konstruktion von Dipl.-Ing. Professor Hans List der AVL LIST GmbH in Graz, hatte man nun heckseitig an das 8-Gang-Wendegetriebe angeblockt. Die Lenkmechanik führte durch den Vierkantholm, so dass auf diesem auch eine Metall-Ladepritsche des VEB Landmaschinenbaus Torgau oder ein Ladebaum passte. Fahrersitz, Lenkrad und die Bedienelemente ließen sich zur rückwärtigen Steuerung umstecken.

Wahlweise lieferbar waren ein Fangrahmen und ein Wetterverdeck. Gegenüber dem Vorgängermodell hatte sich das Gewicht des »RS 09/15 Mauwurf« erheblich vermindert. Nachdem die 1000 importierten Warchalowski-Motoren eingebaut worden waren, erledigte das Schönebecker Motorenwerk den Lizenzbau des Kleindiesels in Eigenregie. Allerdings wiesen diese Maschinen erhebliche Qualitätsmängel auf; ständige Nacharbeiten waren notwendig. Einen direkten Kontaktaustausch mit dem Motorenentwickler List, der Abhilfe geschaffen hätte, untersagte die misstrauische, aber allgegenwärtige SED!

15-PS-VEB Schönebeck-Geräteträger RS 08/15, 1952.

18-PS-VEB Schönebeck-Geräteträger RS 09/122, 1964. Foto: Ralf Weinreich

Die Geräteträgerkonstruktion bildete ab 1957 den Ausgangspunkt für weitere Spezialfahrzeuge. Durch Versetzen der Motortriebachse oder des Motors und durch die Verwendung anderer Achsen entstanden Ausführungen als Maisschlepper (vorne mit zwei eng aneinanderliegenden Rädern), Hopfenschlepper (schmale Spurbreite und kurzer Radstand), Hofschlepper, Stallarbeitsmaschine und als Schwenkkran. Den leicht im Hubraum vergrößerten Warchalowski-Motor mit 18 PS fertigte ab 1966 dann das VEB Motorenwerk Cunewalde (entstanden aus der ehemaligen Motorenbau Otto Bark, Dresden, und der Motorenfabrik Horst Steudel, Kamenz). Einige Exportmodelle für die CSSR konnten auch mit einem Zweizylinder-Zetor-Diesel ausgerüstet werden. Für die Ausweitung der Produktion wurde das Werk ab 1959 großzügig ausgebaut.

24-PS-VEB Schönebeck-Geräteträger GT 124 »Maulwurf«, 1964.

1963 folgte nach 24.743 gebauten RS 09-Modellen der Geräteträger »GT 124«. Ein V-Vierzylinder-Diesel, gedrosselt auf 24/25 PS, ab 1967 mit 30 PS aus dem Cunewalder Motorenwerk verliehen dem Spezialfahrzeug endlich ausreichend Kraft. Dieser technisch hervorragend durchkonstruierte und solide gefertigte Typ überzeugte bei Vorführungen im Osten sowie im Westen. Der neue Chefkonstrukteur des Werkes, Karl-Heinz Meyer, hatte nicht zu viel versprochen: »Der Geräteträger wurde so zu einem wichtigen Instrument bei der Festigung des Bündnisses zwischen Arbeiterklasse und werktätiger Bauernschaft und zu einem Hebel bei der Schaffung sozialistischer Produktionsverhältnisse auf dem Land.«

Bis 1972 entstanden über 90.506 Exemplare, die in die RGW- und in die befreundeten Staaten, aber auch nach Österreich gingen. Der in den 1970er Jahren vorgestellte 40-PS-Nachfolgetyp mit »Komfortkabine« erhielt aufgrund fehlender Mittel keine Produktionsfreigabe. In den 1980er Jahren griff der VEB Zucht- und Versuchsfeld-Mechanisierung Nordhausen das Konzept des Geräteträgers wieder auf und montierte den GTP 100 in kleiner Stückzahl.

Die erste Generation der ZT-Radschlepper 1964–1984

Das zweite Hauptprodukt des Schönebecker Werkes stellte der mittelschwere Schlepper der »ZT«-Baureihe dar. Eine 50.000 m³ große Halle und ein modernes Industriekraftwerk waren für die baulichen, technischen, organisatorischen und logistischen Voraussetzungen hierfür errichtet worden, um die Versorgungslücken mit leistungsfähigen Traktoren endlich zu schließen.

Für die strategische Ausrichtung der DDR-Landwirtschaft auf Großflächenbetriebe unter dem Begriff »Landwirtschaftliche Produktionsgenossenschaften/LPG« war ab 1957 im Schlepperwerk Nordhausen das Vierzylinder-Modell »RS 14/50« entwickelt und erprobt worden. Unter Nutzung der dabei gewonnenen Erfahrungen entstanden ab 1964 die ersten »ZT«-Funktionsmuster.

Nach Optimierung der Prototypen konnte 1967 die Großserienfertigung des neuen »Zugtraktors« der Baureihe »300« als Standardmodell zur leistungsgerechten LPG-Ausstattung beginnen. Zum Einbau kam der auf 93 PS und ab 1978 auf 100 PS eingestellte Vierzylinder-Dieselmotor aus der Lkw Baureihe »W 50«, den der VEB IFA Motorenwerk Nordhausen anlieferte. Die Maschine arbeitete als MAN-Lizenzmotor nach deren »M«-Verfahren mit Direkteinspritzung in den Mittenkugelbrennraum. Ein unter Last schaltbares Neunganggetriebe (mit sechs Rückwärtsgängen), das der VEB Getriebewerk Gotha herstellte, übertrug die Kraft. Eine umsturzsichere, belüftbare Kabine, in die ein Fangrahmen eingebaut war, gehörte zur Grundausstattung dieses DDR-Standardschleppers, der sich damals durch ausreichende Motor- und hohe Zugleistung auszeichnete.

Der Halbrahmen-Schlepper nach Plänen von Hauptkonstrukteur Ing. Reinhard Blumenthal und Chefkonstrukteur Meyer wurde mit Hinter- (»ZT 300«) und ab 1972 mit Allradantrieb (»ZT 303«) gefertigt. Bei dieser Ausführung kam die modifizierte, pendelnd gelagerte Frontachse des »W 50 LA«-Lasters zum Einbau. Hinzu kam die Ausführung »ZT 305« als Hangschlepper mit hinterer Doppelbereifung.

Für Rangierarbeiten konnten Spurführungsräder angebracht werden. Prototypen blieben Fahrzeuge mit seitlichem Holzgasgenerator. Darüber hinaus gab es Versuche mit Gasbetrieb, wobei Gas aus Biogasanlagen verflüssigt als LNG (Liquified Natural Gas) zum Einsatz kam. Einige Maschinen der Version »ZT 423« mit einem Sechszylindermotor entstanden im VEB Kreisbetrieb für Landtechnik in Zerbst.

Mit Gummigleisbändern rüstete dieses Großinstandsetzungswerk einige Schlepper der Baureihen »ZT 300« und »ZT 320« aus. Eine Studie, nach DDR-Terminologie Funktionsmuster genannt, blieb die Sattelzugmaschine »Zugmittel/ZM 1800« mit 180-PS-Motor, die mit Niederquerschnittreifen große Sattelauflieger direkt vom Feld aufnehmen sollte. Schließlich ist für diesen Zeitraum noch das »Projekt Tragschlepper« zu nennen. In nur 12 bis 15 Exemplaren entstanden um 1966 die Funktionsmuster des Halbrahmen-»Tragschlepper TT 220« in der 60-PS-Klasse. Unter erheblichen Schwierigkeiten konnte das Motorenwerk Schönebeck einen entsprechenden Dreizylinder-Dieselmotor beisteuern.

Für eine Serienproduktion fehlten einerseits die Investitionsmittel, andererseits reklamierte die tschechische Schlepperindustrie aufgrund der RGW/Rat für gegenseitige Wirtschaftshilfe-Beschlüsse das Monopol in dieser Leistungsklasse.

80-PS-VEB Schönebeck-Prototyp ZT 300, 1964.

93-PS-VEB Schönebeck ZT 303, 1967.

100-PS-VEB Schönebeck ZT 323-A, 1983.

180-PS-VEB Schönebeck-Prototyp ZT 403-D, 1981. Foto: Horst Hintersdorf

100-PS-VEB Schönebeck ZT 320-A, 1983. Foto: Ralf Weinreich

100-PS-VEB Schönebeck ZT 320-A, 1983.

Die zweite Generation der ZT Radschlepper 1984–1990

Nachdem genau 72.382 Exemplare der robusten und gut durchkonstruierten »ZT 300«-Baureihen von dem Schönebecker Fließband gefahren waren, löste 1984 das seit 1978 in der Erprobung befindliche Halbrahmen-Nachfolgemuster »ZT 320« mit dem 100 PS starken Nordhäuser Diesel die erste »ZT«-Generation ab. Die Allradausführung lief unter der Bezeichnung »ZT 323-A«.

Zu den Neuheiten gehörten neben größer dimensionierten Rädern, eine bessere Motorlagerung, ein verbessertes Schaltgetriebe, eine leistungsfähigere Hydraulik, eine stärkere Bremsanlage mit Servounterstützung und eine hervorragend gestaltete Fahrerkabine mit verbessertem Fahrerplatz sowie günstiger angeordneten Bedienelementen. Gegen Ende der 1980er-Jahre bot das Werk auch Rangier- und Deponiefahrzeuge auf der Basis des neuen »ZT« an. Insgesamt brachte es diese Baureihe auf eine Stückzahl von 13.815 Einheiten.

60-PS-VEB Schönebeck-Prototyp FT 4520, 1984. Foto: Horst Hintersdorf

100-PS-VEB Schönebeck-ZT 323, 1983.

1973 war die Eingliederung des Werkes in das Kombinat »Fortschritt«, Landmaschinen, in Neustadt in Sachsen abgeschlossen worden, wobei unbeabsichtigterweise die zuversichtliche Bezeichnung »Fortschritt« der gleichnamigen Landmaschinen AG in Lübz aus den 1920er Jahren genutzt wurde. Auch der erneute Versuch, mit dem leichten und 60 PS starken Modell FT 4520 den Gartenbaubetrieben einen modernen Schlepper zur Verfügung zu stellen, musste aufgegeben werden. Um der internationalen Tendenz nach stärker motorisierten Ackerbaufahrzeugen zu entsprechen, befasste sich die Entwicklungsabteilung mit der Studie eines Sechszylinder-Schleppers. Das Funktionsmuster ZT 140 mit 160-PS-Triebwerk bildete um 1985 den Ausgangspunkt für die 85 Modelle des ZT 423-A, die der VEB Kreisbetrieb für Landtechnik Zerbst herstellte.

Neben den Schleppern kam die Herstellung von Feldhäckslern (Typ »E 280/281«, später »Maral«-Baureihe), Feststoffdosierern sowie von obligaten Konsumgütern hinzu. Die Erzeugnisse trugen seitdem die Zusatzbezeichnung »Fortschritt«.

1985 war der Zusammenschluss des 5000 Mann starken VEB Traktorenwerk Schönebeck (Werk I), dem jetzt einzigen DDR-Schlepperhersteller, und dem benachbarten VEB Dieselmotorenwerk Schönebeck (Werk II), zu einer Wirtschaftseinheit innerhalb des VEB Kombinats Fortschritt vollzogen worden. Das Dieselmotorenwerk, ein ehemaliger Preussag-Betrieb, stellte unter anderem den Standard-Sechszylindermotor der Einheitsbaureihe »EM« her.

Hinzu kam der VEB Getriebewerk Gotha, der zeitweise auch die Bezeichnung VEB Traktorenwerk Gotha führte. Der Exportanteil des Schlepperwerkes lag zeitweise bei 80 Prozent! In die östlichen Partnerländer, aber auch nach Griechenland, Italien und Spanien, nach Ägypten, Algerien, Syrien, Äthiopien, Angola, Mocambique, Ghana, Sambia sowie nach Ekuador, Bolivien, Kolumbien und Uruquay konnten die Schlepper geliefert werden, um dringend benötigte Devisen einzufahren.

Nach Zusammenbruch der DDR wurde das Traktorenwerk mit seinen umfangreichen Montagehallen und dem Maschinenpark ausgegliedert und unter der Bezeichnung LandTechnik Schönebeck AG als Treuhandbetrieb weitergeführt; die »ZT«-Baureihen wurden 1990 eingestellt, weil die Nachfrage zusammenbrach. Die Produktionsunterlagen sollen nach Polen verkauft worden sein. Nachdem auch die Firma Doppstadt mit ihrer Trac-Produktion scheiterte, nutzt heute die Daimler AG einen Teil des Werkes für die Komponentenfertigung, ein weiterer Teil dient der MALI Spezialfahrzeugbau GmbH für ihre Trac-Technik. Das Dieselmotorenwerk Schönebeck, das ab 1993 auch die Hanomag-Motoren fertigte, gab um 1995 die Motorenproduktion auf. Ein kleiner Restbetrieb mit 20 Mann hat die Reparatur und Ersatzteilfertigung des Schönebecker Sechszylindermotors übernommen. Der umfangreiche Hallenkomplex wird für die Herstellung und Lagerung von Windkraftrotoren und weiteren Bauteilen genutzt.

100-PS-VEB Schönebeck ZT 323-A, 1988. Foto: Ralf Weinreich

VEB Schönebeck-Schlepper

Baureihe	Bauzeit	Motor Hersteller	Typ	Zylinder	PS	Kühlung	Bohrung x Hub	Hubraum	Drehzahl	Radstand	Gewicht	Getriebe	Besonderheiten
1. Radschlepper													
(RS 01/40) »Pionier«	1949	Horch	4 F 145 DL	4	40	W	105x145	5022	1250	2080	3350	5/1	FAMO-Reko-Typ
RS 10/45	1959	Robur	3 NVD 12,5 SRL	3	45	L	90x125	2384	2600				Prototyp, Abbremslenkung
TT 220	1966	Schönebeck	3 VD 12/11 SRW	3	60	W	110x120	3419	2400			9/6	Prototyp, auch mit 4 VD 12/11 SRF, 70 PS
ZT 300	1967 - 1982	Nordhausen	4 VD 14,5-12 SRW	4	93	W	120x145	6560	1850	2790	4870 - 4950	9/6	Vorserie ab 1965, ab 1978 100 PS (Typ Z 300-C)
ZT 307	1967	Schönebeck	6 KVD 14,5	6	150	W	120x145	9840	2000				Prototyp
ZT 301	1971	Robur	4 VD 12,5/10 SRL	4	60	L	100x125	3927	2500				Prototyp, auch mit Dreizylindermotor, 60 PS
ZT 303	1972 - 1982	Nordhausen		4	93	W	120x145	6560	1850	2790	5195 - 5255	9/6	Allradantrieb, ab 1978 100 PS (Typ Z 303-C)
ZT 313/310	1975	Nordhausen		4	90	W	120x145	6560	1850			10/6	Prototypen
ZT 403-D	1981	Nordhausen		6	150 - 180	W	120x145	9840	1800	6720			Prototypen
ZT 320-A	1983 - 1990	Nordhausen	4 VD 14,5-12 SRW	4	100	W	120x145	6560	1800	2800	4880	4x3/2	
ZT 323	1983 - 1990	Nordhausen		4	100	W	120x145	6560	1800	2790	5570	4x3/2	Allradantrieb
FT 4520	1984 (?)	Nordhausen		3	60	W	120x145	4920	1800				Prototyp, Allradantrieb
ZT 305	1984 - 1987	Nordhausen		4	93	W	120x145	6560	1850	2790	6300	9/6	Hangschlepper mit Doppelbereifung, ab 1978 100 PS
ZT 325-A	ab 1984	Nordhausen		4	100	W	120x145	6560	1800	2800	6750	4x3/2	Allradantrieb, Hangschlepper mit Doppelbereifung
2. Geräteträger													
RS 08/15	1953 - 1956	IFA	F 8/2	2	15	W	76x76	690	3000	1390 - 2090	1100 - 1300	2x4/1	Zweitakt-Vergasermotor, ab 1954 Radstand 1340 - 2090 mm
RS 09/15 »Maulwurf«	1957 - 1958	Warchalowski	D 21	V2	18	L	85x90	1021	3000	1765	1070	2x4/4	
RS 09/15 »Maulwurf«	1958 - 1961	Schönebeck	FD 21/1	V2	15	L	85x90	1021	3000	1760	1070	2x4/4	Warchalowski-Lizenz-Motor FD 21
RS 09/15 »Maulwurf«	1956	MZ	ZL 770	2	20	L	80x76	770	3000	1340 - 2090	1070	2x4/4	Zweitakt-Vergasermotor
RS 09/15 Maisschlepper	1957	Schönebeck	FD 21/1	V2	15	L	85x90	1021	3000			2x4/4	
RS 09/15 Row Crop	1958	Schönebeck	FD 21/1	V2	16,5	L	85x90	1021	3000			2x4/4	
RS 09/15-2	1959	Schönebeck	FD 21/1	V2	16,5	L	85x90	1021	3000	1760 - 2210		2x4/4	
RS 09/15 Plantage	1959	Schönebeck	FD 21/1	V2	16,5	L	85x90	1021	3000	2000		2x4/4	Motor vorn
RS 09/15 Hopfen	1959	Schönebeck	FD 21/1	V2	16,5	L	85x90	1021	3000	1600		2x4/4	
RS 09/122 »Maulwurf« (Bergtraktor)	1961 - 1962	Cunewalde	2 KVD 9 SVL	V2	18	L	90x90	1145	3000	2060 - 2510	1415	2x4/4	Warchalowski-Lizenz-Motor FD 22
RS Tragschlepper	1962	Cunewalde	2 KVD 9 SVL	V2	18	L	90x90	1145	3000			2x4/4	
RS 28 Plantage	1962	Cunewalde	2 KVD 9 SVL	V2	16,5	L	90x90	1145	3000	2000		2x4/4	Motor vorn
RS 54 Row Crop	1962	Cunewalde	2 KVD 9 SVL	V2	18	L	90x90	1145	3000			2x4/4	
RS 56 Hopfen	1962	Cunewalde	2 KVD 9 SVL	V2	18	L	90x90	1145	3000	1600		2x4/4	
RS 09/160 Hofschlepper	1963	Cunewalde	2 KVD 9 SVL	V2	18	L	90x90	1145	3000	1765		2x4/4	mit verkürztem Holm
RS 09/124 (GT 124) »Maulwurf«	1964 - 1972	Cunewalde	4 KVD 8/8-2 SVL	V4	24/25	L	80x80	1607	3000	1765 - 2510	1600	2x4/4	gedrosselt auf 25 PS, ab 1967 30 PS
RS 09/123	1964	Zetor	Z 2001	2	24	W	105x120	2080	1500	1765		2x4/4	Exportmodell
GT 140	1964 - 1967	Cunewalde	4 KVD 8/8-2 SVL	V4	24/25	L	80x80	1607	3000			2x4/4	Prototypen, gedrosselt auf 25 PS, ab 1967 30 PS
GT 124 Bergtraktor	1965	Cunewalde		V4	24/25	L	80x80	1607	3000			2x4/4	Prototyp, Vierradantrieb
3. Raupen-Prototypen/Entwürfe													
KS 07	1949/50	Brandenburg	4 F 175 Be	4	60	W	125x175	8586	1150	1905	5300	4/1	FAMO-Reko-Typ »Rübezahl«
KS 06	1952	KMW Leipzig	(Typ 4,0)	3	80	W	85x240	4080	1500		3800	8/8	Prototyp, Zweitakt-Zweiwellen-Gegenkolbenmotor, Dederon-Gleisband, auch 90x250 mm
KS 06/60	1953	KMW Leipzig	(Typ 2,7)	2	60	W	85x240	2720	1500				Prototyp, Zweitakt-Gegenkolbenmotor
KS 12/45	1954	Nordhausen	EM 3-15	3	45	W	115x145	4516	1500				Prototyp
KS 16/60	1955	Zwickau	EM 4-17.5	4	60	W	115x145	6024	1700		4480		Prototyp, Dederon-Gleisband
ZT 300 GB	1986	Nordhausen	4 VD 14,5/ 12-1 SRW	4	100	W	120x145	6580	1800		6800	9/6	Prototypen, Gummi-Gleisband, Fertigung im VEB Zerbst
4. Einachsschlepper-Prototypen													
ES 20	1955	KMW Leipzig		1	8	L							Zweitakt-Vergasermotor
ES 19	1957	KMW Leipzig	EL 350	1	9,5	L	76x76	345	3000		400	4/1	
5. Spezialfahrzeuge													
RTA 0511/60 (Bornimog)	1958	Robur	Garant 30 K	4	60	L	90x118	3000	2800				Prototyp
Zugmittel ZM 1800	1972	Schönebeck	6 VD 14,5/12	6	180	W	120x145	9840	2300				

VEB Weimar

VEB Mähdrescherwerk Weimar,
Weimar, Kromsdorfer Str.
1. 1961-1962 **VEB Mähdrescherwerk Weimar**
2. 1991-1993 **Weimar-Werk Maschinenbau GmbH,**
Buttelstedter Str. 4

35-PS-Weimar-Werk-Geräteträger 231 GTW, 1991.

Das im Jahre 1898 gegründete Weimarer Maschinenbauunternehmen begann mit dem Waggonbau und konzentrierte sich dann auf die Landmaschinenherstellung. Unter der NS-Herrschaft erhielt das Werk die Firmenbezeichnung »Gustloff-Werke, Fritz-Sauckel-Werk« und stellte unter anderem die leistungsfähige Einachsfräse »M 40« her, die bis 1942 gebaut wurde. Das 8,5-PS-Modell ließ sich mit einem gummibereiften Anhänger zum Vierradtransporter für Kleinbauernhöfe erweitern.

Nach dem Krieg stellte das erneut verstaatlichte Werk Mähdrescher und Landmaschinen her. 1961 erschien als Ersatz für die bis dahin in der DDR noch verwendeten Dampf-Seilpflüge mit einem Drehpflug das Seilzugaggregat SZ 24 »Agronom«. Auf einer Plattform mit Raupenfahrgestell saßen vorn der Motor und das Fahrerhaus. In der Mitte befand sich die Seiltrommel; hinten war die Plattform durch die Hinterachsbrücke abgeschlossen, in der das als Stirnraddifferential ausgeführte Ausgleichsgetriebe und der beiderseitige Kettenantrieb lagen. Als Motor nutzte man einen 180-PS-Diesel vom VEB Motorenwerk Johannisthal, der auch in Schiffen Verwendung fand.

Die Seillänge betrug 600 m. Ein Drehpflug des VEB Bodenbearbeitungsgeräte Leipzig (früher Rudolf Sack KG) wurde zwischen den jeweils zwei eingesetzten Maschinen bewegt. Zur Bedienung des Pfluges waren zwei Personen erforderlich, die in zwei jeweils an den Pflugenden angebrachten, einfachen Sicherheitskabinen Platz fanden.

180-PS-VEB Weimar-Seilzugaggregat »SZ 24 Agronom«, 1962.

Über eine optische Signalanlage verständigten sich die Maschinisten. Ein letztes Raupenpaar, das aber nur als Prototyp existierte, erhielt einen luftgekühlten Dieselmotor des VEB Elbewerkes in Roßlau. Im Einsatz auf dem VEG (Volkseigenes Gut) Altenweddingen im Bördekreis Wanzleben erwiesen sich die Garnituren als unwirtschaftlich und aufwendig. Auch die Elastizität der Seile war nicht gegeben, was zu schweren Unglücken führte, so dass die »Agronomen« schon bald ausgemustert wurden. Die DDR-Reichsbahn ließ ein Seilzugaggregat mit einer Krananlage zum Schienenlegefahrzeug umbauen.

Nach der Einstellung dieser Fertigung und der Verlagerung der Mähdrescherproduktion nach Singwitz »profilierte« sich das Werk auf die Mobilbagger-Fertigung und auf Maschinen der Kartoffelerntetechnik. Nach der Wende versuchte der kaum noch ausgelastete Betrieb die Montage des Fendt-Geräteträgers vom Typ GT 231 zu übernehmen, um die in die Jahre gekommenen »RS 09« und »GT 140« zu ersetzen.

Die einst guten Kontakte des Weimarer Werkes zu den ehemaligen Ostblockländern sollten für den Absatz des unverwüstlichen 35-PS-Fendt-Geräteträgers, jetzt unter der Bezeichnung »GTW 231« (W für Weimar), genutzt werden, was sich jedoch durch den dortigen wirtschaftlichen Kollaps zerschlug. Auch die Hoffnung, damit die seit 1972 nicht mehr gefertigten Schönebecker Geräteträger der Baureihe »RS 09« zu ersetzen, erfüllte sich nicht.

Der Betrieb montierte mit einer verstärkten Vorderachse und einer neuen Armaturentafel die Fahrzeuge in Normal- und in Langversion. Die 250 im Lohnauftrag gefertigten Modelle wurden vorwiegend im Westen Deutschlands abgesetzt! 1994 ging das nun schon mehrfach aufgeteilte Werk zu einem Teil an die Kartoffelerntemaschinenfabrik Niewöhner in Gütersloh.

VEB Weimar/Weimar-Werk-Spezialfahrzeuge (ex Gustloff-Werke)

Baureihe	Bauzeit	Motor Hersteller	Typ	Zylinder	PS	Kühlung	Bohrung x Hub	Hubraum	Drehzahl	Radstand	Gewicht	Getriebe	Besonderheiten
1. Behelfsschlepper													
M 40 Bodenfräse	1940	DKW	EL 462	1	8,5	1	88x76	462	3000		410	4/2	10 Prototypen
2. Raupen													
Seilzugaggregat SZ 24 »Agronom«	1960 - 1961	Johannisthal	6 KVD 18/15 SRW	6	180	W	150x180	19075	1500		13600 - 15800	4/4	
Seilzugaggregat SZ 24 »Agronom«	1962	Elbe-Werke Roßlau	12 KVD 14,5/ 12-3 SVL	V12	201	L	120x145	19670	1500			4/4	Prototyp
3. Geräteträger (Fendt-Lizenz-Typ)													
F 231 GTW (GT 231)	1991 - 1993	MWM	D 327-3	3	35	L	100x120	2827	2050	2100	2040	8/4	auch 16/-Getriebe
F 231 GT W (GT 231)	1991 - 1993	MWM	D 327-3	3	35	L	100x120	2827	2050	2780	2180	8/4	

Vereinigter Motoren- und Flugzeugbau Paul Dahl

Vereinigter Motoren- und Flugzeugbau Paul Dahl,
Lichtenberg b. Berlin, Kriemhildstr. 5–12
1. 1918-1920 **Paul Dahl,**
Lichtenberg b. Berlin, Kriemhildstr. 5–12
2. 1920 **Vereinigter Motoren- und Flugzeugbau Paul Dahl**

Die einstige Rüstungsfirma des Ingenieurs Paul Dahl, die die »Atos«-Propeller, Motoren und Ersatzteile hergestellt hatte, fertigte gegen Kriegsende die »Atos«-Zugmaschine mit kurzer Ladepritsche und einer Seiltrommelanlage. Einachsige Standardanhänger sollten an die »Zugmaschine für Industrie und Wirtschaft« angekuppelt werden.

Nach nur wenigen gebauten Exemplaren ging das Unternehmen an die Nahag AG über, die den »Atos«-Schlepper zum »Herkules«-Schlepper weiterentwickelte. Die Firma war später in der Eisenbahn-Signaltechnik tätig.

50-PS-Vereinigter Motoren- u. Flugzeugbau-Schlepper »Atos« mit Spill und Ladepritsche, 1918.

Vereinigter Motoren- und Fahrzeugbau-Schlepper

Baureihe	Bauzeit	Motor Hersteller	Typ	Zylinder	PS	Kühlung	Bohrung x Hub	Hubraum	Drehzahl	Radstand	Gewicht	Getriebe	Besonderheiten
Atos	1918 - 1920	Kämper		4	50	W	140x190	11.693	600	2800	2000	4/1	68 PS bei 800 U/min

Vogeler

Maschinen- und Werkzeug-Fabrik Karl Vogeler,
Berlin-Moabit, Alt Moabit 1,
1919–1924 (?)

35/45-PS-Vogeler-Tragpflug, 1920.

Der Vogeler-Tragpflug war eine leichte, aber stabile Konstruktion von Carl Gleiche, der nach dem Tode von Rudolf Stock zu Vogeler als Chefkonstrukteur gegangen war. Die 3,8 Tonnen schwere Maschine mit ihren 1,8 m hohen Vorderrädern trieb ein Deutz-35/45-PS-Motor an. Der drei- bis sechsscharige Pflugrahmen war gelenkig am Fahrzeug angebracht, der über Motorkraft gehoben und gesenkt werden konnte. Auch Helios- und Vomag-Motoren kamen zur Verwendung. 1922 oder erst 1924 gab die Firma Vogeler, die während des Krieges Zahnräder gefertigt hatte, die Tragpflugmontage nach 10 verkauften Modellen auf.

Vogeler-Tragpflüge

Baureihe	Bauzeit	Motor Hersteller	Typ	Zylinder	PS	Kühlung	Bohrung x Hub	Hubraum	Drehzahl	Radstand	Gewicht	Getriebe	Besonderheiten
Tragpflug	1920 - 1924	Deutz		4	35/45	W	115x160	6644	800		3800	3/1	auch 45-PS-Helios-Motor
Tragpflug	1920 - 1924	Kämper		4	42	W	126x180	8973	800		3800	3/1	
Tragpflug	1920 - 1924	VOMAG		4	50	W	125x180	8851	900		3800	3/1	

Volk

Volk Maschinenbau GmbH & Co. KG,
Aulendorf, Saulgauer Str.,
1969

Einen Schmalspurschlepper vom Typ V 2000 entwickelte diese Maschinenfarik mit dem V2-Farymann-Diesel mit 20/22 PS. Ob ein Serienbau zustande kam, ließ sich nicht mehr feststellen. Das Unternehmen etablierte sich anschließend als elektrotechnischer Betrieb in Bad Waldsee.

Vorwärts

Motorpflugfabrik »Vorwärts«, Wilh. Trumann,
Aschersleben,
1918

Mit wenig Erfolg baute diese Maschinenfabrik den vierrädrigen, schwedischen »Avance«-Schlepper mit einem schweren und recht störanfälligen, einzylindrigen »Rohölmotor« (Petroleummotor) nach. Der im Heck gelenkig angebrachte vierscharige Pflugkörper wurde über Motorkraft in der Höhe verstellt.

»Vorwärts«-Schlepper, 1918.

Voß

Voß u. Co.,
Hamburg-Harvestehude, Brahms-Allee,
1923

Die »Hammonia«-Zugmaschine war eine Gelegenheitskonstruktion dieses Unternehmens, so die Aussage von Otto Barsch. In ein äußerst primitiv gestaltetes Kastenfahrgestell baute die Firma billig erworbene (schnelllaufende) 45-PS-Motoren aus Heeresbeständen ein. Über eine Kette wurden die Vorderräder angetrieben. Zwei Fahrersitze befanden sich vor und hinter dem senkrecht stehenden Lenkrad. Durch die nur einen Meter hohen Treibräder waren die Fahrzeuge für den Betrieb in der Landwirtschaft ungeeignet.

45-PS-Voß-Zugmaschine, 1923.

Wagner

C. August Wagner, Maschinenfabrik,
Kirschau/Sachsen, Mühlstr. 5,
1937-1939

1887 gründete Schmiedemeister Carl August Wagner eine Maschinenfabrik, die vor allem Landmaschinen, darunter Strohpressen, Einbaudresch- und Scheibenradhäckselmaschinen herstellte. 1937 nahm der Betrieb auch die Schlepperfertigung auf. Als Rahmenbaumodell erschien ein 10-PS-Modell mit Deutz-Verdampfermotor, das Vierganggetriebe und die Hinterachse stammten aus der Opel-Produktion, die Vorderachse von Ford. Den als »Wagner-Sachsen-Diesel« bezeichneten Schlepper gab es

10-PS-Wagner-Kleinschlepper, 1937 (Foto: Horst Hintersdorf)

22-PS-Wagner-Dieselschlepper, 1937.

auch als »WSD 22« mit 22-PS-Deutz-Diesel und Prometheus-Vierganggetriebe. Da die Wagner-Schlepper nicht in das Schell-Programm aufgenommen wurden, musste die Fertigung nach 50 Modellen zugunsten der Heeresrüstung eingestellt werden. In der DDR-Zeit wurde der Betrieb als VEB Getriebewerk Kirschau innerhalb des Kombinats Fortschritt geführt; heute firmiert das Werk als GKN Walterscheid Getriebe GmbH.

Wagner-Schlepper

Baureihe	Bauzeit	Motor Hersteller	Typ	Zylinder	PS	Kühlung	Bohrung x Hub	Hubraum	Drehzahl	Radstand	Gewicht	Getriebe	Besonderheiten
WSD 10	1937 - 1939	Deutz	MAH 716	1	10	V	120x160	1808	1200		1160	4/1	
WSD 22	1937 - 1939	Deutz	F 2 M 414	2	22	W	100x140	2198	1500		1466	4/1	

Wahl

Karl F. Wahl Maschinenfabrik KG,
Balingen/Württ., Olgastr. 2 – 10
1935 - 1962

Die Maschinenfabrik Wahl geht auf eine Gründung von Mechanikermeister Peter Wahl zurück, die 1908 zunächst als Handwerksbetrieb für landwirtschaftliche eingerichtet worden war. Sohn Carl Friedrich Wahl richtete 1922 eine Werkstatt zur Fertigung von Band-, Anbau- und Kreissägen sowie von Holzspaltmaschinen ein. Ein weiterer innovativer Schritt bildete die Erweiterung des Fertigungsangebots auf fahrbare Bandsägen. Die Beschäftigung mit diesen mobilen Geräten führte 1935 zur Konstruktion eines 20-PS-Schleppers mit einem MWM-Motor und einem zunächst eigenen, wenig später einem ZF-Vierganggetriebe, der unter der Bezeichnung »W 35« (die auf das erste Baujahr verwies) im Schell-Programm Berücksichtigung fand und bis 1944 in 153 Exemplaren gebaut werden konnte. Die gute Akzeptanz des »W 35« führte 1938 zur Überlegung, mit einem 12-PS-Kleinschlepper mit dem MWM-Einzylinder-Diesel auch Kleinbauern anzusprechen. Der Prototyp »W 38« besaß zwar einen extrem kurzen Radstand, dafür aber eine gefederte Vorderachse. Als im Sommer 1942 der Bau der Schlepper mit Diesel-Kraftstoff verboten wurde, experimentierte Carl Friedrich Wahl mit einem Modell, das einen umgebauten MWM-Zweizylindermotor und einen Generator besaß. Ein weiteres Studienfahrzeug war mit dem Ford-BB-Motor mit Generator auf einem Halbrahmen aufgebaut. Das dritte Modell war mit dem Südbremse-Holzgasmotor versehen. Ein Serienbau kam aber nicht mehr zustande; dafür konnten noch bis 1944 einige Rumpfschlepper komplettiert und verkauft werden. Durch einen Bombenabwurf, der vermutlich dem Balinger Bahnhof gegolten hatte, wurde die Betriebsstätte im Februar 1945

20-PS-Wahl W 35, 1935

12-PS-Wahl W 38, Prototyp von 1938

zerstört, wobei Karl Friedrich Wahl mit Frau und einem Sohn umkam.

Gleich nach Kriegsende ließen die Söhne (Ingenieur) Helmut (1912 – 1967) und Carl Wahl (1927 – 1998) ein neues Wohn-, Büro- und Werkstattgebäude errichten, das noch jahrelang unverputzt ein markantes Aussehen besaß. Schon ein Jahr später nahm das Balinger Werk die Montage mit dem jetzt 22/24 PS starken, rahmenlosen Ackerschlepper »W 46« mit Riemenscheibe und Zapfwelle wieder auf, nachdem die französische Besatzungsmacht die Baugenehmigung erteilt hatte. Dieser Zweizylindertyp mit ZF-Getriebe blieb als »W 46«, als »W 22« oder als »W 25« mit stetigen Verbesserungen über Jahre im Angebot.

25-PS-Wahl-Generatorschlepper, 1942

22/24-PS-Wahl W 46, 1947

Nach der Währungsreform konnte Zug um Zug eine umfangreiche Palette von Ein-, Zwei- und Dreizylinderschleppern mit einer Leistungsbandbreite von 15 bzw. 12 bis 40 PS aufgebaut werden. Die Modelle in Blockbauweise hatten zunächst einfache Pendel-Vorderachsen, später dann Portalachsen mit Federung. Die Hinterachse war zur Erhöhung der Bodenfreiheit ebenfalls in Portalbauweise ausgeführt. Im unteren Segment standen die Modelle »W 15« und »W 17« mit dem Einzylindermotor KDW 415 E und mit dem Zweizylindermotor KD 11 Z, wobei dieser Typ auch als Schmalspurschlepper zu haben war. In der damaligen Dreizylinderausführung krönte 1951 der »W 40« das Programm, der zwei Jahre später auch mit 36 PS starkem luftgekühlten MWM-Diesel angeboten wurde. Auf Wunsch konnte vor allem dieses Wahl-Zugpferd mit einem Wetterverdeck mit Verglasung der Marke CB von Christoph Bildhauer in Neumühle bei Wangen im Allgäu versehen werden.

Mit den wasser- und luftgekühlten 12-PS-Ausführungen bot Wahl ab 1953 den Obstbauern und Kleinlandwirten ein preiswertes Fahrzeug an, das 1957 auch mit dem Hatz-Kleindiesel E 89 FG ausgerüstet wurde. Den damaligen mittleren Bereich füllten zunächst die Modelle »W 46« aus, die ab 1953 als »W 22/24« mit wasser- und luftgekühlter Bestückung und ab 1955 als »W 24« im Programm standen.

Die Wahl-Optik prägten abgerundete Kastenhauben nach eigenem Entwurf, die von der Firma Belser in Trillfingen und einem weiteren Kleinstbetrieb in Bad Imnau gefertigt wurden. Den quadratischen Frontausschnitt füllte das Lüftungsgitter aus. Das Design dieser Kühlermaske wurde für alle Baureihen beibehalten und prägte somit die Identität der Wahl-Baureihen.

Während die kleineren Modelle vorwiegend in der näheren Umgebung abgesetzt wurden, ging der Dreizylindertyp prestigeträchtig auch in den Export nach Südeuropa. In Italien übernahm die Firma Alberto Bassi in Lendinara bei Rovigo den Vertrieb der Wahl-Schlepper. Jedoch saß Wahl hier einem Betrüger auf, der die Einnahmen einstrich und verschwand. Korrekt hingegen verlief der vom Bundesministerium für Wirtschaft geförderte Export nach Griechenland und in die Türkei. Dem Trend der Zeit gemäß kamen bis 1957 wasser- oder luftgekühlte MWM-Motoren zum

Einbau; danach setzte Wahl nur noch luftgekühlte Maschinen dieser Marke ein. Von 1958 bis 1961 nutzte das Balinger Werk auch luftgekühlte Hatz-Motoren für den Typ »W 70

Als das Primus-Traktorenwerk 1957 die Serienmontage ihrer Schlepper einstellte, und der Schweizer Händler Gebr. Rast Traktoren – Fahrzeugbau und Landmaschinen in Schenkon (Kanton Luzern) keine Primus-Erzeugnisse mehr verkaufen konnte, schloss Raft mit der Firma Wahl einen Vertrag auf Lieferung von Balinger Schleppern. Um die Fahrzeuge mit einer eigenen Identität zu verbreiten, erhielten sie eine individuelle, in Blau lackierte Haube mit Aluminium-Längsstreifen, die im Frontbereich senkrechte Stäbe besaß. Die Dreizylindermodelle besaßen aufgrund ihrer längeren Haube seitlich eingeprägte Rundungen mit dem Wahl-Schriftzug analog zu den Primus-Schleppern. Das Design sollte somit an die Frontgestaltung der Primus-Schlepper erinnern. 167 ein-, zwei- und dreizylindrige Modelle mit 12, 18, 24, 28 und 36 PS fanden unter der Bezeichnung »Normal-Wahl-Diesel« ihre Verbreitung.

Die Jahreskapazität in den 50er Jahren schließlich bei 300 Exemplaren; allerdings zu wenig, um im jetzt von Deutz, Eicher, Fendt und Lanz dominierten Markt wirtschaftlich zu existieren. Das Kapital für den Aufbau eines eigenständigen Vertriebsnetzes war nicht vorhanden. Rund ein Drittel der Schlepper konnten in die Benelux-Länder, nach Frankreich, der Schweiz, Italien, Spanien, Norwegen, Griechenland, der Türkei und sogar nach Argentinien exportiert werden., was aber aufgrund der dortigen Investitionen kaum Gewinn abwarf. Der Bau von Bandsägen, die am Heck des Schleppers angebaut werden konnten, war dagegen lukrativer.

12-PS-Wahl W 12 L, 1953. Foto: Udo Paulitz

14-PS-Wahl »W 15«, 1950.

Weitere Innovationen waren Gebläse, fahrbare Kompressoranlagen und Klemmvorrichtungen für Holzstämme auf dem Bandsägen-Vorschub.

Die Sättigungskrise im deutschen Schlepperbau gegen Ende der 50er Jahre führte bei Wahl zur Entscheidung, das Programm zu straffen und sich nur noch auf Kleinschlepper mit luftgekühlten Ein- und Zweizylindermotoren zu konzentrieren. Das Einstiegsmodell der dritten Generation bildete der ein Jahr zuvor eingeführte Tragschlepper »W 70« mit dem Hatz-Motor, jetzt aber mit einem 6-Ganggetriebe kombiniert. Ebenfalls mit 14-PS-Einzylindermotor von MWM folgte der »W 80«. Wohl abgestuft baute sich das Programm mit dem »W 90 T«, dem »W 95« und dem »W 100« mit 16-, 18- und 20 PS-Antrieben auf.

Diese als »Allzweckgeräte für die kleinparzellierte Land- und Forstwirtschaft des Schwarzwaldes konzipierten Schlepper waren in Halbrahmen-Bauart ausgeführt und besaßen neben der Heckanbaumöglichkeit die Ansatzpunkte für den Zwischenachseinbau.

Die immer sich immer stärker auswirkenden Turbulenzen im Schlepperbau führten dazu, dass die Balinger Maschinenfabrik das Programm schon ein Jahr später erneut änderte, wobei eine dreistellige Zahl die einzelnen Tragschlepper-Baureihen kennzeichnete. Mit Zweizylinder-MWM-Motoren stattete Wahl im letzten Programm die Baureihen »W 122«, »W 130« und (ab 1961) »W 120« aus. Dreizylinder-Antriebe erhielten die Ausführungen »W 133« und »W 135«.

Und da zu dieser Zeit die Firma Ignaz Sulzer in Harthausen bei Augsburg von der Eigenentwicklung eines Tragschleppers absah, lieferte Wahl ihr 25-PS-Modell »W 135« in blauer Sulzer-Farbgebung von 1959 bis 1962 als S 330 L nach Harthausen. Als Sulzer 1961 den Schlepperbau einstellte, vertrat der »Wahl 135« die 25-PS-Klasse. Um neben den Tragschleppern auch wieder einen Standardschlepper im eigenen Programm zu führen, kam Carl Wahl mit dem Aulendorfer Hermann Lanz-Werk (Hela)

40-PS-Wahl W 40, 1955.

22-PS-Wahl W 22, 1956.

über den Zukauf des »D 225« ohne Haube überein. Wahl überdeckte den wassergekühlten Hela-Motor AZ 3 mit einer eigenen Kastenhaube, die mit integrierten Scheinwerfern und einem zweigeteilten Luftgitter dem Wahl-Typ »W 225« eine eigene Identität geben sollte.

Der immer stärkere Rückgang der Produktionszahlen im Hause Wahl hatte 1960 zur Entscheidung geführt, den Generalvertrieb der englischen Schlepper der Marke David Brown Tractors Ltd. in Huddersfield/West Yorkshire zu übernehmen, um mit der Auslieferung, dem Verkauf und dem Service die Arbeitsplätze zu halten. Umgekehrt hoffte das englische Unternehmen, auf dem süddeutschen Markt ohne größere Investitionen zunächst mit Hilfe einer dort bekannten Marke Fuß zu fassen.

1962 traf Karl Friedrich Wahl aufgrund des dramatischen Rückganges der Verkäufe die Entscheidung, den inzwischen offensichtlich unrentablen Schlepperbau aufzugeben, nachdem das vorige Jahr mit einem enttäuschenden Absatz von 95 Fahrzeugen abgeschlossen werden musste.

Um den Stammkunden weiter ein vertrautes Produkt anbieten zu können, bot Wahl neben den Original-David Brown-Erzeugnissen bis zur

36-PS-Normal-Wahl-Diesel, 1957. (Foto: Ulrich Schmidt)

18-PS-Wahl W 95, 1959.

25-PS-Wahl W 133, 1960. Foto: W. Leiter © CC-BY-07

45-PS-Stärke den »David Brown Wahl 750« in roter Lackierung mit einem Vierzylinder-Dieselmotor mit 25 PS an; ein Projekt, das von vornherein zum Scheitern bestimmt war. Schon 1964 musste diese letzte Schlepper-Aktivität aufgegeben werden, zumal die David Brown Tractors GmbH sich von Wahl zurückgezogen hatte und eine bundesweite Vertriebsorganisation im niedersächsischen Seelze aufgebaut hatte.

Das Hauptbetätigungsfeld des Wahl-Unternehmens bildete jetzt der Bau der immer noch nachgefragten Bandsägen, zum Teil auf Pkw-Anhängern mit Kleindieselmotor und Schneeschleudern, die im Heck des Schleppers angebracht werden musste, um die Zapfwelle zu nutzen. Der Schlepper musste dadurch in Rückwärtsfahrt eingesetzt werden, was sich nicht bewährte.

Daneben betätigte sich Wahl im Landmaschinenhandel und vertrat Wahl die Marken Deutz und Hermann Lanz mit ihren Schleppern sowie die Marke Mengele mit ihren Ladewagen. Nebenprodukte bildeten Papierbohrer und Maschinen, mit denen Zeitungen verpackt werden konnten. Zum Jahresbeginn 1969 übernahm die WLZ AG (heute BayWa AG) das Ersatzteillager und den Kundendienst für die einstigen Wahl-Schlepper. Inzwischen wurde das Firmengebäude weitgehend verkauft, abgerissen und neu bebaut. Den Namen Wahl trägt seitdem weiterhin die Firma Fr. Wahl GmbH in Balingen, die in der Verzahnungstechnik tätig ist.

25-PS-David Brown-Wahl 750, 1960.

16-PS-Wahl-Tragschlepper W 90 T, 1959.

25-PS-Wahl W 225, 1961.
Foto: K. Häfner u. F. Schoch, Die Hela-Chronik, Münster 2002

Wahl-Schlepper

Baureihe	Bauzeit	Motor Hersteller	Typ	Zylinder	PS	Kühlung	Bohrung x Hub	Hubraum	Drehzahl	Radstand	Gewicht	Getriebe	Besonderheiten
1. Generation													
W 35	1935 - 1944	MWM	KD 15 Z	2	20	W	95x150	2125	1500	1580	1460	4/1	
W 38	1938 - 1940	MWM	KD 15 E	1	12	W	95x150	1062	1500			4/1	Einzelstück
Wahl Holzgasschlepper	1942 - 1944	Südbremse	TG 15 Z	2	25	W	130x150	3979	1550				
Wahl Holzgasschlepper	1942 - 1944	Ford	BB	4	25	W	98,4x108	3285	1600				dito, Rahmenbau
2. Generation													
W 46 (AS 22)	1946 - 1950	MWM	KD 215 Z	2	22/24	W	100x150	2356	1500	1700	1485	4/1	
W 15	1950 - 1952	MWM	KDW 415 E	1	14	W	100x150	1178	1500	1670	1220	5/1	ab 1952 15 PS bei 1600 U/min
W 17	1951 - 1953	MWM	KD 11 Z	2	17	W	85x110	1248	2000	1715	1140	5/1	auch Radstand 1594 mm mit Federung, ab 1953 KD 211 Z-Motor mit 18 PS
W 25 (Ex-W 46)	1951 - 1952	MWM	KDW 415 Z	2	25	W	100x150	2356	1500	1865	1500	5/1	
W 40	1951 - 1955	MWM	KDW 415 D	3	40	W	100x150	3534	1600	2000	1800/2240	5/1	auch Radstand 2160 mm, mit Federung Radstand 1985 mm
W 16	1952	MWM	KDW 415 E	1	16	W	100x150	1178	1600		1220	5/1	
W 12	1953 - 1956	MWM	KD 12 E	1	12	W	95x120	850	2000	1650	935	5/1	
W 12 L	1953 - 1955	MWM	AKD 1/12 E	1	12	L	98x120	905	2000	1650	890	5/1	
W 17	1953 - 1955	MWM	KD 211 Z	2	16	W	85x110	1248	1980	1750	1200	5/1	auch Radstand 1594 mm mit Federung
W 22/24 (L)	1953 - 1955	MWM	AKD 12 Z	2	22/24	L	98x120	1810	2000	1770	1200	5/1	auch Radstand 1665 mm mit Federung
W 22/24	1953 - 1956	MWM	KD 12 Z	2	22/24	W	95x120	1700	2000	1770	1220	5/1	auch Radstand 1665 mm mit Federung
W 28 (Ex-W 25)	1953 - 1957	MWM	KDW 415 Z	2	28	W	100x150	2356	1500	1860	1580	5/1	auch Radstand 1780 mm mit Federung
W 36	1953 - 1955	MWM	AKD 1/12 D	3	36	L	98x120	2715	2000	1840	1850	5/1	
W 12	1955 - 1956	MWM	AKD 311 E	1	12	L	90x110	699	2000	1660	890	5/1	
W 24	1955	MWM	KD 12 Z	2	24	W	95x120	1810	2000	1740	1250	5/1	
W 24	1955 - 1959	MWM	AKD 112 Z	2	24	L	98x120	1810	2000	1740	1230	5/1	
W 28	1954 - 1957	MWM	AKD 412 Z	2	28	W	105x120	2076	2000	1780	1800	5/1	
W 40	1955 - 1957	MWM	KDW 415 D	3	40	W	100x150	3534	1500	1985	2200	5/1	auch Radstand 2040 oder 2050 mm, Gewicht 2240 kg
W 17	1956 - 1959	MWM	AKD 311 Z	2	18	L	90x110	1400	2000	1725	1070	5/1	auch Radstand 1594 mm mit Federung
W 17	1956 - 1957	MWM	KD 211 Z	2	17	W	85x110	1248	2000	1720	1155	5/1	auch Radstand 1700 mm
W 22 L	1956 - 1958	MWM	AKD 112 Z	2	24	L	98x120	1810	2000	1817	1220	5/1	
W 12	1957	MWM	KD 12 E	1	12	W	95x120	1700	2000	1710	870	6/1	auch Radstand 1660 mm, Gewicht 850 kg, auch 5/1-Getriebe
W 12 L	1957 - 1958	MWM	AKD 412 E	1	12	L	105x120	1038	2000	1710	870	6/1	auch Radstand 1660 mm, auch 5/1 Getriebe
W 70	1957	Hatz	E 89 FG	1	12	L	90x105	668	2500		890	5/1	
W 22	1957	MWM	KD 12 Z	2	24	W	95x120	1700	2000	1817	1230	6/1	auch 5/1-Getriebe, Radstand 1770 mm
W 36	1957	MWM	KD 12 D	3	36	W	95x120	2550	2000				
W 14 L	1958	MWM	AKD 412 E	1	14	L	105x120	1038	2000	1725	890	5/1	
W 15	1956	MWM	AKD 311 Z	2	15	L	90x110	1400	1900				
W 17	1958	MWM	AKD 311 Z	2	18	L	90x110	1400	2000	1725	1155	6/2	
W 30 L	1958	MWM	AKD 412 Z	2	30	L	105x120	2080	2200	1950	1785	8/2	
W 18	1959 - 1960	MWM	KD 211	2	18	W	85x110	1248	1800				
3. Generation													
W 70	1958 - 1961	Hatz	E 89 FG	1	11/12	L	90x105	668	2500	1700	855	6/2	
W 80	1959 - 1962	MWM	AKD 412 E	1	14	L	105x120	1038	2000	1575	986	5/1	
W 90 T	1959 - 1961	MWM	AKD 10 Z	2	16	L	80x100	1004	2250	1700	880	6/2	Tragschlepper
W (A) 95	1959	MWM	AKD 311 Z	2	18	L	90x110	1400	2000	1725	1025	6/2	
W 100 (W 98)	1959 - 1962	MWM		2	20	L	90x110	1400	2100	1780	1070	6/1	Tragschlepper

Wahl-Schlepper													
Baureihe	Bauzeit	Motor Hersteller	Typ	Zylinder	PS	Kühlung	Bohrung x Hub	Hubraum	Drehzahl	Radstand	Gewicht	Getriebe	Besonderheiten
4. Generation													
W 122	1959	MWM	AKD 112 Z	2	24	L	98x120	1810	2000	1700	1220	6/2	
W 130	1959	MWM		2	30	L	105x120	2008	2200	1950	1600	8/2	
W 133	1959 - 1961	MWM	AKD 10 D	3	25	L	80x100	1506	2600	2080	1265	8/4	Tragschlepper
W 135	1961 - 1964	MWM		3	25	L	80x100	1506	2600	2085	1220	8/4	Tragschlepper, Sulzer-Paralleltyp S 330 L
W 150	1961 - 1964	MWM	AKD 412 Z	2	30	L	105x120	2077	2200				
W 120	1961 - 1964	MWM	AKD 10 Z	2	16	L	80x100	1004	2600				
W 225	1961 - 1964	Hela	AZ 3	2	25	W	105x125	2164	1660	1900	1580	6/2	Hela-Typ D 225
5. David Brown-Wahl													
David Brown-Wahl 750	1960 - 1964	David Brown	AD4/25	4	25	W	89x102	2523	1600			6/2	

Wanner

Ernst Wanner,
Wangen/Allgäu,
1949–1951

Einen Vierrad-Kleinschlepper der Marke »Fix KS 2« mit einem F & S-Einzylinder-Vergasermotor mit 6,5 PS stellte Wanner unter Verwendung von Teilen des US-Jeeps her, während es sich bei dem Getriebe angeblich um eine Eigenentwicklung handelte. Das mehr einem Motormäher ähnelnde Gerät besaß eine vordere Ladepritsche sowie einen Mähbalken.

6-PS-Wanner-Kleinschlepper »Fix KS 2«, 1950.

Wanner-Behelfsschlepper													
Baureihe	Bauzeit	Motor Hersteller	Typ	Zylinder	PS	Kühlung	Bohrung x Hub	Hubraum	Drehzahl	Radstand	Gewicht	Getriebe	Besonderheiten
Fix KS 2	1949 - 1951	F&S	Stamo 280	1	6,5	L	71x70	277	3000	1500	430	2x3/1	Vergasermotor
Fix KS 2	1949 - 1951	F&S	Stamo 300	1	6	L	71x75	297	3000	1250	430	2x3/1	

Weber

Anton und Ludwig Weber, Mechanische Werkstätte,
Autoreparatur, Bad Kreuznach, Lohrermühle,
1931

Diese Firma entwickelte eine nur 380 kg schwere, kompakte Zugmaschine mit Allradantrieb und einer Drehschemellenkung. Der in Fahrzeugmitte liegende Zweizylinder-DKW-Motor mit 12 PS trieb über eine diagonal liegende Welle die Hinterachse, während eine am vorderen Wellenende angebrachte Kegelradübertragung das Drehmoment auf die Vorderachse übertrug. Die Vorderräder standen eng aneinander, die hinteren Eisenräder waren mit Stollen besetzt.

Weber-Kleinschlepper													
Baureihe	Bauzeit	Motor Hersteller	Typ	Zylinder	PS	Kühlung	Bohrung x Hub	Hubraum	Drehzahl	Radstand	Gewicht	Getriebe	Besonderheiten
Weber	1931	DKW		2	12	L		425	3000				Allradantrieb

Weichel

Ernst Weichel, Landmaschinenbau,
Heiningen, Bahnhofstr. 1,
1975

Das Landmaschinenunternehmen Weichel übernahm die Geräteträgerkonstruktion der Firma Schmotzer. Auf das verbreiterte Fahrgestell kam ein hochbordiger Heuwagenaufbau der österreichischen Reform-Werke. Ein Dreizylindermotor mit 46 PS von Perkins trieb das als »Weichel-Porter« bezeichnete Fahrzeug an.

Weichel-Spezialschlepper

Baureihe	Bauzeit	Motor Hersteller	Typ	Zylinder	PS	Kühlung	Bohrung x Hub	Hubraum	Drehzahl	Radstand	Gewicht	Getriebe	Besonderheiten
Weichel-Porter 45 A	1975	Perkins	D 3.152	3	46	W	91,4x127	2500	2200	2400	2300	4x4/4	

Weigold

Fritz Weigold, Fahrzeugbau,
Mannheim, Gärtnerstr. 20,
1948-1951

Das Fahrzeugbauunternehmen Weigold montierte für kurze Zeit 22/24-PS-Schlepper mit Zweizylindermotoren (Typ A) und 35-PS-Schlepper mit Dreizylindermotoren (Typ B), beide von MWM, verblockt mit Renk-Getrieben. Auch ein 11-PS-Modell soll zusammengesetzt worden sein. 1950 änderte Weigold die Motorenbestückung und vertrieb seine Schlepper jetzt unter der Bezeichnung »WKD«. Die Blechteile, die den »anderen« Mannheimer Schleppern ihr spezielles Gepräge gaben, stammten aus eigener Fertigung. Das Hauptgeschäft von Weigold bestand aber in der Herstellung von Anhängern von drei bis acht Tonnen Nutzlast.

24-PS-Weigold
WKD 24 Z, 1950.

Weigold-Schlepper

Baureihe	Bauzeit	Motor Hersteller	Typ	Zylinder	PS	Kühlung	Bohrung x Hub	Hubraum	Drehzahl	Radstand	Gewicht	Getriebe	Besonderheiten
Typ A	1949	MWM	KD 15 Z	2	22/24	W	95x150	2125	1500	1580	1600	4/1	
Typ B	1949	MWM	KD 15 D	3	33/35	W	95x150	3185	1500		2000	4/1	
WKD 15 E	1949	MWM	KD 215 E	1	11/14	W	100x150	1178	1500	1405	1583	4/1	
WKD 36 D	1949	MWM	KD 215 D	3	36	W	100x150	3534	1500	1930	2000	5/1	
WKD 24 Z	1949 - 1951	MWM	KD 215 Z	2	24	W	100x150	2356	1500	1580	1673	4/1	anfängl. als Typ B mit 22 PS
WKD 33 D	1949 - 1951	MWM	KD 415 D	3	33	W	100x150	3534	1500	1930	2000	5/1	

Weitzel

Georg Weitzel,
Lich,
1921

Unter der Bezeichnung »Gangmotor-Pflug, System Weitzel« entstand ein Pflugwagen, bei dem auf der linken Seite zwei Treibräder angebracht waren, die durch eine Kette verbunden waren. Ein gegenüberliegendes Rad konnte geschwenkt werden und diente somit der Lenkung. Drei Pflugkörper waren diagonal unter dem Fahrzeug angebracht. Zum Antrieb diente ein 15 bis 20 PS starker Motor.

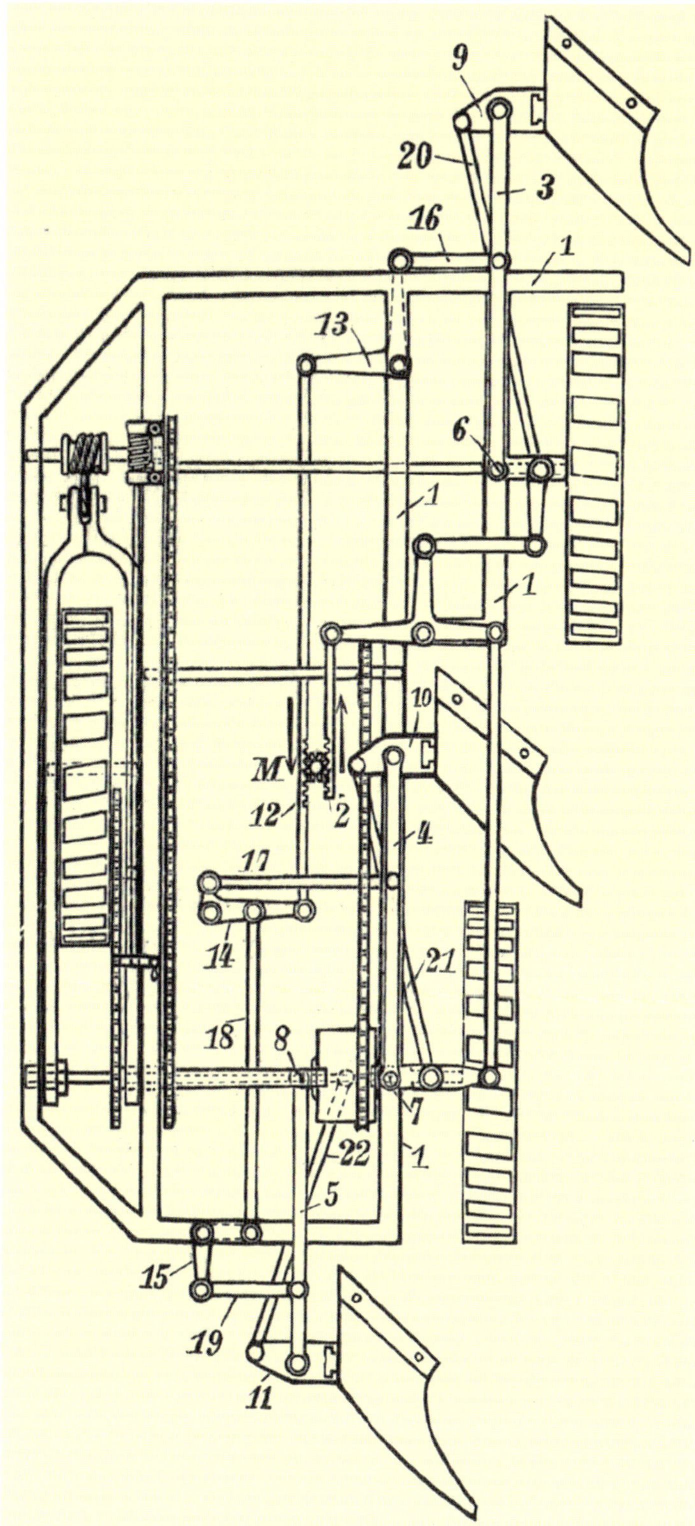

20-PS»Gangmotor-Pflug«, System Weitzel (Grundriss), um 1921.

Welte

Welte, Stahl- und Fahrzeugbau,
Umkirch, Im Gansacker,
1969-heute

Als Spezialfabrik für Schwertransport, Langholzmaterial, Holztransport- und Forstfahrzeuge wurde Welte im Jahre 1952 gegründet. Erst Ende der 1960er Jahre nahm die Firma den Bau von speziellen Forstschleppern der Typen »Oekonom«, »Forstmann« und »Junior« auf. Die Allrad-Schlepper gab es in Normal- und Schmalspurausführung, mit Spurweitenverstellung, mit Front- und Heckschild, mit hydraulischer Verlagerung des Schwerpunktes in der Axialen, mit hydraulischer Rahmen-Knicklenkung sowie mit Zweiwegeausrüstung; die Motoren stammen von Deutz. Die Fertigung der Forstschlepper findet im Werk Eisenerz in der Steiermark statt.

105-PS-Welte-Forstschlepper »Oekonom«, 1980.

90-PS-Welte-Forstschlepper »Forstmann 90«, 1982.

105-PS-Welte-Forstschlepper »Oekonom«, 1984.

105-PS-Welte »S 100 5 L Oekonom«, 1985.

Welte-Forstschlepper

Baureihe	Bauzeit	Motor Hersteller	Typ	Zylinder	PS	Kühlung	Bohrung x Hub	Hubraum	Drehzahl	Radstand	Gewicht	Getriebe	Besonderheiten
Ökonom ES 60	1969	Deutz	F 4 L 912	4	64	L	100x120	3768	2500	2700	5250	5/1	
Ökonom ES 80	1969	Deutz	F 6 L 912	6	91	L	100x120	5652	2500		5480		
Forstmann	1969	Deutz	F 6 L 912	6	91	L	100x120	5652	2500		6000		
Junior WES 70	1972	Deutz	F 4 L 912	4	70	L	100x120	3768	2300	2500	4950		
Junior	1975	Deutz	F 4 L 912	4	72	L	100x120	3768	2300		4950		
Ökonom ES 100	1975	Deutz	F 6 L 912	6	104	L	100x120	5652	2500		7200		
ES 80 Junior	1976	Deutz	F 5 L 912	5	80	L	100x120	4710	2500		5600		
ES 100/3 L	1978	Deutz	F 6 L 912	6	105	L	100x120	5652	2300		7400		
ES 70 Jubi-Trac	1979	Deutz	F 4 L 912	4	70	L	100x120	3768	2300		4800		
ES 100/5 L	1980	Deutz	F 6 L 912	6	105	L	100x120	5652	2300		7400		
ES 80 S	1981	Deutz	F 5 L 912	5	88	L	100x120	4710	2500		5800		
ES 70 Jubi-Trac	1984	Deutz	F 4 L 912	4	70	L	100x120	3768	2300		4800		

Wermke

Ostdeutsche Maschinenfabrik, vorm. Rud. Wermke AG,
Heiligenbeil (Ostpr.),
1918 und 1938–1939

Der Gutsschmied Rudolf Wermke hatte 1870 die angeblich erste ostpreußische Pflugwerkstatt gegründet, die sich hauptsächlich mit dem Bau von Göpelanlagen, Gespann- und Anhängepflügen, Ackerwalzen, Drill- und Hackmaschinen, Trommelhäckslern, Rübenschneidern, Heu- und Getreiderechen sowie Motordreschmaschinen und Erdtransportanhängern befasste. Während des Ersten Weltkrieges entwickelte das Unternehmen einen »Motorpflug«, über den keine technischen Daten bekannt geworden sind. Erneut taucht die ostpreußische Maschinenfabrik 1938 mit der angeblichen Fabrikation von Ackerschleppern in der Literatur auf, ebenfalls ohne Daten.

Werner

Werner GmbH Forst- und Industrietechnik,
Trier-Ehrang, Ehranger Str. 101,
1. 1993-1997 **Werner & Co. Maschinenfabrik GmbH, Seilwindenbau**
2. 1997-2019 **Werner GmbH Forst- und Industrietechnik**
3. ab 2019 **Werner GmbH Forst- und Industrietechnik Scharf GmbH**

Die heute auf Forst- und Industrietechnik spezialisierte Firma Werner wurde 1902 von dem Schlossermeister Johann Werner gegründet und stellte Schmiedeartikel her. 1928 entstand die erste Seilwinde. Der Erfolg in diesem Bereich war so überwältigend, dass der Seilwindenbau ab 1955 zum Hauptbeschäftigungsfeld wurde. Nachdem die Firma 1958 erste Unimog-Fahrzeuge mit Seilwinden ausgestattet hatte, spezialisierte sich das Unternehmen auf An- und Aufbauten sowie auf Zusatzgeräte für die Unimog-Modellreihe. Polterschwingen, Rückeaggregate mit Dop-

Über 3000 derartige Fahrzeuge verließen das Trierer Spezialfahrzeugbauwerk; der Forst-MB trac war seinerzeit mit einem Marktanteil von über 50 Prozent die erfolgreichste Forstspezialmaschine in Deutschland. Nachdem das Daimler-Benz-Werk 1991 die Fertigung des »MB trac« eingestellt hatte, übernahm Werner die weitere Montage und Weiterentwicklung dieses Fahrzeugs speziell für den Forsteinsatz, beschränkte sich aber auf die Ausführungen »900« und »1100« aus der leichten Baureihe. Auf der Agritechnika 1993 in Frankfurt am Main konnte Werner die Fahrzeuge vorstellen und die Lücke im Angebot dieser Spezialgeräte wieder schließen. An den DB-Vierzylindermotor koppelte Werner ein 6-Gang-Lastschaltgetriebe mit Drehmomentwandler.

Eine weitere Innovation bildete die Loadsensinghydraulik. Die Sicherheits-Kabine wurde erheblich überarbeitet, ein um 270 Grad elektrohydraulisch drehbarer Fahrersitz ermöglichte es dem Fahrer, sich bequem

92-PS-Werner Trac-Schlepper, 1993. Foto: Werner & Co.

pel-Trommelwinde, Rückezangen, Winden mit Funksteuerung, Schnellwechsel-Systeme für die Hilfspritsche sowie Kurzholz-Anhänger mit verschränkbarer, über die Zapfwelle angetriebener Tandemachse ergänzten das Programm rund um den Unimog. Die Unimog-Modelle »U 52« und »U 60« konstruierte das Unternehmen für den Forsteinsatz zu Knicklenkerfahrzeugen um. Der Typ »UK 52« konnte 52mal, der Typ »UK 60« 23mal verkauft werden. Ab Mitte der 1970er Jahre baute Werner auch den MB trac zu Forstspezialmaschinen um. Seilwinden in verschiedenen Größen, ein Frontpolterschild, eine Bergstütze sowie eine später speziell für diesen Typ entwickelte Rückzange machten die MB trac-Fahrzeuge zu überzeugenden Forstfahrzeugen.

204-PS-Werner-Forstschlepper »WF trac 2460 6x6« mit Polterschild, Klemmbank und Rückekran, 1993. Foto: Werner & Co.

105-PS-Werner-Forstschlepper »WF Trac 1100« mit Doppelseilwinde und Rückekran, 1993. Foto: Werner & Co.

238-PS-Werner-Forstschlepper »WF trac 2460 8x8« als Forwarder zur Kurzholzernte, 2010. Foto: Werner & Co.

entweder dem Fahren oder dem Arbeiten mit dem Heck-Hydraulikkran anzupassen, wobei der Kran über einen Joystick bewegt wurde. Die Achsen stammten vom MB trac 1000 und vom Unimog 1600. Zehn Jahre lang blieben diese Ausführungen im Programm, von denen heute noch circa 250 Fahrzeuge sich im Einsatz befinden.

Auf der Interforst-Ausstellung 2002 setzte Werner erneut Maßstäbe in der Forstmaschinenbranche: Die Baureihen WF trac 1300, WF 1500 und WF 1700 konnten sich sehen lassen! Neueste elektronisch geregelte Daimler-Benz-Triebwerke, ein stufenlos leistungsverzweigtes ZF-Getriebe und eine um 270 Grad drehbare Kabine zeichneten diese Modelle aus. Anstelle des noch von Daimler-Benz stammenden Leiterrahmens nutzte das Unternehmen eine selbstragende, zweiteilige Bodenwanne mit einem Verdrehgelenk für eine Verschränkung bis zu 15 Grad als Rückgrat dieser Spezialfahrzeuge. Als Rückekräne nutzte Werner die gemeinsam mit Epsilon, einem Tochterunternehmen des österreichischen Kranherstellers Palfinger, entwickelten Ausführungen mit 7,0 und 8,4 Metern Reichweite. Als Seilwinden wurden die bewährten Modelle mit hydraulischem Antrieb verwendet. Um die Fahrzeuge bei Rückearbeiten zu stabilisieren, ließ sich die hydropneumatische Achsfederung sperren. Für die Steuerung nutzte das Werk die CAN-Bus-Technik.

Nachdem das 85 Mann starke Unternehmen 2006 in die Hände von Ass. Jur. Harry Thiele übergegangen war, erschien im Jahre 2010 die jetzt dritte Werner-Forstschlepper-Generation mit überarbeitetem und vergrößertem Fahrerhaus. Extrem sparsame und abgasreduzierte Daimler-Benz-Motoren der Baureihe 900 mit Vier- und Sechszylindern kommen zum Einbau. Die Modulartechnik erlaubt den Einbau des 204- oder des 238-PS-Triebwerkes. Die aktuellen WF-Modelle sind mit dem bewährten Verdrehgelenk und der hydropneumatischen Vorderachsfederung mit Arretierung ausgestattet. Neben der 4x4-Skidder-Version WF trac 2040 (Aufnehmer) mit Hydraulikkran über der Hinterachse, Frontseilwinde mit 16 oder 20 Tonnen-Zugkraft, Klemmbank, Heckschild und mechanischer Heckzapfwelle ist die 6x6-Version WF trac 2060 hinzugekommen. Bei dieser schweren Ausführung sind auf dem Heckteil der Kran und eine Stammablage (Rungenkorb) aufsetzt. Die hintere Planeten-Doppelachse lässt sich ebenfalls lenken. Die im Einzug höhenverstellbare Winde besitzt eine Zugkraft von 16 Tonnen. Der Dreiachser ist als Kombimaschine mit Kran und Klemmbank, als Forwarder mit vier Rungenbänken (Transporter) und als Harvester (Transporter von abgeschälten Stämmen) vorgesehen. Frontwinden, Rahmenanbau-Winden, Bergstützen und Traktions-Hilfswinden lassen sich anbringen. Während die Rückekräne des WF 2040 4x4 eine Reichweite von 7,6 und 9,6 Metern haben, verfügt der Kran des WF 2060 über eine Reichweite von 10,1 Metern.

Schon ein Jahr später krönte die 8x8-Ausführung die WF-Modellreihe. Alle acht Räder sind über einen mechanischen Synchronantrieb miteinander gekoppelt.

Als »ein Maschinenpark auf vier Rädern der 2. Generation« entwickelte Werner das Wario-Universalfahrzeug für den kommunalen Einsatz, für die Landwirtschaft und für den Forstbetrieb. Auf die Fendt-Basis-Schlepper der Baureihen Fendt 714, 724 und 820 setzt das Trierer Unternehmen die eigene um 225 Grad drehbare Kabine auf. Während sich alle konventionellen Geräte im Front- und Heckbereich anbauen lassen, so können jetzt auch hier eine Werner-Winde, eine Forstschutzausrüstung und ein über ein Schnellwechselsystem montierbarer Holzladekran angebracht werden, so dass der Schlepper ganzjährig für alle Arbeitsgänge genutzt werden kann.

Aufgrund von Lieferschwierigkeiten des Chassisherstellers im Zusammenhang mit den Euro-6-Abgasnormen geriet das Unternehmen im Sommer 2015 in Schwierigkeiten und musste Insolvenz anmelden. Nach einem Intermezzo der deutsch-niederländische Beteiligungsgesellschaft Nimbus übernahm 2019 die Michael Scharf Bau GmbH das Unternehmen und führt die Produktion unverändert fort. (Der Schwager Scharfs, Sebastian Fuß, hatte 2016 den Mali-Fahrzeugbau in Schönebeck übernommen.)

Werner-Allrad-Forstschlepper

Baureihe	Bauzeit	Motor Hersteller	Typ	Zylinder	PS	Kühlung	Bohrung x Hub	Hubraum	Drehzahl	Radstand	Gewicht	Getriebe	Besonderheiten
1. WF trac-Baureihe													
WF trac 900	1993 - 2003	DB	OM 364	4	92	W	97,5x133	3972	2400	2387	4990	2x6/3	
WF trac 1100	1993 - 2003	DB	OM 364 A	4	105	W	97,5x133	3972	2400	2387	4990	2x6/3	T
WF trac 1300	2002 - 2010	DB	OM 904 LA	4	136	W	102x130	4249	2200	2580	7500	Eccom	TL
WF trac 1500	2002 - 2010	DB		4	150	W	102x130	4249	2200	2700	7700	Eccom	TL
WF trac 1700	2002 - 2010	DB		4	177	W	102x130	4249	2200	2700	7700	Eccom	TL
WF trac 2040 4x4	ab 2010	DB	OM 924 LA	4	204	W	102x130	4800	2200	2700	8100	Eccom	TL
WF trac 2040 6x6	ab 2010	DB		4	204	W	102x130	4800	2200	4850	12300	Eccom	TL, Radstand bis Mitte Tandemachse
WF trac 2460 4x4	ab 2010	DB	OM 926 LA	6	238	W	102x130	7200	2200	2700	8300	Eccom	TL
WF trac 2460 6x6	ab 2010	DB		6	238	W	102x130	7200	2200	4850	12500	Eccom	TL, Radstand bis Mitte Tandemachse
2. Wario-Baureihe													
Wario 714	ab 2012	Deutz	BF 6 M 2012 E	6	131	W	101x126	6057	2100	2700		Vario	T
Wario 724	ab 2012	Deutz	BF 6 M 2012 C	6	220	W	101x126	6057	2100	2783		Vario	TL, ab 2011 240 PS
Wario 820	ab 2012	Deutz	BF 6 M 2012	6	236	W	101x126	6057	2100	2720		Vario	TL

Wesseler

H. Wesseler OHG, Schlepper- und Fahrzeugbau,
Altenberge, Kümper 46,
1938–1966

Im Jahre 1936 konstruierte Heinrich Wesseler in der 1879 von seinem Vater Bernhard Wesseler als Landschmiede gegründeten Landmaschinenfabrik einen Schlepper für den Eigenbedarf. Nach Erprobung und weiterer Vervollkommnung fertigte das Unternehmen von 1938 bis 1940/41 21 Schlepper in Rahmenbauweise mit aufgesetztem Ein- und Zweizylindermotor.

Nach dem Krieg baute Wesseler einen 22-PS-Typ, dem in den 1950er Jahren ein umfangreiches Programm an leichten und mittleren Ackerschleppern folgte. Dabei kamen wasser- und luftgekühlte Ein-, Zwei- und Dreizylindermotoren von MWM zum Einbau.

Das erste Großserienprogramm aus dem Jahre 1953 begann mit den wassergekühlten Modellen »W 17«, »W 24«, »W 28« und »W 32« sowie den luftgekühlten Typen »WL 12« und »WL 36«. Der Motor-Getriebeblock war bei diesen Traktoren über ein Vierkantrohr mit der Hinterachse verbunden. Diese Bauart ermöglichte einen Anbau von Zwischenachsgeräten; besonders der Kleinschlepper »W 12« mit seiner Wespentaillenbauart eignete sich dazu. Die Schlepper hatten Portal-Vorderachsen, in der Spurweite verstellbare Räder, Zapfwelle und Hydraulik.

Wurden die Schlepper anfänglich nur im umliegenden westfälischen Bereich vermarktet, gingen die Fahrzeuge ab Mitte der 1950er Jahre auch in die gesamte Bundesrepublik sowie in die Benelux-Länder, dort unter den Bezeichnungen »Acker«- und »Feldmeister«.

Im Jahre 1956 erweiterte das Unternehmen sein Angebot durch die Konstruktion eines in Halbrahmenbauweise ausgeführten Geräteträgers. Dieser »WLG Ackermeister« hatte seine luftgekühlten Ein- und Zweizylindermotoren mit 12 oder 18 PS über der Hinterachse. Die Vorderachse war durch ein Vierkantrohr mit dem Motor-Getriebeblock verbunden. Zapfwelle und Hydraulik standen ebenfalls zur Verfügung; auch die Radspur ließ sich verändern. Ab 1958 gelangte noch ein 20 PS starker Motor zum Einbau. Bis 1958/59 konnten nahezu alle Typen in luft- oder wassergekühlter Version mit MWM-Motoren geordert werden, so stand eine Palette von Traktoren mit Leistungen von 14 bis 45 PS zur Verfügung.

Die äußere Gestaltung lehnte sich gegen Ende der 1950er Jahre bezüglich der Haubenform an die Deutz-Schlepper an. Ab 1959 verwendete Wesseler nur noch luftgekühlte MWM-Aggregate; gleichzeitig wurden die Leistungen der kleineren Modelle erneut angehoben. Die Kapazität des Unternehmens lag bei rund 100 Schleppern pro Jahr.

Mit dem allgemeinen Rückgang des Schleppergeschäftes gab Wesseler auch die Montage der Traktoren auf. Als Landmaschinenfabrik und als Fiat-Traktoren-Filiale existierte das Unternehmen bis in das Jahr 1988 weiter.

15-PS-Wesseler W 15, 1951. Foto: Udo Paulitz

12-PS-Wesseler W 12, 1952. Foto: Udo Paulitz

24-PS-Wesseler WL 24, 1953. Foto: Udo Paulitz

12-PS-Wesseler WL 12 H, 1955. Foto: Udo Paulitz

18-PS-Wesseler-Geräteträger WLG 18, 1956. Foto: Udo Paulitz

18-PS-Feldmeister 18 PS (Exportversion für die Benelux-Länder), 1957. Foto: Udo Paulitz

38-PS-Wesseler WL 40 E, 1959. Foto: Udo Paulitz

26-PS-Wesseler W 2 L, 1959. Foto: Udo Paulitz

Wesseler-Schlepper

Baureihe	Bauzeit	Motor Hersteller	Typ	Zylinder	PS	Kühlung	Bohrung x Hub	Hubraum	Drehzahl	Radstand	Gewicht	Getriebe	Besonderheiten
						1. Radschlepper							
Wesseler	1938	MWM	KD 15 E	1	12	W	95x150	1062	1500				
Wesseler	1948 - 1951	MWM	KD 215 Z	2	22	W	100x150	2356	1500				
W 15	1951 - 1955	MWM	KDW 415 E	1	15	W	100x150	1178	1600			5/1	
W 20	1951 - 1955	MWM	KDW 615 E	1	20	W	112x150	1480	1600				
W 28	1951 - 1958	MWM	KDW 415 Z	2	28	W	100x150	2356	1600	1780	1800	2x5/1	
W 40 (W 36)	1951 - 1958	MWM	KDW 415 D	3	36/40	W	100x150	3534	1500	1880	1600	5/1	
W 12	1952 - 1957	MWM	KD 12 E	1	12	W	95x120	850	2000	1710	790	6/2	ab 1954 Radstand 1650 mm, mit 9/3-Getriebe Radstand 1730 mm
WL 12	1953 - 1955	MWM	AKD 1/12 E	1	12	L	98x120	905	2000	1730	780	9/3	ab 1954 Radstand 1650 mm
W 17 (W 17 H)	1953 - 1956	MWM	KD 211 Z	2	17	W	85x110	1248	2000	1750	990 - 1200	5/1	ab 1956 18 PS
W 24	1953 - 1959	MWM	KD 12 Z	2	24	W	95x120	1700	2000	1850	1250 - 1500	6/1	mit 5/1-Getriebe Radstand 1740 mm
W 24 L	1953 - 1958	MWM	AKD 1/12 Z	2	24	L	98x120	1810	2000	1850	1250	6/1	
W 30	1953 - 1954	MWM	KDW 515 Z	3	30	W	105x150	2596	1600				
W 32	1953 - 1954	MWM	KDW 715 Z	2	32	W	105x150	2600	1600	1780	1800	2x5/1	
W 36	1954 - 1957	MWM	KD 12 D	3	36	W	95x120	3825	2000				
WL 36	1954 - 1958	MWM	AKD 12 D	3	36	L	98x120	2715	2000	1840	1850	5/1	mit 8/2-Getriebe Radstand 2150 mm
W 12 (H)	1955 - 1959	MWM	KD 12 E	1	12	W	95x120	850	2000	1650	790	5/1	mit 9/3-Getriebe Radstand 1957 mm
WL 12 (H)	1955 - 1959	MWM	AKD 12 E	1	12	L	98x120	905	2000	1650	790	5/1	
W 18	1956 - 1958	MWM	KD 211 Z	2	18	W	85x110	1248	2000	1750	950	5/1	auch 6/1-Getriebe, auch Version W 18 E und W 18 H
WL 18	1956 - 1959	MWM	AKD 311 Z	2	18	L	90x110	1400	2000	1750	950	5/1	auch 6/1-Getriebe, auch Version WL 18 E und WL 18 H
W 28	1957	MWM	KDW 415 Z	2	28	W	100x150	2356	2200	1900	1600	5/1	
W 36	1957	MWM	KDW 415 Z	2	30	W	100x150	2356	2200	1880	1600	5/1	
W 36	1957	MWM	KD 12 D	3	36	W	95x120	2550	2000	2070	1700	6/1	mit 8/2-Ganggetriebe Radstand 2150 mm
WL 36	1957	MWM	AKD 112 D	3	36	L	95x120	2550	2000	2070	1700	6/1	
W 40	1957	MWM	KD 12 D	3	40	W	95x120	2550	2200	2280	2200	9/2	auch Radstand 2300 mm
WL 40	1957	MWM	AKD 112 D	3	40	L	105x120	3120	2200	2280	2200	9/2	
W 12 E	1958 - 1959	MWM	KD 12 E	1	12	W	95x120	850	2000	1650	790	5/1	
WL 12 E	1958 - 1960	MWM	AKD 112 E	1	12	L	98x120	905	2000	1650	790	5/1	
W 14	1958	MWM	KD 412 E	1	14	W	105x120	1038	2000	1740	790	9/3	
WL 14	1958	MWM	AKD 412 E	1	14	L	105x120	1038	2000	1740	790	9/3	
W 20	1958	MWM	KD 211 Z	2	20	W	85x110	1248	2100	1780	980	6/1	
WL 20	1958	MWM	AKD 311 Z	2	20	L	90x110	1400	2100	1780	980	6/1	
WL 26 E	1958 - 1963	MWM	AKD 412 Z	2	26	L	105x120	2080	2000	2055	1320	6/1	
W 28	1958	MWM	KD 412 Z	2	28	W	105x120	2080	2000	1920	1350	8/4	
WL 28	1958	MWM	AKD 412 Z	2	28	L	105x120	2080	2000	1920	1350	8/4	
WL 230 E	1958 - 1961	MWM	AKD 412 Z	2	30	L	105x120	2080	2200	1985	1390	8/4	
WL 38	1958 - 1959	MWM	AKD 412 D	3	38	L	105x120	3120	2000	2050	1750	8/2	auch 9/2-Getriebe
W 45	1958 - 1961	MWM	KD 412 D	3	45	W	105x120	3120	2200	2000	2000	9/2	
WL 45	1958 - 1960	MWM	AKD 412 D	3	45	L	105x120	3120	2200	2120	2000	9/2	
W 15	1959	MWM	KD 412 E	1	15	W	105x120	1038	2200				
WL 15 E	1959 - 1961	MWM	AKD 412 E	1	15	L	105x120	1038	2200	1950	800	9/3	
W 20	1959 - 1961	MWM	KD 12 Z	2	20	W	95x120	1700	1900				
WL 20 E	1959 - 1961	MWM	AKD 112 Z	2	20	L	98x120	1810	2000	1850	980 - 1080	6/1	auch 5/1-Getriebe, anfänglich Motor AKD 311 Z
W 26	1959 - 1963	MWM	KD 412 Z	2	26	W	105x120	2080	2000	2055		6/1	
W 30	1959 -	MWM	KD 412 Z	2	30	W	105x120	2080	2200				
W 34	1959 - 1961	MWM	KD 10,5 D	3	34	W	90x105	2004	2600				auch als Typ W 35 bis 1962
WL 40 E	1959 - 1960	MWM	AKD 412 D	3	38/40	L	105x120	3120	2000	2070	1730	8/4	
WL 45 E	1959 - 1961	MWM	AKD 412 D	3	45	L	105x120	3120	2200	2210	1890	8/4	
W 50	1959 - 1962	MWM	KD 10,5 V	4	50	W	90x105	2672	2600				
WL 15 E	1960	MWM	AKD 412 E	1	15	L	105x120	1038	2200	1770		9/3	
W 24	1960 - 1962	MWM	AKD 10,5 Z	2	24	L	90x105	1336	2600				
W 27	1960 - 1962	MWM	AKD 10,5 Z	2	27	L	90x105	1336	2600				
WL 230 E	1960 - 1962	MWM	AKD 412 Z	2	30	L	105x120	2080	2200	1985	1390	8/4	
W 340 E	1960 - 1963	MWM	KD412 D	3	40	W	105x120	3120	2100	2080		6/4	auch 8/4-Getriebe
WL 340 E	1960 - 1963	MWM	AKD 412 D	3	38/40	L	105x120	3120	2000	2080	1800	6/4	
WL 345 E	1960 - 1963	MWM	AKD 412 D	3	45	L	105x120	3120	2200	2210	2110	6/4	ab 1961 mit 8/4-Getriebe Gewicht 2280 kg, Radstand 2280 mm
W 48	1960 - 1962	MWM	AKD 10,5 V	4	48	L	90x105	2672	2600				
W 40	1961	MWM	KD 412 D	3	40	W	105x120	3120	2000				
W 24	1962 - 1964	MWM	KD 110,5 Z	2	22	W	90x105	1335	2600				
W 35	1962 - 1964	MWM	KD 110,5 D	3	35	W	90x105	2004	2600				
W 346 E	1962	MWM	KD 412 D	3	46	W	105x120	3120	2300				

Wesseler-Schlepper													
Baureihe	Bauzeit	Motor Hersteller	Typ	Zylinder	PS	Kühlung	Bohrung x Hub	Hubraum	Drehzahl	Radstand	Gewicht	Getriebe	Besonderheiten
W 48	1962 - 1964	MWM	AKD 110,5 V	4	48	L	90x105	2670	2600				
W 50	1962 - 1964	MWM	KD 110,5 V	4	50	W	90x105	2670	2600				
W 22	1963 - 1964	MWM	AKD 1105 Z	2	22	L	95x105	1488	2200				
W 27	1963 - 1965	MWM	AKD 1105 Z	2	27	L	90x105	1488	2600				
W 35	1964 - 1965	MWM	KD 1105 D	3	35	W	95x105	2232	2600				
W 42	1964 - 1965	MWM	KD 1105 D	3	42	W	95x105	2232	2600				
W 56	1964 - 1965	MWM	KD 1105 V	4	56	W	95x105	2976	2600				
W 22	1965 - 1966	MWM	D 308-2	2	22	L	95x105	1488	2200				
W 27	1965 - 1966	MWM	D 308-2	2	27	L	95x105	1488	2600				
W 35	1965 - 1966	MWM	D 308-3	3	35	L	95x105	2232	2600				
W 42	1965 - 1966	MWM	D 308-3	3	42	L	95x105	2232	2600				
2. Geräteträger													
WLG 12 Ackermeister	1956 - 1957	MWM	AKD 112 E	1	12	L	98x120	905	2000	2070	1135	6/2	auch 9/3-Getriebe, Radstand 2100 mm
WLG 18	1956 - 1957	MWM	AKD 311 Z	2	18	L	90x110	1400	2000	2150	1220	6/1	ab 1957 Radstand 2120 mm
WLG 20	1958 - 1959	MWM	AKD 311 Z	2	20	L	90x110	1400	2100	2120	1120	6/1	auch 5/1-Getriebe
WLG 20	1960	MWM	AKD 312 Z	2	20	L	98x120	1810	2000	2150	1220	6/1	

36/40-PS-Wesseler WL 40 E, 1960. Foto: Udo Paulitz

Widmann

Fahrzeugbau Widmann,
Waiblingen,
1950

Diese Firma stellte einen Dreirad-Schlepper vom Typ »Fawi II« mit ankuppelbarem Hänger her. Das rund 500 kg schwere Modell wurde von einem Farny & Weidmann-Dieselmotor mit 8/10 PS angetrieben; die Vorderachse besaß eine Lenkradsteuerung.

8/10-PS-Widmann-Einachsschlepper »FAWI II«, 1955.
Foto: Ubraxa, © CC-BY-SA-4.0

Widmann-Behelfsschlepper

Baureihe	Bauzeit	Motor Hersteller	Typ	Zylinder	PS	Kühlung	Bohrung x Hub	Hubraum	Drehzahl	Radstand	Gewicht	Getriebe	Besonderheiten
Fawi II	1955 - 1957	Farymann	DL 2	1	8/10	W	90x120	763	1500 - 1750		560	4/1	

Wilhelmina

Maschinenfabrik Wilhelmina, W. P. Prüß,
Eutin/Holstein,
1925

Dieses Unternehmen stellte einen eisen- oder gummibereiften Traktor nach dem Vorbild des Fordson-Schleppers her, getrieben von einem 25-PS-Motor. Vermutlich aber handelte es sich um Original Fordson-Modelle, die sich nur durch das »Wilhemina«-Emblem am Kühlerkopf vom amerikanischen Schlepper unterschieden.

25-PS-Wilhelmina-Fordson-Schlepper, 1925.

Willmes

Josef Willmes Maschinenbau GmbH,
Bensheim, Bahnstr. 83,
1956–1958

Nachdem die Firma Scharfenberger die Herstellung der Einachsschlepper »Winzer Robot« und »Winzerroß« eingestellt hatte, baute die Firma Willmes diese Fahrzeuge noch eine Zeit lang weiter. Daneben stellte Willmes Motorhacken her. Heute fertigt das Unternehmen Maischbehälter und Pressen für die Wein- und Obstverwertung.

Wimmer

Otto Wimmer,
Sulzbach a. Inn,
um 1949

Dieses Unternehmen fertigte kurzzeitig einen Dreirad-Schlepper mit einem Vierzylindermotor und einem Mähbalken.

Winkelsträter

Winkelsträter,
Wuppertal, Wichlingen 48,
1949–1952

Mit den Typen »WSW-Motor-Vielfachgerät Ackerfix« war dieses Unternehmen im Einachsschlepper-Bereich tätig. Die mit BMW-, F&S- und Hirth-Motoren ausgestatteten Triebköpfe konnten mit einem Einachsanhänger zu Vierradfahrzeugen umgebaut werden; bei dem verwendeten Viergang-Wendegetriebe handelte es sich um Eigenkonstruktionen.

6,5-PS-Winkelsträter-Einachsschlepper »Ackerfix«, 1951.

Winkelsträter-Behelfsschlepper

Baureihe	Bauzeit	Motor Hersteller	Typ	Zylinder	PS	Kühlung	Bohrung x Hub	Hubraum	Drehzahl	Radstand	Gewicht	Getriebe	Besonderheiten
Ackerfix	1949	BMW	224/1	1	8	L	68x68	247	4000			4/4	Vergasermotor
Ackerfix	1949 - 1950	Hirth	601	1	6,5	L	68x68	247	3000			4/4	Zweitakt-Vergasermotor
Ackerfix	1949 - 1951	F&S	Stamo 280	1	6,5	L	71x70	277	3000			4/4	
WSW-Motor-Vielfachgerät	1951	BMW	254/1	2	16	L	68x68	494	4000			4/4	auch ILO-Motor mit 12 PS
V 1100	1952	F&S	D 500 W	1	9	L	80x100	503	2000		300		
V 1200	1952	F&S	D 500 W	1	9	L	80x100	503	2000		425		
Winkelsträter	1952	ILO	E 500 KG	1	12	W	90x80	508	3000				Zweitakt-Vergasermotor

Wiss

Motorpflug Wiss,
Süddeutsche Industrie-Gesellschaft Karlsruhe,
Gaggenau und Karlsruhe,
1911–1913

Georg Wiss (1868–1928), Besitzer der Waggonfabrik Fuchs in Heidelberg, Mitbegründer und Vorstandsmitglied der Automobilfabrik Benz u. Cie., ließ 1911 einen stabilen Gelenkpflug mit einem 65-PS-Benz-Motor, Pendelvorderachse in Drehschemelbauart und 2,2 m großen Treibrädern konstruieren. Eine Differentialsperre und ein Sonnendach aus Segeltuch gehörten zu dem 6,6 Tonnen schweren Fahrzeug, das mit einem Zweiganggetriebe Geschwindigkeiten von 4 bis 12 km/h erreichte. Der Pflugrahmen befand sich zwischen den Achsen und konnte per Motorkraft gehoben und abgesenkt werden. Da das eine Hinterrad in der gezogenen Furche lief, musste mit der Lenkung stets gegengesteuert werden. Auch wurde das zeitraubende Anbringen der Greifer an die Treibräder als ungünstig angesehen.

1913/14 übernahm die Daimler-Motoren-Gesellschaft den »Wiss«-Schlepper, der im Zweigwerk Berlin-Marienfelde weitergebaut wurde. Mit eigenen 40-, 60 und 80-PS-Motoren sowie mit weiteren technischen Verbesserungen konstruierte das Berliner Werk das Fahrzeug zum reinen Zugschlepper um.

60-PS-Wiss-«Zugwagen«, 1914.

Wolf

R. Wolf Maschinenfabrik AG,
Magdeburg, Feldstr. 9/13,
1924–1926

Die seit 1862 bestehende und vor allem im Bau von schweren Dampfmaschinen tätige Maschinenfabrik entwickelte 1924 den 2,2 t schweren Glühkopfschlepper »Werwolf DS 1« mit Leistungen von 12 oder 15 PS. Aufgrund der schwierigen Wirtschaftslage der 1920er Jahre erfolgte zu diesem Zeitpunkt auf Druck der Deutschen Bank, der Hausbank von Lanz und Wolf, eine Zusammenarbeit mit dem Lanz-Werk. Im Rahmen der Produktionsaufteilung der Interessengemeinschaft Lanz-Wolf konzentrierte sich Wolf auf große Antriebsmaschinen, so dass die Serienfertigung des 2,2 Tonnen schweren »Werwolfs« gar nicht erst aufgenommen werden konnte.

12-PS-Wolf-Glühkopfschlepper »Werwolf«, 1924.

Wolf-Schlepper

Baureihe	Bauzeit	Motor Hersteller	Typ	Zylinder	PS	Kühlung	Bohrung x Hub	Hubraum	Drehzahl	Radstand	Gewicht	Getriebe	Besonderheiten
Werwolf DS 1	1924 - 1926	Wolf		1	12	V					2200		Glühkopfmotor, auch 15 PS

Wotrak

Wolfenbütteler Traktoren-Gesellschaft mbH,
St. Andreasberg-Sperrluttertal;
Wolfenbüttel, Goslarsche Str. 32,
1949–1950

22-PS-Wolfenbütteler Traktoren-Gesellschaft »Wotrak«, 1950.

Walter Eckold (1895–1963) fertigte in seinen Betrieben in Wernigerode und in Seehausen/Bördekreis Flach- und Höhenförderer für die Land- und Bauwirtschaft. Nachdem er während des Krieges Vorrichtungen und Lehren für den Junkers-Flugzeugbau hergestellt hatte, bewahrte ihn auch die sofortige Umstellung auf dringend benötigte Küchenherde nicht vor der Enteignung. Eckold floh nach St. Andreasberg-Sperrluttertal, wo er in einer demontierten Halle einer Munitionsfabrik wieder eine mechanische Werkstatt unter der Bezeichnung »Walter Eckold, Vorrichtungs- und Gerätebau Sperrluttertal« und wenig später mit dem Zusatz »Abt. Traktorenbau« einrichtete.

Auf Anregung von ehemaligen Geschäftskollegen nahm er den Schlepperbau auf, da man hierin ein zukunftsträchtiges Geschäft sah. Unter größten wirtschaftlichen Schwierigkeiten konnte der solide gefertigte »Oberharz« mit Windschutzscheibe und Wetterdach hergestellt werden. Der 22-PS-Deutz-Zweizylindermotor war hier mit dem ZF-Einheitsgetriebe verblockt worden. Mähantrieb und hydraulischer Kraftheber gehörten zur Ausstattung. Da ausreichende finanzielle Mittel nicht beschafft werden konnten, endete nach 40 Modellen mit Hand- und elektrischem Anlasser diese Fertigung. Die Nachfolgefirma ist seitdem in der Umformtechnik tätig.

Wotrak-Schlepper

Baureihe	Bauzeit	Motor Hersteller	Typ	Zylinder	PS	Kühlung	Bohrung x Hub	Hubraum	Drehzahl	Radstand	Gewicht	Getriebe	Besonderheiten
Oberharz	1949	Deutz	F 2 M 414	2	22	W	100x140	2198	1500	1650	1700	4/1	

Wumag

Wumag-Waggon- und Maschinenbau GmbH,
Krefeld-Linn, Hafen u. Düsseldorfer Str. 100/110,
1948

Nach einer Idee von Dr. Ing. Zeyns stellte Wumag einen Prototyp eines einfachen Dreiradschleppers unter Verwendung von Automobilteilen her. Das hintere Stützrad war in dem als Längsträger ausgebildeten Rohrrahmen am gegabelten Ende eingeschoben. Den 660 kg schweren Kleinschlepper trieb ein unverkleideter 12-PS-ILO-Vergasermotor an; die Kraftübertragung erfolgte über ein Vierganggetriebe.

Wumag-Behelfsschlepper

Baureihe	Bauzeit	Motor Hersteller	Typ	Zylinder	PS	Kühlung	Bohrung x Hub	Hubraum	Drehzahl	Radstand	Gewicht	Getriebe	Besonderheiten
Wumag	1948	ILO	E 500 KG	1	12	L	90x80	508	3000	1500	660	4/1	Zweitakt-Vergasermotor

Wurr

August Wurr, Pflug- und Maschinenfabrik,
Hamburg-Volksdorf, Bahnhofsweg 35,
1936 - 1937

Für das Fürstlich Stollbergsche Hüttenamt mit ihrem »Ilsenburger Schleppflug« steuerte die Pflugfabrik von August Hinrich Wurr (1872 – 1939) über die Vertriebsorganisation Schröder und Wurr, Berlin-Schöneberg, Motzstr. 26 – 30 die Pfluganlage bei; Wurr besaß seit 1915 ein Patent auf diesen Maschinenpflug. Nach einem Gelenkpflug-Prototyp gegen Ende des Ersten Weltkrieges folgte im Jahre 1927 ein kompakter Kleinst-Raupenschlepper vom Typ »Wurr«, der nicht in Serie ging. Die Kette wurde über die eng aneinander liegenden, gleich großen Leit- und Treibräder geführt; dazwischen drückten zwei kleine Laufrollen die Kette auf den Boden. Gelenkt wurde über ein Hebelsystem, das die Lenkbremsen betätigte. Das Fürstlich Stollbergsche Hüttenamt hatte das Modell erstellt. Erneut entstanden 1929 ein Vierrad-Rahmenbau-Schlepper und 1932 kleine Raupenfahrzeuge mit 12/14-PS-Deutz- und F&S-Motoren.

Mit den »Wurr«-Dieselkleinschleppern von 12, 12,5 und 25 PS Leistung versuchte das Unternehmen 1936/37 noch einmal, sich als Schlepperproduzent zu profilieren. Insgesamt 118 Radschlepper mit Junkers-Gegenkolben-Motoren entstanden.

12/14-PS-Wurr-Kleinraupe AW 127, 1937.

Zanker

Hermann Zanker KG, Maschinen- u. Metallwarenfabrik,
Tübingen, Kupferhammer 5,
1949–1950

1888 gründete Immanuel Zanker in Tübingen eine Metallgerätefabrik, die sich vor allem mit Wäschepflege-Maschinen beschäftigte. Während des Krieges fertigte das Werk unter der Leitung von Paul Zanker Gasgeneratoren. Insbesondere beteiligte sich das Werk an der Ausstattung des MIAG-Verkehrsschleppers, der den Ford-BB-Motor besaß, mit einem leistungsfähigen Generator. Nach dem Krieg entwickelte das Werk den leichten »M 1«-Schlepper, der von einem eigenen Einzylinder-Zweitakt-Dieselmotor mit Strahleinspritzung und einem eigenen Getriebe ausgestattet wurde. Der von Ing. Christian Schaal (1912–1996) in Zusammenarbeit mit der Firma Holder konstruierte Motor leistete 12 PS, bei Höchstleistung 15 PS; Zapfwelle und Riemenscheibe gehörten dazu. Den Motor verkaufte Zanker übrigens auch an verschiedene, neu gegründete Schlepperhersteller wie Burzler und Wille.

Nach rund 100 gefertigten Schleppern übernahm im November 1949 die Landmaschinenfabrik Bautz dieses Modell; im Lohnauftrag montierte Zanker noch rund 50 Fahrzeuge mit dem auf 14 PS gesteigerten Motor und dem Bautz-Schriftzug am Lufteinlass. Zanker verlegte den Fertigungsschwerpunkt danach auf den Haushaltsgeräte- und Waschmaschinen-Bereich.

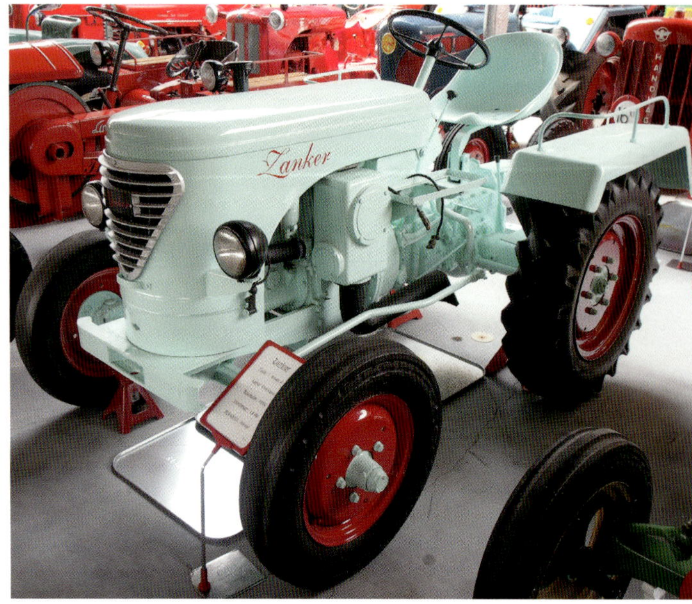

16-PS-Zanker-Kleinschlepper, 1950. Foto: Alf van Beem, © PD

Zu Beginn der 1970er Jahre engagierte sich die AEG an diesem Werk, 1982 musste Konkurs angemeldet werden. Der schwedische Electrolux-Konzern, der inzwischen die AEG übernommen hatte, legte das Zanker-Werk 1993 still.

Zanker-Schlepper

Baureihe	Bauzeit	Motor Hersteller	Typ	Zylinder	PS	Kühlung	Bohrung x Hub	Hubraum	Drehzahl	Radstand	Gewicht	Getriebe	Besonderheiten
M 1	1949 - 1950	Zanker	M 1	1	12	Th	100x130	1022	1500	1500	1185	4/1	auch Radstand 1468 mm

Zettelmeyer

Hubert Zettelmeyer AG,
Maschinenfabrik und Eisengießerei,
Konz b. Trier,
1935-1954

Zettelmeyer, 1897 als Dampfwalzen-Unternehmen gegründet und seit 1920 bekannt durch die Herstellung von Straßenwalzen, stellte 1935 in Zusammenarbeit mit dem Reichskuratorium für Technik in der Landwirtschaft einen rahmenlosen 20-PS-Ackerschlepper vom Typ »Z 1« her. Mit gleichem Grundaufbau, einer gefederten Vorderachse, einer umfangreichen Verkleidung und gleich großen Rädern, hinten mit Doppelbereifung, kam der Straßenschlepper »Z 2« als Konstruktionsvariante hinzu. Der 20 PS starke Diesel stammte von Deutz, beim Viergang-Getriebe handelte es sich um eine Eigenkonstruktion.

Auch Junkers-Gegenkolbenmotoren kamen zur Verwendung. Riemenscheibe, Spillwinde und später auch eine Zapfwelle waren in einem kombinierten Triebblock zusammengefasst. Ab 1939 setzte Zettelmeyer die weitverbreitete 22-PS-Deutz-Maschine ein.

25-PS-Zettelmeyer-Generatorschlepper GZ 1, 1942.

1939 musste das Werk aufgrund der Errichtung des Westwalls für ein Jahr von Konz nach Sinzig am Rhein verlagert werden, so dass die Schlepperproduktion zeitweilig ruhte. Nach Rückverlagerung kam die Produktion wieder in Gang. Ab Mitte 1942 erhielt der »Z 1« die Einheits-Holz gasanlage und den Einheits-Gasmotor. Die 20-PS-Version kam auf 1724, die 22-PS-Version auf 2444 und Holzvergaser-Version auf 194 Exemplare. Da das Werk große Bombenschäden erlitten hatte, konnten erst 1946 wieder Fahrzeuge komplettiert werden. Zu Beginn der 1950er Jahre erhielten die Schlepper eine abgerundete Haube und einen 25-PS-Deutz-Diesel. Als der Absatz der Zettelmeyer-Traktoren nachließ, verlegte sich das Unternehmen nach einer Produktion von rund 3000 Schleppern ganz auf die Herstellung von Baustellenfahrzeugen, darunter einem Autoschütter, der schon vor Beginn des Krieges auf der Basis des Straßenschleppers entwickelt und gefertigt worden war. Nachdem das Werk von 1975 bis zum Konkurs 1983 zeitweise zur Internationalen Baumaschinen-Holding (IBH) des Spekulanten Esch gehört hatte, engagierte sich die Eder Maschinenfabrik in Mainburg/Donau an dem Hub- und Radlader-Hersteller. Seit den 1990er Jahren ist das ehemalige Zettelmeyer-Werk ein Teilunternehmen des amerikanisch-schwedischen Baumaschinenherstellers VME Volvo Group N.V., bzw. der Volvo Construction Equipment in Brüssel und stellt Volvo-Bagger und Radlader her.

20-PS-Zettelmeyer »Dieselschlepper Z 1«, 1936. Foto: Udo Paulitz

25-PS-Zettelmeyer Z 1, 1950.

Zettelmeyer-Schlepper

Baureihe	Bauzeit	Motor Hersteller	Typ	Zylinder	PS	Kühlung	Bohrung x Hub	Hubraum	Drehzahl	Radstand	Gewicht	Getriebe	Besonderheiten
Dieselschlepper Z 1	1935 - 1939	Deutz	F 2 M 313	2	20	V	100x130	2041	1500	1700	1750	4/1	
Dieselschlepper Z 1	1939 - 1942	Deutz	F 2 M 414	2	22	W	100x140	2198	1500	1700	1650	4/1	
GZ 1	1942 - 1944	Deutz	GF 2 M 115	2	25	W	130x150	3982	1550	1900	2100	5/1	Holzgasmotor
Z 1	1946 - 1949	Deutz	F 2 M 414	2	22	W	100x140	2198	1500	1700	1650	4/1	
Z 1	1948 - 1949	MWM	KD 215 Z	2	22/24	W	100x150	2356	1500			4/1	
Z 1	1950 - 1954	Deutz	F 2 M 414	2	25	W	100x140	2198	1600	1700	1715	4/1	

Zimmermann

Zimmermann-Werke AG,
Chemnitz, Emilienstr.,
1926

Das 1844 gegründete Zimmermann-Maschinenbauunternehmen, bekannt für Präzisions-Werkzeugmaschinen, nahm 1871 den Namen Chemnitzer Werkzeugmaschinenfabrik, vorm. Johann Zimmermann an und stellte 1926 einen Schlepper namens »Maximus« her. Das für den Straßenzug und für den Ackerbetrieb vorgesehene Fahrzeug besaß eine hintere Doppelbereifung. Auffallend waren die in die Motorverkleidung eingefassten Scheinwerfer.

1929 erfolgte der Zusammenschluss mit der Wotan-Werke AG in Leipzig unter der Bezeichnung Wotan- und Zimmermann-Werke AG mit Sitz in Düsseldorf. Nach der Wende ging aus diesem Unternehmen die Werkzeugmaschinenfabrik Glauchau GmbH hervor.

Zogbaum

E. A. Zogbaum,
Landmaschinen und Kraftfahrzeuge,
Hamburg-Fuhlsbüttel, Kurzer Kamp 34,
1949–1950

Mit der Kleinfräse »Hazoh«, die zum Schutz des Bedieners eine lange Blechhaube über dem Frästeil besaß, trat dieses Unternehmen in den Fahrzeugbau ein. Darüber hinaus baute Zogbaum den »Unitrak«-Schlepper der Firma Walter Hofmann mit 6- oder 10-PS-Vergasermotoren sowie einem 15-PS-MWM-Dieselmotor nach. Dieses Gerät bot die Möglichkeit, einen Drehpflug oder die eigene Bodenfräse anzubringen.

6-PS-Zogbaum-Einachsschlepper »Unitrak« in Kombination mit einem Anhänger, 1950.

Zogbaum-Behelfsschlepper

Baureihe	Bauzeit	Motor Hersteller	Typ	Zylinder	PS	Kühlung	Bohrung x Hub	Hubraum	Drehzahl	Radstand	Gewicht	Getriebe	Besonderheiten
Unitrak	1950	Triumph	BDG 125	1	6	L	2x35,5x62	123	4500			4/4	Zweitakt-Doppelkolben-Vergasermotor
Unitrak	1950			1	10							4/4	
Unitrak	1950	MWM	KD 415 E	1	15	W	100x150	1178	1500			4/4	

Anhang

Foto: Ralf Weinreich

PRODUKTIONSLISTE BIS 1945

Firma	bis 1918	1918 - 1945
Abega		25
Autara		16
Bachmann		
Trecker 20/26 PS		18
Trecker 30/36 PS		50
Beilhack		31
Benz		
40-PS-Traktor		7
80-PS-Traktor		5
Benz-Sendling		
25 PS-Traktor		1
Pflugschlepper		85
BS 6		710
BS 7		k.A.
BS 8		k.A.
BK		k.A.
Biwag		14
Borsig		52
Brummer		58
Bussard		
Tragpflug 40 PS		25
Tragpflug 32 PS		k.A.
Tragpflug 40 PS		20
Büssing		
LZM I		9
LZM II		8
Cerva		
Gelenkpflug 32 PS		100
Gelenkpflug 40/45 PS		265
Dreiradschlepper		80
Daimler		
Pflugschlepper Typ I 65 PS	1	30
Pflugschlepper Typ II 80 PS		23
Daimler-Benz		380
Degenhart		
12 PS		8
18 PS		
Deuliewag		
D 9		167
DA 18		148
DA 20		94
DA 16		34
DA 13		1
DA 28		51
DA 32		1251
AZ 25 Holzgas		100
Deutsche Motorpflug./		6
Dt. Motorpflug 80 PS	25	
Rüttger 22/25 PS		k.A.
Dt. Zugmaschinen (Orion)		
Klein-Orion 32 PS		3
Klein-Orion 40 PS		2
Groß-Orion		2
Deutz		
Automobilpflug	2	
Trekker		10
MTH 222		540
MTZ 120		485
MTZ 220/MTZ 320		2165
F 1 M 414		10.034
F 2 M 416		10
F 2 M 315		11.888
F 2 M 317		268
F 2 M 417		1.263
F 3 M 317		4683
F 3 M 417		1.868
Dünkel		3
Dürkopp Comfräsch Raupe		2
Eckardt		
12-PS-Traktor-Mäher		k.A.
18-PS-Traktor-Mäher		k.A.
Eicher		
20 PS		71
22 PS		589
Holzgas		31
Eisenmann (Oberland)		65
Oberland 1		k.A.
Oberland 2		k.A.
Oberland 3		k.A.
Epple		
Rollmops		15
Aquila		589
Aqulia Holzgas		75
Fahr		
F 22		1619
F 25 Holzgas		2323
FAMO		
Ackerrad XL		1572
Stumpf-Raupe		145
Raupe Typ F		55
Raupe Boxer		1761
Raupe Rübezahl		3020
Raupe Riese		17
Fendt		
9-PS-Dieselroß		101
12-PS-Dieselroß		191
F 18		1286
F 22		2055
F 25 Holzgas		1501
Flader		
Tragpflug 22 PS		2
Tragpflug 25 PS		170
Freund		24
Frommelt		k.A.
Gast		
Spinne 30/52 PS	k.A.	
Spinne 60 PS	k.A.	
Star 18 PS	k.A.	
Gotha		24
Grams		
LKS 10 PS		46
LKS 12,5 PS		24
Granich		19
Güldner		
A 20		1528
A 30		20
AZ Holzgas		1
Gumbinnen		17
Gutter		62
Hagedorn		996
Westfalia Grasmäher		k.A.
HS 10 Universal		k.A.
HS 11 Universal		k.A.
HS 14 Universal		k.A.
HS 16 Universal		k.A.
HS 20 Universal		K.A.
Hanomag		
WD-Pflug 50 PS	5	
WD-Pflug 65 PS	240	
WD-Pflug 80 PS	620	85
WD-Kleinpflug 35 PS		255
WD R 26		1760
WD R 28/32		6496
RD 36		1490
AR 38		5172
R 40		4408
SR 38/45		114
GR 50/AR 50/ AG 50		650
SR 45		1800
SR 50		53
RL 20		4320
WD Z 20/Z 25 Raupe		1500
WD Z 50 Raupe		680
K 35/40		80
KD 48/K 50		5339
Hansa-Lloyd		
HL 25	225	k.A.
HL 35 Treff-Bube	197	k.A.
HL 55		k.A.
Hanseatische Mot.-Ges.		
Elephant 34 PS		k.A.
Elephant 24/28 PS		k.A.
Hartmann/Pinzger		
Pinzger Kleinschlepper		14
Pinzger Weltsieger		30
Weltsieger		k.A.
Kleintraktor 7/8 PS		k.A.
Kleintraktor 14 PS		k.A.
Hatz		1
Diesel Pionier 14/16 PS		14
A 2 22 PS		k.A:
HAWA	k.A.	323?
Hein		k.A.
Holder		k.A.
IHC		
F 12		4022
FS/FG		1483
NG Holzgas		154
Ilsenburger		
Schlepppflug	k.A.	1
Pflug	k.A.	1
Irus		43
Jaehne		80
Kaelble		
Z 2 A		k.A.
Z 3 A		k.A.
Kemna		
HPD		31
KTU/KTS		50

PRODUKTIONSLISTE BIS 1945

Firma	bis 1918	1918 - 1945
Kirnberger		3
Klose		21
Komnick		
Tragpflug PC 6	k.A.	31
Tragpflug PB 3		20
Kleinkraftschlepper		10
PT/PS 3 Kraftschlepper		100
PS 1 Kleinkraftschlepper		93
PS 2		67
Körting		
Kleinmotorpflug 10 PS		15
Kleinmotorpflug 12 PS		65
Kleinmotorpflug zweischarig		10
Kosto		
Gelenkpflug 32 PS		3
Gelenkpflug 40 PS		11
Gelenkpflug 42 PS		8
Kramer		
Motormäher		510
GL 9		103
GL 14		299
K 12 Allesschaffer		1062
K 18 Allesschaffer		6690
K 22		40
K 30		16
K 25 Holzgas		1157
Krümpel		20
Kulmus		6
Kurz		65
Kyffhäuserhütte		
AKRA sechscharig		18
AKRA dreischarig		95
22-PS-Schlepper		39
Lanz		
Landbaumotor	55	75
Feldmotor		200
FHD Felddank		1500
Bulldog HL		5031
Kraftgespann		10
Bodenfräser		5
Ackerbulldog HP		723
HM Mops		250
Großbulldog HR2		7230
Kühler-Bulldog HR5		8540
Bauern-Bulldog HE1		286
Bulldog HN		1272
Ackerbulldog HN3 20 PS		1606
Ackerbulldog HN3 25 PS		20.180
Bauern-Bulldog HN5		11.586
Bulldog HR6		3140
Bulldog HR7 30 PS		1589
Bulldog HR7 35 PS		15.719
Bulldog HR8 38 PS		2.959
Bulldog HR8 45 PS		18.229
Bulldog HR8 55 PS		3.652
Bulldog HNG3 Holzgas		1.684
Bulldog HNO Holzgas		1.437
Bulldog HRG 7/8 Holzgas		313

Firma	bis 1918	1918 - 1945
Bulldog HRO 7/8 Holzgas		1.017
Bulldog Raupe HR6		25
Bulldog-Raupe HR7		3.959
Hermann Lanz (Hela)		
Samson I		1
Samson 11 u. 12		600
Samson II 10/11 PS		2
Samson II 16 PS		k.A.
Hercules		k.A.
Hela 11 PS		406
Hela D 37		155
Hela D38/D39/D40		1.508
HelaL 25 Holzgas		822
Linke-Hoffmann		
Stumpf-Raupe		145
Raupe Typ F		55
Raupe Boxer		90
Raupe Rübezahl		175
Lippische Werkstätten/ LWD		11
Löcknitzer Eisenwerk		
Seilpflug		4
Riebe Universalpflug		4
Riebe Großpflug		4
Märkische Motorpflugfa-brik		9
Arator 50/55 PS	8	9
MAF		
MAF I 25 PS	k.A.	3
MAF II 35 PS	k.A.	4
Malapane		8
Mannesmann		
Motorpflug		10
Schleppflug		2
MAN		
Motorpflug		45
Gespannschlepper		100
AS 250		1.380
AS 250 Holzgas		147
Martin		
F 20		65
F 22		375
Maschinen-Centrale		k.A.
Mayer (Ulm)		50?
MIAG		
LD 20		2960
LD 25 u. SH 40 Holzgas		2870
Michelsohn (Baumi)		9
MWM		
Motorpferd 16 PS		359
Eisernes Pferd V 18 PS		50
Colo-Trekker 30/32 PS		50
Colo-Trekker SR 130		16
München-Sendling		
AS 12		60
AS 22		92
Nahag		
Atos		6
Herkules I		8
Herkules II		10

Firma	bis 1918	1918 - 1945
Herkules III		8
Neymeyer		
Szakats 26 PS		3
Szakats 32 PS		11
Herkules I		6
Herkules III		10
Normag		
NG 22		4560
NG 10		412
NG 25 Holzgas		2246
Opel		
60-PS-Tragpflug	1	
35 PS		19
Orenstein & Koppel/MBA		
O&K 752 15 PS		405
O&K 751 28/30 PS		1401
MBA 35 Holzgas		150
Otto		
Klein-Motorpflug 16 PS		10
Rohöl-Ackerschlepper 20/26 PS		15
20/22 PS		2
22 PS		26
28 PS		1
28/32 PS		1
Pfeiffer		
Apel Tragpflug		3
Mopeda-Schlepppflug		k.A.
Pichler		10
Podeus		
Motorpflug		4
MP 18		2
Raupenschlepper I		7
Raupenschlepper II		27
Pöhl		1007
Typ C		5
3-Scharpflug		5
Typ M sechsscharig		10
Typ D dreischarig		k.A.
Ackerbaumasch. 25 PS		k.A.
Ackerbaumasch. 35/40 PS		k.A.
Ackerbaumasch. 32 PS (3,6 Ltr.)		k.A.
Ackerbaumasch. 32 PS (4,5 Ltr.)		k.A.
Kleinkraftschlepper A3		5
Ackerbaumasch. A5 25/28 PS		k.A.
Ackerbaumasch. A5 28 PS		k.A.
Ackerbaumasch. A5 30 PS		k.A.
Ackerbaumasch. A6 32 PS (6,1 Ltr.)		
Ackerbaumasch. A6 32 PS (5,4 Ltr.)		
Kleiner Pöhl 30 PS		
Großer Pöhl 35/40 PS		
Ackerbauschlepper I		

PRODUKTIONSLISTE BIS 1945

Firma	bis 1918	1918 - 1945
Ackerbauschlepper II		
Ackerbauschlepper III		
Ackerbauschlepper IV		
Ackerbauschlepper P IV		
Ackerbauschlepper P VI		
Ackerzugmasch. I 25/30 PS		
Ackerzugmasch. II 28 PS		
Ackerzugmasch. III		
Serie R/R3 Raupe		
Serie AR Raupe		
Zugmotor LR		
Zugmotor LR Raupe		
Zugmotor V		
Primus		
P 11 Pony		1
P 16 Packesel		1
P 22		1502
P 25 Holzgas		145
Prometheus		59
Ref-Weygand		9
Reima		
DS 11		20
DS 20/22		21
Rische & Apitz		
Eubu		6
Zwerg		6
Ritscher		
Panther/Graue Laus		18
MTW Büffel Typ M		20
MTW Büffel Typ E		60
MTW Büffel Typ D		7
N 14 Dreirad		1304
N 12 Dreirad		250
N 20 Vierrad		100
Kettenschlepper		1

Firma	bis 1918	1918 - 1945
Ruhrthaler		
Schwadyk I	12	k.A.
Schwadyk II	9	3
Schlepper S2		64
Schlepper S3		52
DS 2		60
DS 3		10
Schaeff RZW 59		1
Schanbacher & Ebner	1	2
Scheffeldt		3
Scherf		10
Scheuch		
300 ccm		3
460 ccm		31
Flugzeugschlepper		400
Schlüter		
DZM 15		34
DZM 16		50
DZM 25		1043
GZM 25 Holzgas		428
Schmotzer		
Tragpflug		3
Motorhackmaschine		40
Traktor 15 PS (?)		10
Schwäbische Hüttenwerke		
Böblinger Motorpflug		7
Rad-Raupe		4
Schwadyk & Schulz		110
Stock		
Tragpflug, sechsscharig	1	
NG 42 42 PS sechsscharig	530	
Stockpflug 50/60 PS	450	
Peaboklei 25 PS	k.A.	1
Peabista 65/70 PS	k.A.	410
Peabogro 80 PS	k.A.	

Firma	bis 1918	1918 - 1945
Peabimoho 55 PS		200
Stocklei 30/40 PS		950
Stocklei 25/30 PS		k.A.
Wendestock		120
Stokraft 40 PS		k.A.
Raupenstock		4011
Bauernschlepper C 20 PS		567
Diesel-Schlepper 22 PS		2020
25 PS Holzgas		461
Stoewer		160
Sulzer		2
Tittmann		35
Toro		
Zugochse 18/28 PS		170
Zugochse 28/34 PS		20
Vogeler		
Tragpflug 35/45 PS		6
Tragpflug 50 PS		4
Voß		5
Wagner		50
Wahl		
W 35		153
W 38		1
Wesseler		21
Wurr		
Raupe		ca. 10
Radschlepper Typ F		118
Zettelmeyer		
Z 1 20 PS		k.A.
Z 1 22 PS		k.A.
GZ 1 Holzgas		194

Quelle: Hans Lipp, www.automobilia8545

Foto: Ralf Weinreich

Motorenzulieferer

Foto: Ralf Weinreich

Motorenzulieferer

A

AGCO Sisu Power, Nokia/Finnland
Argus-Motoren-Gesellschaft mbH, Berlin-Reinickendorf, Flottenstr. 39/40

B

Ansbacher Motorenfabrik Karl Bachmann, Ansbach, Oberhäuser Str. 63
Baer, Paul, **Baer Motorenfabrik Baer GmbH,** Berlin-Kreuzberg, Köpenicker Str. 154
Bauscher KG, Hamburg-Wellingsbüttel, Langwish 9a, Werk Miltenberg/Main
BMW/Bayerische Motoren Werke GmbH, München
Berning, **Motorenbau Alfred Berning,** Schwelm/Westf.
Bohn & Kähler, Maschinen- u. Metallwaren-Fabrik AG (auch Motoren- u. Maschinenfabrik AG), Kiel, Deliusstr. 27/29
Breuer, Maschinen- und Armaturenfabrik vorm. H. Breuer & Co., Abt. Motorenbau, Höchst a. Main, Kurmainzer Str. 2
Briggs & Stratton Corp., Milwaukee/USA

C

Caterpillar Inc., Peoria/Illinois/USA
Colo-Diesel-Motorengesellschaft, München, Werk

D

DKW Motorenwerk, nach 1946 VEB IFA Motorenwerke Chemnitz, Scheffelstr. 100
DEUMO, Deutsche Motoren-Werke GmbH, Gößnitz S.-A., Talstraße
Diter (Diaz de Terán), Zofra/Spanien
Dorner, Motorenfabrik Hermann Dorner, Hannover (auch Dorner Ölmotoren GmbH)

F

Farymann, Farny & Weidmann, Maschinenbau, Lampertheim b. Mannheim, Industriestr. 6
F & S, Fichtel & Sachs AG, Schweinfurt a. Main, Ernst-Sachs-Str. 62
Ford-Werke AG, Köln-Niehl, Henry-Ford-Str.

H

Heliosmotoren-Werk GmbH, Berlin-Johannisthal, Friedrichstr.
Henschel & Sohn GmbH, Kassel, Henschel Str. 2
Hino Motors Ltd., Tokio/Japan
Hirth Motorenwerke KG (ab 1956 GmbH), Benningen/Neckar
Horex-Columbus-Werk KG, Fritz Kleemann, Bad Homburg v. d. H., Industriestr.

I

ILO- (auch JLO-) Werke GmbH, Pinneberg, In der Mühlenau 12
Isuzu Motors Ltd., Kawasaki/Japan.

J

Jenco, Motorenfabrik Jenco, Jagsthausen
Johannisthal, **VEB Motorenwerk Johannisthal,** Berlin-Johannisthal
Junkers, Gesellschaft für Junkers Diesel-Kraftmaschinen mbH, Chemnitz, Altchemnitzer Str. 26

Motorenzulieferer

K

Kämper, H. **Kämper Motorenfabrik oHG,** Berlin-Mariendorf, Burggrafenstr.
ab 1915 Marienfelde, Großbeerenstr.,ab 1921 H. Kämper AG, Berlin-Marienfelde, ab 1936 Kämper Motoren AG Motorenfabrik
Keidel Nachf., Crailsheim
Körting, **Gebr. Körting AG,** Körtingsdorf b. Hannover, später Hannover-Linden, Badenstedter Str. 60
Kohler Engines, Kohler/Wisconsin/USA
Kubota Corporation, Osaka/Japan

L

Liebherr Machines bulle SA, Bullett/Schweiz, 19 Rue l'industrie
Lombardini Motori s.r.l., Reggio Emilia/Italien, Via Cavo del Lavoro A

M

MAG-Motoren Gesellschaft mbH, Grödig/Österreich
Mitsubishi Heavy Industries (Mitsubishi HI), Tokio/Japan
MODAG, Motorenfabrik Darmstadt GmbH, Darmstadt, Landwehrstr. 75
Motorenwerk Gotha AG, Gotha, Kohlenstr. 4a
MWM, Motoren-Werke Mannheim, AG, vorm. Benz, Abt. Stat. Motorenbau, Mannheim, Waldhofstr. 24/38 u. Carl-Benz-Str. 5

O

Onan, Minneapolis/USA

P

Perkins Engines Company Ltd. Peterborough/GB Petter Ltd., Steines/Middlesex/GB
Peugeot, Automobiles Peugeot S.A., Paris

R

Reform, H. K. Heise Maschinenbau GmbH, Böhlitz-Ehrenberg, Göringstr. 35
Ruggerini Diesel, Reggio Emila/Italien, Villa Bagno

S

Sachsenring s. VEB Karl-Marx-Werk
Same, Treviglio/Italien
Slanzi, Novellara (RE)/Italien
Süddeutsche Bremsen-AG, München, Moosacher Str. 80
Swiderski, Maschinenbau AG, vorm. Ph. Swiderski (auch Leipziger Dampfmaschinen- und Motorenfabrik), Leipzig-Plagwitz

T

Triumph-Werke, Nürnberg, Fürther Str. 212

V

VEB Motorenwerk Cunewalde, Cunewalde i. d. Oberlausitz, Köblitzer Str. 7
VEB Dieselmotoren-Werk Schönebeck, Schönebeck, nach 1990 Dieselmotoren-Werk Schönebeck (DMS), Schönebeck, Leninstr.

Motorenzulieferer

V

VEB Einspritzgerätewerk Aken, Aken/Elbe
VEB Elbe-Werke, Roßlau/Elbe, Hauptstr. 117 - 119
VEB Kraftfahrzeugwerk Horch, Zwickau/Sa.
VEB Karl-Marx-Werk (KMW), Leipzig (ehemaliges Reform-Motoren-Werk) (auch Bezeichnung VEB Dieselkraftmaschinenwerk)
VEB Motorenwerk Johannisthal, Berlin-Johannisthal, Segelfliegerdamm
VEB MZ/Motorenwerk Zschopau, Zschopau
VEB Robur Werk, Zittau, Bahnhofstr.
VM Motori SpA, Cento/Italien
VOMAG, Vogtländische Maschinenfabrik AG, vorm. J. C. und H. Dietrich, Plauen, Cranachstr. 4
VW, Volkswagenwerk GmbH, Wolfsburg

W

Warchalowski, **Wiener Motorenfabrik Warchalowski,** Wien
H. Windhoff Motorenfabrik, Oberschöneweide b. Berlin, Friedrichstr. 27/28

Y

Yanmar Diesel Engines Co. Ltd., Tokio

Z

Zetor, Brünn/CSSR
Zündapp GmbH, Nürnberg-Schweinau, Gibitzenhofstr. 29 u. Dieselstr. 10

Foto: Ralf Weinreich

Foto: Ralf Weinreich

Literaturverzeichnis

1. Zeitschriften und Jahrbücher

Deutsche Agrartechnik, Berlin-Ost 1951 – 1988
Automobiltechnische Zeitschrift (ATZ), Stuttgart 1930 ff
Das Auto, Stuttgart 1950
Deutsche Bauerntechnik, Landtechnische Monatsschrift des KfTL, Berlin-Ost 1948 - 1950
Deutsche Landmaschinen und Geräte (Landmaschinenmarkt), Pößneck 1941 – 1944
Deutsche Landmaschinen-Industrie, Hrsg. Verband d. dt. Landmaschinenindustrie, Berlin 1938 – 1941
Deutsche Landwirtschaftliche Presse, Berlin 1941
Feld und Wald, Das freie deutsche Bauernblatt, Essen 1954 – 1956
Jahrbuch Traktoren, Hrsg, Johanßen, Axel, Brilon 1996 ff
Kraftfahrzeugtechnische Zeitschrift, Berlin-Ost 1961/62
Die Landmaschine, Pößneck 1924 – 1929
Der Landmaschinenmarkt, Würzburg 1950 – 1960
Landmaschinen-Rundschau, Stuttgart 1950 – 1960
Landtechnik, Wolfratshausen/München 1948 – 1953
Last-Auto und Omnibus, Stuttgart 1954
Der Motor, Berlin 1913 – 1926
Das Nutzfahrzeug, München 1949 – 51
Der Schlepper im Rückblick, Murrhardt 1994 – 2018
Der Schlepperfreund, Zeitschrift für historische Landtechnik, Eberdingen 1990 ff
Schlepperkatalog, Alle Typen mit Daten und Preisen, Hrsg. Top agrar, Münster 1987 ff
Schlepperpost, Köln/Willich 1995 ff
Schlepper und Landmaschinen, Wiesbaden 1950 – 1956
Technik für Bauern und Gärtner, Heidelberg 1951 – 1955
Technik in der Landwirtschaft, Berlin 1919 – 1944
Technik und Landwirtschaft, Heidelberg 1949 – 1960
Der Traktor, München 1950 – 1954
Traktor und Anhänger, Berlin 1931 – 1937
Zeitschrift für Landmaschinen, Berlin 1939 – 1942

2. Bücher

Andresen, Karl, **Deutsche Traktoren, Eine 100-jährigeErfolgsstory,** Bath o. J.
Bach, Michael, **Die berühmtesten deutschen Traktoren aller Zeiten,** Brilon 1995
Bach, Michael, **Schlepper aus Berlin,** Berlin 1993
Bach, Michael u. Wagner, Wolfgang, **Prospekte berühmter Traktoren 1914 – 1945,** Brilon 1997
Barsch, Otto, **Motorpflüge, Vorzüge und Nachteile einzelner Systeme,** Berlin 1920
Barsch, Otto, **Die Motorpflugtechnik Bd. 1, Das Motorpflugwesen,** Berlin 1927
Barsch, Otto, **Straßen- u. Industrieschlepper,** Berlin 1929
Barsch, Otto, **Technische Ratschläge beim Motorpfluganka uf,** Berlin 1920
Bauer, Armin, **Allgaier Schlepper,** Münster 1994
Bauer, Armin, **Hanomag-Schlepper,** Stuttgart 1989
Bauer, Armin, **Hoffmann & Co. Hannover-Laatzen,** Obershagen 2017
Bauer, Armin, **Kettenschlepper seit 1912 auf Deutschlands Äckern,** (Obershagen) 1988
Bauer, Armin, **Schlepper, Die Entwicklungsgeschichte eines Nutzfahrzeugs,** Stuttgart 1993
Bauer, Armin, **Veteranen der Scholle, Historisches Schlepperbuch,** Münster 1991
Bauer, Armin, **Typenkompass Allgaier und Porsche Diesel,** Stuttgart 2009
Becker, Gabriel, **Motorschlepper für Industrie und Landwirtschaft,** Berlin 1926
Bornemann, Felix, **Die Motorkultur in Deutschland,** Berlin 1913
Blumenthal, Richard, **Technisches Handbuch Traktoren,** Berlin-Ost 1960, 1966, 1970, 1983
Von Brennabor bis ZF Brandenburg, Eine Industriegeschichte, Berlin 1996
Bruse, Michael u. Vermoesen, Karel, **Alle Traktoren von Eicher, Bd. 1 u. Bd. 2,** Köln 1997 u. 1998

Literaturverzeichnis

Buschmann/Dittmer/Hood, **International Harvester, Datenbuch der Schlepper aus Neuss am Rhein 1937 bis 1997,** Obershagen 2003
Curth, Werner u. Ursula Tabbert, **Landmaschinen im Bild,** Berlin-Ost 1961
Das deutsche Landmaschinen-Adreßbuch, Berlin 1938
Deutsche Kraft in der Landwirtschaft (Kraftpflug-Führer), Berlin 1927
Deutsche Landmaschinen, Die Standorte und Erzeugnisse der deutschen Landmaschinen-Industrie,
Hrsg. LMV, Verband der dt. Landmaschinen-Industrie, Berlin 1927
Dittmer/Gentil/Hood/In het Panhuis, **International Harvester, Schlepper und Landmaschinen aus Neuss am Rhein 1908 bis 1966**, Obershagen 2000
Das deutsche Landmaschinen-Adreßbuch, Berlin 1938
Domsch, Max, **Probleme der Bodenbearbeitung,** Berlin-Ost 1960
Eckermann, Erik, **Alte Technik mit Zukunft – die Entwicklung des Imbert-Generators,** München 1986
Ertl, Bernd, **Die Deutz Traktoren, Vom MTH zum Agrotron,** Königswinter 2000
Fahrzeugindustrie der sowjetischen Besatzungszone Deutschlands, Die, Teil 1, Die Kraftfahrzeugindustrie,
bearbeitet in der Außenstelle Berlin des Instituts für Raumforschung Bonn, Bad Godesberg 1953
Fischer, Gustav, **Landmaschinenkunde,** Stuttgart 1928
Fischer-Schlemm, **Geräte- u. Maschinenbaulehre,** Berlin 1922
Fischer-Schlemm, Walter (Hrsg), **Die Maschine i. d. Landwirtschaft,** Stuttgart 1952ff
Flücht, Heinz u. Blum, Helmut, **Schlepper, Handbuch des deutschen Schlepperbaus,** Berlin 1941, 1942
Franz, Günther, **Die Geschichte der Landtechnik im 20. Jahrhundert,** Frankfurt 1969
Gebhardt, Wolfgang H., **Ackerschlepper Bd. 1 u. Bd. 2,** Stuttgart 1998 u. 2000
Gebhardt, Wolfgang H., **Deutsche Ackerschlepper, von Allgaier und Eicher bis Lanz und Schlüter,** 1946 –1966, Stuttgart 1996
Gebhardt, Wolfgang H., **Deutsche Raupenschlepper,** Stuttgart 2000
Gebhardt, Wolfgang H., **Deutsche Traktoren seit 1907,** Stuttgart 2017
Gebhardt, Wolfgang H., **FAUN, Giganten der Landstraße,** Stuttgart 2000
Gebhardt, Wolfgang H., **Deutschlands Schlepper,** Stuttgart 2015
Gebhardt, Wolfgang H., **Taschenbuch deutscher Schlepperbau, Bd. 1 u. Bd. 2,** Stuttgart 1987 u. 1988
Görg, Horst-Dieter, **Hanomag Schlepper 1912 – 1971,** Stuttgart 1997
Görg, Horst-Dieter (Hrsg.), **Pulsschlag eines Werkes, 160 Jahre Hanomag,** Hildesheim 1998
Häfner, Kurt, Lanz, **Holzgas-, Raupen-, Nachkriegs-Bulldogs von 1942 bis 1955,** Stuttgart 1990
Häfner, Kurt, Lanz, **Kühler-Bulldogs von 1928 bis 1942,** Stuttgart 1989
Häfner, Kurt, **Legende Lanz Bulldog,** Frankfurt a. Main 1997
Hafner, Kurt u. Schoch, Franz, **Die Hela-Chronik, Hermann Lanz Aulendorf,** Münster o. J.
Häfner, Kurt u. Bank, Rainer, **Fahr, Dieselschlepper-Prospekte von 1938 bis 1961,** Stuttgart 1999
Häfner, Kurt u. Karle, Michael, **Eicher, Schlepper-Prospekte von 1950 bis 1970,** Stuttgart 1999
Häfner, Kurt u. Karle, Michael, **Hanomag, Schlepper-Prospekte von 1926 bis 1956,** Stuttgart 1998
Häusler, Hubert, **Lanz Bulldog,** Stuttgart 1998
Herrmann, Klaus, **Die Fendt Chronik,** München 2000
Herrmann, Klaus, **Traktoren in Deutschland, 1907 bis heute,** Frankfurt a. Main ^{2}1995
Hintersdorf, Horst, **Typenkompass DDR-Landmaschinen und -Traktoren 1945 – 1990,** Stuttgart 2002
Hofmann, Richard, **Praxis der Landmaschinenreparatur, Bd. II, Kraftschlepper,** Berlin 1932
Holzapfel, Gerhard, **Landtechnik heute und morgen,** Berlin-Ost 1976
Hummel, Jürgen, **Schlepper-Klassiker, Traktoren von 1918 – 1963,** Stuttgart 1998
Hummel, Jürgen, **Neue Schlepper-Klassiker, Alte Schlepper neu entdeckt,** Stuttgart 1998
Hummel, Jürgen, **Typenbuch deutsche Feldkolosse, Traktoren deutscher Hersteller von 1920 bis heute,** Stuttgart 1999
Hummel, Jürgen u. Oertle, Alexander, **Typenkompass Deutz Traktoren 1927 – 1981,** Stuttgart 2004
Hummel, Jürgen u. Oertle, Alexander, **Typenkompass Deutz Traktoren seit 1978,** Stuttgart 2005
Hummel, Jürgen, Oertle, Alexander, Sternberg, Jan, **Das neue große Forstmaschinen-Buch,** Königswinter 2005
Kaack, Ulf, **Typenkompass Fahr Traktoren 1938 – 1968,** Stuttgart 2018
Kaack, Uf, **Typenkompass Güldner, Alle Traktoren 1938 – 1969,** Stuttgart 2017
Kaack, Ulf, **Typenkompass Eicher, Alle Traktoren 1936 – 1990,** Stuttgart 2017
Kieber, Horst, **Industriestandort – Casseler-Straße 30 c, 90 Jahre Maschinenbau in Nordhausen,**
in: Beiträge zur Heimatkunde aus Stadt und Kreis Nordhausen, Heft 20, Nordhausen 1995
Köhlers Markenverzeichnis der Landmaschinen, Pößneck 1935

Literaturverzeichnis

Köstnick, Joachim M., **Traktoren made in Germany,** Stuttgart 2012
Köstnick, Joachim M., Traktoren weltweit, Stuttgart 2015
Köstnick, Joachim M., Traktoren Deutschlands, Stuttgart 2016
(Köstnick, Joachim M.) **Deutschlands Traktoren – Das Beste aus über 100 Jahren Traktorenbau,** Stuttgart 2016
Konrad, Joachim, **Landtechnik Traktorenkunde,** Berlin-Ost 1964, 1965
Konrad, Joachim, **Manual de tractores, Principios tecnicos,** Leipzig 1965
Krafft, Guido, **Ackerbaulehre,** 1919
Kraftpflug-Führer, Deutsches Traktorenbuch 1929, Berlin 1929
Kremer, Gilbert, **Fendt, Traktoren- u. Arbeitsmaschinen-Prospekte 1935 – 1980,** Brilon 1999
Kremer, Gilbert, **Fendt, Schlepper-Prospekte von 1930 – 1966,** Stuttgart 1997
Kremer, Gilbert, **Fendt, Schlepper-Prospekte von 1966 – 1978,** Stuttgart 1998
Krieger, Johannes, **Größe und Standort der Betriebe der deutschen landwirtschaftlichen Maschinenindustrie,** Berlin 1927
Kühne, Georg, **Handbuch der Landmaschinentechnik,** Berlin 1930
Kuhn, Werner, **Schmalspur-Traktoren,** Brilon 2001
Kuhn, Werner, **Europäische Schmalspurtraktoren,** Brilon 2015
Kuhn, Werner, **Die Holder-Chronik,** Brilon 2003
Deutsche Landmaschinen, Hrsg. Der Verband deutscher Landmaschinen-Industrie, Berlin 1927
Das deutsche Landmaschinen-Adreßbuch, Pößneck 1938
Der Landmaschinenhändler, Oldenburg 1936
Landmaschinen und Ackerschlepper, Frankfurt a. Main 1967/68
Lauser, Heinrich u. Gebhardt, Wolfgang, **Ensinger Fahrzeugbau – Michelstadt,** Obershagen 2020
Lehmbeck, Theodor u. Barsch, Otto, **Der Motor in der Landwirtschaft,** Berlin 1919
Lemberger, Ted, **Typenkompass Holder, Einachsschlepper und Traktoren seit 1930,** Stuttgart 2013
LMV Verband der Deutschen Landmaschinen-Industrie (Hrsg), **Die Standorte und Erzeugnisse der Deutschen Landmaschinen-Industrie,** Berlin 1927
Luben, Alfred R., **Die deutsche Landmaschinenindustrie,** Berlin 1926
Martin, Wilhelm u. Zeeb, Heinrich, **Handbuch der Landwirtschaft,** Stuttgart 1907, 1919, 1922, 1925
Materialien zur Wirtschaftslage in der sowjetischen Zone, Der Fahrzeugbau in der sowjetischen Besatzungszone Deutschlands, Hsrg. Bundesministerium für gesamtdeutsche Fragen, Bonn 1955
Meiburg, Matthias, **Typenkompass Hanomag Schlepper 1912 – 1971,** Stuttgart 2003
Mertiny, Benno, **Die Motorpflüge als Betriebsmittel neuzeitlicher Landwirtschaft, Teil 1, Die Motorpflüge in der praktischen Landwirtschaft,** Berlin 1917
Meyer, Hannes u. Lehmann, Wolfgang, **Reparatur- u. Einstelltabellen Bd. 1 – 6,** Würzburg 1974, 1982, 1985, 1992
Mößmer, Albert, **Deutsche Traktoren, Das Typenbuch,** München 2012
Der Motor-Katalog, 100 Traktoren (u. Arbeitsgeräte/Geräte), Gräfeling 1955/56 u. 1956/57, Alfeld 1961
Motorenfabrik Anton Schlüter München, 60 Jahre im Dienste von Landwirtschaft und Industrie 1899 – 1959, München 1959
Neubauer, Erich, **Das gelbe Schlepperbuch,** Wiesbaden 1950, 1951, 1953/54, 1955/56, 1957/58, 1961, 1966
Oertle, Alexander, **Typenkompass McCormick/IHC Traktoren von 1937 – 1975,** Stuttgart 2005
Panhuis, Michael in het, **Schlepper und landwirtschaftliche Maschinen aus dem Ruhrgebiet,** Obershagen 1995
Paulitz, Udo, **Hanomag-Traktoren,** Brilon 2002
Paulitz, Udo, **Deutsche Traktoren 1920 – 1979, Von Allgaier bis Zettelmeier,** Königswinter 2001
Paulitz, Udo, **Deutsche Traktoren 1920 – 1970, Von Aktivist bis Zanker,** Königswinter 2003
Paulitz, Udo, **Partwork-Reihe Traktoren,** Augsburg 2003 – 2005
Paulitz, Udo, **1000 Traktoren,** Köln 2004
Paulitz, Udo, **Traktor-Oldtimer-Katalog Nr. 1,** Königswinter 2006
Paulitz, Udo, **Traktor-Klassiker,** München 2008
Paulitz, Udo, **MAN-Traktoren,** Brilon 2008
Reichelt, Johannes, **Betriebskunde des Dieselmotors, Bd. III,** Halle 1957
Reimers, Günther, **A. Wurr Hamburg-Volksdorf,** Obershagen 2019
Riedel, Wolfram A., **Schlüter-Traktoren – Bärenstark,** Frankfurt a. Main 1998
Robinson, Richard H. (u. Meyer, Alfred), **Crawler Tractor Scrapbook Bd. 1 – 4,** Rotorua/New Zealand 1999 – 2001
Rönicke, Frank, **Verdiente Aktivisten, Traktoren und Ackerschlepper der DDR,** Stuttgart 2002
Sack, Walter, **Alle Traktoren von Fahr und Güldner,** Köln o. J.

Literaturverzeichnis

Sack, Walter, **Alle Traktoren der Hanomag,** Köln 1992
Sack, Walter, **Alle Traktoren von Kramer,** Köln o. J.
Sack, Walter, **Eicher Traktoren & Landmaschinen,** Brilon 1996
Sack, Walter, **Güldner Traktoren & Motoren,** Brilon 1998
Scheuch, Egon, **Der Geräteträger,** Berlin-Ost 1959
Schick, Michael, **Der Steiger, Die Geschichte einer schwäbischen Autofabrik in den 20er Jahren,** Laupheim 1999
Schilling, Erich, **Landmaschinen, Bd, 1 und 2,** Rodenkirchen 1953/1955
Schlipf, J. A., **Schlipfs praktisches Handbuch der Landwirtschaft,** Berlin 1919
Schneider, Peter, **Typenkompass Fendt, Schlepper und Traktoren 1928 – 1975,** Stuttgart 2000
Schneider, Peter, **Typenkompass Fendt, Schlepper und Traktoren seit 1975,** Stuttgart 2000
Schneider, Peter, **Typenkompass Lanz Bulldog 1921 – 1960,** Stuttgart 1999
Schneider, Peter, **Typenkompass John Deere Traktoren seit 1960,** Stuttgart 2000
Schneider, Peter, **Typenkompass Unimog, 1948 – 1974,** Stuttgart 2001
Schneider, Peter, **Typenkompass Unimog, seit 1974,** Stuttgart 2002
Seidler, Fritz, **Land-Kraftschlepper,** Zeesen b. Königswusterhausen 1929
Seidler, Fritz, **Acker- und Straßenschlepper,** Berlin 1932
Siem, Gerhard, **Traktor Schlepper Jahrbuch 2012,** Prittriching 2012
Strecker, W., **Die Bodenbearbeitung,** Leipzig 1910
Strecker, W., **Geräte- und Maschinenlehre,** Berlin 1922
Streiber, Peter, **MAN-Motorpflug, MAN-Traktoren, Prospekte 1922 – 1963,** Mammendorf 1997
Thebis, Reinhold, **Traktoren- und Raupenschlepper,** Leipzig 1926
Tietgens, Klaus, **Ritscher Schlepper,** Obershagen 1997
Tietgens, Klaus, **Alle Traktoren von Hanomag,** Köln 2000
Tietgens, Klaus, **Alle Traktoren von Schlüter,** Köln o. J.
Deutsche Verbrennungsmotoren, Hrsg, VDMA, Frankfurt 1951ff
Vermoesen, Karel u. Bruse, Michael, **Alle Traktoren von Deutz, Bd. 1 u. Bd. 2,** Köln o. J.
Vogler, Carl-Heinz, **Das Unimog Typenbuch,** München 2009
Wagner, Wolfgang, **Raupen-Schlepper,** Brilon 2001
Wendt, Erhard, **Motorhacken, Fräsen, Einachsschlepper,** Obershagen 1995 (Reprint)
Westerwelle, Wolfgang, **Typenkompass MAN Ackerschlepper 1921 – 1963,** Stuttgart 2011
Williams, Michael, **Classic Farm Tractors,** London 2007

Foto: Ralf Weinreich

WEITERE INTERESSANTE BÜCHER ZUM THEMA

Diese Chronik präsentiert das Beste aus über einem Jahrhundert deutschem Schlepperbau. Von Agria, Bautz und Bungartz bis zu den Traktoren aus der ehemaligen DDR: Die bunte Vielfalt auf dem Acker versammelt sich in diesem Bildband zu einer Parade des deutschen Schlepperbaus.
224 Seiten, 500 Abbildungen, Format 230 x 305 mm
ISBN 978-3-613-04300-8
EUR 16,95 / EUR (A) 17,40

Als Teil der international agierenden AGCO-Gruppe zählt Fendt heute zu den weltweit führenden Traktorbauern. In diesem Band stellt Peter Schneider alle Fendt-Traktormodelle vor, die seit dem „Grasmäher" und dem „Dieselross" bis zu den aktuellen Modellen entstanden sind.
352 Seiten, 700 Abbildungen, Format 230 x 265 mm
ISBN 978-3-613-04286-5
EUR 49,90 / EUR (A) 51,30

Peter Schneider legt mit diesem Band die komplette Baureihen-Chronik der in Deutschland gebauten Landmaschinen und Traktoren vor. Alle Typen, Formen und Varianten werden umfassend vorgestellt. Die ultimative Monographie zum Thema John Deere.
368 Seiten, 800 Abbildungen, Format 230 x 265 mm
ISBN 978-3-613-04145-5
UR 49,90 / EUR (A) 51,30

Nach der Jahrhundertwende boomte der Landmaschinenbau in Deutschland. Die Autoren legen mit diesem Band eine umfassende, lückenlose Enzyklopädie der deutschen Landmaschinenhersteller vor, die seit Beginn der Mechanisierung das Leben der Landwirte erleichtern.
368 Seiten, 700 Abbildungen, Format 230 x 265 mm
ISBN 978-3-613-04204-9
EUR 49,90 / EUR (A) 51,30

Überall, wo es Bücher gibt, oder unter:
WWW.MOTORBUCH-VERLAG.DE
Service-Hotline: 0711/78 99 21 51

Motor buch Verlag

Stand Mai 2023 Änderungen in Preis und Lieferfähigkeit vorbehalten.